经典译丛·信息与通信技术

智能电网与大数据分析
——随机矩阵理论方法

Smart Grid using Big Data Analytics
A Random Matrix Theory Approach

[美] Robert C. Qiu
Paul Antonik 著

赵生捷 张林 李冰 译

電子工業出版社
Publishing House of Electronics Industry

北京·BEIJING

内容简介

本书主要分为三部分：大数据基础、智能电网，以及大数据在通信与传感技术方面的应用，其中随机矩阵理论方法是其理论基础。第一部分主要讨论大数据建模和大数据分析两个方面，首先是大数据的数学基础（随机矩阵理论方法），接着是实际应用的研究。第二部分讨论智能电网的应用与需求、技术挑战、大数据的应用、电网监控与状态估计、虚假数据注入攻击与状态估计、需求响应等。第三部分讨论大数据在通信新技术（5G，MIMO）和传感技术（分布式检测与估计）方面的应用。本书将大数据视为信息科学和数据科学的结合，而智能电网、通信新技术和传感技术是大数据应用领域特别有前景的三个方面。

本书适合拥有一定数学基础，现从事电子信息、计算机、模式识别、人工智能或电力信息化等专业工作，对大数据分析、大数据理论、智能电网感兴趣的工程师或研究人员阅读，也可作为相关专业研究生学习大数据理论与分析、智能电网数据分析的教材。

图书在版编目(CIP)数据

智能电网与大数据分析：随机矩阵理论方法 /（美）邱才明（Robert C. Qiu），（美）保罗 · 安东尼克（Paul Antonik）著；赵生捷，张林，李冰译. -- 北京：电子工业出版社，2021.7

书名原文：Smart Grid using Big Data Analytics: A Random Matrix Theory Approach

ISBN 978-7-121-40547-1

Ⅰ. ①智…　Ⅱ. ①邱… ②保… ③赵… ④张… ⑤李…　Ⅲ. ①数据处理-应用-智能控制-电网

Ⅳ. ①TM76-39

中国版本图书馆 CIP 数据核字(2021)第 025216 号

责任编辑：杨　博

印　　刷：三河市鑫金马印装有限公司

装　　订：三河市鑫金马印装有限公司

出版发行：电子工业出版社

北京市海淀区万寿路 173 信箱　邮编：100036

开　　本：787×1092　1/16　印张：30.25　字数：854 千字

版　　次：2021 年 7 月第 1 版

印　　次：2021 年 7 月第 1 次印刷

定　　价：139.00 元

所购买电子工业出版社图书有缺损问题，请向购买书店调换。若书店售缺，请与本社发行部联系，联系及邮购电话：（010）88254888，88258888。

质量投诉请发邮件至 zlts@phei.com.cn，盗版侵权举报请发邮件至 dbqq@phei.com.cn。

本书咨询联系方式：yangbo2@phei.com.cn。

译 者 序

在当今信息爆炸的时代中，传统的数据处理方法无法应对海量低信息密度、多信息来源的数据，大数据技术应运而生。作为一门新兴的学科，大数据融合了信息科学和数学科学，并和物联网、云计算、人工智能等新一代技术密切相关。目前大数据已经应用到我们生活的方方面面，涉及交通、金融、通信、医疗、教育等各行各业。其中，智能电网是大数据重要的应用领域之一，电网的信息化、智能化都需要大数据的技术支持，这对学习和研究智能电网的技术人员提出了更高的要求。我们希望有这样的书籍来帮助广大智能电网工程师和研究者。首先，它不仅要有大数据的基础知识，也要有大数据在智能电网中的应用实例。其次，它既要分析智能电网面临的技术挑战，又要提供这些挑战的大数据解决方案。最后，它应该能作为教材来满足大学不同阶段的教学和学习——对于本科阶段，它应该涵盖足够的基础知识，降低初学者的入门难度；对于硕士研究生阶段，它又应该有足够的深度，便于展开课题研讨和深入扩展。Robert C. Qiu 和 Paul Antonik 的著作 *Smart Grid using Big Data Analytics：A Random Matrix Theory Approach*（《智能电网与大数据分析——随机矩阵理论方法》）正好满足这三个要求。为此，译者翻译了本书，希望读者能够在学习大数据和智能电网时有所助益。

本书的主要特色有三个，分别是叙述由浅入深，主线清晰新颖，仿真丰富翔实。

在叙述组成结构方面，本书由大数据、智能电网应用和通信与传感技术应用三大部分组成。大数据部分共 8 章，其内容涵盖了市面上大部分大数据书籍所含内容，包括数学基础、高维随机矩阵、厄米自由概率理论、非厄米随机矩阵等。智能电网部分共 6 章，介绍了智能电网和大数据的最新成果，包含电网监控与状态估计、虚假数据注入攻击与状态估计和需求响应等。通信与传感技术应用部分共 2 章，介绍了大数据在通信领域的应用，以及大数据感知的基本知识。市面上现有的智能电网图书中，鲜有对大数据技术在智能电网的应用有如此全面、翔实的介绍，因此本书对智能电网技术人员有较高的参考价值。

在主线展示形式方面，本书的三部分看似有一定的壁垒，但以随机矩阵理论为主线时，它们在数学层面就有着高度的关联。为了加强这种关联，本书做了大量的工作，整理了丰富的材料，其中很多都是首次被整理成书。读者克服数学基础的障碍后，将会体验到三部分更加紧密的关联，感悟到随机矩阵理论的基础性和重要性，以及大数据基础知识和智能电网、通信与传感技术等实际应用之间的相互促进，并获得更好的阅读体验和更丰富的阅读收获。

在实验仿真项目方面，本书的仿真实验提供了详细的仿真目标、仿真参数、仿真结果，采用了 MATLAB 等仿真方法，具有强大的可操作性。对于典型算法模型，本书提供了详尽的代码以供读者查看和使用。本书既有理论上的推理和分析，又有仿真实验的验证和补充，还对许多实验结果进行了可视化的分析。这些仿真项目的训练，可以让读者对相应章节知识的重要内容有更深入的了解，并可以提高实验和实践技能。

译者建议：当本书作为相关专业本科教材使用时，以大数据部分为主，后面的智能电网和通信及传感技术部分作为实践项目的扩展阅读材料；当作为研究生教材使用时，根据实际教学需要，从智能电网和通信与传感技术中选择部分章节，探讨大数据技术与智能电网应用等课题。

本书的翻译由同济大学赵生捷教授、张林教授和博士生李冰合作完成，赵生捷对全书进行技术审查，并最终审定全稿。对于博士生陈伟超、朱建晨、汪昱、梁秋实、吴贤警、黄嘉锋和硕士生于文帅、陈梦竹、宋茜、姜倩云、周智煜、张冰、缪楠、王长海、沈祺、张斌、刘诗洋、杨冰洁、姚晗、马若鑫在本书翻译和校对中的贡献，电子工业出版社杨博编辑的建议和帮助，以及出版社其他工作人员的勤恳付出，在此一并表示由衷的感谢！

译文中疏漏和不妥之处难免，恳请读者不吝指正，译者在此深表谢意！

译　者

2021 年 1 月

前　　言[①]

早在 2010 年秋天，本书第一作者邱才明博士以智能电网课程讲稿的形式编写了本书最初的草稿，这个前言首先是要说明这个课程的必要性。邱博士详细地解释了理解智能电网对电气工程师的重要性，现在看来似乎没有必要。但是，邱博士还是必须再三说明，在智能电网的课程里加入大数据的内容是必要的。做这个决策的动机是因为我们非常愿意做大数据在这方面的应用的研究。智能电网和大数据交叉问题的动人之处使得我们相信研究用于智能电网的大数据的时代已经来临，这个问题的关键是通信和传感技术的结合。

对于大数据我们有两个主要任务：(1) 大数据建模；(2) 大数据分析。在完成这本书的时候我们意识到，90%的内容都是关于这两个方面的。这些内容的应用部分本书涉猎较少。我们采取邱博士以前的书籍《认知网络测量与大数据》(Qiu and Wicks，Springer，2014)(中译本由电子工业出版社出版)的写作方式，主要强调大数据的数学基础。而 Qiu、Hu、Li 和 Wicks 所著的 *Cognitive Radio Communication and Networking*(John Wiley & Sons Ltd，2012)又恰好和上述两本书相辅相成。所以这三本书是靠矩阵值随机变量(随机矩阵理论)有机地统一在一起的。

在选择书名时，我们听从了前纽约大学教授 K. O. Friedrichs 的建议："如果把你知道的所有东西都写进书里，那么很容易就会诞生一本书。"(P. Lax，*Functional Analysis*，John Wiley，page xvii，2002)谷歌 Scholar 和在线数字图书馆提供的服务，使得我们不必亲自去图书馆。使用谷歌 Scholar 提供的"cited by "功能，即使远程办公，也可以简单地把所有要做的事情整合到一起。我们能用这种功能跟踪某个题目的最新进展。本书讨论大数据的基础以及基本原理和应用。我们把大数据看作一种新的科学——信息科学和数学科学的融合。智能电网、通信和传感技术是本书作者特别感兴趣的三个应用领域。

本书主要研究大数据(第一部分)、智能电网(第二部分)和通信与传感技术(第三部分)的交叉学科。随机矩阵理论被认为是统一的主题。随机矩阵理论为量子系统、金融系统、传感网络、无线网络、智能电网等许多物理现象的建模提供了强有力的体系架构。本书的一个目的是阐述具有信号与系统背景的读者如何能够对大数据的研究、开发做出贡献。正如大多数数学结果是从数学和物理学的文献中总结出来的一样，我们依据上面的这些大数据系统，试图以几种不同的方法展示这些结果。粗略地说，一个大数据系统就是一个大型统计系统或者"大型模型"。尽管我们没有推导出任何新的数学结果，但是这些数学模型和特殊的大数据系统的结合看起来是非常值得讨论的。最初，我们确实打算编写一本传统的教材，但是随着写作的进展，我们还是不由自主地加入了许多严谨的数学结论。这些结论在统计文献上只是相对较新的，但是在工程界是非常新颖的。我们的目的是以一种系统的方式把大数据建模/分析和大型随机矩阵联系起来。在这本书里，给出了很多新的参考文献，覆盖面广泛，有的文献(如非厄米随机矩阵)推演详尽。

---

① 本书部分符号的形式与原著保持一致。

随机矩阵是无处不在的[1]。原因有二，首先它们有很高的普遍性，也就是大型随机矩阵的特征值特性并不依赖于基本的统计矩阵特征。第二，随机矩阵能够被看作一个不可交换的概率理论，这里整个矩阵被看作概率空间的一个元素。今天数据集通常被组织为大型矩阵，它的第一个维度等于自由度的数目，第二个维度等于测量的数目。典型的例子包括金融系统、感知系统和无线系统。

正如上面指出的，随机矩阵理论是智能电网和大数据领域许多问题的基础。我们坚信大数据比智能电网更基础，智能电网是前者的应用科学。另一方面，智能电网激励着大数据的发展。因此这二者的交叉是我们研究的主题。本书第一作者邱博士2010年秋季的智能电网课程主要以电力系统的期刊论文为基础来授课。而该课程2013年春季的内容则主要包括大数据的观点，特别是随机矩阵理论最新的结果。该课程的学生是EE、CS专业的研究生。邱博士意识到：没有坚实的大数据基础，智能电网——产生高维数据的大型电力系统的介绍是非常肤浅的。举例来说，状态估计和异常检测主要是由于结果数据的高纬度造成的。这个问题属于标准大数据问题中的一大类。尽管在2013年秋季学期，他在课上讲解了统计理论物理和金融的前沿知识，但是他知道学生很难理解这些知识，好多学生听不懂他讲解的随机矩阵。为此他必须回过头去先介绍随机向量，这是一个非常折磨人的经历，因为这些学生对随机向量并不熟悉，而这些恰恰是要读懂本书第一部分最重要的基础知识。

大数据是具有很多应用的新的科学。智能电网和大数据结合以后，能够明确许多常见问题和把焦点集中到两个学科的中心问题上。令人高兴的是，这种结合在近期非常富有成果。在这种结合的最初阶段，我们的目的是勾画出目标和方法学，同时靠引入随机矩阵理论，总结出数学基础。我们希望这个数学理论足够一般和灵活，以便为大数据和智能电网的分析提供一个确定性的工具。大家通常认为大数据缺少理论基础，也许根本就没有理论，寻找这种理论的使命感支持着我们探索了很长时间。

致　　谢

本书是作者在智能电网领域多年的教学科研成果。本书由美国自然科学基金委的三个项目(ECCS-0901420，ECCS-0821658和CNS-1247778)，以及美国海军研究办公室的两个项目(N00010-10-1-0810和N00014-11-1-0006)资助出版。在此我们要感谢Santanu K. Das博士(ONR)对我们工作的支持。

我们也要感谢Zhen Hu博士通读了整个初稿。本书第一作者也要感谢他的智能电网课程的ECE专业的学生对本书的有益反馈。当本书快要完成的时候，第一作者在北京的中国电力科学研究院工作过一段时间，他要感谢张东霞博士（CPRI）和朱朝阳博士的友好招待。第一作者还在上海交通大学工作了两个月，他要感谢郁文贤教授、江秀臣教授和金之俭教授对他的款待和提供的有价值的讨论，同样还要感谢电子科技大学的李少谦教授和岳光荣教授。

符 号 表

$\mathbf{A}\otimes\mathbf{B}$	两个矩阵的 Kronecker 积
$\mathbf{A}(p\times q)$	具有 p 行 q 列的矩阵
$\boxplus$	自由加性卷积
$\boxtimes$	自由乘性卷积
$\langle\cdot\rangle$	$\cdot$ 的期望
$\|\cdot\|_{\text{op}}$	矩阵的操作范数
$\|\cdot\|_{\text{F}}$	矩阵的 Frobenius 范数
$\xrightarrow{\text{D}}$	分布收敛
$\mathbb{C}$	复数集
$\mathbb{C}^+$	$\mathbb{C}^+=\{z\in\mathbb{C}:\text{Im}(z)>0\}$
$\mathbb{E}X$	随机变量 X 的期望值
$\mathbb{E}\mathbf{x}$	随机向量 $\mathbf{x}$ 的期望值
$\mathbb{E}\mathbf{X}$	随机矩阵 $\mathbf{X}$ 的期望值
$\mathbb{I}_{x\in A}$	如果事件$\mathbb{I}_{x\in A}$是真，指示函数 $x\in A$ 是 1
$\text{Im}(z)$	实数 z 的虚部
$m(z)$	Stieltjes 变换
$\mathbb{N}$	自然数集
$\mathbb{P}$	概率
$\mathbb{R}$	实数集
$\mathbb{R}^+$	正实数集
$\text{Re}(z)$	复数 z 的实部
$\mathbb{Z}$	整数集

目　录

第1章　绪论 …… 1
1.1　大数据：基本概念 …… 1
1.1.1　大数据：总览 …… 1
1.1.2　DARPA 的 XDATA 项目 …… 3
1.1.3　美国国家自然科学基金 …… 4
1.1.4　大数据的机遇和挑战 …… 4
1.1.5　大数据的信号处理与系统工程 …… 5
1.1.6　大数据的大型随机矩阵 …… 6
1.1.7　美国联邦政府的大数据 …… 7
1.2　大数据挖掘 …… 7
1.3　大数据的数学介绍 …… 10
1.4　大数据的数学理论 …… 21
1.4.1　玻耳兹曼熵和 H 理论 …… 23
1.4.2　香农定理和经典信息论 …… 23
1.4.3　Dan-Virgil Voiculescu 和自由中心极限定理 …… 23
1.4.4　自由熵 …… 24
1.4.5　Jean Ginibre 和他的非厄米随机矩阵 …… 25
1.4.6　复数 Ginibre 集合的圆形定律 …… 25
1.5　智能电网 …… 26
1.6　大数据和智能电网 …… 28
1.7　阅读指南 …… 28
文献备注 …… 30

第一部分　大数据基础

第2章　大数据系统的数学基础 …… 31
2.1　大数据分析 …… 31
2.2　大数据：传感、收集、存储和分析 …… 33
2.2.1　数据收集 …… 33
2.2.2　数据清理 …… 34
2.2.3　数据表示和建模 …… 34
2.2.4　数据分析 …… 34
2.2.5　数据存储 …… 35
2.3　智能算法 …… 35
2.4　智能电网的信号处理 …… 35
2.5　电网能效的监测与优化 …… 36
2.6　电网的分布式传感和测量 …… 36
2.7　流数据的实时分析 …… 37
2.8　大数据的显著特点 …… 37
2.8.1　奇异值分解和随机矩阵理论 …… 38
2.8.2　异质性 …… 39
2.8.3　噪声积累 …… 39
2.8.4　伪相关 …… 39
2.8.5　偶然内生性 …… 40
2.8.6　对计算方法的影响 …… 40
2.9　量子系统的大数据 …… 40
2.10　金融系统的大数据 …… 40
2.10.1　方法论 …… 41
2.10.2　等时相关性 Marchenko-Pastur 定律 …… 43
2.10.3　对称时滞相关矩阵 …… 44
2.10.4　不对称时滞相关矩阵 …… 46
2.10.5　降噪 …… 46
2.10.6　幂律尾 …… 47
2.10.7　自由随机变量 …… 48
2.10.8　输入和输出变量之间的互相关 …… 52
2.11　大气系统的大数据 …… 55
2.12　大数据下的传感网络 …… 56
2.13　大数据下的无线网络 …… 56
2.13.1　Marchenko-Pastur 定律 …… 56
2.13.2　单“环”定律 …… 56
2.13.3　实验结果 …… 57

2.14 大数据下的交通运输 ················ 58
文献备注 ················ 58
第 3 章 大型随机矩阵简介 ················ 59
3.1 将高维数据以随机矩阵形式建模 ······ 59
3.2 随机矩阵理论简介 ················ 60
3.3 改变观点：从向量到测度 ················ 64
3.4 测度的 Stieltjes 变换 ················ 64
3.5 一个基本的结果：Marchenko-Pastur 方程 ················ 65
3.6 线性特征值统计与极限定律 ················ 67
3.7 线性特征值统计量的中心极限定理 ················ 75
3.8 随机矩阵 $\mathbf{S}^{-1}\mathbf{T}$ 的中心极限定理 ······ 76
3.9 随机矩阵的独立性 ················ 77
3.10 矩阵值高斯分布 ················ 83
3.11 矩阵值的 Wishart 分布 ················ 85
3.12 矩量法 ················ 85
3.13 Stieltjes 变换法 ················ 86
3.14 大型随机矩阵谱测度的集中 ········· 87
3.15 未来的方向 ················ 89
文献备注 ················ 89
第 4 章 样本协方差矩阵的线性谱统计 ················ 91
4.1 线性谱统计 ················ 91
4.2 广义 Marchenko-Pastur 分布 ················ 92
4.2.1 中心极限定理 ················ 93
4.2.2 尖峰总体模型 ················ 94
4.2.3 广义尖峰总体模型 ················ 95
4.3 谱密度函数的估计 ················ 95
4.3.1 估算方法 ················ 96
4.3.2 极限谱分布的核估计量 ········· 98
4.3.3 核估计的中心极限定理 ········· 106
4.3.4 噪声方差的估计 ················ 110
4.4 限制时间序列的谱分布 ················ 111
4.4.1 矢量自回归移动平均(VARMA)模型 ················ 111
4.4.2 通用线性过程 ················ 112
4.4.3 线性过程的大样本协方差矩阵 ················ 113
4.4.4 固定过程 ················ 114
4.4.5 对称自交叉协方差矩阵 ········ 115
4.4.6 具有重尾的大样本协方差矩阵 ················ 116
文献备注 ················ 117
第 5 章 大型厄米随机矩阵与自由度随机变量 ················ 119
5.1 大型经济/金融体系 ················ 119
5.2 矩阵值的概率 ················ 120
5.2.1 协方差矩阵的特征值谱及其估计 ················ 122
5.3 Wishart-Levy 自由稳定的随机矩阵 ················ 128
5.4 自由随机变量的基本概念 ········· 129
5.5 Wishart-Levy 随机矩阵的谱分析 ······ 133
5.6 Stieltjes 变换的基本性质 ················ 136
5.7 Stieltjes 变换的基本定理 ················ 139
5.8 厄米随机矩阵中的自由概率 ········ 144
5.8.1 随机矩阵理论 ················ 144
5.8.2 厄米随机矩阵的自由概率理论 ················ 146
5.8.3 增强自由卷积 ················ 146
5.8.4 随机矩阵的压缩 ················ 149
5.8.5 乘法自由卷积 ················ 150
5.9 随机范德蒙矩阵 ················ 153
5.10 状态估计的非渐近分析 ········· 156
文献备注 ················ 157
第 6 章 大型非厄米随机矩阵与四元离子自由概率论 ················ 158
6.1 四元自由概率理论 ················ 158
6.1.1 Stieltjes 变换 ················ 159
6.1.2 加法自由卷积 ················ 160
6.1.3 乘法自由卷积 ················ 161
6.1.4 厄米矩阵的四元数值函数 ················ 161
6.2 R 对角矩阵 ················ 163
6.2.1 R 对角矩阵的种类 ················ 163
6.2.2 加法自由卷积 ················ 164
6.2.3 乘法自由卷积 ················ 164
6.2.4 各向同性随机矩阵 ················ 168
6.3 非厄米随机矩阵的和 ················ 168

6.4 非厄米随机矩阵的乘积 …………… 172
6.5 奇异值等价模型 ………………… 177
6.6 非厄米随机矩阵的幂 …………… 184
6.6.1 矩阵的幂 ………………… 184
6.6.2 谱 ………………………… 184
6.6.3 内积 ……………………… 185
6.7 大型非厄米随机矩阵的幂级数 ……………………… 189
6.7.1 几何级数 ………………… 189
6.7.2 幂级数 …………………… 191
6.8 随机 Ginibre 矩阵的乘积 ………… 194
6.9 矩形高斯随机矩阵的乘积 ………… 196
6.10 复杂 Wishart 矩阵的乘积 ………… 199
6.11 乘积和幂之间的关系 ………… 200
6.12 有限规模的独立同分布高斯随机矩阵的乘积 ……………… 203
6.13 复合高斯随机矩阵乘积的 Lyapunov 指数 ……………………… 205
6.14 欧氏随机矩阵 ………………… 208
6.15 具有独立项和圆形定律的随机矩阵 ……………………… 215
6.16 圆形定律与离群值 …………… 217
6.17 随机奇异值分解、单环定律和离群值 …………………… 226
6.17.1 有限秩扰动的离群值：定理 6.17.3 的证明 ………………… 231
6.17.2 内圆内的特征值：定理 6.17.4 的证明 ………………… 232
6.18 椭圆定律和离群值 …………… 233
文献备注 ……………………………… 242
第 7 章 数据收集的数学基础 ………… 244
7.1 大数据的结构和应用 …………… 244
7.2 协方差矩阵估计 ………………… 244
7.3 大型随机矩阵的谱估计 ………… 248
7.3.1 奇异值阈值 ……………… 248
7.3.2 Stein 无偏风险估计(SURE) … 249
7.3.3 扩展谱函数 ……………… 251
7.3.4 正则化的主成分分析 ………… 253
7.4 矩阵重建的渐近框架 …………… 253
7.4.1 带损失函数的矩阵估计 ……… 253
7.4.2 与大型随机矩阵的联系 ……… 256
7.4.3 渐近矩阵重构 …………… 257
7.4.4 噪声方差的估计 …………… 258
7.4.5 矩阵去噪的最优硬阈值 ……… 259
7.5 最佳收缩 ……………………… 261
7.6 大规模协方差矩阵估计的收缩方法 ………………………… 262
7.7 大样本协方差矩阵集合的特征向量 ………………………… 268
7.7.1 Stieltjes 变换 ……………… 268
7.7.2 样本特征向量与总体特征向量的对比 ……………………… 270
7.7.3 样本特征值的渐近最优偏差校正 ………………………… 272
7.7.4 矩阵估计的精度 …………… 275
7.8 一般的随机矩阵 ……………… 279
7.8.1 大规模 MIMO 系统 ………… 282
文献备注 ……………………………… 285
第 8 章 矩阵假设检验使用大规模随机矩阵 ………………… 287
8.1 激励示例 ……………………… 287
8.2 两个随机矩阵的假设检验 ……… 288
8.3 期望和方差的特征值界限 ……… 289
8.3.1 特征值的理论位置 …………… 290
8.3.2 Wasserstein 距离 ………… 291
8.3.3 样本协方差矩阵——具有指数衰减的元素 ……………… 291
8.3.4 高斯协方差矩阵 …………… 293
8.4 经验分布函数的集中度 ………… 294
8.4.1 庞加莱型不等式 …………… 296
8.4.2 经验庞加莱型不等式 ……… 297
8.4.3 随机矩阵的集中度 ………… 300
8.5 随机二次型 …………………… 304
8.6 随机矩阵的对数行列式 ………… 304
8.7 一般 MANOVA 矩阵 ………… 305
8.8 大型随机矩阵的有限秩扰动 ……… 307
8.8.1 非渐近有限样本理论 ………… 311
8.9 高维数据集的假设检验 ………… 311
8.9.1 似然比检验(LRT)和协方差矩阵检验的动机 ……………… 312

8.9.2 使用损失函数估计协方差矩阵 …… 314
8.9.3 协方差矩阵检验 …… 318
8.9.4 高维协方差矩阵的最优假设检验 …… 322
8.9.5 球形检验 …… 325
8.9.6 检验正态分布的多个协方差矩阵的等式 …… 327
8.9.7 检验正态分布组分的独立性 …… 328
8.9.8 相互依赖检验 …… 332
8.9.9 尖峰特征值的存在性检验 …… 334
8.9.10 大维度和小样本量 …… 336
8.10 Roy 最大根检验 …… 341
8.11 大型随机矩阵假设的最优检验 …… 343
8.12 矩阵椭球等高分布 …… 354
8.13 矩阵椭球等高分布的假设检验 …… 356
8.13.1 一般结果 …… 356
8.13.2 两类模型 …… 357
8.13.3 检验准则 …… 359
文献备注 …… 361

第二部分 智能电网

第 9 章 智能电网的应用和需求 …… 363
9.1 历史 …… 363
9.2 概念和愿景 …… 363
9.3 当今的电网 …… 366
9.4 未来智能电力系统 …… 366
第 10 章 智能电网的技术挑战 …… 374
10.1 自愈式电力系统的概念基础 …… 374
10.2 如何使电力传输系统智能化 …… 375
10.3 作为复杂适应系统的电力系统 …… 376
10.4 使电力系统成为使用分布式计算机代理的自我修复网络 …… 376
10.5 配电网 …… 376
10.6 网络安全 …… 378
10.7 智能计量网络 …… 378
10.8 智能电网通信基础设施 …… 380
10.9 无线传感器网络 …… 381
文献备注 …… 383
第 11 章 智能电网的大数据 …… 384
11.1 数字的力量：大数据和电网基础结构 …… 384
11.2 能源的互联网：大数据的收敛和云 …… 384
11.3 边缘分析：消费者、电动汽车和分布式生成 …… 384
11.4 横向主题：大数据 …… 385
11.5 智能电网的云计算 …… 386
11.6 数据存储、数据访问和数据分析 …… 386
11.7 大数据的最新处理技术 …… 386
11.8 大数据迎合智能电网 …… 386
11.9 大数据的 4 V：容量、类型、值和速度 …… 387
11.10 大数据的云计算 …… 388
11.11 智能电网的大数据 …… 388
11.12 智能电网信息平台 …… 388
文献备注 …… 388
第 12 章 电网监控与状态估计 …… 389
12.1 相量测量单元 …… 389
12.1.1 相量的传统定义 …… 389
12.1.2 相量测量概念 …… 389
12.1.3 同步相量定义和测量 …… 390
12.2 最佳的 PMU 布局 …… 390
12.3 状态估计 …… 391
12.4 基础状态估计 …… 391
12.5 状态估计的演化 …… 391
12.6 静态状态估计 …… 393
12.7 预测辅助状态估计 …… 394
12.8 相量测量单元 …… 395
12.9 分布式系统状态估计 …… 396
12.10 事件触发的状态估计方法 …… 396
12.11 不良数据的检验 …… 396
12.12 改进的不良数据检验 …… 397
12.13 网络攻击 …… 397
12.14 线路中断检测 …… 397
文献备注 …… 398

第 13 章　虚假数据注入攻击与状态估计 …… 399
13.1　状态估计 …… 399
13.2　虚假数据注入攻击 …… 400
13.2.1　基本原则 …… 400
13.3　MMSE 状态估计与广义似然比检验 …… 401
13.3.1　贝叶斯框架与 MMSE 估计 …… 402
13.3.2　统计模型和攻击假设 …… 402
13.3.3　具有“ℓ_1 范数正则化”的广义似然比检测器 …… 403
13.3.4　具有 MMSE 状态估计的经典检测器 …… 403
13.3.5　对 MMSE 和 GLRT 检测的最优攻击 …… 404
13.4　非线性测量的稀疏恢复 …… 405
13.4.1　线性系统的不良数据检验 …… 405
13.4.2　非线性系统的不良数据检验 …… 406
13.5　实时入侵检测 …… 407
文献备注 …… 407
第 14 章　需求响应 …… 408
14.1　为什么吸引需求 …… 408
14.2　最优实时定价算法 …… 410
14.3　运输电气化和车对电网应用 …… 411
14.4　网格存储 …… 412
文献备注 …… 412

第三部分　通信与传感技术

第 15 章　大数据在通信领域的应用 …… 413
15.1　5G 与大数据 …… 413
15.2　5G 无线通信网络 …… 413
15.3　大规模 MIMO …… 415
15.3.1　多用户 MIMO 系统模型 …… 415
15.3.2　超长的随机向量 …… 415
15.3.3　良好的传播 …… 416
15.3.4　预编码技术 …… 417
15.3.5　下行链路系统模型 …… 418
15.3.6　随机矩阵理论 …… 418
15.4　大规模 MIMO 信道容量的自由概率 …… 421
15.4.1　非渐近理论：集中不等式 …… 421
15.5　认知无线电的光谱传感 …… 423
文献备注 …… 423
第 16 章　大数据感知 …… 424
16.1　分布式检测和估计 …… 424
16.1.1　通信时计算 …… 424
16.1.2　分布式检验 …… 425
16.1.3　分布式估计 …… 426
16.1.4　共识算法 …… 426
16.1.5　具有欧几里得随机矩阵(ERM)的随机几何图 …… 428
16.2　欧几里得随机矩阵 …… 428
16.3　分布式计算 …… 429
附录 A　自由概率的一些基本研究结果 …… 432
附录 B　矩阵值随机变量 …… 436
参考文献 …… 443

第1章　绪　　论

1.1　大数据：基本概念

数据有效得超乎我们想象[2]，不禁让人想起诺贝尔奖得主尤金·维格纳(Eugene Wigner)所说的“自然科学中数学的无效性”[3]。什么是大数据？据文献[4]所描述有如下特征：大小在TB或PB数量级；长期在线，且不能集中使用；内存不足；云存储和网络访问；多样化；结构松散；数据缺失、异构且不完全相关。大数据在税务、政务、劳动、社会保障等方面各处可见。

数据驱动型的决策现在已被广泛认可[5-16]。如今，对于什么是大数据还没有明确的共识，事实上，关于大数据的争议很多，比如“规模是否是决定性因素？”

大数据如此重要[17]。大数据研究与发展计划由美国联邦政府发起，其中指出“通过提高从大量复杂的数字数据中提取知识和见解的能力，加快科学技术发展的步伐，加强国家安全，改变教学和学习方式。”[17]一些大学已经开设了一套完整的、为下一代“数据科学家”准备的课程。

大数据时代已经到来，全球数据每两年翻一番。企业目前面临着巨大的挑战(例如，零售巨头沃尔玛每天有100万条客户交易信息)，但企业对数据洪流的反应却比较缓慢，因为将算法扩展到处理海量实际数据集是一个巨大的挑战。

根据文献[18]所述：“把握大数据的关键是对于不断变化的数据，能够认识到变化并且快速而智能地做出反应，具有这种能力的企业/组织将占据领先地位。随着数据量的爆炸式增长，企业/组织将需要可靠、强大且能够自动化的分析工具。同时，他们所采用的分析、算法和用户界面能够促进工程人员的交流。”

1.1.1　大数据：总览

数据是与自然资源和人力资源一样的战略资源。数据为硬指标！“大数据”是指过去30年来出现的技术现象[19]。随着计算机的不断发展，不断增长的存储和处理能力为通过筛选大量的可用数据提供了新的、有力的方式来洞察世界。但是，如果没有新的分析工具可以梳理信息并突出显示兴趣点，就难以发现这种看不见的模式或趋势。

诸如在线或移动金融交易、社交媒体流量和GPS坐标等资源，现在每天产生超过2.5万兆字节的所谓“大数据”。新兴市场用户的移动数据流量增长预计每年将超过100%。图1.1表示了国际上大数据新的发展可能性。

大数据在社会范围内提供了一个强大的微观视野，与社会挖掘一起，提供从这些数据中发现知识的能力。科学研究正在被这一新浪潮彻底改变，制定的相关政策也紧随其后，因为大数据和社会挖掘为我们社会中的财富提供了更为现实的衡量和监测方式，超越了GDP，更确切地说是连续的，无处不在的[20]。

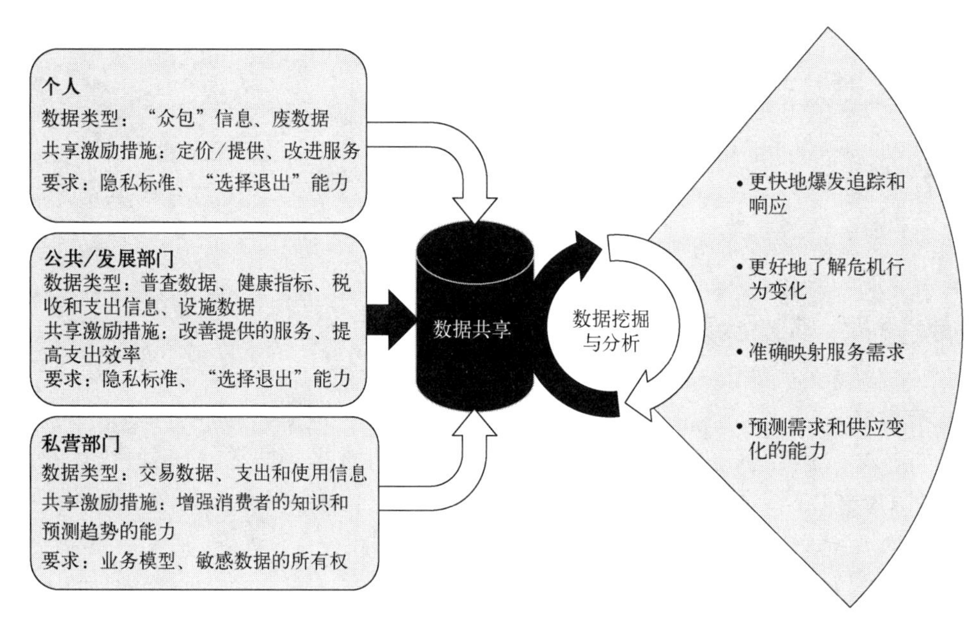

图 1.1　大数据的巨大影响：国际上新的发展可能性。转自世界经济论坛[6]

数学定律应用于处理数据流是非常具有挑战性的，如果我们能够更好地组织和访问数据，就可以抓住巨大的机遇[16]。

克里斯·安德森(Chris Anderson)认为数据流使科学方法过时[21]。PB 级数据告诉我们相关性就足够了，没有必要找到模型，修正取代因果关系。数据增长是否会导致科学方法发生根本性的变化仍然是开放性问题。

在计算机行业中，有一种趋势是将焦点转换为处理大数据[22]。

一个基本问题是"大数据的统一理论是什么？"本书采纳了大数据是数据科学与信息科学相结合的新兴科学的观点。不同领域的专家处理各自领域的大数据，其中信息起着辅助的作用。换句话说，大部分科学问题都是由专家掌握的，只有很少的问题是所有领域共同的问题，这些才由计算专家来解决。当越来越多的问题公开化时，就会出现一些共同面临的挑战。来自互联网的大数据可能首先受到更多关注，而来自物理系统的大数据变得越来越重要。

大数据将形成一门独特的学科，需要数学、统计和算法的专业知识。

遵循文献[22]，我们强调一些大数据方面的挑战：

- 处理非结构化和半结构化的数据。目前有 85%的数据是非结构化或半结构化的。传统的关系数据库无法处理这些海量数据集。高扩展性是大数据分析最重要的要求。MapReduce 和 Hadoop 是两种非关系数据分析技术。
- 数据表示的新方法。当前的数据表示不能直观地表达数据的真实本质。如果原始数据被标记，问题处理就容易得多，但是有些客户不认可标签。
- 数据融合。没有数据融合，大数据的真正价值就不能体现出来。互联网上的数据洪流与数据格式有关。一个关键的挑战是我们是否可以方便地融合来自个人、行业和政府的数据。我们追求的数据格式是与平台无关的。
- 减少冗余和高效率、低成本的数据存储。减少冗余对降低成本非常重要。
- 适用于各种领域的分析工具和开发环境。算法研究人员和来自不同学科的人员被鼓励作为一个团队密切合作，然而不同学科的人共享数据有很大的障碍。数据收集，特别是同时收集关系数据，仍然是非常具有挑战性的。

- 数据处理，能大大节省数据存储和通信资源的新方法。

1.1.2 DARPA的XDATA项目

DARPA的XDATA项目计划开发用于分析大量数据的计算机软件，这些数据是半结构化的（如表格式的、关系式的、分类式的、元数据的）或非结构化的（如文本文档、消息业务）。要解决的核心挑战包括：(1)开发用于处理分布式数据存储中不完整数据的扩展算法；(2)创建有效的人机交互工具，以便为各种任务提供快速可定制的解决方案。

数据正在高速持续生成并形成数字化文档，从而产生了大量可用于搜索和分析的数据库。数据驱动的方法已经成为商业、科学和计算领域新的研究方向[23]。数据安全方面的口号是“在传感器数据中遨游”。大数据大多来自互联网和工业设备的监控，而传感器网络和物联网是另外两个驱动因素。

在某些安全应用程序中，数据有时只能在几毫秒内看到一次，或者只能在被删除之前短时间存储。各种数字设备和互联网的普及加速了这一趋势。开发快速、可扩展、高效的数据处理和可视化方法非常重要。

XDATA项目的技术开发从如下四个技术领域（TA）展开：

- TA1：可扩展的分析和数据处理技术；
- TA2：可视化用户界面技术；
- TA3：软件集成技术；
- TA4：估计方法。

利用MapReduce这样的体系结构和它的开源实现Hadoop来考虑分布式计算十分有效。美国国防部收集的数据通常难以处理，包括数据丢失、数据之间缺乏连接、数据不完整、数据损坏、数据量大小和类型不一致等问题[23]，我们需要开发可扩展到分布式计算机体系结构的分析技术。TA1面临的挑战是如何在下列主题领域中系统地使用大数据：

- 利用问题结构来创建新算法以实现时间复杂度、空间复杂度和流复杂度（即需要多少数据传递）之间的最佳折中；
- 传播不确定性的方法（即每个查询都应该有一个答案和一个误差条），并且根据近似值确定精度损失的性能；
- 测量数据之间非线性关系的方法；
- 分布式平台的抽样和估计技术，包括补偿缺失信息、破坏信息和不完整信息；
- 分布式降维、矩阵分解、矩阵重构的方法（在分布式数据存储中，数据并不都在一个地方）；
- 用于在流数据输入操作的方法；
- 用非对称组件（例如，许多标准机器、少量拥有大存储器的机器、具有图形处理单元的机器）来确定最佳云配置和资源分配的方法。

TA2面临的挑战是如何将大数据分析与接口技术相结合，包括但不限于以下主题：

- 可视化数据，用于科学发现活动模式；
- 表达式可视化，支持特定领域交互、连续查询、多重查看数据、分面搜索、多维查询和协作，交互式搜索；

- 设计原则，包括菜单、查询框、悬停提示、无效操作通知、布局逻辑，以及概览、缩放和过滤的过程；
- 支持用户的学习，包括分析关系、历史记录、使用情况、悬停时间、点击率、居住时间等；
- 及时性，在线与批处理等功能；
- 分析工作流程，包括数据清理和中间处理；
- 用于快速特定域的最终用户定制的工具。

1.1.3 美国国家自然科学基金

美国国家自然科学基金(NSF)中的短语“大数据”是指从仪器、传感器、互联网交易、电子邮件、视频、点击流和当前以及未来可用的所有其他数字源生成的大型、多样、复杂、纵向或分布式数据集[5]。

现在，美国政府机构认识到，科学、生物医学和工程研究界正在进行前所未有的巨大转变，使用大规模、多样化和高分辨率的数据集，实现数据密集型决策，包括临床决策。新的统计和数学算法，预测技术和建模方法以及数据收集、分析和共享数据、信息的新技术的多学科方法正在使科学和生物医学调查的范式转变成为一大趋势。机器学习、数据挖掘和可视化方面的进步，实现了能够从海量数据集中及时提取有用信息的新方法，补充并扩展了现有的假设检验和统计推断方法。因此，一些机构正在制定大数据战略，以更好地完成其使命。美国国家卫生基金会的招标主要集中在美国国立卫生研究院(NIH)和 NSF 的大数据研究领域。

1.1.4 大数据的机遇和挑战

下面是大数据面临的挑战。在第一步的数据采集中，一些数据源(如传感器网络)可能产生数量惊人的原始数据。这里面的很多数据是无意义的，它们可以被过滤并被压缩几个数量级。第一大挑战是如何定义这些过滤器，以避免丢弃有用的信息。

第二大挑战是自动生成正确的元数据，描述记录的数据以及这些数据是如何记录和测量的。这个元数据可能对下游分析至关重要。通常情况下，收集的信息将不会立即进行分析。我们必须处理错误的数据：有些信息是不准确的。

数据分析比简单定位、识别、理解和引用数据要困难得多。为了进行有效的大规模分析，所有这些处理都必须以完全自动化的方式进行。

挖掘需要完整的、清洗过的、可信的、高效可访问的数据，声明式查询和挖掘接口，可扩展挖掘算法和大数据计算环境。如今的分析师被一个烦琐的从数据库中导出数据、执行非 SQL 过程，并将数据带回的过程阻碍了。

如果用户无法理解分析，那么拥有分析大数据的能力所具有的价值是有限的。最终，提供分析结果的决策者必须解释这些结果。

简而言之，有一个需要从数据中提炼价值的多步骤传递途径。这条传递途径不是一个简单的线性流，而是当下游步骤建议对上游步骤进行更改时，有频繁的循环往复。

对大数据并没有一个普遍被人接受的定义。在文献[24]中，有一些可以定义大数据的说法：

- 大数据与可扩展分析相同；

- 大数据问题主要在应用程序方面；
- 大数据问题主要在系统级；
- 大数据需要基于云的平台；
- 数据管理社区因错过大数据列车而处于危险状态；
- 如果不与数据管理社区之外的人员合作，就不可能有效地进行大数据研究；
- 所有的大数据问题都可以归结为分布式计算系统问题[25]；
- 大量的大数据问题正在被行业解决；
- 大量的大数据问题正处于解决阶段；
- 规模是唯一决定性的因素(对大数据而言)。

数据量的增长似乎超过了计算能力的进步。传统的数据处理技术，如数据库和数据仓库，正随着数据量的增长而丧失适用性。

1.1.5 大数据的信号处理与系统工程

2013 年举行了信号处理和系统工程大数据研讨会[4]。从 NSF 的角度来看，他们希望开发分析、计算和存储的工具：

- 估计处理和储存性能；
- 开发可扩展的算法：在线(自适应)且分布式的；
- 计算机和信息科学与工程(CISE)在并行体系结构和计算方面有所突破；
- 考虑冗余和错误控制：信源和信道编(解)码；
- 容错性、隐私性和安全性方面的突破。

另一个对大数据科学与工程的突破性研究是：

- 信号处理和系统工程提供了自上而下的方法；
- 开发统计和优化的工具箱。

激发高层次的问题包括：从“大系统”工程中学到的经验教训能够被应用于大数据工程吗？正确的途径是什么呢？促进科学家和工程师之间大数据协作的主要工具是什么？大数据科学和工程面临的重大挑战是什么？我们如何教育大数据工程师？

大型工程数据具有独特的特点：更加严谨和规范。具有大数据机遇的新兴工程系统：智能电网、传感器网络、交通运输、远程医疗、航空航天、检测、安全、核能、设计蓝图等。现在可能需要重新考虑数据收集和存储以促进大数据处理和推理任务。

一些示例问题有：我们如何在大量的分散信号和数据分析任务中权衡复杂性和准确性？如何为大规模的、非结构化的或松散结构的数据开发高效的数据分析算法？什么是用于扩展推理和学习算法的基本原则和有用的方法，并根据工程实践的需要(例如，鲁棒性与效率，实时性)权衡计算资源(例如，时间、空间和能量)？

根据文献[26]，大数据处理和分析需要以下几点。(1)异构数据的集成：大规模数据库中的相关性挖掘；不同尺度和噪声水平的数据；连续和分类变量的混合。(2)可靠而鲁棒的量化模型：不确定性量化；随时间变化的适应性。(3)高吞吐量实时处理：智能自适应采样和压缩；分布式或并行处理架构。(4)交互式用户界面：人为介入处理；可视化和降维。

根据文献[26]，一些信号处理的挑战包括(1)异构数据集成：人类辅助选择相关变量的排序信号；融合图、张量和序列数据；主动可视化；降维。(2)灵活的低复杂性建模和计算：可扩展的信号处理；分布式算法和实现；智能抽样；反馈控制信号搜索与捕获。(3)可靠的鲁棒模型用于异常检测和分类；稀疏信号处理；稀疏相关性图模型；可分解的信号处理；因子分解的模型和算法。

对于信号处理工具箱，我们有以下几个基本要素：线性方程求解器（高斯变换，Givens 变换，Householder 变换）；频谱表征（快速傅里叶变换，奇异值分解）；统计平均值（交叉验证，bootstrap，boosting）；优化（线性最小二乘法，线性/二次规划，动态规划）。它们也能够被应用在以下几方面。(1)线性和非线性预测：维纳滤波器、卡尔曼滤波器、粒子滤波器、沃尔泰拉（Volterra）滤波器；(2)信号重构：矩阵分解、矩阵、完备性、鲁棒的主成分分析；(3)降维：主成分分析、独立成分分析、典型关联分析、线性判别分析、非线性编辑；(4)自适应采样：压缩感知、蒸馏感应；(5)图像信号处理：图谱、k 最近邻算法搜索、置信传播。

我们生成的数据量与可以存储、通信和处理的数据量之间的差距越来越大。正如 Richard Baraniuk 所指出的那样，我们生产的数据量是可存储数据量的两倍[27]，并且差距在不断扩大。只要继续按照这种情形发展下去，就迫切需要新的数据采集概念，如压缩感知。

压缩感知和稀疏表达发挥了关键作用：先进的概率论和（尤其是）随机矩阵理论，凸优化以及应用谐波分析将成为甚至已经成为许多工程师所使用的工具的标准组成部分。压缩感知已经推动了“l_1最小化算法”的发展，以及更普遍的非平滑优化。这些算法在许多学科中都有广泛的应用，包括物理学、生物学和经济学[28]。压缩感知对我们最重要的启发可能是它迫使我们以一种真正的集成方式来思考信息、复杂性、硬件和算法。

对于多标准异常、人机交互或多个终端用户，非主导排序是有趣且有用的框架[29,30]。

作者在本节提出对美国国家自然科学基金（NSF）[31-34]的相关研究建议。

1.1.6 大数据的大型随机矩阵

在多元数据的背景下，随机矩阵在统计学中起着核心作用（可以参考三本经典的书籍：文献[35]~[37]）。

持续增长的大数据带来了高维度的统计分析。凸分析、黎曼几何和组合是相关的。随机矩阵理论（RMT）已成为一种与高维多元数据分析相关的许多理论问题的特别有用的框架。可以参阅文献[38]关于 RMT 的叙述。

RMT 以两种方式影响现代统计思想。一方面，RMT 的大部分数学处理都集中在元素高度独立的矩阵上，这个矩阵可以被称为“非结构化”随机矩阵。回想一下，大约 75%的大数据是非结构化的。另一方面，在高维统计中，我们主要关心的是在随机噪声下的低维结构问题。

文献[39]中有 200 多页致力于随机矩阵理论的推导。文献[40]整本书的目标与文献[39]是相同的，但是方法不同。第一本书研究所谓的渐近方法，而第二本书研究非渐近方法。在渐近方法下，随机矩阵的大小被假定为接近无穷大。例如，对于大小为 $m \times n$ 的随机矩阵 $\mathbf{X}$，我们假设渐近方法：$m \to \infty$，$n \to \infty$，但 $m/n \to c$。另一方面，非渐近方法定义为：m 和 n 很大，但有限。作者向 NSF 提出的研究建议[31-34]也有类似的动机。

正如 1.1.1 节所指出的那样：高可扩展性是大数据分析中最重要的要求。还有人认为“唯一至关重要的是大小”。基于这一观察，作者很自然地使用随机矩阵的非渐近理论来模拟大数据。其动机是研究算法如何随着数据样本的大小进行扩展。

我们相信随机矩阵的非渐近理论可以统一许多大数据中的问题。本书后面研究的许多问题都以这个理论作为出发点。

张量(也称为多维阵列或 N 路阵列)用于各种应用，从化学计量学到网络分析。张量工具箱[41]使用 MATLAB 的面向对象特性提供了一些类来处理稠密、稀疏和结构张量。

1.1.7 美国联邦政府的大数据

我们强调一些与本书内容相关的要点[42]。

DARPA 的**多尺度异常检测**项目，创建、调整和应用了在大规模数据集中进行异常特征化和检测的技术。数据异常暗示了在各种现实世界环境中收集额外的可操作信息。初始应用领域是内部的威胁检测，在日常网络活动的背景下检测可信赖个体的恶意行为。

DOE 为数据管理、可视化和数据分析社区提供指导，包括数字保存和社区访问。**用于分析千万亿次级数据的数学运算**，解决了从海量科学数据集中获取结果、发现关键特征和理解这些特征之间关系的挑战。研究领域包括机器学习、流数据的实时分析、随机非线性数据降维技术和适用于广泛 DOE 应用的可扩展统计分析技术，包括来自电网、宇宙学的传感器数据和气候数据。

基础能源科学办公室(BES)科学用户设施项目，支持了一系列旨在帮助用户进行大数据(单个实验中每天的数据可以达到百万兆字节)管理和分析的工作。

由 NSF 资助的研究人员正在开发一个统一的理论框架，针对具有可扩展算法的网络模型的主要统计方法，以便区分网络中的知识和随机性。

由 NSF 提供资助的**信息集成和信息学**计划，提出了新的挑战和可扩展性问题，涉及从传统的科学研究数据到大型异构数据，如新数据类型的模型和表征的集成，以及数据路径、信息生命周期管理和新平台等相关问题。

NSF 资助了包含数学基础、统计基础以及计算算法的学科。高速网络为从瑞士 CERN 的大型强子对撞机(LHC)到超过 100 个计算设备每年实时传输超过 15 PB 的数据。

理论和计算天体物理网络(TCAN)计划通过推进解释这些数据所需的基本理论和计算方法来最大限度地提高大型天文数据集的发展潜力，将研究人员聚集在一个可协作的网络中，跨越机构和地理上的鸿沟，培养未来的联合研究理论和计算的科学家。

此类研究项目包括：(1)在大规模计算机网络防御中开发数据可视化；(2)将大数据集与地球科学理论的重大想法转换为科学发现。

1.2 大数据挖掘

大数据涉及具有多个自主来源的大容量、复杂、不断增长的数据集。随着网络、数据存储和数据收集能力的快速发展，大数据在包括物理、生物和生物医学在内的所有科学和工程领域的应用正在迅速发展。

数据收集量大幅增长，超出了常用软件工具在“可承受的时间内”捕获、管理和处理的能力。大数据应用最根本的挑战是探索大量的数据，并为将来的行为提取有用的信息或知识[43]。在许多情况下，知识提取过程必须非常高效且接近实时，因为存储所有收集到的数据几乎是不可行的。例如，大规模认知无线电网络中的网内处理[44]是一种瓶颈。对于 1 微秒的数据集，处理时间在几毫秒的水平(高三个数量级)。因此，空前的数据量需要一个有效的数据分析和预测平台来实现快速响应和实时分类大数据。

定理 1.2.1(HACE 定理[45]) 大数据起始于具有分布式和分散控制的大量、异构、自治的源，并试图探索数据之间复杂且不断变化的关系。

在盲人和大象的类比中，每个盲人的局部的(有限的)观点导致了一个有偏见的结论。探索大数据相当于汇集来自不同源(盲人)的异构信息，以帮助画出最佳的图像，以实时的方式揭示大象的真实姿态。

大数据的基本特征之一即大数据是以异构和多样化的维度来表示大数据的大体量数据的。原因是不同的信息收集者更喜欢以他们自己的模式或协议进行数据记录，不同的应用程序的性质也导致离散的数据表示。

具有分布式和分散式控制的自治数据源是大数据应用的主要特征。每个数据源(传感器)都是自治的，能够生成和收集信息，而不涉及(或依赖)任何中心化的控制。

当数据量增加时，复杂性和数据的关系也会增加。一个例子是时变的无线网络或电力网。

图 1.2 显示了一个大数据处理框架。层次 I 上的挑战主要集中在数据访问和算术计算过程。由于大数据通常存储在不同的位置，而数据量可能会持续增长，因此一个有效的计算平台不得不将分布式大规模数据存储考虑到计算中。例如，分布式检测和估计[46]在无线传感器网络的背景中是相关的。

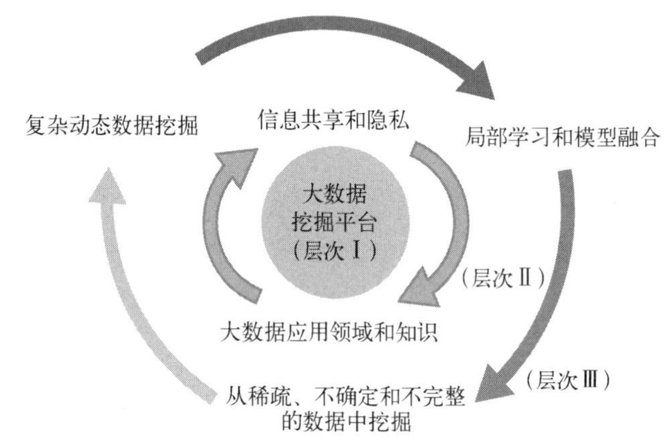

图 1.2 大数据处理框架：研究挑战形成了三层结构。围绕着“大数据挖掘平台”(层次 I)，侧重于低层数据访问和计算。信息共享和隐私方面的挑战与大数据应用领域和知识形成层次 II，主要集中在高层次语义、应用领域知识和用户隐私问题。最外层的圆圈显示了实际挖掘算法的层次 III 挑战。经许可转自文献[45]

例 1.2.2(长时间序列)

我们用一个很长的时间序列来形成一个大型随机矩阵。给定时间序列 $x[i]$，$i=1,\cdots,NT$，其中 N 和 T 是整数，我们形成一个较大的 $N\times T$ 的随机矩阵 $\mathbf{X}$。例如，$N=1000$，$T=4000$。我们将数据视为多个数据段。在这里我们有 N 个数据段，每个数据段的长度是 T，所以总共需要 NT 个数据样例。 □

例 1.2.3[平方千米阵列(SKA)——大数据视角]

平方千米阵列有 2000 到 3000 个碟形天线，如图 1.3 所示。波长从 3 m 到 3 cm 不等。SKA 将有一组连贯的连接天线，在大约 3000 千米的范围内传播，其聚合天线收集面积可达 106 m^2，在厘米波长和米波长。到 2022 年，该项目的运行时间将在 10 GHz 以下。

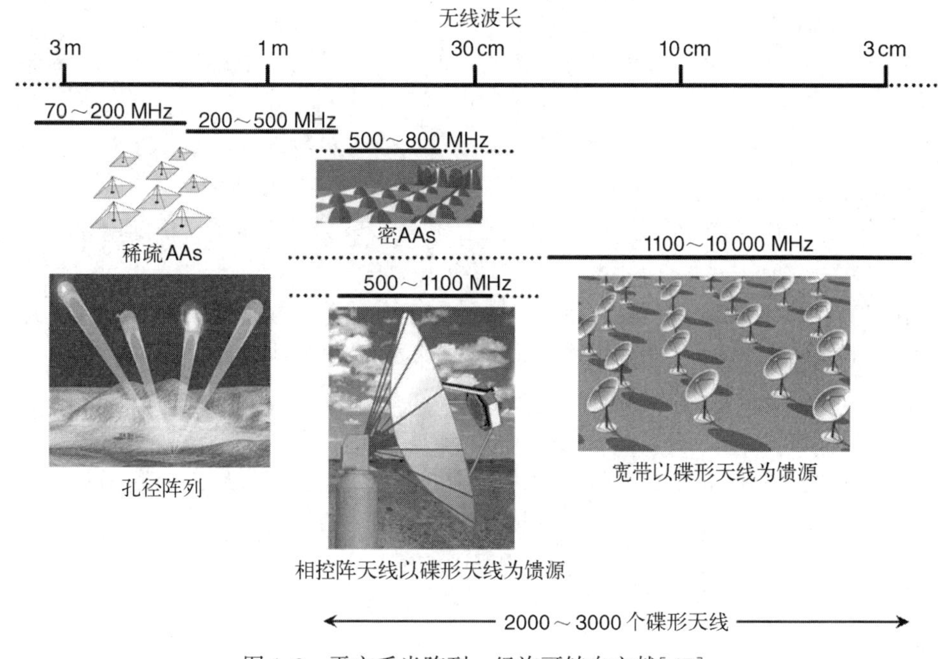

图 1.3　平方千米阵列。经许可转自文献[47]

大规模的无线通信网络试图模拟虚拟阵列，所以 SKA 起着指导的作用。

以 40 GB/s 的数据生成速率，从 SKA 中生成的数据量是非常大的。我们可以将每一个碟形天线都建模为一个传感器，这样处理的就是空间分布的 $N(N=2000\sim3000)$ 个传感器。

对于每一个传感器，我们观察一个时间序列 $\mathbf{x}_i \in \mathbb{C}^{T\times 1}$，其中 $i=1,2,\cdots,N$，我们能够收集这 N 个传感器的数据，并将其形成一个矩阵：

$$\mathbf{X}=\begin{pmatrix}\mathbf{x}_1^{\mathrm{T}}\\ \mathbf{x}_2^{\mathrm{T}}\\ \vdots\\ \mathbf{x}_N^{\mathrm{T}}\end{pmatrix}_{N\times T}\in \mathbb{C}^{N\times T}$$

时间为 T 的 SKA 数据(称为一个快照)由一个大型随机矩阵 $\mathbf{X}\in\mathbb{C}^{N\times T}$ 表示。现在我们研究随机矩阵序列中数据的时间演化(对于 n 个快照) $\mathbf{X}_1,\cdots,\mathbf{X}_n\in\mathbb{C}^{N\times T}$。我们能够使用这些大型随机矩阵做一些数据处理。(1)厄米(Hermitian)随机矩阵的和(见定理 17.4.1) $\frac{1}{\sqrt{n}}\sum_{i=1}^{n}(\mathbf{X}_1\mathbf{X}_1^{\mathrm{H}}+\cdots+\mathbf{X}_n\mathbf{X}_n^{\mathrm{H}})$；(2)非厄米随机矩阵的乘积 $\mathbf{X}_1\cdots\mathbf{X}_n$；(3)几何平均数 $(\mathbf{X}_1\cdots\mathbf{X}_n)^{1/n}$；(4)对于 N 个空间分布的传感器(随机的)，我们把数据矩阵 $\mathbf{X}$ 写成上面的形式。$\mathbf{X}$ 的理论分布是什么？这个问题可以用欧几里得随机矩阵(简称欧氏随机矩阵)来表示。这个问题对应于一个随机的格林函数。

一个特殊的随机矩阵是在 6.14 节中定义的欧氏随机矩阵，与随机几何图形的联系见 16.1.5 节。一个 $N\times N$ 的欧氏随机矩阵 $\mathbf{A}$ 的元素 A_{ij} 由在欧几里得空间(简称欧氏空间)的有限区域 V 中随机分布的点对位置的确定性函数 f 给出：

$$A_{ij}=f(\mathbf{r}_i,\mathbf{r}_j),\quad i,j=1,\cdots,N$$

其中，N 个点 $\mathbf{r}_i$ 是随机分布在均匀密度为 $\rho=N/V$ 的 d 维欧氏空间中的。 □

例 1.2.4(多信息源的本地学习与模型融合)

大型数据应用程序具有独立的源和分散控制功能，由于潜在的传输成本和隐私问题，所以系统禁止将分布式数据源聚集到一个集中式的节点上进行挖掘。另一方面，虽然我们可以在每个分布的节点随时开展挖掘活动，但是每个节点所收集数据的偏差往往导致决策或模型的偏差，这就像盲人摸象一样。在这种情况下，大型随机矩阵为数据表示提供了自然模型。利用来自分布式源的数据矩阵，我们可以形成更大的矩阵。数据融合后的基本数学结构(随机矩阵)保持不变。但是，可扩展性是相关的。

使用随机矩阵理论的统一工具，我们可以研究融合问题。在没有明确形成样本协方差矩阵的情况下，计算特征值的可能性允许我们以分布式的方式研究问题。细节见 16.3 节。

在这种情况下进行分布式估计和检测是很自然的。细节见 16.1 节。

模型挖掘和关联是关键步骤。当数据是独立均匀分布的噪声时，特征值的分布在复平面上具有旋转对称性。当同时存在信号和噪声时，在复平面上可以识别出一些相关性。人们对非厄米随机矩阵进行了研究。这个理论是最近的一个突破性进展(见第 6 章)。 □

例 1.2.5(从稀疏、不确定和不完整的数据中挖掘)

稀疏、不确定和不完整的数据是大数据应用程序定义的特征。对于大多数机器学习和数据挖掘算法，高维度稀疏数据显著地降低了从数据导出的模型的可靠性。我们必须强调，在进行数据处理时，稀疏和高维是两个优势，而不是阻碍。大数据所特有的测量现象可以加以利用[40]。

不确定数据是一种特殊类型的数据，其中每个数据字段不再是确定的，而是受到一些随机/错误分布的影响。这主要与不准确读取和收集数据的特定领域应用程序有关。在本书中，我们提倡随机性的探索。我们将随机性看作可以利用的自然资源而引入。

不完整数据是指某些样本的数据字段值丢失。丢失可能由不同的原因造成，例如，传感器节点的故障，或者一些有意跳过某些值的系统策略(例如，放弃一些传感器节点读数以节省传输功率)。低秩矩阵恢复[40]被用来处理不完整的数据。低秩矩阵恢复通过使用大型随机矩阵作为“采样”矩阵，以此实现对数据高维性的利用。 □

例 1.2.6(挖掘复杂和动态数据)

大数据的兴起是由复杂数据的快速增长及其数量和性质的变化所驱动的[48]。在万维网服务器、互联网骨干网、社交网络、通信网络和交通网络等网络上发布的文件都具有复杂的数据特点。简单的数据表示是不够的。在大数据中，数据类型包括结构化数据、非结构化数据和半结构化数据等。目前，还没有公认的有效且高效的数据模型可以用来处理大数据。在本书中，我们研究使用大型随机矩阵进行数据表示。这个框架具有能够发现数据中复杂关系网络的优点。 □

1.3 大数据的数学介绍

大数据没有标准的定义。下面我们给出一个大数据的数学定义。

定义 1.3.1(大数据的基本定义)

大数据必须满足以下三个条件：

1. 数据样本被建模为随机变量，如 $X_1, X_2, \cdots, X_n$。
2. 数据样本的数量(比如 n)足够大到可以观察到一些极限结果。
3. 函数 $f(X_1, \cdots, X_n)$ 可以用 n 个随机变量来定义。

这个定义的主要目的是捕捉大数据的数学含义。特别是，我们感兴趣的是用大型随机矩阵 $\mathbf{X}$ 来表示所有数据样本的情况；应用程序被建模为函数 $f(\mathbf{X})$。

例 1.3.2(数据样本是独立的随机变量)

在定义 1.3.1 中，大多数时候，当数据样本由独立随机变量建模时，我们考虑条件 1 的特例。结合条件 1 和条件 2，我们可以利用与概率统计中的极限定理相关的大量知识。粗略地说，当独立随机变量的大小变大时，一些条件接近限制。

最简单和最深入研究的例子是独立实值随机变量的和。这个例子研究的关键可以通过简单而基本的加法公式来总结，即

$$\mathrm{Var}\left(\sum_{i=1}^{n} X_i\right) = \sum_{i=1}^{n} \mathrm{Var}(X_i)$$

和

$$\psi_{\sum_{i=1}^{n} X_i}(\lambda) = \sum_{i=1}^{n} \psi_{X_i}(\lambda) \tag{1.1}$$

$\psi_Y(\lambda) = \log \mathbb{E} e^{\lambda Y}$表示随机变量 Y 的矩生成函数的对数，$\mathbb{E}$ 表示期望。这些公式可以通过马尔可夫不等式求导出围绕其期望 $Z = X_1 + X_2 + \cdots + X_n$的集中不等式。见文献[49]。

如果 $X_1, \cdots, X_n$是值在$[a_1, b_1], \cdots, [a_n, b_n]$间的独立随机变量，加法公式(1.1)意味着

$$\psi_{Z-\mathbb{E}Z}(\lambda) \leqslant \frac{1}{2}\lambda^2 v, \quad \lambda \in \mathbb{R}$$

其中 $v = \sum_{i=1}^{n} (b_i - a_i)^2/4$。由于右边对应于方差为 v 的中心正态随机变量的对数矩产生函数，$Z - \mathbb{E}Z$ 被认为是具有方差因子 v 的亚高斯性质的。亚高斯性质意味着 $Z - \mathbb{E}Z$ 具有亚高斯尾。更准确地说，我们认为对于所有 $t > 0$，

$$\mathbb{P}\{[Z - \mathbb{E}Z] \geqslant t\} \leqslant 2\exp[-t^2/(2v)]$$

这是 Hoeffding 不等式。

最简单和更自然的平滑假设之一就是有界差分条件。称包含 n 个变量(都取某个可测集 X 的值)的函数 $f: \mathcal{X}^n \to \mathbb{R}$ 满足有界差分条件，如果对于每个 $X_1, \cdots, X_n, Y_1, \cdots, Y_n \in \mathcal{X}^n$存在常数 $c_1, \cdots, c_n > 0$ 满足

$$|f(X_1, \cdots, X_i, \cdots, X_n) - f(X_1, \cdots, X_{i-1}, Y_i, X_{i+1}, \cdots, X_n)| \leqslant C_i$$

换句话说，改变 n 个变量中的任何一个，而保持其余的固定不变，不会引起函数值大的变化。等同地，人们可以把它解释为利普希茨(Lipschitz)条件。

有界变量之和是有界差分函数的最简单例子。事实上，如果 $X_1, \cdots, X_n$是实值独立随机变量，若 X_i在区间$[a_i, b_i]$中取值，则 $f(X_1, \cdots, X_n) = \sum_{i=1}^{n} X_i$ 满足 $c_i = b_i - a_i$的有界差分条件。基于鞅的方法的基本论据是，一旦函数满足有界差分条件，$Z = f(X_1, \cdots, X_n)$可以被解释为与 Doob 滤波相关的有界增量的鞅。换句话说，我们可以写为

$$Z - \mathbb{E}Z = \sum_{i=1}^{n} \Delta_i \tag{1.2}$$

其中

$$\Delta_i = \mathbb{E}[Z \mid X_1, \cdots, X_i] - \mathbb{E}[Z \mid X_1, \cdots, X_{i-1}], \quad i = 1, \cdots, n$$

$$\Delta_1 = \mathbb{E}[Z \mid X_1] - \mathbb{E}[Z]$$

有界差分条件意味着，基于 $X_1,\cdots,X_{i-1}$，鞅增量 Δ_i 值将在一个长度至多为 c_i 的区间内。因此，在 $v=(1/4)\sum_{i=1}^{n}c_i^2$ 时，Hoeffding 不等式对 Z 是有效的。这个结果被称为有界差分不等式，通常被称为 McDiarmid 不等式。 □

例 1.3.3（独立的非渐近理论的集中不等式）

独立随机变量函数随机波动的研究是集中不等式的一个课题。将函数与其期望值（或其中值）不同的概率限制在一定量以上，集中不等式量化了这样的陈述。

在 20 世纪 90 年代中期，Michel Talagrand[50] 提供了一个重要的见解："一个随机变量平滑地依赖于许多满足 Chernoff 型界限的独立随机变量的影响。"

为了得到 $Z=f(X_1,\cdots,X_n)$ 在其平均值或中值附近的集中范围，应该给独立随机变量 $X_1,\cdots,X_n$ 的函数 $f(\cdot)$ 设置怎样的平滑条件？

理解独立变量利普希茨函数集中性质的一种方法基于研究产品测度如何集中在高维空间。在 Talagrand 的工作中，这种方法的主要思想占主导地位。

在上面的例子中，我们只考虑了独立随机变量 $X_1,\cdots,X_n$ 的线性组合。现在我们考虑更一般的组合 $f(\mathbf{X})$，简写为 $\mathbf{X}=(X_1,\cdots,X_n)$。

测量结果的最有效集合，不仅仅是利用每个独立随机变量的利普希茨行为，而是联合利普希茨行为。

Talagrand 集中定理（定理 1.3.5）的一个结果是一个大型随机矩阵的光谱测量集中度（经验）[40]。

如果所有的随机向量 $\mathbf{x},\mathbf{y}\in\mathbb{R}^n$ 满足 $|f(\mathbf{x})-f(\mathbf{y})|\leqslant\|\mathbf{x}-\mathbf{y}\|$，我们说函数 $f:\mathbb{C}^n\to\mathbb{R}$ 是一个 1-利普希茨 函数，其中 $\|\cdot\|$ 是欧几里得范数（简称欧氏范数）。

定理 1.3.4（利普希茨函数的高斯集中不等式）

设 $X_1,\cdots,X_n\equiv\mathcal{N}(0,1)$ 是独立同分布实数高斯变量，设 $f:\mathbb{C}^n\to\mathbb{R}$ 是 1-利普希茨函数。那么对任一 t 有

$$\mathbb{P}(|f(\mathbf{X})-\mathbb{E}f(\mathbf{X})|\geqslant tK)\leqslant C\exp(-ct^2)$$

对于一些绝对常数 C，$c>0$。该定理对所有高斯随机向量的利普希茨函数都是有效的。

定理 1.3.5（Talagrand 集中不等式）

设 $K>0$，且 $X_1,\cdots,X_n$ 为独立复变量，其中对于所有 $1\leqslant i\leqslant n$ 满足 $|X_i|\leqslant K$。设 $f:\mathbb{C}^n\to\mathbb{R}$ 是 1-利普希茨和凸函数。那么对任一 t 有

$$\mathbb{P}(|f(\mathbf{X})-\mathbb{M}f(\mathbf{X})|\geqslant tK)\leqslant C\exp(-ct^2)$$

$$\mathbb{P}(|f(\mathbf{X})-\mathbb{E}f(\mathbf{X})|\geqslant tK)\leqslant C\exp(-ct^2)$$

对于一些绝对常数 C，$c>0$，其中 $\mathbb{M}f(\mathbf{X})$ 是 $f(\mathbf{X})$ 的中位数。

该定理对于所有利普希茨和独立（不一定是高斯）随机向量的凸函数是有效的。

例 1.3.6（大型随机矩阵理论）

随机矩阵理论或量子信息理论与大数据非常相关。在文献[39]中明确提出了利用随机矩阵来模拟大数据的愿景。

利用 N 个随机（行）向量 $\mathbf{X}_1,\cdots,\mathbf{X}_N\in\mathbb{C}^{1\times T}$，我们构建一个 $N\times T$ 随机矩阵：

$$\mathbf{X}=(\mathbf{X}_1,\cdots,\mathbf{X}_N)^{\mathrm{T}}\in\mathbb{C}^{N\times T}$$

如果 $\mathbf{Y}=\mathbf{Y}^{\mathrm{H}}$，我们说矩阵 $\mathbf{Y}$ 是厄米矩阵；其中 H 表示矩阵的共轭转置。一般来说，随机矩阵 $\mathbf{X}$ 不是厄米矩阵。

经典框架是研究 N 固定的状态而 $T\to\infty$ 。对于现代大数据，这个基本假设是无效的。我们必须研究新的范式

$$N\to\infty,\quad T\to\infty\quad 而\quad N/T\to c\in[0,\infty)$$

其中 c 是固定常数。

本书在第一部分文献中查阅了许多近期的成果。□

例 1.3.7(厄米随机矩阵的自由概率理论)

当随机矩阵很大时，传统的独立性被渐近自由度所取代。自由随机变量可以被认为是经典意义上的“独立”随机矩阵。第 5 章应用这个理论来模拟大型随机矩阵。自由随机变量是随机无限维线性算子，它们是等价的超大型随机矩阵。自由随机变量的统计特性等价于大型随机矩阵的特征值。□

Voiculescu 于 1983 年左右引入了自由概率理论，以攻击冯·诺依曼代数的自由群同构问题。在这个背景下，Voiculescu 分离出一个他称之为“自由度”的结构。他的基本见解是把这个概念从运算符代数的起源中分离出来，并以其为目标单独调查。此外，他还提出了这样的观点：自由度应该被看作(尽管是非交换性的)随机变量中古典概率概念“独立性”的类比。因此，自由度也被称为“自由独立”，整个主体被称为“自由概率论”。

Voiculescu 在 1991 年发现，在许多类别的随机矩阵中，当矩阵大小趋于无穷的渐近状态下，自由度也存在。由此自由概率理论被提升到一个新的水平。这种洞察力把算子代数和随机矩阵两个完全不同的理论结合起来，在两个方向上都相当有影响力。用随机矩阵对算子代数进行建模，产生了近十年来算子代数最深刻的结果；而在算子代数和自由概率理论中开发的工具现在可以应用于随机矩阵问题，特别是产生许多可以用来计算随机矩阵的渐近特征值分布的新方法。自由度不是由它在算子代数中的首次出现激发的,而是由它的随机矩阵连接激发的。

在自由概率论中，独立随机变量之和的中心极限定理服从半圆分布。半圆分布与独立交换随机变量之和的高斯或正态分布具有相同的函数。如果 $X_1,X_2,\cdots,X_n$是相同分布的零均值自由随机变量并且方差为$(R/2)^2$，则自由和或加法自由卷积

$$\frac{1}{\sqrt{n}}X_1\boxplus X_2\boxplus\cdots\boxplus X_n$$

具有半圆分布

$$p(t)=\begin{cases}\dfrac{1}{2\pi R^2}\sqrt{R^2-t^2}, & |t|\leqslant R\\ 0, & 其他\end{cases}$$

其中，R 是分布的半径和，$\boxplus$表示无添加卷积。

通过自由概率，我们可以计算一个 3000×3000 的随机矩阵 $\mathbf{p}(\mathbf{X},\mathbf{Y})$ 的直方图，其中 $\mathbf{X}$ 和 $\mathbf{Y}$ 分别是独立的高斯 Wishart 随机矩阵：$\mathbf{p}(\mathbf{X},\mathbf{Y})=\mathbf{X}+\mathbf{Y}$;$\mathbf{P}(\mathbf{X},\mathbf{Y})=\mathbf{XY}+\mathbf{YX}+\mathbf{X}^2$。$\mathbf{P}(\mathbf{X},\mathbf{Y})$是两个随机矩阵的多项式。

例 1.3.8(非厄米随机矩阵的自由概率理论)

如上所述，通常一个随机矩阵 $\mathbf{Y}$ 是非厄米的。代数中的大部分工具处理的是厄米随机矩阵。非厄米随机矩阵与厄米随机矩阵相比要难得多。第 6 章给出了使用(大)非厄米随机矩阵对数据进行建模的全面介绍。□

乘积的特征值密度

$$\mathbf{X}_1\mathbf{X}_2\cdots\mathbf{X}_L \tag{1.3}$$

在 $L\geqslant 2$ 且 $N\to\infty$ 时是一个独立的 $N\times N$ 的高斯矩阵，且在复平面上是旋转对称的，可以由一个简单的表达式给出：

$$\rho(z,\bar{z})=\begin{cases}\dfrac{1}{L\pi}\sigma^{-2/L}\,|z|^{-2+2/L}, & |z|\leqslant\sigma\\ 0, & |z|>\sigma\end{cases}$$

其中$\bar{z}$表示复数 z 的复共轭，有效的比例参数 $\sigma=\sigma_1\sigma_2\cdots\sigma_L$，有

$$\mathbb{E}\,(\mathbf{X}_1)_{ij}=\cdots=\mathbb{E}\,(\mathbf{X}_L)_{ij}=0,\quad i,j=1,\cdots,N$$

$$\mathbb{E}\,|(\mathbf{X}_1)_{ij}|^2=\sigma_1^2/N,\cdots,\mathbb{E}\,|(\mathbf{X}_L)_{ij}|^2=\sigma_L^2/N,\quad i,j=1,\cdots,N$$

参数 σ 是圆形支撑的半径，与高斯波动的振幅有关。这种特征值密度的形式非常普遍。对于乘积来说，高斯厄米矩阵、非厄米矩阵、实数随机矩阵或复数随机矩阵都是相同的。即使乘积中的矩阵来自不同的混合高斯模型，乘积也不会改变。

研究乘积

$$\mathbf{P}=\mathbf{A}_1\mathbf{A}_2\cdots\mathbf{A}_L \tag{1.4}$$

其中 $L\geqslant 1$，$\mathbf{A}_l$是相互独立的矩形的大规模 $N_l\times N_{l+1}$ 随机高斯矩阵，$l=1,2,\cdots,L$。我们关注限定条件 $N_{L+1}\to\infty$，并且

$$R_l\equiv\frac{N_l}{N_{l+1}}=\text{无限},\quad l=1,2,\cdots,L+1$$

参数 σ_l表示在 $\mathbf{A}_l$ 中高斯波动的范围，每个矩阵 $\mathbf{A}_l$ 的元可以看作相互独立的中心化的高斯随机变量，实部和虚部的方差与 σ_l^2成正比，与矩阵元素 N_lN_{l+1}的平方根成反比。考虑：

$$\mathbf{Q}=\mathbf{P}^{\mathrm{H}}\mathbf{P},\quad \mathbf{R}=\mathbf{P}\mathbf{P}^{\mathrm{H}}$$

其中 $\mathbf{P}$ 在式(1.4)中定义。$\mathbf{Q}$ 和 $\mathbf{R}$ 是厄米矩阵，它们的非负谱只有在零模式下才会有差异。矩阵 $\mathbf{X}$ 的 M 变换被定义为

$$M_{\mathbf{X}}(z,\bar{z})=zG_{\mathbf{X}}(z,\bar{z})-1$$

其中 $G_{\mathbf{X}}(z,\bar{z})$ 表示格林函数。

主要发现为乘积式(1.4)的特征值分布和 M 变换都是球对称的。我们将用 M 变换使其满足 L 阶多项式方程：

$$\prod_{l=1}^{L}\left(\frac{M_{\mathbf{P}}(|z|^2)}{R_l}+1\right)=\frac{|z|^2}{\sigma^2} \tag{1.5}$$

其中，尺度参数是 $\sigma=\sigma_1\sigma_2\cdots\sigma_M$。

一个关于 $\mathbf{Q}$ 的类似的方程可以表示为

$$\sqrt{R_l}\,\frac{M_{\mathbf{Q}}(z)+1}{M_{\mathbf{Q}}(z)}\prod_{l=1}^{L}\left(\frac{M_{\mathbf{Q}}(z)}{R_l}+1\right)=\frac{z}{\sigma^2} \tag{1.6}$$

式(1.5)中的自由参数是$|z|^2$，式(1.6)中的 z 同样如此。令人惊讶的是高斯随机矩阵 $\mathbf{P}$ 的乘积在复平面上是轴对称的，而对厄米乘积 $\mathbf{Q}$ 的研究打破了轴对称。换句话说，给定一个数据矩阵 $\mathbf{A}_l$，$l=1,\cdots,L$，如果我们研究的是非负的厄米随机矩阵 $\mathbf{Q}$，而不是非厄米随机矩阵 $\mathbf{P}$，将会丢失一些统计结构(对称性)。

一个意想不到的普遍性的含义是，谱不一定显示为轴对称的随机矩阵的乘积在复平面上具有一个轴对称的特征值分布(例如，平均密度仅取决于$|\lambda|$)。

随机量子态的定义为通过指定一个概率测度空间的密度矩阵 $\boldsymbol{\rho}$，即厄米矩阵，其是一个半正定(具有非负特征值)和归一化($\mathrm{Tr}\ \boldsymbol{\rho}=1$)的矩阵。对于任意的长方矩阵 $\mathbf{Z}$，可以定义$\boldsymbol{\rho}\equiv\mathbf{ZZ}^{\mathrm{H}}/\mathrm{Tr}(\mathbf{ZZ}^{\mathrm{H}})$是合理的随机量子密度矩阵。

如果通过 $\boldsymbol{\rho}$ 使用随机状态为系统建模，那么在复平面上，我们将打破随机矩阵 $\mathbf{P}$[在式(1.4)中定义]的轴对称。这是有意义的，因为特征值 $\mathbf{P}$ 分布在复平面，并且 $\boldsymbol{\rho}$ 的特征值分布在实轴上(非负实值)。

在统计学中，我们通常用 $\mathbf{Q}$ 的形式来使用样本协方差矩阵。对于样本协方差矩阵，$\boldsymbol{\rho}$ 的解释同样是有根据的。通过研究样本协方差矩阵，将会丢失一些结构信息。$\boldsymbol{\rho}$ 的注释对样本协方差矩阵也是有效的。通过对样本协方差矩阵的研究，我们将会丢失一些结构信息(如复平面内的轴对称 M 变换)。有关应用的潜在相关性，可参见例 1.3.9。

现在考虑复数的 $N\times N$ 威希特(Wishart)矩阵 $\mathbf{X}_{r,s}^{\mathrm{H}}\mathbf{X}_{r,s}$，其中 $\mathbf{X}_{r,s}$ 等于 r 个复数高斯矩阵和 s 个复高斯矩阵的逆的乘积。特别是，我们有

$$\mathbf{X}_{r,s}=\mathbf{G}_r\mathbf{G}_{r-1}\cdots\mathbf{G}_1(\widetilde{\mathbf{G}}_s\widetilde{\mathbf{G}}_{s-1}\cdots\widetilde{\mathbf{G}}_1)^{-1}$$

$\mathbf{G}_k$ 表示一个维度为 $n_k\times n_{k-1}$ 的矩形标准复数高斯矩阵，其中 $n_k\geqslant n_{k-1}$，$n_0=N$，$\widetilde{\mathbf{G}}_k$ 是一个维度为 $N\times N$ 的方阵。

例 1.3.9(高斯集合的函数平均值)

MIMO 通道模型的定义类似于式(3.11)。结果可以应用于大规模的 MIMO 分析。参见 15.3 节。我们重复这个定义来修正一个不同的符号。用 M 表示发射天线的数量，用 N 表示接收天线的数量，信道模型表示为

$$\mathbf{y}=\mathbf{Hs}+\mathbf{n} \tag{1.7}$$

$\mathbf{s}\in\mathbb{C}^M$ 是传播向量，$\mathbf{y}\in\mathbb{C}$ 是接收向量，$\mathbf{H}\in\mathbb{C}^{N\times M}$ 是一个复数矩阵，$\mathbf{n}\in\mathbb{C}^N$ 是具有相等方差项的独立零均值复数高斯向量。我们假设$\mathbb{E}(\mathbf{nn}^{\mathrm{H}})=\mathbf{I}_N$，其中$(\cdot)^{\mathrm{H}}$表示复数的共轭转置，$\mathbf{I}_N$ 表示 $N\times N$ 的单位矩阵。添加一个功率约束是合理的：

$$\mathbb{E}(\mathbf{n}^{\mathrm{H}}\mathbf{n})=\mathbb{E}[\mathrm{Tr}(\mathbf{nn}^{\mathrm{H}})]\leqslant P$$

其中 P 是总发射功率。信噪比用 SNR 表示，定义为信号功率和噪声功率的商，在本例中表示为 P/N。 □

回想一下，如果 $\mathbf{A}$ 是一个 $n\times n$ 的厄米矩阵，存在 $\mathbf{U}$ 和 $\mathbf{D}=\mathrm{diag}(d_1,\cdots,d_n)$，因此 $\mathbf{A}=\mathbf{UDU}^{\mathrm{H}}$。给定一个连续函数 f，我们定义 $f(\mathbf{A})$ 为

$$f(\mathbf{A})=\mathbf{U}\mathrm{diag}(f(d_1),\cdots,f(d_n))\mathbf{U}^{\mathrm{H}}$$

最简单的例子是 $\mathbf{H}$ 具有独立同分布的高斯元，它构成了单用户窄频带 MIMO 信道的规范模型。已知该信道的容量是在 $\mathbf{s}$ 为一个具有复数高斯零均值和协方差 SNR $\mathbf{I}_M$ 的向量时实现的。例如文献[51,52]，对于快速衰落信道，假设发射机统计信道状态信息，遍历能力如下：

$$\mathbb{E}[\log\det(\mathbf{I}_N+\mathrm{SNR}\ \mathbf{HH}^{\mathrm{H}})]=\mathbb{E}[\mathrm{Tr}\log(\mathbf{I}_N+\mathrm{SNR}\ \mathbf{HH}^{\mathrm{H}})] \tag{1.8}$$

在上一个等式中，采用的基本事实是

$$\log\det(\cdot)=\mathrm{Tr}\log(\cdot) \tag{1.9}$$

我们更喜欢 $\mathrm{Tr}\log(\cdot)$ 的形式，因为迹函数 $\mathrm{Tr}(\cdot)$ 是一个线性函数。期望函数$\mathbb{E}(\cdot)$也是一个线性函数。有时在式(1.8)中交换$\mathbb{E}$ 和 $\mathrm{Tr}(\cdot)$ 的顺序是很方便的：

$$\mathbb{E}[\log\det(\mathbf{I}_N+\mathrm{SNR}\ \mathbf{HH}^{\mathrm{H}})]=\mathbb{E}[\mathrm{Tr}\log(\mathbf{I}_N+\mathrm{SNR}\ \mathbf{HH}^{\mathrm{H}})]=\mathrm{Tr}[\mathbb{E}\log(\mathbf{I}_N+\mathrm{SNR}\ \mathbf{HH}^{\mathrm{H}})]$$

当研究 n“快照”$p\times p$ 随机矩阵 $\mathbf{X}$ 时，$\mathbb{E}(\mathbf{X})$ 可以近似为算术平均数 $\frac{1}{n}\sum_{i=1}^{n}\mathbf{X}_i$。结果，我们得到下式：

$$\begin{aligned}\mathbb{E}[\log\det(\mathbf{I}_N+\text{SNR }\mathbf{HH}^{\text{H}})] &= \mathbb{E}[\text{Tr}\log(\mathbf{I}_N+\text{SNR }\mathbf{HH}^{\text{H}})] = \text{Tr}[\mathbb{E}\log(\mathbf{I}_N+\text{SNR }\mathbf{HH}^{\text{H}})] \\ &\approx \frac{1}{n}\text{Tr}\left[\sum_{i=1}^{n}\log(\mathbf{I}_N+\text{SNR }\mathbf{H}_i\mathbf{H}_i^{\text{H}})\right]\end{aligned} \tag{1.10}$$

这可以归结为随机正定厄米矩阵 $\mathbf{H}_i\mathbf{H}_i^{\text{H}}$的和，$i=1,\cdots,n$，给出了在式(3.16)中定义的随机信道矩阵 $\mathbf{H}$ 的第 i 个“快照”$\mathbf{H}_i$。文献[40]主要讨论了随机矩阵和。利用式(1.10)可以得到有限数量的样本的信道容量。注意，Frobenius 范数定义为

$$\|\mathbf{B}\|_F^2\equiv\text{Tr}(\mathbf{BB}^{\text{H}})$$

在式(1.10)中，如果我们使用它的泰勒级数展开函数 $\log(\mathbf{I}_N+\text{SNR }\mathbf{H}_i\mathbf{H}_i^{\text{H}})$，可以将问题退化到样本矩 m_k的定义：

$$\hat{m}_k=\frac{1}{M}\text{Tr}\left[\left(\frac{1}{N}\mathbf{H}_i\mathbf{H}_i^{\text{H}}\right)^k\right]$$

其中整数 $k\geqslant 1$。因为样本矩$\hat{m}_k$是真实时刻 m_k的一致估计。利用矩估计对参数进行估计是很自然的[53, p. 425]。有关此内容，可参阅 8.9.3 节。

更一般地，我们可以用$f(\mathbf{HH}^{\text{H}})$的泰勒级数形式来展开一个随机矩阵的函数形式。我们同样可以获得真实时刻 m_k。可以使用样本矩$\hat{m}_k$来估计真实时刻。

另一项重要的性能指标是由线性接收机实现的最小均方误差(MMSE)，它决定了最大可实现输出信号的干扰和噪声比(SINR)。对于具有零均值和单位协方差的独立同分布的输入向量 $\mathbf{x}$，在 MMSE 接收端输出的 MSE 可以表示为

$$\min_{\mathbf{M}\in\mathbb{C}^{M\times N}}\mathbb{E}[\|\mathbf{x}-\mathbf{My}\|^2]=\mathbb{E}[\text{Tr}\log(\mathbf{I}_M+\text{SNR }\mathbf{H}^{\text{H}}\mathbf{H})^{-1}] \tag{1.11}$$

其中左边的期望基于向量 $\mathbf{x}$ 和随机矩阵 $\mathbf{H}$，而右边仅基于 $\mathbf{H}$。有关详细信息，可参阅文献[52]。

让 $\mathbf{H}$ 成为一个 $n\times n$ 的具有零均值和单位方差的复杂、独立和恒等分布的元。给定一个 $n\times n$ 的正定矩阵 $\mathbf{A}$ 和一个连续函数$f:\mathbb{R}^+\to\mathbb{R}$，由此得到对于任意 $\alpha>0$ 满足 $\int_0^\infty \text{e}^{-\alpha t}|f(t)|^2\text{d}t<\infty$，Tucci and Vega(2013)[54]为期望找到了一个新的公式：

$$\mathbb{E}[\text{Tr}(f(\mathbf{HAH}^{\text{H}}))]$$

考虑$f(x)=\log(1+x)$给出了 MIMO 通信信道容量的另一个公式，使用$f(x)=(1+x)^{-1}$给出由线性接收机实现的 MMSE。

从例 1.3.8 可知，当 $\mathbf{H}$ 被分解成 L 个随机矩阵的乘积时，可以看到 $\mathbf{H}$ 和 $\mathbf{HH}^{\text{H}}$的特征值的关系。

例 1.3.10(矩阵假设检验)

相关应用包括：(1)异常检测；(2)大数据拒绝服务；(3)智能电网的不良数据监测(状态估计)。我们考虑以下的矩阵假设检验问题：

$$\begin{aligned}\mathcal{H}_0&:\ \mathbf{Y}=\mathbf{X}\\ \mathcal{H}_1&:\ \mathbf{Y}=\sqrt{\text{SNR}}\cdot\mathbf{H}+\mathbf{X}\end{aligned} \tag{1.12}$$

其中 SNR 表示信噪比，并且 $\mathbf{X}$ 是一个 $m\times n$ 的非厄米随机矩阵。我们进一步假设 $\mathbf{H}$ 是独立于 $\mathbf{X}$ 的。式(1.12)的问题等价于

$$
\begin{aligned}
&\mathcal{H}_0: \mathbf{YY}^{\mathrm{H}} = \mathbf{XX}^{\mathrm{H}} \\
&\mathcal{H}_1: \mathbf{YY}^{\mathrm{H}} = \mathrm{SNR}\ \mathbf{HH}^{\mathrm{H}} + \mathbf{XX}^{\mathrm{H}} + \sqrt{\mathrm{SNR}}(\mathbf{HX}^{\mathrm{H}} + \mathbf{XH}^{\mathrm{H}})
\end{aligned} \tag{1.13}
$$

其中 $\mathbf{HH}^{\mathrm{H}}$、$\mathbf{XX}^{\mathrm{H}}$、$\mathbf{YY}^{\mathrm{H}}$是半正定厄米随机矩阵，如果 $\mathbf{X}$ 和 $\mathbf{H}$ 是高斯随机矩阵，则它们是 Wishart 矩阵。如果所有的特征值都是非负的，则可以认为 $m \times n$ 矩阵 $\mathbf{A}$ 是半正定的，换句话说，$\lambda_i(\mathbf{A}) \geqslant 0$，$i=1,\cdots,\min(m,n)$。矩阵$(\mathbf{HX}^{\mathrm{H}}+\mathbf{XH}^{\mathrm{H}})$是厄米矩阵。 □

似然比检验(LRT)是自然选择。我们会处理大型矩阵的矩阵值随机变量。详见 8.11 节。对这些指标的分析需要先进的工具，如随机矩阵的非渐近理论。测度的集中是这个理论的基础。

定理 17.3.1 表明，如果我们取两个大型随机矩阵 $\mathbf{A}_N$和 $\mathbf{B}_N$，并用一致随机的酉变换来变换其中一个，然后得到的一对矩阵 $\mathbf{A}_N$和 $\mathbf{U}_N\mathbf{B}_N\mathbf{U}_N^{\mathrm{H}}$将是接近自由的。可以用一句话表示如下：

在一般位置的两个大型随机矩阵是渐近自由的。

对于一个多元高斯分布 $\mathcal{N}_p(\boldsymbol{\mu},\boldsymbol{\Sigma})$，众所周知，微分熵 $H(\cdot)$可以表示如下：

$$
\mathcal{H}(\boldsymbol{\Sigma}) = \frac{p}{2} + \frac{1}{2} p \log(2\pi) + \frac{1}{2} \log\ \det \boldsymbol{\Sigma} \tag{1.14}
$$

在高维设置中，维度 $p(n)$随样本量 n 的增大有着特殊的意义。

让 $\mathbf{X}_1,\cdots,\mathbf{X}_{n+1}$成为一个独立的符合 p 维高斯分布 $\mathcal{N}_p(\boldsymbol{\mu},\boldsymbol{\Sigma})$的随机样本。样本协方差矩阵表示为

$$
\hat{\boldsymbol{\Sigma}} = \frac{1}{n} \sum_{k=1}^{n+1} (\mathbf{X}_k - \overline{\mathbf{X}})(\mathbf{X}_k - \overline{\mathbf{X}})^{\mathrm{T}}
$$

在高维情况下，中心极限定理建立在$\hat{\boldsymbol{\Sigma}}$的行列式的对数之上，其中维度 p 与样本量 n 同时变化，仅仅受限于 $p(n) \leqslant n$。在$\lim\limits_{n\to 0} \frac{p(n)}{n} = r$ 的情形下，若 $0 \leqslant r \leqslant 1$，中心极限定理表示为

$$
\frac{\log\ \det \hat{\boldsymbol{\Sigma}} - \sum\limits_{k=1}^{p} \log\left(1 - \frac{k}{n}\right) - \log\ \det \boldsymbol{\Sigma}}{\sqrt{-2\log\left(1 - \frac{p}{n}\right)}} \xrightarrow{\text{Law}} \mathcal{N}(0,1), \quad n \to \infty \tag{1.15}
$$

这个是临界情形 $p=n$ 的结果：

$$
\frac{\log\ \det \hat{\boldsymbol{\Sigma}} - \log(n-1)! + n\log n - \log\ \det \boldsymbol{\Sigma}}{\sqrt{2\log n}} \xrightarrow{\text{Law}} \mathcal{N}(0,1), \quad n \to \infty \tag{1.16}
$$

统计和工程中一个常见的问题是，根据样本估计两种总体分布之间的距离。一种常用的衡量亲密度的方法是求相对熵或 Kullback-Leibler 散度。对于两个分布$\mathbb{P}$ 和$\mathbb{Q}$，分别有各自的密度函数 $p(\cdot)$和 $q(\cdot)$；$\mathbb{P}$ 和$\mathbb{Q}$ 之间的相对熵表示为

$$
KL(\mathbb{P},\mathbb{Q}) = \int p(x) \log \frac{p(x)}{q(x)} \mathrm{d}x
$$

在两个多元高斯分布的情况下，$\mathbb{P} = \mathcal{N}_p(\boldsymbol{\mu}_1,\boldsymbol{\Sigma}_1)$，$\mathbb{Q} = \mathcal{N}_p(\boldsymbol{\mu}_2,\boldsymbol{\Sigma}_2)$，

$$
2KL(\mathbb{P},\mathbb{Q}) = \mathrm{Tr}(\boldsymbol{\Sigma}_2^{-1}\boldsymbol{\Sigma}_1) - p + (\boldsymbol{\mu}_2 - \boldsymbol{\mu}_1)^{\mathrm{T}} \boldsymbol{\Sigma}_2^{-1} (\boldsymbol{\mu}_2 - \boldsymbol{\mu}_1) + \log\left(\frac{\det \boldsymbol{\Sigma}_1}{\det \boldsymbol{\Sigma}_2}\right) \tag{1.17}
$$

从式(1.17)很明显可以看出，相对熵的估计包括对决定因素的对数 $\log\ \det \boldsymbol{\Sigma}_1$和 $\log\ \det \boldsymbol{\Sigma}_2$的估计。

为了检验两个多元高斯分布$\mathbb{P}=\mathcal{N}_p(\boldsymbol{\mu}_1,\boldsymbol{\Sigma}_1)$，$\mathbb{Q}=\mathcal{N}_p(\boldsymbol{\mu}_2,\boldsymbol{\Sigma}_2)$有相同的熵的假设，我们有如下公式：

$$\mathcal{H}_0:\mathcal{H}(\mathbb{P})=\mathcal{H}(\mathbb{Q})\quad \mathcal{H}_1:\mathcal{H}(\mathbb{P})\neq\mathcal{H}(\mathbb{Q})$$

对于任何给定的显著性水平$0<\alpha<1$，基于渐近水平α的检验可以很容易地使用上面给出的中心极限定理构造出来，基于两个独立样本，一个是$\mathbb{P}$另一个是$\mathbb{Q}$。

对于二次判别分析(QDA)，对协方差矩阵的对数行列式的知识也是必不可少的。两个多元高斯分布$\mathcal{N}_p(\boldsymbol{\mu}_1,\boldsymbol{\Sigma}_1)$和$\mathcal{N}_p(\boldsymbol{\mu}_2,\boldsymbol{\Sigma}_2)$，当参数$\boldsymbol{\mu}_1$、$\boldsymbol{\mu}_2$、$\boldsymbol{\Sigma}_1$、$\boldsymbol{\Sigma}_2$已知，预言判别如下：

$$\Delta=-(\mathbf{z}-\boldsymbol{\mu}_1)^{\mathrm{T}}\boldsymbol{\Sigma}_1^{-1}(\mathbf{z}-\boldsymbol{\mu}_1)+(\mathbf{z}-\boldsymbol{\mu}_2)^{\mathrm{T}}\boldsymbol{\Sigma}_2^{-1}(\mathbf{z}-\boldsymbol{\mu}_2)-\log\left(\frac{\det\boldsymbol{\Sigma}_1}{\det\boldsymbol{\Sigma}_2}\right)\tag{1.18}$$

即观测向量z被分类为$\mathcal{N}_p(\boldsymbol{\mu}_1,\boldsymbol{\Sigma}_1)$分布，如果$\Delta>0$则分类为$\mathcal{N}_p(\boldsymbol{\mu}_2,\boldsymbol{\Sigma}_2)$。

例 1.3.11(信号加噪声中的异常)

对于复变量$z=x+\mathrm{i}y$，狄拉克函数(δ函数)被定义为$\delta^2(z)\equiv\delta(x)\delta(y)$，并且定义$\partial/\partial\bar{z}=(\partial/\partial x+\mathrm{i}\partial/\partial y)/2$，$\partial/\partial z=(\partial/\partial x-\mathrm{i}\partial/\partial y)/2$。为了简单起见，一般来说我们用符号$f(z)$代替$f(z,\bar{z})$，作为在复平面上的非正则函数。 □

我们提供一个通用公式表示大规模随机$N\times N$矩阵的特征值密度，

$$\mathbf{A}=\mathbf{M}+\mathbf{LXR}\tag{1.19}$$

其中，**M**、**L** 和 **R** 为一般(**M**)或任意可逆(**L** 和 **R**)的确定性矩阵，**X** 为零均值和方差$1/N$的零均值独立同分布的随机矩阵。例如，**X** 的项为高斯或伯努利随机变量。式(1.19)的模型用于对大脑建模，还可用于传感器网络和无线网络。

由于 **X** 和 **LXR** 的均值为 0，**M** 是 **A** 的总体平均值，**A** 的平均值的随机波动由矩阵 **LXR** 给出，对于一般的 **L** 和/或 **R**，由于独立同分布 **X** 的行(列)的可能的混合和非均匀缩放，使得 **L** 和/或 **R** 具有依赖和非恒等分布的元素。

A 的特征值的密度表示为 **M+LXR**，在复平面上实现 **X**(也称为经验谱分布)被定义为

$$\rho_{\mathbf{X}}(z)=\frac{1}{N}\sum_{i=1}^{N}\delta^2(z-\lambda_i)$$

其中λ_i是 **M+LXR** 的特征值。众所周知[55]，$\rho_{\mathbf{X}}(z)$是渐近自我平均的。在某种意义上，当$N\to\infty$时概率$\rho_{\mathrm{X}}(z)-\rho(z)$收敛于零(分配意义上)，其中$\rho(z)\equiv\langle\rho_{\mathbf{X}}(z)\rangle_{\mathbf{X}}$是$\rho_{\mathbf{X}}(z)$的统计平均值。因此，对于足够大的$N$，**X** 的任何典型实现都会产生一个无限接近于$\rho(z)$的特征值密度$\rho_{\mathbf{X}}(z)$。

对于任何矩阵 **B**，我们用$\|\mathbf{B}\|$来表示它的范数(最大奇异值)，定义它的(归一化的)Frobenius 范数，将其表示如下：

$$\|\mathbf{B}\|_{\mathrm{F}}\equiv\frac{1}{N}\sum_{i,j=1}^{N}|B_{ij}|^2=\frac{1}{N}\mathrm{Tr}(\mathbf{BB}^{\mathrm{H}})\tag{1.20}$$

(等价地，$\|\mathbf{B}\|_{\mathrm{F}}$是 **B** 的奇异值的均方根值。)

对于N而言，我们的一般结果是，$\rho(z)$在复平面区域内是非零的，满足

$$\frac{1}{N}\mathrm{Tr}[(\mathbf{M}_z\mathbf{M}_z^{\dagger})^{-1}]\geqslant 1\tag{1.21}$$

其中，定义

$$\mathbf{M}_z=L^{-1}(z\mathbf{I}-\mathbf{M})\mathbf{R}^{-1}$$

利用式(1.20)，我们可以推得式(1.21)，

$$\|\mathbf{R}(z\mathbf{I}-\mathbf{M})^{-1}\mathbf{L}\|_{\mathrm{F}}\geqslant 1$$

此时，$\rho(z)$表示如下：

$$\rho(z)=\frac{1}{N}\ \frac{1}{z}\ \frac{\partial}{\partial \bar{z}}\mathrm{Tr}[(\mathbf{RL})^{-1}\mathbf{M}_z^{\mathrm{H}}(\mathbf{M}_z\mathbf{M}_z^{\mathrm{H}}+g(z)^2)^{-1}] \tag{1.22}$$

其中$g(z)$表示的是实数，标量函数用下式解决：

$$\frac{1}{N}\mathrm{Tr}[(\mathbf{M}_z\mathbf{M}_z^{\mathrm{H}}+g^2)^{-1}]=1$$

因为所有的g均适用于z。

例 1.3.12(限定性谱分布的渐近确定性)

本例的思路来自随机分块矩阵。考虑到$N\times N$维的厄米矩阵对角线上的“块-行”(“条”)，矩阵的维度受限于常数项d。一个例子是独立同分布元素的矩阵，但是我们在这里拓展的理论更适用于一般情况。 □

本例的分析基于 Stieltjes 变换。我们称为

$$m_n(z)=\frac{1}{N}\mathrm{Tr}((\mathbf{M}-z\mathbf{I}_N)^{-1})$$

$N\times N$维矩阵$\mathbf{M}$服从 Stieltjes 变换，这里$\mathbf{I}_N$是$N\times N$维的单位矩阵。在本文的分析当中，N的取值趋近于正无穷。

定理 1.3.13 假定$N\times N$维的厄米矩阵$\mathbf{M}$定义为

$$\mathbf{M}=\sum_{i=1}^{n}\mathbf{M}_i$$

其中矩阵$\mathbf{M}$中的所有元素均满足线性独立分布且$\mathrm{rank}(\mathbf{M}_i)\leqslant d_i$，其中矩阵$\mathbf{M}$是奇异矩阵，假设$z\in\mathbb{C}^+$和$\mathrm{Im}[z]=v>0$。那么

$$m_n(z)=\frac{1}{N}\mathrm{Tr}((\mathbf{M}-z\mathbf{I}_N)^{-1})$$

那么，对于所有的$t>0$，有

$$\mathbb{P}\left(|m_n(z)-\mathbb{E}[m_n(z)]|>t\right)\leqslant C\exp\left(-c\frac{N^2v^2t^2}{\sum_{i=1}^{n}d_i^2}\right)$$

其中常数C和c的取值不依赖于n或者之后，我们可以对定理 1.3.13 进行扩展。

定理 1.3.14 假定$N\times N$维的厄米矩阵表示为

$$\mathbf{M}=\sum_{1\leqslant i,j\leqslant n}\mathbf{\Theta}_{i,j}$$

其中$\mathbf{\Theta}_{i,j}=f_{i,j}(Z_i,Z_j)$是$N\times N$维矩阵，随机变量$\{Z_i\}_{i=1}^{n}$是线性无关的，$f_{i,j}(Z_i,Z_j)$是简单的随机变量函数。$\mathbf{M}_i$表示厄米矩阵：

$$\mathbf{M}_i=\mathbf{\Theta}_{i,i}+\sum_{j\neq i}(\mathbf{\Theta}_{i,j}+\mathbf{\Theta}_{j,i})$$

假定$\mathrm{rank}(\mathbf{M}_i)\leqslant d_i$，假定$z\in\mathbb{C}^+$，$\mathrm{Im}[z]=v>0$。有

$$m_n(z)=\frac{1}{N}\mathrm{Tr}((\mathbf{M}-z\mathbf{I}_N)^{-1})$$

那么，对于所有的$t>0$，有

$$\mathbb{P}\left(\left|m_n(z)-\mathbb{E}(m_n(z))\right|>t\right)\leqslant C\exp\left(-c\frac{N^2v^2t^2}{\sum_{i=1}^{n}d_i^2}\right)$$

其中常数项 c 和 C 的值不依赖于 n 和 d_i 的取值大小。前面的定理是由下面的定理推导而来的。

定理 1.3.15 假设 $N\times N$ 维的厄米矩阵 $\mathbf{M}$ 存在独立的随机变量 $\{Z_i\}_{i=1}^n$，此外，存在一个矩阵值函数 f，

$$\mathbf{M}=f(Z_1,\cdots,Z_n)$$

进一步假设对于所有 i 均有 $1\leqslant i\leqslant n$，那么存在一个矩阵 $\mathbf{N}_i$ 满足

$$\mathbf{N}_i=f_i(Z_1,\cdots,Z_{i-1},Z_{i+1},\cdots,Z_n)$$

其中 $\operatorname{rank}(\mathbf{M}-\mathbf{N}_i)\leqslant d_i$ [当 $i=1$ 时，$\mathbf{N}_1=f_1(Z_2,\cdots,Z_n)$；当 $i=n$ 时，$\mathbf{N}_n=f_n(Z_1,\cdots,Z_{n-1})$，$f_i$ 是简单的矩阵值函数]。定义 $z\in\mathbb{C}^+$，$\operatorname{Im}[z]=v>0$，那么

$$m_n(z)=\frac{1}{N}\operatorname{Tr}((\mathbf{M}-z\mathbf{I}_N)^{-1})$$

那么，对于所有的 $t>0$，

$$\mathbb{P}\left(\left|m_n(z)-\mathbb{E}(m_n(z))\right|>t\right)\leqslant C\exp\left(-c\frac{N^2v^2t^2}{\sum_{i=1}^{n}d_i^2}\right)$$

其中，常数项 c 和 C 的值不依赖于 n 和 d_i 的取值大小。这就是 McDiarmid 型不等式。

例 1.3.16 随机粒子

除了随机矩阵，d 维空间中随机粒子的经验测度又如何呢？有没有类似的圆形定律现象？球可以取代圆盘？答案是肯定的。例如，无线电波传感器作为随机粒子可以得到它的数学模型。 □

在 d 维空间中，我们考虑数量为 N 的粒子系统，用电荷 $1/N$ 表示，通过一个潜在的线性映射 $\boldsymbol{x}\in\mathbb{R}^d\mapsto V(\mathbf{x})$，这些粒子受到外部条件的限制。此外，通过一个潜在的线性映射 $(\mathbf{x},\mathbf{y})\in\mathbb{R}^d\times\mathbb{R}^d\mapsto W(\mathbf{x},\mathbf{y})$，进一步观测内部离子对相互作用的结果。本例是当 N 趋于无穷时，会进一步得到一个平衡。那么，结构型能量定义如下：

$$\begin{aligned}\mathcal{I}_N(\mathbf{x}_1,\cdots,\mathbf{x}_N)&=\frac{1}{N}\sum_{i=1}^{N}V(\mathbf{x}_i)+\frac{1}{N^2}\sum_{1\leqslant i<j\leqslant N}W(\mathbf{x}_i,\mathbf{x}_j)\\&=\int V(\mathbf{x})\mathrm{d}\mu_N(\mathbf{x})+\frac{1}{2}\int_{\neq}W(\mathbf{x},\mathbf{y})\mathrm{d}\mu_N(\mathbf{x})\mathrm{d}\mu_N(\mathbf{y})\end{aligned}$$

其中 μ_N 是粒子的经验测度(粒子系统的全局编码)：

$$\mu_N:=\frac{1}{N}\sum_{k=1}^{N}\delta_{\mathbf{x}_k}$$

该模型是平均场，这就意味着每个粒子只能通过系统的经验测度与其他粒子相互作用进行表示。假如 $1\leqslant d\leqslant 2$，我们可以构造一个随机标准矩阵，在向量空间中，认为 $\mathbf{x}_1,\cdots,\mathbf{x}_N$ 这些粒子可以作为特征值，对于任意 $n\times n$ 的酉矩阵 $\mathbf{U}$：

$$\mathbf{M}=\mathbf{U}\operatorname{diag}(\mathbf{x}_1,\cdots,\mathbf{x}_N)\mathbf{U}^{\mathrm{H}}$$

如果矩阵 $\mathbf{U}$ 服从 Haar 分布，则它是酉不变的。这里我们更感兴趣的是任意维度 d，哪些矩阵

模型是不可用的。在 N 个 d 维空间中，通过考虑可交换概率测度在 $(\mathbb{R}^d)^N$ 上随机化 P_N，概率密度正比于

$$\exp(-\beta_N \mathcal{I}_N(\boldsymbol{x}_1,\cdots,\boldsymbol{x}_N))$$

其中 $\beta_N>0$，β_N 的取值依赖于 N 的大小。P_N 定律是玻耳兹曼测量在温度导数 β_N 下求得的结果，$\prod_{i=1}^{N} f_1(\mathbf{x}_i) \prod_{1\leqslant i<j\leqslant N} f_2(\mathbf{x}_i,\mathbf{x}_j)$ 的表示形式归结于 $\mathcal{I}_N$ 的结构和对称性。

作为一个特殊案例，该模型包括了随机矩阵的复杂 Ginibre 集合：

$$d=2,\quad \beta_N=N^2,\quad V(\mathbf{x})=|\mathbf{x}|^2,\quad W(\mathbf{x},\mathbf{y})=2\log\frac{1}{|\mathbf{x}-\mathbf{y}|}$$

这个模型是二次约束、库仑斥力、温度导数 $1/N^2$ 条件下的平面集合。这里我们用[·]定义 d 维欧几里得范数。

除了二维空间中的范例，我们可以考虑任意维的典型相互作用势 W(W 是库仑相互作用力)

$$W(\mathbf{x},\mathbf{y})=K_\Delta(\mathbf{x}-\mathbf{y}),\quad K_\Delta(\mathbf{x})=\begin{cases}|\mathbf{x}|, & d=1\\ \log\dfrac{1}{|\mathbf{x}|}, & d=2\\ \dfrac{1}{|\mathbf{x}|^{d-2}}, & d\geqslant 3\end{cases}$$

此外，考虑空间中的交互作用，$0<\alpha<d$(假如 $d\geqslant 3$，$\alpha=2$)，$d\geqslant 1$，

$$W(\mathbf{x},\mathbf{y})=K_{\Delta_\alpha}(\mathbf{x}-\mathbf{y}),\quad K_{\Delta_\alpha}(\mathbf{x})=\frac{1}{|\mathbf{x}|^{d-\alpha}}$$

库仑核算子 K_Δ 是拉普拉斯方程的基本解，然而，Riesz 算子 K_{Δ_α} 才是拉普拉斯方程的基本解，换句话说，这个符号在 Schwartz-Sobolev 分布式上适用于部分常数项 c_d，

$$\Delta_\alpha K_{\Delta_\alpha}=c_d\delta_0$$

假如 $\alpha\neq 2$，则算子 Δ_α 是非局部的傅里叶级数。

1.4 大数据的数学理论

本文提出了一个统一的大数据系统数学理论，包括了如下几个问题：

- 大数据的理论基础是什么？
- 数据科学还是信息科学？
- 什么是信息？
- 对于大数据科学来说，香农和冯·诺依曼给出的信息的定义是否充分？
- “自由熵”是如何与“信息”的新定义相关联的？

大数据的应用包括：(1)量子系统；(2)金融体系；(3)大气网络；(4)传感器网络(如电源管理单元，广域测量系统)；(5)无线网络(如车辆通信，5G)；(6)运输；(7)制造；(8)健康(如病人的各项数据)。

大数据研究的主要内容是随机矩阵、几何功能分析和算法(理论计算机科学)的交叉。其特点为：

- 随机矩阵是构建大数据模型的天然模块。

- 随机矩阵的谱密度理论的核心在于，当 **X** 的维数趋于无穷时，随机矩阵 **X** 的频谱趋于稳定。
- 在过去的几年里，非渐近方法上取得了相当大的进展。在非渐近方法下，**X** 的维数是固定的，而不是无限的。
- 随机矩阵理论、量子信息理论、自由概率和统计数据之间是有联系的。

本节的中心目标是建立一个事实，即圆形定律是“自由熵”的更基本概念。这里，我们只是简述了完成证明的关键概念步骤①。

圆形定律和环形定律对于所有的特征值来说是构建随机矩阵的基础。非厄米矩阵是随机矩阵，因此它们的特征值是复数。详见第 6 章。针对（平方）复杂的整体结构，对圆形定律进行了观测，而环形定律适用于复杂的矩阵集合。对于 $N\times T$ 维的复杂矩阵，内半径是$\sqrt{1-c}$；当 $c=N/T\leqslant 1$ 时，圆形定律是关于 $N=T$ 或 $c=1$ 的矩形定律的一个特殊形式。

圆形定律[56]表示，一个 $n\times n$ 维的随机矩阵的特征值的经验测度服从方差为 $1/n$ 的分布，当维数 n 趋于无穷大时，经验测度趋向于复平面上的单位圆。文献[55]证明了这一普遍结果。圆形定律是普遍的，在某种意义上，如果放弃了矩阵的所有项的高斯假设，同时保持了独立同分布结构和 $1/n$ 的方差，那么它仍然有效。这一高维现象的证明涉及了位势理论、加性组合学和渐近几何分析的工具。在高斯条件下，可以用这个事实检验圆形定律，此外，该模型是精确可解的。事实上，Ginibre 在 20 世纪 60 年代已经证明，如果所有的值均服从中心复杂高斯分布，这些矩阵的特征值在温度为 $1/n$ 时形成库伦气体。这反过来又提出了在多维中探索类似的圆形定律现象，除了随机矩阵。这导致研究人员在文献[57]中引入了随机相互作用的粒子系统，其中每个粒子被外部场限制，并且每对粒子受到单一的排斥。在一般的假设和适当的尺度下，粒子的经验测度是收敛的，因为粒子的数量趋向于无穷，从而达到一种能够将自然能量熵的函数最小化的概率测度。在二次约束和库仑斥力的情况下，极限定律在单位球上是均匀分布的。

非厄米矩阵一般具有复特征值分布。在厄米矩阵的例子中，我们研究复数矩阵函数来搜索实值特征值，而现在必须使用 q 值函数来搜索复数特征值，见表 1.1。对于大型非厄米随机矩阵，我们需要量子的自由概率理论。

表 1.1　三种概率理论的对比

	概率空间	代　数
经典概率	交互的	交互的
自由概率	非交互的	交互的
二项式自由概率	非交互的	非交互的

玻耳兹曼熵（统计物理学），香农熵（针对经典信息理论）和冯·诺依曼熵[39]（针对量子信息）都是在正实值的集合上定义的。非厄米随机矩阵的特征值一般都是复数。这个基本事实基于玻尔兹曼的概念和相关公式。一般熵、香农熵、冯·诺依曼熵在基于非厄米随机矩阵的大数据理论下的作用也许是微乎其微的。

---

① 从一个更基本的概念来看，环定律的类似论证在本文中是开放的。

表 1.2　不同熵的对比

	定义集合	数学表示	标　注
香农/玻耳兹曼熵	正实数	$S(\mathbf{p}) = -\sum_{i=1}^{n} p_i \log p_i$	p_i是正实数
冯·诺依曼熵	正实数	$S(\rho) = \mathrm{Tr}\,\phi(\rho) = -\sum_{i=1}^{n} \lambda_i \log \lambda_i$	λ_i是正实数
自由熵	复数	$\chi(\mu) := \iint \log \lvert x-y \rvert \mu(\mathrm{d}x)\mu(\mathrm{d}y)$	μ 是 $\mathbb{C}$ 上的复数

冯·诺依曼熵定义如下：

$$S(\rho) = \mathrm{Tr}\,\phi(\rho) = -\sum_{i=1}^{n} \lambda_i \log \lambda_i$$

这里，数据统计算子 λ_i是 ρ 的特征值，ϕ：$\mathbb{R}^{+} \to \mathbb{R}$ 是连续函数 $\phi(t) = -t\log t$ 的线性空间映射。当我们研究非厄米随机矩阵时，我们发现特征值 λ_i是复数，而不是实数。这就意味着冯·诺依曼熵对于非厄米矩阵是不充分的。众所周知，香农熵可以看作冯·诺依曼熵的一个特例。

1.4.1　玻耳兹曼熵和 H 理论

考虑一个数量为 n 的可区分粒子系统，每一个粒子都有 r 种可能的状态(通常表明能量级别)。我们得到如下表示：$n = n_1 + \cdots + n_r$，其中 n_i确定性地表示状态 i 中粒子的数目 i，有 $S(\mathbf{p}) = -\sum_{i=1}^{n} p_i \log p_i$，其中，$\mathbf{p} := (p_1, \cdots, p_r)$。$S(p)$是离散概率分布 p 的玻耳兹曼熵。在一个无限粒子数的系统中，它在这里显示为渐近加法，每一个粒子随着频率分量 $p_1, \cdots, p_r$的变换都存在 r 种可能性。

回到玻耳兹曼的最初想法，让我们回忆一下，卡非-克劳修斯(Carnot-Clausius)热力学的第一定律论证了孤立系统的热力学能量是孤立的。第二个定律指出存在一个广泛的状态变量，称为熵，而这个熵在独立系统中是不会衰减的。玻尔兹曼想从这个想法中推导出第二定律(当时存在争议)，物质是由原子构成的。H 理论表明熵 $S = -H$ 具有单调性。

1.4.2　香农定理和经典信息论

玻耳兹曼熵在通信理论[59]中也起着重要作用。文献[59]由克劳德·埃尔伍德·香农(Claude Elwood Shannon, 1916-2001)于 20 世纪 40 年代在贝尔实验室(Bell Labs)完成，结论被称为“香农熵”。它对编码理论中的不确定性和信息有着深刻的解释。

我最关心的是怎么称呼它。我想把它称为“信息”，但是这个词已经使用得过多了，所以我决定把它称为“不确定性”。当我和约翰·冯·诺依曼讨论这个问题时，他有一个更好的主意。冯·诺伊曼告诉我：“出于两个原因你应该叫它熵。首先，不确定性函数已经用于统计力学。其次，更重要的是，没有人知道熵是什么，所以在一场辩论中你会有优势。”——克劳德·E. 香农，1961

1.4.3　Dan-Virgil Voiculescu 和自由中心极限定理

自由概率理论是由 Dan-Virgil Voiculescu(1946—)在 20 世纪 80 年代建立的，当时他正和冯·诺依曼一起研究算子代数的同构问题。Voiculescu 在 20 世纪 90 年代后期发现，自由概率是在随机矩阵模型的渐近全局频谱分析中自然出现的代数结构，因为维数趋于无穷。自由概率理论作为中心极限定理和玻耳兹曼熵的代数类似物而出现了。

对于一个 $n\times n$ 的复矩阵 $\mathbf{A}\in\mathcal{M}_n(\mathbb{C})$，$\tau$ 表示为相对于经验谱分布的期望。令 $\lambda_1(\mathbf{A}),\cdots,\lambda_n(\mathbf{A})\in\mathbb{C}$ 表示 $\mathbf{A}$ 的特征值，我们可以得到

$$\tau(\mathbf{A})=\frac{1}{n}\sum_{k=1}^{n}\delta_{\lambda_k(\mathbf{A})}=\int x\mu_{\mathbf{A}}(\mathrm{d}x),\quad \mu_{\mathrm{A}}:=\frac{1}{n}\sum_{k=1}^{n}\delta_{\lambda_k(\mathbf{A})}$$

同样可以得到

$$\begin{aligned}2\tau\left(\log\left((\mathbf{A}-z\mathbf{I})(\mathbf{A}-z\mathbf{I})^*\right)\right)&=\frac{1}{n}\log|\det(\mathbf{A}-z\mathbf{I}_n)|\\&=\int\log|z-\lambda|\mathrm{d}\mu_{\mathbf{A}}(\lambda)\\&=(\log|z-\cdot|*\mu_{\mathbf{A}})(z)\\&=:-U_{\mu_{\mathbf{A}}}(z)\end{aligned}$$

$U_{\mu_{\mathbf{A}}}(z)$ 的值正是概率测度 $\mu_{\mathbf{A}}$ 在点 $z\in\mathbb{C}$ 处的对数势。

由于 $-(1/2\pi)\log|z-\cdot|$ 是维数为 2 的拉普拉斯方程的所谓基本解，由此可以得到在服从 Schwartz-Sobolev 分布的条件下：$\mu_{\mathbf{A}}=(1/2\pi)\Delta U_{\mu_{\mathbf{A}}}$。(离散的)经验谱分布遵循(连续的)偏微分方程(拉普拉斯方程)是令人惊奇的。

1.4.4 自由熵

在玻耳兹曼和香农的经典概率论的中心极限理论(CLT)的启发下，我们可能会想到在自由概率论中是否存在一个自由熵函数，在固定的二阶矩由半圆定律最大化，而且沿着自由的 CLT 是单调的。

对于自由熵，半圆定律是玻耳兹曼熵的高斯定律的类似物。在区间 $[-2,2]$ 上的半圆定律是最大化在实数集合 $\mathbb{R}$ 上二阶矩是 1 的 Voiculescu 熵 $\mathcal{X}$ 的唯一定律，其中 $\mathrm{supp}(\mu)\subset\mathbb{R}$，

$$\operatorname{argmax}\left\{\mathcal{X}(\mu):\int x^2\mu(\mathrm{d}x)=1\right\}=\frac{1}{2\pi}\sqrt{4-x^2}\,\mathbf{1}_{[-2,2]}(x)\,\mathrm{d}x$$

那么对于在复数集合而不是在实数集合 $\mathbb{R}$ 上的情况又是怎样的呢？当 μ 是复数集合上的概率测度时，我们把 Voiculescu 熵表示为以下形式：

$$\mathcal{X}(\mu):=\iint\log|x-y|\mu(\mathrm{d}x)\mu(\mathrm{d}y)$$

单位圆盘上的统一定律是最大化在复数集 $\mathbb{C}$ 上的二阶矩为 1 中的 $\mathcal{X}$ 的唯一定律(在这里 $z=x+\mathrm{i}y,\mathrm{d}z=\mathrm{d}x\mathrm{d}y$)，$\mathrm{supp}(\mu)\subset\mathbb{C}$，

$$\operatorname{argmax}\left\{\mathcal{X}(\mu):\int|z|^2\mu(\mathrm{d}z)=1\right\}=\frac{1}{\pi}\mathbf{1}_{\{z\in\mathbb{C}:|z|=1\}}\mathrm{d}z$$

这种现象被称为圆形定律。在单位圆盘上的统一定律下，实部和虚部遵循 $[-1,1]$ 上的半圆定律，并且不是独立的。

一个以厄米随机高斯矩阵开始的高斯酉集合(GUE)的类似分析是可用的，并且在 $[-2,2]$ 上产生半圆定律的收敛。

事实上，Voiculescu 自由熵 $\mathcal{X}$ 沿着 Voiculescu 自由 CLT 是单调的。玻尔兹曼-香农 H 理论对于 CLT 的解释在经典的概率论和自由概率论中是非常有效的。

如果 $\mathbf{A}$ 和 $\mathbf{B}$ 是两个 $n\times n$ 的厄米矩阵，当 $n\to\infty$ 时，$\mu_{\mathbf{A}}\to\mu_a$，并且 $\mu_{\mathbf{B}}\to\mu_b$，其中 μ_a 和 μ_b 是

$\mathbb{R}$ 上相互支持的定律。令 **U** 和 **V** 在统一组(我们称为 Haar 统一)是均匀分布的独立随机酉矩阵，可以得到

$$\mathbb{E}\mu_{\mathbf{UAU}^*+\mathbf{VBV}^*}\xrightarrow[n\to\infty]{*}\mu_a\boxplus\mu_b$$

这种渐近自由度表明自由概率是随机矩阵的高维酉不变模型的渐近分析所呈现的代数结构。由于函数χ 是由单位圆盘的统一规则最大化得到的，人们可能会问关于非厄米随机矩阵的 Wigner 定理的模拟。答案是肯定的。

1.4.5　Jean Ginibre 和他的非厄米随机矩阵

复数 Ginibre 集合的圆形定律可以用 Voiculescu 函数χ(由单位圆盘上的均匀定律在固定的二阶矩上的最大化)来证明。随机矩阵的简单模型是如下的 Ginibre 模型：

$$\mathbf{G}=\begin{pmatrix}G_{11} & \cdots & G_{1n}\\ \vdots & \vdots & \vdots\\ G_{n1} & \cdots & G_{nn}\end{pmatrix}$$

其中$(G_{jk})_{1\leqslant j,k\leqslant n}$是复数集$\mathbb{C}$ 上独立同分布的随机变量，Re G_{jk}、Im G_{jk}是服从均值为零、方差为 $1/(2n)$的高斯分布。从复数 Ginibre 随机矩阵集合得到的单个矩阵的特征值如图 1.4 所示。

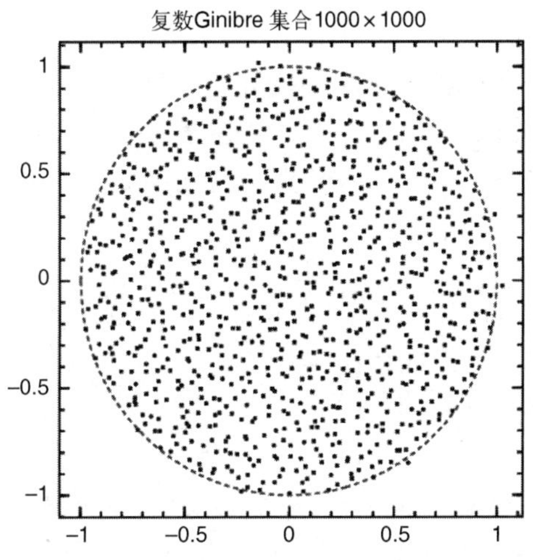

图 1.4　从复数 Ginibre 随机矩阵集合得到的单个矩阵的特征值。虚线是单位圆。这个数值实验来自Julia官网

G 的密度正比于

$$\prod_{j,k=1}^{n}\exp(-n|G_{jk}|^2)=\exp\left(-\sum_{j,k=1}^{n}n|G_{jk}|^2\right)=\exp[-n\mathrm{Tr}(\mathbf{GG}^{\mathrm{H}})]$$

1.4.6　复数 Ginibre 集合的圆形定律

特征值的规律和下式是成正比的：

$$\exp\left(-n\sum_{j=1}^{n}|\lambda_j|^2\right)\prod_{1\leqslant j,k\leqslant n}|\lambda_j-\lambda_k|^2$$

这定义了一个在复数集上决定性的过程：复数 Ginibre 集合。为了从玻尔兹曼测度的角度解释特征值的规律，我们把范德蒙德行列式放在指数内：

$$\exp\left(-n\sum_{j=1}^{n}|\lambda_j|^2+2\sum_{j<k}\log|\lambda_j-\lambda_k|\right)$$

如果我们用经验测度来编码特征值：

$$\mu_n:=\frac{1}{n}\sum_{j=1}^{n}\delta_{\lambda_j}$$

这样采取的形式为

$$\mathrm{e}^{-n^2\mathcal{I}(\mu_n)}$$

其中μ_n的能量函数$\mathcal{I}(\mu_n)$定义为

$$\mathcal{I}(\mu_n):=\int|z|^2\mathrm{d}\mu(z)+\iint_{\neq}\log\frac{1}{|z-z'|}\mathrm{d}\mu(z)\mathrm{d}\mu(z')$$

这表明将 **G** 的特征值$\lambda_1,\cdots,\lambda_n$解释为二维带电粒子的库仑气体，受外部场(二次电势)限制并且受库仑斥力。

$-\mathcal{I}$也可以看成一个惩罚性的 Voiculescu 函数。最小化惩罚函数相当于在没有惩罚的情况下最小化，但受到约束(拉格朗日)。目前，如果$\mathcal{M}$是复数集$\mathbb{C}$上的一组概率测度，那么$\inf_{\mathcal{M}}\mathcal{I}>-\infty$，并且下确界是由独特的概率测度$\mu_*$实现的，$\mu_*$是单位复数集$\mathbb{C}$上的统一定律。圆形定律是通用的，因为即使人们放弃矩阵项的高斯假设，但只要保持独立同分布的结构以及 $1/n$ 方差，它仍然是有效的。

在$n\to\infty$时随机离散概率测度μ_n会如何变化呢？我们可能会采取大偏差的做法。令$\mathcal{M}$为复数集$\mathbb{C}$上的概率测度集合。可以看出函数$\mathcal{I}$在$\mathcal{M}\to\mathbb{R}\cup\{+\infty\}$对于狭窄收敛的拓扑结构是较低的半连续的，是严格凸的，并且具有紧凑的水平集。让我们考虑与拓扑兼容的距离。可以证明，对于这个距离的每一个球B：

$$\mathbb{P}(\mu_n\in B)\approx\exp\left(-n^2\inf_B\left(\mathcal{I}-\inf_B\mathcal{I}\right)\right)$$

第一 Borel-Cantelli 引理可以肯定地推出

$$\lim_{n\to 0}\mu_n=\mu_*=\arg\inf\mathcal{I}=\frac{1}{\pi}\mathbf{1}_{\{z\in\mathbb{C}:|z|\leqslant 1\}}\mathrm{d}z$$

其中$z=x+\mathrm{i}y$并且$\mathrm{d}z=\mathrm{d}x\mathrm{d}y$。这种现象被称为圆形定律。如果从一个厄米随机高斯矩阵[高斯酉集合(GUE)]开始，那么同样的分析是可用的，并且在[-2,2]上产生半圆定律的收敛。

1.5 智能电网

粗略地说，智能电网可以分为两部分：(1)信息；(2)电力。信息流用于电网控制。通信、传感和控制必须共同考虑。在抽象层面上，智能电网可以被视为“能源互联网”。这与物联网非常相关，涉及机器到机器的通信。

智能电网的设想如图 1.5 所示。作为研发的路线图，传输网的智能特性被设想和总结为数字化、灵活性、智能化、适应性、可持续性和定制化。使用的技术包括[60]：

- 新材料和替代清洁能源。替代清洁能源的高渗透率将缓解人类社会发展与环境可持续性之间的矛盾。
- 先进的电力电子和设备。大大提高了电力供应的质量和电力控制的灵活性。
- 感应和测量。这是通信、计算、控制和智能的基础。

- 通信。自适应通信网络允许开放标准化的通信协议在一个独特的平台上进行操作。可以优化不同平台之间快速准确的信息交换和实时控制，提高系统可靠性和安全性，优化传输资源利用率，提高系统的弹性。
- 先进的计算和控制方法。高性能计算、并行和分布式计算技术将实现复杂电力系统的实时建模和仿真。情景感知的准确性将得到改善，以进一步适当地操作和采取控制策略。需要先进的控制方法和新颖的分布式控制范例，使整个以客户为中心的输电网自动化。
- 成熟的电力市场监管和政策。提高电力市场的透明度、自由度和竞争力，促进和鼓励用电用户之间的互动。
- 智能技术。启用模糊逻辑推理、知识发现。

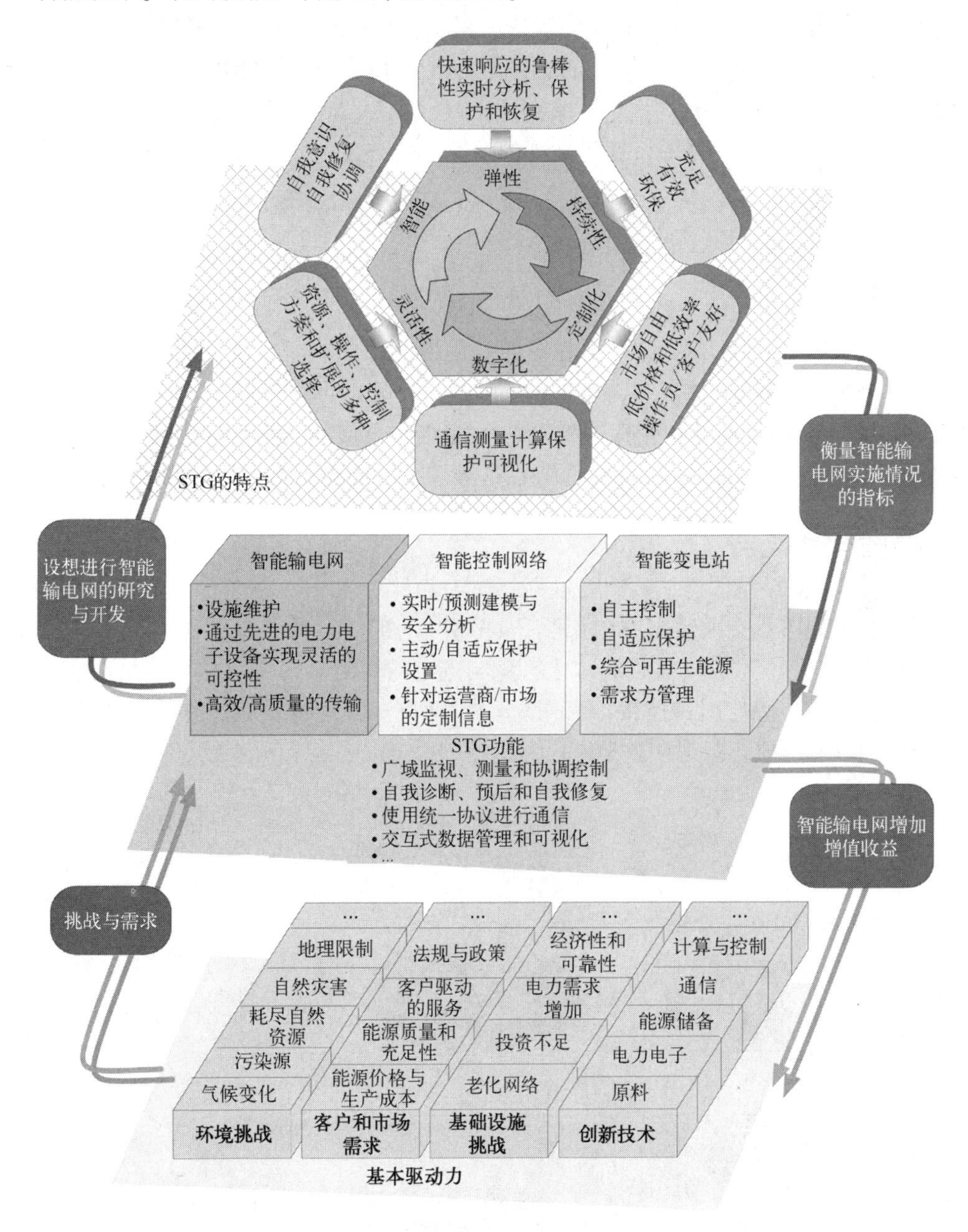

图 1.5　智能输电网的示意图

1.6 大数据和智能电网

我们的知识主要是由视野的广度所决定。我们的理念是“数据是科学和科学是数据”。本书采用大数据作为智能电网基础的观点，与文献[39,40]一致。换句话说，智能电网的科学是分布式传感和分布式网络与电力的结合。有关为什么要将大数据与智能电网连接在一起的原因，见第 11 章。中心任务是理解海量数据及数据集背后的统计知识。

大型随机矩阵用于建模大型数据集。我们坚信大型随机矩阵是科学的基石。这是数据的微积分。从概率和统计的角度来看，经过向量值随机变量的时代之后，我们正在进入一个全新的大数据时代，一个以矩阵为随机变量值的时代。最初，牛顿和莱布尼茨发明了 $f(x)$ 的微积分，其中 x 是自由变量。之后，我们研究了是标量值随机变量的 $f(X)$（在样本空间定义的函数）。接着，我们研究了 $\mathbf{x}=[X_1,\cdots,X_N]^{\mathrm{T}}$ 是向量的情况下的 $f(\mathbf{x})$。现在我们研究 $\mathbf{X}=(\mathbf{x}_1,\cdots,\mathbf{x}_n)\in\mathbb{C}^{N\times n}$ 是随机变量矩阵的情况下的 $f(\mathbf{X})$。特别地，我们关注以下公式的渐近方法，

$$N\to\infty,\quad n\to\infty\quad 但\quad \frac{N}{n}\to c\in(0,\infty)$$

或者，我们关注以下公式的非渐近方法，

$$N,n\ 很大但并非无限$$

对于一个复杂的量子系统（多自由度的系统）——原子、原子核、基本粒子，几乎不可能设想出一个足够精确的理论来计算这种系统的能级。类似地，我们有天线传感器、智能仪表、PMU 和存储。比如，随机粒子模型[56]在这种情况下是相关的。能量和熵是两个驱动力。

1.7 阅读指南

本书的核心内容是在大数据应用（第一部分）（见图 1.6）的背景下对大型随机矩阵的全面研究。在完成这项工作后，我们将以上理论与选定的智能电网应用（第二部分）相连接，还将其与选定的通信传感应用相连接（第三部分）。随机矩阵理论被用来作为三个部分的连接工具。很多时候，这种连接是在数学层面上进行的。

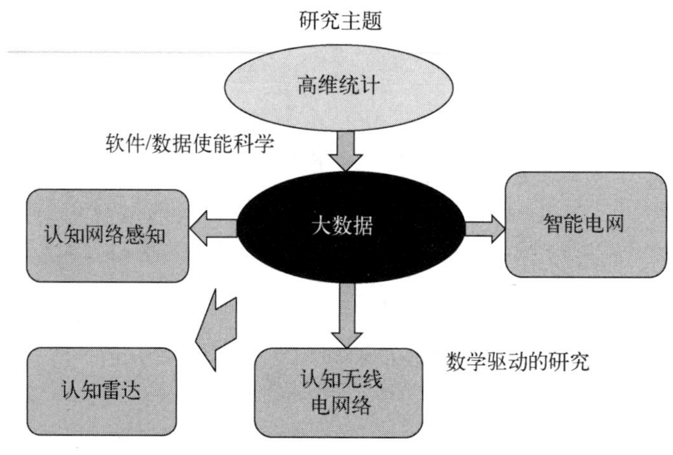

图 1.6　大数据视图

缺少连接性无法避免，我们尽力填补缺少的连接性来提高可读性。本书中大部分材料(估计90%)是第一次以书的形式出现，并且大部分材料是在工程应用背景下首次被整理。阅读本书的主要障碍是数学的深度。虽然已在课堂上进行了试用，但本书的篇幅有限，无法完全展示所有材料。

大型随机矩阵的关键在于利用特征值分布(当前请忽视特征向量)将二维矩阵问题转化为一维问题。因此，我们研究函数$f(\lambda_i)$，$i=1,\cdots,n$，不同的函数f为不同的应用而设计。

为了解释文献[61]里的实验发现，我们将其结果与量子信息理论相联系，见文献[39]。此外，在文献[39]里有约200页关注随机矩阵理论。我们意识到以上发现是由问题的高维性造成的。高维度问题则引起对测量现象的关注。在这个方面，可以参考文献[40]。本书可以看作文献[39]和文献[40]的应用。在文献[39]里随机矩阵理论的使用被视为大型无线网络、智能电网和大数据三者的统一主题。文献[40]的内容支持这种大视野。这三本书是相辅相成的。我们在写三本书的时候建立了三者的联系。现在我们重新讨论随机矩阵理论，重点关注适用于智能电网和大数据的最新结果。在这个过程里，正如文献[62]序言里所说的那样，我们对随机矩阵理论的有用性、美丽、深度和丰富感到震惊。文中所写，“有用性通常是由数学以外的内容来衡量的。美丽是许多材料的优点，还具有附加的说明。深度则来自多个想法和主题的相互连接，通常看起来与原来的上下文无关。丰富则意味着，经过合理的努力，有新的结果，一些是有用的，一些是美丽的，一些可能是有深度的，仍然等待着被发现。”

在第1章中，我们先在书中提出一些有关大数据的问题。

第2章概述分析大数据所需的数学框架。我们使用自底向上的方法来建立基础，用大型随机矩阵来总结大数据集(大数据)。

第3章给出高维随机矩阵的基础。一个动机是使用大型随机矩阵对大型数据集进行建模。我们相信高维随机矩阵是分析大数据的基础。该章是新一代工程师和研究人员需要的基础资料。

第4章研究涉及线性谱统计的中心极限理论的高维随机矩阵的谱分析。研究的主要原因是多元统计分析中的许多重要统计量可以表示为一些随机矩阵经验谱分布的泛函数。

第5章研究厄米自由概率理论。利用“大模型”的理念是本书的统一主题。因此，大型随机矩阵是整个理论框架中的自然构建块。因为大型随机矩阵可以作为自由随机变量，所以矩阵值的自由概率研究得到推进。

第6章利用新的自由概率理论研究(大型)非厄米随机矩阵。大多数结果首次以书的形式出现。

第7章关于数据收集。数据存储是大数据的中心。对于许多应用程序，我们经常无法节省系统(或网络)生成的所有原始数据以备将来处理。一个基本的挑战是选择存储什么类型的信息。流式数据则需要进行实时处理。

第8章利用大型随机矩阵处理异常检测。一个动机是使用大数据来研究拒绝服务。我们将理解大数据的大小是如何影响矩阵假设检验的。

第9章讨论智能电网的应用和需求。

第10章介绍智能电网面临的一些技术挑战。

第11章讨论智能电网的大数据主题。

第12章介绍用相量测量单元(PMU)进行电网监测和状态估计。

第13章对状态估计上下文中的虚假数据注入攻击进行了详尽的介绍。众所周知，网络安全是工程师和研究人员所面临的最重要的任务。我们使用虚假数据注入来攻击状态估计。

第 14 章简要介绍了需求反馈。

第 15 章讨论智能电网的通信主题。为了控制电力电网，我们需要将传感通信与整个电网连接在一起。高性能计算和分布式计算起推动作用。

文献备注

本书和另外两本书[39,40]都追求使用大型随机矩阵建模大数据的范例。据我们所知，这个构想是在 2011 年 11 月在编写文献[39]时第一次被明确阐述。

1.1.5 节从文献[4,26,27]里获取材料。我们在传感器数据的洪水中漂流[63]。对于大数据，我们遵循文献[22]，这是一个优秀的总结和教程。文献[24]一文是很有见地的，我们遵循了文献[24]的见解。

大数据的最新发展仍然没有明确定义大数据的概念，更不用说其所采用的理论框架。我们这三本书试图用随机矩阵的方式来定义我们的大数据问题。没有人声称使用一个框架解决所有大数据问题。在 1.3 节(定义 1.3.1)，我们使用三个条件来定义我们的大数据问题。我们使用定义 1.3.1 来限定我们的方法的潜在应用。另一方面，定义的清晰性和严谨性得到满足。从某种意义上说，我们的三本书是针对大型随机矩阵来讨论定义 1.3.1 的结果的。

我们遵循文献[45]来阐述 1.2 节。对例 1.2.3，见文献[47]。挑战包括：(1)实时处理[64]；(2)其他技术挑战[65]；(3)信号处理[66]。

例 1.3.2 和例 1.3.3 改编自文献[49, 67]以适应我们的应用场景。

我们采用统计学方法来研究大数据。文献[68]指出统计方法的目的是将大量的数据减少到尽可能地包含原始信息。因为这些数据通常会提供大量的“事实”，而在数据中大量信息是不相关的。这就突出了 Fishe 名言[69]，减少数据的统计分析是提取无关信息和相关信息的过程。实现这个统计的一种方法是用相对较少的参数指定一个假设总体。参见文献[44,70]在大型无线网络中的大数据建模。

函数是实际应用的核心。Tao 的文献[67]在很大程度上依赖于凸函数的 Talagrand 集中定理。高维空间使用大型随机矩阵来模拟大数据，相关文献有文献[39,40]。

例 1.3.7 从文献[71]获取部分材料。例 1.3.8 从文献[72-75]获取结果，最近的工作则在文献[76-78]。在文献[44,70]里，我们使用非厄米随机矩阵对大规模认知无线电网络中的大数据进行建模。例 1.3.9 遵循文献[54]。

例 1.3.10 遵循文献[79]。

例 1.3.11 遵循文献[80]。

例 1.3.12 取自文献[81]。

例 1.3.16 遵循文献[56,57]。

在 1.4 节中，我们遵循文献[56]来发展大数据的统一数学理论。

第一部分　大数据基础

第 2 章　大数据系统的数学基础

本章概述了分析大数据所需的数学框架。其中，有些主题只列出，没有进行深入分析。本书后面的章节旨在深入了解一些与电网和大数据有关的方向。特别是，我们使用自底向上的方法来建立基础，并使用大型随机矩阵来总结大型数据集(大数据)。对于大数据系统或子系统的描述，随机矩阵在描述零假设或最小信息假设上具有中心作用。

在大数据中，我们面对新的信号信息处理方法，这些方法可以获取、分析和表示不属于传统“信号”类别(如语音或视频)的新兴数据集。一旦使用并行和分布式计算系统来存储、索引和查询大规模数据集，我们就可以从大规模数据集中挖掘和提取知识，进而获得大数据分析的结果。

随机矩阵模型为多种物理现象的建模提供了强有力的框架，应用范围涵盖了理论物理的所有分支。寻找观测值之间的相关性是科学方法论的核心。一旦“原因”和“效果”之间的相关性被建立起来，人们就可以开始设计理论模型来理解这种相关性的机制，并将这些模型用于预测目的。在许多情况下，例如，在金融系统[82]中，可能的原因和产生的效果的数量都很大。在金融系统中，“大模型”被建议放在计量经济学研究的最前沿。我们在大数据系统中采用了这种观点。

Marchenko-Pastur 定律(简称 MP 定律)被用于对大型随机矩阵表示的大数据集进行建模。Marchenko-Pastur 定律的自然推广包括自由随机变量和服从幂律尾分布的数据。准确地说，基准在区间内有效(基准)，而在这个区间内奇异值在变量之间不存在真正相关性(或零假设$\mathbb{H}_0$)。任何偏离这些基准的信号都是“信号”，即存在真实的相关性(替代信号假设$\mathbb{H}_1$)。大数据的中心目标是从“噪声”中辨别“信号”。因此，理解这些基准是本书的核心。所研究的系统是复杂的。一般来说，线性系统的经典假设是不对的。

在介绍基础知识后，我们研究多种大数据系统：(1)量子系统；(2)金融系统；(3)大气系统；(4)传感网络；(5)无线网络；(6)智能电网；(7)运输。从历史上看，量子系统和金融系统的研究最为广泛。这些系统通过使用大型随机矩阵来统一。从数学上讲，我们研究矩阵化的随机变量。

2.1　大数据分析

奇怪的是，大数据在几年前是一个严重问题。当数据量在 21 世纪初开始暴涨，存储和 CPU 技术被百万兆字节的大数据所压垮，而传统的信息处理方法是无效的。然后，存储和

CPU 不仅发展到更大的容量、更快的速度和更高的智能，它们的价格也降低了。企业则从无法负担管理大数据的费用变成无法负担收集和分析大数据的费用。

今天，许多工程项目正在探索大数据以发现未知的事实。利用先进的分析，行业可以研究大数据，来了解业务的当前状态，并跟踪不断变化的方面，例如客户的行为。

大数据分析是在大数据集上使用的高级分析技术。因此，大数据分析实际上是关于大数据和分析的两件事。真正的力量来自两者的结合。大数据分析是高级分析技术在非常大的数据集上的应用。首先，有大量的详细信息数据。其次，有先进的分析方法，这些方法实际上是不同工具的集合，包括基于预测分析、数据挖掘、统计、人工智能、自然语言处理等方法。把它们放在一起，就会得到大数据分析，这是行业中最热门的做法。

在本书中，我们的观点建立在大型随机矩阵的数学对象上，并将它们用于一个统一的分析框架。我们的目标是促进使用大型随机矩阵的统一框架，而不是收集不同类型的工具。首先获取大型数据集(存储以便索引和查询)，然后它被具有最小信息假设的数据集的大型随机矩阵的概念表示。最后，分析这些随机矩阵，例如特征值的极限分布(当这些随机矩阵的大小接近无穷大)。我们处理由时间索引的随机矩阵序列函数，$\mathbf{X}_1,\mathbf{X}_2,\cdots,\mathbf{X}_n$ 的大小为 $N\times T$，时间为 $t=T,\cdots,nT$，$N\in[100,10\,000]$，$T\in[100,10\,000]$。这里 N 个随机变量被联合考虑。使用随机矩阵理论的一个主要优点是它的普适性，在这个意义上 N 个随机变量任意分布是有效的。实际上，这是非常关键的，因为我们通常不知道这些随机变量的分布，而数据是混乱的。

这个概念很容易理解。但用户实际上是否使用这个术语？为了量化这个问题，报告文献[83]的调查中询问：“下面哪一个最能说明你对大数据分析的熟悉程度?”在 325 位受访者中，有 65%的人说“我知道你的意思，但是我不知道正式的名字”，有 28%的人说“我知道你的意思，并且我知道有关它的名字”，只有 7%的人说“我没见过和听说过有关大数据分析的事情”。该术语通常是“大数据分析”。

现在将大数据和分析放在一起的原因：

- 大数据提供了巨大的统计样本，从而增强了分析的结果。
- 可以利用分析工具和数据库处理大数据。
- 分析的经济价值比以往任何时候都容易获得。
- 从杂乱的数据中可以学到很多东西，只要数据足够多。发现和预测分析依赖于许多细节，甚至是可疑的数据。数据经常是缺失的。
- 大数据是一种值得利用的特殊资产。
- 基于大型数据样本的分析可以揭示并利用业务的变化。

在文中，大数据的随机矩阵表示为 $\mathbf{X}_i$，$i=1,\cdots,n$，分析的矩阵化函数是 $f(\mathbf{X}_1,\cdots,\mathbf{X}_n)$。例如，以下这些基本函数：

- n 个矩阵相加 $\mathbf{A}_n=\mathbf{X}_1+\mathbf{X}_2+\cdots+\mathbf{X}_n$；
- n 个矩阵的积 $\mathbf{P}_n=\mathbf{X}_1\mathbf{X}_2\cdots\mathbf{X}_N$；
- n 个矩阵的几何平均 $(\mathbf{P}_n)^{1/n}=(\mathbf{X}_1\mathbf{X}_2\cdots\mathbf{X}_n)^{1/n}$；
- $\mathbf{X}_1^{1/M}\mathbf{X}_2^{1/M}\cdots\mathbf{X}_n^{1/M}$，$M\geqslant 1$，$M$ 是非负整数。

通常这些矩阵不具有对称性；它们是非施密特和复数形式的矩阵。有时我们知道的关于这些矩阵的唯一知识就是这些矩阵中的元素属于什么分布，比如独立同分布(i. i. d.)的高斯分布矩阵，我们将在第 6 章进行详细说明。

2.2 大数据：传感、收集、存储和分析

由 DOE 资助创建的“**分析千兆级数据的数学方法论**”解决了从巨大的科学数据集中提取关键信息的数学问题，并发掘了数据中的关键特征，以及对于这些特征之间存在的潜藏关系的理解。相关的研究领域包括机器学习、数据流的实时分析、随机非线性数据压缩技术和可扩展的统计分析技术。适用于广泛的 DOE 应用，包括来自电网的传感器数据、宇宙学和气候数据。

在现代社会中，数字传感器、通信、计算和存储方面的进步产生了大量的数据，同时也为企业、科学、政府和社会获取有价值的信息。在第 7 章中，我们用协方差矩阵估计的方式来解决问题，最终将其归结为一个凸优化问题。接下来最大的挑战是实时分析和大规模优化参数。

书中所使用的这种随机矩阵理论可以精准地适配于随机非线性数据约简技术和可扩展的统计分析框架。

传感器：我们感兴趣的是使用智能电表和 PMU 来感测电网。与此同时，通信基础设施还通过频谱感知产生大量数据。

计算机网络：来自多个不同数据源的数据可以通过本地化传感器网络以及互联网收集到海量数据集中。不过，实时应用程序通常需要分布式计算才可以有效完成。

数据存储：磁盘技术的进步大大降低了存储数据的成本。例如，一个容量为 1 兆字节的磁盘驱动器，其花费大约是 100 美元。

集群计算机系统：一种由数以千计的“节点”构成，同时每个“节点”有多个处理器和磁盘，并通过高速局域网连接的计算机系统的新形式，已逐渐开始成为数据密集型计算系统的可选硬件配置。这种趋势形成的主要原因是这些集群既提供大型数据集的存储容量，又提供组织数据、分析数据的计算能力，并对远程用户数据的查询做出响应。这些优势使得群集计算机被设计用于管理和分析非常大的数据集。这其中的“诀窍”则蕴藏在软件算法中。

云计算设施：大型数据中心和集群计算机的崛起创造了一种新的商业模式，企业和个人可以租用存储和计算能力，例如，亚马逊网络服务。

数据分析算法：大量数据所需要的是自动或半自动的分析——检测模式技术、识别异常技术和提取知识技术。除此之外，其核心在于软件算法：结合统计分析、优化和人工智能的新计算形式能够从大量数据集建立统计模型，并推断系统如何响应新的、陌生的大数据。例如，Netflix（美国奈飞公司，简称网飞）在其推荐系统中使用机器学习形成分析算法。

- 如何利用云计算以最佳方式实例化大数据服务（如降低成本、最大化性能）？
- 如何实现将整个数据分析流程的过程实例化之后，再使其变得规范且实现自动化？
- 当数据流经分析流水线时，我们如何跟踪出处并处理其安全性？
- 我们需要哪些额外的存储和分析系统？（例如，我们是否需要 Hadoop for Graph？）

2.2.1 数据收集

由于所有要处理的数据最终将会被合并分析，因此导致数据收集的困难主要在于数据可能来自不同数据源的不同形式。在这个问题上，稍后执行数据集成以尽可能保持数据的一致性。出于这种考虑，有效的方法是设计数据收集来促进数据集成。

与此同时，在数据的大小方面，必然也是一个很大的挑战，但这同时也是一个关键的机会。云计算的发展为一些可扩展性需求提供了解决方案。这个系统的关键是将数据存入云中开始处理。这也导致使用标准的互联网连接将数据上传到云中成为这个过程中的一个重要瓶颈。

2.2.2 数据清理

在数据收集后，需要进行数据清理。这其中可能有的数据是噪声信息、错误信息或缺失信息。数据清理使用不同的方法从数据集中消除不良数据。数据清理后，可能需要将数据转换为应用分析的最终标准形式。

在智能电网的应用场景下，在该阶段执行的是错误数据的检验。

2.2.3 数据表示和建模

数据表示和建模是大数据最基本的任务。在本书中，我们主要支持将数据集建模为大型随机矩阵的数学范式，这个想法首次提出是在文献[39]中。

任意(一般是复数)维度为 $p\times q$ 的矩阵或维度为 $p>q$ 的矩阵 $\mathbf{X}$ 中的奇异值分解(SVD)可以由下式给出：

$$\mathbf{X}=\mathbf{U}\mathbf{A}\mathbf{V}^{\mathrm{H}}$$

其中 $p\times q$ 的矩阵 $\mathbf{U}$ 具有正交性，上式中 $q\times q$ 的矩阵 $\mathbf{A}$ 的对角线元素是非负实数项，并且 $q\times q$ 矩阵 $\mathbf{V}$ 是酉矩阵。我们注意到，矩阵 $\mathbf{X}\mathbf{X}^{\mathrm{H}}=\mathbf{U}\mathbf{A}^2\mathbf{U}^{\mathrm{H}}$ 和 $\mathbf{X}^{\mathrm{H}}\mathbf{X}=\mathbf{V}^{\mathrm{H}}\mathbf{A}^2\mathbf{V}$ 是厄米矩阵，其特征值对应于矩阵 $\mathbf{A}^2$，$\mathbf{U}$，$\mathbf{V}$ 的对角元素是特征向量的对应矩阵。考虑到空时数据 $I(\mathbf{x},t)$，这种数据的 SVD 由下式给出：

$$I(\mathbf{x},t)=\sum_{n}\lambda_{n}I_{n}(\mathbf{x})a_{n}(t) \tag{2.1}$$

其中，$I(\mathbf{x})$是“空间相关”矩阵的本征模式，

$$C(\mathbf{x},\mathbf{x}')=\sum_{t}I(\mathbf{x},t)I(\mathbf{x}',t)$$

类似地，$a_{n}(t)$是“时间相关函数”的本征模式，

$$C(t,t')=\sum_{x}I(\mathbf{x},t)I(\mathbf{x},t')$$

我们考虑一个 $p\times q$ 矩阵的情况：

$$\mathbf{X}=\mathbf{X}_0+\mathbf{W}$$

其中，$\mathbf{X}_0$是固定的，并且矩阵 $\mathbf{W}$ 中的元素服从零均值的正态分布。而且在通常情况下，矩阵 $\mathbf{W}$ 内的元素之间存在一定的相互关系。除此之外，还可以将 $\mathbf{X}_0$认为是期望的或潜在的一种“信号”。同时为了使得 SVD 起到相应的作用，$\mathbf{X}_0$应该存在有效的低阶结构。

$\mathbf{X}$ 是大小为 $p\times q$ 的随机矩阵。我们的研究兴趣是将 p 和 q 趋向于无穷大这样一个大型矩阵的极限，但要保持 $p/q\to c$(正实数)。

2.2.4 数据分析

我们的目标是能够获得大数据的分析结果。在数据处理之后，就可以开始分析了。处理大数据的主要原因是我们能够从数据分析中获得价值(对数据更加深入的理解)。在数据分析的环节中，分析的技术和方法需要进一步研究，从而研发出可以处理不断增长的数据集的

技术。更重要的是，大数据向自动化方式分析过程的简化是大数据分析的更重要，也是最主要的目标。

在数据分析的阶段，可以执行许多不同的分析方法和技术。这些方法和技术可以分为三类：统计分析、数据挖掘和机器学习。统计分析是创建预测模型并总结数据集。数据挖掘是使用各种技术(聚类，分类等)来发现数据中存在的模式和模型。机器学习则是应用于发现数据中和数据之间存在的潜在关系。

2.2.5 数据存储

由于大数据的出现，我们需要改变数据存储系统的体系结构。数据存储要求极高的可扩展性和足够的灵活性。就存储而言，以谷歌的文件系统为例，它是一种使用商品集群进行存储的分布式系统。在这个系统中，数据在集群节点上以 64 MB 的文件块的形式存储。并同时存储两个额外的副本以提供冗余。在 GFS 之上，加上 MapReduce 用于实现跨节点的数据处理。我们总是将计算体系导向数据所在的位置，而不是将数据导向计算所在的位置，因为只有这样做，运算才会更加高效。在这里的 MapReduce 就是通过将作业发送到数据所在集群上的节点从而利用了这种文件系统的分布式体系存储结构。

2.3 智能算法

我们列出一些有较好前景的智能算法：

- 压缩采样、矩阵填充、低阶模型和降维；
- 矩阵填充和低秩矩阵恢复；
- 降维；
- 高维数据处理；
- 图处理模型、潜在因素分析、张量和多关系数据模型；
- 健壮的异常和失误分析，融合和复杂性问题；
- 可扩展的、在线的、主动的、分散的、深度的学习和优化；
- 大型矩阵、图像处理和回归问题的随机方案；
- 具有有限标签数据和大量无标签数据的人机学习系统。

2.4 智能电网的信号处理

下面列出了智能电网中较有前景的信号处理主题：

- 智能电网的自适应滤波器和统计信号处理；
- 智能电网检测、估算、预测的分布式方法；
- 传感器融合、数据分析、数据挖掘和智能电网的机器学习；
- 需求响应、负载管理和定价模型；
- 预测可再生能源和负荷的模型与方法；
- 大规模可再生能源一体化的影响；
- PHEV 充电基础架构和调度算法，V2G 算法；
- 智能电网的网络物理系统模型；
- 智能电器、智能电表和传感器的信号处理。

2.5 电网能效的监测与优化

在本章中，我们通过“大数据”的进一步分析，已经可以得到更智能、更深层次理解的数据分析。但是大数据实际上远不止于此。许多大数据公司使用来自传感器、射频识别和其他识别设备的实时信息，通过数据分析来了解其业务环境：

- 关注数据流而不是股票；
- 依赖数据科学家、产品和流程开发人员而不是数据分析师；
- 正在将分析从信息技术(IT)功能转移到核心业务、运营和业务生产功能。

近年来，人们对金融、无线通信、遗传学等领域中出现的大规模数据集的兴趣日益增加。这些数据分析得到的模型通常可以通过样本协方差矩阵进行总结得到，例如，常见的多元回归和降维。我们在用大型随机矩阵来总结大数据时，其实存在着被深层数学问题卡住的风险。不过我们也通过大数据和智能电网两个新兴领域之间的相互作用，说明利用大型随机矩阵来统一分析大数据问题的方法是合理的。这个基本的方法论也是本书的关键核心。

随机矩阵理论(RMT)的最初动机来自数学物理，在数学物理中，大型随机矩阵是无限维算子的有限维近似。而 RMT 对统计数据的重要性在于，RMT 可以用来纠正传统的检验或估计，而这些检验或估计总是会在设置“大数值 n，大数值 p”后无法成功地进行估计和检验。例如，统计分析的出发点通常是从样本协方差矩阵 $\mathbf{XX}^{\mathrm{H}}/n$ 开始的。这里的矩阵 $\mathbf{X}$ 是一个矩阵维度为 $p\times n$ 的复数随机矩阵，p 和 n 趋向于无穷，但要保证 $p/n\to c\in(0,\infty)$。

这里我们首先假设矩阵 $\mathbf{X}$ 中的各项是独立同分布的，且方差为 1。那么矩阵 $\mathbf{XX}^{\mathrm{H}}/n$ 特征值的全局表现结果就主要涉及了光谱分布，用矩阵表示出来即 $\frac{1}{p}\sum_{i=1}^{p}\delta_{\lambda_i}$，其中 δ 表示狄拉克测度，当 $n\to\infty$,$p\to\infty$,$p/n\to c\in(0,1]$时，光谱分布也会自动收敛到一个具有密度函数的确定性测度，

$$\frac{1}{2\pi c}\sqrt{(a-x)(b-x)}\,\mathbb{I}_{(a,b)}(x),\quad a=(1+\sqrt{c})^2,\quad b=(1-\sqrt{c})^2$$

其中$\mathbb{I}(x)$是指标函数。这就是所谓的 Marchenko-Pastur 定律。

显然当随机矩阵足够大时，我们能够利用独特的现象：特征根的分布达到确定性的光谱分布。而这种大型随机矩阵项的统计特性一般是非常灵活的。

在第 6 章中，我们研究了自由概率理论背景下的大型非厄米随机矩阵。这个新的框架可以在智能电网的背景下起到相应的作用。

2.6 电网的分布式传感和测量

智能电网的基石是其资产和运营的先进性和可监控性。随着相量测量单元(phasor measurement units，PMU)的安装越来越普遍，同步相量测量比传统的监控和数据采集(supervisory control and data acquisition，SCADA)测量大约快 100 倍，同时可以利用全球定位系统(GPS)信号进行时间标记，捕捉电网动态。

此外，低延迟双向通信网络的可用性将为高精度的实时网格状态提供估计和检测，对网络不稳定的补救措施以及准确的风险分析和事后评估为预防故障铺平道路。有关通信和控制方面的内容可参见第 15 章。

增强的监测和通信能力为各种电网控制和优化组件奠定了一定的基础。另一方面，在分配和消费的层面看，需求响应旨在通过一种智能计量来响应能源定价的方式，从而调整最终的用户用电量。

对于分布式发电，太阳能、风能、潮汐能和电动汽车等可再生能源起着至关重要的作用。这些分布式能源和微电网包括了分布式发电和存储系统。来自电网的双向功率流就是由这种分布式源实现的。随着技术的普及，开放式电网架构与市场的组合将成为必然的趋势。

2.7 流数据的实时分析

对于智能电网，在对实际测量进行分析的基础上，我们也有必要准备合适的方法去实现对大尺度的详细建模与仿真。而可用的消费数据必然是不够的：所谓智能仪表的测量的粗略时间尺度——提供累积功率值时间序列；典型频率每 1 到 15 分钟只有一个样本——可用于在统计水平上进行短期本地负荷预测，但却不足以进行全球细粒度分析或用于物理模拟，这仅能增加对电网动力学和相关性的了解[84]。

相量测量单元(PMU)是一种高速传感器，具有同步采集功能，可以监测电网的质量。但是，由于普及力度不够，我们很少使用 PMU，而且来自真实网络的数据也十分昂贵[85]。

电子数据记录仪(EDR)每天都会产生大量的测量数据，而电网仿真则会产生额外的数据。当以 25 kHz 的高速率采样测量时，每个 EDR 每天产生 16 GB 数据。每台设备每年总共增加 5.7 TB 数据，超出了普通硬盘存储容量。因此，一旦我们添加了很多设备或者运行了虚拟 EDR 进行模拟，将数据存储到连接了一台 PC 的磁盘驱动器上显然已经不再可能，并且处理效率也不高。这与使用认知无线电作为传感器存储无线电波形数据的情况是类似的[40]。

由上面的举例分析可知，技术要求如下：首先，我们需要一个不会像硬盘上的传统存储一样空间不足的数据存储方式；其次，我们需要一种高效访问和分析数据的方法。我们需要这样一个系统[84]。

无线传感器网络(WSN)以新颖的设备(例如智能手机)、认知无线电作为传感器[39]。模式驱动的方法是(概念上)收集或处理由无线传感器网络感知的所有数据，然后进行数据查询，这是由于从传感器中读到的数据具有各种各样的相关性。模型驱动方法可以为数据采集任务节省大量的能源。但是，由于它们的技术性质，它们只能为汇集的数据的准确性提供概率保证，因此对误差没有绝对的限制。在一些科学应用中，领域专家可能还没有使用 WSN 采样的数据分布模型，但是为了构建这样的模型，这些专家也是对收集精确的测量结果感兴趣的。

我们现在来考虑一个实时内容流的例子。目标是预测服务质量。在文献[86]中，作者提出了一种新的容量共享和中断的随机服务模型，适合估计实时流(例如，手机电视、无线蜂窝网络)的质量。整个通用模型考虑到呼叫到达的多级马尔可夫过程。

2.8 大数据的显著特点

随着科学进步越来越受到数据驱动，研究人员愈发认为自己是数据的消费者。大量的高维数据为数据分析带来了机遇和新的挑战。大数据的有效统计分析变得越来越重要。

在计算效率方面，大数据推动了新的计算基础设施和数据存储方法的发展。对于大数据分析而言，优化通常是其目标而不是一种工具。比如，范式变化导致快速算法的发展取得重大进展，这些快速算法可以扩展到海量高维数据。这样就形成了不同领域之间的交叉兼容，如统计学、优化学和统计数学。

当多个不同来源的数据被聚合起来时，其最佳的归一化方式是什么仍然是一个悬而未决的问题。

大数据以样本量大、维度高为特点。首先，庞大的样本量使得我们能够揭示与小群体相关的隐藏模式以及整个群体的弱共性。其次，我们讨论与高维相关的几个独特现象，包括噪声积累、伪相关以及偶然内生性。这些独特的特征使得传统的统计步骤不再适用。

2.8.1 奇异值分解和随机矩阵理论

在分析庞大的多元数据时，自然会出现一定数量的“自平均”，也就是说，在大规模限制中，单个数据集可包含所讨论数量的统计集合。其中，数据矩阵的奇异值分布是文献[87]的主题。奇异值分解(SVD)是对一般矩阵的一种表示，其在线性代数中是最基本的，也是极为重要的，被广泛用于生成多元数据的标准表示。奇异值分解相当于多元统计中的主成分分析(PCA)，此外，还被用于生成复杂多维时间序列的低维表示。一个例子是生成高维动力系统的有效低维表示，称为降维；另一个例子则是降噪和压缩动态成像数据，特别是在神经元活动的直接或间接图像的情况下。本书中我们的兴趣是电力网和大型通信网络中的大数据。

一个具有 p 个变量和 n 个测量值的数据集可以由一个 $n\times p$ 矩阵 $\mathbf{X}$ 表示。在高维度情况下 p 的值很大，我们通常希望使用数据矩阵的低秩近似来降低维度。最为普遍的低秩近似是奇异值分解，其与主成分分析有关。每二十到三十年，就会有人声称他发明了 PCA。

给定一个 $n\times p$ 矩阵 $\mathbf{X}$，SVD 将 $\mathbf{X}$ 分解为 $\mathbf{X}=\mathbf{U}\mathbf{D}\mathbf{V}^{\mathrm{T}}$，此处 $\mathbf{U}\in\mathbb{R}^{n\times n}$ 和 $\mathbf{V}\in\mathbb{R}^{p\times p}$ 是正交矩阵，$\mathbf{D}\in\mathbb{R}^{n\times p}$ 的对角线元素以降序排列且其余位置元素均为零。在 Frobenius 范数和算子范数中，$\mathbf{X}$ 的最优 K 秩近似为 $\hat{\mathbf{X}}_K$，由前 K 个右奇异向量和 SVD 的奇异值给出：

$$\hat{\mathbf{X}}_K = \sum_{k=1}^{K} d_k \mathbf{u}_k \mathbf{v}_k^{\mathrm{T}}$$

在 MATLAB 中有构建函数 SVD 的库函数可以直接使用。需要注意的是 $\mathbf{X}$ 矩阵的 SVD 与 $\mathbf{X}\mathbf{X}^{\mathrm{T}}$ 的特征分解密切相关。为了充分理解在数据处理应用和经典多元分析技术如主成分分析中使用 SVD 的意义，必须考虑当 $\mathbf{X}$ 的元素随机时 SVD 的情况。

关于随机数据矩阵有两种令人感兴趣的方法。在第一种方法中，样本数量 n 相对于变量数量 p 很大；而在第二种方法中，这两个数值大小则是相当的。第一种方法被称为“古典”方法，第二种方法则为“现代”方法。古典方法的特点是 $n\to\infty$ 且 p 固定；现代方法的特点是 $n\to\infty$，$p\to\infty$ 同时 $n/p\to\gamma$，此处 γ 是 $(0,\infty)$ 范围中的固定标量。

可以通过分析 $\mathbf{X}\mathbf{X}^{\mathrm{T}}$ 的特征分解来研究 SVD，结果用高斯随机变量表示，但需要注意，其中有许多结果仅适用于有限四阶矩的任意分布。

考虑到主成分方向向量在高维设置中是不一致的，许多人提出仅使用一部分变量以找到主成分方向，称为稀疏 PCA 方法。这个方法寻求使样本方差最大化的线性投影，使得这些投影向量具有有限数量的非零元素。换句话说，人们寻找一个使 $\mathrm{var}(\mathbf{X}\mathbf{v})/\mathbf{v}\mathbf{v}^{\mathrm{T}}$ 最大的方向向量 $\mathbf{v}$，此处满足 $\|\mathbf{v}\|_0\leqslant s$，其中，$\|\cdot\|_0$ 是 ℓ_0 范数，即向量中非零元素的个数。文献[88]中首次提出了通过将 ℓ_0 范数放宽到 ℓ_1 范数来估计稀疏主成分的方向，通过牺牲主成分方向来提高稀疏性。ℓ_1 范数具有凸性。

尽管古典 PCA 在高维设置下是不一致的，但如今已经证明几种稀疏 PCA 方法在高维设置中是一致的。Amini 和 Wainwright 在文献[89]中就考虑了一种尖峰协方差模型来解决这个问题。

近年来，有学者提出增加 PC 方向和样本主成分的稀疏性，形成了如下形式的惩罚 SVD 或稀疏矩阵分解[90]：$\hat{\mathbf{X}}_K = \sum_{k=1}^{K} d_k \mathbf{u}_k \mathbf{v}_k^{\mathrm{T}}$，其中 $\|\mathbf{u}_k\|_0 \leqslant t_k, \|\mathbf{v}_k\|_0 \leqslant s_k$。

2.8.2 异质性

大数据通常是通过汇总对应于不同子数据群的众多数据源来创建的。每一个子数据种群可能表现出一些独特特征。

有限混合模型提供了一种灵活的工具，用于对来自异质群体的数据进行建模，可参考文献[91]。令 Y 为响应变量，$\mathbf{x}=(x_1,x_2,\cdots,x_p)^{\mathrm{T}}$ 为对 Y 有影响的协变量①的向量。种群的混合模型如下：

$$\alpha_1 p_1(y;\boldsymbol{\theta}_1(\mathbf{x}))+\cdots+\alpha_m p_m(y;\boldsymbol{\theta}_m(\mathbf{x})) \tag{2.2}$$

其中 $\alpha_i \geqslant 0$ 表示第 i 个子群体的比例，$p_i(y;\boldsymbol{\theta}_i(\mathbf{x}))$ 是给定协变量 $\mathbf{x}$ 的第 i 个子群体的概率分布，$\boldsymbol{\theta}_i(\mathbf{x})$ 为参数向量。实际上，很多子群体很少会被观察到，即 α_i 非常小，由于大数据具有样本量 n 很庞大的特征，即使 α_i 非常小，第 i 个子群体的样本量 $n\alpha_i$ 的大小仍是适中的。

为大数据集推导式(2.2)中的混合模型需要复杂的统计和计算方法，然而，在高维情况下需要仔细规范估算程序，以避免过度拟合或噪声累积[92,93]。文献[94]提出了一个 ℓ_1 正则似然估计方法来估算高维多元正态模型中存在缺失数据时的逆协方差矩阵，这一方法是基于数据随机丢失的假设的。

2.8.3 噪声积累

分析大数据需要同时估计或检验许多参数，当决策或预测规则依赖于大量这样的参数时，这些估计误差会累积。这样的噪声积累在高维状况下会产生十分严重的影响，甚至可能会干扰到真实信号。因此通常会用稀疏性假设来处理噪声累积[95-97]。

下面考虑数据来自两个类的分类问题[98]

$$\mathbf{X}_1,\cdots,\mathbf{X}_n \sim \mathcal{N}(\boldsymbol{\mu}_1,\mathbf{I}_d), \quad \mathbf{Y}_1,\cdots,\mathbf{Y}_n \sim \mathcal{N}(\boldsymbol{\mu}_1,\mathbf{I}_d) \tag{2.3}$$

我们想要构造一个分类规则，将一个新的观测量 $\mathbf{Z} \in \mathbb{R}^d$ 分类为第一类或第二类。例如，对于 $n=100$ 和 $d=1000$，将 $\boldsymbol{\mu}_1=\mathbf{0}$ 和 $\boldsymbol{\mu}_2$ 设置为具有稀疏性质的，即只有 $\boldsymbol{\mu}_2$ 的前 10 个项非零，其值为 3，其他所有项均为零。当 $m=2$ 时，可以得到较高的判别力。然而，由于噪声累积，当 m 太大时，判别力会变得非常低。前 10 个特征有助于分类，其余特征则不会。因此，当 $m>10$ 时，程序不会得到任何附加信号，但会累积噪声：m 越大，噪声累积越多，这使得分类过程随着维数增加而恶化。

2.8.4 伪相关

高维也会带来伪相关，指的是许多不相关的随机变量在高维上可能具有高的样本相关性。伪相关可能会导致错误的统计推断。

考虑估计线性模型的系数向量的问题：

---

① 在统计学中，协变量是一个可能预测研究结果的变量。

$$\mathbf{y}=\mathbf{X}\mathbf{z}+\mathbf{w}, \quad \mathrm{Var}(\mathbf{w})=\sigma^2\mathbf{I}_d \tag{2.4}$$

其中，$\mathbf{y}\in\mathbb{R}^n$表示响应向量，$\mathbf{X}=[\mathbf{x}_1,\cdots,\mathbf{x}_n]^{\mathrm{T}}\in\mathbb{R}^{n\times d}$表示设计矩阵，$\mathbf{w}\in\mathbb{R}^n$表示一个独立随机噪声向量，$\mathbf{I}_d$是一个 $d\times d$ 单位矩阵。

在高维情况下，由于伪相关的存在，即使是对于式(2.4)这样简单的模型，变量选择也是具有挑战性的。当维度高时，重要变量可以与几个科学无关的伪变量高度相关[99]。

2.8.5 偶然内生性

偶然内生性是高维引起的另一个微妙的问题。在回归 $Y=\sum_{i=1}^{d}\beta_i X_i + W$ 中，术语“内生性”意味着一些预测变量 X_i与残差噪声 W 相关。对于一个小集合 $S=\{i:\beta_i\neq 0\}$，传统的稀疏模型假设如下：

$$Y=\sum_{i=1}^{d}\beta_i X_i + W, \quad \mathbb{E}(WX_i)=0, \quad i=1,\cdots,d \tag{2.5}$$

式(2.5)中的外生假设：残差噪声 W 与所有预测因子不相关。这对于现有的大多数统计过程的有效性至关重要，包括变量选择一致性。虽然这个假设看起来很自然，但是由于在高维状况下一些变量 X_i与 W 偶然相关，这一假设很容易被破坏，从而使得大多数高维程序在统计上是无效的。

2.8.6 对计算方法的影响

大数据规模大、维数高，这对大规模优化的计算和范式转换带来了重大挑战[100]，在高维数据上直接应用惩罚准似然估计要求我们解决大规模优化问题。并行计算、随机算法、近似算法和简化实现是有前景的，参见文献[40]中提出的随机算法。

现代数据集的数据量正在爆炸式增长，根据原始数据直接进行推断在计算上往往是不可行的。因此，为了从统计和计算角度处理大数据，降维被用于数据预处理的其中一步[101]。

2.9 量子系统的大数据

在本书中，第一个大数据系统可追溯到20世纪50年代的大型量子系统。

对于一大类量子系统，其谱的统计特性显示了与随机矩阵预测的显著一致性。最近的进展表明，随机矩阵理论的范围已变得更加广泛。

对随机矩阵集合的研究已经引起了对核物理、原子分子物理、量子混沌和介观系统等物理学领域的深刻理解。对随机矩阵的兴趣源于需要理解具有复杂相互作用的多体量子系统的光谱性质——这是20世纪50年代第一次面对数据洪流的挑战。随着量子物理学关于系统对称性的一般性假设，随机矩阵理论(RMT)为光谱的统计特性提供了非常成功的预测。

低维系统(例如混沌量子系统)的波动特性很普遍，并且可以通过适当的随机矩阵集合来建模。随机矩阵技术在量子物理学之外的学科中也具有潜在的应用和实用性。

2.10 金融系统的大数据

对于大数据而言，数据捕获、数据存储和数据表示是基础。大数据分析可以从大数据中提取。本节的目的是介绍如何表示金融数据——数据建模。一旦数据得到恰当的表示，剩下的问题就是如何分析数据来提取有用信息(或知识)。由于金融数据十分普遍，所以使用金融系统作为其他数据集的原型。另一个原因是，已经对金融文献做了大量的研究，所以可通过类比的方法，借助大量可获取的结果来解决现有领域的问题，如电网、传感器网络、通信网络等。

2.10.1 方法论

经济学紧随物理学发展，古典经济学之父亚当·斯密在其著作《引导和指导哲学探究的原则：以天文学史为例》中，通过强调观察规律的作用，构造理论(斯密称之为“假想的机器”)来再现观察到的现象，以此例证科学的方法论。以天文学作为参考点并不是偶然的，是因为天体力学和大量令人印象深刻的天文数据主导了多种文化中的科学。

计算机的好处之一就是经济系统开始储存越来越多的数据。如今，市场收集数量惊人的数据(实际上每一笔交易都会被记录)，这触发了对能够管理数据的新方法论的需求。特别是开始使用广泛借鉴物理学的方法对数据进行分析，其对规律性和非常规相关性的寻求是强制性的。在新的大数据科学中，金融工程师比通信工程师更占优势，因为他们的数据更容易获取。

在过去的二十年中，有一种趋势——物理学家开始科学地研究经济，这些研究主要用于定量金融。在很大程度上，这一趋势是由大数据领域中可获得大量的数据引起的。在这种情况下，物理学开始扮演金融数学的角色——有时以物理学的语言重新描述数学结构，有时使用仅在物理学中开发的方法。通常是在复杂系统的各种有效理论的层面上，对物理学进行此类应用。

宏观经济研究的目的是提取重要因素，理解他们的相互关系，以及描述过去事件的发展。最终的目标则是达到这样一个水平：可以理解和预测系统对未来宏观经济参数变化的反应。

解释个体股价变化之间的关联性以及大数据时代数据泛滥的问题，在某些方面会使人联想到 20 世纪 50 年代物理学家为了解释复杂核的光谱时所经历的困难。大量关于能级的光谱数据变得可用，但却也由于太过复杂而不能使用模型计算的方法来对数据进行解释，因为其相互作用的确切性质是未知的。随机矩阵理论(RMT)就是在这种背景下开发的，用于处理对复杂量子系统的能级的统计[102]。由具有相关随机元素的实对称矩阵给出一个随机汉密尔顿函数的最小假设，一系列显著的预测被提出并且成功地在复杂核的光谱上被检验[102]。事实上，假定描述重核的汉密尔顿函数可以用一个矩阵 **H** 来表示，其中 H_{ij} 表示从一个概率分布中抽取的独立随机元素。RMT 预测值代表所有可能的相互作用的平均值[102]。来自 RMT 普遍预测的偏差——异常检测，识别了所考虑系统的系统特定的、非随机的属性，其提供了关于潜在的相互作用的性质的有关线索[103-105]。随机矩阵技术在量子物理学之外的学科中具有潜在的应用和实用性。

量化不同股票之间的相关性不仅是出于将经济理解为一个复杂的动力系统这样的科学理由，也是出于诸如资产配置、证券组合投资风险估计等实际原因。与大多数物理系统涉及子单元之间相关性和基本相互作用不同，股市问题中的潜在“相互作用”是未知的。在这里，通过应用随机矩阵理论的概念和方法，分析股票之间的交叉相关性。这些概念和方法是在复杂量子系统的背景下发展的，其中子单元之间的相互作用的确切性质是未知的。通过类比，我们将这个理论扩展到一般的大数据系统，其中子系统之间的相互作用的确切性质是未知的，如电网、传感器网络[40]、大型通信系统(大规模 MIMO 和认知无线电网络[39])，甚至大气相关性[106]。

根据上面的推理，可以将大数据问题追溯到 20 世纪 50 年代的复杂量子系统。本书的统一想法是将大数据建模为大型随机矩阵，因此我们可以使用 RMT 来提取大数据分析。其中潜在的假设是，经过 60 年的研究，RMT 已经在物理学中牢固地建立起来了。从这个意义上说，我们把 RMT 放在了大数据分析理论的核心。我们强调 RMT 的普遍性，所以我们可以将 RMT 应用于一大类的大数据问题。为了说明这一点，我们的原则是只考虑那些可以通过大型随机矩阵来表示数据的大数据问题。我们在认知无线电网络[39]和认知传感[40]中也遵循这个原则。把这个原则扩展到其他大型数据集，例如交通、制造等也是合理的。

下面，根据文献[107]，我们应用 RMT 方法研究股票价格变化的交叉相关性。我们考虑 N 个资产，相关矩阵包含 $N(N-1)/2$ 个元素，它们必须由长度为 T 的 N 个时间序列确定；如果相比于 N，T 不是非常大，应该期望协方差的计算是嘈杂的，因此经验相关矩阵在很大程度上是随机的，即矩阵的结构由测量噪声支配。如果情况就是这样，在应用中使用这种相关矩阵时应该非常小心。特别是这个矩阵的最小特征值对这个“噪声”是最敏感的。因此设计一个能够从噪声中区分“信号”的方法非常重要①，即从那些缺乏任何有用信息且在时间上不稳定的相关矩阵中区分出含有真实信息的相关矩阵的特征向量和特征值。从这个角度来看，比较一个经验相关矩阵 **C** 和可以从严格不相关集合的一个有限时间序列获得的“零假设”的纯随机矩阵的属性，是很有意思的。偏离随机矩阵的情况可能意味着真实信息的存在。

最近应用 RMT 方法分析 **C** 属性的研究表明：98%的 C 特征值满足 RMT 预测，表明测量的互相关有相当程度的随机性。同时发现了 2%的最大特征值偏离了 RMT 预测。这些结果产生以下问题：

- RMT 的偏差有什么可能的解释？
- RMT 的偏差在时间上是否稳定？
- 关于 **C** 的结构，我们可以从这些结果中推断出什么？
- 这些结果的实际含义是什么？

最初，在半个世纪前 RMT 被提出来解释复杂核的能谱。最简单的形式，一个随机矩阵集合是一个 $N\times N$ 矩阵的集合 $\mathbf{A}$，其元素 A_{ij} 是不相关的独立同分布的随机变量，其分布由下式给出：

$$\mathbb{P}(\mathbf{A})\sim\exp\left(-\frac{\beta N}{2}\mathrm{Tr}(\mathbf{A}\mathbf{A}^{\mathrm{T}})\right) \tag{2.6}$$

其中对不同的矩阵集合，β 取对应的特定值(例如取决于随机变量是复数还是实数)。对于对称 $N\times N$ 的随机矩阵，特征值谱和特征值的相关性在极限 $\mathbf{N}\to\infty$ 已经由 Wigner[109,110]制定出来。对于实数矩阵元素，这样的对称随机矩阵有时被称为高斯正交集合(GOE)。

后来 Ginibre 解决了对称约束，不同概率分布(实数、复数、四元数)的集合，被称为 Ginibre 集合(GinOE，GinUE，GinSE)，在无限矩阵大小的极限情况下已被推导出[111]。对于随机不对称实数矩阵集合(GinOE)(最困难的情况)，在过去几十年来的努力下只有缓慢进展。特征值密度最终可以通过不同的方法推导出来[112,113]，其中相当显著的结果是，集合的有限尺

① 大数据分析的中心任务是区分信号和噪声[108]。

寸依赖性也已被阐明[113]。对于该领域的近期进展也见文献[114]。

文献[115]首次在金融应用中使用来自有限长方形 $N\times T$ 数据矩阵 $\mathbf{X}$ 的协方差矩阵；其中包含 T 个观测点的 N 个不同资产（或仪器）的数据。这种数据的对应 $N\times N$ 协方差矩阵 $\mathbf{C}\sim\mathbf{XX}^{\mathrm{T}}$ 的矩阵集合被称为 Wishart 集合[116]，是多元数据分析的基石。对于不相关的高斯分布数据的情况，$\mathbf{XX}^{\mathrm{T}}$ 的特征值谱的精确解被称为 Marchenko-Pastur 定律（对于 $N\to\infty$），并且已经作为滞后零点相关矩阵随机矩阵分析的起点被使用。此外，在 Marcenko-Pastur 分布的推广基础上，讨论了提取变量之间有意义相关性的一般方法[82]。基础方法是作为强大工具的奇异值分解，RMT 被用来预测高斯随机性的奇异值谱。

对协方差矩阵的时滞模拟定义为

$$C_{\tau}^{ij}\sim\sum_{t=1}^{T}X_{t}^{i}X_{t-\tau}^{j}$$

其中，一个时间序列相对于其他时间序列时移 τ 时间步长。与有一个实数的特征值谱的 Wishart 集合的等时相关性（实数）矩阵相反，$\mathbf{C}_{\tau}$ 的谱是在复数平面中定义的，因此，这些类型的矩阵一般是不对称的。非对称时滞相关性的分析形成了金融和计量经济学的基础部分。

2.10.2　等时相关性 Marchenko-Pastur 定律

从非交换概率和中心极限定理的角度来看，本节的结果正常且基础。从这个角度看，令人费解的是随机矩阵（矩阵概率）如此晚才被用于分析财务数据。突破是在 1999 年[107, 117]，其结果如下。

经验相关矩阵 $\mathbf{C}$ 由价格变化的时间序列 $X_i(t)$（其中 $i=1,\cdots,N$ 表示资产，$t=1,\cdots,T$ 表示时间）通过等式构造：

$$C_{ij}=\frac{1}{T}\sum_{t=1}^{T}X_i(t)X_j(t)\tag{2.7}$$

我们可以象征性地把式(2.7)写为

$$\mathbf{C}=\frac{1}{T}\mathbf{XX}^{\mathrm{T}}\tag{2.8}$$

其中，$\mathbf{X}$ 是一个 $N\times T$ 的矩形矩阵，T 表示矩阵转置。我们现在考虑的不相关资产的零假设，变为假设系数 $(\mathbf{X})_{it}=X_i(t)$ 是独立同分布的随机变量。我们使用 $\rho_{\mathrm{C}}(\lambda)$ 表示 $\mathbf{C}$ 的特征值密度，定义为

$$\rho_{\mathrm{C}}(\lambda)=\frac{1}{N}\frac{\mathrm{d}n(\lambda)}{\mathrm{d}\lambda}\tag{2.9}$$

其中，$n(\lambda)$ 是 $\mathbf{C}$ 的特征值小于 λ 的个数。有趣的是，如果 $\mathbf{X}$ 是 $T\times N$ 的随机矩阵，$\rho_{\mathrm{C}}(\lambda)$ 在极限 $N\to\infty$，$T\to\infty$ 和 $c=T/N\geqslant 1$ 的情况下是固定的，遵循所谓的 Marchenko-Pastur 定律：

$$\rho_{\mathrm{C}}(x)=\frac{c}{2\pi\sigma^2}\frac{\sqrt{(b-x)(x-a)}}{x}\tag{2.10}$$

其中

$$a=\sigma^2(1+1/c-2\sqrt{1/c}),\quad b=\sigma^2(1+1/c+2\sqrt{1/c})$$

$x\in[a,b]$，其中 σ^2 等于 $\mathbf{X}$ 的元素的方差，归一化之后等于 1。在极限 $c=1$ 的情况下，矩阵 $\mathbf{X}$ 的归一化特征值密度是众所周知的 Wigner 半圆定律，以及这些特征值的平方的相应分布。式(2.10)预测的最重要的特征是

- 事实上，频谱的下边界是严格正的($c=1$ 除外)。因此没有特征值在 0 和 a 之间。在这个边界附近，特征值的密度表现出一个尖锐的最大值，除了极限 $c=1(a=0)$，此时向 $1/\sqrt{x}$ 发散。
- 特征值密度高于一个特定的上边界 b 后衰减。

注意上述结果只在极限情况下 $N\to\infty$ 有效。对有限 N 而言，存在于两个边缘的奇异点被平滑：边缘变得有些模糊，在 b 上方和 a 下方找到特征值的概率很小，当 N 变大时，将趋于零。

现在我们要比较对应不同市场的股票的相关矩阵的特征值的经验分布和基于相关矩阵是随机假设的基础上，根据式 (2.10)得到的理论预测。我们研究了标准普尔 500 指数 $N=406$ 的资产相关矩阵的特征值密度，基于 1991-1996 年间的日变化，总共 $T=1309$ 天(相应的 $c=T/N$ 的值是 3.22)。

意想不到的结果表明，经验协方差矩阵谱的大部分由噪声填充！只有几个最大的特征值与模式不匹配。一个直接的观察是最大的特征值 λ_1 是预测的 b 的 25 倍大，见图 2.1 的右图。因此，最简单的“纯噪声”假设与 λ_1 的值不一致。一个更合理的想法是和“市场”正交的相关矩阵的分量是纯噪声。可以把 σ^2 作为一个可调参数。例如，使用最小二乘法获得最佳拟合，其中 $\sigma^2=0.74$，和图 2.1 中的黑色线相对应，占谱中 94%的比例，相当令人满意，然而最大 6%的特征值仍然超过理论上限相当多。请注意，通过允许一个略小的 c 的有效值可以获得更好的拟合，这可以解释波动性相关性的存在。

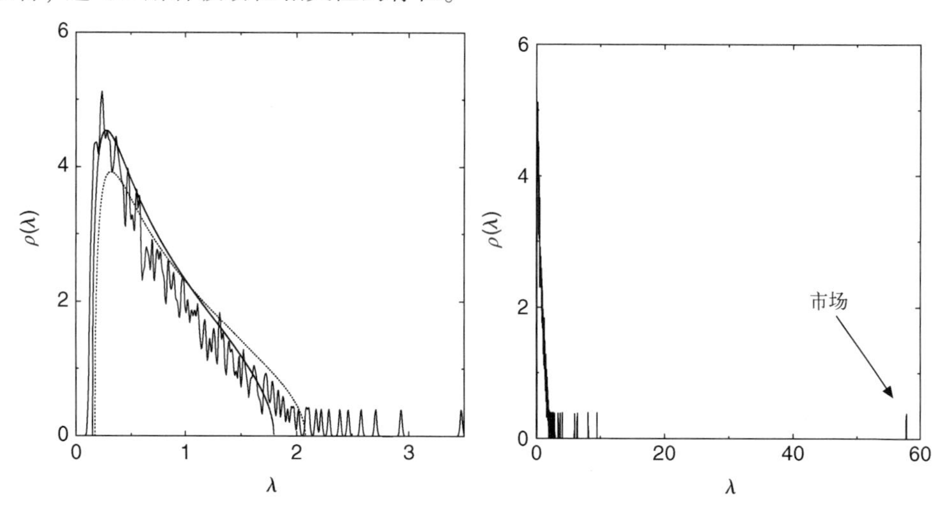

图 2.1 C 的特征值的平滑密度，其中相关矩阵 C 是从 1991-1996 年标准普尔 500 指数 $N=406$ 的资产中提取的。为了对比，我们已经绘制了式(2.10)在 $c=3.22$ 和 $\sigma^2=0.85$ 的密度图像：虚线是假定矩阵除最高特征值外是纯随机数而获得的理论值。使用一个更小的值 $\sigma^2=0.74$(实线)可以获得一个更好的拟合，相当于总方差的 74%。右图：相同的图，但包括对应于“市场”的最高特征值，其值比 b 大 30 倍。经许可转自文献[107]

2.10.3 对称时滞相关矩阵

2.10.2 节中的方法涉及等时相关性。延迟相关矩阵的构造涉及计算具有时间延迟的不同元素之间的相关性。考虑手头上表示为 $N\times T$ 阶的矩阵 $\mathbf{X}$ 的多变量时间序列。这里 N 是长度为 T 的时间序列的数量。假设 i 和 j 是给定的多变量时间序列 $\mathbf{X}$ 中的两个时间序列。在 $t=0$ 时的 i 与在时滞 $t=\tau$ 时的 j 之间的相关性由下式给出

$$C_{ij} = \frac{1}{T}\sum_{t=1}^{T} X_{it}X_{j(t+\tau)} \tag{2.11}$$

这样构成的矩阵 **C** 是不对称的。该矩阵的特征值将是复数。为了有实数特征值，我们适当地要使矩阵 **C** 对称，根据如下表达式构造对称矩阵 $\mathbf{C}^S$：

$$C_{ij}^S = C_{ji}^S = \frac{C_{ij}+C_{ji}}{2}$$

矩阵元素 X_{it} 对应于时间序列 i 的第 t 个元素。对称延迟相关矩阵 $\mathbf{C}^S$ 因此可以通过表达式用矩阵 **X** 来表示：

$$\mathbf{C}^S = \frac{\mathbf{X}^{\mathrm{H}}(0)\mathbf{X}(\tau)+\mathbf{X}(\tau)\mathbf{X}(0)}{2T}$$

我们看到大气数据和股票市场数据的经验数据集[118]。它们为这样的矩阵构造了不同的延迟值。

对于独立同分布的数据矩阵 **X** 的情况，解决方法被定义为

$$G(z) = \mathrm{Tr}((z-\mathbf{X}^{\mathrm{H}}\mathbf{X})^{-1})$$

其中，$G(z)$ 是一个复函数。特征值的密度[87]由下式给出：

$$\rho(\lambda) = \sum_i \delta(\lambda - \lambda_i) = \frac{1}{\pi}\lim_{\varepsilon\to\infty}\mathrm{Im}[G(\lambda - \mathrm{i}\varepsilon)] \tag{2.12}$$

上述表达式适用于独立同分布随机变量的简单相关矩阵。对于对称延迟相关矩阵 $\mathbf{C}^S$，推导是通过使用以下的解决方法完成的：

$$G_\tau(z) = \mathrm{Tr}((z-\mathbf{C}^S(\tau))^{-1}) \tag{2.13}$$

$G_\tau(z)$ 的表达式是通过扩展解决方法为 $1/z$ 的幂，使用图解技术来表达扩展中的不同项得到的。在 $N,T\to\infty$ 的极限情况下，只有平面图做了贡献[87]，同时保持比值 $Q=(T-\tau)/N$ 为常数。我们可以将图求和至无限阶，并且对于 $\tau \ll N$，我们获得以下关于 $G_\tau(z)$ 的四阶方程：

$$G^4+2\kappa G^3+\left(\kappa^2-\frac{Q^2}{\sigma^4}\right)G^2-2\kappa\frac{Q^2}{\sigma^4}G+\frac{Q^2}{\sigma^4\lambda^2}(2Q-1)=0 \tag{2.14}$$

其中，为了方便 $G_\tau(z)$ 由 G 表示，$\kappa=\dfrac{Q-1}{\lambda}$。

使用数值方法求解式(2.14)得到 G 所需的解。G 的解的虚部由式(2.12)替换，来得到延迟相关矩阵的特征值分布，见图 2.2。如图 2.3 所示，分析模型和数值模拟相一致。

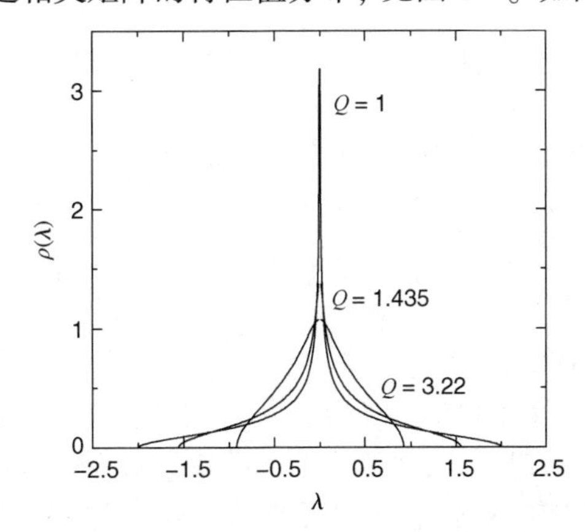

图 2.2　不同 Q 值的 $\rho(\lambda)$ 对比图，$Q=1, Q=1.435, Q=3.22$

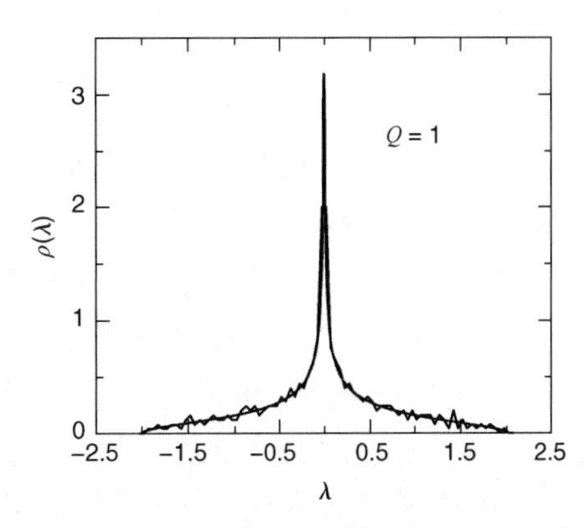

图 2.3　由独立同分布随机数据集进行数值分析得到的 $Q=1$ 时对比 λ 的 $\rho(\lambda)$ 组合图

2.10.4 不对称时滞相关矩阵

针对 N 个资产、观测时间 T 的 $N\times T$ 数据矩阵 $\mathbf{X}$ 的所有元素是资产 i 在观测时间 t 上的对数回归时间序列：

$$X_t^i = \ln S_t^i - \ln S_{t-1}^i \tag{2.15}$$

通过减去平均值，归一化到单位方差，即除以 $\sigma_i = \sqrt{\langle (X_t^i)^2 \rangle - (X_t^i)^2}$。这里，$S_t^i$是资产 i 在时间 t 的价格。一个时间单位是在观测时间 $t+1$ 和观测时间 t 的时间差，例如一天、5 分钟等。对 TIC 数据，大小可变。股票的单位方差对数回归序列的时间延迟相关性函数可以写为

$$C_\tau^{ij}(T) \equiv \langle (X_t^i - \langle X_t^i \rangle)(X_{t-\tau}^i - \langle X_{t-\tau}^i \rangle) \rangle_T \tag{2.16}$$

其中，时间延迟 τ 在单位时间内被测量，并且$<\cdots>_T$代表阶段 T 的时间平均值。我们在下面使用 T。$\mathbf{T}=0$ 时，等时相关性很明显就可获得。对于 $\tau\neq 0$，延迟相关矩阵 $\mathbf{C}_\tau$一般不对称，并且在对角线上包含延迟自相关。可以写为

$$\mathbf{C}_\tau = \frac{1}{T}\mathbf{X}\mathbf{D}_\tau\mathbf{X}^{\mathrm{T}} \tag{2.17}$$

其中，$\mathbf{D}_\tau \equiv \delta_{t,t+\tau}$，$\mathbf{X}$ 是 $N\times T$ 归一化的时间序列数据。使用 λ_i来表示 $\mathbf{C}_\tau^{ij}$的特征值，以及使用 $\mathbf{u}_i$（或者 u_{ik}）来表示相应的特征向量。其中，$i,k=1,\cdots,N$，可以将特征值问题写成

$$\sum_j C_\tau^{ij}\mathbf{u}_i = \lambda_j \mathbf{u}_j \tag{2.18}$$

我们意识到，特征值 λ_i是实数或者共轭复数，因为 C_τ^{ij}的矩阵元素是实数，因此共轭特征值 λ_i^* 也适用于式(2.18)。C_τ^{ij}的元素是符合一定分布的随机变量，我们应该牢记它们的特殊构造：式(2.17)，导致偏离了纯粹的随机不对称 $N\times N$ 实数矩阵，其元素是独立同高斯分布的。

2.10.5 降噪

考虑式(2.8)中定义的经验协方差矩阵，这里为了方便重复一次：

$$\mathbf{S} = \frac{1}{T}\mathbf{X}\mathbf{X}^{\mathrm{T}} \tag{2.19}$$

是一个 $N\times N$ 的矩阵。

与随机矩阵理论相比，其不仅有助于识别相关矩阵中的噪声，还为减少噪声提供了一种方法。RMT 去噪法是在文献[119]中提出的。在相关矩阵对角化之后，

$$\mathbf{\Lambda} = \mathbf{U}\mathbf{S}\mathbf{U}^{-1}$$

只保留 $N-s$ 个最高的特征值，而其余大部分特征值被设置为零。然后这个去噪的谱

$$\mathbf{\Lambda}^{\text{filtered}} = \mathrm{diag}(0,\cdots,0,\lambda_{s+1},\cdots,\lambda_N)$$

会被转换回原始的基础式：

$$\mathbf{S}^{\text{filtered}} = \mathbf{U}^{-1}\mathbf{\Lambda}^{\text{filtered}}\mathbf{U}$$

最后，必须把对角线归一化为 1，比如对于所有的 i，有 $S_{ii}^{\text{filtered}}=1$。

该方法能完全消除不相关的噪声。虽然只保留了重要的特征值，但关于完全相关结构以及噪声的信息仍然存在于特征向量中。它们被包含在用于转换回原始基础式的酉矩阵 $\mathbf{U}$ 中。

一个 RMT 去噪法的弱点是它丢弃了大部分光谱中的信息。这可能与具有许多小而弱的相关分支的相关结构有关。文献[120]介绍了一种避免截断的方法，即所谓的幂映射。该方法取相关矩阵中的每个元素，并将其绝对值提升至某个幂 q，同时保留其符号，

$$C_{ij}^{(q)}=\mathrm{sign}(C_{ij})\,|C_{ij}|^q \tag{2.20}$$

值得指出的是 $C^{(q)}$ 与 C^q 并不一样。当 q 大于 1 时，矩阵中的元素将被抑制，因为由于归一化，它们的绝对值都小于或等于 1。幂映射背后的思想是：噪声将被抑制得比实际的相关性更强，比如这可以在谱密度中看出。幂映射对谱密度有着与时间序列的延长相似的影响。但是，如果 q 变得太大，实际的相关性会越来越小。

幂映射方法让人联想到 6.6 节中的非厄米随机矩阵 $\mathbf{X}$ 的幂 $\mathbf{X}^\alpha$，α 为任意实数。

2.10.6 幂律尾

在预测某个投资组合的财务风险时，可以在多大程度上(即基于有限时间窗口 T 上的过去时间序列)确定“历史的”协方差估计？换句话说，过去在塑造未来方面有多可靠？在一篇开创性的论文中，文献[107]用 RMT 方法进行比较，对历史协方差谱在估计给定投资组合的方差方面的有用性表达了严重的怀疑，并质疑基于高斯平均场近似的马科维茨(Markowitz)理论的广泛应用程序。由于历史时间序列 T 的有限性导致的“测量噪声”在文献[107]中被要求隐藏大部分在历史协方差矩阵中编码的相关信息，因此从一开始就削弱了大部分后续的预测。一些聪明的方法被设计用来检验隐藏在光谱噪声区域下的有意义的相关性[120,121]，从而试图减轻文献[107]的悲观预测。

考虑一个具有 N 个相关随机变量的统计系统。试想一下，我们不知道变量之间的先验相关性，并试图通过对系统进行 T 次采样来了解它们。采样结果可以存储在包含经验数据 X_{it} 的矩阵 $\mathbf{X}$ 中，其中指数 $i=1,\cdots,N$ 和 $t=1,\cdots,T$ 分别运行在随机变量和测量结果的集合上。如果两点的测量结果在时间上没有关系，那么两点的相关性函数可以表示为

$$\langle X_{i_1t_1}X_{i_2t_2}\rangle=C_{i_1i_2}\delta_{t_1t_2} \tag{2.21}$$

其中 $\mathbf{C}$ 被称为相关矩阵或协方差矩阵。为了简便，假设 $\langle X_{it}\rangle=0$。如果不知道 $\mathbf{C}$，可以尝试使用经验协方差矩阵从数据 $\mathbf{X}$ 中重构它：

$$C_{ij}=\frac{1}{T}\sum_{t=1}^{T}X_{it}X_{jt} \tag{2.22}$$

这是相关矩阵的标准估计量。人们可以把 $\mathbf{X}$ 看作从具有某种规定的概率测度 $\mathbb{P}(\mathbf{X})\mathrm{d}\mathbf{X}$ 的矩阵集合中选择的 $N\times T$ 随机矩阵。经验协方差矩阵

$$\mathbf{S}=\frac{1}{T}\mathbf{X}\mathbf{X}^{\mathrm{T}} \tag{2.23}$$

依赖于 $\mathbf{X}$。对于给定的随机矩阵 $\mathbf{X}$，经验矩阵 $\mathbf{S}$ 的特征值密度是

$$\rho(\mathbf{X},\lambda)\equiv\frac{1}{N}\sum_{i=1}^{N}\delta(\lambda-\lambda_i(\mathbf{S})) \tag{2.24}$$

其中 $\lambda_i(\mathbf{S})$ 表示 $\mathbf{S}$ 的特征值。对所有的随机矩阵 $\mathbf{X}$，

$$\rho(\mathbf{X},\lambda)\equiv\langle\rho(\mathbf{X},\lambda)\rangle=\int\rho(\mathbf{X},\lambda)\,\mathbb{P}(\mathbf{X})D\mathbf{X} \tag{2.25}$$

我们可以找到 $\mathbf{S}$ 的特征值密度，它代表了整个 $\mathbf{X}$ 的集合。我们感兴趣的是 $\mathbf{S}$ 的特征值谱如何与 $\mathbf{C}$ 的特征值谱相关联。

如何从噪声中最优地消除经验矩阵 $\mathbf{S}$ 的谱，以获得底层精确协方差矩阵 $\mathbf{C}$ 的谱的最佳质量估计是一大问题。我们可以考虑一个更普遍的问题，除了自由度(股票)之间的相关性，测量之间也存在着时间相关性[122]，

$$\langle X_{i_1t_1}X_{i_2t_2}\rangle = C_{i_1i_2}A_{t_1t_2} \tag{2.26}$$

自由相关矩阵由 **A** 给出。如果 **X** 是一个高斯随机矩阵，或者更确切地说，如果概率测度 $\mathbb{P}(\mathbf{X})D\mathbf{X}$ 是高斯的，那么这个问题在大规模矩阵的限制下是有解析解的[87,121-123]。那么可以导出经验协方差矩阵 **S** 的特征值谱与相关矩阵 **A** 和 **C** 的谱之间的精确关系。

有一个模型，一方面保持相关的结构式(2.26)，另一方面在个别矩阵元素的边际概率分布中具有幂律尾。更一般地，我们将计算具有概率分布形式的随机矩阵 **X** 的经验协方差矩阵 **S**[见式(2.23)]的特征值密度，

$$\mathbb{P}(\mathbf{X})D\mathbf{X} = \mathcal{N}^{-1}f(\mathrm{Tr}\ \mathbf{X}^{\mathrm{T}}\mathbf{C}^{-1}\mathbf{X}\mathbf{A}^{-1})D\mathbf{X} \tag{2.27}$$

其中，$D\mathbf{X}=\prod_{i,t=1}^{N,T}\mathrm{d}X_{it}$ 是一个体积元素。归一化常数 $\mathcal{N}$ 为

$$\mathcal{N} = \pi^{d/2}(\det\mathbf{C})^{T/2}(\det\mathbf{A})^{N/2} \tag{2.28}$$

并且为了方便已经引入了参数 $d=NT$。函数 f 是任意的非负函数，使得 $\mathbb{P}(\mathbf{X})$ 被归一化：$\int\mathbb{P}(\mathbf{X})D\mathbf{X}=1$。

特别地，我们将考虑用多元 t 分布给出概率测度的随机矩阵的集合，

$$\mathbb{P}(\mathbf{X})D\mathbf{X} = \frac{\Gamma\left(\frac{\nu+d}{2}\right)}{\mathcal{N}\Gamma\left(\frac{\nu}{2}\right)}(1+\mathrm{Tr}\ \mathbf{X}^{\mathrm{T}}\mathbf{C}^{-1}\mathbf{X}\mathbf{A}^{-1})^{-(\nu+d)/2}D\mathbf{X} \tag{2.29}$$

这种情况下，两点相关函数可以很容易地计算出来，

$$\langle X_{i_1t_1}X_{i_2t_2}\rangle = \frac{\sigma^2}{\nu-2}C_{i_1i_2}A_{t_1t_2}$$

我们可以看出对于 $\sigma^2=\nu-2$ 和 $\nu>2$，最后一个等式的形式为式(2.26)。

让我们先考虑无相关性的情况：$\mathbf{C}=\mathbf{I}_N$ 和 $\mathbf{A}=\mathbf{I}_T$。高斯集合的经验协方差的谱由马尔琴科-帕斯特(Marchenko-Pastur)分布给出，

$$\rho_G(\lambda) = \frac{1}{2\pi c\lambda}\sqrt{(b-\lambda)(\lambda-a)}$$

其中 $a=(1-\sqrt{c})^2$，$b=(1+\sqrt{c})^2$。

相应地，t 分布的谱为

$$\rho_\nu(\lambda) = \frac{1}{2\pi c\Gamma\left(\frac{\nu}{2}\right)}\left(\frac{\nu}{2}\right)^{\nu/2}\lambda^{-\nu/2-1}\int_a^b\sqrt{(b-x)(x-a)}\,\mathrm{e}^{-\nu x/2\lambda}x^{(\nu/2)-1}\mathrm{d}x \tag{2.30}$$

$\mathrm{d}x$ 上的积分可以很容易地进行数值计算。这个计算结果的不同值如图 2.4 与图 2.5 所示。

2.10.7 自由随机变量

大数定律和中心极限定理是概率论的两个基石。了解它们与物理规律的关系是所有科学的核心。大规模随机矩阵可以看作自由的随机变量。这种方法是物理、金融界发表的许多结果的基础。可以参见文献[125]在财务数据中的应用。

自由随机变量(FRV)演算的概念作为标准随机矩阵理论的一个强有力的替代方法，既适用于高斯噪声，也适用于非高斯噪声。自由随机变量可以被认为是经典(可交换)的概率演算

的抽象非交换泛化，即用于处理不交换的随机变量的数学框架，比如有个例子是随机矩阵。

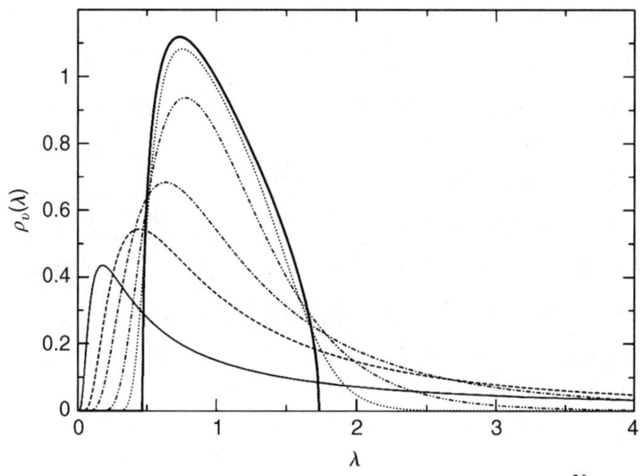

图 2.4　对于 t 分布式(2.29)协方差矩阵 **C** 的谱，$\mathbf{C}=\mathbf{I}_N$和 $\mathbf{A}=\mathbf{I}_T$，$c=\dfrac{N}{T}=0.1$，$\nu=\dfrac{1}{2},2,5,20,100$(从实线到虚线的细线)，使用式(2.30)，并和无相关的 Wishart(粗线)比较。我们可以看出，对于 $\nu\to\infty$，光谱趋向于 Wishart 分布。经文献[124]许可引用

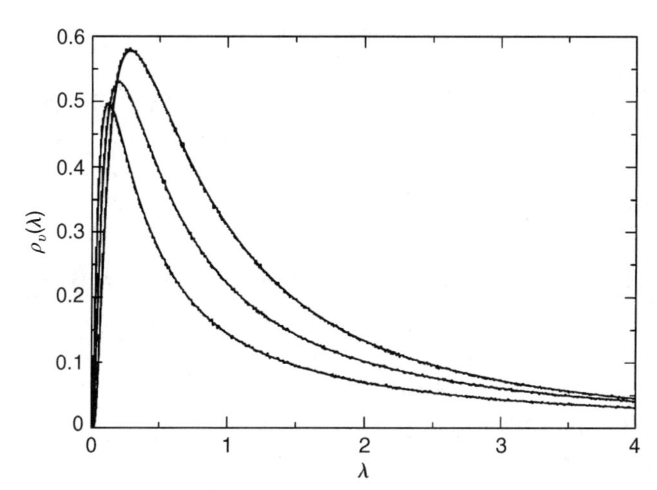

图 2.5　由式(2.30)，$c=1/3$ 计算的经验协方差矩阵 **S** 的谱与通过有限矩阵 $N=50$，$T=150$ 的蒙特卡罗生成方法获得的实验数据(阶梯线)进行比较。相同分布的左侧部分，插入点代表实验数据。经文献[124]许可引用

另一方面，随机变量是由 Voiculescu 等人于 1922 年和 Speicher 于 1994 年提出的，以作为冯·诺依曼代数的一个相当抽象的方法，但是它在 RMT 的背景下有一个具体的实现，因为如上所述，大规模随机矩阵可以被认为是自由的随机变量。

自由随机变量的核心是自由度概念的数学构造，它是随机变量经典**独立性**的一个非交换对应物。因此，它允许将基于**独立性**的许多经典结果扩展到非交换(随机矩阵)领域，特别是随机变量的加法和乘法算法，或稳定性、无限可分性等思想。这为 RMT 引入了新的特性，从概念上和技术上都简化了许多随机矩阵的计算，尤其是在宏观极限(体极限，即无限大小的随机矩阵)中，这是实际问题中的主要关注点。

如果构成总和的随机变量 $\mathbf{X}_1,\mathbf{X}_2,\cdots,\mathbf{X}_n$不能交换，我们可以得出中心极限定理的类比，

$$\mathbf{S}_n = \mathbf{X}_1 + \mathbf{X}_2 + \cdots + \mathbf{X}_n \tag{2.31}$$

换句话说，我们正在寻求一种非交换性的概率论，即 $\mathbf{X}_i$ 可以被看作是运算符，但是它应该与"经典的"概率论有着密切的相似性。从量子力学或非交换场论的角度来看，这样的理论当然是有趣的。当这样的结构存在时，我们有一个直接在矩阵空间中形成概率分析的自然工具。当代金融市场的特点是收集和处理大量的数据——大数据。统计地，他们可能服从矩阵中心极限定理。矩阵值概率理论非常适合分析数据数组的属性。

非交换概率的起源与20世纪80年代冯·诺依曼代数的抽象研究有关。当它被认识时，这个理论出现了一个新的转折，即非交换抽象算子，称为自由随机变量，可以表示为无限矩阵[126]。直到最近，FRV 的概念才开始在物理学中明确地出现[127-129]。

下面放弃正式的方式，我们应当遵循直观的方法，频繁地利用物理直觉。我们的主要目标是研究大规模数据阵列的谱特性。

假设我们要研究无限随机矩阵的统计性质。我们研究了 $N \times N$ 矩阵 $\mathbf{X}$（在极限 N 中）的光谱特性，这是从矩阵测度中得出的，

$$\mathrm{d}\mathbf{X} \exp[-N \operatorname{Tr} V(\mathbf{X})] \tag{2.32}$$

它是从具有潜在 $V(\mathbf{X})$ 的矩阵测度（一般不一定是多项式）绘制的。目前，我们研究频谱是实数的实对称矩阵。矩阵 $\mathbf{X}$ 的平均谱密度定义为

$$\rho(\lambda) = \frac{1}{N}\langle \operatorname{Tr} \delta(\lambda - \mathbf{X}) \rangle = \frac{1}{N}\left\langle \sum_{i=1}^{N} \delta(\lambda - \lambda_i) \right\rangle \tag{2.33}$$

其中 $\langle \cdots \rangle$ 表示对集合式(2.32)进行平均，$\lambda_i = \lambda_i(\mathbf{X})$ 是 $\mathbf{X}$ 的特征值。使用标准民俗学，光谱特性与我们介绍的格林函数的不连续性有关：

$$G(z) = \frac{1}{N}\left\langle \operatorname{Tr} \frac{1}{z\mathbf{I} - \mathbf{X}} \right\rangle \tag{2.34}$$

其中 z 是一个复杂的变量，$\frac{1}{z\mathbf{I}-\mathbf{X}}$ 是 $(z\mathbf{I}-\mathbf{X})^{-1}$ 的逆。由于分布的已知属性，

$$\lim_{\varepsilon \to 0} \frac{1}{\lambda \pm \mathrm{i}\varepsilon} = PV \frac{1}{\lambda} \mp \mathrm{i}\pi\delta(\lambda) \tag{2.35}$$

我们发现格林函数的虚部重构谱密度式(2.33)，

$$-\frac{1}{\pi} \lim_{\varepsilon \to 0} \operatorname{Im} G(z) \mid_{z=\lambda+\mathrm{i}\varepsilon} = \rho(\lambda) \tag{2.36}$$

这个著名的反转公式激发了整个框架。

自然格林函数将作为辅助结构来解释矩阵（非交换）概率论的重要概念。让我们定义一个格林函数的反函数（有时称为 Blue 函数[128]），即 $G[B(z)] = z$。非交换概率理论中的基本对象，即所谓的 R 函数或 R^{-1} 变换被定义为

$$R(z) = B(z) - \frac{1}{z} \tag{2.37}$$

在 R 变换的帮助下，我们现在将揭示几个经典和矩阵概率理论之间惊人的类比。

我们将从中心极限定理的类比开始。它可以理解为[126]自变量 $\mathbf{X}_i$ 的光谱分布，

$$\mathbf{S}_K = \frac{1}{\sqrt{K}}(\mathbf{X}_1 + \mathbf{X}_2 + \cdots + \mathbf{X}_K) \tag{2.38}$$

每个具有零均值和有限方差的任意概率测度 $\langle \operatorname{Tr} \mathbf{X}_i^2 \rangle = \sigma^2$，收敛于具有 R 变换 $R(z) = \sigma^2 z$ 的分布。

现在让我们找到这个限制分布的确切形式。由于 $R(z)=\sigma^2 z$，$B(z)=\sigma^2 z+1/z$，所以它的函数逆满足

$$z=\sigma^2 G(z)+1/G(z) \tag{2.39}$$

这个二次方程的解[对于大的 z 有适当的渐近 $G(z)\to 1/z$]为

$$G(z)=\frac{z-\sqrt{z^2-4\sigma^2}}{2\sigma^2} \tag{2.40}$$

所以由平方根切割所支持的谱密度是

$$\rho(\lambda)=\frac{1}{2\pi\sigma^2}\sqrt{4\sigma^2-\lambda^2} \tag{2.41}$$

这是著名的维格纳半圆(Wigner Semicircle)[102](实际上为半椭圆)集合。这种集合在各种物理应用的广泛存在中找到了一个自然的解释——这是非随机变量的中心极限定理的结果。因此，Wigner 集合是高斯分布的非交换模拟。事实上，我们可以证明，对应于格林函数式(2.40)的测度式(2.32)为 $V(\mathbf{X})=\frac{1}{\sigma^2}\mathbf{X}^2$。

现在来考虑对于具有零均值和单位方差的两个相同的矩阵值集合(例如高斯类型)，“独立性”意味着什么。我们打算找到格林函数的不连续性

$$G_{1+2}(z)\sim\int D\mathbf{X}_1 D\mathbf{X}_2 \mathrm{e}^{-N\,\mathrm{Tr}\,\mathbf{X}_1^2}\mathrm{e}^{-N\,\mathrm{Tr}\,\mathbf{X}_2^2}\mathrm{Tr}\frac{1}{z\mathbf{I}-(\mathbf{X}_1+\mathbf{X}_2)} \tag{2.42}$$

原则上，需要具有矩阵值的非对易项的卷积操作的解。这里我们可以看到 R 变换是如何运算的。这是对所有和进行加性性质得到的变换：对于所有的 $i=1,2,\cdots,\infty$，谱累积量都服从文献[126,130]：

$$k_i(\mathbf{X}_1+\mathbf{X}_2)=k_i(\mathbf{X}_1)+k_i(\mathbf{X}_2)$$

数学上把这一属性称为“自由度”，因此命名为自由随机变量。R 变换是经典概率论中特征函数对数的一种类似物，符合加法定律[126]：

$$R_{1+2}(z)=R_1(z)+R_2(z) \tag{2.43}$$

对于两个大型随机矩阵 $\mathbf{X}$，$\mathbf{Y}$，我们有

$$R_{\mathbf{X}+\mathbf{Y}}(z)=R_{\mathbf{X}}(z)+R_{\mathbf{Y}}(z) \tag{2.44}$$

到这里，我们可以开始认识到概率的非对易方法的力量。对于大型随机矩阵 $\mathbf{X}$ 和 $\mathbf{Y}$(精确的结果保持在 $N\to\infty$ 极限内)，他们自身的谱信息通常是足够用来预测 $\mathbf{X}+\mathbf{Y}$ 和的谱的。

非对易微积分还可以推广到非厄米矩阵的加法定律[123,131]，甚至到乘法定律。也就是说，只要知道 $\mathbf{X}$ 和 $\mathbf{Y}$ 的谱，就能推导出 $\mathbf{XY}$ 乘积的谱函数的所有矩信息(所谓的 S 变换)[126]。事实证明，对于两个大型随机矩阵 $\mathbf{X}$，$\mathbf{Y}$，我们可以得到：

$$S_{\mathbf{XY}}(z)=S_{\mathbf{X}}(z)S_{\mathbf{Y}}(z) \tag{2.45}$$

因此，它为分析大型数据集的随机特性提供了一条有力的捷径。而且，这个集合越大越好，因为有限尺寸的效应比例至少为 $1/N$。

考虑非对易概率论中的幂律谱。受经典概率构造的启发，我们提出以下问题：随机矩阵系的谱分布的最一般形式是什么？哪一个在矩阵卷积下是稳定的，即与原始分布具有相同的函数形式，模移位还是重缩放？令人惊讶的是，非对易概率理论遵循经典概率的 Lévy-Khinchine 稳定性定理。一般来说，所需的 $R(z)$ 符合 $z^{\alpha-1}$，其中 $\alpha\in(0,2]$。更准确地说，这个列表是通过以下 R 变换来完成的[132]：

(i) $R(z)=\mathrm{e}^{\mathrm{i}\pi\phi}z^{\alpha-1}$，其中，$\alpha\in(1,2]$，$\phi[\alpha-2,0]$；

(ii) $R(z)=\mathrm{e}^{\mathrm{i}\pi\phi}z^{\alpha-1}$，其中，$\alpha\in(0,1]$，$\phi[1,1+\alpha]$；

(iii) $R(z)=a+b\log z$，其中，b 是实数，$\Im a\geqslant 0$ 且 $b\geqslant -\frac{1}{\pi}\mathrm{Im}\ a$。

谱的渐近形式是幂律的，即 $\rho(\lambda)\sim 1/\lambda^{\alpha-1}$。在对称情况下（$b=0$），特殊情况（iii）服从 Cauchy 分布。注意在 $\alpha=2$ 的情况（i）对应于高斯系综。对于谱分布，其他几种类似的 Levy 分布是成立的。特别地，存在一一对应的谱类比的范围，不对称性和移位。谱分布也表现出对偶定律（$\alpha\to 1/\alpha$），就像经典的对偶定律一样[133,134]。

让我们来证明非对易概率理论在金融数据分析中的可用性。

我们分析了 N 个公司的价格时间序列，以 T 时间间隔的等序列来衡量。可以将收益率（这里是相对每日价格的变化）重新转换为 $N\times T$ 的矩阵 $\mathbf{X}$。该矩阵定义了 $N\times N$ 的协方差矩阵 $\mathbf{C}$。这个矩阵是当今市场风险测度方法的基石。

对于经验数据，考虑极端情况，协方差矩阵完全是噪声（不包含信息），即 $\mathbf{X}$ 是随机的，属于随机矩阵系。通过中心极限定理，我们可以考虑高斯矩阵或 Lévy-Khinchine 矩阵的稳定域。对于 T，$N\to\infty$，且 $N/T=c$ 固定，精确的公式由文献[131]给出。

对于对称的 Lévy 分布，完全随机的矩阵，Green 函数由下式给出：

$$G(z)=1/z[1+f(z)] \tag{2.46}$$

其中 $f(z)$ 是先验方程的多值解：

$$(1+f)(f+c)\frac{1}{f^{2/\alpha}}=z \tag{2.47}$$

在 $\alpha=2$ 的情况下，式(2.47)是代数的（二次的），并且谱的范围是有限的时间间隔。在其他情况下，谱的范围是无限的，其特征值分布标度为 $1/\lambda^{\alpha+1}$。

$\alpha=2$ 的情况对应著名的 Marchenko-Pastur 定律的谱分布。参见 2.10.2 节。

如 2.10.2 节所指出的，在高斯无序的情况下，94%的经验特征值与随机矩阵谱一致。只有少数最大的特征值与模式不匹配，这反映了有大型企业集群的出现。用幂律（$\alpha=1.5$）进行分析，这不仅证实了随机效应的优势，甚至可以将这些集群解释为可能的大型随机事件[134]。它还指出了在幂律存在的情况下使用协方差矩阵（隐式假定有限分散）的风险。一个对比实验表明，只有这种协方差在重变换下是稳定的，其谱与从大小相等且不对称的随机 Lévy 矩阵集合中提取的谱具有显著的一致性。

2.10.8 输入和输出变量之间的互相关

我们的结果是从自由随机矩阵理论得出的，并且给出了在变量没有任何真正相关性的情况下，期望奇异值区间的显式表达式。我们的结果可以看作是对相关矩阵的 Marchenko-Pastur 分布的自然推广。

考虑 N 个输入元素，记为 X_i，$i=1,\cdots,N$，M 个输出元素，记为 Y_j，$j=1,\cdots,M$。共有 T 个观测值，X_{it} 和 Y_{jt}，$t=1,\cdots,T$ 可以被观察到。我们假设所有的 $N+M$ 时间序列都是标准化的，即 X 和 Y 的均值为零和方差为 1。X 和 Y 可能是完全不同的，也可能是同一组测量值在不同时间的观测值，例如 $N=M$ 和 $Y_{jt}=X_{it+1}$。

现在考虑 X 和 Y 之间的互相关矩阵 $\mathbf{R}$：

$$(\mathbf{R})_{ij} = \sum_{t=1}^{T} Y_{jt} X_{it} \equiv (\mathbf{Y}\mathbf{X}^{\mathrm{T}})_{ij} \tag{2.48}$$

我们感兴趣的是该矩阵的奇异值分解(SVD)。当 $M<N$ 时，我们考虑 $M\times M$ 矩阵 $\mathbf{R}\mathbf{R}^{\mathrm{T}}$(或者当 $M>N$ 时，$N\times N$ 的矩阵 $\mathbf{R}\mathbf{R}^{\mathrm{T}}$)，它是对称的并且具有 M 个正特征值，每个特征值等于 $\mathbf{R}$ 本身奇异值的平方。第二种情况是 $\mathbf{R}\mathbf{R}^{\mathrm{T}}=\mathbf{Y}\mathbf{X}^{\mathrm{T}}\mathbf{X}\mathbf{Y}^{\mathrm{T}}$ 的非零特征值与 $T\times T$ 矩阵 $\mathbf{T}=\mathbf{X}^{\mathrm{T}}\mathbf{X}\mathbf{Y}\mathbf{Y}^{\mathrm{T}}$ 的非零特征值是相同的，可以通过将 $\mathbf{Y}$ 从第一个位置交换到最后一个位置得到。在 $\mathbf{X}$ 和 $\mathbf{Y}$ 彼此独立的情况下(无效假设)，$\mathbf{X}^{\mathrm{T}}\mathbf{X}$ 和 $\mathbf{Y}\mathbf{Y}^{\mathrm{T}}$ 这两个矩阵是相互独立的[52]，并且可以使用矩阵相乘的结果得到与已知的两个矩阵的特征值密度相对应的特征值密度。一般的方法[52,135]是，首先构造给定 $T\times T$ 负矩阵 $\mathbf{A}$ 的特征值密度函数 $\rho(u)$ 的 η 变换，定义如下：

$$\eta(\gamma) = \int \mathrm{d}u \frac{1}{1+\gamma u} \equiv \frac{1}{T}\mathrm{Tr}(\mathbf{I}_T + \gamma\mathbf{A})^{-1} \tag{2.49}$$

根据 $\eta(\gamma)$ 的逆函数，将 $\mathbf{A}$ 的 S 变换定义为

$$S_{\mathbf{A}}(x) \equiv -\frac{1+x}{x}\eta_{\mathbf{A}}^{-1}(1+x) \tag{2.50}$$

根据这些定义，自由矩阵理论[52]的一个基本定理指出，两个自由矩阵 $\mathbf{A}$ 和 $\mathbf{B}$ 的乘积的 S 变换等于两个矩阵 S-变换的乘积：

$$S_{\mathbf{AB}}(x) = S_{\mathbf{A}}(x)\Sigma_{\mathbf{B}}(x)$$

类似地，自由矩阵的和符合一个更简单的定理，就 R 变换而言，

$$R_{\mathbf{A+B}}(x) = R_{\mathbf{A}}(x) + R_{\mathbf{B}}(x)$$

应用 $\mathbf{A}=\mathbf{X}^{\mathrm{T}}\mathbf{X}$ 以及 $\mathbf{B}=\mathbf{Y}\mathbf{Y}^{\mathrm{T}}$ 性质可以发现：

$$\begin{aligned} \eta_{\mathbf{A}}(\gamma) &= 1-n+\frac{n}{1+\gamma}, \quad n=\frac{N}{T} \\ \eta_{\mathbf{B}}(\gamma) &= 1-m+\frac{m}{1+\gamma}, \quad m=\frac{M}{T} \end{aligned} \tag{2.51}$$

由此我们可以得到：

$$S_{\mathbf{T}}(x) = S_{\mathbf{X}^{\mathrm{T}}\mathbf{X}\mathbf{Y}\mathbf{Y}^{\mathrm{T}}}(x) = S_{\mathbf{X}^{\mathrm{T}}\mathbf{X}}(x)\,S_{\mathbf{Y}\mathbf{Y}^{\mathrm{T}}}(x) = \frac{(1+x)^2}{(x+n)(x+m)} \tag{2.52}$$

反转这个关系式可以导出 $\mathbf{T}$ 的 η 变换为

$$\eta_{\mathbf{T}}(\gamma) = \frac{1}{2(1+\gamma)}\left[1-(\mu+\nu)\gamma+\sqrt{(\mu-\nu)^2\gamma^2-2(\mu+\nu+2\mu\nu)\gamma+1}\,\right] \tag{2.53}$$

其中 $\mu=m-1$ 和 $v=n-1$。这个量的极限在 $\gamma\to\infty$ 时恰好给出了特征值为零的密度，很容易发现它等于 $\max(1n,1m)$，这意味着，$\mathbf{T}$ 的非零特征值是 $\min(N,M)$。$\gamma=1$ 对应于特征值恰好等于 1 的极点具有零权重(对于 $n+m<1$)或者非零权重取决于 $n+m$ 与 1 的比较。对于矩阵 $\mathbf{A}$，可以用更常见的 Stieltjes 变换$[m_{\mathbf{A}}(z)\equiv\eta_{\mathbf{A}}(-1/z)/z]$重写上面的结果：

$$m_{\mathbf{T}}(z) = \frac{1}{2z(z-1)}\left[z+(\mu+\nu)+\sqrt{(\mu-\nu)^2-2(\mu+\nu+2\mu\nu)z+z^2}\,\right] \tag{2.54}$$

然后从标准关系[52]得到特征值的密度：

$$\rho_{\mathbf{T}}(z) = \lim_{\varepsilon\to 0}\mathrm{Im}\left[\frac{1}{\pi T}\mathrm{Tr}((z+\mathrm{i}\varepsilon)\mathbf{I}_T-\mathbf{T})^{-1}\right] = \lim_{\varepsilon\to 0}\frac{1}{\pi}\mathrm{Im}[m_{\mathbf{T}}(z)] \tag{2.55}$$

从而可以推导出一个相当简单的最终表达式，这是本节得到的核心结果，对于原始相关矩阵

$\mathbf{R}=\mathbf{YX}^{\mathrm{T}}$的奇异值密度 s 为

$$\rho(s)=\max(1-n,1-m)\delta(s)+\max(m+n-1,0)\delta(s-1)+\frac{\mathrm{Re}\sqrt{(s^2-\gamma_-)(\gamma_+-s^2)}}{\pi s(1-s^2)} \quad (2.56)$$

其中 $\gamma_\pm$是式(2.54)中平方根下的二次表达式的两个正根，其可以表示为

$$\gamma_\pm=n+m-2mn+2\sqrt{mn(1-n)(1-m)} \quad (2.57)$$

这是我们的主要技术成果。

我们可以选择所有(标准化)变量 X 和 Y 为不相关的情况作为基准，这意味着集平均$\mathbb{E}(\mathbf{C}_X)=\mathbb{E}(\mathbf{XX}^{\mathrm{T}})$和$\mathbb{E}(\mathbf{C}_Y)=\mathbb{E}(\mathbf{YY}^{\mathrm{T}})$等于单位矩阵，而平均互相关系数$\mathbb{E}(\mathbf{R})=\mathbb{E}(\mathbf{XY}^{\mathrm{T}})$为零。

然而，对于给定的有限尺寸样本，$\mathbf{C}_X$和$\mathbf{C}_Y$的特征值将不同于极限值(单位的)，$\mathbf{R}$ 的奇异值不会是极限值(零)$\mathbf{C}_X$和$\mathbf{C}_Y$的统计特征值由参数为 n 和 m 的 Marchenko-Pastur 分布给出，对于 $c=n$，$m<1$：

$$\rho_{MP}(\lambda)=\frac{1}{2\pi c\lambda}\mathrm{Re}\sqrt{(\lambda-\lambda_{\min})(\lambda_{\max}-\lambda)} \quad (2.58)$$

其中，

$$\lambda_{\min}=(1-\sqrt{c})^2 \quad \lambda_{\max}=(1+\sqrt{c})^2 \quad (2.59)$$

此密度的 S 变换具有特别简单的形式：

$$S(x)=\frac{1}{1+cx} \quad (2.60)$$

$\mathbf{R}$ 的奇异值为 $\mathbf{T}=\mathbf{X}^{\mathrm{T}}\mathbf{XYY}^{\mathrm{T}}$的特征值的平方根。由于 $\mathbf{X}^{\mathrm{T}}\mathbf{X}$ 和 $\mathbf{Y}^{\mathrm{T}}\mathbf{Y}$ 是相互独立的，所以注意到 $T\times T$ 矩阵 $\mathbf{X}^{\mathrm{T}}\mathbf{X}$ 和 $\mathbf{Y}^{\mathrm{T}}\mathbf{Y}$ 经过由下式给出的 S 变换之后，可以再次使用 S 变换的乘法规则：

$$S(x)=\frac{1}{x+c} \quad (2.61)$$

因此，人们发现 $\mathbf{T}$ 的 η 变换是通过求解以下 x 的三次方程得到的：

$$\eta^{-1}(1+x)=-\frac{1+x}{x(n+x)(m+x)} \quad (2.62)$$

此式可以解出，得到以下结果。记 $y=s^2$，首先应该计算以下两个函数：

$$f_1(y)=1+m^2+n^2-mn-m-n+3y \quad (2.63)$$

$$f_2(y)=2-3m(1-m)-3n(1-n)-3mn(n+m-4)+2(m^3+n^3)+9y(1+m+n) \quad (2.64)$$

然后，得到：

$$\Delta=-4f_1(y)^3+f_2(y)^2 \quad (2.65)$$

如果 $\Delta>0$，则引入第二辅助变量 Γ：

$$\Gamma=f_2(y)-\sqrt{\Delta} \quad (2.66)$$

计算 $\rho_2(y)$：

$$\pi\rho_2(y)=\frac{\Gamma^{1/3}}{2^{4/3}3^{1/2}y}+\frac{f_1(y)}{2^{2/3}3^{1/2}\Gamma^{1/3}y} \quad (2.67)$$

最后，密度 $\rho(s)$ 由下式给出：

$$\rho(s)=2s\rho_2(s^2) \quad (2.68)$$

2.11 大气系统的大数据

研究表明，在大气科学中出现的经验相关矩阵可以建模为一个从适当的集合中选择的随机矩阵。相关性研究在矩阵框架下进行。

天气和气候数据经常需要经过主成分分析(通过奇异值分解)来确定大气变化的独立模式。对相关矩阵进行的分析旨在将信号从“噪声”中分离出来，即从噪声中筛选出相关矩阵具有物理意义的模式。

经验正交函数(EOF)方法也就是所谓的主成分分析，是一种广泛用于分析地球物理数据的多变量统计技术。它与线性代数中使用的奇异值分解方法类似，提供了关于系统所表现的独立变量模式的信息。

一般而言，任何大气参数 $z(x,t)$(如风速、地势高度、温度等)随着空间 x 和时间 t 的变化而变化，并假设其遵循平均趋势，在该平均趋势上的变化(在大气科学中也称异常)是可叠加的，即 $z(x,t)=z_{\mathrm{avg}}(x)+z'(x,t)$。

如果在每个 p 空间位置取 n 次观测值，并且在 $p\times n$ 阶的数据矩阵 $\mathbf{Z}$ 中记录相应的异常 $z'(x,\ t)$，那么异常值的空间相关矩阵由下面公式给出：

$$\mathbf{S}=\frac{1}{n}\mathbf{Z}\mathbf{Z}^{\mathrm{H}} \tag{2.69}$$

p 阶厄米矩阵 $\mathbf{S}$ 的元素就是各个空间点之间的 Pearson 相关性。$\mathbf{S}$ 的本征函数称为经验正交函数，因为它们形成了一组完整的正交基来表示数据矩阵 $\mathbf{Z}$。而 $\mathbf{Z}$ 矩阵很大，例如 $n=500$，$p=600$。

可以看出 $\mathbf{S}$ 的谱显示符合随机矩阵类型的谱统计。在文献[106]中，Santhanam 和 Patra 从随机矩阵理论的角度分析了大气相关矩阵。他们工作的核心结论是大气相关矩阵可以用从 RMT 系综中选择的随机矩阵表示。大气相关矩阵的谱满足随机矩阵原则，见图 2.6 和图 2.7。具体来说，具有物理意义的大气经验相关矩阵的本征模式可以通过偏离特征向量分布来标记。

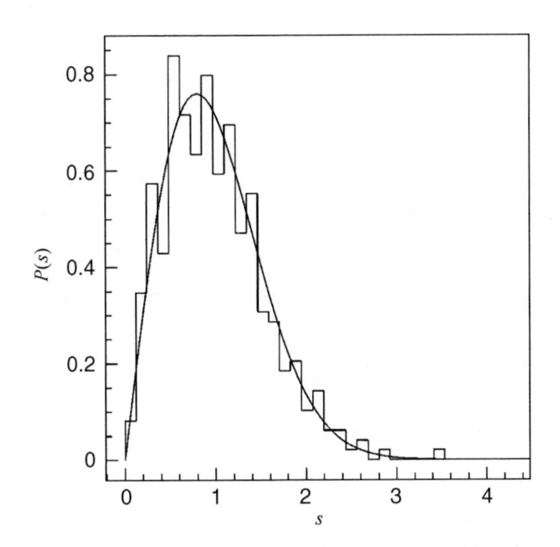

图 2.6 月平均海平面气压(SLP)相关矩阵的特征值间隔分布。实线是GOE预测。转自文献[106]

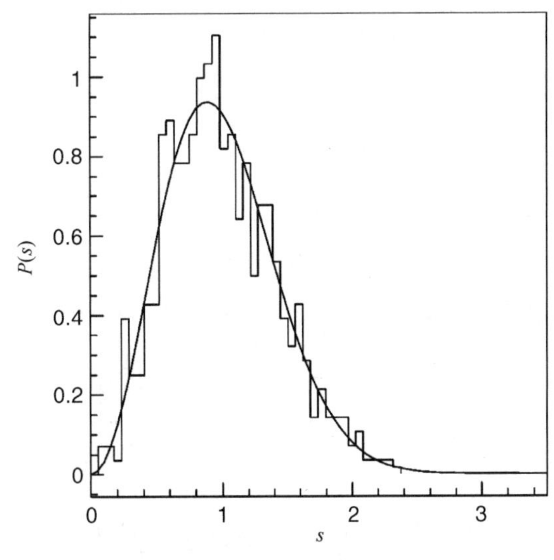

图 2.7 月平均风应力相关矩阵的特征值间隔分布。实线是GUE预测。转自文献[106]

2.12 大数据下的传感网络

在文献[39,40]中我们首次提出关于大数据的看法，如图 1.6 所示。文献[40]中描述了大数据的数学基础，其中感知网络就是其中的一个应用。

2.13 大数据下的无线网络

在文献[39,40]中我们首次提出关于大数据的看法，如图 1.6 所示。文献[39]中研究了认知无线电网络作为大数据问题的处理方法。这里我们重点介绍这种新方法的一些应用[44]。文献[70]中介绍了其他一些应用。

采用我们以前工作使用的方法[40]——用随机矩阵表示大数据集，我们在这里报告一些相关研究结果。在这份初步报告中，仅当理论模型与实验数据一致时，我们才能获得有价值的结果。当随机矩阵的大小足够大时，特征值(作为该随机矩阵的函数)的经验分布收敛于一些理论极限(如 Marchenko-Pastur 定律和单环定律)。在大规模无线网络的背景下，我们的实验结果验证了这些理论猜想。据我们所知，尽管在过去的工作中进行了大量的仿真[136]，我们的工作在现有的参考文献中仍是第一次进行这样的实验。

2.13.1 Marchenko-Pastur 定律

设 $\mathbf{X}=\{\xi_{ij}\}_{1\leqslant i\leqslant N,1\leqslant j\leqslant n}$是一个随机 $N\times n$ 的矩阵，其元素服从独立同分布。对于一些 $c\in(0,1]$，N 是一个整数，$N\leqslant n$ 且$\dfrac{N}{n}=c$。相应样本的协方差矩阵 $\mathbf{S}=\dfrac{1}{n}\mathbf{X}^{\mathrm{H}}\mathbf{X}$ 的经验谱密度(ESD)收敛于 Marchenko-Pastur 定律[39,136]的分布，其密度函数为

$$f_{\mathrm{MP}}(x)=\begin{cases}\dfrac{1}{2\pi xc\sigma^2}\sqrt{(b-x)(x-a)}, & a\leqslant x\leqslant b\\ 0, & \text{其他}\end{cases} \tag{2.70}$$

其中 $a=\sigma^2(1-\sqrt{c})^2$，$b=\sigma^2(1+\sqrt{c})^2$。

2.13.2 单“环”定律

对每个 $n\geqslant1$，令 $\mathbf{A}_n$是一个随机矩阵，且可分解，$\mathbf{A}_n=\mathbf{U}_n\mathbf{T}_n\mathbf{V}_n$，其中 $\mathbf{T}_n=\mathrm{diag}(s_1,\cdots,s_n)$，$s_i$是正数，$\mathbf{U}_n$和 $\mathbf{V}_n$是独立的随机酉矩阵，独立于矩阵 $\mathbf{T}_n$的 Haar 分布。在一些条件下，$\mathbf{A}_n$的经验谱密度μ_{A_n}收敛[137]，小概率收敛于一个确定性测度，其支撑集为$\{z\in\mathbb{C}:a\leqslant|z|\leqslant b\}$，$a=\left(\int x^{-2}\nu(\mathrm{d}x)\right)^{-1/2}$，$b=\left(\int x^2\nu(\mathrm{d}x)\right)^{1/2}$。我们可以观察到单环定律[138]的一些异常值。

考虑矩阵乘积 $\prod\limits_{i=1}^{\alpha}\mathbf{X}_i$，其中 $\mathbf{X}_i$等价于 $N\times n$ 的非厄米随机矩阵 $\mathbf{X}_i$的奇异值[139]；其元素服从独立同分布。因此，$\prod\limits_{i=1}^{\alpha}\mathbf{X}_i$ 的经验特征值分布几乎可以肯定达到下列公式给出的极限：

$$f_{\prod\limits_{i=1}^{\alpha}\mathbf{X}_i}(z)=\begin{cases}\dfrac{1}{\pi c\alpha}|z|^{2/\alpha-2}, & (1-c)^{\alpha/2}\leqslant|z|\leqslant1\\ 0, & \text{其他}\end{cases} \tag{2.71}$$

当 $N,n\to\infty$，$c=N/n\leqslant1$ 时，在特征值的复平面上，内圆半径为 $(1-c)^{\alpha/2}$，外圆半径为单位 1。

2.13.3 实验结果

所有的数据都是在两种情况下收集的：(i)只有噪声存在；(ii)存在信号加噪声。我们使用了 70 个 USRP 前端和 29 个高性能个人电脑。实验分为两大类：(1)单个 USRP 接收机；(2)多个 USPR 接收机。

每个这样的软件无线电(SDR)平台(也称为节点)由一个或几个 USRP RF 前端和一个高性能 PC 组成。RF 上行转化和下行转化功能驻留在 USRP 前端，而 PC 主要负责基带信号处理。USRP 前端可以配置为无线电接收机或发射机，通过以太网电缆与 PC 连接。

70 个 USRP 接收机被组织成分布式传感器网络。一台 PC 作为控制节点，负责将命令发送给所有同时开始感知的 USRP 接收机。网络时间由连接到每个 USRP 的 GPS 同步。70 个 USRP 被放置在一个房间内的随机位置。对于每一个 USRP 接收机，将获得一个随机矩阵，表示为 $\mathbf{X}_i\in\mathbb{C}^{N\times n}$，其元素按上文所述被归一化。我们将获取总和的 ESD 和 α 个随机矩阵的乘积，α 是随机矩阵的数量。

α 个非厄米随机矩阵的乘积定义为 $\mathbf{Z}=\prod_{i=1}^{\alpha}\mathbf{X}_i$，其中 $\mathbf{X}_i\in\mathbb{C}^{N\times n}$，$i=1,\cdots,\alpha$。在将原始随机矩阵相乘前实现奇异值等效。我们实际上是分析经验特征值分布式(2.71)。

通过指定 $\alpha=5$，我们针对两种情况进行了实验：(i)纯噪声。在这种情况下，在所有的 USRP 接收机都不接收商用信号和 USRP 信号。图 2.8 显示了非厄米随机矩阵乘积的特征值的环形定律分布。当 $\alpha=5$ 内圆和外圆的半径与式(2.71)中的结果很吻合；(ii)具有商业信号。在这种情况下，使用频率为 869.5 MHz 的信号。图 2.9 显示了当信号加上白噪声时，非厄米随机矩阵乘积的特征值的环形定律分布。通过比较图 2.9 和图 2.8，我们发现在信号加白噪声的情况下，内半径小于仅有白噪声的情况。

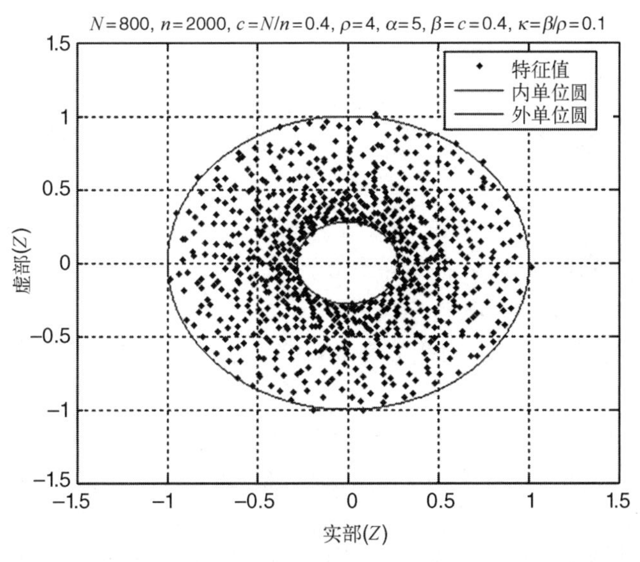

图 2.8 只有白噪声的非厄米随机矩阵乘积的环形定律。随机矩阵的数量 $\alpha=5$。内圆和外圆的半径符合式(2.71)

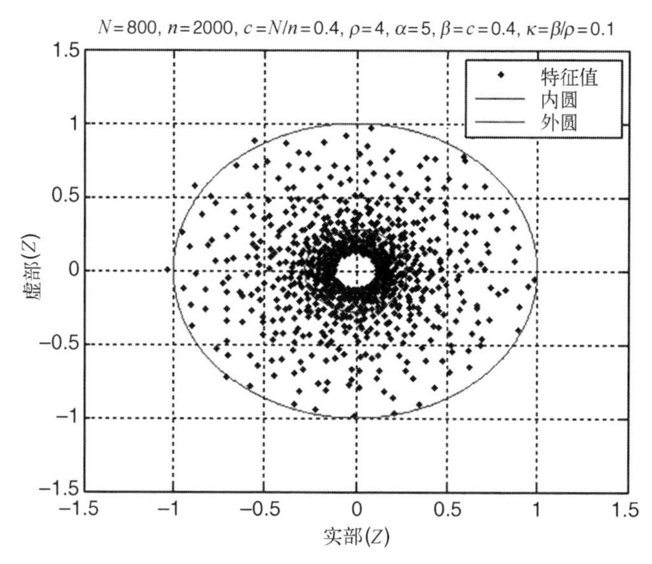

图 2.9 信号加白噪声的非厄米随机矩阵乘积的环形定律。随机矩阵的数量 $\alpha=5$。内圆的半径小于仅有白噪声的情况

2.14 大数据下的交通运输

在 5G 无线通信系统[140,141]中，低延迟数据变得很重要。低延迟的车对车通信会使得大数据更有利于交通运输。

人们可能会对以下想法感兴趣：(1)汇总来自大量车辆的数据；(2)这些数据遵循什么样的统计规律？(3)如何使用大型随机矩阵对这些数据进行建模？

文献备注

在 2.1 节，我们从文献[83]中提取材料。

在 2.2 节，我们从文献[142,143,143,144]中提取材料。

在 2.5 节中，我们从文献[145]，文献[18]和文献[146]中提取材料。

我们从 2.9 节的文献[106]中提取材料。

我们在 2.11 节中讨论文献[106]。

我们遵循文献[115]的 2.10.4 节的解释。

我们按照文献[82,125,147]的规定来实施 2.10.7 节。

在 2.10 节中，我们按照参考文献[87,106,107,115,115,117,118,125,147-153]进行了论述。

我们遵循文献[119,120,154,155]来编写 2.10.5 节。

我们遵循文献[120,121,124,153,156]来编写 2.10.6 节。

我们遵循文献[82]的 2.10.8 节的解释。

在 2.8 节中，我们从文献[157]中提取材料。2.8.1 节从文献[158]中抽取材料。

在 2.7 节中，我们从文献[84,159]中提取材料。

第3章　大型随机矩阵简介

本章是下一代工程师和研究人员的基本材料。我们认为高维随机矩阵是大数据分析的基础，1.3节和1.4节解释了这一点。我们给出高维随机矩阵的基本原理，其中一个做法是使用大型随机矩阵对大型数据集进行建模。近来，人们热衷于研究金融、无线通信、遗传学等领域中出现的大型数据集。这些数据中的特征通常可以通过样本协方差矩阵进行总结，如通过因子分析进行多元回归和降维。例如，在第8章中，我们应用大型随机矩阵进行异常检测。

大型随机矩阵用作无限维运算符的有限维近似。它对统计学的重要性基于这样一个事实，即RMT可以用来纠正在“大 n，大 p”设置中失败的传统检验或估计器，其中 p 是参数的数量(维度)，n 是样本量。例如，我们可以使用RMT对一些似然比检验进行修正，这些传统检验器即使在中等的 p(20左右)情况下也会失效[160]。

统计科学是一门经验科学。根据文献[68]所描述的，统计方法的目的是为了减少数据：“减少数据所用的统计过程的目的是排除这些不相关的信息，并隔离数据中包含的所有相关信息”。在大数据时代[40]，Fisher设定的目标在今天尤为重要。在文献[39]的工作中，我们将大数据与大型随机矩阵进行了明确的关联。这种联系是基于简单的观察的，大量的数据可以自然地由(大)随机矩阵表示。当随机矩阵的维数足够大时，会出现一些特别的现象(如光谱测量的集中)[40]。

3.1　将高维数据以随机矩阵形式建模

在多元统计中，我们观察一个 p 维的随机样本 $\mathbf{x}_1,\cdots,\mathbf{x}_n\in\mathbb{R}^p$ 或 $\mathbb{C}^p$。统计方法是在20世纪初开发的，如主成分分析。这些方法中大多数的结果考虑了一个渐近框架，其观测值的数量 n 增长到无穷大。

绝大多数的实验结果中假定变量的维数 p 是固定的，并且一般值很“小”(一般小于10)，而观测值的数量 n 往往无穷大，这就是经典的渐近理论。大数据的出现要求分析高维数据。当数据的维数 p 距 p 小于10的经典情况相当远时，这种新型的数据就被称为“高维数据”。最显著的特征是 n 和 p 都很大且是可比的。一个疑问是如果我们考虑如下渐近状态会产生什么结果。

$$n\to\infty\ ,\ p\to\infty\ ,\ \text{but}\ \frac{p}{n}\to c\in(0,\infty)\tag{3.1}$$

所谓的随机矩阵理论是这个问题的回答。

我们用一个例子来说明这一点。设 $\mathbf{x}_1,\mathbf{x}_2,\cdots,\mathbf{x}_n$ 是维度为 p，且符合高斯分布 $\mathcal{N}(0,\mathbf{I}_p)$ 的样本，均值为零，具有确定的协方差矩阵(也称为总体协方差矩阵)。相关的样本协方差矩阵 $\mathbf{S}_n$ 定义为

$$\mathbf{S}_n=\frac{1}{n}\sum_{i=1}^{n}\mathbf{x}_i\mathbf{x}_i^{\mathrm{H}}$$

多变量分析中的一个重要统计量是

$$T_n = \log(\det \mathbf{S}_n) = \sum_{i=1}^{p} \log\lambda_{n,i}$$

其中，$\{\lambda_{n,j}\}_{1\leqslant j\leqslant p}$是$\mathbf{S}_n$的特征值。如$p$保持不变，且当$n\to\infty$时几乎确定有$\lambda_{n,i}\to 1$，因此$T_n\to 0$。此外，通过对$\log(1+x)$进行泰勒展开，可以显示对于任何固定的$p$，有

$$\sqrt{\frac{n}{p}}T_n \xrightarrow{\mathcal{L}} \mathcal{N}(0,2)$$

这表明了一种可能性，即假设$p=O(n)$时，T_n对于较大的p仍是渐近正态的。然而情况并非如此：如果我们假设当$n\to\infty$时，$p/n\to c\in(0,1)$，则使用$\mathbf{S}_n$的经验谱分布的结果（见例3.5.2）可以证明，几乎可以肯定有

$$\sqrt{\frac{1}{p}T_n} \to \int_a^b \frac{\log x}{2\pi cx}\sqrt{(b-x)(x-a)}\,\mathrm{d}x = \frac{c-1}{c}\log(1-c) = d(c) < 0$$

其中，$a=(1-\sqrt{c})^2$且$b=(1+\sqrt{c})^2$。因此，几乎确定有

$$\sqrt{\frac{n}{p}}T_n \simeq d(c)\sqrt{np} \to -\infty$$

因此，任何假定T_n服从渐近正态的检验器都会导致严重错误。

这个例子表明经典的大样本限制不再适合处理高维的数据，统计学家必须找出新的限制定理。因此，随机矩阵理论（RMT）可能是实现这一目标的一种方法。

3.2 随机矩阵理论简介

一个经典大型矩阵的特征值是什么样的？我们是否期望出现某些特征值统计量的普遍模式？随着自由度的增加，大型复杂系统通常表现出非常简单的通用模式。最简单的例子是中心极限定理：独立随机变量（标量）之和的波动，无论它们的分布如何，都遵循高斯分布。概率论的另一个基石是将泊松点过程定义为空间或时间中许多独立点状事件的普遍限制。这些数学描述假设原始系统具有独立（或至少弱依赖）成分。如果独立性不是一个真实的近似并且需要对强相关性进行建模怎么办？强相关模型是否具有普遍性？

乍一看，这似乎是一项不可能的任务。虽然独立是一个独特的概念，但相关性有许多不同的形式，没有理由相信它们都表现得很相似。不过它们做到了。Wigner研究的实际相关系统是重核的能级。他提出了一个问题：重新缩放的能量差距的分布情况如何？他发现，在重新缩放局部密度后，连续能量水平的差异显示出令人惊讶的普遍行为。

Wigner不仅预测了复杂系统的普遍性，而且还发现了一个对于这个新现象非常简单的数学模型：大型随机矩阵的特征值。为了实际目的，量子模型的无限维哈密顿运算符通常是由大型但有限的矩阵来近似的，这些矩阵是从原始连续模型的某种离散化中获得的。这些矩阵具有由物理规则决定的特定形式。没有确切的有关哈密顿量的知识，这个问题仍然非常困难。幸运的是，如果你愿意降低标准去理解特征值的统计特性，那么就可以对哈密顿量做出统计假设，只要它与哈密顿量观察到的对称一致。可以做的最基本的对称假设是统计特性在酉群下是不变的。更通俗地说，这意味着无论选择哪个（任意）坐标系，原子属性都应该是相同的。

Wigner的思想是深远的。几个世纪以来，概率论的主要领域是建立不相关或弱相关的系统模型。无处不在的随机矩阵统计数据有力地证明了它对相关系统起着类似的基本作用，如

不相关系统的高斯分布和泊松点过程。随机矩阵理论(RMT)似乎基本上为复杂的相关系统提供了唯一的普遍通用可计算模式。基于此观察，我们能够信任RMT。整个大数据建设的许多部分都可以根植于RMT，以了解庞大复杂的大数据系统的相关性。Eugene Wigner的革命性视野预言了大型复杂量子系统的能量能级表现出一种普遍的行为：能隙的统计只取决于模型的基本对称类型。这些普遍的统计数据以层次排斥形式表现出强相关性，代表了一种与独立点的泊松统计特征上不同的点过程的新范式。

自20世纪90年代中期以来，随机矩阵被深入研究。早在20世纪80年代初，对极限谱分布的存在，以及对某些特定类别的随机矩阵的显性形式做出了大量贡献。最近几年，对随机矩阵理论的研究正在转向二阶极限定理，如对线性谱统计、谱间距的极限分布、极端特征值(因此异常值)的线性中心极限定理。随机矩阵是Wishart[116]于1928年引入数理统计中，并在Wigner之后获得大量关注的[109,110,161,162]。多年来，随机矩阵理论的标准文本是文献[103]，其第一版于1967年印刷。最近我们看到几本优秀的图书，如文献[35,67,163]。特别是我们看到随机矩阵理论在无线通信[39,52,136]、无线感知领域[40]的应用。

根据量子力学，一个系统的能级应该被描述为一个厄米算子的特征值H，称为哈密顿算子(Hamiltonian)。为了避免使用无限维希尔伯特(Hilbert)空间的困难，我们由一个具有有限的，但是高维度的空间，来近似真正的希尔伯特空间。

我们从一开始就对H做出统计假设。选择一套完整的函数作为基础，将哈密顿算子H表示为矩阵。这些矩阵的元素是随机变量，其分布仅受限于我们可能施加在算子集合上的一般对称性[103]。问题是获取有关其特征值的信息。

考虑收集海量数据集的大数据测量系统。我们在量子系统和大数据测量系统之间做一个类比，见表3.1。假设海量数据集是由无限维算子G描述的。任何系统必须满足量子力学；因此海量数据集也必须满足量子力学。我们的想法是用类比法使用有限但高维度的随机矩阵$\mathbf{X}$，来代替无限维的算子G。

一般来说，我们使用参数β来表示标准实法线的个数，因此$\beta=1;2;4$，分别对应于实数、复数和四元数。$G_\beta(m,n)$可以通过表3.2所示的MATLAB命令生成。如果$\mathbf{A}$是$m\times n$随机矩阵$G_\beta(m,n)$，则其联合元素密度由下式给出

$$\frac{1}{(2\pi)^{\beta mn/2}}\exp\left(-\frac{1}{2}\|\mathbf{A}\|_{\mathrm{F}}\right)$$

其中，$\|\cdot\|_{\mathrm{F}}$是一个矩阵的Frobenius范数。

表3.1　量子系统和大数据测量系统的对比

量子系统	大数据测量系统	大型(但有限)随机矩阵
哈密顿算子H	一些未知的运算符G	随机矩阵$\mathbf{X}$
无限维度	无限维度	维度有限，但很大
连续体和大量离散的能量	经验谱	离散特征值

对于半圆定律，所有特征值[164]的巧妙计算技巧允许$\mathcal{O}(n)$空间复杂度和$\mathcal{O}(n^2)$时间复杂度，而不是简单计算(在MATLAB中)的$\mathcal{O}(n^2)$空间复杂度和$\mathcal{O}(n^3)$时间复杂度：

`A=randn(n,n); v=eig((A+A')/sqrt(2*n))`。在文献[164]中开发的算法允许计算一个10亿乘以10亿的矩阵的最大特征值。

表 3.2 生成高斯随机矩阵 $G_\beta(m,n)$

β	MATLAB 命令
1	`G=randn (m,n)`
2	`G=randn (m,n)+j*randn (m,n)`
4	`X=randn (m,n)+j*randn (m,n);` `Y=randn (m,n)+j*randn (m,n);G=[X Y; -conj(Y) conj(X)]`

研究得最多的随机矩阵有高斯、威沙特(Wishart)、MONOVA 和圆形矩阵等。我们更喜欢 Hermite、Laguerre、Jacobi 和 Fourier。表 3.3 总结了 Hermite 和 Laguerre 集合。

表 3.3 Hermite 和 Laguerre 集合

集合	矩阵	权重方程	均势度量	数字的	MATLAB
Hermite	Wigner	$e^{-x^2/2}$	semi-circle	eig	`g=G(n,n);H=(g+g')/2;`
Laguerre	Wishart	$x^{\nu/2-1}e^{-x/2}$	Marcenko-Pastur	svd	`g=G(m,n);L=(g'*g)/m;`

统计分析中最常用的工具之一是主成分分析(PCA),它识别最大特征值和数据矩阵的最大特征向量。在执行 PCA 之后,我们可能想知道的是,最大特征值是有意义的还是纯粹来自随机性。文献[165]已经表明,最大特征值被适当地调整,在矩阵元素足够独立的合理假设下,遵循所谓的 Tracy-Widom 分布。因此,理解上述问题的一种方法是做假设检验,而不是检验高斯分布(假设 $\mathcal{H}_0$)、Tracy-Widom 分布(假设 $\mathcal{H}_1$)。使用 RMT 进行假设检验的一些例子在文献[166]和两本书[39,40]中可以参考。

作者在 2011 年 11 月撰写本书时明确表达了使用大型随机矩阵来处理大数据的兴趣[39]。众所周知,PCA 与大数据应用中无处不在的降维息息相关;海量数据集的假设检验是笔者的长期目标。我们将在 8.2 节中提出两个替代随机矩阵的假设检验。

如果我们可以用一个句子总结随机矩阵理论中的关注对象,那就是研究随机项的矩阵函数的统计特性。这里列出了感兴趣的中心问题:

- 宏观特征值分布。给定一个 $n\times n$ 随机方阵 $\mathbf{A}$,令 $\lambda_1\leqslant\lambda_2\leqslant\cdots\leqslant\lambda_n$ 表示 $\mathbf{A}$ 的奇异值。当矩阵是厄米矩阵时,这些就是它的特征值。$\{\lambda_i\}$ 归纳的归一化测度的性质是什么?换句话说,有关以下测度我们可以知道什么?

$$\frac{1}{n}\sum_{i=1}^{n}\delta_{\lambda_i}(x) \tag{3.2}$$

  例如,这个测度是否得到了坚实的理论支持?在概率论中,我们也对极限 $n\to\infty$ 有兴趣:对于什么类型的随机矩阵,经验奇异值分布式(3.2)的弱极限存在吗?如果存在,极限是多少?

- 介观特征值分布。令 f 是一个有界函数,那么 I 就是实轴上的一个区间,则

$$\frac{1}{n}\sum_{\lambda_i\in I}f(\lambda_i)\to\int_I f(x)\rho(x)\,\mathrm{d}x$$

  要么是概率值要么是确定的值。现在假设 ρ 有紧支撑集。令 $E\in\operatorname{supp}\rho$,$f$ 是一个连续有界函数,并且对于 $0\leqslant\alpha<1$,$I=\left[E-\frac{1}{n^\alpha},E+\frac{1}{n^\alpha}\right]$,则是否有

$$\frac{1}{n|I|}\left|\sum_{\lambda_i\in I}f(\lambda_i)-n\int_I f(x)\rho(x)\,\mathrm{d}x\right|\to 0$$

- 微观特征值分布。假设随机矩阵的特征值位于紧凑区间 I 上，由于区间内有 n 个特征值，特征值的平均间隔为 $1/n$ 阶。令 $p_n(\lambda_1,\lambda_2,\cdots,\lambda_n)$ 为特征值的联合分布，下式称为 k 点的相关函数：

$$p_n^{(k)}(\lambda_1,\lambda_2,\cdots,\lambda_k)=\int_{\mathbb{R}^{n-k}}p_n(\lambda_1,\lambda_2,\cdots,\lambda_n)\mathrm{d}\lambda_{k+1}\cdots\mathrm{d}\lambda_n$$

k 点的相关函数在局部范围是否收敛到特定极限？即，对于 $E\in I$，如下极限

$$\lim_{n\to\infty}p_n^{(k)}\left(E+\frac{\alpha_1}{n},E+\frac{\alpha_2}{n},\cdots,E+\frac{\alpha_k}{n}\right)$$

在一定情况下是否存在？如果存在，极限是什么？

- 在微观范围之下：Wegner 评估。令 $E\in\operatorname{supp}\rho$，$f$ 是一个连续有界函数，并且对于 $\alpha>1$，$I=\left[E-\frac{1}{n^\alpha},E+\frac{1}{n^\alpha}\right]$，则是否有

$$\frac{1}{n|I|}\left|\mathbb{E}\sum^{\lambda_i\in I}f(\lambda_i)-n\int_I f(x)\rho(x)\mathrm{d}x\right|\to 0$$

- 特征向量的性质。尽管它不像特征值的研究一样重要，但是涉及随机矩阵模型的特征向量的有趣的问题。
- 普遍性。著名的大数定律表明，给定一系列独立同分布的，均值为零、方差有限的随机变量 $\xi_1,\xi_2,\cdots,\xi_n$，则以下平均值几乎确定收敛到零：

$$\lim_{n\to\infty}\frac{1}{n}\sum_{i=1}^{n}\xi_i$$

ξ_1的精确分布不会影响极限对象。一个稍高级的例子是中心极限定理，它指出给定一个独立同分布的，均值为零、方差有限的随机变量序列 $\xi_1,\xi_2,\cdots,\xi_n$，下式弱收敛于高斯分布：

$$\lim_{n\to\infty}\frac{1}{\sqrt{n}}\sum_{i=1}^{n}\xi_i$$

同样，ξ_i的精确分布并不重要，只要均值为零，方差为 1，极限对象对于这些分布是普遍的。

一般认为，属于相同"对称类别"的随机矩阵——矩阵的厄米结构——在所有层面都表现出类似的行为，直到微观层面。设 $\mathbf{A}$ 是一个随机厄米矩阵，其中上三角元素是独立同分布的，均值为零，方差为 1。令$\widetilde{\mathbf{A}}$是另一个这样的随机厄米矩阵，但是有一个不同的元素分布。它们是否具有相同的宏观/介观/微观行为？让 $\mathbf{\Lambda}$ 和$\widetilde{\mathbf{\Lambda}}$是两个在酉变换下不变，并适当归一化的特征值集合。它们是否具有相同的宏观/介观/微观行为？

- 全局特征值统计的波动。作为 Wigner 半圆定律的结果，对任何有界连续函数 f 和一个 Wigner 矩阵的重新调整的特征值 $\lambda_1,\cdots,\lambda_n$，可得如下关系：

$$\frac{1}{n}\sum_{i=1}^{n}f(\lambda_i)\to\int f(x)\rho_{\mathrm{SC}}(x)\mathrm{d}x$$

对全球特征值统计的波动，我们可以得到什么吗？

$$\frac{1}{n}\sum_{i=1}^{n}f(\lambda_i)-\mathbb{E}\frac{1}{n}\sum_{i=1}^{n}f(\lambda_i)$$

如果 f 足够平滑，则上述量收敛于有限方差的高斯随机变量，并且如果 f 是指示函数，

则方差将发散。一般认为，对于中心极限定理成立的 f 存在一些关键的规律性。

3.3 改变观点：从向量到测度

要解决的首要问题之一是找到一个数学上有效的方法来表达大小增长为 ∞ 的向量的极限。回想一下，在我们的问题中要估计 n 个特征值，且 n 趋向 ∞。做到这一点的一个相当自然的方式就是与任何向量相关联一个概率测度。更明确地说，假设在 $\mathbb{R}^n$ 中有一个向量 $(y_1,\cdots,y_n)$，我们可以把它和下面的测度联系起来：

$$\mathrm{d}G_n(x)=\frac{1}{n}\sum_{i=1}^{n}\delta_{y_i}(x)$$

因此，G_n 是在向量的每个坐标上具有相同权重的 n 个点质量的测度。

我们用 H_n 表示真实(或有时称为总体)协方差矩阵的谱分布。即与特征值 λ_i 向量相关的测度，$\boldsymbol{\Sigma}_n$ 中的 i 取值为 $i=1,2,\cdots,n$。我们将把 H_n 称为真实的谱分布。可以把这个测度写成

$$\mathrm{d}H_n=\frac{1}{n}\sum_{i=1}^{n}\delta_{\lambda_i}(x)$$

其中，δ_{λ_i} 是在 λ_i 质量为 1 的点质量。我们也称 δ_{λ_i} 是在 λ_i 处的“狄拉克测度”。当 $\boldsymbol{\Sigma}_n=\mathbf{I}_n$ 时，真实的谱分布是最简单的例子，其中 $\mathbf{I}_n$ 是 $n\times n$ 的单位矩阵。在这种情况下，对于所有的 i 来说，$\lambda_i=1$，且 $\mathrm{d}H_n=\delta_1$。因此，当 $\boldsymbol{\Sigma}_n=\mathbf{I}_n$ 时，真实的谱分布是 1 时的点质量。

同样，我们用 F_n 表示与样本协方差矩阵 $\mathbf{S}_n$ 的特征值 ℓ_i，$i=1,2,\cdots,n$，相关的测度。我们将 F_n 称为经验谱分布。等同地，我们定义

$$\mathrm{d}F_n=\frac{1}{n}\sum_{i=1}^{n}\delta_{\ell_i}(x)$$

从向量到测度的转变，意味着我们关注的焦点已转变为收敛，将在后面予以充分考虑。特别是对于一致性问题，我们将使用的收敛是概率测度的弱收敛。

3.4 测度的 Stieltjes 变换

矩阵的特征值可以被视为矩阵元素的连续函数。尽管如此，当矩阵大小超过 4 时，这些函数就没有封闭的形式。这就是为什么针对它们的研究需要特定的工具。在这个领域有三种重要的方法：(1)瞬间法；(2)Stieltjes 变换；(3)特征值的确切密度的正交多项式分解。

关于高维随机矩阵的特征值的渐近性质，其大量结果是根据其经验谱分布的 Stieltjes 变换的极限行为来表示的。Stieltjes 变换是研究矩阵(或算子)谱分布收敛的一个方便而强大的工具，正如概率分布的特征函数是研究中心极限定理的强大工具一样。最重要的是，矩阵的谱分布的 Stieltjes 变换与其特征值之间有一个简单的关系。

我们将考虑通过 Stieltjes 变换方法所获得的结果。根据定义，定义在 $\mathbb{R}$ 上的测度 G 的 Stieltjes 变换被定义为

$$m_G(z)=\int\frac{1}{x-z}\mathrm{d}G(x),\quad z\in\mathbb{C}^+$$

其中

$$\mathbb{C}^+\triangleq\mathbb{C}\cap\{z:\mathrm{Im}(z)>0\}$$

是具有严格正虚数部分的复数集合。Stieltjes 变换在数学的不同领域似乎有多个名称。它有时被称为 Cauchy 或 Abel-Stieltjes 变换。关于 Stieltjes 变换的参考文献包括文献[167]第 3.1-2 节，文献[168]的第 32 章，文献[169]的第 3 章和文献[170]；文献[39]也研究了 Stieltjes 变换的许多性质。

这里我们列出了$\mathbb{R}$测度上的 Stieltjes 变换的重要性质：

1. 如果 G 是一个概率测度，$z\in\mathbb{C}^+$且 $\lim_{y\to\infty} -iym_G(iy)=1$，则 $m_G(z)\in\mathbb{C}^+$。
2. 如果 F 和 G 是两个测度，并且对于所有的 $z\in\mathbb{C}^+$，$m_F(z)=m_G(z)$，那么几乎处处都有 $G=F$。①
3. 如果 G_n 是概率测度序列，且 $m_G(z)$ 对于所有 $z\in\mathbb{C}^+$ 都有一个(点)极限 $m(z)$，那么存在一个概率测度 G，其 Stieltjes 变换 $m_G(z)=m(z)$，当且仅当 $\lim_{y\to\infty} -iym(iy)=1$。如果情况如此，则 G_n 弱收敛于 G。
4. 如果收敛只发生在$\mathbb{C}^+$上具有极限点的$\mathbb{C}^+$一个无穷序列$\{z_i\}_{i=1}^{\infty}$，则结果与上述一样。
5. 如果 t 是累积分布函数 G 的一个连续点，那么微分满足 $\mathrm{d}G(t)/\mathrm{d}t=\lim_{\varepsilon\to\infty}\frac{1}{\pi}\mathrm{Im}(m_G(t+\mathrm{i}\varepsilon))$。

关于其证明，读者可参考文献[170]。

通过一个反演公式，我们可以从 Stieltjes 变换 $m_{\Gamma_n}(z)$ 中复原初始测度。

Stieltjes 变换表征了有限测度的模糊收敛。它是研究随机矩阵的一个重要工具。使

$$\mathbb{C}^+=\{z\in\mathbb{C}, \mathrm{Im}\ (z)>0\}$$

命题 3.4.1 概率测度 R 的序列$(\mu_n)_{n\geq 1}$近似地收敛于一个正测度 μ，当且仅当它们的 Stieltjes 变换 $m_{\mu_n}(z)$ 对于 $n\geq 1$ 收敛于$\mathbb{C}^+$上的 $m_\mu(z)$。

Stieltjes 变换和随机矩阵理论之间的联系如下：$n\times n$ 矩阵 $\mathbf{A}_n$ 的谱分布 $F_{\mathbf{A}_n}$ 的 Stieltjes 变换是

$$m_{\mathbf{A}_n}(z)=\int\frac{1}{x-z}\mathrm{d}F_{\mathbf{A}}(x)=\frac{1}{n}\sum_{i=1}^{n}\frac{1}{\lambda_i-z}=\frac{1}{n}\mathrm{Tr}[(\mathbf{A}_n-z\mathbf{I}_n)^{-1}]$$

这是研究高维随机矩阵的基本联系。如果可以控制相应的 Stieltjes 变换，则可以使用上面的第 3 点和第 4 点来显示概率测度的收敛。从这方面说，Stieltjes 变换对连续时间(或离散时间)信号起着傅里叶变换的作用。处理傅里叶变换域中的问题更为方便。类似地，我们也研究了 Stieltjes 变换域的问题。

与概率论中的傅里叶变换类似，通过反演公式，分布和 Stieltjes 变换之间也是一一对应的：对于任何分布函数 G，

$$G\{[a,b]\}=\frac{1}{\pi}\lim_{\eta\to\infty}\int_a^b \mathrm{Im}\ m_G(\xi+\mathrm{i}\eta)\mathrm{d}\xi$$

3.5 一个基本的结果：Marchenko-Pastur 方程

在协方差矩阵的研究中，在描述经验谱分布的极限行为中一个标志性结果是 $F_\infty=\lim_{n\to\infty}F_n$，

① 在度量理论[174]中，几乎所有地方都讨论了在可测量空间上定义的一系列可测量函数的收敛。这意味着几乎所有地方都逐点收敛。假设$\{f_n\}$是共享相同域和共域的函数序列。序列$\{f_n\}$逐点收敛于f，通常写为$\lim_{n\to\infty}f_n\to f$，当且仅当对于域中的每个 x 都满足 $\lim_{n\to\infty}f_n(x)\to f(x)$。

就真实光谱分布的极限行为而言，$H_\infty=\lim\limits_{n\to\infty}H_n$。这两个测度 F_∞ 和 H_∞ 之间的联系是通过一个方程来实现的，它将经验谱分布的 Stieltjes 变换与真实谱分布的积分联系起来。我们把这个方程称为 Marchenko-Pastur 方程，因为它首先出现在里程碑式的 Marchenko 和 Pastur 的论文[172]中。文献[173]独立地重新发现了这一结果，然后在文献[174]和文献[175]中进行了精炼。特别地，文献[175]是唯一处理非对角线真协方差矩阵情况的论文。

我们使用 $N\times n$ 数据矩阵 $\mathbf{X}$。样本协方差矩阵被定义为

$$\mathbf{S}_n=\frac{1}{N}\mathbf{X}^{\mathrm{H}}\mathbf{X}$$

并且 m_{F_n} 表示对 $\mathbf{S}_n$ 的谱分布 F_n 的 Stieltjes 变换。如果数据向量在 $\mathbf{S}_n$ 的定义中不是零均值的，则两个定义之间的差异是一个秩为 1 的矩阵。

在 $\mathbf{S}_n$ 的谱分析中，通常假设数据大小 p 与样本量 n 成比例地趋于无穷大，即：

$$n\to\infty\ ,\ p\to\infty\ ,\ \text{但}\frac{p}{n}\to c\in(0,\infty)$$

当我们考虑样本协方差矩阵 $\mathbf{S}_n$ 时，特征值是随机变量，并且相应的经验谱分布 $F_{\mathbf{S}_n}(x)$ 是在 $\mathbb{R}^+$ 上的随机概率测度：$x\in\mathbb{R}$，$x>0$，或者等价于一系列随机变量的测度。

设 $\nu_{F_n}(z)$ 为 $\frac{1}{N}\mathbf{X}\mathbf{X}^{\mathrm{H}}$ 的光谱分布的 Stieltjes 变换。$\nu_{F_n}(z)$ 可以表示为

$$\nu_{F_n}(z)=-\left(1-\frac{n}{N}\right)\frac{1}{z}+\frac{n}{N}m_{F_n}(z)$$

目前，最常见的结果版本可以在文献[175]中找到，陈述如下：

定理 3.5.1 假设数据矩阵 $\mathbf{X}$ 可以写成 $\mathbf{X}=\mathbf{Y}\mathbf{\Sigma}_n^{1/2}$，其中 $\mathbf{\Sigma}_n$ 是一个 $n\times n$ 的正定矩阵，$\mathbf{Y}$ 是一个的 $N\times n$ 的矩阵，其元素是独立同分布的(实数或虚数)，均值为零，方差为 1。$\mathbb{E}(Y_{ij})=0$，$\mathbb{E}(|Y_{ij}|)^2=1$，有限的四阶矩阵 $\mathbb{E}(|Y_{ij}|^4)<\infty$。称 H_n 为真的[或总体(population)]谱分布，即将大量的 $1/n$ 置于真正的协方差矩阵 $\mathbf{\Sigma}_n$ 的每一个特征值处。假设 H_n 弱收敛于 $H_\infty=\lim\limits_{n\to\infty}H_n$ 所示的极限(我们将这个收敛写作 $H_n\Rightarrow H_\infty$)。然后，当 $n,N\to\infty$，且 $n/N\to\gamma$，$\gamma\in(0,\infty)$ 几乎肯定有 $\nu_\infty(z)$ 是一个确定性函数；

1. $\nu_{F_n}(z)\to\nu_\infty(z)$，
2. $\nu_\infty(z)$ 满足等式

$$-\frac{1}{\nu_\infty(z)}=z-\gamma\int\frac{\lambda\,\mathrm{d}H_\infty(\lambda)}{1+\lambda\nu_\infty(z)},\quad\forall z\in\mathbb{C}^+\tag{3.3}$$

3. 式(3.3)有且只有 1 个解决方案——Stieltjes 变换的一种方法。

定理 3.5.1 说明样本协方差矩阵的谱分布是渐近非随机的。此外，它通过式(3.3)充分表征了真实的总体谱分布。

例 3.5.2(Marchenko-Pastur 定律)

白高斯随机向量具有真正的协方差矩阵 $\mathbf{\Sigma}_n=\mathbf{I}_n$，所有的总体特征值 $\lambda_i(\mathbf{\Sigma}_n)$ 等于 1。然后，$H_n=H_\infty=\delta_1$。一小部分基本工作引领了随机矩阵理论中广为人知的事实，即经验谱分布 F_n(几乎可以肯定地)收敛于 Marchenko-Pastur 定律，如果 $\gamma<1$，其密度由下式给出：

$$f_\gamma(x)=\frac{1}{2\pi\gamma x}\sqrt{(b-x)(x-a)},\quad a=(1-\sqrt{\gamma})^2,\quad b=(1+\sqrt{\gamma})^2\tag{3.4}$$

我们推荐读者参考文献[172, 176]以及文献[177]，以获取关于例子 $\gamma>1$ 的更多细节和

解释。在统计学上的一个兴趣点是即使真正的总体特征值等于1，在经验上它们仍处于区间$[(1-\sqrt{\gamma})^2,(1+\sqrt{\gamma})^2]$。 □

这个 Marchenko-Pastur 定律是在这种乘法对称而不是加法对称的情况下对于 Wigner 半圆定律的类比。高斯项的假设可能被显著放宽。

文献[178]提出用随机矩阵理论中的基本结果——Marchenko-Pastur 方程式(3.3)来更好地估计大维度协方差矩阵的特征值。Marchenko-Pastur 方程具有非常广泛的普遍性和弱假设。它所获得的估计量可以被认为是以非线性方式“收缩”样本协方差矩阵的特征值来估计真实的总体特征值。

3.6 线性特征值统计与极限定律

一个 $n\times n$ 的厄米矩阵 $\mathbf{A}_n$ 的经验谱密度(ESD)，是一维函数

$$F_{\mathbf{A}_n}(x)=\frac{1}{n}|\{1\leqslant i\leqslant n:\lambda_i\{\mathbf{A}_n\}\leqslant x\}|=\frac{1}{n}\sum_{i=1}^{n}\mathbf{1}(\lambda_i\{\mathbf{A}_n\}\leqslant x) \tag{3.5}$$

其中，$|I|$代表有限集合 I 中元素的个数，$\mathbf{1}(B)$代表事件 B 的指标。如果特征值 λ_i 不全是实数，则可以定义矩阵 $\mathbf{A}$ 的二维经验谱分布：

$$F_{\mathbf{A}_n}(x,y)=\frac{1}{n}\sum_{i=1}^{n}\mathbf{1}(\operatorname{Re}\lambda_i\{\mathbf{A}_n\}\leqslant x,\operatorname{Im}\lambda_i\{\mathbf{A}_n\}\leqslant y) \tag{3.6}$$

有时用相应的分布函数来处理测度更为方便。我们定义一个矩阵 $\mathbf{A}_n$ 的特征值的谱测度：

$$\mu_{\mathbf{A}_n}(B)=\frac{1}{n}|\{1\leqslant i\leqslant n:\lambda_i\{\mathbf{A}_n\}\leqslant B\}|,\quad B\in\mathcal{B}(\mathbb{T})$$

其中，$\mathbb{T}=\mathbb{R}$ 或者 $\mathbb{T}=\mathbb{C}$，并且 $\mathcal{B}(\mathbb{T})$ 是 $\mathbb{T}$ 的 Borel σ 代数①。

Wigner 矩阵是一个厄米(或真实情况下是对称的)矩阵，上对角线和对角线的元素是独立的随机变量。在这种情况下，我们考虑 Wigner 矩阵 $\mathbf{M}_n=\{\xi_{ij}\}_{1\leqslant i,j\leqslant n}$ 的上对角线元素为独立同分布的、具有零均值和方差为 1 的复数(或实数)随机变量，并且其对角线元素为独立同分布的、有界均值和方差的实数随机变量。

随机矩阵理论的基石是 Wigner 半圆定律。对于任何实数 x，我们在概率上(以及几乎肯定的意义上)有

$$\lim_{n\to\infty}F_{\mathbf{A}_n}(x)=\lim_{n\to\infty}\frac{1}{n}|\{1\leqslant i\leqslant n:\lambda_i\{\mathbf{A}_n\}\leqslant x\}|=\int_{-2}^{x}\rho_{\mathrm{sc}}(y)\,\mathrm{d}y \tag{3.7}$$

有四种类型的收敛：几乎可以肯定的，定律上的，概率上的，以及在 r 阶平均上的。参见文献[179]的定义。

一个基本的结果是 Wigner 的半圆定律，它描述了 Wigner 集合的特征值的全局极限：对于任何有界连续函数 φ 有：

$$\frac{1}{n}\sum_{i=1}^{n}\varphi(\lambda_i)\underset{\mathbb{P}}{\rightarrow}\int\varphi(x)\rho_{\mathrm{sc}}(x)\,\mathrm{d}x \tag{3.8}$$

其中 $\rho_{\mathrm{sc}}(x)=\frac{1}{2\pi^2}\sqrt{4-x^2}\,1_{\{|x|\leqslant 2\}}$ 是 Wigner 半圆定律 $F_{\mathrm{sc}}(x)$ 的密度函数。我们说经验谱密度

① σ 代数是与集合拓扑有关的代数。Borel 代数定义为由开放集(或等效地由封闭集)生成的 σ 代数。

$F_n(x)$在概率上弱收敛于半圆定律 $F_{sc}(x)$。这种类型的结果是经典概率论大数定律的类比，它通常是研究随机矩阵的任意集合的特征值分布的第一步。线性特征值统计波动的中心极限定理(CLT)是研究随机矩阵的任意集合的特征值分布的第二步(见3.7节)。

对于概率空间上给定的随机变量 X 和 $X_1,X_2,\cdots$，当且仅当满足下列条件时，X_n被认为以概率收敛于 X[179]，即

$$\lim_{n\to\infty}\mathbb{P}\,(\,|X_n-X|\geqslant\varepsilon)=0 \tag{3.9}$$

对于每个正 ε 成立，写作 $X_n\underset{\mathbb{P}}{\to}X$。

另一方面，样本协方差矩阵在统计中起着重要的作用。设 $\mathbf{x}$ 是一个随机向量 $\mathbf{x}=(X_1,\cdots,X_p)\in\mathbb{C}^n$，为简单起见，$\mathbf{x}$ 是中心(零均值)。那么真正的协方差矩阵由下式给出：

$$\mathbb{E}\,(\mathbf{x}\mathbf{x}^{\mathrm{H}})=(\mathrm{cov}(X_i,X_j))_{1\leqslant i,j\leqslant n}$$

考虑随机向量 $\mathbf{x}$ 的 N 个独立样本或实现 $\mathbf{x}_1,\mathbf{x}_2,\cdots,\mathbf{x}_N\in\mathbb{C}^n$并形成 $N\times n$ 数据矩阵 $\mathbf{X}=(\mathbf{x}_1^{\mathrm{T}},\cdots,\mathbf{x}_N^{\mathrm{T}})^{\mathrm{T}}\in\mathbb{C}^{N\times n}$。那么样本协方差矩阵就是一个定义为 $n\times n$ 的非负定矩阵：

$$\mathbf{S}=\frac{1}{N}\mathbf{X}^{\mathrm{H}}\mathbf{X}$$

如果 $N\to+\infty$ 且 n 固定，则样本协方差矩阵几乎可以肯定地收敛(元素级别)于真正的协方差矩阵。我们关注 n 和 N 同时趋于无穷的方式。

假设 $\mathbf{X}=\{\xi_{ij}\}_{1\leqslant i\leqslant N,1\leqslant j\leqslant n}$是一个随机的 $N\times n$ 矩阵，其中 $N=N(n)$是一个整数，使得对于某些 $y\in(0,1]$有 $N\leqslant n$，$\lim\limits_{n\to\infty}N/n=y$。如果随机变量 ξ_{ij}是联合独立的，具有零均值和方差 1，并且服从矩条件，则矩阵集合被认为服从具有常数 C_0的条件 $\mathbf{C}_1$：

$$\sup_{i,j}\mathbb{E}\,|\xi_{ij}|^{C_0}\leqslant c$$

其中常数 c 独立于 n,N。

关于大协方差矩阵的经验谱密度，其渐近行为的第一个基本结果是 Marchenko-Pastur 定律[172,180-182]。

定理 3.6.1 (Marchenko-Pastur 定律) 假设一个随机 $N\times n$ 的矩阵 $\mathbf{X}$ 服从条件 $\mathbf{C}_1$，$C_0\geqslant 4$，且 $n\to\infty$，$N\to\infty$，使得对于某些 $y\in(0,1]$有$\lim\limits_{n\to\infty}N/n=y$，矩阵 $\mathbf{S}=\dfrac{1}{n}\mathbf{X}^{\mathrm{H}}\mathbf{X}$ 的经验谱分布收敛于具有密度函数的 Marchenko-Pastur 定律的分布

$$f_{\mathrm{MP}}(x)=\frac{1}{2\pi xy\sigma^2}\sqrt{(b-x)(x-a)}\ \mathbb{I}\,(a\leqslant x\leqslant b) \tag{3.10}$$

其中

$$a=\sigma^2(1-\sqrt{y})^2,\quad b=\sigma^2(1+\sqrt{y})^2$$

如果 $c>1$，MP 定律在原点具有 $1-c^{-1}$的点质量。

这里$\mathbb{I}\,(\cdot)$是指标函数，σ^2(方差)是尺度参数。如果 $\sigma^2=1$，则 Marchenko-Pastur 定律称为标准 Marchenko-Pastur 定律。当 $y=1$ 或 $N=n$ 时，密度函数在区间[0,4]内，且

$$\frac{\mathrm{d}\mu}{\mathrm{d}x}=f_{\mathrm{MP}}(x)=\frac{1}{2\pi}\sqrt{\frac{4-x}{x}}$$

实际上，通过变量 $x\to x^2$的变化，分布 μ 是半圆定律的图像。

当纵横比 $y=N/m=1$ 时，我们得到以下特例：

$$f(x)=\frac{1}{\pi}\sqrt{4-x^2},\quad x\in[0,2]$$

这就是著名的四分之一圆定律。正态分布矩阵的奇异值位于四分之一圆上。这些矩是卡塔兰(Catalan)数。

图 3.1 和图 3.2 显示了 Marchenko-Pastur 定律，并将理论预测与模拟进行了比较。

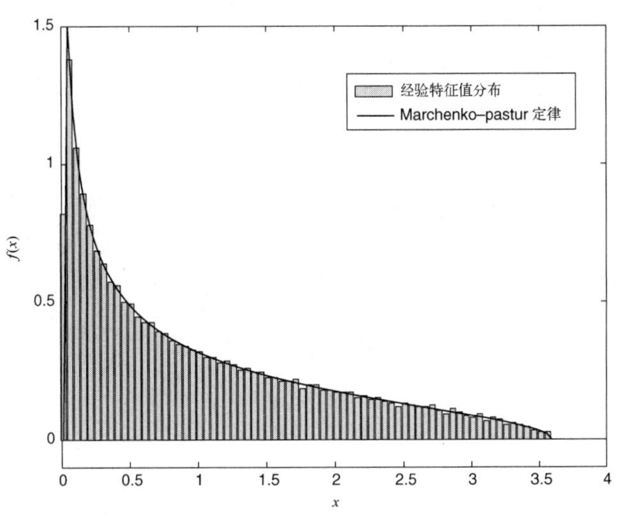

图 3.1　本图绘制的是$\frac{1}{n}\mathbf{X}^{\mathrm{H}}\mathbf{X}$的特征值分布，其中 $\mathbf{X}$ 是一个 $n=3000$ 且 $y=N/n=0.8$ 的 $N\times n$ 随机高斯矩阵。黑色曲线是具有密度函数 $f_{\mathrm{MP}}(x)$ 的 Marchenko-Pastur 定律

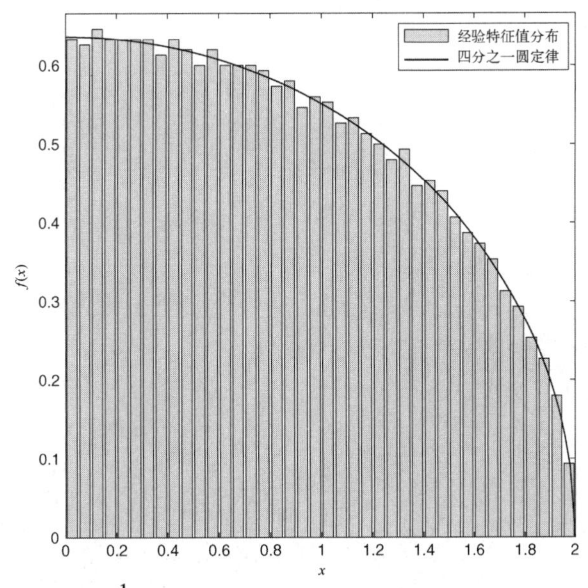

图 3.2　本图绘制的是$\frac{1}{n}\mathbf{X}^{\mathrm{H}}\mathbf{X}$的特征值分布，其中 $\mathbf{X}$ 是一个 $n=3000$ 且 $y=N/n=1$ 的 $N\times n$ 随机高斯矩阵。黑色曲线是具有密度函数的四分之一圆定律

MATLAB 代码如下所示。

Marchenko-Pastur 定律的 MATLAB 代码修订于文献[183]。

```
% Experiment : Gaussian Random Matrix
% Plot : Histogram of the eigenvalues of XX /m
% Theory : Marcenko-Pastur as n \to infinity
%% Parameters
t  =1;                  % tria s
y  =  0.1;              % aspect ratio
n  =3000;               % matrix column size
m=round (n/y);
v  =[];                 % eigenvalue samples
dx  =  0.05;            % bin size
%% Experiment
for i  =1:t,
X=randn (m, n);         % random m * n matrix
s=X' * X;               % symmetric posisitve definite matrix
v  =eig (s);            % eigenvalues
end
v=v/m;                  % normalized eigenvalues
a=(1-sqrt(y))^2; b=(1+ sqrt(y))^2;
%% Pl o t
[count, x]=  hist (v, a : dx : b);
cla reset
bar (x, count / (t * n * dx), 'y');
hold on;
%% Theory
x=  linspace (a, b);
plot (x, sqrt ((x-a) . * (b-x)) ./
(2 * pi * x * y), 'LineWidth', 2)
axis ([0 ceil(b) -0.1 1.5]);
xlabel('x')
ylabel('f(x)')
legend('Empircal Eigenvalue Distribution', 'Marchenko-Patur Law')
```

四分之一圆定律的 MATLAB 代码，修订于文献 [183]。

```
% Experime n t : Gaussian Random
% Plot : Histogram singular values
% Theory : Quater Circle Law
%% Parame t e r s
t  =1;                  % trials
r  =1;                  % aspect ratio
n  =2000;               % matri x column size
m  =  n;
v  =[];                 % eigen value samples
dx  =  .05;             % bin size
a  =  0; b  =  2;
%% Ex p e r ime n t
for i  =1:t,
v  =  svd (randn (n)); % singular values
end
v=v /sqrt (m);          % normalized singular values
```

```
close all;
[count, x]=  hist (v, (a-dx/2) : dx : b); cla reset
bar (x, count / (t * n * dx), 'y'); hold on;
%% Theory
x=  linspace (a, b);
plot (x, sqrt (4 - x.^2) /pi, 'LineWidth', 2)
axis square
axis ([0 2 0 2 /3]);
xlabel('x')
ylabel('f (x)')
legend('Empircal Eigenvalue Distribution', 'Quater Circle Law')
```

例 3.6.2(线性矢量信道)

这个例子如文献[52]所示。线性矢量无记忆信道定义为

$$\mathbf{y}=\mathbf{H}\mathbf{x}+\mathbf{n} \tag{3.11}$$

其中 $\mathbf{x}\in\mathbb{C}^K$是输入向量，$\mathbf{y}\in\mathbb{C}^N$是输出向量，$\mathbf{n}\in\mathbb{C}^n$是加权循环对称高斯噪声。当有独立同分布的高斯输入时，条件 $\mathbf{H}$ 下公式(3.11)归一化的输入输出互信息为

$$\begin{aligned}\frac{1}{N}I(\mathbf{x};\mathbf{y}\mid\mathbf{H}) &= \frac{1}{N}\log\det(\mathbf{I}+\mathrm{SNR}\cdot\mathbf{H}\mathbf{H}^{\mathrm{H}})\\ &= \frac{1}{N}\sum_{i=1}^{N}\log(1+\mathrm{SNR}\cdot\lambda_i(\mathbf{H}\mathbf{H}^{\mathrm{H}}))\\ &= \int_0^{\infty}\log(1+\mathrm{SNR}\cdot x)\,\mathrm{d}F_{\mathbf{H}\mathbf{H}^{\mathrm{H}}}(x)\end{aligned} \tag{3.12}$$

其发送的信噪比(SNR)为

$$\mathrm{SNR}=\frac{N\,\mathbb{E}[\|\mathbf{x}\|^2]}{K\,\mathbb{E}[\|\mathbf{n}\|^2]}$$

其中 $\lambda_i(\mathbf{H}\mathbf{H}^{\mathrm{H}})$等于 $\mathbf{H}$ 的第 i 个奇异值的平方，$\|\cdot\|$表示欧氏范数。

式(3.11)的另一个基本性能测度是最小均方误差(MMSE)，它由线性接收机取得，并决定了可达到的最大输出信噪比(SINR)。对于独立同分布的输入向量，MMSE 给定的算术均值可表示为随机矩阵 $\mathbf{H}$ 的函数：

$$\begin{aligned}\frac{1}{K}\min_{\mathbf{M}\in\mathbb{C}^{K\times N}}\mathbb{E}[\|\mathbf{x}-\mathbf{M}\mathbf{y}\|^2] &= \frac{1}{K}\mathrm{Tr}\{(\mathbf{I}+\mathrm{SNR}\cdot\mathbf{H}^{\mathrm{H}}\mathbf{H})^{-1}\}\\ &= \frac{1}{K}\sum_{i=1}^{K}\frac{1}{1+\mathrm{SNR}\cdot\lambda_i(\mathbf{H}^{\mathrm{H}}\mathbf{H})}\\ &= \int_0^{\infty}\frac{1}{1+\mathrm{SNR}\cdot x}\mathrm{d}F_{\mathbf{H}^{\mathrm{H}}\mathbf{H}}(x)\\ &= \frac{N}{K}\int_0^{\infty}\frac{1}{1+\mathrm{SNR}\cdot x}\mathrm{d}F_{\mathbf{H}\mathbf{H}^{\mathrm{H}}}(x)-\frac{N-K}{K}\end{aligned} \tag{3.13}$$

第一行期望是关于变量 x 和 n 的表达式，最后一行满足以下公式：

$$NF_{\mathbf{H}\mathbf{H}^{\mathrm{H}}}(x)-NU(x)=KF_{\mathbf{H}^{\mathrm{H}}\mathbf{H}}(x)-KU(x) \tag{3.14}$$

其中$U(x)$是单位步长函数：$U(x)=0$，$x<0$；$U(x)=1$，$x>0$。

两个基本性能测度(容量和 MMSE)通过以下公式关联：

$$\mathrm{SNR}\frac{\mathrm{d}}{\mathrm{dSNR}}\log_e\det(\mathbf{I}+\mathrm{SNR}\cdot\mathbf{HH}^{\mathrm{H}})=K-\mathrm{Tr}\{(\mathbf{I}+\mathrm{SNR}\cdot\mathbf{HH}^{\mathrm{H}})^{-1}\} \tag{3.15}$$

正如式(3.12)和式(3.13)所示，容量和 MMSE 是由随机信道矩阵 $\mathbf{H}$ 的经验奇异值分布所决定的。在最简单的例子里，$\mathbf{H}$ 的元素服从独立同分布的高斯分布。更一般的例子同样令人感兴趣，如独立(但不相同)的元素，甚至有依赖的元素。□

例 3.6.3(高斯集合的函数均值)

MIMO 信道模型的定义类似于式(3.11)。这里的结果可以应用于大规模 MIMO 分析。见 15.3 节。我们重复这个定义，但修改为不同的符号。M 表示发射天线的数目，N 表示接收天线的数目，信道模型定义为

$$\mathbf{y}=\mathbf{Hs}+\mathbf{n} \tag{3.16}$$

其中 $\mathbf{s}\in\mathbb{C}^M$是发射向量，$\mathbf{y}\in\mathbb{C}$ 是接收向量，$\mathbf{H}\in\mathbb{C}^{N\times M}$是复矩阵，$\mathbf{n}\in\mathbb{C}^N$表示具有独立等方差项的零均值复高斯向量。假设$\mathbb{E}(\mathbf{nn}^{\mathrm{H}})=\mathbf{I}_N$，其中$(\cdot)^{\mathrm{H}}$表示复共轭转置，$\mathbf{I}_N$表示 $N\times N$ 的单位矩阵。功率约束表示为

$$\mathbb{E}(\mathbf{n}^{\mathrm{H}}\mathbf{n})=\mathbb{E}[\mathrm{Tr}(\mathbf{nn}^{\mathrm{H}})]\leqslant P$$

其中 P 是总发射功率。信噪比(SNR)定义为信号功率和噪声功率的商，在这种情况下等于 P/N。

回想到 $\mathbf{A}$ 是一个 $n\times n$ 的厄米矩阵，存在酉矩阵 $\mathbf{U}$ 和矩阵 $\mathbf{D}=\mathrm{diag}(d_1,\cdots,d_n)$ 使 $\mathbf{A}=\mathbf{UDU}^{\mathrm{H}}$。假设$f$为连续函数，$f(\mathbf{A})$定义为

$$f(\mathbf{A})=\mathbf{U}\mathrm{diag}(f(d_1),\cdots,f(d_n))\mathbf{U}^{\mathrm{H}}$$

当然，最简单的例子是 $\mathbf{H}$ 具有独立同分布高斯元素，为单用户窄带 MIMO 信道构成正则模型。当向量 s 有复数高斯零均值和协方差信噪比 $\mathbf{I}_M$时，该信道容量可以获得。例如，见文献[51,52]。对于快速衰落信道，假设发射端统计信道状态信息，则遍历容量的定义如下：

$$\mathbb{E}[\log\det(\mathbf{I}_N+\mathrm{SNR}\cdot\mathbf{HH}^{\mathrm{H}})]=\mathbb{E}[\mathrm{Tr}\log(\mathbf{I}_N+\mathrm{SNR}\cdot\mathbf{HH}^{\mathrm{H}})] \tag{3.17}$$

其公式满足以下条件：

$$\log\det(\cdot)=\mathrm{Tr}\log(\cdot) \tag{3.18}$$

因为迹 $\mathrm{Tr}(\cdot)$是一个线性函数，所以我们使用 $\mathrm{Tr}\log(\cdot)$这种表示。期望$\mathbb{E}(\cdot)$同样表示一个线性函数。有时，式(3.17)交换$\mathbb{E}$ 和 $\mathrm{Tr}(\cdot)$的顺序可以得到简易的表示形式：

$$\mathbb{E}[\log\det(\mathbf{I}_N+\mathrm{SNR}\cdot\mathbf{HH}^{\mathrm{H}})]=\mathbb{E}[\mathrm{Tr}\log(\mathbf{I}_N+\mathrm{SNR}\cdot\mathbf{HH}^{\mathrm{H}})]=\mathrm{Tr}[\mathbb{E}\log(\mathbf{I}_N+\mathrm{SNR}\cdot\mathbf{HH}^{\mathrm{H}})]$$

当 $p\times p$ 的随机矩阵 $\mathbf{X}$ 的 n 个"快照(snapshots)"已知时，期望$\mathbb{E}(\mathbf{X})$可由 $\frac{1}{n}\sum_{i=1}^{n}\mathbf{X}_i$ 近似表示。最后可以得到：

$$\begin{aligned}\mathbb{E}[\log\det(\mathbf{I}_N+\mathrm{SNR}\cdot\mathbf{HH}^{\mathrm{H}})]&=\mathbb{E}[\mathrm{Tr}\log(\mathbf{I}_N+\mathrm{SNR}\cdot\mathbf{HH}^{\mathrm{H}})]\\&=\mathrm{Tr}[\mathbb{E}\log(\mathbf{I}_N+\mathrm{SNR}\cdot\mathbf{HH}^{\mathrm{H}})]\\&\approx\frac{1}{n}\mathrm{Tr}\left[\sum_{i=1}^{n}\log(\mathbf{I}_N+\mathrm{SNR}\cdot\mathbf{H}_i\mathbf{H}_i^{\mathrm{H}})\right]\end{aligned} \tag{3.19}$$

这归结于随机正定厄米矩阵 $\mathbf{H}_i\mathbf{H}_i^{\mathrm{H}}$ 的和$(i=1,\cdots,n)$，其中 $\mathbf{H}_i$ 表示式(15.29)里随机信道矩阵 $\mathbf{H}$ 的"快照"。见文献[40]关于随机矩阵和的章节。有限个样本的信道容量可以由式(3.19)获得。Frobenius 范数(简称 F 范数)的定义为

$$\|\mathbf{B}\|_{\mathrm{F}}^2\equiv\mathrm{Tr}(\mathbf{BB}^{\mathrm{H}})$$

我们使用泰勒公式对式(3.19)里的函数 $\log(\mathbf{I}_N+\text{SNR}\cdot\mathbf{H}_i\mathbf{H}_i^{\text{H}})$ 进行展开，可以得到样本矩 m_k：

$$\hat{m}_k=\frac{1}{M}\text{Tr}\left(\left(\frac{1}{N}\mathbf{H}_i\mathbf{H}_i^{\text{H}}\right)^k\right)$$

其中整数 $k\geqslant 1$。因为样本矩 $\hat{m}_k$ 是真实矩 m_k 的一致性估计，所以很自然地可以使用文献[53] 425 页的矩量法来推断参数，见 8.9.3 节。

一般情况下，我们使用泰勒公式对 $f(\mathbf{HH}^{\text{H}})$ 的随机矩阵进行展开，类似地可以得到真实矩 m_k。我们可以使用样本矩 $\hat{m}_k$ 来估计真实矩。

另一个基本性能测度是最小均方误差(MMSE)，它由线性接收机取得，并决定了可达到的最大输出信噪比(SINR)。对于均值为零，方差为 1 的独立同分布的输入向量 $\mathbf{x}$，MMSE 接收机的 MSE 表示为

$$\min_{\mathbf{M}\in\mathbb{C}^{M\times N}}\mathbb{E}\left[\|\mathbf{x}-\mathbf{My}\|^2\right]=\mathbb{E}\left[\text{Tr}\log(\mathbf{I}_M+\text{SNR}\cdot\mathbf{H}^{\text{H}}\mathbf{H})^{-1}\right]\tag{3.20}$$

其中左端的期望是关于向量 $\mathbf{x}$ 和随机矩阵 $\mathbf{H}$ 的表达式，右端是只关于随机矩阵 $\mathbf{H}$ 的表达式。详见文献[52]。

假设 $\mathbf{H}$ 是一个 $n\times n$ 的高斯随机矩阵，其元素满足零均值、单位方差且复杂独立同分布。对于 $n\times n$ 正定矩阵 $\mathbf{A}$ 和连续函数 $f:\mathbb{R}^+\to\mathbb{R}$，使得对于每一个 $\alpha>0$，有 $\int_0^\infty \text{e}^{-\alpha t}|f(t)|^2\text{d}t<\infty$。文献[54]找到了新的期望公式：

$$\mathbb{E}\left[\text{Tr}(f(\mathbf{HAH}^{\text{H}}))\right]$$

令 $f(x)=\log(1+x)$，可以得到 MIMO 信道容量的另一个公式；令 $f(x)=(1+x)^{-1}$，可以得到线性接收机的 MMSE。

假设 $\mathbb{M}_n$ 是 $n\times n$ 的复矩阵，$\mathbb{U}_n$ 是 $n\times n$ 的酉矩阵。假设 $\text{d}\mathbf{H}$ 是 $\mathbb{M}_n$ 的勒贝格测度，

$$\text{d}\mu(\mathbf{H})=\pi^{-n^2}\exp(-\text{Tr}(\mathbf{H}^{\text{H}}\mathbf{H}))\text{d}\mathbf{H}$$

是 $\mathbb{M}_n$ 的高斯测度。当表示 $2n^2$ 的欧氏空间时，上式是高斯随机矩阵的推导测度。注意：概率测度在左乘右乘酉矩阵时保持不变，即

$$\text{d}\mu(\mathbf{HU})=\text{d}\mu(\mathbf{UH})=\text{d}\mu(\mathbf{H})$$

假设 $\mathbf{A}$ 是一个 $n\times n$ 的厄米矩阵，当 $n=2$ 时，有特征值 λ_1 和 λ_2。如果 $\lambda_1\neq\lambda_2$，有

$$\int_{\mathbb{M}_2}\text{Tr}[\log(\mathbf{I}_2+\mathbf{H}^{\text{H}}\mathbf{AH})]\text{d}\mu(\mathbf{H})=\frac{f_0(\lambda_1)-f_0(\lambda_2)+\lambda_1f_1(\lambda_2)-\lambda_2f_1(\lambda_1)}{\lambda_1-\lambda_2}$$

其中

$$f_0(\lambda_i)=\int_0^\infty \text{e}^{-t}t\lambda_i\log(1+t\lambda_i)\text{d}t,\quad f_1(\lambda_i)=\int_0^\infty \text{e}^{-t}\log(1+t\lambda_i)\text{d}t$$

如果 $\lambda_1=\lambda_2=\lambda$，有

$$\int_{\mathbb{M}_2}\text{Tr}[\log(\mathbf{I}_2+\lambda\cdot\mathbf{H}^{\text{H}}\mathbf{H})]\text{d}\mu(\mathbf{H})=\int_0^\infty \text{e}^{-t}\left[(1+t)\log(1+t\lambda)+\frac{t\lambda(t-1)}{1+t\lambda}\right]\text{d}t$$

类似地，我们可以计算二维情况下的矩。假设 $\mathbf{A}$ 是一个 2×2 的厄米矩阵，有特征值 λ_1 和 λ_2。令 $m\geqslant 1$，如果 $\lambda_1\neq\lambda_2$，有

$$\int_{\mathbb{M}_2}\text{Tr}[(\mathbf{H}^{\text{H}}\mathbf{AH})^m]\text{d}\mu(\mathbf{H})=m!\left((m+1)\frac{\lambda_1^{m+1}-\lambda_2^{m+1}}{\lambda_1-\lambda_2}+\frac{\lambda_1\lambda_2^m-\lambda_2\lambda_1^m}{\lambda_1-\lambda_2}\right)$$

如果 $\lambda_1=\lambda_2=\lambda$，有

$$\int_{\mathbb{M}_2} \text{Tr}[(\mathbf{H}^{\text{H}}\mathbf{A}\mathbf{H})^m]\text{d}\mu(\mathbf{H}) = m!\ (m^2 + m + 2)\lambda^m$$

假设 **A** 是一个 $n \times n$ 的正定矩阵，$\{\lambda_1,\cdots,\lambda_n\}$ 是矩阵 **A** 的特征集，并假设所有的特征值不同，有

$$\int_{\mathbb{M}_n} \text{Tr}[\log(\mathbf{I}_n + \mathbf{H}^{\text{H}}\mathbf{A}\mathbf{H})]\text{d}\mu(\mathbf{H}) = \frac{1}{\det(\Delta(\mathbf{D}))}\sum_{k=0}^{n-1}\det(\mathbf{T}_k) \tag{3.21}$$

其中矩阵 $\mathbf{T}_k$ 通过用下式替换 $\Delta(\mathbf{D})(\{\lambda_i^{n-k-1}\}_{i=1}^n)$ 的 $(k+1)$ 行得到：

$$\left\{\frac{1}{(n-k-1)!}\int_0^\infty \text{e}^{-t}(t\lambda_i)^{n-k-1}\log(1+t\lambda_i)\right\}_{i=1}^n$$

这里 $\Delta(\mathbf{D})$ 是一个与 $\{\lambda_1,\cdots,\lambda_n\}$ 相关的范德蒙德(Vandermonde)矩阵。

假设 **A** 是一个 $n \times n$ 的正定矩阵，$\{\lambda_1,\cdots,\lambda_n\}$ 是矩阵 **A** 的特征集，并假设所有的特征值不同，有

$$\int_{\mathbb{M}_n} \text{Tr}[(\mathbf{I}_n + \mathbf{H}^{\text{H}}\mathbf{A}\mathbf{H})^{-1}]\text{d}\mu(\mathbf{H}) = \frac{1}{\det(\Delta(\mathbf{D}))}\sum_{k=0}^{n-1}\det(\mathbf{T}_k) \tag{3.22}$$

其中矩阵 $\mathbf{T}_k$ 通过用下式替换 $\Delta(\mathbf{D})(\{\lambda_i^{n-k-1}\}_{i=1}^n)$ 的 $(k+1)$ 行得到：

$$\left\{\frac{1}{(n-k-1)!}\int_0^\infty \text{e}^{-t}(t\lambda_i)^{n-k-1}(1+t\lambda_i)^{-1}\text{d}t\right\}_{i=1}^n$$

根据式(3.21)和式(3.22)，我们给出了一个新的公式，用于 MIMO 信道容量和本例前面所描述的 MMSE。

对于任意实数 $\alpha>0$，定义如下函数集合：

$$L_\alpha^2 := \left\{f: \mathbb{R}^+ \to \mathbb{R}: \text{可以测量到} \int_0^\infty \text{e}^{-\alpha t}|f(t)|^2\text{d}t < \infty\right\} \tag{3.23}$$

这是关于以下内积的希尔伯特空间：

$$\langle f,g\rangle_\alpha = \int_0^\infty \text{e}^{-\alpha t}f(t)g(t)\text{d}t$$

此外，对于这个范数，多项式是稠密的(见文献[184]第 10 章)。假设 $\mathcal{F}_\alpha$ 为 L_α^2 中连续函数的集合，设 $\mathcal{F}$ 为所有 $\mathcal{F}_\alpha$ 的交集：

$$\mathcal{F} = \bigcap_\alpha \mathcal{F}_\alpha$$

请注意，$\mathcal{F}$ 家族是一个非常丰富的函数族。例如，比多项式慢的所有函数都属于这个族。特别地，$f(t)=\log(1+t)=\mathcal{F}$。

假设 **A** 是一个 $n \times n$ 的正定矩阵，$\{\lambda_1,\cdots,\lambda_n\}$ 是矩阵 **A** 的特征集，并假设所有的特征值不同。对于 $f \in \mathcal{F}$，有

$$\int_{\mathbb{M}_n} \text{Tr}[f(\mathbf{H}^{\text{H}}\mathbf{A}\mathbf{H})]\text{d}\mu(\mathbf{H}) = \frac{1}{\det(\Delta(\mathbf{D}))}\sum_{k=0}^{n-1}\det(\mathbf{T}_k) \tag{3.24}$$

其中 $\Delta(\mathbf{D})$ 是一个与矩阵 $\mathbf{D}=\text{diag}(\lambda_1,\cdots,\lambda_n)$ 相关的范德蒙德矩阵，$\mathbf{T}_k$ 是一个通过下式替换 $\Delta(\mathbf{D})(\{\lambda_i^{n-k-1}\}_{i=1}^n)$ 的 $(k+1)$ 行得到的矩阵：

$$\frac{1}{(n-k-1)!}\{f_k(\lambda_i)\}_{i=1}^n$$

其中

$$f_k(x) := \int_0^\infty \text{e}^{-t}(tx)^{n-k-1}f(tx)\text{d}t$$

□

3.7 线性特征值统计量的中心极限定理

Wigner 半圆定律和 Marchenko-Pastur 定律被认为与古典概率论里的大数定律随机矩阵类似。因此，线性特征值统计量的中心极限定理自然成为研究自由随机矩阵系综特征值分布的第二步。这里我们只给出样本协方差矩阵的结果。附录 B.5 为假设检验中的应用。

对于 $n\geqslant 1$，假设 $\mathbf{A}_n=\frac{1}{n}\mathbf{X}_n^{\mathrm{H}}\mathbf{X}_n$ 是一个大小为 n 的样本协方差矩阵，其中 $\mathbf{X}_n=\{X_{ij}\}_{1\leqslant i,j\leqslant n}$，$\{X_{ij}:1\leqslant i,j\leqslant n\}$ 是一组零均值和单位方差的独立随机变量。特征值的排序为 $\lambda_1(\mathbf{A}_n)\leqslant\lambda_2(\mathbf{A}_n)\leqslant\cdots\leqslant\lambda_n(\mathbf{A}_n)$。空间 $\mathcal{H}_s$ 里的测试函数 f 的范式有

$$\|f\|_s^2=\int(1+2|\omega|)^{2s}|F(\omega)|^2\mathrm{d}\omega$$

其中 $F(\omega)$ 是 f 的傅里叶变换，定义为

$$F(\omega)=\frac{1}{\sqrt{2\pi}}\int\mathrm{e}^{\mathrm{j}\omega t}f(t)\,\mathrm{d}t$$

f 是空间 $\mathcal{H}_s$ 里的实数函数，且有 $s>3/2$。f 和导数 f' 几乎处处都是连续且有界的[185]。特别地，这表明 f 是利普希茨(Lipschitz)连续的。

假设有 $\mathbb{E}[X_{ij}^4]=m_4$，$1\leqslant i,j\leqslant n$ 且 $n\geqslant 1$，设存在 $\varepsilon>0$，有

$$\sup_{n\geqslant 1}\sup_{1\leqslant i,j\leqslant n}\mathbb{E}|X_{ij}|^{4+\varepsilon}<\infty$$

令实数函数 f 满足 $\|f\|_s<\infty$，有 $s>3/2$

$$\sum_{i=1}^{n}f(\lambda_i(\mathbf{A}_n))-\mathbb{E}\sum_{i=1}^{n}f(\lambda_i(\mathbf{A}_n))\rightarrow\mathcal{N}(0,v^2[f]) \tag{3.25}$$

其中 $n\rightarrow\infty$，$v^2[f]$ 定义如下：

$$v^2[f]=\frac{1}{2\pi^2}\int_0^4\int_0^4\left(\frac{f(x)-f(y)}{x-y}\right)^2\frac{(4-(x-2)(y-2))}{\sqrt{4-(x-2)^2}\sqrt{4-(y-2)}}\mathrm{d}x\mathrm{d}y+\frac{m_4-3}{4\pi^2}\left(\int_0^4\frac{x-2}{\sqrt{4-(x-2)^2}}\mathrm{d}x\right)^2$$

对于大数据，我们关注算法在不同矩阵规模 n 下的性能。线性特征值统计量的方差式(3.25)在 $n\rightarrow\infty$ 时不会增长到无穷大。这表明不同元素之和与特征值分布的性质[186]无关。

在文献[187]里，有一个 $N\times n$ 的矩阵：

$$\mathbf{Y}_n=\frac{1}{\sqrt{n}}\mathbf{\Sigma}_n^{1/2}\mathbf{X}_n$$

其中 $\mathbf{\Sigma}_n$ 是一个非负有限厄米矩阵；$\mathbf{X}_n$ 是一个随机矩阵，具有独立同分布的标准化元素。在矩阵 $\mathbf{Y}_n$ 的两个维度以同样的速度趋于无穷并且 f 是一个分析函数的情况下，特征值线性统计量的变化

$$\mathrm{Tr}\,f(\mathbf{Y}_n\mathbf{Y}_n^{\mathrm{H}})=\sum_{i=1}^{N}f(\lambda_i),\quad \mathbf{Y}_n\mathbf{Y}_n^{\mathrm{H}}\text{ 的特征值为 }\lambda_i$$

被证明是高斯的。文献[187]基于文献[188]的 CLT 的主要改进在于考虑了具有有限四阶矩的一般条目，但是其第四个累积量是非零的，即其第四个时刻可能与(真实或复杂)高斯随机变量的矩不同。结果，正比于

$$|\nu|^2=|\mathbb{E}(X_{11}^n)^2|^2 \quad \kappa=\mathbb{E}|X_{11}^n|^4-|\nu|^2-2$$

的额外的项出现在极限方差和极限偏差中，这不仅取决于矩阵的谱 $\mathbf{\Sigma}_n$，也取决于其特征向量。

3.8 随机矩阵 $\mathbf{S}^{-1}\mathbf{T}$ 的中心极限定理

作为单变量 Fisher 统计量的推广，随机 Fisher 矩阵广泛用于多元统计分析，例如，用于检验两个多元总体协方差矩阵的相等性。有关多个协方差矩阵的相等性检验等，参见 8.9.6 节。

几个有意义的检验统计量的渐近分布取决于相关的 Fisher 矩阵。这样的 Fisher 矩阵具有这种形式：

$$\mathbf{F}=\mathbf{S}_y\mathbf{M}\mathbf{S}_x^{-1}\mathbf{M}^{\mathrm{H}}$$

其中 $\mathbf{M}$ 是一个非负非随机厄米矩阵，$\mathbf{S}_x$ 和 $\mathbf{S}_y$ 是来自两个独立样本的 $p\times p$ 的样本协方差矩阵，其中总体协方差假定已被中心化和归一化(即均值为零、方差为 1 且具有独立分量)。

在高维情况下，文献[189]建立了一个标准 Fisher 矩阵的线性谱统计量的中心极限定理，其中两个种群协方差矩阵是相等的，即 $\mathbf{M}$ 是单位矩阵并且 $\mathbf{F}=\mathbf{S}_y\mathbf{S}_x^{-1}$。为了将文献[189]的 CLT 扩展到一般的 Fisher 矩阵，我们首先需要建立矩阵 $\mathbf{M}\mathbf{S}_x^{-1}\mathbf{M}^{\mathrm{H}}$，或者矩阵 $\mathbf{S}_x^{-1}\mathbf{T}$ 的谱(特征值)分布的极限定理，其中 $\mathbf{T}=\mathbf{M}^{\mathrm{H}}\mathbf{M}$ 是非随机的。在很多高维度统计问题中，确定性矩阵 $\mathbf{T}$ 通常是不可逆的或者具有接近零的特征值，并且不可能分析基于文献[190]的 CLT。

在这里，我们考虑一个由标准样本协方差矩阵的逆 $\mathbf{S}_x^{-1}$ 决定的和非随机厄米矩阵 $\mathbf{T}$ 的乘积 $\mathbf{S}_x^{-1}\mathbf{T}$，这是由文献[191]提出的。考虑假设检验：

$$\mathcal{H}_0:\ \mathbf{S}_y\mathbf{M}\mathbf{S}_x^{-1}\mathbf{M}^{\mathrm{H}} \quad \mathbf{M}=\mathbf{I},$$
$$\mathcal{H}_1:\ \mathbf{S}_y\mathbf{M}\mathbf{S}_x^{-1}\mathbf{M}^{\mathrm{H}} \quad \text{任意 } \mathbf{M}$$

对于一个具有 i 个特征值 λ_i 的 $p\times p$ 矩阵 $\mathbf{A}_n$(其中 $i=1,\cdots,p$)，具有如下形式的线性谱型的统计对于各种测试函数 f 在随机矩阵理论中至关重要：

$$\frac{1}{p}\sum_{i=1}^{p}f(\lambda_i)=\mathrm{Tr}\,f(\mathbf{A})$$

令$\{\mathbf{x}_t\}$(其中 $t=1,\cdots,n$)是一个具有独立和标准化组件的独立的 p 维观测序列，即对于 $\mathbf{x}_t=(X_{tj})$，$\mathbb{E}X_{tj}=0$ 并且$\mathbb{E}|X_{tj}|^2=1$。相应的样本协方差矩阵是

$$\mathbf{S}=\frac{1}{n}\sum_{t=1}^{n}\mathbf{x}_t\mathbf{x}_t^{\mathrm{H}} \tag{3.26}$$

考虑乘积矩阵

$$\mathbf{S}^{-1}\mathbf{T}=\left(\frac{1}{n}\sum_{t=1}^{n}\mathbf{x}_t\mathbf{x}_{\mathrm{t}}^{\mathrm{H}}\right)^{-1}\mathbf{T} \tag{3.27}$$

其中 $\mathbf{T}$ 是一个 $p\times p$ 的非负正定和非随机厄米矩阵。注意我们不要求 $\mathbf{T}$ 是可逆的。

假设 3.8.1 $p\times n$ 的观测矩阵(X_{tj})(其中 $t=1,\cdots,n$; $j=1,\cdots,p$)是由满足$\mathbb{E}X_{tj}=0$，$\mathbb{E}|X_{tj}|^2=1$ 的独立的元素组成的。此外当 p，$n\to\infty$ 时，对任意 $\eta>0$ 下式成立：

$$\frac{1}{np}\sum_{t=1}^{n}\sum_{j=1}^{p}\mathbb{E}\left[|X_{tj}|^2\,\mathbb{I}_{|X_{tj}|\geqslant\eta\sqrt{n}}\right]\to 0 \tag{3.28}$$

其中$\mathbb{I}_{\mathrm{cdot}}$是指示函数。

元素或者全是实数，或者全是复数，我们设置索引各自为 1 或 2。在之后的情况中，对所有 t, j 有 $\mathbb{E}X_{tj}^2=0$。

假设 3.8.2 除了假设 3.8.1，整个 $\{X_{tj}\}$ 还有一个统一的 4 阶矩 $\mathbb{E}|X_{tj}|^4=1+\kappa$。此外，当 $p,n\to\infty$ 时，对任意 $\eta>0$ 下式成立：

$$\frac{1}{np}\sum_{t=1}^{n}\sum_{j=1}^{p}\mathbb{E}\left[|X_{tj}|^4\mathbb{I}_{|X_{tj}|\geqslant\eta\sqrt{n}}\right]\to 0 \tag{3.29}$$

假设 3.8.3 除了假设 3.8.1，整个 $\{X_{tj}\}$ 还有一个统一的 4 阶矩（不一定是相同的）。此外，当 p, $n\to\infty$ 时，对任意 $\eta>0$ 下式成立：

$$\frac{1}{np}\sum_{t=1}^{n}\sum_{j=1}^{p}\mathbb{E}\left[|X_{tj}|^4\mathbb{I}_{|X_{tj}|\geqslant n\sqrt{n}}\right]\to 0 \tag{3.30}$$

假设 3.8.4 $\{\mathbf{T}_n\}$ 的经验谱密度 H_n 有一个极限 H，这是一个不会退化为零的狄拉克质量的概率测度。

假设 3.8.5 除了假设 3.8.4，当 $n,p\to\infty$ 时 $\mathbf{T}$ 的运算规范也被限制了。

假设 3.8.6 维数 p 和样本量 n 都趋于无穷大，因此 $p/n\to c\in(0,1)$。

假设 3.8.7 根据假设 3.8.1、假设 3.8.4 和假设 3.8.6，概率为 1，$\mathbf{S}^{-1}\mathbf{T}$ 的经验谱密度 $F_n(x)$ 倾向于非随机分布 $F_{c,H}$，它的 Stieltjes 变换 $s(z)$ 是独有的：

$$zm(z)=-1+\int\frac{t\mathrm{d}H(t)}{-z-cz^2m(z)+t} \tag{3.31}$$

分布 $F_{c,H}$ 是 $\mathbf{S}^{-1}\mathbf{T}$ 的限制谱密度。

我们考虑具有如下形式的 $\mathbf{S}^{-1}\mathbf{T}$ 线性谱分析：

$$F_n(f)=\int f(x)\mathrm{d}F_n(x)=\frac{1}{p}\sum_{i=1}^{p}f(\lambda_i)$$

其中 $\{\lambda_i\}$ $(i=1,\cdots,p)$ 是矩阵 $\mathbf{S}^{-1}\mathbf{T}$ 的特征值，f 是一个给定的测试函数。这里的一个特殊性质是 $F_n(f)$ 将不会考虑在限制频谱密度 $F_{c,H}(f)$ 的限制范围内，而是在 $F_{c_n,H_n}(f)$ 内，这是一个有限的 $F_{c,H}$ 的样本代理，是通过把参数 (c_n, H_n) 替换为 (c, H) 得到的。因此我们考虑如下的随机变量：

$$X_n(f)=p\left[F_n(f)-F_{y_n,H_n}(f)\right]=p\int f(x)\mathrm{d}\left[F_n-F_{y_n,H_n}\right](x)$$

中心极限定理的陈述过于技术化，超出了本书的范围。详见文献[191]。

3.9 随机矩阵的独立性

本节中我们的目的是了解独立的随机矩阵。我们需要这个用于大规模随机矩阵的似然比检验，参见 8.11 节。

矩阵随机现象是可以用矩阵形式表示的可观察现象，其在重复测量下产生可不确定地预测的不同结果。相反，结果服从统计规律性的某些条件。观测矩阵随机现象时发生的所有可能结果的描述称为样本空间 $\mathcal{S}$。

一个矩阵事件是样本空间 $\mathcal{S}$ 的一个子集。当观测矩阵随机现象时，可以通过定义样本空间 $\mathcal{S}$ 的子集上的概率函数来发现给定矩阵事件将发生的确定度的测度，根据文献[192]的三个假设，给每个矩阵事件标记一个概率。

对于一个有 np 个定义在样本空间 $\mathcal{S}$ 上的实函数元素 $X_{11}(\cdot), X_{12}(\cdot), \cdots, X_{pn}(\cdot)$ 的矩阵 $\mathbf{X} \in \mathbb{R}^{p\times n}$ 来说，如果下述元素

$$\begin{pmatrix} X_{11}(\cdot) & \cdots & X_{1n}(\cdot) \\ \vdots & & \vdots \\ X_{p1}(\cdot) & \cdots & X_{pn}(\cdot) \end{pmatrix}$$

的范围 $\mathbb{R}^{p\times n}$ 由 np 维实空间的 Borel 集合构成，并且如果对于每一个实 np 元组的 Borel 集 B，在 $\mathbb{R}^{p\times n}$ 构成矩阵

$$\begin{pmatrix} X_{11} & \cdots & X_{1n} \\ \vdots & & \vdots \\ X_{p1} & \cdots & X_{pn} \end{pmatrix}$$

以下子集

$$\left\{ s \in \mathcal{S}: \begin{pmatrix} X_{11}(s_{11}) & \cdots & X_{1n}(s_{1n}) \\ \vdots & & \vdots \\ X_{p1}(s_{p1}) & \cdots & X_{pn}(s_{pn}) \end{pmatrix} \in B \right\}$$

是 $\mathcal{S}$ 的一个事件。

一个标量函数 $f_{\mathbf{X}}(\mathbf{X})$ 满足：

(i) $f_{\mathbf{X}}(\mathbf{X}) \geqslant 0$；

(ii) $\int_{\mathbf{X}} f_{\mathbf{X}}(\mathbf{X})\,\mathrm{d}\mathbf{X} = 1$；

(iii) $\mathbb{P}(\mathbf{X} \in \mathcal{A}) = \int_{\mathcal{A}} f_{\mathbf{X}}(\mathbf{X})\,\mathrm{d}\mathbf{X}$（其中 $\mathcal{A}$ 是 $\mathbf{X}$ 空间上的子集）定义了随机矩阵 $\mathbf{X}$ 的概率密度函数。

一个标量函数 $f_{\mathbf{X},\mathbf{Y}}(\mathbf{X},\mathbf{Y}) \geqslant 0$ 满足：

(i) $f_{\mathbf{X},\mathbf{Y}}(\mathbf{X},\mathbf{Y}) \geqslant 0$；

(ii) $\mathbb{P}((\mathbf{X},\mathbf{Y}) \in \mathcal{A}) = \int_{\mathcal{A}}\int_{\mathcal{A}} f_{\mathbf{X},\mathbf{Y}}(\mathbf{X},\mathbf{Y})\,\mathrm{d}\mathbf{X}\mathrm{d}\mathbf{Y}$，其中 $\mathcal{A}$ 是 $\mathbf{X}$、$\mathbf{Y}$ 空间上的子集，它定义了随机矩阵 $\mathbf{X}$ 和 $\mathbf{Y}$ 的概率密度函数。

我们把具有 p 行 q 列矩阵表示为 $\mathbf{A}(p\times q)$，令随机矩阵 $\mathbf{X}(p\times q)$ 以及 $\mathbf{Y}(r\times s)$ 拥有联合概率密度分布 $f_{\mathbf{X},\mathbf{Y}}(\mathbf{X},\mathbf{Y})$，那么有：

(1) $\mathbf{X}$ 的边缘概率密度函数定义为

$$f_{\mathbf{X}}(\mathbf{X}) = \int_{\mathbf{Y}} f_{\mathbf{X},\mathbf{Y}}(\mathbf{X},\mathbf{Y})\,\mathrm{d}\mathbf{Y}$$

(2) 给定 $\mathbf{Y}$ 条件下 $\mathbf{X}$ 的条件概率密度函数为

$$f_{\mathbf{X}|\mathbf{Y}}(\mathbf{X} \mid \mathbf{Y}) = \frac{f_{\mathbf{X},\mathbf{Y}}(\mathbf{X},\mathbf{Y})}{f_{\mathbf{Y}}(\mathbf{Y})}, \quad f_{\mathbf{Y}}(\mathbf{Y}) > 0$$

其中 $f_{\mathbf{Y}}(\mathbf{Y})$ 是 $\mathbf{Y}$ 的边缘概率密度函数。

同样，我们可以定义 $\mathbf{X}$ 的边缘概率密度，以及给定 $\mathbf{X}$ 情况下 $\mathbf{Y}$ 的条件概率密度。两个随机矩阵 $\mathbf{X}(p\times n)$ 以及 $\mathbf{Y}(r\times s)$ 在满足以下条件的情况下是独立分布的：

$$f_{\mathbf{X},\mathbf{Y}}(\mathbf{X},\mathbf{Y}) = f_{\mathbf{X}}(\mathbf{X}) f_{\mathbf{Y}}(\mathbf{Y})$$

其中$f_{\mathbf{X}}(\mathbf{X})$和$f_{\mathbf{Y}}(\mathbf{Y})$分别是$\mathbf{X}$和$\mathbf{Y}$的边缘概率密度函数。

随机矩阵$\mathbf{X}$的矩生成函数(MGF)定义为

$$M_{\mathbf{X}}(\mathbf{Z}) = \int_{\mathbf{X}} \exp(\mathrm{Tr}(\mathbf{Z}\mathbf{X}^{\mathrm{T}}))f_{\mathbf{X}}(\mathbf{X})\mathrm{d}\mathbf{X}$$

其中$\mathbf{Z}(p\times n)$是矩生成函数当且仅当在$\mathbf{Z}=\mathbf{0}$邻域内它是连续的并且是正的，且$M_{\mathbf{x}}(0)=1$。在这种情况下，概率分布函数是由矩生成函数唯一确定的。

随机矩阵$\mathbf{X}(p\times n)$的特征函数定义为

$$\Phi(\mathbf{Z}) = M_{\mathbf{X}}(\mathrm{j}\mathbf{Z})$$

其中$\mathrm{j}=\sqrt{-1}$。双映射变量分布的矩生成函数由下式定义：

$$\begin{aligned}M_{\mathbf{X}_1,\mathbf{X}_2}(\mathbf{Z}_1,\mathbf{Z}_2) &= \mathbb{E}[\exp\{\mathrm{Tr}(\mathbf{Z}_1\mathbf{X}_1^{\mathrm{T}}) + \mathrm{Tr}(\mathbf{Z}_2\mathbf{X}_2^{\mathrm{T}})\}]\\ &= \int_{\mathbf{X}_1}\int_{\mathbf{X}_2} \exp\{\mathrm{Tr}(\mathbf{Z}_1\mathbf{X}_1^{\mathrm{T}}) + \mathrm{Tr}(\mathbf{Z}_2\mathbf{X}_2^{\mathrm{T}})\} f_{\mathbf{X}_1,\mathbf{X}_2}(\mathbf{X}_1,\mathbf{X}_2)\mathrm{d}\mathbf{X}_1\mathrm{d}\mathbf{X}_2\end{aligned}$$

函数$M_{\mathbf{X}_1,\mathbf{X}_2}(\mathbf{Z}_1,\mathbf{Z}_2)$是矩生成函数当且仅当在$\mathbf{Z}_1=\mathbf{0}$和$\mathbf{Z}_2=\mathbf{0}$邻域内它是连续的并且是正的，且$M_{\mathbf{X}_1,\mathbf{X}_2}(\mathbf{0},\mathbf{0})=1$。边缘分布$\mathbf{X}_i, i=1,2$的矩生成函数由下式定义：

$$M_{\mathbf{X}_1}(\mathbf{Z}_1) = M_{\mathbf{X}_1,\mathbf{X}_2}(\mathbf{Z}_1,\mathbf{0})$$

以及

$$M_{\mathbf{X}_2}(\mathbf{Z}_2) = M_{\mathbf{X}_1,\mathbf{X}_2}(\mathbf{0},\mathbf{Z}_2)$$

在这种情况下，联合概率密度函数$f_{\mathbf{X}_1,\mathbf{X}_2}(\mathbf{X}_1,\mathbf{X}_2)$由矩生成函数唯一确定。

例 3.9.1(高斯矩阵集合)

如果对角线和上三角形元素是独立选择的，一个随机的实对称$N\times N$矩阵$\mathbf{X}$被称为高斯对角集合(GOE)：

$$\frac{1}{\sqrt{2\pi}}\mathrm{e}^{-x_{ii}^2/2}\text{和}\frac{1}{\sqrt{\pi}}\mathrm{e}^{-x_{ij}^2}$$

一种GOE矩阵的等效构造是令$\mathbf{A}$为$N\times N$的服从标准高斯分布$\mathcal{N}(0,1)$的随机矩阵，并且$\mathbf{X}=\frac{1}{2}(\mathbf{A}+\mathbf{A}^{\mathrm{T}})$。

矩阵$\mathbf{X}$的所有独立元素满足的联合概率分布为

$$\begin{aligned}p(\mathbf{X}) :&= \prod_{i=1}^{N}\frac{1}{\sqrt{2\pi}}\mathrm{e}^{-x_{ii}^2/2}\prod_{1\leqslant i\leqslant j\leqslant N}\frac{1}{\sqrt{\pi}}\mathrm{e}^{-x_{ij}^2} = A_N\prod_{i,j=1}^{N}\mathrm{e}^{-x_{ij}^2}\\ &= A_N\exp\left(-\sum_{i,j=1}^{N}x_{ii}^2/2\right) = A_N\exp\left(-\frac{1}{2}\mathrm{Tr}\,\mathbf{X}^2\right)\end{aligned}$$

其中A_N是归一化项。对任意酉矩阵$\mathbf{U}$，方差为

$$p(\mathbf{U}^{-1}\mathbf{X}\mathbf{U}) = p(\mathbf{X})$$

即$\mathbf{U}^{\mathrm{H}}\mathbf{U}=\mathbf{I}$。

现在考虑另一个高斯对角集合矩阵$\mathbf{Y}$，$\mathbf{Y}$的所有元素服从的联合概率密度函数为

$$\begin{aligned}p(\mathbf{Y}) :&= \prod_{i=1}^{N}\frac{1}{\sqrt{2\pi}}\mathrm{e}^{-y_{ii}^2/2}\prod_{1\leqslant i\leqslant j\leqslant N}\frac{1}{\sqrt{\pi}}\mathrm{e}^{-y_{ij}^2} = B_N\prod_{i,j=1}^{N}\mathrm{e}^{-y_{ij}^2}\\ &= B_N\exp\left(-\sum_{i,j=1}^{N}y_{ii}^2/2\right) = B_N\exp\left(-\frac{1}{2}\mathrm{Tr}\,\mathbf{Y}^2\right)\end{aligned}$$

我们假设$\mathbf{X}$和$\mathbf{Y}$是独立的，$\mathbf{X}$的所有元素x_{ij}独立于$\mathbf{Y}$的所有元素y_{ij}，$\mathbf{X}$和$\mathbf{Y}$的元素的联合概率分布为

$$p(\mathbf{X})p(\mathbf{Y}) = \prod_{i=1}^{N}\frac{1}{\sqrt{2\pi}}\mathrm{e}^{-x_{ii}^2/2}\prod_{1\leqslant i\leqslant j\leqslant N}\frac{1}{\sqrt{\pi}}\mathrm{e}^{-x_{ij}^2}\prod_{i=1}^{N}\frac{1}{\sqrt{2\pi}}\mathrm{e}^{-y_{ii}^2/2}\prod_{1\leqslant i\leqslant j\leqslant N}\frac{1}{\sqrt{\pi}}\mathrm{e}^{-y_{ij}^2}$$

$$= C_N \prod_{i,j=1}^{N} \mathrm{e}^{-x_{ij}^2} \prod_{i,j=1}^{N} \mathrm{e}^{-y_{ij}^2} = C_N \exp\left(-\sum_{i,j=1}^{N} x_{ii}^2/2\right) \exp\left(-\sum_{i,j=1}^{N} y_{ii}^2/2\right)$$

$$= C_N \exp\left(-\frac{1}{2}\mathrm{Tr}(\mathbf{X}^2 + \mathbf{Y}^2)\right) \qquad \square$$

例 3.9.2(Wishart 随机矩阵)

矩阵

$$\mathbf{G} = \begin{bmatrix} \mathbf{0}_{n\times n} & \mathbf{X} \\ \mathbf{X}^{\mathrm{H}} & \mathbf{0}_{m\times m} \end{bmatrix} \tag{3.32}$$

其中 $\mathbf{X}$ 是一个 $n\times m(n\geqslant m)$ 的矩阵，有 $n-m$ 个零特征值，其余特征值由或加或减 $\mathbf{X}^{\mathrm{H}}\mathbf{X}$ 的特征值的非负平方根给出。

令 $\mathbf{X}$ 表示一个 $n\times m(n\geqslant m)$ 的随机矩阵，并假设 $\mathbf{X}$ 中的元素由参数 $\beta=1$，2 或 4 决定。

这些元素是具有高斯密度的实数、复数和四元实数独立随机变量：

$$\frac{1}{\sqrt{2\pi}}\mathrm{e}^{-x_{ij}^2},\ \frac{1}{\pi}\mathrm{e}^{-|z|_{ij}^2},\ \frac{2}{\pi}\mathrm{e}^{-2|z|_{ij}^2},\ \frac{2}{\pi}\mathrm{e}^{-2|w|_{ij}^2}$$

在 $\beta=1$，2 或 4 的三种情况下，一个四元实数由两个复数 z 和 w 标定，根据式(3.32)，我们用 $\mathbf{X}$ 产生 $\mathbf{G}$。

我们将 Wishart 集合定义为由 $\mathbf{X}^{\mathrm{H}}\mathbf{X}$ 组成，并称之为不相关的 Wishart 矩阵。

$n\times m$ 的矩阵 $\mathbf{X}$ 中元素的联合概率密度函数为

$$p(\mathbf{X}) = \frac{1}{\pi^{nm}} \prod_{i=1}^{n} \prod_{j=1}^{m} \mathrm{e}^{-|z|_{ij}^2} = \frac{1}{\pi^{nm}} \exp(-\mathrm{Tr}\ \mathbf{X}^{\mathrm{H}}\mathbf{X}) \tag{3.33}$$

类似地，$n\times m$ 的矩阵 $\mathbf{Y}$ 中元素的联合概率密度函数为

$$p(\mathbf{Y}) = \frac{1}{\pi^{nm}} \prod_{i=1}^{n} \prod_{j=1}^{m} \mathrm{e}^{-|w|_{ij}^2} = \frac{1}{\pi^{nm}} \exp(-\mathrm{Tr}\ \mathbf{Y}^{\mathrm{H}}\mathbf{Y}) \tag{3.34}$$

当 $\mathbf{X}$ 和 $\mathbf{Y}$ 相互独立，$\mathbf{X}$ 中的元素和 $\mathbf{Y}$ 中的元素也相互独立时，$\mathbf{X}$ 和 $\mathbf{Y}$ 中所有元素的联合概率密度函数表示为

$$\begin{aligned} p(\mathbf{X})p(\mathbf{Y}) &= \frac{1}{\pi^{nm}} \frac{1}{\pi^{nm}} \left(\prod_{i=1}^{n} \prod_{j=1}^{m} \mathrm{e}^{-|z|_{ij}^2}\right) \left(\prod_{i=1}^{n} \prod_{j=1}^{m} \mathrm{e}^{-|w|_{ij}^2}\right) \\ &= \frac{1}{\pi^{2nm}} \exp(-\mathrm{Tr}\ \mathbf{X}^{\mathrm{H}}\mathbf{X}) \exp(-\mathrm{Tr}\ \mathbf{Y}^{\mathrm{H}}\mathbf{Y}) \\ &= \frac{1}{\pi^{2nm}} \exp(-\mathrm{Tr}(\mathbf{X}^{\mathrm{H}}\mathbf{X}+\mathbf{Y}^{\mathrm{H}}\mathbf{Y})) \end{aligned} \tag{3.35}$$

我们把以上两个独立随机矩阵推广至 $N(N\geqslant 2)$ 个独立随机矩阵 $\mathbf{X}_i$，其中 $i=1,2,\cdots,n$，便得到：

$$p(\mathbf{X}_1)p(\mathbf{X}_2)\cdots p(\mathbf{X}_N) = \frac{1}{\pi^{Nnm}} \exp\left(-\mathrm{Tr}\left(\sum_{i=1}^{N} \mathbf{X}_i^{\mathrm{H}}\mathbf{X}_i\right)\right) \tag{3.36}$$

根据式(3.34)中的 $n\times m$ 高斯矩阵 $\mathbf{X}$ 和 $\mathbf{A}=\mathbf{X}^{\mathrm{H}}\mathbf{X}$，我们得到：

$$p(\mathbf{A}) = \int \delta(\mathbf{A} - \mathbf{X}^{\mathrm{H}}\mathbf{X}) p(\mathbf{X}) \mathrm{d}\mathbf{X} \tag{3.37}$$

这里，$\delta(\mathbf{A}-\mathbf{X}^{\mathrm{H}}\mathbf{X})$ 等于 $\mathbf{A}$ 的独立实部和虚部上的一维 delta 函数的乘积，把它们中的每一个都写成傅里叶积分表示形式：

$$\delta(\mathbf{A} - \mathbf{X}^{\mathrm{H}}\mathbf{X}) = \frac{1}{(2\pi)^{m^2}} \int \mathrm{e}^{\mathrm{i}\,\mathrm{Tr}(\mathbf{H}(\mathbf{A}-\mathbf{X}^{\mathrm{H}}\mathbf{X}))} \mathrm{d}\mathbf{H} \tag{3.38}$$

其中，$\mathbf{H}$ 是一个 $m\times m$ 的厄米矩阵，把这个代入到式(3.37)中并注意：

$$\int \exp(-\mathrm{Tr}\mathbf{X}^{\mathrm{H}}\mathbf{X})\mathrm{e}^{\mathrm{i}\,\mathrm{Tr}(\mathbf{H}(\mathbf{A}-\mathbf{X}^{\mathrm{H}}\mathbf{X}))}\mathrm{d}\mathbf{X}=\pi^{nm}(\det(\mathbf{I}+i\mathbf{H}))^{-n}$$

然后将这个积分分解成一维积分的乘积，得到：

$$p(\mathbf{A})=\frac{\pi^{2nm}}{(2\pi)^{m^2}}\int\frac{\mathrm{e}^{\mathrm{i}\,\mathrm{Tr}(\mathbf{HA})}}{(\det(\mathbf{I}+i\mathbf{H}))^{n}}\mathrm{d}\mathbf{H}$$

经过计算，我们得到 $\mathbf{A}=\mathbf{X}^{\mathrm{H}}\mathbf{X}$ 的概率密度函数为

$$p(\mathbf{A})=\frac{1}{C_{\beta,N}}\exp\left(-\frac{\beta}{2}\mathrm{Tr}\ \mathbf{A}\right)(\det\ \mathbf{A})^{\beta/2(n-m+1-2/\beta)} \tag{3.39}$$

其中，$C_{\beta,N}$是一个归一化常数。

对于一个 $n<m$ 的 $n\times m$ 矩阵 $\mathbf{X}$，有时我们想要按照方阵 $\mathbf{Y}$ 来处理，$m\times m$ 的方阵 $\mathbf{Y}$ 是由 $\mathbf{X}$ 加上 $m-n$ 行 0 而成的，可以这样表示：

$$\mathbf{X}^{\mathrm{H}}\mathbf{X}=\mathbf{Y}^{\mathrm{H}}\mathbf{Y}$$

其中，$m\times m$ 的矩阵 $\mathbf{X}^{\mathrm{H}}\mathbf{X}$ 有 $m-n$ 个零特征值。$\mathbf{X}^{\mathrm{H}}\mathbf{X}$ 和 $\mathbf{X}\mathbf{X}^{\mathrm{H}}$ 的非零特征值是相等的。

考虑其对应的 Wishart 矩阵，$n\times m$ 的矩阵 $\mathbf{X}$ 中含有 $\mathbf{X}^{\mathrm{T}}\mathbf{X}$ 中的行，这些行来自均值与求和都为零的 m 维高斯矩阵。等价地，$\mathbf{X}$ 的分布表示为

$$p(\mathbf{X})\propto\exp\left(-\frac{1}{2}\mathrm{Tr}(\mathbf{X}^{\mathrm{T}}\mathbf{X}\boldsymbol{\Sigma}^{-1})\right) \tag{3.40}$$

对于复数的情况，我们有

$$p(\mathbf{X})\propto\exp\left(-\frac{1}{2}\mathrm{Tr}(\mathbf{X}^{\mathrm{H}}\mathbf{X}\boldsymbol{\Sigma}^{-1})\right)$$

□

例 3.9.3(随机矩阵的概率密度函数)

假设矩阵 $\mathbf{X}\in\mathbb{C}^{n\times n}$的概率密度函数为

$$p_n(\mathbf{X})\triangleq H(\lambda_1,\cdots,\lambda_n)$$

我们知道，特征值的联合概率密度函数(一般不一定是独立的)是这种形式的：

$$p_n(\lambda_1,\cdots,\lambda_n)=cJ(\lambda_1,\cdots,\lambda_n)H(\lambda_1,\cdots,\lambda_n)$$

其中，$J(\cdot)$产生自矩阵空间向特征值-特征向量空间的雅克比转换的积分，c 是用于归一化的常数，确保 $p_n(\mathbf{X})$的积分是 1。通常，我们认为 $H(\cdot)$为如下形式：

$$H(\lambda_1,\cdots,\lambda_n)=\prod_{i=1}^{n}g(\lambda_i) \tag{3.41}$$

同时，$J(\cdot)$为如下形式：

$$J(\lambda_1,\cdots,\lambda_n)=\prod_{i<j}(\lambda_i-\lambda_j)^{\beta}\prod_{i=1}^{n}h_n(\lambda_i) \tag{3.42}$$

例如，实数高斯矩阵的$\beta=1$，$h_n=1$，复数高斯矩阵的$\beta=2$，$h_n=1$，四元数的高斯矩阵$\beta=4$，$h_n=1$，$n\geqslant p$ 的实数 Wishart 矩阵 $\beta=1$，$h_n=x^{n-p}$。

总结如下：

(1) 实高斯矩阵(对称矩阵，即：$\mathbf{X}^{\mathrm{T}}=\mathbf{X}$)

$$p_n(\mathbf{X})=c\ \exp\left(-\frac{1}{4\sigma^2}\mathrm{Tr}(\mathbf{X}^2)\right)$$

$\mathbf{X}$ 的对角线元素服从独立同分布的实高斯分布 $\mathcal{N}(0,2\sigma^2)$，上三角元素服从独立同分布的实高斯分布 $\mathcal{N}(0,\sigma^2)$。

(2) 复高斯矩阵(自伴随矩阵，即 $\mathbf{X}^{\mathrm{H}}=\mathbf{X}$)

$$p_n(\mathbf{X})=c\ \exp\left(-\frac{1}{2\sigma^2}\mathrm{Tr}(\mathbf{X}^2)\right)$$

$\mathbf{X}$ 的对角线元素服从独立同分布的实高斯分布 $\mathcal{N}(0,\sigma^2)$，上三角元素服从独立同分布的复高斯分布 $\mathcal{N}(0,\sigma^2)$[即实数部分和虚数部分均服从独立同分布的高斯分布 $\mathcal{N}(0,\sigma^2/2)$]。

(3) $p\times n$ 阶实数 Wishart 矩阵

$$p_n(\mathbf{X})=c\ \exp\left(-\frac{1}{2\sigma^2}\mathrm{Tr}(\mathbf{X}^{\mathrm{T}}\mathbf{X})\right)$$

$\mathbf{X}$ 的元素服从独立同分布的实高斯分布 $\mathcal{N}(0,\sigma^2)$

(4) $p\times n$ 阶复数 Wishart 矩阵

$$p_n(\mathbf{X})=c\ \exp\left(-\frac{1}{\sigma^2}\mathrm{Tr}(\mathbf{X}^{\mathrm{H}}\mathbf{X})\right) \tag{3.43}$$

$\mathbf{X}$ 的元素服从独立同分布的复高斯分布 $\mathcal{N}(0,\sigma^2)$。

对于广义密度，我们有：

(1) 实高斯矩阵(对称矩阵，即 $\mathbf{X}^{\mathrm{T}}=\mathbf{X}$)

$$p_n(\mathbf{X})=c\ \exp(-\mathrm{Tr}\ V(\mathbf{X}))$$

$\mathbf{X}$ 的对角线元素服从独立同分布的实高斯分布 $\mathcal{N}(0,2\sigma^2)$，上三角元素服从独立同分布的实高斯分布 $\mathcal{N}(0,\sigma^2)$

(2) 复高斯矩阵(自伴随矩阵，即 $\mathbf{X}^{\mathrm{H}}=\mathbf{X}$)

$$p_n(\mathbf{X})=c\ \exp(-\mathrm{Tr}\ V(\mathbf{X}))$$

$\mathbf{X}$ 的对角线元素服从独立同分布的实高斯分布 $\mathcal{N}(0,\sigma^2)$，上三角元素服从独立同分布的复高斯分布 $\mathcal{N}(0,\sigma^2)$[即实数部分和虚数部分均服从独立同分布的高斯分布 $\mathcal{N}(0,\sigma^2/2)$]。

(3) $p\times n$ 阶实数 Wishart 矩阵

$$p_n(\mathbf{X})=c\ \exp(-\mathrm{Tr}\ V(\mathbf{X}^{\mathrm{T}}\mathbf{X}))$$

$\mathbf{X}$ 的元素服从独立同分布的实高斯分布 $\mathcal{N}(0,\sigma^2)$。

(4) $p\times n$ 阶复数 Wishart 矩阵

$$p_n(\mathbf{X})=c\ \exp(-\mathrm{Tr}\ V(\mathbf{X}^{\mathrm{H}}\mathbf{X})) \tag{3.44}$$

$\mathbf{X}$ 的元素服从独立同分布的复高斯分布 $\mathcal{N}(0,\sigma^2)$。

在情况 1 和情况 2 中，假定 $V(x)$ 是具有正导数系数的偶数度的多项式。例如，我们有 $2m$ 阶多项式

$$V(x)=\gamma_{2m}x^{2m}+\cdots+\gamma_0,\quad \gamma_{2m>0}$$

在情况 3 和情况 4 中，$V(x)$ 被假定为具有正导数系数的多项式。例如，我们有 $V(x)=ax^2+bx+c$，其中 $a>0$，b 和 c 是二阶多项式的系数。 □

例 3.9.4(随机矩阵的独立性)

这个例子的目的是了解当两个随机矩阵 $\mathbf{X}$ 和 $\mathbf{Y}$ 是联合独立的，它们的概率分布函数会发生什么？

矩阵值随机变量或随机矩阵取值于 $n\times p$ 实数或复数矩阵的空间 $\mathbb{M}_{n\times p}(\mathbb{R})$ 或 $\mathbb{M}_{n\times p}(\mathbb{C})$ 中，其中 n，$p\geqslant 1$ 为整数。我们可以将矩阵值随机变量 $X=(X_{ij})_{1\leqslant i\leqslant n;1\leqslant j\leqslant p}$ 视为其标量分量 X_{ij} 的联合随机变量。可以在随机矩阵上应用所有常用的矩阵算子(例如，和、乘积、行列式、迹线、

逆矩阵等)以得到具有适当范围的随机变量。

给定一个随机变量 X，取一定范围 R 内的值，我们定义 X 的分布 μ_X 为由公式定义的可测量空间 R 的概率测度：

$$\mu_X(S)=\mathbb{P}(X\in S)$$

离散随机变量的分布可以表示为狄拉克(Dirac)质量的和

$$\mu_X=\sum_{x\in R}p_x\delta_x$$

给定 $n\times n$ 的厄米矩阵 M_n，其经验谱分布(或 ESD)为

$$\mu_{\frac{1}{\sqrt{n}}M_n}:=\frac{1}{n}\sum_{i=1}^{n}\delta_{\lambda_i(M_n/\sqrt{n})}$$

其中

$$\lambda_1(M_n)\leqslant\cdots\leqslant\lambda_n(M_n)$$

是 M_n 的(实)特征值，计算多重性。经验谱分布是一种概率测度，可以被视为 M_n 的归一化特征值的分布。

当 M_n 是一个随机变量集合时，经验谱分布 $\mu_{\frac{1}{\sqrt{n}}M_n}$ 就是一个随机测度，即一个随机变量，取概率测度的空间 $\mathrm{Pr}(\mathbb{R})$ 实轴上的值。因此，分布 $\mu_{\frac{1}{\sqrt{n}}M_n}$ 是概率测度的概率测度。

如果 $(X_\alpha)_{\alpha\in A}$ 的分布是个体 X_α 分布的乘积，则称随机变量的族 $(X_\alpha)_{\alpha\in A}$ 是联合独立的。

如果 (X,Y) 是联合独立的，我们说 X 与 Y 无关。

如果一组事件 $(E_\alpha)_{\alpha\in A}$ 的指标 $[\mathbb{I}(E_\alpha)]_{\alpha\in A}$ 是联合独立的，则称这组事件是联合独立的。

在可测度空间 R_i 中取值的随机变量 $X_i(1\leqslant i\leqslant k)$ 的有限族 $(X_1,\cdots,X_k)$ 是联合独立的，当且仅当对于所有可测度的 $E_i\subset R_i$，有

$$\mathbb{P}(X_i\in E_i,\text{对所有 }1\leqslant i\leqslant k)=\sum_{i=1}^{k}\mathbb{P}(X_i\in E_i) \tag{3.45}$$

特别地，$X_i(i=1,\cdots,k)$ 可以是矩阵值随机变量。

如果 $E_1,\cdots,E_k$ 是联合独立事件，我们有

$$\mathbb{P}\left(\bigcap_{i=1}^{k}E_i\right)=\prod_{i=1}^{k}\mathbb{P}(E_i) \tag{3.46}$$

和

$$\mathbb{P}\left(\bigcap_{i=1}^{k}E_i\right)=1-\prod_{i=1}^{k}\mathbb{P}(E_i)$$

令 $(X_\alpha)_{\alpha\in A}$ 是随机变量(不一定是独立的或有限的)的一个族，且 μ 是可测度空间 R 的概率测度，B 是一个任意集。根据需要扩展样本空间后，可以找到一个具有分布 μ 的独立同分布族 $(Y_\beta)_{\beta\in B}$，其独立于 $(X_\alpha)_{\alpha\in A}$。

例如，可以创建任意大的伯努利(Bernoulli)随机变量、高斯随机变量等变量的独立同分布族而不考虑其他随机变量。 □

3.10 矩阵值高斯分布

定理 3.10.1

(i) 对于 $\mathbf{A}(m\times m)$ 和 $\mathbf{B}(n\times n)$，$\det(\mathbf{A}\otimes\mathbf{B})=(\det\mathbf{A})^n(\det\mathbf{B})^m$。

(ii) 对于 $\mathbf{A}(m\times m)$ 和 $\mathbf{B}(m\times m)$，$\mathrm{Tr}(\mathbf{A}\otimes\mathbf{B})=(\mathrm{Tr}\,\mathbf{A})(\mathrm{Tr}\,\mathbf{B})$。

(iii) 对于 $\mathbf{A}(m\times n)$，$\mathbf{B}(p\times q)$，$\mathbf{C}(n\times r)$ 和 $\mathbf{D}(q\times s)$，$(\mathbf{A}\otimes\mathbf{B})(\mathbf{C}\otimes\mathbf{D})=(\mathbf{AC})\otimes(\mathbf{BD})$。

(iv) 对于非奇异矩阵 $\mathbf{A}$ 和 $\mathbf{B}$，$(\mathbf{A}\otimes\mathbf{B})^{-1}=\mathbf{A}^{-1}\otimes\mathbf{B}^{-1}$。

定理 3.10.2

对于 $\mathbf{A}(p\times m)$，$\mathbf{B}(n\times q)$，$\mathbf{C}(q\times m)$，$\mathbf{D}(q\times n)$，$\mathbf{E}(m\times m)$ 和 $\mathbf{X}(m\times n)$，

(i) $\mathrm{vec}(\mathbf{AXB})=(\mathbf{B}^{\mathrm{T}}\otimes\mathbf{A})\mathrm{vec}(\mathbf{X})$；

(ii) $\mathrm{Tr}(\mathbf{CXB})=(\mathrm{vec}(\mathbf{C}^{\mathrm{T}}))^{\mathrm{T}}(\mathbf{I}_q\otimes\mathbf{X})\mathrm{vec}(\mathbf{B})$；

(iii) $\mathrm{Tr}(\mathbf{DX}^{\mathrm{T}}\mathbf{EXB})=(\mathrm{vec}(\mathbf{X}))^{\mathrm{T}}(\mathbf{D}^{\mathrm{T}}\mathbf{B}^{\mathrm{T}}\otimes\mathbf{E})\mathrm{vec}(\mathbf{X})=(\mathrm{vec}(\mathbf{X}))^{\mathrm{T}}(\mathbf{BD}\otimes\mathbf{E}^{\mathrm{T}})\mathrm{vec}(\mathbf{X})$。

对于随机变量 $\mathbf{X}$，其概率分布为

$$p(x)=\frac{1}{\sqrt{2\pi\sigma^2}}\exp\left\{-\frac{1}{2\sigma^2}(x-\mu)^2\right\},\quad x\in\mathbb{R} \tag{3.47}$$

其中 $\mu\in\mathbb{R}$ 为均值为 μ，方差为 σ^2 的高斯分布。对于 $\mathbf{x}=(X_1,\cdots,X_p)^{\mathrm{T}}$，式(3.47)的多元生成为

$$p(\mathbf{x})=\frac{1}{(2\pi)^{p/2}}\frac{1}{\sqrt{\det\boldsymbol{\Sigma}}}\exp\left\{-\frac{1}{2}\mathrm{Tr}\ \boldsymbol{\Sigma}^{-1}(\mathbf{x}-\mathbf{m})(\mathbf{x}-\mathbf{m})^{\mathrm{T}}\right\} \tag{3.48}$$

其中 $\mathbf{x}\in\mathbb{R}^p$，$\mathbf{m}\in\mathbb{R}^p$，$\boldsymbol{\Sigma}>0$，且随机向量 $\mathbf{x}$ 为多元正态(高斯)分布，用 $\mathbf{x}\sim\mathcal{N}_p(\mathbf{m},\boldsymbol{\Sigma})$ 表示，均值向量为 $\mathbf{m}$，协方差矩阵为 $\boldsymbol{\Sigma}$。

随机矩阵 $\mathbf{X}(p\times n)$ 其均值矩阵为 $\mathbf{M}(p\times n)$，协方差矩阵为 $\boldsymbol{\Sigma}\otimes\boldsymbol{\Psi}$，其中 $\boldsymbol{\Sigma}(p\times p)>0$，同时 $\boldsymbol{\Psi}(n\times n)>0$，如果 $\mathrm{vec}(\mathbf{X}^{\mathrm{T}})\sim\mathcal{N}_{pn}(\mathrm{vec}(\mathbf{M}^{\mathrm{T}}),\boldsymbol{\Sigma}\otimes\boldsymbol{\Psi})$，就说 $\mathbf{x}$ 具有矩阵值正态(或高斯)分布。对于一个矩阵 $\mathbf{Y}(m\times n)$，$\mathrm{vec}(\mathbf{Y})$ 是一个 $mn\times 1$ 的向量，定义为

$$\mathrm{vec}(\mathbf{Y})=\begin{pmatrix}\mathbf{y}_1\\ \vdots\\ \mathbf{y}_m\end{pmatrix}$$

其中 $\mathbf{y}_i$，$i=1,\cdots,n$ 是矩阵 $\mathbf{Y}$ 的第 i 列。符号 $\mathbf{A}\otimes\mathbf{B}$ 代表矩阵 $\mathbf{A}$ 和 $\mathbf{B}$ 的 Kronecker 乘积。

我们使用符号 $\mathbf{X}\sim\mathcal{N}_{p,n}(\mathbf{M},\boldsymbol{\Sigma}\otimes\boldsymbol{\Psi})$。

如果 $\mathbf{X}\sim\mathcal{N}_{p,n}(\mathbf{M},\boldsymbol{\Sigma}\otimes\boldsymbol{\Psi})$，$\mathbf{X}$ 的概率密度函数为

$$p(\mathbf{X})=\frac{1}{(2\pi)^{np/2}}\frac{1}{(\det\boldsymbol{\Sigma})^{n/2}}\exp\left\{-\frac{1}{2}\mathrm{Tr}[\boldsymbol{\Sigma}^{-1}(\mathbf{X}-\mathbf{M})\boldsymbol{\Psi}^{-1}(\mathbf{X}-\mathbf{M})^{\mathrm{T}}]\right\} \tag{3.49}$$

其中 $\mathbf{X}\in\mathbb{R}^{p\times n}$，$\mathbf{M}\in\mathbb{R}^{p\times n}$。

现在我们导出随机矩阵 $\mathbf{X}$ 的密度。设 $\mathbf{x}=\mathrm{vec}(\mathbf{X}^{\mathrm{T}})$，$\mathbf{m}=\mathrm{vec}(\mathbf{M}^{\mathrm{T}})$。按照式(3.49)的定义，$\mathbf{x}\sim\mathcal{N}_{p,n}(\mathbf{m},\boldsymbol{\Sigma}\otimes\boldsymbol{\Psi})$，则其概率密度函数为

$$p(\mathbf{x})=\frac{1}{(2\pi)^{np/2}}\frac{1}{(\det\boldsymbol{\Sigma}\otimes\boldsymbol{\psi})^{1/2}}\exp\left\{-\frac{1}{2}\mathrm{Tr}[(\boldsymbol{\Sigma}\otimes\boldsymbol{\psi})^{-1}(\mathbf{x}-\mathbf{m})(\mathbf{x}-\mathbf{m})^{\mathrm{T}}]\right\}$$

按照定理 3.10.1 和定理 3.10.2，我们得到

$$(\det\boldsymbol{\Sigma}\otimes\boldsymbol{\Psi})^{-1/2}=(\det\boldsymbol{\Sigma})^{-n/2}(\det\boldsymbol{\Psi})^{-p/2} \tag{3.50}$$

$$\begin{aligned}\mathrm{Tr}[(\boldsymbol{\Sigma}\otimes\boldsymbol{\Psi})^{-1}(\mathbf{x}-\mathbf{m})(\mathbf{x}-\mathbf{m})^{\mathrm{T}}]&=\mathrm{Tr}[\boldsymbol{\Sigma}^{-1}\otimes\boldsymbol{\Psi}^{-1}(\mathbf{x}-\mathbf{m})(\mathbf{x}-\mathbf{m})^{\mathrm{T}}]\\&=\mathrm{Tr}[\boldsymbol{\Sigma}^{-1}(\mathbf{X}-\mathbf{M})\boldsymbol{\Psi}^{-1}(\mathbf{X}-\mathbf{M})^{\mathrm{T}}]\end{aligned} \tag{3.51}$$

根据式(3.50)和式(3.51)，我们得到式(3.49)。

从多元高斯样本集采样中得到矩阵值的高斯分布。设 $\mathbf{x}_1,\mathbf{x}_2,\cdots,\mathbf{x}_N$ 是取自分布 $\mathcal{N}_p(\mathbf{m},\boldsymbol{\Sigma})$ 的规模为 N 的随机样本。定义观测矩阵为

$$\mathbf{X}=(\mathbf{x}_1,\cdots,\mathbf{x}_N)=\begin{pmatrix} X_{11} & X_{12} & \cdots & X_{1N} \\ X_{21} & X_{22} & \cdots & X_{2N} \\ \vdots & \vdots & & \vdots \\ X_{p1} & X_{p2} & \cdots & X_{pN} \end{pmatrix}$$

则 $\mathbf{X}^{\mathrm{T}} \sim \mathcal{N}_{N,p}(\mathbf{em}^{\mathrm{T}},\mathbf{I}_N \otimes \boldsymbol{\Sigma})$，其中 $\mathbf{e}(N\times 1)=(1,\cdots,1)^{\mathrm{T}}$。

如果 $\mathbf{X} \sim \mathcal{N}_{n,p}(\mathbf{M},\boldsymbol{\Sigma}\otimes\boldsymbol{\Psi})$，则 $\mathbf{X}^{\mathrm{T}} \sim \mathcal{N}_{n,p}(\mathbf{M}^{\mathrm{T}},\boldsymbol{\Psi}\otimes\boldsymbol{\Sigma})$。

如果 $\mathbf{X} \sim \mathcal{N}_{n,p}(\mathbf{M},\boldsymbol{\Sigma}\otimes\boldsymbol{\Psi})$，则 $\mathbf{X}$ 的特征函数为

$$\Phi_{\mathbf{X}}(\mathbf{Z})=\exp\left(\mathrm{j}\mathbf{Z}^{\mathrm{T}}\mathbf{M}-\frac{1}{2}\mathbf{Z}^{\mathrm{T}}\boldsymbol{\Sigma}\mathbf{Z}\boldsymbol{\Psi}\right) \tag{3.52}$$

我们来推导一下式(3.52)：

$$\begin{aligned}\Phi_{\mathbf{X}}(\mathbf{Z}) &= \mathbb{E}\{\exp(\mathrm{Tr}(\mathrm{j}\mathbf{Z}^{\mathrm{T}}\mathbf{Z}))\} \\ &= \mathbb{E}\{\exp(\mathrm{j}\ \mathrm{Tr}((\mathrm{vec}(\mathbf{X}^{\mathrm{T}}))^{\mathrm{T}}\mathrm{vec}(\mathbf{Z}^{\mathrm{T}})))\}\end{aligned}$$

现在我们注意到 $\mathrm{vec}(\mathbf{X}^{\mathrm{T}}) \sim \mathcal{N}_{pn}(\mathrm{vec}(\mathbf{M}^{\mathrm{T}}),\boldsymbol{\Sigma}\otimes\boldsymbol{\Psi})$。由此，从向量值高斯分布的特征函数出发，我们可以得到

$$\begin{aligned}\Phi_{\mathbf{X}}(\mathbf{Z}) &= \exp\left(\mathrm{j}(\mathrm{vec}(\mathbf{X}^{\mathrm{T}}))^{\mathrm{T}}\mathrm{vec}(\mathbf{Z}^{\mathrm{T}})-\frac{1}{2}(\mathrm{vec}(\mathbf{Z}^{\mathrm{T}}))^{\mathrm{T}}(\boldsymbol{\Sigma}\otimes\boldsymbol{\Psi})\mathrm{vec}(\mathbf{Z}^{\mathrm{T}})\right) \\ &= \exp\left(\mathrm{Tr}(\mathrm{j}\mathbf{Z}^{\mathrm{T}}\mathbf{M}-\frac{1}{2}\mathbf{Z}\boldsymbol{\Sigma}\mathbf{Z}\boldsymbol{\Psi})\right)\end{aligned}$$

最后一个等式来自定理 3.10.2。

3.11 矩阵值的 Wishart 分布

参见附录 B.3。

3.12 矩量法

因为闭式表达式与经验模拟一致，图 3.2 给出了为假设检验找到统计度量的直观表示。我们必须利用 Marchenko-Pastur 定律所提供的闭式表达。

受此启发，考虑式(8.2)中的假设问题，对于假设 $\mathcal{H}_0$，我们用 $\mathbf{XX}^{\mathrm{H}}$ 解决。如果我们假设定理 3.6.1 满足随机矩阵 $\mathbf{X}$ 的条件，我们可以将 Marchenko-Pastur 定律应用在假设 $\mathcal{H}_0$ 上。

另一方面，与假设 $\mathcal{H}_0$ 不同，对于假设 $\mathcal{H}_1$ 我们采用

$$\mathbf{YY}^{\mathrm{H}}=\mathrm{SNR}\cdot\mathbf{HH}^{\mathrm{H}}+\mathbf{XX}^{\mathrm{H}}+\sqrt{\mathrm{SNR}}(\mathbf{HX}^{\mathrm{H}}+\mathbf{XH}^{\mathrm{H}})$$

来处理。我们直观地认为，上述 $\mathbf{YY}^{\mathrm{H}}$ 表达式中的附加项会使 $\mathbf{YY}^{\mathrm{H}}$ 的分布偏离 $\mathbf{XX}^{\mathrm{H}}$ 的分布。其特征值分布遵循 Marchenko-Pastur 分布。为了利用这种偏差的特点，我们需要找到统计度量来测量这种偏差。选择经验谱密度的矩作为其度量似乎是自然而然的。

与半圆定律的证明相同，我们使用迹运算符：对于正整数 k，经验谱密度的第 k 个矩由下式给出：

$$m_k=\int x^k F_{\mathbf{S}}(\mathrm{d}x)=\frac{1}{N}\mathrm{Tr}(\mathbf{S}^k)=\frac{1}{n}\mathrm{Tr}\left(\left(\frac{1}{n}\mathbf{X}^{\mathrm{H}}\mathbf{X}\right)^k\right) \tag{3.53}$$

对于 Marchenko-Pastur 分布，矩由下式给出($k \geqslant 0$)：

$$m_{k,\mathrm{MP}} = \int_a^b x^k \rho_{\mathrm{MP}}(x)\,\mathrm{d}x = \sum_{i=0}^{k-1} \frac{1}{i+1}\binom{k}{i}\binom{k-1}{i} y^i \tag{3.54}$$

对式(3.54)的推导见文献[193]。当 $k=0$ 时，零阶矩 m_0 是曲线 $\rho_{\mathrm{MP}}(x)$ 下的面积，参见图 3.2。

矩的期望为

$$\mathbb{E}(m_k) = \mathbb{E}\left(\frac{1}{N}\mathrm{Tr}(\mathbf{S}^k)\right) = \mathbb{E}\left\{\frac{1}{n}\mathrm{Tr}\left(\left(\frac{1}{n}\mathbf{X}^{\mathrm{H}}\mathbf{X}\right)^k\right)\right\} \tag{3.55}$$

对每一个固定的整数 k，按照文献[163]为

$$\mathbb{E}\left(\frac{1}{N}\mathrm{Tr}(\mathbf{S}^k)\right) = \sum_{i=0}^{k-1}\left(\frac{N}{n}\right)^i \frac{1}{i+1}\binom{k}{i}\binom{k-1}{i} + O\left(\frac{1}{n}\right) \tag{3.56}$$

$$\mathrm{Var}\left(\frac{1}{N}\mathrm{Tr}(\mathbf{S}^k)\right) = O\left(\frac{1}{n^2}\right) \tag{3.57}$$

3.13 Stieltjes 变换法

Stieltjes 变换是除矩量法外的另一个基础工具。厄米矩阵 $\mathbf{A}$ 的 Stieltjes 变换 $s(z)$ 被定义为不在 $F_{\mathbf{A}}(x)$ 支撑集中的任意复数 z：

$$s(z) = \int_{\mathbb{R}} \frac{1}{x-z}\mathrm{d}F_{\mathbf{A}}(x) = \frac{1}{n}\sum_{i=1}^{n} \frac{1}{\lambda_i(\mathbf{A}) - z} \tag{3.58}$$

Stieltjes 变换可以被看成观测矩的生成函数(对足够大的 z)：

$$s(z) = \frac{1}{n}\mathrm{Tr}(\mathbf{A} - z\mathbf{I})^{-1} = -\frac{1}{n}\sum_{k=0}^{n}\frac{1}{z^{k+1}}\mathrm{Tr}(\mathbf{A}^k) = -\frac{1}{n}\sum_{k=0}^{n}\frac{1}{z^{k+1}}m_k$$

Marchenko-Pastur 分布的 Stieltjes 变换表示为

$$s_{\mathrm{MP}}(z) = \int_{\mathbb{R}} \frac{1}{x-z}\rho_{\mathrm{MP}}(x)\,\mathrm{d}x = \int_a^b \frac{1}{2\pi xy}\sqrt{(b-x)(x-a)}\,\mathrm{d}x$$

其是上半平面中如下等式的唯一解：

$$s_{\mathrm{MP}}(z) + \frac{1}{y+z-1+yzs_{\mathrm{MP}}(z)} = 0$$

经过某些变换

$$s_{\mathrm{MP}}(z) = -\frac{y+z-1-\sqrt{(y+z-1)^2-4yz}}{2yz}$$

其中我们把$\sqrt{(y+z-1)^2-4yz}$的分支划分为$[a,b]$，当$z\to\infty$时，$\sqrt{(y+z-1)^2-4yz}$趋向于$y+z-1$。

命题 3.13.1(收敛性准则——文献[67]中的 2.4 节)　设μ_n是在实线上定义的一个概率测度序列，μ 是一个确定性概率测度。那么当且仅当对上半平面中每个 z，$s_{\mu_n}(z)$概率收敛于$s_\mu(z)$时，μ_n 依概率收敛于μ。

式(3.9)中定义了概率收敛的概念。根据命题 3.13.1，Marchenko-Pastur 定律遵循收敛的标准，表现为对上半平面中每个 z 依概率收敛：

$$s(z) \to s_{\mathrm{MP}}(z)$$

对 Stieltjes 变换 $s(z)$进行更仔细的分析，可以对 $\mathbf{A}$ 的经验谱密度进行更精确和更有力的分

析：我们对式(3.10)中定义的 Marchenko-Pastur 定律$\rho_{\mathrm{MP}}(x)$的本地版本很感兴趣。

考虑样本协方差矩阵$\mathbf{S}=\frac{1}{n}\mathbf{X}^{\mathrm{H}}\mathbf{X}$，其中$\mathbf{X}=\{\xi_{ij}\}_{1\leqslant i\leqslant N,1\leqslant j\leqslant n}$是一个随机矩阵，其元素以$K$为界，$K$取决于$n$。

设$N_I(\mathbf{A})$表示矩阵$\mathbf{A}$在区间I上的特征值的数量。区间长度表示为$|I|$。如图3.2所示，当长度$|I|$随n减小时，自然会问S有多少个特征值位于区间I？这个问题被普遍认为是验证本地特征值统计的核心点，参见文献[195]和文献[182，194]。

对于任何常量ε，δ，$C_1>0$，存在$C_2>0$。假设对于$0<y\leqslant 1$，$N/n\rightarrow y$，则对于至少为$1-n^{-C_1}$的概率，存在[193]

$$\left|N_I(\mathbf{S})-N\int_I\rho_{\mathrm{MP}}(x)\mathrm{d}x\right|\leqslant\delta N|I| \tag{3.59}$$

对任意区间$I\subset(a+\varepsilon,b-\varepsilon)$，其长度为$|I|\geqslant C_2K^2(\log n)/n$。

3.14 大型随机矩阵谱测度的集中

一般情况下，我们不知道先验$\frac{1}{N}\mathrm{Tr}\,f[\mathbf{X}_A(\omega)]$收敛。稍后的推论3.14.2，其研究点在于$N$和$M$很大且$N/M$保持有界并远离零的情况。

设集合$\mathcal{M}_{N\times N}^{\mathrm{H}}$为$N\times N$厄米矩阵复元素的集合。设$f$是$\mathbb{R}$上的实数函数。$f$也可以看成$\mathcal{M}_{N\times N}^{\mathrm{H}}(\mathbb{C})$到$\mathcal{M}_{N\times N}^{\mathrm{H}}(\mathbb{C})$的映射函数。对$\mathbf{M}\in\mathcal{M}_{N\times N}^{\mathrm{H}}(\mathbb{C})$，特征值分解$\mathbf{M}=\mathbf{UDU}^{\mathrm{H}}$中的对角实矩阵$\mathbf{D}$和酉矩阵$\mathbf{U}$，有

$$f(\mathbf{M})=\mathbf{U}f(\mathbf{D})\mathbf{U}^{\mathrm{H}}$$

其中$f(\mathbf{D})$是对角矩阵，且其元素为$f(D_{11}),\cdots,f(D_{NN})$。

通常，当$\mathbf{M}\in\mathcal{M}_{N\times N}^{\mathrm{H}}(\mathbb{C})$时，我们对$\frac{1}{N}\mathrm{Tr}\,f(\mathbf{M})$感兴趣。我们认为非齐次随机矩阵的实数值随机变量$\frac{1}{N}\mathrm{Tr}\,f(\mathbf{X}_A)$的集中度表示为

$$\mathbf{X}_A=((\mathbf{X}_A)_{ij})_{1\leqslant i,j\leqslant N},\quad \mathbf{X}_A=\mathbf{X}^{\mathrm{H}}A,\quad (\mathbf{X}_A)_{ij}=\frac{1}{\sqrt{N}}A_{ij}\omega_{ij}$$

$$\boldsymbol{\omega}:=(\omega^R+\mathrm{i}\omega^I)=(\omega_{ij})_{1\leqslant i,j\leqslant N}=(\omega_{ij}^R+\sqrt{-1}\,\omega_{ij}^I)_{1\leqslant i,j\leqslant N},\quad \omega_{ij}=\overline{\omega}_{ji}$$

$$\mathbf{A}=(A_{ij})_{1\leqslant i,j\leqslant N},\quad A_{ij}=\overline{A}_{ji}$$

其中$(\omega_{ij})_{1\leqslant i,j\leqslant N}$为独立的复随机变量，其定律$(P_{ij})_{1\leqslant i\leqslant N,1\leqslant j\leqslant M}$是$\mathbb{C}$上的概率测度，有

$$P_{ij}(\omega_{ij}\in\cdot)=\int\mathbb{I}_{u+\mathrm{i}v\in}\cdot P_{ij}^R(\mathrm{d}u)P_{ij}^I(\mathrm{d}v)$$

$\mathbf{A}$是一个非随机复矩阵，其元素$(A_{ij})_{1\leqslant i,j\leqslant N}$有一致界，例如$a$。

必要的时候，记$\mathbf{X}_A=\mathbf{X}_A(\boldsymbol{\omega})$。设$\Omega_N=\{(\omega^R,\omega^I)\}_{1\leqslant i,j\leqslant N}$，并用$\mathbb{P}^N$表示定律在$\Omega_N$上$\mathbb{P}^N=\bigotimes_{1\leqslant i\leqslant j\leqslant N}(P_{ij}^R\otimes P_{ij}^I)$，$P_{ii}^I=\delta_0$，$\delta_0$是 Dirac 测度。

对于紧致集K，$|K|$表示其直径，含义为K中两点的最大距离。对于利普希茨函数$f:\mathbb{R}^n\mapsto\mathbb{R}$，我们定义利普希茨常量$|f|_{\mathcal{L}}$为

$$|f|_{\mathcal{L}}=\sup_{\mathbf{x},\mathbf{y}}\frac{|f(\mathbf{x})-f(\mathbf{x})|}{\|\mathbf{x}-\mathbf{y}\|}$$

其中$\|\cdot\|$表示$\mathbb{R}^n$上的欧几里得范数。

如果对于任意可微函数f, $\mathbb{R}$上的一个度量ν满足含常数c的对数索伯列夫(Sobolev)不等式(不一定是最优)：

$$\int f^2 \log \frac{f^2}{\int f^2 \mathrm{d}\nu} \mathrm{d}\nu \leqslant 2c \int |f'|^2 \mathrm{d}\nu$$

其中$f'(x)$是$f(x)$的一阶导数。回想一下满足对数Sobolev不等式的测度ν具有次高斯尾。回想高斯定律[196]，关于满足文献[197]条件[包括$\nu(\mathrm{d}x)=Z^{-1}\mathrm{e}^{-|x|^\alpha}\mathrm{d}x$, $\alpha\geqslant 2$]的Lebesgue测度，其绝对连续的任何概率测度ν以及关于它们有上下界的绝对连续的任何分布，满足对数Sobolev不等式，参见文献[198]的7.1节。

定理3.14.1([199]) (a)假设$(P_{ij})_{i\leqslant j, i,j\in\mathbb{N}}$是紧支撑的，则存在一个紧致集$K\subset\mathbb{C}$，使得对任意$1\leqslant i\leqslant j\leqslant N$，有$P_{ij}(K^c)=0$。假设$f(x)$是凸函数和利普希茨函数，则对任意$t>t_0(N):=8|K|\sqrt{\pi}a|f|_{\mathcal{L}}/N>0$，有

$$\mathbb{P}^N\left(\left|\frac{1}{N}\mathrm{Tr}\, f(\mathbf{X}_A(\omega))-\mathbb{E}\,\frac{1}{N}\mathrm{Tr}\, f(\mathbf{X}_A)\right|>t\right)\leqslant 4\exp\left\{-\frac{N^2(t-t_0(N))^2}{16|K|^2a^2|f|_{\mathcal{L}}^2}\right\}$$

(b) 如果$(P_{ij}^R, P_{ij}^I)_{1\leqslant i\leqslant j\leqslant N}$满足具有统一常数$c$的对数Sobolev不等式，则对任意利普希茨函数$f$，对任意$t>0$，有

$$\mathbb{P}^N\left(\left|\frac{1}{N}\mathrm{Tr}\, f(\mathbf{X}_A(\omega))-\mathbb{E}\,\frac{1}{N}\mathrm{Tr}\, f(\mathbf{X}_A)\right|>t\right)\leqslant 2\exp\left\{-\frac{N^2t^2}{16ca^2|f|_{\mathcal{L}}^2}\right\}$$

本书中使用著名的Wishart矩阵(或样本协方差矩阵)。我们将在自然归一化状态下陈述结果：

$$\int xP_{ij}(\mathrm{d}x)=0,\quad \int x^2P_{ij}(\mathrm{d}x)=1$$

如果$\mathbf{Y}$是一个$N\times M$矩阵，$N\leqslant M$，其独立元素$\omega_{ij}=\mathrm{Re}(\omega_{ij})+\mathrm{iIm}(\omega_{ij})$满足$P_{ij}$定律，则$\mathbf{Z}=\mathbf{YY}^{\mathrm{H}}$是Wishart矩阵。设$\mathbb{P}^{N,M}=\bigotimes_{1\leqslant i\leqslant N, 1\leqslant j\leqslant M}P_{ij}$。为了完整起见，我们考虑非齐次的Wishart矩阵，对于$\mathbf{Z}=\mathbf{YRY}^{\mathrm{H}}$中的实对角矩阵$\mathbf{R}=(\lambda_1,\cdots,\lambda_M)$，$\lambda_i\geqslant 0$。为了从定理3.14.1推导出这些矩阵光谱测度的集中度，若我们考虑

$$A_{ij}=0,\ 1\leqslant i\leqslant N, 1\leqslant j\leqslant N$$
$$A_{ij}=0,\ M+1\leqslant i\leqslant M+N, M+1\leqslant j\leqslant M+N$$
$$A_{ij}=\sqrt{\lambda_{i-M}},\ N+1\leqslant i\leqslant M+N, 1\leqslant j\leqslant N$$
$$A_{ij}=\sqrt{\lambda_{j-M}},\ 1\leqslant i\leqslant N, N+1\leqslant j\leqslant N+M$$

那么$\mathbf{A}=\mathbf{A}^{\mathrm{H}}$，而且如上节所述，如果我们考虑$\mathbf{X}_A\in\mathcal{M}^{\mathrm{H}}_{(N+M)\times(N+M)}(\mathbb{C})$，则$\mathbf{X}_A$可以写成

$$\begin{pmatrix} 0 & \mathbf{YR}^{1/2} \\ \mathbf{R}^{1/2}\mathbf{Y} & 0 \end{pmatrix}$$

现在，可以直观地看出$(\mathbf{X}_A)^2$相当于

$$\begin{pmatrix} \mathbf{YRY}^{\mathrm{H}} & 0 \\ 0 & \mathbf{R}^{1/2}\mathbf{Y}^{\mathrm{H}}\mathbf{YR}^{1/2} \end{pmatrix}$$

特别地，对于可度量的函数f，

$$\mathrm{Tr}\, f((\mathbf{X}_A)^2)=2\mathrm{Tr}\, f(\mathbf{YRY}^{\mathrm{H}})+(M-N)f(0)$$

因此，定理 3.14.1 的直接结果如下。

推论 3.14.2(文献[199]) $(X_{ij})_{1\leqslant i\leqslant N,1\leqslant j\leqslant M}$为独立随机变量，$\mathbb{P}^{N,M}$如上述定义，设 $\mathbf{R}$ 是一个有限谱半径为 ρ 的非负对角矩阵，$\mathbf{Z}=\mathbf{XRX}^{\mathrm{H}}$，则有：

(a) 如果$(P_{ij})_{1\leqslant i\leqslant N,1\leqslant j\leqslant M}$在一个紧致集 K 中成立，对于任意函数 f 使得 $g(x)=f(x)^2$(是凸函数并且具有有限的利普希茨范数 $|g|_{\mathcal{L}}\equiv |||f|||_{\mathcal{L}}$。对于任意

$$t>t_0(N+M):=4|K|\sqrt{\pi\rho}\,|||f|||_{\mathcal{L}}/(N+M)$$

有

$$\mathbb{P}\left(\left|\frac{1}{N}\mathrm{Tr}\,f(\mathbf{Z})-\mathbb{E}\,\frac{1}{N}\mathrm{Tr}\,f(\mathbf{Z})\right|>t\,\frac{M+N}{N}\right)\leqslant 4\exp\left(-\frac{1}{4|K|^2\rho\,|||f|||_{\mathcal{L}}^2}(t-t_0(N+M))^2(N+M)^2\right)$$

(b) 如果$(P_{ij})_{1\leqslant i\leqslant N,1\leqslant j\leqslant M}$满足具有一致有界常数 c 的对数 Sobolev 不等式，则对于任意利普希茨函数 $g(x)=f(x^2)$都有下述结果成立(对于任意 $t>0$)：

$$\mathbb{P}\left(\left|\frac{1}{N}\mathrm{Tr}\,f(\mathbf{Z})-\mathbb{E}\,\frac{1}{N}\mathrm{Tr}\,f(\mathbf{Z})\right|>t\,\frac{M+N}{N}\right)\leqslant 2\exp\left(-\frac{1}{2c\rho\,|||f|||_{\mathcal{L}}^2}t^2(N+M)^2\right)$$

基于上述说明，其证明是简单明确的，我们应该将$f(\mathbf{Z})$看作 $g(\mathbf{X}_A)=f((\mathbf{X}_A)^2)$从而控制 g 的利普希茨范数和凸性。

上述结果可以推广到 $\mathbf{R}$ 为自共轭、非负、非对角的情况。

3.15 未来的方向

海量流动数据无处不在，特别是在阵列信号处理、股票交易和各种在线交易方案等问题上，这使得 RMT 成为理想之选。使用 RMT 整合为高维数据分析的计算工具，这有可能为统计实践创造新的范例。随机矩阵的阿达马(Hadamard)积适用于随机缺失的情形。

关于 RMT、大数据和智能电网之间相互作用的研究前景本书作者在以前的著作[39, 40]中已明确提出，RMT 是其中的一致主题，本书则提出更多具体的想法。RMT 与大规模 MIMO[200]的连接可能是富有成效的，其中大规模 MIMO 被看作一个大型天线阵列，大约 $n=800\sim1000$。从某种意义上讲，大规模 MIMO 也是大数据问题。

数据依赖于时间，而该领域的许多理论都是在独立同分布的假设下进行的。独立同分布的假设可以扩展到下述情况：数据矩阵的列被视为高维多元时间序列，$t=1,\cdots,NT_s$，其中 T_s 是采样间隔。我们在处理大小为 $n\times N$ 的数据矩阵 $\mathbf{X}$ 时，其中 N 和 n 是任意的，包括下述情况：随着 $n\to\infty$，有 $N/n\to c\in(0,\infty)$。

文献备注

3.1 节的一些材料可以在文献[201]中找到，$T_n=\log(\det\mathbf{S}_n)$的例子是受到文献[163]的启发。作者对随机矩阵理论的兴趣最初是由文献[61]的相关工作引起的，其发现，诸如广义似然比检验(GLRT)等经典方法要优于样本协方差矩阵的广义函数。换句话说，我们提出了一个新的统计量$f(\mathbf{S}_n)$，其中$f(x)$是一个一般函数。随着研究越来越深入，我们发现 $\mathbf{S}_n$ 可看作一个随机矩阵，其同时也是一个非负的厄米矩阵。当我们意识到迹函数在 MATLAB 仿真中给出了最好的实验结果时，最关键的一步便已完成了，其后可确信 $\mathrm{Tr}\,f(\mathbf{S}_n)$是新的统计量。

文献[38]给出了随机矩阵理论(RMT)的概述，其目的是强调在高维统计背景下的一些结果和概念，这些结果和概念对制定并推断统计模型及方法论有越来越大的影响。我们在3.15节中展示了该文献的部分内容。

我们从文献[202-204]选取了一些资料展示在本书3.2节中。文献[164，183]是随机矩阵理论的很好的教程，其中一些MATLAB代码是可用的。3.3节、3.4节和3.5节的部分资料参考了文献[178]。

我们从Wang的博士论文[193]中免费获取了部分资料，主要体现在3.6节中，该文献中的大多数结果是标准的。

关于协方差矩阵的经典著作[172，180-182]仍然十分具有启发性，文献[205]的目标是证明中心极限定理在具有独立项的实对称带随机矩阵的特征值的线性统计量中成立。

文献[206]的作者研究了一个Wigner矩阵 $\mathbf{H}$。$\mathbf{H}$ 为一个 $N\times N$ 随机矩阵，其元素在对称性约束条件下是独立的，且 $\mathbf{H}$ 经过变形，即对其添加一个有限秩矩阵 $\mathbf{A}$，$\mathbf{A}$ 与 $\mathbf{H}$ 属于同一对称类。根据Weyl的特征值交错不等式，当 $N\to\infty$ 时，上述变形不影响特征值的全局统计量。

依据文献[52]，著名的log-det公式

$$\log\det(\mathbf{I}+\mathrm{SNR}\cdot\mathbf{HH}^{\mathrm{H}})$$

有一段很长的历史，其中 $\mathbf{H}$ 是一个随机矩阵。1964年，文献[207]给出了联合高斯随机向量之间互信息的一般log-det公式，但没有专门针对线性模型式(3.11)。文献[208]在1986年给出了式(3.12)的明确形式，其将同步DS-CDMA信道的容量作为特征向量的函数。在Cover和Thomas编著的1991版教材[59]中，为具有任意噪声协方差矩阵的幂约束向量高斯信道的容量给出了log-det公式。20世纪90年代中期，文献[209]和文献[210]为具有独立同分布高斯项的多输入多输出(MIMO)信道给出了式(3.12)。通过矢量信道对有记忆高斯信道进行分析(如文献[211，212])，都使用了这样一个事实：容量可以表示为独立信道的容量之和，这些独立信道的信噪比由信道矩阵的奇异值决定。最近，文献[213]的作者在信息论的背景下应用随机矩阵的对数行列式来探索随机矩阵的集中不等式。

例3.6.3是从文献[54]中摘取的。

文献[181]证明了Wigner和样本协方差矩的线性特征值的中心极限定理。我们在3.7节已经遵循了文献[214，215]。在文献[205]中，对具有独立项的对称带随机矩阵的特征值的线性统计结果进行了研究。在文献[216]中，其作者研究了一类具有相关项的实随机矩阵，并且证明了极限经验谱分布是由Marchenko-Pastur定律给出的。此外，他们还得出了预期经验谱分布的收敛速度。

3.14节是从文献[199]中摘取的。

例3.9.1和例3.9.2改编自文献[62]，我们修改了两个独立随机矩阵的结果。例3.9.3取自文献[163]。例3.9.4改编自文献[67]。

在3.9节中，我们列举了从文献[217]中抽取的一些随机矩阵的定义。

3.10节和3.11节抽取自文献[217]。

第 4 章　样本协方差矩阵的线性谱统计

在本章中，通过研究线性谱统计的中心极限定理，对大维随机矩阵进行谱分析。这是一项非常重要的工作，因为多元统计分析中的许多重要统计量可以表示为某些随机矩阵的经验谱分布的函数。因此，为了更加有效地统计推断，如假设检验、置信区域等，需要对经验谱分布的收敛性进行更加深入的研究。

4.1　线性谱统计

从 20 世纪 90 年代中期起，有关高维数据处理的理论和方法论的发展，是统计领域令人振奋的发展之一。术语“维度”主要被解释为，所观察到的多元数据的维度与对不同变量进行测量可得到的主项的数量相当。通常在渐近方法中表示：有 $n\to\infty$ 且 $p\to\infty$，使得 $p/n\to c>0$，其中 p 表示观测向量(形成三角形阵列)的维数，n 表示样本量。

与样本协方差矩阵相关的一个最显著的高维现象是，如果维数与样本量保持相当，即使样本量增加，样本特征值也不会收敛到它们的总体对应值。表达这一现象的正式方式是使用经验谱分布(ESD)，即样本协方差矩阵的特征值的经验分布。

几乎可以肯定，样本协方差矩阵的经验谱分布(ESD)收敛于被称为 Marchenko-Pastur 分布(定律)的非随机概率分布。由于这一高影响力的发现，随机矩阵理论(RMT)旗帜下的大量文献开始探索大型随机矩阵的特征值和特征向量的性质。

例如，令 $\mathbf{A}$ 为一个 $n\times n$ 正定矩阵，有

$$\frac{1}{n}\ln\det(\mathbf{A})=\frac{1}{n}\sum_{i=1}^{n}\ln\lambda_i=\int_0^{\infty}\ln x\mathrm{d}F_{\mathbf{A}}(x)$$

对上述例子进行推广，我们有了线性谱统计量的定义。

定义 4.1.1[线性谱统计(LSS)]　假设 $F_n(x)$ 是极限谱分布为 $F(x)$ 的随机矩阵的经验谱分布，则将下式称为线性谱统计量(LSS)：

$$\hat{\theta}=\int f(x)\mathrm{d}F_n(x)=\frac{1}{n}\sum_{i=1}^{n}f(\lambda_i)$$

与给定的随机矩阵相关联，线性谱统计量可以看作下式的一个估计量：

$$\theta=\int f(x)\mathrm{d}F(x)$$

为了对 θ 进行检验假设，有必要知道下式的极限分布：

$$G_n(f)=\alpha_n(\hat{\theta}-\theta)=\int f(x)\mathrm{d}X_n(x)$$

其中，$X_n(x)=\alpha_n(F_n(x)-F(x))$ 且 $\alpha_n\to\infty$ 是一个合适的正规化子，使得 $G_n(f)$ 趋向非退化分布。

4.2 广义 Marchenko-Pastur 分布

在 3.5 节中，总体协方差矩阵具有严格约束的简单形式 $\mathbf{\Sigma}=\sigma^2\mathbf{I}_p$。为了考虑一般的总体协方差矩阵 $\mathbf{\Sigma}$，我们做如下假设：观测向量 $\{\mathbf{y}_k\}_{1\leqslant k\leqslant n}$ 可以表示为

$$\boldsymbol{y}_k=\mathbf{\Sigma}^{1/2}\mathbf{x}_k$$

其中，$\mathbf{x}_k$ 具有如 3.5 节所述的独立同分布分量，且 $\mathbf{\Sigma}^{1/2}$ 是 $\mathbf{\Sigma}$ 的任意非负平方根。与之相关的样本协方差矩阵为

$$\mathbf{B}_n=\frac{1}{n}\sum_{k=1}^{n}\mathbf{y}_k\mathbf{y}_k^{\mathrm{H}}=\mathbf{\Sigma}^{1/2}\left(\frac{1}{n}\sum_{k=1}^{n}\mathbf{x}_k\mathbf{x}_k^{\mathrm{H}}\right)\mathbf{\Sigma}^{1/2}=\mathbf{\Sigma}^{1/2}\mathbf{S}_n\mathbf{\Sigma}^{1/2}$$

此处 $\mathbf{S}_n$ 表示具有独立同分布分量的样本协方差矩阵，且对于所有非负矩阵 $\mathbf{\Sigma}$，$\mathbf{B}_n$ 的特征值与 $\mathbf{S}_n\mathbf{\Sigma}$ 的乘积相同。

命题 4.2.1 [**Bai and Silverstein(2010)**] 设 $\mathbf{S}_n$ 为具有独立同分布分量的样本协方差矩阵，$(\mathbf{\Sigma}_n)_{n\geqslant 1}$ 是大小为 p 的一系列非负厄米方阵。令 $\mathbf{B}_n=\mathbf{S}_n\mathbf{\Sigma}_n$，有下列假设：

- $\mathbf{x}_i$ 的坐标是复数形式的独立同分布的，且均值为零，方差为 1。
- 对于 $n\to\infty$，数据维度和样本量的比值 $p/n\to c>0$。
- 序列 $(\mathbf{\Sigma}_n)_{n\geqslant 0}$ 是确定性的，或独立于 $(\mathbf{S}_n)_{n\geqslant 1}$。
- $(\mathbf{\Sigma}_n)_{n\geqslant 0}$ 的经验谱分布序列 $(H_n)_{n\geqslant 0}=(F_{\mathbf{\Sigma}_n})_{n\geqslant 0}$ 弱收敛于一个固定的概率 H。然后，$F_{\mathbf{B}_n}(x)$ 弱收敛于一个固定的概率测度 $F_{c,H}(x)$，其 Stieljes 变换由 $m(z)$ 表示，经下述方程隐式定义：

$$s(z)=\int\frac{1}{t[1-c-czs(z)]}\mathrm{d}H(t) \tag{4.1}$$

其中，$z\in\mathbb{C}^+$。

上述给出的隐式方程在$\mathbb{C}^+$到$\mathbb{C}^+$的函数空间中有唯一解，此外，方程的解 $s(z)$ 没有闭式表达式，这是我们所知道的关于极限谱分布 $F_{c,H}(x)$ 的唯一信息。

还有另一种方式来表示基本方程式(4.1)，取大小为 n 的方阵

$$\mathbf{A}_n=\frac{1}{n}\mathbf{X}^{\mathrm{H}}\mathbf{\Sigma}\mathbf{X}$$

其中，$\mathbf{X}$ 被定义为 $\mathbf{X}=(\mathbf{x}_1,\cdots,\mathbf{x}_n)\in\mathbb{C}^{p\times n}$。$\mathbf{A}$ 和 $\mathbf{B}$ 两个矩阵具有相同的正特征值，并且其经验谱分布满足

$$nF_{\mathbf{A}_n}-pF_{\mathbf{B}_n}=(n-p)\delta_0$$

假设 $p/n\to c>0$，当且仅当 $F_{\mathbf{B}_n}$ 有极限 $F_{c,H}^{\mathbf{B}}$ 时，$F_{\mathbf{A}_n}$ 有极限 $F_{c,H}^{\mathbf{A}}$。在这种情况下，满足

$$F_{c,H}^{\mathbf{A}}-F_{c,H}^{\mathbf{B}}=(1-c)\delta_0$$

并且它们各自的 Stieltjes 变换 $s_{\mathbf{A}}(z)$ 和 $s_{\mathbf{B}}(z)$ 通过

$$s_{\mathbf{A}}(z)=-\frac{1-c}{z}+cs_{\mathbf{B}}(z)$$

相互联系。

在式(4.1)中用 $s_{\mathbf{A}}(z)$ 替换 $s_{\mathbf{B}}(z)$，可得到

$$s_{\mathbf{A}}(z)=-\left(z-c\int\frac{t}{1+s_{\mathbf{A}}(z)}\mathrm{d}H(t)\right)^{-1}$$

求解关于 z 的等式，即可得到

$$z = -\frac{1}{s_{\mathbf{A}}(z)} + c\int \frac{t}{1 + s_{\mathbf{A}}(z)} \mathrm{d}H(t) \tag{4.2}$$

上式给出了 $s_{\mathbf{A}}(z)$ 的逆函数。式(4.1)和式(4.2)在统计估计方法中是非常重要的，被称为 Marchenko-Pastur 等式。

极限谱分布 $F_{c,H}^{\mathbf{B}}$ 和 $F_{c,H}^{\mathbf{A}}$ 被称为具有指数 c 和 H 的"广义 Marchenko-Pastur 分布"。在 $\mathbf{\Sigma}_n = \mathbf{T}$ 的情况下，$\mathbf{T}$ 的极限谱分布 H 被称为"群体谱分布"。

4.2.1 中心极限定理

在本小节中，使用 $F_{c,H}(x)$ 来表示 $F_{c,H}^{\mathbf{B}}(x)$。

在多元分析中，大部分群体统计可以写成一些随机矩阵的经验谱分布 F_n 的函数，即

$$\hat{\theta} = \int f(x)\mathrm{d}F_n(x)$$

$\hat{\theta}$ 被称作"线性谱统计量"，并且可认为是

$$\theta = \int f(x)\mathrm{d}F(x)$$

的估计量。其中，F 是 F_n 的极限谱分布。

在 4.2 节中看到，如果我们考虑样本协方差矩阵 $\mathbf{B}_n$，它的经验谱分布 F_n 弱收敛到一个广义 Marchenko-Pastur 分布 $F_{c,H}$。对于更好的统计推断而言，这种一致性是不够的，因此经常需要中心极限定理。在本节中，将介绍 Bai 和 Silverstein 的研究成果[188]。

我们考虑以下线性谱统计量：

$$\hat{\theta}(f) = \int f(x)\mathrm{d}F_{\mathbf{B}_n}(x)$$

由于 $c_n \to c$ 和 $H_n \to H$ 的收敛速度可能很慢，所以差值

$$p\left(\hat{\theta}(f) - \int f(x)\mathrm{d}F_{c,H}(x)\right)$$

可能没有限制。因此，我们必须考虑归一化差异的极限分布

$$p\left(\hat{\theta}(f) - \int f(x)\mathrm{d}F_{c_n,H_n}(x)\right)$$

在序列中，我们记

$$G_n(x) = p(F_{\mathbf{B}_n}(x) - F_{c_n,H_n}(x))$$

命题 4.2.2 我们用 (x_{jk}) 表示向量 $\mathbf{x}_j$ 的元素。我们假设：(i) 对于所有 $\eta \geqslant 0$，

$$\frac{1}{np}\sum_{j,k} \mathbb{E}(|x_{jk}|^4 \mathbf{I}(|x_{jk}| \geqslant n\sqrt{n})) \to 0,\ n \to \infty$$

(ii) 对于所有的 n，$x_{ij} = x_{ij}^{(n)}$，$1 \leqslant i \leqslant p, 0 \leqslant j \leqslant n$ 是独立的，并且满足

$$\mathbb{E}|x_{ij}|^2 = 1,\quad \max_{i,j,n}|x_{jk}|^4 < \infty,\quad \frac{p}{n} \to y$$

(iii) $\mathbf{T}_n \in \mathbb{C}^{p\times p}$ 是非负厄米矩阵，p 是有界谱范数，有一个累积分布函数 H，

$$H_n \equiv F_{\mathbf{T}_n} \xrightarrow{\mathcal{L}} H$$

设 $f_1, \cdots, f_k$ 为一组开放集合 $\mathbb{C}$ 上的解析函数，包含区间：

$$[\liminf_n \lambda_{n,\min}^{\mathbf{T}_n} \mathbf{1}_{]0,1[}(y)(1-\sqrt{c})^2,\ \limsup_n \lambda_{n,\max}^{\mathbf{T}_n}(1+\sqrt{c})^2]$$

那么(a) 随机向量 $X_n(f_1),\cdots,X_n(f_k)$ 是 n 的紧序列;

(b) 如果 x_{ij}和 $\mathbf{T}_n$ 是实数，并且$\mathbb{E}|x_{ij}|^4=3$，那么

$$(X_n(f_1),\cdots,X_n(f_k))\xrightarrow{\mathcal{L}}(X(f_1),\cdots,X(f_k))$$

其中$(X(f_1),\cdots,X(f_k))$是 k 维高斯向量。

(c) 如果 x_{ij}与$\mathbb{E}(x_{ij})^2=0$，$\mathbb{E}|x_{ij}|^4=2$ 是复数关系，则(b)也成立，均值为零且协方差函数是(b)中函数的一半。

例 4.2.3[修正似然比检验(文献[160])]

令 $x\in\mathbb{R}^p$表示一个随机向量:

$$\mathbf{x}\sim\mathcal{N}(\mathbf{0}_p,\mathbf{\Sigma}_p)$$

我们将检验

$$\mathcal{H}_0:\mathbf{\Sigma}_p=\mathbf{I}_p$$
$$\mathcal{H}_1:\mathbf{\Sigma}_p\neq\mathbf{I}_p$$

如果我们想验证 $\mathbf{\Sigma}_p=\mathbf{A}$，给定 $\mathbf{A}\in\mathbb{C}^{p\times p}$，我们可以通过变换 $\mathbf{y}=\mathbf{A}^{-1/2}\mathbf{x}$，返回到上面的空值。我们对 $\mathbf{y}$ 进行变换。令$(\mathbf{x}_1,\cdots,\mathbf{x}_n)$表示 $\mathbf{x}$ 的一个 n 样本，使得 $p<n$ 并且 $\mathbf{S}_n$ 是样本协方差矩阵。我们定义

$$K^\star=\mathrm{Tr}\ \mathbf{S}_n-\log\ \det\ \mathbf{S}_n-p \tag{4.3}$$

似然比统计量是 $K_n=nK^\star$。当 p 固定且 $n\to\infty$ 时，在 $\mathcal{H}_0$ 情况下

$$K_n\xrightarrow{\mathcal{L}}\chi^2_{\frac{1}{2}p(p+1)}$$

然而，当 p 变大时，K_n 增长到无穷大，这导致比原定的要求更高的检验。因此有必要构建一个适用于高维集合 K_n 的版本。注意到:

$$K^\star\sum_{i=1}^{p}(\lambda_{n,i}-\ln\lambda_{n,i}-1)$$

其中$(\lambda_{n,i})_{1\leqslant i\leqslant p}$是 $\mathbf{S}_n$ 的特征值。这是一个线性谱统计量。我们将使用命题 4.2.2 来获得 K_n 在高维集合情况下的渐近分布。令 $\mathbf{T}_n=\mathbf{I}_p$，$\mathbf{B}_n$ 变成 $\mathbf{S}_n$。此外，我们有 $H_n=H=F_{\mathbf{T}_n}=\delta_1$，且

$$X_n(f)=\int_{\mathbb{R}}f(x)\,\mathrm{d}(F_{\mathbf{S}_n}-F_{c_n})(x)$$

应用命题 4.2.2，我们得到以下结论。

命题 4.2.4 我们假设命题 4.2.2 中的条件成立，$K^\star$ 在式(4.3)中定义且 $g(x)=x-\ln x-1$。那么，在 $\mathcal{H}_0$ 情况下，当 $n\to\infty$ 时，

$$\widetilde{K}_n=\frac{1}{\sqrt{v(c)}}\left(K^\star-p\int_{\mathbb{R}}g(x)\,\mathrm{d}F_{c_n}(x)-m(c)\right)\xrightarrow{\mathcal{L}}\mathcal{N}(0,1)$$

其中

$$m(c)=-1\,\frac{\log(1-c)}{2},\quad v(c)=-2\log(1-c)-2c$$

在很大的范围内，K_n 的极限分布不再符合 χ^2 定律，而是符合高斯定律。对于诸如 $p=50$ 的中间维度，修正的 LRT 得到了良好的结果，而传统的 LRT 表现不佳。 □

4.2.2 尖峰总体模型

我们考虑如下式:

$$\mathbf{x}_i = \mathbf{\Sigma}^{1/2}\mathbf{y}_i$$

其中，$\mathbf{y}_i$ 为维度为 p 的独立同分布向量，均值为零，方差为 1，各元素独立同分布；$(x_i)_{i\geqslant 1}$为独立同分布，均值为零和总协方差矩阵为 $\mathbf{\Sigma}$ 的随机序列向量。如果我们取 $\mathbf{\Sigma}=\mathbf{I}_p$，那么对应于“空”的情况，从上面我们可以看出，$\mathbf{S}_n$的极限谱分布满足标准的 Marchenko-Pastur 定律。正如文献[177]所关注的，真实数据的例子与这个“空”例有很大的不同。所谓“尖峰总体模型”是总体协方差矩阵 $\mathbf{\Sigma}$ 定义的，其特征值具有如下形式：

$$\underbrace{\alpha_1,\cdots,\alpha_1}_{n_1},\cdots,\underbrace{\alpha_k,\cdots,\alpha_k}_{n_K},\underbrace{1,\cdots,1}_{p-m} \tag{4.4}$$

其中 $n_1+\cdots+n_K=m$ 是“尖峰”的数量。尖峰总体模型可以看作空情况的有限秩扰动。

当 $p/n\to c>0$ 时，很容易看出 $\mathbf{S}_n$的经验谱分布仍然收敛于标准的 Marchenko-Pastur 定律。然而，$\mathbf{S}_n$的极值特征值的渐近过程与空情况不同。

4.2.3 广义尖峰总体模型

文献[218]将上述模型推广到“广义尖峰总体模型”。我们假设 $\mathbf{\Sigma}_p$ 具有以下结构：

$$\mathbf{\Sigma}_p = \begin{pmatrix} \mathbf{V}_m & 0 \\ 0 & \mathbf{T}_{p-m} \end{pmatrix}$$

并且，我们假设：

(i) $\mathbf{V}_m$ 是 m 阶的平方矩阵，其中 m 是固定整数。$\mathbf{V}_m$ 的特征值 $\alpha_1>\cdots>\alpha_K>0$，其具有相应的重数 $n_1,\cdots,n_K(n_1+\cdots+n_K=m)$。

(ii) $\mathbf{T}_{p-m}$的经验谱分布 H_p 收敛于极限非随机分布 H。

(iii) $\mathbf{\Sigma}$ 的最大特征值序列是有界的。

(iv) $\mathbf{T}_{p-m}$的特征值$\beta_{n,j}$满足：

$$\sup_j d(\beta_{n,j},\Gamma_H)=\varepsilon_p\to 0$$

其中 $d(x,A)$是 x 到集合 A 的距离，Γ_H 是 H 的支撑。

定义 4.2.5 当 $\alpha\notin\Gamma_H$ 时，$\mathbf{V}_m$ 的特征值 α 被称为“广义尖峰”，或简单尖峰。

因此，总体协方差矩阵 $\mathbf{\Sigma}$ 的谱成为主成分，$\beta_{n,j}$和 m 个较小的尖峰特征值与主成分可以很好地分离。

尖峰特征值的限制由文献[218]中给出。作者证明了特征值向量的中心极限定理。

4.3 谱密度函数的估计

我们的目的是从样本的协方差矩阵 $\mathbf{S}_n$ 中恢复总体谱分布 $H(x)$[或 $H_N(x)$]。这个任务在主成分分析[177]、卡尔曼滤波或独立分量分析等几种常用统计方法中都十分重要，这些都依赖于对总体协方差矩阵的有效估计。

假定 $\mathbf{x}_1,\cdots,\mathbf{x}_n$随机向量均服从零均值 i. d. d. 分布，其在$\mathbb{R}^N$或$\mathbb{C}^N$中具有常见的总体(或真实)协方差矩阵 $\mathbf{\Sigma}_N$。当总体规模 N 相对于样本量 n 不可忽略时，现代随机矩阵理论表明样本协方差矩阵：

$$\mathbf{S}_n = \frac{1}{n}\sum_{i=1}^{n}\mathbf{x}_i\mathbf{x}_i^{\mathrm{H}}$$

将不能近似为真正的$\boldsymbol{\Sigma}_N$。例如，举一个简单的例子，其中$\boldsymbol{\Sigma}_p=\mathbf{I}_N$(单位矩阵)，$\mathbf{S}_n$的特征值将围绕$\boldsymbol{\Sigma}_N$的唯一的总体特征值1扩展到大约$(1\mp\sqrt{N/n})^2$的区间。因此，基于$\mathbf{S}_n$近似的经典统计过程在这样的高维数据情况下变得不一致。

$N\times N$的厄米矩阵(或实对称)$\mathbf{A}$的谱分布$G_{\mathbf{A}}$是由其特征值$\{\lambda_i(\mathbf{A})\}_{i=1}^N$度量的：

$$G_{\mathbf{A}}(x)=\frac{1}{N}\sum_{i=1}^{N}\delta_{\lambda_i(\mathbf{A})}(x),\quad x\in\mathbb{R}$$

其中δ_b表示b处的Dirac点测度。假设$\{\lambda_i(\boldsymbol{\Sigma}_N)\}_{i=1}^N$是真实(或总体)协方差矩阵$\boldsymbol{\Sigma}_N$的$N$个特征值。我们着重考察下述谱分布模型：

$$H_N(x)=G_{\boldsymbol{\Sigma}_N}(x)=\frac{1}{N}\prod_{i=1}^{N}\delta_{\lambda_i(\boldsymbol{\Sigma}_N)}(x)$$

根据随机矩阵理论，N和n的大小都将会无限增长。当$N\to\infty$时，假设$H_N(x)$弱收敛于极限分布$H(x)$。我们将这个极限谱分布$H_N(x)$看作观测模型的总体谱分布。

我们观察到：在合理的假设下，当N和n这两个维度都以适当的比率c增长时，样本协方差矩阵$\mathbf{S}_n$的(随机)谱分布$G_{\mathbf{S}_n}(x)$几乎可以肯定会弱收敛到一个确定的分布$F(x)$，称为极限谱分布。显而易见，这个极限谱分布$F(x)$取决于总体谱分布$H(x)$，但通常这种关系是复杂的并且没有明确的形式。唯一的例外是当所有总体特征值$\{\lambda_i(\boldsymbol{\Sigma}_N)\}_{i=1}^N$为单位1，即$\boldsymbol{\Sigma}_N=\mathbf{I}_N$或$H(x)=\delta_1(x)$。极限谱分布$F(x)$可以明确地被称为具有显式密度函数的Marchenko-Pastur分布。对于一般总体谱分布$H(x)$，这个关系通过隐式方程式(4.5)和式(4.7)表示。

这里的关键任务是从样本协方差矩阵$\mathbf{S}_n$恢复总体谱分布$H(x)$[或$H_N(x)$]。设$\mathbf{A}^{1/2}$表示厄米正定矩阵$\mathbf{A}\geqslant 0$的厄米平方根。我们的模型有如下假设：

1. 样本和总体数目大小n和N都趋于无穷大，并且满足$N/n\to c\in(0,\infty)$。
2. 复数独立同分布随机变量(w_{ij})，$i,j\geqslant 1$是双向无限阵列，满足

$$\mathbb{E}(w_{11})=0,\quad \mathbb{E}(|w_{11}|^2)=1$$

对于每个N，n，令$\mathbf{W}_n=(w_{ij})_{1\leqslant i\leqslant N,1\leqslant j\leqslant n}$，观测向量可以表示为$\mathbf{x}_j=\boldsymbol{\Sigma}_N^{1/2}w_{.j}$，其中$w_{.j}=(w_{ij})_{1\leqslant i\leqslant N}$表示$\mathbf{W}_n$的第$j$列。

3. 当$n\to\infty$时，$\boldsymbol{\Sigma}_N$的谱密度$H_N(x)$弱收敛于概率分布$H(x)$。

假设(1)~(3)是著名的Marchenko-Pastur定理的经典条件[163, 175, 219]。在这些假设下，可以肯定的是，当$n\to\infty$时，样本协方差矩阵$\mathbf{S}_n$的经验谱密度$F_n(x)=G_{\mathbf{S}_n}(x)$弱收敛于一个(非随机的)广义Marchenko-Pastur分布函数$F(x)$。

然而，除了最简单的情况$H(x)\equiv\delta_1(x)$，极限谱密度$F(x)$没有具体的表现形式，其特征表示如下。令$m(z)$表示$cF(x)+(1-c)\delta_0(x)$的Stieltjes变换，它在上半复平面$\mathbb{C}^+=\{z\in\mathbb{C}:\mathrm{Im}(z)>0\}$上一一映射。$m(z)$这个变换满足以下基本的Marchenko-Pastur(MP)方程：

$$z=-\frac{1}{m(z)}+c\int\frac{t}{1+tm(z)}\mathrm{d}H(t),\quad z\in\mathbb{C}^+ \tag{4.5}$$

上述MP方程将实数排除在其定义域之外。根据文献[220]，我们通过将MP方程扩展到实数来填补这个空白。估计方法可以完全基于这个扩展。

4.3.1 估算方法

分布$G(x)$的系统集用$\mathrm{supp}(G)$表示，并用$\mathrm{supp}^c(G)$表示它的补集。由于经验谱密度

$F_N(x)$可以通过观测得到，所以我们将使用 $m_n(z)$ 近似 MP 方程中的 $m(z)$。这里 $m_n(z)$ 是 $(N/n)F_n(x)+(1-N/n)\delta_0(x)$ 的 Stieltjes 变换。更准确地说，对于 $u\in\mathbb{R}$，

$$m_n(u)=-\frac{1-N/n}{u}+\frac{1}{n}\sum_{i=1}^{N}\frac{1}{\lambda_i-u} \tag{4.6}$$

很明显，$m_n(u)$的域是 $\mathrm{supp}^c(F_n(x))$。因此，对于所有大值 n，$m_n(u)$ 在 $\Omega_{\mathrm{interior}}$ 上是明确定义的，$\Omega_{\mathrm{interior}}$ 表示 Ω 的内部，而 $\Omega_{\mathrm{interior}}=\lim\limits_{n\to\infty}\inf\mathrm{supp}^c(F_n(x))\setminus\{0\}$。$m_n(u)$ 的曲线图如图 4.1 所示。

定理 4.3.1 假定假设(1)(2)(3)成立。则

1. 对于任何 $u\in\Omega_{\mathrm{interior}}$，$m_n(z)$ 收敛于 $m(z)$；
2. 对于任何 $u\in\mathrm{supp}^c(F(x))$，$m(u)$是下述方程的解：

$$u=-\frac{1}{m_n(u)}+c\int\frac{t}{1+tm(u)}\mathrm{d}H(t) \tag{4.7}$$

3. 在集合中存在唯一解：

$$B=\left\{m(u)\in\mathbb{R}\setminus\{0\}:\frac{\mathrm{d}u}{\mathrm{d}m(u)}>0,(-m(u))^{-1}\in\mathrm{supp}^c(H(x))\right\}$$

4. 对于任意非空的开区间$(a,b)\in B$，$H(x)$ 由 $u(m(u)),m(u)\in(a,b)$ 确定。

由于$(-\infty,0)\subset\Omega_{\mathrm{interior}}\in\mathrm{supp}^c(F_n(x))$，所以存在无限多个 u 点集使得 $m_n(u)$ 几乎可以确定会收敛于 $m(u)$。MP 方程(4.7)可以反演为：$u(m)$ 在 B 中的任何区间上的集合将唯一确定总体谱分布 $H(x)$。估算方法将建立在这个属性上。

现在我们可以用上面的定理来描述估计方法。我们先考虑参数设置中的估计问题。假设 $H(x)=H(\theta)$ 是参数未知的向量 $\theta\in\Theta\subset\mathbb{R}^p$ 的 H_N 极限。$H(x)$ 的估计过程包括以下三个步骤：

1. 从 $\Omega_{\mathrm{interior}}$ 选择一个 u-net$\{u_1,\cdots,u_q\}$，其中 u_i 的值 q 不小于 p。
2. 对于每个 u_i，使用式(4.6)计算 $m_n(u_i)$ 并将其代入到 MP 方程(4.7)中。然后，我们得到 q 的近似方程：

$$u_i\approx-\frac{1}{m_n(u_i)}+\frac{N}{n}\int\frac{t\mathrm{d}H(t,\theta)}{1+tm_n(u_i)}:=\hat{u}_i(m_{ni},\theta),\quad i=1,\cdots,q$$

3. 找到 θ 的最小二乘解，

$$\hat{\theta}_n=\arg\min_{\theta\in\Theta}\sum_{i=1}^{q}(u_i-\hat{u}_i(m_{ni},\theta))^2$$

这里的核心问题是 u-net$\{u_1,\cdots,u_m\}$ 的选择。例如，当 $H(x)$ 是有限的系统集时，$\mathrm{supp}(F)\setminus\{0\}$ 的上确界和下确界分别用 $\lambda_{\max}=\max\{\lambda_i\}$ 和 $\lambda_{\min}=\min\{\lambda_i:\lambda_i>0\}$ 来估计，其中 λ_i 是样本特征值。因此，我们设计了一个初始集：

$$U=\begin{cases}(-10,0)\cup(0,0.5\lambda_{\max})\cup(5\lambda_{\max},10\lambda_{\max}) & (\text{离散模型},N\neq n)\\(-10,0)\cup(5\lambda_{\max},10\lambda_{\max}) & (\text{离散模型},N=n)\\(-10,0) & (\text{连续模型})\end{cases}$$

之后，我们从区间U中单独地选取 ℓ 等间距的数量为U的点。这个过程被称为 u 网格的自适应选择。这里，我们在计算机仿真中，将参数 ℓ 设定为 20，那么举个例子，从第一个间隔当中选取$\{-10+10t/(2\ell),t=1,\cdots 20\}$。

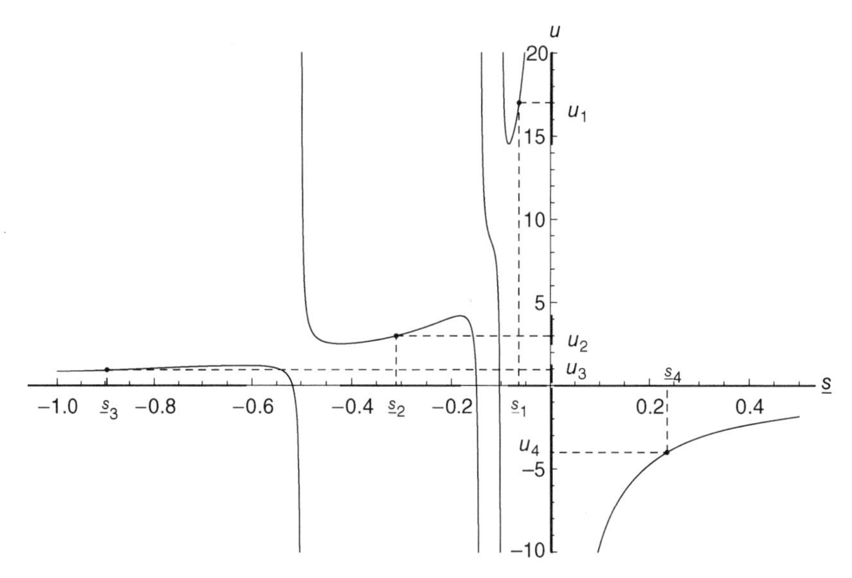

图 4.1　曲线 $u=u(m)$（细实线），系统集 B 中的非零元 $\mathrm{supp}^c[F_n(x)]$（粗实线）适用于线性方程 $H(x)=0.3\delta_2(x)+0.4\delta_7(x)+0.3\delta_{10}(x)$，此外 $c=0.1$，$u_i=u(m_i)$，$m_i\in B$，$i=1,2,3,4$。在标注中，$\underline{s}$ 表示 m 的角标[220]

4.3.2　极限谱分布的核估计量

一般样本协方差矩阵的极限谱分布的密度函数通常是未知的。我们用核函数估计量证明是一致的。

假定 X_{ij} 是线性独立的，实随机变量是恒等分布的。定义 $\mathbf{X}_n=(X_{ij})_{N\times n}$，$\mathbf{T}_n$ 是 $N\times N$ 非随机厄米非负定矩阵。考虑随机矩阵

$$\mathbf{A}_n=\frac{1}{n}\mathbf{T}_N^{1/2}\mathbf{X}_n\mathbf{X}_n^{\mathrm{T}}\mathbf{T}_N^{1/2}$$

当 $\mathbb{E}X_{11}=0$，$\mathbb{E}X_{11}^2=1$，样本协方差矩阵 $\mathbf{A}_n$ 可以看作从真实的协方差矩阵 $\mathbf{T}_N$ 中提取出来的。此外，假定 $\mathbf{T}_N$ 是另一个样本协方差矩阵，独立分布于 $\mathbf{X}_n$，$\mathbf{A}_n$ 是 Wishart 矩阵。为了获取样本协方差矩阵特征值的全貌，有必要研究样本协方差矩阵所有特征值的行为。一个很好的例子是经验谱分布。关于 $\mathbf{A}_n$ 的基本极限定理涉及其经验谱分布函数 $F_{\mathbf{A}_n}(x)$：这里，对于具有实特征值的任何矩阵 $\mathbf{A}$，经验谱分布为

$$F_{\mathbf{A}}(x)=\frac{1}{p}\sum_{i=1}^{p}\mathbb{I}\left(\lambda_i(\mathbf{A})\leqslant x\right)$$

其中 $\mathbb{I}$ 表示指示函数，$\lambda_i,i=1,\cdots,p$ 定义为矩阵 $\mathbf{A}$ 的特征值。假定维度比表示为 $c_n=N/n(n\to\infty)$，当 $\mathbf{T}_n$ 是单位矩阵时，即 $\mathbf{T}_n=\mathbf{I}_n$，MP 定律下的概率密度函数为

$$f_c(x)=\begin{cases}\dfrac{1}{2\pi c}\dfrac{1}{x}\sqrt{(b-x)(x-a)}, & a\leqslant x\leqslant b\\ 0, & \text{其他}\end{cases}\tag{4.8}$$

假如 $c>1$，置信区间的边界是 $1-c^{-1}$，其中 $a=(1-\sqrt{c})^2$，$b=(1+\sqrt{c})^2$。MP 定律下的概率密度函数定义为 $\mathbb{F}_c(x)$。MP 定律下的 Stieltjes 变换是

$$m(z)=\frac{1-c-z+\sqrt{(z-1-c)^2-4c}}{2cz} \tag{4.9}$$

这个变换满足等式

$$m(z)=\frac{1}{1-c-czm(z)-z} \tag{4.10}$$

任意概率分布函数 $F(x)$ 的 Stieltjes 变换 $m_F(z)$ 定义如下：

$$m_F(z)=\int\frac{1}{x-z}\mathrm{d}F(x),\quad z\in\mathbb{C}^+ \tag{4.11}$$

其中$\mathbb{C}^+=\{z\in\mathbb{C}:\mathrm{Im}(z)>0\}$。

经研究

$$\mathbf{B}_n=\frac{1}{n}\mathbf{X}_n^{\mathrm{T}}\mathbf{T}_n\mathbf{X}_n$$

因为矩阵 $\mathbf{A}_n$ 和矩阵 $\mathbf{B}_n$ 的特征值的差值是由 $|n-p|$ 零特征值决定的。那么

$$F_{\mathbf{B}_n}(x)=\left(1-\frac{N}{n}\right)\mathbb{I}(x\in[0,\infty))+\frac{N}{n}F_{\mathbf{A}_n}(x) \tag{4.12}$$

其中 $F_{\mathbf{T}_n}(x)$ 弱收敛于非随机分布函数 $H(x)$，文献[172]、文献[221]、文献[175]证明 $F_{\mathbf{B}_n}(x)$ 以较高概率收敛于非随机分布函数 $F_{c,H}(x)$，对于所有的 $z\in\mathbb{C}^+$，Stieltjes 变换 $m_{F_{c,H}}(z)$ 均适用于概率密度函数 $F_{c,H}(x)$。基本的 MP 方程(4.5)能给出唯一解释。

从方程(4.12)中，我们发现

$$G_{(c,H)}(x)=(1-c)\mathbb{I}(x\in[0,\infty))+cF_{c,H}(x)$$

$F_{c,H}(x)$ 由 $F_{\mathbf{A}_n}(x)$ 决定。事实上，我们可以得到

$$m_G(z)=-\frac{1-c}{z}+cm_F(z) \tag{4.13}$$

此外，$m_G(z)$ 的转置，

$$z(m_G(z))=-\frac{1}{m_G(z)}+c_n\int\frac{t}{1+tm_G(z)}\mathrm{d}H(t) \tag{4.14}$$

根据这个转置，文献[222]展开了 $m_G(z)$ 行为的显著性分析。

当 $\mathbf{T}_n$ 是单位矩阵时，即 $\mathbf{T}_n=\mathbf{I}_n$，存在一个 Marchenko-Pastur 基本方程式(4.5)的显式解。既然这样，从方程(4.12)中，我们可以得到 $G_{c,H}(x)$ 的概率密度方程

$$g_c(x)=(1-c)\mathbb{I}(c<1)\delta_0(x)+cf_c(x)$$

其中，$\delta_0(x)$ 在位置 0 处存在质点。然而，对于广义 $\mathbf{T}_n$ 来说，并没有一个明确的解存在于方程(4.5)中。尽管我们可以用 $F_{\mathbf{A}_n}(x)$ 去估算 $F_{c,H}(x)$，却不能在 $F_{c,H}(x)$ 上做任何统计推断，因为不存在中心极限定理 $F_{\mathbf{A}_n}(x)-F_{c,H}(x)$。实际上，在文献[163]中，证明了所有的 $n(F_{\mathbf{A}_n}(x)-F_{c,H}(x))$ 适用于所有的 $x\in(-\infty,\infty)$，这个处理过程并不收敛于任何度量空间中的非平凡过程。这激励着我们去寻求其他的方法去理解极限谱分布 $F_{c,H}(x)$。通过核函数估计量，我们的主要意图是对样本协方差矩阵 $\mathbf{A}_n$ 中的极限谱分布函数下的概率密度函数 $f_{c,H}(x)$ 进行估计。

假定观测变量 $X_1,\cdots,X_n$ 是随机变量，概率密度函数 $f(x)$ 和 $F_n(x)$ 经过采样后得到经验分布函数，一个常见的非参数估计 $f(x)$ 表示为

$$\hat{f}_n(x)=\frac{1}{nh}\sum_{i=1}^{n}K\left(\frac{x-X_i}{h}\right)=\frac{1}{h}\int K\left(\frac{x-y}{h}\right)\mathrm{d}F_n(y) \tag{4.15}$$

其中，$K(y)$是可测函数，$h=h(n)$表示频带宽度，当 n 趋于无穷时，$h(n)$的取值趋于零。这里，$\hat{f}_n(x)$是概率密度函数，它在一定程度上继承了可测函数$K(y)$的平滑性，假如核函数被当作概率密度函数。在某些正则条件下，在某种程度上，众所周知存在一个空间映射 $\hat{f}_n(x)\to f(x)$。关于这些估计有大量的文献进行了解释。例如，我们参考文献[223]~文献[227]。

结合公式(4.15)，我们有理由考虑函数$f_{c,H}(x)$的估计量$f_n(x)$：

$$f_n(x)=\frac{1}{Nh}\sum_{i=1}^{N}K\left(\frac{x-\lambda_i(\mathbf{A}_n)}{h}\right)=\frac{1}{h}\int K\left(\frac{x-y}{h}\right)\mathrm{d}F_{\mathbf{A}_n}(y) \tag{4.16}$$

其中，特征值 $\lambda_i(\mathbf{A}_n)$ $(i=1,\cdots,n)$是矩阵 $\mathbf{A}_n$ 的特征值。在某些正则条件下，函数$f_n(x)$是函数$f_{c,H}(x)$的一致估计量。在式(4.16)中，我们受到“平滑”思想的激励。文献[229]致力于确立一个中心极限定理用于$f_n(x)$。这提供了一种方法来对 MP 这类分布函数进行推断。

MP 分布函数的核函数估计量是

$$F_n(x)=\int_{-\infty}^{x}f_n(y)\,\mathrm{d}y$$

显而易见，$F_n(x)$描述了所有特征值的全局图，此外，$F_n(x)$与 $F_{\mathbf{A}_n}(x)$相比没有显著的区别。

接下来，让我们考虑另外一个密度函数的例子，为此我们首先介绍著名的麦克迪尔米德(McDiarmid)集中不等式。

例 4.3.2(集中不等式[230])

霍夫丁(Hoeffding)不等式适用于独立随机变量的求和形式。由于麦克迪尔米德[231]的推论，使得任意的线性独立随机变量实函数均满足特定的条件。定义 $\mathcal{X}$ 是一个集合，考虑一个空间映射函数 $g:\mathcal{X}^n\to\mathbb{R}$，我们可以认为函数 g 存在有界的差异，假如存在一系列非负的实数 $c_1,\cdots,c_n$，那么有

$$\sup_{x_1,\cdots,x_n,x_i'\in\mathcal{X}}|g(x_1,\cdots,x_n)-g(x_1,\cdots,x_{i-1},x_i',x_{i+1},\cdots,x_n)|\leqslant c_i \tag{4.17}$$

对于所有的 $i=1,\cdots,n$ 均成立，换而言之，如果我们改变第 i 个变量而保持所有其他变量固定，则 g 的值不会超过 c_i。

定理 4.3.3(麦克迪尔米德(McDiarmid)不等式[231])　令 $X^n=(X_1,\cdots,X_n)\in\mathcal{X}^n$是线性无关的 $\mathcal{X}$ 值随机变量的 n 维数组。如果一个函数 g 存在映射 $g:\mathcal{X}^n\to\mathbb{R}$，函数映射 g 存在有界的差异，如式(4.17)所示，于是，对于所有的 $t>0$，

$$\mathbb{P}(|g(X^n)-\mathbb{E}\,g(X^n)|\geqslant t)\leqslant\exp\left(-\frac{2t^2}{\sum_{i=1}^{n}c_i^2}\right)$$

我们定义 $X^n=(X_1,\cdots,X_n)$是实数随机变量的 n 维数组，这些随机变量具有共同的随机分布 P，那么，这些共同的随机分布有一个统一的概率密度函数表示形式：

$$P(A)=\int_A f(x)\,\mathrm{d}x$$

对于所有的可测集 $A\subseteq\mathbb{R}$，我们希望测得样本 X^n 的测量值f。一个常用的方法是使用核函数估计(文献[227]中有大量的材料对概率密度估计做了解释说明，包括核函数方法，这是数据学习理论中的观点)。我们挑选了一个非负函数 $K(x):\mathbb{R}\to\mathbb{R}$，之后对这个函数进行整合，有 $\int K(x)\,\mathrm{d}x=1$(核函数)，正如存在一个正带宽 $h>0$，这个估算的数学模型表示为

$$\hat{f}_n(x)=\frac{1}{nh}\sum_{i=1}^{n}K\left(\frac{x-X_i}{h}\right)$$

$\hat{f}_n(x)$是一个有效的概率分布函数，即这是非负的，并且这个概率密度函数的积分和等于 1。一种常用的量化估计量效果的方法用于计算 L_1 范数距离条件下的密度函数$f(x)$：

$$\|\hat{f}_n-f\|_{L_1}=\int_{\mathbb{R}}|\hat{f}_n(x)-f(x)|\mathrm{d}x$$

很明显，$\|\hat{f}_n-f\|_{L_1}$是随机变量，因为这取决于随机样本 X^n。那么，我们可以把它写成样本 X^n 下的函数表达式 $g(X^n)$。抛开实际边界问题$\mathbb{E}g(X^n)$，我们可以很容易地建立一个集中式的边界。那样做的话，我们需要检查 g 是否存在边界差异。选取 x^n 和 $x^n_{(i)}$，

$$\begin{aligned}
&g(x^n)-g(x^n_{(i)})\\
&\int_{\mathbb{R}}\left|\frac{1}{nh}\sum_{i=1}^{j-1}K\left(\frac{x-x_i}{h}\right)+\frac{1}{nh}K\left(\frac{x-x_j'}{h}\right)+\frac{1}{nh}\sum_{i=j+1}^{n}K\left(\frac{x-x_i}{h}\right)-f(x)\right|\mathrm{d}x\\
&\quad-\int_{\mathbb{R}}\left|\frac{1}{nh}\sum_{i=1}^{j-1}K\left(\frac{x-x_i}{h}\right)+\frac{1}{nh}K\left(\frac{x-x_j'}{h}\right)+\frac{1}{nh}\sum_{i=j+1}^{n}K\left(\frac{x-x_i}{h}\right)-f(x)\right|\mathrm{d}x\\
&\leqslant\frac{1}{nh}\int_{\mathbb{R}}\left|K\left(\frac{x-x_j}{h}\right)-K\left(\frac{x-x_j'}{h}\right)\right|\mathrm{d}x\\
&\leqslant\frac{1}{nh}\int_{\mathbb{R}}K\left(\frac{x}{h}\right)\mathrm{d}x=\frac{2}{n}
\end{aligned}$$

那么，我们可以看到 $g(X^n)$存在边界差异性，其中常数项 $c_1=c_2\cdots=c_n=2/n$，那么

$$\mathbb{P}(|g(X^n)-\mathbb{E}\,g(X^n)|\geqslant t)\leqslant 2\mathrm{e}^{-nt^2/2}$$

本节我们主要介绍这个结果。假定核函数 $K(x)$满足 □

$$\sup_{-\infty<x<\infty}|K(x)|<\infty,\quad \lim_{|x|\to\infty}|xK(x)|=0 \tag{4.18}$$

和

$$\int K(x)\mathrm{d}x=1,\quad \int|K'(x)|\mathrm{d}x<\infty \tag{4.19}$$

定理 4.3.4 假定 $K(x)$满足式(4.18)和式(4.19)。令 $h=h(n)$是一个非负的序列，且满足

$$\lim_{n\to\infty}nh^{5/2}=\infty,\quad \lim_{n\to\infty}h=0 \tag{4.20}$$

而且，假定所有的 X_{ij}均满足独立同分条件，其中，期望值$\mathbb{E}X_{11}=0$，方差 $\mathrm{Var}(X_{11})=1$，$\mathbb{E}X_{11}^{16}<\infty$。此外，存在一个映射条件：$c_n\to c\in(0,1)$。令 $\mathbf{T}_n$ 是一个 N 维的非随机对称正定矩阵，这个矩阵的谱范数上确界由一个非负常数 $H_n(x)=F_{\mathbf{T}_n}(x)$确定，而这个常数项略微地收敛于非随机分布 $H(x)$。此外，假定 $F_{c,H}(x)$有一个集合$[a,b]$，其中 $a>0$，之后，

$$f_n(x)\to f_{c,H}(x)\quad 在\ x\in[a,b]内概率一致$$

我们可以进一步将$\mathbb{E}X_{11}^{16}$缩减至$\mathbb{E}X_{11}^{4}<\infty$，当 $\mathbf{T}_n$ 是单位矩阵时，我们可以得到一个更好的结果。

定理 4.3.5 假定 $K(x)$满足式(4.18)和式(4.19)。另 $h=h(n)$是一个正常数序列，且满足

$$\lim_{n\to\infty}nh^2=\infty,\quad \lim_{n\to\infty}h=0 \tag{4.21}$$

此外，假定所有的 X_{ij}满足线性独立分布，其中$\mathbb{E}X_{11}=0$，方差 $\mathrm{Var}(X_{11})=1$，$\mathbb{E}X_{11}^{12}<\infty$，同样，

假定存在一个映射 $c_n \to c \in (0,1)$。在 $[a,b]$ 范围内表示 MP 定律的支持。令 $\mathbf{T}_n = \mathbf{I}_n$。那么，

$$\sup_{x\in[a,b]} |f_n(x) - f_c(x)| \to 0 \quad \text{依概率收敛}$$

定理 4.3.4 也导致了 $F_{c,H}(x)$ 估计值的出现，在定理 4.3.4 的假设下，相应地，

$$F_n(x) \to F_{c,H}(x) \quad \text{依概率收敛} \tag{4.22}$$

其中

$$F_n(x) = \int_{-\infty}^{x} f_n(t)\,\mathrm{d}t \tag{4.23}$$

在定理 4.3.4 的假设下，利用式(4.22)以及 Helly-Bray 引理，假如 $g(x)$ 是一个连续的有界函数，那么

$$\int g(x)\,\mathrm{d}F_n(x) \to \int g(x)\,\mathrm{d}F_{c,H}(x) \quad \text{依概率收敛} \tag{4.24}$$

为了证明非参数估计的一致性，我们需要制定一个收敛速度 $F_{\mathbf{A}_n}(x)$。在定理 4.3.4 的假设下，有

$$\sup_x |\mathbb{E}\, F_{\mathbf{A}_n}(x) - F_{c_n,H_n}(x)| = O\left(\frac{1}{n^{2/5}}\right) \tag{4.25}$$

和

$$\mathbb{E}\sup_x |F_{\mathbf{A}_n}(x) - F_{c_n,H_n}(x)| = O\left(\frac{1}{n^{2/5}}\right) \tag{4.26}$$

利用四阶原点矩，即 $\mathbb{E}X_{11}^4 < \infty$，在文献[229]得到了证明，收敛速度从 $O(n^{-2/5})$ 提升至 $O(n^{-1}\sqrt{\log n})$。

例 4.3.6(多用户无线系统)

因为 $F_{c,H}(x)$ 没有一个明确的表达式(除了一些特殊的例子)，我们现在利用 $F_n(x)$ 去估算它[见式(4.22)]，因为 $F_n(x)$ 具有平滑的属性，而 $F_{\mathbf{A}_n}(x)$ 不具备这些属性。

考虑一个同步的频分多址系统，同时存在 n 个用户以及 N 个处理增益。离散时间模型用于接收信号 $\mathbf{Y}$：

$$\mathbf{Y} = \sum_{k=1}^{n} x_k \mathbf{h}_k + \mathbf{W}$$

其中，$x_k \in \mathbb{R}$，而 $\mathbf{h}_k \in \mathbb{R}^N$，分别为用户 k 的传输符号和签名扩展序列，$\mathbf{W}$ 是零均值和协方差矩阵的高斯噪声 $\sigma^2\mathbf{I}_n$。假设传输不同用户的符号是相互独立的，其中 $\mathbb{E}x_k = 0$，$\mathbb{E}|x_k|^2 = P_k$。这个模型比文献[232]中的稍微普遍一些，其中所有用户的 P_k 都被假定为相同的。

根据文献[232]，考虑用户 1 的解调，并使用信号干扰比(SIR)作为线性接收机的性能度量。对于用户 1，最优解调器 $\mathbf{c}_1$ 生成一个软决策 $\mathbf{c}_1^{\mathrm{T}}Y$，以用来最大化信号干扰比，

$$\beta_1 = \frac{(\mathbf{c}_1^{\mathrm{T}}\mathbf{h}_1)^2 P_1}{\mathbf{c}_1^{\mathrm{T}}\mathbf{c}_1\sigma^2 + \sum_{k=2}^{K}(\mathbf{c}_k^{\mathrm{T}}\mathbf{h}_k)^2 P_k}$$

是最小均方误差(MMSE)接收机。用户 1 的 SIR 表示如下：

$$\beta_1^{\mathrm{MMSE}} = P_1\mathbf{h}_1^{\mathrm{T}}(\mathbf{H}_1\mathbf{D}_1\mathbf{H}_1^{\mathrm{T}} + \sigma^2\mathbf{I})^{-1}\mathbf{h}_1$$

其中

$$\mathbf{D}_1 = \mathrm{diag}(P_2,\cdots,P_n) \in \mathbb{R}^{N\times(n-1)}, \quad \mathbf{H}_1 = (\mathbf{h}_2,\cdots,\mathbf{h}_n) \in \mathbb{R}^{N\times(n-1)}$$

假设 $\mathbf{h}_k$ 是独立同分布随机变量，每一个都包含有合适阶数的独立同分布随机变量。此外，假

设 $N/n \to c>0$，$F_{\mathbf{D}_1}(x) \to H(x)$。然后，通过引理 2.7[233] 和 Helly-Bray 引理，我们在概率上得到了

$$\beta_1^{\mathrm{MMSE}} - P_1 \int \frac{1}{x+\sigma^2} \mathrm{d}F_{c,H}(x) \to 0, \quad \text{依概率收敛}$$

比较不同接收机的性能，我们可以使用基于其他线性接收机的限制的信号干扰比 $\int \frac{1}{x+\sigma^2} \mathrm{d}F_{c,H}(x)$ 的值。然而，我们通常没有一个对 $F_{c,H}(x)$ 的显式表达式。因此，借助式(4.24)，我们可以使用内核估计 $\int \frac{1}{x+\sigma^2} \mathrm{d}F_n(x)$ 去估计 $\int \frac{1}{x+\sigma^2} \mathrm{d}F_{c,H}(x)$ 的显式表达式。□

例 4.3.7(真协方差矩阵性质的统计推断)

我们使用式(4.16)中定义的 $f_n(x)$，以某种方式推断真正的协方差矩阵 $\mathbf{T}_n$ 的一些统计特性。具体地说，通过式(4.11)，我们可以评估核估计 $f_n(x)$ 的 Stieltjes 变换：

$$m f_n(z) = \int \frac{1}{x-z} f_n(x) \mathrm{d}x, \quad z \in \mathbb{C}^+ \tag{4.27}$$

通过式(4.13)，可以得到的 $m_{g_n}(z)$ 并定义为：

$$m_{g_n}(z) = -\frac{1-c}{z} + c m_{f_n}(z)$$

另一方面，我们从式(4.14)得出以下结论：

$$\frac{m_{g_n}(z)(c-1-z m_{g_n}(z))}{c} \int \frac{1}{t+1/m_{g_n}(z) \mathrm{d}H(t)} \tag{4.28}$$

注意 $m_{g_n}(z)$ 有一个正虚部。因此，具有符号

$$z_1 = -1/m_{g_n}(z), \quad s(z_1) = \frac{m_{g_n}(z)(c-1-z m_{g_n}(z))}{c}$$

我们可以重写式(4.28)为

$$s(z_1) = \int \frac{1}{t-z_1} \mathrm{d}H(t), \quad z_1 \in \mathbb{C}^+ \tag{4.29}$$

因此，考虑到反演公式

$$F\{[a,b]\} = \frac{1}{\pi} \lim_{v \to \infty} \int_a^b \mathrm{Im}\ m_F(u+\mathrm{i}v) \mathrm{d}u \tag{4.30}$$

我们可以从式(4.29)中的 $s(z_1)$ 中恢复 $H(t)$。然而，$s(z_1)$ 可由得到的核估计 $m_{f_n}(z)$ 估计，通过使用

$$\frac{m_{g_n}(z)(c-1-z m_{g_n}(z))}{c}, \quad \text{其中 } m_{g_n}(z) = -\frac{1-c}{z} + c m_{f_n}(z) \tag{4.31}$$

一旦得到 $H(t)$ 的估计，就可以进一步估计真正的协方差矩阵 $\mathbf{T}_n$ 的函数，例如 $\frac{1}{n}\mathrm{Tr}\ \mathbf{T}_n^2$。实际上，根据 Helly-Bray 引理，我们得到如下表达式：

$$\frac{1}{n}\mathrm{Tr}\ \mathbf{T}_n^2 = \int t^2 \mathrm{d}H_n(t) \xrightarrow{D} \int t^2 \mathrm{d}H(t)$$

其中 D 表示分布的收敛。因此，我们基于结果式(4.31)使用 $\frac{1}{n}\mathrm{Tr}\ \mathbf{T}_n^2$ 的估计量。我们推测

$H(t)$的估计值和上述方法得到的类似于$\left(\frac{1}{n}\right)\mathrm{Tr}\ \mathbf{T}_n^2$的对应函数也是一致的。目前文献[228]中进行了严格的论证。 □

例 4.3.8(MATLAB 仿真)

我们进行了针对性的仿真分析，以研究 Marchenko-Pastur 定律的核密度估计量的行为。

设想一个具有高斯分布的种群。核函数选为

$$K(x)=\frac{1}{\sqrt{2\pi}}\mathrm{e}^{-x^2/2}$$

这是标准的正态密度函数。带宽选为 $h=h(n)=n^{-2/5}$。

从每个总体模型生成两个 $N\times n$ 样本，大小分别等于 50×200、800×3200。因此可以形成两个随机矩阵：$(X_{ij})_{50\times 200}$和$(X_{ij})_{800\times 3200}$。在式(4.16)中定义的核密度估计量为

$$\hat{f}_n(x)=\frac{1}{N\times n^{-2/5}}\sum_{i=1}^{N}K((x-\lambda_i)/n^{-2/5})$$

其中 $\lambda_i(i=1,\cdots,N)$，是$\frac{1}{n}(X_{ij})_{N\times n}(X_{ij})_{N\times n}^{\mathrm{T}}$的特征值。我们考虑两个例子 $n=200$，$N=50$，和对应的 800×3200。在图 4.2 和图 4.3 中，$\hat{f}_n(x)$这条曲线被绘制和标记为“核密度估计”，与此同时，理论曲线被标记为“Marchenko-Pastur”。

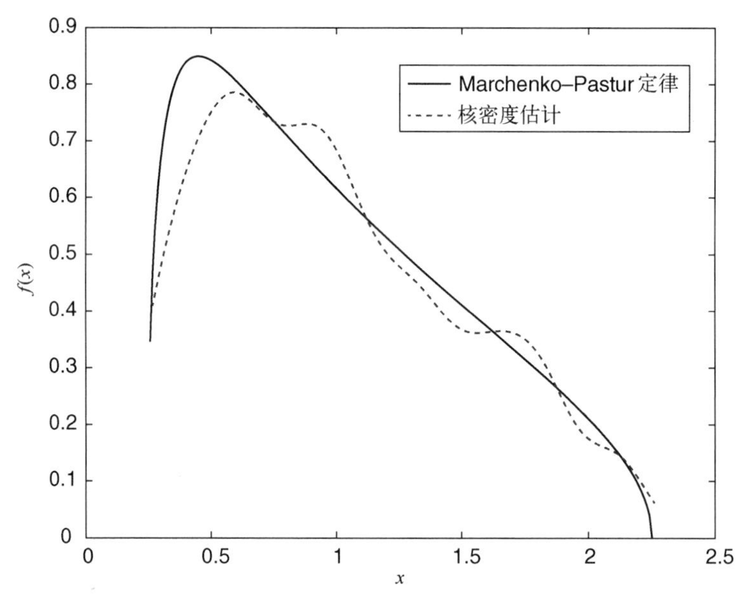

图 4.2 样本协方差矩阵$\frac{1}{n}(X_{ij})_{N\times n}(X_{ij})_{N\times n}^{\mathrm{T}}$的谱密度曲线，$N=50$，$n=200$。$X_{ij}$是独立同分布的零均值和方差为1的标准高斯分布，即$X_{ij}\sim\mathcal{N}(0,1)$。在 MATLAB 中使用语句：`X = randn(N,n);`

考虑另一个例子：几个随机矩阵的和。$\mathbf{X}$，$\mathbf{Y}$ 是两个独立的 $N\times n$ 随机矩阵。$\mathbf{Z}$ 为 $N\times n$ 的元素是伯努利随机变量的随机矩阵。我们考虑样本协方差矩阵：

$$\frac{1}{n}(\mathbf{X}+\mathbf{Y}+\sigma\mathbf{Z})(\mathbf{X}+\mathbf{Y}+\sigma\mathbf{Z})^{\mathrm{T}}$$

其中 σ 是缩放参数。$\mathbf{X}+\mathbf{Y}+\mathbf{Z}$ 项的方差是归一化的。图 4.4 给出了一个有趣的现象：独立随机矩阵的和不会影响密度函数。参数 σ 也没有影响。

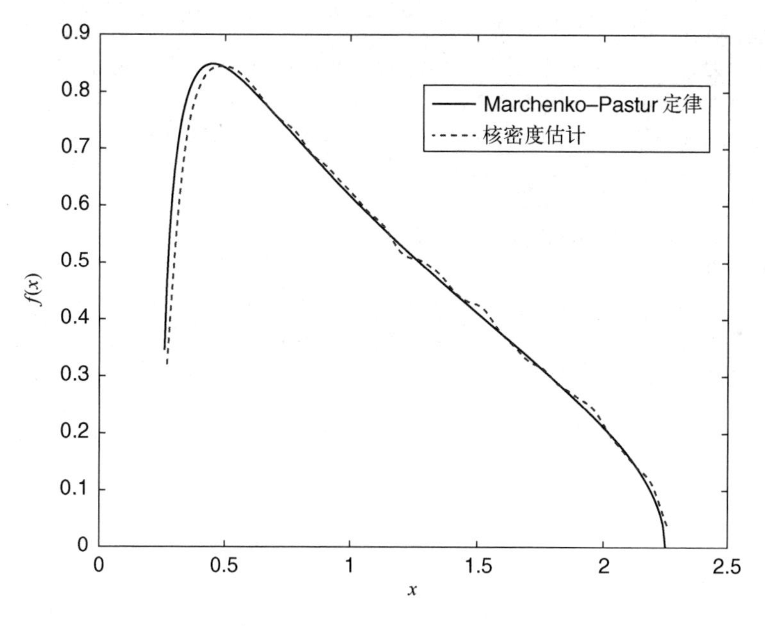

图 4.3　与图 4.2 相同，假定 $N=800$，$n=3200$

虽然有时不知道它的精确公式，但我们可以预测极限谱密度函数。核谱密度曲线是一致的。核谱密度估计在带宽选择方面具有较强的鲁棒性。

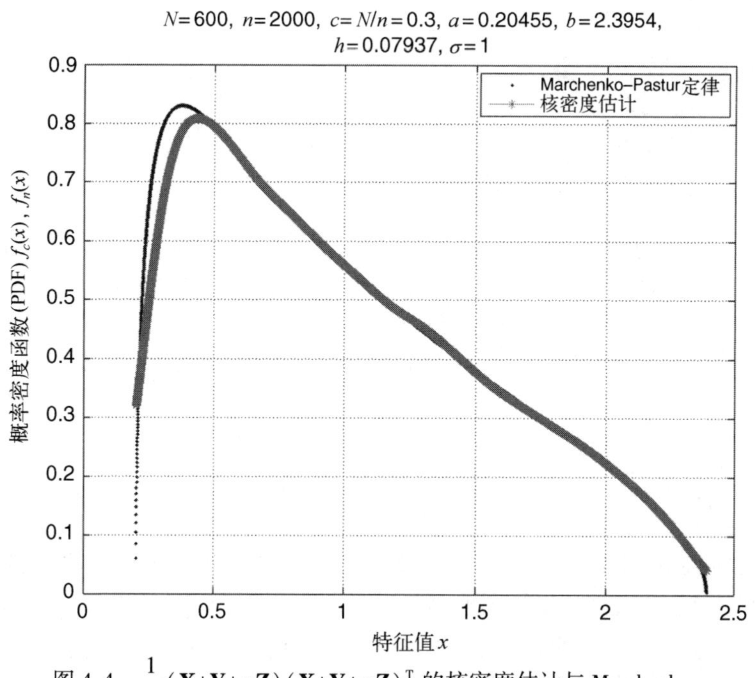

图 4.4　$\frac{1}{n}(\mathbf{X}+\mathbf{Y}+\sigma\mathbf{Z})(\mathbf{X}+\mathbf{Y}+\sigma\mathbf{Z})^{\mathrm{T}}$ 的核密度估计与 Marchenko-Pastur定律的对比。$N=600$，$n=2000$，$h=1/n^{1/3}$，$\sigma=1$

为了方便起见，这里给出了 MATLAB 代码。

```
clear all;
% Reference
% NONPARAMETRIC ESTIMATE OF SPECTRAL DENSITY FUNCTIONS OF
% SAMPLE COVARIANCE MATRICES: A FIRST STEP
% Bing-Yi Jing, Guangming Pan, Qi-Man Shao and Wang Zhou
% The Annals of Statistics, Vol. 38, No. 6, 37243750, 2010.
N=50; n=200; h=1/n^(2/5);
c=N/n; a=(1-sqrt(c))^2; b=(1+sqrt(c))^2;
x=(a+0.01):0.01:b;
fcx=(1/2/pi/c./x).*sqrt((b-x).*(x-a));
    % the density function of Marcenko and Pastur law
X=randn(N, n); lambda=eig(1/n*X*X');
L=(b-a)/0.01; x1=a+0.01;
for j=1:L
for i=1:N
y=(x1-lambda(i))/h; Ky(i)=kernel(y);
end % N
fnx(j)=sum(Ky)/N/h; x1=x1+0.01; x2(j)=x1;
end % L
% figures
ifig=0;
ifig=ifig+1; figure(ifig)
plot(x, fcx, x2, fnx)
xlabel('x')
ylabel('f(x)')
legend('Marcenko-Pastur', 'Kernel Density Estimation');

function[Kx]=kernel(x)
Kx=1/sqrt(2*pi)*exp(-0.5*x.^2);
```
□

4.3.3 核估计的中心极限定理

本节的符号与 4.3.2 节相同。

对于一般的 $\mathbf{T}_n$，我们参考文献[229]。在本节中，基于文献[234]，我们考虑了 $\mathbf{T}_n$ 为单位矩阵的特殊情况，即 $\mathbf{T}_n=\mathbf{I}_n$。所以我们得到：

$$\mathbf{A}_n=\frac{1}{n}\mathbf{X}_n\mathbf{X}_n^{\mathrm{T}}$$

等价表示为

$$\mathbf{B}_n=\frac{1}{n}\mathbf{X}_n^{\mathrm{T}}\mathbf{X}_n$$

因为 $\mathbf{A}_n$ 和 $\mathbf{B}_n$ 的特征值相差 $|n-N|$ 零特征值。在 X_{11} 的二阶矩条件下，当维数 N 与样本量 n 相同时，在著名的 Marcenko-Pastur 定律（MP 定律）下，充分理解了 $F_{\mathbf{A}_n}(x)$ 的收敛。

在建立了大数定律之后，我们可能想要证明中心极限定理（CLT）。然而，即使是 Wishart 集合，由于缺乏强大的工具，在文献中也没有关于 $F_{\mathbf{A}_n}(\cdot)$ 的 CLT。因此，当只有有限矩条件时，也不可能基于样本协方差矩阵的单个特征值进行推理。这些困难促使我们寻求其他可能的方法来进行统计推断。

使用

$$m(z)=m_{F_{\mathbf{A}_n}}(z)$$

其中 $m(z)$ 满足式(4.10)，我们得到了 $F_{\mathbf{A}_n}(x)$ 和 $m_{F_{\mathbf{B}_n}(z)}$ 极限的 Stieltjes 变换的关系

$$m_{F_{\mathbf{B}_n}}(z)=-\frac{1-c}{z}+cm_{F_{\mathbf{A}_n}}(z) \tag{4.32}$$

使 $m_{F_{\mathbf{B}_n}}(z)$ 满足方程

$$z=-\frac{1}{m_{F_{\mathbf{B}_n}}(z)}+\frac{c}{1+m_{F_{\mathbf{B}_n}}(z)} \tag{4.33}$$

对于核函数 $K(\cdot)$ 我们假设

$$\lim_{|x|\to\infty}|xK(x)|=\lim_{|x|\to\infty}|xK'(x)|=0 \tag{4.34}$$

$$\int K(x)\mathrm{d}x=1,\quad \int|xK'(x)|\mathrm{d}x<\infty,\quad \int|xK''(x)|\mathrm{d}x<\infty \tag{4.35}$$

$$\int xK(x)\mathrm{d}x=0,\quad \int x^2|K(x)|<\infty \tag{4.36}$$

定义 $z=u+\mathrm{i}v$，其中 $u\in\mathbb{R}$ 和 v 处于有界区间时，比如$[-v_0,v_0]$其中 $v_0>0$。假设

$$\int_{-\infty}^{\infty}|K^{(j)}(z)|\mathrm{d}u<\infty,\quad j=0,1,2 \tag{4.37}$$

一样的当 $v\in[-v_0,v_0]$，其中 $K^{(j)}(z)$ 表示 $K(z)$ 的 j 阶导数。也假设

$$\lim_{|x|\to\infty}|xK(x+\mathrm{i}v_0)|=\lim_{|x|\to\infty}|xK'(x+\mathrm{i}v_0)|=0 \tag{4.38}$$

其分布函数为 MP 定律，

$$\mathbb{F}_c(x)=\int_{-\infty}^{x}f_c(y)\mathrm{d}y$$

其中 $f_c(x)$ 在式(4.8)中定义。对于$(F_n(x)-\mathbb{F}_{c_n}(x))$我们的第一个结果是 CLT。

定理 4.3.9

假设

1. $h=h(n)$ 是一个正常数序列，满足

$$\lim_{n\to\infty}\frac{nh^2}{\sqrt{\ln h^{-1}}}\to 0,\quad \lim_{n\to\infty}\frac{1}{nh^2}\to 0$$

2. $K(x)$ 满足式(4.34)~式(4.38)，并在开放区间上进行解析，包括

$$\left[\frac{a-b}{h},\frac{b-a}{h}\right]$$

3. X_{ij} 是相互独立的，$\mathbb{E}X_{11}=0$，$\mathrm{Var}(X_{11})=1$，$\mathbb{E}X_{11}^4=3$，并且 $\mathbb{E}X_{11}^{32}<\infty$，$c_n\to c\in(0,1)$。

之后，随着 $n\to\infty$，对于任何固定的正整数 d 和在 (a,b) 中存在不同的点 $x_1,\cdots,x_d$，联合极限分布

$$\frac{\sqrt{2}\pi n}{\sqrt{\ln n}}(F_n(x)-\mathbb{F}_{c_n}(x))\sim\mathcal{N}(0,\mathbf{I}_d),\quad j=1,\cdots,d \tag{4.39}$$

为多元正态分布，其均值为零，协方差矩阵 $\mathbf{I}_d$ 是 $d\times d$ 维单位矩阵。

收敛率 $n/\sqrt{\ln n}$ 与符合 MP 定律的样本协方差矩阵的 ESD 的假设收敛速率 $n/\sqrt{\ln n}$ 一致。很容易检查高斯核 $K(x)=(2\pi)^{-1/2}\mathrm{e}^{-x^2/2}$ 满足定理 4.3.9 中指定的所有条件。

在定理 4.3.9 的基础上，我们可以进一步得到 MP 定律的平滑量化估计。当 $0\leqslant\alpha<1$ 时，

定义的 α-quantile MP 定律为

$$x_{\alpha}=\inf\{x,\mathbb{F}_{c_n}(x)>\alpha\} \tag{4.40}$$

它的估计量，定义为

$$x_{n,\alpha}=\inf\{x,F_n(x)>\alpha\} \tag{4.41}$$

在定理 4.3.9 的假设下，我们有

$$\frac{n}{\sqrt{\ln n}}(x_{n,\alpha}-x_{\alpha})\sim\mathcal{N}\left(0,\frac{1}{2\pi^2 f_c^2(x_{\alpha})}\right),\quad x_{\alpha}\in(a,b) \tag{4.42}$$

其中 $f_c(x)$ 和 a, b 在式(4.8)中定义。

下一个定理是 $f_n(x)$ 的 CLT：

定理 4.3.10

假设

1. $h=h(n)$ 是一个正常数的序列，满足

$$\lim_{n\to\infty}\frac{\ln h^{-1}}{nh^2}\to 0,\quad \lim_{n\to\infty}nh^3=0 \tag{4.43}$$

2. $K(x)$ 满足式(4.34)～式(4.38)，并在开放区间上进行解析，开放区间包括

$$\left[\frac{a-b}{h},\frac{b-a}{h}\right]$$

3. X_{ij} 是独立同分布的，$\mathbb{E}X_{11}=0$，$\mathrm{Var}(X_{11})=1$，$\mathbb{E}X_{11}^4=3$，并且 $\mathbb{E}X_{11}^{32}<\infty$，$c_n\to c\in(0,1)$。

那么，当 $n\to\infty$ 时，对于任何固定的正整数 d 和在 (a,b) 范围内不同的点 $x_1,\cdots,x_d$，联合极限分布

$$nh(f_n(x_i)-f_{c_n}(x_i))\sim\mathcal{N}(0,\sigma^2\mathbf{I}_d),\quad i=1,\cdots,d \tag{4.44}$$

是均值为零，协方差矩阵为 $\sigma^2\mathbf{I}_d$ 的多元正态分布。其中

$$\sigma^2=-\frac{1}{2\pi^2}\int_{-\infty}^{\infty}\int_{-\infty}^{\infty}K'(u_1)K'(u_2)\ln(u_1-u_2)^2\mathrm{d}u_1\mathrm{d}u_2 \tag{4.45}$$

这里 $f_c(x)$ 和 a, b 在式(4.8)中定义。高斯核函数 $K(x)=(2\pi)^{-1/2}\mathrm{e}^{-x^2/2}$ 也满足定理 4.3.10 中的所有条件。定理 4.3.10 实际上是下列定理的一个推论。

定理 4.3.11 当定理 4.3.10 中的条件 $\lim_{n\to\infty}nh^3=0$ 被替换为

$$\lim_{n\to\infty}h=0$$

时，其他条件保持不变。式(4.44)的随机变量被替换为

$$nh\left(f_n(x_i)-\frac{1}{h}\int_a^b K\left(\frac{x_i-y}{h}\right)\mathrm{d}\mathbb{F}_{c_n}(y)\right)\sim\mathcal{N}(0,\sigma^2\mathbf{I}_d),\quad x_i\in(a,b),\quad i=1,\cdots,d$$

定理 4.3.10 也成立。

例 4.3.12(最优带宽 h)

实际上，带宽 $h(n)$ 作为 n 的函数需要被选择。首先，我们得到理论结果，然后我们进行计算机仿真验证我们提出的假设作为补充说明。

我们通过均值平方误差评估 $f_n(x)$ 的质量

$$\begin{aligned}L&=\mathbb{E}\left(\int_a^b(f_n(x)-f_{c_n}(x))^2\mathrm{d}x\right)\\&=\int_a^b(\mathrm{Bias}(f_n(x)))^2\mathrm{d}x+\int_a^b\mathrm{Var}(f_n(x))\mathrm{d}x\end{aligned}$$

其中 $\text{Bias}(f_n(x))=\mathbb{E}f_n(x)-f_{c_n}(x)$。很容易证明下式(参见文献[226]和文献[224]):

$$\frac{1}{h}\int K\left(\frac{x-y}{h}\right)\mathrm{d}\mathbb{F}_{c_n}(y)-f_{c_n}(x)=\frac{1}{2}h^2(f_{c_n}(x))''\int x^2K(x)\mathrm{d}x+O(h^3)$$

虽然定理 4.3.11 的条件并不是完备的，我们仍然大致得到

$$\mathbb{E}f_n(x)-\frac{1}{h}\int K\left(\frac{x-y}{h}\right)\mathrm{d}\mathbb{F}_{c_n}(y)=o\left(\frac{1}{nh}\right)$$

且

$$\text{Var}(f_n(x))=\frac{\sigma^2}{n^2h^2}+o\left(\frac{\sigma^2}{n^2h^2}\right)$$

回想一下在式(4.45)中定义的 σ^2。给出

$$L=\left[\frac{1}{2}h^2(f_{c_n}(x))''\int x^2K(x)\mathrm{d}x+O(h^3)+o\left(\frac{1}{nh}\right)\right]^2+\frac{\sigma^2(b-a)}{n^2h^2}+o\left(\frac{\sigma^2}{n^2h^2}\right)$$

将上面关于 h 的微分设为零，我们看到渐近最优带宽是

$$h_\star=\left(\frac{\sigma^2(b-a)}{2n^2c_1^2}\right)^{1/6}$$

其中，$c_1=\frac{1}{2}(f_{c_n}(x))''\int x^2K(x)\mathrm{d}x<\infty$。这与在经典密度估计中的渐近最佳带宽 $O(1/n^{1/5})$ 不同(参考文献[226])。

图 4.5 通过展示核密度估计 f_n 如何偏离极限 Marchenko-Pastur 定律 $f_{c_n}(x):nh(f_n(x_i)-f_{c_n}(x_i))$，$i=1,\cdots,d$ 来说明式(4.44)。我们发现 $h(n)=1/n^{1/3}$ 是最优带宽，这个观察与上面的理论推导是一致的。$h(n)=1/n^{1/5}$ 的情况见图 4.6。 ▮

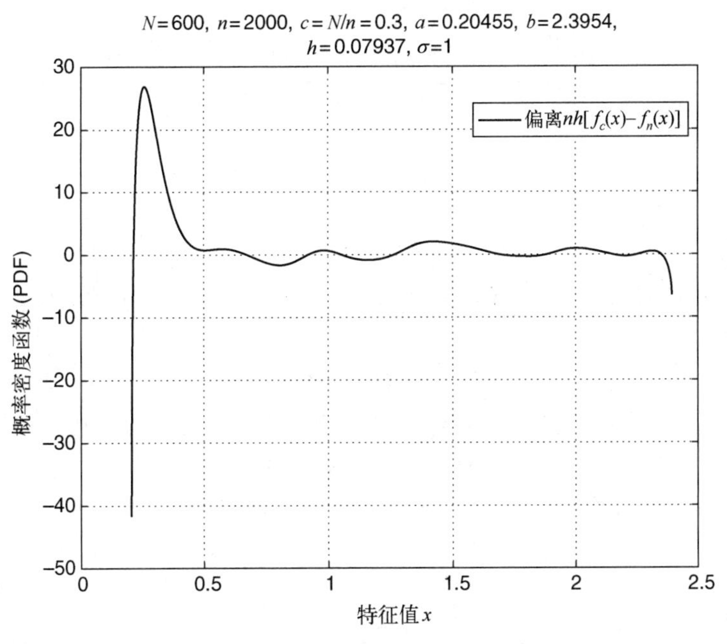

图 4.5 核密度估计 $f_n(x)$ 偏离了极限 Marchenko-Pastur 定律 $f_{c_n}(x):nh(f_n(x_i)-f_{c_n}(x_i))$，$i=1,\cdots,d$。最优带宽 $h=1/n^{1/3}$。这里有 $d=8763$ 个点被画出来。除非另有说明，设置与图4.2相同

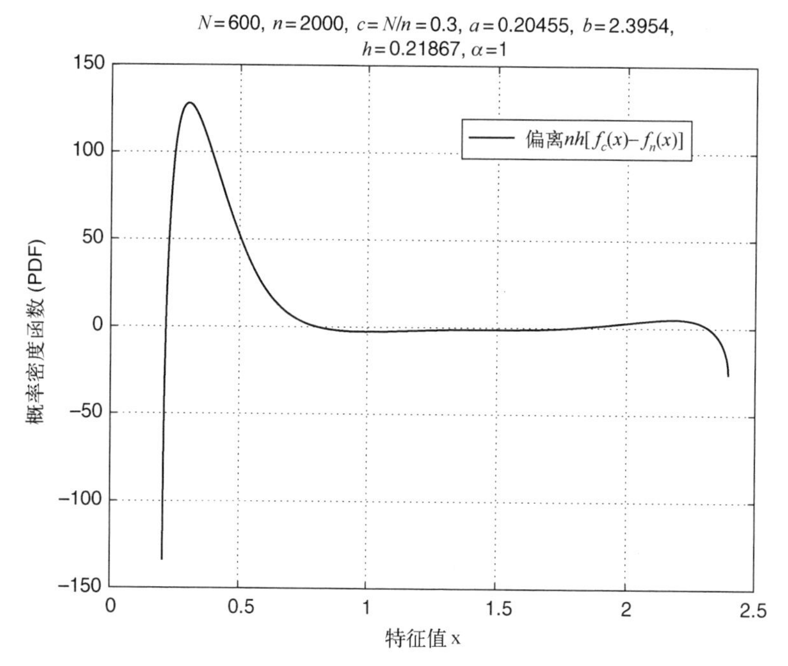

图 4.6　除了 $h=1/n^{1/5}$，与图 4.5 相同

4.3.4　噪声方差的估计

例 4.3.13（MIMO 信道）

观测的 N 维向量$\{\mathbf{x}_i\}_{1\leqslant i\leqslant n}$满足等式

$$\mathbf{x}_i=\mathbf{H}\mathbf{z}_i+\mathbf{w}_i+\boldsymbol{\mu},\quad i=1,\cdots,n \tag{4.46}$$

这里，$\mathbf{z}_i$ 是一个 m 维的公共因子，且 $m\ll N$，$\mathbf{H}$ 是 $N\times m$ 维的矩阵，$\boldsymbol{\mu}$ 表示总体均值，$\mathbf{w}_i$ 是一个独立噪声向量的序列。随机向量 $\mathbf{z}_i$ 和噪声 $\mathbf{w}_i$ 都服从高斯分布，并且它们都是未被观测的。我们选择

$$\mathbb{E}\,\mathbf{z}_i=0\quad 和\quad \mathbb{E}\,\mathbf{z}_i\mathbf{z}_i^{\mathrm{T}}=\mathbf{I}$$

$\mathbf{R}_w=\mathrm{cow}(\mathbf{w}_i)$是对角矩阵，且

$$\boldsymbol{\Gamma}:=\mathbf{H}^{\mathrm{T}}\mathbf{R}_w^{-1}\mathbf{H}$$

对角线上的对角元是不同的。对于一个高斯白噪声向量，我们有 $\mathbf{R}_w=\sigma^2\mathbf{I}$。因此，$\{\mathbf{x}_i\}_{1\leqslant i\leqslant n}$ 的真协方差矩阵是

$$\boldsymbol{\Sigma}=\mathbf{H}\mathbf{H}^{\mathrm{T}}+\mathbf{R}_w \tag{4.47}$$

μ 的最大似然估计是$\bar{\mathbf{x}}$，这些 $\boldsymbol{\Gamma}$ 和 $\mathbf{R}_w$ 是通过求解下面的隐式方程得到的：

$$\mathbf{H}(\boldsymbol{\Gamma}+\mathbf{I}_m)=\mathbf{S}_n\mathbf{R}_w^{-1}\mathbf{H} \tag{4.48}$$

$$\mathrm{diag}(\mathbf{H}\mathbf{H}^{\mathrm{T}}+\mathbf{R}_w)=\mathrm{diag}(\mathbf{S}_n),\quad \boldsymbol{\Gamma}:=\mathbf{H}^{\mathrm{T}}\mathbf{R}_w^{-1}\mathbf{H}\ 是对角矩阵 \tag{4.49}$$

对于高斯白噪声，$\mathbf{R}_w=\sigma^2\mathbf{I}$ 的估计减少到 σ^2的估计。式(4.48)和式(4.49)变为

$$\mathbf{H}(\boldsymbol{\Gamma}+\mathbf{I}_m)=\frac{1}{\sigma^2}\mathbf{S}_n\mathbf{H}$$

$$N\sigma^2=\mathrm{Tr}(\mathbf{S}_n-\mathbf{H}\mathbf{H}^{\mathrm{T}}),\quad \boldsymbol{\Gamma}:=\frac{1}{\sigma^2}\mathbf{H}^{\mathrm{T}}\mathbf{H}\ 是对角矩阵$$

□

通过下式得到最大似然估计

$$\hat{\sigma}^2 = \frac{1}{N-m} \sum_{i=m+1}^{N} \lambda_i(\mathbf{S}_n) \tag{4.50}$$

且

$$\hat{\mathbf{H}}_i = (\lambda_{n,i} - \hat{\sigma}^2)^{1/2} \mathbf{v}_{n,i}, \quad 1 \leqslant i \leqslant m \tag{4.51}$$

其中，$\mathbf{v}_{n,i}$是$\mathbf{S}_n$关于特征值$\lambda_{n,i}(1 \leqslant i \leqslant m)$归一化的特征向量。其中$\lambda_i$是协方差矩阵$\mathbf{S}_n$的特征值

$$\mathbf{S}_n = \frac{1}{n-1} \sum_{i=1}^{n} (\mathbf{x}_i - \bar{\mathbf{x}})(\mathbf{x}_i - \bar{\mathbf{x}})^{\mathrm{T}}$$

其中，$\bar{\mathbf{x}} = \frac{1}{n} \sum_{i=1}^{n} \mathbf{x}_i$是随机向量$\mathbf{x}_1, \cdots, \mathbf{x}_n \in \mathbb{R}^N$的均值。

在经典的设定下，之后称为低维表示，当采样大小$n \to \infty$时通过修正维度N来发展渐近似然理论。最大似然估计与标准的$\sqrt{n}$收敛速度是渐近正态的。在$n \to \infty$的特殊情况下，

$$\sqrt{n}(\hat{\sigma}^2 - \sigma^2) \xrightarrow{\mathcal{L}} \mathcal{N}(0, s^2), \quad s^2 = \frac{2\sigma^4}{N-m} \tag{4.52}$$

考虑到所谓的有约束的协方差矩阵模型

$$\operatorname{spec}(\mathbf{\Sigma}) = (\underbrace{\alpha_1, \cdots, \alpha_1}_{n_1}, \cdots, \underbrace{\alpha_K, \cdots, \alpha_K}_{n_K}, \underbrace{0, \cdots, 0}_{N-m}) + \sigma^2(\underbrace{1, \cdots, 1}_{N}) \tag{4.53}$$

其中，(α_i)是矩阵$\mathbf{HH}^{\mathrm{T}}$的非零特征值且重数为n_i，并满足$n_1 + \cdots + n_K = m$。

相比于采样大小n，维度N足够大，在式(4.50)中的最大似然估计$\hat{\sigma}^2$具有负偏差。假设一些条件被满足，我们有

$$\frac{(N-m)}{\sigma^2 \sqrt{2c}} (\hat{\sigma}^2 - \sigma^2) + \beta(\sigma^2) \xrightarrow{\mathcal{L}} \mathcal{N}(0, 1) \tag{4.54}$$

其中，$\beta\sigma^2 = \sqrt{c/2}\left(m + \sigma^2 \sum_{i=1}^{m} \frac{1}{\alpha_i}\right)$，且当$n \to \infty$时，$c_n = p/(n-1) \to c > 0$。因此对于高维数据，最大似然估计$\hat{\sigma}^2$具有渐近偏差$-\beta\sigma^2$(归一化之后)。这种偏差是噪声方差和矩阵$\mathbf{HH}^{\mathrm{T}}$的$m$个非零特征值的复杂函数。如果$\tilde{c}_n = (N-m)/n$被替换为$c$，式(4.54)的CLT仍然有效。现在如果令$N \ll n$，以致$\tilde{c}_n \approx 0$且$\beta\sigma^2 \approx 0$，因此有

$$\frac{(N-m)}{\sigma^2 \sqrt{2c}} (\hat{\sigma}^2 - \sigma^2) + \beta(\sigma^2) \approx \frac{\sqrt{N-m}}{\sigma^2 \sqrt{2}} (\hat{\sigma}^2 - \sigma^2)$$

这就是经典的低维模式下的CLT，见式(4.52)。从这个角度来看，式(4.54)将经典的CLT式(4.52)自然扩展到高维的环境中。

4.4 限制时间序列的谱分布

时间序列在分析现实世界的应用中扮演着重要的角色。

4.4.1 矢量自回归移动平均(VARMA)模型

在本节中，我们将研究稳态和可逆VARMA(p,q)模型的高维样本协方差矩阵的极限谱分布。我们研究了种群协方差矩阵的极限谱分布和VARMA的样本协方差矩阵(p,q)模型。另外，建立了VARMA(p,q)高维协方差矩阵的功率谱密度函数与极限谱分布之间的关系。

矢量自回归滑动平均(VARMA)模型在大数据分析中是一类重要的线性多变量时间序列模型，具有广泛的应用前景。

ARMA(p,q)过程的功率谱密度函数定义为

$$\Phi(\omega)=\frac{\sigma^2}{2\pi}\frac{|\phi(e^{-j\omega})|^2}{|\theta(e^{-j\omega})|^2},\quad -\pi\leqslant\omega\leqslant\pi$$

其中

$$\phi(t)=1-\phi_1 t-\cdots-\phi_p t^p,\quad \theta(t)=1+\theta_1 t+\cdots+\theta_q t^q$$

且 σ^2 是常数变量。

4.4.2 通用线性过程

4.4.1 节的结果仅限于 ARMA 类型的过程，而不是本节中考虑的通用线性过程。

令$\{\mathbf{X}_i\}$，$i=1,\cdots,n$ 是一个 p 维实数随机向量序列，并考虑相关的经验协方差矩阵

$$\mathbf{S}_n=\frac{1}{n}\sum_{i=1}^{n}\mathbf{X}_i\mathbf{X}_i^{\mathrm{T}} \tag{4.55}$$

本节我们通过研究时间观测序列而不是独立同分布的样例来考虑另一个方向的 Marchenko-Pastur 型定理。首先考虑一个单变量实数线性过程

$$z_t=\sum_{k=0}^{\infty}\phi_k w_{t-k},\quad t\in\mathbb{Z} \tag{4.56}$$

其中，(w_k)是一个均值为零，方差为 1 的实数和弱平稳的白噪声。本节考虑的 p 维过程$(\mathbf{X}_t)$将通过线性过程(z_t)的 p 个独立副本来完成。也就是说，对于 $\mathbf{X}_t=(X_{1t},\cdots,X_{pt})^{\mathrm{T}}$，

$$X_{it}=\sum_{k=0}^{\infty}\phi_k w_{i,t-k},\quad t\in\mathbb{Z} \tag{4.57}$$

其中 p 坐标过程$\{(w_{1,t},\cdots,w_{p,t})\}$是式(4.56)中单变量过程$\{w_t\}$的独立副本。令 $\mathbf{X}_1,\cdots,\mathbf{X}_n$ 是时间 $t=1,\cdots,n$ 的时间序列的观测值。我们感兴趣的是式(4.56)中的样本协方差矩阵 $\mathbf{S}_n$ 的经验谱密度。

对于任意复数 z，我们通常使用下面的定理。$\sqrt{z}$表示它的平方根和非负虚部。

定理 4.4.1 假设下列条件成立：(1)维度 $p\to\infty$，$n\to\infty$ 和 $p/n\to c\in(0,\infty)$；(2)错误过程有四阶矩：$\mathbb{E}w_t^4<\infty$；(3)线性核(ϕ_k)是绝对可加的，也就是说 $\sum_{k=0}^{\infty}|\phi_k|<\infty$。那么几乎可以肯定，$\mathbf{S}_n$ 的经验谱密度趋向于非随机概率分布 $F(x)$。而且，$F(x)$(一种从$\mathbb{C}^+$到$\mathbb{C}^+$的映射)的 Stieltjes 变换 $s=s(z)$满足等式

$$z=-\frac{1}{s(z)}+\frac{1}{2\pi}\int_0^{2\pi}\frac{1}{cs(z)+[2\pi\Phi(\omega)]^{-1}}\mathrm{d}\omega \tag{4.58}$$

其中，$G(\omega)$是线性过程(z_t)的谱密度函数，

$$\Phi(\omega)=\frac{1}{2\pi}\left|\sum_{k=0}^{\infty}\phi_k e^{j\omega k}\right|^2,\quad \omega\in[0,2\pi) \tag{4.59}$$

我们提供了一个计算式(4.58)中定义的 LSD 的密度函数 $h(x)$的数值算法，通过 Stieltjes 变换 $s(z)$。我们得到

$$s(z)=\frac{1}{-z+g(s(z))}$$

其中，

$$g(s(z))=\frac{1}{2\pi}\int_0^{2\pi}\frac{1}{cs(z)+(2\pi\Phi(\omega))^{-1}}\mathrm{d}\omega$$

下面的算法是定点类型的。

算法

(1) 对于给定的实数 x，让 ε 是个足够小的正数，定义 $z=x+\mathrm{i}\varepsilon$。

(2) 选择一个初始值 $s_0(z)=u+\mathrm{i}\varepsilon$ 并且通过上式的映射

$$s_{k+1}(z)=\frac{1}{-z+g(s_k(z))}$$

直到收敛，此时得到最终值 $s_K(z)$。

(3) 定义密度函数的估计值是

$$\hat{h}(x)=\frac{1}{\pi}\mathrm{Im}\ s_K(z)$$ ∎

众所周知，该迭代映射具有良好的收缩性能，保证了算法的收敛性。

例 4.4.2(ARMA 过程)

为了简洁，我们仅考虑最简单的因果 ARMA(1,1)过程：

$$z_t=\phi z_{t-1}+w_t+\theta z_{t-1},\quad t\in\mathbb{Z}$$

其中 $|\phi|<1$ 并且 θ 是实数。目的是发现简单的通式(4.58)，我们有

$$\frac{1}{2\pi\Phi(\omega)}=\left|\frac{1-\phi\mathrm{e}^{\mathrm{j}\omega}}{1+\theta\mathrm{e}^{\mathrm{j}\omega}}\right|^2$$

$$I=\frac{1}{2\pi}\int_0^{2\pi}\frac{1}{cs(z)+(2\pi\Phi(\omega))^{-1}}\mathrm{d}\omega=\frac{1}{2\pi i}\oint_{|\xi|=1}\frac{1}{cs(z)+\left|\frac{1-\phi\xi}{1+\theta\xi}\right|^2}\frac{\mathrm{d}\xi}{\xi}$$

通过一个冗长而基本的残差计算，我们发现对于一个 ARMA(1,1)过程，一般方程(4.58)可简化为

$$z=-\frac{1}{s(z)}+\frac{\theta}{\mathrm{cs}(z)\theta-\phi}-\frac{(\phi+\theta)(1+\phi\theta)}{(\mathrm{cs}(z)\theta-\phi)^2}\frac{\mathrm{sgn}(\mathrm{Im}(\alpha))}{\sqrt{\alpha^{2-4}}}$$

其中，

$$\alpha=\frac{cs(z)(1+\theta^2)+1+\phi^2}{cs(z)\theta-\phi}$$

为了计算 LSD · $F(x)$的密度函数，式(4.58)中的积分的显式公式是很重要的，以实现数值算法。 □

4.4.3 线性过程的大样本协方差矩阵

一个典型的应用是样本协方差矩阵$\frac{1}{n-1}\mathbf{X}\mathbf{X}^{\mathrm{T}}$，其中数据矩阵是 $\mathbf{X}=(X_{i,j})$，$i=1,\cdots,p$；$t=1,\cdots,n$。

我们在本节的目标是在 $\mathbf{X}$ 的行内存在依赖的情况下获得 Marchenko-Pastur 类型的结果：更确切地说，对于 $\mathbf{X}$ 的第 i 行($i=1,\cdots,p$)由以下形式的线性过程给出：

$$(X_{i,t})_{t=1,\cdots,n}=\left(\sum_{j=0}^{\infty}c_jZ_{i,t-j}\right)_{t=1,\cdots,n},\quad c_j\in\mathbb{R}$$

这里是一个满足下式的独立随机变量数组：

$$\mathbb{E}Z_{i,t}=0,\quad \mathbb{E}Z_{i,t}^2=1,\quad v_4=\sup_{i,t}\mathbb{E}Z_{i,t}^4<\infty \tag{4.60}$$

同样对于 Lindeberg 类型条件，对于每个 $\varepsilon>0$，均有

$$\frac{1}{pn}\sum_{i=1}^{p}\sum_{j=1}^{n}\mathbb{E}\left(Z_{it}^{2}\mathbf{I}_{(Z_{i,t}^{2}\geqslant\varepsilon n)}\right)\to 0,\quad n\to\infty \tag{4.61}$$

显然，如果所有$\{Z_{i,t}\}$是同分布的，式(4.61)是成立的。

结果的新颖性在于我们允许在行内的依赖性，Stieltjes 变换 $m_F(z)$的方程是根据谱密度给出的

$$\Phi(\omega)=\sum_{k\in\mathbb{Z}}\phi_k \mathrm{e}^{-\mathrm{j}\omega k},\quad \omega\in[0,2\pi]$$

对于线性过程 X_i，这是自协方差函数的傅里叶变换

$$\phi_k=\sum_{j=0}^{\infty}c_j c_{j+|k|},\quad k\in\mathbb{Z}$$

4.4.4 固定过程

我们考虑一个固定的因果过程$(X_k)_{k\in\mathbb{Z}}$如下：使$(W_k)_{k\in\mathbb{Z}}$是一个服从独立同分布(i.i.d.)的实数随机变量的序列，令 $g:\mathbb{R}^{\mathbb{Z}}\to\mathbb{R}$ 是一个可测量的方程，对于任何 k，

$$X_k=g(\mathbf{w}_k),\quad \mathbf{w}_k=(\cdots,W_{k-1},W_k) \tag{4.62}$$

是一个适当的随机变量，使得$\mathbb{E}g(\mathbf{w}_k)=0$ 且$\|g(\mathbf{w}_k)\|_2<\infty$。

框架式(4.62)是非常普遍的，它包含了许多广泛使用的线性和非线性过程[参见文献[235]]。我们参考文献[236]的文章，了解式(4.62)形式的固定过程的许多例子。根据文献[237]和文献[235]，$(X_k)_{k\in\mathbb{Z}}$可以看作一个物理系统，其中 $\mathbf{w}_k$(分别是 X_k)是输入，g 是变换或数据生成机制。

对于一个正整数 n，考虑序列$(W_k)_{k\in\mathbb{Z}}$的 n 个独立副本，当 $i=1,\cdots,n$ 时，用$(W_k^{(i)})_{k\in\mathbb{Z}}$表示。设

$$\mathbf{w}_k^{(i)}=(\cdots,W_{k-1}^{(i)},W_k^{(i)}),\quad X_k^{(i)}=g(\mathbf{w}_k^{(i)})$$

它遵循

$$(X_k^{(1)})_{k\in\mathbb{Z}},\cdots,(X_k^{(n)})_{k\in\mathbb{Z}}$$

是(X_k)的 n 个独立副本。令 $N=N(n)$是一个正整数序列，并定义任意 $i\in\{1,\cdots,n\}$，$\mathbf{x}_i=(X_1^{(i)},\cdots,X_N^{(i)})$。令

$$\mathbf{X}_n=(\mathbf{x}_1^{\mathrm{T}},\cdots,\mathbf{x}_n^{\mathrm{T}})\in\mathbb{R}^{N\times n}\quad 和\quad \mathbf{S}_n=\frac{1}{n}\mathbf{X}_n\mathbf{X}_n^{\mathrm{T}}\in\in\mathbb{R}^{N\times N} \tag{4.63}$$

其中，$\mathbf{S}_n$ 被称为与$(X_k)_{k\in\mathbb{Z}}$相关联的样本协方差矩阵，为了导出 $\mathbf{S}_n$ 的极限频谱分布，我们需要对$(X_k)_{k\in\mathbb{Z}}$施加一些依赖关系结构。令$(W_k')_{k\in\mathbb{Z}}$为$(X_k)_{k\in\mathbb{Z}}$的独立副本，然后定义函数功能依赖测度

$$\varepsilon(k)=\|X_k-X_k'\|_2，任意\ k\geqslant 0 \tag{4.64}$$

其中，$X_k'=g(\mathbf{w}_k')$，$\mathbf{w}_k'=(\mathbf{w}_{-1},W_0',W_1',\cdots,W_{k-1},W_k)$。系数 $\varepsilon(k)$衡量的是如果我们将当前输入 W_0 改为一个独立的拷贝 W_0'，这个过程将偏离原轨迹$(g(\mathbf{w}_k))_{k\geqslant 0}$的程度，用 L^2 距离来衡量。另外，文献[238]的命题 3 也满足了

$$\|P_0(X_k)\|_2\leqslant 2\varepsilon(k) \tag{4.65}$$

对于任何属于$\mathbb{Z}$ 的 k 和 j，我们都有

$$P_j(X_k)=\mathbb{E}(X_k\mid\mathbf{w}_j)-\mathbb{E}(X_k\mid\mathbf{w}_{j-1})$$

定理 4.4.3 式(4.62)中定义了 X_k 和式(4.63)中定义了 $\mathbf{S}_n$，假设

$$\sum_{k\geqslant 0}\|P_0(X_k)\|_2<\infty,\ \sum_{k\geqslant 0}\varepsilon^2(k)<\infty \tag{4.66}$$

且 $c(n)=N \mid n \to c \in (0,\infty)$。那么，$F_{\mathbf{S}_n}(x)$倾向于非随机概率分布，Stieltjes 变换 $s(z)\,(z\in\mathbb{C}^+)$满足方程

$$z=-\frac{1}{\underline{s}(z)}+\frac{c}{2\pi}\int_0^{2\pi}\frac{1}{\underline{s}(z)+[2\pi\phi(\omega)]^{-1}}\mathrm{d}\omega \tag{4.67}$$

其中，$\underline{s}=\frac{1-c}{z}+cs(z)$，$\phi(\cdot)$是$(X_k)_{k\in\mathbf{Z}}$的谱密度。

在条件式(4.66)的第一部分，序列 $\sum\limits_{k\geqslant 0}|\mathrm{Cov}(X_0,X_k)|$ 是有限的。因此式(4.66)意味着$(X_k)_{k\in\mathbf{Z}}$的谱密度 $\phi(\cdot)$存在，且在$[0,\ 2\pi)$上是连续的和有界的。

式(4.66)在文献中被称为 Hannan-Heyde 条件，并且已知对于中心有限定理的有效性是足够的，中心极限定理中相关联的一个 L^2 中的适于定期平稳过程的部分由$\sqrt{n}$归一化。

考虑实数线性过程的函数。定义

$$X_k=h\left(\sum_{i\geqslant 0}a_iW_{k-i}\right)-\mathbb{E}\left[h\left(\sum_{i\geqslant 0}a_iW_{k-i}\right)\right] \tag{4.68}$$

其中，$(a_i)_{i\in\mathbf{Z}}$是在 ℓ^1 上的实数序列，是 L^1 内独立同分布的随机变量序列。我们可以给出函数 $h(x)$正则性的充分条件，以满足条件式(4.66)。详见文献[239]。

4.4.5 对称自交叉协方差矩阵

考虑一个对称的自交叉协方差矩阵的极限谱分布(LSD)

$$\mathbf{R}_\tau=\frac{1}{2T}\sum_{k=1}^{T}(\mathbf{w}_k\mathbf{w}_{k+\tau}^{\mathrm{H}}+\mathbf{w}_k^{\mathrm{H}}\mathbf{w}_{k+\tau})$$

其中，$\mathbf{w}_k=(W_{1k},\cdots,W_{Nk})^{\mathrm{T}}$ 和$\{W_{it}\}$是均值为零，方差为 σ^2 的独立随机变量。这里，$\tau\geqslant 1$ 表示滞后的数量。这部分的证明来自文献[240]和奇异值分析等[241][242]。

考虑具有滞后 q 的大维动态 k 因子模型的框架，以理解 k 的潜在动机。采取以下形式：

$$\boldsymbol{y}_t=\sum_{i=0}^{q}\mathbf{H}_i\mathbf{x}_{t-i}+\mathbf{w}_t,\quad t=1,\cdots,T$$

其中，$\mathbf{H}_i$ 是满秩的 $N\times k$ 维非随机矩阵。对于 $t=1,\cdots,T$，$\mathbf{x}_t$ 是具有四阶矩的 k 维 i. i. d. 标准复数分量，$\mathbf{w}_t$ 是有限的 i. i. d. 标准复数分量的 N 维向量，与 $\mathbf{w}_t$ 无关。这个模型可以被看作一个大尺寸的信息加噪声模型[243]，包含 $\mathbf{w}_t$ 的求和部分和噪声信息。在这里，“大尺寸”是指 N 和 T，而数字 k 和滞后 q 的数量是小而固定的。在这个高维空间下，一个重要的统计问题是 k 和 q 的估计。

对于 $\tau=0$ 时，$\mathrm{Cov}(\mathbf{x}_t)=\boldsymbol{\Sigma}_x$，$\mathbf{y}_t$ 的协方差矩阵 $\boldsymbol{T}$ 具有相同的特征值

$$\begin{pmatrix}\sigma^2\mathbf{I}+\mathbf{H}^{\mathrm{H}}\boldsymbol{\Sigma}_x\mathbf{H} & 0\\ 0 & \sigma^2\mathbf{I}\end{pmatrix}$$

$k(q+1)\times k(q+1)$和$[N-k(q+1)]\times[N-k(q+1)]$分别是两个对角块。所以，我们有了总体模型框架。

已经推导出 $\mathbf{R}_\tau$ 的极限谱分布，表示为 $F_\tau(x)$，$F_\tau(x)=\lim\limits_{N\to\infty}F_{\mathbf{R}_\tau}(x)$。详情请参见文献[244]。

我们总结文献[245]在这方面的工作。重点是一类称为线性过程的时间序列[或 MA(∞)进程]给出的表示：

$$\mathbf{x}_t=\sum_{\ell=0}^{\infty}\mathbf{A}_\ell\mathbf{z}_{t-\ell},\quad t\in\mathbb{Z} \tag{4.69}$$

其中，$(\mathbf{A}_\ell : \ell \in \mathbb{N})$是$p\times p$矩阵，单位矩阵$\mathbf{A}_0$和$(\mathbf{z}_t : t \in \mathbb{Z})$是$p$维随机向量(创新点)，具有零均值，单位方差和四阶矩的 i. i. d. (独立同分布)条件z_{ij}(实数或复数)。它是假定矩阵$\mathbf{A}_\ell$是对称的(在实际情况下)或者共轭的(在复杂的情况下)，并且同时是对角化的。并且使用稳定性要求$\sum_{\ell=1}^{\infty} \ell \|\mathbf{A}_\ell\| < \infty$，其中$\|\cdot\|$表示算子范数这些假设表示，上升至一个未知的变化情况，过程中$\mathbf{x}_t$的坐标是不相关的平稳线性过程具有短程依赖性。目标是将滞后τ对称样本自协方差的 ESD 的行为，定义为

$$\mathbf{C}_\tau = \frac{1}{2n}\sum_{t=1}^{n-\tau}(\mathbf{x}_t\mathbf{x}_{t+\tau}^{\mathrm{H}} + \mathbf{x}_{t+\tau}\mathbf{x}_t^{\mathrm{H}})$$

与系数矩阵$(\mathbf{A}_\ell : \ell \in \mathbb{N})$的谱的 ESD 行为联系起来，当$p,n\to\infty$时，使得$p/n\to c\in(0,\infty)$。

这里所研究的模型类别包括有限的一类因果自回归移动平均(ARMA)过程满足系数矩阵同时可对角化的要求，(当在公共正交或单位基础上对角化时)特征值的分布收敛于有限维分配。结果用样本自协方差的 ESD 的 Stieltjes 变换表示。

4.4.6 具有重尾的大样本协方差矩阵

本节讨论对称随机矩阵，其上对角线条目是从线性随机场中获得的。我们的目标是通过允许重尾假设来削弱时刻条件，允许依赖于行和列的独立数目。潜在的应用程序出现在金融管理，大规模 MIMO 和智能电网，其中观测通常具有依赖性。

在对高维数据进行统计分析时，我们经常试图降低维数，同时尽可能地保留维数变化可能性。主成分分析(PCA)是这种方法的一个重要例子。前k个主成分的方差由协方差矩阵的k个最大特征值给出。在实际中，真正的底层协方差矩阵是不可用的，因此通常用样本协方差矩阵代替$\frac{1}{n}\mathbf{X}\mathbf{X}^{\mathrm{T}}$，其中$\mathbf{X}$是$p\times n$矩阵。为了解释大量的高维数据集，我们研究了当数据的维数和样本量都趋于无穷大时，k的最大特征值样本协方差矩阵。

有两种情况：(i)观测值随着指数$\alpha\in(2,4)$而有规律地变化，即具有无穷方差的观测；(ii)观测具有有限的方差，但具有指数$\alpha\in[2,4)$的无限四阶矩。在许多应用程序中数据通常表现为高纬度，如金融，假设无限的差异可能非常大。所以在这里我们假设(ii)的情况。这个假设也与推导 PCA 使用的理论框架的动机一致。

我们假设$\mathbf{X}$是一个$p\times n$矩阵

$$X_{it} = \sum_{j=-\infty}^{\infty} c_j Z_{i,t-j}, \quad j \in \mathbb{N} \tag{4.70}$$

序列c_j是绝对可加的，$\sum_{j=-\infty}^{\infty}|c_j| < \infty$和$(Z_{it})_{i,t}$是具有边缘分布的独立同分布的零均值随机变量，该变量随尾部索引$\alpha\in[2,4)$有规律地变化。归一化序列a_n的

$$\mathbb{E}Z_{11}=0 \quad 和 \quad \lim_{n\to\infty} n\,\mathbb{P}(|Z_{it}|>a_n x)=x^{-\alpha}, \quad 任意\ x>0 \tag{4.71}$$

换句话说，对于任意$i\in\mathbb{N}$，$(X_{it})_t$是由一些有规律变化的噪声驱动的无限阶移动平均过程。从经典的极值理论来看，序列a_n必然具有特征

$$a_n = n^{1/\alpha}L(n) \tag{4.72}$$

对于一些缓慢变化的函数$L:\mathbb{R}^+\to\mathbb{R}^+$，即该函数的性质，对于每个$x>0$，$\lim_{t\to\infty}\frac{L(tx)}{L(t)}=1$。此外，我们假设满足由下式给出的尾部平衡条件：

$$\lim_{x\to\infty}\frac{\mathbb{P}(Z_{11}>x)}{\mathbb{P}(|Z_{11}|>x)}=q=1-\lim_{x\to\infty}\frac{\mathbb{P}(Z_{11}\leqslant -x)}{\mathbb{P}(|Z_{11}|>x)} \tag{4.73}$$

对于部分满足 $0\leqslant q\leqslant 1$ 的 q。

定义 4.4.4 （归一化的）样本 $\mathbf{X}$ 的样本协方差矩阵定义为如下的 $p\times p$ 矩阵：

$$\mathbf{S}_n=\frac{1}{a_{np}^2}(\mathbf{X}\mathbf{X}^{\mathrm{T}}-n\mu_X\mathbf{I}_p)$$

其中 $\mu_X=\mathbb{E}Z_{11}^2\sum_j c_j^2$，$\mathbf{I}_p$ 是 $p\times p$ 的单位矩阵，我们把 $\mathbf{S}$ 的无序特征值表示为 $\lambda_1,\cdots,\lambda_p$，把 $\mathbf{S}$ 的有序特征值表示为 $\lambda_{(1)},\cdots,\lambda_{(p)}$。

可以看出 $\mathbf{X}\mathbf{X}^{\mathrm{T}}$ 是由它的对角线元素所决定的。如果 $\alpha>2$，那么对角线元素拥有有限的均值 $n\mu_X=n\mathbb{E}Z_{11}^2\sum_j c_j^2$，必须将其减去以获得非平凡的限制结果。

如果 $\alpha=2$，那么有可能 $\mathbb{E}Z_{11}^2=\infty$，在这种情况下我们将上述定义中的 μ_X 替换为均值序列 $ux^n=\sum_j c_j^2\mathbb{E}(Z_{11}^2\mathbf{I}_{\{Z_{11}^2\leqslant a_{np}^2\}})$。

以下定理是对非独立条目的推广[246]，除了 p/n 是一些正的有限常量，同时我们假设 p 由 n 的小幂次限定，其特征值的随机概率测度被定义为 $\frac{1}{p}\sum_{i=1}^{p}\delta_{n^{-1}\lambda_i}$，其中 δ 表示狄拉克测度。

定理 4.4.5 类似于式(4.70)，式(4.71)，以及式(4.73)那样定义 $\mathbf{X}=(X_{it})$，$\alpha\in[2,2)$。假设 $n\to\infty$，可以得到：

$$\lim_{n\to\infty}\sup\frac{p_n}{n^\beta}<\infty \tag{4.74}$$

对于 $\beta>0$ 满足：

(i) $\beta<\max\left\{\frac{1}{3},\frac{4-\alpha}{4(\alpha-1)}\right\}$，$2\leqslant\alpha<3$；

(ii) $\beta<\frac{4-\alpha}{3\alpha-4}$，$3\leqslant\alpha<4$。

然后 $\mathbf{S}_n$ 的特征值的点过程 $N_n=\sum_{i=1}^{p}\delta_{\lambda_i}$ 的分布收敛于一个强度测度为 v 的泊松点过程 N_n，v 定义为

$$v((x,\infty])=\mathbb{E}\,N_n(x,\infty]=x^{-\alpha/2}\left|\sum_j c_j^2\right|^{\alpha/2},\ x>0$$

尤其上述定理表明 $\mathbf{S}_n$ 的 k 个最大的特征值 $\lambda_{(1)}\geqslant\cdots\geqslant\lambda_{(k)}$，即 $\mathbf{S}_n$ 的 k 个最大的主成分的方差，联合地收敛于一个随机向量，其分布仅仅由 k 以及尾部索引 α 和系数 c_j 决定。令 Y_i 表示为独立同分布的随机变量，服从均值为 1 的指数分布 $\mathbb{P}(Y_i>x)=\mathrm{e}^{-x}$，$x>0$，它们的和表示为 $\Gamma_i=Y_1+Y_2+\cdots+Y_i$，我们可以得到：

$$(\lambda_{(1)},\cdots,\lambda_{(p)})\xrightarrow[n\to\infty]{D}(\Gamma_1^{-2/\alpha},\cdots,\Gamma_k^{-2/\alpha})\left(\sum_j c_j^2\right)$$

文献备注

在 4.1 节中，从文献[247]和文献[245]中提取了部分材料。

我们遵循文献[201]在4.2节中对广义 Marchenko-Pastur 分布进行的解释。

我们在4.3.4节中遵循文献[248]。

在4.3.3节中，我们遵循文献[234]和文献[229]。参考文献[249]是相关的。样本协方差矩阵(有/无经验居中)由 $\mathbf{S}$ 和 $\mathcal{S}$ 表示。在文献[249]中证明了特征值统计量 $\mathcal{S}$ 的中心极限定理随着 $n\to\infty$ 接近一个正的常数。而且，也证明了在特征向量的平均行为中没有观察到这种不同的行为[229]。

4.4.1节取自文献[250]。

4.4.2节取自文献[251]。

4.4.4节取自文献[239]。

4.4.5节取自文献[244]。

4.4.3节取自文献[252, 253]。

4.4.6节取自文献[253]，稍做改动以符合我们的习惯。另见文献[146]和文献[254]。

Marchenko-Pastur 定律在文献[245]中用于线性时间序列。

第5章　大型厄米随机矩阵与自由度随机变量

发现可观测量之间的相关性是科学方法论的核心。一旦“原因”和“效应”之间的相关性在经验上建立起来，我们就可以开始设计理论模型来理解这种相关性的方法，并将这些模型用于预测目的。在许多情况下，可能的原因和影响的数量都很大。例如，在工业环境中，可以在生产阶段监控设备(发动机、硬件等)的大量特性，并将它们与最终产品的性能相关联。在经济和金融方面，我们的目标是理解大量可能相关的因素之间的关系。如今，经济学家可获得的宏观经济时间序列数量巨大。这导致 Granger[255] 和其他人认为“大型模型”应该是计量经济学议程的最前沿。开发“大型模型”的想法是整本书的统一主题。结果，大型随机矩阵是整个理论框架中的天然构建块。由于大型随机矩阵可以视为自由随机变量，因此推动矩阵自由概率理论。

随机矩阵在许多科学分支中找到无处不在的应用。原因是双重的。首先，随机矩阵具有很大程度的通用性，即：大型矩阵的特征值性质不依赖于基础统计矩阵集合的细节。其次，随机矩阵可以被看作非交换随机变量。因此，它们构成了一个非交换概率理论的基础，其中整个矩阵被视为概率空间的一个元素。在矩阵的大小趋于无穷大时，与数学意义上的概率理论的联系变得精确。这是著名的自由概率理论，其中独立矩阵扮演着自由随机变量(以下简称 FRV)的角色。最基本的观察是数据集通常组织为大型矩阵。大型随机矩阵被视为自由随机变量，这是本章的基础。

我们的基本任务是代表这些大数据集，针对大数据的数据建模。我们的基本方法是向物理学家学习。物理学家专注于使用从现实世界复杂系统分析中借鉴的工具分析实验数据，成为高置信水平的预测理论。

通常这些矩阵的第一维等于自由度 N 的数量，第二维等于测量的数量 T。典型的例子是巨大的经济/金融系统、传感网络、无线网络和复杂的生物系统。

这些方法的一个共同特点是它们需要对数据进行大量的积累和分析，这通常会受到统计噪声的影响。由于所讨论的系统的高维度，其复杂性、非线性、潜在的非平稳性和新兴的集体行为，手头上的问题变得难以用传统的方法解决多变量统计分析。基本方法是借鉴物理学和数学等新兴领域的观点，如网络统计理论、渗流理论、自旋玻璃、随机矩阵理论、自由随机概率、博弈论等。

在矩阵值概率计算的语言中，量子本质来自这样一个事实：概率计算的基本对象是操作符，它被写成大型非交换矩阵，在经济中由大数据阵列表示，在金融系统、无线网络、传感器网络、智能电网等中。这种语言中的相关可观测量与其光谱的统计特性有关。

5.1　大型经济/金融体系

我们对大数据的基本方法是类比方法，其目标是金融系统、无线网络、传感器网络、智能电网等并行应用。统计物理概念可以丰富这种大数据科学，希望能够实现在基层层面产生重大影响。

玻尔兹曼(概率概念)和量子力学(矩阵概率)引起了两次概念革命。

使用随机过程的高斯特性的假设来制定随机游走的概念。今天，对于一个熟悉临界现象的物理学家来说，幂律和大幅波动的概念是相当明显的。改变高斯世界的第二个主要因素是计算机。在过去的 40 年里，计算机的性能提高了六个数量级。这个事实对经济影响很大。首先，交易的速度和范围发生了巨大变化。以这种方式，一台计算机开始作为波动的放大器。其次，经济和市场开始更密切地关注对方，因为计算机可以以指数形式收集更多数据。

自 20 世纪 90 年代以来，有一种倾向：物理学家开始科学地研究经济。使用计算机的一个好处是经济系统开始储存越来越多的数据。今天市场收集了难以置信的数据量(实际上他们记得每笔交易)。这触发了对新方法的需求，能够管理大数据的数据管理。特别是，数据开始使用大量数据建模和学习的方法进行建模和分析，并从物理学中广泛借鉴。这些研究主要用于定量金融。在很大程度上，它是由在这个领域可以获得大量的数据引发的。在大数据科学中，这就是为什么金融系统的先进技术领先于其他分支机构，如无线网络、传感器网络和智能电网的原因。对金融系统的研究更多，比无线网络、传感器网络和智能电网等大型物理系统更困难，因为后者可以用于数据收集。

我们必须处理经济系统中的大规模现象。我们需要考虑太多的随机因素。最终目标是达到理解水平，这将使我们能够预测系统对未来宏观经济参数变化的反应。

从非交换概率和中心极限定理的角度来看，值得强调的是如何使用大型随机矩阵是自然的和基本的。因此，令人费解的是，如何使用大型随机矩阵(在我们的语言矩阵概率中)来分析财务数据。突破发生在 1999 年，正如 2.10.2 节所述。矩阵概率理论似乎是理想的工具，可以更好地理解协方差矩阵的作用以及定量估计噪声作用，相关性和稳定性的方法分析。我们认为，随机矩阵技术的全部力量尚未被定量金融界认可，更不用说大数据界了。

5.2 矩阵值的概率

矩阵估值概率的基本构造块是 $N\times T$ 的复随机矩阵 $\mathbf{X}$，$\mathbf{X}\in\mathbb{C}^{N\times T}$，如果是随机变量，那么是否能够形成中心极限定理的类比？如果随机变量形成总和：

$$\mathbf{S}_n=\mathbf{X}_1+\mathbf{X}_2+\cdots+\mathbf{X}_n \tag{5.1}$$

换句话说，我们正在寻找一种不可交换的概率论，$\mathbf{X}_i$ 可被视为算子，但它应该与“经典”概率理论有着密切的相似之处。

抽象运算符可能有矩阵表示。如果存在这样的结构，我们将有一个直接在矩阵空间中形成概率分析的自然工具。当代金融市场的特点是收集和处理大量的数据。统计上，它们可能服从矩阵值中心极限定理。矩阵值概率理论非常适合分析大型数据阵列的属性。它也允许重新制定标准协变量的多变量统计分析成为新颖强大的语言。大型数据阵列的光谱特性也可能为研究混沌特性提供了一种相当独特的工具，解开了相关性并识别了大量数据集中的意外模式。

非交换概率的起源与 1980 年代冯・诺依曼代数的抽象研究有关。对这个理论提出了一个新的转折，当它被认识到时，称为自由随机变量的非置换抽象算子可以表示为无限矩阵[126]。近些年来，随机变量的概念才开始在物理学中明确地出现[127,128,131]。

本节放弃了常用的方式，将遵循直观的方法，经常使用物理直觉。

我们的主要目标是研究大型数据阵列的光谱特性，并考虑到大型物理系统。由于大型随机矩阵遵循关于它们测度的中心极限定理，光谱分析是建立整组矩阵有序数据的随机特征的有力工具，只需将它们的谱与随机矩阵理论的已知解析结果进行比较。同时，经验谱特征与纯随机矩阵的谱相关性的偏差可以用作推断相关性的来源，在用其他方法研究时不可见。

假设我们想研究无限随机矩阵的统计特性。我们感兴趣的是 $N\times N$ 的矩阵 $\mathbf{X}$ 的光谱特性，它是从矩阵测度中得出的：

$$\exp(-N \operatorname{Tr} V(\mathbf{X}))\mathrm{d}\mathbf{X} \tag{5.2}$$

潜在的 $V(\mathbf{X})$（一般不一定是多项式）我们现在只限于复杂的厄米矩阵，因为它们的频谱是真实的。矩阵 $\mathbf{X}$ 的平均谱密度定义为

$$\rho(\lambda)=\frac{1}{N}\langle \operatorname{Tr}\delta(\lambda-\mathbf{X})\rangle=\frac{1}{N}\left\langle\sum_{i=1}^{N}\delta(\lambda-\lambda_i)\right\rangle \tag{5.3}$$

其中$\langle\cdots\rangle$表示对式(5.2)整体进行平均，接下来，$G(z)$是一个亚纯函数，其极点位于实轴上并对应于考虑中的特定的 $\mathbf{X}$ 矩阵的特征值。相反，当平均操作实际执行并且取得极限时，格林函数的极点开始合并为实线的连续区间。在这个极限中，除了上述间隔，格林函数变成了复平面中任何地方的全纯函数。值得注意的是，这些是特征值密度式(5.3)实际定义的间隔。

光谱性质与格林函数的不连续性有关，我们可以引入

$$G(z)=\frac{1}{N}\langle \operatorname{Tr}(z\mathbf{I}_N-\mathbf{X})^{-1}\rangle \tag{5.4}$$

其中，z 是一个复变量，$\mathbf{I}_N$ 是 $N\times N$ 的单位矩阵。由于分布的已知属性（Sokhotsky 公式）

$$-\frac{1}{\pi}\lim_{\varepsilon\to 0+}\operatorname{Im}\, G(z)\mid_{z=\lambda+\mathrm{i}\varepsilon}=\rho(\lambda) \tag{5.5}$$

其中，PV 代表主值，我们看到 Greens 函数的虚部重建谱密度式(5.3)

$$-\frac{1}{\pi}\lim_{\varepsilon\to 0+}G(z)\mid_{z=\lambda+\mathrm{i}\varepsilon}=\rho(\lambda) \tag{5.6}$$

格林函数在无限矩阵极限中完全等价于特征值密度，并对所研究的矩阵集合的所有谱密度进行编码。整个框架是由式(5.6)的基本关系所激发的。除了在实线上的一些切割，在复平面中处处都是全形的，格林函数通常可以扩展成无穷大的幂级数 z 的系数，可以由以下表达式给出

$$G(z)=\sum_{k=0}^{\infty}\frac{M_k}{z^{k+1}},\quad M_k=\int\rho(\lambda)\lambda^k\mathrm{d}\lambda \tag{5.7}$$

m_k 被称为矩阵动量，经常使用以下矩生成函数：

$$M_{\mathbf{X}}(z)=zG_{\mathbf{X}}(z)-1=\sum_{k=0}^{\infty}\frac{M_k}{z^{k+1}} \tag{5.8}$$

自然 Green 函数应该为我们提供辅助结构，解释矩阵（非对易）概率论理论的关键概念。让我们定义一个 Green 函数的反函数（有时称为蓝函数[128]），即

$$G[B(z)]=z$$

非交换概率理论中的基本对象，即所谓的 R 函数或 R 变换被定义为

$$R(z)=B(z)-\frac{1}{z} \tag{5.9}$$

在 R 变换的帮助下，我们将揭示经典和矩阵值概率理论之间的几个令人惊讶的类比。

从中心极限定理[126]的类比开始：独立变量 $\mathbf{X}_i, i=1,\cdots,K$ 之和的谱分布：

$$\mathbf{S}_n=\frac{1}{\sqrt{n}}(\mathbf{X}_1+\mathbf{X}_2+\cdots+\mathbf{X}_n) \tag{5.10}$$

每一个都具有零均值和有限方差$\langle \mathrm{Tr}\ \mathbf{X}_i\mathbf{X}_i^{\mathrm{H}}\rangle=\sigma^2, i=1,2,\cdots,n$的任意概率测度，经过$R$变换$R(z)=\sigma^2 z$收敛于该分布。

现在让我们找到这种限制分布的确切形式，因为$R(z)=\sigma^2 z$，它来自式(5.9)中的$B(z)=\sigma^2 z+1/z$，其反函数满足

$$z=\sigma^2 G(z)+\frac{1}{G(z)} \tag{5.11}$$

这个二次方程的解是

$$G(z)=\frac{z-\sqrt{z^2-4\sigma^2}}{2\sigma^2} \tag{5.12}$$

所以由平方根切割支持的谱密度是

$$\rho(\lambda)=\frac{1}{2\pi\sigma^2}\sqrt{4\sigma^2-\lambda^2} \tag{5.13}$$

这是著名的 Wigner 半圆[102]（实际上是半椭圆）集合。这种集合在各种物理应用中的全面存在有一种自然的解释——这是非随机变量的中心极限定理的结果。因此，Wigner 集合是经典交换概率中高斯分布的非交换模拟。事实上，人们可以证明，与 Green 函数式(5.12)相对应的度量式(5.2)对于实矩阵为$V(\mathbf{X})=\frac{1}{\sigma^2}\mathbf{X}^2$，对于复矩阵为$V(\mathbf{X})=\frac{1}{\sigma^2}\mathbf{X}\mathbf{X}^{\mathrm{H}}$。

5.2.1 协方差矩阵的特征值谱及其估计

具有许多自由度的统计系统出现在许多研究领域，例如大型物理数据系统。其最根本的问题之一是确定相关性。实际上，我们通过进行多次独立测量对系统进行抽样。对于每个样本，我们估计协方差矩阵元素的值，然后取一组样本的平均值。矩阵的单个元素的平均统计不确定性通常随着独立测量T的数量增加而减少，因为其为$1/\sqrt{T}$。对于具有N个自由度的系统，相关矩阵存在$N(N+1)/2$个独立元素。

考虑一个由N个实际自由度x_i，$i=1,\cdots,N$组成的统计系统，其具有稳态概率分布

$$p(x_1,\cdots,x_N)\prod_{n=1}^{N}\mathrm{d}x_n \tag{5.14}$$

使得期望（平均值）为零，即

$$\int x_i p(x_1,\cdots,x_N)\prod_{n=1}^{N}\mathrm{d}x_n=0,\quad \forall i \tag{5.15}$$

系统的协方差矩阵被定义为

$$C_{ij}=\int x_i x_j p(x_1,\cdots,x_N)\prod_{n=1}^{N}\mathrm{d}x_n \tag{5.16}$$

此外，假设系统属于高斯通用类。在这个假设下，概率分布可以近似为

$$p(x_1,\cdots,x_N)\prod_{n=1}^{N}\mathrm{d}x_n=\frac{1}{\sqrt{2(\pi)^N\det\mathbf{C}}}\exp\left(-\frac{1}{2}\sum_{ij}x_i C_{ij}x_j\right)\prod_{n=1}^{N}\mathrm{d}x_n \tag{5.17}$$

其中，C_{ij}是一个协方差系统，见式(5.16)。通过构造，它成为一个对称的正定矩阵。事实上，对于一类广泛的模型，高斯近似很好地描述了由于中心极限定理导致的大N在系统中的

作用。高斯行为的偏差可能来自概率分布中存在的重尾或许多自由度的集体激励。但是这些影响都不在这里讨论。

在实验上，相关矩阵计算如下。先执行一系列共 T 次的独立测量，假设 $T>N$，测量的矢量值 $\mathbf{x}_n$ 形成元素为 X_{nt} 的矩形 $N\times T$ 矩阵 $\mathbf{X}$，其中 X_{nt} 是第 t 次实验，$t=1,\cdots,T$，第 n 个自由度 $\mathbf{x}_n$ 的测量值。使用以下估值公式(在统计学中被称为样本协方差矩阵)计算实验相关矩阵：

$$c_{ij}=\frac{1}{T}\sum_{t=1}^{T}X_{it}X_{jt}=\frac{1}{T}\{\mathbf{X}\mathbf{X}^{\mathrm{T}}\}_{ij} \tag{5.18}$$

其中 $\mathbf{X}^{\mathrm{T}}$ 是 $\mathbf{X}$ 的转置。我们希望当 $T\to\infty$ 时，估计值 c_{ij} 将趋近于元素 C_{ij}。更确切地说，如果测量是独立的，则矩阵 $\mathbf{X}$ 的各 X_{nt} 的概率分布是各单独测量的概率的乘积，即

$$\mathbb{P}(\mathbf{X})D\mathbf{X}=\prod_{t=1}^{T}\left(p(X_{1t},\cdots,X_{Nt})\prod_{n=1}^{N}\mathrm{d}X_{nt}\right) \tag{5.19}$$

其中，

$$D\mathbf{X}=\prod_{n=1}^{N}\mathrm{d}X_{nt} \tag{5.20}$$

特别是对于高斯近似，有

$$\begin{aligned}\mathbb{P}(\mathbf{X})D\mathbf{X}&=\mathcal{N}\exp\left(-\frac{1}{2}\sum_{t=1}^{T}X_{it}C_{ij}^{-1}X_{jt}\right)\prod_{n,t=1}^{N,T}\mathrm{d}X_{nt}\\&=\mathcal{N}\exp\left(-\frac{1}{2}\mathrm{Tr}\ \mathbf{X}^{\mathrm{T}}\mathbf{C}^{-1}\mathbf{X}\right)D\mathbf{X}\end{aligned} \tag{5.21}$$

其中 $\mathcal{N}$ 是一个归一化因子，确保 $\int\mathbb{P}(\mathbf{X})D\mathbf{X}=1$。在这个特殊情况下，我们有 $\mathcal{N}=[(2\pi)^N\det\mathbf{C}]^{-T/2}$。测量值 X_{nt} 的所有平均值均使用此概率度量进行计算。我们用 $\langle\cdots\rangle$ 或者数学期望 $\mathbb{E}(\cdot)$ 表示这些平均值。特别地，我们可以看到

$$\langle X_{it}X_{j\tau}\rangle=C_{ij}\delta_{t\tau},\quad \mathbb{E}(X_{it}X_{j\tau})=C_{ij}\delta_{t\tau} \tag{5.22}$$

这种关系反映了对各测量之间没有相关性的假设。一般来说，如果测量结果相互关联，则最后一个等式的右边可以用双重指数矩阵 $C_{it,j\tau}$ 表示。

现在我们可以在上面的介绍之后说明本节的主要结论。我们的目标是通过使用它们的特征值谱，将真正的协方差矩阵 $\mathbf{C}$ 与它的估计量 $\mathbf{c}$ 相关联。我们用 Λ_n 表示矩阵 $\mathbf{C}$ 的特征值，且 $n=1,\cdots,N$。对于一组给定的特征值，我们可以计算矩阵不变量，例如，谱矩

$$M_k=\frac{1}{N}\mathrm{Tr}\ \mathbf{C}^k=\frac{1}{N}\sum_{n=1}^{N}\Lambda_n^k=\int\mathrm{d}\Lambda\rho_0(\Lambda)\Lambda^k \tag{5.23}$$

其中，特征值的密度 $\rho_0(\Lambda)$ 被定义为

$$\rho_0(\Lambda)=\frac{1}{N}\sum_{n=1}^{N}\delta(\Lambda-\Lambda_n) \tag{5.24}$$

关键问题是，这些量与为估计相关矩阵 $\mathbf{c}$ 所定义的类似量如何相关，

$$m_k=\frac{1}{N}\langle\mathrm{Tr}\ \mathbf{C}^k\rangle=\int\mathrm{d}\lambda\rho(\lambda)\lambda^k \tag{5.25}$$

其中，矩阵估计量的特征值密度是

$$\rho(\lambda)=\frac{1}{N}\left\langle\sum_{n=1}^{N}\delta(\lambda-\lambda_n)\right\rangle \tag{5.26}$$

我们预计，估得的频谱$\rho(\lambda)$与真实频谱$\rho_0(\Lambda)$的相关性应该由T和N来控制。如我们将在后面看到的，事实证明，对于$N\to\infty$，这种依赖性由参数$c=N/T$控制，我们假设c是有限的。

为了推导协方差矩阵的谱特性与其估计量之间的关系，可以很方便地定义预解式(Green函数)为

$$\mathbf{G}(Z)=(Z\mathbf{I}_N-\mathbf{C})^{-1} \tag{5.27}$$

以及

$$\mathbf{g}(z)=\langle(z\mathbf{I}_N-\mathbf{C})^{-1}\rangle=\left\langle\left(z\mathbf{I}_N-\frac{1}{T}\mathbf{X}\mathbf{X}^{\mathrm{T}}\right)^{-1}\right\rangle \tag{5.28}$$

其中Z和z是复杂变量。符号$\mathbf{I}_N$代表$N\times N$的单位矩阵。在幂级数中，在$1/Z$(或$1/z$)处展开预解式时，我们看到它们可以被解释为矩的生成函数

$$M(Z)=\frac{1}{N}\mathrm{Tr}[Z\mathbf{G}(Z)]-1=\sum_{k=1}^{\infty}\frac{1}{Z^k}M_k \tag{5.29}$$

以及

$$m(z)=\frac{1}{N}\mathrm{Tr}[z\mathbf{g}(z)]-1=\sum_{k=1}^{\infty}\frac{1}{z^k}m_k \tag{5.30}$$

根据$M(Z)$和$m(z)$之间的关系，我们可以确定特征值谱$\rho_0(\Lambda)$和$\rho(\Lambda)$之间的对应关系。事实上，对于$z=\lambda+\mathrm{i}0^+$(或$Z=\Lambda+\mathrm{i}0^+$)，取$\frac{1}{N}\mathrm{Tr}\,\mathbf{g}(z)\left[和\frac{1}{N}\mathrm{Tr}\,\mathbf{G}(Z)\right]$的虚部，其中$\lambda$和$\Lambda$是实数，我们可以直接计算特征值密度$\rho(\lambda)$[和$\rho_0(\Lambda)$]：

$$\rho(\lambda)=-\frac{1}{\pi}\mathrm{Im}\,\frac{1}{N}\mathrm{Tr}\,\mathbf{g}(\lambda+\mathrm{i}0^+) \tag{5.31}$$

从分布的标准关系如下：

$$\frac{1}{x+\mathrm{i}0^+}=\mathrm{PV}\,\frac{1}{x}-\mathrm{i}\pi\delta(x)$$

其中PV代表主值(Principal Value)，x是实数。

生成函数式(5.29)和式(5.30)之间的基本关系是利用图解技术[123]通过高斯测度式(5.21)计算积分式(5.28)得出的。大N限制相当于仅平面图导致的平面限制。这大大简化了考虑因素，并让我们得出预解式的封闭公式。

生成函数式(5.29)和式(5.30)之间的基本关系如下所示：

$$m(z)=M(Z) \tag{5.32}$$

其中，复数Z通过共形映射与z相关联，即

$$Z=\frac{z}{1+cm(z)} \tag{5.33}$$

或者等价地，如果我们颠倒$z=z(Z)$的最后一个关系，有

$$z=Z(1+cM(Z)) \tag{5.34}$$

我们可以使用式(5.32)和式(5.33)，从估计量$\mathbf{c}$的实验测量矩计算得到真实相关函数$\mathbf{C}$的矩。实际上，结合式(5.32)和式(5.33)，我们可以得到下面的等式：

$$m(z)=M\left(\frac{z}{1+cm(z)}\right) \tag{5.35}$$

其给出了矩 m_k 和 M_k 之间的紧凑关系：

$$\sum_{k=1}^{\infty}\frac{m_k}{z^k}=\sum_{k=1}^{\infty}\frac{M_k}{z^k}\left(1+c\sum_{l=1}^{\infty}\frac{m_l}{z^l}\right)^k \tag{5.36}$$

从中可以递归地用 M_l，$l=1,\cdots,k$ 表达 m_k：

$$\begin{aligned}
&m_1=M_1\\
&m_2=M_2+cM_1^2\\
&m_3=M_3+3cM_1M_2+c^2M_1^3\\
&\cdots
\end{aligned} \tag{5.37}$$

或者相反，用 m_l，$l=1,\cdots,k$ 表达 M_k：

$$\begin{aligned}
&M_1=m_1\\
&M_2=m_2-cm_1^2\\
&M_3=m_3-3cm_1m_2+2c^2m_1^3\\
&\cdots
\end{aligned} \tag{5.38}$$

我们观察到，对于 $c<1$，函数 $M(Z)$ 和 $m(z)$（用无穷幂级数表示）也可以在 $z=Z=0$ 附近扩展。在这种情况下，有

$$M(Z)=-\sum_{k=0}^{\infty}Z^kM_{-k}$$

其中，

$$M_{-k}=\frac{1}{N}\text{Tr }\mathbf{C}^{-k}$$

相似地，有

$$m(Z)=-\sum_{k=0}^{\infty}z^km_{-k}$$

其中，

$$m_{-k}=\frac{1}{N}\langle\text{Tr }\mathbf{c}^{-k}\rangle$$

使用与之前相同的计算，我们得到

$$\sum_{k=1}^{\infty}M_{-k}Z^k=\sum_{k=1}^{\infty}m_{-k}Z^k\left(1-c-c\sum_{l=1}^{\infty}M_{-l}Z^l\right)^k \tag{5.39}$$

因此，有

$$\begin{aligned}
&M_{-1}=(1-c)m_{-1}\\
&M_{-2}=(1-c)^2m_{-2}-c(1-c)m_{-1}^2\\
&M_{-3}=(1-c)^3m_{-3}-c(1-c)^2m_{-1}m_{-2}-c^2(1-c)m_{-1}^3\\
&\cdots
\end{aligned}$$

矩间的关系可以直接用于实际应用中，以清理相关矩阵的谱。式(5.32)和式(5.33)对于给定的 c，编码了关于特征值谱 $\rho_0(\Lambda)$ 和 $\rho(\lambda)$ 之间关系的完整信息。特别地，对于给定的 c，如果知道相关矩阵 $\mathbf{C}$ 的谱 $\rho_0(\Lambda)$，我们可以准确地确定统计波动估计量的谱 $\rho(\lambda)$ 的形状。

该算法总结如下：

- 由特征值谱$\rho_0(\Lambda)$，我们首先推导出函数$M(Z)$的明确形式和式(5.34)右边的形式。
- 将式(5.34)中的Z变为倒数，我们发现Z以函数$Z=Z(z)$依赖于z。
- 将上式代入式(5.32)中，我们可确定函数$m(z)$。
- 在实轴上沿映射$m(z)$的切割取式(5.31)其虚部，最终得到$\rho(\lambda)$。

可以很容易地编写一个实现这个过程的数学程序。在少数情况下，算法的解可能是解析的。

例 5.2.1(具有退化特征值的相关矩阵 C)

考虑相关矩阵 **C**，其谱由一系列退化特征值μ_i，$i=1,\cdots,K$给出，且有简并度n_i。因此，定义$p_i=n_i/N$，$\sum_{i=1}^{K}p_i=1$，我们得到

$$M(Z)=\sum_{i=1}^{K}\frac{p_i\mu_i}{Z-\mu_i} \tag{5.40}$$

这种形式特别容易讨论。然而，我们应该记住，式(5.32)和式(5.33)在更一般的情况下仍然成立，例如，在极限$N\to\infty$时，$\rho_0(\Lambda)$的谱不是 delta 函数的和，而是接近一些连续分布。式(5.34)的映射现在读作

$$z=Z\left(1+c\sum_{i=1}^{K}\frac{p_i\mu_i}{Z-\mu_i}\right) \tag{5.41}$$

显然，如果我们为$Z=Z(z)$解出上述这个方程，我们可以得到一个多值函数，除了在$c=0$时，其为简单关系$z=Z$。映射$Z=Z(z)$的“物理”黎曼叶由条件$Z\to z$，$z\to\infty$决定。在该叶上，复平面z被映射到Z平面的一部分，并且在$Z=\mu_i$处极点周围没有简单或多重连接区域。

□

例 5.2.2(具有一个特征值的相关矩阵 C)

作为例证，让我们考虑一个最简单的例子，其中$K=1$。在这种情况下，我们只有一个特征值$\mu_1=\mu$，且$p_1=1$，$M(Z)=\mu/(Z-\mu)$。式(5.33)的映射具有以下形式：

$$z=Z+c\frac{Z\mu}{Z-\mu}$$

如果用极坐标(R,ϕ)重写这个方程的右边，在极点周围，$Z-\mu=Re^{i\phi}$：

$$z=Re^{i\phi}+c\frac{\mu^2}{R}e^{i\phi}+\mu(1+c)$$

我们可以看到，在“二元性”转换下该方程是不变的，

$$R\leftrightarrow c\frac{\mu^2}{R},\quad \phi\leftrightarrow-\phi$$

其将圆$|Z-\mu|=\mu\sqrt{c}$的内部映射到外部，反之亦然。显然，外部对应于逆映射$Z=Z(z)$的“物理”黎曼片

$$Z=\frac{1}{2}[(1-c)\mu+z+\sqrt{(z-\mu_+)(z-\mu_-)}]$$

因为在这个区域，对于$z\to\infty$，有$Z\sim z$。最后一个等式中的两个常量是$\mu_\pm=(1\pm\sqrt{c})^2\mu$。沿着实轴上的$\mu_-<z<\mu_+$，映射$Z=Z(z)$变得复杂且歧义：它具有阶段(符号)模糊性，其与割集被映射到两张黎曼叶相交的有限圆有关。

从式(5.32)中可以很容易地得到生成函数$m(z)$，然后从式(5.31)中得到相关矩阵 **c** 的

谱密度：

$$\rho(\lambda)=\frac{1}{2\pi c\mu}\frac{\sqrt{(\mu_{+}-\lambda)(\lambda-\mu_{-})}}{\lambda} \tag{5.42}$$

对于 Wishart 集合的谱分布，这是一个众所周知的结果，其在随机矩阵理论中被称为 Marchenko-Pasture 分布。有意思的是，由于有限的一系列测量结果，由位于 μ 的 delta 函数到 $[\mu_{-},\mu_{+}]$ 支持的宽峰 $\rho(\Lambda)$ 中，我们可以将此结果解释为初始谱密度 $\rho_0(\Lambda)$ 的统计学模型。c 越大，得到的分布 $\rho(\lambda)$ 的宽度越大。例如，这个公式给出了如果相关矩阵 **C** 具有两个特征值 $\mu_1=1$ 和 $\mu_2=1.1$，则有 $c_r\approx0.01$，并且相应的权重为 $p_1=p_2=1/2$。 □

例 5.2.3(具有两个特征值的相关矩阵 C)

真正的协方差矩阵 **C** 有两个不同的特征值 μ_1 和 μ_2，相关权重为 $p_1, p_2, p_1+p_2=1$。在这里也可以找到解决相应立方(也称 Cardano)方程的映射 $Z(z)$ 的显式形式。

取决于参数 μ_i 和 p_i，映射 $Z(z)$ 在 z 平面的实轴上有 1 个或 2 个切口。这意味着相应的特征值分布 $\rho(\lambda)$ 在一个或两个区间上有支撑集。单一切口的解决方案上的临界值分解为两个切口：

$$c_r=\frac{(\mu_2-\mu_1)^2}{[(p_1\mu_1^2)^{1/3}+(p_2\mu_2^2)^{1/3}]^3} \tag{5.43}$$

因此，在这种情况下，要观察测量光谱中的双峰信号，必须用 $T=100N$ 的 T 进行 T 测量。在图 5.1 中，我们说明了式(5.43)。

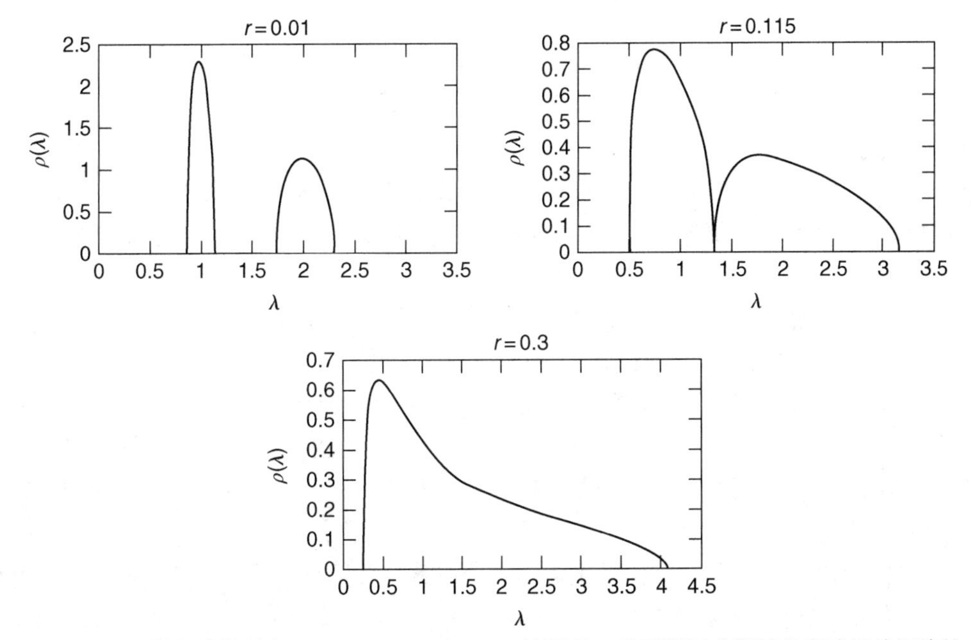

图 5.1 这些图表示分别在 $c=r=0.01$，0.115，0.3 情况下一系列测量中测量的实验相关矩阵的特征值分布的谱 $\rho(\lambda)$。基础相关矩阵有两个特征值 $\mu_1=1$ 和 $\mu_2=2$，权重为 $p_1=p_2=0.5$。在临界值 $c=c_r=r_c=0.115$ 时[见式(5.43)]，频谱分裂。分析计算频谱密度[121]

□

该方法可以直接从 $K=1,2$ 推广到任意 K，$\mu_1,\cdots,\mu_K$，$\sum_{k=1}^{K}p_i=1$，尽管只有 $K=3$ 的情况可以解析(四次法拉利方程)。在其他情况下，我们之前提到过，从任何给定的分布 $\rho_0(\Lambda)$ 和 c

来确定估计量 $\rho(\Lambda)$ 的谱的形状。

然而，在实践中，人们感兴趣的是根据测量特征值的分布情况来确定真实相关矩阵 **C** 的频谱 $\rho_0(\Lambda)$ 的相反问题。

5.3 Wishart-Levy 自由稳定的随机矩阵

考虑在同步时间 t_j, $j=0,\cdots,T$ 观察到的随机时间序列 $x_{i,j}$, $i=1,\cdots,N$。数据可以排列在 $N\times T$ 的矩阵 **M** 中，其增量为 $m_{ij}=x_{ij}-x_{i,j-1}$，每行对应一个时间序列，每列对应一个采样时间。假设增量的平均值为零，两个时间序列 i 和 j 的协方差的 Pearson 估计量是

$$c_{ij}=\frac{1}{T}\sum_{k=1}^{T}m_{ik}m_{jk} \tag{5.44}$$

所有序列对的协方差都可以用 $N\times N$ 对称矩阵表示：

$$\mathbf{C}=\frac{1}{T}\mathbf{M}\mathbf{M}^{\mathrm{T}} \tag{5.45}$$

协方差矩阵 **C** 也被称为 Wishart 矩阵，正如他所研究的那样[116]。人们通常对没有显著相关性的假设感兴趣。这可以通过比较经验相关矩阵的特征值谱和合成不相关时间序列构建的参考矩阵的谱来完成。如果矩阵行是随机的，其增量是独立的并且是独立同分布的，则标准偏差的正态偏差为 σ，文献[172]给出了 Marchenko-Pastur 定律，在 $N,T\to\infty$ 和 $c=N/T$ 的假设下的零假设的频谱为

$$\begin{aligned}\rho_{\mathrm{C}}(\lambda)&=\frac{1}{2\pi\sigma^2c\lambda}\sqrt{(\lambda_+-\lambda)(\lambda-\lambda_-)}\\ \lambda_{\pm}&=\sigma^2(1\mp\sqrt{c})^2\end{aligned} \tag{5.46}$$

事实上，对于一个足够大的矩阵，其元素的精确分布变得越来越不相关，并且 Marchenko-Pastur 定律可以从有限二阶矩为 σ^2 的分布的独立同分布增量中得到体现。这种效应在 Wigner 对矩阵的研究中也很明显，矩阵的元素是二元随机变量，假设值等于±1。在 Wigner 和 Wishart 集合中，依据广义中心极限定理的结果，大型矩阵的谱收敛于无限矩阵（分别为半圆定律和 Marchenko-Pastur 定律）的谱。

式(5.46)的实际应用是，如果数据的经验谱与理论曲线显示出显著的差异，那么拒绝非真正相关的零假设是合理的。后者的细节是一个单独的问题。原则上，不仅可以检验相关性，而且可以从理论和数值上检验导致预期谱特别形状的任何合适的假设。根据具体情况，选择合适的零假设。

式(5.46)给出的结果在经典的随机矩阵理论中，并且需要具有有限矩的独立同分布矩阵元素。在本节中，我们关注的 Wishart-Levy 集合是 Marchenko-Pastur 定律对 Wishart-Gaussian 集合的自然延伸。从许多物理、生物和经济数据中发现，如果 **M** 的元素在分布幂律的尾部，情况会变得更加复杂[256]。

当二阶矩不是有限的时，Marchenko-Pastur 定律不再有效，并且相应的谱密度不能通过简单地扩展高斯随机矩阵获得。依据无标度过程的中心极限定理的结果，许多上述现象的分布通常被假定为对称的 Levy α-稳定分布，其概率密度函数由特征函数的傅里叶（余弦）逆变换给出最为合适：

$$L_\alpha(x)=\mathcal{F}^{-1}[\mathrm{e}^{|\gamma\omega|^\alpha}](x)=\frac{1}{\pi}\int_0^\infty \mathrm{e}^{-(\gamma\omega)^\alpha}\cos(x\omega)\mathrm{d}\omega \tag{5.47}$$

$L_\alpha(x)$的二阶矩和高阶矩在$\alpha<2$时发散，当$\alpha\leqslant 1$时，其一阶矩不存在。如果$\alpha=2$，式(5.47)给出了一个标准差为$\sigma=\sqrt{2}\gamma$的高斯分布。然而，我们可以看到，该分布的函数表示在谱的推导中并不需要。

如果矩阵的元素具有稳定密度，并且服从独立同分布，该矩阵称为Levy矩阵。对称Levy矩阵称为Wigner-Levy矩阵。利用方程(5.48)，可以根据Levy矩阵构建对称矩阵$\mathbf{C}$，称为Wishart-Levy矩阵。注意，为了考虑Levy α稳定统计量，关于式(5.48)的归一化因子已经被广义化，

$$\mathbf{C}=\frac{1}{T^{2/\alpha}}\mathbf{M}\mathbf{M}^{\mathrm{T}} \tag{5.48}$$

从概率密度函数

$$f_X(x)=N^{2/\alpha}L_\alpha(N^{2/\alpha}x) \tag{5.49}$$

中抽取元素，限制谱与矩阵大小N无关。这些矩阵的谱不再像半圆和Marchenko-Pastur定律那样是一个有限的支撑集(finite support)，并且受$L_\alpha(x)$的幂律尾行为的影响。

通过自由概率理论，可以得到分析结果，否则只能通过使用组合来获得分析结果。一个自由的Levy稳定随机矩阵具有属于自由稳定法则类的谱。

5.4 自由随机变量的基本概念

我们有以下确切的公式：

自由概率论=非对易概率论+自由独立

一个对称的$N\times N$矩阵$\mathbf{X}$有实特征值$\lambda_1,\cdots,\lambda_N$。$\mathbf{X}$的谱密度可写为

$$\rho_{\mathbf{X}}(\lambda)=\frac{1}{N}\sum_{i=1}^{N}\delta(\lambda-\lambda_i) \tag{5.50}$$

假定每个特征值的权重是相同的，并且每个特征值的计数与其多重性相同。预解矩阵[257]被定义为

$$\mathbf{G}_{\mathbf{X}}(z)=(z\mathbf{I}_N-\mathbf{X})^{-1},\quad z\in\mathbb{C} \tag{5.51}$$

其中，$\mathbf{I}_N$是$N\times N$的单位矩阵。Green函数被定义为

$$G_{\mathbf{X}}(z)=\frac{1}{N}\mathrm{Tr}\ \mathbf{G}_{\mathbf{X}}(z) \tag{5.52}$$

其中，方阵的迹Tr被定义为其对角元素的总和。如果$\mathbf{X}$是一个随机矩阵，则上面的定义是泛化的，包括由$\mathbb{E}$(或$\langle\cdots\rangle$)表示的期望算子：

$$G_{\mathbf{X}}(z)=\frac{1}{N}\mathbb{E}[\mathrm{Tr}\ \mathbf{G}_{\mathbf{X}}(z)],\quad G_{\mathbf{X}}(z)=\frac{1}{N}\langle \mathrm{Tr}\ \mathbf{G}_{\mathbf{X}}(z)\rangle \tag{5.53}$$

Green函数包含与$\mathbf{X}$的特征值和特征值密度相同的信息[258]。Green函数可以用$\mathbf{X}$的特征值来表示：

$$G_{\mathbf{X}}(z)=\frac{1}{N}\sum_{i=1}^{N}\frac{1}{z-\lambda_i} \tag{5.54}$$

这是通过Cauchy变换(Stieltjes变换)的一般谱密度定义的特殊情况：

$$G_{\mathbf{X}}(z)=\int_{-\infty}^{+\infty}\frac{1}{x-\lambda}\rho_{\mathbf{X}}(\lambda)\,\mathrm{d}\lambda \tag{5.55}$$

使用 Dirac 的 δ 函数，表示如下：

$$\frac{1}{x\pm\mathrm{i}\varepsilon}=\mathrm{PV}\left(\frac{1}{x}\right)\mp\mathrm{i}\pi\delta(x) \tag{5.56}$$

其中 PV 表示主值并且 x 是实数，谱密度可以从 Green 函数获得：

$$\rho_{\mathbf{X}}(\lambda)=\lim_{\varepsilon\to0+}\frac{1}{\pi}\mathrm{Im}[G_{\mathbf{X}}(\lambda-\mathrm{i}\varepsilon)] \tag{5.57}$$

这意味着在实轴上，特征值遵循 $G_{\mathbf{X}}(z)$ 的不连续性。

矩阵的非对易性和算子的一般性，使得标准概率理论难以推广到矩阵和算子空间。从概率论对算子空间的可能扩展中，所谓自由概率论具有如下优点，即许多结果可从解析函数的著名定理中推导出来[125]。

传统古典概率

为了解释自由概率的框架，让我们从经典概率开始。概率空间 $(\Omega\mathcal{F},\mathbb{P})$ 是测度空间，其中 Ω 是样本空间，$\mathcal{F}$ 是 Ω 上的 σ 代数（σ-algebra）并且

$$\mathbb{P}:\mathcal{F}\to[0,1]\in\mathbb{R}$$

是 $\mathcal{F}$ 服从 Kolmogorov 公理集合上的一个非负测度；$\omega\in\Omega$ 称为一个基本事件，$A\in\mathcal{F}$ 称为一个事件。

一个随机变量 $X:\Omega\to\mathbb{R}$ 是一个可测量的函数，将元素从样本空间映射到实数，即在 $\mathbb{R}$ 上，元素从 $\mathcal{F}$ 到 Borel σ 代数。X 相对于 $\mathbb{P}$ 的概率分布用 μ_X 在 $(\mathbb{R},\Sigma)$ 上的测度来描述，定义为

$$\mu_X=\mathbb{P}[X^{-1}(B)]$$

其中 B 是任意 Borel 集合，$X^{-1}(B)\subset\mathcal{F}$ 是 B 的原象。X 的累积分布函数为

$$F_X(x)=\mu_X(X\leqslant x)$$

任何有界 Borel 函数的期望值 $g:\mathbb{R}\to\mathbb{R}$ 为

$$\mathbb{E}|g(X)|=\int_{\mathbb{R}}g(x)\mu_X(\mathrm{d}x)=\int_{\mathbb{R}}g(x)\,\mathrm{d}F_X(x) \tag{5.58}$$

如果 $F_X(x)$ 是可微的，则 X 的概率密度函数为 $f_X(x)=\mathrm{d}F_X(x)/\mathrm{d}x$。

这种结构可以扩展到非交换变量，例如矩阵或者是更一般的操作。

非交换变量

设 $\mathcal{A}$ 表示域 $\mathcal{F}$ 上的一元代数，比如一个具有双线性积的向量空间，其具有同一元素 I

$$\circ:\mathcal{A}\times\mathcal{A}\to\mathcal{A}$$

$\mathcal{A}$ 上的迹态是正线性函数：

$$\tau:\mathcal{A}\to\mathbb{F}$$

其特征为

$$\tau(\mathbf{I})=1\quad 和\quad \tau(\mathbf{XY})=\tau(\mathbf{YX})$$

对所有 $\mathbf{X},\mathbf{Y}\in\mathcal{A}$。$(\mathcal{A},\tau)$ 被称为一个非交换概率空间。

对于我们的目标 $\mathcal{A}=\mathcal{B}(\mathcal{H})$，其中 $\mathcal{B}(\mathcal{H})$ 表示在真实可分 Hilbert 空间 $\mathcal{H}$ 的线性算子的 Banach 代数。这是 a*，因为它可以对合(共轭操作)：

$$\mathbf{X} \mapsto \mathbf{X}^* : \mathcal{B}(\mathcal{H}) \to \mathcal{B}(\mathcal{H})$$

考虑到自伴算子 $\mathbf{X} \in \mathcal{B}(\mathcal{H})$，可如经典概率那样，可以将(光谱)分布关联到 $\mathbf{X}$。得益于 Riesz 表示定理和 Stone-Weierstrass 定理，在$(\mathbb{R},\Sigma)$有个唯一的操作符 $\mu_{\mathbf{X}}$ 满足下式：

$$\int_{\mathbb{R}} g(x)\mu_{\mathbf{X}}(\mathrm{d}x) = \tau[g(\mathbf{X})] \tag{5.59}$$

其中，$g:\mathbb{R} \to \mathbb{R}$ 是有界的 Borel 函数[259]。因此，我们认为 $\mathbf{X}$ 是用来描述 $\mu_{\mathbf{X}}$ 的。此操作等同于在式(5.57)中定义的谱密度 $\rho_{\mathbf{X}}$。在随机矩阵理论中，Wigner 半圆定律在经典概率中起着高斯定律的作用。而 Marchenko-Pastur 定律对应于χ^2 定律。

独立和自由度

两个随机变量 X 和 Y 之间的独立性可以定义为要求对于任何有界的 Borel 函数 f,g：

$$\mathbb{E}[(f(X)-\mathbb{E}[f(X)])(g(Y)-\mathbb{E}[g(Y)])]=0 \tag{5.60}$$

类似地，非交换概率空间中的两个元素 $\mathbf{X}$ 和 $\mathbf{Y}$ 被定义为相对于 τ 自由独立；如果对于任意有界的 Borel 函数 f,g：

$$\tau[(f(X)-\tau[f(X)])(g(Y)-\tau[g(Y)])]=0 \tag{5.61}$$

定义两个以上元素之间的自由度是一个非平凡扩展[260]。

一般而言，$N\times N$ 随机矩阵 $\mathbf{X}$ 是关于函数

$$\tau(\mathbf{X})=\frac{1}{N}\mathbb{E}[\operatorname{Tr}\mathbf{X}]$$

的非交换随机变量。如式(5.53)所示，对任一给定的 N，没有一对随机矩阵是自由的。当任一整数 $n>0$，任一非负整数集$(\gamma_1,\cdots,\gamma_n)$和$(\beta_1,\cdots,\beta_n)$，当 $N\to\infty$ 时，两个随机矩阵 $\mathbf{X}$，$\mathbf{Y}$ 可以渐近地达到自由度

$$\tau(\mathbf{X}^{\gamma_1})=\cdots=\tau(\mathbf{X}^{\gamma_n})=\tau(\mathbf{Y}^{\beta_1})=\cdots=\tau(\mathbf{Y}^{\beta_n})=0 \tag{5.62}$$

我们有

$$\tau(\mathbf{X}^{\gamma_1}\mathbf{Y}^{\beta_1}\cdots\mathbf{X}^{\gamma_n}\mathbf{Y}^{\beta_n})=0 \tag{5.63}$$

这意味着大型随机矩阵可以作为自由非交换变量的近似。这一结果是利用自由非交换变量来处理大数据的大型随机矩阵的基础。

性能

对于给定的算子 $\mathbf{X}\in\mathcal{B}(\mathcal{H})$，以下函数在推导其谱分布 $\mu_{\mathbf{X}}$ 时很有用。

1. 矩母函数，定义如下：

$$M_{\mathbf{X}}(z)=zG_{\mathbf{X}}(z)-1 \tag{5.64}$$

这个名字源于：如果 $\mathbf{X}$ 的分布具有阶数 k 的有限矩，$m_{\mathbf{X},k}=\tau(\mathbf{X}^k)$

$$M_{\mathbf{X}}(z)=\sum_{k=1}^{\infty}\frac{m_{\mathbf{X},k}}{z^k} \tag{5.65}$$

这可以看出插入几何级数之和为

$$\sum_{k=0}^{\infty}q^k=\frac{1}{1-q}, \quad |q|<1 \tag{5.66}$$

令式(5.55)中 $q=\lambda/|z|$：

$$\begin{aligned}G_{\mathbf{X}}(z) &= \int_{-\infty}^{\infty} \frac{1}{z(1-\lambda/z)}\rho_{\mathbf{X}}(\lambda)\,\mathrm{d}\lambda \\ &= \int_{-\infty}^{\infty} \frac{1}{z}\sum_{k=0}^{\infty}\frac{\lambda^k}{z^k}\rho_{\mathbf{X}}(\lambda)\,\mathrm{d}\lambda \\ &= \sum_{k=0}^{\infty}\frac{1}{z^{k+1}}\int_{-\infty}^{\infty}\lambda^k\rho_{\mathbf{X}}(\lambda)\,\mathrm{d}\lambda \\ &= \sum_{k=0}^{\infty}\frac{m_{\mathbf{X},k}}{z^{k+1}}\end{aligned} \tag{5.67}$$

2. R 变换。在古典概率中，两个独立随机变量之和 $X+Y$ 的 pdf 等于各个 pdf 的卷积，即：

$$f_{X+Y}(x)=(f_X * f_Y)(x) \tag{5.68}$$

卷积很方便地在傅里叶空间中完成，在这里它变成了一个乘法：特征函数

$$\hat{f}_{X+Y}(\omega)=\int_{\mathbf{R}} f_{X+Y}(x)\mathrm{e}^{\mathrm{i}\omega x} \tag{5.69}$$

中，$X+Y$ 是 X 和 Y 的特征函数的乘积，

$$\hat{f}_{X+Y}(\omega)=\hat{f}_X(\omega)\hat{f}_Y(\omega) \tag{5.70}$$

而 $X+Y$ 的累积量生成函数是 X 和 Y 的累积量生成函数之和：

$$\log\hat{f}_{X+Y}(\omega)=\log\hat{f}_X(\omega)+\log\hat{f}_Y(\omega) \tag{5.71}$$

Voiculescu[126,259]提出的 R 变换是对累积量生成函数的自由模拟，其作为 Green 函数的反函数的一部分：

$$G_{\mathbf{X}}\left(R_{\mathbf{X}}(z)+\frac{1}{z}\right)=z \tag{5.72}$$

两个自由算子和的 R 变换等于它们各自 R 变换的和：

$$R_{\mathbf{X+Y}}(z)=R_{\mathbf{X}}(z)+R_{\mathbf{Y}}(z) \tag{5.73}$$

对卷积的自由模拟用符号$\boxplus$表示

$$\mu_{\mathbf{X}\boxplus\mathbf{Y}}=\mu_{\mathbf{X}}\boxplus\mu_{\mathbf{Y}} \tag{5.74}$$

给定 Green 函数 $G_{\mathbf{X}}$ 和谱分布 $\mu_{\mathbf{X}}$ 的连接，其通过 $R_{\mathbf{X}}$ 计算。

3. Blue 函数。引入 Green 函数 $G_{\mathbf{X}}$ 的反函数也很方便，称为 Blue 函数：

$$G_{\mathbf{X}}(B_{\mathbf{X}}(z))=B_{\mathbf{X}}(G_{\mathbf{X}}(z))=z \tag{5.75}$$

Blue 函数与 R 变换有关：

$$B_{\mathbf{X}}(z)=R_{\mathbf{X}}(z)+\frac{1}{z} \tag{5.76}$$

4. S 变换。与 R 变换的方式相同，另一个变换允许计算来自两个谱分布的算子的乘积的谱分布如下式：

$$R_{\mathbf{X}}(z)=\frac{1+z}{z}\chi_{\mathbf{X}}(z) \tag{5.77}$$

其中

$$\chi_{\mathbf{X}}(zG_{\mathbf{X}}(z)-1)=\frac{1}{z} \tag{5.78}$$

若 $\mathbf{X}\neq\mathbf{Y}$，乘积的 S 变换等于各自 S 变换的乘积：

$$S_{\mathbf{XY}}(z)=S_{\mathbf{X}}(z)S_{\mathbf{Y}}(z) \tag{5.79}$$

如 R 变换允许计算自由加法卷积⊞一样，S 变换允许自由乘法卷积⊠：

$$\mu_{\mathbf{XY}}=\mu_{\mathbf{X}}\boxtimes\mu_{\mathbf{Y}} \tag{5.80}$$

5.5 Wishart-Levy 随机矩阵的谱分析

现在，我们通过案例学习来说明自由随机变量的方法。

令 $\mathbf{P}$ 是大小为 $T\times T$ 的投影矩阵，其对角线的任意 N 个位置为元素 1，其余位置为元素 0，例如：

$$\mathbf{P}=\mathrm{diag}(\cdots,1,1,\cdots,1,1,0,0,1,\cdots,1,0,\cdots) \tag{5.81}$$

令 $\mathbf{\Lambda}$ 为具有自由稳定的光谱分布的(大) $T\times T$ 矩阵，这个属性是对古典稳定性的模拟。两个自由非交换 μ 分布变量的和为一个新的 μ 分布变量。如果只考虑 N 个非零行，式(5.45)中定义的大小为 $N\times N$ 的 Wishart 矩阵集合可以用从 $\mathbf{P\Lambda}$ 得到的 $N\times T$ 的矩阵 $\mathbf{M}/T^{2/\alpha}$ 来近似。使用大括号来指示此操作，近似值为

$$\mathbf{C}=\frac{1}{T^{2/\alpha}}\mathbf{MM}^{\mathrm{T}}\simeq\{\mathbf{P\Lambda}\}\{\mathbf{\Lambda}^{\mathrm{T}}\mathbf{P}\} \tag{5.82}$$

我们在本节中的目标是找出式(5.82)中定义的 $\mathbf{C}$ 的谱。

大小为 $T\times T$ 的矩阵

$$\mathbf{D}=\mathbf{\Lambda P\Lambda}^{\mathrm{T}} \tag{5.83}$$

的矩生成函数满足超越方程：

$$-\exp\left(\mathrm{i}\frac{2\pi}{\alpha}\right)zM_{\mathbf{D}}^{2/\alpha}(z)=(M_{\mathbf{D}}(z)+1)(M_{\mathbf{D}}(z)+c) \tag{5.84}$$

上式可以解析地求解一些 $\alpha=1/4,1/3,1/2,2/3,3/4,1,4/3,3/2,2$ 的特殊值。如以上定义，有 $c=N/T$。等式(5.84)对于其他值可以进行数值求解。

矩阵 $\mathbf{D}$ 和 $\mathbf{C}$ 的 Green 函数通过下面的等式关联[125]：

$$G_{\mathbf{D}}(z)=c^2G_{\mathbf{C}}(cz)+\frac{1-c}{z} \tag{5.85}$$

注意到有 $cG_{\mathbf{C}}(cz)=G_{\mathbf{C}}(z)$，

$$M_{\mathbf{D}}(z)=zG_{\mathbf{D}}(z)-1=czG_{\mathbf{C}}(z)-c=cM_{\mathbf{C}}(z) \tag{5.86}$$

接下来，我们将给出式(5.84)的推导步骤，以及期望的谱密度 $\rho_{\mathbf{C}}(\lambda)$。

正如在古典概率中一样，稳定法则对于它们的傅里叶变换具有分析形式，自由稳定法则对于它们的 Blue 变换具有分析形式

$$B_{\mathbf{\Lambda}}(z;\alpha)=a+bz^{\alpha-1}+\frac{1}{z} \tag{5.87}$$

参数 α 导致矩阵元素分布的水平位移，可以将其设置为零而不失一般性。参数 b 依赖于分布——对于式(5.47)的对称稳定 pdf，参数 b 值[121]为

$$b=\mathrm{e}^{\mathrm{i}\pi(\alpha/2-1)} \tag{5.88}$$

给定一个指数 $\alpha \in (0,2]$，$B_{\Lambda}(z;\alpha)$ 间接但精确地定义了具有 α 尾谱分布的自由变量之和的定律。由于自由概率理论仅在限制 $N,T\to\infty$，$N/T=c$ 下是精确的，定义模型的唯一变量是 α 和 c。

用 $G_{\Lambda}(z)$ 代替 z 重写式(5.87)，同时使用式(5.75)，产生下式

$$bG_{\Lambda}^{\alpha-1}(z)+G_{\Lambda}^{-1}(z)=z \tag{5.89}$$

其等价于

$$bG_{\Lambda}^{\alpha}(z)+zG_{\Lambda}(z)+1=0,\quad G_{\Lambda}(z)\neq 0 \tag{5.90}$$

由于式(5.79)的 S 变换较为复杂，如果为了简单起见，从现在起用 $\mathbf{\Lambda}$ 的对称量 $(\mathbf{A}+\mathbf{A}^{\mathrm{T}})/2$ 来代替 $\mathbf{A}=\mathbf{A}^{\mathrm{T}}$，即有

$$S_{\mathbf{\Lambda P\Lambda}^{\mathrm{T}}}(z)=S_{\mathbf{\Lambda}}(z)S_{\mathbf{P\Lambda}}(z)=S_{\mathbf{\Lambda}}(z)S_{\mathbf{\Lambda P}}(z)=S_{\mathbf{\Lambda\Lambda P}}(z)=S_{\mathbf{\Lambda}^2\mathbf{P}}(z) \tag{5.91}$$

对于矩阵乘积 $\mathbf{\Lambda}^2$ 的 S 变换，同样需要 Green 函数。期望的关系是这样一个事实——Wigner 集合中的自由 Levy α 稳定算子的谱测度是对称的[261]：

$$\rho_{\mathbf{\Lambda}}(\lambda)=\rho_{\mathbf{\Lambda}}(-\lambda),\quad G_{\mathbf{\Lambda}}(z)=G_{-\mathbf{\Lambda}}(z) \tag{5.92}$$

通过利用 Cauchy(或 Stieltjes)变换和先前的对称性质式(5.92)，我们可以用 $\mathbf{\Lambda}$ 的 Green 函数来表示 $\mathbf{\Lambda}^2$ 的 Green 函数：

$$\begin{aligned}
G_{\mathbf{\Lambda}^2}(z) &= \int_{-\infty}^{\infty}\frac{1}{z-\lambda^2}\rho_{\mathbf{\Lambda}}(\lambda)\,\mathrm{d}\lambda \\
&= \int_{-\infty}^{\infty}\frac{1}{2\sqrt{z}}\left[\frac{1}{\sqrt{z}-\lambda}+\frac{1}{\sqrt{z}+\lambda}\right]\rho_{\mathbf{\Lambda}}(\lambda)\,\mathrm{d}\lambda \\
&= \frac{1}{2\sqrt{z}}\left(G_{\mathbf{\Lambda}}(\sqrt{z})+G_{-\mathbf{\Lambda}}(\sqrt{z})\right) \\
&= \frac{1}{\sqrt{z}}G_{\mathbf{\Lambda}}(\sqrt{z})
\end{aligned} \tag{5.93}$$

根据式(5.83)，解决方案的下一部分是投影 $\mathbf{P}$ 的 S 变换，这也需要其 Green 函数。将 $\mathbf{P}$ 的谱密度

$$\rho_{\mathbf{P}}(\lambda)=c\delta(\lambda-1)+(1-c)\delta(\lambda) \tag{5.94}$$

插入 $\mathbf{P}$ 的 Green 函数的定义中作为 Cauchy 变换，得到：

$$\begin{aligned}
G_{\mathbf{P}}(z) &= \int_{-\infty}^{\infty}\frac{1}{z-\lambda}\rho_{\mathbf{P}}(\lambda)\,\mathrm{d}\lambda \\
&= \int_{-\infty}^{\infty}\frac{1}{z-\lambda}[c\delta(\lambda-1)+(1-c)\delta(\lambda)]\,\mathrm{d}\lambda \\
&= \frac{c}{z-1}+\frac{1-c}{z}
\end{aligned} \tag{5.95}$$

矩生成函数 $M_{\mathbf{P}}(z)=zG_{\mathbf{P}}(z)-1$ 和 S 变换的定义最终给出下式：

$$S_{\mathbf{P}}(z)=\frac{z+1}{z+c} \tag{5.96}$$

用 $\sqrt{z}$ 代替 z 重写式(5.96)，即为

$$bG_{\mathbf{\Lambda}}^{\alpha}(\sqrt{z})+\sqrt{z}G_{\mathbf{\Lambda}}(\sqrt{z})+1=0 \tag{5.97}$$

同时，插入式(5.93)可得到

$$bz^{\alpha/2}G_{\Lambda^2}^{\alpha}(z)-zG_{\Lambda^2}(z)+1=0 \tag{5.98}$$

通过观察式(5.78)

$$z=\frac{1}{\chi_{\Lambda^2}(zG_{\Lambda^2}(\sqrt{z})-1)}\equiv\frac{1}{\chi_{\Lambda^2}} \tag{5.99}$$

式(5.98)变为

$$\frac{b}{\chi_{\Lambda^2}^{\alpha/2}}G_{\Lambda^2}^{\alpha}\left(\frac{1}{\chi_{\Lambda^2}}\right)-\frac{1}{\chi_{\Lambda^2}}G_{\Lambda^2}\left(\frac{1}{\chi_{\Lambda^2}}\right)+1=0 \tag{5.100}$$

由式(5.77)，其遵循

$$\frac{1}{\chi_{\Lambda^2}}G_{\Lambda^2}\left(\frac{1}{\chi_{\Lambda^2}}\right)-1=z \tag{5.101}$$

式(5.100)可以被简化为

$$\frac{b}{\chi_{\Lambda^2}^{\alpha/2}}G_{\Lambda^2}^{\alpha}\left(\frac{1}{\chi_{\Lambda^2}}\right)=z \tag{5.102}$$

两边同时乘以$\chi_{\Lambda^2}^{-\alpha/2}/b$ 得到

$$\frac{1}{\chi_{\Lambda^2}^{\alpha}}G_{\Lambda^2}^{\alpha}\left(\frac{1}{\chi_{\Lambda^2}}\right)=\frac{z}{b}\frac{1}{\chi_{\Lambda^2}^{\alpha/2}} \tag{5.103}$$

然后减 1 并加 1，得到

$$\left[\frac{1}{\chi_{\Lambda^2}}G_{\Lambda^2}\left(\frac{1}{\chi_{\Lambda^2}}\right)-1+1\right]^{\alpha}=\frac{z}{b}\frac{1}{\chi_{\Lambda^2}^{\alpha/2}} \tag{5.104}$$

再次插入式(5.101)，得出

$$(z+1)^{\alpha}=\frac{z}{b}\frac{1}{\chi_{\Lambda^2}^{\alpha/2}} \tag{5.105}$$

上式可以写为

$$\chi_{\Lambda^2}=\frac{1}{(z+1)^2}\left(\frac{z}{b}\right)^{2/\alpha} \tag{5.106}$$

现在，使用式(5.77)定义的 S 变换，可得到结果

$$S_{\Lambda^2}=\frac{1+z}{z}\chi_{\Lambda^2}=\frac{1}{z(1+z)}\left(\frac{z}{b}\right)^{2/\alpha} \tag{5.107}$$

其可用来构造 $S_{\mathbf{D}}$，式(5.82)右边的 Wishart 矩阵的 S 变换为

$$S_{\mathbf{P}\Lambda^2}=S_{\mathbf{P}}S_{\Lambda^2}=\frac{1}{z(c+z)}\left(\frac{z}{b}\right)^{2/\alpha} \tag{5.108}$$

这个结果是返回的起点。再次应用 S 变换的定义，可以写为

$$\chi_{\mathbf{P}\Lambda^2}=\frac{z}{z+1}S_{\mathbf{P}\Lambda^A}=\frac{1}{(z+1)(z+c)}\left(\frac{z}{b}\right)^{2/\alpha} \tag{5.109}$$

和

$$\frac{1}{\chi_{\mathbf{P}\Lambda^2}}=(z+1)(z+c)\left(\frac{z}{b}\right)^{-2/\alpha} \tag{5.110}$$

与 $M_{\mathbf{D}}(z)=zG_{\mathbf{D}}(z)-1$ 一起，可以替换为

$$\chi_{\mathbf{D}}(M_{\mathbf{D}}(z))=1/z,\quad M_{\mathbf{D}}(1/\chi_{\mathbf{D}})=z$$

注意，我们将索引 $\mathbf{\Lambda}^2\mathbf{P}$ 更改为 $\mathbf{D}$ 以强调我们的目标。所以我们最终可以写为

$$z=(M_{\mathbf{D}}(z)+1)(M_{\mathbf{D}}(z)+c)\left(\frac{M_{\mathbf{D}}(z)}{b}\right)^{-2/\alpha} \tag{5.111}$$

插入式(5.86)产生 **C** 的相应等式：

$$z=(cM_{\mathbf{C}}(z)+1)(cM_{\mathbf{C}}(z)+c)\left(\frac{cM_{\mathbf{C}}(z)}{b}\right)^{-2/\alpha} \tag{5.112}$$

提取 c 可得：

$$z=c^{2-2/\alpha}(M_{\mathbf{C}}(z)+1/c)(M_{\mathbf{C}}(z)+1)\left(\frac{M_{\mathbf{C}}(z)}{b}\right)^{-2/\alpha} \tag{5.113}$$

由式(5.64)和矩的生成函数与谱之间的关系，我们最终可以得到

$$\rho_{\mathbf{C}}(\lambda)=\frac{1}{\pi\lambda}\mathrm{Im}[M_{\mathbf{C}}(\lambda+\mathrm{i}0^-)] \tag{5.114}$$

插入式(5.88)中的 b 并且重新排列，式(5.111)采用式(5.84)中预期的形式。返回到本部分的动机，式(5.113)描述的结果必须被认为是对应于在后尾增量的时间序列中不存在相关性的零假设的曲线的近似。

5.6 Stieltjes 变换的基本性质

Stieltjes 变换与自由随机变量有关，为方便起见，我们包含了一些介绍性材料。

设 G 是实线上定义的有界变化的函数，它的 Stieltjes 变换定义为下式

$$m(z)\hat{=}\int_{-\infty}^{\infty}\frac{1}{x-z}G(\mathrm{d}x) \tag{5.115}$$

此处有 $z=u+\mathrm{i}v$ 且 $v>0$。式(5.115)中的被积函数以 $1/v$ 为界，其积分总是存在的，为

$$\frac{1}{\pi}\mathrm{Im}(m(z))=\int_{-\infty}^{\infty}\frac{v}{\pi[(x-u)^2+v^2]}G(\mathrm{d}x)$$

这是 G 的卷积，其 Cauchy 密度具有尺度参数 v。如果 G 是一个分布函数，那么它的 Stieltjes 变换总是有一个正虚部。因此，我们可以很容易地验证，对于 G 的任意连续点 $x_1<x_2$，有：

$$\lim_{v\to 0}\int_{x_1}^{x_2}\frac{1}{\pi}\mathrm{Im}(m(z))\mathrm{d}u=G(x_2)-G(x_1) \tag{5.116}$$

式(5.116)提供了分布函数族和 Stietjes 变换族之间的连续性定理。而且，如果 $\mathrm{Im}(m(z))$ 在 $x_0+\mathrm{i}0$ 处是连续的，则 $G(x)$ 在 $x=x_0$ 处是可微分的，并且其导数等于 $\frac{1}{\pi}\mathrm{Im}(m(x_0+\mathrm{i}0))$。如果它的 Stieltjes 变换是已知的，式(5.116)给出了一个简单的方法来发现一个分布的密度。

设 G 是大小为 $N\times N$ 的厄米矩阵 $\mathbf{A}_N$ 的经验谱分布，可以看出有

$$m_G(z)=\frac{1}{N}\mathrm{Tr}(\mathbf{A}-z\mathbf{I})^{-1}=\frac{1}{N}\sum_{i=1}^{N}\frac{1}{A_{ii}-z-\boldsymbol{\alpha}_i^{\mathrm{H}}(\mathbf{A}_i-z\mathbf{I}_{N-1})^{-1}\boldsymbol{\alpha}_i} \tag{5.117}$$

此处的 $\boldsymbol{\alpha}_i$ 是 **A** 的删除了第 i 个条目的第 i 列向量，$\mathbf{A}_i$ 是删除 **A** 的第 i 行和第 i 列后的剩余部分矩阵。式(5.117)是分析大型随机矩阵谱的有力工具。如上所述，从分布函数到 Stieltjes 变换的映射是连续的。

例 5.6.1(Wigner 矩阵的极限谱分布)

为了说明如何使用式(5.117)，让我们考虑 Wigner 矩阵来找出它的极限谱分布。

令 $m_N(z)$ 为 $N^{-1/2}\mathbf{W}$ 经验谱分布的 Stieltjes 变换。通过式(5.117)，并注意到 $w_{ii}=0$，可以得到：

$$
\begin{aligned}
m_N(z) &= \frac{1}{N}\sum_{i=1}^{N}\frac{1}{-z-\dfrac{1}{N}\boldsymbol{\alpha}_i^{\mathrm{H}}(N^{1/2}\mathbf{W}_i-z\mathbf{I}_{N-1})^{-1}\boldsymbol{\alpha}_i} \\
&= \frac{1}{N}\sum_{i=1}^{N}\frac{1}{-z-\sigma^2 m_N(z)+\varepsilon_i} = -\frac{1}{-z+\sigma^2 m_N(z)}+\delta_N
\end{aligned}
$$

其中

$$
\varepsilon_i=\sigma^2 m_N(z)-\frac{1}{N}\boldsymbol{\alpha}_i^{\mathrm{H}}(N^{-1/2}\mathbf{W}_i-z\mathbf{I}_{N-1})^{-1}\boldsymbol{\alpha}_i
$$

$$
\delta_N=\frac{1}{N}\sum_{i=1}^{N}\frac{-\varepsilon_i}{(-z-\sigma^2 m_N(z)+\varepsilon_i)(-z-\sigma^2 m_N(z))}
$$

对于任意固定的 $v_0>0$ 和 $B>0$，$z=u+\mathrm{i}v$，可以得到(省略证明)：

$$
\sup_{|u|\leqslant B,v_0\leqslant v\leqslant B}|\delta_N(z)|=o(1)\text{, a. s.} \tag{5.118}
$$

忽略中间步骤，我们得到：

$$
m_N(z)=-\frac{1}{2\sigma^2}\left[z+\delta_N\sigma^2-\sqrt{(z-\delta_N\sigma^2)^2-4\sigma^2}\right] \tag{5.119}
$$

从式(5.119)和式(5.118)可以看出，对于每个固定 z，当 $v>0$ 时，以概率 1，

$$
m_N(z)\to m(z)=-\frac{1}{2\sigma^2}\left[z-\sqrt{z^2-4\sigma^2}\right]
$$

令 $v\to 0$，我们得到半圆定律的密度。 □

令 $\mathbf{A}_N$ 为 $N\times N$ 的厄米矩阵，$F_{\mathbf{A}_N}$为其经验谱分布。如果测量值 μ 以支撑 Ω 满足概率密度 $f(x)$：

$$
\mathrm{d}\mu(x)=f(x)\mathrm{d}x\text{，在 }\Omega\text{ 上}
$$

那么，$F_{\mathbf{A}_N}$的 Stieltjest 变换将由复杂的观点给出：

$$
\begin{aligned}
S_{\mathbf{A}_N}(z) &= \Psi_\mu(z)=\int\frac{1}{x-z}\mathrm{d}F_{\mathbf{A}_N}(x)=\frac{1}{N}\mathrm{Tr}(\mathbf{A_N}-z\mathbf{I})^{-1} \\
&= -\sum_{k=0}^{\infty}z^{-(k+1)}\left(\int_\Omega x^k f(x)\mathrm{d}x\right)=-\sum_{k=0}^{\infty}z^{-(k+1)}M_k
\end{aligned} \tag{5.120}
$$

其中，$M_k=\int_\Omega x^k f(x)\mathrm{d}x$ 是 F 的第 k 个矩。它提供了 Stieltjes 变换和 $\mathbf{A}_N$ 矩之间的联系。如果直接使用 Stieltjes 变换较为困难，那么使用随机厄米矩阵的矩就可行很多。

令 $\mathbf{A}\in\mathbb{C}^{N\times M}$，$\mathbf{B}\in\mathbb{C}^{M\times N}$，使 $\mathbf{AB}$ 为厄米矩阵。那么，对于 $z\in\mathbb{C}\backslash\mathbb{R}$，我们可以得到[136, p. 37]：

$$
\frac{M}{N}m_{F_{\mathbf{BA}}}(z)=m_{F_{\mathbf{AB}}}(z)+\frac{N-M}{N}\frac{1}{z}
$$

特别地，我们可以令 $\mathbf{AB}=\mathbf{XX}^{\mathrm{H}}$。

令 $\mathbf{X}\in\mathbb{C}^{N\times N}$为厄米矩阵，$a$ 为非零实数，那么对于 $z\in\mathbb{C}\backslash\mathbb{R}$：

$$m_{F_{a\mathbf{X}}}(z)=\frac{1}{a}m_{F_{\mathbf{X}}}(z)$$

只有几种随机矩阵相应的渐近特征值分布是明确已知的[262]。然而，对于更广泛的随机矩阵而言，得到矩的明确计算结果是不可行的。给定其矩求其概率分布的问题称为矩问题。Stieltjes 在 1894 年使用式(5.120)中定义的积分变换来解决这个问题。Stieltjes 变换的核心部分简单泰勒级数展开式为

$$-\lim_{s\to\infty}\frac{\mathrm{d}^m}{\mathrm{d}x^m}\frac{G(s^{-1})}{s}=m!\int x^m\mathrm{d}F(x)$$

展示了在不需要整合的情况下，Stieltjes 变换如何得到矩。概率密度函数可以从 Stieltjes 变换中获得，只需取极限：

$$p(x)=\lim_{y\to 0+}\frac{1}{\pi}\mathrm{Im}G(x+\mathrm{j}y)$$

这被称为 Stieltjes 逆公式[169]。

我们采用文献[263]的如下性质：

1. 虚部采用相同符号：

$$\mathrm{Im}\Psi_\mu(z)=\mathrm{Im}(z)\int_\Omega\frac{f(\lambda)}{(\lambda-x)^2}\mathrm{d}\lambda$$

其中 $\Im$ 是 $z\in\mathbb{C}$ 的虚部。

2. 单调性。如果 $z=x\in\mathbb{R}\backslash\Omega$，那么 $\Psi_\mu(z)$ 定义为

$$\Psi'_\mu(z)=\int_\Omega\frac{f(\lambda)}{(\lambda-x)^2}\mathrm{d}\lambda>0\Rightarrow\Psi'_\mu(z)\nearrow \text{在} \backslash\Omega$$

3. 逆公式

$$f(x)=\frac{1}{\pi}\lim_{y\to 0+}\mathrm{Im}\Psi(x+\mathrm{j}y) \tag{5.121}$$

注意，如果 $x\in\mathbb{R}\backslash\Omega$，则 $\Psi_\mu(x)\in\mathbb{R}\Rightarrow f(x)=0$。

4. Dirac 测度。令 δ_x 是 x 处的 Dirac 测度值：

$$\delta_x(A)=\begin{cases}1, & x\in A\\ 0, & \text{其他}\end{cases}$$

那么

$$\Psi_{\delta_x}(z)=\frac{1}{x-z},\ \Psi_{\delta_0}(z)=-\frac{1}{z}$$

一个重要的例子是

$$L_M=\frac{1}{M}\sum_{k=1}^{M}\delta_{\lambda_k}\Rightarrow\Psi_{L_M}(z)=\frac{1}{M}\sum_{k=1}^{M}\frac{1}{\lambda_k-z}$$

5. 与解的联系。设 $\mathbf{X}$ 是一个 $M\times M$ 的厄米矩阵

$$\mathbf{X}=\mathbf{U}\begin{pmatrix}\lambda_1 & & 0\\ & \ddots & \\ 0 & & \lambda_M\end{pmatrix}\mathbf{U}^{\mathrm{H}}$$

并考虑其解 $\mathbf{Q}(z)$ 和谱测量值 L_M：

$$\mathbf{Q}(z)=(\mathbf{X}-z\mathbf{I})^{-1},\ L_M=\frac{1}{M}\sum_{k=1}^{M}\delta_{\lambda_k}$$

谱测量值的 Stieltjes 变换是解的归一化迹：

$$\Psi_{L_M}(z)=\frac{1}{M}\mathrm{Tr}\ \mathbf{Q}(z)=\frac{1}{M}\mathrm{Tr}(\mathbf{X}-z\mathbf{I})^{-1}$$

高斯工具[264]非常有用。设 Z_i' 是独立的复高斯随机变量，用 $\mathbf{z}=(Z_1,\cdots,Z_n)$ 表示。

1. 按部分公式进行整合

$$\mathbb{E}\left(Z_k\Phi(\mathbf{z},\bar{\mathbf{z}})\right)=\mathbb{E}|Z_k|^2\ \mathbb{E}\left(\frac{\partial\Phi}{\partial\bar{Z}_k}\right)$$

2. Poincaré-Nash 不等式

$$\mathrm{var}(\Phi(\mathbf{z},\bar{\mathbf{z}}))\leqslant\sum_{k=1}^{n}|Z_k|^2\left(\left|\frac{\partial\Phi}{\partial Z_k}\right|^2+\left|\frac{\partial\Phi}{\partial\bar{Z}_k}\right|^2\right)$$

5.7 Stieltjes 变换的基本定理

定理 5.7.1(文献[265]) 设 $m_F(z)$ 是分布函数 F 的 Stieltjes 变换，则

1. m_F 是通过 $\mathbb{C}^+$ 上的解析(analytical)得到；
2. 如果 $z\in\mathbb{C}^+$，则 $m_F(z)\in\mathbb{C}^+$；
3. 如果 $z\in\mathbb{C}^+$，$|m_F(z)|\leqslant\frac{1}{\mathrm{Im}(z)}$ 并且 $\mathrm{Im}\left(\frac{1}{m_F(z)}\right)\leqslant-\mathrm{Im}(z)$；
4. 如果 $F(0^-)=0$，那么 m_F 是通过在 $\mathbb{C}\setminus\mathbb{R}^+$ 上解析得到的。而且，$z\in\mathbb{C}^+$ 意味着 $zm_F(z)\in\mathbb{C}^+$ 并且我们可以得到不等式：

$$|m_F(z)|\leqslant\begin{cases}\dfrac{1}{|\mathrm{Im}(z)|}, & z\in\mathbb{C}\setminus\mathbb{R}\\ \dfrac{1}{|z|}, & z<0\\ \dfrac{1}{\mathrm{dist}(z,\mathbb{R}^+)}, & z\in\mathbb{C}\setminus\mathbb{R}^+\end{cases}$$

和欧几里得距离。

相反，如果 $m_F(z)$ 是 $\mathbb{C}^+$ 上解析得到的函数，$m_F(z)\in\mathbb{C}^+$，如果 $z\in\mathbb{C}^+$ 且

$$\lim_{y\to\infty}-iym_F(iy)=1$$

那么 $m_F(z)$ 是下述给定分布函数 F 的 Stieltjes 变换：

$$F(b)-F(a)=\lim_{y\to0}\frac{1}{\pi}\int_a^b\mathrm{Im}(m_F(x+\mathrm{j}y))\mathrm{d}x$$

此外，对于 $z\in\mathbb{C}^+$，如果 $zm_F(z)\in\mathbb{C}^+$，则 $F(0^-)=0$，在这种情况下 $m_F(z)$ 在 $\mathbb{C}\setminus\mathbb{R}^+$ 上有连续解。

我们上述定理的版本接近于文献[136]，略有不同。

令 $t>0$，$m_F(z)$ 是分布函数 F 的 Stieltjes 变换。那么，对于 $z\in\mathbb{C}^+$，我们得到[136]

$$\left|\frac{1}{1+tm_F(z)}\right|\leqslant\frac{|z|}{\mathrm{Im}(z)}$$

令 $x\in\mathbb{C}^N$，$t>0$ 且 $\mathbf{A}\in\mathbb{C}^{N\times N}$ 是非负定厄米矩阵。那么，对于 $z\in\mathbb{C}^+$，我们可以得到[136]

$$\left|\frac{1}{1+tx^{\mathrm{H}}(\mathbf{A}-z\mathbf{I})^{-1}x}\right|\leqslant\frac{|z|}{\mathrm{Im}(z)}$$

下面定理[266]的基本结果表明了 Stieltjes 变换的逐点收敛和概率测度弱收敛之间的等价性。

定理 5.7.2(等价性) 令 μ_n 为$\mathbb{R}$ 和 Ψ_{μ_n}上的概率测度，Ψ_{μ_n}为相关的 Stieltjes 变换。那么接下来的两个陈述是等价的：

1. $\Psi_{\mu_n}(z) \underset{n\to\infty}{\to} \Psi_{\mu}(z)$，任意 $z\in\mathbb{C}^+$
2. $\mu_n \underset{n\to\infty}{\overset{w}{\to}} \mu$

令随机矩阵 **W** 为 $N\times N$ 方阵，且元素均值为零，方差为 $1/N$，独立同分布。设 Ω 是包含 **W** 特征值的集合。当 $N\to\infty$，特征值的经验分布

$$P_{\mathbf{H}}(z) \triangleq = \frac{1}{N} \mid \{\lambda\in\Omega: \mathrm{Re}\,\lambda<\mathrm{Re}\,z \text{ 和 } \mathrm{Im}\,\lambda<\mathrm{Im}\,z\} \mid$$

收敛于非随机分布函数。表 5.2 列出了常用的随机矩阵和它们的密度函数。

表 5.1 从文献[262]中汇总了常见矩阵的一些矩。计算矩阵 **X** 的特征值 λ_k 不是线性运算。然而，计算特征值分布的矩可以使用归一化迹来方便地得到：

$$\frac{1}{N}\sum_{k=1}^{N}\lambda_k^m = \frac{1}{N}\mathrm{Tr}(\mathbf{X}^m)$$

因此，在大型矩阵极限中，我们将矩 $\mathrm{tr}(\mathbf{X})$定义为

$$\mathrm{tr}(\mathbf{X}) \triangleq \lim_{N\to\infty}\frac{1}{N}\mathrm{Tr}(\mathbf{X})$$

表 5.1 常见随机矩阵及它们的矩，W 的元素均值为零，方差为 $1/N$，独立同分布；没有特殊说明，W 为 $N\times N$ 方阵 $\left[\mathrm{tr}(\mathbf{H}) \triangleq \lim_{N\to\infty}\frac{1}{N}\mathrm{Tr}(\mathbf{H})\right]$

收敛法则	定义	矩
圆形定律	$\mathbf{W}$ square $N\times N$	
半圆定律	$\mathbf{K}=\frac{\mathbf{w}+\mathbf{w}^{\mathrm{H}}}{\sqrt{2}}$	$\mathrm{tr}(\mathbf{K}^{2m})=\frac{1}{m+1}\binom{2m}{m}$
四分之一圆定律	$\mathbf{Q}=\sqrt{\mathbf{W}\mathbf{W}^{\mathrm{H}}}$	$\mathrm{tr}(\mathbf{Q}^m)=\frac{2^{2m}}{\pi m}\frac{1}{\left(\frac{m}{2}+1\right)}\binom{m-1}{\frac{m-1}{2}}$，$\forall m$ 为奇数
变形的四分之一圆定律	$\mathbf{Q}^2$ $\mathbf{R}=\sqrt{\mathbf{W}^{\mathrm{H}}\mathbf{W}}$， $\mathbf{W}\in\mathbb{C}^{N\times\beta N}$ $\mathbf{R}^2$	$\mathrm{tr}(\mathbf{R}^{2m}) = \frac{1}{m}\sum_{i=1}^{m}\binom{m}{i}\binom{m}{i-1}\beta^i$
Haar 分布	$\mathbf{T}=\mathbf{W}(\mathbf{W}^{\mathrm{H}}\mathbf{W})^{-\frac{1}{2}}$	
反半圆定律	$\mathbf{Y}=\mathbf{T}+\mathbf{T}^{\mathrm{H}}$	

表 5.2 是独立的，这里只做了一些注释。对于 Haar 分布，由于矩阵 **T** 是单位的，所有特征值都位于复数单位圆上。其基本性质是特征值是均匀分布的。在随机矩阵 **W** 中，Haar 分布要满足高斯分布。这个条件并不是必要条件，但仅满足具有零均值和有限方差的复杂分布的条件是不够的。

表 5.3① 列出了一些变换(Stieltjes 变换，R 变换，S 变换)及其性质。Stieltjes 变换更为基

① 该表主要来自文献[263]。

础，因为 R 变换和 S 变换都可以用 Stieltjes 变换表示。

随机矩阵的乘积　几乎可以肯定，当 K，$N\to\infty$ 但 $\beta=K/N$ 时，下述矩阵乘积的特征值分布收敛：

$$\mathbf{P}=\mathbf{W}^{\mathrm{H}}\mathbf{W}\mathbf{X}$$

随机矩阵的和　考虑随机厄米矩阵的极限分布形式[172,174]，

$$\mathbf{A}+\mathbf{W}\mathbf{D}\mathbf{W}^{\mathrm{H}}$$

其中，$\mathbf{W}(N\times K)$，$\mathbf{D}(K\times K)$，$\mathbf{A}(N\times N)$是独立的，$\mathbf{W}$ 包含具有二阶矩且服从独立同分布的元素，$\mathbf{D}$ 是包含实数的对角矩阵，并且 $\mathbf{A}$ 是厄米矩阵。渐近规律为

$$D/N\to\alpha,\ N\to\infty$$

可以用限制分布函数

$$F_{\mathbf{A}+\mathbf{W}\mathbf{D}\mathbf{W}^{\mathrm{H}}}(x)$$

表示。结果显示该函数收敛于一个非随机函数 F。

表 5.2　收敛法则中常见随机矩阵的定义（W 的元素均值为零，方差为 1/N，独立同分布；没有特殊说明，W 为 N×N 方阵）

收敛法则	定　义	密度函数
圆形定律	$\mathbf{W}$ square $N\times N$	$p_{\mathbf{W}}(z)=\begin{cases}\frac{1}{\pi}, & \lvert z\rvert<1\\ 0, & \text{其他}\end{cases}$
半圆定律	$\mathbf{K}=\frac{\mathbf{W}+\mathbf{W}^{\mathrm{H}}}{\sqrt{2}}$	$p_{\mathbf{K}}(z)=\begin{cases}\frac{1}{2\pi}\sqrt{4-x^2}, & \lvert x\rvert<2\\ 0, & \text{其他}\end{cases}$
四分之一圆定律	$\mathbf{Q}=\sqrt{\mathbf{W}\mathbf{W}^{\mathrm{H}}}$	$p_{\mathbf{Q}}(z)=\begin{cases}\frac{1}{\pi}\sqrt{4-x^2}, & 0\leqslant x\leqslant 2\\ 0, & \text{其他}\end{cases}$
	$\mathbf{Q}^2$	$p_{\mathbf{Q}^2}(z)=\begin{cases}\frac{1}{2\pi}\sqrt{\frac{4-x}{x}}, & 0\leqslant x\leqslant 4\\ 0, & \text{其他}\end{cases}$
变形的四分之一圆定律	$\mathbf{R}=\sqrt{\mathbf{W}^{\mathrm{H}}\mathbf{W}}$，$\mathbf{W}\in\mathbb{C}^{N\times\beta N}$	$p_{\mathbf{R}}(z)=\begin{cases}\frac{\sqrt{4\beta-(x^2-1-\beta)^2}}{\pi x}, & a\leqslant x\leqslant b\\ (1-\sqrt{\beta})^{+}\delta(x), & \text{其他}\end{cases}$
	$\mathbf{R}^2$	$p_{\mathbf{R}^2}(z)=\begin{cases}\frac{\sqrt{4\beta-(x-1-\beta)^2}}{2\pi x}, & a^2\leqslant x\leqslant b^2\\ (1-\sqrt{\beta})^{+}\delta(x), & \text{其他}\end{cases}$
Haar 分布	$\mathbf{T}=\mathbf{W}(\mathbf{W}^{\mathrm{H}}\mathbf{W})^{-\frac{1}{2}}$	$p_{\mathbf{T}}(z)=\frac{1}{2\pi}\delta(\lvert z\rvert-1)$
反半圆定律	$\mathbf{Y}=\mathbf{T}+\mathbf{T}^{\mathrm{H}}$	$p_{\mathbf{Y}}(z)=\begin{cases}\frac{1}{\pi}\frac{1}{\sqrt{4-x^2}}, & \lvert x\rvert<2\\ 0, & \text{其他}\end{cases}$

定理 5.7.3（文献[172,174]）　设 $\mathbf{A}$ 是一个 $N\times N$ 的非随机厄米矩阵，当 $N\to\infty$，$F_{\mathbf{A}}(x)$弱收敛于分布函数$\mathbb{A}$。当 $N\to\infty$，令 $F_{\mathbf{A}}(x)$弱收敛于分布函数$\mathbb{D}$。假设对具有单位方差的固定的 N 维矩阵（复数情况下实部和虚部的方差之和），$\sqrt{N}\mathbf{W}$ 个元素服从独立同分布。

然后，$\mathbf{A}+\mathbf{WDW}^{\mathrm{H}}$ 的特征值分布弱收敛于确定的 F。其 Stieltjes 变换 $G(z)$ 满足等式：

$$G(z)=G_{\mathbf{A}}\left(z-\alpha\int\frac{\tau}{1+\tau G(z)}\mathrm{d}\mathbb{T}(\tau)\right)$$

表 5.3　Stieltjes 变换，*R* 变换，*S* 变换表（表 5.2 列出了这个表格里使用到的矩阵符号）

Stieltjes 变换	*R* 变换	*S* 变换
$G(z)\triangleq\int\frac{1}{x-z}\mathrm{d}P(x)$, $\mathrm{Im}\,z>0$, $\mathrm{Im}\,G(z)\geqslant 0$	$R(z)\triangleq G^{-1}(-z)-z^{-1}$	$S(z)\triangleq\frac{1+z}{z}\Upsilon^{-1}(z)$, $\Upsilon(z)\triangleq -z^{-1}G^{-1}(z^{-1})-1$
$G_{\alpha\mathbf{I}}(z)=\frac{1}{\alpha-z}$	$R_{\alpha\mathbf{I}}(z)=\alpha$	$S_{\alpha\mathbf{I}}(z)=\frac{1}{\alpha}$,
$G_{\mathbf{K}}(z)=\frac{z}{2}\sqrt{1-\frac{4}{z^2}}-\frac{z}{2}$	$R_{\mathbf{K}}(z)=z$	$S_{\mathbf{K}}(z)=$ 未定义
$G_{\mathbf{Q}}(z)=\sqrt{1-\frac{4}{z^2}}\left(\frac{z}{2}-\arcsin\frac{2}{z}\right)-\frac{z}{2}-\frac{1}{2\pi}$	$R_{\mathbf{Q}^2}(z)=\frac{1}{1-z}$	$S_{\mathbf{Q}^2}(z)=\frac{1}{1+z}$
$G_{\mathbf{Q}^2}(z)=\frac{1}{2}\sqrt{1-\frac{4}{z}}-\frac{1}{2}$	$R_{\mathbf{R}^2}(z)=\frac{\beta}{1-z}$	$S_{\mathbf{R}^2}(z)=\frac{1}{\beta+z}$
$G_{\mathbf{R}^2}(z)=\sqrt{\frac{(1-\beta)^2}{4z^2}-\frac{1+\beta}{2z}+\frac{1}{4}}-\frac{1}{2}-\frac{(1-\beta)}{2z}$	$R_{\mathbf{Y}}(z)=\frac{-1+\sqrt{1+4z^2}}{z}$	$S_{\mathbf{Y}}(z)=$ 未定义
$G_{\mathbf{Y}}(z)=\frac{-\mathrm{sign}(\mathrm{Re}\,z)}{\sqrt{z^2-4}}$	$R_{\alpha\mathbf{X}}(z)=\alpha R_{\mathbf{X}}(\alpha z)$	$S_{(\mathbf{Q}^2)^{-1}}(z)=S_{(\mathbf{W}^{\mathrm{H}}\mathbf{W})^{-1}}(z)=-z$
$G_{\Lambda^2}(z)=\frac{G_{\Lambda}(\sqrt{z})-G_{\Lambda}(-\sqrt{z})}{2\sqrt{z}}$	$\lim\limits_{z\to\infty}R(z)=\int x\mathrm{d}P(x)$	$S_{\mathbf{AB}}(z)=S_{\mathbf{A}}(z)S_{\mathbf{B}}(z)$
$G_{\mathbf{XX}^{\mathrm{H}}}(z)=\beta G_{\mathbf{X}^{\mathrm{H}}\mathbf{X}}(z)+\frac{\beta-1}{z}$, $\mathbf{X}\in\mathbb{C}^{N\times\beta N}$	$R_{\mathbf{A}+\mathbf{B}}(z)=R_{\mathbf{A}}(z)+R_{\mathbf{B}}(z)$	
	$G_{\mathbf{A}+\mathbf{B}}[R_{\mathbf{A}+\mathbf{B}}(-z)-z^{-1}]=z$	
$G_{\mathbf{X}^{-1}}(z)=-\frac{1}{z}-\frac{G_{\mathbf{X}}(1/z)}{2z^2}$		
$G_{(\mathbf{Q}^2)^{-1}}(z)=G_{(\mathbf{W}^{\mathrm{H}}\mathbf{W})^{-1}}(z)=-\frac{1}{z}-\frac{-1+\sqrt{1-4z}}{2z^2}$		
$G_{\mathbf{X}+\mathbf{WYW}^{\mathrm{H}}}(z)=$ $G_{\mathbf{X}}\left(z-\beta\int\frac{y\mathrm{d}P_{\mathbf{Y}}(x)}{1+yG_{\mathbf{X}+\mathbf{WYW}^{\mathrm{H}}}(z)}\right)$ $\mathrm{Im}\,z>0$，$\mathbf{X}$，$\mathbf{Y}$，$\mathbf{W}$ 联合独立		
$G_{\mathbf{WW}^{\mathrm{H}}}(z)=\int_0^1 u(x,z)\mathrm{d}x$ $u(x,z)=$ $\left[-z+\int_0^{\beta}\frac{w(x,y)\mathrm{d}y}{1+\int_0^1 u(x',z)w(x',y)\mathrm{d}x'}\right]^{-1}$ $x\in[0,1]$		

定理 5.7.4(文献[267]) 假设:

1. $\mathbf{X}_n=\frac{1}{\sqrt{n}}(X_{ij}^{(n)})$,其中,$1\leqslant i\leqslant n$,$1\leqslant j\leqslant p$,$X_{i,j,N}$是具有相同均值和方差$\sigma^2$的独立实随机变量,满足

$$\frac{1}{n^2\varepsilon_n^2}\sum_{i,j}X_{ij}^2 I(\mid X_{ij}\mid \geqslant \varepsilon_n\sqrt{n})\underset{n\to\infty}{\longrightarrow}0$$

其中,$I(x)$是指示函数,ε_n^2是趋于零的正序列。

2. $\frac{p}{n}\to y>0$,$n\to\infty$。

3. $\overset{n}{\mathbf{T}}_n$是一个$p\times p$的随机对称矩阵,当$n\to\infty$时,$F_{\mathbf{T}_n}$几乎可以收敛于分布$H(t)$。

4. $\mathbf{B}_n=\mathbf{A}_n+\mathbf{X}_n\mathbf{T}_n\mathbf{X}_n^{\mathrm{H}}$,其中$\mathbf{A}_n$是一个随机的$p\times p$对称矩阵,$F_{\mathbf{A}_n}$近似于$F_{\mathbf{A}}$,一个(可能有缺陷的)非随机分布。

5. $\mathbf{X}_N$,$\mathbf{T}_N$,$\mathbf{A}_N$均独立。

那么,当$n\to\infty$时,$F_{\mathbf{B}_n}$几乎肯定收敛于一个非随机分布F,其 Stieltjes 变换$m(z)$满足:

$$m(z)=m_{\mathbf{A}}(z)\left(z-y\int\frac{x}{1+xm(z)}\mathrm{d}H(x)\right)$$

定理 5.7.5(文献[166]) 令$\mathbf{S}_n$表示n个分布为$\mathcal{N}(0,\sigma^2\mathbf{I}_p)$的纯噪声向量的样本协方差矩阵。令$l_1$为$\mathbf{S}_n$的最大特征值。在联合极限,当$p,n\to\infty$,$p/n\to c\geqslant 0$时,$\mathbf{S}_n$的最大特征值的分布收敛于 Tracy-Widom 分布:

$$\Pr\left\{\frac{l_1/\sigma^2-\mu_{n,p}}{\xi_{n,p}}\right\}\to F_\beta(s)$$

对于实数噪声,$\beta=1$;对于复数噪声,$\beta=2$。集中和缩放参数$\mu_{n,p}$和$\xi_{n,p}$仅是n和p的函数。

定理 5.7.6(文献[166]) 令l_1为定理 5.7.5 中的最大特征值。那么,

$$\Pr\left\{l_1/\sigma^2>\left(1+\sqrt{\frac{p}{n}}\right)^2+\varepsilon\right\}\leqslant\exp(-nJ_{\mathrm{LAG}}(\varepsilon))$$

其中,

$$J_{\mathrm{LAG}}(\varepsilon)=\int_1^x(x-y)\frac{(1+c)y+2\sqrt{c}}{(y+B)^2}\frac{\mathrm{d}y}{\sqrt{y^2-1}}$$

$$c=p/n,\ x=1+\frac{\varepsilon}{2\sqrt{c}},\ B=\frac{1+c}{2\sqrt{c}}$$

利用p个传感器,考虑用一个标准的模型对信号建模,$\{\mathbf{x}_i=\mathbf{x}(t_i)\}_{i=1}^n$表示$p$维随机形式的观测表示

$$\mathbf{x}(t)=\mathbf{A}\mathbf{s}(t)+\sigma\mathbf{n}(t) \tag{5.122}$$

在n个不同的时间t_i采样,$\mathbf{A}=[\mathbf{a}_1,\cdots,\mathbf{a}_K]^{\mathrm{T}}$是$K$个线性无关的$p$维向量组成的$p\times K$矩阵。$K\times 1$的向量$\mathbf{s}(t)=[s_1(t),\cdots,s_K(t)]^{\mathrm{T}}$表示随机信号,假设其均值为零,且是平稳满秩协方差矩阵。σ是未知的噪声水平,bfn$(t)\in\mathbb{R}^{p\times 1}$是额外的高斯噪声向量,服从$\mathcal{N}(0,I_p)$分布,并独立于$\mathbf{s}(t)$。

定理 5.7.7(文献[166]) 用$\mathbf{S}_n$表示式(5.122)中n个观测值的样本协方差矩阵与一个强度为λ的单信号。之后,结合限定条件$p,n\to\infty$和$p/n\to c\geqslant 0$,协方差矩阵的最大特征值收敛于

$$\lambda_{\max}(\mathbf{S}_n) \xrightarrow{\text{a.s.}} \begin{cases} \sigma^2(1+\sqrt{p/n})^2, & \lambda \leqslant \sigma^2\sqrt{p/n} \\ (\lambda+\sigma^2)\left(1+\dfrac{p}{n}\dfrac{\sigma^2}{\lambda}\right), & \lambda > \sigma^2\sqrt{p/n} \end{cases}$$

定理 5.7.8([268]) $\mathbf{C} \in R^{p\times p}$表示正定二次型矩阵。假定残差项存在，对整数 l 进行修正得到 $l\leqslant p$

$$\{\lambda_i(\mathbf{C})\}_{i>l}$$

频谱 $\mathbf{C}$ 得到了足够的衰减

$$\sum_{i>l}\lambda_i(\mathbf{C}) = \mathcal{O}(\lambda_1(\mathbf{C}))$$

从一个 $\mathcal{N}(\mathbf{0}, \mathbf{C})$独立分布进行随机采样得到$\{\mathbf{x}_i\}_{i=1}^{n} \in \mathbb{R}^p$。定义采样后得到的协方差矩阵

$$\hat{\mathbf{C}} = \frac{1}{n}\sum_{i=1}^{n}\mathbf{x}_i\mathbf{x}_i^{\mathrm{H}}$$

结合显著性因素 l 得到条件数 κ_l，矩阵 $\mathbf{C}$ 的空间不变性子空间

$$\kappa_l = \frac{\lambda_1\mathbf{C}}{\lambda_l(\mathbf{C})}$$

假如

$$n = \Omega(\varepsilon^{-2}\kappa_l^2 l\log p)$$

则有

$$|\lambda_k(\hat{C}_n) - \lambda_k(\mathbf{C}_n)| \leqslant \varepsilon\lambda_k(\mathbf{C}_n), \quad k=1,\cdots,l$$

定理 5.7.8 表明，假定残余特征值具有足够衰减的特性，$n=\Omega(\varepsilon^{-2}\kappa_l^2\log p)$个样本值确保最大的特征值 l 可以得到精确的解。

5.8 厄米随机矩阵中的自由概率

5.8.1 随机矩阵理论

定义 5.8.1 考虑一个 $n\times n$ 的厄米矩阵 $\mathbf{A}$，定义

$$\phi(\mathbf{A}) = \lim_{n\to\infty}\frac{1}{n}\mathrm{Tr}(\mathbf{A}) \tag{5.123}$$

矩阵 $\mathbf{A}$ 的第 k 个矩表示为 $\phi(\mathbf{A}^k)$。

定理 5.8.2(变形的四分之一圆定律) 定义矩阵 $\mathbf{X} \in R^{N\times n}$中所有元素都恒等地服从 $N\sim(0,1/N)$分布。矩阵 $\mathbf{X} \in R^{N\times n}$中的经验奇异值几乎趋近于给定的限定条件

$$f_{\sqrt{\mathbf{XX}^{\mathrm{H}}}}(x) = \max(0,1-c)\delta(x) + \frac{\sqrt{4c-(x^2-1-c)^2}}{\pi x}\mathbb{I}(|1-\sqrt{c}| \leqslant x \leqslant |1+\sqrt{c}|) \tag{5.124}$$

其中，$N, n\to\infty$，$c=n/N$。

此外，经过变换后随机变量 X 转变为 $Y=X^2$，

$$f_Y(y) = \frac{1}{2\sqrt{y}}f_X(X)$$

得到如下关系

$$f_{\mathbf{XX}^{\mathrm{H}}}(x)=\max(0,1-c)\delta(x)+\frac{\sqrt{4c-(x-1-c)^2}}{2\pi x}\mathbb{I}((1-\sqrt{c})^2\leqslant x\leqslant(1+\sqrt{c})^2) \quad (5.125)$$

这正是我们熟知的 Marchenko-Pastur 分布，并且这个分布的矩表示为

$$\phi[(\mathbf{XX}^{\mathrm{H}})^K]=\sum_{k=1}^{K}C_{K,k}c^k \quad (5.126)$$

酉矩阵

$N\times N$ 的矩阵 $\mathbf{U}$ 被称为酉矩阵，假如

$$\mathbf{U}^{\mathrm{H}}\mathbf{U}=\mathbf{UU}^{\mathrm{H}}=\mathbf{I}_N \quad (5.127)$$

其中，$\mathbf{I}_N$ 是 $N\times N$ 的单位矩阵。

定理 5.8.3（Haar 分布） 定义 $N\times N$ 的矩阵 $\mathbf{X}\in R^{N\times n}$ 中所有的元素都恒等地服从均值为 0，方差为限定性正方差复杂分布，定义

$$\mathbf{U}=\mathbf{X}(\mathbf{X}^{\mathrm{H}}\mathbf{X})^{-1/2}$$

矩阵 $\mathbf{U}$ 的经验特征值基本收敛于限定条件

$$p_{\mathbf{U}}(z)=\frac{1}{2\pi}\delta(|z|-1)$$

其中 $N\to\infty$。

在复平面上，当矩阵的维数较大时，酉 Harr 矩阵 $\mathbf{U}$ 的所有特征值分布于单位球上。

定义 $N\times N$ 的矩阵 $\mathbf{X}$ 中所有元素都恒等地服从均值为零，方差为限定性正方差的复杂分布。那么，$\mathbf{X}$ 可以分解为

$$\mathbf{X}=\mathbf{UQ} \quad (5.128)$$

其中，$\mathbf{U}$ 是 Haar 矩阵，矩阵 $\mathbf{Q}$ 同样满足如上式所定义的四分之一圆定律。

如果一个厄米矩阵 $\mathbf{X}$ 具有同样的分布

$$\mathbf{UXU}^{\mathrm{H}} \quad (5.129)$$

对于任何与 $\mathbf{X}$ 无关的酉矩阵 $\mathbf{U}$，矩阵 $\mathbf{X}$ 称为**酉不变**。

一个酉不变矩阵 $\mathbf{X}$ 可以分解为

$$\mathbf{U\Lambda U}^{\mathrm{H}}$$

其中，$\mathbf{U}$ 是一个不相关于对角矩阵 $\mathbf{\Lambda}$ 的 Haar 矩阵。

考虑一个映射

$$\mathbf{Y}=g(\mathbf{X})$$

酉不变矩阵 $\mathbf{X}$ 作为输入而厄米矩阵作为输出。同样矩阵 $\mathbf{Y}$ 也是酉不变矩阵。矩阵满足同样的条件也适用于半圆定律或者变形的四分之一圆定律或者 Haar 分布。

如果 $N\times n$ 的矩阵 $\mathbf{X}$ 中的所有元素的联合分布等同于矩阵 $\mathbf{Y}$ 中所有元素的联合分布，那么

$$\mathbf{Y}=\mathbf{UXV}^{\mathrm{H}} \quad (5.130)$$

其中矩阵 $\mathbf{U}$ 和 $\mathbf{V}$ 均服从 Haar 分布并独立于矩阵 $\mathbf{X}$，那么，矩阵 $\mathbf{X}$ 称为双边酉不变随机矩阵。

我们注意到，一个单位矩阵同样也符合酉矩阵特性。那么，一个矩阵可以被认定为 $N\times n$ 的双边随机酉矩阵 $\mathbf{X}$，使得矩阵 $\mathbf{X}$ 的奇异值具有不变性，无论左乘还是右乘一个酉矩阵。

我们定义 $\{\mathbf{X}_1,\cdots,\mathbf{X}_L\}$ 组成独立的、大小为 $n_i\times n_{i-1}$ 的标准高斯矩阵。此外定义一个矩阵

$$\mathbf{X}=\prod_{i=1}^{L}\mathbf{X}_i$$

则 $\mathbf{X}$ 是双酉不变的。

定理 5.8.4[169]　均方随机矩阵 **X** 是双酉不变的，如果矩阵 **X** 可以被分解为

$$\mathbf{X}=\mathbf{U}\mathbf{Y}$$

那么 **U** 是 Haar 矩阵，并且酉不变正定矩阵 **Y** 不相关于 **U**。

5.8.2　厄米随机矩阵的自由概率理论

将随机矩阵看作一般的非交换随机变量。然后，与概率论相类似，我们必须定义矩阵值概率空间或变换整个概率论框架的非交换概率空间的变量。

自由概率论是 Voiculescu 在 20 世纪 80 年代发起的一个新的数学领域[269]。该理论是一个无限维度的乘法，即无限幂级数方面的自由度的定义。它适用于非交换随机变量。大型随机矩阵是自由随机变量的主要例子。

定义 $\mathcal{N}(n)$ 是所有非交叉序列 $\{1,2,\cdots,n\}$ 的合集表示，定义 π 是非交叉的部分集合表示：

$$\pi=\{B_1,\cdots,B_r\}$$

其中，B_i 是 π 的部分表示集合。

定义 5.8.5(自由累积量)　考虑一个随机矩阵 **X**，那么，渐近的特征值分布矩表示为

$$\phi(\mathbf{A}^n)=\sum_{\pi\in\mathcal{N}(n)}\prod_{B_i\in\pi}\kappa_{|B_i|} \tag{5.131}$$

其中 κ_n 表示第 n 阶自由累积量。

5.8.3　增强自由卷积

R 变换是傅里叶变换的对数的自由类比。

考虑自由随机矩阵 **A** 和 **B**，假设它们的渐近特征值分布是已知的。现在我们要讨论如何推断 **A+B** 的渐近特征值分布。

定理 5.8.6(自由累积量[270]**)**　假如厄米矩阵 **A** 和 **B** 是自由的。然后我们有

$$\kappa_{\mathbf{A}+\mathbf{B},n}=\kappa_{\mathbf{A},n}+\kappa_{\mathbf{B},n} \tag{5.132}$$

其中 $\kappa_{\cdot,n}$ 见式(5.131)。

定义 5.8.7(自由累积量)　考虑一个厄米随机矩阵 **X**。那么 R 变换的定义是

$$R_{\mathbf{X}}(\omega)=\sum_{n=1}^{\infty}\kappa_{\mathbf{X},n}\omega^{n-1} \tag{5.133}$$

矩阵 **A** 和 **B** 是自由的。然后基于式(5.132)我们有

$$\begin{aligned}R_{\mathbf{A}+\mathbf{B}}(\omega)&=\sum_{n=1}^{\infty}(\kappa_{\mathbf{A},n}+\kappa_{\mathbf{B},n})\omega^{n-1}\\&=\sum_{n=1}^{\infty}\kappa_{\mathbf{A},n}\omega^{n-1}+\sum_{n=1}^{\infty}\kappa_{\mathbf{B},n}\omega^{n-1}\\&=R_{\mathbf{A}}(\omega)+R_{\mathbf{B}}(\omega)\end{aligned} \tag{5.134}$$

例 5.8.8(两个独立同分布随机矩阵的乘积)

具备方差 $R\times T$ 的矩阵 **H** 是独立同分布的。方差为 $1/R$ 且 $\beta=T/R$ 是固定的。表明

$$R_{\mathbf{H}\mathbf{H}^{\mathrm{H}}}(\omega)=\frac{\beta}{1-\omega} \tag{5.135}$$

我们的出发点是式(5.126)

$$\phi[(\mathbf{XX}^{\mathrm{H}})^n] = \sum_{k=1}^{n} \mathcal{N}_{n,k}\beta^k \tag{5.136}$$

基于自由累积量的定义，我们有

$$\sum_{k=1}^{n} \mathcal{N}_{n,k}\beta^k = \sum_{\pi \in \mathcal{N}(n)} \prod_{B_i \in \pi} \kappa_{|B_i|} \tag{5.137}$$

注意，如果所有自由累积量等于β，式(5.137)可描述为

$$\sum_{k=1}^{n} \mathcal{N}_{n,k}\beta^k = \sum_{\pi \in \mathcal{N}(n)} \prod_{B_i \in \pi} \beta = \sum_{\pi \in \mathcal{N}(n)} \beta^r \tag{5.138}$$

然后是如下R变换

$$R_{\mathbf{H}^{\mathrm{H}}\mathbf{H}}(\omega) = \sum_{n=1}^{\infty} \beta\omega^{n-1} = \beta\sum_{n=1}^{\infty} \beta\omega^n = \frac{\beta}{1-\omega} \tag{5.139}$$

□

定理 5.8.9 Stieltjes 变换的反函数等于

$$G^{-1}(\omega) = R(\omega) + \frac{1}{\omega} \tag{5.140}$$

矩阵$c\mathbf{X}$的R变换，$c \in \mathbb{R}$可以表示为

$$R_{c\mathbf{X}}(\omega) = cR_{\mathbf{X}}(c\omega) \tag{5.141}$$

例 5.8.10(项目矩阵)

考虑一个投影矩阵$\mathbf{A}$，矩阵$\mathbf{B} = \mathbf{UAU}^{\mathrm{H}}$，其中$\mathbf{U}$是一个 Haar 矩阵，并且

$$p_{\mathbf{A}}(x) = \frac{\delta(x+1) + \delta(x-1)}{2}$$

求$\mathbf{A}+\mathbf{B}$的渐近特征值分布。第一，$\mathbf{A}$和$\mathbf{B}$自由。所以$\mathbf{A}$和$\mathbf{B}$有相同的分布，但是特征向量是完全不相关的。因此，

$$R_{\mathbf{A+B}}(\omega) = 2R_{\mathbf{A}}(\omega) \tag{5.142}$$

$\mathbf{A}$的 Stieltjes 变换是

$$G_{\mathbf{A}}(s) = \int \frac{1}{s-x}\mathrm{d}P(x) = \frac{1}{2}\left(\frac{1}{s-1} + \frac{1}{s+1}\right)$$

如果我们引入$G_{\mathbf{A}}(s)$的逆函数，我们获得如下

$$\omega = G_{\mathbf{A}}(G_{\mathbf{A}}^{-1}(s)) = G_{\mathbf{A}}(B_{\mathbf{A}}(s)) = \frac{1}{2}\left(\frac{1}{B_{\mathbf{A}}(\omega)-1} + \frac{1}{B_{\mathbf{A}}(\omega)+1}\right)$$

其中 Blue 函数被定义为$B_{\mathbf{A}}(s) = G_{\mathbf{A}}^{-1}(s)$。此外，我们有

$$B_{\mathbf{A}}^2(\omega) - \frac{1}{\omega}B_{\mathbf{A}}(\omega) - 1 = 0$$

两种解决方案是

$$B_{\mathbf{A}}(\omega) = \frac{1 \mp \sqrt{1+4\omega^2}}{2\omega}$$

基于式(5.140)

$$R_{\mathbf{A}}(\omega) = B_{\mathbf{A}}(\omega) - \frac{1}{\omega} = \frac{-1 \mp \sqrt{1+4\omega^2}}{2\omega}$$

基于R变换的定义

$$\lim_{\omega\to\infty} R_{\mathbf{A}}(\omega) = \lim_{\omega\to 0} \kappa_{\mathbf{A},1} + \sum_{k=2}^{\infty} \kappa_{\mathbf{A},k}\omega^{k-1} = \kappa_{\mathbf{A},1} = \phi(\mathbf{A})$$

当均值为 0 时，我们可以得到正确的解

$$0 = \lim_{\omega\to\infty} R_{\mathbf{A}}(\omega) = \frac{-1 \mp \sqrt{1+4\omega^2}}{2\omega}$$

因此，带正符号的是正确的解

$$R_{\mathbf{A}}(\omega) = \frac{-1+\sqrt{1+4\omega^2}}{2\omega}$$

基于式(5.142)，我们得到 R 变换

$$R_{\mathbf{A+B}}(\omega) = 2R_{\mathbf{A}}(\omega) = \frac{-1+\sqrt{1+4\omega^2}}{\omega}$$

和 Blue 函数

$$B_{\mathbf{A+B}}(\omega) = G_{\mathbf{A+B}}^{-1}(s) = \frac{\sqrt{1+4s^2}}{s}$$

然后，取上述表达式的逆，得到 Stieltjes 变换

$$s = \frac{\sqrt{1+4G_{\mathbf{A+B}}^2(s)}}{G_{\mathbf{A+B}}(s)} \Rightarrow G_{\mathbf{A+B}}(s) = \frac{1}{\sqrt{s^2-4}}$$

最后，利用 Stieltjes 变换的反演公式，得到实特征值的概率密度函数

$$\begin{aligned} p_{\mathbf{A+B}}(x) &= -\frac{1}{\pi}\lim_{y\to 0} \Im G_{\mathbf{A+B}}(x+\mathrm{j}y) \\ &= -\frac{1}{\pi}\lim_{y\to 0} \Im \frac{1}{\sqrt{(x+\mathrm{j}y)^2-4}} \\ &= -\frac{1}{\pi}\Im \frac{1}{\sqrt{x^2-4}} \\ &= -\frac{1}{\pi}\frac{1}{\sqrt{\lambda^2-4}} \end{aligned}$$

两个观测是非凡的。首先，如果我们随机地旋转一个特征向量，它是一种由散点分布的操作，当随机旋转 $\mathbf{B}=\mathbf{UAU}^{\mathrm{H}}$ 时矩阵 $\mathbf{A}$ 是自由的。第二，添加两个离散密度的自由元素将导致连续密度。

这个例子说明，有一个关于自由概率的直觉(古典)概率可能是错误的。更确切地说，关于自由的概念作为随机特征向量的独立性是一种很好的直觉。 □

定理 5.8.11(自由中心极限定理[259]) 使 $\mathbf{X}_k$ 成为对于所有 $1\leqslant k\leqslant N$ 特征值零均值方差的自由同一属性相同的随机矩阵。于是下面渐近特征值分布

$$\mathbf{X} = \lim_{N\to\infty} \frac{1}{N}\sum_{k=1}^{N} \mathbf{X}_k$$

收敛为半圆分布：

$$p_{\mathbf{X}}(x) = \frac{1}{2\pi}\sqrt{4-x^2}, \quad x\in(-2,2)$$

证明： 利用线性度式(5.134)和 R 变换的尺度特性式(5.141)，给出了 $\mathbf{X}$ 的 R 变换：

$$R_{\mathbf{X}}(\omega)=\frac{1}{\sqrt{N}}\sum_{k=1}^{N}R_{\mathbf{X}_k}\left(\frac{\omega}{\sqrt{N}}\right)$$

因为矩阵是无条件相同的，我们有

$$\begin{aligned}R_{\mathbf{X}}(\omega)&=\frac{N}{\sqrt{N}}R_{\mathbf{X}_k}\left(\frac{\omega}{\sqrt{N}}\right)\\&=\sqrt{N}R_{\mathbf{X}_k}\left(\frac{\omega}{\sqrt{N}}\right)\\&=\sqrt{N}\left(\kappa_1+\kappa_2\frac{\omega}{\sqrt{N}}+\kappa_3\frac{\omega^2}{\sqrt{N}}+\cdots\right)\\&=\sqrt{N}\left(0+\frac{\omega}{\sqrt{N}}+\kappa_3\frac{\omega^2}{\sqrt{N}}+\cdots\right)\end{aligned}$$

我们使用一个事实：一阶自由累积量是均值，二阶自由累积量是方差。当 $N\to\infty$ 时，高于二阶的自由累积量就会消失。

$$\lim_{N\to\infty}\sqrt{N}\left(0+\frac{\omega}{\sqrt{N}}+\kappa_3\frac{\omega^2}{\sqrt{N}}+\cdots\right)=\omega$$

使用与前面示例相似的步骤，可以找到半圆分布。 □

5.8.4 随机矩阵的压缩

考虑一个 $N\times N$ 厄米矩阵 $\mathbf{X}$

$$\mathbf{X}=[\mathbf{x}_1,\cdots,\mathbf{x}_N],\quad \mathbf{x}_i\in\mathbb{C}^N$$

假设 $N\times T(N\leqslant T)$ 矩形矩阵 $\mathbf{X}_c$ 被定义为

$$\mathbf{X}_c=[\mathbf{x}_1,\cdots,\mathbf{x}_T],\quad \mathbf{x}_i\in\mathbb{C}^N$$

当 $c=T/N\leqslant 1$ 固定。假设我们有 $N\times N$ 矩阵 $\mathbf{XX}^{\mathrm{H}}$ 的 R 变换。我们的问题是找到 $T\times T$ 矩阵 $\mathbf{X}_c^{\mathrm{H}}\mathbf{X}_c$ 的 R 变换。这个想法是为了通过使用之前处理过的项目矩阵压缩 $N\times N$ 矩阵 $\mathbf{XX}^{\mathrm{H}}$ 到 $T\times T$ 矩阵 $\mathbf{X}_c^{\mathrm{H}}\mathbf{X}_c$。

例 5.8.12（矩阵压缩的投影矩阵）

作为一个例子，令 $N\times N$ 对角矩阵 $\mathbf{P}$ 是一个投影矩阵：

$$p_{\mathbf{P}}(x)=(1-c)\delta(x)+c\delta(x-1)$$

对于 $N=4$，$c=1/2$，我们有

$$\mathbf{XX}^{\mathrm{H}}=\begin{pmatrix}x_{11}&x_{12}&x_{13}&x_{14}\\x_{21}&x_{22}&x_{23}&x_{24}\\x_{31}&x_{32}&x_{33}&x_{34}\\x_{41}&x_{42}&x_{43}&x_{44}\end{pmatrix},\quad \mathbf{PXX}^{\mathrm{H}}\mathbf{P}=\begin{pmatrix}x_{11}&x_{12}&0&0\\x_{21}&x_{22}&0&0\\0&0&0&0\\0&0&0&0\end{pmatrix}$$

被称为矩阵的 $\mathbf{XX}^{\mathrm{H}}$ 的角。可以立即看到，矩阵 $\mathbf{XX}^{\mathrm{H}}$ 的 $N\times N$ 角的特征值分布与 $\mathbf{X}_c^{\mathrm{H}}\mathbf{X}_c$ 的一样。

□

定理 5.8.13（文献[259]的定理 14.10） 考虑 $N\times N$ 的厄米随机矩阵 $\mathbf{X}$。令 $T\times T$ 对角矩阵 $\mathbf{P}$ 分布符合

$$p_{\mathbf{P}}(x)=(1-c)\delta(x)+c\delta(x-1)$$

此外定义

$$\mathbf{X}_c = \mathbf{XP}$$

然后，$\mathbf{X}_c$ 的渐近特征值分布几乎可以确定为极限

$$p_{\mathbf{X}_c}(x) = p_{\mathbf{XP}}(x) = (1-c)\delta(x) + cp_{\mathbf{Y}}(x)$$

这就是 $\mathbf{Y}$ 的 R 变换满足当 $N\to\infty$，$c=T/N\leqslant 1$ 是固定的时，

$$R_{\mathbf{Y}}(\omega) = R_{\mathbf{X}}(c\omega) \tag{5.143}$$

例 5.8.14(具有独立同分布项的矩形矩阵)

令 $N\times T$ 矩阵 $\mathbf{X}_c$ 的条目成为独立同分布的，其中比率为 $c=T/N\leqslant 1$ 是固定的且方差为 $1/N$。然后对于 $c\leqslant 1$ 求出 $\mathbf{X}_c^{\mathrm{H}}\mathbf{X}_c$ 的 R 变换。

当 $c=1$，对于式(5.135)，我们有

$$R_{\mathbf{X}_1^{\mathrm{H}}\mathbf{X}_1}(\omega) = \frac{1}{1-\omega}$$

因此，从式(5.143)，我们有

$$R_{\mathbf{X}_c^{\mathrm{H}}\mathbf{X}_c}(\omega) = R_{\mathbf{X}_1^{\mathrm{H}}\mathbf{X}_1}(c\omega) = \frac{1}{1-c\omega}$$

□

定理 5.8.15(文献[271]) 考虑一个可逆的厄米矩阵 $\mathbf{X}$。然后我们有

$$\frac{1}{R_{\mathbf{X}}(\omega)} = R_{\mathbf{X}^{-1}}(-R_{\mathbf{X}}(\omega)(1+\omega R_{\mathbf{X}}(\omega)))$$

5.8.5 乘法自由卷积

考虑自由随机矩阵 $\mathbf{A}$ 和 $\mathbf{B}$，假设它们的渐近特征值分布是已知的。现在我们要讨论如何推断 $\mathbf{AB}$ 的渐近特征值分布。

如前所述，厄米矩阵 $\mathbf{X}$ 的矩生成函数为

$$M_{\mathbf{X}}(s) = \sum_{k=1}^{\infty}\phi(\mathbf{X}^k)s^k \tag{5.144}$$

其中 $\phi(\cdot)$ 在式(5.123)中定义。或者说，

$$M_{\mathbf{X}}(s) = \left(\frac{1}{s}\right)G_{\mathbf{X}}\left(\frac{1}{s}\right) - 1 \tag{5.145}$$

更多的 $\mathbf{X}$ 的 S 变换是

$$S_{\mathbf{X}}(z) = \frac{1+z}{z}M_{\mathbf{X}}^{-1}(s) \tag{5.146}$$

定理 5.8.16(文献[272]中的定理 2.5) 令 $\mathbf{A}$ 和 $\mathbf{B}$ 是自由随机矩阵，要么 $\phi(\mathbf{A})\neq 0$ 或 $\phi(\mathbf{B})\neq 0$。然后我们有

$$S_{\mathbf{AB}}(z) = S_{\mathbf{A}}(z)S_{\mathbf{B}}(z) \tag{5.147}$$

此外，R 变换和 S 变换有一个简单的关系式[259]

$$S_{\mathbf{X}}(zR_{\mathbf{X}}(z)) = \frac{1}{R_{\mathbf{X}}(\omega)} \tag{5.148}$$

例 5.8.17(两个独立同分布的随机矩阵的乘积)

假使 $R\times T$ 矩阵 $\mathbf{X}$ 是具备方差 $1/R$ 以及 $\beta=T/R$ 是固定的独立同分布矩阵。表明

$$S_{\mathbf{X}^{\mathrm{H}}\mathbf{X}}(z)=\frac{1}{1+\beta z} \tag{5.149}$$

□

引理 5.8.18 考虑 $R\times T$ 矩阵 $\mathbf{X}$。然后我们具有

$$S_{\mathbf{X}\mathbf{X}^{\mathrm{H}}}(z)=\frac{z+1}{z+\beta}S_{\mathbf{X}^{\mathrm{H}}\mathbf{X}}\left(\frac{z}{\beta}\right) \tag{5.150}$$

其中，$\beta=T/R$。

例 5.8.19 ($\mathbf{HH}^{\mathrm{H}}$ 的 S 变换)

设 $R\times T$ 和 $S\times T$ 矩阵 $\mathbf{A}$ 和 $\mathbf{B}$ 的元素独立同分布，均值为 0，方差分别为 $1/R$ 和 $1/S$，并且

$$\mathbf{H}\triangleq\mathbf{AB} \tag{5.151}$$

此外，假设 $R, S, T\to\infty$，且比例 $\rho=S/R$ 和 $\beta=R/T$ 固定。然后找到 $\mathbf{HH}^{\mathrm{H}}$ 的 S 变换。让我们先定义

$$\mathbf{C}_{R\times R}=\mathbf{ABB}^{\mathrm{H}}\mathbf{A}^{\mathrm{H}},\quad \widetilde{\mathbf{C}}_{S\times S}=\mathbf{A}^{\mathrm{H}}\mathbf{ABB}^{\mathrm{H}} \tag{5.152}$$

其中，

$$S_{\mathbf{A}^{\mathrm{H}}\mathbf{A}}(z)=\frac{1}{1+\rho z},\quad S_{\mathbf{BB}^{\mathrm{H}}}(z)=\frac{1}{z+\beta/\rho} \tag{5.153}$$

然后，S 变换为

$$S_{\widetilde{\mathbf{C}}}(z)=\frac{1}{(1+\rho z)(z+\beta/\rho)} \tag{5.154}$$

代入式(5.150)，有

$$\begin{aligned}S_{\mathbf{C}}(z)&=\frac{z+1}{z+\rho}S_{\widetilde{\mathbf{C}}}\left(\frac{z}{\rho}\right)\\&=\frac{z+1}{z+\rho}\cdot\frac{1}{(1+z)(z+\rho\beta/\rho)}\\&=\frac{\rho}{(z+\rho)(z+\beta)}\end{aligned} \tag{5.155}$$

□

令 $\mathbf{X}$ 是一个具有标准复数高斯元素的 $p\times n(p\geqslant n)$ 矩阵。正定矩阵 $\mathbf{X}^{\mathrm{H}}\mathbf{X}$ 被当作一个复数 Wishart 矩阵。这种矩阵在随机矩阵理论中是十分基础的。这些应用的关键是复数 Wishart 矩阵的特征值的统计特性的精确可解性。

例 5.8.20 (复高斯矩阵和 Wishart 矩阵的 S 变换[75])

对于一个复数 Wishart 矩阵 $\mathbf{X}^{\mathrm{H}}\mathbf{X}$，其中 $\mathbf{X}$ 是一个 $M\geqslant N$ 的标准高斯矩阵，我们必须通过将 $\mathbf{X}^{\mathrm{H}}\mathbf{X}$ 除以 N 来缩放特征值。$M\geqslant N$ 固定，较大的 N 个主特征值支持集的区间是[0,4]，并且特征值的全局密度由 Marchenko-Pastur 定律给出

$$\rho_{\mathbf{X}^{\mathrm{H}}\mathbf{X}}(x)=\frac{1}{\pi\sqrt{x}}\sqrt{1-x/4},\quad 0<x<4 \tag{5.156}$$

事实上，全局密度本身并不是自由概率微积分的核心目标，而是某种转换。

其中最根本的是 Stieltjes 变换(一种 Green 函数)，

$$G_{\mathbf{Y}}(z)=\int_I\frac{1}{y-z}\rho_{\mathbf{Y}}(y)\,\mathrm{d}y,\quad z\notin I \tag{5.157}$$

其中，I 表示支撑集的区间。从式(5.156)，我们有

$$G_{\mathbf{X}^{\mathrm{H}}\mathbf{X}}(z)=\frac{-1+\sqrt{1-4/z}}{2} \tag{5.158}$$

(见例子[62，练习 14.4 q.6(i)，$\alpha=0$])。由于$(\mathbf{X}^{\mathrm{H}}\mathbf{X})^{-1}$的特征值是 $\mathbf{X}^{\mathrm{H}}\mathbf{X}$ 的特征值的倒数，从式(5.157)和式(5.158)直接计算得出

$$G_{(\mathbf{X}^{\mathrm{H}}\mathbf{X})^{-1}}(z)=-\frac{1}{z}-\frac{-1+\sqrt{1-4z}}{2z^2} \tag{5.159}$$

这是一般关系的特例，

$$G_{\mathbf{Y}^{-1}}(z)=-\frac{1}{z}-\frac{G_{\mathbf{Y}}(1/z)}{2z^2} \tag{5.160}$$

现在引入一下辅助量，

$$Y(z) :=-1-\frac{1}{z}G(1/z) \tag{5.161}$$

所以，

$$Y_{\mathbf{X}^{\mathrm{H}}\mathbf{X}}(z)=-1-\left(\frac{-1+\sqrt{1-4z}}{2z}\right),\quad Y_{(\mathbf{X}^{\mathrm{H}}\mathbf{X})^{-1}}(z)=z\left(\frac{-1+\sqrt{1-4/z}}{2}\right)$$

从这些显式的形式，我们计算相应的反函数

$$Y^{-1}_{\mathbf{X}^{\mathrm{H}}\mathbf{X}}(z)=\frac{z}{(1+z)^2},\quad Y^{-1}_{(\mathbf{X}^{\mathrm{H}}\mathbf{X})^{-1}}(z)=-\frac{z^2}{1+z} \tag{5.162}$$

最后，通过下式引入 S 变换

$$S_{\mathbf{Y}}(z)=\frac{1+z}{z}Y_{\mathbf{Y}}^{(-1)}(z) \tag{5.163}$$

代入式(5.162)，我们得到

$$S_{\mathbf{X}^{\mathrm{H}}\mathbf{X}}(z)=\frac{1}{1+z},\quad S_{(\mathbf{X}^{\mathrm{H}}\mathbf{X})^{-1}}(z)=-z \tag{5.164}$$

□

定理 5.8.21（具有有界支撑集测度的自由叠加卷积的大数定律[273]）

设 μ 为$\mathbb{R}$ 上存在均值 α 的概率测度；令 ψ_n：$\mathbb{R}\rightarrow\mathbb{R}$ 是映射 $\psi_n(x)=\frac{1}{n}x$，则

$$\frac{\mathrm{d}\psi_n(x)}{\mathrm{d}x}(\mu\boxplus\cdots\boxplus\mu)\rightarrow\delta_\alpha$$

收敛性很弱，δ_x表示 $x\in\mathbb{R}$ 点处的狄拉克(Dirac)测度。

这里，$\frac{\mathrm{d}\phi(\mu)}{\mathrm{d}x}$表示对于一个 Borel 测度函数 $\phi:\mathbb{R}\rightarrow\mathbb{R}$，$[0,\infty)\rightarrow[0,\infty)$，$\mu$ 在 ϕ 下的图像测度。

定理 5.8.22（无界支撑集测度的自由乘法定律[274]）

设 μ 为$[0,\infty)$上的概率测度；令 $\phi_n:[0,\infty)\rightarrow[0,\infty)$是映射 $\phi_n(x)=x^{1/n}$，使 $\delta=\mu(\{0\})$，如果我们表示

$$v_n=\frac{\mathrm{d}\phi_n(\mu_n)}{\mathrm{d}x}=\frac{\mathrm{d}\phi_n}{\mathrm{d}x}\left(\overbrace{\mu\boxtimes\cdots\boxtimes\mu}^{n倍}\right)$$

那么 v_n弱收敛于一个$[0,\infty)$上的概率测度 v。如果μ 是$[0,\infty)$上的狄拉克测度，那么，$v=\mu$。

否则 v 是$[0,\infty)$上的唯一测度，由 $v\left(\left[0,\frac{1}{S_\mu(t-1)}\right]\right)=t$ 所描述，其中 $t\in(\delta,1)$，$v(\{0\})=\delta$。测度 v 的支撑集是区间

$$(a,b)=\left(\left(\int_0^\infty x^{-1}\mathrm{d}\mu(x)\right)^{-1},\int_0^\infty x\mathrm{d}\mu(x)\right)$$

其中，$0\leqslant a\leqslant b\leqslant\infty$ 。

注意，与加法情况不同，如果μ是狄拉克测度，那么乘法极限分布也是狄拉克测度。另外 S_μ和μ（根据[文献 269 的定理 2.6]）可以由极限测度重建。

命题 5.8.23（双参数的测度族[274]）

令 α，$\beta\geqslant0$。存在一个$(0,\infty)$上的概率测度$\mu_{\alpha,\beta}$，其中 S 变换由下式给出

$$S_{\mu_{\alpha,\beta}}(z)=\frac{(-z)^\beta}{(1+z)^\alpha},\quad 0<z<1,\alpha>0,\beta>0 \tag{5.165}$$

此外，这些测度由$(\alpha,\beta)\in[0,\infty)\times[0,\infty)$的乘法诱导形成一个双参数半群。

例 5.8.24（双参数的测度族[274]）

对于$(\alpha,\beta)=(1,0)$，我们有 $S_{\mu_{1.0}}(z)=\frac{1}{1+z}$，是具有形状参数 1 的自由泊松分布（也称为 Marchenko-Pastur 定律）的 S 变换。分布由下式给出：

$$\mu_{1.0}(x)=\frac{1}{2\pi}\sqrt{\frac{4-x}{x}}\mathbb{I}_{(0,4)}(x)\mathrm{d}x$$

其中，$\mathbb{I}$ 是指示函数。 □

我们可以使用式(5.165)来建模海量数据库，其中两个参数 $\alpha,\beta\geqslant0$ 必须使用数据来估计。

5.9 随机范德蒙矩阵

一个范德蒙（Vandermonde）矩阵，其元素在单位圆上，具有以下形式：

$$\mathbf{V}=\frac{1}{\sqrt{N}}\begin{pmatrix}1 & \cdots & 1\\ \mathrm{e}^{-\mathrm{j}\omega_1} & \cdots & \mathrm{e}^{-\mathrm{j}\omega_L}\\ \vdots & \ddots & \vdots\\ \mathrm{e}^{-\mathrm{j}(N-1)\omega_1} & & \mathrm{e}^{-\mathrm{j}(N-1)\omega_L}\end{pmatrix}_{N\times L} \tag{5.166}$$

我们会考虑 $\omega_1,\cdots,\omega_L$是独立同分布的这种情况，在$[0,2\pi]$上取值。在整个部分中，ω_i将被称为相位分布。$\mathbf{V}$ 将仅用于表示具有给定相位分布的范德蒙矩阵，范德蒙矩阵的维数将始终为 $N\times L$。

在许多实际应用中，N 和 L 非常大，我们可能有兴趣研究两者以给定比例 $L/N\to c$ 的情况。因子 $1/\sqrt{N}$以及范德蒙元素 $\mathrm{e}^{-\mathrm{j}\omega_i}$在单位圆上的假设都包含在式(5.166)中，以确保分析将给出极限渐近行为。一般来说，通常是矩，而非行列式的矩，是我们所寻求的量。可以证明，范德蒙矩阵的矩渐近地只取决于比率 c 和相位分布，并且具有明确的表达式。矩对于执行反卷积很有用。

实际上，所有矩都存在不足以保证存在一个具有这些矩的极限概率测度。但是，我们将证

明在这种情况下是真的。换句话说，随着维数的增长，矩阵 $\mathbf{V}^{\mathrm{H}}\mathbf{V}$ 收敛于分布到支撑集$[0,\infty]$上的概率测度 μ_c，其中 $c=\lim(L/N)$。更准确地说，令 μ_L是随机矩阵 $\mathbf{V}^{\mathrm{H}}\mathbf{V}$ 的经验特征值分布。那么μ_L弱收敛于支撑集$[0,\infty]$上的唯一概率测度μ_c，存在矩

$$m_n^{(c)}=\int_0^{+\infty}t^n\mathrm{d}\mu_c(t)$$

我们还扩大了极限特征值分布存在的函数类别来包含无界密度，并且我们找到最大特征值的下界和上界。

例 5.9.1（范德蒙信道的容量[275]）

考虑接收信号 $\boldsymbol{y}\in\mathbb{C}^{N\times 1}$的高斯矩阵信道给定为

$$\boldsymbol{y}=\mathbf{H}\mathbf{x}+\boldsymbol{z} \tag{5.167}$$

其中，$\boldsymbol{z}\sim\mathcal{CN}(\mathbf{0},\mathbf{I}_N)$，$\mathbf{x}\sim\mathcal{CN}(\mathbf{0},\mathbf{I}_L)$，$\mathbf{H}\in\mathbb{C}^{N\times L}$具有独立同分布且 0 均值的标准高斯元素。然后渐近容量的一个显示表达式存在

$$\begin{aligned}&\lim_{N\to\infty}\log\det(\mathbf{I}_N+\gamma\mathbf{H}\mathbf{H}^{\mathrm{H}})\\&=-\frac{\log e}{4\gamma}F(\gamma,\beta)+\beta\log\left(1+\gamma-\frac{1}{4}F(\gamma,\beta)\right)+\log\left(1+\beta\gamma-\frac{1}{4}F(\gamma,\beta)\right)\end{aligned}$$

其中，

$$F(a,b):=\left(\sqrt{a(1+\sqrt{b})^2+1}-\sqrt{a(1-\sqrt{b})^2+1}\right)^2$$

并且信噪比 γ 是

$$\gamma=\frac{N\cdot\mathbb{E}[\|\mathbf{x}\|^2]}{L\cdot\mathbb{E}[\|\mathbf{z}\|^2]}$$

此外，随着 $N\to\infty$，比例 $N/L\to\beta$。

我们可以证明，如果用随机范德蒙矩阵代替高斯矩阵，则存在一个类似的极限。此外，使用 Jensen 不等式，我们可以得到容量的上限。更准确地说，如果我们确定信噪比 $\gamma>0$，对于随机范德蒙矩阵 $\mathbf{V}\in\mathbb{C}^{N\times L}$，我们可以定义范德蒙信道的渐近容量（无论极限矩什么时候存在且定义一个测度），

$$\begin{aligned}C_{\mathbf{V}}(\gamma)&:=\lim_{N\to\infty}\mathbb{E}\left(\frac{1}{N}\log\det(\mathbf{I}_N+\gamma\mathbf{V}\mathbf{V}^{\mathrm{H}})\right)\\&=\lim_{N\to\infty}\mathbb{E}\left(\frac{1}{N}\log\det(\mathbf{I}_L+\gamma\mathbf{V}^{\mathrm{H}}\mathbf{V})\right)\\&=\lim_{N\to\infty}\mathbb{E}\left(\frac{1}{N}\mathrm{Tr}\log(\mathbf{I}_L+\gamma\mathbf{V}^{\mathrm{H}}\mathbf{V})\right)\\&=\lim_{L\to\infty}\int_0^{\infty}c\log(1+\gamma t)\mathrm{d}\mu_L(t)\\&=\int_0^{\infty}c\log(1+\gamma t)\mathrm{d}\mu_c(t)\end{aligned} \tag{5.168}$$

其中，μ_L是 $L\times L$ 随机矩阵 $\mathbf{V}^{\mathrm{H}}\mathbf{V}$ 的经验测度。μ_c是 μ_L的极限测度。第一个等式遵循 Sylvester 行列式定理，第二个和第三个遵循定义，最后的等式是它们一致可积性的结果。后者由 $\log(1+\gamma t)<\gamma t,t>0$ 给出，并且给定 $\varepsilon>0$，$\exists\,\alpha>0$，所以

$$\sup_L \int_\alpha^\infty t\mathrm{d}\mu_L(t) < \varepsilon$$

参见文献[276]的定理5.4的相反声明。因此，根据Jensen不等式

$$\begin{aligned} C_{\mathbf{V}}(\gamma) &= \int_0^\infty c \log(1+\gamma t)\mathrm{d}\mu_c(t) \\ &\leqslant c\log(1+\gamma) \end{aligned}$$

因此，极限第一个矩是1。

考虑一个网络的应用，其中M个移动用户对具有N个天线元件的基站进行同步多路访问，排列为统一的线性阵列。假设选择任何时隙中的L个用户的随机子集进行传输。然后，对所选用户的天线阵列响应被定义为

$$\mathbf{V} = \frac{1}{\sqrt{N}}\begin{pmatrix} 1 & \cdots & 1 \\ \mathrm{e}^{-\mathrm{i}2\pi d/\lambda \sin(\theta_1)} & \cdots & \mathrm{e}^{-\mathrm{i}2\pi d/\lambda \sin(\theta_L)} \\ \vdots & \ddots & \vdots \\ \mathrm{e}^{-\mathrm{i}2\pi(N-1)d/\lambda \sin(\theta_1)} & & \mathrm{e}^{-\mathrm{i}2\pi(N-1)d/\lambda \sin(\theta_L)} \end{pmatrix}_{N\times L} \tag{5.169}$$

其中，d是元素间距，λ是波长。让我们假设M,L,N很大，并且到达角均匀分布在$(-\alpha,\alpha)$之间。那么在假设到达角均匀分布，由下式给出相位概率密度函数的情况下，最大的总吞吐量（相当于每个用户速率）由式(5.168)决定是合理的，

$$q_\alpha(\theta) = \frac{1}{2\beta\sqrt{\dfrac{4\pi^2 d^2}{\lambda^2} - \theta^2}}$$

其中$\theta \in \left[-\dfrac{2\pi d}{\lambda}\sin(\alpha), \dfrac{2\pi d}{\lambda}\sin(\alpha)\right]$。

一个无界概率密度函数被定义为

$$f(x) = \frac{1}{2\pi}\log\frac{\pi}{|x|} \tag{5.170}$$

见式(5.170)所示，如图5.2和图5.3所示。 □

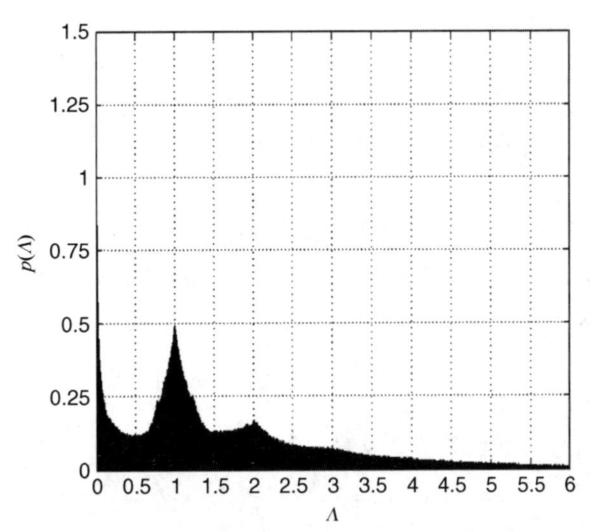

图5.2 均匀分布$\theta \sim U[-\pi,\pi]$，$L=N=1000$的模拟极限分布，700个样本矩阵平均值。经许可转自文献[275]

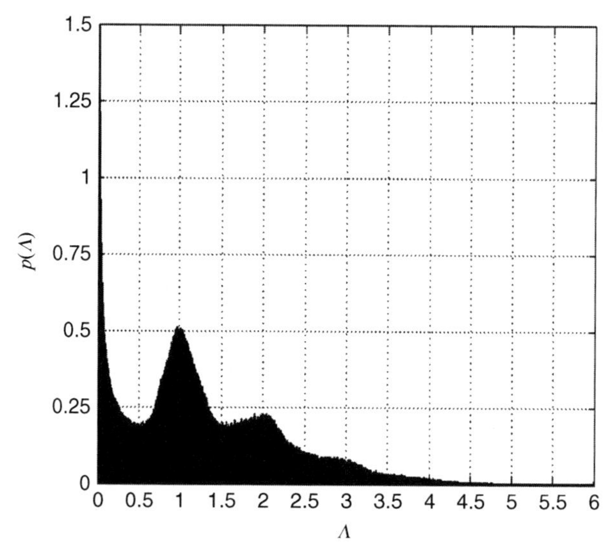

图 5.3 $\theta \sim f(x)$ 的模拟极限分布，其中 $f(x)$ 是无界的概率密度函数，其中 $f(x)=\frac{1}{2\pi}\log\frac{\pi}{|\boldsymbol{x}|}$，在分布中 $L=N=1000$ 是 700 个样本矩阵的均值。经许可转载自文献[275]

例 5.9.2（大规模 MIMO）

我们研究了在网络节点 k 和节点 j 之间的在以下经典视线传播模型下的，具有均匀分布节点的无线网络中多输入多输出（MIMO）传输的空间自由度[277,278]：

$$h_{jk}=\frac{\exp(\mathrm{i}2\pi r_{jk}/\lambda)}{r_{jk}} \tag{5.171}$$

在上面的等式中，λ 是载波波长，r_{jk} 是节间距离。从数学角度上来看，这些矩阵是有趣的研究对象，因为它们介于具有独立同分布元素的随机矩阵和完全确定的矩阵之间。事实上，由于随机的节点位置，节间距离 r_{jk} 是随机的，但是矩阵元素之间存在明确的相关性。 □

5.10 状态估计的非渐近分析

状态估计可以被表述为随机向量通道。我们证明非渐近框架可以应用于涉及估计不相关分量的贝叶斯推断问题。考虑一个简单的线性统计模型：

$$\mathbf{y}=\mathbf{H}\mathbf{x}+\mathbf{z} \tag{5.172}$$

其中，$\mathbf{H}$ 是已知的 $\mathbb{C}^{n\times p}$ 矩阵，$\mathbf{x}$ 表示具有零均值和协方差矩阵 $P\mathbf{I}_p$ 的输入信号，$\mathbf{z}$ 表示与 $\mathbf{x}$ 无关的具有零均值的噪声，拥有协方差矩阵 $\sigma^2\mathbf{I}_n$。对于拥有协方差矩阵 $\boldsymbol{\Sigma}_x$ 的任意随机变量 $\mathbf{x}'$，我们可以通过归一化 $\mathbf{x}=(\boldsymbol{\Sigma}_x)^{-1/2}\mathbf{x}'$ 使得 $\mathbf{x}$ 的协方差矩阵为 $P\mathbf{I}_p$。在本节中，我们假设

$$\alpha:=\frac{p}{n}\leqslant 1 \tag{5.173}$$

即，样本量超过输入信号的维数。给定 $\mathbf{y}$ 的 $\mathbf{x}$ 的 MMSE 估计[279]可以表示为

$$\begin{aligned}\hat{x}&=\mathbb{E}(\mathbf{x}\mid\mathbf{y})=\mathbb{E}(\mathbf{x}\mathbf{y}^{\mathrm{H}})(\mathbb{E}(\mathbf{x}\mathbf{y}^{\mathrm{H}}))^{-1}\mathbf{y}\\&=P\mathbf{H}^{\mathrm{H}}(\sigma^2\mathbf{I}_n+P\mathbf{H}\mathbf{H}^{\mathrm{H}})^{-1}\mathbf{y}\end{aligned} \tag{5.174}$$

并给出了相应的 MMSE：

$$\mathrm{MMSE}(\mathbf{H}) = \mathrm{Tr}(P\mathbf{I}_p - P^2\mathbf{H}^{\mathrm{H}}(\sigma^2\mathbf{I}_n + P\mathbf{H}\mathbf{H}^{\mathrm{H}})^{-1}\mathbf{H}) \tag{5.175}$$

因此，归一化 MMSE(NMMSE)可以写为

$$\mathrm{NMMSE}(\mathbf{H}) := \frac{\mathrm{MMSE}(\mathbf{H})}{\mathbb{E}\|\mathbf{x}\|^2} = \mathrm{Tr}\left(\mathbf{I}_p - \mathbf{H}^H\left(\frac{1}{\mathrm{SNR}}\mathbf{I}_n + \mathbf{H}\mathbf{H}^{\mathrm{H}}\right)^{-1}\mathbf{H}\right) \tag{5.176}$$

其中，$\mathrm{SNR} := P/\sigma^2$。我们可以合理地严格地评估 NMMSE(**H**)的功能，如下所示。我们需要定义一个标量值函数：

$$f(\delta, \mathbf{H}) := \frac{1}{p}\mathbb{E}\,\mathrm{Tr}((\delta + \mathbf{H}\mathbf{H}^{\mathrm{H}})^{-1})$$

假设 $\mathbf{H}=\mathbf{AM}$，其中 $\mathbf{A} \in \mathbb{C}^{n\times m}$ 对于 $m \geqslant p$ 是一个正定矩阵，$\mathbf{M} \in \mathbb{C}^{n\times p}$ 是一个随机矩阵，因此 M_{ij} 是独立的随机变量满足 $\mathbb{E}M_{ij}=0$ 以及 $\mathbb{E}|M_{ij}|^2 = 1/p$。

如果 $\sqrt{p}M_{ij}$ 由 D 所限定，那么对于任意的 $t > 8\sqrt{\pi/p}$，有

$$\frac{1}{p}\mathrm{NMMSE}(\mathbf{H}) \in \left[f\left(\frac{8}{9\ \mathrm{SNR}}, \mathbf{H}\right) + \tau_{\mathrm{bd}}^{\mathrm{lb}}, f\left(\frac{9}{8\ \mathrm{SNR}}, \mathbf{H}\right) + \tau_{\mathrm{bd}}^{\mathrm{ub}}\right] \tag{5.177}$$

概率超过了 $1-8\exp(-pt^2/16)$，在这里

$$\tau_{\mathrm{bd}}^{\mathrm{lb}} = -\frac{2\sqrt{2}tD\|\mathbf{A}\|\mathrm{SNR}^{1.5}}{3\sqrt{3}p}, \quad \tau_{\mathrm{bd}}^{\mathrm{ub}} = \frac{3\sqrt{3}tD\|\mathbf{A}\|\mathrm{SNR}^{1.5}}{8p}$$

如果 H_{ij} 满足对数 Sobolev 不等式，则可以得到类似的结果。当 H_{ij} 是独立于重尾分布的时候，也是如此。

文献备注

本章开头我们已经从文献[1]中提取了材料。在几个部分中，我们使用文献[82，147]中的材料。

我们在 5.2.1 节的阐述中遵循文献[121]。

5.3 节来自综述文献[280]。

5.6 节和 5.7 节来自综述文献[176]。

在本章中，我们借用 Cakmak(2012)的材料，文献[139]。

在 5.9 节中，对随机范德蒙德矩阵的主要依据是文献[281]。在通信的大型随机矩阵分析工具的一个很好的概述是文献 [282]。文献[275，283]解决数学课题的深度。最近，本课题在大规模 MIMO，文献 [277，278，284，285]的背景下进行了研究。5G 无线网络将对智能电网、下一代电网有影响。我们遵循文献[281]来阐述基本性质。

随机向量通道的非渐近分析已在文献[40]一书中表述。特别是，这是以系统的方式来检测极端微弱信号。当然，非渐近分析的基础是光谱测度现象的程度。在 5.10 节中，我们将对本主题进行一些补充性的讨论，如文献[286]所示。

第6章 大型非厄米随机矩阵与四元离子自由概率论

本章利用新发展的四元离子自由概率论研究大型非厄米随机矩阵。在我们看来，这一新的发展将成为代表大型数据集的新范式，从而催生新的大数据分析。大多数结果是首次以书的形式出现在这里。有些结果以前从未在出版物中出现过。本章也是随机矩阵理论发展的重点。最重要的事实是，非厄米随机矩阵具有复数特征值。如 1.4 节所示，在复平面上定义的自由熵新概念被引入来定义“信息”。

最近，如文献[287]，由于关于有限和无限矩阵维度的本征值和奇异值的统计的新的数学见解，随机矩阵的乘积经历了复兴。由于该领域最近的进展，我们现在可以研究任意大小的任意数目的随机矩阵的乘积。由于矩阵的数目及它们的尺寸可以自由选择，所以允许讨论各种限制。这不仅包括无限矩阵维的宏观(以及微观)结构，而且也包括可用的结构。与对单个随机矩阵的研究类似，随机矩阵的乘积具有丰富的数学结构和各种极限。揭示了新的普遍性课程，这在物理科学以及数学和其他领域都很重要。

我们对大型随机矩阵乘积的兴趣来自这个对象丰富的数学结构。我们认为，知识发现是为了发现大型数据集背后的结构。这种新颖的数学对象在大数据环境下是非常自然的。通常，我们对矩阵值时间序列很感兴趣，它被方便地建模为 $N\times N$ 矩阵 $\mathbf{X}_1,\mathbf{X}_2,\cdots,\mathbf{X}_L$。我们对大型随机矩阵感兴趣，比如 $N=100-1000$。这些矩阵值的随机变量是当前大数据问题的积木。基本矩阵运算包括：

- 将 L 个矩阵相加 $\mathbf{A}_L=\mathbf{X}_1+\mathbf{X}+\cdots+\mathbf{X}_L$；
- L 个矩阵的乘积 $\mathbf{P}_L=\mathbf{X}_1\mathbf{X}_2\cdots\mathbf{X}_L$；
- L 个矩阵的几何均值 $(\mathbf{P}_L)^{1/L}=(\mathbf{X}_1\mathbf{X}_2\cdots\mathbf{X}_L)^{1/L}$；
- 对于非负的 $M\geqslant 1$，$\mathbf{X}_1^{1/M}\mathbf{X}_2^{1/M}\cdots\mathbf{X}_L^{1/M}$。

最有用的观察是保持复平面上特征值的对称性。例如，对于极坐标形式的复数 $z=|z|\mathrm{e}^{\mathrm{j}\phi}$，函数

$$z^{\alpha}\equiv\exp(\alpha\log(z))=|z|^{\alpha}\mathrm{e}^{\mathrm{j}\alpha\phi},\quad \alpha\in\mathbb{R}$$

具有保持对称性的性质。特别是，对于非负整数 L 和 M，$\alpha=L/M$。

对于大型随机矩阵，很有趣地发现，对于 $\mathbf{X}=\mathbf{X}_i,i=1,\cdots,L$ 乘积 $\mathbf{X}_1\mathbf{X}_2\cdots\mathbf{X}_L$ 表现为单个矩阵 $\mathbf{X}$ 的幂 $\mathbf{X}^L$。

研究了圆形定律、(单)环定律和椭圆定律的离群点。在实践中，环形定律是最重要的，因为矩形随机矩阵是自然遇到的。圆形定律是单环定律的特例。与单环定律相关联的是随机奇异值分解(SVD)。包括 MATLAB 代码，以获得第一手的洞察力。

6.1 四元自由概率理论

非厄米矩阵一般具有复数特征值分布。在厄米情况下，我们研究复数矩阵函数来搜索实

数特征值，而现在我们又开始寻找实数特征值。v 用于搜索复数特征值的 q 值函数（见图 6.1），其中 q 定义在式(6.10)中。另见表 6.1。

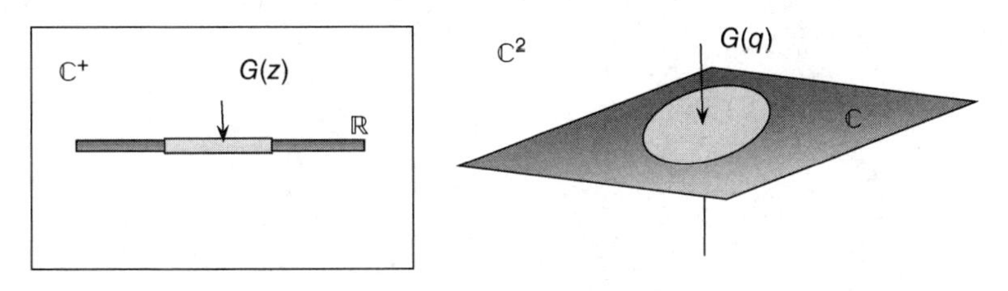

图 6.1　左图：上复平面实函数的复数运算；右图：超复平面上复函数的四元数运算

表 6.1　经典、自由和四元离子自由概率论的比较

	概 率 空 间	代　数
经典概率论	交换的	交换的
自由概率	非交换的	非交换的
四元自由概率	非交换的	非交换的

由于非厄米矩阵具有实特征值，处理实数特征值分布的分析方法是采用复分析，即表示实数-特征值的分布值：

$$p(x)=\frac{1}{\pi}\lim_{\varepsilon\to 0+}\mathrm{Re}\{\mathrm{j}G(x+\mathrm{j}\varepsilon)\} \tag{6.1}$$

作为复数全纯函数 $G(s)$ 的一个极限，它是由下式定义的

$$G(s)=\int\frac{1}{s-x}\mathrm{d}P(x) \tag{6.2}$$

其中 $p(x)=\mathrm{d}P(x)/\mathrm{d}x$。

复特征值的分布往往是圆对称的，因此，不全纯。它们可以通过一个双全纯函数的实部和虚部代表。INS 关于复变量 z 的实部和虚部，也可以考虑 z，它的复共轭为 z^*，并应用 Wirtinger 规则[288]进行微分，即

$$\frac{\partial z}{\partial z^*}=0=\frac{\partial z^*}{\partial z} \tag{6.3}$$

6.1.1　Stieltjes 变换

为了将 Stieltjes 变换推广到两个复变量 z 和 z^*，我们首先重写式(6.2)：

$$G(s)=\frac{\mathrm{d}}{\mathrm{d}s}\int\log(s-x)\mathrm{d}P(x) \tag{6.4}$$

我们进一步注意到，复变元的 Dirac 函数可以表示为极限：

$$\begin{aligned}\delta(z-z')&=\frac{1}{\pi}\lim_{\varepsilon\to 0}\frac{\varepsilon^2}{(|z-z'|^2+\varepsilon^2)^2}\\&=\frac{1}{\pi}\lim_{\varepsilon\to 0}\frac{\partial^2}{\partial z\partial z^*}\log[|z-z'|^2+\varepsilon^2]\end{aligned} \tag{6.5}$$

这样我们就可以得到

$$p(z)=\frac{1}{\pi}\lim_{\varepsilon\to 0}\frac{\partial^2}{\partial z\partial z^*}\int\log[|z-z'|^2+\varepsilon^2]\mathrm{d}P(z) \tag{6.6}$$

定义二元 Stieltjes 变换：

$$\begin{aligned} G(s,\varepsilon) &= \frac{\partial}{\partial s}\int \log[|s-z|^2+\varepsilon^2]\mathrm{d}P(z) \\ &= \int \frac{(s-z)^*}{|s-z|^2+\varepsilon^2}\mathrm{d}P(z) \end{aligned} \tag{6.7}$$

得到二元 Stieltjes 反演公式：

$$p(z) = \frac{1}{\pi}\lim_{\varepsilon\to 0}\frac{\partial}{\partial z^*}G(s,\varepsilon) \tag{6.8}$$

乍一看，二元 Stieltjes 变换看起来与式(6.2)完全不同。然而，我们可以重写式(6.7)为

$$G(s,\varepsilon) = \int\left[\begin{pmatrix} s-z & i\varepsilon \\ i\varepsilon & s^*-z^* \end{pmatrix}^{-1}\right]_{11}\mathrm{d}P(z) \tag{6.9}$$

它明显类似于式(6.2)的形式。为了得到一个与式(6.2)更显著的类比，我们可以引入四元数参数的 Stieltjes 变换 $q\equiv v+\mathrm{j}\omega,(v,\omega)\in\mathbb{C}^2,i^2\equiv-1,ij=ji$

$$G(q) \equiv \int\frac{1}{q-z}\mathrm{d}P(z) \tag{6.10}$$

和各自的反演形式：

$$p(z) = \frac{1}{\pi}\lim_{\varepsilon\to 0}\frac{\partial}{\partial z^*}\Re G(z+\mathrm{i}\varepsilon) \tag{6.11}$$

定义 $\Re(v+\mathrm{j}\omega)\equiv v\in\mathbb{C}^2$。注意，四元数的实部和虚部分别是其第一和第二复分量。四元数是不方便处理的，因为，一般来说，四元数的乘法不可用。然而，任何四元数 $q=v+\mathrm{j}\omega$ 都可以方便地用复数 2×2 矩阵表示：

$$\begin{pmatrix} v & \omega \\ -\omega^* & v^* \end{pmatrix} \tag{6.12}$$

这种矩阵表示直接连接式(6.9)和式(6.10)：

$$G(s,\varepsilon) = \Re G(s+\mathrm{i}\varepsilon) \tag{6.13}$$

最后，四元数值 Stieltjes 变换可以表示为

$$\begin{aligned} G(q) &\equiv \int(1-q^{-1}z)^{-1}q^{-1}\mathrm{d}P(z) \\ &= \sum_{k=0}^{\infty}\int(q^{-1}z)^k q^{-1}\mathrm{d}P(z) \\ &= \sum_{k=0}^{\infty}\mathbb{E}[(q^{-1}z)^k]q^{-1} \end{aligned} \tag{6.14}$$

请注意，式(6.14)的最后一个等式相当于

$$q^{-1}\sum_{k=0}^{\infty}\mathbb{E}[(q^{-1}z)^k] \tag{6.15}$$

我们按照式(6.14)进行其余的工作。

6.1.2 加法自由卷积

我们定义了四元数参数 p 的 S 变换，完全类比于文献[52]中的复数情况：

$$R(p) = G^{-1}(p) - p^{-1} \tag{6.16}$$

并且获得自由随机矩阵 **A** 和 **B**, $R_{\mathbf{A}}(p)$ 和 $R_{\mathbf{B}}(p)$ 分别表示各渐近特征值分布的 R 变换,

$$R_{\mathbf{A+B}}(p)=R_{\mathbf{A}}(p)+R_{\mathbf{B}}(p) \tag{6.17}$$

R 变换的标度关系可以推广为

$$R_{z\mathbf{A}}(p)=zR_{\mathbf{A}}(pz) \tag{6.18}$$

其中, $z\in\mathbb{C}$。请注意, 这里因子的顺序很重要, 因为一般来说 $pz\neq zp$。

令 **A** 和 **B** 相互独立, 然后我们有

$$G_{\mathbf{A+B}}(q)=G_{\mathbf{A}}(q-R_{\mathrm{B}}[G_{\mathbf{A+B}}(q)]) \tag{6.19}$$

式(6.19)可以推导如下:

$$\begin{aligned} q&=G_{\mathbf{A}}[G_{\mathbf{A}}^{-1}(q)] \\ &=G_{\mathbf{A}}\left[G_{\mathbf{A+B}}^{-1}(q)-G_{\mathbf{B}}^{-1}(q)+\frac{1}{q}\right] \\ &=G_{\mathbf{A}}[G_{\mathbf{A+B}}^{-1}(q)-R_{\mathrm{B}}(q)] \end{aligned} \tag{6.20}$$

替换 $q\to G_{\mathbf{A+B}}(q)$, 我们得到

$$G_{\mathbf{A+B}}(q)=G_{\mathbf{A}}(q-R_{\mathbf{B}}[G_{\mathbf{A+B}}(q)])$$

6.1.3 乘法自由卷积

随机矩阵理论中的关键量是特征值密度, 可以使用 Green 函数等效地表达。R 变换和 S 变换与 Green 函数满足函数关系, 因此, 它们的信息(在厄米情况下)等价于特征值密度(或更准确地说是其矩)的信息。

尽管乘法自由卷积可以直接推广, 但与乘法卷积的情况非常不同。

非厄米矩阵的格林函数可以表示为具有复数元素的二乘二矩阵。为了将这种情况与厄米例子(其函数和参数是复数)区分开来, 我们将使用手写字母来表示相应的二乘二复数矩阵。在这种情况下的 R 变换是将二乘二复矩阵空间映射到二乘二复矩阵空间上 $\mathcal{G}\to R(\mathcal{G})$。

我们定义一个修改后的非厄米随机矩阵 **X** 的四元数值 Stieltjes 变换:

$$\mathcal{G}_{\mathbf{X}}=\lim_{\varepsilon\to 0}G_{\mathbf{X}}(z+\mathrm{i}\varepsilon) \tag{6.21}$$

进一步, 对于 $q\in\mathbb{C}^2$, 我们将以下操作定义为

$$q^L=\omega q\omega^*,\quad q^R=\omega^* q\omega \tag{6.22}$$

其中, $\omega\triangleq \mathrm{e}^{(\mathrm{j}\arg z)/4}$。令非厄米矩阵 **A** 和 **B** 相互独立。我们可以得到[289]:

$$R_{\mathbf{AB}}(\mathcal{G}_{\mathbf{AB}})=[R_{\mathbf{A}}(\mathcal{G}_{\mathbf{B}})]^L\cdot[R_{\mathbf{B}}(\mathcal{G}_{\mathbf{A}})]^R \tag{6.23}$$

但这是一个非平凡的形式, 并且与四元数值 R 变换相比, 成果非常少。另一方面, S 变换(非对易)Banach 代数证明[290]中有一个有趣的结果。

6.1.4 厄米矩阵的四元数值函数

回想一下, 四元数 Stieltjes 可以扩展为

$$G(q)=\int\frac{1}{q-z}\mathrm{d}P(z)=\sum_{k=0}^{\infty}\mathbb{E}[(q^{-1}z)^k]q^{-1}$$

但是, 实际分布的四元数 Stieltjes 变换可写为

$$\begin{aligned}\int \frac{1}{q-x}\mathrm{d}P(x) &= \sum_{k=0}^{\infty}\int \frac{x^k}{q^{k+1}}\mathrm{d}P(z) \\ &= \sum_{k=0}^{\infty}\frac{m_k}{q^{k+1}}\end{aligned} \tag{6.24}$$

其中，$qx=xq, x\in\mathbb{R}$。结果与在复数情况下相同。因此，四元数 Stieltjes，R 变换和 S 变换的实际分布与复数情况简单等价。显然

$$G_{\mathbf{H}}(q)=G_{\mathbf{H}}(s)|_{s=q}, \quad R_{\mathbf{H}}(p)=R_{\mathbf{H}}(\omega)|_{\omega=q}, \quad S_{\mathbf{H}}(r)=S_{\mathbf{H}}(z)|_{z=r} \tag{6.25}$$

H 是厄米矩阵。

例 6.1.1　半圆和全圆元素

设 **H** 是半圆元素。求出 $G_{\mathbf{H}}(q)$ 和 $R_{\mathbf{H}}(q)$。由于均匀分布的奇数矩消失，让 C_k 成为第 k 个 Catalan 数，我们有

$$\int \frac{1}{q-x}\mathrm{d}P_{\mathbf{H}}(x) = \sum_{k=0}^{\infty}\frac{1}{q^{2k+1}}C_k \tag{6.26}$$

通过使用 Catalan 数的递归表达式，我们有[259]

$$\begin{aligned}G_{\mathbf{H}}(q) &= \frac{1}{q}+\sum_{k=1}^{\infty}\frac{1}{q^{2k+1}}\left(\sum_{m=1}^{k}C_{m-1}C_{k-m}\right) \\ &= q^{-1}+q^{-1}\sum_{k=1}^{\infty}\sum_{m=1}^{k}\frac{C_{m-1}}{q^{2k+1}}\cdot\frac{C_{k-m}}{q^{2(m-k)+1}} \\ &= q^{-1}+q^{-1}\sum_{m=1}^{\infty}\frac{C_{m-1}}{q^{2m+1}}\cdot\left(\sum_{k=m}^{\infty}\frac{C_{k-m}}{q^{2(m-k)+1}}\right) \\ &= q^{-1}+q^{-1}\sum_{m=1}^{\infty}\frac{C_{m-1}}{q^{2m+1}}\cdot G_{\mathbf{H}}(q) \\ &= q^{-1}+q^{-1}G_{\mathbf{H}}^2(q) = q^{-1}(1+G_{\mathbf{H}}^2(q))\end{aligned} \tag{6.27}$$

可以得到以下解决方案：

$$G_{\mathbf{H}}^2(q)=\frac{1}{2}[q-(q^2-4)^{1/2}]$$

用 q 代替 $G_{\mathbf{H}}^{-1}(q)$，我们有

$$\begin{aligned}0&=G_{\mathbf{H}}^{-1}(q)(1+q^2)-q \\ &=[R_{\mathbf{H}}(q)+q^{-1}]^{-1}(1+q^2)-q \\ &=(1+q^2)-[R_{\mathbf{H}}(q)+q^{-1}]^{-1}q\end{aligned}$$

得到

$$R_{\mathbf{H}}(q)=q \tag{6.28}$$

令 **G** 是一个全圆的元素，那么我们有

$$R_{\mathbf{G}}(q)=\Im q \tag{6.29}$$

式(6.29)可以推导过程如下。**G** 可以分解为

$$\mathbf{G}=\frac{\mathbf{H}_1+\mathbf{H}_2}{\sqrt{2}}$$

其中 $\mathbf{H}_1$ 和 $\mathbf{H}_2$ 是两个半圆形元素并且相互独立。然后我们有

$$R_{\mathrm{G}}(q)=\frac{1}{2}(q+\mathrm{j}q\mathrm{j})=\Im q$$

其中，$\Im q=\Im(v+\mathrm{j}\omega)\equiv w\in\mathbb{C}^2$。 □

6.2 R 对角矩阵

定义 6.2.1[文献[291]] 如果一个随机矩阵 $\mathbf{X}$ 可以分解为 $\mathbf{X}=\mathbf{UY}$，则称它为 R 对角线；其中 $\mathbf{U}$ 是单位 Haar 矩阵并且不含 $\mathbf{Y}=\sqrt{\mathbf{XX}^{\mathrm{H}}}$。

随着矩阵大小的增加，独立性根据一些自由度结果转换为自由度；见文献[169]。因此，二元不变矩阵是渐近 R 对角的。请注意，独立的 R 对角矩阵是相互独立的。

R 对角矩阵具有圆对称的特征值分布。为了确定这种分布的边界，我们定义了以下措施[292]：

$$\begin{aligned}\mathrm{in}(\mathbf{X})^2&\triangleq\int\frac{1}{x}\mathrm{d}F_{\mathbf{XX}^{\mathrm{H}}}(x)\\\mathrm{out}(\mathbf{X})^2&\triangleq\int x\mathrm{d}F_{\mathbf{XX}^{\mathrm{H}}}(x)\end{aligned}\tag{6.30}$$

其中，这些积分通过使用 $1/0=\infty$ 和 $1/\infty=0$ 来计算。$\mathrm{out}(\mathbf{X})^2$ 是 $\mathbf{X}$ 的奇异值分布的二阶矩，当 $\mathbf{X}$ 可逆(或没有零特征值)时，$\mathrm{in}(\mathbf{X}^2)$ 是 $\mathbf{X}^{-1}$的奇异值分布的二阶矩。

6.2.1 R 对角矩阵的种类

Haar-酉矩阵 $\mathbf{V}$ 和服从独立同分布的高斯随机矩阵 $\mathbf{X}$ 是渐近 R 对角矩阵，因为它们可以分解为

$$\mathbf{V}=\mathbf{VI};\quad \mathbf{X}=\mathbf{UQ}\tag{6.31}$$

其中，$\mathbf{U}$ 是 Haar-酉矩阵，$\mathbf{Q}$ 是四分之一圆分布(a quarter circle distributed)随机矩阵。此外，根据以下定理，我们在这里提出了一些重要的 R 对角矩阵。

定理 6.2.2(文献[292]) 对所有 $1\leqslant i\leqslant L$，令矩阵 $\mathbf{X}_i$ 是 R 对角矩阵的一个自由族，那么：

- 自由 R 对角矩阵的和：$\mathbf{X}_1+\cdots+\mathbf{X}_L=\sum_{i=1}^{L}\mathbf{X}_i$；
- 自由 R 对角矩阵的乘积：$\mathbf{X}_1\cdots\mathbf{X}_L=\prod_{i=1}^{L}\mathbf{X}_i$；
- 自由 R 对角矩阵的功率：$(\mathbf{X}_i)^p, i=1,\cdots,L$，$p$ 为自然数。

定理 6.2.3(文献[259]中的命题 6.1.1) 令矩阵 $\mathbf{X}$ 为 R 对角矩阵且与 $\mathbf{Y}$ 互相独立，则 $\mathbf{XY}$ 也是 R 对角矩阵。

定理 6.2.4(文献[259]) 令自由厄米矩阵 $\mathbf{X}$ 和 $\mathbf{Y}$ 在实线上具有对称(偶数)特征值分布，那么矩阵 $\mathbf{XY}$ 是 R 对角矩阵。

一大类 R 对角矩阵具有类似于乘法的性质。

定理 6.2.5(文献[292]的命题 3.10) 设随机矩阵 $\mathbf{X}_i, i=1,\cdots,L$ 是渐近自由的 R 对角元素，它们的渐近特征值分布对于所有的 i 是相同的，那么渐近特征值分布

$$\mathbf{X}_1 \cdots \mathbf{X}_L = \prod_{i=1}^{L} \mathbf{X}_i$$

与 $\mathbf{X}_i$ 相同,$i=1,\cdots,L$。

6.2.2 加法自由卷积

诸如 R 对角线随机矩阵的和或乘积的操作可以在没有四元离散微积分的情况下执行。

考虑一个厄米矩阵 $\widetilde{\mathbf{H}}$, 使得 $\widetilde{\mathbf{H}}$ 的经验特征值分布为

$$p_{\tilde{\mathbf{X}}}(x)=\frac{1}{2}\left[p_{\sqrt{\mathbf{XX}^{\mathrm{H}}}}(x)+p_{\sqrt{\mathbf{XX}^{\mathrm{H}}}}(-x)\right] \tag{6.32}$$

其中, $\widetilde{\mathbf{H}}$ 是 $\mathbf{X}$ 的对称奇异值版本。

定理 6.2.6(文献[292]的推论 3.5) 假设渐近自由随机矩阵 $\mathbf{A}$ 和 $\mathbf{B}$ 为 R 维。定义 $\mathbf{C}=A+B$, 即有

$$R_{\tilde{\mathbf{C}}}(\omega)=R_{\tilde{\mathbf{A}}}(\omega)+R_{\tilde{\mathbf{B}}}(\omega) \tag{6.33}$$

通过两个引理使问题变得像厄米一样简单。

引理 6.2.7(对称引理 1) 设 $\mathbf{X}$ 是一般的非厄米随机矩阵。则有

$$G_{\tilde{\mathbf{X}}}(s)=sG_{\sqrt{\mathbf{XX}^{\mathrm{H}}}}(s^2) \tag{6.34}$$

引理 6.2.8(对称引理 2) 设 $\mathbf{X}$ 跟之前引理中定义的一样。则有

$$S_{\tilde{\mathbf{X}}}(z)=\left[\frac{z+1}{z}S_{\mathbf{XX}^{\mathrm{H}}}(z)\right]^{1/2} \tag{6.35}$$

例 6.2.9(变形的四分之一圆元素)

设 $\mathbf{X}$ 为变形的四分之一圆元素。R 变换为 $R_{\tilde{\mathbf{X}}}(\omega)$。和式(5.154)一样, $\mathbf{XX}^{\mathrm{H}}$ 的 S 变换定义为

$$S_{\mathbf{XX}^{\mathrm{H}}}(z)=\frac{1}{z+c} \tag{6.36}$$

使用 R 变换和 S 变换之间的反演公式(5.148), 则有

$$\omega\widetilde{R}_{\mathbf{X}}(\omega)(\omega\widetilde{R}_{\mathbf{X}}(\omega)+1)\cdot\frac{1}{\omega\widetilde{R}_{\mathbf{X}}(\omega)+c}=\omega^2$$

由此得出以下结果:

$$\widetilde{R}_{\mathbf{X}}(\omega)=\frac{\omega}{2}-\frac{1}{2\omega}+\sqrt{\left(\frac{\omega}{2}-\frac{1}{2\omega}\right)^2+c} \tag{6.37}$$

我们得到两个结果。在 $c=1$ 的时候, 右边的公式必须保证 $\widetilde{R}_{\mathbf{X}}(\omega)=\omega$。例 5.8.10 中有更多关于如何从两种解决方案中选择正确的解决方案的方法。 □

6.2.3 乘法自由卷积

迹算子是循环不变量。这使得我们可以利用 S 变换来研究复数自由概率, 以处理非厄米矩阵的乘法。

下面的定理给出了从奇异值得到 R 对角矩阵特征值直接转换的方法, 反之亦然。

定理 6.2.10(文献[292]) 设随机矩阵 $\mathbf{X}$ 为 R 维的, 它可以分解为 $\mathbf{X}=\mathbf{UY}$, 其中 $\mathbf{U}$ 是 Haar 酉矩阵, 自由矩阵 $\mathbf{Y}=\sqrt{\mathbf{XX}^{\mathrm{H}}}$。则有:

(i) 特征值分布 $P_{\mathbf{X}}(z)$ 是循环不变的，其边界为

$$\operatorname{supp}(P_{\mathbf{X}})=[\operatorname{in}(\mathbf{X})^{-1},\operatorname{out}(\mathbf{X})]\times_p[0,2\pi] \tag{6.38}$$

此处，用 $\times_p$ 表示极坐标积：$A\times_p B=\{a\mathrm{e}^{\mathrm{j}\theta}\mid a\in A,\theta\in B\}$。明确地说，特征值分布 $P_{\mathbf{X}}(z)$ 的支集是内半径为 $\operatorname{in}(\mathbf{X})^{-1}$ 和外半径为 $\operatorname{out}(\mathbf{X})$ 的环。

(ii) $\mathbf{Y}^2$ 的 S 变换 $S_{\mathbf{Y}^2}(z)$ 在区间 $(P_{\mathbf{Y}^2}(0)-1,0]$ 的邻域具有解析开拓并且在 $(P_{\mathbf{Y}^2}(0)-1,0]$ 上单调递减，使得 S 变换的导数 $S'_{\mathbf{Y}^2}(z)<0$，并且其取值介于下述范围

$$S((P_{\mathbf{Y}^2}(0)-1,0])=[\operatorname{in}(\mathbf{X})^{-2},\operatorname{out}(\mathbf{X})^2] \tag{6.39}$$

(iii) $P_{\mathbf{X}}(z)|_{z=0}=P_{\mathbf{Y}}(z)|_{z=0}$，且径向分布函数为

$$P_{\mathbf{X}}^{(-1)}(r)\left(\frac{1}{\sqrt{S_{\mathbf{Y}^2}(r-1)}}\right)=r;\quad r\in(P_{\mathbf{Y}}(0),1] \tag{6.40}$$

(iv) 特征值分布 $P_{\mathbf{X}}(z)$ 是唯一满足(iii)的圆对称概率测度。

推论 6.2.11(文献[292]) 用定理 6.2.10 中的符号表示，$\mathbf{X}$ 的径向概率测度的反函数

$$P_{\mathbf{X}}^{(-1)}(r)=\frac{1}{\sqrt{S_{\mathbf{Y}^2}(r-1)}}:(p_{\mathbf{Y}}(0),1]\rightarrow[\operatorname{in}(\mathbf{X})^{-1},\operatorname{out}(\mathbf{X})] \tag{6.41}$$

对其域的邻域具有一个解析开拓，并在 $(P_{\mathbf{Y}}(0),1]$ 上单调递增，使得其导数 $\mathrm{d}P_{\mathbf{X}}^{(-1)}(r)/\mathrm{d}r>0$。此外，$\mathbf{X}$ 的径向密度使得

$$2\pi r p_{\mathbf{X}}(z)|_{|z|=r}=\frac{\mathrm{d}P_{\mathbf{X}}(r)}{\mathrm{d}r},\quad r\in[\operatorname{in}(\mathbf{X})^{-1},\operatorname{out}(\mathbf{X})] \tag{6.42}$$

对 $[\operatorname{in}(\mathbf{X})^{-1},\operatorname{out}(\mathbf{X})]$ 的邻域有一个解析开拓。

定理 6.2.10 及其推论对表征非厄米随机矩阵至关重要。

例 6.2.12(投影压缩)

设 $T\times T$ 矩阵 $\mathbf{G}$ 的元素是独立同分布的且方差为 $1/T$，矩阵 $\mathbf{P}\in\{0,1\}^{T\times T}$ 是有 K 个非零元素的对角矩阵。然后，证明 $\mathbf{H}=\mathbf{GP}$ 的经验特征值分布确定收敛于

$$p(z)=(1-\alpha)\delta(z)+\begin{cases}1/\pi, & |z|<\sqrt{a}\\ 0, & \text{其他}\end{cases}$$

首先，$\mathbf{HH}^{\mathrm{H}}$ 是变形的四分之一圆定律(特征值)元素的平方等价物，因此有

$$S_{\mathbf{HH}^{\mathrm{H}}}(z)=\frac{1}{z+\alpha}$$

根据定理 6.2.10，有

$$P_{\mathbf{H}}^{(-1)}(r)=\frac{1}{\sqrt{S_{\mathbf{HH}^{\mathrm{H}}}(r-1)}}=\sqrt{r+\alpha-1}$$

然后概率测度(径向)由下式给出

$$P_{\mathbf{H}}(r)=(1-\alpha)+r^2$$

此外，该分布的零测度为

$$P_{\mathbf{H}}(z)\mid_{z=0}=(1-\alpha)\delta(z)$$

此处，$\mathbf{H}$ 的渐近特征值分布可以很容易地得到，为

$$\begin{aligned}p_{\mathbf{H}}(z)&=(1-\alpha)\delta(z)+\left(\frac{1}{2\pi r}\frac{\mathrm{d}P_{\mathbf{H}}(r)}{\mathrm{d}r}\right)\Bigg|_{|z|=r}\\&=(1-\alpha)\delta(z)+\frac{1}{\pi}\end{aligned}$$

最后，我们需要确定密度的边界。由于该分布具有一些零测度，所以密度的内半径由下式给出

$$\text{in}(\mathbf{X})^{-1}=0$$

密度的外半径为

$$\text{out}(\mathbf{X})=\frac{1}{\sqrt{S_{\mathbf{H}\mathbf{H}^{\mathrm{H}}}(z)}}\bigg|_{z=0}=\sqrt{\alpha} \qquad \square$$

定理 6.2.13（文献[292]的命题 3.10） 设随机矩阵 $\mathbf{X}_k$ 为渐近自由的 R 对角元素，且对所有的 $k=1,2,\cdots,N$，$\mathbf{X}_k$ 的渐近特征值分布都是相同的。对于任意的 $k=1,2,\cdots,N$，下式

$$\prod_{k=1}^{N}\mathbf{X}_k \tag{6.43}$$

的渐近特征值分布和 $\mathbf{X}_k^N,k=1,2,\cdots,N$ 是相同的。

定理 6.2.13 有很多实际的应用。

R 对角矩阵有一个关于奇异值的加法自由卷积的有趣结果。

定理 6.2.14（文献[293]） 令 $\mathbf{X}$ 是 R 对角矩阵，并且具有分解形式 $\mathbf{X}=\mathbf{U}\sqrt{\mathbf{Y}_1}$，使得 $\mathbf{U}$ 为 Haar-酉矩阵且$\sqrt{\mathbf{Y}_1}=\sqrt{\mathbf{X}\mathbf{X}^{\mathrm{H}}}$。此外，令 $\mathbf{X}$ 的渐近特征值分布为

$$\alpha\delta(z)+\begin{cases}p_{\mathbf{X}}(z), & P_{\mathbf{X}}^{(-1)}(\alpha)<|z|\leqslant b\\ 0, & \text{其他}\end{cases} \tag{6.44}$$

并且对于 $c\leqslant1$，将相同的自由矩阵的和定义为

$$\mathbf{Y}_c=\sum_{k=1}^{1/c}\mathbf{Y}_k$$

那么，$\mathbf{X}_c=\mathbf{U}\sqrt{\mathbf{Y}_c}$的渐近特征值分布满足

$$p_{\mathbf{X}_c}(z)=\alpha_c\delta(z)+\begin{cases}p_{\mathbf{X}}\left(\dfrac{z}{\sqrt{c}}\right), & \sqrt{c}P_{\mathbf{X}}^{(-1)}\left(\dfrac{1}{c}\alpha_c+1-\dfrac{1}{c}\right)<|z|\leqslant\sqrt{c}P_{\mathbf{X}}^{(-1)}(1)\\ 0, & \text{其他}\end{cases}$$

此处有 $\alpha_N=\max(0,1+cN-N)$。

定理 6.2.14 启发我们提出以下定理：

定理 6.2.15［文献[139]的定理 29］ 考虑 $N\times N$ 的 R 对角矩阵 $\mathbf{X}=[\mathbf{x}_1,\cdots,\mathbf{x}_N]$，其特征值分布为

$$\alpha\delta(z)+\begin{cases}p_{\mathbf{X}}(z), & P_{\mathbf{X}}^{(-1)}(\alpha)<|z|\leqslant b\\ 0, & \text{其他}\end{cases}$$

其中，$P_{\mathbf{X}}^{(-1)}(r)$是径向概率测度（CDF）的反函数。此外，假设对于 $c=T/N\leqslant1$，有大小为 $N\times T$（$T\leqslant N$）的矩阵 $\mathbf{X}_c=[\mathbf{x}_1,\cdots,\mathbf{x}_T]$。定义下式

$$\alpha_c=\max\left(0,1+\frac{\alpha}{c}-\frac{1}{c}\right)$$

那么，$\mathbf{X}_{c,u}$的经验特征值分布

$$\mathbf{X}_{c,u}=\mathbf{U}\sqrt{\mathbf{X}_c^{\mathrm{H}}\mathbf{X}_c}$$

在 $N,T\to\infty$ 且 $c=T/N\leqslant1$ 时，确定收敛到满足下式的极限分布

$$p_{\mathbf{X}_{c,u}}(z)=\alpha_c\delta(z)+\begin{cases}\frac{1}{c}p_{\mathbf{X}}(z), & P_{\mathbf{X}}^{(-1)}(c\alpha_c+1-c)<|z|<b\\ 0, & \text{其他}\end{cases}$$

证明：我们按照式[139]进行证明。

$$\mathbf{X}=[\mathbf{x}_1,\cdots,\mathbf{x}_N]$$

定义一个 $N\times N$ 对角矩阵 $\mathbf{P}$，其对角项的分布为

$$p_{\mathbf{P}}(x)=(1-c)\delta(x)+c\delta(x-1)$$

然后，使用矩阵投影，我们有

$$\mathbf{PXX}^{\mathrm{H}}\mathbf{P}=\mathbf{X}_c\mathbf{X}_c^{\mathrm{H}} \tag{6.45}$$

其给出了

$$p_{\mathbf{X}_c\mathbf{X}_c^{\mathrm{H}}}(x)=(1-c)\delta(x)+cp_{\mathbf{X}_c\mathbf{X}_c^H}(x-1) \tag{6.46}$$

根据定理 5.8.13（文献[259]中的定理 14.10），我们有

$$R_{\mathbf{X}_c^{\mathrm{H}}\mathbf{X}_c}(\omega)=R_{\mathbf{XX}^{\mathrm{H}}}(c\omega) \tag{6.47}$$

回忆 R 变换和 S 变换之间的函数关系[259]，

$$zR(z)S(zR(z))=z;\quad zS(z)R(zS(z))=z \tag{6.48}$$

使用式(6.48)，我们得到

$$\begin{aligned}S_{\mathbf{X}_c^{\mathrm{H}}\mathbf{X}_c}(z)&=\frac{1}{R_{\mathbf{X}_c^{\mathrm{H}}\mathbf{X}_c}(zS_{\mathbf{X}_c^{\mathrm{H}}\mathbf{X}_c}(z))}=\frac{1}{R_{\mathbf{XX}^{\mathrm{H}}}(czS_{\mathbf{X}_c^{\mathrm{H}}\mathbf{X}_c}(z))}\\&=S_{\mathbf{XX}^{\mathrm{H}}}(czS_{\mathbf{X}_c^{\mathrm{H}}\mathbf{X}_c}(z)R_{\mathbf{XX}^{\mathrm{H}}}(zS_{\mathbf{X}_c^{\mathrm{H}}\mathbf{X}_c}(z)))\\&=S_{\mathbf{XX}^{\mathrm{H}}}(cz)\end{aligned} \tag{6.49}$$

此外，我们在定理中定义

$$\mathbf{X}_{c,u}=\mathbf{U}\sqrt{\mathbf{X}_c^{\mathrm{H}}\mathbf{X}_c} \tag{6.50}$$

根据式(6.41)，我们有

$$\begin{aligned}P_{\mathbf{X}}^{(-1)}(r)&=\frac{1}{\sqrt{S_{\mathbf{X}_c^{\mathrm{H}}\mathbf{X}_c^{(r-1)}}}}=\frac{1}{\sqrt{S_{\mathbf{XX}^{\mathrm{H}(cr-c)}}}}\\&=\frac{1}{\sqrt{S_{\mathbf{XX}^{\mathrm{H}((cr+1-c)-1)}}}}\\&=P_{\mathrm{H}}^{(-1)}(cr+1-c)\end{aligned} \tag{6.51}$$

令 $r\to P_{\mathbf{X}_{c,u}}(r)$，我们有

$$P_{\mathbf{X}}(r)=cR_{\mathbf{X}_{c,u}}(r)+1-c \tag{6.52}$$

所以，

$$P_{\mathbf{X}_{c,u}}(r)=\frac{1}{c}P_{\mathbf{X}}(r)+1-\frac{1}{c}$$

而且，零测度可以很容易地由下式得到：

$$\begin{aligned}\alpha_c=P_{\mathbf{X}_{c,u}}(r)|_{r=0}&=\max\left(0,1-\frac{1}{c}+\frac{1}{c}P_{\mathbf{X}}(r)|_{r=0}\right)\\&=\max\left(0,\frac{\alpha}{c}+1-\frac{1}{\alpha}\right)\end{aligned} \tag{6.53}$$

因为我们将 $\mathbf{X}$ 的零测度定义为 α，因此，$\mathbf{X}_{c,u}$的分布满足

$$
\begin{aligned}
\frac{\mathrm{d}P_{\mathbf{X}_{c,u}}(r)}{\mathrm{d}r} &= p\mathbf{X}_{c,u}(r) \\
&= \alpha_c\delta(r)+\frac{1}{c}p_{\mathbf{X}}(r)
\end{aligned}
$$

$$
\begin{aligned}
p_{\mathbf{X}_{c,u}}(z) &= \frac{1}{2\pi r}p\mathbf{X}_{c,u}(r)\big|_{r=|z|} \\
&= \alpha_c\delta(z)+\frac{1}{c}p_{\mathbf{X}}(z)
\end{aligned}
$$

在最后一步中，我们研究分布函数的边界是如何受矩阵变换式(6.50)影响的。很明显，其外部边界没有改变，因为[根据式(6.51)]

$$
P_{\mathbf{X}_{c,u}}^{(-1)}(r)\big|_{r=1} = P_{\mathbf{X}_{c,u}}^{(-1)}(cr+r-c)\big|_{r=1} = P_{\mathbf{X}}^{(-1)}(r)\big|_{r=1}
$$

使用同样的方式，内部边界由下式给出

$$
P_{\mathbf{X}_{c,u}}^{(-1)}(r)\big|_{r=\alpha_c} = P_{\mathbf{X}_{c,u}}^{(-1)}(cr+1-c)\big|_{r=\alpha_c}
$$

因此，$\mathbf{X}_{c,u}$的渐近特征值分布收敛于极限分布

$$
p_{\mathbf{X}_{c,u}}(z) = \alpha_c\delta(z)+\begin{cases}\dfrac{1}{c}p_{\mathbf{X}}(z), & P_{\mathbf{X}_{c,u}}^{(-1)}(cr+1-c)\big|_{r=\alpha_c} < |z| \leqslant b \\ 0, & \text{其他}\end{cases}
$$

当 $N,T\to\infty$ 且比值 $c=T/N\leqslant 1$ 固定时。 □

上述证明可以被看作说明这种方法的一个例子。对于长度为 T 的 N 个时间序列，我们可以用一个 $N\times T$ 的非厄米随机矩阵 $\mathbf{X}\in\mathbb{C}^{N\times T}$对这些时间序列进行建模，其中 N 和 T 很大，大约为 100～5000。目前的笔记本电脑可以处理 5000×5000 矩阵的特征值计算。

6.2.4 各向同性随机矩阵

在物理学文献中，R 对角矩阵也被称为各向同性随机矩阵。这里我们对这一概念给出一个直观的介绍。各向同性随机矩阵类似于各向同性复随机变量 z 的概念，其具有仅取决于模 $|z|$ 的圆对称概率分布。使用极分解，可以写成 $z\equiv r\mathrm{e}^{\mathrm{j}\phi}$，此处 r 是实非负随机变量，ϕ 是在$[0,2\pi)$上具有均匀分布的随机变量(相位)。

各向同性随机矩阵由各向同性复随机变量直接泛化定义。如果一个 $N\times N$ 方阵 $\mathbf{X}$ 具有极分解 $\mathbf{X}=\mathbf{HU}$，其中 $\mathbf{H}$ 是一个正半定厄米随机矩阵，且 $\mathbf{U}$ 是独立于 $\mathbf{H}$ 并且分布在具有哈尔(Haar)测度的酉群 $\mathcal{V}(N)$上的酉随机矩阵，即 $\mathbf{U}$ 是一个 Haar-酉矩阵，则称方阵 $\mathbf{X}$ 是各向同性随机矩阵。换句话说，对于一个 $N\times N$ 的各向同性随机矩阵 $\mathbf{X}$，有 $P(\mathbf{X})=P(\mathbf{XV})$，此处 $\mathbf{V}\in\mathcal{V}(N)$。

各向同性随机矩阵的例子包括：(1) Girko-Ginibre 矩阵；(2) $\mathbf{UHV}$ 形式的矩阵，此处 $\mathbf{U}$ 和 $\mathbf{V}$ 是酉 Haar 测度随机矩阵，$\mathbf{H}$ 是正半定厄米随机矩阵。

各向同性随机矩阵的性质包括：(1) 特征值谱在复平面上旋转对称；(2) 它们形成各向同性酉集合(IUE)；(3) 由任何类型的 IUE 产生的 L 个矩阵的乘积的平均特征值分布与 $N\to\infty$ 极限中的乘法次序无关。

6.3 非厄米随机矩阵的和

我们将 L 个矩阵的算术平均定义为

$$\frac{1}{L}(\mathbf{X}_1 + \cdots + \mathbf{X}_L) = \frac{1}{L}\sum_{i=1}^{L}\mathbf{X}_i \tag{6.54}$$

此处 $\mathbf{X}_i \in \mathbb{C}^{N\times n}$，$i=1,\cdots,L$ 是非厄米随机矩阵，其元素是均差为零、方差为 1 的独立同分布。

总和不会影响经验特征值密度函数，该函数在大型矩阵极限下收敛到 Marchenko-Pastur 定律(定理 3.6.1)。换言之，只有在 Marchenko-Pastur 定律中发现缩放参数 σ^2 与 L 相同时，矩阵和才会影响缩放参数。回顾定理 3.6.1，$\frac{1}{n}\mathbf{XX}^{\mathrm{H}}$ 的特征值或 $\mathbf{X}$ 的奇异值具有概率分布函数(PDF)，定义如下

$$f_{\mathrm{MP}}(x) = \frac{1}{2\pi xc\sigma^2}\sqrt{(b-x)(x-a)}\,\mathbb{I}\,(a \leqslant x \leqslant b) \tag{6.55}$$

其中，

$$a=\sigma^2(1-\sqrt{c})^2, \quad b=\sigma^2(1+\sqrt{c})^2, \quad c=n/N \tag{6.56}$$

考虑 $N\times T(T\leqslant N)$ 矩阵 $\mathbf{X}$ 和 $N\times(N-T)$ 空矩阵 $\mathcal{N}$，且令 $N\times N$ 的矩阵 $\mathbf{X}_s=[\mathbf{X}\mid\mathbf{N}]$。然后我们有

$$\mathbf{X}_s\mathbf{X}_s^{\mathrm{H}} = \mathbf{XX}^{\mathrm{H}} \tag{6.57}$$

我们称 $\mathbf{X}_s$ 为 $\mathbf{X}$ 的平方当量。当矩阵为 R 对角时，也意味着矩阵是二元不变的，则平方当量可以用平方等价物替换：令 $N\times N$ 的随机矩阵 $\mathbf{X}$ 为 R 对角矩阵，使得

$$\mathbf{X}_\beta = [\mathbf{x}_1, \mathbf{x}_2, \cdots, \mathbf{x}_N]$$

其中，比值 $\beta=T/N\leqslant 1$ 固定。此外，定义一个 $N\times T$ 随机矩阵为

$$\mathbf{X} = [\mathbf{x}_1, \mathbf{x}_2, \cdots, \mathbf{x}_T]$$

定义一个任意的 $N\times N$ 对角矩阵 $\mathbf{P}$，使得对角线元素

$$p_{\mathbf{P}}(x) = (1-\beta)\delta(x) + \beta\delta(x-1)$$

利用 $\mathbf{XP}=\mathbf{X}_p$，我们有

$$\mathbf{X}_p\mathbf{X}_p^{\mathrm{H}} \equiv \mathbf{X}_\beta\mathbf{X}_\beta^{\mathrm{H}} \tag{6.58}$$

因此，我们称 $\mathbf{X}_p$ 是矩形随机矩阵 $\mathbf{X}_\beta$ 的平方等价物。

例 6.3.1(矩阵值假设检验)

考虑假设检验

$$\begin{aligned}&\mathcal{H}_0: \mathbf{X}_1+\cdots+\mathbf{X}_L\\&\mathcal{H}_1: (\mathbf{X}_1+\cdots+\mathbf{X}_L)+(\mathbf{Y}_1+\cdots+\mathbf{Y}_K)\end{aligned} \tag{6.59}$$

其中，$\mathbf{X}_i\in\mathbb{C}^{N\times n}$，$i=1,\cdots,L$ 是非厄米随机矩阵，其元素独立同分布，且均值为零和方差为 1。这里 $\mathbf{Y}_i\in\mathbb{C}^{N\times n}$，$i=1,\cdots,K$ 是非厄米随机矩阵。$\mathbf{Y}_i\in\mathbb{C}^{N\times n}$，$i=1,\cdots,K$ 自由地独立于 $\mathbf{X}_i\in\mathbb{C}^{N\times n}$，$i=1,\cdots,L$。

方差参数为 $\sigma_{\mathrm{sum}}^2=\sigma_1^2+\cdots+\sigma_L^2$ 的概率分布函数 $\mathbf{X}_{\mathrm{sum}}=\mathbf{X}_1+\cdots+\mathbf{X}_L$ 的奇异值在式(3.10)中定义。用 $\widetilde{\mathbf{Z}}$ 代表式(6.57)中定义的 $\mathbf{Z}$ 的平方当量或式(6.58)中定义的 $\mathbf{Z}$ 的平方当量，根据迹函数的线性性质，我们可以得到：

$$\begin{aligned}&\mathcal{H}_0: \mathrm{Tr}(\widetilde{\mathbf{X}}_{\mathrm{sum}})\\&\mathcal{H}_1: \mathrm{Tr}(\widetilde{\mathbf{X}}_{\mathrm{sum}})+\mathrm{Tr}(\widetilde{\mathbf{Y}}_1+\cdots+\widetilde{\mathbf{Y}}_K)\end{aligned}$$

这是标准的标量假设检验问题。 □

图 6.2 和图 6.3 说明了上述问题。如果我们有 L 个 $\mathbf{X}$ 的实例，即 $\mathbf{X}_i$，$i=1,\cdots,L$，那么取平均的操作不会影响 $\mathbf{X}$ 的概率密度函数。

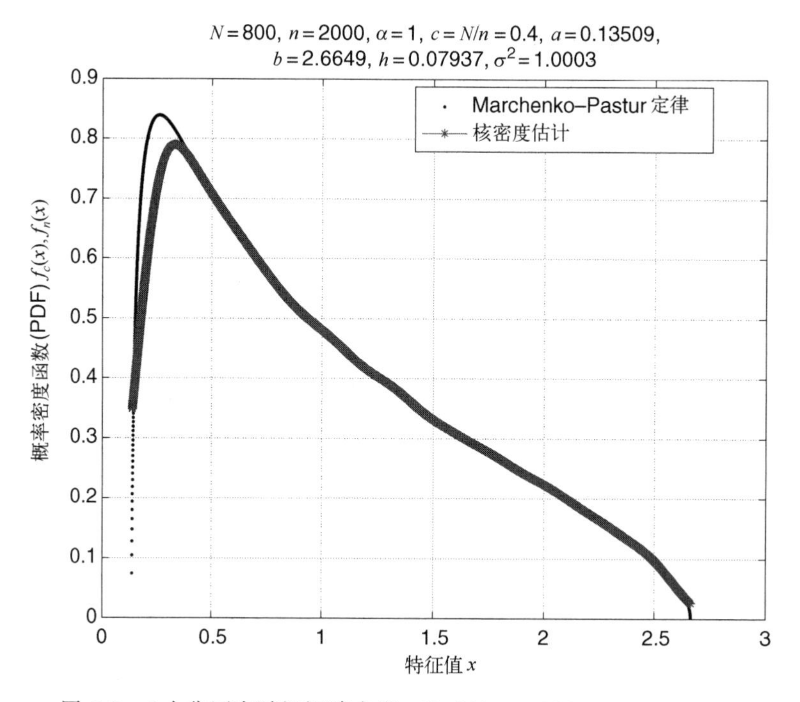

图 6.2 L 个非厄米随机矩阵之和：$N=800$，$n=2000$，$c=N/n=0.4$，$a=0.135$，$b=2.66$，$h=0.079$，对于一个矩阵，即 $L=1$

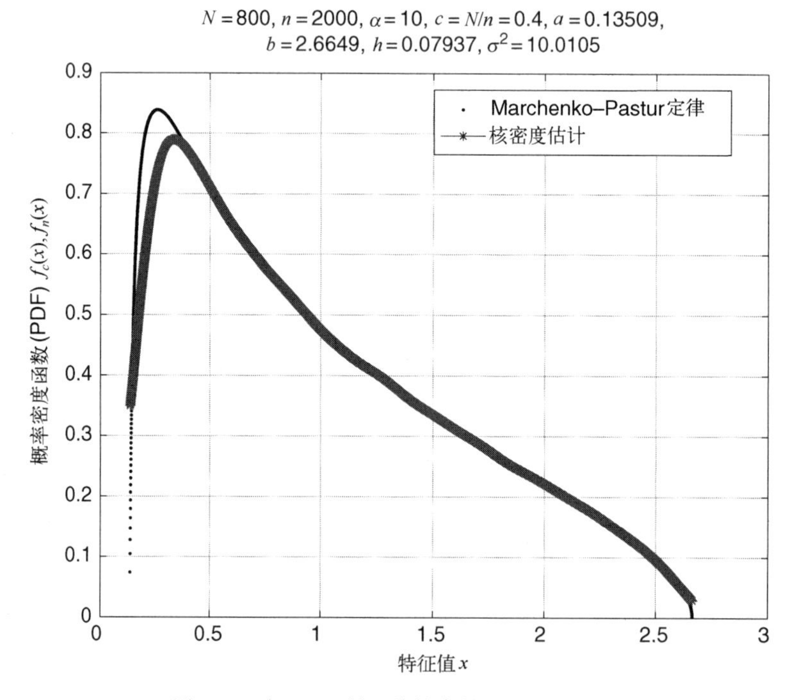

图 6.3 除 $L=10$ 外，其他参数与图 6.2 相同

MATLAB 代码：非厄米矩阵之和

```
clear all;
% Reference
% Non-Hermitian Random Matrix Theory for MIMO Channels
% Burak Cakmak (2012) MS Thesis
% NTNU-Trondheim Norwegain University of Science and Technology
N=200*4; beta=0.4; kappa=0.05; alpha=1; c=beta; n=N/c;
% c=N/n; c=p/n;  beta=T/R=1/c; beta>1.
R=N; T=n; rho=beta/kappa; S=R*rho;  % kappa=beta/rho
radius_inner=((1-kappa)*(1-beta))^(alpha/2) sigma=1;
 step=0.01/40;  % step=0.01/10/4/2/2;
h=1/n^(1/3);
a=(1-sqrt(c))^2; b=(1+sqrt(c))^2;
x=(a+step):step:b;
fcx=(1/2/pi/c./x).*sqrt((b-x).*(x-a));
% the density function of Marcenko and Pastur law

Z=zeros(N,n);
for i=1:alpha
Y=randn(N,n)+sqrt(-1)*randn(N,n);
   %  N x n matrix white noise that follows the Marchenko-Pastur Law

Z=Z+Y;  % singular value equivalent
end % i

VarZ=var(Z)';
VarZ(1:1)

for j=1:n
Z(:,j)=Z(:,j)/std(Z(:,j));      % normalized the variance to one
end % j

lambda=eig(1/n*Z*Z');           % eigenvalues of sample covariance matrix

L=(b-a)/step;
x1=a+step;
for j=1:L

for i=1:N y=(x1-lambda(i))/h;
Ky(i)=kernel(y);
end % N
fnx(j)=sum(Ky)/N/h;
x1=x1+step;
x2(j)=x1;
end  % L

%  figures
ifig=0;

ifig=ifig+1; figure(ifig)
plot(x,fcx,'.b',x2,fnx,'-*r')
xlabel('Eigenvalues x')
ylabel('Probability Density
```

```
Function (PDF)f_c(x), f_n(x)')
legend('Marcenko-Pastur Law', 'Kernel Density Estimation');
title(['N=', int2str(N), ',   n=', int2str(n), ',
\alpha=', num2str(alpha), ..',   c=N/n=', num2str(c), ',
a=', num2str(a), ',   b=', num2str(b), ',   h=', num2str(h)])grid

function [Kx]=kernel(x)
Kx=1/sqrt(2*pi)*exp(-0.5*x.^2);
```

6.4 非厄米随机矩阵的乘积

我们将乘积定义为

$$\mathbf{X}_1\cdots\mathbf{X}_L = \prod_{i=1}^{L}\mathbf{X}_i$$

其中，$\mathbf{X}_i \in \mathbb{C}^{N\times n}$，$i = 1,\cdots,L$ 是非厄米随机矩阵，其元素独立同分布，且均值为零和方差为 1。与式(6.54)的算术平均值类似，L 个非厄米随机矩阵的几何平均数为

$$(\mathbf{X}_1\cdots\mathbf{X}_L)^{1/L} = \left(\prod_{i=1}^{L}\mathbf{X}_i\right)^{1/L}$$

大型非厄米随机矩阵的乘积比总和要复杂得多。但是对于这种运算，我们仍有很好的计算方法。

在图 6.4 和图 6.5 中，考虑 $L=1$ 和 $L=10$ 在复平面上的特征值。可以得到所谓的单环定理：所有的特征值都位于单个环内。当矩阵的数量 L 增加时，内圆的半径大大减小。

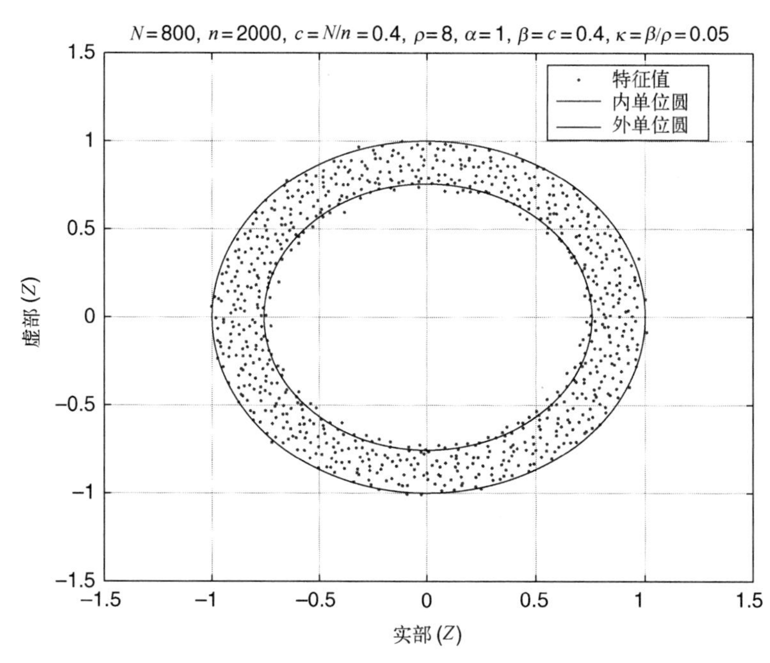

图 6.4 L 个非厄米随机矩阵乘积的特征值：$N=800$，$n=2000$，$c=N/n=0.4$，$a=0.135$，$b=2.66$，$h=0.079$，$L=1$

现在我们解释如何计算内圆半径和环内特征值的概率分布。

定义 6.4.1 考虑 $N\times n$ 矩阵 $\mathbf{X}$。令 $n\times n$ 矩阵 $\mathbf{U}$ 为 Haar-酉矩阵且与 $\mathbf{X}^{\mathrm{H}}\mathbf{X}$ 独立，此外，定义

$$\mathbf{X}_u = \mathbf{U}\sqrt{\mathbf{X}^{\mathrm{H}}\mathbf{X}} \tag{6.60}$$

那么，考虑奇异值分布，我们可以得到：

$$\mathbf{X}_u^{\mathrm{H}}\mathbf{X}_u \equiv \mathbf{X}^{\mathrm{H}}\mathbf{X}, \quad \mathbf{X}^{\mathrm{H}}\mathbf{X} \in \mathbb{C}^{n\times n} \tag{6.61}$$

矩阵 $\mathbf{X}_u$ 被称为 $\mathbf{X}$ 的奇异值(singular value equivalent)。

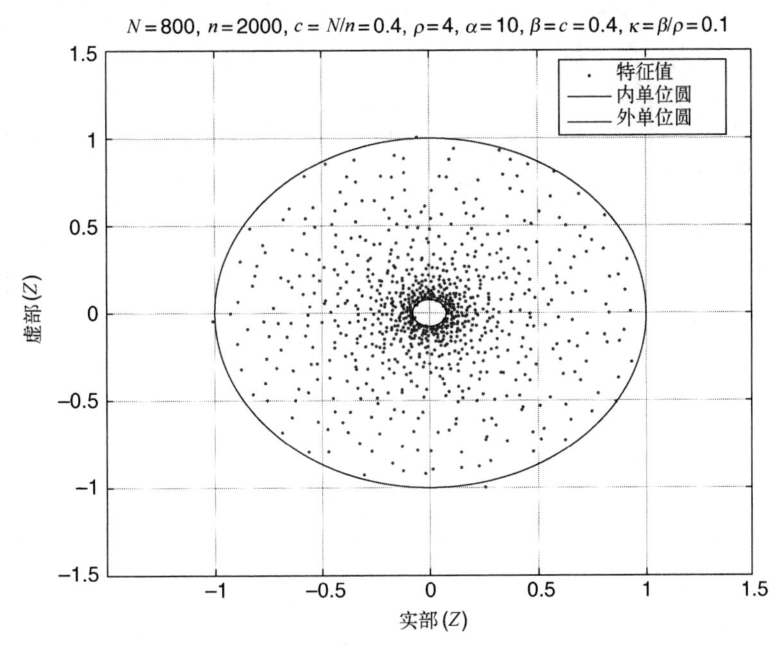

图 6.5　除 $L=10$ 外，其他参数与图 6.4 相同

定理 6.4.2　设 $N\times n$ 矩阵 $\mathbf{X}$ 的元素独立同分布，且均值为零，方差为 $1/N$。那么，$\mathbf{X}$ 的奇异值的经验特征值分布几乎可以肯定地收敛于

$$f_{\mathbf{X}_u}(z) = \begin{cases} \dfrac{1}{c\pi}, & \sqrt{1-c} < |z| \leqslant 1 \\ 0, & 其他 \end{cases} \tag{6.62}$$

当 N，$n\to\infty$，比率 $c=n/N\leqslant 1$ 固定。

内圆半径为$\sqrt{1-c}$，与经验特征值分布一致，如图 6.4 所示。

现在我们考虑下述情况：

$$\prod_{i=1}^{L}\mathbf{X}_{u,i} \tag{6.63}$$

其中 $\mathbf{X}_{u,i}$是 $N\times n$ 矩阵 $\mathbf{X}_i$ 的奇异值等价项，其元素独立同分布，且都均值为零，方差为 $1/N$。

定理 6.4.3　设 $N\times n$ 矩阵 $\prod_{i=1}^{L}\mathbf{X}_{u,i}$ 如式(6.63)中定义。然后，$\prod_{i=1}^{L}\mathbf{X}_{u,i}$ 的经验特征值分布几乎可以肯定地达到由下式给出的相同的极限：

$$f_{\prod_{i=1}^{L}\mathbf{X}_{u,i}}(z) = \begin{cases} \dfrac{1}{\pi cL}|z|^{2/L-2}, & (1-c)^{L/2} \leqslant |z| \leqslant 1 \\ 0, & 其他 \end{cases}$$

此时 N，$n\to\infty$，比率 $c=N/n\leqslant 1$ 固定。

内圆的半径为$(1-c)^{L/2}$，这与经验特征值分布描述一致，如图 6.5 所示，$L=10$。概率密度函数也在上面给出。图 6.6 和图 6.7 显示了 $L=1$ 和 $L=10$ 的概率密度函数。

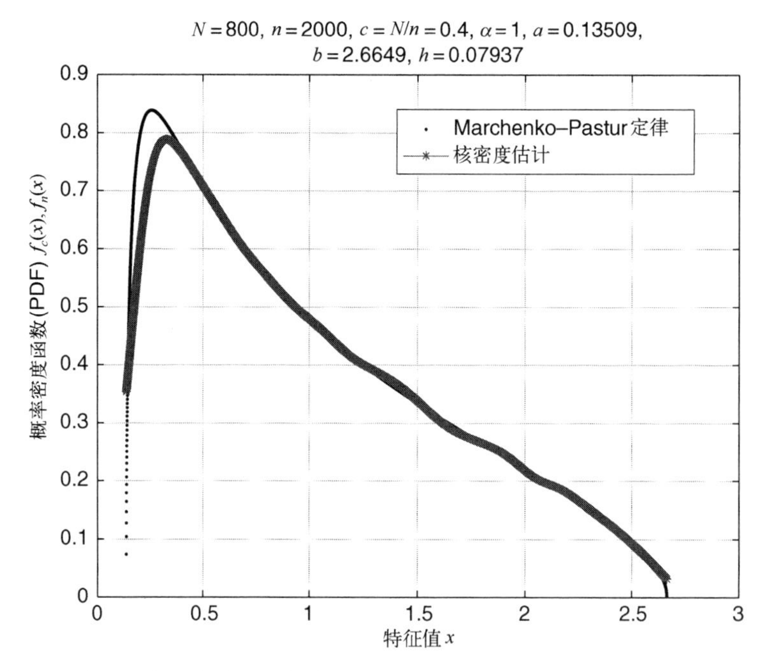

图 6.6　对于 L 个厄米随机矩阵乘积的经验特征值密度函数：$N=800$，$n=2000$，$c=N/n=0.4$，$a=0.135$，$b=2.66$ 和 $h=0.079$，对于一个矩阵，即 $L=1$

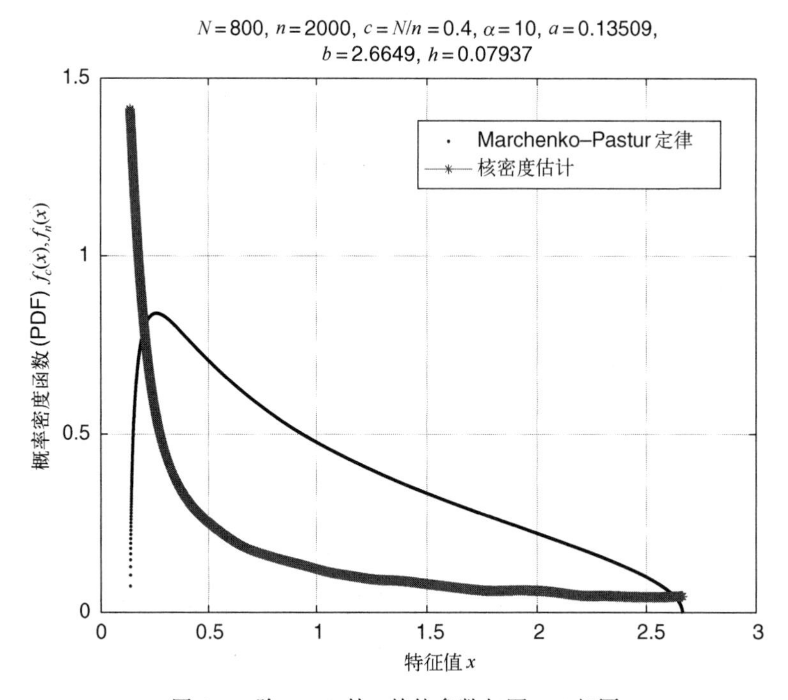

图 6.7　除 $L=10$ 外，其他参数与图 6.6 相同

此外，在许多物理学文献中，对于求解非厄米随机矩阵的平方，给出了一个有趣的计算方法，即考虑在复平面上有多少对特征值相互靠近，这样的特征值对在文献中被称为左

右相关特征向量。考虑可以按下述公式进行特征值分解的 $N\times N$ 非厄米随机矩阵 $\mathbf{X}$：

$$\mathbf{X}=\mathbf{V}\boldsymbol{\Lambda}\mathbf{W}^{-1}=\sum_i \lambda_i \mathbf{v}_i \mathbf{w}_i^{\mathrm{H}}$$

其中，$\mathbf{V}$ 称为右特征向量矩阵，$\mathbf{W}=\mathbf{V}^{-1}$称为左特征向量。那么左右特征向量之间的相关性被定义为

$$C_{\mathbf{X}}(z)=\frac{\pi}{N}\sum_{i=1}^{N}(\mathbf{w}_i^{\mathrm{H}}\mathbf{w})(\mathbf{v}_i^{\mathrm{H}}\mathbf{v})\delta(z-z_i) \tag{6.64}$$

定理 6.4.4 设 $\mathbf{X}$ 为式(6.63)中定义的随机矩阵。那么式(6.64)中定义的 $\mathbf{X}$ 的奇异值等价项的右特征向量之间的相关性为

$$C_{\mathbf{X}_u}(z)=\begin{cases}\dfrac{1}{c}(1-|z|^{2/L})\,|z|^{\frac{2}{L}-2}, & (1-c)^{L/2}<|z|\leqslant 1\\ 0, & \text{其他}\end{cases} \tag{6.65}$$

此时 N, $n\to\infty$，比率 $c=N/n\leqslant 1$ 固定。

MATLAB 代码：非厄米矩阵的乘积

```
clear all;
% Reference
% Non-Hermitian Random Matrix Theory for MIMO Channels
% Burak Cakmak (2012)  MS Thesis
% NTNU-Trondheim Norwegain University of Science and Technology
N=200*4; beta=0.4; kappa=0.1; alpha=10; c=beta; n=N/c;
% c=N/n; c=p/n; beta=T/R=c.
R=N; T=n; rho=beta/kappa; S=R*rho;  % kappa=beta/rho
radius_inner=(1-beta)^(alpha/2)
% radius_inner=((1-kappa)*(1-beta))^(alpha/2)
% radius_inner=((rho-beta)*(1-beta)*rho)^(alpha/2)
sigma=1;
step=0.01/40;  % step=0.01/10/4/2/2;
h=1/n^(1/3);
a=(1-sqrt(c))^2; b=(1+sqrt(c))^2;
x=(a+step): step: b;
fcx=(1/2/pi/c./x).*sqrt((b-x).*(x-a));  % the density function of
Marcenko and Pastur law
H=bernoulli(0.5, N, N)+sqrt(-1)*bernoulli(0.5, N, N);
% i.i.d. complex matrix
U=H*sqrtm(inv(H'*H)); % Unitrary Haar matrix U of N x N

Z=eye(N, N);
for i=1: alpha
H=1/sqrt(2)*randn(R, T)+sqrt(-1)*1/sqrt(2)*randn(R, T);
Z=Z*U*sqrtm(H*H');  % singular value equivalent
end % i

VarZ=var(Z)';
VarZ(1: 10)

for j=1: N
Z(: , j)=Z(: , j)/std(Z(: , j)); % normalized the variance to one
```

```
end % j

Z=Z/sqrt(N);  % normalized so the eigenvalues lie within unit circle

lambda=eig(Z*Z');  % eigenvalues of sample covariance matrix

% kernel density estimation
L=(b-a)/step;
x1=a+step;
for j=1:L
  for i=1:N
    y=(x1-lambda(i))/h;
    Ky(i)=kernel(y);
  end % N
  fnx(j)=sum(Ky)/N/h;
  x1=x1+step;
  x2(j)=x1;
end % L

% figures
ifig=0;

ifig=ifig+1; figure(ifig)
hist(lambda);
xlabel('Eigenvalues x')
ylabel('Probability Density Function (PDF)f(x)')
 legend('Kernel Density Estimation');
title(['N=', int2str(N), ',   n=', int2str(n), ',   c=N/n=', num2str(c), ',
a=', num2str(a),\ldots
    ',  b=', num2str(b), ',   h=', num2str(h)])
grid

ifig=ifig+1; figure(ifig)
plot(x, n*h*(fcx-fnx))
xlabel('Eigenvalue x')
ylabel('Probability Density Function (PDF) ')
legend('Deviation n*h*[ f_c(x)-f_n(x) ]');
title(['N=', int2str(N), ',   n=', int2str(n), ',   c=N/n=', num2str(c), ',
a=', num2str(a), \ldots
    ',  b=', num2str(b), ',   h=', num2str(h)])
grid

ifig=ifig+1; figure(ifig)
plot(x, fcx, '.b', x2, fnx, '-*r')
xlabel('Eigenvalues x')
ylabel('Probability Density
Function (PDF)
f_c(x), f_n(x)')
 legend('Marcenko-Pastur Law', 'Kernel Density Estimation');
title(['N=', int2str(N), ',   n=', int2str(n), ',
```

```
c=N/n=', num2str(c),\ldots
',   \alpha=', num2str(alpha), ',   a=', num2str(a),    ',
b=', num2str(b),\ldots',   h=', num2str(h)])grid

ifig=ifig+1; figure(ifig); lambdaZ=eig(Z);
t=0:2*pi/1000:2*pi; x=sin(t); y=cos(t);  %  unit circle
plot(real(lambdaZ), imag(lambdaZ), '.', radius_inner*x, radius_inner*y,
'r-', x, y, 'r-');
 axis([-1.5 1.5 -1.5 1.5])
% xlabel('Eigenvalues x')
xlabel('real(Z)'); ylabel('imag(Z)');
legend('Eigenvalues', 'Inner
Unit Circle ', 'Outer Unit Circle');
title(['N=', int2str(N), ',   n=', int2str(n),\ldots
    ',   c=N/n=', num2str(c), ',   \rho=', num2str(rho), ',
\alpha=', num2str(alpha),\ldots
    ',   \beta=c=', num2str(beta),
    ',   \kappa=\beta/\rho=',num2str(kappa)])
grid

function [Kx]=kernel(x)
Kx=1/sqrt(2*pi)*exp(-0.5*x.^2);

function B=bernoulli(p, m, n);
% BERNOULLI.M
% This function generates n independent draws of a Bernoulli
% random variable with probability of success p.
% first, draw n uniform random variables

M=m;
N=n;
p=p;
B=rand(M, N) < p;
B=B*(-2)+ones(M, N);
```

6.5 奇异值等价模型

我们考虑用下式表示数据矩阵 $\mathbf{Z}$:

$$\mathbf{Z}=\mathbf{Y}_2\mathbf{Y}_1,\quad \mathbf{Z}\in\mathbb{C}^{N\times n} \tag{6.66}$$

其中，$\mathbf{Y}_1\in\mathbb{C}^{K\times n}$，$\mathbf{Y}_2\in\mathbb{C}^{N\times K}$是非厄米随机矩阵。假设 $\mathbf{Y}_1$ 和 $\mathbf{Y}_2$ 的元素分别独立同分布，并且均值为零，方差分别为 $1/N$ 和 $1/n$。式(6.66)中定义的数据矩阵模型概括了前面章节中的标准模型。当 $\rho=K/N$ 趋于无限，即 $\rho\to\infty$ 时，

$$\lim_{\rho\to\infty}\mathbf{Z}\equiv\mathbf{X} \tag{6.67}$$

且 $\mathbf{X}\in\mathbb{C}^{N\times n}$的元素均值为零，方差为 $1/N$。当式(6.67)成立时，在研究这些矩阵的和及乘积时，我们可以和前面的章节一样，对 $\mathbf{X}$ 进行相同的处理，即

$$\mathbf{X}_1\cdots\mathbf{X}_L=\prod_{i=1}^{L}\mathbf{X}_i \tag{6.68}$$

其中，$\mathbf{X}_i$，$i=1,\cdots,L$，如式(6.67)中定义。实际上，当ρ从10变化到50时，$\rho\to\infty$的渐近条件近似满足。参见图6.8和图6.9的说明。

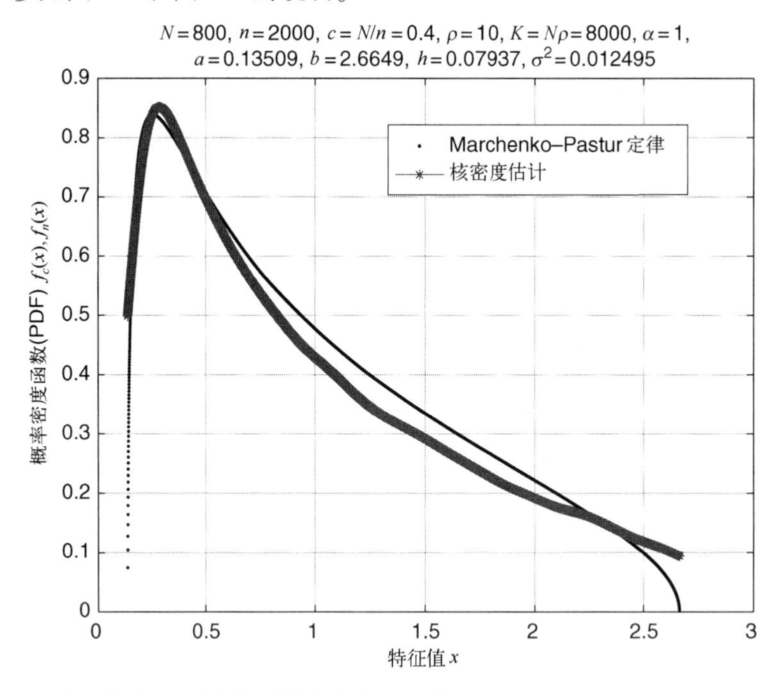

图6.8　非厄米随机矩阵的经验特征值密度函数：对于$\rho=10$，$N=800$，$n=2000$，$c=N/n=0.4$，$a=0.135$，$b=2.66$，$h=0.079$和$\sigma^2=0.0124$(因此$K=N_\rho=8000$)

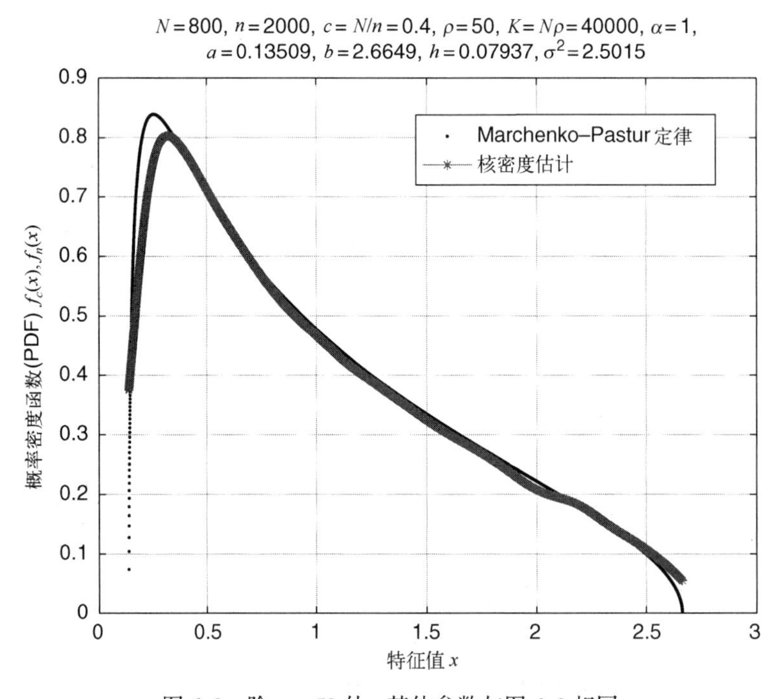

图6.9　除$\rho=50$外，其他参数与图6.8相同

定理6.5.1　假设随机矩阵$\mathbf{X}$如式(6.66)中的定义。那么，$\mathbf{X}$的奇异值等价项的经验特征值分布几乎可以肯定地收敛于极限

$$f_{\mathbf{H}_u}(z)=\begin{cases}\dfrac{1}{c\pi}\dfrac{1}{\sqrt{(1-\rho)^2+4\rho|z|^2}}, & \sqrt{(1-\beta/\rho)(1-\beta)}\leqslant|z|\leqslant 1\\ 0, & \text{其他}\end{cases}\tag{6.69}$$

此时 $N,n,K\to\infty$，其中，$\rho=K/N$，$c=N/n\leqslant 1$。

参见图 6.10 和图 6.11 对式(6.69)的说明。内圆的半径由$\sqrt{(1-\beta/\rho)(1-\beta)}$给出。

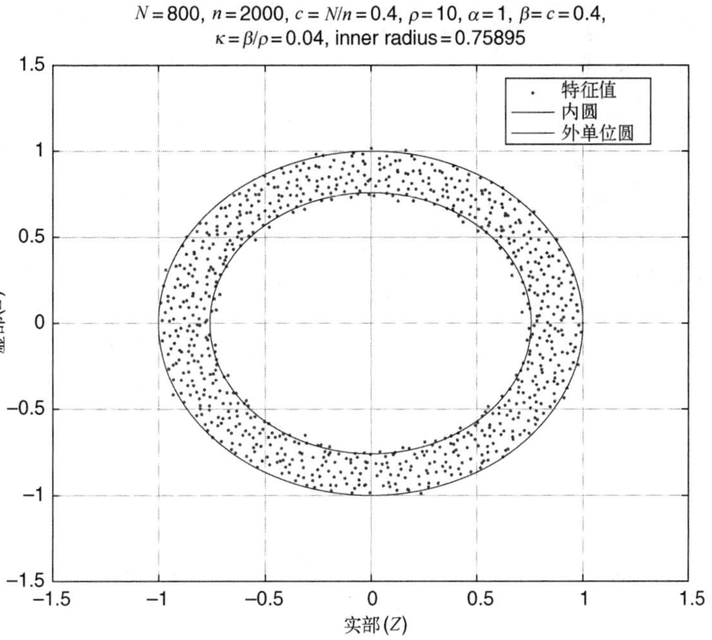

N=800, n=2000, c=N/n=0.4, ρ=10, α=1, β=c=0.4,
κ=β/ρ=0.04, inner radius=0.75895
特征值
内圆
外单位圆
虚部(Z)
实部(Z)

图 6.10　一个非厄米随机矩阵的特征值：对于 $N=900$，$n=2000$，$c=N/n=0.4$，$a=0.135$，$b=2.66$，$h=0.079$，$\sigma^2=0.0124$，$\rho=10$（因此 $K=N\rho=8000$）

N=800, n=2000, c=N/n=0.4, ρ=50, α=1, β=c=0.4,
κ=β/ρ=0.008, inner radius=0.77149
特征值
内圆
外单位圆
虚部(Z)
实部(Z)

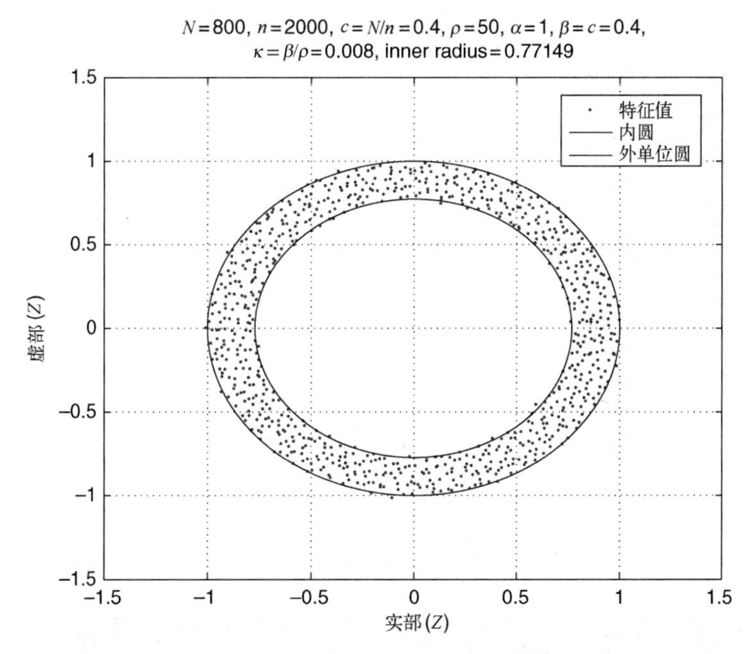

图 6.11　一个非厄米随机矩阵，除 $p=50$ 外，其他参数与图 6.10 一样

从图6.12和图6.13中，我们可以看出式(6.67)中当 $L=5$ 的情况。内圆半径由 $\left(\sqrt{(1-\beta/\rho)(1-\beta)}\right)^{L}$ 给出。对于一般情况，作者使用启发式方法得到它。

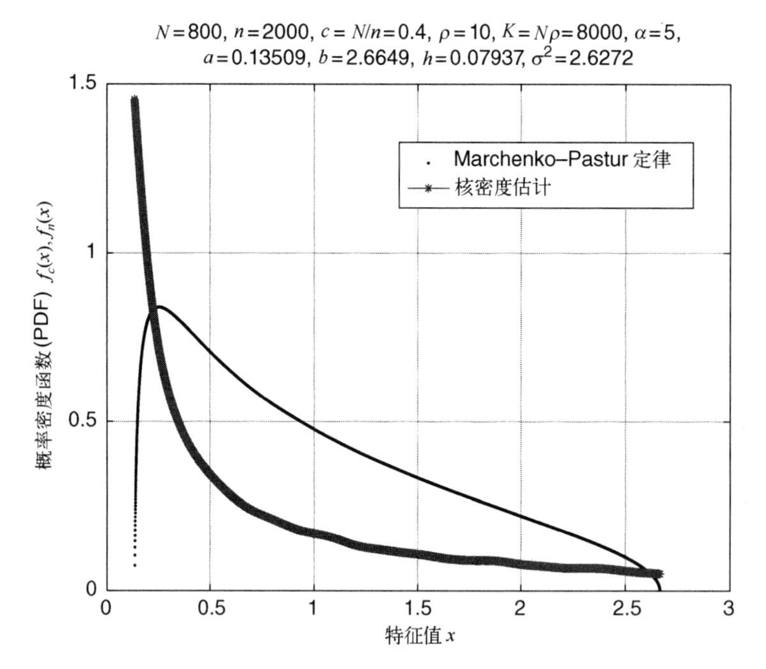

图6.12　一个非厄米随机矩阵的特征值：对于 $N=800$，$n=2000$，$c=N/n=0.4$，$a=0.135$，$b=2.66$，$h=0.079$，$\sigma^2=0.0124$，$\rho=10$，$L=5$

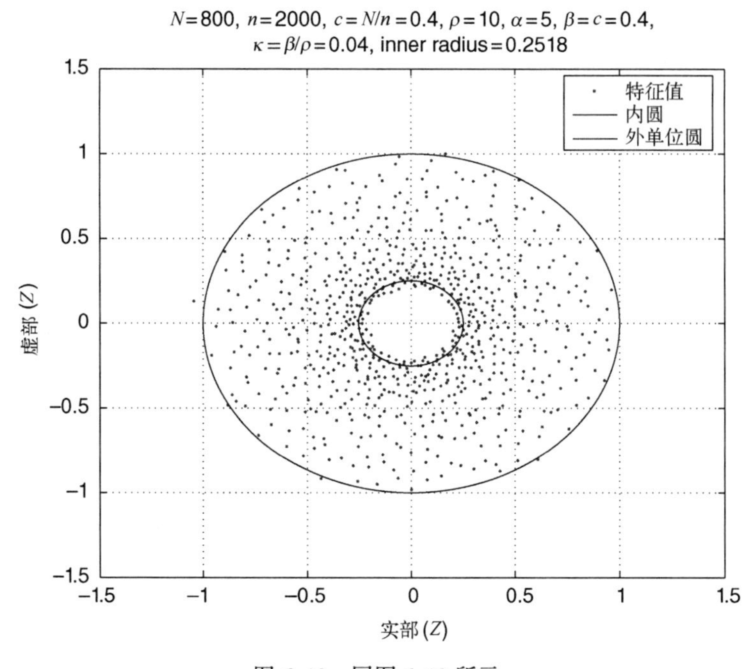

图6.13　同图6.12所示

在文献[270, 294]中已知在大型随机矩阵中自由独立性渐近地出现。所以，当 N 和 n 变大时，式(6.67)可以看作 k 个自由随机变量的自由乘积的卷积。我们感兴趣的是测度 μ 自身

的 k 次自由乘法卷积的支撑，我们表示为 μ_k：

$$u_k = \underbrace{\mu \boxtimes \cdots \boxtimes \mu}_{k次}.$$

设 b_k 表示 μ_k 的上界。

定理 6.5.2(文献[295]) 假设 μ 是 $\mathbb{R}^+$ 上的一个紧的支撑概率测度，期望为 1 和方差为 σ^2。那么

$$\lim_{k\to\infty} \frac{b_k}{k} = e\sigma^2$$

其中，e 表示自然对数的底数，$e=2.71\cdots$。

简而言之，乘积的最大奇异值约等于所有奇异值的平均值乘以$\sqrt{n}$和一个比例常数。

从式(3.10)中，我们知道著名的 Marchenko-Pastur 定律在区间$[a_1, b_1]$内是紧的支撑的，其中 a_1 和 b_1 在式(6.56)中定义。为了区分"信号"与噪声，我们经常需要知道 μ_k 的上界：b_k。

我们可以扩展上述定理。

定理 6.5.3[文献[296]] 存在一个通用常数 $C>0$，使得在$[0,b]$支撑的所有 k 和任意的 $\mu_1,\cdots,\mu_k$ 概率测度，满足$\mathbb{E}(\mu_i)=0$ 和 $\mathrm{Var}(\mu_i)\geqslant\sigma^2$，$i=1,\cdots,k$，测度 $\mu_1 \boxtimes \cdots \boxtimes \mu_k$ 的支撑的上界 B_k 满足

$$\sigma^2 k \leqslant B_k \leqslant Cbk$$

换句话说，对于$\mathbb{E}(\mu_i)=0$，$\mathrm{Var}(\mu_i)\geqslant\sigma^2$ 和$\|\mathbf{Y}_i\|\leqslant b$ 的正的自由随机变量$(\mathbf{Y}_i)_{i\geqslant 1}$(不一定是均匀分布的)，$i\geqslant 1$，我们可以得到：

$$\lim_{n\to\infty} \sup \frac{1}{K} \|\mathbf{Y}_1^{1/2}\cdots\mathbf{Y}_{K-1}^{1/2}\mathbf{Y}_K\mathbf{Y}_{K-1}^{1/2}\cdots\mathbf{Y}_1^{1/2}\| < Cb$$

$$\lim_{n\to\infty} \inf \frac{1}{K} \|\mathbf{Y}_1^{1/2}\cdots\mathbf{Y}_{K-1}^{1/2}\mathbf{Y}_K\mathbf{Y}_{K-1}^{1/2}\cdots\mathbf{Y}_1^{1/2}\| \geqslant \sigma^2$$

对于均值为 1 的紧支撑测度，方差相对于自由乘积卷积是加性的[296]。

$$\mathrm{Var}(\mu_1 \boxtimes \cdots \boxtimes \mu_k) = \sum_{i=1}^{k} \mathrm{Var}(\mu_i)$$

MATLAB 代码：奇异值等效模型

```
clear all;
% Reference
% Non-Hermitian Random Matrix Theory for MIMO Channels
% Burak Cakmak (2012) MS Thesis
% NTNU-Trondheim Norwegain University of
Science and Technology
N=200*4; beta=0.4; rho=10; alpha=1; c=beta; n=N/c;
% c=N/n; c=p/n; beta=T/R=c.
R=N; T=n; kappa=beta/rho; S=R*rho; % kappa=beta/rho
radius_inner=((1-kappa)*(1-beta))^(alpha/2)

step=0.01/40; % step=0.01/10/4/2/2;
h=1/n^(1/3);
a=(1-sqrt(c))^2; b=(1+sqrt(c))^2;
```

```
x=(a+step):step:b;
fcx=(1/2/pi/c./x).*sqrt((b-x).*(x-a));
% Marcenko and Pastur law
H=bernoulli(0.5,N,N)+sqrt(-1)*bernoulli(0.5,N,N);
% i.i.d. complex matrix
U=H*sqrtm(inv(H'*H)); % Unitrary Haar matrix U of N x N
clear H;

Z=eye(N,N);
for i=1:alpha

H1=1/sqrt(2)*randn(S,T)+sqrt(-1)*1/sqrt(2)*randn(S,T);
H2=1/sqrt(2)*randn(R,S)+sqrt(-1)*1/sqrt(2)*randn(R,S);
Y=H2*H1/sqrt(R*T); % R x T (N x n)
Z=Z*U*sqrtm(Y*Y'); % singular value equivalent
end % i
clear H1; clear H2;clear Y; clear U;

VarZ=var(Z)';
sigma2=(mean(VarZ))^(1/alpha);

for j=1:N
Z(:,j)=Z(:,j)/std(Z(:,j)); % normalized the variance to one
end % j
Z=Z/sqrt(N); % normalized so the eigenvalues lie within
unit circle

lambda=eig(Z*Z'); % eigenvalues of sample covariance matrix

% kernel density estimation
L=(b-a)/step;
x1=a+step;
for j=1:L
 for i=1:N
   y=(x1-lambda(i))/h;
   Ky(i)=kernel(y);
 end % N
 fnx(j)=sum(Ky)/N/h;
 x1=x1+step;
 x2(j)=x1;
end % L

% figures
ifig=0;

ifig=ifig+1;figure(ifig)
hist(lambda);
xlabel('Eigenvalues x')
ylabel('Probability Density Function (PDF) f(x)')
legend('Kernel Density Estimation');
```

```
title(['N=',int2str(N),', n=',int2str(n),',
c=N/n=',num2str(c),', a=',num2str(a),\ldots
', b=',num2str(b),', h=',num2str(h)])
grid

ifig=ifig+1;figure(ifig)
plot(x,n*h*(fcx-fnx))
xlabel('Eigenvalue x')
ylabel('Probability Density Function (PDF) ')
legend('Deviation n*h*[ f_c(x)-f_n(x) ]');
title(['N=',int2str(N),', n=',int2str(n),',
c=N/n=',num2str(c),',
a=',num2str(a),\ldots
 ', b=',num2str(b),', h=',num2str(h)])
grid
ifig=ifig+1;figure(ifig)
plot(x,fcx,'.b', x2,fnx,'-*r')
xlabel('Eigenvalues x')
ylabel('Probability Density
Function (PDF) f_c(x), f_n(x)')
 legend('Marcenko-Pastur Law','Kernel Density Estimation');
title(['N=',int2str(N),', n=',int2str(n),',
c=N/n=',num2str(c),\ldots
', \rho=',num2str(rho), ', K=N\rho=',num2str(S),\ldots ',
\alpha=',num2str(alpha),', a=',num2str(a),\ldots
', b=',num2str(b),', h=',num2str(h),',
\sigma^2=',num2str(sigma2)])
grid

ifig=ifig+1;figure(ifig);
lambdaZ=eig(Z);
t=0:2*pi/1000:2*pi;x=sin(t);y=cos(t); % unit circle
plot(real(lambdaZ),imag(lambdaZ),'.',
radius_inner*x,radius_inner*y,'r-',x,y,'r-');
 axis([-1.5 1.5 -1.5 1.5])
% xlabel('Eigenvalues x')
xlabel('real(Z)'); ylabel('imag(Z)');
legend('Eigenvalues','Inner Circle ','Outer Unit Circle');
title(['N=',int2str(N),',
n=',int2str(n),\ldots
', c=N/n=',num2str(c),', \rho=',num2str(rho),',
\alpha=',num2str(alpha),\ldots
', \beta=c=',num2str(beta), ',
\kappa=\beta/\rho=',num2str(kappa),\ldots
', inner radius=',num2str(radius_inner)])
grid

function [Kx] = kernel(x)
Kx=1/sqrt(2*pi)*exp(-0.5*x.^2);
```

```
function B=bernoulli(p,m,n);
% BERNOULLI.M
% This function generates n independent draws of a Bernoulli
% random variable with probability of success p.
% first, draw n uniform random variables

M = m;
N = n;
p = p;
B = rand(M,N) < p;
B=B * (-2)+ones(M,N);
```

6.6 非厄米随机矩阵的幂

本节的结果最近由作者使用启发式方法获得。在 2.10.5 节，这种非厄米的幂随机矩阵可以引申到利用经验协方差矩阵的降噪的功率映射方法。

6.6.1 矩阵的幂

假如矩阵 $\mathbf{A}$ 是对角矩阵，其中 $\mathbf{A}=\mathbf{UDU}^{\mathrm{H}}$，其中矩阵 $\mathbf{U}$ 是正交矩阵，对于任何一个函数存在相应的映射 $g(\mathbf{A})=\mathbf{U}_g(\mathbf{D})\mathbf{U}^{\mathrm{H}}$。因此，对于所有的可对角化矩阵[297]，$g(\mathbf{A})$同矩阵 $\mathbf{A}$ 相比具有等同的特征值，特别地，对于所有的 $\alpha\in\mathbb{R}$，$\mathbf{A}^{\alpha}$ 是函数 $g(z)=z^{\alpha}=\exp(\alpha\ln z),z\in\mathbb{C}$ 的具体表现形式，一个复变量幂的定义遵循文献[298]。对于所有的 $z=|z|\mathrm{e}^{\mathrm{j}\phi}\in\mathbb{C}$，得到 $z^{\alpha}=|z|^{\alpha}\mathrm{e}^{\mathrm{j}\alpha\phi}$。假如 α 是一个正实数，幂级数 α 在复平面上不会打破关于 z 的对称性标准。举个例子，圆 $|z|=R$ 映射到 $|z|^{\alpha}=R^{\alpha}$，假如存在一种情况 $\alpha=1/M$，其中 M 是一个正整数。那么，

$$R^{\alpha}=\exp(\alpha\ln R)=\exp\left(\frac{1}{M}\ln R\right)\to 1 \tag{6.70}$$

随着 M 的不断增加，我们定义 $\lambda_i,i=1,\cdots,N$ 是矩阵 $\mathbf{AA}^{\mathrm{H}}$ 的特征值。矩阵函数$(\mathbf{AA}^{\mathrm{H}})^{\alpha}$ 的特征值，对于任意 $\alpha\in\mathbb{R}$，有

$$(\lambda_i)^{\alpha}=\exp(\alpha\ln\lambda_i)\to 1,\quad \alpha\to 0 \tag{6.71}$$

6.6.2 谱

矩阵 $n\times n$ 的特征值源于特征多项式$\mathbb{C}$。我们定义矩阵 $\mathbf{M}$ 的特征值 $s_1(\mathbf{M})\geqslant\cdots\geqslant s_n(\mathbf{M})\geqslant 0$，通过矩阵$\sqrt{\mathbf{MM}^{\mathrm{H}}}$的特征值，使得 $s_i(\mathbf{M})=\lambda_i(\sqrt{\mathbf{MM}^{\mathrm{H}}})$，我们可以定义经验频谱测度以及经验奇异值测度

$$\mu_{\mathbf{M}}=\frac{1}{n}\sum_{i=1}^{n}\delta_{\lambda_i(\mathbf{M})},\quad \nu_{\mathbf{M}}=\frac{1}{n}\sum_{i=1}^{n}\delta_{s_i(\mathbf{M})}$$

$\mu_{\mathbf{M}}\in\mathbb{C}$，$\nu_{\mathbf{M}}\in\mathbb{C}^{+}$都表示概率测度。

分别定义$(X_{ij})_{i,j\geqslant 1}$和$(Y_{ij})_{i,j\geqslant 1}$服从独立随机复变量 $N\sim(0,1)$。类似地，让$(G_{ij})_{i,j\geqslant 1}$和$(H_{ij})_{i,j\geqslant 1}$服从高斯分布，且独立于$(X_{ij},Y_{ij})$。假定随机矩阵

$$\mathbf{X}_n=(X_{ij})_{1\leqslant i,j\leqslant n},\quad \mathbf{Y}_n=(Y_{ij})_{1\leqslant i,j\leqslant n},\quad \mathbf{G}_n=(G_{ij})_{1\leqslant i,j\leqslant n},\quad \mathbf{H}_n=(H_{ij})_{1\leqslant i,j\leqslant n}$$

为了方便标注，我们需要去掉原公式的下角标 n。众所周知，当 n 很大时，$\mathbf{X}$ 是可逆的，且

$\mu_{\mathbf{X}^{-1}\mathbf{Y}}\in\mathbb{C}$ 可以很好地被定义为随机概率测度。复矩阵$(\mathbf{A},\mathbf{B})\in\mathbb{R}^n$的广义特征值是多项式行列式 $\mathrm{A}-z\mathbf{B}$ 的所有等于 0 的解。假如 $\mathbf{B}$ 是可逆的，很容易得到 $\mathbf{B}^{-1}\mathbf{A}$ 的特征数。现在，我们定义μ 是概率测度，这个概率测度密度存在于空间$\mathbb{C}\simeq\mathbb{R}^2$上的勒贝格(Lebesgue)测度。

$$\frac{1}{\pi(1+|z|^2)^2}$$

通过立体投影，可以很容易地将μ 看作黎曼(Riemann)球面上的均匀测度。

定理 6.6.1(球面元素上所有点的集合[299-301]) 对于所有的整数 $n\geqslant 1$，

$$\mathbb{E}\mu_{\mathbf{G}^{-1}\mathbf{H}}=\mu$$

我们得到了一个通用的结果。

定理 6.6.2[广义特征值的普遍性准则(2011)[302]] 几乎必然收敛，

$$\mu_{\mathbf{X}^{-1}\mathbf{Y}}-\mu_{\mathbf{G}^{-1}\mathbf{H}}\xrightarrow[n\to\infty]{}0$$

推论 6.6.3[球定律(2011)[302]] 几乎必然收敛

$$\mu_{\mathbf{X}^{-1}\mathbf{Y}}\xrightarrow[n\to\infty]{}\mu$$

定理 6.6.4[随机矩阵的求和和内积的普适性(2011)[302]] 对于所有的整数 $n\geqslant 1$，对于所有的 $\mathbf{M}_n,\mathbf{K}_n,\mathbf{L}_n\in\mathbb{R}^n$均为复数矩阵，那么，所有的正实数 $\alpha>0$，

(i) $x\mapsto x^{-\alpha}$是$(v_{\mathbf{K}_n})_{n\geqslant 1}$，$(v_{\mathbf{L}_n})_{n\geqslant 1}$的统一边界条件，$x\mapsto x^{\alpha}$ 是$(v_{\mathbf{M}_n})_{n\geqslant 1}$的统一边界条件；

(ii) 对于所有的 $z\in\mathbb{C}$，$v_{\mathbf{K}_n^{-1}\mathbf{M}_n\mathbf{L}_n^{-1}-\mathbf{K}_n^{-1}\mathbf{L}_n^{-1}z}$略收敛于概率测度 v_z。

$$\mu_{\mathbf{M}+\mathbf{KXL}/\sqrt{n}}\xrightarrow[n\to\infty]{}\mu$$

其中，μ 依赖于$(v_z)_{z\in\mathbb{C}}$。对于所有的 $\mathbf{M}=\mathbf{K}=\mathbf{L}=\mathbf{I}_n\in\mathbb{R}^n$，这个声明源于圆定理的提出。

引理 6.6.5(内积和求和的奇异值[302]) 假如 $\mathbf{A}$ 和 $\mathbf{B}\in\mathbb{R}^n$是复矩阵，对于所有的正实数 α，

$$\int x^{\alpha}\mathrm{d}v_{\mathbf{A}+\mathbf{B}}(x)\leqslant 2^{1+\alpha}\left(\int x^{\alpha}\mathrm{d}v_{\mathbf{A}}(x)+\int x^{\alpha}\mathrm{d}v_{\mathbf{B}}(x)\right)$$

$$\int x^{\alpha}\mathrm{d}v_{\mathbf{AB}}(x)\leqslant 2\left(\int x^{\alpha}\mathrm{d}v_{\mathbf{A}}(x)\right)^{1/2}\left(\int x^{\alpha}\mathrm{d}v_{\mathbf{B}}(x)\right)^{1/2}$$

6.6.3 内积

假定$\widetilde{\mathbf{X}}_i,i=1,\cdots,L\in\mathbb{C}^{N\times n}$，首先，我们可以得到奇异值的等价表现形式：

$$\mathbf{X}_i=\mathbf{U}\sqrt{\widetilde{\mathbf{X}}_i\widetilde{\mathbf{X}}_i^{\mathrm{H}}}$$

其中，$\mathbf{U}\in\mathbb{R}^N$是 Haar 单位矩阵。对于任意两个正实数 L 和 M，结合幂级数 $1/M$，非厄米随机矩阵的内积表示为

$$(\mathbf{X}_1\cdots\mathbf{X}_L)^{1/M}\tag{6.72}$$

$$(\mathbf{X}_1)^{1/M}\cdots(\mathbf{X}_L)^{1/M}\tag{6.73}$$

其中，$\mathbf{X}_i,i=1,\cdots,L\in\mathbb{R}^N$是非厄米随机矩阵，矩阵中所有的元素均服从$(0,1/N)$随机分布，式(6.72)和式(6.73)的结果均是等同的，这是如下定义的基础：

$$\mathbf{X}^{L/M}=(\mathbf{X}_1\cdots\mathbf{X}_L)^{1/M}=(\mathbf{X}_1)^{1/M}\cdots(\mathbf{X}_L)^{1/M}$$

众所周知，根据定理 6.2.5，乘积 $\mathbf{X}_1\cdots\mathbf{X}_L$ 的渐近特征值分布等同于$(\mathbf{X}_i)^L,i=1,\cdots,L\in\mathbb{R}^N$。我们重写式(6.72)作为 $\mathbf{X}^L$ 代表任何一个 L 矩阵。然后我们得到 $\mathbf{X}^{L/M}$，这是很自然的。当 $M=L$

时，式(6.72)是 L 个矩阵的几何平均值。因此式(6.72)简化为 $\mathbf{X}$：这个结果很直观。任意数量的非厄米随机矩阵的几何平均值与任何一个这样的大型矩阵相同。

当 M 显著大于 L 时，定义比例 $\alpha=L/M$，发现渐近特征值分布遵循高斯分布(见图 6.14)，均值为 1。所有特征值分布得非常接近单位圆，如图 6.15 所示。重要的是比率 α，如果我们使用 $L=30$ 和 $M=150$，结果看起来一样。

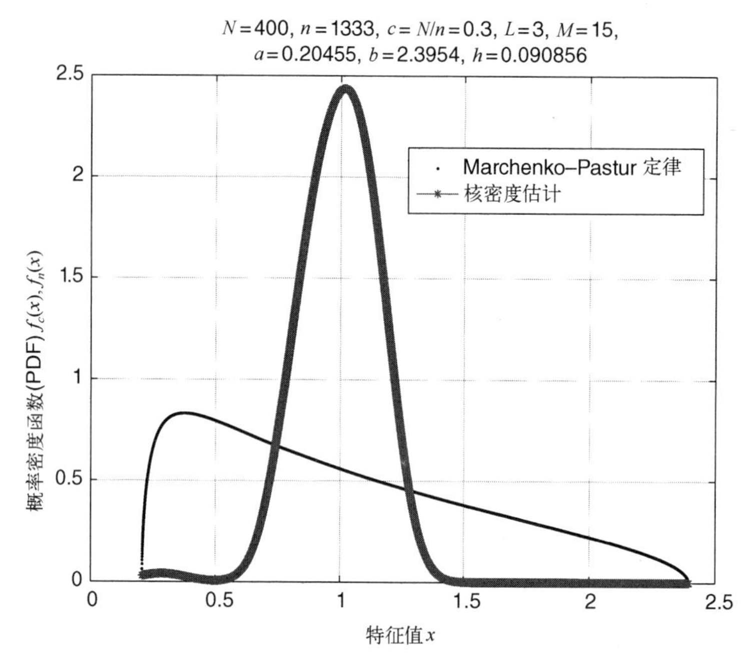

图 6.14　$(\mathbf{X}^L)^{1/M}$的特征值，$\mathbf{X}$ 为 $N\times n$ 的非厄米随机矩阵。$N=400$，$n=1333$，$c=N/n=0.3$，$L=3$，$M=15$，$a=0.135$，$b=2.66$，$h=0.0908$，$\alpha=L/M=1/5$

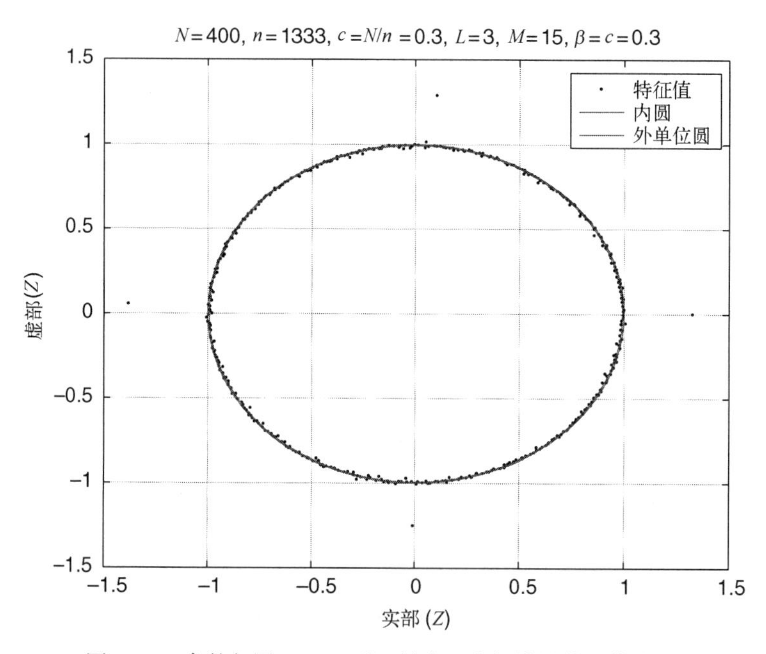

图 6.15　参数与图 6.14 一致，结合 4 个极端的特征值表示

类比于复数 z，L 和 M 阶的出现不会对结果造成影响。换句话说，$(\mathbf{X}^L)^{1/M}$ 和 $(\mathbf{X}^{1/M})^L$ 是等同的，如图 6.16 和图 6.17 所示。因此，我们对分数幂有了明确的定义。在复平面上的内积圆可以得到计算：

$$r_{\text{in}}=(\sqrt{1-c})^{(L/M)^2} \tag{6.74}$$

其中，$c=N/n$，利用式(6.70)，我们可以选择 L 和 M 使得内积圆可以很大程度上接近外圆。经验表示式(6.74)在估算一类参数 $|z|\geq r_{\text{in}}$ 中已经得到了尝试。利用 MATLAB，我们保证频谱的上界是单位圆 $|z|=1$。

```
clear all;
L=3;M=15; N=200*2; beta=0.3; c=beta; n=N/c; % c=N/n;
c=p/n; beta=T/R=c; beta<1.
step=0.01/40; % step=0.01/10/4/2/2;
h=1/n^(1/3);
a=(1-sqrt(c))^2; b=(1+sqrt(c))^2;
x=(a+step):step:b;
fcx=(1/2/pi/c./x).*sqrt((b-x).*(x-a)); % Marcenko
and Pastur law
X=bernoulli(0.5,N,N)+sqrt(-1)*bernoulli(0.5,N,N);
% i.i.d. complex matrix X
U=X*sqrtm(inv(X'*X)); % Unitrary Haar matrix U of N x N
%X=1/sqrt(2)*randn(N,n)+sqrt(-1)*1/sqrt(2)*randn(N,n);
% Gaussian random matrix
X=1/sqrt(2)*bernoulli(0.5,N,n)+sqrt(-1)*1/sqrt(2)
 *bernoulli(0.5,N,n);
% Bernoulli random matrix
D=zeros(N,N); D(1,1)=1.3; D(2,2)=j*1.3;
D(3,3)=-j*1.3; D(4,4)=-1.3;
X=U*sqrtm(X*X'); % singular value equivalent
X=U*(X*X')^(L/2); % singular value equivalent X^(L)
X=U*(X*X')^(1/2/M); % singular value equivalent X^(1/M)
radius_inner=(1-beta)^(1/2*(L/M)^2) % Y=X^L; Z=Y^(1/M);
Z=X;
for j=1:N
Z(:,j)=Z(:,j)/std(Z(:,j)); % normalized the variance to one
end %j
A=U*D*U'*sqrt(N); Z=Z+A; % A will cause outliers
Z=Z/sqrt(N); % normalized so the eigenvalues lie within
unit circle
lambda=eig(Z*Z'); % eigenvalues of sample covariance matrix
% kernel density estimation
Mtemp=(b-a)/step;
x1=a+step;
for j=1:Mtemp
  for i=1:N
    y=(x1-lambda(i))/h;
    Ky(i)=kernel(y);
  end %N
  fnx(j)=sum(Ky)/N/h;
```

```
    x1=x1+step;
    x2(j)=x1;
  end % L
```

为节省篇幅，省略了一些函数。这些函数可以在前面的代码中查到。

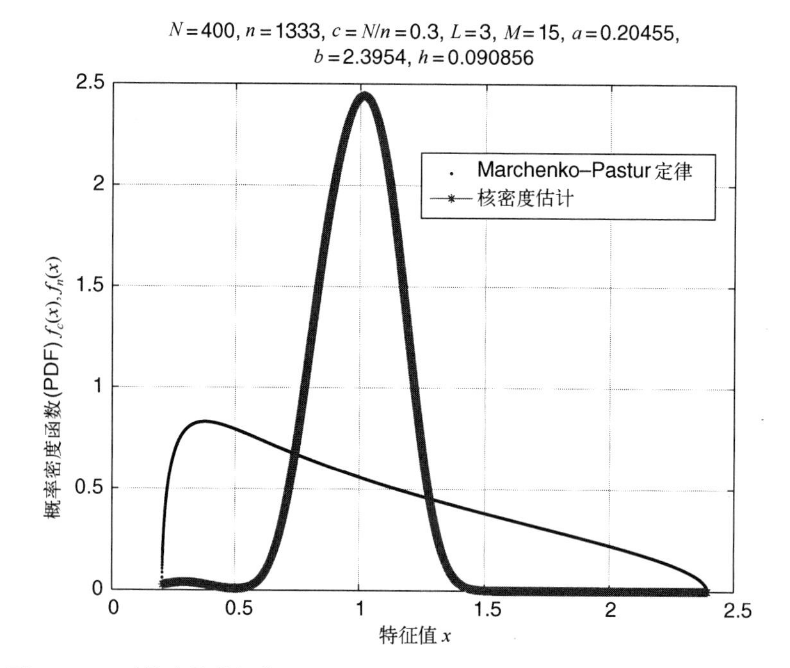

图 6.16　$(\mathbf{X}^{1/M})^L$ 的特征值，$\mathbf{X}$ 为 $N\times n$ 的非厄米随机矩阵。$N=400$，$n=1333$，$c=N/n=0.3$，$L=3$，$M=15$，$a=0.135$，$b=2.66$，$h=0.0908$，$\alpha=L/M=1/5$

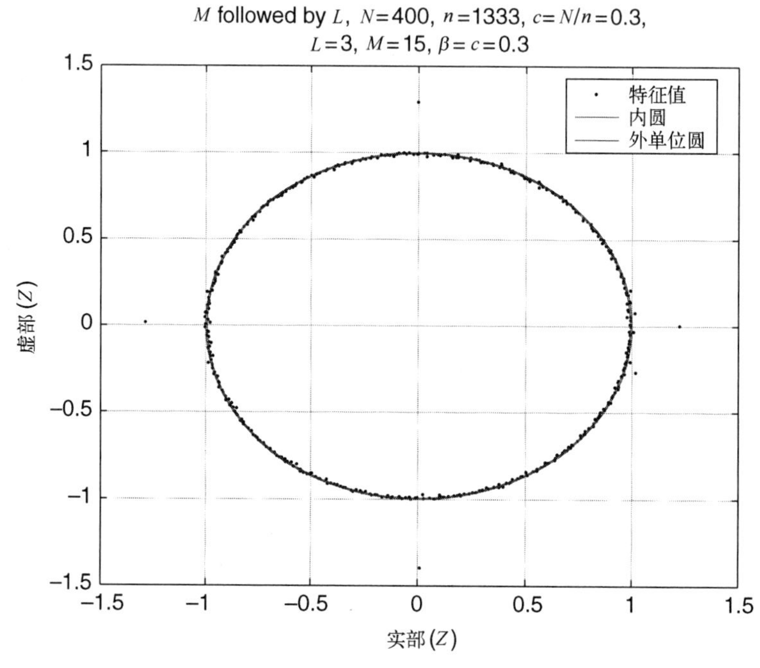

图 6.17　参数与图 6.16 一致，对应 4 个极端值的特征值表示

6.7 大型非厄米随机矩阵的幂级数

本文的标注遵循6.6节，在6.6节中，我们精确地定义了分数幂 $\mathbf{X}^{\alpha}$ 用于估算方阵 $\mathbf{X}$ 并且$\alpha \in \mathbb{R}$，其中，$\alpha=L/M$，L 和 M 表示任意正实数。随着尺寸的调整，频谱 $\mathbf{X}^{\alpha}$ 进行了尺度的调整，频谱 $\mathbf{X}^{\alpha}$ 位于一个带有内圆和外圆的单位圆内，内圆的半径由式(6.74)给出。对于一个复数频谱 z，在复平面上，幂 z^{α} 的存在不会打破关于 z 的平衡原则。在本节中，函数 $f(z)$ 将不会满足对称原则。甚至由于这个原因，我们会发现利用幂函数 $\mathbf{X}^{\alpha}$ 对数据矩阵 $\mathbf{X}$ 进行预处理是非常有益的，变换 $\mathbf{X}$ 的所有特征值具有特殊性质：(1) 高斯分布；(2) 均值为1。通过去除均值并对方差进行归一化，得到 $\mathbf{X}^{\alpha}$ 的最终特征值，是具有零均值和方差1的高斯分布。

现在我们有能力研究广义的幂级数

$$\sum_{k=0}^{\infty} a_k \mathbf{X}^k$$

假如系数 a_k 满足用于幂级数存在的确定性条件。幂 $\mathbf{X}^k$ 是一个对角矩阵，那么，$\mathbf{X}^k$ 完整的同复数 $z=|z|^k e^{jk\phi}$进行比较，其中，$z=|z|^k e^{j\phi}$是复数。参考文献[298, 303, 304]，人们自然会想到幂极数

$$\sum_{k=0}^{\infty} b_k z^k$$

我们可以用 $\mathbf{X}=\mathcal{U}P$ 取代复数 z，其中 $\mathbf{P}=\sqrt{\mathbf{X}\mathbf{X}^{\mathrm{H}}}$是矩阵 $\mathbf{X}$ 的极性部分，$\mathbf{U}$ 是 Haar-酉矩阵。

6.7.1 几何级数

几何级数定义如下：

$$1+z+z^2+z^3+z^4+\cdots$$

考虑模块级数

$$1+|z|+|z|^2+|z|^3+|z|^4+\cdots$$

对于这个级数

$$\begin{aligned} S_{n,p} &= |z|^{k+1}+|z|^{k+2}+\cdots+|z|^{k+p} \\ &= |z|^{k+1}\frac{1-|z|^p}{1-|z|} \end{aligned}$$

假如 $|z|<1$，$S_{n,p}<|z|^{k+1}\dfrac{1}{1-|z|}$适用于所有 p，那么极数

$$1+|z|+|z|^2+|z|^3+|z|^4+\cdots$$

收敛于 $|z|<1$。当 $|z|\geqslant 1$ 时，几何级数的所有项在 k 趋于无穷时，不会趋于零，因此这个级数得到了收敛。

当 $g(z)$是多项式或者分段函数时[297]，其系数项得到了放大或缩小，函数 $g(\mathbf{A})$中的 $\mathbf{A}$ 进一步被 z 所取代，通过对矩阵求逆取代除法运算，用单位矩阵替代1的表示。

因为频谱的上边界受制于单位圆，假如用 $\mathbf{X}^{L/M}/(1+\varepsilon)$，$\varepsilon>0$ 取代 z，参数 ε 的选取保证了几何级数的收敛，我们考虑一个有限级数的叠加：

$$f(\mathbf{Y})=\mathbf{I}+\mathbf{Y}+\cdots+\mathbf{Y}_K=\sum_{k=1}^{K}\mathbf{Y}^k, \quad \mathbf{Y}=\mathbf{X}^{L/M}$$

对于$f(\mathbf{Y})$，取内圆半径：

$$r_{\text{in}}=r^{K},\quad r=(\sqrt{1-c})^{(L/M)^2} \tag{6.75}$$

其中，$c=N/n$，频谱的外边界是单位圆。对比式(6.75)，积分项对内圆的半径产生了一定的影响。

在图6.18和图6.19中，我们考虑其级数的尺寸为$K=20$。我们总是选择一个更大的数值比L/M，使得内圆非常接近于外圆。

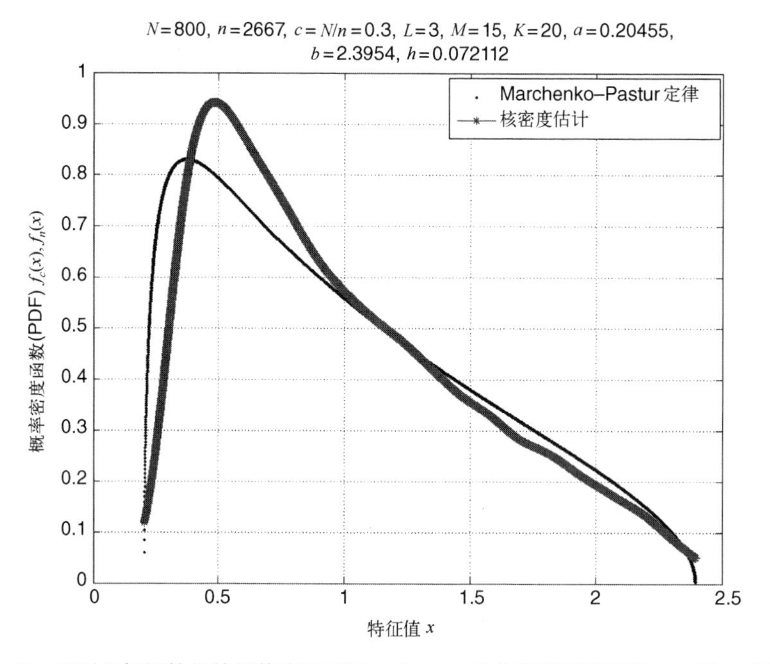

图6.18 K项几何级数的特征值表示对于一个$N\times n$的非厄米随机矩阵$\mathbf{X}$，每一项都是$(\mathbf{X}^{L/M})$。$N=800$，$n=2667$，$c=0.3$，$L=3$，$M=15$，$K=20$，$a=0.204$，$b=2.395$

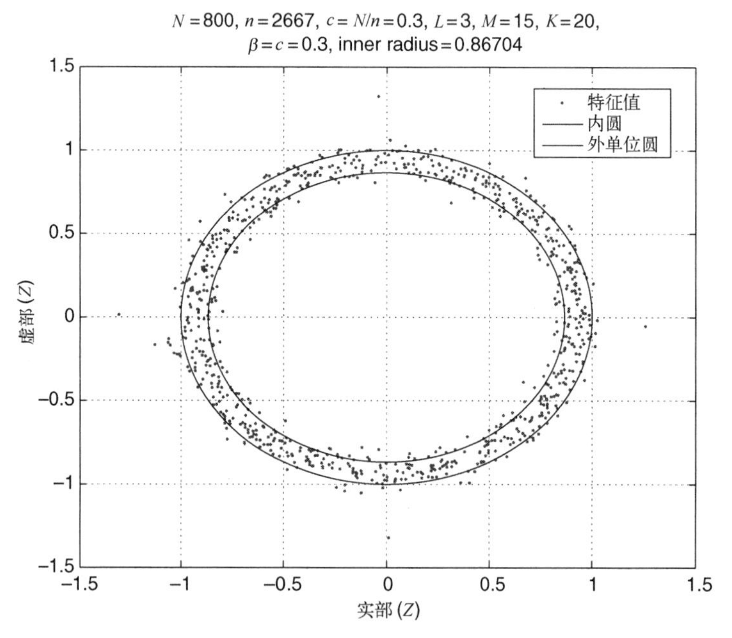

图6.19 参数与图6.18一致，考虑4个极值情况下的特征值表示

6.7.2 幂级数

幂级数可能会也可能不会收敛于实际位于圆周边的点，从而级数

$$1+\frac{z}{1^s}+\frac{z^2}{2^s}+\frac{z^3}{3^s}+\frac{z^4}{4^s}+\cdots \tag{6.76}$$

的收敛半径为 1，根据 s 大于或者不大于 1，在 $z=1$ 的点收敛或发散，

$$a_0+a_1z+a_2z^2+a_3z^3+a_4z^4+\cdots$$

成为一个幂级数并且考虑级数

$$a_1+a_22z+3a_3z^2+4a_4z^3+\cdots$$

这是通过逐项幂级数微分而得到的。衍生级数具有与原始级数相同的收敛圈。通过对原始幂级数逐项进行积分得到级数：

$$\sum_{k=0}^{\infty} a_k \frac{z^{k+1}}{k+1} \tag{6.77}$$

具有与 $\sum_{k=0}^{\infty} a_k z^{k+1}$ 相同的收敛圆。对于式(6.76)，我们有 $a_0=1$，$a_k=\frac{1}{k^s}$，$k\geqslant 1$，因此可以获得函数

$$f(z)=z+\sum_{k=1}^{\infty}\frac{1}{k^s}\frac{1}{k+1}z^{k+1}=z+\frac{1}{1^s}\frac{z^2}{2}+\frac{1}{2^s}\frac{z^3}{3}+\frac{1}{3^s}\frac{z^4}{4}+\cdots \tag{6.78}$$

级数

$$1+\frac{z}{1!}+\frac{z^2}{2!}+\cdots+\frac{z^k}{k!}+\cdots$$

是一个处处收敛的幂级数，从而在整个平面中定义一个规则的函数。对复平面的每个点 z，对应一个确定的数 w，是以上级数的总和。该函数可用于定义所有以 z 为指数以 e 为底的幂，称为指数函数 $\mathrm{e}^z=\exp(z)$。如果 p 是一个正数，我们定义

$$p^z=\exp(z\ln p),\quad z^p=\exp(p\ln z)$$

其中，ln 是自然对数。

现在我们可以用式(6.78)中的 $\mathbf{Y}$ 代替复参数 z 来获得

$$f(\mathbf{Y})=\mathbf{Y}+\sum_{k=1}^{\infty}\frac{1}{k^s}\frac{1}{k+1}\mathbf{Y}^{k+1}=\mathbf{Y}+\frac{1}{1^s}\frac{\mathbf{Y}^2}{2}+\frac{1}{2^s}\frac{\mathbf{Y}^3}{3}+\frac{1}{3^s}\frac{\mathbf{Y}^4}{4}+\cdots \tag{6.79}$$

例如，我们可以令 $\mathbf{Y}=\mathbf{X}^{L/M}$。同样，我们可以对几何级数式(6.76)这样做。

我们考虑级数式(6.77)，其中 a_k 是几何级数的系数。这种情况下，内圆的半径是

$$r_{\text{in}}=r^{K+1},\quad r=(\sqrt{1-c})^{(L/M)2} \tag{6.80}$$

其中，$c=N/n$。谱的外边界是单位圆。仿真结果与式(6.80)非常接近。

使用几何级数式(6.76)，我们用如下定义的参数 $\mathbf{Z}$ 替换参数

$$\mathbf{Z}=\mathrm{SNR}\cdot\mathbf{I}_N+\mathbf{X} \tag{6.81}$$

其中，SNR 是信噪比，$\mathrm{SNR}=\mathrm{Tr}(\mathbf{I}_N)/\mathrm{Tr}(\mathbf{XX}^{\mathrm{H}})$。这里，$\mathbf{X}$ 的元素是独立同分布的，均值为零、方差为 1。在图 6.20 和图 6.21 中，我们可以看到信号项对不同信噪比引起的扰动的差异。丰富的数学结构被观察到作为 K 和 M 的函数。在几何级数式(6.76)中使用复数

$$s=|s|\exp(\text{Angle})$$

s 的相角在这种数据可视化中起着重要作用。

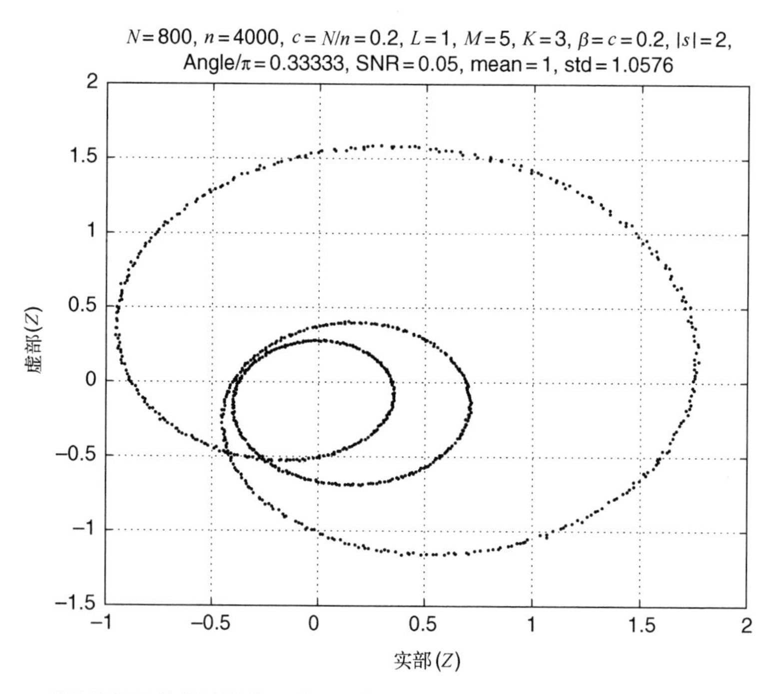

图 6.20　K 项的几何级数的特征值，对于一个 $N\times n$ 的非厄米随机矩阵 $\mathbf{X}$，每一项都是($\mathbf{X}^{L/M}$)。$N=800$，$n=2667$，$c=0.3$，$L=1$，$M=5$，$K=3$，$|s|=2$，Angle $=\pi/3$，SNR $=0.05$

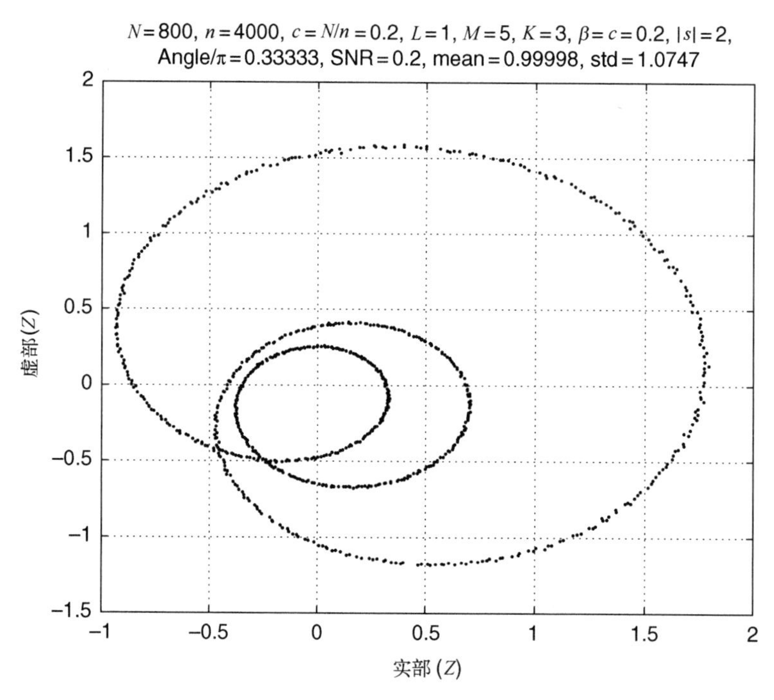

图 6.21　除 SNR=0.2 外，其他参数与图 6.20 一样

现在我们总结算法如下：

1. 给定 L 个矩形复矩阵$\widetilde{\mathbf{X}}_i, i=1,\cdots,L$，我们发现奇异值等价于方形矩阵 $\mathbf{X}_i, i=1,\cdots,L$。
2. 对每个 $\mathbf{X}_i$取矩阵的幂函数 $\mathbf{X}_i^{\alpha}$。特别地，$\alpha=L/M$。
3. 如果存在附加信号，我们同样执行上述步骤。

4. 使用对称破裂级数技术，例如几何级数，在复杂平面上形成图形，以指导我们实现更好的可视化。 □

我们自发地去研究

$$\begin{aligned}&\mathcal{H}_0:\mathbf{Z}=\mathbf{X}^{\alpha}\\&\mathcal{H}_1:\mathbf{Z}=(\mathrm{SNR}\cdot\mathbf{I}_N+\mathbf{X})^{\alpha},\quad \alpha\in\mathbb{R}\end{aligned}\tag{6.82}$$

对于任何复数指数 α 和任何复数 z，二项式级数

$$(1+z)^{\alpha}=\sum_{k=0}^{\infty}\binom{\alpha}{k}z^k=1+\binom{\alpha}{1}z+\binom{\alpha}{2}z^2+\cdots+\binom{\alpha}{k}z^k+\cdots$$

收敛并具有幂函数 $(1+z)^{\alpha}$ 的主值的总和，对于每个实数 α，我们定义符号

$$\binom{\alpha}{0}=1,\binom{\alpha}{k}=\frac{\alpha(\alpha-1)\cdots(\alpha-k+1)}{1\cdot2\cdot\cdots k},\quad k\geqslant1$$

```
clear all;
L=1;M=5; K=3; N=200*4; beta=0.2; c=beta; n=N/c;
% c=N/n; c=p/n; beta=T/R=c; beta<1.
d=2; angle=pi/3; ifig=0; s=d*(cos(angle)
+sqrt(-1)*sin(angle));
X=bernoulli(0.5,N,N)+sqrt(-1)*bernoulli(0.5,N,N);
% i.i.d. complex matrix X
U=X*sqrtm(inv(X'*X)); % Unitrary Haar matrix U of N x N
  % X=1/sqrt(2)*randn(N,n)+sqrt(-1)*1/sqrt(2)*randn(N,n);
  % Gaussian random matrix
X=1/sqrt(2)*bernoulli(0.5,N,n)+sqrt(-1)*1/sqrt(2)
*bernoulli(0.5,N,n);
% Bernoulli random matrix

X=U*sqrtm(X*X'); % singular value equivalent
  S=eye(N,N)*sqrt(N); X=SNR*S+X;
X=U*(X*X')^(L/2); % singular value equivalent X^(L)
X=U*(X*X')^(1/2/M); % singular value equivalent X^(1/M)
X=geometricseries(X,K,s);
  radius_inner=(1-beta)^(1/2*(L/M)^2); % Y=X^L; Z=Y^(1/M);
Z=X;
for j=1:N
Z(:,j)=Z(:,j)/std(Z(:,j)); % normalized the variance to one
end % j
Z=Z/sqrt(N); % normalized so the eigenvalues lie within
unit circle
lambda=eig(Z*Z'); % eigenvalues of sample covariance matrix
lambdaZ=eig(Z);
ifig=kerneldensity(lambda,c,L,M,K,ifig);

function ifig=kerneldensity(lambda,c,L,M,K,ifig)

N=length(lambda); n=round(N/c); step=0.001+0.01/40;
% step=0.01/10/4/2/2;
h=1/n^(0.33);
```

```
a=(1-sqrt(c))^2; b=(1+sqrt(c))^2; x=(step):step:3;
fcx=(1/2/pi/c./x).*sqrt((b-x).*(x-a)); % Marcenko
and Pastur law

% kernel density estimation
x1=step; Mtemp=(3-x1)/step;
for j=1:Mtemp
  for i=1:N
  y=(x1-lambda(i))/h; Ky(i)=kernel(y);
  end % N
  fnx(j)=sum(Ky)/N/h; x1=x1+step; x2(j)=x1;
end % L
```

默认的函数可以在之前的代码中查到。

6.8 随机 Ginibre 矩阵的乘积

对于任何整数 k，存在一个概率测度 $\pi(k)$，称为 k 阶 Fuss-Catalan 分布，它的矩是根据下述二项式符号给出的广义 Fuss-Catalan 数字：

$$\int_0^{b(k)} x^m \pi^{(k)}(x)\,\mathrm{d}x = \frac{1}{km+1}\binom{km+m}{m} =: FC_m^{(k)} \tag{6.83}$$

测度 $\pi^{(k)}(x)$ 没有原子(或狄拉克测度)，它在 $[0,b(k)]$ 有效，其中 $b(k)=(k+1)^{k+1}/k^k$。在 $[0,b(k)]$ 上解析其密度，其密度在 $x=b(k)$ 处有界，在 $x\to 0$ 时渐近于 $1/\pi x^{k(/k+1)}$。这种分布产生于随机矩阵理论中，作为研究 k 个独立随机 Ginibre 方阵的乘积 $\mathbf{Z}=\prod_{i=1}^{k}\mathbf{G}_i$。在这种情况下 $\mathbf{Z}$ 的平方奇异值，即 $\mathbf{ZZ}^{\mathrm{H}}$ 的特征值在大型矩阵极限下具有渐近分布 $\pi^{(k)}(x)$。相同的 Fuss-Catalan 分布也渐近地描述了单个随机 Ginibre 矩阵的 k 次幂奇异值的统计量[305]。就自由概率理论而言，它是由 Marchenko-Pastur 分布、文献[306, 307]的 k 个副本构成的自由乘法卷积的乘积，写为 $\pi^{(k)}(x)=[\pi^{(1)}]^{\boxtimes k}$，⊞和⊠分别表示自由加法卷积和自由乘法卷积。它们是 Voiculescu 算子⊞和⊠。

对于 $k=2$ 的谱密度的明确表示由下式给出：

$$\pi^{(2)}(x)=\frac{2^{1/3}\sqrt{3}}{12\pi}\,\frac{[2^{1/3}(27+3\sqrt{81-12x})^{2/3}-6x^{1/3}]}{x^{2/3}(27+3\sqrt{81-12x})^{1/3}} \tag{6.84}$$

其中，$x\in[0,27/4]$。见图 6.22。

利用 Mellin 逆变换和 Meijer G函数，可以找到这种分布的更加明确的形式，作为类型 ${}_kF_{k-1}$ 的超几何函数的叠加，

$$\pi^{(k)}(x)=\sum_{i=1}^{k}\Lambda_{i,k}x^{\frac{i}{k+1}-1}\,{}_kF_{k-1}\left([\{a_j\}_{j=1}^{k}];[\{b_j\}_{j=1}^{k},\{b_j\}_{j=i+1}^{k}];\frac{k^k}{(k+1)^{k+1}}x\right) \tag{6.85}$$

其中，

$$a_j=1-\frac{1+j}{k}+\frac{i}{k+1},\quad b_j=1+\frac{i-j}{k+1}$$

并且，对于 $i=1,2,\cdots,k$ 的系数 $\Lambda_{i,k}$

$$\Lambda_{i,k}=\frac{1}{k^{3/2}}\sqrt{\frac{k+1}{2\pi}}\left(\frac{k^{k/(k+1)}}{k+1}\right)^{i}\frac{\left[\prod_{j=1}^{i-1}\Gamma\left(\frac{j-i}{k+1}\right)\right]\left[\prod_{j=i+1}^{k}\Gamma\left(\frac{j-i}{k+1}\right)\right]}{\prod_{j=1}^{k}\Gamma\left(\frac{j+1}{k}-\frac{n}{k+1}\right)} \tag{6.86}$$

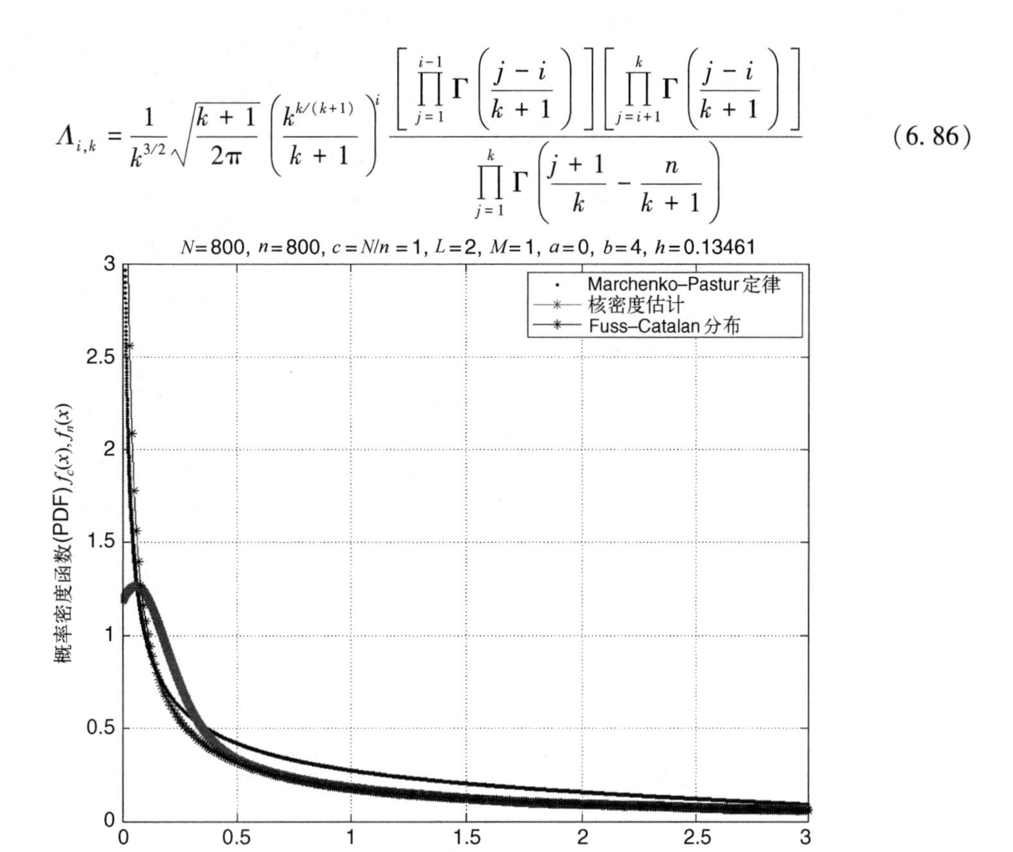

图 6.22　$k=2$ 平方独立同分布矩阵的乘积。$N=800$，$n=100$，$c=N/n=1$

这里${}_pF_q([\{a_j\}_{j=1}^{p}];[\{b_j\}_{j=1}^{q}];x)$代表${}_pF_q$类型的超几何函数[308]，包含实参 x 的 p 个上界参数 a_j和 q 个下界参数 b_j。符号$\{a_j\}_{j=1}^{r}$表示 r 个元素的列表，$a_1,a_2,\cdots,a_r$。上述分布是精确的，它描述了在大型矩阵维数 N 的限制下 k 个 Ginibre 方阵的平方奇异值的密度。观察在最简单的 $k=1$ 的情况下，上面的形式简化为 Marchenko-Pastur 分布，

$$\pi^{(1)}(x)=\frac{1}{\pi\sqrt{x}}{}_1F_0\left(\left[-\frac{1}{2}\right];[\,];\frac{1}{4}x\right)=\frac{\sqrt{1-x/4}}{\pi\sqrt{x}} \tag{6.87}$$

在 $k=2$ 的情况下，

$$\pi^{(2)}(x)=\frac{\sqrt{3}}{2\pi x^{2/3}}{}_2F_1\left(\left[-\frac{1}{6},\frac{1}{3}\right];\left[\frac{2}{3}\right];\frac{4}{27}x\right)-\frac{\sqrt{3}}{6\pi x^{1/3}}{}_2F_1\left(\left[\frac{1}{6},\frac{2}{3}\right];\left[\frac{4}{3}\right];\frac{4}{27}x\right) \tag{6.88}$$

和式(6.84)的形式相同。图 6.22 和图 6.23 为 $k=2$ 的矩阵的乘积。

对于大型矩阵，Fuss-Catalan 分布 $\pi^{(k)}(x)$的上界 $b(k)=(k+1)^{k+1}/k^k$决定了尺寸为 N 的样本协方差矩阵的最大特征值 $\lambda_{\max}$的大小。对于 $k=1$，我们得到 $b(1)=4$，使得 $\lambda_{\max}\approx 4/N$。

考虑由一个任意 m 维概率向量 $\mathbf{w}=w_1,\cdots,w_m$和一个非负整数 k 参数化的下列非厄米随机矩阵集合，

$$\mathbf{Z}:=[w_1\mathbf{U}_1+w_2\mathbf{U}_2+\cdots+w_m\mathbf{U}_m]\mathbf{G}_1\cdots\mathbf{G}_k \tag{6.89}$$

这里的 $\mathbf{U}_1,\cdots,\mathbf{U}_m$表示 m 个根据 Haar 测度分布的独立随机 $N\times N$ 酉矩阵，而 $\mathbf{G}_1,\cdots,\mathbf{G}_k$是复数 Ginibre 集合中尺寸为 N 的独立随机方阵。经验样本协方差矩阵是作为归一化的类 Wishart 矩

阵获得的，

$$\mathbf{S}_{m,k} := \frac{\mathbf{Z}_{m,k}\mathbf{Z}_{m,k}^{\mathrm{H}}}{\mathrm{Tr}(\mathbf{Z}_{m,k}\mathbf{Z}_{m,k}^{\mathrm{H}})} \tag{6.90}$$

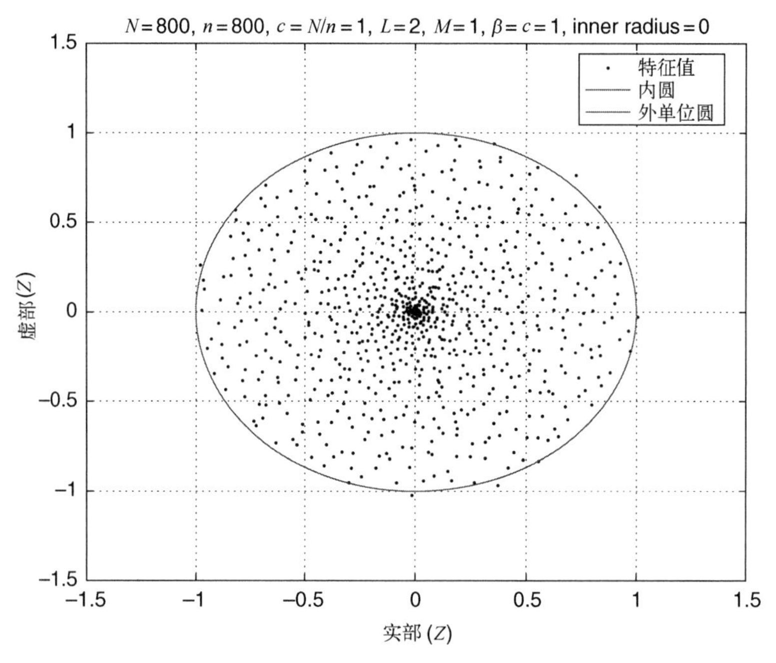

图 6.23　参数和图 6.22 一致

例 6.8.1(在无线网络中进行数据建模)

我们考虑使用式(6.89)来对无线网络中生成的大数据建模。在美国田纳西理工大学的无线系统实验室，最近发现每个无线电的实验数据可以建模为复数 Ginibre 矩阵。现在考虑 N 个这样的无线电接收机。在每个时刻 t，我们有 $\mathbf{x}_i \in \mathbb{C}^{N\times 1}$，$i=1,\cdots,T$，因此数据矩阵形式为

$$\widetilde{\mathbf{X}} = (\mathbf{x}_1,\cdots,\mathbf{x}_T) \in \mathbb{C}^{N\times T}$$

考虑奇异值等价矩阵 $\mathbf{X} \in \mathbb{C}^{N\times N}$

$$\widetilde{\mathbf{X}}\widetilde{\mathbf{X}}^{\mathrm{H}} = \mathbf{X}\mathbf{X}^{\mathrm{H}}$$

研究 L 个随机方阵 $\mathbf{X}_1\cdots\mathbf{X}_L = \prod_{i=1}^{L}\mathbf{X}_i$ 的乘积是很自然的，假设在无线网络中观察到 L 个这样的数据矩阵，其 M 次方根为

$$(\mathbf{X}_1\cdots\mathbf{X}_L)^{1/M} = \left(\prod_{i=1}^{L}\mathbf{X}_i\right)^{1/M}$$ □

对于一个复杂的量子系统(一个具有许多自由度的系统)——如原子、原子核、基本粒子，几乎不可能想象出一个足够可利用的理论来精确计算这样一个系统的能级。类似地，我们可以计算天线传感器、智能电表、PMU 和库存。

6.9　矩形高斯随机矩阵的乘积

在例 6.8.1 中，我们遇到矩形复数随机矩阵。接下来我们考虑矩形高斯随机矩阵的内积

$$\mathbf{P} \equiv \mathbf{A}_1 \mathbf{A}_2 \cdots \mathbf{A}_L \tag{6.91}$$

的 $L \geqslant 1$ 个独立矩形大型随机高斯矩阵 $\mathbf{A}_\ell, \ell=1,2,\cdots,L$，其维度为 $N_\ell \times N_{\ell+1}$。对极限 $N_{\ell+1} \to \infty$ 和 $\mathbf{P}$ 的特征值和奇异值密度有

$$c_\ell \equiv \frac{N_\ell}{N_{L+1}} = \text{有限的}, \ell=1,2,\cdots,L+1 \tag{6.92}$$

换句话说，所有的矩阵维数都以固定的比率增长到无限大。内积 $\mathbf{P}$ 表示为矩阵的维数 $N_1 \times N_{L+1}$，当且仅当它是方阵时才具有特征值：$N_1 = N_{L+1}$。我们假设乘积式(6.91)中的矩阵 $\mathbf{A}_\ell$ 是从定义的集合中随机抽取的复高斯矩阵。有概率测度

$$\mathrm{d}\mu(\mathbf{A}_\ell) \propto \exp\left(-\frac{\sqrt{N_\ell N_{\ell+1}}}{\sigma_\ell^2} \mathrm{Tr}(\mathbf{A}_\ell^{\mathrm{H}} \mathbf{A}_\ell)\right) D\mathbf{A}_\ell \tag{6.93}$$

其中，$D\mathbf{A}_\ell \equiv \prod_{a,b} d(\mathrm{Re}[\mathbf{A}]_{ab}) d(\mathrm{Im}[\mathbf{A}]_{ab})$ 是一个平坦测度。经修正后得到的条件为 $\int \mathrm{d}\mu(\mathbf{A}) = 1$，归一化常数在此被省略。这是 Girko-Ginibre 集合到矩形矩阵的最简单的推广。所述 σ_l 参数决定 $\mathbf{A}_\ell, \ell=1,\cdots,L$ 中的高斯波动的尺度。可以将每个矩阵 $\mathbf{A}_\ell$ 中的元素个数视为独立中心高斯随机变量，方差的实数和虚数部分在矩阵中同 σ_ℓ^2 成正比关系，同 $N_\ell N_{\ell+1}$ 的元素数目的平方根成反比。

下面先介绍一些记号。厄米矩阵 $\mathbf{X}$ 的特征值密度 $\rho_{\mathbf{X}}(\lambda)$ 是实参数的函数，而在非厄米矩阵的情况下，它是一个需要复杂论证的实函数。在后一种情况下，我们写成 $\rho_{\mathbf{X}}(\lambda, \bar{\lambda})$，并且将 λ 和它的共轭 $\bar{\lambda}$ 当作独立的变量。

在厄米情况下，特征值密度可以由 Green 函数 $G_{\mathbf{X}}(z)$ 计算出来

$$\rho_{\mathbf{X}}(\lambda) = -\frac{1}{\pi} \lim_{\varepsilon \to 0^+} \mathrm{Im}\, G_{\mathbf{X}}(\lambda + \mathrm{i}\varepsilon) \tag{6.94}$$

对于一个非厄米矩阵，对应的 Green 函数 $G_{\mathbf{X}}(z,\bar{z})$ 是非正则的，因此我们明确地写为 z 和 $\bar{z}$ 的一个函数。在这种情况下，特征值分布从 Green 函数中得到了重构：

$$\rho_{\mathbf{X}}(\lambda, \bar{\lambda}) = -\frac{1}{\pi} \frac{\partial}{\partial \bar{z}} G_{\mathbf{X}}(z, \bar{z}) \tag{6.95}$$

利用矩来生成函数或者 M 变换是很常见的，其中，Green 函数 $M_{\mathbf{X}}(z) = zG_{\mathbf{X}}(z) - 1$ 是最常用的函数。对于一个厄米矩阵 $\mathbf{X}$ 使得

$$M_{\mathbf{X}}(z) = \sum_{n \geqslant 1} \frac{m_n}{z^n} = \sum_{n \geqslant 1} \frac{1}{z^n} \int \lambda^n \rho_{\mathbf{X}}(\lambda) \mathrm{d}\lambda \tag{6.96}$$

其中，m_n 是特征值密度的矩。假如矩阵 $\mathbf{X}$ 的有限维度是 $N \times N$，矩阵的矩由 $m_n = \frac{1}{N}\langle \mathrm{Tr}(\mathbf{X}^n) \rangle$ 给定。矩生成函数编码与 Green 函数 $G_{\mathbf{X}}(z) = z^{-1} M_{\mathbf{X}}(z) + z^{-1}$ 具有相同的信息。因此，可以从 $M_{\mathbf{X}}(z)$ 计算相应的特征值分布。

也可以引入一个类似的函数用于非厄米矩阵：$M_{\mathbf{X}}(z,\bar{z}) = zG_{\mathbf{X}}(z,\bar{z}) - 1$。在这种情况下，$M_{\mathbf{X}}(z,\bar{z})$ 不再扮演一个矩的生成函数角色，因为现在存在一个混合矩 $\langle \mathrm{Tr}[\mathbf{X}^n (\mathbf{X}^{\mathrm{H}})^k] \rangle$，这一般取决于点积后 $\mathbf{X}$ 和 $\mathbf{X}^{\mathrm{H}}$ 的排序。

当 M 变换是一个球对称函数时，$M_{\mathbf{X}}(z,\bar{z}) = \mathcal{M}_{\mathbf{X}}(|z|^2)$，这一情况得到了稍微的简化。当 M 变换是球对称函数的情况时，式(6.95)可以被转换成

$$\rho_{\mathbf{X}}(z,\bar{z})=\frac{1}{\pi}\mathcal{M}'_{\mathbf{X}}(|z|^2)+c\delta^2(z,\bar{z}) \tag{6.97}$$

其中，$\mathcal{M}_{\mathbf{X}}$ 和 $c=1+\mathcal{M}_{\mathbf{X}}(0)$ 是 $\mathcal{M}'_{\mathbf{X}}$ 的一阶倒数。在这种情况下特征值分布也是球对称的。

本部分的主要结果是式(6.91)的特征值分布和 M 变换是球对称的。显示 M 变换满足 L 阶多项式方程

$$\prod_{\ell=1}^{L}\left(\frac{1}{c_\ell}\mathcal{M}_{\mathbf{P}}(|z|^2)+1\right)=\frac{|z|^2}{\sigma^2} \tag{6.98}$$

其中，尺度参数是 $\sigma=\sigma_1\sigma_2\cdots\sigma_L$。

一个类似的等式

$$\mathbf{Q}\equiv\mathbf{P}^{\mathrm{H}}\mathbf{P}$$

展开为

$$\sqrt{c_1}\,\frac{M_{\mathbf{Q}}(z)+1}{M_{\mathbf{Q}}(z)}\prod_{\ell=1}^{L}\left(\frac{1}{c_\ell}M_{\mathbf{Q}}(z)+1\right)=\frac{z}{\sigma^2} \tag{6.99}$$

在此讨论了式(6.98)的 $|z|^2$ 和式(6.99)的 z。

当 $\mathbf{P}$ 是方阵时，则 $c_1=1$。当考虑方阵的乘积时，所有 $c_\ell,\ell=1,\cdots,L$ 等于 1，两个等式采取以下形式：

$$(\mathcal{M}_{\mathbf{P}}(|z|^2)+1)^L=\frac{|z|^2}{\sigma^2},\quad M_{\mathbf{Q}}^{-1}(z)(M_{\mathbf{Q}}(z)+1)^L=\frac{z}{\sigma^2} \tag{6.100}$$

式(6.98)可以很容易地用相应的 Green 函数来重写，然后在式(6.95)和式(6.94)中应用初等变换：

$$\rho_{\mathbf{P}}(\lambda,\bar{\lambda})\sim 1/|\lambda|^{2(L-1)/L},\quad \rho_{\mathbf{Q}}(\lambda)\sim 1/\lambda^{L/(L-1)},\quad \lambda\to 0 \tag{6.101}$$

在更宽泛的情况下，当为 Green 函数求解式(6.98)和式(6.99)时，可以看到那些 $c_1=1$ 的括号对奇点的贡献为零，而其他所有的括号是接近 $z\to 0$ 的常数。因此，特征值密度显示以下奇点：

$$\rho_{\mathbf{P}}(\lambda,\bar{\lambda})\sim 1/|\lambda|^{2(s-1)/s},\quad \lambda\to 0 \tag{6.102}$$

其中，s 是在 $c_1,\cdots,c_L$ 之间恰好等于 1 的比率：

$$s\equiv\#\{\ell=1,2,\cdots,L:N_\ell=N_{\ell+1}\}=1,2,\cdots,L$$

另一方面，$\mathbf{Q}$ 的特征值密度表现为

$$\rho_{\mathbf{Q}}(\lambda)\sim 1/\lambda^{-s/(s-1)},\quad \lambda\to 0 \tag{6.103}$$

其中，互补误差函数定义为 $\mathrm{erfc}(x)\equiv(2/\sqrt{\pi})\int_x^\infty\exp(-t^2)\mathrm{d}t$，$q$ 是一个自由参数，它的值是通过拟合来调整的。式(6.103)可以用数字验证。

本节的第三个结果是启发式的用于精修尺寸后得到的特征值分布。对于所涉及的大但有限的 N 阶矩阵，特征值分布仍然是球对称的，因此让 $f_N(r)$ 表示这种分布的径向分布，其中 $r=|\lambda|$。正如我们将要展示的那样，尺寸为 N 的放射状的演变通过一个简单的乘法修正得到很好的描述：

$$\rho_N(r)\equiv\rho(r)\frac{1}{2}\mathrm{erfc}[q(r-\sigma)\sqrt{N}] \tag{6.104}$$

在极限情况 $N\to\infty$ 下校正变成一个阶梯函数，使得对于 $r\leqslant\sigma$，$\rho_\infty(r)=\rho(r)$；对于 $r>\sigma$，$\rho_\infty(r)=0$。

6.10 复杂 Wishart 矩阵的乘积

例 6.10.1（复高斯矩阵的乘积）

我们定义内积

$$\mathbf{X}_{r,s}=\mathbf{G}_r\mathbf{G}_{r-1}\cdots\mathbf{G}_1(\widetilde{\mathbf{G}}_s\widetilde{\mathbf{G}}_{s-1}\cdots\widetilde{\mathbf{G}}_1)^{-1} \tag{6.105}$$

其中，矩阵$\widetilde{\mathbf{G}}_1,\cdots,\widetilde{\mathbf{G}}_s$ 的大小为 $N\times N$，并且每个都是标准的复数高斯矩阵 $l_k\times l_{k-1},l_k\geqslant l_{k-1}$和 $l_0=N$。对于 $s=0$，我们有

$$\mathbf{X}_{r,0}=\mathbf{X}_r=\mathbf{G}_r\mathbf{G}_{r-1}\cdots\mathbf{G}_1$$

我们的目的是导出 $\mathbf{X}_{m,n}^{\mathrm{H}}\mathbf{X}_{m,n}$的 Stieltjes 变换 $G(z)$。我们将证明这一点

$$\left(1-\frac{G(-1/z)}{z}\right)^{r+1}=z\left(\frac{G(-1/z)}{z}\right)^{s+1} \tag{6.106}$$

Wishart 矩阵乘积 $\mathbf{X}_{r,s}^{\mathrm{H}}\mathbf{X}_{r,s}$的特征值与$(\mathbf{X}_{r,s-1}^{\mathrm{H}}\mathbf{X}_{r,s-1})(\widetilde{\mathbf{G}}_s\widetilde{\mathbf{G}}_{s-1})^{-1}$的特征值完全一样，式(5.147)和式(5.164)中的第二个方程应用于后者，得到

$$S_{\mathbf{X}_{r,s}^{\mathrm{H}}\mathbf{X}_{r,s}}(z)=(-z)S_{\mathbf{X}_{r,s-1}^{\mathrm{H}}\mathbf{X}_{r,s-1}}(z)$$

迭代以得到

$$S_{\mathbf{X}_{r,s}^{\mathrm{H}}\mathbf{X}_{r,s}}(z)=(-z)^sS_{\mathbf{X}_{r,0}^{\mathrm{H}}\mathbf{X}_{r,0}}(z)$$

为了表示方便，让我们现在重新标记 $\mathbf{G}_r\mathbf{G}_{r-1}\cdots\mathbf{G}_1$ 为 $\mathbf{G}_1\mathbf{G}_2\cdots\mathbf{G}_r$。在这之后，我们注意到 $\mathbf{X}_{r,0}^{\mathrm{H}}\mathbf{X}_{r,0}$具有与$(\mathbf{X}_{r-1,0}^{\mathrm{H}}\mathbf{X}_{r-1,0})(\mathbf{G}_r\mathbf{G}_r^{\mathrm{H}})$相同的特征值。注意，$\mathbf{G}_r\mathbf{G}_r^{\mathrm{H}}$ 有和 $\mathbf{G}_r^{\mathrm{H}}\mathbf{G}_r$ 一样的非零特征值，并应用式(5.164)和式(5.147)的第一个方程，迭代后我们得出结论

$$S_{\mathbf{X}_{r,s}^{\mathrm{H}}\mathbf{X}_{r,s}}(z)=\frac{(1-z)^s}{(1+z)^r}$$

回顾式(5.163)，可以得出

$$z=(-1)^s\frac{(Y_{\mathbf{X}_{r,s}^{\mathrm{H}}\mathbf{X}_{r,s}}(z))^{s+1}}{(1+Y_{\mathbf{X}_{r,s}^{\mathrm{H}}\mathbf{X}_{r,s}}(z))^{r+1}}$$

回顾式(5.161)并进行简单推导，对式(6.106)进行相同的操作。 □

现在让我们来讨论 $r=s$ 时的复高斯矩阵乘积的特征值统计。

例 6.10.2（复高斯矩阵乘积的特征值统计）

我们将证明全局密度值域为$(0,\infty)$并具有如下明确的形式：

$$x\rho_{\mathbf{X}_{r,r}^{\mathrm{H}}\mathbf{X}_{r,r}}(x)=\frac{1}{\pi}\frac{x^{1/(r+1)}\sin\dfrac{\pi}{r+1}}{1+2x^{1/(r+1)}\cos\dfrac{\pi}{r+1}+x^{2/(r+1)}} \tag{6.107}$$

我们从式(6.106)得出 $r=s$ 的情况：

$$\frac{zG_{\mathbf{X}_{r,r}^{\mathrm{H}}\mathbf{X}_{r,r}}(-z)}{1-zG_{\mathbf{X}_{r,r}^{\mathrm{H}}\mathbf{X}_{r,r}}(-z)}=z^{1/(r+1)}$$

因此，

$$zG_{\mathbf{X}_{r,r}^{\mathrm{H}}\mathbf{X}_{r,r}}(-z)=1-\frac{1}{1+z^{1/(r+1)}}$$

根据定义(5.157)，可得出结论

$$\int_I \frac{\lambda}{\lambda + z} \rho_{\mathbf{X}_{r,r}^{\mathrm{H}}\mathbf{X}_{r,r}}(\lambda)\,\mathrm{d}\lambda = \frac{1}{1 + z^{1/(r+1)}} \tag{6.108}$$

应用逆公式

$$x\rho_{\mathbf{X}_{r,r}^{\mathrm{H}}\mathbf{X}_{r,r}}(x) = -\frac{1}{2\pi \mathrm{i}}\left(\frac{1}{1+z^{1/(r+1)}}\Bigg|_{z=x\mathrm{e}^{\pi\mathrm{i}}} - \frac{1}{1+z^{1/(r+1)}}\Bigg|_{z=x\mathrm{e}^{-\pi\mathrm{i}}}\right)$$ □

例 6.10.3(复高斯矩阵乘积的奇异性)

在文献[310]的工作中，引入变量 ϕ

$$x = \frac{(\sin(r+1)\phi)^{r+1}}{\sin\phi(\sin r\phi)^{r}},\quad 0<\phi<\frac{\pi}{r+1} \tag{6.109}$$

可以证明相应的特征值密度可表示为

$$\rho_{\mathbf{X}_r^{\mathrm{H}}\mathbf{X}_r}(\phi) = \frac{(\sin\phi)^2(\sin r\phi)^{r-1}}{\pi(\sin(r+1)\phi)^{r}} \tag{6.110}$$

特别有意思的是，在 $x\to 0^+$ 时原始变量 x 中的奇异值

$$\rho_{\mathbf{X}_r^{\mathrm{H}}\mathbf{X}_r}(x) \sim \frac{\sin\pi/(r+1)}{\pi x^{r/(r+1)}} \tag{6.111}$$

从式(6.109)和式(6.110)开始也是如此。

改变变量 $\lambda = 1/(1+x)$ 将密度转换到(0, 1)上。从式(6.108)可以看出变换后的概率密度满足

$$\frac{1}{z}\left(1 - \frac{1}{1 + z^{1/(r+1)}}\right) = \int_0^1 \frac{\lambda}{1 - (1 - z)\lambda}\rho_{\mathbf{X}_r^{\mathrm{H}}\mathbf{X}_r}(\lambda)\,\mathrm{d}\lambda$$

那么，第 p 项等于 LHS 在 $z=1$ 时的幂级数展开式中的 $(1-z)^{p-1}$ 的系数。当 $r=s=1$ 时的转换密度等于特定的 β 密度

$$\rho_{\mathbf{X}_1^{\mathrm{H}}\mathbf{X}_1}(\lambda) = \frac{1}{\pi}\frac{1}{\sqrt{\lambda(1-\lambda)}},\quad 0<\lambda<1$$

我们注意到式(6.107)中 $x\to 0^+$ 主导形式与式(6.111)中 $s=0$ 时展现的完全一样，说明这是一个通用的特征，对于一般的 r,s 是独立的。 □

6.11 乘积和幂之间的关系

很自然的扩展式(6.91)进一步得到

$$\mathbf{P} \equiv \mathbf{A}_1\mathbf{A}_2\cdots\mathbf{A}_L \tag{6.112}$$

定义某个矩阵 $\mathbf{P}$ 的第 M 次根

$$\mathbf{P}^{1/M} \equiv \mathbf{A}_1^{1/M}\mathbf{A}_2^{1/M}\cdots\mathbf{A}_L^{1/M} \tag{6.113}$$

对任意的非负整数 $M\geqslant 1$。$M=1$ 对应于式(6.91)或式(6.112)的情况。从表 6.2 可以看出在靠近原点 $x\to 0$ 处有一个奇点 $x^{-k/(k+1)}$, $k=0,1,2,\cdots$。在取第 M 个根后，我们可以从复杂的平面中去除奇点。

表 6.2 归一化 Wishart 样矩阵定义为 $S=ZZ^H/\mathrm{Tr}(ZZ^H)$。式(6.89)中定义的随机矩阵 **Z** 是根据 Haar 测度独立分布的随机酉矩阵 $\mathbf{U}_i, i=1,\cdots,m$ 或给定大小 N 的随机 Ginibre 矩阵 $\mathbf{G}_j, j=1,\cdots,k$ 得出的。重量比特征值密度的渐近分布 $P(x)$ 为 $x=N\lambda$ 对于 $N\to\infty$ 为特征的奇点，第二力矩 M_2 确定平均纯度 $\langle \mathrm{Tr}(S^2)\rangle = M_2/N$ 和平均熵 $\int_a^b -x\ln x P(x)\,\mathrm{d}x$，文献[310]给出了表的排序

m	k	矩阵 W	$P(x)$ 分布	$x\to 0$ 时的奇点	支持区间 $[a,b]$	M_2	平均熵
1	0	$\mathbf{U}_1$	$\delta(1)=\pi^{(0)}(x)$	—	$[1]$	1	0
2	0	$\mathbf{U}_1+\mathbf{U}_2$	arcsin	$x^{-1/2}$	$[0,2]$	3/2	$\ln 2-1\approx -0.307$
3	0	$\mathbf{U}_1+\mathbf{U}_2+\mathbf{U}_3$	—	$x^{-1/2}$	$\left[2,\frac{2}{3}\right]$	5/3	≈ -0.378
4	0	$\mathbf{U}_1+\mathbf{U}_2+\mathbf{U}_3+\mathbf{U}_4$	—	$x^{-1/2}$	$[0,3]$	7/8	≈ -0.4111
1	1	$\mathbf{G}\sim\mathbf{UG}$	Marchenko-Pastur $\pi^{(1)}$	$x^{-1/2}$	$[0,4]$	2	$-1/2=0.5$
2	1	$(\mathbf{U}_1+\mathbf{U}_2)\mathbf{G}$	Bures	$x^{-2/3}$	$[0,3\sqrt{3}]$	5/2	$-\ln 2\approx -0.693$
1	2	$\mathbf{G}_1\mathbf{G}_2$	Fuss-Catalan $\pi^{(2)}$	$x^{-2/3}$	$\left[0,6\frac{3}{4}\right]$	3	$-5/6\approx -0.833$
1	…	…	…	…	…	…	
1	k	$\mathbf{G}_1\cdots\mathbf{G}_k$	Fuss-Catalan $\pi^{(k)}$	$x^{-k/(k+1)}$	$[0,(k+1)^{k+1}/k^k]$	$k+1$	$-\sum_{j=2}^{k+1}\frac{1}{j}$

定理 6.11.1(文献[311, 312])

考虑 L 个相同分布的各向同性矩阵 $\mathbf{X}_1,\mathbf{X}_2,\cdots,\mathbf{X}_L$ 独立于给定的各向同性酉集合(IUE)。在极限 $N\to\infty$ 时，乘积 $\mathbf{P}=\mathbf{X}_1\mathbf{X}_2\cdots\mathbf{X}_L$ 的特征值密度与单个矩阵 $\mathbf{X}^L$ 的特征值密度相等。

换言之，该随机选择的特征值位于半径为 r 的圆内的概率 **P** 为：当 $N\to\infty$时，$\mathbb{P}(\lambda_{\mathbf{P}}<r)$ 趋近于$\mathbb{P}(\lambda_{\mathbf{X}}^L<r)$，这是 $\mathbf{X}^L$ 随机选择的特征值位于同一个圆内的概率。

可以使用上述结果来导出乘积 $\mathbf{P}=\mathbf{X}_1\mathbf{X}_2\cdots\mathbf{X}_L$ 的特征值密度。如果 **X** 的特征值密度是已知的，特别地，我们可以立即表明 L 个独立的 Girko-Ginibre 矩阵的内积的特征值分布具有一个简单的形式：

$$\rho(z,\bar{z})=\frac{1}{\pi L}|z|^{-2+2/L},\quad |z|\leqslant 1 \tag{6.114}$$

当 $|z|>1$ 时为零，从 L 个 Girko-Ginibre 矩阵的乘积 **P** 得到的矩阵 $\mathbf{PP}^H$ 生成了一个 Fuss-Catalan 分布。然而，它的极限特征值密度要复杂得多。

定理 6.11.1 是一个反直觉的结果，所以我们强调它只在极限 $N\to\infty$ 下成立。现在我们导出定理 6.11.1 中的结果。我们强调这里使用的方法。

对于由径向分解 $\mathbf{X}=\mathbf{HU}$ 给出的 R 对角(各向同性)矩阵 **X**，其中 **H** 是厄米矩阵，**U** 是 Haar 酉矩阵，两个矩阵 $\mathbf{XX}^H=\mathbf{H}^2$ 和 $\mathbf{X}^H\mathbf{X}=\mathbf{U}^H\mathbf{H}^2\mathbf{U}$ 具有相同的特征值，因此 $\mathbf{XX}^H$ 和 $\mathbf{X}^H\mathbf{X}$ 的 S 变换是相同的：

$$S_{\mathbf{XX}^H}(z)=S_{\mathbf{X}^H\mathbf{X}}(z)=S_{\mathbf{H}^2}(z) \tag{6.115}$$

考虑一个各向同性的随机矩阵 $\mathbf{X}=\mathbf{HU}\in\mathbb{C}^{N\times N}$。在较大 N 的限制下，随机矩阵可以表示为自由随机变量，并且可以使用 Haagerup-Larsen 定理[292]，其通过以下公式将 **X** 的特征值密度与 $\mathbf{H}^2$ 的特征值密度相关联：

$$S_{\mathbf{H}^2}(F_{\mathbf{X}}(r)-1)=\frac{1}{r^2} \tag{6.116}$$

其中，$F_{\mathbf{X}}(r)$是复平面上$\mathbf{X}$的特征值密度的累积密度函数，而$S_{\mathbf{H}^2}(z)$是矩阵$\mathbf{H}^2$的S变换。累积密度函数

$$F_{\mathbf{X}}(r)=\int_{|z|\leqslant r}\rho_x(z,\bar{z})\,\mathrm{d}^2z=2\pi\int_0^r s\rho_x(s)\,\mathrm{d}s=\int_0^r p_x(s)\,\mathrm{d}s \tag{6.117}$$

可以解释为以复平面原点为中心的半径为r的圆中$\mathbf{X}$的特征值的分数，其与特征密度值$\rho_x(z,\bar{z})=\rho_x(|z|)$有关，它取决于距离原点的距离$|z|$。积分$p_x(s)\,\mathrm{d}s=2\pi s\rho_x(s)$被解释为寻找半径为$|z|$和$|z|+d|z|$的窄环中$\mathbf{X}$的特征值的概率：

$$F'_{\mathbf{X}}(r)=p_x(r)=2\pi r\rho_x(r) \tag{6.118}$$

质数表示相对于径向变量的求导。累积密度函数$F_{\mathbf{X}}(r)$输入到等式(6.116)作为与矩阵$\mathbf{X}^2$的特征值密度$\rho_{\mathbf{H}^2}(\lambda)$相关的$S$变换$S_{\mathbf{H}^2}(z)$的参数。Haagerup-Larsen 定理还指出，$\mathbf{X}$的特征值密度的支撑集是半径为$R_{\min}$和$R_{\max}$的圆环或圆盘(如果$R_{\min}=0$)

$$R_{\min}^2=\int_0^\infty\lambda^{-1}\rho_{\mathbf{H}^2}(\lambda)\,\mathrm{d}\lambda,\quad R_{\max}^2=\int_0^\infty\lambda\rho_{\mathbf{H}^2}(\lambda)\,\mathrm{d}\lambda \tag{6.119}$$

根据式(6.115)，式(6.116)可以改写为

$$S_{\mathbf{X}^{\mathrm{H}}\mathbf{X}}(F_{\mathbf{X}}(r)-1)=\frac{1}{r^2} \tag{6.120}$$

现在我们可以将式(6.120)应用于L个相同分布的 R 对角(各向同性)矩阵$\mathbf{P}_L=\mathbf{X}_1\mathbf{X}_2\cdots\mathbf{X}_L$。得到的矩阵与$\mathbf{H}_L\mathbf{U}_L$具有相同的特征值，其中$\mathbf{H}_L^2=\mathbf{P}_L^{\mathrm{H}}\mathbf{P}_L$，所以我们可以在等式(6.120)中用$\mathbf{P}_L$代替$\mathbf{X}$：

$$S_{\mathbf{P}_L^{\mathrm{H}}\mathbf{P}_L}(F_{\mathbf{P}_L}(r)-1)=\frac{1}{r^2} \tag{6.121}$$

出现在式(6.121)中的矩阵$\mathbf{P}_L^{\mathrm{H}}\mathbf{P}_L$的$S$变换可以用乘积中单个项的$S$变换代替。实际上写为

$$\mathbf{P}_L^{\mathrm{H}}\mathbf{P}_L=\mathbf{X}_L^{\mathrm{H}}\mathbf{P}_{L-1}^{\mathrm{H}}\mathbf{P}_{L-1}\mathbf{X}_L \tag{6.122}$$

其中，$\mathbf{P}_{L-1}=\mathbf{X}_1\cdots\mathbf{X}_{L-1}$，我们发现

$$S_{\mathbf{P}_L^{\mathrm{H}}\mathbf{P}_L}=S_{\mathbf{P}_{L-1}^{\mathrm{H}}\mathbf{P}_{L-1}}S_{\mathbf{X}_L^{\mathrm{H}}\mathbf{X}_L} \tag{6.123}$$

由于迹的周期性质，$\mathbf{X}_L^{\mathrm{H}}\mathbf{P}_{L-1}^{\mathrm{H}}\mathbf{P}_{L-1}\mathbf{X}_L$的矩和$\mathbf{X}_L\mathbf{X}_L^{\mathrm{H}}\mathbf{P}_{L-1}^{\mathrm{H}}\mathbf{P}_{L-1}$的矩相同，就像$\mathbf{X}_L\mathbf{X}_L^{\mathrm{H}}$和$\mathbf{X}_L^{\mathrm{H}}\mathbf{X}_L$的矩相同一样。递归地应用式(6.123)最终可获得

$$S_{\mathbf{P}_L^{\mathrm{H}}\mathbf{P}_L}=\prod_{i=1}^{L}S_{\mathbf{X}_i^{\mathrm{H}}\mathbf{X}_i} \tag{6.124}$$

考虑到所有的$\mathbf{X}_i$具有相同的分布并且具有相同的S变换(我们用$S_{\mathbf{X}^{\mathrm{H}}\mathbf{X}}$表示)，我们可以将式(6.124)写成

$$S_{\mathbf{P}_L^{\mathrm{H}}\mathbf{P}_L}=S_{\mathbf{X}^{\mathrm{H}}\mathbf{X}}^L \tag{6.125}$$

将式(6.125)代入式(6.121)有

$$S_{\mathbf{X}^{\mathrm{H}}\mathbf{X}}(F_{\mathbf{P}_L}(r)-1)=\frac{1}{r^2/L} \tag{6.126}$$

式(6.126)的形式与式(6.120)的形式相同，除了在左边$F_{\mathbf{X}}(r)$被$F_{\mathbf{P}_{L(r)}}$替代，在右边r被$r^{1/L}$代替。从中可以看出，

$$F_{\mathbf{P}_L}(r)=F_{\mathbf{X}}(r^{1/L})=F_{\mathbf{X}^L}(r) \tag{6.127}$$

式(6.127)遵从如下事实：$\mathbf{X}^L$ 的特征值等于对应于 $\mathbf{X}$ 的相应特征值的 L 次幂：

$$F_{\mathbf{X}^L}(r) \equiv \mathbb{P}(|\lambda|^L \leqslant r) = \mathbb{P}(|\lambda| \leqslant r^{1/L}) \equiv F_{\mathbf{X}}(r^{1/L}) \tag{6.128}$$

所以我们发现实际上 L 个具有相同分布的各向同性矩阵 $\mathbf{P}_L = \mathbf{X}_1\mathbf{X}_2\cdots\mathbf{X}_L$ 的乘积与单个矩阵 $\mathbf{X}$ 的 L 次幂具有相同的特征值分布。在实践中，$\mathbf{P}_L$ 的特征值分布可以通过用单个矩阵 $\mathbf{X}$ 的特征值分布直接计算，通过在累积分布函数 $F_{\mathbf{X}}(r)$ 式(6.117)中用 r 取代 $r^{1/L}$。相应的特征值密度可以使用式(6.117)求得，分别是

$$p_{\mathbf{P}_L}(r) = \frac{1}{L} r^{1/L-1} p_{\mathbf{X}}(r^{1/L}) \tag{6.129}$$

和

$$\rho_{\mathbf{P}_L}(r) = \frac{1}{L} r^{2/L-2} \rho_{\mathbf{X}}(r^{1/L}) \tag{6.130}$$

例 6.11.2(Girko-Ginibre 矩阵)

Girko-Ginibre 矩阵 $\mathbf{X}$ 在单位元内 $|z| \leqslant 1$ 有均匀分布 $\rho_{\mathbf{X}}(r) = 1/\pi$，我们有

$$F_{\mathbf{X}}(r) = 2\int_0^r y\mathrm{d}y = r^2, \quad r \leqslant 1 \tag{6.131}$$

否则为 1。对于 L 个独立的 Girko-Ginibre 矩阵的乘积，我们有式(6.127)

$$F_{\mathbf{P}_L}(r) = r^{2/L}, \qquad r \leqslant 1 \tag{6.132}$$

否则为 1。对 r 求偏导数，如式(6.118)，我们得到相应的密度：

$$p_{\mathbf{P}_L}(r) = \frac{2}{L} r^{2/L-1} \theta(1-r)$$

且

$$\rho_{\mathbf{P}_L}(r) = \frac{2}{\pi L} r^{2/L-2} \theta(1-r)$$

其中，θ 表示阶梯函数。 □

6.12 有限规模的独立同分布高斯随机矩阵的乘积

矩阵乘积失去了单个矩阵的大部分对称性，且一般是复杂的。例如，对称矩阵的乘积一般不会是对称的。为了简单起见，我们将矩阵视为具有最小对称性。

RMT 的一个显著特性是其普遍性，即单个矩阵元素分布的独立性。它通常表现在大型矩阵的限制上。然而，如果我们研究的是在奇异值的平均间距范围内的频谱的局部微观行为，那么对于有限的矩阵大小，有一个关于奇异值(或特征值)的联合分布的详细知识是非常重要的。

我们考虑 L 个复数非厄米独立随机矩阵的乘积，每个矩阵的大小都是 $N\times N$，且具有独立同分布的高斯分布(Ginibre 矩阵)。我们计算所有特征值密度相关函数，对于有限 N 和固定 L。给定 L 个独立矩阵 $\mathbf{X}_i$ 的乘积 $\mathbf{P}_L, i=1,\cdots,L$，每个大小为 $N\times N$，且按 $\exp[-\mathrm{Tr}\,\mathbf{X}_i^{\mathrm{H}}\mathbf{X}_i]$ 的比例从高斯分布的 Ginibre 集合中得到：

$$\mathbf{P}_L = \mathbf{X}_1\mathbf{X}_2\cdots\mathbf{X}_L \tag{6.133}$$

当 $L=1$ 时是 Ginibre 集合，当 $L=2$ 时是 Wishart 集合。

划分函数 Z_L 可以表示为复特征值 $z_i(i=1,2,\cdots,N)$ 的联合概率分布函数 $\mathcal{P}_{\mathrm{jpdf}}$ 的积分，由

$$Z_L = C_L \int \prod_{a=1}^{N} \mathrm{d}^2 z_a w_L(z_a) \prod_{b>a}^{N} |z_b - z_a|^2 \equiv \int \prod_{a=1}^{N} \mathrm{d}^2 z_a \mathcal{P}_{\mathrm{jpdf}}(\{z\}) \tag{6.134}$$

给出。其中，C_L 是已知的常数。所谓的 Meijer G 函数给出了仅取决于模量 $|z|$ 的权函数 $w_L(z)$。对应于该权重的正交多项式的核写为

$$K_N^{(L)}(z_i, z_j) = \sqrt{w_L(z_i) w_L(z_j)} \sum_{k=0}^{N-1} \frac{1}{(\pi k!)^L} (z_i z_j^*)^k \tag{6.135}$$

k 点密度相关函数很容易就能成为这个核的行列式，

$$\begin{aligned} R_k^{(L)}(z_1, \cdots, z_k) &\equiv \frac{N!}{(N-k)!} \frac{1}{Z_L} \int \mathcal{P}_{\mathrm{ipdf}}(\{z\}) \mathrm{d}^2 z_{k+1} \cdots \mathrm{d}^2 z_N \\ &= \det_{1 \leqslant i,j \leqslant k} [K_N^{(L)}(z_i, z_j)] \end{aligned} \tag{6.136}$$

对于较大的 N 以及较大的参数 $|z| \gg 1$，特征值密度表现为

$$R_1^{(L)}(z_1, \cdots, z_k) = K_N^{(L)}(z, z) \approx \frac{|z|^{\frac{2}{L}-2}}{L\pi} \frac{1}{2} \mathrm{erfc}\left(\frac{\sqrt{L}(|z|^{2/L} - N)}{\sqrt{2}|z|^{1/L}}\right) \tag{6.137}$$

通过放大支撑集边缘的区域，即式(6.137)中的 $z \approx N^{L/2}$，我们得到

$$R_1^{(L)}(z_1, \cdots, z_k) = K_N^{(L)}(z, z) \approx \frac{|z|^{\frac{2}{L}-2}}{L\pi} \frac{1}{2} \mathrm{erfc}\left(\frac{\sqrt{L}(|z|^{2/L} - N)}{\sqrt{2}|z|^{1/L}}\right) \tag{6.138}$$

这个结果普遍上只取决于边缘的径向距离，因为它对所有的 L 都是有效的：将这个结果式(6.138)重新转换为具有归一化的紧凑支撑集的重扩展密度是方便的。使用重扩展的变量 $w = zN^{-L/2}$。我们定义下面的密度，对于 $N \to \infty$，特征值支撑集的半径接近

$$\begin{aligned} \rho_L(w) &\equiv \lim_{N \gg 1} \frac{1}{N} N^L R_1^{(L)}(N^{L/2} w) = \frac{|w|^{\frac{2}{L}-2}}{L\pi} \frac{1}{2} \mathrm{erfc}\left(\frac{\sqrt{LN}(|z|^{2/L} - 1)}{\sqrt{2}|z|^{1/L}}\right) \\ &= \frac{|w|^{\frac{2}{L}-2}}{L\pi} \frac{1}{2} \mathrm{erfc}\left(\sqrt{\frac{2N}{L}}(|w| - 1)\right) \end{aligned} \tag{6.139}$$

互补误差函数仅在单位圆 $|w| = 1$ 周围的一个窄带中变化，其宽度与 $1/\sqrt{N}$ 成比例。我们看到边缘 $|w| = 1$ 周围的交叉区域的宽度与乘法矩阵数量的平方根 $\sqrt{L}$ 成正比。

对于较大的 N，将式(6.139)的结果与单个 Ginibre 矩阵 $\mathbf{X}$ 的 L 次幂的极限密度进行比较是有益的。该密度由完全相同的分布给出，但是对 L 有不同的依赖性：

$$\rho_L(w) = \frac{|w|^{\frac{2}{L}-2}}{L\pi} \frac{1}{2} \mathrm{erfc}\left(\frac{\sqrt{2N}}{L}(|w| - 1)\right) \tag{6.140}$$

其中，交叉区域的宽度与 L 而不是 $\sqrt{L}$ 成正比。从某种意义上说，L 次幂的有限规模校正比 L 个独立 Ginibre 矩阵的乘积更强。

从式(6.139)可以得到均值大 N 密度或宏观的大 N 密度：

$$\rho_{\mathrm{macro}}^{(L)}(w) \equiv \lim_{N \to \infty} \frac{1}{N} N^L R_1^{(L)}(z = N^{L/2} w) = \frac{|w|^{\frac{2}{L}-2}}{L\pi} \Theta(1 - |w|) \tag{6.141}$$

其中，Θ 是 Heaviside 函数。

以上处理仅对有限规模方阵的乘积有效。我们可以扩展这个讨论，包括矩形矩阵的乘积。特别地，我们考虑乘积矩阵

$$\mathbf{Y}_L=\mathbf{X}_L\mathbf{X}_{L-1}\cdots\mathbf{X}_1 \tag{6.142}$$

其中，$\mathbf{X}_\ell$ 是 $N_\ell \times N_{\ell-1}$，实数$\beta=1$，复数$\beta=2$，和来自 Wishart 集合的四元数($\beta=4$)矩阵。我们处理这些矩阵的奇异值和 $\mathbf{Y}_L\mathbf{Y}_L^{\mathrm{H}}$的谱相关函数。

6.13 复合高斯随机矩阵乘积的 Lyapunov 指数

我们心目中的应用是大型网络的时变拓扑结构(如无线通信网、电网)。我们的目标是通过研究随机矩阵乘积的特征值分布，将当前对大型随机矩阵特征值的兴趣与随机矩阵的乘积相结合。其中矩阵的大小是限制因素。Lyapunov 指数是测量动力系统相对于初始条件灵敏度的有用工具。让$f:X\to X$ 是流形 X 到它自身的可微映射。在初始条件下对小扰动的依赖性可以通过矩阵乘积 $\mathbf{P}_n=\mathbf{A}_n\mathbf{A}_{n-1}\cdots\mathbf{A}_1$ 的增长来测度，其中 $\mathbf{A}_k:=f'(\mathbf{x}_k)$，且 $\mathbf{x}_k=f(\mathbf{x}_{k-1})$。为了量化一个典型的初始位置的含义，流形 X 通常被赋予一个概率测度。则 $\mathbf{A}_k$ 是随机矩阵，因此我们得到了随机矩阵乘积的研究。

令

$$\mathbf{P}_n=\mathbf{A}_n\mathbf{A}_{n-1}\cdots\mathbf{A}_1 \tag{6.143}$$

其中，每个 $\mathbf{A}_i$ 是一个 $d\times d$ 的独立同分布的随机矩阵，使得 $\mathbf{A}^{\mathrm{H}}\mathbf{A}$ 的对角线元素具有有限的二阶矩。根据文献[313]的乘法遍历定理，极限矩阵

$$\mathbf{V}_d:=\lim_{n\to\infty}(\mathbf{P}_n^{\mathrm{H}}\mathbf{P}_n)^{1/(2n)} \tag{6.144}$$

被明确定义，且具有 d 个正实数特征值 $\mathrm{e}^{\mu_1}\geqslant\mathrm{e}^{\mu_2}\geqslant\cdots\geqslant\mathrm{e}^{\mu_d}$。$\{\mu_i\}$被称为 Lyapunov 指数。

关于 Lyapunov 指数的关键是它们满足以下关系：

$$\mu_1+\cdots+\mu_k=\sup\lim_{n\to\infty}\frac{1}{n}\log\mathrm{Vol}_k(\boldsymbol{y}_1(n),\cdots,\boldsymbol{y}_k(n)) \tag{6.145}$$

其中，$\boldsymbol{y}_i(n)=\mathbf{P}_n\boldsymbol{y}_i(0)$，且上确界超出线性独立向量 $\boldsymbol{y}_i(0)$的所有选择。可以证明，在这个公式中事实上不需要上确界。换言之，当我们应用由矩阵 $\mathbf{A}_i$ 指定的线性变换时，k 个最大 Lyapunov 指数的总和测度了 k 维元素体积的平均增长率。如果这些矩阵是高斯独立的，那么这个公式可以被显著地简化。即令 $\mathbf{G}^{(i)}$是随机独立的 $d\times d$ 矩阵，且每个元素都服从标准高斯分布。$\boldsymbol{\Sigma}^{1/2}$是一个 $d\times d$ 的实正定矩阵，令 $\mathbf{A}_i=\boldsymbol{\Sigma}^{1/2}\mathbf{G}^{(i)}$。我们称这些矩阵为协方差矩阵是 $\boldsymbol{\Sigma}$ 的实高斯矩阵。关键的观察结果是 $\mathbf{A}_i^{\mathrm{T}}\mathbf{A}_i$ 的分布相对于变换

$$\mathbf{A}_i^{\mathrm{T}}\mathbf{A}_i\to\mathbf{Q}^{\mathrm{T}}\mathbf{A}_i^{\mathrm{T}}\mathbf{A}_i\mathbf{Q}$$

是不变的。其中，$\mathbf{Q}$ 是任意正交矩阵。这意味着，k 维元素的体积变化是逐步独立的，并且它们的分布是相同的，如果将它们应用于由标准基向量 $\mathbf{e}_i$ 扩展的元素，

$$\begin{aligned}\mu_1+\cdots+\mu_k&=\mathbb{E}\log\mathrm{Vol}_k(\mathbf{A}_1\mathbf{e}_1,\cdots,\mathbf{A}_1\mathbf{e}_k)\\&=\frac{1}{2}\mathbb{E}\log\det(\mathbf{G}_k^{\mathrm{T}}\boldsymbol{\Sigma}\mathbf{G}_k)\end{aligned} \tag{6.146}$$

其中，$\mathbf{G}_k$ 表示一个 $d\times k$ 随机矩阵，且每个元素都独立服从高斯分布(详见文献[314])。有时这个公式这样表示是很有用的：

$$\mu_1+\cdots+\mu_k=\frac{1}{2}\frac{\mathrm{d}}{\mathrm{d}\mu}\mathbb{E}\left[\det(\mathbf{G}_k^{\mathrm{T}}\boldsymbol{\Sigma}\mathbf{G}_k)^{\mu}\right]\Big|_{\mu=0} \tag{6.147}$$

这个参数也适用于复杂的高斯矩阵。

虽然公式(6.144)允许我们计算所有的 Lyapunov 指数，但它本质上是一个多维积分，它可能在计算上要求很高。出于这个原因，对于 Lyapunov 指数计算，获得一个更明确的方法是有意义的。对于大数据应用程序，需要实时计算。

隐含在对有效计算方法的需求中，分析计算 Lyapunov 指数通常是不可能的。在 $d=2$ 的情况下会出现一些值得注意的例外。对于一般的 d，除对角矩阵的情况外，似乎文献中记录的 Lyapunov 指数的唯一精确计算是当 $\mathbf{A}_i$ 是实高斯矩阵时，其元素是独立的标准正态实数。对于实高斯矩阵和最简单的情况，即当 $\mathbf{\Sigma}=\sigma^2\mathbf{I}$ 且 $\mathbf{I}$ 是单位矩阵时，文献[314]发现

$$\mu_i=\frac{1}{2}\left(\log(2\sigma^2)+\Psi\left(\frac{d-i+1}{2}\right)\right),\quad i=1,\cdots,d \tag{6.148}$$

其中，$\Psi(x)$表示双伽马函数。$\Psi(x):=(\log\Gamma(x))'$。在正整数点处，$\Psi(n)=\sum\limits_{k=1}^{n-1}\frac{1}{k}-\gamma$，其中，$\gamma=0.5772\cdots$是欧拉常数。在半整数点处，$\Psi(n+1/2)=\sum\limits_{k=1}^{n-1}\frac{1}{k-1/2}-2\log 2-\gamma$。双伽马函数的渐近性质由公式 $\Psi(z)=\log z-\frac{1}{2z}-\frac{1}{12z^2}\left(1+O\left(\frac{1}{z^2}\right)\right)$给出。特别是如果我们归一化了 $\sigma^2=1/d$，对于 $d=1$，最大 Lyapunov 指数 $\mu_1=[-\log 2-\gamma]/2$，且当 $d\to\infty$ 时，$\mu_1=-\frac{1}{2d}+O\left(\frac{1}{d^2}\right)$。另一个显式公式是所有 Lyapunov 指数的总和。实际上，如果 $k=d$，那么 $\det(\mathbf{G}_k^{\mathrm{T}}\mathbf{\Sigma}\mathbf{G}_k)=\det(\mathbf{G}_k^{\mathrm{T}}\mathbf{G}_k)\det(\mathbf{\Sigma})$，因此公式(6.147)变成

$$\mu_1+\cdots+\mu_d=\frac{1}{2}\log\det\mathbf{\Sigma}+\frac{\mathrm{d}}{\mathrm{d}\mu}\mathbb{E}\left[\det(\mathbf{G}_d\mathbf{G}_d^{\mathrm{T}})^{\mu}\right]\Big|_{\mu=0}$$

在文献[315]中，Forrester 证明这意味着

$$\mu_1+\cdots+\mu_d=\frac{1}{2}\sum_{i=1}^{d}\left(\log\left(\frac{2}{y_i}\right)+\Psi\left(\frac{i}{2}\right)\right) \tag{6.149}$$

其中，y_i 是 $\mathbf{\Sigma}^{-1}$的特征值。

Forrester 还建立了复数高斯矩阵公式(6.148)和式(6.149)的类似式。回顾一下，一般情况下，具有协方差矩阵 $\mathbf{\Sigma}$ 的高斯矩阵 $\mathbf{A}$ 的密度由下式给出：

$$\mathbb{P}(\mathbf{A})=c_\beta\det(\mathbf{\Sigma}^{-k})\exp\left[-\frac{\beta}{2}\mathrm{Tr}(\mathbf{A}^{\mathrm{T}})\mathbf{\Sigma}^{-1}\mathbf{A}\right]$$

其中，$\beta=1,2$ 分别指代实矩阵、复矩阵或四元数矩阵，而 c_β 是一个归一化常数。等价地，$\mathbf{A}$ 可以作为 $\mathbf{\Sigma}^{1/2}\mathbf{G}$，$\mathbf{G}$ 是具有独立的项的实矩阵、复矩阵或四元数矩阵。$\mathbf{G}$ 的项具有方差为 $1/\beta$ 的实高斯变量的分量。也就是说，Forrester 证明了对于 $\mathbf{\Sigma}=\sigma^2\mathbf{I}$ 的复数高斯矩阵，有

$$2\mu_i=\log\sigma^2+\Psi(d-i+1) \tag{6.150}$$

(见文献[315]中的命题 1，并注意 Ψ 之前 1/2 的缺失是一个打印错误。)

如果 $\sigma^2=1/d$，则 $d=1$ 时，最大的 Lyapunov 指数 $\mu_1=-\gamma/2$，当 $d\to\infty$ 时，$\mu_1=-\frac{1}{d}+O\left(\frac{1}{d^2}\right)$。复数情形的求和规则是

$$\mu_1+\cdots+\mu_d=\frac{1}{2}\sum_{i=1}^{d}\left(\log\left(\frac{1}{y_i}\right)+\Psi(i)\right)$$

Forrester 在复数情形下所取得的一个重要进展是在一般 Σ 情况下，得到了一个对所有 Lyapunov 指数适用的显式公式。即，在文献[315]中所显示的那样：

$$\mu_k = \frac{1}{2}\Psi(k) + \frac{1}{2\prod_{i<j}(y_i - y_j)}\det\begin{bmatrix}[y_j^{i-1}]_{i=1,\cdots,k-1;\,j=1,\cdots,d} \\ [(\log y_j)y_j^{k-1}]_{j=1,\cdots,d} \\ [y_j^{i-1}]_{i=k+1,\cdots,d;\,j=1,\cdots,d}\end{bmatrix} \tag{6.151}$$

其中，y_i 是 $\boldsymbol{\Sigma}^{-1}$的特征值。特别地，对于 $k=1$ 时，可以将其重写为

$$\mu_1 = \frac{1}{2}\left[\Psi(1) - \sum_{j=1}^{d}\frac{\log y_i}{\prod_{\ell\neq j}(1 - y_j/y_\ell)}\right]$$

对于上式，要求所有 y_i 都不同。

公式(6.151)的证明是基于 Harish-Chandra-Itzykson-Zuber 积分，是不能直接推广到实矩阵或四元数高斯矩阵的情形的。

实际上，对于一般 Σ 的实数情形，仅对 2×2 高斯矩阵的乘积，才能已知显式公式(原因见文献[316])：

$$\mu_1 = \frac{1}{2}\left[\Psi(1) + \log\left(\frac{1}{2}\mathrm{Tr}\,\boldsymbol{\Sigma} + \sqrt{\det\boldsymbol{\Sigma}}\right)\right] \tag{6.152}$$

对于含有非高斯项的 2×2 随机矩阵，也有一些显式公式，见文献[317]。此外，有些方法即使没有显式公式，有时也能有效地计算 Lyapunov 指数，见文献[318]。

下面的定理是导出最大 Lyapunov 指数的显式公式，该公式适用于一般 $\boldsymbol{\Sigma}$ 的实数和四元数情况。

定理 6.13.1(文献[319]) 设 $\mathbf{A}_i$ 是具有协方差矩阵 Σ 的独立高斯矩阵。根据$\beta=1$、2 或 4，设项为实的、复的或四元数。假设 $\boldsymbol{\Sigma}$ 的特征值为 $\sigma_i^2=1/y_i$。然后，对 $\mathbf{A}_i$ 的最大 Lyapunov 指数，给出以下公式：

$$2\mu_1 = \Psi(1) + \log\left(\frac{2}{\beta}\right) + \int_0^\infty\left[\mathbb{I}_{[0,1]}(x) - \prod_{i=1}^{d}\left(1 + \frac{x}{y_i}\right)^{-\beta/2}\right]\frac{1}{x}\mathrm{d}x \tag{6.153}$$

考虑一个带有尖峰的模型。对于 $i=1,\cdots,d-1$，假设所有 $y_i=1$，且 $y_d=1/\theta<1$。这意味着协方差矩阵 $\boldsymbol{\Sigma}$ 有一个尖峰 $\theta>1$；或者不正式地说，矩阵 $\mathbf{A}_i$ 中的一个行的大小比其他行大 $\sqrt{\theta}$倍。当 d 很大或 θ 很大，或它们都很大时，我们提出关于最大 Lyapunov 指数的状态的问题。首先假定$\beta=2$。我们可以写出：

$$\begin{aligned}2\mu_1 &= \Psi(1) + \int_0^\infty\left[\mathbb{I}_{[0,1]}(x) - \frac{1}{(1+x)^{d-1}(1+\theta x)}\right]\frac{1}{x}\mathrm{d}x \\ &= \Psi(d) + f_d\end{aligned}$$

式中

$$f_d = (\theta - 1)\int_0^\infty\frac{1}{(1+x)^{d-1}(1+\theta x)} \leqslant \frac{\theta - 1}{d} \tag{6.154}$$

因此，如果 $\theta=O(d)$并且 $d\to\infty$，那么

$$2\mu_1 \sim \Psi(d) \sim \log d$$

换句话说，在这种情况下，$\boldsymbol{\Sigma}$ 中的尖峰 θ 不能影响最大 Lyapunov 指数的前导阶渐近性。

尽管尖峰 θ 比前导渐近性低，但寻找它对 Lyapunov 指数的贡献仍然是一个有意思的问题。(实际上，如果我们用 $\sigma=1/\sqrt{d}$对矩阵 $\mathbf{A}_i$ 中的所有项进行重新处理，则可以删除前导项渐近性。)

定理 6.13.2(文献[319]) 假设 $\mathbf{A}_i$ 是具有协方差矩阵 $\boldsymbol{\Sigma}$ 的独立 $d\times d$ 高斯矩阵；并且 $\boldsymbol{\Sigma}$ 的特征值是 $\sigma_i^2=1, i=1,\cdots,d-1$ 并且 $\sigma_i^2=\theta>1$。设 $\theta=d/t$，其中 $0<t<d$。在复数情形下($\beta=2$)，我们有以下估计：

$$
\begin{aligned}
2\mu_1 &= \log d + e^t \int_1^{\infty} e^{-tx\frac{dx}{x}} + O_t(1/d) \\
&= \log d - e^t \mathrm{Ei}(-t) + O_t(1/d)
\end{aligned}
\tag{6.155}
$$

式中 $\mathrm{Ei}(x)$ 是指数型积分函数。在实际情况下($\beta=1$)，又有：

$$2\mu_1 = \log d + e^{t/2} \int_1^{\infty} e^{-tx/2} \frac{1}{\sqrt{x}(\sqrt{x}+1)} dx + O_t(1/d)$$

上述定理说明了，对于最大 Lyapunov 指数 μ_1，我们有

$$\lim_{d\to\infty} d(\mu_1 - \log d) = \theta - \frac{3}{2}$$

当 d 是固定的，θ 达到无穷时，我们有

$$2\mu_1 \sim \log\theta - \gamma$$

6.14 欧氏随机矩阵

一类特殊的随机矩阵被称为欧氏随机矩阵。见 16.1.5 节，可知它与随机几何图的联系。一个 $N\times N$ 欧氏随机矩阵 $\mathbf{A}$ 的元素 A_{ij} 是由欧氏空间有限 V 区域 f 中随机分布的点对位置的一个确定性函数 f 给出的：

$$A_{ij}=f(\mathbf{r}_i,\mathbf{r}_j), \quad i,j=1,\cdots,N$$

这里，N 个 $\mathbf{r}_i$ 点随机分布在 d 维欧氏空间的 V 区域内，密度 $\rho=N/V$。一般情况下，随机矩阵 $\mathbf{A}$ 是非厄米的。

该模型可应用于大规模 MIMO，其中每个天线被看作一个位于随机位置 $\mathbf{r}_i, i=1,\cdots,N$ 的散射中心。我们对含有 N 个随机位置天线的 V 区的集体辐射感兴趣。当 N 很大时，例如 $N=10^4$，这个问题会十分有意思。这与由 N 个原子组成的致密原子系统中的集体自发辐射相似[320]。这种从空间的三维区域到空间的三维区域的模型是无人机(UAV)所关注的。本节工作的一个扩展方向是考虑多径对特征值分布的影响，因为不仅仅只有自由空间格林(Green)函数被考虑到发射机和接收机之间的路径与视线(LOS)。

对于任意 V，我们有

$$\mathbf{A}=\mathbf{H}\mathbf{T}\mathbf{H}^{\mathrm{H}} \tag{6.156}$$

这种表示方法的优点在于分离了两个不同的复杂性来源：矩阵 $\mathbf{H}$ 是随机的，但独立于函数 f，而矩阵 $\mathbf{T}$ 依赖于 f 但不是随机的。

此外，如果我们假设 $\mathbb{E}H_{ij}=0$，则很容易发现 H_{ij} 是同分布的随机变量，其均值为零，方差为 $1/N$。另外，我们假设 H_{ij} 是独立的高斯随机变量。这一假设在很大程度上简化了计算，但可能限制了我们在高密度 ρ 下结果的适用性。

例 6.14.1(随机 Green 矩阵)

这个例子的目的是研究在随机介质中波传播中出现的某些欧几里得随机矩阵的特征值分布。因为在最简单的标量波情况下，传播是用标量波方程描述的，所以我们感兴趣的函数 f

是 Helmholtz 方程的 Green 函数 $G(\mathbf{r}_i,\mathbf{r}_j)$：

$$(\nabla^2+k_0^2+\mathrm{i}\varepsilon)G(\mathbf{r}_i,\mathbf{r}_j)=-\frac{4\pi}{k_0}\delta(\mathbf{r}_i-\mathbf{r}_j)$$

其中 ε 是一个正无穷小的量。这很容易通过下式验证：

$$G(\mathbf{r}_i,\mathbf{r}_j)=\frac{\exp(\mathrm{i}k_0\,|\,\mathbf{r}_i-\mathbf{r}_j\,|\,)}{k_0\,|\,\mathbf{r}_i-\mathbf{r}_j\,|}$$

随机 Green 矩阵定义为

$$A_{ij}=(1-\delta_{ij})\frac{\exp(\mathrm{i}k_0\,|\,\mathbf{r}_i-\mathbf{r}_j\,|\,)}{|\,\mathbf{r}_i-\mathbf{r}_j\,|} \tag{6.157}$$

式中 $k_0=2\pi/\lambda_0$ 和 λ_0 是波长。我们假定 N 个点 $\mathbf{r}_i$ 在半径 R 的三维($d=3$)球内随机选取。这种非厄米欧氏随机矩阵在无序介质中的波传播是很重要的，因为它的元素与 Helmholtz 方程的 Green 函数成正比，而 $\mathbf{r}_i$ 则可以被认为是点状散射中心的位置。

对于随机矩阵式(6.157)的每个实现，其特征值 $\lambda_i,i=1,\cdots,N$ 服从

$$\sum_{i=1}^{N}\lambda_i=0,\quad \mathrm{Im}\,\lambda_i>-1,\quad i=1,\cdots,N \tag{6.158}$$

通常，由式(6.157)定义的矩阵的特征值密度取决于两个无量纲参数：每个波长长度立方内的点数 $\rho\lambda_0^3$ 和如下式的二阶矩：

$$\mathbb{E}|\,\lambda\,|^2=\gamma=9N/8(k_0R)^2$$

我们现在处理特征值的边界值，这更容易可视化。对于低密度 $\rho\lambda_0^3\leqslant10$，一个简单的方程就可以完美地表示：

$$|\,\lambda\,|^2\simeq2\gamma\left(-8\gamma\frac{\mathrm{Im}\,\lambda}{3|\,\lambda\,|^2}\right) \tag{6.159}$$

对于 $\gamma\ll1$，半径圆域内特征值密度大致一致，见图 6.24(a)。随着 γ 的增加，域值逐渐增大，并向上移动。当 $\gamma\geqslant1$ 时，它开始“感觉”到“墙”$\mathrm{Im}\,\lambda=-1$ 时，开始变形，如图 6.24(b)所示。

特征值分布边界的另一条曲线是由下式给出的：

$$|\,\lambda\,|^2=\frac{8\gamma}{\sqrt{3}\,\pi}\sqrt{1+\mathrm{Im}\,\lambda}\left(1+\frac{|\,\lambda\,|^2}{|\,\lambda\,|^2+4\gamma}\right) \tag{6.160}$$

□

依照文献[320]，现在看一下分析的总体框架。考虑空间 V 的单连通三维区域。设 $\{\psi_m(\mathbf{r})\}$ 是 V 中的正交基，使得：

$$\int_V \mathrm{d}^3\mathbf{r}\psi_m(\mathbf{r})\psi_n^*(\mathbf{r})=\delta_{mn} \tag{6.161}$$

我们现在证明了任意 $N\times N$ 欧氏随机矩阵 $\mathbf{A}$，其元素为

$$A_{ij}=f(\mathbf{r}_i,\mathbf{r}_j),\quad i,j=1,\cdots,N \tag{6.162}$$

其中，f 是 $\mathbf{r}_i,\mathbf{r}_j\in V$ 的一个表现良好的函数，可以表示为

$$\mathbf{A}=\mathbf{HTH}^{\mathrm{H}} \tag{6.163}$$

这里 $\mathbf{H}$ 是一个 $N\times N$ 矩阵，它包含如下元素：

$$H_{im}=\sqrt{\frac{V}{N}}\psi_m(\mathbf{r}_i) \tag{6.164}$$

我们用 V 来表示所考虑的空间的三维区域及其体积，以及用 $\mathbf{T}$ 来表示下面定义的 $M\times M$ 矩

阵。矩阵 $\mathbf{T}$ 的大小 M 可以是任意的，实际上，对于大多数函数 $f(\mathbf{r}_i,\mathbf{r}_j)$，$M$ 是无限的。

为了建立式(6.163)，我们将元素显式地写成

$$A_{ij}=\frac{V}{N}\sum_{m,n}T_{mn}\psi_m(\mathbf{r}_i)\psi_n^*(\mathbf{r}_j) \tag{6.165}$$

其中，我们使用了式(6.164)和矩阵乘法的定义。将此方程乘以 $\psi_{m'}^*(\mathbf{r}_i)\psi_{n'}(\mathbf{r}_j)$，在 $\mathbf{r}_i$ 和 $\mathbf{r}_j$ 上进行积分，利用基函数 $\psi_m(\mathbf{r})$ 的正交性，我们很容易得到：

$$T_{mn}=\frac{V}{N}\int_V \mathrm{d}^3\mathbf{r}_i\int_V \mathrm{d}^3\mathbf{r}_j f(\mathbf{r}_i,\mathbf{r}_j)\psi_m^*(\mathbf{r})\psi_n(\mathbf{r}) \tag{6.166}$$

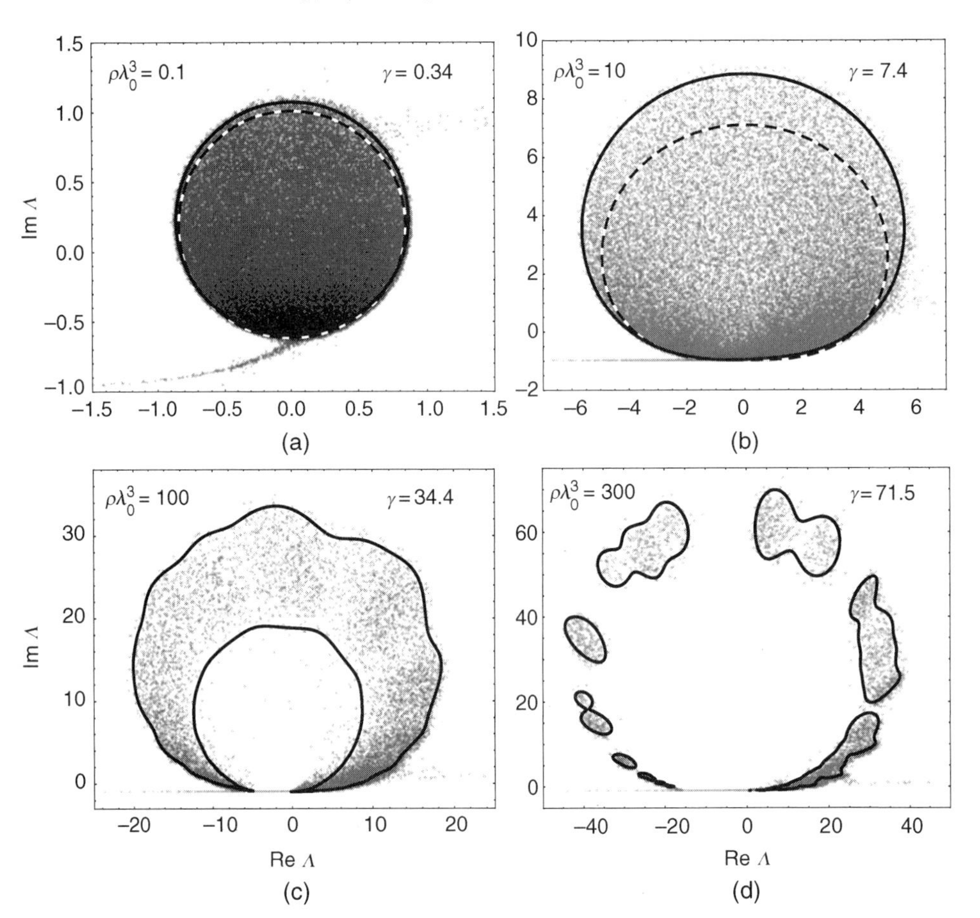

图 6.24　通过 $N=10^4$ 的矩阵的 10 次数值对角化实现的 $N\times N$ 随机 Green 矩阵式(6.157)的特征值密度的密度图。实线代表了本征值密度支撑的边界；虚线表示扩散近似式(6.160)。经许可转自文献[321]

当在 V 内随机选择点 $\{\mathbf{r}_i\}$ 时，$\mathbf{A}$ 和 $\mathbf{H}$ 成为随机矩阵，而 $\mathbf{T}$ 总是一个与 $\{\mathbf{r}_i\}$ 无关的非随机矩阵，且由函数 f，区域 V 以及正交基的选择 $\{\psi_m(\mathbf{r})\}$ 而唯一决定。我们将只考虑在任何基函数 $\{\mathbf{r}_i\}$ 的空间积分导致式(6.165)消失时的情况①：

$$\int_V \mathrm{d}^3\mathbf{r}\psi_m(\mathbf{r})=0 \tag{6.167}$$

$\mathbf{H}$ 的元素 H_{im} 是具有零均值并且方差等于 $1/N$ 的独立随机变量：

① 这限制了我们分析适用的函数类别 $f(\mathbf{r}_i,\mathbf{r}_j)$，但在此处对我们而言已足够。

$$\mathbb{E}\,H_{im}=\frac{1}{V}\int_V \mathrm{d}^3\mathbf{r}_i\sqrt{\frac{V}{N}}\psi_m(\mathbf{r}_i)=0$$

$$\mathbb{E}\left[H_{im}H_{jn}^*\right]=\frac{1}{V^2}\int_V \mathrm{d}^3\mathbf{r}_i\int_V \mathrm{d}^3\mathbf{r}_j\,\frac{V}{N}\psi_m(\mathbf{r}_i)\psi_n^*(\mathbf{r}_j)=\mathbb{E}\left[H_{im}\right]\mathbb{E}\left[H_{jn}^*\right]=0,\quad i\neq j$$

$$\mathbb{E}\left[H_{im}H_{in}^*\right]=\frac{1}{V}\int_V \mathrm{d}^3\mathbf{r}_i\,\frac{V}{N}\psi_m(\mathbf{r}_i)\psi_n^*(\mathbf{r}_i)=\frac{1}{N}\delta_{mn} \tag{6.168}$$

式(6.163)的表示是非常有用的，因为它可以使用所谓的自由随机变量理论的强大的数学库来处理。对于随机矩阵，渐近自由[126]的概念等价于统计独立的概念，这是我们所熟悉的随机变量。

关于任意厄米矩阵 **A** 的自由随机变量理论的 3 个基本对象在本节中将对我们有用。常用的 Green 函数

$$G(z)=\frac{1}{N}\mathbb{E}\left[\mathrm{Tr}(z\mathbf{I}_N-\mathbf{A})^{-1}\right] \tag{6.169}$$

其中，**I** 是 $N\times N$ 的一个单位矩阵。Blue 函数被定义为 Green 函数 $G(z)$ 的逆函数：

$$B[G(z)]=z \tag{6.170}$$

以及通过辅助函数$\chi(z)$定义的特征值概率分布的 S 变换：

$$S(z)=\frac{1+z}{z}\chi(z),\quad \frac{1}{\chi(z)}G\left[\frac{1}{\chi(z)}\right]-1=z \tag{6.171}$$

如果两个厄米随机矩阵 **A** 和 **B** 是渐近自由的，则其和 $\mathbf{C}=\mathbf{A}+\mathbf{B}$ 的 Blue 函数 $B_{\mathbf{C}}(z)$ 等于单个 Blue 函数 $B_{\mathbf{A}}(z)$ 和 $B_{\mathbf{B}}(z)$ 之和再减去 $1/z$。矩阵积 $\mathbf{C}=\mathbf{AB}$ 的 S 变换可以通过 **A** 和 **B** 的独立 S 变换相乘得到。一旦找到与随机矩阵 **C** 对应的 Blue 函数或 S 变换，就可以从式(6.170)或式(6.171)中计算其 Green 函数 $G(z)$。然后用通常的方法确定 **C** 的特征值 λ 的概率密度：

$$p(\lambda)=-\frac{1}{\pi}\lim_{\varepsilon\to\infty}\mathrm{Im}\,G(\lambda+\mathrm{i}\varepsilon) \tag{6.172}$$

函数 $G(z)$，$B(z)$ 和 $S(z)$ 都包含了关于特征值 λ 的统计分布 $p(\lambda)$ 相同的全部信息。Green 函数可以表示为一个无穷级数，其系数在 $1/z$ 的连续幂之前等于 λ 的统计矩：

$$G(z)=\sum_{k=0}^{\infty}\mathbb{E}\left[\lambda^k\right]\frac{1}{z^{k+1}}$$

因此，我们得到矩：

$$\mathbb{E}[\lambda^k]=\frac{1}{(k+1)!}\frac{d^{k+1}}{d(1/z)^{k+1}}\bigg|_{z\to\infty} \tag{6.173}$$

其中，z 假定是实数。利用这个方程和式(6.170)，我们很容易地用 Blue 函数 $B(z)$ 导出了 k 阶矩$\mathbb{E}\left[\lambda^k\right]$的表达式：

$$\mathbb{E}[\lambda^k]=\frac{1}{(k+1)!}\left[-\frac{B^2(z)}{B'(z)}\frac{d}{\mathrm{d}z}\right]^k\left[-\frac{B^2(z)}{B'(z)}\right]\bigg|_{z\to0} \tag{6.174}$$

其中 $B'(z)=\mathrm{d}B(z)/\mathrm{d}z$ 。如果引入 R 变换[52] $R(z)=B(z)-1/z$，则平均特征值和方差分别变为

$$\mathbb{E}\lambda=R(0),\quad \mathrm{var}\,\lambda=\mathbb{E}\left[\lambda-\mathbb{E}\,\lambda\right]^2=R'(z)\big|_{z\to0}$$

对于形式为式(6.163)的矩阵 **A**，自由随机变量理论提供了一些我们在未来研究的数学定理。特别是，通过文献[52]，我们得到：

$$S_{\mathbf{A}}(z)=\frac{1}{z+M/N}S_{\mathrm{T}}\left(\frac{N}{M}z\right) \tag{6.175}$$

如果 **T** 是一个与 **H** 无关的厄米非负随机矩阵，且当 $N,M\to\infty$ 极限取常数 M/N，利用式(6.175)导出了 **A** 的 blue 函数与 **T** 的 Green 函数的关系：

$$B_{\mathbf{A}}(z)=\frac{1}{z}\left\{1+\frac{M}{N}\left[\frac{1}{z}G_{\mathrm{T}}\left(\frac{1}{2}\right)-1\right]\right\} \tag{6.176}$$

我们将在这里考虑的一个特殊情况是，何时区域 V 是边 L 的方框。然后用平面波给出一组方便的基函数：

$$\psi_m(\mathbf{r})=\frac{1}{\sqrt{V}\exp(\mathrm{i}\mathbf{q}_m\cdot\mathbf{r})}$$

其中，$\mathbf{q}_m=\{q_{m_x},q_{m_y},q_{m_z}\}$，$q_{m_x}=m_x\Delta q$，$m_x=\pm1,\pm2,\cdots,\Delta q=2\pi/L$。

例 6.14.2(sinc 矩阵的特征值分布)

我们考虑实对称 $N\times N$ 欧氏矩阵 $\mathbf{A}=\mathbf{S}$，其元素由主正弦(sinc)函数定义：

$$S_{ij}=f(\mathbf{r}_i,\mathbf{r}_j)=\frac{\sin(k_0\,|\mathbf{r}_i-\mathbf{r}_j|)}{k_0\,|\mathbf{r}_i-\mathbf{r}_j|} \tag{6.177}$$

这里 k_0是一个常数，向量 $\mathbf{r}_i$定义了边 L 的三维立方体中 N 个随机选择点的位置。矩阵 **S** 的第一个重要性质是其特征值的正性：$\lambda_i(\mathbf{S})>0,i=1,\cdots,N$。实际上，函数 $f(\Delta\mathbf{r})$ 在式(6.177)中的傅里叶变换是正的，因此 $f(\Delta\mathbf{r})$ 是一个正型函数。通过正型函数定义的欧氏矩阵是正定的，因此只有正的特征值。对应于 **S** 的矩阵 **T** 见式(6.166)：

$$T_{mn}=\frac{N}{V^2}\int_V \mathrm{d}^3\mathbf{r}_1\int_V \mathrm{d}^3\mathbf{r}_2\,\frac{\sin(k_0\,|\mathbf{r}_1-\mathbf{r}_2|)}{k_0\,|\mathbf{r}_1-\mathbf{r}_2|}\exp(-\mathrm{i}\mathbf{q}_m\cdot\mathbf{r}_1+\mathrm{i}\mathbf{q}_n\cdot\mathbf{r}_2) \tag{6.178}$$

不幸的是，在一个盒子里不可能精确地计算这个双重积分。然而，引入新的积分变量 $\mathbf{R}=\mathbf{r}_1+\mathbf{r}_2$ 和 $\Delta\mathbf{r}=\mathbf{r}_2-\mathbf{r}_1$，限制了 $\Delta\mathbf{r}$ 上的积分，区域 $|\Delta\mathbf{r}|<L/2\alpha$，当 $\alpha\approx1$ 是一个数值常数后再固定时，我们得到了一个近似结果：

$$\begin{aligned}T_{mn}&\approx\frac{N}{V^2}\int_V \mathrm{d}^3\mathbf{R}\exp[-\mathrm{i}(\mathbf{q}_m-\mathbf{q}_n)\cdot\mathbf{R}]\\&\quad\int_{|\Delta\mathbf{r}|<L/2\alpha}\mathrm{d}^3\Delta\mathbf{r}\,\frac{\sin(k_0\Delta\mathbf{r})}{k_0\Delta\mathbf{r}}\exp[\mathrm{i}(\mathbf{q}_m+\mathbf{q}_n)\cdot\Delta\mathbf{r}/2]\\&=\delta_{mn}\frac{2\pi^2N}{k_0q_m}\frac{L}{2\alpha\pi}\left\{\mathrm{sinc}\left[(q_m-k_0)\frac{L}{2\alpha}\right]-\mathrm{sinc}\left[(q_m+k_0)\frac{L}{2\alpha}\right]\right\}\end{aligned} \tag{6.179}$$

这个表达式仍然太复杂，无法使用。式(6.179)中的第二个 sinc 函数总是小于 $2\alpha/k_0L$(因为 $q_m=|\mathbf{q}_m|>0$ 和 $k_0>0$)，因此可以在大范围内丢弃。在此我们考虑，$k_0L\gg1$。此外，由于式(6.179)中的第一个 sinc 函数在 $q_m=k_0$ 附近达到峰值，所以我们用一个箱体函数 $\prod[(q_m-k_0)L/2\alpha\pi]$ 代替它，其中，箱体函数定义为：若 $|x|<\frac{1}{2}$ 则 $\prod(x)=1$，其余情况下 $\prod(x)=0$。(q_m-k_0) 前面的系数被选取为确保 q_m 上从 0 到 ∞ 的积分等于 sinc 函数的积分。然后我们得到：

$$T_{mn}\backsimeq\frac{2\pi^2N}{k_0q_m}\frac{L}{2\alpha\pi}\prod\left[(q_m-k_0)\frac{L}{2\alpha}\right]\delta_{mn}$$

和半径为 k_0，厚度为 $L/2\alpha\pi$ 的球壳内的 $\mathbf{q}_m$ 不同。此外，对于壳内的所有 $\mathbf{q}_m T_{mm}$ 的值为 N/M，

其中 $M=\alpha(k_0L)^2/\pi\gg1$，则壳内方程式(6.179)的个数就得到了：

$$\mathbf{S}=\frac{N}{M}\mathbf{HH}^{\mathrm{H}} \tag{6.180}$$

它等价于式(6.163)，具有 $M\times M$ 矩阵 $\mathbf{T}=(N/M)\mathbf{I}_M$。为了得到式(6.180)的 R 变换，我们看到两个独立同分布随机矩阵乘积的例子 5.8.8。然后我们很容易发现：

$$G_{\mathbf{T}}(z)=\frac{1}{M}\mathrm{Tr}\left[z\mathbf{I}-\frac{N}{M}\mathbf{I}\right]^{-1}=\frac{1}{z-N/M}$$

以及根据式(6.176)，

$$B_{\mathbf{S}}(z)=(1-\beta z)^{-1}+1/z$$

其中，$\beta=N/M$，这是著名的 Marchenko-Pastur 定律的 Blue 函数：

$$p(\lambda)=\left(1-\frac{1}{\beta}\right)^{+}\delta(\lambda)+\frac{\sqrt{(\lambda-a)(b-\lambda)}}{2\pi\beta\lambda} \tag{6.181}$$

其中，$a=(1-\sqrt{\beta})^2$，$b=(1+\sqrt{\beta})^2$，$x^+=\max(x,0)$。因此，式(6.177)的特征值的分布由一个等于此分布方差的 β 参数表示，因为它很容易从式(6.181)中检验：$\mathrm{var}(\lambda)=\beta$。虽然我们对式(6.181)的推导基于几种近似，但 λ 的均值 $\mathbb{E}\lambda=1$ 是精确的。λ 的平方的期望：

$$\mathbb{E}\lambda^2=\frac{1}{N}\mathbb{E}[\mathrm{Tr}\,\mathbf{S}]=1+\frac{aN}{(k_0L)^2} \tag{6.182}$$

数值常数定义为 a：

$$a=\frac{1}{2}\int_{\text{unit cube}}\mathrm{d}^3\mathbf{u}_1\int_{\text{unit cube}}\mathrm{d}^3\mathbf{u}_2\,\frac{1}{|\mathbf{u}_1-\mathbf{u}_2|^2}\simeq 2.8$$

这是在单位侧立方体的体积上运行的积分。通过要求分布式(6.181)的第二矩 $1+\beta$ 与式(6.182)一致，我们现在可以确定该分布的 α 的值，它可以看作已知的。我们得到 $\alpha=\pi/a\simeq 1.12$，且

$$\beta=\frac{2.8N}{(k_0L)^2}$$

□

例 6.14.3(cos 矩阵的特征值分布)

现在让我们考虑一个欧几里得随机矩阵，其中的元素是用基数余弦(cos)函数定义的：

$$C_{ij}=(1-\delta_{ij})\cos(k_0|\mathbf{r}_i-\mathbf{r}_j|)/k_0|\mathbf{r}_i-\mathbf{r}_j|,\quad i,j=1,\cdots,N \tag{6.183}$$

因子 $1-\delta_{ij}$ 允许我们计算函数 $\cos(x)/x$ 在 $x\to0$ 时的散度。如上例所示，我们得到：

$$T_{mn}\simeq\frac{4\pi N}{k_0V}\frac{1}{q_m^2-k_0^2}\delta_{mn} \tag{6.184}$$

与式(6.179)中有相同的近似。式(6.184)中定义的矩阵 $\mathbf{T}$ 具有无穷大。

有关此示例的详细信息，请参阅文献[320]。 □

让我们回顾下一个例子中所需要的自由概率的一些结论。

在四元数空间[322, 323]中，自由概率论的推广，特别是 Blue 函数概念的推广，在非厄米矩阵上是自然的。2×2 矩阵 $\mathbf{Q}$ 是矩阵表示中的任意四元数：

$$\mathbf{Q}=\begin{pmatrix}a & ib^*\\ b & a^*\end{pmatrix} \tag{6.185}$$

对于上述定义的任意一个 $\mathbf{Q}$，我们可以使用四元数的代数性质表明以下定律(参见文献[322, 323])

$$R_{\mathbf{X}_1+\mathbf{X}_2}(\mathbf{Q})=R_{\mathbf{X}_1}(\mathbf{Q})+R_{\mathbf{X}_2}(\mathbf{Q}) \tag{6.186}$$

其中，$\mathbf{X}_1$ 和 $\mathbf{X}_2$ 是两个非厄米的渐近自由随机矩阵。

现在考虑非厄米复矩阵 $\mathbf{X}_1+\mathrm{i}\mathbf{X}_2$，$\mathbf{X}_1$ 和 $\mathbf{X}_2$ 是两个具有已知 R 变换的渐近自由厄米矩阵。文献[322, 323]表明问题能归结为一个简单的方程组，其中包含三个未知变量，即复数 u、v 和实数 t：

$$\begin{aligned} R_{\mathbf{X}_1}(u)&=x+\frac{t-1}{u} \\ R_{\mathbf{X}_2}(v)&=y-\frac{t}{v} \\ |u|&=|v| \end{aligned} \tag{6.187}$$

其中，$z=x+\mathrm{i}y$。我们从前两个方程中用 t 表示 u 和 v，将结果替换为第三方程，然后求解 t：

$$g_{\mathbf{X}_1+\mathrm{i}\mathbf{X}_2}(z)=\mathrm{Re}\,u-\mathrm{i}\mathrm{Re}\,v \tag{6.188}$$

$$c_{\mathbf{X}_1+\mathrm{i}\mathbf{X}_2}(z)=(\mathrm{Re}\,u)^2+(\mathrm{Re}\,v)^2-|u|^2 \tag{6.189}$$

来自 $c_{\mathbf{X}_1+\mathrm{i}\mathbf{X}_2}(z)=0$ 的特征域的边界 $z\in\delta D$ 的式。

例 6.14.4(cos+i sin 矩阵和复 exp 矩阵的特征值分布)

矩阵 $\mathbf{C}$ 和 $\mathbf{S}$ 可以组合成一个复非厄米矩阵：$\mathbf{C}+\mathrm{i}(\mathbf{S}-\mathbf{I})$。自由随机变量理论允许研究复特征值的统计分布。根据我们在前面的例子中考虑的矩阵 $\mathbf{C}$ 和 $\mathbf{S}$ 的性质，得到了这个矩阵的表达式。然而，这需要 $\mathbf{C}$ 和 $\mathbf{S}$ 的渐近自由。矩阵 $\mathbf{C}$ 和 $\mathbf{S}$ 分别定义为式(6.177)和式(6.183)。通过同一组点 $\mathbf{r}_i$，结果不是渐近自由的。因此，我们从一个矩阵的情况开始研究非厄米欧几里得随机矩阵：

$$\mathbf{X}=\mathbf{C}+\mathrm{i}(\mathbf{S}'-\mathbf{I}) \tag{6.190}$$

其中，用两个不同的独立点集 $\mathbf{r}_i$ 和 $\mathbf{r}'_i$ 定义 $\mathbf{X}$ 的实部和虚部：

$$S_{ij}=(1-\delta_{ij})\frac{\sin(k_0|\mathbf{r}_i-\mathbf{r}_j|)}{k_0|\mathbf{r}_i-\mathbf{r}_j|},\quad C_{ij}=(1-\delta_{ij})\frac{\cos(k_0|\mathbf{r}_i-\mathbf{r}_j|)}{k_0|\mathbf{r}_i-\mathbf{r}_j|} \tag{6.191}$$

由于 $\mathbf{X}$ 是 $\mathbf{X}_1+\mathrm{i}\mathbf{B}_2$ 型，其中 $\mathbf{X}_1=\mathbf{C}$，$\mathbf{X}_2=\mathbf{S}'-\mathbf{I}_N$ 是两个渐近自由的厄米矩阵，所以在$\gamma\ll1$时我们可以利用式(6.187)，式(6.188)和式(6.189)来计算分解 $g(z)$ 和 $\mathbf{X}$ 的特征向量相关器 $c(z)$，$\mathbf{X}_1$和 $\mathbf{X}_2$的 R 变换分别是高斯矩阵和 Wishart 矩阵的 R 变换：

$$g(z=x+\mathrm{i}y)=\frac{x}{2\gamma}-\frac{\mathrm{i}}{2}\left[\frac{y}{\gamma(1+y)}+\frac{1}{2+y}\right] \tag{6.192}$$

$$c(z=x+\mathrm{i}y)=\left(\frac{x}{2\gamma}\right)^2+\frac{1}{4}\left[\frac{y}{\gamma(1+y)}-\frac{1}{2+y}\right]^2-\frac{1}{\gamma(1+y)(2+y)} \tag{6.193}$$

相关式(6.193)必须消失在特征域的边界 δD。因此，我们很容易在复平面上求出边界的方程：

$$x^2+\left(\frac{y}{1+y}-\frac{\gamma}{2+y}\right)^2-\frac{4\gamma}{(1+y)(2+y)}=0 \tag{6.194}$$

由式(6.194)分隔的域内的概率密度为

$$\begin{aligned} p(x,y)&=\frac{1}{2\pi}[\partial_x\mathrm{Re}\,g(z)-\partial_x\mathrm{Re}\,g(z)] \\ &=\frac{1}{2\pi}\left[\frac{1}{\gamma}+\frac{1}{\gamma(1+y)^2}-\frac{1}{(2+y)^2}\right] \end{aligned} \tag{6.195}$$

通过与基数正弦函数和余弦函数的类比，可以将“基数复指数”函数定义为 $f(x)=\exp(\mathrm{i}x)/x$。对应于此函数的欧氏随机矩阵 $\mathbf{G}$ 有以下元素：

$$G_{ij}=f(\mathbf{r}_i-\mathbf{r}_j)=(1-\delta_{ij})\frac{\exp(\mathrm{i}k_0\,|\mathbf{r}_i-\mathbf{r}_j|)}{k_0\,|\mathbf{r}_i-\mathbf{r}_j|} \tag{6.196}$$

该矩阵在一类 N 点散射体的波散射问题中有着特别重要的意义。虽然矩阵 $\mathbf{G}$ 与矩阵 $\mathbf{X}$ 相似，但对其适当性的解析研究涉及的范围要大得多。关于分析理论，见文献[321]。 □

6.15 具有独立项和圆形定律的随机矩阵

在本节中，我们考虑两个具有独立项的随机矩阵的集合。在阐明圆形定律之前，我们首先定义了一类具有独立项的厄米随机矩阵。最初由文献[109]介绍。

定义 6.15.1（Wigner 随机矩阵）

设 ξ 是具有均值和单位方差的复随机变量，ς是具有均值和有限方差的实随机变量。我们说 $\mathbf{X}$ 是一个大小为 n 的 Wigner 矩阵，它包含原子变量 ξ，ς，若 $\mathbf{X}_n=(X_{ij})_{i,j=1}^n$是一个 $n\times n$ 随机厄米矩阵，满足以下条件：

- 独立随机变量：$\{X_{ij}:1\leqslant i\leqslant j\leqslant n\}$ 是独立随机变量的集合。
- 对角线以上的元素：$\{X_{ij}:1<i<j\leqslant n\}$ 是 ξ 的独立同分布（i. i. d.）副本的集合。
- 对角元素：$\{X_{ii}:1\leqslant i\leqslant n\}$ 是ς的独立同分布副本的集合。

Wigner 实对称矩阵的典型例子是高斯正交系综合（Gaussian orthogonal ensemble，GOE）。GOE 是由概率分布定义的：

$$\mathbb{P}(\mathrm{d}\mathbf{M})=\frac{1}{Z_n^{(\beta)}}\exp\left(-\frac{\beta}{4}\mathrm{Tr}\,\mathbf{M}^2\right)\mathrm{d}\mathbf{M} \tag{6.197}$$

当$\beta=1$，$\mathrm{d}\mathbf{M}$ 指矩阵的 $n(n+1)/2$ 不同元素上的 Lebesgue 测度时，关于 $n\times n$ 实对称矩阵的空间。在这里 $Z_n^{(\beta)}$ 表示归一化常数。因此对于一个从 GOE 中抽取的矩阵 $\mathbf{X}_n=(X_{ij})_{i,j=1}^n$来说，元素$\{X_{ij}:1\leqslant i\leqslant j\leqslant n\}$是具有均值为零和方差为 $1+\delta_{ij}$的独立高斯随机变量。Wigner 厄米矩阵的一个经典例子是高斯酉集合（Gaussian unitary ensemble，GUE）。GUE 由式（6.197）在$\beta=2$时给出的概率分布来定义，定义在一个 $n\times n$ 的厄米矩阵的空间中。因此，对于从 GUE 得出的矩阵 $\mathbf{X}_n=(X_{ij})_{i,j=1}^n$，矩阵中 n^2 个不同的实数元素是具有独立分布的高斯随机变量，其均值为零和方差为$(1+\delta_{ij})/2$，表示为

$$\{\mathrm{Re}(Y_{ij}):1\leqslant i\leqslant j\leqslant n\}\cup\{\mathrm{Im}(Y_{ij}):1\leqslant i\leqslant j\leqslant n\}$$

Wigner 随机矩阵的一个经典结果是 Wigner 的半圆定律，见文献[109]的定理 2.5。

定理 6.15.2（Wigner 半圆定律）

令 ξ 为具有零均值和单位方差的复随机变量，ς为具有零均值和有限方差的实随机变量。对于任意 $n\geqslant 1$，令 $\mathbf{X}_n$ 为具有原子变量 ξ 和ς的大小为 n 的 Wigner 矩阵，$\mathbf{A}_n$ 为秩为 $o(n)$的 $n\times n$ 确定性厄米矩阵。则$\frac{1}{\sqrt{n}}(\mathbf{X}_n+\mathbf{A}_n)$的经验谱分布随着 $n\to\infty$ 收敛于半圆分布 $F_{\mathrm{sc}}(x)$，即

$$F_{\mathrm{sc}}(x)=\int_{-\infty}^{x}f_{\mathrm{sc}}(t)\,\mathrm{d}t,\quad f_{\mathrm{sc}}(x)=\begin{cases}\frac{1}{2\pi}\sqrt{4-x^2}, & |x|\leqslant 2\\ 0, & |x|>2\end{cases}$$

Wigner 半圆定律仍然成立，当 $\mathbf{X}_n$ 的元素不是均匀分布的(仍然是独立的)时，满足 Lindeberg 型条件。关于这个条件的更多细节见文献[163]的定理 2.9。

现在我们已经为圆形定律做好了基础知识的储备。圆形定律是随机矩阵理论发展的又一个里程碑。该定律说明，在维数 n 趋于无穷大时，元素为具有 $1/n$ 方差的独立同分布变量的 $n\times n$ 随机矩阵的经验谱分布趋近于复平面单位圆盘上的均匀分布定律。这种现象是 Wigner 随机厄米矩阵的半圆极限的非厄米对应，以及 Marchenko-Pastur 随机协方差矩阵的四分之一圆极限。

我们现在考虑元素为独立同分布的随机矩阵的一个集合。也就是说，我们考虑一个随机的 $n\times n$ 矩阵 $\mathbf{X}_n$，该矩阵中的元素是随机变量 ξ 的独立同分布情况。在这种情况下，我们说 $\mathbf{X}_n$ 是一个独立同分布的随机矩阵，并且称 ξ 为 $\mathbf{X}_n$ 的原子变量。当 ξ 是一个标准的复高斯随机变量时，$\mathbf{X}_n$ 可以看作从概率分布

$$\mathbb{P}(\mathrm{d}\mathbf{M})=\frac{1}{\pi^{n^2}}\exp(-\mathrm{Tr}(\mathbf{M}\mathbf{M}^{\mathrm{H}}))\mathrm{d}\mathbf{M}$$

中抽取的一个随机矩阵，其在复数 $n\times n$ 矩阵集合上。这里，$\mathrm{d}\mathbf{M}$ 表示在 $\mathbf{M}$ 的 $2n^2$ 个实数元素上的 Lebesgue 测度。这就是所谓的复数 Ginibre 集合。对应的实数 Ginibre 集合也被类似地定义。遵循 Ginibre 定律(Ginibre 在 1965 年提出)[111]，可以计算从复 Ginibre 集合中抽取的随机 $n\times n$ 矩阵 $\mathbf{X}_n$ 的特征值的联合密度。

Mehta[103, 324]使用由 Ginibre 得到的联合密度函数来计算复数 Ginibre 集合的极限谱测度。Mehta 特别指出，如果 $\mathbf{X}_n$ 是从复数 Ginibre 集合中抽取的，那么$(1/\sqrt{n})\mathbf{X}_n$ 的 ESD 收敛于圆形定律 $F_{\text{circle}}(x,y)$：

$$F_{\text{circle}}(x,y)=\mu_{\text{circle}}(\{z\in\mathbb{C}:\mathrm{Re}(z)\leqslant x,\mathrm{Im}(z)\leqslant y\})$$

其中，μ_{circle}是复平面上单位圆盘上的均匀概率测度。Edelman(1997)在文献[113]中验证了实数 Ginibre 集合的同样的极限分布。

对于一般(非高斯)情况，没有特征值的联合分布的公式，问题就会变得更加困难。通过随机矩阵理论中的普遍性现象可以得知，随机矩阵的谱行为不依赖于原子变量 ξ 在极限 $n\to\infty$ 中的分布。换句话说，人们期望半圆定律描述了一大类随机矩阵的极限 ESD(不仅仅是高斯矩阵)。

定义 $X_{ij},1\leqslant i\leqslant j<\infty$，是$\mathbb{E}X_{ij}=0$ 的独立随机变量阵列。我们考虑随机矩阵

$$\mathbf{X}_n=\{X_{ij}\}_{i,j=1}^{n}$$

用 $\lambda_1,\cdots,\lambda_n$ 表示矩阵 $\mathbf{X}_n$ 的特征值，并用式(3.6)定义其谱分布函数 $F_{\mathbf{A}_n}(x,y)$。

如果 $F_{\mathbf{A}_n}(x,y)$收敛于$\mathbb{R}^2$ 中单位圆盘上的均匀分布的分布函数 $F(x,y)$，则圆形定律成立。$F(x,y)$被称为圆形定律。

对于元素为独立同分布复杂正态分布的矩阵，圆形定律由 Mehta 证明，详见文献[103]。Pan，Zhou 和 Tao，Vu 分别在文献[326, 327]中证明，在有限四分之一$(2+\varepsilon)$的假设下，以及最后一个二阶矩假设下[325]，$F_{\mathbf{X}_n}(x,y)$几乎确定收敛于圆形定律 $F(x,y)$。其余的优秀参考文献见文献[328, 329]。

定理 6.15.3(文献[55])

设 ξ 是一个具有零均值和单位方差的复随机变量。对于每一个 $n\geqslant 1$，令 $\mathbf{X}_n$ 是一个 $n\times n$ 矩阵，其元素是 ξ 的独立同分布的副本，并且设 $\mathbf{A}_n$ 是一个 $n\times n$ 的确定性矩阵。如果

$$\text{rank}(\mathbf{A}_n)=o(n),\quad \sup_{n\geqslant 1}\frac{1}{n^2}\|\mathbf{A}_n\|_F^2<\infty$$

那么$(1/\sqrt{n})(\mathbf{X}_n+\mathbf{A}_n)$的 ESD 在$n\to\infty$时几乎可以肯定地收敛于圆形定律$F_{\text{circle}}(x,y)$。

6.16 圆形定律与离群值

随机矩阵$(1/\sqrt{n})\mathbf{X}$被确定性矩阵$\mathbf{A}$扰动，使得$(1/\sqrt{n})\mathbf{X}+\mathbf{A}$的特征值被考虑。我们以 dB 为单位定义信噪比(SNR)为

$$\text{SNR}=10\times\log_{10}\left(\frac{\text{Tr}(\mathbf{AA}^{\text{H}})}{\text{Tr}(\mathbf{XX}^{\text{H}}/n)}\right)$$

图 6.25，图 6.26 和图 6.27 分别绘制了$n=50$，$n=200$和$n=1000$的情况。其他的相似结果可以参见图 6.28 ～图 6.31，在这些结果中，我们阐明了离群值的统计属性。我们可以清楚地识别复平面上的每个相应的特征值位置。对于图 6.27，当$n=1000$时，SNR 为−12.2 (dB)。我们可以考虑一个更一般的模型：

$$\mathbf{Z}=\frac{1}{\sqrt{n}}\mathbf{X}+\mu\mathbf{Y}\tag{6.198}$$

其中，$\mathbf{Y}$是随机矩阵(与$\mathbf{X}$无关)，使得$\mathbf{Y}$的列是独立同分布的，且对于某些固定的$0<p<1$，每列等于$\sqrt{\frac{p}{1-p}}\phi_n$的概率为$p$，等于$-\sqrt{\frac{1-p}{p}}\phi_n$的概率为$1-p$。

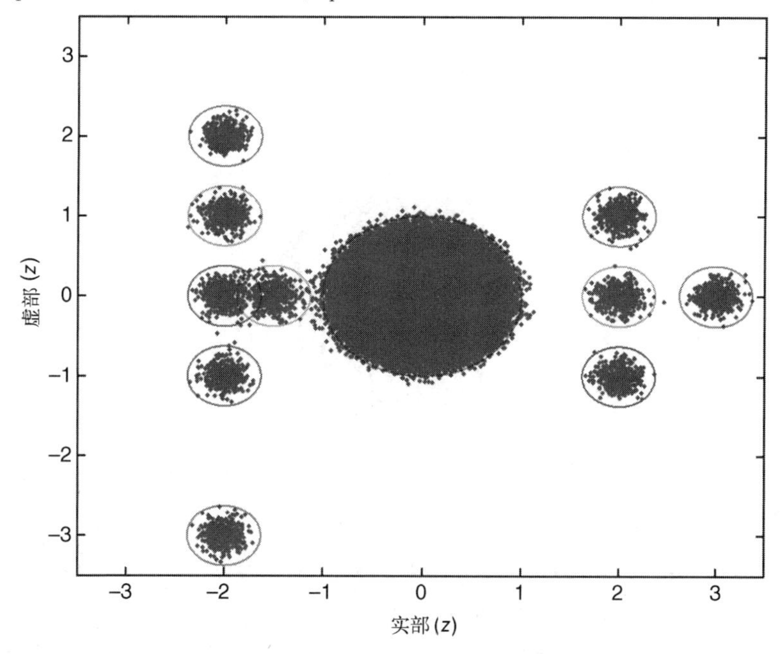

图 6.25 本图显示了由具有零均值和方差 1 的白高斯随机变量定义的，具有原子分布X的单个$n\times n$独立同分布随机矩阵的特征值；通过添加对角矩阵来扰动特征值，该对角矩阵的 10 个对角线元素为：2+i；3；2；−2−i；−1.5；−2；2−i；−2+2i；−2−3i；−2+i，其对应复数z平面上的 10 个位置。小圆圈分别集中在复平面上的这 10 个位置，并且每个圆的半径为$n^{-\frac{1}{4}}$，其中$n=50$。进行 500 次蒙特卡罗试验以观察这些特征值位置的稳定性。我们可以清楚地识别复平面上的每个相应的特征值位置

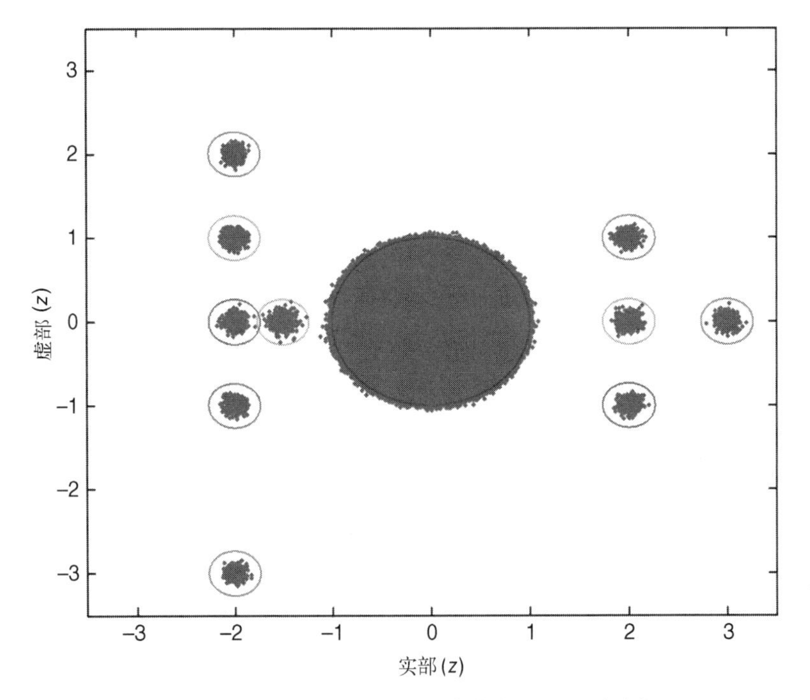

图 6.26　除了 $n=200$，其他参数与图 6.25 相同

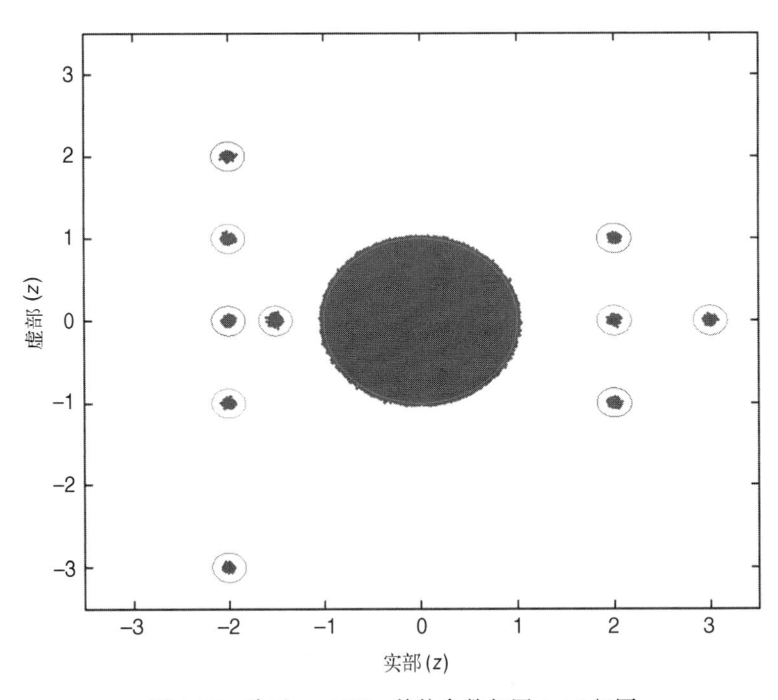

图 6.27　除了 $n=1000$，其他参数与图 6.25 相同

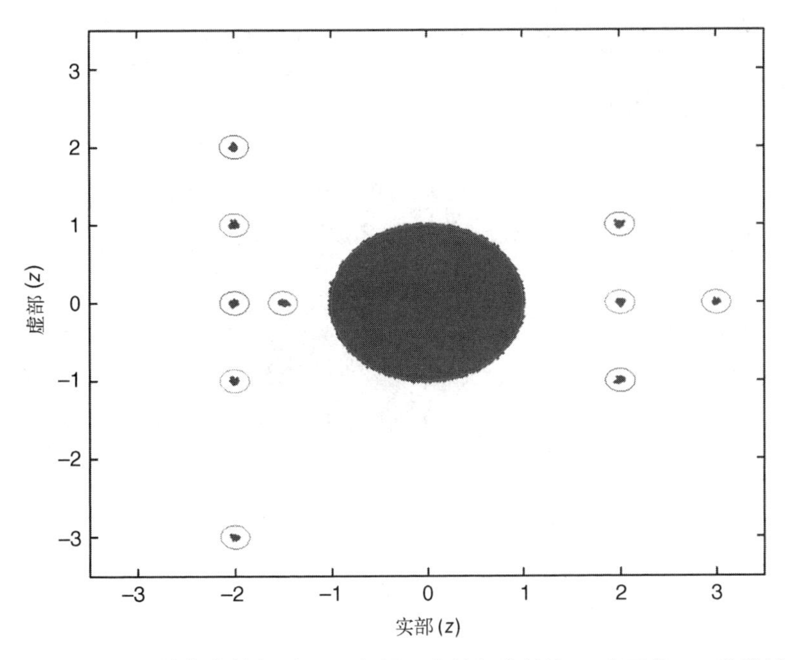

图 6.28　除了 $n=2000$，其他参数与图 6.25 相同。此处仅进行了 50 次而非 500 次蒙特卡罗试验

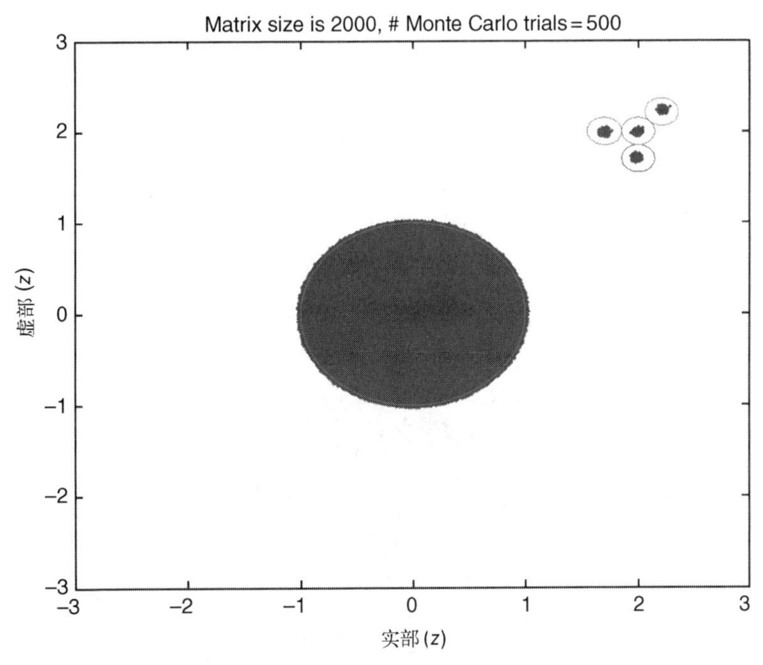

图 6.29　本图显示了由具有零均值和方差 1 的白高斯随机变量所定义的，具有原子分布 X 的单个 $n\times n$ 的独立同分布随机矩阵的特征值；通过添加具有 4 个特征值的确定性矩阵来扰动特征值，特征值分别为：$2+2\mathrm{j}$；$2-\delta+2\mathrm{j}$；$2+2\mathrm{j}-\mathrm{j}-\delta$；$2+2\mathrm{j}+\delta/\sqrt{2}+\mathrm{j}\delta/\sqrt{2}$（其相应的特征向量是随机高斯向量）。这里 $\delta=2n^{-\frac{1}{4}}$ 是两个特征值之间的最小距离。小圆圈分别集中在复平面上的这 4 个特征值位置上，并且每个都具有半径 $n^{-\frac{1}{4}}$，其中 $n=2000$。执行 500 次蒙特卡罗试验来观察这些特征值位置的稳定性。我们可以清楚地识别复平面上的每个相应的特征值位置

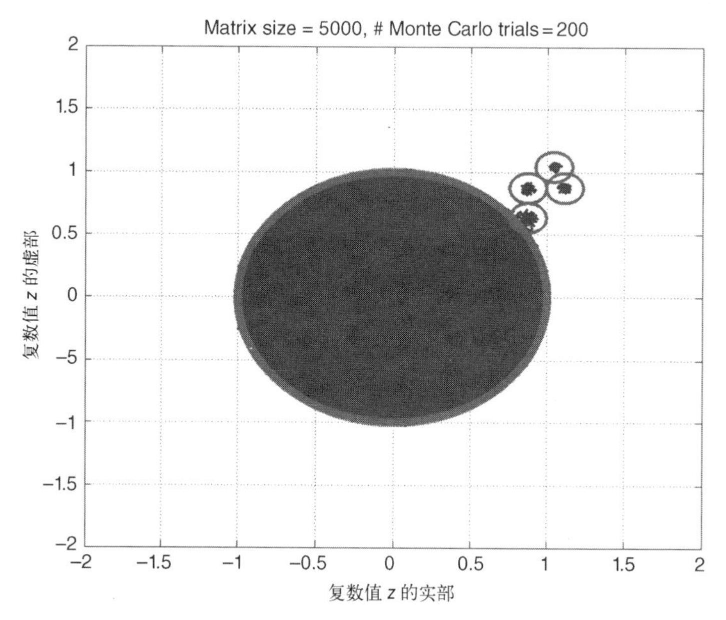

图 6.30 本图显示了由具有零均值和方差 1 的白高斯随机变量所定义的，具有原子分布 X 的单个 $n\times n$ 的独立同分布随机矩阵的特征值；通过增加一个确定性矩阵来扰动特征值，矩阵的 4 个特征值分别为：$a+\mathrm{j}b$；$a-\delta+\mathrm{j}b$；$a+\mathrm{j}b-\mathrm{j}\delta$；$a+\mathrm{j}b+\delta/\sqrt{2}+\mathrm{j}\delta/\sqrt{2}$（它们对应的特征向量是随机高斯向量）。这里 $\delta=2n^{-\frac{1}{4}}$是两个特征值之间的最小距离，并且 $a=(1+\delta)/\sqrt{2}$；$b=(1+\delta)/\sqrt{2}$。小圆圈分别集中在复平面上的这 4 个特征值位置上，并且每个都具有半径 $n^{-\frac{1}{4}}$，其中 $n=5000$。执行 200 次蒙特卡罗试验来观察这些特征值位置的稳定性。我们可以清楚地识别复平面上的每个相应的特征值位置

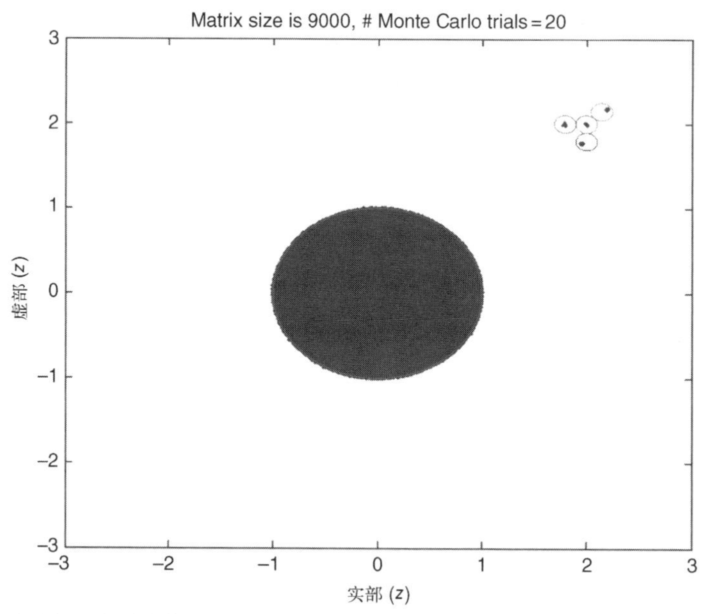

图 6.31 本图显示了由具有零均值和方差 1 的白高斯随机变量所定义的，具有原子分布 X 的单个 $n\times n$ 的独立同分布随机矩阵的特征值；通过增加一个确定性矩阵来扰动特征值，矩阵的 4 个特征值分别为：2；2+2j；2j；−2−2j（它们对应的特征向量是随机高斯向量）。小圆圈分别集中在复平面上的这 4 个特征值位置上，并且每个都具有半径 $n^{-\frac{1}{4}}$，其中 $n=9000$。执行 20 次蒙特卡罗试验来观察这些特征值位置的稳定性。我们可以清楚地识别复平面上的每个相应的特征值位置

代码 1：独立同分布的随机矩阵被对角矩阵扰动分析

```
% ****************************************************************
% The code is devloped by Robert C.Qiu
%
% based on the paper of Terrence Tao cited below
%
% Terrence Tao, Outliers in the spectrum of i.i.d. matrices
with bounded rank
% perturbations, Probability Theory and Related Fields,
Vol.155, No.1-2,
% pp.231-263, 2013.
% ****************************************************************
clear all;
    n=50;
    N_Try=5

A=zeros(n,n);

A(1,1)=2+i; A(2,2)=3;A(3,3)=2;   % determinstic matrix of
low rank
A(4,4)=-2-i; A(5,5)=-1.5;A(6,6)=-2;   % determinstic matrix of
low rank
A(7,7)=2-i; A(8,8)=-2+2*i;A(9,9)=-2-i*3;   % determinstic
matrix of low rank
A(10,10)=-2+i;   % determinstic matrix of low rank

  % A=zeros(n,n);
% A(:,1)=(2*randn(n,1)+j*randn(n,1));
% A(:,2)=(4*randn(n,1)+3*j*randn(n,1));

for i=1:N_Try
    X=zeros(n,n);
X=(randn(n,n)+j*randn(n,n))/sqrt(2);
% i.i.d. random matrix with i.i.d. (Gaussian)
  % complex entries
lamda=eig(X/sqrt(n)+A);  % eigenvalues are complex numbers
SNR_dB=10*log10(trace(A*A')/trace(X*X'))
% *********** Figures *********
IFIG=0;
IFIG=IFIG+1;figure(IFIG);
t=0:2*pi/1000:2*pi;x=sin(t);y=cos(t);  % unit circle
r=n^(-1/4); % radius of circle
plot(real(lamda),imag(lamda),'.',x,y,'r-',2+r*x,1+r*y,
3+r*x,r*y,2+r*x,r*y,...
-2+r*x,-1+r*y,-1.5+r*x,n^(-1/4)*y,-2+r*x,r*y,
2+r*x,-1+r*y,-2+r*x,2+r*y,...-2+r*x,-3+r*y,
-2+r*x,1+r*y);hold on;
axis([-3.5 3.5 -3.5 3.5])
```

```
xlabel('real(z)')
ylabel('imag(z)')
end % N_Try
hold off;
a=eig(A);
a(1:15)
```

代码 2: 独立同分布随机矩阵被确定性矩阵扰动分析

```
% ************************************************************
%
% Outliers in the spectrum of i.i.d. matrices with bounded
rank perturbations
%
%     Terrence Tao
%
% Probability Theory and Related Fields, Vol.155, No.1-2,
pp.231-263, 2013.
% ************************************************************
clear all;
n=5000;
N_Try=5
Axis_Length-3;
IFIG=0;

A=zeros(n,n);

x1=randn(n,1); x2=randn(n,1);x3=randn(n,1);x4=randn(n,1);
x1=x1/sqrt(x1'*x1);x2=x2/sqrt(x2'*x2);x3=x3/sqrt(x3'*x3);
x4=x4/sqrt(x4'*x4);
A=(x1*x1'+j*x2*x2'+(1+j)*x3*x3'+(-1-j)*x4*x4')*2;
% matrix with rank =4

lamda=eig(A);   % eigenvalues are complex numbers
IFIG=IFIG+1;figure(IFIG);
t=0:2*pi/1000:2*pi;x=sin(t);y=cos(t);   % unit circle
plot(real(lamda),imag(lamda),'*',x,y,'r-');hold on;
axis([Axis_Length*(-1) Axis_Length Axis_Length*(-1)
Axis_Length])
grid;
xlabel('real(z)')
ylabel('imag(z)')
hold off;

for i=1:N_Try X=zeros(n,n);
X=(randn(n,n)+j*randn(n,n))/sqrt(2);  % i.i.d. random matrix
with i.i.d.
                                          % (Gaussian) complex entries
lamda=eig(X/sqrt(n)+A); % eigenvalues are complex numbers
SNR_dB=10*log10(trace(A*A')/trace(X*X'/n))
```

```
% *********** Figures *********
IFIG=1; IFIG=IFIG+1;figure(IFIG);
t=0:2*pi/1000:2*pi;x=sin(t);y=cos(t); % unit circle
r=n^(-1/4); % radius of circle
plot(real(lamda),imag(lamda),'.',x,y,'r-',...
    2+r*x,0+r*y,2+r*x,2+r*y,0+r*x,2+r*y,-2+r*x,
    -2+r*y);hold on;
axis([Axis_Length*(-1) Axis_Length Axis_Length*(-1)
Axis_Length])
grid;
xlabel('real(z)')
ylabel('imag(z)')
end % N_Try

D=eig(A)
hold off;
```

例 6.16.1[正交频分复用(OFDM)系统]

信道估计对正交频分复用(OFDM)系统至关重要[330-332]。在本例中,我们遵循下面的系统模型[332]。我们的目标是根据大型随机矩阵重新构造系统,并研究扰动随机矩阵的离群值。

我们假定使用循环前缀(CP)既保留正交性,又消除了连续 OFDM 符号之间的符号间干扰(ISI)。此外,假定信道缓慢衰落,因此在一个 OFDM 符号期间,它被认为是恒定的。系统中的音调数是 N, CP 的长度是 L 个采样。

在这些假设下,我们可以将系统看作一组平行的高斯信道,其相关衰减为 h_k。每个音调的衰减由下式给出:

$$h_k=G\left(\frac{k}{NT_s}\right),\quad k=0,\cdots,N-1$$

其中,$G(\cdot)$是 OFDM 符号期间信道 $g(\tau)$的频率响应,T_s 是系统的采样周期。使用矩阵的方法表示,我们可以将 OFDM 系统描述为

$$\mathbf{y}=\mathbf{Zh}+\mathbf{x} \tag{6.199}$$

其中,$\mathbf{y}=[y_0,\cdots,y_{N-1}]^{\mathrm{T}}$ 是接受向量,

$$\mathbf{Z}=\begin{pmatrix} z_0 & & 0 \\ & \ddots & \\ 0 & & z_{N-1} \end{pmatrix}$$

是包含发送信令点的对角矩阵,$\mathbf{h}=[h_0,\cdots,h_{N-1}]^{\mathrm{T}}$ 是信道衰减向量,$\mathbf{x}=[x_0,\cdots,x_{N-1}]^{\mathrm{T}}$ 是具有复零均值、方差 σ^2 的,服从独立同分布的高斯噪声的向量。假设随机噪声向量 $\mathbf{x}$ 与随机信道衰减向量 $\mathbf{h}$ 不相关。在多用户系统中,其他应用产生的干扰也可以在向量 $\mathbf{x}$ 中建模。

使 $\mathbf{a}=\mathbf{Zh}\in\mathbb{C}^N$在由 N 个音调组成的每个符号的持续时间内,按照我们的标准,随机向量形式重写为式(6.199)

$$\mathbf{y}=\mathbf{x}+\mathbf{a}$$

其中,随机向量 $\mathbf{a}$ 独立于随机噪声向量 $\mathbf{x}$。假设我们连续使用信道 n 次,表示 n 个符号的持续时间。那么,我们有

$$\mathbf{y}_i=\mathbf{a}_i+\mathbf{x}_i,\quad i=1,\cdots,n \tag{6.200}$$

其信道的第 i 个实际值可能独立于信道的第 j 个实际值，也可能不独立，$i\neq j$，$i,j=0,1,\cdots,N-1$。

$$\mathbf{Y}=\frac{1}{\sqrt{n}}(\mathbf{y}_1,\cdots,\mathbf{y}_n)\in\mathbb{C}^{N\times n},\ \mathbf{A}=\frac{1}{\sqrt{n}}(\mathbf{a}_1,\cdots,\mathbf{a}_n)\in\mathbb{C}^{N\times n},\ \mathbf{X}=(\mathbf{x}_1,\cdots,\mathbf{x}_n)\in\mathbb{C}^{N\times n}$$

我们有随机矩阵

$$\mathbf{Y}=\frac{1}{\sqrt{n}}\mathbf{X}+\mathbf{A} \tag{6.201}$$

其中，信号随机矩阵 **A** 独立于噪声随机矩阵 **X**。式(6.201)被称为信号加噪声模型的标准随机矩阵形式。我们对渐近状态感兴趣

$$n\to\infty,\ N\to\infty,\ n/N\to c\in(0,\infty)$$

我们令 n 和 N 很大且可比较，这样可以利用最近统计学文献中研究的高维随机矩阵来分析。

在式(6.201)中，当随机矩阵$(1/\sqrt{n})\mathbf{X}$是一个具有独立同分布复数正态项的矩阵时，$(1/\sqrt{n})\mathbf{X}$的圆形定律已被证明。随机矩阵$(1/\sqrt{n})\mathbf{X}$被确定性(或随机性)矩阵 **A** 扰动，使得$(1/\sqrt{n})\mathbf{X}+\mathbf{A}$的特征值在单位圆外的复平面上表现出离群值。相关示意图可以参阅本节中的图。这个离群值模型已经由 Tao(2011)[333]首先研究，并且在本节之前也进行了一些处理。

现在我们考虑使用离群值来进行信道估计或符号决策(解调)。从特征值的 K 个离群值

$$\lambda_i\left(\frac{1}{\sqrt{n}}\mathbf{X}+\mathbf{A}\right),\quad i=1,\cdots,n$$

我们可以检验特征值

$$\lambda_k(\mathbf{A}),\quad k=1,\cdots,K$$

它又与信道向量 $\mathbf{h}=[h_0,\cdots,h_{N-1}]^{\mathrm{T}}$ 和传输信号点

$$\mathbf{Z}=\begin{pmatrix} z_0 & & 0\\ & \ddots & \\ 0 & & z_{N-1}\end{pmatrix}$$

有下述关系

$$\mathbf{a}=\mathbf{Z}\mathbf{h}=\begin{pmatrix} z_0 & & 0\\ & \ddots & \\ 0 & & z_{N-1}\end{pmatrix}\begin{pmatrix} h_0\\ \vdots\\ h_{N-1}\end{pmatrix}=\begin{pmatrix} h_0z_0\\ \vdots\\ h_{N-1}z_{N-1}\end{pmatrix}=\begin{pmatrix} a_0\\ \vdots\\ a_{N-1}\end{pmatrix}\in\mathbb{C}^{N\times 1} \tag{6.202}$$

对于任何对角矩阵 **D**

$$\mathbf{D}=\mathrm{diag}(d_1,\cdots,d_n)=\begin{pmatrix} d_1 & & 0\\ & \ddots & \\ 0 & & d_n\end{pmatrix}$$

该矩阵满足

$$\lambda_i(\mathbf{D})=d_i,\quad i=1,\cdots,n \tag{6.203}$$

我们的目标是使用式(6.203)的解调过程。假设传输信号点对于第 i 个信道(其增益向量为 $\mathbf{h}_i$)的 n 次使用保持不变。因此，我们有

$$\mathbf{A}=\frac{1}{\sqrt{n}}(\mathbf{a}_1,\cdots,\mathbf{a}_n)=\frac{1}{\sqrt{n}}\begin{pmatrix} z_0 & & 0 \\ & \ddots & \\ 0 & & z_{N-1} \end{pmatrix}_{N\times N}$$

$$\begin{pmatrix} h_{00} & h_{01} & \cdots & h_{0,n-1} \\ h_{10} & h_{11} & \cdots & h_{1,n-1} \\ \vdots & \vdots & \vdots & \vdots \\ h_{N-1,0} & h_{N-1,1} & \cdots & h_{N-1,n-1} \end{pmatrix}_{N\times n} = \mathbf{ZH}\in\mathbb{C}^{N\times n} \tag{6.204}$$

其中，

$$\mathbf{H}=\frac{1}{\sqrt{n}}(\mathbf{h}_1,\cdots,\mathbf{h}_n)\in\mathbb{C}^{N\times n}$$

是信道增益矩阵。当 $n=N$ 时，我们利用特征值分解

$$\mathbf{H}=\mathbf{U\Lambda U}^{\mathrm{H}}=\mathbf{U}\begin{pmatrix} \lambda_0(\mathbf{H}) & & 0 \\ & \ddots & \\ 0 & & \lambda_{N-1}(\mathbf{H}) \end{pmatrix}\mathbf{U}^{\mathrm{H}} \tag{6.205}$$

其中，$\mathbf{U}$ 是由 n 个特征向量组成的矩阵，而 $\lambda_i(\mathbf{H})$ 是第 i 个(复)特征值，其中 $i=0,\cdots,N-1$。在式(6.205)插入式(6.204)后，可以得到：

$$\begin{aligned} \mathbf{A} &= \begin{pmatrix} z_0 & & 0 \\ & \ddots & \\ 0 & & z_{N-1} \end{pmatrix}\mathbf{U}\begin{pmatrix} \lambda_0(\mathbf{H}) & & 0 \\ & \ddots & \\ 0 & & \lambda_{N-1}(\mathbf{H}) \end{pmatrix}\mathbf{U}^{\mathrm{H}} \\ &= \mathbf{U}\begin{pmatrix} z_0 & & 0 \\ & \ddots & \\ 0 & & z_{N-1} \end{pmatrix}\begin{pmatrix} \lambda_0(\mathbf{H}) & & 0 \\ & \ddots & \\ 0 & & \lambda_{N-1}(\mathbf{H}) \end{pmatrix}\mathbf{U}^{\mathrm{H}} \\ &= \mathbf{U}\begin{pmatrix} \lambda_0(\mathbf{H})z_0 & & 0 \\ & \ddots & \\ 0 & & \lambda_{N-1}(\mathbf{H})z_{N-1} \end{pmatrix}\mathbf{U}^{\mathrm{H}} \end{aligned} \tag{6.206}$$

换句话说，我们有

$$\lambda_i(\mathbf{A})=\lambda_i(\mathbf{H})z_i,\quad i=0,\cdots,N-1 \tag{6.207}$$

从式(6.206)的第二行开始使用对角矩阵 $\mathbf{Z}$ 的性质：对于任意对角矩阵 $\mathbf{D}$ 和任意复杂的方阵 $\mathbf{C}$，矩阵的乘法顺序可以变换为 $\mathbf{DC}=\mathbf{CD}$。

从式(6.207)可知：

$$z_i=\frac{\lambda_i(\mathbf{A})}{\lambda_i(\mathbf{H})},\quad i=0,\cdots,N-1 \tag{6.208}$$

由于 $\lambda_i(\mathbf{A})$ 可以从 $\lambda_i[(1/\sqrt{n})\mathbf{X}+\mathbf{A}]$ 的特征值中获得，正如前面指出的那样，如果知道特征值 $\lambda_i(\mathbf{A})$，就可以得到符号 z_i 的值，$i=0,\cdots,N-1$。① ▌

---

① Zhang, *Matrix Theory*, P227。可以使用类似

$$\lambda_i(\mathbf{AB})=\lambda_i(\mathbf{A})\lambda_i(\mathbf{B})$$

的公式。

例 6.16.2(圆形定律的加性高斯变形)

对于每个 $n\geqslant 1$ 的整数，令 $\mathbf{X}=(X_{ij})_{1\leqslant i,j\leqslant n}$ 为一个随机矩阵，其元素均值为 ξ，方差为 σ^2，并且服从独立同分布。圆形定律(The circular law)认为经过 $\sigma\sqrt{n}$ 定中心和重定标之后 $\mathbf{X}$ 的经验谱分布收敛于 $\mathcal{C}$。在文献[334]中，他们考虑了下述形式的随机矩阵：

$$\mathbf{L}=\mathbf{X}-\mathbf{D} \tag{6.209}$$

其中，$\mathbf{X}$ 的元素服从独立同分布，$\mathbf{D}$ 是根据 $\mathbf{X}$ 的行总和得到的对角矩阵，其中 $i=1,\cdots,n$，

$$D_{ii}=\sum_{k=1}^{n}X_{ik}$$

如果 $\mathbf{X}$ 被解释为加权定向图的邻接矩阵，则 $\mathbf{L}$ 是关联的拉普拉斯矩阵，而且具有行总和为零的特征。 ▌

6.17 随机奇异值分解、单环定律和离群值

大多数时候，如果一个有限的秩扰动加上一个大型随机矩阵，几乎不能改变该矩阵的频谱。然而，我们可以观察到，矩阵的极值特征值是可能被改变的，并且会偏离其原有的区间。这个现象在厄米的例子中已经被发现了[138]。对于一个大型随机厄米矩阵，如果增加其扰动的强度并使之高于阈值，扰动矩阵的极值特征值就会在宏观距离上偏离其区间（这种特征值通常称为离群值），然后进行高斯波动，否则这些极值特征值会固定在较大的体积中，并随着非扰动矩阵的变化而波动。这个现象称为 BBP 相变，经由文献[335]的作者命名以后，将其通过经验协方差矩阵的形式公之于众。文献[333]研究了一个非厄米的例子：他在文献[333]中给出了一个关于大型随机矩阵的相似结果，该结果中的项是独立同分布的，均值为零，方差为 1。在 6.16 节中我们已经处理了文献[333]中的研究案例。在本节中，我们研究了另一个自然模型的非厄米随机矩阵的有限秩扰动，其形式为

$$\mathbf{X}=\mathbf{U}\begin{pmatrix}s_1 & & 0\\ & \ddots & \\ 0 & & s_n\end{pmatrix}\mathbf{V} \tag{6.210}$$

其中，$\mathbf{U}$ 和 $\mathbf{V}$ 是 Haar 分布的单一随机矩阵，s_i 是独立于 $\mathbf{U}$ 和 $\mathbf{V}$ 的正数。根据附加假设(A1)，s_i 的经验分布倾向于基于$\mathbb{R}^+$的概率测度 μ_s。式(6.210) 被称为随机奇异值分解(SVD)，$\mathbf{X}$ 的构造是单一不变的。复合 Ginibre 集合是酉不变量模型的一个特例。

例 6.17.1 (Marchenko-Pastur 四分之一圆定律)

假设 $\mathbf{X}$ 是具有独立同分布项的随机矩阵。我们知道奇异值 $s_i(\mathbf{X})$ 是基于$\mathbb{R}^+$的。其用于随机矩阵 $\mathbf{X}$ 的频谱测度 μ_s 就是众所周知的 Marchenko-Pastur 四分之一圆定律：

$$\mu_s(\mathrm{d}x)=\frac{1}{\pi}\sqrt{4-x^2}\,\mathbf{1}_{[0,2]}(x)\,\mathrm{d}x$$

其中，$\mathbf{1}_{[c,d]}(x)$是在区间$[c,d]$和零区间之外的一个指示函数。 □

根据例 6.17.1，模型式(6.210) 可以被看作独立同分布矩阵例子的一个泛化，我们假设它们是各向同性的，这意味着它们的定律不会因为任何的酉矩阵通过左乘或右乘而改变。例如，来自复合 Ginibre 集合的矩阵（具有复杂标准高斯的独立同分布元素的矩阵）确实满足了假设(A1)。在文献[137]中，Guionnet、Krishnapur 和 Zeitouni 证明了，当维度 n 趋于无穷大时，$\mathbf{X}$ 的特征值倾向于在以原点为中心的一个环上分布。在文献[336]中，Guionnet 和 Zeitouni 证明了其 ESD（经验谱分布）支撑集概率的收敛性，并证明了这种矩阵缺乏自然离

群值。ESD 的定义参见式(8.7)。

在文献[333]之后，文献[138] 证明了，对于具有有界算子范数的有限秩扰动，离群值接近扰动的第一特征值，这些特征值在环外(比如在独立同分布矩阵的情况下)，而在环内没有离群值。之后，他们又证明了 (这是论文的主要难点)，在一阶扰动的情况下，离群值具有高斯波动。

假设当 $n \geqslant 1$ 时，$\mathbf{X}_n$ 是一个可分解的随机矩阵：

$$\mathbf{X}_n = \mathbf{U}_n \mathbf{S}_n \mathbf{V}_n$$

且 $\mathbf{S}_n = \mathrm{diag}(s_1, \cdots, s_n)$，其中 s_i 为正数。$\mathbf{U}_n$ 和 $\mathbf{V}_n$ 是两个独立于矩阵的随机酉矩阵，分别独立于矩阵 $\mathbf{S}_n$。我们设定了一些基于单环定理[137]的假设。

- **假设 1**：$\mathbf{S}_n$ 的经验谱分布(ESD)，$\mu_{\mathbf{S}_n} = \frac{1}{n}\sum_{i=1}^{n}\delta_{s_i}$，以一定的概率弱收敛于确定性概率测度 μ，其在 $\mathbb{R}^+$ 上成立。
- **假设 2**：存在 $M>0$ 使得 $\mathbb{P}(\|\mathbf{S}_n\|_{\mathrm{op}}>M) \to 0$，此处范数运算符用 $\|\cdot\|_{\mathrm{op}}$ 表示。
- **假设 3**：存在常数 κ，$\kappa_1>0$ 使得

$$\mathrm{Im}(z) > n^{-\kappa} \Rightarrow |\mathrm{Im}(G_{\mu_{\mathbf{S}_n}}(z))| \leqslant \kappa_1$$

其中，G_μ 表示 μ 的 Stieltjes 变换，其为 $G_\mu(z) = \int \frac{1}{z - x}\mu(\mathrm{d}x)$。

在单环定理[137]中有另外一个假设，但文献[337]证明了其是不必要的。

根据文献[336]，我们知道 $\mathbf{X}_n$ 的经验谱分布 $\mu_{\mathbf{X}_n}$ 以一定的概率弱收敛于一个确定性概率测度，其在复平面上的支集是一个定义为 $\{z \in \mathbb{C}, a \leqslant |z| \leqslant b\}$ 的单环。环的内半径 a 和外半径 b 可以很容易地计算出来：

$$a = \left(\int_0^\infty x^{-2}\mathrm{d}\mu_s(x)\right)^{-1/2}, \quad b = \left(\int_0^\infty x^2 \mathrm{d}\mu_s(x)\right)^{1/2} \tag{6.211}$$

例 6.17.2(奇异值具有均匀分布)

考虑奇异值在区间$[\alpha,\beta]$上具有均匀分布的情况，即

$$\mu_s(\mathrm{d}x) = \frac{1}{\beta-\alpha}\mathbf{1}_{[\alpha,\beta]}\mathrm{d}x \tag{6.212}$$

此处有 $\beta>\alpha$。由式(6.211)得出结论

$$\begin{aligned} a &= \left(\int_0^\infty x^{-2}\mathrm{d}\mu_s(x)\right)^{-1/2} = \left(\frac{1}{\beta - \alpha}\int_\alpha^\beta x^{-2}\mathrm{d}x\right)^{-1/2} \\ &= \left(\frac{1}{\beta - \alpha}\left(-x^{-1}\Big|_\alpha^\beta\right)\right)^{-1/2} = \sqrt{\alpha\beta} \end{aligned}$$

和

$$\begin{aligned} b &= \left(\int_0^\infty x^2\mathrm{d}\mu_s(x)\right)^{1/2} = \left(\frac{1}{\beta - \alpha}\int_\alpha^\beta x^2\mathrm{d}x\right)^{1/2} \\ &= \left(\frac{1}{\beta - \alpha}\frac{1}{3}x^3\Big|_\alpha^\beta\right)^{1/2} = \left(\frac{1}{3(\beta - \alpha)}(\beta^3 - \alpha^3)\right)^{1/2} \\ &= \frac{1}{\sqrt{3}}\sqrt{\alpha^2 + \alpha\beta + \beta^2} \end{aligned}$$

□

根据文献[336]，我们知道，只要范数操作符 $\|\mathbf{S}_n\|_{\mathrm{op}}$ 有界，即使 $\mathbf{S}_n$ 有它自己的离群值，在体的外部圆外也没有自然离群值。下面，为了确定内圆内也没有自然离群值(当 $a>0$ 时)，我

们可以假设

$$\sup_{n\geqslant 1}\|\mathbf{S}_n^{-1}\|_{\mathrm{op}}<\infty$$

让我们现在考虑一系列矩阵 $\mathbf{A}_n$(可能是随机的，但独立于 $\mathbf{U}_n$，$\mathbf{S}_n$ 和 $\mathbf{V}_n$)，其秩小于固定整数 r 使得 $\|\mathbf{A}_n\|_{\mathrm{op}}$ 也是有界的。然后，我们有：

定理 6.17.3(有限秩扰动的离群值[138])

假设 $\varepsilon>0$ 并且假设对于所有足够大的 n，$\mathbf{A}_n$ 在频带 $\{z\in\mathbb{C},b+\varepsilon\leqslant|z|\leqslant b+3\varepsilon\}$ 中没有任何特征值并且具有模数高于 $b+3\varepsilon$ 的 $k\leqslant r$ 个特征值 $\lambda_1(\mathbf{A}_n),\cdots,\lambda_k(\mathbf{A}_n)$。那么，在概率趋于 1 的情况下，$\mathbf{X}_n+\mathbf{A}_n$ 恰好具有模数高于 $b+2\varepsilon$ 的 k 个特征值。此外，在正确标记之后，有

$$\forall i\in\{1,\cdots,k\},\quad \lambda_i(\mathbf{X}_n+\mathbf{A}_n)-\lambda_i(\mathbf{A}_n)\xrightarrow{(\mathbb{P})}0$$

这个定理与 Tao 的论文[333]的定理 1.4 的形式类似，其证明也是如此。然而，环内的情况是不同的。事实上，以下结果确定了缺少小的离群值。

定理 6.17.4(体内无离群值[138])

假定 $a>0$ 且 $\sup_{n\geqslant 1}\|\mathbf{S}_n^{-1}\|_{\mathrm{op}}<\infty$，那么对于所有的 $\delta\in]0,a[$，在概率趋于 1 的情况下，有

$$\mu_{\mathbf{X}_n+\mathbf{A}_n}(\{z\in\mathbb{C},|z|\leqslant a-\varepsilon\})=0$$

其中，$\mu_{\mathbf{X}_n+\mathbf{A}_n}$ 是 $\mathbf{X}_n+\mathbf{A}_n$ 的经验谱分布。

有关定理 6.17.3 和定理 6.17.4 的说明可参见图 6.32。我们在 $\mathbf{A}_n$ 的每个特征值周围绘制圆圈，并且确实观察到圆环内缺少离群值。

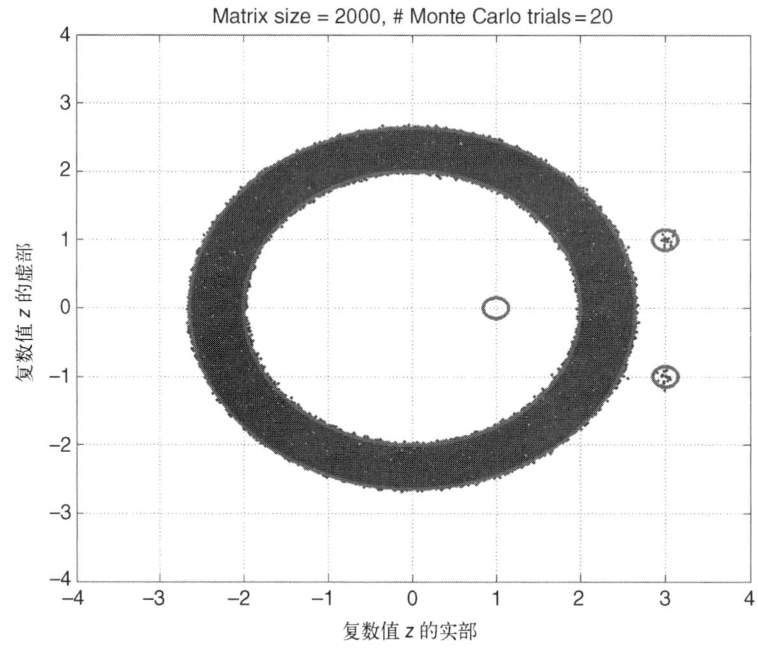

图 6.32 $\mathbf{X}_n+\mathbf{A}_n$ 的特征值，对于 $n=2000$，其中，$\mu_s(\mathrm{d}x)=\frac{1}{3}\mathbf{1}_{[1,4]}(x)\mathrm{d}x$，$\mathbf{A}_n=\mathrm{diag}(1,3+\mathrm{i},3-\mathrm{i},0,\cdots,0)$。小圆圈分别以 1，3+i，3−i 为中心，每个半径为 $\sim\frac{1}{n^{1/4}}$。进行了 20 次蒙特卡罗试验

现在让我们考虑离群值的波动。我们在这里假设 $\mathbf{A}_n$ 具有秩 1 并且用一些 $n\times 1$ 的复数矩阵 $\mathbf{b}_n$ 和 $\mathbf{c}_n$ 来表示

$$\mathbf{A}_n = \mathbf{b}_n \mathbf{c}_n^*$$

我们可以假设 $\mathbf{c}_n$ 被归一化，所以

$$\|\mathbf{A}_n\|_{\text{op}} = \sqrt{\mathbf{b}_n \mathbf{b}_n^*}$$

我们假设 $\mathbf{A}_n$ 有一个非零特征值等于

$$\theta_n(=\mathbf{c}_n^* \mathbf{b}_n)$$

其绝对值 $|\theta_n|$ 趋近由 $|\theta_n|$ 表示的极限，使得对于某个 $\varepsilon>0$(b 是体的外圆半径)，有

$$|\theta_n| \geqslant b+4\varepsilon$$

并且我们还假设当 n 趋向于$+\infty$ 时，$\mathbf{A}_n$ 的最大奇异值$\sqrt{\mathbf{b}_n \mathbf{b}_n^*}$ 在 $\mathcal{L}_2$ 意义上收敛于由 L 表示的极限。

事实证明，$\mathbf{X}_n+\mathbf{A}_n$ 的离群特征值的波动是高斯的，其方差可以明确地由 L，θ 和 b 表示[见式(6.213)]。更确切地说，我们有：

定理 6.17.5(远离体的高斯波动[138])

令 $\widetilde{\lambda}_n$ 表示 $\mathbf{X}_n+\mathbf{A}_n$ 的特征值的绝对值最大值，那么当 n 趋于无穷时，有

$$\sqrt{n}(\widetilde{\lambda}_n-\theta_n) \xrightarrow{(\text{d})} \mathcal{N}_{\mathbb{C}}\left(0, \frac{b^2L^2}{|\theta|^2-b^2}\right) \tag{6.213}$$

其中，$\mathcal{N}_{\mathbb{C}}(0,\sigma^2)$ 表示具有协方差矩阵 $\sigma^2\mathbf{I}_2$ 的复数高斯定律。

我们注意到$|\theta|$越接近于体，方差越大。这可以看作随机矩阵特征值的相互排斥趋势的新表达式。然而，极限定律在$\mathbb{C}$ 中是各向同性的，而这种趋势可能会导致在这里得到非对称的极限分布，这是因为 $\widetilde{\lambda}_n$ 的尽可能远离体的趋势。

根据文献[336]，我们知道定理 6.17.5 适用于符合定律

$$\frac{1}{Z_n}\exp(-n\ \text{Tr}\ V(\mathbf{AA}^*))\,\text{d}\mathbf{A}$$

分布的随机复矩阵 $\mathbf{X}_n$ 模型，其中，$\text{d}\mathbf{A}$ 是 $n\times n$ 复矩阵集的 Lebesgue 测度，$V(x)$是具有正首项系数的多项式，Z_n 是归一化常数。这是一个一元不变模型，可以注意到 $V(x)=(1/2\sigma^2)x$ 给出了 Ginibre 矩阵[111, 328, 329]。

例 6.17.6(存在干扰和噪声的情况下的大规模 MIMO)

为了简明起见，令信道带宽小于相干带宽。物理带宽宽于相干带宽的信道可以通过正交频分复用或相关技术分解为等效的并行窄带信道。

将从 m 个发射天线到 n 个接收天线的频率平坦衰落窄带信道用矩阵方程

$$\mathbf{Y}=\mathbf{HT}+\mathbf{Z} \tag{6.214}$$

来表示。其中，$\mathbf{T}\in\mathbb{C}^{m\times T}$是传输的数据(最终与导频符号复用)，$T$ 是相干时间，其为符号间隔的倍数，$\mathbf{H}\in\mathbb{C}^{n\times m}$是未知传播系数的信道矩阵，$\mathbf{Y}\in\mathbb{C}^{n\times T}$是接收的信号，且 $\mathbf{Z}\in\mathbb{C}^{m\times T}$是总损耗。此外，我们假设信道、数据和损耗具有零均值，即$\mathbb{E}\mathbf{X}=\mathbb{E}\mathbf{H}=\mathbb{E}\mathbf{E}=\mathbf{0}$。损耗包括热噪声和其他单元的干扰，一般来说，其既不是白噪声也不是高斯噪声。

我们将损耗过程

$$\mathbf{Z}=\mathbf{W}+\mathbf{H}_I\mathbf{X}_I \tag{6.215}$$

分解成白噪声 $\mathbf{W}$ 和来自 L 个相邻区域的干扰，其中干扰数据 $\mathbf{H}_I\in\mathbb{C}^{Lm\times n}$在相邻区域中传输并通过信道 $\mathbf{H}_I\in\mathbb{C}^{n\times Lm}$在相关区域中接收。从式(6.214)和式(6.215)中可知

$$\mathbf{Y}=\mathbf{HT}+\mathbf{H}_I\mathbf{X}_I+\mathbf{W} \tag{6.216}$$

当

$$\mathbf{Z}=\mathbf{X}=\mathbf{U}^{\mathrm{H}}\begin{pmatrix} s_1 & & 0 \\ & \ddots & \\ 0 & & s_n \end{pmatrix}\mathbf{V}$$

时，干扰和噪声可以使用式(6.210)进行建模。考虑到 $\mathbf{A}=\mathbf{HT}$，我们得到上述考虑的标准模型 $\mathbf{X}+\mathbf{A}$。$\mathbf{A}$ 是低秩矩阵，其秩 $r=\min\{m,n,T\}$。例如，如果我们设置参数 $m=3$，$T=1000$，$L=2$，$n=200$，我们有秩 $r=3$。考虑单个发射天线 $m=1$ 的特殊情况。我们有随机矩阵 $\mathbf{Z}$ 的秩 1 矩阵扰动 $\mathbf{ht}^{\mathrm{T}}$，使得

$$\mathbf{Y}=\mathbf{ht}^{\mathrm{T}}+\mathbf{Z}$$

其中，$\mathbf{h}=\mathbf{H}\in\mathbb{C}^{n\times1}$，$\mathbf{t}=\mathbf{T}^{\mathrm{T}}\in\mathbb{C}^{T\times1}$。在复平面中，$\mathbf{Y}=\mathbf{ht}^{\mathrm{T}}+\mathbf{Z}$ 的频谱中只会出现一个离群值。对于 m 个发射天线，我们有

$$\mathbf{Y}=\mathbf{h}_1\mathbf{t}_1^{\mathrm{T}}+\mathbf{h}_2\mathbf{t}_2^{\mathrm{T}}+\cdots+\mathbf{h}_m\mathbf{t}_m^{\mathrm{T}}+\mathbf{Z}$$

其中，如果 $m\leqslant n$ 且 $m\leqslant T$，则有 $\mathbf{h}_i=\mathbf{H}(:,i)\in\mathbb{C}^{n\times1}$，$\mathbf{t}_i=\mathbf{T}^{\mathrm{T}}(:,i)\in\mathbb{C}^{T\times1}$，$i=1,\cdots,m$。这种情况下有 $r(=m)$ 个离群值。 □

Code 3：单环定理中的离群值

```
% ***********************************************************
%
% Outliers in the single ring theorem
%
%        FLORENT BENAYCH-GEORGES AND JEAN ROCHET
%
%    arXiv: 1308.3064v1 [math.PR] 14 Aug 2013
% ***********************************************************
clear all;
n=200;  % matrix of n x n
N_Try=20   % number of Monte Carlo trials
Axis_Length=4;  % window of visualization
IFIG=0;

A=zeros(n,n);
alpha=1; beta=4;

A(1,1)=1; A(2,2)=3+i;A(3,3)=3-i;

for i=1:N_Try
X=zeros(n,n);
X=(randn(n,n)+j*randn(n,n))/sqrt(2);
% i.i.d. random matrix with i.i.d.
  % (Gaussian) complex entries
[U1,S1,V1] = svd(X);
X=(randn(n,n)+j*randn(n,n))/sqrt(2);
% i.i.d. random matrix with i.i.d.
  % (Gaussian) complex entries
[U2,S2,V2] = svd(X);
c=alpha;d=beta; s = c+ (d-c).*rand(n,1);
```

```
% uniform distribution
  % on the interval [c, d]
S=diag(s);   % singular eigenvalues have uniform distrition
on the interval [c,d]
X=U1 * S * V2;   % random matrix with prescribed singular values
lamda=eig(X+A);   % eigenvalues are complex numbers
SNR_dB=10 * log10(trace(A * A')/trace(X * X'/n))
% *********** Figures *********
IFIG=1;
IFIG=IFIG+1;figure(IFIG);
t=0:2 * pi/1000:2 * pi;x=sin(t);y=cos(t);   % unit circle
r=n^(-1/4);   % radius of circle
a=sqrt(alpha * beta); b=sqrt(alpha^2+beta^2+alpha * beta)/sqrt(3);
plot(real(lamda),imag(lamda),'.', a * x,a * y,'r.',b * x,b * y,'r.',...
3+r * x,1+r * y,'r.',3+r * x,-1+r * y,...
'r.',1+r * x,0+r * y,'r.');
hold on;
axis([Axis_Length * (-1) Axis_Length Axis_Length * (-1)
Axis_Length]) grid on;
xlabel('Real Part of Complex Value z')
ylabel('Imaginary Part of Complex Value z')
title(['Matrix size = ',num2str(n),',
# Monte Carlo Trials =',num2str(i)])
end % N_Try
hold off
```

6.17.1 有限秩扰动的离群值：定理 6.17.3 的证明

现在我们概述定理 6.17.3 的证明并强调需要什么工具。我们依照文献[333]中的定理 1.4 来证明定理 6.17.3，从计算

$$\begin{aligned}\det(z\mathbf{I}-(\mathbf{X}+\mathbf{A})) &= \det(z\mathbf{I}-\mathbf{X})\det(\mathbf{I}-(z\mathbf{I}-\mathbf{X})^{-1}\mathbf{A}) \\ &= \det(z\mathbf{I}-\mathbf{X})\det(\mathbf{I}-(z\mathbf{I}-\mathbf{X})^{-1}\mathbf{BC}) \\ &= \det(z\mathbf{I}-\mathbf{X})\det(\mathbf{I}-\mathbf{C}(z\mathbf{I}-\mathbf{X})^{-1}\mathbf{B})\end{aligned} \tag{6.217}$$

开始，此处有 $\mathbf{A}=\mathbf{BC}$，$\mathbf{B}\in\mathbb{C}^{n\times r}$，$\mathbf{C}\in\mathbb{C}^{r\times n}$。对于最后一步，我们使用了下述事实，对所有的 $\mathbf{M}\in\mathbb{C}^{p\times q}$，$\mathbf{N}\in\mathbb{C}^{q\times p}$，有

$$\det(\mathbf{I}_p+\mathbf{MN})=\det(\mathbf{I}_q+\mathbf{NM})$$

对于任意矩阵 $\mathbf{Q}\in\mathbb{C}^{n\times n}$，其 n 个特征值 z 满足 $\det(z\mathbf{I}_n+\mathbf{Q})=0$。

因此，根据式(6.217)，$\mathbf{X}+\mathbf{A}$ 的特征值 z 不是 $\mathbf{X}$ 的特征值，而是它们满足

$$\det(\mathbf{I}-\mathbf{C}(z\mathbf{I}-\mathbf{X})^{-1}\mathbf{B})=0$$

使用式(6.217)，如在文献[333]中 Tao 所做的那样，我们引入亚纯函数(隐式地取决于 n)

$$f(z):=\det(\mathbf{I}-\mathbf{C}(z\mathbf{I}-\mathbf{X})^{-1}\mathbf{B}) \tag{6.218}$$

$$g(z):=\det(\mathbf{I}-\mathbf{C}(z\mathbf{I})^{-1}\mathbf{B}) \tag{6.219}$$

引理 6.17.7 当 n 趋于无穷时，我们可以得到：

$$\sup_{|z|\geqslant b+2\varepsilon}|f(z)-g(z)|\xrightarrow{\mathbb{P}}0$$

该引理证明如下。现在我们可以解释这个引理如何得出定理 6.17.3 的证明。$f(z)$ 和

$g(z)$ 的极点分别是 $\mathbf{A}$ 和空矩阵 $\mathbf{I}$ 的特征值，因此当 n 足够大时，它们在域 $\{z\in\mathbb{C}:|z|>b+2\varepsilon\}$ 中无极点，而在这个域中它们的零点正是 $\mathbf{X}+\mathbf{A}$ 和 $\mathbf{A}$ 在这个域中的特征值。因此，根据 Rouché 定理，当概率趋于 1 时，对于足够大的 n，$\mathbf{X}+\mathbf{A}$ 和 $\mathbf{A}$ 在该区域中具有相同数量的特征值 j。$|g(z)|$ 在半径为 $b+\varepsilon$ 的圆上。我们假定 $\mathbf{A}$ 的任何特征值至少距离 $\{z\in\mathbb{C}:|z|=b+2\varepsilon\}$ 为 ε，我们可以得到：

$$\inf_{|z|=b+2\varepsilon}|g(z)|=\inf_{|z|=b+2\varepsilon}\frac{\prod_{i=1}^{n}|z-\lambda_i(\mathbf{A})|}{|z|^2}\geqslant\left(\frac{\varepsilon}{b+2\varepsilon}\right)^r$$

同样，使用引理 6.17.7，我们得出结论，在适当的标记下

$$\forall i\in\{1,\cdots,j\},\quad \lambda_i(\mathbf{X}+\mathbf{A})\xrightarrow{\mathbb{P}}\lambda_i(\mathbf{A})$$

对于每个固定的 $i\in\{1,\cdots,j\}$，

$$\prod_{\ell=1}^{n}\left|1-\frac{\lambda_\ell(\mathbf{A})}{\lambda_i(\mathbf{X}+\mathbf{A})}\right|=|g(\lambda_i(\mathbf{X}+\mathbf{A}))|=|f(\lambda_i(\mathbf{X}+\mathbf{A}))-g(\lambda_i(\mathbf{X}+\mathbf{A}))|$$

$$\leqslant\sup_{|z|\geqslant b+2\varepsilon}|f(z)-g(z)|\xrightarrow{\mathbb{P}}0$$

现在证明引理 6.17.7。我们首先可以证明这一点：

$$\sup_{|z|\geqslant b+2\varepsilon}|f(z)-g(z)|=\sup_{|z|\geqslant b+2\varepsilon}|\det(\mathbf{I}-\mathbf{C}(z\mathbf{I}-\mathbf{X})^{-1}\mathbf{B})-\det(\mathbf{I}-\mathbf{C}(z\mathbf{I})^{-1}\mathbf{B})|\xrightarrow{\mathbb{P}}0$$

因为函数行列式：$\mathbb{C}^{r\times r}\to\mathbb{C}$ 是在每个有界的复矩阵 $\mathbb{C}^{r\times r}$ 上的利普希茨数。然后，引理 6.17.7 的证明基于以下两个引理（其证明可以在原始文献[138]中找到）。设 $\|\cdot\|_{\mathrm{op}}$ 是矩阵的算子范数。

引理 6.17.8 存在一个常数 $C_1>0$，使得事件：

$$\mathcal{E}_n:\{\forall k\geqslant 1,\ \|\mathbf{X}^k\|_{\mathrm{op}}\leqslant C_1\cdot(b+\varepsilon)^k\}$$

有可能趋于 1，因为 n 趋于无穷。

引理 6.17.9 对于所有的 $k\geqslant 0$，当 n 趋于无穷时，我们有

$$\|\mathbf{C}\mathbf{X}^k\mathbf{B}\|_{\mathrm{op}}\xrightarrow{\mathbb{P}}0$$

在引理 6.17.8 中定义的事件 $\mathcal{E}_n$ 中，对于 $|z|\geqslant b+2\varepsilon$，我们得到

$$\mathbf{C}(z\mathbf{I}-\mathbf{X})^{-1}\mathbf{B}-\mathbf{C}(z\mathbf{I})^{-1}\mathbf{B}=\mathbf{C}\sum_{k=1}^{+\infty}\frac{\mathbf{X}^k}{z^{k+1}}\mathbf{B}$$

并且当 $\delta>0$ 时，可以得到

$$\mathbb{P}\left(\sup_{|z|\geqslant b+2\varepsilon}\|\mathbf{C}(z\mathbf{I}-\mathbf{X})^{-1}\mathbf{B}-\mathbf{C}(z\mathbf{I})^{-1}\mathbf{B}\|_{\mathrm{op}}>\delta\right)\leqslant\mathbb{P}(\mathcal{E}_n^c)+\mathbb{P}\left(\sum_{k=1}^{k_0}\frac{\|\mathbf{C}\mathbf{X}^k\mathbf{B}\|_{\mathrm{op}}}{(b+2\varepsilon)^{k+1}}>\frac{\delta}{2}\right)$$

$$+\mathbb{P}\left(\mathcal{E}_n\text{ and }\left\|\mathbf{C}\sum_{k=k_0+1}^{+\infty}\frac{\mathbf{X}^k}{z^{k+1}}\mathbf{B}\right\|_{\mathrm{op}}>\frac{\delta}{2}\right)$$

根据引理 6.17.8，我们找到一个足够大的数 k_0，使得最后的事件具有消失的概率。那么，当 n 趋于无穷时，引理 6.17.9 中最后一个事件的概率变为零。

6.17.2 内圆内的特征值：定理 6.17.4 的证明

我们的目标是证明对于所有 $\delta\in]0,a[$，其概率趋于 1 时，在式(6.218)中定义的函数

$f(z)$在区域$\{z\in\mathbb{C}:|z|<a-\delta\}$上没有零点。根据公式

$$f(z):=\det(\mathbf{I}-\mathbf{C}(z\mathbf{I}-\mathbf{X})^{-1}\mathbf{B})$$

所以对于所有的$|z|<a-\delta$，一个简单的充分条件是$\|\mathbf{C}(z\mathbf{I}-\mathbf{X})^{-1}\mathbf{B}\|_{\mathrm{op}}<1$。因此，证明当$n$趋于无穷时，概率趋于1就足够了，

$$\sup_{|z|<a-\delta}\|\mathbf{C}(z\mathbf{I}-\mathbf{X})^{-1}\mathbf{B}\|_{\mathrm{op}}<1$$

该方法与6.17.1节中的相同。对于所有$|z|<a-\delta$，我们有

$$\begin{aligned}\mathbf{C}(z\mathbf{I}-\mathbf{X})^{-1}\mathbf{B}&=\mathbf{C}\mathbf{X}^{-1}(z\mathbf{I}-\mathbf{X}^{-1})^{-1}\mathbf{B}\\&=\mathbf{C}\sum_{k=1}^{+\infty}z^{k-1}\mathbf{X}^{-k}\mathbf{B}\end{aligned}\tag{6.220}$$

由于$\mathbf{X}^{-1}=\mathbf{V}^{\mathrm{H}}\operatorname{diag}(1/s_1,\cdots,1/s_n)\mathbf{U}^{\mathrm{H}}$，并且满足相同类型的假设，所以这个想法是将$\mathbf{X}^{-1}$视为各向同性随机矩阵，例如$\mathbf{X}$。

根据文献[336]，我们知道，只要$\|\mathbf{S}_n\|_{\mathrm{op}}$有界，即使$\mathbf{S}_n$有离群值，在体的外部圆外也没有自然离群值。在定理6.17.4中，为了确定内圆内没有自然的离群值（当$a>0$时），我们可以假设$\sup_{n\geqslant1}\|\mathbf{S}_n^{-1}\|_{\mathrm{op}}<\infty$。

事实上，当$a>0$，假设1和假设2自动满足，下面的引理保证了假设3也可以满足。

引理6.17.10 存在一些常数$\widetilde{\kappa}$，$\widetilde{\kappa}_1>0$，得到

$$\operatorname{Im}(z)>\frac{1}{n^{\widetilde{\kappa}}}\Rightarrow|\operatorname{Im}(G_{\mathbf{S}^{-1}}(z))|\leqslant\widetilde{\kappa}_1$$

引理6.17.10的证明在文献[138]中给出。因此，根据文献[336]，$\mu_{\mathbf{X}_n^{-1}}(\cdot)$的支撑以概率收敛于环：

$$\{z\in\mathbb{C}:b^{-1}\leqslant|z|<a^{-1}\}$$

根据我们之前所做的，

$$\sup_{|\xi|\geqslant a^{-1}+\varepsilon}\mathbf{C}\sum_{k=1}^{+\infty}\frac{\mathbf{X}^{-k}}{\xi^{k+1}}\mathbf{B}\xrightarrow{\mathbb{P}}0$$

那么，选择适当的ε，可以得到：

$$\mathbb{P}\left(\sup_{|z|<a-\delta}\|\mathbf{C}(z\mathbf{I}-\mathbf{X})^{-1}\mathbf{B}\|_{\mathrm{op}}<1\right)\geqslant1-\mathbb{P}\left(\sup_{|\xi|>a^{-1}+\varepsilon}\left\|\mathbf{C}\sum_{k=1}^{+\infty}\frac{\mathbf{X}^{-k}}{\xi^{k+1}}\mathbf{B}\right\|_{\mathrm{op}}<1\right)\to1$$

6.18 椭圆定律和离群值

我们考虑一组随机变量X_{ij}，$1\leqslant i,j<\infty$，使得(X_{ij},X_{ji})，$1\leqslant i\leqslant j<\infty$是独立的随机向量，且均值为零，$\mathbb{E}_{ij}=\mathbb{E}X_{ji}=0$，方差为1，$\mathbb{E}X_{ij}^2=\mathbb{E}X_{ji}^2=1$，相关系数$\mathbb{E}X_{ij}X_{ji}=\rho$，$|\rho|\leqslant1$。还假设$X_{ii}$，$1\leqslant i<\infty$是独立的随机变量，独立于$(X_{ij},X_{ji})$，$1\leqslant i\leqslant j<\infty$，并且$\mathbb{E}X_{ii}=0$，$\mathbb{E}X_{ii}^2<\infty$。我们考虑随机矩阵：

$$\mathbf{X}_n=\{X_{ij}\}_{i,j=1}^{n}$$

根据式(3.6)定义$n^{-1/2}\mathbf{X}_n$的经验谱测度μ_n。

定理6.18.1(椭圆定律) $\mathbf{X}_n$的定义由上文给出。那么当以概率$\mu_n\to\mu$，μ具有密度函数$g(x,y)$：

$$g(x,y)=\begin{cases}\dfrac{1}{\pi(1-\rho^2)}, & (x,y)\in\left\{u,v\in\mathbb{R}:\dfrac{u^2}{(1+\rho)^2}+\dfrac{v^2}{(1+\rho)^2}\leqslant 1\right\}\\ 0, & 其他\end{cases}$$

例 6.18.2(MATLAB 实现)

考虑两个标准的高斯随机变量 Y 和 Z。用下式来构造随机矩阵 $\mathbf{X}_n$:

$$X_{ij}=Y;\quad X_{ji}=\rho Y+\sqrt{1-\rho^2}Z,\quad 1\leqslant i<j<n \tag{6.221}$$

MATLAB 中的另一种方法是利用协方差矩阵生成两个具有相关系数 ρ 的随机向量:

$$\begin{bmatrix}1 & \rho\\ \rho & 1\end{bmatrix}$$

诀窍是使用 Cholesky 分解函数 chol.m。如果 $\mathbf{A}$ 是正定的, 则 R=chol(A)产生一个上三角 $\mathbf{R}$, 使得

$$\mathbf{R}^{\mathrm{T}}\mathbf{R}=\mathbf{A}$$

```
R = chol(Sigma);
for i=1:n   % since we deal with i.i.d. random variables,
we use the loop.
  z = repmat(mu,n,1) + bernoulli(0.5,n,2) * R;
  % z is a n x 2 matrix
  for j=1:n;
X(i,j)=z(j,1);   % the first random vector
X(j,i)=z(j,2);   % the second random vector that is correlated
                 % with the first random vector
end
end
```

□

假设 $\mathbf{A}$ 是一个 $n\times n$ 矩阵。

用 $\lambda_1,\cdots,\lambda_n$ 表示矩阵 $\mathbf{X}_n$ 的特征值, 并用式(3.6)定义其谱分布函数 $F_{\mathbf{A}_n}(x,y)$。

当 $\rho=1$ 时, 我们有对称随机矩阵的集合。如果 X_{ij}是独立同分布的, 则 $\rho=0$, 并且得到元素独立同分布的矩阵的集合。

定义椭圆上均匀分布的随机变量的密度函数为

$$g(x,y)=\begin{cases}\dfrac{1}{\pi(1-\rho^2)}, & (x,y)\in\left\{u,v\in\mathbb{R}:\dfrac{u^2}{(1+\rho)^2}+\dfrac{v^2}{(1+\rho)^2}\leqslant 1\right\}\\ 0, & 其他\end{cases}$$

以及相应的分布函数为

$$G(x,y)=\int_{-\infty}^{x}\int_{-\infty}^{y}f(u,v)\,\mathrm{d}u\mathrm{d}v$$

如果所有 X_{ij}都具有有限的四阶矩和密度, 那么 Girko 证明了 $F_{\mathbf{X}_n}$收敛于 G。他称这个结果为"椭圆定律"。但与圆形定律的情况类似, Girko 在文献中的证明被认为是有问题的。随后具有高斯项的矩阵的椭圆定律得证[338]。在这种情况下, 可以写出矩阵 $n^{-1/2}\mathbf{X}_n$ 特征值的密度的显式公式。在文献[339, 340]中, Naumov 证明了在所有元素仅具有有限四阶矩的假设下的椭圆定律。最近, Nguyen 和 O'Rourke [341]证明在一般情况下只假定有限二阶矩的椭圆定律。该工作线与圆形定律有关(参见文献[329])。

图 6.33 显示了高斯随机变量的应用，而图 6.34 显示了伯努利随机变量的应用，其中，$\rho=0.5$。图 6.35 和图 6.36 中 $\rho=-0.5$。

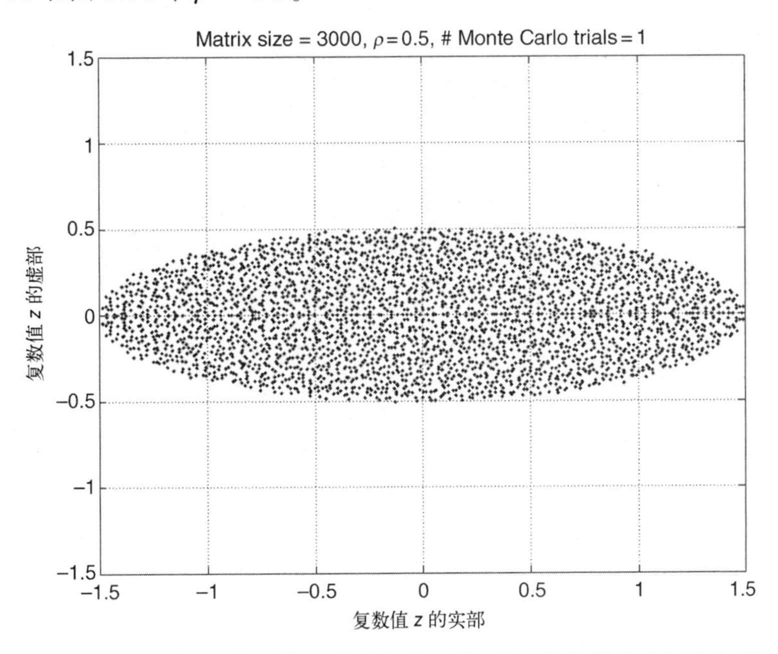

图 6.33　当 $\rho=0.5$，$n=3000$ 时，矩阵 $n^{-1/2}\mathbf{X}_n$ 的特征值。每个元素都是服从独立同分布的高斯随机变量

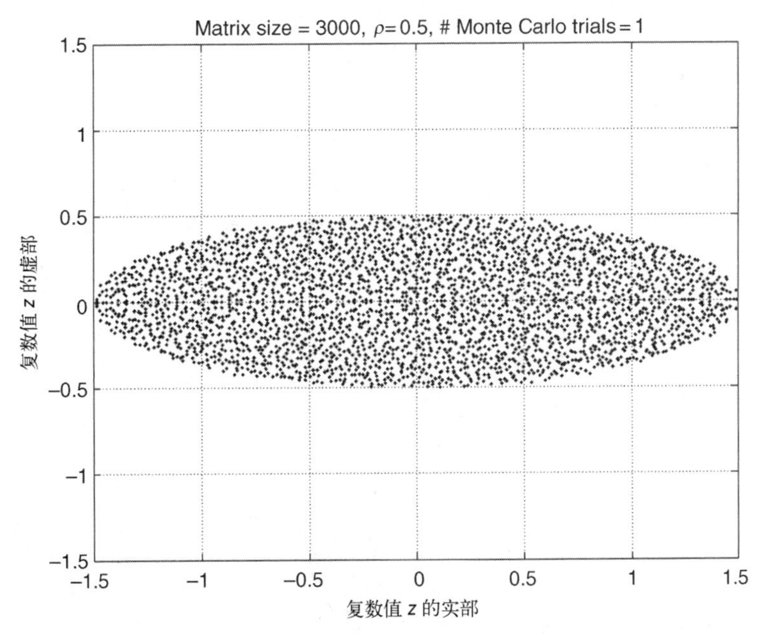

图 6.34　当 $\rho=0.5$，$n=3000$ 时，矩阵 $n^{-1/2}\mathbf{X}_n$ 的特征值，每个元素都是服从独立同分布的伯努利随机变量，取值为+1 和−1，每个值的概率为 1/2

例 6.18.3（高斯的情况）

令矩阵 **X** 的元素均值为零，具有相关性，且服从高斯分布：

$$\mathbb{E}\,X_{ij}^2=1,\quad \mathbb{E}\,X_{ij}X_{ji}=\rho,\quad i\neq j,|\rho|\leqslant 1$$

这种矩阵的集合可以由下述概率测度来指定：

$$\mathbb{P}(\mathrm{d}\mathbf{X}) \sim \exp\left[-\frac{n}{2(1-\rho^2)}\mathrm{Tr}(\mathbf{X}\mathbf{X}^{\mathrm{T}}-\rho\mathbf{X}^2)\right]$$

从定理 6.18.1 得出 $\mu_n \xrightarrow{\text{弱}} \mu$。这个结果可以推广到高斯不对称复矩阵的集合。在这种情况下，不变量是

$$\mathbb{P}(\mathrm{d}\mathbf{X}) \sim \exp\left[-\frac{n}{1-|\rho|^2}\mathrm{Tr}(\mathbf{X}\mathbf{X}^{\mathrm{T}}-2\mathrm{Re}\,\rho\mathbf{X}^2)\right] \tag{6.222}$$

$$\mathbb{E}\,X_{ij}^2=1,\ \mathbb{E}\,X_{ij}X_{ji}=|\rho|\mathrm{e}^{\mathrm{j}2\theta},\quad i\neq j,|\rho|\leqslant 1$$

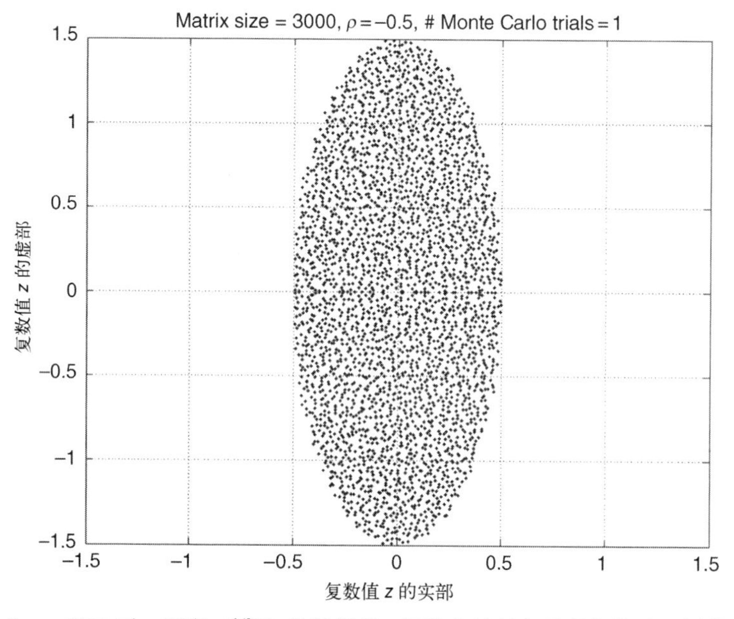

图 6.35　当 $\rho=-0.5$，$n=3000$ 时，矩阵 $n^{-1/2}\mathbf{X}_n$ 的特征值，矩阵中的每个元素均是独立同分布的高斯随机变量

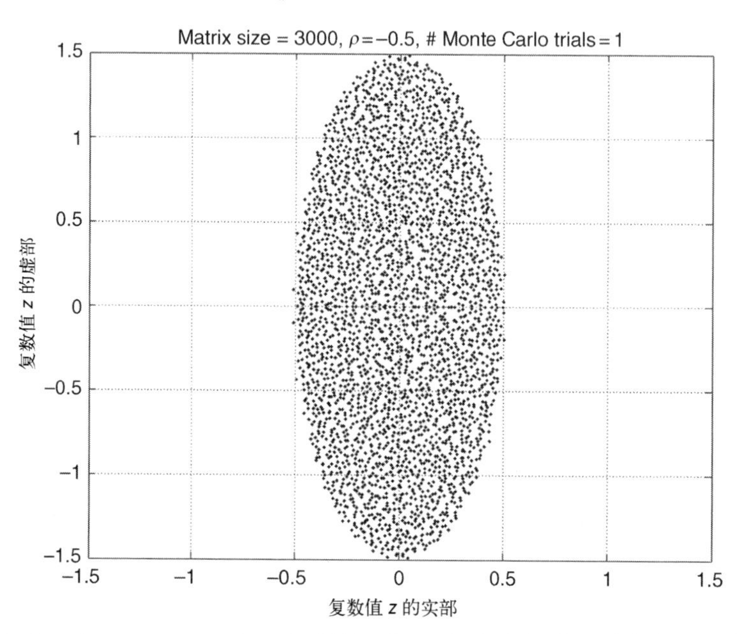

图 6.36　当 $\rho=-0.5$，$n=3000$ 时，矩阵 $n^{-1/2}\mathbf{X}_n$ 的特征值，矩阵中的每个元素均是独立同分布的伯努利随机变量。其中每个值在+1，−1 中等概率出现

然后，极限的测度在椭圆内具有均匀的密度，该椭圆中心为0，且在方向 θ 半轴为 $1+|\rho|$，在方向 $\theta+\pi/2$ 半轴为 $1-|\rho|$。为了说明，可参见图 6.37(高斯情况)和图 6.38(伯努利情况)。

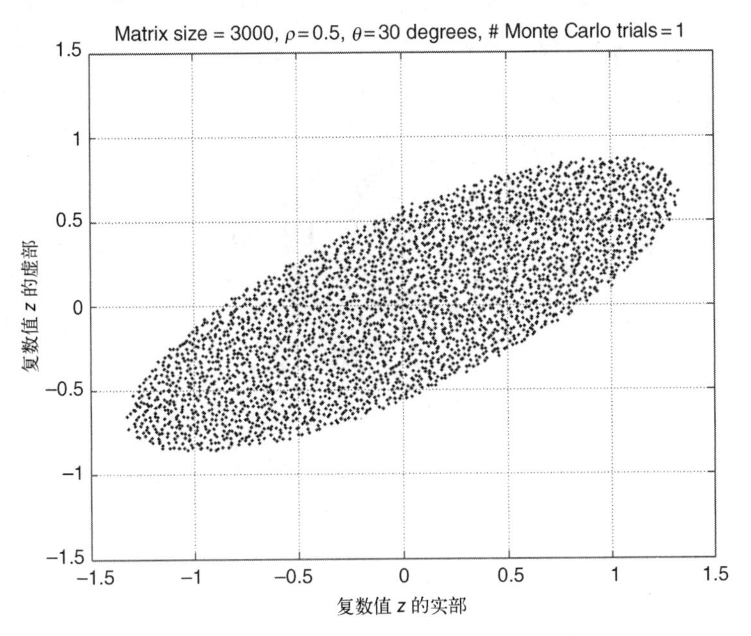

图 6.37　当 $\rho=0.5$，$\theta=30$，$n=3000$ 时，矩阵 $n^{-1/2}\mathbf{X}_n$ 的特征值，矩阵中的每个元素均是独立同分布的高斯随机变量

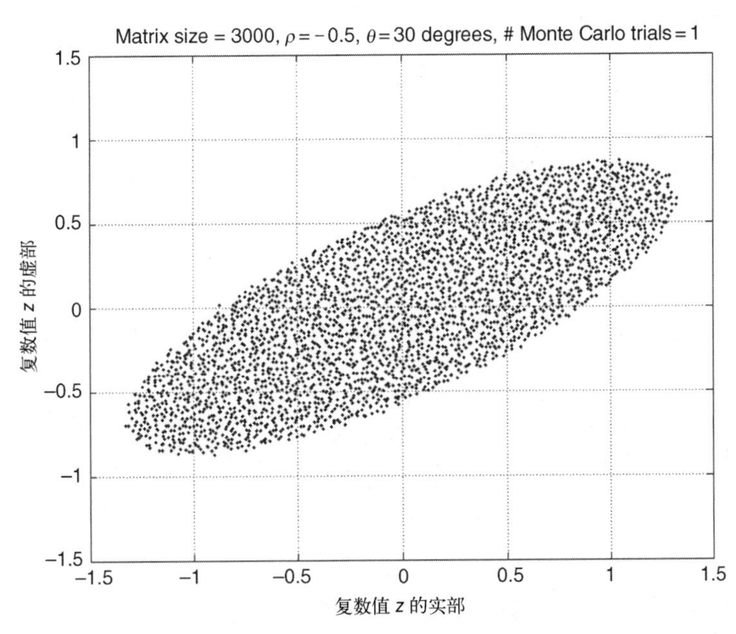

图 6.38　当 $\rho=-0.5$，$\theta=30$，$n=3000$ 时，矩阵 $n^{-1/2}\mathbf{X}_n$ 的特征值，矩阵中的每个元素均是独立同分布的伯努利随机变量。其中每个值在+1，−1中等概率出现

根据图 6.38，式(6.222)对伯努利情况也是有效的。 □

与 6.16 节圆形定律中的离群值类似，这里我们猜想离群值也会出现在 $n^{-1/2}\mathbf{X}_n+\mathbf{A}_n$ 中，其中 $\mathbf{A}_n$ 是低秩的 $n\times n$ 矩阵。这一结果的证明作者没有给出。$n^{-1/2}\mathbf{X}_n+\mathbf{A}_n$ 中的离群值如图 6.39 所示。

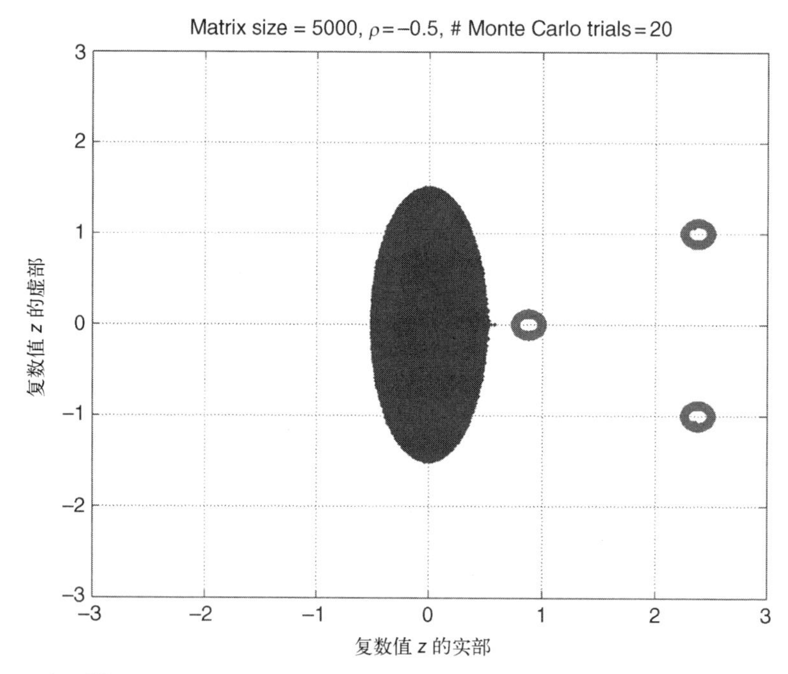

图 6.39　矩阵 $n^{-1/2}\mathbf{X}_n+\mathbf{A}_n$ 的特征值的逐点分布，其中 $\mathbf{X}_n$ 是 $n\times n$ 随机矩阵，$\rho=0.5$，$n=3000$。矩阵 $\mathbf{X}_n$ 中的所有元素均是独立同分布的高斯随机变量。$\mathbf{A}_n=\mathrm{diag}(1,2.5+\mathrm{i},2.5-\mathrm{i},0,\cdots,0)$。三个空心圆的半径是 $1/n^{1/4}$，分别位于 1,2.5+i,2.5-i。进行了 20 次蒙特卡罗试验

Code 4：椭圆定律中的离群值

```
% ************************************************************
%
% ELLIPTIC LAW FOR REAL RANDOM MATRICES
%
%         ALEXEY NAUMOV
%
% arXiv:1201.1639v2 [math.PR] 13 Feb 2012
% ************************************************************
clear all;
n=3000;  % matrix of n x n
N_Try=1  % number of Monte Carlo trials
Axis_Length=1.5;  % window of visualization
IFIG=0;
rho=0.5;
A=zeros(n,n);X=zeros(n,n);
  A(1,1)=1; A(2,2)=2.5+i;A(3,3)=2.5-i;
for i_Try=1:N_Try
D=randn(n,1);
% Method 1 for generating two correlated random variables
mu = [0 0];
Sigma = [1 rho; rho 1]; R = chol(Sigma);

% Method 2 for generating two correlated random variables
% for i=1:n
```

```
  % for j=1:n
% X(i,j)=randn(1,1);
% X(j,i)=rho *X(i,j) + sqrt(1-rho^2)*randn(1,1);
% end
% end
for i=1:n
  % Gaussian random variable
z = repmat(mu,n,1) + randn(n,2)*R;
  % Bernoulli random variable
% z = repmat(mu,n,1) + bernoulli(0.5,n,2)*R;
  j=1:n;
X(i,j)=z(j,1);
X(j,i)=z(j,2);
end
for i=1:n
  X(i,i)=D(i); % diagonal elments are zero mean with finite variance
end

lamda=eig(X/sqrt(n)+A); % eigenvalues are complex numbers
SNR_dB=10*log10(trace(A*A')/trace(X*X'/n))
% *********** Figures *********
IFIG=0;
IFIG=IFIG+1;figure(IFIG);
t=0:2*pi/1000:2*pi;x=sin(t);y=cos(t);   % unit circle
r=n^(-1/4);   % radius of circle

plot(real(lamda),imag(lamda),'.',1-r+r*x,r*y,'r*',
2.5+-r+r*x,1+r*y,'r*',...
2.5-r+r*x,-1+r*y,'r*')
hold on;
axis([Axis_Length*(-1) Axis_Length Axis_Length*(-1)
    Axis_Length])
grid on;
xlabel('Real Part of Complex Value z')
ylabel('Imaginary Part of Complex Value z')
title(['Matrix size = ',num2str(n),', \rho= ',num2str(rho),
', # Monte Carlo Trials =',num2str(i_Try)])
end % N_Try
hold off

function B=bernoulli(p,m,n);
% BERNOULLI.M
% This function generates n independent draws of a Bernoulli
% random variable with probability of success p.
% first, draw n uniform random variables

M = m;
N = n;
p = p;
B = rand(M,N) < p;
B=B*(-2)+ones(M,N);
```

接下来，我们考虑扰动椭圆随机矩阵的离群值。

对于任何矩阵 $\mathbf{M}$，我们定义 Frobenius 范数或希尔伯特-施密特(Hilbert-Schmidt)范数，通过公式

$$\|\mathbf{M}\|_{\mathrm{F}}=\sqrt{\mathrm{Tr}(\mathbf{M}\mathbf{M}^{\mathrm{H}})}=\sqrt{\mathrm{Tr}(\mathbf{M}^{\mathrm{H}}\mathbf{M})}$$

我们定义谱范数为$\|\mathbf{M}\|$。

定义 6.18.4(C1 的条件) 定义$(\xi_1,\xi_2)\in\mathbb{R}^2$是随机变量，其中$\xi_1,\xi_2$服从标准正态分布，我们设定$\rho:=\mathbb{E}[\xi_1\xi_2]$。令$\{X_{ij}\}_{i,j\geqslant 1}$为实随机变量的无线双数组，对于每一个$n\geqslant 1$，我们定义$\mathbf{X}_n\in\mathbb{R}^n$。假定满足如下条件，我们可以认定随机矩阵的序列$\{\mathbf{X}_n\}_{n\geqslant 1}$满足条件 C1，其中原子变量为$(\xi_1,\xi_2)$：

- $\{Y_{ii}:1\leqslant i\}\cup\{(Y_{ij},Y_{ji}):1\leqslant i\leqslant j\}$是独立随机元素的一个集合；
- $\{(Y_{ij},Y_{ji}):1\leqslant i\leqslant j\}$是$(\xi_1,\xi_2)$的 i. i. d. 副本的一个集合；
- $\{Y_{ii}:1\leqslant i\}$是具有均值为零和有限方差的 i. i. d. 随机变量的集合。

设$\{\mathbf{X}_n\}_{n\geqslant 1}$是满足条件 C1 并有原子变量$(\xi_1,\xi_2)$的随机矩阵序列。如果$\rho:=\mathbb{E}[\xi_1\xi_2]=1$，则$\{\mathbf{X}_n\}_{n\geqslant 1}$是 Wigner 实对称矩阵序列。

令ξ为一个均值为零，方差为 1 的实数随机变量。对于每一个$n\geqslant 1$，令$\mathbf{X}_n$为一个值为ξ的 i. i. d. 副本的$n\times n$矩阵。则$\mathbf{X}_n$是满足条件 C1 的随机矩阵序列。

如果$\mathbf{X}_n$是满足条件 C1 的随机矩阵序列，那么正如文献[342] 指出的，$(1/\sqrt{n})\mathbf{X}_n$的极限经验光谱密度是由一个椭圆内部的均匀分布给出的。对于$-1<\rho<1$，定义椭球为

$$\mathcal{E}_{\rho}:=\left\{z=x+\mathrm{j}y\in\mathbb{C}:\frac{x^2}{(1+\rho)^2}+\frac{y^2}{(1-\rho)^2}\leqslant 1\right\} \tag{6.223}$$

令

$$F_{\rho}(x,y):=\mu_{\rho}(z\in\mathbb{C}:\mathrm{Re}(z)\leqslant x,\mathrm{Im}(z)\leqslant y)$$

其中μ_{ρ}是在$\mathcal{E}_{\rho}$上的统一概率测度。当$\rho=\pm 1$时也很容易定义$\mathcal{E}_{\rho}$。当$\rho=1$时，$\mathcal{E}_{\rho}$为线段$[-2,2]$，当$\rho=-1$时，$\mathcal{E}_{-1}$为在虚轴上的线段$[-2,2]\sqrt{-1}$①。

定理 6.18.5 随机矩阵序列$\{\mathbf{X}_n\}_{n\geqslant 1}$为满足条件 C1 并有原子变量$(\xi_1,\xi_2)$，并且$\rho=\mathbb{E}[\xi_1\xi_2]$，$-1<\rho<1$。当$n\geqslant 1$，设$\mathbf{A}_n$是一个$n\times n$的矩阵，并假定序列$\{\mathbf{A}_n\}_{n\geqslant 1}$满足$\mathrm{rank}(\mathbf{A}_n)=o(n)$和

$$\sup_{n\geqslant 1}\frac{1}{n^2}\|\mathbf{A}_n\|_{\mathrm{F}}^2<\infty$$

则当$n\to\infty$时，$(1/\sqrt{n})(\mathbf{X}_n+\mathbf{A}_n)$的经验谱分布(ESD)几乎可以确定收敛于$F_{\rho}(x,y)$。

当ξ_1,ξ_2是复杂随机变量时，定理 6.18.5 的一个版本成立[341]。

定理 6.18.6(C0 的条件) 设(ξ_1,ξ_2)为在$\mathbb{R}^2$中的一个随机向量，并且ξ_1,ξ_2的均值为零，方差为 1。设定$\rho:=\mathbb{E}[\xi_1\xi_2]$。对于每一个$n\geqslant 1$，设$\mathbf{X}_n$是一个$n\times n$的矩阵。假定满足以下条件，我们可以认定有原子变量$(\xi_1,\xi_2)$的随机矩阵序列$\{\mathbf{X}_n\}_{n\geqslant 1}$满足条件 C0：

- 序列$\{\mathbf{X}_n\}_{n\geqslant 1}$满足条件 C1，其中原子变量为$(\xi_1,\xi_2)$；

---

① 用$\sqrt{-1}$来表示虚数单位。

● 我们得到

$$M_4:=\max\{\mathbb{E}|\xi_1|^4,\mathbb{E}|\xi_2|^4\}<\infty$$

我们定义$\mathbb{R}^n$维空间中 $\mathbf{x}$ 和 $\mathbf{y}$ 之间的距离

$$\mathrm{d}(\mathbf{x},\mathbf{y}):=\left(\sum_{i=1}^{n}(x_i-y_i)^2\right)^{1/2}=\|\mathbf{x}-\mathbf{y}\|$$

上述公式表示的是欧氏范数。定义 K 是封闭的且服从$\mathbb{R}^n$维空间中的有界凸集。对于$\mathbb{R}^n$维空间中的所有 $\mathbf{x}_0$，我们定义从一个点 $\mathbf{x}_0$ 到凸集 K 的距离为

$$\mathrm{dist}(\mathbf{x}_0,K):=\min_{\mathbf{x}\in K}\mathrm{d}(\mathbf{x}_0,\mathbf{x})$$

因为 $\mathcal{E}_\rho$ 是凸集，点 $z\in\mathbb{R}^2$，我们进一步定义邻域

$$\mathcal{E}_{\rho,\delta}:=\{z\in\mathbb{C}:\mathrm{dist}(z,\mathcal{E}_\rho)\leqslant\delta\}$$

对于所有的 $\delta>0$。

定理 6.18.7 随机矩阵序列$\{\mathbf{X}_n\}_{n\geqslant1}$满足条件 C0，其中原子变量为$(\xi_1,\xi_2)$，其中 $\rho=\mathbb{E}[\xi_1\xi_2]$，定义 $\delta>0$，之后，可以完全确定，假如 n 足够大，$(1/\sqrt{n})\mathbf{X}_n$ 的所有特征值均包含于 $\mathcal{E}_{\rho,\delta}$中。

推论 6.18.8(椭圆随机矩阵的谱半径) 定义随机矩阵序列$\{\mathbf{X}_n\}_{n\geqslant1}$满足条件 C0，其中原子变量为$(\xi_1,\xi_2)$，其中 $\rho=\mathbb{E}[\xi_1\xi_2]$，$\delta>0$。当 $n\to\infty$ 时，$(1/\sqrt{n})\mathbf{X}_n$ 的谱半径基本上收敛于 $1+|\rho|$，$n\to\infty$ 。

参见上面的插图。

下面对本节的主要定理进行描述。

定理 6.18.9 (椭圆随机矩阵的低阶扰动的极端值) 定义 $k\geqslant1$，$\delta>0$。矩阵序列$\{\mathbf{X}_n\}_{n\geqslant1}$满足条件 C0，其中原子变量为$(\xi_1,\xi_2)$，$\rho=\mathbb{E}[\xi_1\xi_2]$，所有 $n\geqslant1$，定义 $\mathbf{C}_n\in\mathbb{R}^n$是确定性矩阵，其中

$$\sup_{n\geqslant1}\mathrm{rank}\ (\mathbf{C}_n)\leqslant k,\ \sup_{n\geqslant1}\|\mathbf{C}_n\|=O(1)$$

假定 n 足够大，矩阵 $\mathbf{C}_n$ 中不存在非零元，那么 $\mathbf{C}_n$ 满足

$$\lambda_i(\mathbf{C}_n)+\frac{\rho}{\lambda_i(\mathbf{C}_n)}\in\mathcal{E}_{\rho,3\delta}\backslash\mathcal{E}_{\rho,\delta},\ |\lambda_i(\mathbf{C}_n)|>1$$

并且，j 个特征值 $\lambda_i(\mathbf{C}_n),\cdots,\lambda_j(\mathbf{C}_n)$，$j\leqslant k$，满足

$$\lambda_i(\mathbf{C}_n)+\frac{\rho}{\lambda_i(\mathbf{C}_n)}\in\mathbb{C}\backslash\mathcal{E}_{\rho,3\delta},\ |\lambda_i(\mathbf{C}_n)|>1$$

之后，几乎可以确定，当 n 足够大时，矩阵$(1/\sqrt{n})\mathbf{X}_n+\mathbf{C}_n$ 中存在 j 个特征值适用于区域 $\mathbb{C}\backslash\mathcal{E}_{\rho,2\delta}$，$1\leqslant i\leqslant j$，标记特征值：

$$\lambda_i\left(\frac{1}{\sqrt{n}}\mathbf{X}_n+\mathbf{C}_n\right)=\lambda_i(\mathbf{C}_n)+\frac{\rho}{\lambda_i(\mathbf{C}_n)}+o(1)$$

在文献[342，343]中，考虑了 Wigner 随机矩阵叠加确定性矩阵的注释。定理 6.18.9 可以看作文献[342，343]中的结果在非厄米矩阵中的扩展。

结合一个案例来分析椭圆随机矩阵，其中，均值为非零元

$$\frac{1}{\sqrt{n}}\mathbf{X}_n+\mu\sqrt{n}\varphi_n\varphi_n^{\mathrm{T}}$$

其中，序列$\{\mathbf{X}_n\}_{n\geqslant1}$满足条件 C0，其中原子变量为$(\xi_1,\xi_2)$，$\mu$ 是一个修正的非零复数(n 是独

立的)，$\varphi_n=(1/\sqrt{n})(1,\cdots,1)^{\mathrm{T}}$，作为非零均值的椭圆随机矩阵的离群值可以得到处理。非零均值是矩阵$(1/\sqrt{n})\mathbf{X}_n$ 的一阶扰动。这相当于将矩阵 $\mathbf{X}_n$ 中的所有元素加入到μ 中。根据定理 6.18.5，椭圆定律仍然适用于$(1/\sqrt{n})\mathbf{X}_n$ 的一阶扰动。鉴于定理 6.18.9，我们证明存在一个单独的极端值适用于附近的点集$\mu\sqrt{n}$。

定理 6.18.10(非零均值椭圆随机矩阵的离群值) 定义$\{\mathbf{X}_n\}_{n\geq 1}$满足条件 C0，其中原子变量为$(\xi_1,\xi_2)$，$\rho=\mathbb{E}[\xi_1\xi_2]$，定义$\mu$ 是一个非零的复数且独立于 n。几乎可以确定，当 n 足够大时，矩阵$(1/\sqrt{n})\mathbf{X}_n+\mu\sqrt{n}\varphi_n\varphi_n^{\mathrm{T}}$ 存在于 $\mathcal{E}_{\rho,\delta}$内，且存在一个极端值$\mu\sqrt{n}+o(1)$。

定理 2.7 由文献[344]证明，这个定理适用于一类实对称 Wigner 矩阵。此外，这两个人研究了离群特征值的变化范围。文献[345]在 $\mathbf{X}_n$ 是一个独立同分布随机矩阵时证实了定理 6.18.10。

文献备注

在本章中，我们借鉴了文献[139]中的内容。2012 年在挪威大学进行学术研讨，第一作者有幸见到了他的博士生导师 Ralf Müller 教授与 Ralf Müller 的讨论有非常关键的作用，他的相关的工作可以参考文献[346-348]。

6.8 节的结果可以参考文献[139]，[349,350]。

6.8 节的材料部分源于文献[274]，[293]。

我们引用文献[311,312]中的内容对 6.2.4 节进行了解释。

在 6.8 节中，我们引用文献[309]中的内容用于解释部分内容。在 6.9 节中，引用文献[73, 351]的内容用于解释部分内容。

6.10 节的内容源于文献[75]。

在 6.11 节中，我们引用文献[311, 312]中的内容用于内容的解释说明。

在 6.12 节中，主要遵循文献[352, 353]，在文献[354]中，Akemann 等人讨论了 L 矩形随机高斯分布矩阵的内积。在文献[287]中，Ipsen 等人研究了矩形实数特征值的联合概率密度、复矩阵和四元随机矩阵。随机矩阵的分布通过一个任意的概率密度来表示，其随机矩阵受限于矩阵的左乘和右乘以及正交不变性。这些结果表明矩形矩阵的内积在统计学上等价于正方矩阵的内积。因此，他们证明了随机矩阵在限定范围内的微弱联系，这个联系之前已经在限定范围内进行了讨论。在文献[345]中，Forrester 研究了关于矩阵中特征值用于矩阵内积的一种可能性。Forrester 研究了关于矩阵乘积$\mathbf{P}_L=\mathbf{X}_L\mathbf{X}_{L-1}\cdots\mathbf{X}_1$的所有特征值都是实数的一种可能性，其中$\mathbf{X}_i,i=1,\cdots,L$ 是独立的 $N\times N$ 的标准高斯随机矩阵。

在 6.13 节中，文献[315, 318, 319, 356, 357]对本章有所解释。

在 6.14 节中，我们对欧几里得随机矩阵的兴趣受到了它们在物理学中的应用的启发见文献[320, 321, 358-361]，相关的数学文献包括文献[362-366]。在高维空间中，测度集中现象[40]时常发生，这可以研究厄米和非厄米欧几里得随机矩阵。该理论适用于随机 Green 矩阵与点状散射中心集合中的波传播有关[321, 358]。波随机媒体中的传播与大规模 MIMO(5G 无线技术中的颠覆性技术)直接相关。我们严格遵循文献[321]，[320]和[358, 359]的规定。

在 6.14 节中，尽管随机 Green 矩阵式(6.157)十分重要，但对它的统计特性知之甚少：

复杂的概率分布和它们的概率分布很难获得。遇到的主要困难是何时挖掘非厄米欧几里得随机矩阵的理论来源于它们元素的非平凡统计以及它们之间的相关性。两者都不是以分析方式得知的，而且往往难以计算。分析理论的第一篇论文是文献[321]，通常使用数值模拟。一些分析结果适用于点 $\mathbf{r}_i$ 高密度的限定条件，其中点 $\mathbf{r}_i$ 在球的内部：$\rho = N/V \to \infty$，当特征值的总和 $\sum_j G_{ij}\psi_i = \lambda_i \psi_i$ 可以用整数所取代。文献[320]的工作通过考虑 3 个矩阵 $\mathbf{G}$ 的特征值分布来部分弥补这个缺陷；$\mathbf{S} = \mathrm{Im}\ \mathbf{G}$；$\mathbf{C} = \mathrm{Re}\ \mathbf{G}$；其中相邻点之间的距离 $\mathbf{r}_i$ 大于或小于波长 $\lambda_0 = 2\pi/k_0$：这种情况在随机介质中波传播的情况下特别重要，因为观察得到的密度不应该太低（在这种情况下散射可以忽略不计），也不能太高（在这种情况下，介质作为有效的均匀介质响应）。

6.14 节中介绍的这一系列研究值得在大规模 MIMO 方面进行进一步研究，并应用于通信和传感/雷达。用于调制或感测的波形可以通过使用测度指标来设计特征值分布 $p(\lambda)$：这可以通过 6.14 节中介绍的分析方法来实现。

在 8.8 节中，我们从文献[367]中提取材料来研究大型随机矩阵如何受有限秩扰动而扰动。

在 6.18 节中，我们从文献[340]中参考资料。图 6.39 中的离群值是在 2013 年 7 月编写 6.18 节的过程中发现的，可参见图 6.39 和"椭圆定律的离群值"的 MATLAB 代码。文献[368]发布于 2013 年 9 月。6.18 节的离群值部分取自文献[368]。在 6.15 节中，我们从文献[328, 329]，[340]和[368]中提取了部分材料。

在 6.16 节中，考虑了文献[345]中的材料，考虑了有界秩扰动的独立同分布矩阵谱中的离群值。另一个很好的参考是文献[328]。

在 6.17 节中，我们从文献[138]中参考内容。

6.6 节中的一些部分遵循文献[302]。

第 7 章　数据收集的数学基础

前面 6 章是大数据表示和分析的数学基础，但前提是假设有海量数据可供使用。事实上，这个问题非常重要。尽管我们一直推迟这个话题，但是在我们的书中数学基础是完整的。大数据的协方差矩阵是最重要的。我们回顾了协方差矩阵估计的方法，传统上会使用样本协方差矩阵，但是当数据矩阵的维数很大时，需要重新讨论这个问题。这个主题与压缩感知相关。

对于大数据，我们必须重新考量传统的数据收集方法。我们必须关注全局，考虑收集、存储、清理和处理整个过程。除此之外，另一项中心任务是提供指导原则和自动化过程解决方案，并在各种问题中选择正则化参数的方法。此时压缩感知发挥了独到的作用，迫使我们以真正的集成方式考虑信息、复杂性、硬件和算法。因此压缩感知可以被看作大型随机矩阵应用的一个很好的例子[40]。

数据存储是大数据的核心，实时性要求很高。对于许多应用程序而言，我们经常无法确保将系统(或网络)生成的所有原始数据保存以供将来处理。这时一个基本的挑战是选择存储哪些类型的信息，而且由于处理的是流数据，所以实时性要求较高。

大型随机矩阵是本章的主题。

正如 1.1.5 节所述，可能需要重新考虑数据收集和存储，以促进大数据处理任务。我们如何在大量分散的信号和数据分析任务中权衡复杂性和准确性？什么时候根据工程实践的需要(如鲁棒性与效率、实时性)来权衡计算资源(如时间、空间和能量)？

7.1　大数据的结构和应用

这些主题包括：

- 可扩展性、分布式计算、分布式计算系统、大数据分析操作系统；
- 流媒体实时分析和图形处理，如 Pregel，Giraph；
- 智能电网分析；
- 多模式感应；
- 偏好测量、推荐系统、针对性广告；
- 数据收集、存储和传输；
- 采样。

在本章中，我们使用大型随机矩阵作为探索这些主题的统一工具。实时分析的流媒体在整章都有应用。偏好测量可以用协方差矩阵估计来表示。为了使其推广更为广泛，我们强调抽象的统计模型，而不是一些具体的应用。在大型稀疏数据中，这是可行的。

7.2　协方差矩阵估计

在“大 p 小 n”设置中已知高维协方差估计是一个较难的问题。我们的目标是收集数据以获得真正的协方差矩阵 $\mathbf{\Sigma}$ 的估计量 $\hat{\mathbf{\Sigma}}$。在流数据的实时收集期间，我们有时会遇到“大 p 小 n”问题，以尽量减少数据收集的延迟。近年来，可用性来自各种应用程序的高吞吐量数据已经将这个问题推到极端，在很多情况下，样本量(n)通常比参数(p)的数量小得多。当 $n<p$ 时，样本协方差矩阵 $\mathbf{S}$ 是奇异的而不是正定的，因此它不能被转置来计算精度矩阵(协方差矩阵的倒数)。然而，即使当 $n>p$ 时，除非 p/n 非常小，特征结构趋于失真，得到 $\mathbf{\Sigma}$ 的非条件估计量，参见文献[369]和文献[370]。

自从文献[369]和文献[370]的开创性工作以来，对 $\mathbf{\Sigma}$ 的估计问题是具有挑战性的。形式上，给定 n 个独立样本向量 $\mathbf{x}_1,\cdots,\mathbf{x}_n\in\mathbb{R}^p$ 在零均值 p 维高斯分布具有未知的协方差矩阵 $\mathbf{\Sigma}$，协方差矩阵的对数似然函数具有如下形式：

$$\begin{aligned}L(\mathbf{\Sigma}) &= \log\prod_{i=1}^{n}\frac{1}{(2\pi)^p\,|\mathbf{\Sigma}|}\exp\left(-\frac{1}{2}\mathbf{x}_i^{\mathrm{T}}\mathbf{\Sigma}^{-1}\mathbf{x}_i\right)\\ &= -(np/2)\log(2\pi)-(n/2)(\mathrm{Tr}[\mathbf{\Sigma}^{-1}\mathbf{S}])-\log\det\mathbf{\Sigma}^{-1}\end{aligned}$$

其中 $\det\mathbf{\Sigma}$ 表示 $\mathbf{\Sigma}$ 的行列式，$\mathrm{Tr}(\mathbf{A})$ 表示 $\mathbf{A}$ 的迹，$\mathbf{S}$ 是样本协方差矩阵，即

$$\mathbf{S}=\frac{1}{n}\sum_{i=1}^{n}\mathbf{x}_i\mathbf{x}_i^{\mathrm{T}}$$

对数似然函数用于样本协方差最大化，即最大似然估计(MLE)协方差是 $\mathbf{S}$[371]。

给定样本的 $\mathbf{\Sigma}$ 的负对数似然函数正比于

$$L_n(\mathbf{\Sigma})=-\log\det\mathbf{\Sigma}^{-1}+\mathrm{Tr}[\mathbf{\Sigma}^{-1}\mathbf{S}] \tag{7.1}$$

当 $p<n$ 时，$\mathbf{S}$ 是 $\mathbf{\Sigma}$ 的最大似然估计。众所周知，当 p 很大或 p 接近样本量 n 时，$\mathbf{S}$ 不是 $\mathbf{\Sigma}$ 的一个稳定估计。随着维数 p 的增加，$\mathbf{S}$ 的最大特征值趋向于系统性的扭曲，这可以给出一个病态的 $\mathbf{\Sigma}$ 估计[177]。当 $p>n$ 时，$\mathbf{S}$ 是奇异的且最小的特征值是零。使用 $\mathbf{S}$ 来获得 $\mathbf{\Sigma}^{-1}$ 的估计是不合适的。

在频率和贝叶斯框架中进行研究以探索更好的 $\mathbf{\Sigma}$ 的替代估计。与小样本量的样本协方差估计量 $\mathbf{S}$ 相比，这可以大大降低风险。许多这些估计量的一个共同的基本属性是它们是詹姆斯-斯坦意义上的收缩估计量[372][373]。文献[374]使用一种交叉验证方法最小化了估计的风险。许多其他 James-Stein 型方法从决策论角度研究了收缩估计量。

一个简单的例子是一组线性收缩估计器，它们采用样本协方差和一个适当的目标或正则化矩阵。文献[375]研究了一个线性收缩估计器指定的目标协方差矩阵，并选择最优收缩来最小化 Frobenius 风险。

多变量高斯模型的正则化似然方法为估计者提供了不同类型的收缩。文献[376]提出了一个约束最大似然估计量，其中约束最小或最大的特征值。一般来说，这对某些使用凸优化进行实时计算的应用可行性打开了大门，包括数据收集。

为了利用关于 $\mathbf{\Sigma}$ 的一些先验信息，可以使用损失函数来估计真正的协方差矩阵。我们考察这些损失函数的性质，为了方便起见从 8.9.2 节回顾：

$$L(\mathbf{\Sigma},\hat{\mathbf{\Sigma}})=\mathrm{Tr}\,\mathbf{\Sigma}^{-1}\hat{\mathbf{\Sigma}}-\log\det\mathbf{\Sigma}^{-1}\hat{\mathbf{\Sigma}}-p \tag{7.2}$$

我们将使用式(8.65)定义的损失函数，很大程度上是因为使用这个损失函数相对容易。不过，它也具有所有损失函数的属性：

1. $L(\mathbf{\Sigma},\hat{\mathbf{\Sigma}})$，当且仅当 $\mathbf{\Sigma}=\hat{\mathbf{\Sigma}}$ 时相等。

2. $L(\mathbf{\Sigma},\hat{\mathbf{\Sigma}})$ 是第二个参数的凸函数。

3. $L(\boldsymbol{\Sigma},\hat{\boldsymbol{\Sigma}})$ 是在$\mathbb{R}^n$的线性变换下的不变量，即对于任何非奇异的 $p\times p$ 矩阵 $\mathbf{A}$，

$$L(\mathbf{A}\boldsymbol{\Sigma}\mathbf{A}^{\mathrm{H}},\mathbf{A}\hat{\boldsymbol{\Sigma}}\mathbf{A}^{\mathrm{H}})=L(\boldsymbol{\Sigma},\hat{\boldsymbol{\Sigma}}) \tag{7.3}$$

我们可以根据凸优化来表示数据收集问题：

$$\begin{aligned} &\text{minimize} \quad L(\boldsymbol{\Sigma},\hat{\boldsymbol{\Sigma}}) \\ &\text{subject to} \quad F_i(\boldsymbol{\Sigma},\hat{\boldsymbol{\Sigma}})=1, \quad i=1,\cdots,N \end{aligned} \tag{7.4}$$

其中，$F_i(\boldsymbol{\Sigma},\hat{\boldsymbol{\Sigma}})$，$i=1,\cdots,N$ 是为数据收集提供约束的凸函数。在此注意，$L(\boldsymbol{\Sigma},\hat{\boldsymbol{\Sigma}})$ 是第二个参数 $\hat{\boldsymbol{\Sigma}}$ 的凸函数。

一旦以凸优化构成问题，解决问题就可以调用标准的 CVX 软件。因此，式(7.4)可以使用标准方法有效解决，例如内积法[377]变量的数量(即矩阵中的条目)，或在 1000 以内。由于变量的数量约为 $p(p+1)/2$，极限值大约在 $p=45$ 之间。特别地，我们可以使用凸优化工具箱，如 MATLAB 中的 CVX[378]和 Python 编程语言中的 CVXOPT[379]。其后的挑战来自凸优化必须实时地解决流媒体数据问题。

考虑使用条件数量约束进行估计。定义正定矩阵 $\mathbf{A}\geqslant 0$ 的条件数如

$$\mathrm{cond}(\mathbf{A})=\lambda_{\max}(\boldsymbol{\Sigma})/\lambda_{\min}(\mathbf{A})$$

其中，$\lambda_{\max}(\boldsymbol{\Sigma})$ 和 $\lambda_{\min}(\boldsymbol{\Sigma})$ 分别是 $\mathbf{A}$ 的最大和最小特征值。在某些应用中需要协方差矩阵来进行稳定良好的估计。换句话说，我们需要

$$\mathrm{cond}(\boldsymbol{\Sigma})\leqslant\kappa_{\max}$$

该条件要满足一个给定的阈值 $\kappa_{\max}$。

条件数约束的最大似然估计问题可以表示为

$$\begin{aligned} &\text{maximize} \quad L(\boldsymbol{\Sigma}) \\ &\text{subject to} \quad \lambda_{\max}(\boldsymbol{\Sigma})/\lambda_{\min}(\boldsymbol{\Sigma})\leqslant\kappa_{\max} \end{aligned} \tag{7.5}$$

一个隐含的条件是 $\boldsymbol{\Sigma}$ 是对称和正定的。这个问题是文献[376]中考虑的一般化问题，只考虑下界或上界。协方差估计问题式(7.5)可以被重新表述为凸优化问题。

让我们用另一个使用矩阵对数转换的具体例子来说明数据收集如何制定凸优化策略。考虑协方差矩阵 $\boldsymbol{\Sigma}=\mathbf{U}\mathbf{D}\mathbf{U}^{\mathrm{T}}$ 的谱分解，其中 $\mathbf{D}=\mathrm{diag}(d_1,\cdots,d_p)$ 是 $\boldsymbol{\Sigma}$ 的特征值的对角矩阵，$\mathbf{U}$ 是由 $\boldsymbol{\Sigma}$ 的特征向量组成的正交矩阵。假设 $d_1\geqslant d_2\geqslant\cdots\geqslant d_p\geqslant 0$。令

$$\mathbf{A}=(a_{ij})_{p\times p}=\log(\boldsymbol{\Sigma})$$

是 $\boldsymbol{\Sigma}$ 的矩阵对数。那么，

$$\boldsymbol{\Sigma}=\sum_{k=0}^{\infty}\frac{1}{k!}\mathbf{A}^k\equiv\exp(\mathbf{A})$$

$\exp(\mathbf{A})$ 为 $\mathbf{A}$ 的矩阵指数。然后

$$\mathbf{A}=\mathbf{U}\ \mathrm{diag}(\log(d_1),\cdots,\log(d_p))\mathbf{U}^{\mathrm{T}}\equiv\mathbf{U}\mathbf{M}\mathbf{U}^{\mathrm{T}} \tag{7.6}$$

其中 $\mathbf{M}$ 是对角矩阵。就 $\mathbf{A}$ 而言，式(7.1)中的负对数似然函数变为

$$L_n(\mathbf{A})=\mathrm{Tr}(\mathbf{A})+\mathrm{Tr}[\exp(-\mathbf{A})\mathbf{S}] \tag{7.7}$$

使用矩阵对数变换的一个主要优点是它将估计正定矩阵 $\boldsymbol{\Sigma}$ 转换成估计实对称矩阵 $\mathbf{A}$ 的问题。使用 Volterra 积分方程[380]，我们有

$$\exp(\mathbf{A}t)=\exp(\mathbf{A}_0 t)+\int_0^t\exp(\mathbf{A}_0(t-s))(\mathbf{A}-\mathbf{A}_0)\exp(\mathbf{A}s)\,\mathrm{d}s,\quad 0<t<\infty \tag{7.8}$$

$\mathbf{\Sigma}_0$ 是 $\mathbf{\Sigma}$ 和 $\mathbf{A}_0=\log(\mathbf{\Sigma}_0)$ 的初始估计。使用式(7.8)转换后，我们近似 $\ell_n(\mathbf{A})$

$$\begin{aligned}\ell_n(\mathbf{A}) =& \mathrm{Tr}[\mathbf{\Sigma}_0^{-1}\mathbf{S}] - \left[\int_0^1 \mathrm{Tr}[(\mathbf{A}-\mathbf{A}_0)\mathbf{\Sigma}_0^{-s}\mathbf{S}\mathbf{\Sigma}_0^{s-1}]\mathrm{d}s - \mathrm{Tr}(\mathbf{A})\right] \\ &+ \int_0^1\int_0^s \mathrm{Tr}[(\mathbf{A}-\mathbf{A}_0)\mathbf{\Sigma}_0^{\mu-s}(\mathbf{A}-\mathbf{A}_0)\mathbf{\Sigma}_0^{-u}\mathbf{S}\mathbf{\Sigma}_0^{s-1}]\mathrm{d}u\mathrm{d}s\end{aligned} \tag{7.9}$$

在式(7.9)的积分可以通过频谱分解 $\mathbf{\Sigma}$ 解析地求解 $\mathbf{\Sigma}_0=\mathbf{U}_0\mathbf{D}_0\mathbf{U}_0^{\mathrm{T}}$。定义

$$\mathbf{B}=\mathbf{U}_0^{\mathrm{T}}(\mathbf{A}-\mathbf{A}_0)\mathbf{U}_0=(b_{ij})_{p\times p}$$

$$\widetilde{\mathbf{S}}=\mathbf{U}_0^{\mathrm{T}}\mathbf{S}\mathbf{U}_0=(\tilde{s}_{ij})_{p\times p},\ \mathbf{D}_0=\mathrm{diag}(d_1^{(0)},\cdots,d_p^{(0)})$$

能得到

$$\begin{aligned}\ell_n(\mathbf{A}) =& \sum_{i=1}^{p}\frac{1}{2}\xi_{ii}b_{ii}^2 + \sum_{i<j}\xi_{ij}b_{ij}^2 + 2\sum_{i=1}^{p}\sum_{j\neq i}\tau_{ij}b_{ii}b_{ij} + \sum_{i=1}^{p}\sum_{i<j,i\neq k,j\neq k}\eta_{kij}b_{ik}k_{kj} \\ &- \left[\sum_{i=1}^{p}\beta_{ii}b_{ii} + 2\sum_{i<j}\beta_{ij}b_{ij}^2\right]\end{aligned} \tag{7.10}$$

从式(7.10)可知 $\ell_n(\mathbf{A})$ 为 b_{ij} 的二次函数。由于矩阵 $\mathbf{B}$ 是 $\mathbf{A}$ 的线性变换，$\ell_n(\mathbf{A})$ 也是 $\mathbf{A}$ 的二次函数。式(7.10)中的系数则是 $(\tilde{s}_{ij})_{p\times p}$ 和 $d_1^{(0)},\cdots,d_p^{(0)}$ 的函数。

我们通过使用在式(7.10)中似然函数 $\ell_n(\mathbf{A})$ 的正则化来估计 $\mathbf{\Sigma}$。考虑罚函数 $\|\mathbf{A}\|_{\mathrm{F}}^2$，$\mathbf{A}$ 的 Frobenius 范数，相当于 $\mathrm{Tr}(\mathbf{A}^2)$。从式(7.11)可得

$$\mathrm{Tr}(\mathbf{A}^2) = \sum_{i=1}^{p}(\log(d_i))^2$$

其中 d_i 是协方差矩阵 $\mathbf{\Sigma}$ 的特征值。如果 d_i 趋于零或发散到无穷大，$\log(d_i)$ 的值就会是无穷的。因此，这种罚函数可以同时调整协方差矩阵估计的最大和最小特征值。我们考虑通过最小化式(7.11)来估计 $\mathbf{\Sigma}$：

$$\ell_{n,\lambda}(\mathbf{A}) = \ell_n(\mathbf{A}) + \lambda\mathrm{Tr}(\mathbf{A}^2) \tag{7.11}$$

λ 是一个调整参数。注意到 $\mathrm{Tr}(\mathbf{A}^2)=\mathrm{Tr}(\mathbf{U}_0\mathbf{B}\mathbf{U}_0^{\mathrm{T}}+\mathbf{A}_0)^2$ 在某些常数条件下等价于 $\mathrm{Tr}(\mathbf{B}^2)+2\mathrm{Tr}(\mathbf{B\Gamma})$，其中 $\mathbf{\Gamma}=(\gamma_{ij})_{p\times p}=\mathbf{U}_0^{\mathrm{T}}\mathbf{A}_0\mathbf{U}_0$。那么式(7.11)变成

$$\begin{aligned}\ell_{n,\lambda}(\mathbf{B}) =& \sum_{i=1}^{p}\frac{1}{2}\xi_{ii}b_{ii}^2 + \sum_{i<j}\xi_{ij}b_{ij}^2 + 2\sum_{i=1}^{p}\sum_{j\neq i}\tau_{ij}b_{ii}b_{ij} \\ &+ \sum_{i=1}^{p}\sum_{i<j,i\neq k,j\neq k}\eta_{kij}b_{ik}b_{kj} - \left[\sum_{i=1}^{p}\beta_{ii}b_{ii} + 2\sum_{i<j}\beta_{ij}b_{ij}\right] \\ &+ \lambda\left[\sum_{i=1}^{p}\frac{1}{2}\xi_{ii}b_{ii}^2 + \sum_{i=1}^{p}b_{ij}^2 + \sum_{i<j}\gamma_{ii}b_{ii} + \sum_{i<j}\gamma_{ij}b_{ij}\right]\end{aligned} \tag{7.12}$$

设 $\hat{\mathbf{B}}$ 是式(7.12)的最小值。迭代算法描述如下：

1. 设定初始协方差矩阵估计 $\mathbf{\Sigma}_0$ 是一个正定矩阵。

2. 获取频谱分解 $\mathbf{\Sigma}_0=\mathbf{U}_0\mathbf{D}_0\mathbf{U}_0^{\mathrm{T}}$，并设置 $\mathbf{A}_0=\log(\mathbf{\Sigma}_0)$。

3. 通过最小化式(7.12)中的 $\ell_{n,\lambda}(\mathbf{B})$ 来计算 $\hat{\mathbf{B}}$。然后得到 $\hat{\mathbf{A}}=\mathbf{U}_0\hat{\mathbf{B}}\mathbf{U}_0^{\mathrm{T}}+\mathbf{A}_0$，通过下式更新 $\mathbf{\Sigma}$ 的估计值

$$\hat{\mathbf{\Sigma}}=\exp(\hat{\mathbf{A}})=\exp(\mathbf{U}_0\hat{\mathbf{B}}\mathbf{U}_0^{\mathrm{T}}+\mathbf{A}_0)$$

4. 检查是否有 $\|\hat{\mathbf{\Sigma}}-\mathbf{\Sigma}\|_{\mathrm{F}}^2$ 小于预先指定的正公差值。否则，设置 $\mathbf{\Sigma}_0=\hat{\mathbf{\Sigma}}$ 并回到步骤2。

这种迭代算法的性能是目前最好的，包括样本协方差矩阵，它是最大似然估计量。该算法也因有一些特殊的条件限制而比最大似然协方差更好。详情参阅文献[381]。

7.3 大型随机矩阵的谱估计

只有大型随机矩阵的频谱属性(特征值)可以被用于未来的数据处理。对于 $n\times n$ 的矩阵 $\mathbf{X}$，我们存储 $\mathbf{X}$ 的 n 个特征值，而不是存储 $\mathbf{X}$ 的 n^2 个数目，将维度降低为 $1/n$。当 n 很大时，如 $n=10^3$，节省的存储空间得到了显著的提升(1000 倍)。实时处理包括估计协方差矩阵和计算特征值。主成分分析(PCA)是一个用于降噪和可视化数据的成熟降维方法。

问题是从嘈杂的观察中恢复一个近似低秩的数据矩阵。对于任何遵从规律假设的谱估计量，我们在高斯模型中引入无偏风险进行估计。尤其是，我们给出了一个奇异值阈值(SVT)的无偏风险估计公式，这是一种流行的估计策略，它采用软阈值规则从噪声观测值获得奇异值。除此之外，我们还提供了一个在各种问题中选择正则化参数的自动方法。

假设我们有一个 $m\times n$ 的数据矩阵 $\mathbf{X}_0$ 的噪声观测矩阵 $\mathbf{Y}$，

$$\mathbf{Y}=\mathbf{X}_0+\mathbf{Z},\ Z_{ij}\sim \text{ i.i.d. } \mathcal{N}(0,1) \tag{7.13}$$

我们希望尽可能准确地估计 $\mathbf{X}_0$。对该问题，估算过程(数据收集的一部分)必须实时。该估计具有一定的结构，即 $\mathbf{X}_0$ 具有低秩或可以被低秩矩阵很好地近似。这种假设在实践中经常遇到，因为 $\mathbf{X}_0$ 的列可能非常相关。

7.3.1 奇异值阈值

每当感兴趣的对象具有(近似)较低的秩时，可以通过规范最大可能性来改进估计 $\hat{\mathbf{X}}_0=\mathbf{Y}$。显然我们可以将观测矩阵 $\mathbf{Y}$ 截断奇异值分解，然后

$$\mathrm{SVHT}_\lambda(\mathbf{Y})=\arg\min_{\mathbf{X}\in\mathbb{R}^{m\times n}}\frac{1}{2}\|\mathbf{Y}-\mathbf{X}\|_\mathrm{F}^2+\lambda\,\mathrm{rank}(\mathbf{X}) \tag{7.14}$$

其中 λ 是一个正标量。假如

$$\mathbf{Y}=\mathbf{U}\boldsymbol{\Sigma}\mathbf{V}^\mathrm{H}=\sum_{i=1}^{\min(m,n)}\sigma_i\mathbf{u}_i\mathbf{v}_i^\mathrm{T} \tag{7.15}$$

是 $\mathbf{Y}$ 的一个奇异值分解，通过仅保留超过阈值 λ 的奇异值部分来给出解，

$$\mathrm{SVHT}_\lambda(\mathbf{Y})=\sum_{i=1}^{\min(m,n)}\mathbb{I}(\sigma_i>\lambda)\mathbf{u}_i\mathbf{v}_i^\mathrm{T}$$

其中$\mathbb{I}$是这个集合的指示函数。换句话说，我们将一个硬阈值规则应用于观测矩阵 $\mathbf{Y}$ 的奇异值。这样的估计在 $\mathbf{Y}$ 中是不连续的，因此我们采用一种常用的替代方法，即软阈值规则的奇异值：

$$\mathrm{SVST}_\lambda(\mathbf{Y})=\sum_{i=1}^{\min(m,n)}(\sigma_i>\lambda)_+\mathbf{u}_i\mathbf{v}_i^\mathrm{T} \tag{7.16}$$

也就是说，我们将奇异值缩小到零值恒定的量 λ。$\mathrm{SVST}_\lambda(\mathbf{Y})$ 的估计是一个利普希茨连续函数。这是因为奇异值阈值运算式(7.16)是核范数$\|\cdot\|_*$的近似值(矩阵的核范数是其奇异值的总和)，即唯一的解决方案

$$\text{minimize }\frac{1}{2}\|\mathbf{Y}-\mathbf{X}\|_\mathrm{F}^2+\lambda\|\mathbf{X}\|_* \tag{7.17}$$

设 $g:\mathbb{R}^M\to\mathbb{R}^N$，把 $n\times n$ 维的矩阵空间作为 $\mathbb{R}^N$的一个特例，其中 $M=n^2$ [或 $M=n(n+1)/2$]。因此，这里的讨论也适用于矩阵变量或矩阵值函数。用$\|\cdot\|$表示有限维欧几里得空间中的范数 ℓ_2。回想一下 $g(\mathbf{x})$是局部利普希茨连续的，围绕 $\mathbf{x}=\mathbb{R}^M$，如果存在一个常数 κ 和一个开放邻域 $\mathcal{N}$，那么

$$\|g(\mathbf{y})-g(\mathbf{z})\|\leqslant\kappa\|\mathbf{y}-\mathbf{z}\|,\quad \forall\,\mathbf{y},\mathbf{z}\in\mathcal{N}$$

如果局部利普希茨在 $\mathbf{x}=\mathbb{R}^M$的每个点都连续，我们称 g 为局部利普希茨函数。另外，如果以上不等式在 $\mathcal{N}\in\mathbb{R}^M$时成立，则称 g 为有利普希茨常数 κ 的全局利普希茨连续。

7.3.2 Stein 无偏风险估计(SURE)

函数 $g:\mathbb{R}^n\mapsto\mathbb{R}$ 关于变量 x_i 是弱可微的，如果存在 $h:\mathbb{R}^n\mapsto\mathbb{R}$ 使得所有紧凑型和无限可微的函数 ϕ，

$$\int\varphi(\mathbf{x})h(\mathbf{x})\mathrm{d}\mathbf{x}=-\int\frac{\partial\varphi(\mathbf{x})}{\partial x_i}g(\mathbf{x})\mathrm{d}\mathbf{x}$$

其中 $\mathbf{x}=(x_1,\cdots,x_p)^{\mathrm{T}}$。

Stein[382]给出了一个无偏估计值的公式，该式的估计值服从弱可微假设和温和的可积性条件。粗略地说，微分可能在 Lebesgue 零测度区域内不存在。

命题 7.3.1(文献[382]和文献[383])

假设 $Y_{ij}\sim$ i. i. d. $\mathcal{N}(X_{ij},1)$。考虑一个 $\mathbf{X}=\mathbf{Y}+g(\mathbf{Y})$的估计量 $\hat{\mathbf{X}}$，其中 $g_{ij}:\mathbb{R}^{m\times m}\mapsto\mathbb{R}$ 关于 Y_{ij}是弱可微的，且

$$\mathbb{E}\left\{|Y_{ij}g_{ij}(\mathbf{Y})|+\left|\frac{\partial}{\partial Y_{ij}}g_{ij}(\mathbf{Y})\right|\right\}<\infty$$

对于$(i,j)\in\mathscr{I}:=\{1,\cdots,\mathrm{m}\}\times\{1,\cdots,\mathrm{n}\}$。

$$\mathbb{E}\,\|\hat{\mathbf{X}}-\mathbf{X}\|_{\mathrm{F}}^2=\mathbb{E}\,\{mn+2\mathrm{div}(g(\mathbf{Y}))+\|g(\mathbf{Y})\|_{\mathrm{F}}^2\}\tag{7.18}$$

在文献[384]中确立了 SVST 服从这些假设，并且作者给出了其散度的闭式表达式的演绎过程。

典型的问题是应该收缩多少。收缩太多会产生较大的偏差，太少会导致较高的方差。为了找到合适的折中方案，最好有一种方法可以让我们比较参数 λ 的不同值的估计质量。理想情况下，我们希望选择 λ 来最小化均方误差或风险：

$$\mathrm{MSE}(\lambda)=\mathbb{E}\,\|\mathbf{X}_0-\mathrm{SVST}_\lambda(\mathbf{Y})\|_{\mathrm{F}}^2\tag{7.19}$$

然而，这是无法实现的，因为式(7.19)中的期望取决于真实的 $\mathbf{X}_0$，因此是未知的。当观测遵循式(7.13)的模型时，可以构建风险的无偏估计，即，Stein 无偏风险估计(SURE)[382]，由下式给出：

$$\mathrm{SURE}(\mathrm{SVST}_\lambda)(\mathbf{Y})=-mn\tau^2+\sum_{i=1}^{\min(m,n)}\min(\lambda^2,\sigma_i^2)+2\tau^2\mathrm{div}(\mathrm{SVST}_\lambda(\mathbf{Y}))\tag{7.20}$$

其中$\{\sigma_i\}_{i=1}^n$表示 $\mathbf{Y}$ 的奇异值。这里，在不严格的意义上解释，“div”是非线性映射 SVST_λ 的散度。粗略地说，它可能无法在可忽略的集合上存在。

文献[384]的主要贡献是为这个估计量的散度提供一个闭式表达式。他们证明在实数情况下，

$$\mathrm{div}(\mathrm{SVST}_\lambda(\mathbf{Y}))=\sum_{i=1}^{\min(m,n)}\left[\mathbb{I}(\sigma_i>\lambda)+|m-n|\left(1-\frac{\lambda}{\sigma_i}\right)_+\right]+2\sum_{i\neq j,i,j=1}^{\min(m,n)}\frac{\sigma_i(\sigma_i-\lambda)_+}{\sigma_i^2-\sigma_j^2}\tag{7.21}$$

其中 $\mathbf{Y}$ 是简单的，即没有重复的奇异值(除了零)，对于弱散度零是有效的表达。因此，这个公式可以用于式(7.20)中，并通过最小化风险估计来确定合适的阈值水平，风险估计仅取决于观测数据。

例 7.3.2(MATLAB 实验)

我们使用 200×500 的四个矩阵 $\mathbf{X}_0^{(i)}, i=1,\cdots,4$。这里，$\mathbf{X}_0^{(1)}$ 是满秩的，$\mathbf{X}_0^{(2)}$ 的秩是 100，$\mathbf{X}_0^{(3)}$ 的秩是 10；$\mathbf{X}_0^{(4)}$ 的奇异值 $\sigma_i=\sqrt{200}/(1+\mathrm{e}^{(i-100)/20})$，$i=1,\cdots,200$。每个矩阵都被归一化，即 $\|\mathbf{X}_0^{(i)}\|_{\mathrm{F}}=1$，$i=1,\cdots,4$。接下来，使用两种方法来估计作为 λ 的函数的 SVST_λ 的风险，见式(7.20)，第一种方法使用

$$\hat{R}_i(\lambda)=\frac{1}{N}\sum_{j=1}^{N}\left\|\mathrm{SVST}_\lambda(\mathbf{Y}_j^{(i)})-\mathbf{X}_0^{(i)}\right\|_{\mathrm{F}}^2 \tag{7.22}$$

其中，$\{\mathbf{Y}_j^{(i)}\}_{j=1}^N$，$i=1,\cdots,4$，$N=50$ 是从模型[式(7.13)]中抽取的独立样本，且 $\mathbf{X}_0=\mathbf{X}_0^{(i)}$，$i=1,\cdots,4$。第二种方法使用 $\mathrm{SURE}(\mathrm{SVST}_\lambda)(\mathbf{Y})$，其中 $\mathbf{Y}$ 从 $\{\mathbf{Y}_j^{(i)}\}_{j=1}^N$，$i=1,\cdots,4$ 的模型[式(7.13)]中采样。最后，在每种情况下，都使用信噪比值，定义为 $\mathrm{SNR}=\|\mathbf{X}_0^{(i)}\|_{\mathrm{F}}/\sqrt{mn}\tau=1/\sqrt{mn}\tau$，且设置SNR=0.5，1，2，4。如图 7.1 和图 7.2 所示，尽管它是从一次观测中计算出来的，但 SURE 仍然非常接近风险的真实数。MATLAB 代码可以重现这些图像，并且可以在文献[385]中获得各种谱估计器的 SURE 公式。 □

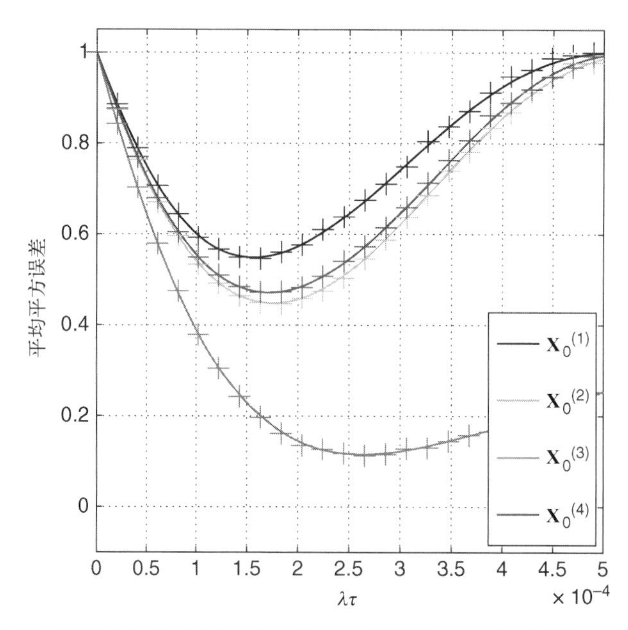

图 7.1 使用蒙特卡罗(实线)和 SURE(十字)对 $\mathbf{X}_0\in\mathbb{R}^{200\times500}$ 的 $\lambda\times\tau$ 进行风险估计的比较。SNR=0.5

观测值可以取复数值。模型式(7.13)必须被修改为

$$\mathbf{Y}=\mathbf{X}_0+\mathbf{Z},\quad \mathrm{Re}(Z_{ij}),\mathrm{Im}(Z_{ij})\sim \text{i.i.d. }\mathcal{N}(0,1) \tag{7.23}$$

其中实部和虚部也是独立的。在这种情况下，SURE 就变成了

$$\mathrm{SURE}(\mathrm{SVST}_\lambda)(\mathbf{Y})=-2mn\tau^2+\sum_{i=1}^{\min(m,n)}\min(\lambda^2,\sigma_i^2)+2\tau^2\mathrm{div}(\mathrm{SVST}_\lambda(\mathbf{Y})) \tag{7.24}$$

我们也在这方面提供了一个弱散度的表达，即当 $\mathbf{Y}$ 是简单的，

$$\operatorname{div}(\mathrm{SVST}_\lambda(\mathbf{Y})) = \sum_{i=1}^{\min(m,n)}\left[\mathbb{I}(\sigma_i > \lambda) + (2|m-n|+1)\left(1-\frac{\lambda}{\sigma_i}\right)_+\right] + 4\sum_{i\neq j, i,j=1}^{\min(m,n)}\frac{\sigma_i(\sigma_i-\lambda)_+}{\sigma_i^2-\sigma_j^2} \tag{7.25}$$

否则为 0。

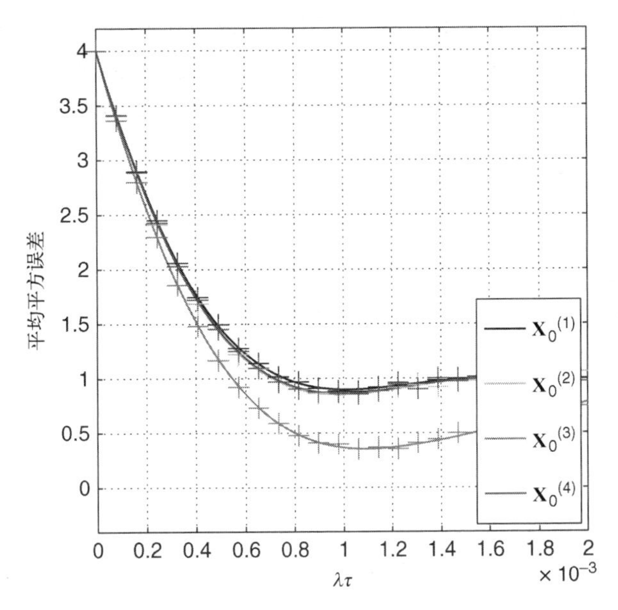

图 7.2　除了 SNR=1，其他参数与图 7.1 一样

7.3.3　扩展谱函数

考虑谱函数给出的估计量。这些以奇异值形式出现

$$f(\mathbf{Y}) = \sum_{i=1}^{\min(m,n)} f_i(\sigma_i)\mathbf{u}_i\mathbf{v}_i^{\mathrm{T}} = \mathbf{U}f(\mathbf{\Sigma})\mathbf{V}^{\mathrm{H}}, \quad \text{所有 } \mathbf{Y}\in\mathbb{R}^{m\times n} \tag{7.26}$$

其中，$f(\mathbf{Y})=\mathbf{U}f(\mathbf{\Sigma})\mathbf{V}^{\mathrm{H}}$ 是任意的 SVD（SVST 在这一类中）分解。这些函数遵从一个 SURE 公式，由

$$\mathrm{SURE}(f)(\mathbf{Y}) = -mn\tau^2+\|f(\mathbf{Y})-\mathbf{Y}\|_{\mathrm{F}}^2+2\tau^2\operatorname{div}(f(\mathbf{Y}))$$

给出，且在温和的假设下，它们的散度存在封闭的形式：

$$\operatorname{div}[f(\mathbf{Y})] = \sum_{i=1}^{\min(m,n)}\left(f_i'(\sigma_i) + |m-n|\frac{f_i'(\sigma_i)}{\sigma_i}\right) + 2\sum_{i\neq j,i,j=1}^{\min(m,n)}\frac{\sigma_i f_i(\sigma_i)}{\sigma_i^2-\sigma_j^2} \tag{7.27}$$

这是令人感兴趣的，因为这种估计量在正则化回归问题中自然产生。例如，令 $J:\mathbb{R}^{m\times n}\mapsto\mathbb{R}$ 是一个较低的、半连续的、适当的凸函数形式

$$J(\mathbf{X}) = \sum_{i=1}^{\min(m,n)} J_i(\sigma_i(\mathbf{X}))$$

对于 $\lambda>0$，估计器是谱函数。如果一个函数只依赖于特征值

$$f_\lambda(\mathbf{Y}) = \arg\min_{\mathbf{X}\in\mathbb{R}^{m\times n}}\frac{1}{2}\|\mathbf{Y}-\mathbf{X}\|_{\mathrm{F}}^2+\lambda J(\mathbf{X}) \tag{7.28}$$

则称它是谱函数。

在文献[386]中提出了一种递归地估计矩阵恢复问题的二次风险的方法，该方法与频谱函数相结合。由非对称矩阵的奇异值定义的一类矩阵值函数具有许多类似于由对称矩阵的特征值定义的矩阵值函数的特性。其中讨论了非对称矩阵奇异值的强半正定性，并用它来分析牛顿法求解逆奇异值问题的二次收敛性。

文献[387]对极小极大值去噪问题提供了一个清晰的分析，并且建立了任意凸函数和连续函数极小极大 MSE 和相变之间的关系。相变转换通过最小化某个凸函数 $f(\cdot)$，使得从压缩线性观测值 $\mathbf{A}\mathbf{x}_0$ 恢复信号 $\mathbf{x}_0$。另一方面，极小极大化去噪从噪声观测中优化估计信号 $\mathbf{x}_0$ 的问题

$$\mathbf{y}=\mathbf{x}_0+\mathbf{z}$$

使用正则化

$$\text{minimize}\ \frac{1}{2}\|\mathbf{y}-\mathbf{x}\|_2^2+\lambda f(\mathbf{x})$$

其中 $\|\cdot\|_2$ 是向量的欧氏范数。一般来说，当信号 $\mathbf{x}_0$ 具有确定的结构并选择凸函数 $f(\cdot)$ 来利用这种结构时，这些问题更有意义。对于稀疏和块稀疏向量，$f(\cdot)$ 的例子包括 ℓ_1 范数、ℓ_1-ℓ_2 范数和低秩矩阵的核范数 $\|\cdot\|_*$。

当噪声向量 $\mathbf{z}$ 独立同分布于高斯分布时，文献[388]中表明，最优调整问题的归一化估计误差(MSE)与压缩感知相一致。也就是说，$\Delta_f(\mathbf{x}_0)$ 需要 $m>\Delta_f(\mathbf{x}_0)$ 压缩的观测值 $\mathbf{A}\mathbf{x}_0\in\mathbb{R}^m$ 通过

$$\begin{aligned}&\text{minimize}\ \ f(\mathbf{x})\\&\text{subject to}\ \ \mathbf{A}\mathbf{x}=\mathbf{A}\mathbf{x}_0\end{aligned}$$

来恢复出信号 $\mathbf{x}_0$。$\Delta_f(\mathbf{x}_0)$ 可以作为基于 $f(\cdot)$ 在 $\mathbf{x}_0$ 处的次微分的显式公式获得。

根据文献[389]，假设观察到一个单一的噪声矩阵 $\mathbf{Y}$，它是通过向未知矩阵 $\mathbf{X}_0$ 添加噪声 $\mathbf{Z}$ 生成的：

$$\mathbf{Y}=\mathbf{X}_0+\mathbf{Z}$$

其中 $\mathbf{Z}$ 是噪声矩阵。我们的目标是在均方误差(MSE)的约束下恢复矩阵 $\mathbf{X}_0$。如果 $\mathbf{X}_0$ 是完全一般的矩阵且噪声 $\mathbf{Z}$ 是任意的，则是没有希望进行求解的；但是如果 $\mathbf{X}_0$ 碰巧具有相对较低的秩，并且噪声矩阵 $\mathbf{Z}$ 是独立同分布于高斯分布的，我们确实可以保证定量的精确恢复。Donoho and Gavish(2013)提供了一个明确的公式，可以通过一个流行的、实际的计算过程获得最好的保证。

令 $\mathbf{Y}$, $\mathbf{X}_0$ 和 $\mathbf{Z}$ 是 $m\times m$ 的矩阵，并且假设 $\mathbf{Z}$ 的每一个元素都是独立同分布的，$Z_{ij}\sim\mathcal{N}(0,1)$。考虑下面的核范数惩罚问题：

$$\hat{\mathbf{X}}_\lambda=\arg\min_{\mathbf{X}\in\mathcal{M}_{m\times n}}\frac{1}{2}\|\mathbf{Y}-\mathbf{X}\|_F^2+\lambda\|\mathbf{X}\|_* \tag{7.29}$$

其中 $\|\mathbf{X}\|_*$ 表示 $\mathbf{X}\in\mathbb{C}^{m\times n}$ 的奇异值的总和，也被称为核准则，且 $\lambda>0$ 是惩罚因子。式(7.29)的解决方案可以通过现代凸优化软件 CVX 有效地计算出来[378]，它沿着较小的核范数方向从 $\mathbf{Y}$ 开始缩小。

衡量性能(风险)通过使用均方误差(MSE)。当未知的 $\mathbf{X}_0$ 具有秩 r，并且属于矩阵类 $\mathcal{X}_{m\times n}\subset\mathcal{M}_{m\times n}$ 时，核范数惩罚的极小极大 MSE 是

$$\mathcal{M}_{m\times n}(r|\mathcal{X})=\inf_{\lambda>0}\sup_{\substack{\mathbf{X}_0\in\mathcal{X}_{m,n}\\ \operatorname{rank}(\mathbf{X}_0)\leqslant r}}\frac{1}{mn}\mathbb{E}_{\mathbf{X}_0}\|\hat{\mathbf{X}}_\lambda(\mathbf{X}_0+\mathbf{Z})-\mathbf{X}_0\|_F^2 \tag{7.30}$$

也就是 $\hat{\mathbf{X}}_{\lambda_\star}$ 的最坏情况，其中 $\lambda_\star$ 是最坏情况的最小阈值。很清楚的是，$\mathcal{M}_{m\times n}(r|\mathcal{X})$ 仅仅基于秩和问题的大小，而不是基于矩阵 $\mathbf{X}_0$ 的其他性质，并给出了 MSE 的核范数惩罚式(7.29)的最佳可能保证。

7.3.4 正则化的主成分分析

主成分分析(PCA)是公认的通常用于对数据进行去噪和可视化的降维方法。正则化 PCA [390] 与 SURE 方法相关。SURE 方法依赖于软阈值策略：

$$\mathrm{SVST}_\lambda(\mathbf{Y}) = \sum_{i=1}^{\min(m,n)} (\sigma_i - \lambda)_+ \mathbf{u}_i \mathbf{v}_i^{\mathrm{T}}$$

阈值参数 λ 通过最小化 Stein 无偏风险估计(SURE)来自动选择。SURE 方法不需要信号的潜在维数，但它需要估计噪声方差 σ^2 以确定 λ。

当数据可以被错误地看作真实信号时，PCA 不能提供底层信号的最佳恢复。缩小奇异值可以改善底层结构的估计，特别是当数据有噪声时。软阈值是最流行的策略之一，它包括线性缩小奇异值。文献[390]中提出的正则化 PCA 应用了与硬阈值法则相关的奇异值的非线性变换。正则化项是从 MSE 分析中得出的，使用非线性回归模型的渐近结果或使用贝叶斯考虑。

7.4 矩阵重建的渐近框架

本节的目的是介绍通过大型随机矩阵的渐近极限进行矩阵估计。随机矩阵理论是这种方法的基础。值得注意的是，使用这种方法开发的算法是渐近最优的，并且在实践中通常是最优的。这种方法在未来的智能电网电力系统和大数据中很有前景。

通过研究渐近框架，我们关注问题的确定性方面，这类似于研究随机变量(标量、向量、矩阵或张量)期望的方法。

7.4.1 带损失函数的矩阵估计

我们解决了恢复低秩信号矩阵的问题，该矩阵的列向量是在存在可加性高斯噪声的情况下观测的[391]。我们的目标是恢复一个未知的 $m\times n$ 矩阵 $\mathbf{X}_0$，该矩阵从独立同分布于高斯分布的噪声矩阵 $\mathbf{Y}$ 中被观测到：

$$\mathbf{Y} = \mathbf{X}_0 + \frac{\sigma}{\sqrt{n}}\mathbf{Z}, \quad Z_{ij} \sim \text{i.i.d.}\ \mathcal{N}(0,1)$$

因子 $1/\sqrt{n}$ 确保信号和噪声具有可比性，并用于矩阵重建的渐近研究。我们可以认为噪声 σ^2 的方差是已知的，并且假设它等于 1。我们也可以获得 σ 的估计量；并且在提出的重建方法中使用它。在这种情况下，我们有

$$\mathbf{Y} = \mathbf{X}_0 + \frac{1}{\sqrt{n}}\mathbf{Z}, \quad Z_{ij} \sim \text{i.i.d.}\ \mathcal{N}(0,1) \tag{7.31}$$

形式上，矩阵恢复方案是一个映射 $g: \mathbb{R}^{m\times n} \to \mathbb{R}^{m\times n}$，从 $m\times n$ 的空间映射到它本身。给定恢复方案 $g(\cdot)$ 和模型(7.31)中观察到的矩阵 $\mathbf{Y}$，我们把 $\hat{\mathbf{X}}_0 = g(\mathbf{Y})$ 看作 $\mathbf{X}_0$ 的估计，测量 $\hat{\mathbf{X}}_0$ 的估计性能通过

$$\text{Loss}(\mathbf{X}_0,\hat{\mathbf{X}}_0)=\|\mathbf{X}_0-\hat{\mathbf{X}}_0\|_F^2 \tag{7.32}$$

其中$\|\cdot\|_F$表示 Frobenius 范数。Frobenius 范数是一个 $m\times n$ 的矩阵 $\mathbf{A}=\{a_{ij}\}$ 由公式

$$\|\mathbf{A}\|_F^2=\sum_{i=1}^{m}\sum_{j=1}^{n}a_{ij}^2$$

给出。注意到向量空间$\mathbb{R}^{m\times n}$具有内积$\langle\mathbf{A},\mathbf{B}\rangle=\text{Tr}(\mathbf{A}^T\mathbf{B})$，且$\langle\mathbf{A},\mathbf{A}\rangle=\|\mathbf{A}\|_F^2$。

式(7.31)中目标矩阵 **A** 的重构的自然起点是观测矩阵 **Y** 的奇异值分解(SVD)：回想一下 $m\times n$ 矩阵 **Y** 的奇异值分解由下式给出

$$\mathbf{Y}=\mathbf{UDV}^T=\sum_{i=1}^{\min(m,n)}d_i\mathbf{u}_i\mathbf{v}_i^T$$

这里 **U** 是 $m\times n$ 正交矩阵，一边是左奇异向量 $\mathbf{u}_i$，这里 **V** 是 $n\times n$ 正交矩阵，另一边是右奇异向量 $\mathbf{v}_i$，**D** 是一个 $m\times n$ 的矩阵，且他的对角线元素是奇异值 $d_i=D_{ii}\geqslant 0$，其他元素都是零。

许多矩阵重构方案的作用是将观测矩阵的奇异值缩小到零。收缩通常是通过硬阈值或软阈值来完成的。硬阈值方案将 **Y** 的每一个小于给定的正阈值 λ 的奇异值设置为零，其他奇异值保持不变。硬阈值方案的族由下式定义：

$$g_\lambda^H(\mathbf{Y})=\sum_{i=1}^{\min(m,n)}d_iI(d_i\geqslant\lambda)\mathbf{u}_i\mathbf{v}_i^T,\quad \lambda>0$$

其中 $I(\cdot)$是指示函数。软阈值方案则从每个奇异值减去给定的正数 v，设置小于 v 的值等于零。软阈值方案族由下式定义：

$$g_\lambda^S(\mathbf{Y})=\sum_{i=1}^{\min(m,n)}(d_i-v)_+\mathbf{u}_i\mathbf{v}_i^T,\quad v>0$$

硬和软阈值方案可以等价地定义为惩罚形式：

$$g_\lambda^H(\mathbf{Y})=\arg\min_{\mathbf{A}}\{\|\mathbf{Y}-\mathbf{A}\|_F^2+\lambda^2\text{rank}(\mathbf{A})\}$$

$$g_\lambda^S(\mathbf{Y})=\arg\min_{\mathbf{A}}\{\|\mathbf{Y}-\mathbf{A}\|_F^2+2v\|\mathbf{A}\|_*\}$$

其中$\|\mathbf{A}\|_F$表示 **A** 的核范数，其值等于其奇异值之和。

现在我们讨论正交不变重构方法。加性模型式(7.31)和 Frobenius 损失式(7.32)具有几个基本的不变性性质，自然导致了对具有类似的不变性形式的重构方法的考虑。回顾一下，如果 $\mathbf{UU}^T=\mathbf{U}^T\mathbf{U}=\mathbf{I}$，或者等价地，如果 **U** 的行(或列)是正交的，则称平方矩阵 **U** 是正交的。如果用适当维数的正交矩阵 **U** 和 $\mathbf{V}^T$ 对式(7.31)的两边分别左乘、右乘，可以得到

$$\mathbf{UYV}^T=\mathbf{UX}_0\mathbf{V}^T+\frac{1}{\sqrt{n}}\mathbf{UZV}^T \tag{7.33}$$

式(7.33)是式(7.31)形式的带有信号 $\mathbf{UX}_0\mathbf{V}^T$ 和观测矩阵 $\mathbf{UYV}^T$ 的重构问题。假设 $\hat{\mathbf{X}}_0$ 是式(7.31)模型中 $\mathbf{X}_0$ 的估计，则 $\mathbf{U}\hat{\mathbf{X}}_0\mathbf{V}^T$ 是式(7.33)模型中 $\mathbf{UX}_0\mathbf{V}^T$ 的带有相同损失的估计。因此

$$\begin{aligned}\text{Loss}(\mathbf{UX}_0\mathbf{V}^T,\mathbf{U}\hat{\mathbf{X}}_0\mathbf{V}^T)&=\|\mathbf{U}(\mathbf{X}_0-\hat{\mathbf{X}}_0)\mathbf{V}^T\|_F^2\\&=\|\mathbf{X}_0-\hat{\mathbf{X}}_0\|_F^2=\text{Loss}(\mathbf{X}_0,\hat{\mathbf{X}}_0)\end{aligned}$$

如果对于任意大小适当的正交矩阵 **U** 和 **V**，$\mathbf{UZV}^T$ 的分布与 **Z** 的分布相同，那么 $m\times n$ 随机矩阵 **Z** 具有正交不变分布。

在重构问题的正交变换问题下，自然地考虑到那些行为不变的重构方案。对于任意 $m\times n$ 矩阵 $\mathbf{Y}$ 和任何大小适当的正交矩阵 $\mathbf{U}$ 和 $\mathbf{V}$，重构方案 $g(\mathbf{Y})$ 是正交不变的：

$$g(\mathbf{UZV}^{\mathrm{T}})=\mathbf{U}g(\mathbf{Y})\mathbf{V}^{\mathrm{T}}$$

定理 7.4.1 令 $\mathbf{Y}=\mathbf{A}+\mathbf{W}$，其中 $\mathbf{A}$ 是一个随机目标矩阵。假设 $\mathbf{A}$ 和 $\mathbf{W}$ 是独立的，且具有正交不变分布。然后，对于每个重构方案 $g(\cdot)$，存在一个正交不变重构方案 $\tilde{g}(\cdot)$，其期望损失与 $g(\cdot)$ 相同或更小。

下一个命题依据的是我们在重构问题中对信号矩阵 $\mathbf{A}$ 的对角化能力。

命题 7.4.2 令 $\mathbf{Y}=\mathbf{A}+(1/\sqrt{n})\mathbf{W}$，其中 $\mathbf{W}$ 具有正交不变分布。如果 $g(\cdot)$ 是正交不变重构格式，那么对于任意固定信号矩阵 $\mathbf{A}$，$\mathrm{Loss}(\mathbf{A},g(\mathbf{Y}))$ 的分布，特别是 $\mathbb{E}\,\mathrm{Loss}[\mathbf{A},g(\mathbf{Y})]$ 的分布仅取决于 $\mathbf{A}$ 的奇异值。

证明：令 $\mathbf{UD}_A\mathbf{V}^{\mathrm{T}}$ 为 $\mathbf{A}$ 的奇异值分解（SVD）。则 $\mathbf{D}_A=\mathbf{U}^{\mathrm{T}}\mathbf{AV}$，同时 Frobenius 范数在左右正交乘法下是不变的：

$$\begin{aligned}\mathrm{Loss}(\mathbf{A},g(\mathbf{Y}))&=\|g(\mathbf{Y})-\mathbf{A}\|_{\mathrm{F}}^2=\|\mathbf{U}^{T}(g(\mathbf{Y})-\mathbf{A})\mathbf{V}\|_{\mathrm{F}}^2\\&=\|\mathbf{U}^{\mathrm{T}}g(\mathbf{Y})\mathbf{V}-\mathbf{U}^{\mathrm{T}}\mathbf{AV}\|_{\mathrm{F}}^2=\|g(\mathbf{U}^{\mathrm{T}}\mathbf{YV})-\mathbf{D}_A\|_{\mathrm{F}}^2\\&=\left\|g\left(\mathbf{D}_A+\frac{1}{\sqrt{n}}\mathbf{U}^{\mathrm{T}}\mathbf{WV}\right)-\mathbf{D}_A\right\|_{\mathrm{F}}^2\end{aligned}$$

现在的结果依据的事实是，$\mathbf{U}^{\mathrm{T}}\mathbf{WV}$ 与 $\mathbf{W}$ 同分布。 □

现在解决对角化观测矩阵 $\mathbf{Y}$ 的影响能力。设 $g(\cdot)$ 是一种正交不变重构方法，并且设 $\mathbf{UDV}^{\mathrm{T}}$ 是 $\mathbf{Y}$ 的奇异值分解。从 $g(\cdot)$ 的正交不变性得到：

$$g(\mathbf{Y})=g(\mathbf{UZV}^{\mathrm{T}})=\mathbf{U}g(\mathbf{D})\mathbf{V}^{\mathrm{T}}=\sum_{i=1}^{m}\sum_{j=1}^{n}c_{ij}\mathbf{u}_i\mathbf{v}_j^{\mathrm{T}}\tag{7.34}$$

其中 c_{ij} 只依赖于 $\mathbf{Y}$ 的奇异值。具体而言，任何正交不变 $g(\cdot)$ 的重构方法都完全取决于它对对角矩阵的作用方式。下面的定理使得我们从本质上改进表达式(7.34)。

定理 7.4.3 设 $g(\cdot)$ 是一个正交不变重构方案。当 $\mathbf{Y}$ 是对角的时，$g(\mathbf{Y})$ 是对角的。

作为定理 7.4.3 和方程式(7.34)的直接推论，我们得到了任意正交不变重构方案 $g(\cdot)$ 的紧凑、有用的表示。

推论 7.4.4 设 $g(\mathbf{Y})$ 是一个正交不变重构方案。如果观测矩阵 $\mathbf{Y}$ 有奇异值分解 $\mathbf{Y}=\sum_{i=1}^{\min(m,n)}d_i\mathbf{u}_i\mathbf{v}_i^{\mathrm{T}}$，则重构矩阵具有如下形式：

$$\hat{\mathbf{A}}=g(\mathbf{Y})=\sum_{i=1}^{\min(m,n)}c_i\mathbf{u}_i\mathbf{v}_i^{\mathrm{T}}\tag{7.35}$$

其中系数 c_i 仅依赖于 $\mathbf{Y}$ 的奇异值。

推论 7.4.4 的逆命题在一个温和的附加条件下是正确的。令 $g(\mathbf{Y})$ 是一个重构方案，使得 $g(\mathbf{Y})=\sum_i c_i\mathbf{u}_i\mathbf{v}_i^{\mathrm{T}}$，其中 $c_i=c_i(d_i,\cdots,d_{\min(m,n)})$ 是 $\mathbf{Y}$ 的奇异值的固定函数。如果函数 $\{c_i(\cdot)\}$ 中当 $d_i=d_j$ 时 $c_i(d)=c_j(d)$，则 $g(\cdot)$ 是正交不变的。这源于奇异值分解的唯一性。

现在我们将渐近矩阵重建与随机矩阵理论联系起来。随机矩阵理论粗略地处理了随机矩阵的谱性质(即特征值)，是分析矩阵重构的一个明显的出发点。利用最近的关于尖峰种群模型的结果，在文献[391]中，我们建立了信号矩阵 $\mathbf{A}$ 的奇异值和向量与观测矩阵 $\mathbf{Y}$ 的奇异值和向量之间的渐近联系。这些渐近联系为我们提供了有限样本估计，可非渐近设置中应用于小或中维矩阵。

7.4.2 与大型随机矩阵的联系

该重建方法是由矩阵重构问题式(7.31)的一个渐近形式导出的。对于 $n\geqslant 1$，设整数 $m=m(n)$ 是这样定义的：

$$\frac{m}{n}\longrightarrow c>0,\quad n\longrightarrow\infty \tag{7.36}$$

对于每个 n，令 $\mathbf{Y},\mathbf{A}$ 和 $\mathbf{W}$ 是 $m\times n$ 的矩阵，

$$\mathbf{Y}=\mathbf{A}+\frac{1}{\sqrt{n}}\mathbf{W} \tag{7.37}$$

其中 $\mathbf{W}$ 的项是独立 $\mathcal{N}(0,1)$ 分布的随机变量。假定信号矩阵 $\mathbf{A}$ 具有不依赖于 n 的固定秩 $r\geqslant 0$ 和固定非零奇异值 $\sigma_1(\mathbf{A}),\cdots,\sigma_r(\mathbf{A})$。常数 c 表示观测矩阵 $\mathbf{A}$ 的极限纵横比。尺度因子 $1/\sqrt{n}$ 确保信号矩阵的奇异值与噪声的奇异值相当。

命题 7.4.5 在 $\mathbf{A}=0$ 的渐近重构模型下，奇异值 $\sigma_1(\mathbf{Y})\geqslant\cdots\geqslant\sigma_{\min(m,n)}(\mathbf{A})$ 的经验分布弱收敛于具有密度为下式的(非随机)极限分布：

$$f_{\mathbf{Y}}(t)=\frac{1}{\pi\min(1,c)\sqrt{t}}\sqrt{(a-t^2)(t^2-b)},\quad t\in[\sqrt{a},\sqrt{b}] \tag{7.38}$$

其中，$a=(1-\sqrt{c})^2$ 且 $b=(1+\sqrt{c})^2$。再者，$\sigma_1(\mathbf{Y})\xrightarrow{\mathbb{P}}1+\sqrt{c}$ 并且 $\sigma_{\min(m,n)}(\mathbf{Y})\xrightarrow{\mathbb{P}}1-\sqrt{c}$，同时 n 趋向于无穷。

密度 $f_{\mathbf{Y}}(\cdot)$ 的存在和形式是经典 Marchenko-Pastur 定理[172, 173]的结果。如果 $c=1$，密度方程 $f_{\mathbf{Y}}(\cdot)$ 简化为四分之一圆定律：$f_{\mathbf{Y}}(t)=\pi^{-1}\sqrt{4-t^2},t\in[0,2]$。

接下来的两个结果是关于当 $\mathbf{A}$ 为非零时 $\mathbf{Y}$ 的极限特征值和特征向量。命题 7.4.6 将 $\mathbf{Y}$ 的极限特征值与 $\mathbf{A}$ 的(固定)特征值联系起来，而命题 7.4.7 则将 $\mathbf{Y}$ 的极限奇异向量与 $\mathbf{A}$ 的奇异向量联系起来。

定理 7.4.6(文献[392]) 如果 $\mathbf{Y}$ 遵循信号奇异值 $\sigma_1(\mathbf{A})\geqslant\cdots\geqslant\sigma_r(\mathbf{A})>0$ 的渐近矩阵重建模型式(7.37)。对于 $1\leqslant i\leqslant r$，当 n 趋于无穷时，有

$$\sigma_i(\mathbf{Y})\xrightarrow{\mathbb{P}}\begin{cases}\left(1+\sigma_i^2(\mathbf{A})+c+\dfrac{c}{\sigma_i^2(\mathbf{A})}\right)^{1/2}, & \sigma_i^2(\mathbf{A})>c^{1/4}\\ 1+\sqrt{c}, & 0<\sigma_i^2(A)\leqslant c^{1/4}\end{cases}$$

$\mathbf{Y}$ 的剩余奇异值 $\sigma_{r+1}(\mathbf{Y}),\cdots,\sigma_{\min(m,n)}(\mathbf{Y})$ 与 $\mathbf{A}$ 的零奇异值相关联：他们的经验分布弱收敛于命题 7.4.5 的极限分布。

定理 7.4.7([393-395]) 令 $\mathbf{Y}$ 遵循具有不同信号奇异值 $\sigma_1(\mathbf{A})>\cdots>\sigma_r(\mathbf{A})>0$ 的渐近矩阵重构模型式(7.37)。固定 i 使 $\sigma_i(\mathbf{A})>c^{1/4}$。当 n 趋于无穷大时，

$$\langle\mathbf{u}_i(\mathbf{Y}),\mathbf{u}_i(\mathbf{A})\rangle^2\xrightarrow{\mathbb{P}}\left(1-\frac{c}{\sigma_i^4(\mathbf{A})}\right)\Bigg/\left(1+\frac{c}{\sigma_i^4(\mathbf{A})}\right)$$

且

$$\langle\mathbf{v}_i(\mathbf{Y}),\mathbf{v}_i(\mathbf{A})\rangle^2\xrightarrow{\mathbb{P}}\left(1-\frac{c}{\sigma_i^4(\mathbf{A})}\right)\Bigg/\left(1+\frac{c}{\sigma_i^4(\mathbf{A})}\right)$$

另外，如果 $j=1,\cdots,r$ 不等于 i，则 $\langle\mathbf{u}_i(\mathbf{Y}),\mathbf{u}_j(\mathbf{A})\rangle\xrightarrow{\mathbb{P}}0$ 且 $\langle\mathbf{v}_i(\mathbf{Y}),\mathbf{v}_j(\mathbf{A})\rangle\xrightarrow{\mathbb{P}}0$，$n$ 趋于无穷大。

命题 7.4.6 所确定的极限表明了一个相变。如果奇异值 $\sigma_i(\mathbf{A})$ 小于或等于 $c^{1/4}$，则渐近地，奇异值 $\sigma_i(\mathbf{Y})$ 在 Marchenko-Pastur 分布的支持下，与噪声奇异值没有区别。另一方面，如果奇异值 $\sigma_i(\mathbf{A})$ 超过 $c^{1/4}$，则渐近地，$\sigma_i(\mathbf{Y})$ 在 Marchenko-Pastur 分布的支持之外，相应的 $\mathbf{Y}$ 的左、右奇异向量与 $\mathbf{A}$ 的奇异向量相关联(命题 7.4.7)。

7.4.3 渐近矩阵重构

假设噪声的方差 σ^2 已知，等于 1。令 $\mathbf{Y}$ 为一个从加性模型 $\mathbf{Y}=\mathbf{A}+(1/\sqrt{n})\mathbf{W}$ 中生成的 $m\times n$ 观测矩阵，并且使下式作为 $\mathbf{Y}$ 的奇异值分解(SVD)：

$$\mathbf{Y} = \sum_{i=1}^{\min(m,n)} \sigma_i(\mathbf{Y})\mathbf{u}_i(\mathbf{Y})\mathbf{v}_i^{\mathrm{T}}(\mathbf{Y})$$

我们寻求信号矩阵 $\mathbf{A}$ 的一个估计 $\hat{\mathbf{A}}$，其形式如下：

$$\hat{\mathbf{A}} = \sum_{i=1}^{\min(m,n)} c_i\mathbf{u}_i(\mathbf{Y})\mathbf{v}_i^{\mathrm{T}}(\mathbf{Y})$$

对其中每个系数 c_i，只依赖于 $\mathbf{Y}$ 的奇异值 $\sigma_1(\mathbf{Y}),\cdots,\sigma_{\min(m,n)}(\mathbf{Y})$。从命题 7.4.6 和命题 7.4.7 的极限关系中导出了一个 $\hat{\mathbf{A}}$。通过近似，将这些关系在非渐近设置中视为精确关系。使用符号 $\overset{l}{=}$，$\overset{l}{\leqslant}$ 及 $\overset{l}{>}$ 来表示限制的等式和不等式关系。

首先,假设信号矩阵 $\mathbf{A}$ 的奇异值和向量已知。在这种情况下，我们希望得到一组系数 $\{c_i\}$ 使得 $\mathrm{Loss}(\mathbf{A},\hat{\mathbf{A}})$ 最小化

$$\mathrm{Loss}(\mathbf{A},\hat{\mathbf{A}}) = \|\hat{\mathbf{A}} - \mathbf{A}\|_{\mathrm{F}}^2 = \left\| \sum_{i=1}^{\min(m,n)} c_i\mathbf{u}_i(\mathbf{Y})\mathbf{v}_i^{\mathrm{T}}(\mathbf{Y}) - \sum_{i=1}^{r} \sigma_i(\mathbf{A})\mathbf{u}_i(\mathbf{A})\mathbf{v}_i^{\mathrm{T}}(\mathbf{A}) \right\|_{\mathrm{F}}^2$$

命题 7.4.6 证明了 $\mathbf{A}$ 的奇异值小于 $c^{1/4}$ 的渐近信息不能从 $\mathbf{Y}$ 的奇异值中恢复。因此，可以将第一项的和限制为第一项 $r_0=\#\{i:\sigma_i(\mathbf{A})>c^{1/4}\}$：

$$\mathrm{Loss}(\mathbf{A},\hat{\mathbf{A}}) = \left\| \sum_{i=1}^{r_0} c_i\mathbf{u}_i(\mathbf{Y})\mathbf{v}_i^{\mathrm{T}}(\mathbf{Y}) - \sum_{i=1}^{r} \sigma_i(\mathbf{A})\mathbf{u}_i(\mathbf{A})\mathbf{v}_i^{\mathrm{T}}(\mathbf{A}) \right\|_{\mathrm{F}}^2$$

命题 7.4.7 确保左奇异向量 $\mathbf{u}_i(\mathbf{A})$ 和 $\mathbf{u}_j(\mathbf{A})$ 对于 $i=1,\cdots,r$ 不等于 $j=1,\cdots,r_0$ 是渐近正交的，因此，

$$\mathrm{Loss}(\mathbf{A},\hat{\mathbf{A}}) \overset{l}{=} \sum_{i=1}^{r_0} \|c_i\mathbf{u}_i(\mathbf{Y})\mathbf{v}_i^{\mathrm{T}}(\mathbf{Y}) - \sigma_i(\mathbf{A})\mathbf{u}_i(\mathbf{A})\mathbf{v}_i^{\mathrm{T}}(\mathbf{A})\|_{\mathrm{F}}^2 + \sum_{i=r_0+1}^{r} \sigma_i^2(\mathbf{A})$$

其中 $1\leqslant i\leqslant r_0$。将上述和中的第一项展开得出：

$$\begin{aligned}
&\|\sigma_i(\mathbf{A})\mathbf{u}_i(\mathbf{A})\mathbf{v}_i^{\mathrm{T}}(\mathbf{A})-c_i\mathbf{u}_i(\mathbf{Y})\mathbf{v}_i^{\mathrm{T}}(\mathbf{Y})\|_{\mathrm{F}}^2 \\
&=c_i^2\|\mathbf{u}_i(\mathbf{Y})\mathbf{v}_i^{\mathrm{T}}(\mathbf{Y})\|_{\mathrm{F}}^2+\sigma_i^2(\mathbf{A})\|\mathbf{u}_i(\mathbf{A})\mathbf{v}_i^{\mathrm{T}}(\mathbf{A})\|_{\mathrm{F}}^2-2c_i\sigma_i(\mathbf{A})\langle\mathbf{u}_i(\mathbf{A})\mathbf{v}_i^{\mathrm{T}}(\mathbf{A}),\mathbf{u}_i(\mathbf{Y})\mathbf{v}_i^{\mathrm{T}}(\mathbf{Y})\rangle \\
&=\sigma_i^2(\mathbf{A})+c_i^2-2c_i\sigma_i(\mathbf{A})\langle\mathbf{u}_i(\mathbf{A}),\mathbf{u}_i(\mathbf{Y})\rangle\langle\mathbf{v}_i(\mathbf{A}),\mathbf{v}_i(\mathbf{Y})\rangle
\end{aligned}$$

微分最后一个关于 c_i^* 的表达式，产生最优值：

$$c_i^\star=\sigma_i(\mathbf{A})\langle\mathbf{u}_i(\mathbf{A}),\mathbf{u}_i(\mathbf{Y})\rangle\langle\mathbf{v}_i(\mathbf{A}),\mathbf{v}_i(\mathbf{Y})\rangle \tag{7.39}$$

为了估计系数 $c_i^\star$，我们分别考虑 $\mathbf{Y}$ 的奇异值，其最大值或大于 $1+\sqrt{c}$，其中 $c=m/n$ 是 $\mathbf{Y}$ 的纵横比。通过命题 7.4.6，$\sigma_i(\mathbf{Y})\overset{l}{\leqslant}1+\sqrt{c}$ 的渐近关系意味着 $\sigma_i(\mathbf{A})\leqslant c^{1/4}$，在这种情况下，$\mathbf{A}$ 的第 i 个奇异值是不能从 $\mathbf{Y}$ 中恢复的。因此如果 $\sigma_i(\mathbf{Y})\leqslant 1+\sqrt{c}$，我们设置相应的系数 $c_i^\star=0$。

另一方面，渐近关系 $\sigma_i(\mathbf{Y}) \overset{l}{>} 1+\sqrt{c}$ 暗示了 $\sigma_i(\mathbf{A}) > c^{1/4}$，式(7.39)内积的每一个都是正渐近的。在命题7.4.6和命题7.4.7中所显示的方程仅可根据 $\mathbf{Y}$ 的(观测)奇异值及其纵横比 c 来获得式(7.39)中每个项的估计。这些方程得出下列关系：

$$\hat{\sigma}_i^2(\mathbf{A}) = \frac{1}{2}\left[\sigma_i^2(\mathbf{Y}) - (1+c) + \sqrt{[\sigma_i^2(\mathbf{Y}) - (1+c)]^2 - 4c}\right] \text{ estimates } \sigma_i^2(\mathbf{A})$$

$$\hat{\theta}_i^2 = \left(1 - \frac{c}{\hat{\sigma}_i^4(\mathbf{A})}\right) \bigg/ \left(1 + \frac{c}{\hat{\sigma}_i^4(\mathbf{A})}\right) \text{ estimates} \langle \mathbf{u}_i(\mathbf{A}), \mathbf{u}_i(\mathbf{Y}) \rangle^2$$

$$\hat{\phi}_i^2 = \left(1 - \frac{c}{\hat{\sigma}_i^4(\mathbf{A})}\right) \bigg/ \left(1 + \frac{c}{\hat{\sigma}_i^4(\mathbf{A})}\right) \text{ estimates} \langle \mathbf{v}_i(\mathbf{A}), \mathbf{v}_i(\mathbf{Y}) \rangle^2$$

在这些估计的基础上，通过方程定义了矩阵重构方案：

$$G_o^{\mathrm{RMT}}(\mathbf{Y}) = \sum_{\sigma_i(\mathbf{A}) > 1+\sqrt{c}} \hat{\sigma}_i(\mathbf{A}) \hat{\theta}_i \hat{\phi}_i \mathbf{u}_i(\mathbf{Y}) \mathbf{v}_i^{\mathrm{T}}(\mathbf{Y}) \tag{7.40}$$

其中，$\hat{\sigma}_i(\mathbf{A})$，$\hat{\theta}_i$ 和 $\hat{\phi}_i$ 是上述估计的正平方根。

RMT方法具有硬阈值和软阈值的共同特点。它将 $\mathbf{Y}$ 的小于阈值$(1+\sqrt{c})$的奇异值设置为零，它将剩余的奇异值缩小至趋于零。然而，与软阈值不同，收缩量取决于奇异值，较大的奇异值比较小的收缩值要小。与硬阀值和软阈值方案不同，所提出的RMT方法不具有调谐参数。唯一未知的噪声方差在整个过程中被估计。

在一般的矩阵重构问题中，噪声的方差 σ^2 是未知的。在这种情况下，给定 σ^2 的估计值 $\hat{\sigma}^2$，如下面所述，我们可以定义

$$G^{\mathrm{RMT}}(\mathbf{Y}) = \hat{\sigma} G_o^{\mathrm{RMT}}\left(\frac{\mathbf{Y}}{\hat{\sigma}}\right) \tag{7.41}$$

7.4.4 噪声方差的估计

现在，让我们展示如何得到 σ^2 的一个估计 $\hat{\sigma}^2$。设 $\mathbf{Y}$ 是由渐近重建模型 $\mathbf{Y} = \mathbf{A} + \sigma \frac{1}{\sqrt{n}} \mathbf{W}$ 导出的，且 σ 未知。

如果对于任意 $m \times n$ 矩阵 $\mathbf{Y}$ 和任何大小适当的正交矩阵 $\mathbf{U}$ 和 $\mathbf{V}$，方程 $f(\cdot): \mathbb{R}^{m\times n} \to \mathbb{R}$ 是正交不变的：

$$f(\mathbf{Y}) = f(\mathbf{UYV}^{\mathrm{T}}) \tag{7.42}$$

命题 7.4.8 函数 $f(\cdot): \mathbb{R}^{m\times n} \to \mathbb{R}$ 当且仅当 $f(\mathbf{Y})$ 只依赖于 $\mathbf{Y}$ 的奇异值时是正交不变的。

命题 7.4.9 设函数 $f(\cdot): \mathbb{R}^{m\times n} \to \mathbb{R}$，则存在具有以下性质的正交不变函数 $\tilde{f}(\cdot)$。设 $\mathbf{A}$ 和 $\mathbf{W}$ 是具有正交不变分布的独立 $m \times n$ 矩阵，并且对于 σ 设 $\mathbf{Y} = \mathbf{A} + \sigma(1/\sqrt{n})\mathbf{W}$。然后，$\tilde{f}(\mathbf{Y})$ 具有与 $f(\mathbf{Y})$ 相同的期望值，且方差较小或相等。

设 F 为密度函数式(7.38)的累积分布函数。对于每个 $\sigma > 0$，设 $\hat{S}_\sigma$ 是落在区间 $\left[\sigma\left|1-\sqrt{c}\right|, \sigma(1+\sqrt{c})\right]$ 内部的奇异值 $\sigma_i(\mathbf{Y})$ 的集合，设 $\hat{F}_\sigma$ 为 $\hat{S}_\sigma$ 的经验累积分布函数，则：

$$K(\sigma) = \sup_s \left| F(s/\sigma) - \hat{F}_\sigma(s) \right|$$

是经验奇异值和理论奇异值分布函数[396]的Kolmogorov-Smirnov距离，定义

$$\hat{\sigma}_i(\mathbf{Y}) = \arg\min_{\sigma > 0} K(\sigma) \tag{7.43}$$

为使 $K(\sigma)$ 取得最小值的 σ。一个常规的论证可说明由于对任一 $\alpha>0$，有 $\hat{\sigma}(\alpha Y)=\alpha\hat{\sigma}(\mathbf{Y})$，估计值 $\hat{\sigma}$ 具有尺度不变性。

考虑经验累积分布函数 $\hat{F}_\sigma(s)$ 的跳跃点，$K(\sigma)$ 的上界简化为

$$K(\sigma)=\max_{s_i\in\hat{S}_\sigma}\left|F(s_i/\sigma)-\frac{i-1/2}{|\hat{S}_\sigma|}\right|+\frac{1}{2|\hat{S}_\sigma|} \tag{7.44}$$

其中 $\{s_i\}$ 是 $\hat{S}_\sigma$ 的有序元素。目标函数 $K(\sigma)$ 在 $\hat{S}_\sigma$ 改变的点上不连续，所以满足 $|\hat{S}_\sigma|>(1/2)\min(m,n)$ 和 $\sigma(1+\sqrt{c})<2\sigma_1(\mathbf{Y})$ 的一些特定的网格点可将函数 $K(\sigma)$ 最小化。

累积分布函数 $F(\cdot)$ 的封闭形式可由式(7.38)定义的 $f_{\mathbf{W}/\sqrt{n}}(t)$ 积分计算得到。对于 $c=1$ $(a=0,\ b=4)$，这是个一般积分

$$F(t)=\int_{\sqrt{a}}^{t}f(x)\,\mathrm{d}x=\frac{1}{\pi}\int_0^t\sqrt{b-x^2}\,\mathrm{d}x=\frac{1}{2\pi}\left(t\sqrt{4-t^2}+4\arcsin\frac{t}{2}\right)$$

对于 $c\neq1$ 计算要复杂一些。首先我们进行变量变换，得到

$$F(t)=\int_{\sqrt{a}}^{t}f(x)\,\mathrm{d}x=C\int_{\sqrt{a}}^{t}\frac{1}{x^2}\sqrt{(b-x^2)(x^2-a)}\,\mathrm{d}x=\int_a^{t^2}\frac{1}{y}\sqrt{(b-y)(y-a)}\,\mathrm{d}y$$

其中 $C=1/(2\pi\min(c,1))$。$F(t)$ 的封闭形式参见文献[391]。

7.4.5 矩阵去噪的最优硬阈值

假设我们感兴趣的是一个 $m\times n$ 的矩阵 $\mathbf{X}$，它被认为是完全或近似的低秩，但是我们只观察到一个单一的 $m\times n$ 的噪声矩阵 $\mathbf{Y}$，该矩阵服从加法模型 $\mathbf{Y}=\mathbf{A}+\sigma\mathbf{Z}$；噪声矩阵 $\mathbf{Z}$ 具有零均值和单位方差的独立、同分布的条目。我们希望在一定均方误差(MSE)范围内恢复矩阵 $\mathbf{X}$。对于我们的任务，通常采用的估算技术为截断奇异值分解(TSVD)[397]，记

$$\mathbf{Y}=\sum_{i=1}^{m}y_i\mathbf{u}_i\mathbf{v}_i^{\mathrm{T}} \tag{7.45}$$

为数据矩阵 $\mathbf{Y}$ 的奇异值分解，其中 $\mathbf{u}_i\in\mathbb{R}^m$ 且 $\mathbf{v}_i\in\mathbb{R}^n$，$i=1,\cdots,m$ 为对应于奇异值 y_i 的矩阵 $\mathbf{Y}$ 的左、右奇异向量。TSVD 估计结果为

$$\hat{\mathbf{X}}_r=\sum_{i=1}^{r}y_i\mathbf{u}_i\mathbf{v}_i^{\mathrm{T}}$$

其中，假设 $r=\mathrm{rank}(\mathbf{X})$ 已知，且 $y_1\geqslant\cdots\geqslant y_m$。TSVD 是最小二乘意义下对秩 r 的最佳逼近，因此是 $\mathbf{Z}$ 为高斯项时的最大似然估计量，在科学和工程中，TSVD 和线性回归一样普遍存在。

当信号 $\mathbf{X}$ 的真实的秩 r 未知时，可以尝试估计一个秩 $\hat{r}$ 然后采用 TSVD 求 $\hat{\mathbf{X}}_r$。将秩的估计值(采用任何方法)看作数据奇异值的硬阈值是有好处的，也就是说，只有当 y_i 满足特定阈值的时候 $y_i\mathbf{u}_i\mathbf{v}_i^{\mathrm{T}}$ 才会包括在 $\hat{\mathbf{X}}_r$ 里。令

$$\eta_{\mathrm{H}}(y;\tau)=y\mathbf{1}_{\{y>\tau\}}$$

表示硬阈值的非线性特征，并考虑奇异值硬阈值函数(SVHT)为

$$\hat{\mathbf{X}}_\tau=\sum_{i=1}^{m}\eta_{\mathrm{H}}(y_i;\tau)\mathbf{u}_i\mathbf{v}_i^{\mathrm{T}} \tag{7.46}$$

总之，当所有数据奇异值低于 τ 时 $\hat{\mathbf{X}}_\tau$ 为零。

用均方误差衡量 $\hat{\mathbf{X}}$ 对于一个信号矩阵的降噪性能，

$$\|\hat{\mathbf{X}}(\mathbf{Y})-\mathbf{Y}\|_{\mathrm{F}}^{2}=\sum_{i,j}(\hat{X}(\mathbf{Y})_{ij}-X_{ij})^{2}$$

TSVD 是数据矩阵 $\mathbf{Y}$ 在秩为 r 的最佳逼近。但是这不一定意味着它对于信号矩阵 $\mathbf{X}$ 是一个很好的，甚至说是合理的估计。

根据文献[391]，采用渐近框架从而让矩阵在保持 $\mathbf{X}$ 的非零奇异值不变的情况下增长，同时这些奇异值的信噪比随着 n 的增长保持不变。

在这个渐近框架中，对于被观察到 σ 级白噪声(不一定是高斯的)的低秩 $n\times n$ 矩阵，

$$\tau_{\star}=\frac{4}{\sqrt{3}}\sqrt{n}\sigma\approx 2.309\sqrt{n}\sigma$$

是奇异值硬阈值的最佳位置。对于一个非方 $m\times n(m\neq n)$矩阵，最佳位置为

$$\tau_{\star}=\gamma_{\star}(c)\cdot\sqrt{n}\sigma \tag{7.47}$$

其中 $c=m/n$。值 $\gamma_{\star}$是已知值 σ 的最佳硬阈值系数。它由下式得到

$$\gamma_{\star}(c)=\sqrt{2(c+1)+\frac{8c}{(c+1)+\sqrt{c^{2}+14c+1}}} \tag{7.48}$$

许多作者通过对数据的奇异值采用软阈值非线性特征来进行矩阵降噪，即

$$\eta_{S}(y;s)=(|y|-s)_{+}\cdot\operatorname{sign}(y)$$

而不是硬阈值。降噪模型

$$\hat{\mathbf{X}}_{\mathrm{soft}}=\sum_{i=1}^{n}\eta_{S}(y;s)\mathbf{u}_{i}\mathbf{v}_{i}^{\mathrm{T}}$$

被称为奇异值软降噪(SVST)或 SVT。

接下来考查最优奇异值收缩模型。在采用的渐近框架中，文献[391](已经得到了最佳奇异值收缩模型 $\hat{\mathbf{X}}_{\mathrm{opt}}$)，也可参考 7.4.3 节。校准自模型 $\mathbf{Y}=\mathbf{X}+\frac{1}{\sqrt{n}}\mathbf{Z}$，其中 $m=n$，这个收缩模型的形式为

$$\hat{\mathbf{X}}_{\mathrm{opt}}:\sum_{i=1}^{n}y_{i}\mathbf{u}_{i}\mathbf{v}_{i}^{\mathrm{T}}\longmapsto\sum_{i=1}^{n}\eta_{\mathrm{opt}}(y_{i})\mathbf{u}_{i}\mathbf{v}_{i}^{\mathrm{T}}$$

其中，

$$\eta_{\mathrm{opt}}(t)=\sqrt{(t^{2}-4)_{+}}$$

在我们的渐近框架中，相比于任何其他在渐近均方误差(AMSE)中基于对任意奇异值配置下的低秩信号进行奇异值收缩这一方法的估测模型，这一规则起决定作用。

在我们的渐近框架中，这个阈值规则适用于未知秩，并且如果需要，对未知的噪声水平也是最优方式：在任何其他值上，它总是比硬阈值更好，无论我们试图恢复的矩阵是怎样的，并且它总是好于理想的截断奇异值分解(TSVD)，也就是在我们试图恢复的低秩矩阵的真正的秩时截断。

采用用于恢复 $n\times n$ 阶 r 秩矩阵的推荐值的硬阈值法保证了最大为 $3nr\sigma^{2}$ 的 AMSE。作为对比，TSVD 为 $5nr\sigma^{2}$，优化调整奇异值软阈值为 $6nr\sigma^{2}$，任何数据奇异值收缩可达到的最佳保证为 $2nr\sigma^{2}$。我们建议的硬阈值还为具有有界核范数的恢复矩阵提供了硬阈值中最好的 AMSE 保证。经验表明，$4/\sqrt{3}$阈值规则的这些 AMSE 属性对于相对小的 n 依然有效，并且性能改进的 TSVD 和其他流行的收缩规则往往效果明显，将其变成了常见的硬阈值选择问题。

例 7.4.10(最优奇异值硬阈值实践)

对于被观察到未知水平白噪声(不一定是高斯的)的低秩 $n\times n$ 矩阵，可以使用这些数据获得一个最佳位置 $\tau_\star$ 的近似值。定义

$$\tau_\star \approx 2.858\cdot y_{\text{median}}$$

其中 y_{median} 是数据矩阵 $\mathbf{Y}$ 的中值奇异值。符号 $\tau_\star$ 是强调这不是一个固定的阈值先验选择，而是依赖于数值的阈值。对于一个 $m\times n(m\neq n)$ 的非方矩阵，当 σ 未知时的近似最佳位置为

$$\hat{\tau}_\star \approx \omega(c)\cdot y_{\text{median}} \tag{7.49}$$

其中 $\omega(c)$ 可近似为

$$\omega(c)\approx 0.56c^3-0.95c^2+1.82c+1.43 \tag{7.50}$$

准确的值可以使用论文[398]提供的 MATLAB 脚本计算得出。

未知噪声的最优 SVHT，$\hat{\mathbf{X}}_{\hat{\tau}_\star}$ 非常容易实现并且不需要任何调谐参数。降噪矩阵 $\hat{\mathbf{X}}_{\hat{\tau}_\star}(\mathbf{Y})$ 可以使用高级语言的短短几行代码计算。例如，在 MATLAB 中：

```
beta = size(Y,1) /size(Y,2)
omega = 0.56 * beta^3 - 0.95 * beta^2 + 1.82 * beta + 1.43
[U D V] = svd(Y)
y = diag(Y)
y( y < (omega * median(y) ) = 0
Xhat = U * diag(y) * V'
```

在我们的渐近框架中，$\tau_\star$ 和 $\hat{\tau}_\star$ 具有完全相同的最优性质。这意味着 $\hat{\mathbf{X}}_{\hat{\tau}_\star}$ 适用于未知的低秩和未知的噪声水平。经验表明对于有限的 n，它们的性能表现是相似的。 □

7.5 最佳收缩

考虑 $m\times n$ 信号加噪声数据或者测量矩阵

$$\mathbf{Y}=\mathbf{A}+\mathbf{X} \tag{7.51}$$

其中，

$$\mathbf{A}=\sum_{i=1}^{r}\sigma_i(\mathbf{A})\mathbf{u}_i(\mathbf{A})\mathbf{v}_i^{\mathrm{T}}(\mathbf{A}) \tag{7.52}$$

其中，$\mathbf{u}_i(\mathbf{A})$ 和 $\mathbf{v}_i(\mathbf{A})$ 是与 r 秩信号矩阵 $\mathbf{A}$ 的奇异值 $\sigma_i(\mathbf{A})$ 相关的左右“信号”奇异值向量。$\mathbf{X}$ 是只含随机(不一定独立同分布)噪声的矩阵。

如上面指出的，当秩 r 已知，截断奇异值分解(SVD)在解决一个由著名的 Eckart-Young-Mirsky 定理[397, 399, 400]提出的问题所广泛使用的最佳解中起到突出作用。我们称此解为截断 SVD 解

$$\hat{\mathbf{A}}^{\text{TSVD}}=\underset{\text{rank}(\mathbf{A})=r}{\arg\min}\|\mathbf{Y}-\mathbf{A}\|_{\text{F}} \tag{7.53}$$

其中，

$$\mathbf{Y}=\sum_{i=1}^{\min(m,n)}\sigma_i(\mathbf{Y})\mathbf{u}_i(\mathbf{Y})\mathbf{v}_i^{\mathrm{T}}(\mathbf{Y})$$

为噪声矩阵 $\mathbf{Y}$ 的 SVD。假设 $\mathbf{X}$ 是独立同分布高斯项的矩阵，由于负对数似然函数正是式(7.53)的右侧,这也是秩 r 的最大似然(ML)估计。无论局部渐近正态何时出现，它在 m 小

n 大(或相反)情况下的使用也是合理的[401]。

这个优化问题的解

$$\mathbf{w}^{\mathrm{TSVD}} := \arg\min_{\|\mathbf{w}\|_{\ell_0}=r} \left\| \sum_{i=1}^{r} \sigma_i(\mathbf{A})\mathbf{u}_i(\mathbf{A})\mathbf{v}_i^{\mathrm{T}}(\mathbf{A}) - \sum_{i=1}^{\min(m,n)} w_i \mathbf{u}_i(\mathbf{Y})\mathbf{v}_i^{\mathrm{T}}(\mathbf{Y}) \right\|_{\mathrm{F}} \tag{7.54}$$

其中

$$w_i^{\mathrm{TSVD}} = \sigma_i(\mathbf{Y}), \quad i=1,\cdots,r$$

这样得到了秩为 r 的信号矩阵的估计

$$\hat{\mathbf{A}}^{\mathrm{TSVD}} = \sum_{i=1}^{r} w_i^{\mathrm{TSVD}} \mathbf{u}_i(\mathbf{Y})\mathbf{v}_i^{\mathrm{H}}(\mathbf{Y})$$

同时根据 Eckart-Young-Mirsky 理论，这也是式(7.54)中的代表问题的解。

现在假设在低秩矩阵中没有结构。令 $\|\mathbf{w}\|_{\ell_0} = |\{\#i : w_i \neq 0\}|$ 这样 $\|\mathbf{w}\|_{\ell_0} = r$ 表示有 r 个非零项的向量 $\mathbf{w}$，

$$\mathbf{w}^{\mathrm{opt}} := \arg\min_{\|\mathbf{w}\|_{\ell_0}=r} \left\| \sum_{i=1}^{r} \sigma_i(\mathbf{A})\mathbf{u}_i(\mathbf{A})\mathbf{v}_i^{\mathrm{T}}(\mathbf{A}) - \sum_{i=1}^{\min(m,n)} w_i \mathbf{u}_i(\mathbf{Y})\mathbf{v}_i^{\mathrm{T}}(\mathbf{Y}) \right\|_{\mathrm{F}} \tag{7.55}$$

这个分析表明 $\mathbf{w}^{\mathrm{opt}}$ 的形式是一个完全由噪声函数的受限奇异值分布决定的收缩和阈值算子(在 $\mathbf{Y}$ 的奇异值上)。由此产生的收缩函数是非凸的，且对于较大的 $\sigma_i(\mathbf{Y})$，有

$$w_i^{\mathrm{opt}} \approx \sigma_i(\mathbf{Y})\left[1 - O(1/\sigma_i^2(\mathbf{Y}))\right]$$

且对于大的 $\sigma_i(\mathbf{Y}) \leqslant b + o(1)$，有

$$w_i^{\mathrm{opt}} \to 0$$

其中 b 是一个依赖于受限噪声奇异值分布的关键阈值。

7.6 大规模协方差矩阵估计的收缩方法

许多应用问题需要一个协方差矩阵估计，它不仅要可逆，而且条件良好(即，取逆不会放大估计误差)。对于高维协方差矩阵，常用的估计不是条件良好的，甚至不是可逆的。文献[402]介绍了一种条件良好且比样本协方差矩阵渐近准确的估计。这一估计允许分布自由并有一个易于计算和解释的简单公式。它是样本协方差矩阵与恒等矩阵的渐近最佳凸线性组合。最优性是关于二次损失函数的，随着观测值 n 和变量 p 的数量一起渐近地趋向无穷大(称为一般渐近性)。唯一的限制是比例 p/n 必须保持有界。大量的 Monte Carlo 模拟表明 20 个观测数和变量数足以在有限样本中渐近收敛。

经验(样本)协方差矩阵 $\mathbf{S}$ 不再被认为是真协方差矩阵 $\mathbf{\Sigma}$ 的一个很好的估计(对于中等大小的 $n \sim p$ 的数据也是如此)。

解释我们所做的事情的最简单的方法是首先详细分析有限样本的情况。令 $\mathbf{X}$ 表示一个 $p \times n$ 的矩阵，它是 p 个随机变量的具有零均值和协方差矩阵 $\mathbf{\Sigma}$ 的系统的 n 个独立同分布(i.i.d)观察。我们考察 Frobenius 范数

$$\|\mathbf{A}\|_{\mathrm{F}}^2 = \frac{1}{p}\mathrm{Tr}(\mathbf{A}\mathbf{A}^{\mathrm{H}}) = \frac{1}{p}\sum_{i=1}^{n}\sum_{j=1}^{n}|a_{ij}|^2 = \frac{1}{p}\sum_{i=1}^{n}\lambda_i^2(\mathbf{A}) \tag{7.56}$$

用 p 划分是不标准的，但是这里并不影响，因为 p 始终有限。这个惯例的优点是单位矩阵的范数是简单的，而且是一致的。p_n 维矩阵 $\mathbf{A}$ 的范数是 $\|\mathbf{A}\|_{\mathrm{F}}^2 = \mathrm{Tr}(\mathbf{A}\mathbf{A}^{\mathrm{H}})/p$。

我们的目标是找到这个单位矩阵 $\mathbf{I}$ 的线性组合 $\mathbf{\Sigma}^* = \rho_1\mathbf{I} + \rho_2\mathbf{S}$，和样本协方差矩阵 $\mathbf{S}=$

$\mathbf{XX}^{\mathrm{H}}/n$ 让二次损失$\mathbb{E}[\|\boldsymbol{\Sigma}^*-\boldsymbol{\Sigma}\|_{\mathrm{F}}^2]$最小。

平方 Frobenius 范数$\|\cdot\|_{\mathrm{F}}^2$ 是二次型的，其相关矩阵的内积为

$$\langle\mathbf{A},\mathbf{B}\rangle=\mathrm{Tr}(\mathbf{AB}^{\mathrm{H}})/p$$

与两个向量的内积相似，矩阵内积可看成两个矩阵的相似性。四标量在分析中发挥核心作用：

$$\mu=\langle\mathbf{A},\mathbf{I}\rangle,\ \alpha^2=\|\boldsymbol{\Sigma}-\mu\mathbf{I}\|_{\mathrm{F}}^2,\ \beta^2=\|\boldsymbol{\Sigma}-\mathbf{S}\|_{\mathrm{F}}^2,\ \delta^2=\|\mathbf{S}-\mu\mathbf{I}\|_{\mathrm{F}}^2$$

我们不需要假设 $\mathbf{X}$ 中的项(随机变量)服从一定分布，但我们需要假设它们有有限的第四矩，这样 α^2 和 β^2 是有限的。它服从

$$\begin{aligned}\mathbb{E}\|\mathbf{S}-\mu\mathbf{I}\|_{\mathrm{F}}^2&=\mathbb{E}\|\mathbf{S}-\boldsymbol{\Sigma}+\boldsymbol{\Sigma}-\mu\mathbf{I}\|_{\mathrm{F}}^2\\&=\mathbb{E}\|\mathbf{S}-\boldsymbol{\Sigma}\|_{\mathrm{F}}^2+\mathbb{E}\|\boldsymbol{\Sigma}-\mu\mathbf{I}\|_{\mathrm{F}}^2+2\,\mathbb{E}\langle\mathbf{S}-\boldsymbol{\Sigma},\boldsymbol{\Sigma}-\mu\mathbf{I}\rangle\\&=\mathbb{E}\|\mathbf{S}-\boldsymbol{\Sigma}\|_{\mathrm{F}}^2+\mathbb{E}\|\boldsymbol{\Sigma}-\mu\mathbf{I}\|_{\mathrm{F}}^2+2\langle\mathbb{E}[\mathbf{S}-\boldsymbol{\Sigma}],\boldsymbol{\Sigma}-\mu\mathbf{I}\rangle\end{aligned}$$

注意到$\mathbb{E}[\mathbf{S}]=\boldsymbol{\Sigma}$。因此右侧第三排的第三项为零。因此证明了

$$\|\boldsymbol{\Sigma}-\mu\mathbf{I}\|_{\mathrm{F}}^2+\|\boldsymbol{\Sigma}-\mathbf{S}\|_{\mathrm{F}}^2=\|\mathbf{S}-\mu\mathbf{I}\|_{\mathrm{F}}^2$$

或

$$\alpha^2+\beta^2=\delta^2 \tag{7.57}$$

单位矩阵 $\mathbf{I}$ 和样本协方差矩阵 $\mathbf{S}=\mathbf{XX}^{\mathrm{H}}/n$ 的最佳线性组合 $\boldsymbol{\Sigma}^*=\rho_1\mathbf{I}+\rho_2\mathbf{S}$ 是线性等式约束下的简单二次规划问题的标准解。

定理 7.6.1 考虑下面的优化问题：

$$\begin{aligned}&\min_{\rho_1,\rho_2}\mathbb{E}[\|\boldsymbol{\Sigma}^*-\boldsymbol{\Sigma}\|_{\mathrm{F}}^2]\\&\text{subject to }\boldsymbol{\Sigma}^*=\rho_1\mathbf{I}+\rho_2\mathbf{S}\end{aligned} \tag{7.58}$$

其中系数 ρ_1 和 ρ_2 是非随机的。其优化结果可以验证：

$$\boldsymbol{\Sigma}^*=\frac{\beta^2}{\delta^2}\mu\mathbf{I}+\frac{\alpha^2}{\delta^2}\mathbf{S} \tag{7.59}$$

$$\mathbb{E}[\|\boldsymbol{\Sigma}^*-\boldsymbol{\Sigma}\|_{\mathrm{F}}^2]=\frac{\alpha^2\beta^2}{\delta^2} \tag{7.60}$$

文献[402]中有具体的上述解决方案的证明。

然后我们就可以将 $\mu\mathbf{I}$ 解释为收缩目标，并将权重 β^2/δ^2 作为收缩强度置于 $\mu\mathbf{I}$ 上。平均损失(PRIAL)相对于样本协方差矩阵的相对改进百分比的值如下所示：

$$\frac{[\|\mathbf{S}-\boldsymbol{\Sigma}\|_{\mathrm{F}}^2]-\mathbb{E}[\|\boldsymbol{\Sigma}^*-\boldsymbol{\Sigma}\|_{\mathrm{F}}^2]}{\mathbb{E}[\|\mathbf{S}-\boldsymbol{\Sigma}\|_{\mathrm{F}}^2]}=\frac{\beta^2}{\delta^2} \tag{7.61}$$

上式的结果与收缩强度相同。因此，一切都由比率β^2/δ^2 来控制，这是一个合适的归一化的样本协方差矩阵 $\mathbf{S}$ 的误差测度。直观地说，如果 $\mathbf{S}$ 是相对准确的，那么不应该使它缩小太多，缩小它不会有特别大的帮助；但是如果 $\mathbf{S}$ 相对不准确，那么应该使它缩小很多，而且从缩小的过程中也可以获得更多信息。众所周知，当 n 和 p 很大且相当时，$\mathbf{S}$ 是不准确的。在这种情况下缩小很多是有用的。

定理 7.6.1 中的数学非常丰富，我们能够提供四个互补的解释。一个是几何的，其他的则对应有限样本多元统计中的一些最重要的想法。可以将定理 7.6.1 看作希尔伯特空间中的投影定理，具体图解见图 7.3。解释定理 7.6.1 的第二种方法是作为偏差和方差之间的折中，

具体图解见图 7.4。我们试图最小化均方误差，其可以分解为方差和平方偏差：

$$\mathbb{E}\left[\|\boldsymbol{\Sigma}^*-\boldsymbol{\Sigma}\|_F^2\right]=\mathbb{E}\left[\|\boldsymbol{\Sigma}^*-\mathbb{E}\left[\boldsymbol{\Sigma}^*\right]\|_F^2\right]+\mathbb{E}\left[\|\mathbb{E}\left[\boldsymbol{\Sigma}^*\right]-\boldsymbol{\Sigma}\|_F^2\right] \tag{7.62}$$

收缩目标 $\mu\mathbf{I}$ 的均方误差全部是偏差而没有方差，而对于样本协方差矩阵 $\mathbf{S}$ 而言恰恰相反：所有方差和无偏差。$\boldsymbol{\Sigma}^*$ 表示由于偏差导致的误差与由于方差导致的误差之间的最佳平衡。原始文献[372]的收缩技术已经成为偏见和方差之间的折中。

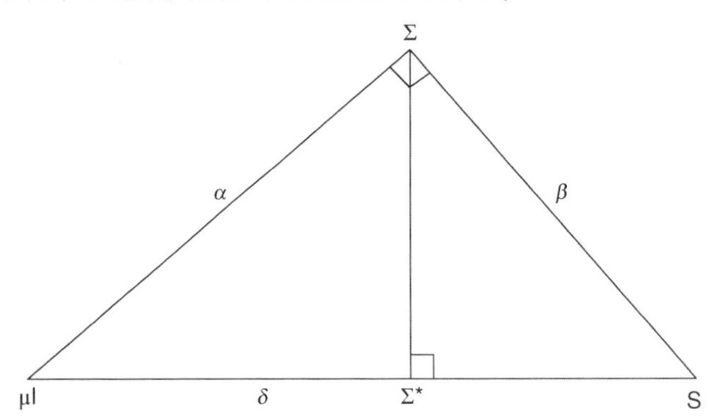

图 7.3 定理 7.6.1 被解释为希尔伯特空间中的投影。经许可转自文献[402]

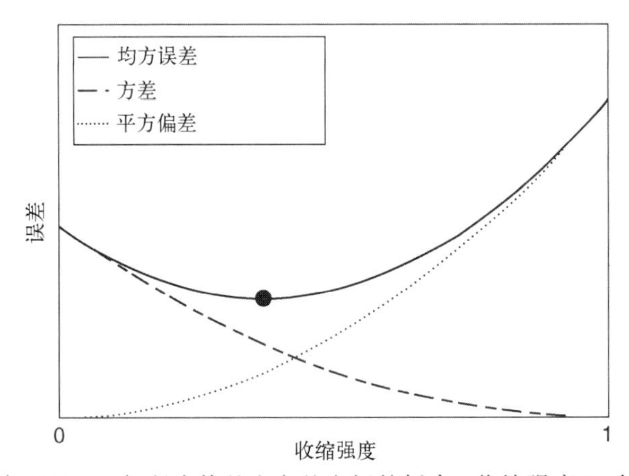

图 7.4 定理 7.6.1 解释为偏差和方差之间的折中：收缩强度 0 对应于样本协方差矩阵 $\mathbf{S}$；收缩强度 1 对应于收缩目标 $\mu\mathbf{I}$，其中的最佳收缩强度（由 · 表示）对应于最低预期损失组合 $\boldsymbol{\Sigma}^*$。经许可转自文献[402]

第三种解释是贝叶斯。$\boldsymbol{\Sigma}^*$ 可以看作两个信号的组合：先验信息和样本信息。先验信息指出真正的协方差矩阵 $\boldsymbol{\Sigma}$ 位于以半径 α 为中心的收缩目标 $\mu\mathbf{I}$ 周围的球体上；样本信息指出 $\boldsymbol{\Sigma}$ 位于另一个球体上，以半径为 β 的样本协方差矩阵 $\mathbf{S}$ 为中心。将先验信息和样本信息汇集在一起，$\boldsymbol{\Sigma}$ 必须位于两个球体的交点处，交点组成一个圆。在这个圆的圆心用 $\boldsymbol{\Sigma}^*$ 表示。在确定 $\boldsymbol{\Sigma}^*$ 时先验信息和样本信息的相对重要性取决于哪一个更准确，见图 7.5。

第四个也是最后一个解释涉及协方差矩阵特征值的横截面分散问题。我们假设 $\lambda_1,\cdots,\lambda_p$ 表示协方差矩阵 Σ 的特征值，并且 $\ell_1,\cdots,\ell_p$ 表示的是样本协方差矩阵 $\mathbf{S}$ 的特征值。我们可以利用 Frobenius 范数与特征值的关系，如下所示：

$$\mu=\frac{1}{p}\sum_{i=1}^{p}\lambda_i=\mathbb{E}\left[\frac{1}{p}\sum_{i=1}^{p}\ell_i\right] \tag{7.63}$$

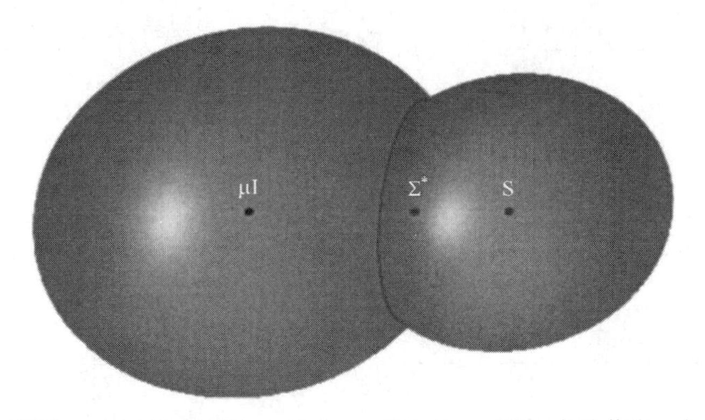

图 7.5　贝叶斯解释。左边的球面以 $\mu\mathbf{I}$ 为中心，半径为 α，表示先验信息，右边的球面以 $\mathbf{S}$ 为中心，半径为 β，两个球面的中心距离为 δ，这个距离表示采样信息。假设我们了解到，真正的协方差矩阵位于左边的球面，那最可能的猜测就是它的中心：最终下降到 $\mu\mathbf{I}$。如果真正的协方差矩阵位于右侧的球面，最可能的猜测也是它的中心：采样协方差矩阵 $\mathbf{S}$。综上所述，真正的协方差矩阵 $\boldsymbol{\Sigma}$ 一定位于两个球面相交的圆上。而且，最可能的猜测是这个圆的圆心上：最佳线性下降 $\boldsymbol{\Sigma}^*$。经许可转自文献[402]

替换样本平均值和采样特征向量。式(7.57)可改写为

$$\mathbb{E}\left[\frac{1}{p}\sum_{i=1}^{p}(\lambda_i-\mu)^2\right]=\frac{1}{p}\sum_{i=1}^{p}(\lambda_i-\mu)^2+\mathbb{E}\left[\|\mathbf{S}-\boldsymbol{\Sigma}\|_{\mathrm{F}}^2\right] \tag{7.64}$$

总之，在总平均值附近的采样特征向量比真实的采样特征向量更加分散，并且过度分散等同于采样协方差矩阵出错。过度分散意味着最大的采样特征值向上方偏移，最小的采样特征值向下偏移。图 7.6 即是一个例证。因此，我们可以通过让其特征值更靠近它的总平均值来调优采样协方差矩阵，即

$$\forall i=1,\cdots,p,\quad \lambda_i^*=\frac{\beta^2}{\delta^2}\mu+\frac{\alpha^2}{\delta^2}\ell_i \tag{7.65}$$

注意，在式(7.65) 中定义的 $\lambda_1^*,\cdots,\lambda_p^*$ 是 $\boldsymbol{\Sigma}^*$ 中特征值的精确值。令人感到惊讶的是，这些值的稀疏度：

$$\frac{1}{p}\sum_{i=1}^{p}(\lambda_i^*-\mu)^2=\frac{\alpha^2}{\delta^2}$$

甚至低于真正特征值的稀疏度。□

例 7.6.2(Stein 现象)

一个普遍而关键的问题是，如果协方差矩阵由一个数据集表示，这个数据集描绘了大量的变量，但只包含很少级数的采样($n\ll p$)，这样，怎么获得真正的协方差矩阵 $\boldsymbol{\Sigma}$ 的精确而可靠的估计值呢？

对于简单的求解使用最大似然估计 $\mathbf{S}^{\mathrm{ML}}$或者相关的无偏经验协方差矩阵 $\mathbf{S}=\frac{n}{n-1}\mathbf{S}^{\mathrm{ML}}$，具体定义为

$$s_{ij}=\frac{1}{n-1}\sum_{k=1}^{n}(x_{ki}-\bar{x}_i)(x_{kj}-\bar{x}_j)$$

其中，$\bar{x}_i=\frac{1}{n}\sum_{k=1}^{n}x_{ki}$，$x_{ki}$是变量 X_i的第 k 个观测值。

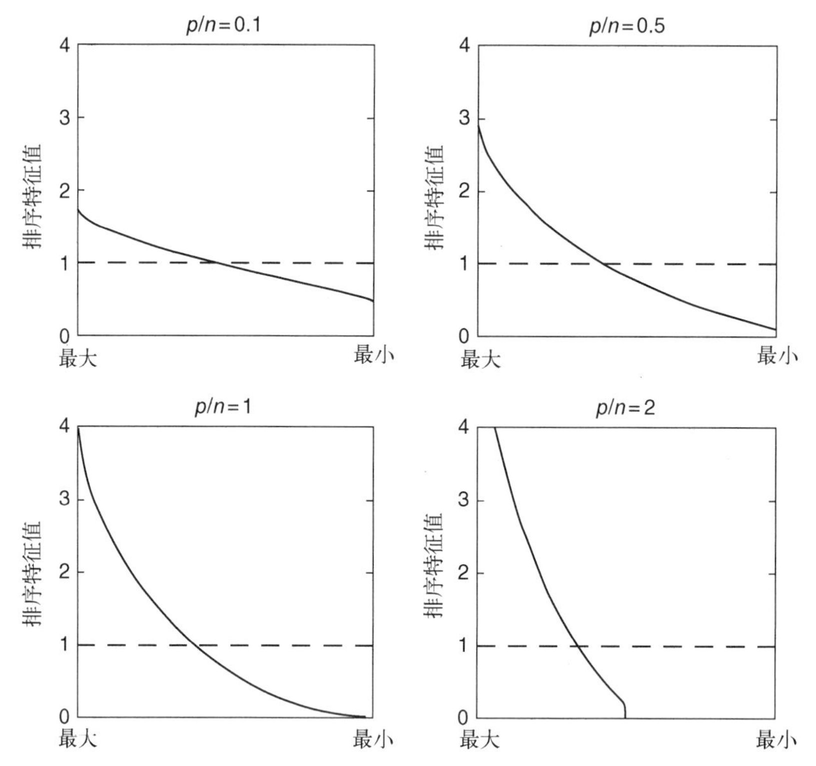

图 7.6 采样与真正的特征值对比。实线表示采样协方差矩阵中特征值的分布。特征值从大到小排序，与其秩相对应绘出。在这种情况下，真正的协方差矩阵作为标识，也就是说，真实的特征值都为一。真实特征值的分布用虚线画出，纵坐标均等于一。这些分布在这一限制下取得——随着观测总数 n，变量总数 p 均趋向于无穷，p/n 趋向于一个有限的极限值。这四幅图分别对应不同的极限值。经许可转自文献[402]

不幸的是，$\mathbf{S}$ 和 $\mathbf{S}^{\mathrm{ML}}$ 对于 n 很小，p 很大的数据集都表现出严重的缺陷。经验协方差矩阵不能再被认为是真正的协方差矩阵的一个很好的近似值(对于中等大小的数据 $n \approx p$ 也是如此)。

长久以来我们就知道协方差矩阵的两个广泛使用的估计量，即无偏 $\mathbf{S}$ 和相关的最大似然 $\mathbf{S}^{\mathrm{ML}}$ 估计量的统计效率是低下的。这都是由于所谓的"Stein 现象"所造成的。"Stein 现象"由文献[373]在估计多元正态分布的均值向量的背景下发现。他证明，在高维推断问题中，通常有可能在最大似然估计量上进行改进(这种现象有时很戏剧化)。这个结果首先违反直觉，因为最大似然可以被证明是渐近优化的，因此，我们希望这些最大似然的有利特性也延伸到有限数据的情况，这种想法似乎也不是没有道理的。

文献[404]提供了 Stein 现象的进一步见解，他指出需要区分最大似然推断的两个不同方面。首先，最大似然本质上是作为总结观测数据并产生最大似然总结(MLS)的手段。其次，最大似然是作为中间过程，最终用来获得最大似然估计(MLE)的。结论是，这种方法作为数据汇总器的最大似然是无懈可击的，但它作为一个估计过程有一些明显的缺陷。

这个理论直接应用于协方差矩阵的估计时，$\mathbf{S}^{\mathrm{ML}}$ 在实际数据拟合方面构成最佳估计量，但对于中等到小的数据量，它远不是用于恢复真正协方差矩阵 $\boldsymbol{\Sigma}$ 的最佳估计量。幸运的是，Stein 现象还表明，有可能构建一个用于改进协方差估计的程序。 □

例 7.6.3 平方 Frobenius 范数

线性收缩过程展示了一种加权平均：

$$\mathbf{Q}^{\star}=\lambda\mathbf{T}+(1-\lambda)\mathbf{Q} \tag{7.66}$$

其中 $\lambda\in[0,1]$ 表示收缩强度。对于 $\lambda=1$，收缩估计等于收缩目标 $\mathbf{T}$，而对于 $\lambda=0$，恢复的是不受限的估计值 $\mathbf{Q}$。这种结构的主要优点是它提供了一个系统的方法来获得正则化估计 $\mathbf{Q}^{\star}$，它在准确性和统计效率方面均优于单独的估计量 $\mathbf{Q}$ 与 $\mathbf{T}$。

在矩阵中，我们通常将平方误差等价于平方 Frobenius 范数：

$$\begin{aligned}L(\lambda)&=\|\mathbf{S}^{\star}-\mathbf{\Sigma}\|_{\mathrm{F}}^{2}\\&=\|\lambda\mathbf{T}+(1-\lambda)\mathbf{S}-\mathbf{\Sigma}\|_{\mathrm{F}}^{2}\\&=\sum_{i=1}^{p}\sum_{j=1}^{p}(\lambda t_{ij}+(1-\lambda)s_{ij}-\sigma_{ij})^{2}\end{aligned} \tag{7.67}$$

这是真实的 $\mathbf{\Sigma}$ 与推断协方差矩阵($\mathbf{S}^{\star}$)之间距离的自然二次量量。在这个公式中，无约束无偏经验协方差矩阵 $\mathbf{S}$ 代替了式(7.66)中的无约束估计 $\mathbf{Q}$。

通过数据驱动的方式，明确地以最小化风险函数来选择参数 λ 是有好处的：

$$R(\lambda)=\mathbb{E}[L(\lambda)]$$

不那么广为人知的是，最佳正则化参数 λ 通常也可以通过分析来确定。具体来说，文献[405]中推导出一个简单的定理用于选择 λ，保证最小的 MSE，而不需要指定任何基础分布，也不需要代价昂贵的计算程序，如 MCMC，bootstrap 和交叉检验。

损失函数非常直观：它是基于 Frobenius 范数 $\|\cdot\|_{\mathrm{F}}$[如式(7.56)中所示]的真实估计协方差矩阵与估计协方差矩阵之间的距离的二次度量。

我们根据收缩强度最优来选取目标。这样，式(7.67) 可以转换为

$$\begin{aligned}R(\lambda)=\mathbb{E}[L(\lambda)]&=\sum_{i=1}^{p}\sum_{j=1}^{p}\mathbb{E}[\lambda t_{ij}+(1-\lambda)s_{ij}-\sigma_{ij}]^{2}\\&=\sum_{i=1}^{p}\sum_{j=1}^{p}\mathrm{Var}(\lambda t_{ij}+(1-\lambda)s_{ij})+\{\mathbb{E}[\lambda t_{ij}+(1-\lambda)s_{ij}-\sigma_{ij}]\}^{2}\\&=\sum_{i=1}^{p}\sum_{j=1}^{p}\lambda^{2}\mathrm{Var}(t_{ij})+(1-\lambda)^{2}\mathrm{Var}(s_{ij})+2\lambda(1-\lambda)\mathrm{Cov}(t_{ij},s_{ij})+\lambda^{2}(\phi_{ij}-\sigma_{ij})^{2}\end{aligned}$$

现在的目标是最小化关于 λ 的风险 $R(\lambda)$。计算 $R(\lambda)$的前两阶导后，得到一些基本的代数

$$R'(\lambda)=2\sum_{i=1}^{p}\sum_{j=1}^{p}\lambda\mathrm{Var}(t_{ij})-(1-\lambda)\mathrm{Var}(s_{ij})+(1-2\lambda)\mathrm{Cov}(t_{ij},s_{ij})+\lambda(\phi_{ij}-\sigma_{ij})^{2}$$

$$R''(\lambda)=2\sum_{i=1}^{p}\sum_{j=1}^{p}\mathrm{Var}(t_{ij}-s_{ij})+(\phi_{ij}-\sigma_{ij})^{2}$$

其中，ϕ_{ij}是一些矩阵 $\mathbf{\Phi}$ 中的第(i,j)个元素。文献[406] 中有更详细的解释。代入 $R'(\lambda)$，求解 $\lambda^{\star}$，我们可以得到：

$$\lambda^{\star}=\frac{\sum_{i=1}^{p}\sum_{j=1}^{p}\mathrm{Var}(s_{ij})-\mathrm{Cov}(t_{ij},s_{ij})}{\sum_{i=1}^{p}\sum_{j=1}^{p}\mathrm{Var}(t_{ij}-s_{ij})+(\phi_{ij}-\sigma_{ij})^{2}} \tag{7.68}$$

由于 $R''(\lambda)$均为正值，这个解可以确定是让风险函数最小的取值。 □

7.7 大样本协方差矩阵集合的特征向量

考虑 N 个独立样本 $\mathbf{z}_1,\cdots,\mathbf{z}_N$，它们都是 $n\times1$ 阶实数或复数向量 $\mathbb{R}^n$ 或 $\mathbb{C}^n$。在本节中，我们考虑在数值较大但有限的 n 中，样本协方差矩阵的谱特性

$$\mathbf{S}_n=\frac{1}{N}\mathbf{Z}\mathbf{Z}^{\mathrm{H}},\quad \mathbf{Z}=[\mathbf{z}_1,\mathbf{z}_2,\cdots,\mathbf{z}_N]$$

我们假设样本量 $N=N(n)$ 对于 $\gamma>0$ 满足随着 $n\to\infty$，$N/n\to\gamma$。这个框架被称为高维渐近性态。在整个本节中，$\mathbf{1}$ 表示集合的指示函数。假设 $\mathbf{z}=\mathbf{\Sigma}^{1/2}\mathbf{x}$，其中

- (H_1) $\mathbf{X}$ 是实 $n\times N$ 矩阵或复 $n\times N$ 矩阵，其元素是具有零均值，单位方差的独立同分布的随机变量，且矩阵的 12 阶绝对中心矩由常数 C 界定，独立于 n 和 N；
- (H_2) 真正的协方差矩阵 $\mathbf{\Sigma}$ 是一个 n 维的随机厄米正定矩阵，与 $\mathbf{X}$ 无关；
- (H_3) 随着 $n\to\infty$，$n/N\to\gamma>0$；
- (H_4) λ_1，…，λ_n 是 $\mathbf{\Sigma}$ 的特征值系统，且下式给出的真正的协方差矩阵的经验谱分布(e.s.d.)

$$H_n(\lambda)=\frac{1}{n}\sum_{i=1}^{n}\mathbf{1}_{[\lambda_i,\infty)}(\lambda)\tag{7.69}$$

  在 H 的每个连续点处几乎可以确定地收敛于非随机极限 $H(\lambda)$。H 定义了一个概率分布函数，其支撑集 $\mathrm{supp}(H)$ 被包括在紧密区间 $[h_1, h_2]$ 中，有 $0<h_1\leqslant h_2<\infty$。

7.7.1 Stieltjes 变换

本节的目的是研究这些样本协方差矩阵的特征向量的渐近性质。具体而言，我们将量化样本协方差矩阵的特征向量如何偏离高维渐近下的真正协方差矩阵的特征向量。这将使我们能够描述样本协方差矩阵如何作为一个整体(即通过它的特征值和它的特征向量)从真正的协方差矩阵中偏离。

在本节中，我们用$((\lambda_1,\cdots,\lambda_n);(\mathbf{u}_1,\cdots,\mathbf{u}_n))$表示样本协方差矩阵的特征值和正交特征向量的系统，

$$\mathbf{S}=\frac{1}{N}\mathbf{\Sigma}^{1/2}\mathbf{X}\mathbf{X}^{\mathrm{H}}\mathbf{\Sigma}^{1/2}$$

在不失一般性的情况下，我们假设特征值按递减顺序排序 $\lambda_1\geqslant\lambda_2\geqslant\cdots\geqslant\lambda_n$。我们还用$(\mathbf{v}_1,\cdots,\mathbf{v}_n)$表示真实协方差矩阵 $\mathbf{\Sigma}$ 的正交特征向量系统。

对$\mathbb{C}^+$的所有 z，非递减函数 R 的 Stieltjes 变换由下式定义：

$$m_R(z)=\int_{-\infty}^{+\infty}(t-z)^{-1}\mathrm{d}R(t)$$

其中$\mathbb{C}^+=\{z\in\mathbb{C},\mathrm{Im}(z)>0\}$。Stieltjes 变换的使用受以下反演公式的启发：给定任何非递减函数 R，有

$$R(b)-R(a)=\lim_{\eta\to\infty}\frac{1}{\pi}\int_a^b\mathrm{Im}[m_R(\xi+\mathrm{j}\eta)]\mathrm{d}\xi$$

如果 R 在 a 和 b 处连续，则上式成立。

特征值的渐近行为现在已经被很好地理解了。例如 $\mathbf{S}$ 谱的“全局行为”通过经验谱密度

描述，定义为

$$F_n(\lambda)=\frac{1}{n}\sum_{i=1}^{n}\mathbf{1}_{[\lambda_i,+\infty)}(\lambda),\quad \forall\lambda\in\mathbb{R}$$

经验谱密度通常通过 Stieltjes 变换来描述。

关于谱的渐近全局行为的第一个基本成果已由 Marchenko 和 Pastur 在文献[219]中获得。他们的结果后来被精简，即文献[173, 174, 221, 407, 408]。最近的结果在文献[39, 163, 176]中被研究。我们引用文献[175]中给出的最新版本。

令

$$m_{F_n}(z)=\frac{1}{n}\sum_{i=1}^{n}\frac{1}{\lambda_i-z}=\frac{1}{n}\mathrm{Tr}[(\mathbf{S}-z\mathbf{I})^{-1}]$$

其中 $\mathbf{I}$ 表示 $n\times n$ 单位矩阵。

定理 7.7.1(文献[219])

根据假设(H1)—(H4)，对于所有的 $z\in\mathbb{C}^+$，几乎肯定有 $\lim\limits_{n\to\infty}m_{F_n}(z)=m_{F(z)}$，其中

$$\forall z\in\mathbb{C}^+,\quad m_{\mathrm{F}}(z)=\int_{-\infty}^{+\infty}\frac{1}{[1-\gamma^{-1}-\gamma^{-1}zm_{\mathrm{F}}(z)]t-z}\mathrm{d}H(t)\tag{7.70}$$

此外，由样本协方差矩阵给出的经验谱密度

$$F_n(\lambda)=\frac{1}{n}\sum_{i=1}^{n}\mathbf{1}_{[\lambda_i,+\infty)}(\lambda)$$

几乎可以确定地在 F 的所有连续点收敛于非随机极限 $F(\lambda)$。

另外，文献[222]表明存在以下极限：

$$\forall\lambda\in\mathbb{R}-\{0\},\quad \lim_{z\in\mathbb{C}^+\to\lambda}m_{\mathrm{F}}(z)\equiv\widetilde{m}_{\mathrm{F}}(\lambda)\tag{7.71}$$

他们还证明 F 具有由 $F'=(1/\pi)\mathrm{Im}[\widetilde{m}_{\mathrm{F}}(\lambda)]$ 给出的在 $(0,+\infty)$ 上的连续导数。更确切地说，当$\gamma>1$，对所有 $\lambda\in\mathbb{R}$，$\lim\limits_{z\in\mathbb{C}^+\to\lambda}m_{\mathrm{F}}(z)\equiv\widetilde{m}_{\mathrm{F}}(\lambda)$ 存在时，F 在所有$\mathbb{R}$上有连续的导数 F，并且 $F(\lambda)$ 在 $\lambda=0$ 的邻域中等于零。当 $\gamma<1$，样本特征值等于零的比例渐近意义上为 $1-\gamma$。在这种情况下，引入经验分布函数是很方便的：

$$G=(1-\gamma^{-1})\mathbf{1}_{[0,\infty)}(\lambda)+\gamma^{-1}F\tag{7.72}$$

这是 N 维矩阵 $(1/N)\mathbf{X}^{\mathrm{H}}\mathbf{\Sigma X}$ 的特征值经验分布函数的极限。那么

$$\lim_{z\in\mathbb{C}^+\to\lambda}m_G(z)\equiv\widetilde{m}_G(\lambda)\tag{7.73}$$

存在于所有 $\lambda\in\mathbb{R}$ 中，G 对于所有的$\mathbb{R}$ 有一个连续的导数 G'，并且 $G(\lambda)$ 在 $\lambda=0$ 的邻域上等于零。当 γ 恰好等于 1 时，由于样本特征值的密度在零的邻域内可能是无界的，所以会出现更多复杂性；为此，我们有时必须排除 $\gamma=1$ 的可能性。

Marchenko-Pastur 方程揭示了高维渐近下样本协方差矩阵特征值的大部分行为。描述特征向量的渐近行为也是最令人感兴趣的。这个问题是统计学(例如，特征值和特征向量在主成分分析中都很有用)，无线通信[39, 136]、金融学的基础。

事实上，关于样本协方差矩阵的特征向量知之甚少。在特殊情况下 $\mathbf{\Sigma}=\mathbf{I}$ 且 X_{ij}是独立同分布的标准(实数或复数)高斯随机变量，众所周知，样本特征向量的矩阵是 Haar 分布的(在正交或酉群上)。就我们所知，这些是特征向量分布明确的集合。如果任意非随机单位向量 $\mathbf{x}$ 的单位球面上的 $\mathbf{Ux}$ 是渐近均匀分布的，则称随机矩阵 $\mathbf{U}$ 为渐近 Haar 分布的。

在 $\mathbf{\Sigma}\neq\mathbf{I}$ 的情况下，知之甚少(见文献[409, 410])。我们期望特征向量的分布远不是旋转不变的。这正是本节所关注的方面。

根据文献[411]，我们提出了另一种方法来研究样本协方差矩阵的特征向量。粗略地说，我们研究这种类型的“泛函”

$$\begin{aligned}\forall z\in\mathbb{C}^{+},\quad \Phi_n^g(z)&=\frac{1}{n}\sum_{i=1}^{n}\frac{1}{\lambda_i-z}\sum_{j=1}^{n}|\mathbf{u}_j^{\mathrm{H}}\mathbf{v}_j|^2\times g(\tau_j)\\&=\frac{1}{n}\mathrm{Tr}[(\mathbf{S}-z\mathbf{I})^{-1}g(\mathbf{\Sigma})]\end{aligned}\tag{7.74}$$

其中 g 是任何满足适当正则条件的实数一元函数。按照惯例，$g(\mathbf{\Sigma})$ 是和 $\mathbf{\Sigma}$ 具有相同特征向量 $g(\tau_1),\cdots,g(\tau_n)$ 的矩阵。这些泛函是 Marchenko-Pastur 方程中 Stieltjes 变换的推广。事实上，可以重写经验谱密度的 Stieltjes 变换为

$$\forall z\in\mathbb{C}^{+},\quad m_{F_n}(z)=\frac{1}{n}\sum_{i=1}^{n}\frac{1}{\lambda_i-z}\sum_{j=1}^{n}|\mathbf{u}_j^{\mathrm{H}}\mathbf{v}_j|^2\times 1\tag{7.75}$$

式(7.75)末尾出现的常数 1 可以解释为置于真正特征向量上的加权方案：具体地说，它表示一个常数加权方案。我们在这里介绍的推广显示了样本协方差矩阵如何与真正的协方差矩阵相关，甚至是真正的协方差矩阵的任何函数。

这部分的主要结果是下面的定理。

定理 7.7.2(文献[411])

假设满足条件(H1)-(H4)。设 g 是一个定义在$[h_1,h_2]$上，包含有限数量的大量不连续点的(实数)有界函数。那么存在一个在$\mathbb{C}^+$上定义的非随机函数 $\Phi^g(z)$，所以

$$\Phi_n^g(z)=\frac{1}{n}\mathrm{Tr}[(\mathbf{S}-z\mathbf{I})^{-1}g(\mathbf{\Sigma})]$$

几乎可以确定地收敛于 $\Phi^g(z)$，对所有 $z\in\mathbb{C}^+$。另外，$\Phi^g(z)$ 由下式给出：

$$\forall z\in\mathbb{C}^{+},\Phi^g(z)=\int_{-\infty}^{+\infty}\frac{g(\tau)}{[1-\gamma^{-1}-\gamma^{-1}zm_{\mathrm{F}}(z)]\tau-z}\mathrm{d}H(\tau)\tag{7.76}$$

首先可以观察到，当从 $g\equiv1$ 的平缓加权方式移动到一个任意加权方案 $g(\tau_i)$时，积分核

$$\frac{1}{[1-\gamma^{-1}-\gamma^{-1}zm_{\mathrm{F}}(z)]\tau-z}$$

保持不变。因此，式(7.76)泛化了 Marchenko 和 Pastur 的基本结果。

Marchenko-Pastur 方程的推广允许考虑关于样本与真正协方差矩阵之间总体关系上的一些未解决的问题。第一个问题是：样本协方差矩阵的特征向量如何偏离真正的协方差矩阵的特征向量？通过将形如 $\mathbf{1}_{[\lambda_i,+\infty]}$ 的函数 g 代入到式(7.76)中，量化样本与真实特征向量之间的渐近关系。

另一个问题是：样本协方差矩阵作为一个整体如何偏离真正的协方差矩阵，如何修改它使其更接近真正的协方差矩阵？寻找一个改进样本协方差矩阵的协方差矩阵估计量在统计学中是一个重要的问题。通过把函数 $g(\tau)=\tau$ 代入式(7.76)中，找到样本协方差矩阵特征值的最优渐近偏差修正。通过取 $g(\tau)=1/\tau$，也对逆协方差矩阵进行相同的计算。

7.7.2　样本特征向量与总体特征向量的对比

每一个样本特征向量 $\mathbf{u}_i$都位于维度趋于无穷大增长的空间中。因此，弄清它位于“何处”

的唯一方法是将其投影到一个用作参考网格的已知正交基上。鉴于问题的性质，建立参考网格的最自然的方法是由真正的特征向量($\mathbf{v}_1,\cdots,\mathbf{v}_n$)形成的正交基。现在我们处理下式的渐近行为

$$\mathbf{u}_i^{\mathrm{H}}\mathbf{v}_j,\quad \text{所有 } i,j=1,\cdots,n$$

即将样本特征向量投影到真正的特征向量上。然而，由于每个特征向量被识别为乘以模数 1 的标量，因此$\mathbf{u}_i^{\mathrm{H}}\mathbf{v}_j$的参数(角度)没有数学相关性。因此，可以专注于其平方模数$|\mathbf{u}_i^{\mathrm{H}}\mathbf{v}_j|$而不会丢失信息。出现的另一个问题是缩放比例。因为

$$\frac{1}{n^2}\sum_{i=1}^{n}\sum_{j=1}^{n}|\mathbf{u}_i^{\mathrm{H}}\mathbf{v}_j|^2=\frac{1}{n^2}\sum_{i=1}^{n}\mathbf{u}_i^{\mathrm{H}}\left(\sum_{j=1}^{n}\mathbf{v}_i^{\mathrm{H}}\mathbf{v}_j\right)\mathbf{u}_i=\frac{1}{n^2}\sum_{i=1}^{n}\mathbf{u}_i^{\mathrm{H}}\mathbf{u}_i=\frac{1}{n}$$

我们研究 $n|\mathbf{u}_i^{\mathrm{H}}\mathbf{v}_j|^2$，以使它的极限在大 n 渐近线下不会消失。选择使用“特征值作为特征向量的标签”的索引系统，即 $\mathbf{u}_i$是与第 i 个最大特征值 λ_i相关的特征向量。

所有这些考虑令我们引入以下关键对象：

$$\forall\lambda,\tau\in\mathbb{R},\quad \phi_n(\lambda,\tau)=\frac{1}{n^2}\sum_{i=1}^{n}\sum_{j=1}^{n}|\mathbf{u}_i^{\mathrm{H}}\mathbf{v}_j|^2\mathbf{1}_{[\lambda_i,\infty)}(\lambda)\times\mathbf{1}_{[\tau_j,\infty)}(\tau)\tag{7.77}$$

这个双变量函数的左边极限是右连续的，并且在它的每个参数都是非递减的。这也验证了

$$\lim_{\lambda\to-\infty,\tau\to-\infty}\phi_n(\lambda,\tau)=0$$

以及

$$\lim_{\lambda\to\infty,\tau\to\infty}\phi_n(\lambda,\tau)=1$$

因此，它满足二元累积分布函数的性质。

从 ϕ_n中可以提取关于样本特征向量的精确信息。通过确定 ϕ_n的渐近行为，原则上可以实现表征样本特征向量行为的目标。有了 Stieltjes 变换的反演公式，可以从定理 7.7.2 推导出来：对于所有的$(\lambda,\tau)\in\mathbb{R}^2$，$\phi_n$是连续的，

$$\phi_n(\lambda,\tau)=\lim_{\eta\to0^+}\frac{1}{\pi}\int_{-\infty}^{\lambda}\mathrm{Im}[\Phi_n^g(\xi+\mathrm{j}\eta)]\mathrm{d}\xi\tag{7.78}$$

这在 $g=\mathbf{1}_{[-\infty,\tau]}(\lambda)$的特殊情况下成立。现在我们准备陈述第二个主要结果。

定理 7.7.3(文献[411])

假设满足条件(H1)—(H4)，并由式(7.77)定义 $\phi_n(\lambda,\tau)$。那么存在一个非随机变量函数 ϕ，即

$$\phi_n(\lambda,\tau)\xrightarrow{\text{几乎必然}}\phi(\lambda,\tau)$$

在 ϕ 上所有连续点成立。此外，当 $\gamma\neq1$ 时，函数 ϕ 可以表示为

$$\forall(\lambda,\tau)\in\mathbb{R}^2,\quad \phi(\lambda,\tau)=\int_{-\infty}^{\lambda}\int_{-\infty}^{\tau}K(\ell,t)\mathrm{d}H(t)\mathrm{d}F(\ell)$$

其中，

$$\forall(\lambda,\tau)\in\mathbb{R}^2,\quad K(\ell,t)=\begin{cases}\dfrac{\gamma^{-1}\ell t}{(at-\ell)^2+b^2t^2}, & \ell>0\\ \dfrac{1}{(1-\gamma)[1+t\lim\limits_{z\in\mathbb{C}^+\to0}m_G(z)]}, & \ell=0,\ \gamma<1\\ 0, & \text{其他}\end{cases}\tag{7.79}$$

且 a(或 b)是 $1-\gamma^{-1}-\gamma^{-1}\ell\widetilde{m}_{\mathrm{F}}(\ell)$的实数(虚数)部分。

式(7.79)量化了样本协方差矩阵的特征向量如何在高维渐近线下偏离总体协方差矩阵的特征向量。结果作为函数 $m_F(z)$ 非常明显。

为了解释定理7.7.3，可以选择任何我们选择的样本特征向量，例如对应于第一个(即最大)特征值的样本特征向量，并且绘制它如何投影到真正的特征向量(由它们相应的特征值索引)。结果如图7.7所示。对于固定的等于 supp(F)上限的 ℓ，这是 $K(\ell,t)$ 作为 t 的函数的绘图，其中 supp(·)表示函数的支撑集①。这是将 $n\,|\mathbf{u}_1^{\mathrm{H}}\mathbf{v}_j|^2$ 作为 τ_j 的函数绘制的渐近等价物。它看起来像一个密度，因为从结构上看，它必须积分为1。只要样本量为变量数量的10倍，我们就可以发现第一个样本特征向量开始强烈偏离第一个真正的特征向量。这应该对主成分分析(PCA)具有预防性意义，其中变量的数量通常非常大以致难以使样本尺寸超过十倍。

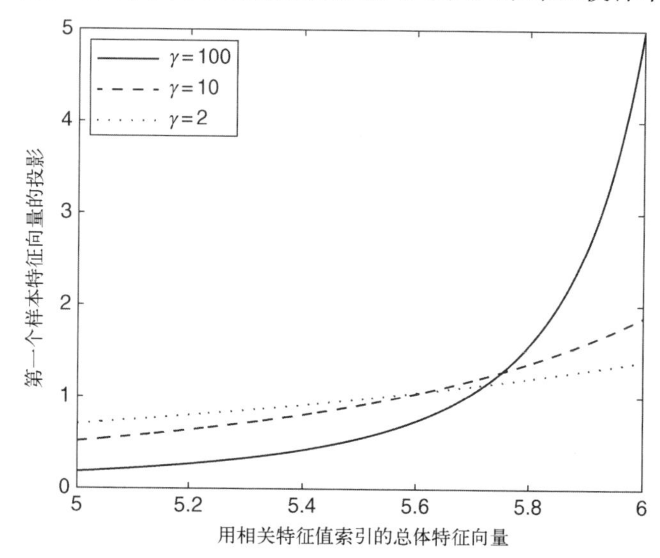

图7.7 将第一个样本特征向量投影到总体特征向量上(用它们相关的特征值进行索引)。取 $H'=\mathbf{1}_{[5,6)}$。经许可转自文献[411]

7.7.3 样本特征值的渐近最优偏差校正

我们现在将前面的两个结果放在一起，以量化样本协方差矩阵和真正的协方差矩阵之间的关系。这是通过选择式(7.76)中的函数 $g(\tau)=\tau$ 来实现的。样本协方差矩阵的主要问题是其特征值过于分散：最小的偏小，最大的偏大。当真正的协方差矩阵是单位矩阵时，这是最容易形象化的，在这种情况下，样本特征值 F 的极限谱的闭式形式是已知的(见图7.8)。

对于任意 p 维正交矩阵 $\mathbf{W}$，估计过程相对于旋转不变是合理的。如果用测度 $\mathbf{W}$ 来旋转变量，就会让估计器旋转相同的正交矩阵 $\mathbf{W}$，则协方差矩阵的正交不变估计类由所有具有相同特征向量样本协方差矩阵(见文献[412]的引理5.3)的估计器组成。因此，$\mathbf{\Sigma}$ 的每个旋转不变估计量都具有如下形式：

$$\mathbf{UDU}^{\mathrm{H}},\quad \mathbf{D}=\mathrm{diag}(d_1,\cdots,d_n)\ \text{是对角矩阵}$$

其中 $\mathbf{U}$ 是其第一列为样本特征向量 $\mathbf{u}_i$ 的矩阵。

我们的目标是在这类矩阵中找到最接近真正协方差矩阵的矩阵。为了测量距离，我们选择了 Frobenius 范数，定义为

① 函数的支撑集是函数不为零的点的集合，或者是该集合的闭包。

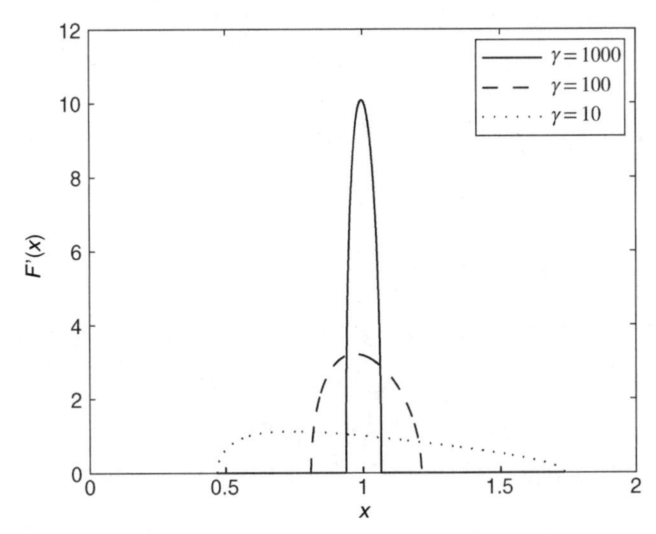

图 7.8　在实际协方差矩阵的所有特征值等于 1 的特殊情况下，样本特征值的极限密度。图中显示了样品 Ei 的过度色散。此图的公式来自求解 $H=\mathbf{1}_{[1,\infty)}$ 的 Marchenko-Pastur 方程。经许可转自文献[411]

$$\|\mathbf{A}\|_{\mathrm{F}}^2=\mathrm{Tr}(\mathbf{A}\mathbf{A}^{\mathrm{H}})$$

对于任何矩阵 $\mathbf{A}$，请注意迹函数 $\mathrm{Tr}(\mathbf{B})$ 在 $\mathbf{B}$ 中是线性的，因此最终得到了以下优化问题：

$$\underset{\mathbf{D}}{\text{minimize}}\|\mathbf{U}\mathbf{D}\mathbf{U}^{\mathrm{H}}-\mathbf{\Sigma}\|_{\mathrm{F}}$$

初等矩阵代数证明了它的解是

$$\widetilde{\mathbf{D}}=\mathrm{diag}(\widetilde{d}_1,\cdots,\widetilde{d}_n),\ \forall i=1,\cdots,n,\ \widetilde{d}_i=\mathbf{u}_i^{\mathrm{H}}\mathbf{\Sigma}\mathbf{u}_i$$

$\widetilde{d}_i$ 捕获了第 i 个样本特征向量 $\mathbf{u}_i$ 与真正的协方差矩阵 $\mathbf{\Sigma}$ 作为一个整体的关系。

关键对象是非递减函数：

$$\forall x\in\mathbb{R},\ \Delta_n(x)=\frac{1}{n}\sum_{i=1}^{n}\widetilde{d}_i\mathbf{1}_{[\lambda_i,+\infty)}(x)=\frac{1}{n}\sum_{i=1}^{n}\mathbf{u}_i^{\mathrm{H}}\mathbf{\Sigma}\mathbf{u}_i\times\mathbf{1}_{[\lambda_i,+\infty)}(x)\tag{7.80}$$

当所有样本的特征值都不同时，从 Δ_n 恢复 $\widetilde{d}_i$ 很简单：

$$\forall i=1,\cdots,n,\ \widetilde{d}_i=\lim_{\varepsilon\to0^+}\frac{\Delta_n(\lambda_i+\varepsilon)-\Delta_n(\lambda_i-\varepsilon)}{F_n(\lambda_i+\varepsilon)-F_n(\lambda_i-\varepsilon)}\tag{7.81}$$

对于所有 $x\in\mathbb{R}$ 使得 Δ_n 在 x 处连续的特殊情况下，可以从定理 7.7.2 中推导出 Δ_n 的渐近形态：

$$\Delta_n(x)=\lim_{\eta\to0^+}\frac{1}{\pi}\int_{-\infty}^{x}\mathrm{Im}[\Phi_n^g(\xi+\mathrm{j}\eta)]\mathrm{d}\xi,\quad g(x)\equiv x\tag{7.82}$$

下文陈述我们的第三项主要成果。

定理 7.7.4([411])　假定条件(H1)-(H4)成立，并设式(7.80)定义了 Δ_n。在 $\mathbb{R}$ 上定义了一个非随机函数 Δ，使得 $\Delta_n(x)$ 几乎处处收敛于 $\Delta(x)$，对于所有的 $x\in\mathbb{R}-\{0\}$ 成立。如果另外 $\gamma\neq1$，那么可以表示为

$$\forall x\in\mathbb{R},\quad \Delta(x)=\int_{-\infty}^{x}\psi\{\lambda\}\mathrm{d}F(\lambda)$$

其中，

$$\forall x \in \mathbb{R}, \quad \psi(\lambda)=\begin{cases} \dfrac{\lambda}{|1-\gamma^{-1}-\gamma^{-1}\lambda \widetilde{m}_{\mathrm{F}}(\lambda)|^2}, & \lambda>0 \\ \dfrac{\lambda}{(1-\gamma)\lim\limits_{z\in\mathbb{C}^+\to 0}\widetilde{m}_G(z)}, & \lambda=0,\ \gamma<1 \\ 0, & \text{其他} \end{cases} \tag{7.83}$$

由式(7.81)得到对应于$\widetilde{d}_i=\mathbf{u}_i^{\mathrm{H}}\boldsymbol{\Sigma}\mathbf{u}_i$ 的渐近量是$\psi(\lambda)$，条件是λ 对应于λ_i。因此，获得最接近真正协方差矩阵的方法(根据 Frobenius 范数)会将每个样本的特征值λ_i 除以校正因子：

$$|1-\gamma^{-1}-\gamma^{-1}\lambda \widetilde{m}_{\mathrm{F}}(\lambda)|^2$$

这就是我们所称的最优非线性收缩公式或渐近最优偏差校正。图 7.9 显示了它与文献[402]最优的线性收缩公式有多大的不同。另外，当$\gamma<1$ 时，样本特征值等于零时，需要用下式代替：

$$\psi(0)=\frac{\gamma}{(1-\gamma)\widetilde{m}_G(0)}$$

对于每组模拟，我们计算了平均损失(PRIAL)的相对改善百分比。$\boldsymbol{\Sigma}$ 的估计量 $\mathbf{M}$ 的基元定义为

$$\mathrm{PRIAM}(\mathbf{M})=100\times\left[1-\frac{\|\mathbf{M}-\mathbf{U}\widetilde{\mathbf{D}}\mathbf{U}^{\mathrm{H}}\|_{\mathrm{F}}^2}{\|\mathbf{S}-\mathbf{U}\widetilde{\mathbf{D}}\mathbf{U}^{\mathrm{H}}\|_{\mathrm{F}}^2}\right]$$

通过构造，样本协方差矩阵 $\mathbf{S}$ 的基元为 0%，意味着没有任何改进；而 $\mathbf{U}\widetilde{\mathbf{D}}\mathbf{U}^{\mathrm{H}}$ 的基元为100%，这意味着最大限度的改进。如图 7.10 所示，甚至在 $N=40$ 这样的小样本范围内，已经得到了最大可能的改进：95%。

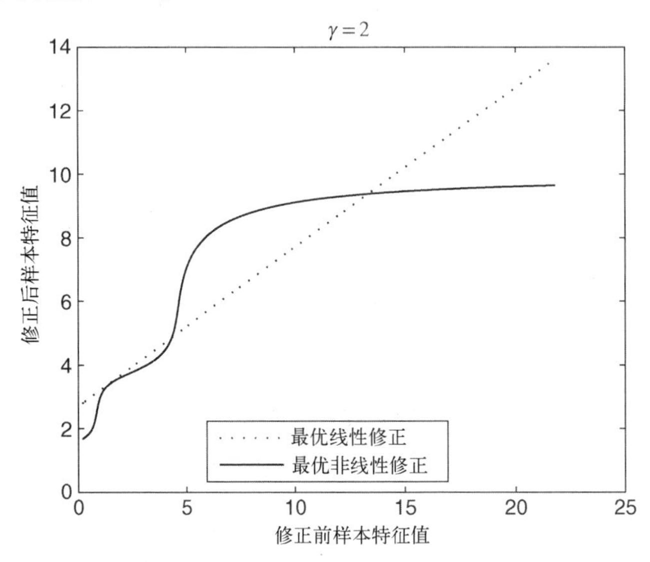

图 7.9　最优线性和非线性偏差修正公式的比较。真实特征值 H 的分布将 20%的质量放在 1 处、将 40%的质量放在 3 处和将 40%的质量放在 10 处。经许可转自文献[411]

为估计真实协方差矩阵 $\boldsymbol{\Sigma}$ 的逆，可以得到一个类似的公式。为此，我们在式(7.76)中假设 $g(\tau)=1/\tau$。

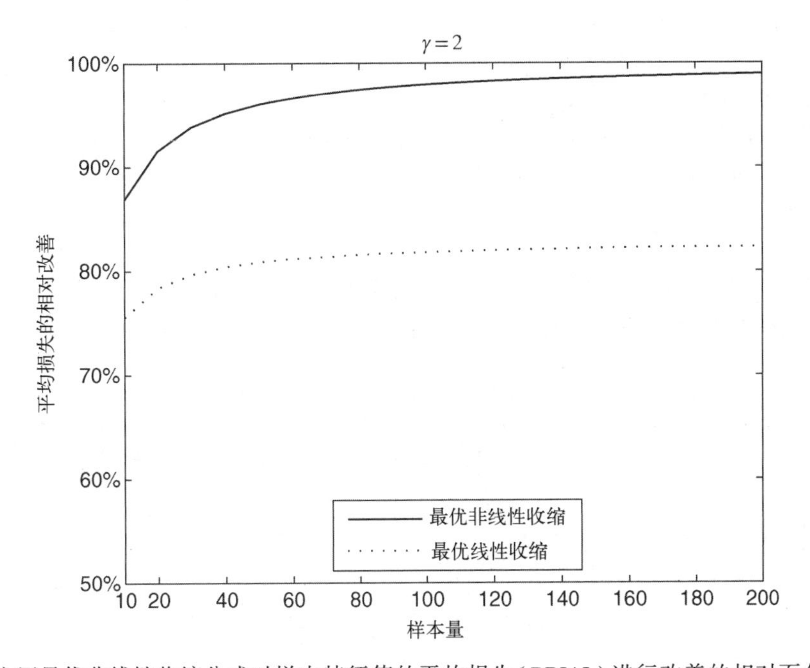

图 7.10　应用最优非线性收缩公式对样本特征值的平均损失(PRIAL)进行改善的相对百分比。实线表示将第 i 个样本特征值除以校正因子 $|1-\gamma^{-1}-\gamma^{-1}\lambda_i\widetilde{m}_{\mathrm{F}}(\lambda_i)|^2$ 获得的 PRIAL，它作为样本量的函数。虚线显示了文献[402]中首次提出的线性收缩估计的先验性。对于每一个样本量，我们进行了 10 000 次蒙特卡罗模拟。和图 7.9 一样，我们使用了 $\gamma=2$ 和真实特征值 H 的分布，将 20%的质量放在 1 处，40%的质量放在 3 处，40%的质量放在 10 处。经许可转自文献[411]

7.7.4　矩阵估计的精度

假设观测值 $\mathbf{x}_1,\cdots,\mathbf{x}_N$ 独立于多元模型

$$\mathbf{x}_i=\boldsymbol{\Sigma}_n^{1/2}\mathbf{y}_i+\mu_0,\quad i=1,\cdots,N \tag{7.84}$$

其中，μ_0 是 n 维常向量，$\boldsymbol{\Sigma}_n$ 是一个 $n\times n$ 正定矩阵，它是一个真正的协方差矩阵，在这里

$$\mathbf{Y}=(\mathbf{y}_1,\cdots,\mathbf{y}_N)=(Y_{ij})_{n\times N}$$

$Y_{ij},i,j=1,2,\cdots$是具有公共均值零和单位方差的同分布随机变量。在多元分析中，协方差矩阵的估计 $\boldsymbol{\Sigma}_n$ 和精度矩阵 $\boldsymbol{\Omega}_n=\boldsymbol{\Sigma}_n^{-1}$是一个重要的问题。给定样本 $\mathbf{x}_1,\cdots,\mathbf{x}_N$，通用估计 $\boldsymbol{\Sigma}_n$ 是样本协方差矩阵，定义为

$$\mathbf{S}_N=\frac{1}{N-1}\sum_{i=1}^{N}(\mathbf{x}_i-\bar{\mathbf{x}})(\mathbf{x}_i-\bar{\mathbf{x}})^{\mathrm{T}} \tag{7.85}$$

其中 $\bar{\mathbf{x}}=\frac{1}{N}\sum_{i=1}^{N}\mathbf{x}_i$，上标 T 表示矩阵或向量的转置。自然，在许多统计分析领域，$\mathbf{S}_N^{-1}$是 $\boldsymbol{\Omega}_n=\boldsymbol{\Sigma}_n^{-1}$ 的共同估计量。

在经典统计学中，维数 n 是固定的并且样本量 $N\to\infty$，$\mathbf{S}_N^{-1}$ 是 $\boldsymbol{\Omega}_n=\boldsymbol{\Sigma}^{-1}$的一个良好的估计。在高维数据设置中，数据维度 n 是远大于样本个数 N 的，通常只取样本协方差矩阵的逆估计有两个缺点。首先，如果 $n>N$，则 $\mathbf{S}_N^{-1}$是奇异的，这意味着我们无法得到一次 $\boldsymbol{\Omega}_n$ 的稳定估计。其次，即使 $n<N$，$\mathbf{S}_N^{-1}$ 作为 $\boldsymbol{\Omega}_n$ 的估计量，也是性能较差的。例如，如果 $n/N\to\gamma\in(0,1)$，根据文献[413]，我们有

$$\mathrm{Tr}(\mathbf{\Sigma}\mathbf{S}_N^{-1}-\mathbf{I}_n)^2 \xrightarrow{p} \frac{\gamma(1+\gamma-\gamma^2)}{(1-\gamma)^3} \tag{7.86}$$

结果表明，估计误差非常大，尤其是当 $\gamma \to 1$ 时。这里 $\mathbf{I}_n$ 是 $n\times n$ 恒等矩阵。

文献[414]声明 $\mathbf{\Omega}_n=\mathbf{\Sigma}^{-1}$的估计为

$$(1-n/N)\mathbf{S}_N^{-1}$$

虽然文献[402]提出的收缩估计量和连续的估计量是可逆的，并且比样本协方差矩阵 $\mathbf{S}_N$的估计 $\mathbf{\Sigma}_n$更精确。在 $\mathbf{S}_N$和 $\mathbf{I}_n$的组合中，它们的逆对 $\mathbf{\Sigma}_n$ 通常不是最好的。此外，在文献[414]或文献[415]中的方法仅适用于$n<N$。

继文献[416]后，出于 Ledoit and Peche(2011)，我们将研究矩阵的渐近性质：

$$\mathbf{\Sigma}_n^{1/2}(\mathbf{S}_N+\lambda\mathbf{I}_n)^{-1}\mathbf{\Sigma}_n^{1/2}$$

及其与$(\mathbf{S}_N+\lambda\mathbf{I}_n)^{-1}$的关系。基于这些极限结果，文献[416]在二次损失函数下提出了 $\mathbf{S}_N$ 和 $\mathbf{I}_n$ 的最优线性组合：

$$\frac{1}{n}\mathrm{Tr}(\mathbf{\Sigma}_n(\lambda_1\mathbf{S}_N+\lambda_2\mathbf{I}_n)^{-1}-\mathbf{I}_n)^2$$

新的估计是非参数的，没有假设数据的特定参数分布，也没有关于总体协方差矩阵结构的先验信息。新估计对 $n<N$ 没有限制，且适用于 $n\geqslant N$，即使 $n<N$，新估计也总是支配文献[414]提出的标准 $\mathbf{S}_N^{-1}$和$(1-n/N)\mathbf{S}_N^{-1}$。它还与文献[415]中的非线性收缩估计器进行了比较。

在这里，我们做了以下假设：

(A1) $n,N\to\infty$，使得 $n/N=\gamma\in(0,\infty)$ 和 Y_{ij}的第四矩是有界的；

(A2) $\mathbf{\Sigma}_n$ 的极值特征值是一致有界的，即常数 c_1，c_2 满足 $c_1\leqslant\lambda_{\min}(\mathbf{\Sigma}_n)\leqslant\lambda_{\max}(\mathbf{\Sigma}_n)\leqslant c_2$，$F_{\mathbf{\Sigma}_n}$趋于非随机概率分布 H。

现在可以引入一个关于 $\mathbf{\Sigma}_N^{1/2}(\mathbf{S}_N+\lambda\mathbf{I}_n)^{-1}\mathbf{\Sigma}_n^{1/2}$ 的极限谱分布的引理。

定理 7.7.5(文献[416]) 在 A1 和 A2 条件下，当 N 为 $N\to\infty$ 时，$F_{\mathbf{\Sigma}_n^{1/2}(\mathbf{S}_N+\lambda\mathbf{I}_n)^{-1}\mathbf{\Sigma}_n^{1/2}}$几乎肯定收敛于非随机分布 F，其 Stieltjes 变换 $m(z)$满足

$$m(z)=\int\frac{1}{\dfrac{\lambda}{t}-z+\dfrac{1}{1+\gamma m(z)}}\mathrm{d}H(t) \tag{7.87}$$

其中 $\lambda>0$，$z\in\mathbb{C}^+=\{z\in\mathbb{C},\mathrm{Im}(z)>0\}$。

定理 7.7.5 的结果也可以从定理 1.2(定理 1.2 在文献[411]中)中得到其中需要 12 阶矩。

通过文献[175]知道 $\mathbf{S}_N$极限谱分布的 Stieltjes 变换 $m_0(z)$是下列方程的解：

$$m_0(z)=\int\frac{1}{t(1-\gamma-\gamma z m_0(z))-z}\mathrm{d}H(t) \tag{7.88}$$

关于式(7.88)的更多的分析行为，可参考文献[222]。

现在开始研究 $\mathbf{\Sigma}_N^{1/2}(\mathbf{S}_N+\lambda\mathbf{I}_n)^{-1}\mathbf{\Sigma}_N^{1/2}$ 和$(\mathbf{S}_N+\lambda\mathbf{I}_n)^{-1}$之间的关系了。

定理 7.7.6(文献[416]) 当 $\lambda>0$ 时，在 A1 和 A2 条件下，作为 $N\to\infty$，我们几乎肯定有

$$\frac{1}{n}\mathrm{Tr}[\boldsymbol{\Sigma}_n^{1/2}(\mathbf{S}_N+\lambda\mathbf{I}_n)^{-1}\boldsymbol{\Sigma}_n^{1/2}]\rightarrow R_1(\lambda)$$

$$\frac{1}{n}\mathrm{Tr}[\boldsymbol{\Sigma}_n^{1/2}(\mathbf{S}_N+\lambda\mathbf{I}_n)^{-1}\boldsymbol{\Sigma}_n^{1/2}]^2\rightarrow R_2(\lambda)$$

以及

$$\frac{1}{n}\mathrm{Tr}[(\mathbf{S}_N+\lambda\mathbf{I}_n)^{-1}]\rightarrow m_0(-\lambda)$$

此外

$$R_1(\lambda)=\frac{1-\lambda m_0(-\lambda)}{1-\gamma(1-\lambda m_0(-\lambda))}$$

$$R_2(\lambda)=\frac{1-\lambda m_0(-\lambda)}{[1-\gamma(1-\lambda m_0(-\lambda))]^3}-\frac{\lambda m_0(-\lambda)-\lambda^2 m_0'(-\lambda)}{[1-\gamma(1-\lambda m_0(-\lambda))]^4}$$

在这里我们几乎可以确定

$$\frac{1}{n}\mathrm{Tr}[(\mathbf{S}_N+\lambda\mathbf{I}_n)^{-2}]\rightarrow m'(-\lambda)=\left.\frac{\mathrm{d}m(z)}{\mathrm{d}z}\right|_{z=-\lambda}$$

在应用程序中，我们不能直接导出

$$\frac{1}{n}\mathrm{Tr}[\boldsymbol{\Sigma}_n^{1/2}(\mathbf{S}_N+\lambda\mathbf{I}_n)^{-1}\boldsymbol{\Sigma}_n^{1/2}]^k,\ k=1,2$$

的统计数据。因为只有 $\mathbf{S}_N$ 是已知的。定理 7.7.6 提供了一种从样本协方差矩阵估计统计量的理论方法。在文献[417]中，作者在高斯假设下得出与定理 7.7.6 相似的结果，这里不需要分布假设。

关于 $m_0(-\lambda)$ 和式(7.88)有以下结果。在定理 7.7.6 中，$m_0(-\lambda)$是方程的唯一解，

$$m(-\lambda)=\int\frac{1}{t(1-\gamma-\gamma\lambda m(-\lambda))+\lambda}\mathrm{d}H(t) \tag{7.89}$$

其中 $1-\gamma-\gamma\lambda m(-\lambda)\geqslant 0$。假设 $\boldsymbol{\Sigma}_n=\mathbf{I}_n$，可以写出式(7.89)的两个解如下：

$$m^{(1)}(-\lambda)=\frac{1}{2\gamma\lambda}\left(-(1-\gamma+\lambda)+\sqrt{(1-\gamma+\lambda)^2+4\gamma\lambda}\right)$$

$$m^{(2)}(-\lambda)=\frac{1}{2\gamma\lambda}\left(-(1-\gamma+\lambda)-\sqrt{(1-\gamma+\lambda)^2+4\gamma\lambda}\right)$$

最优估计

为了估计 $\boldsymbol{\Omega}_n=\boldsymbol{\Sigma}_n^{-1}$，我们考虑了一类估计量，如 $\hat{\boldsymbol{\Omega}}_n=\alpha(\mathbf{S}_N+\beta\mathbf{I}_n)^{-1}$，概率取 1 时，由定理 7.7.6 得

$$\begin{aligned}\frac{1}{n}\mathrm{Tr}(\boldsymbol{\Sigma}\hat{\boldsymbol{\Omega}}_n-\mathbf{I}_n)^2&\rightarrow\alpha^2R_2(\beta)-2\alpha R_1(\beta)+1\\&=R_2(\beta)\left(\alpha-\frac{R_1(\beta)}{R_2(\beta)}\right)^2+1-\frac{(R_1(\beta))^2}{R_2(\beta)}\end{aligned} \tag{7.90}$$

因此，为了最小化损失函数式(7.90)，α 应该满足 $\alpha=\dfrac{R_1(\beta)}{R_2(\beta)}$，相应的损失是

$$L(\beta)=1-\frac{(R_1(\beta))^2}{R_2(\beta)} \tag{7.91}$$

直观地说，β 应将 $L(\beta)$ 降至最小。关于最优损耗 $L_0=\min_{\beta>0}L(\beta)$，我们得到以下结果。

定理 7.7.7(文献[416]) 当 $\gamma<1$ 时，

$$L_{\mathrm{H}}(y)=1-\left(\int\frac{t}{t+y}\mathrm{d}H(t)\right)^2\left(\frac{1}{\int\frac{t^2}{(t+y)^2}\mathrm{d}H(t)}-\gamma\right),\quad y\geqslant 0$$

我们有 $L_0=\min_{y>0}L_{\mathrm{H}}(y)$。更重要的是：

Ⅰ. $\boldsymbol{\Sigma}_n=\sigma^2\mathbf{I}_n$，$H(x)$ 是 σ^2 的退化分布，最优损失为 $L_0=0$，$\boldsymbol{\Omega}_n^\star=\sigma^{-2}\mathbf{I}_n$。

Ⅱ. 对于一般的分布 $H(x)$，$L_{\mathrm{H}}(y)$ 在 L_0 处达到了它的局部最小值 $y^\star$，满足：

$$\frac{f_1(y^\star)f_3(y^\star)-f_2(y^\star)f_2(y^\star)}{f_2(y^\star)f_2(y^\star)(f_1(y^\star)-f_2(y^\star))}=\gamma \tag{7.92}$$

其中，$f_k(x)=\int\left(\frac{t}{t+y}\right)^k\mathrm{d}H(t)$，$\beta^\star$ 满足 $y^\star=\frac{\beta^\star}{1-\gamma(1-\beta^\star m_0(-\beta^\star))}$，$\alpha^\star=\frac{R_1(\beta^\star)}{R_2(\beta^\star)}$。

对于 $\gamma>1$，我们也可以从定理 7.7.7 的证明中得到类似的结果，由于篇幅有限，本书不再证明它。下面的推论给出了一个数据驱动的方法来估计最优 β。

推论 7.7.8[文献[416]] 在定理 7.7.6 的假设下，记 $\hat{\gamma}=n/N$，

$$a_1(\lambda)=1-\frac{1}{n}\mathrm{Tr}(\lambda_1\mathbf{S}_N+\lambda_2\mathbf{I}_n)^{-1}$$

$$a_2(\lambda)=\frac{1}{n}\mathrm{Tr}\left(\frac{1}{\lambda}\mathbf{S}_N+\mathbf{I}_n\right)^{-1}-\frac{1}{n}\mathrm{Tr}\left(\frac{1}{\lambda}\mathbf{S}_N+\mathbf{I}_n\right)^{-2}$$

以及

$$\hat{R}_1(\lambda)=\frac{a_1(\lambda)}{1-\hat{\gamma}a_1(\lambda)}$$

$$\hat{R}_2(\lambda)=\frac{a_1(\lambda)}{(1-\hat{\gamma}a_1(\lambda))^3}-\frac{a_2(\lambda)}{(1-\hat{\gamma}a_2(\lambda))^4}$$

几乎可以确定当 $N\to\infty$ 时，

$$\hat{R}_1(\lambda)\to R_1(\lambda)$$

$$\hat{R}_2(\lambda)\to R_2(\lambda)$$

概率为 1 时，由推论 7.7.8 和连续映射定理可得

$$\hat{L}(\beta):=1-\frac{(\hat{R}_1(\beta))^2}{\hat{R}_2(\beta)}\to L(\beta)$$

因此，对于真实数据或样本协方差矩阵 $\mathbf{S}_N$，可以使用数值算法，例如 Newton-Raphson 方法来从 $\hat{L}(\beta)$ 中找到优化的 $\beta^\star$。

与现有方法相比，新的估计量

$$\boldsymbol{\Omega}_n^\star=\alpha^\star(\mathbf{S}_N+\beta^\star\mathbf{I}_n)^{-1}$$

具有以下性质：首先，当 $\gamma<1$，按照文献[413]的备注 2

$$\frac{1}{n}\mathrm{Tr}[(1-\gamma)\boldsymbol{\Sigma}_n\mathbf{S}_N^{-1}-\mathbf{I}_n]^2\xrightarrow{p}\frac{\gamma}{1-\gamma} \tag{7.93}$$

这是文献[414]中估计量的损失。通过定理7.7.7的证明，我们知道估计量的最优损失为$L_0<L_{\mathrm{H}}(0)=\gamma$。文献[414]中提出，结合式(7.86)，当$\gamma<1$，新的估计量将始终主导标准$\mathbf{S}_N^{-1}$和$(1-n/N)\mathbf{S}_N^{-1}$。其次，当$\gamma\geqslant1$，仍然可以使用新的估计量，而基于$\mathbf{S}_N^{-1}$的估计量或基于$\mathbf{S}_N$的特征值的非线性收缩估计量不再适用[415]。

7.8 一般的随机矩阵

受到8.2节实际应用的启发，我们讨论了文献[418]首次研究的随机矩阵。

设$\mathbf{X}$是一个$M\times N$的复数随机矩阵，其元素服从独立同分布，均值为零，方差为$1/N$，有限矩为$8+\varepsilon$。此外，考虑一个$M\times N$厄米非负定矩阵$\mathbf{R}$和它的非负定方根$\mathbf{R}^{1/2}$。然后，矩阵$\mathbf{S}=\mathbf{R}^{1/2}\mathbf{XTX}^{\mathrm{H}}\mathbf{R}^{1/2}$被视为一个样本协方差矩阵，使用数据矩阵$\mathbf{R}^{1/2}\mathbf{X}$的$N$列，即具有真实数量的协方差矩阵$\mathbf{R}$。此外，考虑一个$N\times N$的非负实数项对角矩阵$\mathbf{T}$。将$\mathbf{T}$的元素加权以前的多元样本，矩阵$\mathbf{R}^{1/2}\mathbf{XTX}^{\mathrm{H}}\mathbf{R}^{1/2}$可以视为一个样本协方差矩阵$\mathbf{T}$。

我们感兴趣的是随机矩阵模型的某些谱函数的渐近性

$$\mathbf{B}=\mathbf{A}+\mathbf{R}^{1/2}\mathbf{XTX}^{\mathrm{H}}\mathbf{R}^{1/2} \tag{7.94}$$

其中$\mathbf{A}$，$\mathbf{R}$和$\mathbf{T}$是厄米非负定矩阵，使得$\mathbf{R}$和$\mathbf{T}$有对角线有界的谱范数，$\mathbf{R}^{1/2}$是$\mathbf{R}$的非负定平方根。在对$\mathbf{X}$项的矩的一些假设下，证明了对于任何有迹范数的矩阵$\boldsymbol{\Phi}$和在正实线外的每个复数z，

$$\left|\mathrm{Tr}[\boldsymbol{\Phi}(\mathbf{B}-z\mathbf{I}_M)^{-1}]-g_M(z)\right|\to0\quad 几乎确定 \tag{7.95}$$

当M，N以相同的速率趋于无穷大时，其中$g_M(z)$是确定性的并且仅取决于$\boldsymbol{\Phi}$，$\mathbf{A}$，$\mathbf{R}$和$\mathbf{T}$。式(7.95)可以具体化为Stieltjes变换的极限行为以及随机矩阵模型$\mathbf{B}$的特征向量的研究。

例7.8.1(大尺寸精度矩阵的估计)

设$\boldsymbol{\Sigma}_N$表示真正的协方差矩阵，$\mathbf{S}_N$表示相应的样本协方差矩阵。当$i=1,\cdots,N$，$(\tau_i,\mathbf{v}_i)$表示协方差矩阵$\boldsymbol{\Sigma}_N$的特征值和对应正交特征向量的集合。$H_N(t)$是$\boldsymbol{\Sigma}_n$的特征值的经验分布函数，

$$H_N=\frac{1}{n}\sum_{i=1}^{n}\mathbf{1}_{\{\tau_i<t\}}(t),\quad \forall t\in\mathbb{R}$$

其中$\mathbf{1}_{\{.\}}$为该集合的指示函数。$\mathbf{X}_N$是一个$n\times N$的矩阵，其实数随机变量服从独立同分布，且具有零均值和单位方差。观测矩阵被定义为

$$\mathbf{Y}_N=\boldsymbol{\Sigma}_N^{1/2}\mathbf{X}_N$$

$(\lambda_i,\mathbf{u}_i),i=1,\cdots,n$表示矩阵的特征值和相应的样本协方差矩阵的正交特征向量，样本协方差矩阵为

$$\mathbf{S}_N=\frac{1}{N}\mathbf{Y}_N\mathbf{Y}_N^{\mathrm{H}}=\frac{1}{N}\boldsymbol{\Sigma}_N^{1/2}\mathbf{X}_N\mathbf{X}_N^{\mathrm{H}}\boldsymbol{\Sigma}_N^{1/2}$$

类似地，样本协方差矩阵$\mathbf{S}_N$的特征值的经验分布函数被定义为

$$F_N(\lambda)=\frac{1}{n}\sum_{i=1}^{n}\mathbf{1}_{\{\lambda_i<\lambda\}}(\lambda),\quad \forall\lambda\in\mathbb{R}$$

主要假设如下：

(A1) 总体协方差矩阵$\boldsymbol{\Sigma}_N$是一个非随机的n维正定矩阵。

（A2）只有矩阵 $\mathbf{Y}_N$ 是可观察的。我们既不知道 $\mathbf{X}_N$ 也不知道 $\boldsymbol{\Sigma}_N$ 本身。

（A3）我们假设在 $H(t)$ 的所有连续点上 $H_N(t)$ 收敛于极限 $H(t)$。

（A4）矩阵 $\mathbf{X}_N$ 的元素具有统一的有界矩 $4+\varepsilon$，$\varepsilon>0$。

（A5）对于所有足够大的 N，在区间 $(0,+\infty)$ 存在紧密区间 $[h_0,h_1]$，该区间中包含对 H_N 的支撑集。

所有这些假设都是相当普遍的，并在许多实际情况下都能得到满足。假设(A1)—(A3)对证明 Marchenko-Pastur 方程是必不可少的。

假设(A1)，(A2)，(A4)，(A5)认为另外还有一些非随机矩阵 $\boldsymbol{\Phi}$ 在无穷远处具有一致有界迹线，则对 $n/N\to c>0$（当 $N\to\infty$），有

$$\left|\mathrm{Tr}[\boldsymbol{\Phi}(\mathbf{S}_N-z\mathbf{I}_N)^{-1}]-\mathrm{Tr}[\boldsymbol{\Phi}(x(z)\boldsymbol{\Sigma}_N-z\mathbf{I}_N)^{-1}]\right|\to 0 \quad 几乎确定$$

其中 $x(z)$ 是以下等式在 $\mathbb{C}^+$ 中的唯一解：

$$\frac{1-x(z)}{x(z)}=\frac{c}{p}\mathrm{Tr}[x(z)\mathbf{I}_N-z\boldsymbol{\Sigma}_N^{-1}]^{-1}$$

参见文献[419, 420]的证明。 □

例 7.8.2(阵列信号处理)

考虑一个具有 n 个传感器的传感器网络，其观察 K 个源信号的 N 个连续快照。大多数数组处理的统计推断方法假定 N 个固定数组和 N 个快照的数量。另外，许多作品都是基于白噪声模型的假设。在现代系统中，这两种假设越来越不现实，其中 n 和 N 通常都很大，并且噪声数据可以在连续观测或传感器天线之间进行关联。很自然的假设渐近状态表示为

$$N\to\infty,\ n\to\infty,\ n/N\to c>0$$

发送源 K 的数量固定为 $N\to\infty$。

在本节中，除了 n 和 N，包括 K 在内的所有参数都是未知的。特别地，噪声空间或时间相关性是未知的。本节中对信号进行统计推断所采用的角度是基于接收信号的经验协方差矩阵的频谱分析。

考虑在 N 个时隙期间由 n 个传感器阵列接收的 K 个源信号。时间 t 的接收信号 $\mathbf{y}_t\in\mathbb{C}^{n\times 1}$ 由下式给出

$$\mathbf{y}_t=\sum_{i=1}^{K}\sqrt{P_k}\,\mathbf{a}_N(\theta_k)\mathbf{s}_{k,t}+\mathbf{v}_t$$

其中 P_k 是源 k 的功率，$\theta_k\in[-\pi/2,\pi/2]$ 是它的到达角（对于每个 k 是不同的），$\mathbf{a}_N\in\mathbb{C}^{n\times 1}$ 是经典均匀线性阵列模型中定义的方向向量

$$\mathbf{a}_N(\theta_k)=\frac{1}{\sqrt{n}}[1,\mathrm{e}^{-\mathrm{j}2\pi d\sin\theta_k},\cdots,\mathrm{e}^{-\mathrm{j}2\pi d(n-1)\sin\theta_k}]^{\mathrm{T}}$$

d 是一个正数。可以通过将 T 个连续信号实现连接到矩阵来重写输入输出关系

$$\mathbf{Y}_N=\mathbf{H}_N\mathbf{P}^{1/2}\mathbf{S}_N^{\mathrm{H}}+\mathbf{V}_N$$

其中，

$$\mathbf{Y}_N=[\mathbf{y}_1,\cdots,\mathbf{Y}_N],\mathbf{H}_N=[\mathbf{a}_N(\theta_1),\cdots,\mathbf{a}_N(\theta_K)],\ \mathbf{P}=\mathrm{diag}(P_1,\cdots,P_k),\ \mathbf{S}_N=\frac{1}{\sqrt{N}}[s_{t,k}^*]_{t,k=1}^{N,K}$$

$s_{t,k}$ 随机独立同分布，具有零均值，单位方差和有限 8 阶矩，且 $\mathbf{V}_N=[\mathbf{v}_1,\cdots,\mathbf{v}_N]$。假设噪声是时间相关的，即 $\mathbf{V}_N$ 的列不是独立的。虽然这不是结果有效性的必要条件，但我们假设噪声模型是一个因果平稳自回归移动平均值(ARMA)过程。更多细节可参阅文献[421, 422]。 □

图 7.11 中举例说明了一个分布式系统，其中有大量的传感器通过光纤电缆或有线电缆与云存储和计算系统相连接。我们用一般意义上的传感器来表示，示例包括用于智能电表、PMU 和大量天线的无线通信。我们使用这个模型来突出大数据集的各个方面，说明这些情况下如何自然产生高维随机矩阵。接收机端由大量传感器组成，并且不知道噪声模式。

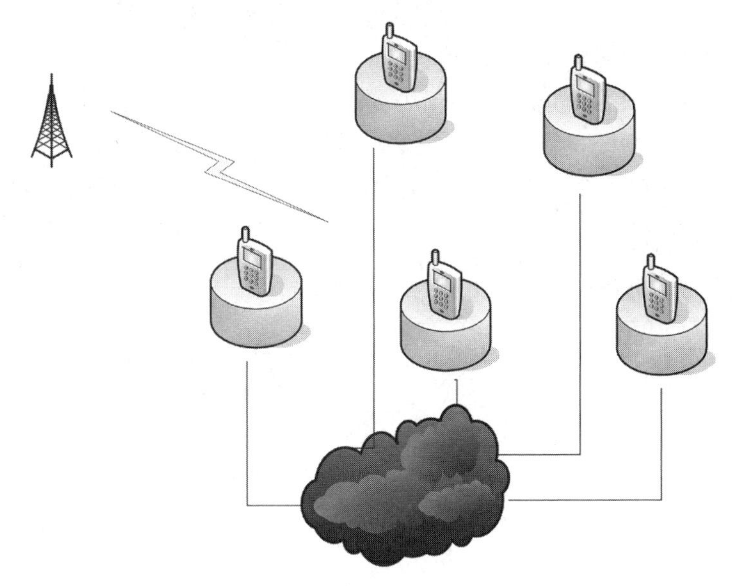

图 7.11　具有大量传感器的分布式系统

考虑一个非常普遍的信息加噪声传输模型，其在时间 t 具有多元输出 $\mathbf{y}_t \in \mathbb{C}^N$

$$\mathbf{y}_t = \mathbf{H}\mathbf{x}_t + \mathbf{v}_t \tag{7.96}$$

其中 $\mathbf{x}_t \in \mathbb{C}^K$是在时间 t 的传输符号的向量，$\mathbf{H} \in \mathbb{C}^{N\times K}$是线性通信介质，$\mathbf{v}_t \in \mathbb{C}^N$是接收机在时间 t 收到的噪声。我们假设观测向量处理 $\mathbf{y}_t$ 的 T 个(不必是独立的)向量样本 $\mathbf{y}_1,\cdots,\mathbf{y}_T$。使用下面的符号

$$\mathbf{Y}_T = \frac{1}{\sqrt{T}}[\mathbf{y}_1,\cdots,\mathbf{y}_T], \mathbf{H} = [\mathbf{h}_1,\cdots,\mathbf{h}_K], \ \mathbf{X}_T = \frac{1}{\sqrt{T}}[\mathbf{x}_1,\cdots,\mathbf{x}_T], \ \mathbf{V}_T = \frac{1}{\sqrt{T}}[\mathbf{v}_1,\cdots,\mathbf{v}_T]$$

从单个 $\mathbf{h}_k$ 向量中检索信息通常很有用。在无线通信中，这些代表信道接收机，接收机需要识别以解码条目。在阵列处理中，它们代表由源信号的到达角参数化的转向向量。

文献中的推理方法通常依赖于两个强有力的假设：(ⅰ)与 N 相比，T 很大；(ⅱ)由于对过程的独立(无信息)观察，我们只能部分或完全知道 $\mathbf{v}_t$ 的统计量 $\mathbf{v}_t$。在本节中，我们通过调研近期文献中的替代算法来重新审视这些方法，以对模型式(7.96)进行特征推理，以解释上述限制(ⅰ)和(ⅱ)。

假设一组合理的条件：

- $N\to\infty$，$N/T\to c>0$，K 是常量。可以将 $\mathbf{Y}_T\mathbf{Y}_T^{\mathrm{H}}$看作 $\mathbf{V}_T\mathbf{V}_T^{\mathrm{H}}$的小秩扰动。
- $\mathbf{V}_T = \mathbf{W}_T\mathbf{\Sigma}_T^{1/2}$(例如，空间中的空白与时间相关)，其中 $\mathbf{W}_T \in \mathbb{C}^{N\times T}$ 是一个标准复高斯，$\mathbf{\Sigma}_T$ 是一个确定的未知厄米非负矩阵。或者 $\mathbf{V}_T = \mathbf{\Sigma}_T^{1/2}\mathbf{W}_T$(例如，空间中的空白与时间相关)①。
- 当 $N/T\to c$，$\mathbf{Y}_T\mathbf{Y}_T^{\mathrm{H}}$的特征值在区间内趋于收敛。大多数实践中使用的噪声模型都能满

① 假设时间和空间上的一般相关噪声会导致太多的不确定性，而且到目前为止很难解决。

足这一假设，例如自回归滑动平均(ARMA)噪声过程。

- 信号源 $\mathbf{x}_t$ 是随机的，服从独立同分布，尽管这种假设在很多情况下可以进行一定程度的放松。

利用这些假设，文献[422]展示最大 K 个孤立特征值信号噪声的协方差矩阵可以在极限特征值的右边缘以外仅噪声样本协方差矩阵的极限特征值分布的所有 N，T 中找到。这种现象是检验和估计过程的起源。文献[422]证明，T 的孤立特征值可以唯一地映射到单个信号源的 $\mathbf{Y}_T\mathbf{Y}_T^{\mathrm{H}}$。这些特征值的存在将被用来检验信号源以及估计它们的 K 值，而它们的值将被用来估计源动力。而关联的特征向量 $\mathbf{h}_k$ 用来检索相关向量的信息。

文献[423]更详细地研究这些方法对阵列处理的示例性应用，特别是引起未知噪声协方差的新型 MUSIC 类算法。

7.8.1 大规模 MIMO 系统

本节主要基于文献[424]，同时也包括一些与之相关的讨论和工作。

基于对发送-接收信道以及干扰模式的了解，在 MIMO 设置中，可实现对速率的正确估计。对于接收机来说，能够在短时间内计算出可实现速率是非常重要的。我们提出了一个新的估计方法，可以在存在未知干扰的情况下，在可用观测的数量与接收天线的数量相同阶的情况下，快速估算 MIMO 互信息。基于高维随机矩阵理论的新算法不会对干扰的协方差矩阵进行估计(通常是耗时的)。

假设在装有 n_0 个天线的发射机和装有 N 个天线的接收机之间存在无线通信通道 $\mathbf{H}_t \in \mathbb{C}^{N\times n_0}$，后者暴露于干扰信号之中。此外，接收方的目标是在传输中估算此连接的交互信息，而 $\mathbf{H}_t$ 在任何时候都是已知的。为此，我们假设一个慢衰落的方案，并以 $T\geqslant 1$ 表示为传输分配的信道相干区间数 (或时间间隔)。换言之，我们认为，在每个通道相干区间内 $t\in\{1,\cdots,T\}$，$\mathbf{H}_t$ 是一个确定的常量。用 M 表示在每次间隔中使用的信道数量(因此 M 乘以信道的使用持续时间是小于信道的相干时间的)。在间隔 t 中接收到的 M 级联信号向量集中在矩阵 $\overline{\mathbf{Y}}_t \in \mathbb{C}^{N\times M}$中，可定义为

$$\overline{\mathbf{Y}}_t = \mathbf{H}_t\mathbf{X}_{t,0} + \overline{\mathbf{W}}_t$$

其中，$\mathbf{X}_{t,0}$是传输信号的串联矩阵，$\overline{\mathbf{W}}_t \in \mathbb{C}^{N\times M}$代表串联的干扰向量。

因为 $\overline{\mathbf{W}}_t$ 在当前方案中不一定是白噪声矩阵，所以将其写为

$$\overline{\mathbf{W}}_t = \mathbf{G}_t\mathbf{W}_t$$

其中，$\mathbf{G}_t \in \mathbb{C}^{N\times n}$使得 $\mathbf{G}_t\mathbf{G}_t^{\mathrm{H}} \in \mathbb{C}^{N\times N}$是在间隙 t 中的噪声方差的确定性矩阵，而 $\mathbf{W}_t \in \mathbb{C}^{n\times M}$是一个填充了零均值和单位方差的独立条目的矩阵。也就是说，假设干扰是在相干时间 $\mathbf{H}_t$ 内静止，这在实际情景中是一个合理的假设，如图 7.12 所示。假设在预测时，实现对 $\mathbf{X}_{t,0}$的完美解码(可能以低速率传输或根本不传输)。如果是这样，由于 $\mathbf{H}_t$ 是完全已知的，接收机访问的残余信号由标准 MIMO 模型给出：

$$\mathbf{Y}_t = \overline{\mathbf{Y}}_t - \mathbf{H}_t\mathbf{X}_{t,0} = \mathbf{G}_t\mathbf{W}_t \tag{7.97}$$

$K=2$ 的系统模型如图 7.12 所示。只有少量 K 个信号源以有色方式进行干扰。调用属于集合干扰源 $k\in\{1,\cdots,K\}$ 的信道 $\mathbf{G}_{t,k} \in \mathbb{C}^{N\times n_k}$，其配备有 n_k 个接收天线，并且 $\mathbf{X}_{t,k} \in \mathbb{C}^{n_k\times M}$连接来自 k 个干扰源的级联发射信号，接收信号 $\overline{\mathbf{Y}}_t$ 可以被建模为

$$\overline{\mathbf{Y}}_t = \mathbf{H}_t\mathbf{X}_{t,0} + \sum_{k=1}^{K}\mathbf{G}_{t,k}\mathbf{X}_{t,k} + \sigma\mathbf{W}_t^{\star} \tag{7.98}$$

其中 $\sigma\mathbf{W}_t^{\star}\in\mathbb{C}^{N\times M}$是方差为 $\sigma^2>0$ 的级联附加高斯白噪声。在这种情况下我们发现 $n=n_1+\cdots+n_K+N$ 且

$$\mathbf{G}_t=[\mathbf{G}_{t,1},\cdots,\mathbf{G}_{t,K},\sigma\mathbf{I}_N],\quad \mathbf{W}_t=[\mathbf{X}_{t,1}^{\mathrm{T}},\cdots,\mathbf{X}_{t,K}^{\mathrm{T}},\mathbf{W}_t^{\star\mathrm{T}}]^{\mathrm{T}}$$

回到前面提到的标准 MIMO 模型式(7.97)。

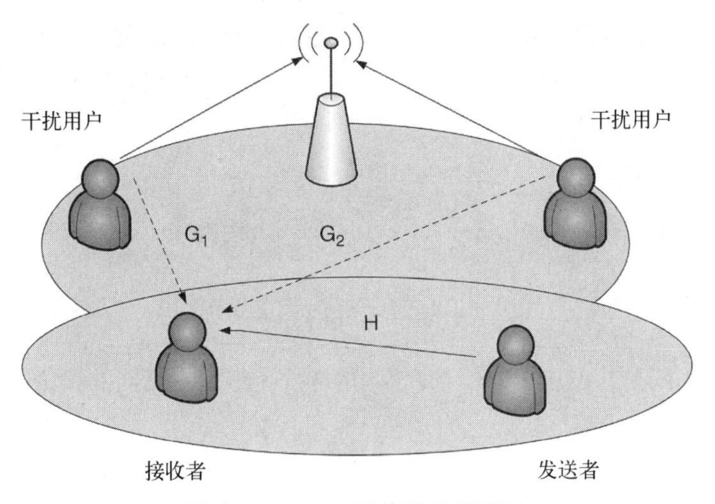

图 7.12　$K=2$ 时的干扰系统模型

随机变量 $\mathbf{X}_{t,0}$的统计特性精确描述如下：

假设 A1：对于给定的 t，其中 $1\leqslant t\leqslant T$，矩阵 $\mathbf{X}_{t,0}$和 $\mathbf{W}_t$ 的条目是独立同分布的标准复高斯分布随机变量。

接收机的目标是估计在 $T\geqslant 1$ 个时隙期间可以达到的平均(每个天线)互信息。特别是，对于 $T=1$，表达式是允许估计的即时互信息的表达式，其允许估计当前信道的速率性能。如果 T 很大，这提供了长期遍历的近似互信息。在假设 A1 下，平均互信息由下式给出：

$$\mathcal{I}=\frac{1}{NT}\sum_{t=1}^{T}[\log\det(\mathbf{H}_t\mathbf{H}_t^{\mathrm{H}}+\mathbf{G}_t\mathbf{G}_t^{\mathrm{H}})-\log\det(\mathbf{G}_t\mathbf{G}_t^{\mathrm{H}})] \tag{7.99}$$

使用 $\log\det(\cdot)=\mathrm{Tr}\log(\cdot)$，式(7.99)可以重新写成如下形式：

$$\mathcal{I}=\frac{1}{NT}\sum_{t=1}^{T}[\mathrm{Tr}\log(\mathbf{H}_t\mathbf{H}_t^{\mathrm{H}}+\mathbf{G}_t\mathbf{G}_t^{\mathrm{H}})-\mathrm{Tr}\log(\mathbf{G}_t\mathbf{G}_t^{\mathrm{H}})] \tag{7.100}$$

这里的动机是解决基于 T 个连续观测值 $\mathbf{Y}_1,\cdots,\mathbf{Y}_T$ 估计 $\mathcal{I}$ 的问题，假设除了 $\mathbf{H}_1,\cdots,\mathbf{H}_T$ 有完备的知识，但是对于所有的 t 而言 $\mathbf{G}_t$ 是未知的。

式(7.100)有下列形式：

$$\mathrm{Tr}\,f(\mathbf{A}\mathbf{A}^{\mathrm{H}})=\sum_{i=1}^{n}f(\lambda_i) \tag{7.101}$$

其中，λ_i 为 $\mathbf{A}\mathbf{A}^{\mathrm{H}}$ 的特征值，$f(x)=\log(x)$，$x\in\mathbb{R}$ 且 $x>0$，$\mathbf{A}=(1/\sqrt{n})\mathbf{\Sigma}_n^{1/2}\mathbf{Z}_n$。这里 $\mathbf{\Sigma}_n$ 是一个非负的有限厄米矩阵，$\mathbf{Z}_n$ 是一个具有独立同分布实数或复数标准化条目的随机矩阵。当 f 是一个解析函数，并且矩阵的两个维度都以相同速率变为无限时，式(7.101)的线性统计量的波动表现为高斯分布。可参见例 3.6.3 和 3.7 节。

如果每个时隙中感测周期内可用观测的数量 M 与信道向量 $\mathbf{N}$ 相比非常大，则一个自然估计量被称为标准经验(SE)估计量，其被定义为

$$\hat{\mathcal{I}}_{SE}=\frac{1}{NT}\sum_{t=1}^{T}\left[\log\det\left(\mathbf{H}_t\mathbf{H}_t^{H}+\frac{1}{M}\mathbf{Y}_t\mathbf{Y}_t^{H}\right)-\log\det\left(\frac{1}{M}\mathbf{Y}_t\mathbf{Y}_t^{H}\right)\right] \tag{7.102}$$

当 N 固定时，使用大数定律和连续映射定理，有当 $M\to\infty$ 时，

$$\hat{\mathcal{I}}_{SE}-\mathcal{I}\xrightarrow{\text{几乎确定}}0 \tag{7.103}$$

在需要快速执行感测的实际设置中假设 $M\gg N$ 可能是可行的，特别是在如此快速的衰落条件下。在这种情况下，标准的经验估计量在大 M，N 中是渐近偏差的，因此不一致，并且式(7.103)将不再有效。

假设 A2：$M,N,n,n_0\to+\infty$，并且

$$0<\liminf_{N,n\to\infty}\frac{N}{n}\leqslant\limsup_{N,n\to\infty}\frac{N}{n}<+\infty,\quad 1<\liminf_{M,N\to\infty}\frac{M}{N}\leqslant\limsup_{M,N\to\infty}\frac{M}{N}<+\infty,$$

$$0<\liminf_{N,n_0\to\infty}\frac{n_0}{N}\leqslant\limsup_{N,n_0\to\infty}\frac{n_0}{N}<+\infty$$

对 N，n 和 n_0 的约束只是说这些数量具有相同的顺序。尽管有相同的顺序，但是 M/N 的下限表示 M 大于 N。

在本节的剩余部分中，我们将假设 A2 作为收敛模式 $M,N,n\to\infty$。

信道矩阵需要在谱范数内有界，正如 $M,N,n\to\infty$。

假设 A3：令 $N=N(n)$ 是由 n 索引的整数序列，对于每个 $t\in\{1,\cdots,T\}$，考虑到 $N\times n$ 矩阵 $\mathbf{G}_t$ 的族。然后，有以下结论：

- 从下述意义上说 $\mathbf{G}_t$ 的谱范数是一致有界的

$$\sup_{1\leqslant t\leqslant T}\ \sup_{N,n}\|\mathbf{G}_t\|<\infty$$

- 对于 $t\in\{1,\cdots,T\}$，$\mathbf{G}_t\mathbf{G}_t^{H}$ 的最小特征值由 $\lambda_N(\mathbf{G}_t\mathbf{G}_t^{H})$ 表示，其被统一界定为远离零。即存在 $\sigma^2>0$，使得

$$\inf_{1\leqslant t\leqslant T}\ \inf_{N,n}\|\mathbf{G}_t\mathbf{G}_t^{H}\|\geqslant\sigma^2>0$$

假设 A4：令 $N=N(n)$ 是由 n_0 索引的整数序列，对于每个 $t\in\{1,\cdots,T\}$，考虑 $N\times n_0$ 矩阵 $\mathbf{H}_t$ 的族。然后，$\mathbf{H}_t$ 的谱范数在下述意义上是一致有界的：

$$\sup_{1\leqslant t\leqslant T}\ \sup_{N,n_0}\|\mathbf{H}_t\|<\infty$$

假设 A5：矩阵($\mathbf{H}_t$)的族还满足以下假设：

- 考虑到 $\mathbf{H}_t$ 的秩，有

$$0<\liminf_{N,n_0\to\infty}\frac{\operatorname{rank}(\mathbf{H}_t)}{N}\leqslant\limsup_{N,n_0\to\infty}\frac{\operatorname{rank}(\mathbf{H}_t)}{N}<1$$

- $\mathbf{H}_t\mathbf{H}_t^{H}$ 的最小特征值从零一律有界，即存在 $\kappa>0$，使得

$$\inf_{1\leqslant t\leqslant T}\ \inf_{N,n_0}\|\lambda_i(\mathbf{H}_t\mathbf{H}_t^{H})\,|\,\lambda_i(\mathbf{H}_t\mathbf{H}_t^{H})>0\|\geqslant\kappa>0$$

本部分的主要结果在这里介绍。

定理 7.8.3(平均互信息的 G-估计量) 假设 A1-A5 支持并定义信息量

$$\hat{\mathcal{I}}_G=\frac{1}{NT}\sum_{t=1}^{T}\log\det\left(\mathbf{I}_N+\hat{y}_{N,t}\mathbf{H}_t\mathbf{H}_t^{H}\left(\frac{1}{M}\mathbf{Y}_t\mathbf{Y}_t^{H}\right)^{-1}\right)$$
$$+\frac{1}{T}\sum_{t=1}^{T}\frac{(M-N)}{N}\left[\log\left(\frac{M}{M-N}\hat{y}_{N,t}\right)+1\right]-\frac{M}{N}\hat{y}_{N,t}$$

其中，$\hat{y}_{N,t}$是如下公式的唯一真正的正解：

$$\hat{y}_{N,t}=\frac{\hat{y}_{N,t}}{M}\mathrm{Tr}\left[\mathbf{H}_t\mathbf{H}_t^{\mathrm{H}}\left(\hat{y}_{N,t}\mathbf{H}_t\mathbf{H}_t^{\mathrm{H}}+\frac{1}{M}\mathbf{Y}_t\mathbf{Y}_t^{\mathrm{H}}\right)^{-1}\right]+\frac{M-N}{M}$$

那么有

$$\hat{\mathcal{I}}_G-\mathcal{I}\xrightarrow[M,N,n\to\infty]{\text{几乎确定}}0$$

定理 7.8.4（中心极限定理） 假设 A1–A5 都为真，那么

$$\frac{N}{\sqrt{\theta_N}}(\hat{\mathcal{I}}_G-\mathcal{I})\xrightarrow[N\to\infty]{\text{分布}}\mathcal{N}(0,1)$$

其中 θ_N 由以下公式求得：

$$\begin{aligned}\theta_N=&\frac{1}{T^2}\sum_{t=1}^{T}2\log(M\hat{y}_{N,t})\\&-\log[(M-N)(M-\mathrm{Tr}[(\mathbf{I}_N+\mathbf{H}_t\mathbf{H}_t^{\mathrm{H}}(\mathbf{G}_t\mathbf{G}_t^{\mathrm{H}})^{-1})^{-2}])]\end{aligned}$$

其为定义好的量，并且满足

$$0<\liminf_{M,N,n\to\infty}\theta_N\leqslant\limsup_{M,N,n\to\infty}\theta_N<+\infty$$

例 7.8.5（大规模 MIMO）

本节是由一个大规模的 MIMO 系统驱动的，它的接收机配备有大量的（N 个）天线，例如 $N=200\sim1000$，并且其发射机配备有 n_0 个天线。接收机暴露于 K 个干扰信号。考虑图 7.12 所示系统的上行链路。现在我们扩展一下。 □

文献备注

在 7.3 节中，我们遵循文献[384]。

在 7.4 节中，我们的展示主要基于文献[391]。在 7.4.5 节中，我们遵循文献[398]。

在 7.5 节中，我们遵循文献[425]。

文献[178]提出了一个基于适当距离函数的变分和非参数方法，并使用 Marchenko-Pastur 方程式(4.5)来解决问题。在 Rao 等人的另一项重要的工作[426]中，作者提出使用一组合适的经验矩，比如前 q 个矩：$k=1,\cdots,q$，

$$\hat{\alpha}_k=\frac{1}{N}\mathrm{Tr}(\mathbf{S}_n^k)=\frac{1}{N}\sum_{i=1}^{N}\lambda_i^k(\mathbf{S}_n)$$

其中 λ_i 是 $\mathbf{S}_n$ 的特征值（假设 $N\leqslant n$）。

在最近的一项工作中，文献[53]对文献[426]的程序进行了修改，以得到一个基于样本矩 $\hat{\alpha}_k$ 的直接矩估计量。与文献[178]和文献[426]的相比，这个矩估计量更简单且更容易实现。此外，这个估计量的收敛速度（渐近正态性）也建立了。文献[427]也分析了潜在的顺序选择问题并提出了基于交叉验证原理的解决方案。我们遵循了文献[220]和文献[228]的 4.3 节。文献[220]的新方法可以被看作文献[178]中的优化方法和文献[53]的参数设置的综合。一方面，文献[220]采用了优化方法并证明它通常更适合当前的方法。另一方面，对离散群体频谱密度和连续群体频谱密度使用通用参数方法，能够避免在文献[178]中提到的实施困难。文献[220]的另一个重要优势是，通过考虑实线上的特征方程（Marchenko-Pastur 方程），优化问题已经从复杂的计划转移到了实际线路上。所获得的优化过程比原来在文

献[178]中的简单得多。

考虑一般矩阵

$$\mathbf{S_n}=\frac{1}{n}\mathbf{T}_n^{1/2}\mathbf{X}_n\mathbf{X}_n^{\mathrm{H}}\mathbf{T}_n^{1/2}$$

此处 $\mathbf{X}_n=(x_{ij})$ 是一个 $p\times p$ 的矩阵，其元素是均值为零，方差为 1 的独立复杂变量，$\mathbf{T}_n$ 是一个 $p\times p$ 非随机正定厄米矩阵，谱范数在 p 中一致有界。注意 $\mathbf{X}_n$ 的条目不一定是独立同分布的。在文献[428]中，假设第 8 个矩，他们得到 $\mathbf{S}_n$ 的预期经验谱分布收敛于其极限谱分布的速率为 $O(1/\sqrt{n})$。此外，在同样的假设下，我们证明了对于任意的$\varepsilon>0$，$\mathbf{S}_n$ 的经验谱分布的概率收敛率和几乎确定的收敛速度分别为 $O(1/n^{2/5})$ 和$O(1/n^{2/5+\varepsilon})$。

在 7.6 节中，我们遵循文献[402，416]进行开发。例 8.9.2 从文献[372]中提取材料。

在 7.7 节中，我们从文献[405，406，411，416]中获取材料。文献[411]和文献[415]可以被视为两个配套文献，即两个来自 Ledoit 和 Wolf 的最新论文[429，430]。缺少观测值的高维协方差矩阵估计在文献[431]中进行了处理。

7.8 节的材料来自文献[418 ～ 420]，例 7.8.1 取自文献[419，420]，例 7.8.2 取自文献[421]，该模型紧随文献[422]，参考文献[421]在这方面也是相关的。

在 7.2 节中，我们从文献[381，432]中提取了一些材料。

第8章　矩阵假设检验使用大规模随机矩阵

本章可以被看作大数据的第一个应用。我们将本章放在其他系统的应用(如智能电网、通信和传感)之前，本章与我们所考虑的三个应用的数据处理相关。我们假设海量数据集可供我们处理数据。问题可能是方便地用矩阵值假设检验问题来表述。这里我们强调使用大型随机矩阵 $\mathbf{X}$ 作为研究的基本数学对象。我们将 $\mathbf{X}$ 视为一个整体并研究矩阵值函数 $f(\mathbf{X})$，参见8.2节。

电力系统安全领域的一个新的研究重点是与智能电子设备相关的网络入侵设备，例如远程终端单元、相量测量单元和仪表。本章的写作动机是电力系统网格的大数据。具体而言，我们的目标是使用大型随机矩阵对大型数据集进行建模。第3章讨论了大型随机矩阵的基本原理，以使本书更加独立。新形式的高维矩阵将揭示问题的一些独特特征。因此，我们调查网络从异常检测的角度看智能电网的安全性，强调在框架内的高维大型随机矩阵。最近的这些结果(在随机矩阵理论文献中)应用于智能电网的背景下。

DARPA[42]的多尺度异常检测程序创建、调整并将技术应用于异常表征并在海量数据集中进行检测。数据异常提示在各种各样的现实世界背景中收集额外的可操作信息。最初的应用领域是内部威胁检测，其中恶意(或可能无意的)可信赖的个体的行为在日常网络活动的背景下被检测到。

让数据说话(只有数据)，这是一个很好的原则，只要有足够的数据来信任数据。

无限维希尔伯特算子被大而有限的随机矩阵代替。以类比来看，海量数据集合自然由大型随机矩阵表示。使用大型随机矩阵的数据表示在本文中似乎是新颖的大数据的背景。通过研究特征值，这种表示方式有助于降低维度和研究可扩展性。

我们将这些测度视为随机矩阵的(可能是非线性的)函数。跟踪功能是线性的。如何选择这些功能以获得良好性能并不明确。对这些指标的分析需要先进的工具，如非渐近的随机矩阵理论。测度的集中是这个理论的基础。

我们要求一个随机矩阵的理论对任意大小的矩阵都是有效的。所谓的可扩展性需要大数据(第1章)证明了随机矩阵的这种非渐近理论的重要性。

8.1　激励示例

大量的数据样本可以用高维随机矩阵的形式来表示。

例 8.1.1(大规模 MIMO)

基站配备 $N=1000$ 个天线的大规模天线阵列，假设有 K 个移动用户。通常我们使用具有 $M=128$ 个子载波的多载波 OFDM 系统。我们将第 k 个用户的所有数据汇集到一个随机向量 $\mathbf{x}_k$ 中

$$\mathbf{x}_k=[X_{1k},\cdots,X_{(MN),k}]^{\mathrm{T}}\in\mathbb{C}^{MN}$$

然后形成一个随机矩阵 $\mathbf{X}$，即

$$\mathbf{X}=[\mathbf{x}_1,\mathbf{x}_2,\cdots,\mathbf{x}_K]\in\mathbb{C}^{MN\times K}$$ □

例 8.1.2(时间序列)

对于上述大规模 MIMO 实例，对于每个时期 t，我们将数据矩阵与 $\mathbf{X}_t\in\mathbb{C}^{MN\times K},t=1,\cdots,T$ 相关联，得到一个大型随机矩阵序列。如果将所有数据放在一起，则可以使用三维数组(或张量)来汇总数据。对于第 k 个用户，可以得到

$$\mathbf{X}_k=[\mathbf{x}_1,\mathbf{x}_2,\cdots,\mathbf{x}_T]\in\mathbb{C}^{MN\times T}$$

对于每个 $k=1,\cdots,K$。T 和 MN 的设置值得研究。 □

例 8.1.3(数据相关结构的矩阵值分布)

多元正态分布在多元统计分析理论中起着核心作用。根据中心极限定理，即使原始数据不是多元正态的，某些统计量的抽样分布还是可以用正态分布来近似的。当中心极限定理无效时，接下来最好的做法是集中某些矩阵函数的不等式，它们描述了围绕其期望的测量现象的集中[40, p. 146]。

独立的多元观测量通常用一个矩阵来表示，这就是样本观测矩阵。在这样的矩阵中，当从多元正态分布的样本采样时，每一列为具有共同均值向量和协方差矩阵的多元正态分布。在多元时间序列、随机过程和对多变量的重复测量中，不满足多元观测独立性的假设。在这些情况下，观测矩阵引入了矩阵变量的正态分布。

随机矩阵可用于描述多变量的重复测量。观测结果独立的假设通常是不可行的。在分析这些数据集时，可以使用矩阵变量的椭球等高分布来描述数据的相关结构。

矩阵变量椭球等高分布表示从向量扩展到矩阵的椭球分布[217, 433]。这个类中的分布具有某些特性，类似于高斯分布的特性，这使得它们特别有用。例如，许多用高斯理论来检验的各种假设检验程序也可以用于这类分布。

对于第 i 个时间序列 $\mathbf{x}_i\in\mathbb{C}^{1\times T}$，可以重复 N 次测量来获得随机矩阵 $\mathbf{X}_i\in\mathbb{C}^{N\times T}$。换句话说，我们将随机向量扩展到随机矩阵：

$$\mathbf{x}_i\in\mathbb{C}^{1\times T}\rightarrow\mathbf{X}_i\in\mathbb{C}^{N\times T},\quad i=1,\cdots,n$$

虽然简单明了，但是该扩展在海量数据建模方面起着核心作用。我们感兴趣的是 N，T 和 n 很大的情况，比如约为 1000。按照当今的计算能力，总共可以处理 10^9 或 10 亿个数据点。

假设当返回矩阵遵循矩阵椭球等高分布，该模型就适用于股票市场。这个矩阵非常适合描述股票收益，因为收益既不是独立的也不是正态分布的。详情可参阅 8.12 节。

这些应用包括：

1. 时变复杂网络；
2. 大规模的入侵检测和异常检测；
3. 防止大规模拒绝服务。 □

8.2 两个随机矩阵的假设检验

开始本章之前，先考虑矩阵假设检验问题

$$\begin{aligned}&\mathcal{H}_0:\mathbf{X}\\&\mathcal{H}_1:\mathbf{Y}=\sqrt{\mathrm{SNR}}\cdot\mathbf{H}+\mathbf{X}\end{aligned}\tag{8.1}$$

其中 SNR 表示信噪比，并且 $\mathbf{H}$ 和 $\mathbf{X}$ 是两个 $m\times n$ 的非厄特随机矩阵。我们进一步假设 $\mathbf{H}$ 与 $\mathbf{X}$

无关。式(1.12)的问题等同于

$$\begin{aligned}&\mathcal{H}_0:\mathbf{XX}^{\mathrm{H}}\\&\mathcal{H}_1:\mathbf{YY}^{\mathrm{H}}=\mathrm{SNR}\cdot\mathbf{HH}^{\mathrm{H}}+\mathbf{XX}^{\mathrm{H}}+\sqrt{\mathrm{SNR}}(\mathbf{HX}^{\mathrm{H}}+\mathbf{XH}^{\mathrm{H}})\end{aligned}\tag{8.2}$$

其中 $\mathbf{HH}^{\mathrm{H}}$, $\mathbf{XX}^{\mathrm{H}}$, $\mathbf{YY}^{\mathrm{H}}$ 是半正定随机矩阵。如果 $\mathbf{A}$ 的所有特征值都是非负的，即 $\lambda_i(\mathbf{A})\geqslant 0$, $i=1,\cdots,\min(m,n)$ 则称 $m\times n$ 的矩阵 $\mathbf{A}$ 为正半定的。式(8.1)[同式(1.12)]中的所有矩阵都是非厄特矩阵，而式(8.2)[同式(1.13)]中则不同。在极低的信噪比下，式(8.2)中的交叉项 $\mathbf{HX}^{\mathrm{H}}$, $\mathbf{XH}^{\mathrm{H}}$ 是非厄特随机矩阵，可能在检验中占主导地位。过去的大多数算法都集中在式(8.2)的表达上；也许将来会更多关注和使用非厄特随机矩阵理论，如式(8.1)。

我们需要一个统计测度用于假设检验：取决于随机矩阵 $\mathbf{XX}^{\mathrm{H}}(\mathcal{H}_0)$ 或随机矩阵 $\mathbf{YY}^{H}(\mathcal{H}_0)$ 的假设。标量测度比向量和矩阵更可取。这些标量测度的候选项是：(1) 特征值 $\lambda_i(\mathbf{YY}^{\mathrm{H}})$, $i=1,\cdots,\min(m,n)$；(2) 迹 $\mathrm{Tr}(\mathbf{X}^{\mathrm{H}}\mathbf{X})$ 或 $\mathrm{Tr}(\mathbf{Y}^{\mathrm{H}}\mathbf{Y})$。我们将这些测度视为随机矩阵的(可能是非线性的)函数。迹方程是线性的。如何选择这些方程以获得良好性能并不显而易见。

对这些指标的分析需要先进的手段，如随机矩阵的非渐近理论。集中测度是这个理论的基础。

8.3 期望和方差的特征值界限

本节的目的是根据文献[434,435]为样本协方差矩阵的个体特征值的方差提供非渐近界限。特征值被视为一个随机矩阵 $\mathbf{X}$ 的标量值函数。这个问题已经在文献[40]中用集中不等式进行了详细的研究。关于这个问题的文献已经在文献[40]中全面调研过了。

统计学家 Wishart 在 1928 年引入了随机协方差矩阵，也称为 Wishart 矩阵，便于在多元统计中对随机数据表进行建模。这些矩阵的谱特性对统计检验和主成分分析至关重要。考虑到谱的全局行为，极大特征值行为与大部分谱中特征值之间的间距，分别在全局和局部区域内渐近地研究了特征值。在高斯情况下，特征值联合分布是明确已知的，从而允许对渐近谱特性进行全面的研究(参见文献[35,163,436])。过去几十年中随机矩阵理论的主要目标之一是将这些结果扩展到非高斯协方差矩阵。

我们需要随机矩阵的理论，它对任意大小的矩阵都是有效的。大数据所需的可伸缩性(1.1 节)证明了随机矩阵的这种非渐近理论的重要性。

设 $\mathbf{Z}$ 是一个 $N\times n$(实数或复数)的矩阵，其中 $N\geqslant n$，它的元素是独立的，集中分布且方差为 1。样本协方差矩阵定义为 $\mathbf{S}=\dfrac{1}{N}\mathbf{Z}^{\mathrm{H}}\mathbf{Z}$。

式(1.13)的假设 $\mathcal{H}_0$ 是 $\mathbf{X}$ 的元素服从高斯分布的情况。回想一下，我们在 8.2 节的目标是评估假设检验测度的性能：这些测度被视为随机矩阵的函数。对于任意函数 $f(x)$，可以用一个 $n\times n$ 的矩阵 $\mathbf{A}$ 来替换标量 x。矩阵函数 $f(\mathbf{A})$ 由特征值 $f(\lambda_1,\cdots,\lambda_n)$ 的函数描述。因此我们需要处理相互依赖的标量随机变量 $\lambda_1,\cdots,\lambda_n$。

对于标量随机变量 X，在期望 $\mu=\mathbb{E}X$ 和方差 $\sigma^2=\mathrm{Var}\,X$ 在假设检验中具有重要的意义。在实际中必须估计它们。对于 n 个样本或 $X,x_1,\cdots,x_n$ 的实际值，期望值由 $\hat{\mu}=\dfrac{1}{n}\sum_{i=1}^{n}x_i$ 给出，方差为 $\hat{\sigma}^2=\dfrac{1}{n}\sum_{i=1}^{n}\left(x_i-\dfrac{1}{n}\sum_{i=1}^{n}x_i\right)^2$。经典的概率极限定理[437-440]涉及独立的随机变量序列。

概率论的两个最重要的命题是大数定律和中心极限理论[441]。

让我们讨论下例来说明问题。

例 8.3.1(多重标度下的矩阵假设检验)

重新讨论 8.2 节的激励问题。我们将说明如何使用特征值不等式来设计算法。

将假设检验的测度作为矩阵大小 n 的函数。当需要处理一个大型数据集时，从样本协方差随机矩阵开始。为了方便，在下式重现式(1.13)：

$$\begin{aligned}&\mathcal{H}_0:\mathbf{XX}^{\mathrm{H}}\\&\mathcal{H}_1:\mathbf{YY}^{\mathrm{H}}=\mathrm{SNR}\cdot\mathbf{HH}^{\mathrm{H}}+\mathbf{XX}^{\mathrm{H}}+\sqrt{\mathrm{SNR}}(\mathbf{HX}^{\mathrm{H}}+\mathbf{XH}^{\mathrm{H}})\end{aligned}\tag{8.3}$$

其中 $\mathbf{HH}^{\mathrm{H}},\mathbf{XX}^{\mathrm{H}},\mathbf{YY}^{\mathrm{H}}$ 是半正定随机矩阵。对于 $n\times n$ 的样本协方差随机矩阵 $\mathbf{XX}^{\mathrm{H}}$，令 λ_i 是排序后的特征值，γ_i 是它们的理论预测值，存在一个常数 C，

$$\sum_{i=1}^{n}\mathbb{E}[(\lambda_i-\gamma_i)^2]\leqslant C\frac{\log n}{n}\tag{8.4}$$

这与下文的式(8.16)相同。算法定义如下

$$\begin{aligned}&\mathcal{H}_0:\sum_{i=1}^{n}\mathbb{E}[(\lambda_i-\gamma_i)^2]\leqslant\Lambda\\&\mathcal{H}_1:\sum_{i=1}^{n}\mathbb{E}[(\lambda_i-\gamma_i)^2]>\Lambda\end{aligned}\tag{8.5}$$

其中决策阈值 Λ 被定义为

$$\Lambda=C\frac{\log n}{n}$$

使用下文的式(8.12)，可以得到

$$\mathrm{Var}(\lambda_i)\leqslant C\frac{\log n}{n^2}\tag{8.6}$$

同样地，可以设计一个假设检验算法，如下所示：

$$\begin{aligned}&\mathcal{H}_0:\mathrm{Var}(\lambda_i)\leqslant\Lambda\\&\mathcal{H}_1:\mathrm{Var}(\lambda_i)>\Lambda\end{aligned}$$

其中，

$$\Lambda=C\frac{\log n}{n^2}$$

因此得出结论，决策阈值是大小为 n 的大数据集的显式函数，表示为随机数据矩阵 $\mathbf{X}$。当令 n 趋于无穷大时，得到渐近状态。然而，在实际中，重点在于函数 n 的缩放速度。这些通常在随机矩阵的非渐近理论中进行研究，参见文献[40,442]。

对于假设 $\mathcal{H}_1$，目前的问题与 $(1/\sqrt{n})\mathbf{Z}+\mathbf{A}$ 的异常值有关，其中 $\mathbf{Z}$ 是一个独立同分布的 $n\times n$ 随机矩阵，并且 $\mathbf{A}$ 是低秩扰动的。了解异常问题可参阅文献[333]。 □

8.3.1 特征值的理论位置

设 $\mathbf{X}$ 是一个 $m\times n$(实数或复数)矩阵，其中 $m\geqslant n$，它的元素是独立的，集中分布，并且方差为 1。$\mathbf{S}=(1/m)\mathbf{X}^{\mathrm{H}}\mathbf{X}$ 是一个样本协方差矩阵。一个重要的例子是 $\mathbf{X}$ 的元素服从高斯分布的情况。那么如果 $\mathbf{X}$ 的元素是复数，则 $\mathbf{S}$ 属于所谓的 Laguerre 酉系综(Laguerre Unitary Ensemble，LUE)；如果 $\mathbf{X}$ 的元素是实数，则 $\mathbf{S}$ 属于 Laguerre 正交系综(Laguerre Orthogonal

Ensemble, LOE)。$\mathbf{S}$ 是厄特(或实对称)矩阵, 因此有 n 个实数特征值。当 $m \geqslant n$ 时, 这些特征值都不平凡。这些特征值是非负的, 将用 $0 \leqslant \lambda_1 \leqslant \cdots \leqslant \lambda_n$ 表示。

在普遍结果中, 经典的 Marchenko-Pastur 定理指出, 当 n 趋于无穷大时, 如果$\frac{m}{n} \to y \geqslant 1$, 经验谱分布

$$\hat{\mu} = \frac{1}{n} \sum_{i=1}^{n} \delta_{\lambda_i} \tag{8.7}$$

几乎可以肯定地收敛于一个确定性测度 $\mu_{\mathrm{MP}}(x)$, 也称为参数 y 的 Marchenko-Pastur 分布。$\hat{\mu}$ 是一个随机概率测度。测度 $\mu_{\mathrm{MP}}(x)$ 是紧支撑的, 并且在 Lebesgue 测度方面是绝对连续的, 其密度为

$$d_{\mu_{\mathrm{MP}}}(x) = \frac{1}{2\pi x} \sqrt{(x-a)(b-x)}\, \mathbf{1}_{[a,b]}(x)\,\mathrm{d}x$$

其中 $a = (1-\sqrt{y})^2, b = (1+\sqrt{y})^2$。我们用 $\mu_{m,n}$ 近似表示 Marchenko-Pastur 密度:

$$\rho_{m,n}(x) = \frac{1}{2\pi x} \sqrt{(x-a_{m,n})(b_{m,n}-x)}\, \mathbf{1}_{[a_{m,n}, b_{m,n}]}(x)$$

其中 $a_{m,n} = \left(1-\sqrt{\frac{m}{n}}\right)^2, b_{m,n} = \left(1+\sqrt{\frac{m}{n}}\right)^2$。单个特征值的行为更难实现。

我们可以得到下面的大数定律。对于所有的 $\eta > 0$ 和所有的 $\eta n \leqslant i \leqslant (1-\eta) n$, 即大部分谱中的特征值, 几乎可以肯定:

$$\lambda_i - \gamma_i \xrightarrow[n \to \infty]{} 0, \quad \text{几乎肯定}$$

其中第 i 个特征值 λ_i 的理论位置 $\gamma_i \in [a_{m,n}, b_{m,n}]$ 由

$$\frac{i}{n} = \int_{a_{m,n}}^{\gamma_i} \rho_{m,n}(x)\,\mathrm{d}x \tag{8.8}$$

给出。

8.3.2 Wasserstein 距离

假设我们可以获得$\mathbb{R}^n$上的大数据, 其定律是感兴趣的概率测度 μ 的近似值。$\hat{\mu}$的定义为

$$\hat{\mu}^n = \frac{1}{n} \sum_{i=1}^{n} \delta_{X_i} \tag{8.9}$$

这是一个随机概率测度。假设与我们的大数据系统相关的经验测度是 μ 的一个很好的近似值, 其概率很高。更确切地说,

$$\mathbb{P}[W_p(\hat{\mu}^n, \mu) \geqslant \varepsilon] \leqslant \tau_p(n, \varepsilon) \tag{8.10}$$

其中 $\tau_p(n, \varepsilon)$ 是 n 和 ε 的已知函数, $\mathbb{P}$ 是概率空间的概率测度。

8.3.3 样本协方差矩阵——具有指数衰减的元素

为了简化描述, 假设 $y > 1$。更准确地说, 假设 $1 < \alpha \leqslant m/n \leqslant \beta$, 其中 α, β 是固定常数。进一步假设, $\mathbf{S}$ 是复协方差矩阵(分别为实数), 其元素符合指数衰减并且具有与 Laguerre 酉系综(或 Laguerre 正交系综)矩阵相同的前四个矩。该条件被称为条件(C0)。在本节中考虑的矩阵是满足条件(C0)的样本协方差矩阵 $\mathbf{S}$。如果 $\mathbf{X}$ 的元素 X_{ij}是独立的并且指数衰减的, 则 $\mathbf{S}=$

$(1/m)\mathbf{X}^{\mathrm{H}}\mathbf{X}$ 满足条件(C0)：存在正常数 C_1 和 C_2，使得

$$\forall i \in \{1,\cdots,n\}, \forall j \in \{1,\cdots,m\}, \quad \mathbb{P}(|X_{ij}| \geqslant t^{C_1}) \leqslant \mathrm{e}^{-t} \tag{8.11}$$

对于所有 $t \geqslant C_2$。对于其他变量，请将以下结果与式(3.57)进行比较。

在大部分谱中。令 $\eta \in (0,1/2)$，存在一个常数 $C>0$(取决于 η, α, β)，使得对于每个样本协方差矩阵 $\mathbf{S}$，对于每个 $\eta n \leqslant i \leqslant (1-\eta)n$，有

$$\mathrm{Var}(\lambda_i) \leqslant C\frac{\log n}{n^2} \tag{8.12}$$

在体积和谱的边缘之间。存在一个常数 $\kappa>0$(取决于 α, β)使其成立。对于所有的 $K \geqslant \kappa$ 和 $\eta \in (0,1/2]$，存在一个常数 $C>0$，使得对于每个样本协方差矩阵 $\mathbf{S}$，每个 $(1-\eta)n \leqslant i \leqslant n-K\log n$，有

$$\mathrm{Var}(\lambda_i) \leqslant C\frac{\log(n-i)}{n^{4/3}(n-i)^{2/3}} \tag{8.13}$$

其中常量 C 取决于 K, η, α, β。

在谱的边缘。存在常量 $C>0$(取决于 α, β)，使得对于每个样本协方差矩阵 $\mathbf{S}$，有

$$\mathrm{Var}(\lambda_i) \leqslant C\frac{1}{n^{4/3}} \tag{8.14}$$

向 Marchenko-Pastur 分布的收敛速度。γ_i 在式(8.8)中定义。$\mathbb{E}[(\lambda_i-\gamma_i)^2]$ 的界导致经验谱测度 $\mathcal{L}$ 向 Marchenko-Pastur 分布收敛的速度受到 2-Wasserstein 距离的限制。$W_2^2(\mathcal{L},\mu)$ 是一个随机变量，由下式定义

$$W_2(\mathcal{L},\mu) = \inf_{\pi}\left(\int_{\mathbb{R}^2} |x-y|^2 \mathrm{d}\pi(x,y)\right)^{1/2}$$

下确界承担着所有$\mathbb{R}^2$上的概率测度 π，其中第一个边界为 $\mathcal{L}$、第二个边界为 μ。为了达到期望的边界，我们依赖 W_2 的另一个分布函数表达式，即

$$W_2^2(\mathcal{L},\mu) = \int_0^1 (F^{-1}(x) - G^{-1}(x))^2 \mathrm{d}x$$

其中 $F^{-1}(x)$ 是分布函数 $F(x)$ 的广义逆。这些函数由矩阵的维度 m, n 决定。

常数项 $C>0$ 的存在依赖于常数项 β，且存在 $1 \leqslant \frac{m}{n} \leqslant \beta$，

$$W_2^2(\mathcal{L},\mu) \leqslant \frac{2}{n}\sum_{i=1}^{n}(\lambda_i - \gamma_i)^2 + \frac{C}{n^2} \tag{8.15}$$

研究随机变量 $(\lambda_i-\gamma_i)^2$ 的预计期望。当 n 变大时，均值 $\frac{1}{n}\sum_{i=1}^{n}(\lambda_i - \gamma_i)^2$ 将会极大地影响估计值 $(\lambda_i-\gamma_i)^2$ 的准确性。

令 $1<\alpha<\beta$，那么存在一个常数 $C>0$，常数 C 由 α 和 β 所决定，对于所有的 m 和 n，有 $1<\alpha \leqslant m/n \leqslant \beta$，

$$\sum_{i=1}^{n}\mathbb{E}[(\lambda_i - \gamma_i)^2] \leqslant C\frac{\log n}{n} \tag{8.16}$$

因此

$$\mathbb{E}[W_2^2(\mathcal{L},\mu)] \leqslant C\frac{\log n}{n^2} \tag{8.17}$$

当 n 变大时，如取 1000，$\log n/n^2$ 的收敛速率是很明显的。

对比式(8.17)和式(3.56)用于期望值的计算，我们发现矩的期望率随 $O(1/n)$ 衰减，而 $\mathbb{E}[W_2^2(\mathcal{L},\mu)]$ 随$\frac{\log n}{n^2}$衰减。

8.3.4 高斯协方差矩阵

本节涉及高斯协方差矩阵。这里的结果依赖于高斯结构，特别是关于特征值的行列式性质。那么，γ_i 可以在式(8.8)中被定义。

在大部分的频谱当中。定义 $\eta\in(0,1/2]$，$1<\alpha<\beta$，**S** 是拉格朗日单位集矩阵。存在一个常数 $C>0$(取决于 η，α，β)，且存在 $a\leqslant m/n\leqslant\beta$，$\eta n\leqslant i\leqslant(1-\eta)n$

$$\mathbb{E}[|\lambda_i-\gamma_i|^2]\leqslant C\frac{\log n}{n^2} \tag{8.18}$$

此外

$$\mathrm{Var}(\lambda_i)\leqslant C\frac{\log n}{n^2} \tag{8.19}$$

在体积和谱的边缘之间。存在一个常数 $\kappa>0$(取决于 α,β)使得如下情况成立。对于所有的 $K\geqslant\kappa$，$\eta\in(0,1/2]$，使$(1-\eta)n\leqslant i\leqslant n-K\log n$，存在一个常数 $C>0$ 使得所有的样本协方差矩阵 **S** 满足

$$\mathbb{E}[(\lambda_i-\gamma_i)^2]\leqslant C\frac{\log(n-i)}{n^{4/3}(n-i)^{2/3}} \tag{8.20}$$

特别地

$$\mathrm{Var}(\lambda_i)\leqslant C\frac{\log(n-i)}{n^{4/3}(n-i)^{2/3}} \tag{8.21}$$

其中常数 C 取决于常数 K,η,α,β。

谱密度的边界。令 $\alpha>1$，存在一个常数 $C>0$ 仅仅取决于常数 α，使得接下的情况满足条件。定义 **S** 是拉格朗日单位集矩阵，$\lambda_{\max}$是矩阵 **S** 的最大特征值。之后，对于所有的$n\in\mathbb{N}$ 均有 $m>\alpha n$，且存在 $0<\varepsilon\leqslant1$，

$$\mathbb{P}(\lambda_{\max}\leqslant b_{m,n}(1-t))\leqslant C^2\exp\left(-\frac{2}{C}n^2t^3\right) \tag{8.22}$$

且

$$\mathbb{P}(\lambda_{\max}\geqslant b_{m,n}(1+t))\leqslant C\ \exp\left(-\frac{2}{C}nt^{3/2}\right)$$

最大的偏差是已知的。定义 **S** 是拉格朗日单位集矩阵，存在一个通用常数 $C>0$，使得所有的 $n\geqslant1$，对于所有的 $m\in\mathbb{N}$ 使得 $m>\alpha n$

$$\mathrm{Var}(\lambda_{\max})\leqslant\mathbb{E}[(\lambda_{\max}-b_{m,n})^2]\leqslant C\frac{1}{n^{4/3}} \tag{8.23}$$

类似的结果在一定条件下适用于第 k 个最大的特征值($k\in\mathbb{N}$)。左边的偏差不等式适用于最小的特征值，且满足 $m>\alpha n$，

$$\mathbb{P}(\lambda_{\min}\leqslant a_{m,n}(1-t))\leqslant C\exp\left(-\frac{2}{C}nt^{3/2}\right) \tag{8.24}$$

存在 $0<t\leqslant1$，但是右侧的偏差不等式似乎适用于所有的最小特征值 $\lambda_{\max}$，因此，在最小特征值方差条件下，我们不能缩小边界条件的范围。

8.4　经验分布函数的集中度

本节研究大型随机矩阵，我们感兴趣的是作为矩阵大小 n 的函数的集中度。我们的方法是将随机矩阵转换为特征值的随机向量。

定义$\mathbb{R}^n$维空间中的向量 $\mathbf{X}=(X_1,X_2,\cdots,X_n)$服从 μ 分布，研究平均边缘分布函数的估计率

$$F(x)=\mathbb{E}F_n(x)=\frac{1}{n}\sum_{i=1}^{n}\mathbb{P}\{X_i\leqslant x\}$$

通过经验函数

$$F_n(x)=\frac{1}{n}\mathrm{card}\{i\leqslant n:X_i\leqslant x\},\quad x\in\mathbb{R}$$

其中 card(·)定义为集合的基数。通过柯尔莫哥洛夫(Kolmogorov)准则，定义了如何测量 F 和 F_n 之间的距离：

$$\|F_n-F\|=\sup_x|F_n(x)-F(x)|$$

之后通过 L_1 范数测度

$$W_1(F_n,F)=\int_{-\infty}^{\infty}|F_n(x)-F(x)|\mathrm{d}x$$

后者也被称为 Kantorovich–Rubinstein 距离，可以被解释为将成本函数运用经验测度 F_n 到 F 所需的最小成本

$$d(x,y)=|x-y|$$

(为了将点 x 变换到点 y 所产生的代价函数)。

最经典的例子是所有的 X_i 是独立恒等分布的，换句换说，μ 表示一个$\mathbb{R}^n$空间中的内积测度 F，具有相等的边缘条件。

另一方面，观测值 $X_1,\cdots,X_n$ 也可以由独立随机变量的非平凡函数产生。特别重要的是随机对称矩阵$\left(\frac{1}{\sqrt{n}}\xi_{i,j}\right)$,$1\leqslant i,j\leqslant n$ 中所有的元素均在对角线上。以升序方式对特征值 $X_1\leqslant\cdots\leqslant X_n$ 进行排序，得到了频谱的经验测度 F_n。假如这样，均值 $F=\mathbb{E}F_n$ 同样也依赖于 n，在适当的假设条件下，在 ξ_{ij}上收敛于半圆定律。通过研究谱测度，将随机矩阵问题简化为一个简单的随机向量问题。

对矩阵的研究激发了对观测值联合分布上的 F_n 偏离均值 F 的研究，例如庞加莱(Poincare)、对数的索伯列夫(Sobolev)不等式。$\mathbb{R}^n$空间中的概率测量 μ 满足庞加莱或者普西不等式，其中常数 $\sigma^2>0$，假如，$\mathbb{R}^n$空间中的任何边界平稳函数 g 随着梯度∇g 的变化而变化

$$\mathrm{Var}_\mu(g)\leqslant\sigma^2\int|\nabla g|^2\mathrm{d}\mu \tag{8.25}$$

类似地，μ 满足一个对数上的索伯列夫不等式，其中常数项式 σ^2，对于所有的边界平滑的 g，

$$\mathrm{Ent}_\mu(g^2)\leqslant 2\sigma^2\int|\nabla g|^2\mathrm{d}\mu \tag{8.26}$$

既然这样，我们简写 PI(σ^2)为

$$\mathrm{Var}_\mu(g)=\int g^2\mathrm{d}\mu-\left(\int g\mathrm{d}\mu\right)^2$$

表示 g 的方差，然后有

$$\mathrm{Ent}_{\mu}(g^2)=\int g\log g\mathrm{d}\mu-\int g\mathrm{d}\mu\log\int g\mathrm{d}\mu$$

在测量值μ下定义 $g\geqslant 0$ 的熵。我们写作 LSI(σ^2)。这反映了 LSI(σ^2)与 PI(σ^2)的一种关联。

这些假设在研究谱密度分布的集中度，尤其是线性泛函的研究中至关重要，比如 $\int f\mathrm{d}F_n$ 具有单独的线性平滑 f；参见文献[199,444-446]。文献[40]研究了近期的很多成果。这种方法的一个显著特征是频谱分析没有非隐式的具体知识，需要从随机矩阵映射到其频谱经验测度。相反，可以使用广义利普希茨属性满足映射。相反，只能使用一般的利普希茨属性，这是通过这种映射满足的。至于一般(不一定是矩阵)方案，只需要假设式(8.25)和式(8.26)。

定理 8.4.1 $\mathbb{R}^n(n\geqslant 2)$空间中的 PI($\sigma^2$)

$$\mathbb{E}\int_{-\infty}^{\infty}|F_n(x)-F(x)|\mathrm{d}x\leqslant C\sigma\left(\frac{M+\log n}{N}\right)^{1/3}\tag{8.27}$$

其中，$M=\frac{1}{\sigma}\max\limits_{i,j}|\mathbb{E}X_i-\mathbb{E}X_j|$，$C$ 是一个绝对正实数。

请注意，Poincare 型不等式(8.25)在测度 μ 转换下是不变的。而式(8.27)的左边不是。这就是为什么式(8.27)右边的边界也应该取决于观察的方法。

根据任意的随机向量 $\mathbf{X}=(X_1,X_2,\cdots,X_n)\in\mathbb{R}^n$中的次序统计$\widetilde{X}_1\leqslant\cdots\leqslant\widetilde{X}_n$，存在一个双边的统计用于 Kantorovich-Rubinstein 距离的双边估计：

$$\frac{1}{2n}\sum_{i=1}^{n}|\widetilde{X}_i-\mathbb{E}\widetilde{X}_i|\leqslant\mathbb{E}W_1(F_n,F)\leqslant\frac{2}{n}\sum_{i=1}^{n}|\widetilde{X}_i-\mathbb{E}\widetilde{X}_i|\tag{8.28}$$

因此，由条件定理 8.4.1，双边估计可以用于局部的波动$\widetilde{X}_i$，这个波动可以典型地从 $C\sigma\left(\frac{M+\log n}{n}\right)^{1/3}$ 中分离出来。

在像式(8.26)的假设下，人们可以获得关于 $F_n(x)-F(x)$的波动的更多信息，从而得到对 Kolmogorov 的距离。在较强的假设下，如式(8.27)，

$$\beta=\frac{(\|F\|_{\mathrm{Lip}}\sigma)^{2/3}}{n^{1/3}}$$

从某种意义上说

$$\mathbb{E}|F_n(x)-F(x)|\leqslant C\beta$$

其中$\|F\|_{\mathrm{Lip}}$是 F 的利普希茨范数。

定理 8.4.2 假定 F 存在一个密度，边界界限受制于 F 的利普希茨范数$\|F\|_{\mathrm{Lip}}$，在条件 LSI(σ^2)下，对于所有的 $t>0$，

$$\mathbb{P}(\|F_n-F\|\geqslant t)\leqslant\frac{4}{t}\mathrm{e}^{-c(t/\beta)^3}\tag{8.29}$$

尤其是

$$\mathbb{E}\|F_n-F\|\leqslant C\beta\log^{1/3}\left(1+\frac{1}{\beta}\right)\tag{8.30}$$

其中常数 c 和 C 是正实数。

例 8.4.3(伯努利随机变量矩阵)

我们定义所有的 $X_i=\xi$，其中 ξ 是在区间[-1,1]的统一分布表示，这里所有的随机变量统一分布于 $\mathbb{E}X_i=0$。联合分布 μ 表示统一的在立方体的主对角线上 $[-1,1]^n$ 的分布，这个分布满足式(8.25)和式(8.26)，且存在 $\sigma=c\sqrt{n}$，其中，常数 c 是绝对的，在这个条件下，F 表示在[-1,1]上的统一分布，所以 $\|F\|_{\text{Lip}}=1/2$ 和 β 都是一阶的。因此，式(8.30)的两边都是一阶的。 □

8.4.1 庞加莱型不等式

已知庞加莱型不等式具有有限的界 σ，在 $\mathbb{R}^n$ 空间中，可用于许多固有的概率密度测度 μ。然而，这个问题在庞加莱常数 σ^2 边界上并不是容易解决的。

定义 8.4.4 $\mathbb{R}^n$ 空间上的概率测度 μ 满足庞加莱不等式，且常数项是 $\sigma^2,\sigma>0$。假如对于 $\mathbb{R}^n$ 空间上的平滑函数 f 随着梯度 ∇f 的变化而变化

$$\text{Var}_\mu(f)\leqslant\sigma^2\int|\nabla f|^2\text{d}\mu$$

这里，方差 $\text{Var}_\mu(f)$ 是在测度 μ 下的表示，此外 $\sigma>0$ 仅仅是由 μ 决定的。注意到不等式本身需要保持所有有界平滑函数 $f:\mathbb{R}^n\rightarrow\mathbb{R}$ 的类型。然而，函数 f 的平滑在局部利普希茨特征下得到了放宽，这就意味着函数 f 中的每个点 x 具有有限范围的半范数表示：

$$\|f\|_{\text{Lip}}=\sup_{0<|x-y|<r}\frac{|f(x)-f(y)|}{|x-y|}\tag{8.31}$$

在这种情况下，梯度的广义系数表示为

$$|\nabla g(x)|=\lim_{y\rightarrow x}\sup\frac{|g(x)-g(y)|}{|x-y|}$$

表示一个限定的波莱尔(Borel)可测函数(见文献[447]中用于讨论和概括性的理论)。

现在我们表示一个用于扩展庞加莱型不等式来产生观测值。

推论 8.4.5 定义 $(\Omega,\mu)=(\Omega_1,\mu_1)\times\cdots\times(\Omega_n,\mu_n)$，此外函数 $f:\Omega\rightarrow\mathbb{R}$ 是可测的，在空间 Ω 上，通过 $f_i(x_i)=f(x_i,\cdots,x_n)$ 定义 f_i，其中 $x_1,\cdots,x_{i-1},x_{i+1},\cdots,x_n$ 得到了修正，之后

$$\text{Var}_\mu(f)\leqslant\sum_{i=1}^{n}\int\text{Var}_{\mu_i}(f)\,\text{d}\mu$$

作为推论的应用，我们得到了接下来熟知的理论[446]。

定理 8.4.6 定义 μ_i 满足庞加莱型不等式，那么

$$\text{Var}_{\mu_i}(f)\leqslant\sigma^2\int_{-\infty}^{\infty}|\nabla f_i(x)|^2\text{d}\mu_i$$

在 $\mathbb{R}$ 空间上，满足常数条件 σ^2 下的有界平滑函数 f_i。那么，在 $\mathbb{R}^n$ 空间中，产生的乘积测度 $\mu=\mu_1\otimes\mu_2\otimes\cdots\otimes\mu_n$ 满足庞加莱不等式。所以，对于每一个在 Ω 上的有界平滑函数 f

$$\text{Var}_\mu(f)\leqslant\sigma^2\int_{-\infty}^{\infty}|\nabla f(x)|^2\text{d}\mu$$

因此，乘积测度同样满足庞加莱型不等式，其中常数项是 σ^2。

庞加莱型不等式在利普希茨变换下同样稳定。

定理 8.4.7(在利普希茨变换下的庞加莱型不等式的稳定性) 我们定义 μ 是在 $\mathbb{R}^n$ 空间中

的概率测度。这个测度满足庞加莱型不等式，称为PI(σ^2)。假定 $T:\mathbb{R}^n \to \mathbb{R}^n$是利普希茨变换，那么

$$\| T\mathbf{x}-T\mathbf{y} \|_{\mathbb{R}^k} \leqslant C \| \mathbf{x}-\mathbf{y} \|_{\mathbb{R}^n}$$

定义 $v=T\mu^{-1}$，那么 v 同样满足具有常数$(C\sigma)^2$ 的庞加莱型不等式。所以得到

$$\mathrm{Var}_v(f) \leqslant C^2\sigma^2 \int |\nabla f|^2 \mathrm{d}v$$

8.4.2 经验庞加莱型不等式

现在，我们准备考虑庞加莱型不等式的经验性措施来研究更为一般的情况。随机向量 $\mathbf{X}=(X_1,X_2,\cdots,X_n)$中的 $X_1,X_2,\cdots,X_n$ 没必要是独立或同分布的。我们认为 F_n 与观测值 $\mathbf{X}=(X_1,X_2,\cdots,X_n)$和 F_n 相关的经验分布，其中 F 是经验分布的均值。

我们想要测量 F_n 与 F 的接近程度。在通常情况下 F 不是连续的，所以几乎不可能用没有对 F 进行额外的假设（如密度的存在和有界性）的 Kolmogorov 距离 $\rho(F_n,F)$来衡量。所以，选择更为宽泛的测量标准比如 Levy 距离 $L(F_n,F)$或 Levy-Prokhorov 距离 $\pi(F_n,F)$似乎更合理一些，因为这两者都是弱收敛的。在矩的假定条件下，这也可能涉及 Kantorovich-Rubinstein 距离

$$W_1(F_n,F) = \int_{-\infty}^{+\infty} |F_n(x) - F(x)| \mathrm{d}x$$

经验庞加莱型不等式的定义

通过分析假设，我们想要积分微分不等式，施加在 $\mathbf{X}$ 的联合分布 μ 上。作为一个最简单的例子，可以考虑庞加莱型不等式

$$\mathrm{Var}_\mu(f) \leqslant \sigma^2 \int |\nabla f|^2 \mathrm{d}\mu$$

其中 $\mathrm{Var}_\mu(f)$ 为 f 的测度 μ 的方差，$\sigma>0$ 是依赖于 μ 常数，不等式本身是需要持有所有有界光滑范数 $f:\mathbb{R}^n\to\mathbb{R}$ 的类。

让我们应用庞加莱型不等式去平滑函数的形式：

$$f(\mathbf{x}) = \frac{g(x_1) + \cdots + g(x_n)}{n} = \int g\mathrm{d}F_n, \quad \mathbf{x} = (x_1,\cdots,x_n) \in \mathbb{R}^n$$

其中，

$$F_n = \frac{1}{n}\sum_{i=1}^{n} \delta_{x_k}$$

然后

$$|\nabla f(\mathbf{x})|^2 = \frac{g'(x_1)^2 + \cdots + g'(x_n)^2}{n^2} = \frac{1}{n}\int (g')^2 \mathrm{d}F_n$$

因为 $\int F_n \mathrm{d}\mu = F$，庞加莱型不等式将采用如下形式

$$\mathbb{E}\left| \int g\mathrm{d}F_n - \int g\mathrm{d}F \right|^2 \leqslant \frac{\sigma^2}{n} \int |g'|^2 \mathrm{d}F$$

这种不等式称为“经验庞加莱型不等式”。注意它仍然适用于复数函数 g（通过分离 g 的实部和虚部）。

经验特征函数的集中

经验庞加莱型不等式意味着，例如

$$\mathbb{E}\left|\int g\mathrm{d}F_n - \int g\mathrm{d}F\right| \leqslant \frac{\sigma}{\sqrt{n}}\left(\int |g'|^2\mathrm{d}F\right)^{1/2}$$

因此，经验测度的线性函数 $\int g\mathrm{d}F_n$ 偏离其均值 $\int g\mathrm{d}F$，速率为 $1/\sqrt{n}$ 就如同独立同分布。但是在 g 是光滑的假设下，积分 $\int |g'|^2\mathrm{d}F$ 是有限的。

特别地，我们不能将它应用于指示函数 $g=1_{(-\infty,x]}$ 去得到

$$\mathbb{E}|F_n(x)-F(x)| \leqslant \frac{C}{\sqrt{n}}$$

这在独立同分布下是正确的。尽管如此，以牺牲费率为代价，并适当改变距离，可以通过光滑适当地近似指示函数 $g=1_{(-\infty,x]}$。由此产生的界限应该较弱。我们的问题是在 σ^2 和 n 形式下估计 $\mathbb{E}_\rho(F_n,F)$，其中一个给定的测量标准 ρ 用于实线上的弱收敛。例如，在文献[448]中，如果加上 $\mathbb{E}x_i=\mathbb{E}x_j$，对于所有 i，j，

$$\mathbb{E}W_1(F_n,F) \leqslant C\sigma\left(\frac{\log(n+1)}{n}\right)^{1/3}$$

这在定理 8.4.1 中已陈述。

征收测量中经验分布的集中

众所周知，特征函数的紧密程度在某种意义上意味着弱收敛拓扑测量下的分布紧密程度。举一个例子，我们会说到关于 Levy 距离的 Zolotarev 结果。设 F 和 G 分别具有特定性质的分布函数

$$f(t) = \int_{-\infty}^{+\infty} \mathrm{e}^{itx}\mathrm{d}F(x), \quad g(t) = \int_{-\infty}^{+\infty} \mathrm{e}^{itx}\mathrm{d}G(x), \quad t \in \mathbb{R}$$

回想一下，Levy 距离 $L(F,G)$ 被定义为最小值 $h\geqslant 0$，因此

$$F(x-h)-h \leqslant G(x) \leqslant F(x+h)+h, \quad 所有\ t\in\mathbb{R}$$

定理 8.4.8(文献[449]) 对于任何 $T>0$，

$$L(F,G) \leqslant c_1\int_0^T \frac{|f(t) - g(t)|}{t}\mathrm{d}t + c_2\frac{\log(1+T)}{T}$$

其中 $c_1,c_2>0$ 是通用常数。

有关这个定理的更多细节，参见文献[450]的附录 A。注意这里没有关于 F 和 G 的声明。因此如果 f 是在很长的时间间隔 $[0,T]$ 上接近 g，$L(F,G)$ 会很小。证明严重依赖此定理。

现在我们可以将 Zolotarev 定理应用到经验分布函数中，得到

$$L(F_n,F) \leqslant c_1\int_0^T \frac{|f_n(t) - f(t)|}{t}\mathrm{d}t + c_2\frac{\log(1+T)}{T}$$

其中 f_n 是 F_n 的特征函数，f 是 F 的特征函数。根据期望并使用 Fubini 定理，可以得到

$$\mathbb{E}L(F_n,F) \leqslant c_1\int_0^T \frac{\mathbb{E}|f_n(t) - f(t)|}{t}\mathrm{d}t + c_2\frac{\log(1+T)}{T} \tag{8.32}$$

现在回顾一下经验庞加莱型不等式的形式

$$\mathbb{E}\left|\int g\mathrm{d}F_n - \int g\mathrm{d}F\right|^2 \leqslant \frac{\sigma^2}{n}\int |g'(x)|^2\mathrm{d}F(x)$$

并用参数 t 给出 $g(x)=\mathrm{e}^{\mathrm{i}tx}$

$$\int g\mathrm{d}F_n = \frac{1}{n}\sum_{k=1}^{n}\mathrm{e}^{\mathrm{i}tX_k} = f_n(t),\quad \int g\mathrm{d}F = \int \mathrm{e}^{\mathrm{i}tX}\mathrm{d}F = f(t)$$

因此，通过上述特征函数，经验庞加莱型不等式意味着我们将得到

$$\mathbb{E}|f_n(t)-f(t)| \leqslant \sqrt{\mathbb{E}|f_n(t)-f(t)|^2} \leqslant \frac{\sigma|t|}{\sqrt{n}}$$

把这个代入式(8.32)，可以得到下面的不等式：

$$\mathbb{E}L(F_n,F) \leqslant c_1\int_0^T \frac{\sigma}{\sqrt{n}}\mathrm{d}t + c_2\frac{\log(1+T)}{T} = c_1\frac{\sigma T}{\sqrt{n}} + c_2\frac{\log(1+T)}{T},\quad T>0$$

在 Zolotarev 界中，可以取常数 $c_1=0.4$，$c_2=4$。所以我们可以考虑下面关于不等式的例子

$$\mathbb{E}L(F_n,F) \leqslant C\left(\frac{\sigma T}{\sqrt{n}} + \frac{\log(1+T)}{T}\right)$$

情况Ⅰ：$0<\sigma\leqslant 1$。然后选择 $T=n^{1/4}$ 给出

$$\mathbb{E}L(F_n,F) \leqslant C\frac{1+\log(1+n^{1/4})}{n^{1/4}}$$

由于实际上 $1+\log(1+n^{1/4})\leqslant 5\log(n+1)$，可以得到

$$\mathbb{E}L(F_n,F) \leqslant C\frac{\log(n+1)}{n^{1/4}}$$

对于一些常数 C。

情况Ⅱ：$\sigma>1$。选择 $T=\dfrac{n^{1/4}}{\sqrt{\sigma}}$

$$\begin{aligned}\mathbb{E}L(F_n,F) &\leqslant \frac{n^{1/4}}{\sqrt{\sigma}}\left(1+\log\left(1+\frac{n^{1/4}}{\sqrt{\sigma}}\right)\right)\\ &\leqslant \frac{\sqrt{\sigma}}{n^{1/4}}(1+\log(1+n^{1/4}))\\ &\leqslant C\frac{\sqrt{\sigma}}{n^{1/4}}\log(n+1)\end{aligned}$$

其中 C 是一些通用常数。

我们可以将这些结果归纳为以下定理。

定理 8.4.9 令 $\mathbf{X}=(X_1,\cdots,X_n)$ 为 $\mathbb{R}^n$ 中的随机向量，F_n 为与 $\mathbf{X}$ 相关的经验分布。令 $F=\mathbb{E}F_n$ 并假设 $\mu=\mathcal{L}(\mathbf{X})$ 满足常数 σ^2 的庞加莱型不等式。那么

1. 如果 $0\leqslant\sigma\leqslant 1$，那么

$$\mathbb{E}L(F_n,F) \leqslant C\frac{\log(n+1)}{n^{1/4}}$$

2. 如果 $\sigma>1$，那么

$$\mathbb{E}\, L(F_n,F) \leqslant C\frac{\sqrt{\sigma}\log(n+1)}{n^{1/4}}$$

定理中的两个例子可以通过一个不等式进行整合，例如

$$\mathbb{E}L(F_n,F) \leqslant C\frac{\sqrt{1+\sigma}}{n^{1/4}}\log(n+1) \tag{8.33}$$

它适用于任何 σ（以及常数 C）。

通过类似的方法，可以找到更高阶矩的一个边界。L_p 范式被定义为

$$\| L(F_n,F) \|_p = (\mathbb{E}(L(F_n,F))^p)^{1/p}$$

对于 $p\geqslant 2$，在 Zolotarev 界后，通过常数 $c>0$ 使用 Fubini 定理，得到

$$c\| L(F_n,F) \|_p \leqslant \frac{p}{\sqrt{n}}T + \frac{\log(1+T)}{T} \tag{8.34}$$

定理 8.4.10 令 $\mathbf{X}=(X_1,X_2,\cdots,X_n)$ 为 $\mathbb{R}^n$ 中的随机向量，F_n 为与 $\mathbf{X}$ 相关的经验分布。令 $F=\mathbb{E}F_n$ 并假设 $\mu=\mathcal{L}(\mathbf{X})$ 满足常数 σ^2 的庞加莱型不等式。那么对于 $p\geqslant 1$ 我们有

$$\| L(F_n,F) \|_p \leqslant C\sqrt{(1+\sigma)p}\frac{\log(n+1)}{n^{1/4}}$$

其中 C 是常数。

当 $p=1$ 时，我们回到定理 8.4.9。

8.4.3 随机矩阵的集中度

现在我们研究随机对称矩阵 $\mathbf{M}=\left(\frac{1}{\sqrt{n}}\xi_{ij}\right)$，$1\leqslant i,j\leqslant n$ 的 n 阶特征值 $X_1\leqslant\cdots\leqslant X_n$ 的经验谱测度 F_n，

$$\mathbf{M}=\frac{1}{\sqrt{n}}\begin{bmatrix}\xi_{11} & \xi_{12} & \cdots & \xi_{1n}\\ \xi_{21} & \xi_{22} & \cdots & \xi_{2n}\\ \vdots & \vdots & \ddots & \vdots\\ \xi_{n1} & \xi_{n2} & \cdots & \xi_{nn}\end{bmatrix}$$

对于在对角线上（$n\geqslant 2$）的独立项 $\xi_{ij}=\xi_{ji}$。设 $\mathbb{E}\xi_{ij}=0$，且 $\mathrm{Var}(\xi_{ij})=1$，则均值 $F=\mathbb{E}F_n$ 收敛于均值为 0，方差为 1 的半圆定律 G。对称定律保证了 $\mathbf{M}$ 具有实特征值 $X_1\leqslant\cdots\leqslant X_n$，任意阶 ξ_{ij} 的矩的有界性由式（8.25）保证。考虑 $F_n(x)=\frac{1}{n}\sum_{i=1}^{n}\delta_{X_i}(x)$，与该特定值相关联的频谱经验分布为

$$X_1=x_1,\ X_2=x_2,\ \cdots,\ X_n=x_n$$

定理 8.4.11 如果 ξ_{ij} 满足庞加莱型不等式在实线 $\mathrm{PI}(\sigma^2)$ 的分布，那么

$$\mathbb{E}\int_{-\infty}^{\infty} | F_n(x) - F(x) | \,\mathrm{d}x \leqslant C\sigma\frac{1}{n^{2/3}} \tag{8.35}$$

其中 C 是常数。此外，根据对数 Sobolev 不等式 $\mathrm{LSI}(\sigma^2)$，

$$\mathbb{E}\parallel F_n(x)-G)\parallel \leqslant C\left(\frac{\sigma}{n}\right)^{2/3}\log^{1/3}n+\parallel F-G\parallel \tag{8.36}$$

根据距离的凸性总是有$\mathbb{E}\parallel F_n(x)-G\parallel \geqslant \parallel F-G\parallel$。在一些随机矩阵模型中，Kolmogorov 距离$\parallel F-G\parallel$至多以$1/n^{2/3-\varepsilon}$的速率趋于零下降。在高斯ξ_{ij}的情况下，$\parallel F-G\parallel$的距离已知是$1/n$阶。当ξ_{ij}是独立同分布的时，特征值分布有如下表示。

定理 8.4.12(Wigner 半圆定律[451]) 令$\mathbf{M}=\left(\frac{1}{\sqrt{n}}\xi_{ij}\right), i\leqslant j$为一个$n\times n$的随机的对称矩阵，其特征值$X_1=x_1\leqslant\cdots\leqslant X_n=x_n$。如果$\xi_{ij}$是独立同分布的，$\mathbb{E}\xi_{ij}=0$，$\mathbb{E}\xi_{ij}^2=1$，并且$F_n(x)=\frac{1}{n}\sum_{i=1}^{n}\delta_{X_i}(x)$，则

$$F=\mathbb{E}F_n(x)\Rightarrow G \quad 弱$$

其中G是符合半圆定律的分布函数

$$g(x)=\begin{cases}\frac{1}{2\pi}\sqrt{4-x^2}, & |x|\leqslant 2\\ 0, & |x|>2\end{cases}$$

现在，我们考虑当ξ_{ij}非独立且不必是同分布的。在这种情况下，特征值的联合分布μ，作为$\mathbb{R}^n$上的概率测度，代表了在利普希茨映射T下的联合分布ξ_{ij}的图。我们将从以下矩阵不等式的经典理论中得出：设$\mathbf{A}=(a_{ij})$，$\mathbf{B}=(b_{ij})$，$i\leqslant j$是$n\times n$的对称矩阵且$x_1\leqslant\cdots\leqslant x_n, y_1\leqslant\cdots\leqslant y_n$。那么

$$\sum_{i=1}^{n}(x_i-y_i)^2\leqslant\sum_{i=1}^{n}\sum_{j=1}^{n}(a_{ij}-b_{ij})^2$$

因此，如果$\mathbf{M}=(1/\sqrt{n})(\xi_{ij})_{i\leqslant j}$，就映射而言

$$T:\mathbf{M}\longmapsto\mathbf{x}=(x_1,\cdots,x_n)\in\mathbb{R}^n$$

我们有

$$\begin{aligned}\parallel\mathbf{x}-\mathbf{x}'\parallel_{\mathbb{R}^n}^2&=\parallel T(\mathbf{M})-T(\mathbf{M}')\parallel_{\mathbb{R}^n}^2\\&\leqslant\frac{1}{n}\sum_{i=1}^{n}\sum_{j=1}^{n}(\xi_{ij}-\xi'_{ij})^2\\&=\parallel T(\mathbf{M})-T(\mathbf{M}')\parallel_{\mathrm{HS}}^2\\&\leqslant\frac{2}{n}\sum_{i\leqslant j}(\xi_{ij}-\xi'_{ij})^2\end{aligned}$$

因此，我们有利普希茨半范数(Lipschitz seminorm)[在下面的式(8.31)中定义]

$$\parallel T\parallel_{\mathrm{Lip}}\leqslant\sqrt{\frac{2}{n}}$$

现在，假设$\mathbf{M}$与以前一样是随机和对称的。那么$\mathbf{M}=(1/\sqrt{n})(\xi_{ij})_{i\leqslant j}$可以看作$\mathbb{R}^{n(n+1)/2}$中的随机向量，其分布为$Q=Q_\xi$。假设$Q_\xi$满足$\mathbb{R}^{n(n+1)/2}$上的庞加莱型不等式$\mathrm{PI}(\sigma^2)$。然后，$T$在$\mathbb{R}^n$上推出$Q_\xi$到$\mu=\mu_X$，通过定理 8.4.7，$\mu=Q_\xi T^{-1}$满足$\mathbb{R}^n$上的$\mathrm{PI}(\sigma_n^2)$，其中$\sigma_n^2=\frac{2}{n}\sigma^2$。因此，我们有以下定理。

定理 8.4.13 令$\mathbf{M}=(1/\sqrt{n})(\xi_{ij})_{i\leqslant j}$是一个特征值为$X_1\leqslant\cdots\leqslant X_n$的$n\times n$维的随机对称矩阵。假定$\xi_{ij}$满足$\mathrm{PI}(\sigma_n^2)$分布，其经验谱分布$F_n(x)=\frac{1}{n}\sum_{i=1}^{n}\delta_{X_i}(x)$满足经验庞加莱型不等式，

不等式PI$(\sigma_n^2)\mathbb{R}^n$，其中 $\sigma_n^2=\frac{2}{n}\sigma^2$。则

$$\int g\mathrm{d}F_n - \int g\mathrm{d}F \leqslant \frac{2\sigma^2}{n}\int (g')^2\mathrm{d}F$$

与之前一样，$F=\mathbb{E}F_n(x)$。

本节我们用 Levy 距离来研究 F 附近 F_n 的密度。在这种情况下使用式(8.34)的 Levy 距离的 L^p 界限是

$$c\parallel L(F_n,F)\parallel_p \leqslant \frac{\sigma p}{n}t+\frac{\log(1+t)}{t},\quad t>0$$

其中，用 $\sigma\sqrt{2/n}$ 代替 σ。我们分两种情况选择 t。

情况 I：$0\leqslant\sigma\leqslant 1$。选择 $t=\sqrt{n/p}$

$$\begin{aligned} c\parallel L(F_n,F)\parallel_p &\leqslant \frac{\sigma p}{n}t+\frac{\log(1+t)}{t} \\ &\leqslant \sqrt{\frac{p}{n}}[1+\log(1+\sqrt{n})] \\ &\leqslant C\sqrt{\frac{p}{n}}\log(n+1) \end{aligned}$$

情况 II：$\sigma>1$。选择 $t=\sqrt{n/\sigma p}$

$$\begin{aligned} c\parallel L(F_n,F)\parallel_p &\leqslant \frac{\sigma p}{n}t+\frac{\log(1+t)}{t} \\ &\leqslant \sqrt{\frac{\sigma p}{n}}[1+\log(1+\sqrt{n})] \\ &\leqslant C\sqrt{\sigma}\sqrt{\frac{p}{n}}\log(n+1) \end{aligned}$$

因此，这两种情况可以在以下定理中结合。

定理 8.4.14 令 $\mathbf{M}=(1/\sqrt{n})(\xi_{ij})_{i\leqslant j}$ 是一个 $n\times n$ 的随机对称矩阵，且特征值 $X_1\leqslant\cdots\leqslant X_n$。假设 ξ_{ij} 的联合概率分布满足庞加莱型不等式 PI(σ^2)，那么经验谱分布为

$$\parallel L(F_n,F)\parallel_p \leqslant C\sqrt{(1+\sigma)p}\frac{\log(n+1)}{\sqrt{n}}$$

对于一些绝对常数 C，其中 $F_n(x)$ 是经验谱分布，$F(x)=\mathbb{E}F_n(x)$，且 L 是 Levy 距离。

在庞加莱型不等式 PI(σ^2) 的假设下，可以看到，现在分母中是 $n^{1/2}$，而不像定理 8.4.10 那样是 $n^{1/4}$。然而，$\sqrt{p}$ 仍然是相同的，所以误差不等式的推导与定理 8.4.10 没有区别。在文献[450]中，作者遵循了与之前相同的程序，并将附录部分的命题 B.3 应用于定理 8.4.14。所以就 Young 函数 $\psi_2=\mathrm{e}^{t^2}-1$ 产生的 Orlicz 范数而言，得到了

$$\mathbb{E}\parallel L(F_n,F)\parallel_{\psi_2} \leqslant C\sqrt{(1+\sigma)}\frac{\log(n+1)}{\sqrt{n}}$$

令 ψ 是 Young 函数。对于$\mathbb{R}$上的任何测度函数 Z

$$\parallel Z\parallel_\psi=\inf\left\{\lambda>0:\mathbb{E}\psi\left(\frac{|Z|}{\lambda}\right)\leqslant 1\right\}$$

例子中的 Young 函数 $\psi(t)=|t|^p$ 在 L_p 上产生二范数,

$$\|Z\|_\psi=(\mathbb{E}|Z|^p)^{1/p}=\|Z\|_p$$

因此, 通过 Orlicz 范数的定义, 可以得到

$$\mathbb{E}\mathrm{e}^{L(F_n,F)^2/\alpha^2}\leqslant 2$$

其中,

$$\alpha=C\sqrt{(1+\sigma)}\frac{\log(n+1)}{\sqrt{n}}$$

因此, 根据切比雪夫不等式, 得到下面的偏差不等式。

推论 8.4.15 在庞加莱型不等式 $\mathrm{PI}(\sigma^2)$下, 对于任意 $t>0$, 有

$$\mathbb{P}(L(F_n,F)>t)\leqslant 2\mathrm{e}^{-t^2/\alpha^2}$$

其中,

$$\alpha=C\sqrt{(1+\sigma)}\frac{\log(n+1)}{\sqrt{n}}$$

且 C 是绝对常量。

因此, 就误差不等式而言, 我们得到相同的高斯型密度。然而, 如果我们固定 $t>0$ 且将 α 代入, 随着 $n\to+\infty$ 现在可以得到快速衰减, 因为

$$\mathbb{P}(L(F_n,F)>t)\leqslant 2\mathrm{e}^{-Ct^2n/\log^2(n+1)}$$

在每个元素 ξ_{ij}, $i\leqslant j$ 是独立同分布的假设下, 许多作者研究了经验谱分布的密度性质。实际上, 假设每个 ξ_{ij}满足具有相同常数 σ^2 的对数 Sobolev 不等式, 这类似于 Guionnet 和 Zeitouni 的论文[199]中得到的推论 8.4.15。

例 8.4.16(用于大型随机矩阵假设检验的新检验指标)

考虑假设检验问题

$$\mathcal{H}_0:\mathbf{A}=\frac{1}{\sqrt{n}}(\xi_{ij})_{i\leqslant j},1\leqslant i,j\leqslant n$$

$$\mathcal{H}_1:\mathbf{B}\neq\frac{1}{\sqrt{n}}(\xi_{ij})_{i\leqslant j},1\leqslant i,j\leqslant n$$

其中 ξ_{ij}独立时, 可能是有依赖的且不一定有相同的分布, 所以定理 8.4.14 是有效的。受到定理 8.4.14 的启发, 建议使用 Levy 距离作为新的检验指标:

$$\mathcal{H}_0:\|L(F_n,F)\|_p\leqslant C\sqrt{(1+\sigma)p}\frac{\log(n+1)}{\sqrt{n}}$$

$$\mathcal{H}_1:\|L(F_n,F)\|_p>C\sqrt{(1+\sigma)p}\frac{\log(n+1)}{\sqrt{n}}$$

其中 C 是绝对常量。或者使用 Orlicz 范数更好,

$$\mathcal{H}_0:\|L(F_n,F)\|_{\psi_2}\leqslant C\sqrt{(1+\sigma)}\frac{\log(n+1)}{\sqrt{n}}$$

$$\mathcal{H}_1:\|L(F_n,F)\|_{\psi_2}>C\sqrt{(1+\sigma)}\frac{\log(n+1)}{\sqrt{n}}$$

□

作者首次提出在假设检验中使用 Levy 距离作为检验指标。

8.5 随机二次型

考虑如下二次型

$$\mathbf{y}=\mathbf{x}^{\mathrm{H}}\mathbf{A}\mathbf{x}$$

其中 $\mathbf{x}=(X_1,\cdots,X_n)$ 通常是一个随机向量，且 $\mathbf{A}=(a_{ij})_{1\leqslant i,j\leqslant n}$ 是一个确定性矩阵。对于所有的 $t>0$，如果存在常数 a，$b>0$ 使以下不等式成立，那么 X 是指数为 α 的次幂数

$$\mathbb{P}\left(|X-\mathbb{E}X|\geqslant t^{\alpha}\right)\leqslant a\exp(-bt) \tag{8.37}$$

如果 $\alpha=1/2$，则 X 是次高斯的。

1971 年，文献[452]获得了次高斯随机变量的第一个重要不等式。如果 $\mathbf{x}=(X_1,\cdots,X_n)\in\mathbb{R}^n$ 是随机向量，其中 X_i 是独立同分布于对称的次高斯分布的随机变量，其均值为 0，方差为 1。存在常量 $C,C'>0$[这可能取决于式(8.37)中的常数]使得下式成立。令 $\mathbf{A}$ 是一个元素为 a_{ij} 大小为 n 的实数矩阵，其中 $\mathbf{B}:=(|a_{ij}|)$。对于任意 $t>0$

$$\mathbb{P}(|\mathbf{x}^{\mathrm{H}}\mathbf{A}\mathbf{x}-\mathrm{Tr}\,\mathbf{A}|\geqslant t)\leqslant C\exp\left(-C'\min\left\{\frac{t^2}{\|\mathbf{A}\|_{\mathrm{F}}^2},\frac{t}{\|\mathbf{B}\|_2^2}\right\}\right) \tag{8.38}$$

这里，$\|\mathbf{B}\|_{\mathrm{F}}$ 和 $\|\mathbf{B}\|_2$ 分别表示 Frobenius 范数和谱范数。后来文献[453]指出在一个相当弱的假设下(尤其不要求 X_i 是独立的)，可以获得一个更好的结果(注意到 $\|\mathbf{B}\|_2^2$ 被 $\|\mathbf{A}\|_2^2$ 代替)：

$$\mathbb{P}(|\mathbf{x}^{\mathrm{H}}\mathbf{A}\mathbf{x}-\mathrm{Tr}\,\mathbf{A}|\geqslant t)\leqslant C\exp\left(-C'\min\left\{\frac{t^2}{\|\mathbf{A}\|_{\mathrm{F}}^2},\frac{t}{\|\mathbf{A}\|_2^2}\right\}\right) \tag{8.39}$$

在一个相当弱的假设下(特别是，不要求 X_i 是独立的)。文献[454]提供了最新的成果。

8.6 随机矩阵的对数行列式

如果一个随机变量 ξ 对所有的 $t>0$ 满足以下不等式

$$\mathbb{P}(|\xi|\geqslant t)\leqslant C_1\exp(-t^{C_2}) \tag{8.40}$$

我们称其满足条件 C0(具有正的常数 C_1，C_2)。令 $\mathbf{A}$ 是一个 $n\times n$ 的随机矩阵，其元素是满足一些自然条件的独立实数随机变量。

定理 8.6.1(文献[455])

假设 $n\times n$ 的随机矩阵 $\mathbf{A}$ 的所有原子变量 a_{ij} 满足条件 C0 且具有正的常数 C_1，C_2，则

$$\sup_{x\in\mathbb{R}}\left|\mathbb{P}\left(\frac{\log|\det(\mathbf{A})|-\frac{1}{2}\log(n-1)!}{\sqrt{\frac{1}{2}\log n}}\leqslant x\right)-\Phi(x)\right|\leqslant\log^{-1/3+o(1)}n \tag{8.41}$$

其中，$\Phi(x)=\mathbb{P}(\mathcal{N}(0,1)<x)=\frac{1}{\sqrt{2\pi}}\int_{-\infty}^{x}\exp(-t^2/2)\,\mathrm{d}t$。

$$\sup_{x\in\mathbb{R}}\left|\mathbb{P}\left(\frac{\log\det(\mathbf{A}^2)-\frac{1}{2}\log(n-1)!}{\sqrt{2\log n}}\leqslant x\right)-\Phi(x)\right|\leqslant\log^{-1/3+o(1)}n \tag{8.42}$$

式(8.42)的形式等价于式(8.42)。根据

$$\log\det(\cdot)=\mathrm{Tr}\log(\cdot)$$

得到

$$\sup_{x\in\mathbb{R}}\left|\mathbb{P}\left(\frac{\mathrm{Tr}\log(\mathbf{A}^2)-\frac{1}{2}\log(n-1)!}{\sqrt{2\log n}}\leqslant x\right)-\Phi(x)\right|\leqslant\log^{-1/3+o(1)}n \tag{8.43}$$

考虑一个假设检验问题

$$\mathcal{H}_0:\mathbf{X}$$

$$\mathcal{H}_1:\mathbf{X}+\mathbf{P}$$

其中, $\mathbf{X}$ 是与以上定义的 $\mathbf{A}$ 相同的随机矩阵, $\mathbf{P}$ 是扰动矩阵。上述定理可以用于这个问题。

8.7　一般 MANOVA 矩阵

本节的大部分内容来自文献[456]。

高斯随机矩阵的 3 个经典的特征值分布族是 Hermite, Laguerre 和 Jacobi 集合。Hermite 集合对应于 Wigner 矩阵 $\mathbf{X}=\mathbf{X}^{\mathrm{H}}$; Laguerre 集合描述样本协方差矩阵 $\mathbf{X}\mathbf{X}^{\mathrm{H}}$。产生 Jacobi 集合的 $n\times n$ 随机矩阵对于 $\mathbf{X}$ 和 $\mathbf{Y}$ 为高斯的特殊情况具有式(8.45)的形式。

我们受下面矩阵假设问题的启发:

$$\begin{aligned}&\mathcal{H}_0:\mathbf{Y}\mathbf{Y}^{\mathrm{H}}\\&\mathcal{H}_1:(\mathbf{X}\mathbf{X}^{\mathrm{H}}+\mathbf{Y}\mathbf{Y}^{\mathrm{H}})^{-1/2}\mathbf{Y}\mathbf{Y}^{\mathrm{H}}(\mathbf{X}\mathbf{X}^{\mathrm{H}}+\mathbf{Y}\mathbf{Y}^{\mathrm{H}})^{-1/2}\end{aligned} \tag{8.44}$$

如果 $\mathbf{X}=0$, 那么上述两个假设是相同的。因此, 非零扰动矩阵 $\mathbf{X}$ 在检验这两个假设时将会产生差异。

高斯随机矩阵的三个经典的特征值分布族是 Hermite, Laguerre 和 Jacobi 集合。Hermite 集合对应于 Wigner 矩阵 $\mathbf{X}=\mathbf{X}^{\mathrm{H}}$; Laguerre 集合描述样本协方差矩阵 $\mathbf{X}\mathbf{X}^{\mathrm{H}}$。产生 Jacobi 集合的 $n\times n$ 随机矩阵具有下面的形式

$$(\mathbf{X}\mathbf{X}^{\mathrm{H}}+\mathbf{Y}\mathbf{Y}^{\mathrm{H}})^{-1/2}\mathbf{Y}\mathbf{Y}^{\mathrm{H}}(\mathbf{X}\mathbf{X}^{\mathrm{H}}+\mathbf{Y}\mathbf{Y}^{\mathrm{H}})^{-1/2} \tag{8.45}$$

其中 $\mathbf{X}$ 和 $\mathbf{Y}$ 的大小分别为 $n\times[bn]$ 和 $n\times[an]$, 且是具有独立标准高斯元素的矩阵。这里 a, $b>1$ 是模型固定的参数, n 是较大的数且最终趋于无穷, $[\cdot]$表示整数部分。矩阵元素可以是实数、复数或自对偶四元数, 对应于三个对称类, 通常通过参数 $\beta=1,2,4$ 来区分。本节介绍的结果对对称类不敏感, 为简单起见, 我们将考虑复数($\beta=2$)的情况。

式(8.45)形式的矩阵用于多元方差分析的统计, 以确定相关系数(文献[37]的 3.3 节)。这种分析称为 MANOVA, 尽管它很大程度上局限于式(8.45)中的元素服从高斯分布的特殊情况。

在本节中, 我们讨论的式(8.45)中的 $\mathbf{X}$ 和 $\mathbf{Y}$ 的元素是独立的, 且具有零均值和单位方差的一般分布的情况。特别地, 矩阵元素不必是同分布的。我们将一般元素的矩阵称为一般 MANOVA 矩阵。

类似于 Wigner 和样本协方差矩阵, 式(8.45)的联合特征值密度仅在高斯情况下才明确知道。当元素是标准复数高斯的时, 它由

$$\mathrm{density}(\lambda_1,\cdots,\lambda_n)=C_{a,b,n}\prod_{i=1}^{n}\lambda_i^{(a-1)n}(1-\lambda_i^{(b-1)n})\prod_{1\leqslant i<j\leqslant n}|\lambda_i-\lambda_j|^2 \tag{8.46}$$

给出。其中 $C_{a,b,n}$是一个归一化常数。当矩阵元素是实数或者自对偶四元数时，密度具有类似的形式和不同的指数，参见文献[62]的3.6节。式(8.46)定义了Jacobi集合，其名称是指式(8.46)中Vandermonde行列式前面多项式项的形式。

式(8.45)的特征值的经验密度，等价于式(8.46)的单点相关函数，随着 $n\to\infty$，几乎可以确定地收敛于给定密度的分布

$$f_M(x)=(a+b)\frac{\sqrt{(x-\lambda_-)(\lambda_+-x)}}{2\pi x(1-x)}\cdot I_{[\lambda_-,\lambda_+]}(x) \tag{8.47}$$

其中，

$$\lambda_{\pm}=\left(\sqrt{\frac{a}{a+b}\left(1-\frac{1}{a+b}\right)}\pm\sqrt{\frac{1}{a+b}\left(1-\frac{a}{a+b}\right)}\right)^2 \tag{8.48}$$

密度 f_M 由文献[457]确定，并在文献[62]的3.6节中讨论。注意 $\lambda_{\pm}\in(0,1)$，使得 f_M 在 $(0,1)$ 的紧凑子区间上成立。我们将把 $f_M(x)$ 称为式(8.45)的特征值的极限分布或者MANOVA分布。

虽然式(8.48)的联合特征值密度仅对高斯情况有效，但对于一般分布，极限经验密度也是正确的，类似于Wigner矩阵的Wigner半圆定律的一般性或样本协方差矩阵的Marchenko-Pastur(MP)定律的一般性。因此，一般MANOVA矩阵，Jacobi集合和分布 f_M 构成了一种类似于Wigner矩阵、Hermite集合和半圆定律或样本协方差矩阵、Laguerre集合和Marchenko-Pastur定律的三元组。

给定两个正常数 $\gamma=(\gamma_1,\gamma_2)$，如果一个复数随机变量 Z 满足下列条件：

$$\begin{cases}\mathbb{E}\,Z=0\\ \mathbb{E}\,|Z|^2=1\\ \mathbb{P}(|Z|\geqslant t^{\gamma_1})\leqslant\gamma_2\mathrm{e}^{-t},\quad \text{所有 } t>0\end{cases} \tag{8.49}$$

我们称它是 γ-次指数，如果对于一个普通的 γ，每个随机变量都是 γ-次指数，那么这组随机变量是统一的 γ-次指数。

这种方法的主要工具是Stieltjes变换。令 $\mathbb{C}^+=\{z\in\mathbb{C}:\mathrm{Im}(z)>0\}$。具有分布函数 $F(x)$ 的实随机变量的Stieltjes变换是一个 $\mathbb{C}^+\to\mathbb{C}^+$ 函数，定义为

$$m(z)=\int\frac{1}{t-z}\mathrm{d}F(t) \tag{8.50}$$

如果随机变量具有密度，那么参考密度的Stieltjes变换。f_M 的Stieltjes变换是

$$m(z)=\frac{1}{2z(1-z)}\left[(2-a-b)z+a-1+\sqrt{(a+b)^2z^2-(a+b)\left(2(a+1)-\frac{a}{a+b}\right)z+(a-1)^2}\right] \tag{8.51}$$

对于厄特矩阵，我们会误用符号并引入函数

$$m(z)=\frac{1}{n}\mathrm{Tr}(\mathbf{A}-z\mathbf{I})^{-1}$$

作为 $n\times n$ 的厄特矩阵 $\mathbf{A}$ 的Stieltjes变换。如果 $\mathbf{A}$ 的特征值是 $\lambda_1,\cdots,\lambda_n$，那么我们同样获得经验测度的Stieltjes变换

$$m_{\mathbf{A}}(z)=\frac{1}{n}\sum_{i=1}^{n}\frac{1}{\lambda_i-z}=\frac{1}{n}\mathrm{Tr}(\mathbf{A}-z\mathbf{I})^{-1}$$

结果表明，广义 MANOVA 矩阵的特征值与 $m_M(z)$ 和 f_M 所表示的特征值在整体上有很高的接近概率。

在式(8.48)中给定 λ_+和 λ_-。定义

$$\mathcal{E}_{\kappa,\eta}^{(\lambda)}:=\{E+\mathrm{i}\eta\in\mathbb{C}^+:E\in(\lambda_-,\lambda_+)(\lambda_+-E)(E-\lambda_-)\geqslant\kappa\}$$

且$\mathcal{E}_{\kappa}^{(\lambda)}=\mathcal{E}_{\kappa,0}^{(\lambda)}$。

定理 8.7.1 固定两个实际参数 $a,b>1$。设 **X** 为 $n\times an$ 的随机矩阵，**Y** 为 $n\times bn$ 的随机矩阵，与 **X** 无关。假设对于一个公共的 $\gamma=(\gamma_1,\gamma_2)$，两个矩阵都有满足式(8.49)条件的独立项。设 $m_{n,M}(z)$是广义 MANOVA 矩阵的 Stieltjes 变换：

$$(\mathbf{XX}^{\mathrm{H}}+\mathbf{YY}^{\mathrm{H}})^{-1/2}\mathbf{YY}^{\mathrm{H}}(\mathbf{XX}^{\mathrm{H}}+\mathbf{YY}^{\mathrm{H}})^{-1/2} \tag{8.52}$$

1. 对于任何 $\kappa,\eta>0$，$\eta>\frac{1}{n\kappa^2}(\log n)^{2C\log\log n}$，有

$$\mathbb{P}\left(\sup_{z\in\mathcal{E}_{\kappa,\eta}^{(\lambda)}}|m_{n,\mathbf{M}}(z)-m_{\mathbf{M}}(z)|>\frac{(\log n)^{C\log\log n}}{\sqrt{\eta\kappa n}}\right)<n^{-c\log\log n} \tag{8.53}$$

对于所有 $n\geqslant n_0$ 都足够大，对于常数 C，$c>0$。这里 n_0、C 和 c 只依赖于 γ。

2. 设 $N_\eta(E)$表示在$\left[E-\frac{\eta}{2},E+\frac{\eta}{2}\right]$范围内的式(8.52)的特征值的数量，并假设 $\eta>\frac{1}{n\kappa^2}(\log n)^{3C\log\log n}$。则

$$\mathbb{P}\left(\sup_{E\in\mathcal{E}_{\kappa}^{(\lambda)}}\left|\frac{N_\eta(E)}{n\eta}-f_{\mathbf{M}}(E)\right|>\frac{(\log n)^{C\log\log n}}{(\eta\kappa n)^{1/4}}\right)<n^{-c\log\log n} \tag{8.54}$$

注意矩阵 **X** 和 **Y** 的项不一定是同分布的。

对于假设检验问题(8.44)，其思想是利用 Stieltjes 变换将问题转化到另一个域：

$$\begin{aligned}&\mathcal{H}_0:m_{\mathbf{YY}^{\mathrm{H}}}(z)\\&\mathcal{H}_1:m_{\mathbf{M}}(z)\end{aligned} \tag{8.55}$$

对于 $n\to\infty$，问题(8.44)和问题(8.55)都趋向于它们各自的非随机极限。如果这样，两个非随机函数的假设检验可以很容易地得到。例如，我们可以研究 $m_{\mathbf{YY}^{\mathrm{H}}}(z)$和 $m_M(z)$的检验函数。

8.8 大型随机矩阵的有限秩扰动

在许多应用中，$n\times m$ 信号加噪声数据或测度矩阵由 $n\times1$ 观测向量的 m 个样本叠加而成，可以被模拟为

$$\mathbf{Y}=\sum_{i=1}^{r}\sigma_i\mathbf{u}_i\mathbf{v}_i^{\mathrm{H}}+\mathbf{X} \tag{8.56}$$

其中 $\mathbf{u}_i$ 和 $\mathbf{v}_i$ 是左、右“信号”列向量，σ_i 是相关联的“信号”值，**X** 是随机噪声的纯噪声矩阵。该模型普遍存在于信号处理、统计和机器学习等领域，并以信号子空间模型[458]、潜在变量统计模型[459]或概率 PCA 模型[460]的形式为人所知。

本节的结果对于噪声模型 **X** 的概率分布是非常普遍的，从某种意义上说，这种分布很快就会变得更加精确。考虑 **X** 是高斯情形的一种特殊情况。本节的结果揭示了一个一般原理，它可以应用于高斯情形之外。粗略地说，这个原理是，对于 $n\times m$ 矩阵($n,m\gg1$)**X**，如果增加

一个独立的小秩扰动 $\sum_{i=1}^{r}\sigma_i\mathbf{u}_i\mathbf{v}_i^{\mathrm{H}}$，然后，极值奇异值移动到近似为方程解 z 的位置，

$$\frac{1}{n}\mathrm{Tr}\frac{z}{z^2\mathbf{I}-\mathbf{X}\mathbf{X}^{\mathrm{H}}}\times\frac{1}{m}\mathrm{Tr}\frac{z}{z^2\mathbf{I}-\mathbf{X}^{\mathrm{H}}\mathbf{X}}=\frac{1}{\theta_i^2},\quad(1\leqslant i\leqslant r)$$

其中我们使用符号 $\mathrm{Tr}\frac{1}{\mathbf{A}}=\mathrm{Tr}\,\mathbf{A}^{-1}$。在这些方程没有解的情况下(这意味着 θ_i 值低于某一阈值)，则 $\mathbf{X}$ 的极端奇异值将不会显著移动。同样地，我们得到了相关的左奇异向量和右奇异向量，给出了波动的极限定理。

设 $\mathbf{X}_n$ 为 $n\times m$ 实或复随机矩阵。在本节中，假设 $n\leqslant m$，这样就可以简化对证明的说明。可以这样做，而不失去一般性，因为在 $n>m$ 的设置中，导出的表达式对于 $\mathbf{X}_n^{\mathrm{H}}$ 是成立的。回顾 $n\times m(n\leqslant m)$ 复矩阵 $\mathbf{A}$ 的奇异值是 $n\times n$ 矩阵 $\sqrt{\mathbf{A}\mathbf{A}^{\mathrm{H}}}$ 的特征值。设 $\mathbf{X}_n$ 的 $n\leqslant m$ 的奇异值按非递减阶 $\sigma_1\geqslant\sigma_2\geqslant\cdots\geqslant\sigma_n$ 排序。设 $\mu_{\mathbf{X}_n}(\cdot)$ 为经验奇异值分布，即定义为

$$\mu_{\mathbf{X}_n}(x)=\frac{1}{n}\sum_{i=1}^{n}\delta_{\sigma_i}(x)$$

令 m 依赖于 n。我们将这种依赖明确表示为 m_n。假设 $n\to\infty$，$n/m_n\to c\in[0,1]$。

假设 8.8.1 概率测度 $\mu_{\mathbf{X}_n}(\cdot)$ 几乎处处收敛于弱非随机的紧支撑的概率测度 $\mu_{\mathbf{X}}(\cdot)$。

当 $\mathbf{X}_n$ 具有满秩(高概率)时，最小奇异值大于零。

假设 8.8.2 设 a 是 $\mu_{\mathbf{X}_n}(\cdot)$ 的支撑基础。$\mathbf{X}_n$ 的最小奇异值几乎处处收敛于 a。

假设 8.8.3 设 b 是 $\mu_{\mathbf{X}_n}(\cdot)$ 支撑的上确界。$\mathbf{X}_n$ 的最大奇异值几乎处处收敛于 b。

我们将考虑 $\mathbf{Y}_n$ 的极限奇异值和相应的奇异向量，即 $n\times m$ 随机矩阵：

$$\mathbf{Y}_n=\mathbf{X}_n+\mathbf{A}_n \tag{8.57}$$

其中扰动矩阵 $\mathbf{A}_n$ 定义如下。

对于给定的 $r\geqslant1$，令 $\theta_1\geqslant\theta_2\geqslant\cdots\geqslant\theta_r>0$ 为确定性非零实数，独立于 n。对于任意 n，$\mathbf{G}_u$ 和 $\mathbf{G}_v$ 是两个独立的矩阵，大小分别为 $n\times r$ 和 $m\times r$，在 $\mathbb{K}=\mathbb{R}$ 或 $\mathbb{K}=\mathbb{C}$ 上，按固定概率测度 ν 分布的独立同分布的项。我们介绍了从 $\mathbf{G}_u$，$\mathbf{G}_\nu$ 获得的列向量 $\mathbf{u}_1,\cdots,\mathbf{u}_r\in\mathbb{K}^{n\times1}$ 和 $\mathbf{v}_1,\cdots,\mathbf{v}_r\in\mathbb{K}^{m\times1}$：

(1) 独立同分布模型。将 $\mathbf{u}_i$ 和 $\mathbf{v}_i$ 分别设置为等于 $1/\sqrt{n}$ 和 $\mathbf{G}_u(1/\sqrt{m})\mathbf{G}_\nu$ 的第一列；

(2) 正交化模型。将 $\mathbf{u}_i$ 和 $\mathbf{v}_i$ 设置为分别从 $\mathbf{G}_u$，$\mathbf{G}_\nu$ 的 Gram-Schmidt(或 QR 因式分解)中得到的相等向量。

我们定义 $\mathbf{A}_n\in\mathbb{K}^{n\times m}$ 的随机扰动矩阵：

$$\mathbf{A}_n=\sum_{i=1}^{r}\theta_i\mathbf{u}_i\mathbf{v}_i^{\mathrm{H}}$$

在正交归一化模型中，θ_i 是 $\mathbf{A}_n$ 的非零奇异值，$\mathbf{u}_i$ 和 $\mathbf{v}_i$ 是与之相关的左、右奇异向量。

假设 8.8.4 概率测度 ν 的均值为零，方差为 1，且满足对数 Sobolev 不等式。

关于对数 Sobolev 不等式的处理，见文献[49]。首先，如果 ν 是标准的实或复高斯分布，然后利用正交归一化模型生成的奇异向量在 r 正交随机向量集上具有均匀分布。第二，如果 $\mathbf{X}_n$ 是随机的，但具有双酉不变分布，且 $\mathbf{A}_n$ 是具有秩 r 的非随机的，那么对于下面的结果，我们处于与正交归一化模型相同的设置中。更普遍的是，定义模型(均匀分布模型和正交归一化模型)的想法表明，如果 $\mathbf{A}_n$ 是以“各向同性”并且独立于 $\mathbf{X}_n$ 的方式被选择的，例如通过由正交群共轭作用所产生的不变的分布而被选择的，就会发生 BBP 相变[335]。第三，该框架很

容易地适用于 $\boldsymbol{G}_u$ 和 $\mathbf{G}_v$ 条目分布不相同的情况，两者都满足假设 8.8.4。

在定理 8.8.5 中，我们认为假设 8.8.1、假设 8.8.3 和假设 8.8.4 是有效的。

对于函数 f 和 $t\in\mathbb{R}$，使用以下符号

$$f(t^+)=\lim_{z\downarrow t}f(z)\;;\quad f(t^-)=\lim_{z\uparrow t}f(z)$$

我们定义了相变的临界阈值 θ_c，即

$$\theta_c:=\frac{1}{\sqrt{D_{\mu_X}(b^+)}}$$

在 $(+\infty)^{-1/2}=0$ 的约定中，测度 μ_X 的 D 变换取决于 c，$D_{\mu_X}(\cdot)$ 定义如下：

$$D_{\mu_X}(z)=\left[\int\frac{z}{z^2-t^2}\mathrm{d}\mu_X\right]\times\left[c\int\frac{z}{z^2-t^2}\mathrm{d}\mu_X+\frac{1-c}{z}\right],\quad z>b$$

在下面的定理中，$D_{\mu_X}^{-1}(\cdot)$ 表示它在 $[b,+\infty)$ 上的函数逆。使用符号 $\xrightarrow{\text{a. s.}}$ 表示几乎肯定的收敛性。

定理 8.8.5 最大奇异值相变。$n\times m$ 扰动矩阵 $\mathbf{Y}_n=\mathbf{X}_n+\mathbf{A}_n$ 的 r 最大奇异值表现为 $n,m_n\to\infty$ 和 $n/m_n\to c$。对于每一个固定的 $1\leqslant i\leqslant r$，有

$$\sigma_i(\mathbf{X}_n+\mathbf{A}_n)\xrightarrow{\text{a. s.}}\begin{cases}D_{\mu_X}^{-1}(1/\theta_i), & \theta_i>\theta_c\\ b, & \text{其他}\end{cases}\tag{8.58}$$

此外，对于每一个固定的 $i>r$，有 $\sigma_i(\mathbf{X}_n+\mathbf{A}_n)\xrightarrow{\text{a. s.}}b$。

自由概率论中的 D 变换是非常关键的。$\mathbb{R}^+$ 上概率测度 u 的比值 c 的 C 变换定义为

$$C_\mu(z)=U(z(D_\mu^{-1}(z))^2-1)$$

其中，

$$U(z)=\begin{cases}\dfrac{-c-1+[(c+1)^2+4cz]^{1/2}}{2c}, & c>0\\ z, & c=0\end{cases}$$

它是下面所描述的具有比值 c 的矩形自由卷积的傅里叶变换对数的模拟(关于矩形自由卷积理论的介绍，见参考文献[461,462])。

令 $\mathbf{A}_n$ 和 $\mathbf{B}_n$ 是独立的 $n\times m$ 矩形随机矩阵，它们在规律上是由任意正交(或酉)矩阵共轭不变的。设当 $n,m\to\infty$ 和 $n/m\to c$ 时，$\mathbf{A}_n$ 和 $\mathbf{B}_n$ 的经验奇异值分布 $\mu_{\mathbf{A}_n}$ 和 $\mu_{\mathbf{B}_n}$ 满足 $\mu_{\mathbf{A}_n}\to\mu_{\mathbf{A}}$，而 $\mu_{\mathbf{B}_n}\to\mu_{\mathbf{B}}$。然后，通过文献[463]得到 $\mathbf{A}_n+\mathbf{B}_n$ 的经验奇异值分布 $\mu_{\mathbf{A}_n+\mathbf{B}_n}$ 满足

$$\mu_{\mathbf{A}_n+\mathbf{B}_n}\to\mu_{\mathbf{A}}\boxplus\mu_{\mathbf{B}}$$

其中，$\mu_{\mathbf{A}}\boxplus\mu_{\mathbf{B}}$ 是一种概率测度，可以用 C 变换刻画为

$$C_{\mu_{\mathbf{A}}\boxplus\mu_{\mathbf{B}}}(z)=C_{\mu_{\mathbf{A}}}(z)+C_{\mu_{\mathbf{B}}}(z)$$

$U(z)$ 级数展开的系数是具有比值 c 的矩形自由累积量 μ(关于矩形自由累积量的介绍，见参考文献[463])。定理 8.8.5 中自由矩形加法卷积与 $D_\mu^{-1}(z)$ 之间的联系(通过 C 变换)以及 $D_\mu^{-1}(z)$ 的出现，对自由概率来说是独立的：这种变换在孤立奇异值的研究见文献[464]中的图，其中包括变换线性加法和乘法自由卷积。

例 8.8.6(具有非零均值的高斯矩形随机矩阵)

设 $\mathbf{X}_n$ 为 $n\times m$ 实(或复)矩阵，具有独立的、零均值的正态分布项，方差为 $1/m$。由文献[163,172]可知，当 $n,m\to\infty$ 且 $n/m\to c\in(0,1]$ 时，$\mathbf{X}_n$ 的奇异值的谱测度收敛于密度分布：

$$\mathrm{d}\mu_{\mathbf{X}}(x)=\frac{1}{\pi c}\frac{1}{x}\sqrt{4c-(x^2-1-c)^2}\,\mathbb{I}_{(a,b)}(x)\,\mathrm{d}x$$

其中，$a=1-\sqrt{c}$ 和 $b=1+\sqrt{c}$ 是 $\mu_{\mathbf{X}}$ 支持的终点。众所周知文献[163]中极限特征值收敛于这个支撑的边界。

与这个奇异测度相关，经过一些操作：

$$D_{\mu_{\mathbf{X}}}^{-1}(z)=\sqrt{\frac{(z+1)(cz+1)}{z}}$$

$$D_{\mu_{\mathbf{X}}}(z)=\frac{z^2-(c+1)-\sqrt{(z^2-(c+1))^2-4c}}{2c},\quad D_{\mu_{\mathbf{X}}}(b^+)=\frac{1}{\sqrt{c}}$$

因此，对于任意 $n\times m$ 行列式矩阵 $\mathbf{A}_n$，对于 r 为非零奇异值的 $\theta_1\geqslant\cdots\geqslant\theta_r>0$（$r$ 独立于 n，m），对于任意固定的 $i\geqslant1$，通过定理 8.8.5 有

$$\sigma_i(\mathbf{X}_n+\mathbf{A}_n)\xrightarrow{\text{a. s.}}\begin{cases}\sqrt{\dfrac{(1+\theta_i^2)(c+\theta_i^2)}{\theta_i^2}}, & i\leqslant r,\theta_i>c^{1/4}\\ 1+\sqrt{c}, & \text{其他}\end{cases}$$

其中 $n\to\infty$。对于上面定义的独立同分布模型，这个公式允许我们恢复文献[335]的一些结果。现在，让我们把注意力转向奇异向量。设 $\widetilde{\mathbf{u}}$ 和 $\widetilde{\mathbf{v}}$ 是 $\mathbf{X}_n+\mathbf{A}_n$ 的左、右单位奇异向量。在 $r=1$ 的设置中，令 $\mathbf{A}_n=\theta\mathbf{u}\mathbf{v}^{\mathrm{H}}$。利用文献[367]中的定理 2.10 和定理 2.11 有

$$|\langle\widetilde{\mathbf{u}},\mathbf{u}\rangle|^2\xrightarrow{\text{a. s.}}\begin{cases}1-\dfrac{c(1+\theta^2)}{\theta^2(\theta^2+c)}, & \theta\geqslant c^{1/4}\\ 0, & \text{其他}\end{cases}$$

其中 $\langle\widetilde{\mathbf{u}},\mathbf{u}\rangle$ 是真前导本征向量和相应的扰动前导本征向量的内积。$(\mathbf{X}_n+\mathbf{A}_n)^{\mathrm{H}}(\mathbf{X}_n+\mathbf{A}_n)$ 的本征向量的相变或 $\mathbf{X}_n+\mathbf{A}_n$ 的奇异向量对的相变也可以类似地计算得到如下表达式：

$$|\langle\widetilde{\mathbf{v}},\mathbf{v}\rangle|^2\xrightarrow{\text{a. s.}}\begin{cases}1-\dfrac{(c+\theta^2)}{\theta^2(\theta^2+1)}, & \theta\geqslant c^{1/4}\\ 0, & \text{其他}\end{cases}$$

□

例 8.8.7（平方 Haar 酉矩阵）

设 $\mathbf{X}_n$ 是 Haar 分布的酉（或正交）随机矩阵。它的所有奇异值都相等，因此它具有极限谱测度：

$$\mu_{\mathbf{X}}(x)=\delta_1$$

$a=b=1$ 是 $\mu_{\mathbf{X}}$ 支持的终点。与这个谱测度相关联，得到（$c=1$）：

$$D_{\mu_{\mathbf{X}}}(z)=\frac{z^2}{(z^2-1)^2},\quad z\geqslant0,z\neq1$$

因此，对于 $\theta>0$，

$$D_{\mu_{\mathbf{X}}}^{-1}(1/\theta^2)=\begin{cases}\dfrac{\theta+\sqrt{\theta^2+4}}{2}, & \text{在}(1,+\infty)\text{上做逆运算}\\ \dfrac{-\theta+\sqrt{\theta^2+4}}{2}, & \text{在}(0,1)\text{上做逆运算}\end{cases}$$

因此，对任意的 $n\times n$，秩为 r 的扰动矩阵 $\mathbf{A}_n$ 的 r 个非零奇异值 $\theta_1\geqslant\cdots\geqslant\theta_r>0$，$r$ 和 θ_i 都不依

赖于 n，对于任意固定的 $i=1,\cdots,r$，通过定理 8.8.5 有

$$\sigma_i(\mathbf{X}_n+\mathbf{A}_n)\xrightarrow{\text{a.s.}}\frac{\theta_i+\sqrt{\theta_i^2+4}}{2},\quad \sigma_{n+1-i}(\mathbf{X}_n+\mathbf{A}_n)\xrightarrow{\text{a.s.}}\frac{-\theta_i+\sqrt{\theta_i^2+4}}{2}$$

而对于任意固定的 $i>r+1$，都有 $\sigma_i(\mathbf{X}_n+\mathbf{A}_n)$ 和 $\sigma_{n+1-i}(\mathbf{X}_n+\mathbf{A}_n)\xrightarrow{\text{a.s.}}1$。 □

8.8.1 非渐近有限样本理论

文献[177]首次考虑了尖峰真协方差矩阵，这篇论文多次被引用。尖峰真协方差矩阵 $\mathbf{\Sigma}$ 具有几个相等的特征值：

$$\mathbf{\Sigma}\sim\text{diag}\{\theta_1^2,\cdots,\theta_{r+s}^2,1,\cdots,1\}\in\mathbb{R}^{p\times p}$$

其中，

$$\theta_1\geqslant\cdots\geqslant\theta_r>1>\theta_{r+1}\geqslant\cdots\geqslant\theta_{r+s}>0$$

其中存在 $(p-r)$ 个小于 1 的特征值和 s 个非零特征值。设 $\mathbf{X}\in\mathbb{R}^{p\times n}$ 有独立同分布于 $\mathcal{N}(0,1)$ 的项 X_{ij}。考虑样本协方差矩阵

$$\mathbf{S}_n=\frac{1}{n}(\mathbf{\Sigma}^{1/2}\mathbf{X})(\mathbf{\Sigma}^{1/2}\mathbf{X})^{\mathrm{T}}$$

和

$$\lambda_1(\mathbf{S}_n)\geqslant\cdots\geqslant\lambda_p(\mathbf{S}_n)$$

是按非递减顺序排序的特征值。如果 $\mathbf{\Sigma}=\mathbf{I}_p$，则 $\mathbf{S}_n$ 是 Wishart 矩阵。因此，尖峰实协方差矩阵模型可以看作 Wishart 矩阵系综的有限秩扰动。

我们将关于尖峰总体模型的结果分为两部分。文献[465]的定理 3.2 建立了最大特征值的偏差界，定理 3.3 建立了最小特征值的偏差界[465]。可以把这两个定理概括如下。

设 θ^2 为真协方差矩阵 $\mathbf{\Sigma}$ 的特征值，$\theta^2\neq1$。那么样本协方差矩阵的相应的“尖峰特征值” $\lambda(\mathbf{S}_n)\in\mathbb{R}^{p\times p}$ 满足：

$$\mathbb{P}(|\lambda(\mathbf{S}_n)-\lambda_{\theta,c}|>t)\leqslant C_1\mathrm{e}^{-C_2nt^2}\tag{8.59}$$

其中 $\lambda_{\theta,c}$ 定义为

$$\lambda_{\theta,c}=\begin{cases}\theta^2+c\cdot\dfrac{\theta^2}{\theta^2-1}, & \theta^2>1+\sqrt{c}\text{ 或 }c<1,\theta^2<1-\sqrt{c}\\(1+\sqrt{c}), & 1<\theta^2\leqslant1+\sqrt{c}\\(1-\sqrt{c})^2, & c<1,1-\sqrt{c}\leqslant\theta^2\leqslant1\end{cases}$$

其中 $c=(p-r)/n$。式(8.59)的右侧为高斯型，方差比例为 $1/\sqrt{n}$。式(8.59)的证明是建立在测量现象的基础上的，有大量文献可参考，如文献[40,49,446]。使用 Stieltjes 变换的方法是研究渐近极限，如 $n\to\infty$。另一方面，式(8.59)适用于 n 较大但有限的非渐近情形。在实际应用中，可以将它应用于中等数据大小 n。

8.9 高维数据集的假设检验

本节分析了当维数较大，特别是大于样本量时标准协方差矩阵检验是否有效。在后一种情况下，样本协方差矩阵的奇异性使得似然比检验(LRT)退化，但是基于样本协方差矩阵特

征值的二次型的其他检验仍然定义良好。先前的文献已经注意到，LRT 在有限样本中可能表现不佳。

近 20 多年来，随着数据采集技术和计算设备的飞速发展，实际环境发生了巨大的变化。同时，应用出现在了试验单元数量相对较小但底层的纬度巨大的情况下[466]。随机矩阵理论的思想和大型协方差矩阵有关。用于推理的信息量最大的组件可能是也可能不是主要组件[467]。

数据可视化[468]非常重要。视觉统计方法与推理框架和协议一起使用，以验证性统计检验为模型。在这个框架中，图扮演统计检验的角色，而人类认知扮演统计检验的角色。“发现”的统计显著性是通过让观察者将真实数据集的图与模拟数据集的图集合进行比较来度量的。

许多经验问题涉及高维协方差矩阵。有时维数 p 甚至比样本量 n 还大，这使得样本协方差矩阵 $\mathbf{S}$ 为奇异的。具体而言，我们将焦点集中于两个问题上：（Ⅰ）协方差矩阵 $\boldsymbol{\Sigma}$ 与单位矩阵 $\mathbf{I}$(球度)成正比：

$$\mathcal{H}_0:\boldsymbol{\Sigma}=\sigma^2\mathbf{I} \quad \text{vs.} \quad \mathcal{H}_1:\boldsymbol{\Sigma}\neq\sigma^2\mathbf{I}$$

其中 σ^2 是未指明的。（Ⅱ）协方差矩阵 $\boldsymbol{\Sigma}$ 与单位矩阵 $\mathbf{I}$(球度)相等：

$$\mathcal{H}_0:\boldsymbol{\Sigma}=\mathbf{I} \quad \text{vs.} \quad \mathcal{H}_1:\boldsymbol{\Sigma}\neq\mathbf{I}$$

通过乘以数据集 $\boldsymbol{\Sigma}_0^{-\frac{1}{2}}$，单位矩阵 $\mathbf{I}$ 可以用其他矩阵 $\boldsymbol{\Sigma}_0$ 取代。对于这两个假设，似然比检验统计量在 p 大于 n 时是退化的。这使我们转向其他不退化的检验统计量，例如

$$U=\frac{1}{p}\mathrm{Tr}\left[\frac{\mathbf{S}}{(1/p)\mathrm{Tr}(\mathbf{S})}-\mathbf{I}\right]^2, \quad V=\frac{1}{p}\mathrm{Tr}[(\mathbf{S}-\mathbf{I})^2] \tag{8.60}$$

渐近方法假设 n 趋于无穷大同时 p 保持不变。它将秩序数 p/n 看作秩序数 $1/n$，但如果 p 和 n 的级数相同，这样做是不恰当的。基于 U 和 V 对高维的健壮性检验由文献[469]首先进行研究。

我们研究了随着 p 和 n 一起趋于无穷大、p/n 收敛于极限 $y\in(0,+\infty)$，U 和 V 的渐近行为。奇异情况对应于 $y>1$。健壮性问题归结于性能和大小：检验是否连续？空值下的 n 极限分布仍是一个好的近似吗？令人惊奇的是，对于 U 和 V，我们发现了相反的答案。基于 U 的性能和球度尺寸检验显示对较大的 p(甚至比 n 大)具有健壮性。但是基于 V 的 $\mathcal{H}_0:\boldsymbol{\Sigma}=\mathbf{I}$ 检验结果却随着 p 和 n 趋于无穷大的每次改变而不一致，并且在空值下的 n 极限分布和 (n,p) 极限分布也不同。这促使我们引入修订的统计量：

$$W=\frac{1}{p}\mathrm{Tr}[(\mathbf{S}-\mathbf{I})^2]-\frac{p}{n}\left[\frac{1}{p}\mathrm{Tr}(\mathbf{S})\right]^2+\frac{p}{n} \tag{8.61}$$

注意 W 只通过跟踪函数涉及样本协方差矩阵的对角元素。

最大不变似然比检验在尖峰协方差矩阵模型中渐近良好，而标准似然比检验完全没用[470]。

8.9.1 似然比检验(LRT)和协方差矩阵检验的动机

传统的统计理论，特别是多变量分析，并没有考虑数据分析中高维的需求[95,177]。经典的多变量分析教材[37,371]是在数据集的维度(通常记为 p)被认为是一个固定的小值或者至少相比样本量 n 可以忽略不计的这一假设下发展的。然而，由于它们的维数是样本量的数倍，因此这种假设对于许多现代数据集不再适用，例如智能电网数据、财务数据、消费数据、制造业数据、多媒体数据等。

在经典的统计推断中，似然比检验(LRT)是一种常用的假设检验方法。使用LRT的一个优点是不需要估计检验统计量的变量。众所周知，在维数 p 为较小的常量或者相比样本量 n 可以忽略时，LRT的渐近分布是在一定正则性规则下的卡方。但是，在高维情况下，卡方近似不太适用于LRT的分布，特别是当 p 和样本量 n 一起增加时。

传统的多变量分析方法在处理高维数据上的失败早在1958年被文献[471]发现。文献[472]做了进一步的工作。文献[160]研究了正态分布的协方差矩阵的似然比检验(LRT)，并展示出使用传统的卡方近似在检验统计量的极限分布会导致检验规模的巨大膨胀(或 α 错误)，即使是在 p 和 n 规模适当的情况下。他们开发了传统似然比检验的修正方法来使其适于检验高维正态分布 $\mathcal{N}_p(\boldsymbol{\mu},\boldsymbol{\Sigma})$，即

$$\mathcal{H}_0:\boldsymbol{\Sigma}=\sigma^2\mathbf{I}_p \quad \text{vs.} \quad \mathcal{H}_1:\boldsymbol{\Sigma}\neq\sigma^2\mathbf{I}_p$$

检验统计量选为

$$L_n=\mathrm{Tr}(\mathbf{S})-\log\det(\mathbf{S})-p$$

其中 $\mathbf{S}$ 为数据的样本协方差矩阵。在他们的推导中，维数 p 不再看作一个固定常数，而是一个随样本量 n 而趋向无穷大的变量，同时 p 和 n 的比值收敛于一个常数 y，即

$$\lim_{n\to\infty}\frac{p}{n}=y\in(0,1) \tag{8.62}$$

文献[473]进一步扩展了文献[160]的结果来覆盖 $y=1$ 的情形。文献[474]研究了高维正态分布的均值和协方差矩阵的其他经典似然比检验。对于几十年前基于 n 比较大且 p 固定的假设的试验数据，这些检验大多数得到了渐近结果。他们的结果补充了传统结果，提供了高维数据集(包括临界情况 $p/n\to1$)的替代方法。

在文献[474]提到的LRT统计的中心极限定理中，$\lim\limits_{n\to\infty}(p/n)=y\in(0,1)$ 的背景在文献中是新的。文献[160]和文献[473]也得到了相近的结果。三篇论文的证明方法不同：文献[160]使用随机矩阵理论，文献[473]使用Selberg积分，文献[474]通过分析LRT统计的矩得到中心极限定理。

令 $\mathbf{X}_1,\cdots,\mathbf{X}_n$ 为独立同分布的 p 维随机向量，均值为 $\boldsymbol{\mu}$，协方差矩阵为 $\boldsymbol{\Sigma}$。构造一个 $n\times p$ 的随机矩阵 $\mathbf{X}$。检验协方差矩阵

$$\mathcal{H}_0:\boldsymbol{\Sigma}=\sigma^2\mathbf{I}_p \quad \text{vs.} \quad \mathcal{H}_1:\boldsymbol{\Sigma}\neq\sigma^2\mathbf{I}_p \tag{8.63}$$

其中 $\mathbf{I}_p$ 是 p 维单位矩阵，σ^2 是一个未知但有限的正常数。式(8.102)的同一假设涵盖了假设

$$\mathcal{H}_0:\boldsymbol{\Sigma}=\boldsymbol{\Sigma}_0 \quad \text{vs.} \quad \mathcal{H}_1:\boldsymbol{\Sigma}\neq\boldsymbol{\Sigma}_0$$

对于任意已知可逆协方差矩阵 $\boldsymbol{\Sigma}_0$。这一点对所有检验都是正确的。为了方便，我们经常用式(8.63)来处理。

传统的基于样本协方差 $\mathbf{X}'\mathbf{X}$ 的方法如似然比检验，见文献[371]，当 p 随 n 趋于无穷时不再可用。几乎所有处理大样本的统计理论都是基于固定 p 和增长的样本量 n 的概率极限定理发展的。现代随机矩阵理论却预测当 p 相比于样本数量 n 不可忽略时，n 的函数样本协方差矩阵

$$\mathbf{S}=\frac{1}{n}\sum_{i=1}^{n}\mathbf{x}_i\mathbf{x}_i^{\mathrm{H}}=\frac{1}{n}\mathbf{X}\mathbf{X}^{\mathrm{H}}$$

无法接近 $p\times p$ 的 $\boldsymbol{\Sigma}$。因此，基于通过 $\mathbf{S}$ 对 $\boldsymbol{\Sigma}$ 取近似的经典统计过程在高维数据情况下变得不一致或者低效。现在迫切需要发展出高维数据分析[53]的新统计工具。$\boldsymbol{\Sigma}$ 的估计是高维统计的核心问题之一，应用于主成分分析、Kalman滤波和独立分量分析等。

当维度 p 和样本数量 n 相当时，例如 $n/p \to c \in (0, \infty)$，发展出许多基于随机矩阵理论[35]的方法。通过假设 $\boldsymbol{\mu}=0$，文献[177]考虑最大的特征值为高斯情况下式(8.63)的检验假设，而文献[475]考虑了当分布为亚高斯尾时更通用的情况。文献[469]首先使用了二次形式的样本协方差的迹作为新检验统计量来检验正态分布假设下的零假说。文献[476]通过减弱条件也引入了类似的检验统计量。

除似然比检验外，多变量分析的许多其他传统假说检验也在过去十年中重新讨论了高维案例。文献[477,478,479-482,483]给出了在$\lim\limits_{n\to\infty}(p/n)=y>0$ 高维框架下多变量分析方法的长篇研究。文献[484]给出了高维协方差矩阵的最优假说检验。文献[485]研究了高维数据的似然比检验的渐近幂。

8.9.2　使用损失函数估计协方差矩阵

为了利用一些 $\boldsymbol{\Sigma}$ 的先验信息，可以使用损失函数估计真实的协方差矩阵。我们研究了这些损失函数的一些性质。

令 $\mathbf{x}_1,\cdots,\mathbf{x}_n \in \mathbb{C}^p$ 为独立同分布的 p 维正态向量，均值为零，未知非奇异协方差矩阵为 $\boldsymbol{\Sigma}$。从随机向量 $\mathbf{x}_1,\cdots,\mathbf{x}_n$ 的联合概率密度函数

$$\mathbb{P}_{\boldsymbol{\Sigma}}=\frac{1}{(2\pi)^{np/2}(\det\boldsymbol{\Sigma})^{n/2}}\exp\left(-\frac{1}{2}\mathrm{Tr}\ \boldsymbol{\Sigma}^{-1}\mathbf{x}^{\mathrm{H}}\mathbf{x}\right) \tag{8.64}$$

中容易看出

$$\mathbf{S}=\sum_{i=1}^{n}\mathbf{x}_i\mathbf{x}_i^{\mathrm{H}}=\mathbf{X}\mathbf{X}^{\mathrm{H}}$$

是一个充分的统计量，$\mathbf{X}=(\mathbf{x}_1,\cdots,\mathbf{x}_n)$，协方差矩阵 $\boldsymbol{\Sigma}$ 的最大似然估计是

$$\hat{\boldsymbol{\Sigma}}^{\mathrm{ML}}(\mathbf{S})=\frac{1}{n}\mathbf{S}$$

我们将描述一些估计量$\hat{\boldsymbol{\Sigma}}(\mathbf{S})$，这些估计量相比最大似然估计更好，对于损失函数

$$L(\boldsymbol{\Sigma},\hat{\boldsymbol{\Sigma}})=\mathrm{Tr}\ \boldsymbol{\Sigma}^{-1}\hat{\boldsymbol{\Sigma}}-\log\det\boldsymbol{\Sigma}^{-1}\hat{\boldsymbol{\Sigma}}-p \tag{8.65}$$

我们将使用由式(8.65)定义的损失函数，因为使用它相对容易。但是，它也具有损失函数的所有吸引人的性质：

- $L(\boldsymbol{\Sigma},\hat{\boldsymbol{\Sigma}})\geqslant 0$ 当且仅当 $\boldsymbol{\Sigma}=\hat{\boldsymbol{\Sigma}}$；
- $L(\boldsymbol{\Sigma},\hat{\boldsymbol{\Sigma}})$是第二个参数的凸函数；
- $L(\boldsymbol{\Sigma},\hat{\boldsymbol{\Sigma}})$是$\mathbb{R}^n$的线性变换下的不变量，例如，对于任意非奇异 $p\times p$ 矩阵 $\mathbf{A}$，

$$L(\mathbf{A}\boldsymbol{\Sigma}\mathbf{A}^{\mathrm{H}},\mathbf{A}\hat{\boldsymbol{\Sigma}}\mathbf{A}^{\mathrm{H}})=L(\boldsymbol{\Sigma},\hat{\boldsymbol{\Sigma}}) \tag{8.66}$$

下文回顾正交变换对任意厄特矩阵的对角化定理。

对于任意厄特 $p\times p$ 矩阵 $\mathbf{H}$，存在唯一对角矩阵 $\mathbf{D}$ 和正交矩阵 $\mathbf{V}$，使得

$$\mathbf{H}=\mathbf{V}\mathbf{D}\mathbf{V}^{\mathrm{H}}$$

且 $\mathbf{D}$ 的对角元素 d_i 满足不等式

$$d_1\geqslant d_2\geqslant\cdots\geqslant d_p\geqslant 0$$

如果矩阵 $\mathbf{H}$ 是正定的，那么 $d_p>0$。同理可得，协方差矩阵 $\boldsymbol{\Sigma}$ 和被观察的样本矩阵 $\mathbf{S}$ 的表现形式为

$$\mathbf{\Sigma}=\mathbf{U\Lambda U}^{\mathrm{H}}, \quad \mathbf{S}=\widetilde{\mathbf{U}}\widetilde{\mathbf{\Lambda}}\widetilde{\mathbf{U}}^{\mathrm{H}}$$

其中 λ_i 是对角矩阵 $\mathbf{\Lambda}$ 的第 i 个元素，$\widetilde{\lambda}_i$ 是对角矩阵$\widetilde{\mathbf{\Lambda}}$的第 i 个元素。$\mathbf{U}$ 和$\widetilde{\mathbf{U}}$都是正交矩阵且

$$\lambda_1 \leqslant \lambda_2 \geqslant \cdots \geqslant \lambda_p > 0, \quad \widetilde{\lambda}_1 \leqslant \widetilde{\lambda}_2 \geqslant \cdots \geqslant \widetilde{\lambda}_p > 0$$

可以证明，如果 p 足够大且 $\mathbf{\Sigma}$ 接近于单位矩阵，同时 i/p 和 $1-i/p$ 足够小，那么矩阵 $\mathbf{S}/n$ 的第 i 个特征值$\widetilde{\lambda}_i/n$ 不太可能接近于 λ_i。进一步，$\widetilde{\lambda}_1/\widetilde{\lambda}_p$ 有可能远大于 λ_1/λ_p。这表明相比于传统的估计

$$\frac{1}{n}\mathbf{S}=\frac{1}{n}\widetilde{\mathbf{U}}\widetilde{\mathbf{\Lambda}}\widetilde{\mathbf{U}}^{\mathrm{H}}$$

使用这种形式的估计

$$\hat{\mathbf{\Sigma}}=\mathbf{U}\varphi(\widetilde{\mathbf{\Lambda}})\mathbf{U}^{\mathrm{H}} \tag{8.67}$$

更好。其中 φ 是适当选择的函数，它将正对角矩阵空间映射到它自己。函数 φ 应恰当选择从而使矩阵 $\varphi_1(\widetilde{\mathbf{\Lambda}})$ 的第一个和最后一个对角元素之比 $\varphi_1(\widetilde{\mathbf{\Lambda}})/\varphi_p(\widetilde{\mathbf{\Lambda}})$ 明显小于$\widetilde{\lambda}_1/\widetilde{\lambda}_p$。

我们简单地描述一下最广泛研究的 $\mathbf{\Sigma}=\mathbf{I}$ 时的理论结果。在统计学家对这个问题感兴趣前，物理学家 Wigner 曾经考虑过相似的问题。特别地，以下定理由 Wigner 证明。

定理 8.9.1 当 $p\to\infty$ 同时 $n/p\to y>1$ 时，特征值$\widetilde{\lambda}_1/n,\cdots,\widetilde{\lambda}_p/n$ 的经验分布函数依概率收敛于非随机函数

$$F(x)=c\int_a^x \frac{1}{t}\sqrt{(t-a)(b-t)}\,\mathrm{d}t, \quad a \leqslant t \leqslant b$$

其中

$$a=\left(1-\frac{1}{y}\right)^2; \quad b=\left(1+\frac{1}{y}\right)^2$$

当估计逆矩阵 $\mathbf{\Sigma}^{-1}$时，使用$[\hat{\mathbf{\Sigma}}(\mathbf{S})]^{-1}$比$[\mathbf{S}/n]^{-1}$更好，因为

$$\mathbb{E}[(\mathbf{S}/n)^{-1}]=\frac{n}{n-p-1}\mathbf{\Sigma}^{-1}$$

只要 $n-p-1$ 较小，$(\mathbf{S}/n)^{-1}$的对角元素总会比 $\mathbf{\Sigma}^{-1}$的元素大。

回想如果 $\mathbf{A}$ 是一个 $n\times n$ 的厄特矩阵，那么存在单一的 $\mathbf{V}$ 和 $\mathbf{D}=\mathrm{diag}(d_1,\cdots,d_n)$使得 $\mathbf{A}=\mathbf{VDV}^{\mathrm{H}}$。给出一个连续函数$f$，定义$f(\mathbf{A})$为

$$f(\mathbf{A})=\mathbf{V}\mathrm{diag}[f(d_1),\cdots,f(d_n)]\mathbf{V}^{\mathrm{H}}$$

为了取得估计值$\hat{\mathbf{\Sigma}}=\mathbf{U}\varphi(\widetilde{\mathbf{\Lambda}})\mathbf{U}^{\mathrm{H}}$，考虑函数 ϕ 的选择。使用

$$\psi_i(\widetilde{\mathbf{\Lambda}})=\frac{1}{\lambda_i}\varphi_i(\widetilde{\mathbf{\Lambda}}), \quad i=1,\cdots,p$$

得到估计值$\hat{\mathbf{\Sigma}}=\mathbf{U}\varphi(\widetilde{\mathbf{\Lambda}})\mathbf{U}^{\mathrm{H}}$ 的风险函数为

$$\begin{aligned}
\mathbb{E}_{\mathbf{\Sigma}}\{L(\mathbf{\Sigma},\hat{\mathbf{\Sigma}})\} &= \mathbb{E}_{\mathbf{\Sigma}}\{\mathrm{Tr}\,\mathbf{\Sigma}^{-1}\hat{\mathbf{\Sigma}}-\log\det\mathbf{\Sigma}^{-1}\hat{\mathbf{\Sigma}}-p\} \\
&= \mathbb{E}_{\mathbf{\Sigma}}\Big\{(n-p+1)\sum_{k=1}^{n}\psi_k(\widetilde{\mathbf{\Lambda}})-\sum_{k=1}^{n}\log\psi_k(\widetilde{\mathbf{\Lambda}}) \\
&\quad -2\sum_{j=1}^{p}\sum_{i>j}^{p}\frac{\widetilde{\lambda}_j\psi_j(\widetilde{\mathbf{\Lambda}})-\widetilde{\lambda}_i\psi_i(\widetilde{\mathbf{\Lambda}})}{\widetilde{\lambda}_j-\widetilde{\lambda}_i} \\
&\quad +2\sum_{j=1}^{p}\widetilde{\lambda}_j\frac{\partial}{\partial\widetilde{\lambda}_j}\psi_j(\widetilde{\mathbf{\Lambda}})-\sum_{j=1}^{p}\log\chi_{n-j+1}^2-p\Big\}
\end{aligned} \tag{8.68}$$

式(8.68)的证明见文献[486]。

如果选择 ψ_i 来最小化式(8.68)，忽略 $\sum_{j=1}^{p}\widetilde{\lambda}_j\frac{\partial}{\partial\widetilde{\lambda}_j}\psi_j(\widetilde{\boldsymbol{\Lambda}})$ 的影响，得到

$$\varphi_j^{(i)}(\widetilde{\boldsymbol{\Lambda}})=\frac{\widetilde{\lambda}_j}{\alpha_j(\widetilde{\boldsymbol{\Lambda}})},\quad j=1,\cdots,p$$

其中

$$\alpha_i(\widetilde{\boldsymbol{\Lambda}})=n+p-2j+1+2\sum_{i>j}\frac{\widetilde{\lambda}_i}{\widetilde{\lambda}_j-\widetilde{\lambda}_i}-2\sum_{i<j}\frac{\widetilde{\lambda}_i}{\widetilde{\lambda}_j-\widetilde{\lambda}_i}$$

这些 $\varphi_1^{(i)}(\widetilde{\boldsymbol{\Lambda}})$ 常常随指数变化很大。特别是当他们不满足 $\varphi_1^{(i)}(\widetilde{\boldsymbol{\Lambda}})\geqslant\cdots\geqslant\varphi_p^{(i)}(\widetilde{\boldsymbol{\Lambda}})$、甚至有些 $\varphi_1^{(i)}(\widetilde{\boldsymbol{\Lambda}})$ 中存在负值时，变化发生得很频繁。比较合理的估计值可以通过这样定义得到：

$$\varphi_j^{(2)}(\widetilde{\boldsymbol{\Lambda}})=\frac{\sum_{i\in\Omega_i}\widetilde{\lambda}_i}{\sum_{i\in\Omega_i}\alpha_i(\widetilde{\boldsymbol{\Lambda}})}$$

其中 Ω_i 是连续整数集，如

$$j\in\Omega_j$$
$$i\in\Omega_j\Leftrightarrow j\in\Omega_i$$

并且

$$\varphi_1^{(2)}(\widetilde{\boldsymbol{\Lambda}})\geqslant\varphi_2^{(2)}(\widetilde{\boldsymbol{\Lambda}})\geqslant\cdots\geqslant\varphi_p^{(2)}(\widetilde{\boldsymbol{\Lambda}})$$

对于任一 j，集合 Ω_j 依赖于 $\widetilde{\boldsymbol{\Lambda}}$。且在所有具有集合 Ω_j 的性质的集合 Ω 中，Ω_j 是最小的。

例 8.9.2(线性变换下的估计不变量)

考虑以下问题，我们观察到 $\mathbf{x}_1,\cdots,\mathbf{x}_n$ 独立正态分布的 p 维随机向量，其均值为零，未知协方差矩阵为 $\boldsymbol{\Sigma}$，其中 $n\geqslant p$。假设我们想估计 $\boldsymbol{\Sigma}$，用 $\hat{\boldsymbol{\Sigma}}$ 表示，采用损失(距离)函数：

$$L(\boldsymbol{\Sigma},\hat{\boldsymbol{\Sigma}})=\mathrm{Tr}\,\boldsymbol{\Sigma}^{-1}\hat{\boldsymbol{\Sigma}}-\log\det\boldsymbol{\Sigma}^{-1}\hat{\boldsymbol{\Sigma}}-p \tag{8.69}$$

这个问题在转换之下是不变的

$$\mathbf{x}_i\to\mathbf{A}\mathbf{x}_i,\quad \boldsymbol{\Sigma}\to\mathbf{A}\boldsymbol{\Sigma}\mathbf{A}^{\mathrm{H}},\quad \hat{\boldsymbol{\Sigma}}\to\mathbf{A}\hat{\boldsymbol{\Sigma}}\mathbf{A}^{\mathrm{H}}$$

其中 $\mathbf{A}$ 是任意的非奇异 $p\times p$ 矩阵，并且

$$\mathbf{S}=\sum_{i=1}^{n}\mathbf{x}_i\mathbf{x}_i^{\mathrm{H}}$$

是足够的统计量，如果进行变换 $\mathbf{x}_i\to\mathbf{A}\mathbf{x}_i$，那么 $\mathbf{S}\to\mathbf{A}\mathbf{S}\mathbf{A}^{\mathrm{H}}$。我们可能会将注意力局限于 $\mathbf{S}$ 函数的估计量上。矩阵 $\mathbf{A}$ 变换下的估计量 φ(在正定 $p\times p$ 厄特矩阵本身集合上的函数)的不变性条件是

$$\varphi(\mathbf{A}\mathbf{T}\mathbf{A}^{\mathrm{H}})=\mathbf{A}\varphi(\mathbf{T})\mathbf{A}^{\mathrm{H}},\quad \text{所有 }\mathbf{T} \tag{8.70}$$

我们会发现，$\varphi(\mathbf{S})$ 不是 $\mathbf{S}$ 的倍数。类似的结果适用于二次损失(距离)函数

$$L_0(\boldsymbol{\Sigma},\hat{\boldsymbol{\Sigma}})=\mathrm{Tr}(\boldsymbol{\Sigma}^{-1}\hat{\boldsymbol{\Sigma}}-\mathbf{I})^2$$

将式(8.70)中的 $\mathbf{T}=\mathbf{I}$，我们发现

$$\varphi(\mathbf{A}\mathbf{A}^{\mathrm{H}})=\mathbf{A}\varphi(\mathbf{I})\mathbf{A}^{\mathrm{H}}$$

当在对角线上加上对角为±1 的对角矩阵时，这给出了

$$\varphi(\mathbf{I})=\mathbf{A}\varphi(\mathbf{I})\mathbf{A}^{\mathrm{H}} \tag{8.71}$$

这意味着 $\varphi(\mathbf{I})$ 是一个对角矩阵，比如 $\mathbf{\Delta}$，其中第 i 个对角元素为 Δ_i。这与式(8.70)一起确定 φ，因为任何正定厄特矩阵 $\mathbf{S}$ 都可以分解为 $\mathbf{S}=\mathbf{K}\mathbf{K}^{\mathrm{H}}$，$\mathbf{K}$ 为下三角矩阵(具有正对角元素)，然后有

$$\varphi(\mathbf{S})=\mathbf{K}\varphi(\mathbf{\Delta})\mathbf{K}^{\mathrm{H}} \tag{8.72}$$

由于下三角矩阵在参数空间上进行传递运算，所以存在不变过程 φ 的风险。因此，我们只计算 $\mathbf{\Sigma}=\mathbf{I}$ 的风险，然后有

$$\begin{aligned}\rho(\mathbf{I},\varphi(\mathbf{S}))&=\mathbb{E}\left[\operatorname{Tr}\varphi(\mathbf{S})-\log\det\varphi(\mathbf{S})-p\right]\\&=\mathbb{E}\left[\operatorname{Tr}\mathbf{K}\mathbf{\Delta}\mathbf{K}^{\mathrm{H}}-\log\det\mathbf{K}\mathbf{\Delta}\mathbf{K}^{\mathrm{H}}-p\right]\\&=\mathbb{E}\operatorname{Tr}\mathbf{K}\mathbf{\Delta}\mathbf{K}^{\mathrm{H}}-\log\det\mathbf{\Delta}-\mathbb{E}\log\det\mathbf{S}-p\end{aligned} \tag{8.73}$$

但

$$\begin{aligned}\mathbb{E}\operatorname{Tr}\mathbf{K}\mathbf{\Delta}\mathbf{K}^{\mathrm{H}}&=\sum_{i,j}\Delta_i\mathbb{E}K_{ij}^2\\&=\sum\Delta_i\mathbb{E}\chi^2_{n-i+1+p-i}=\sum(n+p-2i+1)\Delta_i\end{aligned} \tag{8.74}$$

由于 $\mathbf{K}$ 的元素彼此独立，因此第 i 个对角线元素被分配为 χ_{n-i+1}，并且对角线下的元素均值为零，方差为 1。另外，出于同样的原因，

$$\mathbb{E}\log\det\mathbf{S}=\sum_{i=1}^{p}\mathbb{E}\log\chi^2_{n-i+1} \tag{8.75}$$

它遵循

$$\begin{aligned}\rho(\mathbf{\Sigma},\varphi(\mathbf{S}))&=\rho(\mathbf{I},\varphi(\mathbf{S}))\\&=\sum_{i=1}^{p}\left[(n+p-2i+1)\Delta_i-\log\Delta_i\right]-\sum_{i=1}^{p}\mathbb{E}\log\chi^2_{n-i+1}-p\end{aligned} \tag{8.76}$$

这将达到它的最小值

$$\begin{aligned}\rho(\mathbf{\Sigma},\varphi^*(\mathbf{S}))&=\sum_{i=1}^{p}\left[1-\log\frac{1}{n+p-2i+1}-\mathbb{E}\log\chi^2_{n-i+1}\right]-p\\&=\sum\left[\log(n+p-2i+1)-\mathbb{E}\log\chi^2_{n-i+1}\right]\end{aligned} \tag{8.77}$$

当

$$\Delta_i=\frac{1}{n+p-2i+1} \tag{8.78}$$

因此我们找到了一类估计量中的极小极大估计量，它包括与自然估计量不同的自然估计($\mathbf{S}$ 的倍数)。 □

例 8.9.3(两个损失函数之间的关系)

两个损失函数被定义为

$$L_1(\mathbf{\Sigma},\hat{\mathbf{\Sigma}})=\operatorname{Tr}\mathbf{\Sigma}^{-1}\hat{\mathbf{\Sigma}}-\log\det\mathbf{\Sigma}^{-1}\hat{\mathbf{\Sigma}}-p,\quad L_2(\mathbf{\Sigma},\hat{\mathbf{\Sigma}})=\operatorname{Tr}(\mathbf{\Sigma}^{-1}\hat{\mathbf{\Sigma}}-\mathbf{I}) \tag{8.79}$$

我们把风险函数定义为

$$R_i(\mathbf{\Sigma},\hat{\mathbf{\Sigma}})\equiv\mathbb{E}\left[L_i(\mathbf{\Sigma},\hat{\mathbf{\Sigma}})\mid\mathbf{\Sigma}\right],\quad i=1,2$$

设 ε 是一个实数，并且 $\mathbf{A}$ 是一个 $p\times p$ 的厄特矩阵。如果我们应用扩展式

$$\log\det(\mathbf{I}+\varepsilon\mathbf{A})=\sum_{k=1}^{\infty}\frac{(-1)^{k-1}}{k}\varepsilon^k\operatorname{Tr}(\mathbf{A}^k) \tag{8.80}$$

于 L_1，则可以得到 L_1 和 L_2 之间的关系。如果 $\mathbf{A}$ 的谱半径小于 1 并且收敛半径 $0\leqslant\varepsilon\leqslant1$，则该级数收敛。特别地，令 $\varepsilon=1$，因子 $\mathbf{\Sigma}^{-1}$ 设置为 $\mathbf{\Sigma}^{-1}=\mathbf{\Omega}^2$，并展开

$$
\begin{aligned}
\log\det(\boldsymbol{\Sigma}^{-1}\hat{\boldsymbol{\Sigma}}) &= \log\det(\boldsymbol{\Omega}\hat{\boldsymbol{\Sigma}}\boldsymbol{\Omega}) \\
&= \log\det(\mathbf{I}+\mathbf{A}) \quad (\mathbf{A}=\boldsymbol{\Omega}\hat{\boldsymbol{\Sigma}}\boldsymbol{\Omega}-\mathbf{I}) \\
&= \mathrm{Tr}(\mathbf{A})-\frac{1}{2}\mathrm{Tr}(\mathbf{A}^2)+\frac{1}{3}\mathrm{Tr}(\mathbf{A}^3)-\cdots+\frac{(-1)^{k-1}}{k}\mathrm{Tr}(\mathbf{A}^k)+\cdots \\
&= \mathrm{Tr}(\hat{\boldsymbol{\Sigma}}\boldsymbol{\Sigma}^{-1}-\mathbf{I})-\frac{1}{2}\mathrm{Tr}(\boldsymbol{\Sigma}^{-1}\hat{\boldsymbol{\Sigma}}-\mathbf{I})^2+\cdots
\end{aligned} \tag{8.81}
$$

根据式(8.81)，损失函数可以写为

$$
L_1(\boldsymbol{\Sigma},\hat{\boldsymbol{\Sigma}})=\frac{1}{2}L_2(\boldsymbol{\Sigma},\hat{\boldsymbol{\Sigma}})-\frac{1}{3}\mathrm{Tr}(\boldsymbol{\Sigma}^{-1}\hat{\boldsymbol{\Sigma}}-\mathbf{I})^3+\cdots \tag{8.82}
$$

所以估计器(mod L_1)表现良好，(mod L_2)也表现良好是合理的。 □

8.9.3 协方差矩阵检验

如上所述，当样本数量 n 小于维度 p 时，不可能使用似然比检验。样本协方差矩阵的奇异性使得似然比检验退化，但基于样本协方差矩阵的其他检验仍然保持良好的定义。我们使用所谓的矩量法[67]。

粗略地讲，有三种方法用来处理大维随机矩阵：瞬时法(3.12节)、Stieltjes 变换法(3.13节)和对数势能法①。

回顾式(3.53)，对于一个正整数 k，经验谱密度的第 k 时刻由下式给出

$$
m_k=\int x^k F_{\mathbf{S}}(\mathrm{d}x)=\frac{1}{N}\mathrm{Tr}(\mathbf{S}^k)=\frac{1}{n}\mathrm{Tr}\left(\left(\frac{1}{n}\mathbf{X}^{\mathrm{H}}\mathbf{X}\right)^k\right) \tag{8.83}
$$

这个表达式在随机矩阵理论中起着重要的作用。通过时刻收敛定理，可以看出随机矩阵序列 $\mathbf{S}=(1/n)\mathbf{X}^{\mathrm{H}}\mathbf{X}$ 的预期 ESD 倾向于一个极限的问题，简化为显示对于每个固定的 k，序列

$$
\frac{1}{n}\mathbb{E}\,\mathrm{Tr}\left(\left(\frac{1}{n}\mathbf{X}^{\mathrm{H}}\mathbf{X}\right)^k\right)
$$

趋向于极限。我们知道，当 $n\times p$ 矩阵 $\mathbf{X}$ 其维度 n 和 p 一起变大时，m_k 将达到其极限。将 ESD $F_{\mathbf{X}^{\mathrm{H}}\mathbf{X}/n}$ 收敛于极限的证明通常降低到第二估计或更高时刻

$$
\frac{1}{n}\mathrm{Tr}\left(\left(\frac{1}{n}\mathbf{X}^{\mathrm{H}}\mathbf{X}\right)^k\right)
$$

根据式(8.83)，我们有信心单独研究时刻的统计数据。

一系列算法背后的基本思想是找到映射

$$
\theta \longmapsto m_k(\theta)=\int x^k\mathrm{d}F(x)
$$

连接观测模型的参数 θ，限制 Marchenko-Pastur 分布的时刻。由于样本时刻

$$
\hat{m}_k=\frac{1}{p}\mathrm{Tr}\,\mathbf{S}^k=\frac{1}{p}\sum_{i=1}^{p}\lambda_i^k(\mathbf{S}),\quad k=1,\cdots,q
$$

是 m_k 的一致估计量，所以使用矩量法来推断参数 θ 是自然的。

定义真实的时刻为

$$
Y_i=(1/p)\,\mathrm{Tr}\,\boldsymbol{\Sigma}^i,\quad i=1,\cdots,8
$$

---

① 对数势能法在文献[326]中首次用于证明圆形定律。更多细节见文献[328,329]。

做以下假设：

(A) $p\to\infty$， $Y_i\to Y_i^0$， $0<Y_i^0<\infty$，$i=1,\cdots,8$；

(B) $n=O(p^\delta)$， $0<\delta<1$。

在假设(A)下，当 $n\to\infty$ 时，Y_1 和 Y_2 的无偏且一致的估计量分别为

$$\hat{Y}_1=\frac{1}{p}\mathrm{Tr}(\mathbf{S}) \tag{8.84}$$

$$\hat{Y}_2=\frac{n^2}{(n-1)(n+2)}\frac{1}{p}\left[\mathrm{Tr}(\mathbf{S}^2)-\frac{1}{n}(\mathrm{Tr}\,\mathbf{S})^2\right] \tag{8.85}$$

从$\hat{Y}_1$ 和$\hat{Y}_2$ 的定义可以看出

$$\frac{1}{p}\mathrm{Tr}\,\mathbf{S}^2=\hat{Y}_2+\frac{1}{pn}(\mathrm{Tr}\,\mathbf{S})^2=\hat{Y}_2+\frac{p}{n}\hat{Y}_1^2$$

因此，除非 p/n 随着 $n\to\infty$ 和 $p\to\infty$ 变为零，$(\mathrm{Tr}\,\mathbf{S})^2/p$ 不是$(1/p)\,\mathrm{Tr}\,\boldsymbol{\Sigma}^2$ 的一致估计量，而假设(A)满足$\hat{Y}_2$ 始终是 Y_2 的一致估计量，而不考虑 $n\to\infty$。

渐近地可以看出

$$\begin{pmatrix}\hat{Y}_1\\ \hat{Y}_2\end{pmatrix}\sim\mathcal{N}\left[\begin{pmatrix}Y_1\\ Y_2\end{pmatrix},\frac{1}{np}\begin{pmatrix}2Y_2 & 4Y_3\\ 4Y_2 & 8Y_4+4(p/n)Y_2^2\end{pmatrix}\right] \tag{8.86}$$

令 $n\to\infty$ 且 $p\to\infty$ 使得 $p/n\to c$。然后，渐近地

$$\begin{pmatrix}\frac{1}{p}\mathrm{Tr}\,\mathbf{S}\\ \frac{1}{p}\mathrm{Tr}\,\mathbf{S}^2\end{pmatrix}\sim\mathcal{N}\left[\begin{pmatrix}Y_1\\ Y_2+cY_1^2\end{pmatrix},\frac{1}{n^2c}\Delta\right] \tag{8.87}$$

其中，

$$\Delta=\begin{pmatrix}2Y_2 & 4(cY_1Y_2+Y_3)\\ 4(cY_1Y_2+Y_3) & 4(2Y_2+cY_2^2+4cY_1Y_3+2c^2Y_1^2Y_2)\end{pmatrix}$$

现在我们有能力研究球形的检验。当从 $\mathcal{N}_p(\boldsymbol{\mu},\boldsymbol{\Sigma})$ 中抽取大小为 $n+1$ 的样本 $\mathbf{x}_1,\cdots,\mathbf{x}_{n+1}$时，考虑检验假设的问题

$$\mathcal{H}_0:\boldsymbol{\Sigma}=\sigma^2\mathbf{I}\quad \text{vs.}\quad \mathcal{H}_1:\boldsymbol{\Sigma}\neq\sigma^2\mathbf{I} \tag{8.88}$$

当 $n>p$ 时，最恰当的常用检验统计量是似然比检验，文献[487]已经证明它具有单调幂函数。但是，当 $n<p$ 时，似然比检验不可用。在这里我们考虑一个基于 $\boldsymbol{\Sigma}$ 的参数函数的一致估计量的检验，它将零假设与备选假设分开。

像经典多元统计中的似然比检验一样，检验问题在变换 $\mathbf{x}\to\boldsymbol{G}\mathbf{x}$ 下保持不变，其中 $\mathbf{G}$ 属于正交矩阵组。该问题在标量变换 $\mathbf{x}\to c\mathbf{x}$ 下也保持不变。因此，可以假设

$$\boldsymbol{\Sigma}=\mathrm{diag}(\lambda_1,\cdots,\lambda_p) \tag{8.89}$$

$p\times p$ 对角矩阵不失一般性。从 Cauchy-Schwarz 不等式中可以得出结论

$$\left(\sum_{i=1}^{p}\lambda_i\times 1\right)^2\leqslant p\sum_{i=1}^{p}\lambda_i^2$$

当且仅当 $\lambda_i\equiv c$ 对于某个常数 c 时等式成立。从而

$$\gamma \equiv \frac{\sum_{i=1}^{p} \lambda_i^2/p}{\left(\sum_{i=1}^{p} \lambda_i/p\right)^2} \geqslant 1 \tag{8.90}$$

并且当且仅当对于某个常数 c，$\lambda_i \equiv c$ 时，$\gamma=1$。因此，可以考虑检验这个假设

$$\mathcal{H}_0: \gamma-1=0 \quad \text{vs.} \quad \mathcal{H}_1: \gamma-1>0$$

对上述假设的检验可以基于 γ 的一致估计量。

从式(8.84)和式(8.85)可以看出，在假设(A)和假设(B)下，γ 的一致估计量为

$$\hat{\gamma}=\frac{\hat{Y}_2}{\hat{Y}_1^2}=\frac{n^2}{(n-1)(n+2)}\frac{1}{p}\left[\operatorname{Tr}\mathbf{S}^2-\frac{1}{n}(\operatorname{Tr}\mathbf{S})^2\right]/(\operatorname{Tr}\mathbf{S}/p)^2 \tag{8.91}$$

因此，对球形度的检验可以基于统计量

$$T_1=\hat{\gamma}-1$$

在假设(A)和假设(B)下，渐近地

$$\left(\frac{n}{2}\right)(T_1-\gamma+1)\sim\mathcal{N}(0,\tau^2)$$

其中，

$$\tau^2=\frac{2n(Y_4Y_1^2-2Y_1Y_2Y_3+Y_2^3)}{pY_1^6}+\frac{Y_2^2}{Y_1^4}$$

在 $\gamma=1$ 的假设，和假设(A)和假设(B)下，渐近地

$$\left(\frac{n}{2}\right)(T_1)\sim\mathcal{N}(0,1)$$

为了评估式(8.91)，需要以下结果：

假设 1：$p/n \to c \in (0,\infty)$；

假设 2：$(1/p)\operatorname{Tr}\boldsymbol{\Sigma}^k=O(1), k=1,2$；

假设 3：$(1/p)\operatorname{Tr}\boldsymbol{\Sigma}^k=O(1), k=3,4$。

定理 8.9.4(大数定律) 根据假设 1 至假设 3，有

$$\frac{1}{p}\operatorname{Tr}\mathbf{S}\xrightarrow{p}\frac{1}{p}\sum_{i=1}^{p}\lambda_i(\boldsymbol{\Sigma})=\alpha$$

$$\frac{1}{p}\operatorname{Tr}\mathbf{S}^2\xrightarrow{p}(1+c)\frac{1}{p}\sum_{i=1}^{p}\lambda_i(\boldsymbol{\Sigma})+\frac{1}{p}\sum_{i=1}^{p}(\lambda_i(\boldsymbol{\Sigma})-\alpha)^2$$

定理 8.9.5(中心极限定理) 根据假设 1 和假设 2，如果 $\frac{1}{p}\sum_{i=1}^{p}(\lambda_i(\boldsymbol{\Sigma})-\alpha)^2=0$，那么

$$n\times\begin{pmatrix}\frac{1}{p}\operatorname{Tr}\mathbf{S}-\alpha \\ \frac{1}{p}\operatorname{Tr}\mathbf{S}^2-\frac{n+p+1}{n}\alpha^2\end{pmatrix}\xrightarrow{d}\mathcal{N}\left(\begin{pmatrix}0\\0\end{pmatrix},\begin{pmatrix}\frac{2}{c}\alpha^2 & 4\left(1+\frac{1}{c}\right)\alpha^3 \\ 4\left(1+\frac{1}{c}\right)\alpha^3 & 4\left(\frac{2}{c}+5+2c\right)\alpha^4\end{pmatrix}\right)$$

其中 d 代表分布收敛。

详情可参见文献[483]。

文献[488]修改了上述检验。从式(8.89)开始，从 Cauchy-Schwarz 不等式出发，

$$\left(\sum_{i=1}^{p}\lambda_i^r\right)^2 \leqslant p\left(\sum_{i=1}^{p}\lambda_i^{2r}\right)$$

当且仅当对于所有 $i=1,\cdots,p$ 和某些常数 c，$\lambda_1=\cdots=\lambda_p=c$ 等式成立。可以考虑以下假设检验：

$$\mathcal{H}_0:\gamma=1 \quad \text{vs.} \quad \mathcal{H}_0:\gamma>1$$

其中，

$$\gamma \equiv \frac{\sum_{i=1}^{p}\lambda_i^{2r}/p}{\left(\sum_{i=1}^{p}\lambda_i^r/p\right)^2}$$

这个检验是基于样本特征值的算术均值的比率。文献[477] 考虑了式(8.90)，并且以上是 $r=1$ 的情况，下面来观察 $r=2$ 的情况。

我们有以下假设，

（C）$p\to\infty$， $Y_i\to Y_i^0$， $0<Y_i^0<\infty$，$i=1,\cdots,16$；

（D）$(n,p)\to\infty$，$\dfrac{p}{n}\to c$，其中 $0<c<\infty$。

其中 $Y_k=(1/p)\operatorname{Tr}\boldsymbol{\Sigma}^k=\dfrac{1}{p}\sum_{j=1}^{p}\lambda_j^k(\boldsymbol{\Sigma})$。

$Y_4=\dfrac{1}{p}\sum_{j=1}^{p}\lambda_j^4(\boldsymbol{\Sigma})$ 的 (n,p) 无偏一致性估计如式(8.92)所示，

$$\hat{Y}_4=\frac{\tau}{p}\left[\operatorname{Tr}\mathbf{S}^4+b\cdot\operatorname{Tr}\mathbf{S}^3\operatorname{Tr}\mathbf{S}+c_1\cdot(\operatorname{Tr}\mathbf{S}^2)^2+d\cdot\operatorname{Tr}\mathbf{S}^2(\operatorname{Tr}\mathbf{S}^2)^2+e\cdot(\operatorname{Tr}\mathbf{S}^2)^4\right] \tag{8.92}$$

其中，

$$b=-\frac{4}{n},\quad c_1=-\frac{2n^2+3n-6}{n(n^2+n+2)},\quad d=\frac{2(5n+6)}{n(n^2+n+2)},\quad e=\frac{5n+6}{n(n^2+n+2)}$$

$$\tau=\frac{n^5(n^2+n+2)}{(n+1)(n+2)(n+4)(n+6)(n-1)(n-2)(n-3)}$$

Y_2 的无偏一致性估计如式(8.85)所示。Y_4/Y_2 的 (n,p) 一致性估计为

$$\psi=\frac{\hat{Y}_4}{\hat{Y}_2^2}$$

在假设(C)和假设(D)下，当 $(n,p)\to\infty$ 时，有

$$\frac{n}{\sqrt{8(8+12c+c^2)}}\left(\frac{\hat{Y}_4}{\hat{Y}_2^2}-\psi\right)\xrightarrow{d}\mathcal{N}(0,\xi^2)$$

其中，

$$\xi^2=\frac{1}{(8+12c+c^2)Y_2^6}\left(\frac{4}{c}Y_4^3-\frac{8}{c}Y_4Y_2Y_6-4Y_4Y_2Y_3^2+\frac{4}{c}Y_2^2Y_8+4Y_6Y_2^3+8Y_2^2Y_5Y_3+4cY_4Y_2^4+8cY_3^2Y_2^3+c^2Y_2^6\right) \tag{8.93}$$

在零假设下，$\psi=1$。在假设(C)和假设(D)下，当 $(n,p)\to\infty$ 时，有

$$T=\frac{n}{\sqrt{8(8+12c+c^2)}}\left(\frac{\hat{Y}_4}{\hat{Y}_2^2}-1\right)\xrightarrow{d}\mathcal{N}(0,1) \tag{8.94}$$

对于大值 n 和 p，T 的能力函数为

$$\mathrm{Power}_{\alpha}(T)\approx\Phi\left(\frac{n\left(\frac{Y_4}{Y_2^2}-1\right)}{\xi\sqrt{8(8+12c+c^2)}}-\frac{z_{\alpha}}{\xi}\right)$$

在假设(C)和假设(D)下，当$(n,p)\to\infty$时，式(8.93)中的 ξ^2 是常数。根据 $\Phi(\cdot)$的属性，可知

$$\mathrm{Power}_{\alpha}(T)\to 1$$

因此式(8.94)中的统计量 T 具有(n,p)一致性。

例 8.9.6(认知无线电的频谱感知技术)

把频谱感知作为一个假设检验的问题[39]：

$$\mathcal{H}_0:\mathbf{\Sigma}=\sigma^2\mathbf{I}$$

$$\mathcal{H}_1:\mathbf{\Sigma}=\mathbf{R}_s+\sigma^2\mathbf{I}$$

其中 σ^2 是高斯白噪声的功率(一般是未知的)，$\mathbf{R}_s$ 是信号向量的协方差矩阵。显然，上述假设检验问题的形式如式(8.88)所示。许多估计可以用来估计低秩的 $\mathbf{R}_s$。详情见文献[40]。 □

本节中的单边检验方法不需要备选假设的信息。需要使用双边检验。

8.9.4 高维协方差矩阵的最优假设检验

这里我们使用 $\mathcal{H}_0$ 和 $\mathcal{H}_1$ 的结构。协方差结构在多元分析中起着重要作用，并且协方差矩阵的检验是一个重要的问题。在高维条件下，维度 p 可以与样本数量 n 相近，甚至远大于样本数量，常规的检验方法例如似然比检验(LRT)表现不好，甚至不能很好地被定义。

受实例 8.9.6 应用的启发，我们考虑假设：

$$\mathcal{H}_0:\mathbf{\Sigma}=\sigma^2\mathbf{I} \tag{8.95}$$

文献[489]从极小极大值的角度研究了高维条件下的这个检验问题。考虑检验(8.95)，复合备选假设为

$$\mathcal{H}_1:\mathbf{\Sigma}\in\Theta,\quad \Theta=\Theta_n=\{\mathbf{\Sigma}:\|\mathbf{\Sigma}-\mathbf{I}\|_{\mathrm{F}}\geqslant\epsilon_n\} \tag{8.96}$$

这里 $\|\mathbf{S}\|_{\mathrm{F}}=\left(\sum_{i,j}a_{ij}^2\right)^{1/2}$ 表示矩阵 $\mathbf{A}=(a_{ij})$的 Frobenius 范数。很明显，$\mathcal{H}_0$ 和 $\mathcal{H}_1$ 之间的检验难度取决于 ϵ_n。ϵ_n 的值越小，区分这两个假设就越难。自然出现以下问题：分离检验区域的边界是什么，哪里能可靠地检验基于观察的备选，从无法检验的区域来看，哪里是不可能检验的。这些问题与经典接近理论有关。同样重要的是构造一个检验，来区分可检验区域里的两个假设。这里的高维条件包括所有的情况,其中随着样本数量 $n\to\infty$，维度 $p=p_n\to\infty$，并且除非另有说明，否则对 p/n 的极限没有限制。

对于一个给定的显著性水平 $\alpha<1$，我们的首要目标是识别分离率 ϵ_n，在这个分离率下存在一个基于随机样本$\{\mathbf{x}_1,\cdots,\mathbf{x}_n\}$的检验 ϕ，

$$\inf_{\mathbf{\Sigma}\in\Theta}\mathbb{P}_{\mathbf{\Sigma}}(\phi\ \text{rejects}\ \mathcal{H}_0)\geqslant\beta>\alpha$$

因此，这个检验能够在保证 $\beta>\alpha$ 特定的距离 ϵ_n 下区分零假设和备选假设。

当维度 p 与样本数量 n 的比例是有界的，下界和上界共同描述了可检验区域和不可检验区域之间的分离边界。然后，这个分离边界可以作为一个极小极大值的基准，用来估计该渐近状态下的检验表现。

下界

先讨论下界。检验 $\phi=\phi_n(\mathbf{x}_1,\cdots,\mathbf{x}_n)$ 表示一个可测函数，该函数将 n 个随机向量映射到闭区间[0,1]，其值表示拒绝假设 $\mathcal{H}_0$ 的概率。因此，检验 ϕ 的显著性水平为

$$\mathbb{P}_I(\phi \text{ rejects } \mathcal{H}_0)=\mathbb{E}_I\phi$$

该检验在特定备择条件下的能力为

$$\mathbb{P}_{\mathbf{\Sigma}}(\phi \text{ rejects } \mathcal{H}_0)=\mathbb{E}_{\mathbf{\Sigma}}\phi$$

在以上条件下，当

$$\mathbf{x}_1,\cdots,\mathbf{x}_n \overset{\text{i. i. d.}}{\sim} \mathcal{N}_p(0,\mathbf{\Sigma})$$

$\mathbb{P}_{\mathbf{\Sigma}}$、$\mathbb{E}_{\mathbf{\Sigma}}$、$\text{Var}_{\mathbf{\Sigma}}$ 和 $\text{Cov}_{\mathbf{\Sigma}}$ 分别表示诱导概率的测度、期望、方差和协方差。对于常数 b，令 $\epsilon_n=b\sqrt{p/n}$，并定义

$$\Theta(b)=\left\{\mathbf{\Sigma}:\|\mathbf{\Sigma}-\mathbf{I}\|_{\text{F}}\geqslant b\sqrt{p/n}\right\} \tag{8.97}$$

定理 8.9.7(下界) 令 $0<\alpha<\beta<1$。假设 $n\to\infty$，$p\to\infty$，且在 $\kappa\to\infty$ 时，假设 $p/n\leqslant\kappa$。然后存在常数 $b=b(\kappa,\beta-\alpha)<1$，使具有显著性水平 α 和零假设 $\mathcal{H}_0:\mathbf{\Sigma}=\mathbf{I}$ 的检验 ϕ 满足

$$\limsup_{n\to\infty}\inf_{\mathbf{\Sigma}\in\Theta(b)}\mathbb{E}_{\mathbf{\Sigma}}\phi<\beta$$

上界

当常数 b 足够大且 $\epsilon_n=b\sqrt{p/n}$ 时，显著性水平 α 的幂对 Θ_n 的比值均大于规定的值。而且当 p/n 有界时，以上结果与定理 8.9.7 中下界的结果保持一致。

此外，本节的结果在 p/n 无界时仍然是有效的。这里有超高维条件存在，即 $n,p\to\infty$ 且 $p/n\to\infty$。LRT 和修正 LRT[160] 在这种条件下都无法严格地被定义。这个渐近系统中的检验问题没有像以前的范畴那样被充分地研究。文献[490]在当前渐近系统下导出了 Ledoit-Wolf 检验的渐近零分布。最近，文献[476]提出了一种新的检验统计量，并且在 n，$p\to\infty$，p/n 为任意情况时导出了该统计量的渐近零分布。

先从检验统计量开始。给定独立同分布的样本 $\mathbf{x}_1,\cdots,\mathbf{x}_n\sim\mathcal{N}_p(\mathbf{0},\mathbf{\Sigma})$，检验式(8.95)和式(8.96)的常用方法是首先通过统计量 $T_n=T_n(\mathbf{x}_1,\cdots,\mathbf{x}_n)$ 来估计 Frobenius 范数的平方

$$\|\mathbf{\Sigma}-\mathbf{I}\|_{\text{F}}^2=\text{Tr}(\mathbf{\Sigma}-\mathbf{I})^2$$

然后在 T_n 很大时拒绝 $\mathcal{H}_0$ 的零假设。为了估计 $\|\mathbf{\Sigma}-\mathbf{I}\|_{\text{F}}^2=\text{Tr}(\mathbf{\Sigma}-\mathbf{I})^2$，需要注意

$$\mathbb{E}_{\mathbf{\Sigma}}d(\mathbf{x}_1,\mathbf{x}_2)=\text{Tr}(\mathbf{\Sigma}-\mathbf{I})^2$$

其中，

$$d(\mathbf{x}_1,\mathbf{x}_2)=(\mathbf{x}_1^{\text{H}}\mathbf{x}_2)^2-(\mathbf{x}_1^{\text{H}}\mathbf{x}_1+\mathbf{x}_2^{\text{H}}\mathbf{x}_2)+p \tag{8.98}$$

因此，$\text{Tr}(\mathbf{\Sigma}-\mathbf{I})^2$ 可以使用U统计量来估计：

$$T_n=\frac{2}{n(n-1)}\sum_{1\leqslant i<j\leqslant n}d(\mathbf{x}_i,\mathbf{x}_j) \tag{8.99}$$

还可得到

$$\text{Var}_n(\mathbf{\Sigma})=\text{Var}_{\mathbf{\Sigma}}(T_n)=\frac{4}{n(n-1)}[(\text{Tr}(\mathbf{\Sigma}^2))^2+\text{Tr}(\mathbf{\Sigma}^4)]+\frac{8}{n}\text{Tr}(\mathbf{\Sigma}^2(\mathbf{\Sigma}-\mathbf{I})^2)$$

命题 8.9.8(文献[476]) 假设当 $n\to\infty$ 时，有 $p\to\infty$。如果协方差矩阵序列在 $n\to\infty$ 时满足 $\mathrm{Tr}(\boldsymbol{\Sigma}^2)\to\infty$ 和 $\mathrm{Tr}(\boldsymbol{\Sigma}^4)/\mathrm{Tr}(\boldsymbol{\Sigma}^2)\to 0$。因此在$\mathbb{P}_{\boldsymbol{\Sigma}}$条件下有

$$\frac{T_n-\mu_n(\boldsymbol{\Sigma})}{\sigma_n(\boldsymbol{\Sigma})}\Rightarrow\mathcal{N}(0,1)$$

当 $n\to\infty$ 时，单位矩阵 $\mathbf{I}_{p\times p}$满足以上命题的条件。而且 $\mu_n(\mathbf{I})=0$，$\sigma_n^2(\boldsymbol{\Sigma})=\dfrac{4p(p-1)}{n(n-1)}$。命题 8.9.8 描述在 $\mathcal{H}_0$ 条件下统计量 T_n 的行为。该检验的定义为：对于 $\alpha\in(0,1)$，基于 T_n 的渐近水平 α 的检验如式(8.100)所示，

$$\psi=I\left(T_n>z_{1-\alpha}\cdot 2\sqrt{\frac{p(p-1)}{n(n-1)}}\right) \tag{8.100}$$

其中 $I(\cdot)$是指示函数，$z_{1-\alpha}$表示标准正态分布的第 $100\times(1-\alpha)$个百分位数。

现在我们研究关于$[T_n-\mu_n(\boldsymbol{\Sigma})]/\sigma_n(\boldsymbol{\Sigma})$分布的正常极限在 Kolmogorov 距离下的收敛速度。设 $\Phi(\cdot)$为标准正态分布的累积分布函数，我们有如下的 Berry-Essen 界。

命题 8.9.9 在命题 8.9.8 的条件下，存在一个常数 C 满足

$$\sup_{x\in\mathbb{R}}\left|\mathbb{P}_{\boldsymbol{\Sigma}}\left(\frac{T_n-\mu_n(\boldsymbol{\Sigma})}{\sigma_n(\boldsymbol{\Sigma})}\leqslant x\right)-\Phi(x)\right|\leqslant C\left[\frac{1}{n}+\frac{\mathrm{Tr}(\boldsymbol{\Sigma}^4)}{\mathrm{Tr}^2(\boldsymbol{\Sigma}^2)}\right]^{1/5}$$

在有了命题 8.9.9 后，现在研究检验式(8.100)对复合备选假设 $\mathcal{H}_1$ 的区分能力。$\mathcal{H}_1$: $\boldsymbol{\Sigma}\in\Theta(b)$，$b<1$，$\Theta(b)$的定义如式(8.97)所示。

定理 8.9.10(上界) 假设当 $n\to\infty$ 时，有 $p\to\infty$。对于显著性水平 $\alpha\in(0,1)$和式(8.97)中定义的 $\Theta(b)$，式(8.100)中的检验能力满足

$$\lim_{n\to\infty}\inf_{\boldsymbol{\Sigma}\in\Theta(b)}\mathbb{E}_{\boldsymbol{\Sigma}}\psi=1-\Phi\left(z_{1-\alpha}-\frac{b^2}{2}\right)>\alpha$$

此外，当 $b_n\to\infty$ 时，$\lim\limits_{n\to\infty}\inf\limits_{\boldsymbol{\Sigma}\in\Theta(b)}\mathbb{E}_{\boldsymbol{\Sigma}}\psi=1$。

在 p 是固定的，且 $n\to\infty$ 的经典渐近系统中，似然比检验(LRT)是最常用的检验。在 p 和 n 值很大，且 $p<n$ 的高维条件下，文献[160]的研究结果表明 LRT 的表现不好是由于 $\mathcal{H}_0$ 下的卡方极限分布不再保持。

当 p 固定且 $n\to\infty$ 时，在经典渐近系统中，式(8.95)的常规检验包括似然比检验(LRT)[371]、Roy 最大根检验[491]和 Nagao 检验[492]。特别地，LRT 统计量是 $\mathrm{LR}_n=nL_n$，其中

$$L_n=\mathrm{Tr}\,\mathbf{S}-\log\det(\mathbf{S})-p$$

$\mathcal{H}_0$ 下的 $\mathrm{LR}_n=nL_n$ 渐近分布是卡方分布$\chi^2_{p(p+1)/2}$。

对于 $p<n$ 且 $p/n\to c_n\in(0,1)$的检验(8.95)，文献[160]提出了一种修正似然比检验(CLRT)，其统计量 CLR_n 的定义如下：

$$\mathrm{CLR}_n=\frac{L_n-p[1-(1-c_n^{-1})\log(1-c_n)]-\dfrac{1}{2}\log(1-c_n)}{\sqrt{-2\log(1-c_n)-2c_n}} \tag{8.101}$$

其中渐近零分布是 $\mathcal{N}(0,1)$。当 $p>n$ 或者 $c_n>1$ 时，无法定义基于似然比检验。CLRT 的能力受制于式(8.100)中定义的检验，并且 CLRT 在整个渐近系统中是可用的。

本节关注 Frobenius 范数下的假设检验问题。文中提出的技术理论也可用于其他矩阵范数，例如谱范数下的检验。

8.9.5 球形检验

假定 $\mathbf{x}_1,\cdots,\mathbf{x}_n$ 是服从正态分布 $\mathcal{N}_p(\boldsymbol{\mu},\boldsymbol{\Sigma})$ 的，独立同分布的随机向量，其中 $\mu\in\mathbb{R}^p$ 是均值向量，$\boldsymbol{\Sigma}$ 是 $p\times p$ 的协方差矩阵。考虑假设检验：

$$\mathcal{H}_0:\boldsymbol{\Sigma}=\sigma^2\mathbf{I}_p \quad \text{vs.} \quad \mathcal{H}_1:\boldsymbol{\Sigma}\neq\sigma^2\mathbf{I}_p \tag{8.102}$$

其中 σ^2 是未知的。式(8.102)中的同一性假设涵盖了假设

$$\mathcal{H}_0:\boldsymbol{\Sigma}=\boldsymbol{\Sigma}_0 \quad \text{vs.} \quad \mathcal{H}_1:\boldsymbol{\Sigma}\neq\boldsymbol{\Sigma}_0$$

其中 $\boldsymbol{\Sigma}_0$ 是任意已知的可逆协方差矩阵。因此，式(8.102)中的假设不失一般性，

$$\bar{\mathbf{x}}=\frac{1}{n}\sum_{i=1}^{n}\mathbf{x}_i,\quad \mathbf{A}=\sum_{i=1}^{n}(\mathbf{x}_i-\bar{\mathbf{x}})(\mathbf{x}_i-\bar{\mathbf{x}})',\quad \mathbf{S}=\frac{1}{n-1}\mathbf{A} \tag{8.103}$$

检验式(8.102)的似然比统计量由文献[493]最早提出，如下所示：

$$V_n=\det\mathbf{A}\cdot\left(\frac{1}{p}\mathrm{Tr}\,\mathbf{A}\right)^{-p}=\det\mathbf{S}\cdot\left(\frac{1}{p}\mathrm{Tr}\,\mathbf{S}\right)^{-p} \tag{8.104}$$

矩阵 $\mathbf{A}$ 和 $\mathbf{S}$ 在 $p>n$ 时是非满秩的，即这些矩阵的行列式为零。即式(8.102)的似然比检验只存在于 $p\leqslant n$ 的情况下。统计量 V_n 是已知的球形统计量。

根据定理 3.1.2 和推论 3.2.19 [37]，可知在假设 $\mathcal{H}_0$ 下[见式(8.102)]有

$$\frac{n}{\sigma^2}\cdot\mathbf{S} \quad \text{和} \quad \mathbf{Z}'\mathbf{Z}\ \text{同分布} \tag{8.105}$$

其中 $\mathbf{Z}=\{z_{ij}\}_{(n)\times p}$ 和 $z_{ij}'s$ 是独立同分布的，且服从高斯分布 $\mathcal{N}(0,1)$。也就是说，当 $p\geqslant n$ 时，矩阵 $\mathbf{S}$ 是非满秩的，并有 $\det\mathbf{A}=0$。这表明式(8.102)的似然比检验只有在 $p<n$ 时存在。

文献[494]证明了拒绝域 $\{V_n\leqslant c_\alpha\}$（其中 c_α 被选择以便检验具有 α 的显著水平）的似然比检验是无偏的。可以通过它的矩来研究检验统计量 V_n 的分布。当零假设 $\mathcal{H}_0:\boldsymbol{\Sigma}=\sigma^2\mathbf{I}_p$ 为真时，从文献[37]的第 341 页引用以下结果：

$$\mathbb{E}(V_n^h)=p^{ph}\frac{\Gamma\left[\frac{1}{2}(n-1)p\right]}{\Gamma\left[\frac{1}{2}(n-1)+ph\right]}\frac{\Gamma\left[\frac{1}{2}(n-1)+h\right]}{\Gamma_p\left[\frac{1}{2}(n-1)\right]},\quad h>-\frac{1}{2} \tag{8.106}$$

当 p 被假定为一个给定的整数时，从文献[37]的 10.7.4 节和文献[495]的 8.3.3 节引用以下结果，给出分布函数 $-2\rho\log(V_n)$，$\rho=1-(2p^2+p+2)/(6np-6p)$ 的明确扩展，随着 $M=\rho(n-1)\to\infty$：

$$\begin{aligned}&\mathbb{P}(-(n-1)\rho\log(V_n)\leqslant x)\\&=\mathbb{P}(\chi_f^2\leqslant x)+\frac{\gamma}{M^2}[\mathbb{P}(\chi_{f+4}^2\leqslant x)-\mathbb{P}(\chi_f^2\leqslant x)]+O(M^{-3})\end{aligned} \tag{8.107}$$

其中 $f=(p+2)(p-1)/2$，$\gamma=(n-1)^2\rho^2\omega_2$，$\omega_2$ 由下式给出：

$$\omega_2=\frac{(p-1)(p-2)(p+2)(2p^2+6p^2+3p+2)}{288p^2(n-1)^2\rho^2} \tag{8.108}$$

换句话说，这个经典的渐近结果表明对于给定的 p，随着 $n\to\infty$，有

$$-n\rho\log V_n \quad \text{收敛于}\ \chi^2(f) \tag{8.109}$$

ρ 是改善收敛速度的修正项。

文献[496]列出了零假设 $\mathcal{H}_0:\boldsymbol{\Sigma}=\sigma^2\mathbf{I}_p$ 下 V_n 渐近分布的低 5 百分位数和低 1 百分位数。

文献[497]引入了一个不同于似然比检验的球形检验，研究了检验统计量

$$U=\frac{1}{p}\left[\frac{\mathbf{S}}{(1/p\ \mathrm{Tr}\ \mathbf{S})}-\mathbf{I}_p\right]^2=\frac{(1/p)\ \mathrm{Tr}\ \mathbf{S}^2}{(1/p\ \mathrm{Tr}\ \mathbf{S})^2}-1 \tag{8.110}$$

根据文献[497]得出的结论，当$U>c_\alpha$时，检验拒绝零假设。其中 c_α由显著水平 α 决定，它是局部最强的球形不变性检验，并且该检验比上述似然比检验更普遍，因为甚至可以在样本数量小于维度(即 $p>n$)时执行。文献[498]进一步表明，在式(8.102)的零假设下，当样本数量 n 趋于无穷大而维数 p 保持不变时，检验统计量U的极限分布由下式给出：

$$\frac{1}{2}npU\xrightarrow{d}\chi^2_{p(p+1)/2-1} \tag{8.111}$$

最后，当 $p\geqslant n$ 时，LRT 不存在，如下所述。近期有一些文献选择其他统计量来研究式(8.102)的球形检验。除此之外，文献[469]重新检验了高维情况下$\lim\limits_{n\to\infty}\frac{p}{n}=c\in(0,\infty)$检验统计量$U$的极限分布。他们证明了在式(8.102)的零假设下，

$$nU_n-p\xrightarrow{d}\mathcal{N}(1,4) \tag{8.112}$$

文献[469]进一步论证了

$$\frac{2}{p}\chi^2_{p(p+1)/2-1}-p\xrightarrow{d}\mathcal{N}(1,4) \tag{8.113}$$

John 的检验统计量U的 n-渐近结果(假设 p 是固定的)仍然适用于高维情况下的实践(即 p 和 n 都很大)。最近，文献[476]将文献[469]的渐近结果扩展到协方差矩阵具有一定条件的非正态分布。文献[484]考虑在高维设置下检验协方差矩阵 $\mathbf{\Sigma}$，其中维数 p 可以与样本数量 n 相当或大得多。对于给定的协方差矩阵 $\mathbf{\Sigma}_0$，检验假设 $\mathcal{H}_0:\mathbf{\Sigma}=\mathbf{\Sigma}_0$的问题是从极小极大值的角度研究的。基于 U 统计量的检验被引入，并且在渐近方法下被证明是速率最优的。研究表明，在适用 CLRT 的整个渐近范围内，该检验的能力一致优于修正似然比检验(CLRT)(最早由文献[160]提出)。

这里我们关注在高维情况$\lim\limits_{n\to\infty}(p/n)=y\in(0,1)$下，根据文献[499]引入的球形似然比检验，对式(8.104)给出的似然比检验统计量 $\log V_n$提出了一个中心极限定理。

定理 8.9.11 假设 $p:=p_n$是一系列依赖于 n 的正整数，使得 $n>1+p$ 对于所有的 $n\geqslant 3$ 成立且随着 $n\to\infty$，$p/n\to y\in(0,1]$。V_n由式(3.3)定义，则在 $\mathcal{H}_0:\mathbf{\Sigma}=a^2\mathbf{I}_p$假设下($a^2$未知)，随着 $n\to\infty$，$(\log V_n-\mu_n)/\sigma_n$收敛于分布 $\mathcal{N}(0,1)$，其中

$$\mu_n=-p-(n-p-1.5)\log\left(1-\frac{p}{n-1}\right)$$

$$\sigma_n^2=-2\left[\frac{p}{n-1}+\log\left(1-\frac{p}{n-1}\right)\right]>0$$

虽然 a^2没有明确，但定理 8.9.11 中的极限分布是核心，也就是说，它不依赖于 a^2。这是因为在式(8.104)中：$\det(\alpha\mathbf{S})=\alpha^p\det(\mathbf{S})$且$(\mathrm{Tr}(\alpha\mathbf{S}))^{-p}=\alpha^{-p}$的表达式中对任意的$\alpha>0$，$\alpha^2$被消去了。

文献[499]的仿真表明，就检验大小(或 α 误差)而言，使用定理 8.9.11 提出的高维 LRT 在 p 较小时不劣于传统 LRT，当 p 变大时，对传统方法有所改进。

传统上，正态分布的均值向量和协方差矩阵的似然比检验(LRT)通过使用似然比检验统计量的极限分布的卡方近似来进行。然而，这种近似依赖于理论假设，即样本数量 n 趋于无穷大，而维数 p 保持不变。在实践中，这要求数据集有大样本(n 趋于无穷)同时维度 p 保持

不变。文献[474]中的仿真显示当p较大时，式(8.109)中的卡方近似是不合理的。由于许多现代数据集都有较高的维度，因此这些传统的似然比检验在分析这些数据集时不太准确。

关于高维观测的球形度检验可参考文献[500]。

8.9.6 检验正态分布的多个协方差矩阵的等式

假设样本协方差矩阵$\mathbf{S}_1,\cdots,\mathbf{S}_k$已经分别从具有协方差矩阵$\boldsymbol{\Sigma}_1,\cdots,\boldsymbol{\Sigma}_k$的多变量正态分布的独立随机样本中计算出来。我们检验以下假设是否为真：

$$\mathcal{H}_0:\boldsymbol{\Sigma}_1=\cdots=\boldsymbol{\Sigma}_k$$

备选的假设$\mathcal{H}_1$是$\mathcal{H}_0$非真。

令$\mathbf{x}_{i1},\cdots,\mathbf{x}_{in_i}$是来自$k$个$p$元正态分布$\mathcal{N}_p(\boldsymbol{\mu}_i,\boldsymbol{\Sigma}_i)$的独立同分布的$\mathbb{R}^p$值随机向量，其中$i=1,\cdots,k,k\geqslant 2$是一个固定的整数。考虑这$k$个正态分布具有相同但未知的协方差矩阵的假设检验，即

$$\mathcal{H}_0:\boldsymbol{\Sigma}_1=\cdots=\boldsymbol{\Sigma}_k \tag{8.114}$$

令

$$\bar{\mathbf{x}}_i=\frac{1}{n_i}\sum_{j=1}^{n_i}\mathbf{x}_{ij},\quad \mathbf{A}_i=\sum_{j=1}^{n_i}(\mathbf{x}_{ij}-\bar{\mathbf{x}}_i)(\mathbf{x}_{ij}-\bar{\mathbf{x}}_i)',\quad i=1,\cdots,k$$

且

$$\mathbf{A}=\mathbf{A}_i+\cdots+\mathbf{A}_k,\quad n=n_1+\cdots+n_k \tag{8.115}$$

文献[501]用一个检验统计量给出了式(8.114)的似然比检验

$$\Lambda_n=\frac{\prod_{i=1}^{k}(\det\mathbf{A}_i)^{n_i/2}}{(\det\mathbf{A})^{n/2}}\cdot\frac{n^{np/2}}{\prod_{i=1}^{k}n_i^{n_ip/2}} \tag{8.116}$$

并且检验在$\Lambda_n\leqslant c_\alpha$时拒绝零假设$\mathcal{H}_0$，其中临界值$c_\alpha$被确定以便检验具有$\alpha$的显著水平。

任意矩阵$\mathbf{A}_i$，$i=1,2,\cdots,k$，对于任意$i=1,\cdots,k$，当$p>n_i$时是不满秩的，因此它的行列式等于零，检验统计量Λ_n也是如此。因此，式(8.114)的似然比检验仅在$i=1,\cdots,k,p\leqslant n_i$时存在。似然比检验的另一个缺点在于其偏置(参见文献[37]的8.2.2节)。文献[502]提出一个修正的似然比检验统计量Λ_n^*，通过使用自由度n_i-1替代每个样本数量n_i，并用$n-k$替代总样本数量n：

$$\Lambda_n^*=\frac{\prod_{i=1}^{k}(\det\mathbf{A}_i)^{(n_i-1)/2}}{(\det\mathbf{A}_i)^{(n-k)/2}}\cdot\frac{(n-k)^{(n-k)p/2}}{\prod_{i=1}^{k}(n_i-1)^{(n_i-1)p/2}} \tag{8.117}$$

文献[503]证明了$k=2$的情况下这个修正的似然比检验的无偏性质，而对于一般的k，由文献[504]证明了这一点。

许多传统检验假设p固定。近期，文献[505]研究了基于Wald统计量的式(8.114)的交错检验

$$T=\frac{n}{2}\sum_{i\neq j}^{k}\operatorname{Tr}\left\{\left(\frac{1}{n_i}\mathbf{S}_i-\frac{1}{n_j}\mathbf{S}_j\right)\left(\frac{1}{n}\mathbf{S}\right)^{-1}\right\}^2 \tag{8.118}$$

其中只要$\mathbf{S}$是非奇异的，Wald统计量就可以很好地被定义，因此它只要求$n=n_1+\cdots+n_k\geqslant p$。

文献[505]表明，如果 p 保持不变，那么随着 $n_i \to \infty$，对于 $i=1,\cdots,k$，T 的极限零分布是一个具有自由度为 $(k-1)p(p+1)/2$ 的卡方分布。对于高维设置，文献[481]提出了一个修正的 Wald 统计量

$$T_{np} = \sum_{i<j} \left\{ \mathrm{Tr}(\mathbf{S}_i - \mathbf{S}_j)^2 - \frac{1}{n_i \eta_i}[n_i(n_i - 2)\ \mathrm{Tr}\ \mathbf{S}_i^2 + n_i^2(\mathrm{Tr}\ \mathbf{S})^2] \right.$$
$$\left. - \frac{1}{n_j \eta_j}[n_j(n_j - 2)\ \mathrm{Tr}\ \mathbf{S}_j^2 + n_j^2(\mathrm{Tr}\ \mathbf{S})^2] \right\} \tag{8.119}$$

其中 $\eta_i = (n_i+2)(n_i-1)$，并且表明这个统计量 T_{np} 是 $\sum_{i \neq j} \mathrm{Tr}(\mathbf{\Sigma}_i - \mathbf{\Sigma}_j)^2$ 的一个无偏估计量。Schott 进一步证明了假设

（1）$p_i/n \to y_i \in [0,\infty)$ 且至少有一个 $y_i > 0$；

（2）对于 $k=1,\cdots,8$，$\lim_{n\to\infty} \frac{1}{p} \mathrm{Tr}\ \mathbf{\Sigma}^k = \gamma_k \in [0,\infty)$。

式(8.119)中定义的统计量 T_{np} 收敛于分布 $\mathcal{N}(0,\sigma^2)$，其中

$$\sigma^2 = 4\left[\sum_{i\neq j}(y_i + y_j)^2 + (k-1)(k-2)\sum_{i=1}^{k} y_i^2\right]\gamma_2^2$$

这里我们提出了随着 n，$p \to \infty$，$p/n \to y \in (0,1)$ 的高维设置下，正态分布的多个协方差矩阵的相等性的似然比检验。我们提出的检验基于零假设式(8.114)下的似然比统计量 $\log \Lambda_n$ 的中心极限定理[499]。

定理 8.9.12 假设对于所有 $1 \leqslant i \leqslant k$，有 $n_i = n_i(p)$。因此 $\min_{1\leqslant i\leqslant k} n_i > p+1$ 且对于 $1 \leqslant i \leqslant k$，随着 $p \to \infty$，$\lim_{p\to\infty} p/n_i = y_i \in (0,1]$。令 $n = n_1 + \cdots + n_k$，Λ_n^* 由式(8.117)定义。然后在以下假设下

$$\mathcal{H}_0 : \mathbf{\Sigma}_1 = \cdots = \mathbf{\Sigma}_k$$

序列

$$\frac{\log \Lambda_n^* - \mu_n}{(n-k)\sigma_n}$$

随着 $p \to \infty$，收敛于分布 $\mathcal{N}(0,1)$，其中

$$\mu_n = \frac{1}{2}\left[(n-k)(n-k-0.5)\log\left(1 - \frac{p}{n-k}\right) - \sum_{i=1}^{k}(n_i - 1)(n_i - p - 1.5)\log\left(1 - \frac{p}{n_i - k}\right)\right]$$

$$\sigma_n^2 = \frac{1}{2}\left[\log\left(1 - \frac{p}{n-k}\right) - \sum_{i=1}^{k}\left(\frac{n_i - 1}{n-k}\right)^2 \log\left(1 - \frac{p}{n_i - k}\right)\right] > 0$$

8.9.7 检验正态分布组分的独立性

对于多元分布 $\mathcal{N}_p(\boldsymbol{\mu},\mathbf{\Sigma})$，我们将一组具有联合正态分布的 p 变量划分为 k 个子集，并要求 k 个子集要么相互独立，要么相等，我们要检验不同子集之间的变量是否相关。实际上，令 $\mathbf{x}_1,\cdots,\mathbf{x}_n$ 是独立同分布于正态分布 $\mathcal{N}_p(\boldsymbol{\mu},\mathbf{\Sigma})$ 的 $\mathbb{R}^p$ 值的随机向量。

令 p 分量向量服从于分布 $\mathcal{N}_p(\boldsymbol{\mu},\mathbf{\Sigma})$。把 $\mathbf{x}$ 分成 k 个子向量：

$$\mathbf{x} = (\mathbf{x}^{(1)},\cdots,\mathbf{x}^{(k)})' \tag{8.120}$$

其中每个 $\mathbf{x}^{(i)}$ 分别具有维数 p_i，且 $p=\sum_{i=1}^{k}p_i$。均值向量 $\boldsymbol{\mu}$ 和协方差矩阵 $\boldsymbol{\Sigma}$ 同样被划分为

$$\boldsymbol{\mu}=(\boldsymbol{\mu}^{(1)},\cdots,\boldsymbol{\mu}^{(k)})' \tag{8.121}$$

且

$$\boldsymbol{\Sigma}=\begin{pmatrix}\boldsymbol{\Sigma}_{11} & \boldsymbol{\Sigma}_{12} & \cdots & \boldsymbol{\Sigma}_{1k}\\ \boldsymbol{\Sigma}_{21} & \boldsymbol{\Sigma}_{22} & \cdots & \boldsymbol{\Sigma}_{2k}\\ \vdots & \vdots & \ddots & \vdots\\ \boldsymbol{\Sigma}_{k1} & \boldsymbol{\Sigma}_{k2} & \cdots & \boldsymbol{\Sigma}_{kk}\end{pmatrix}$$

零假设的情况是子向量 $\mathbf{x}^{(1)},\cdots,\mathbf{x}^{(k)}$ 是相互独立分布的，即 $\mathbf{x}$ 因子的密度分解为 $\mathbf{x}^{(1)},\cdots,\mathbf{x}^{(k)}$ 密度函数的乘积：

$$\mathcal{H}_0:f(\mathbf{x}\mid\boldsymbol{\mu},\boldsymbol{\Sigma})=\prod_{i=1}^{k}f(\mathbf{x}^{(i)}\mid\boldsymbol{\mu}^{(i)},\boldsymbol{\Sigma}_{ii}) \tag{8.122}$$

如果 $\mathbf{x}^{(1)},\cdots,\mathbf{x}^{(k)}$ 是独立子向量，那么协方差矩阵是块对角矩阵并且由 $\boldsymbol{\Sigma}_0$ 表示。

块对角协方差矩阵 $\boldsymbol{\Sigma}_0$ 记为

$$\boldsymbol{\Sigma}_0=\begin{pmatrix}\boldsymbol{\Sigma}_{11} & 0 & \cdots & 0\\ 0 & \boldsymbol{\Sigma}_{22} & \cdots & 0\\ \vdots & \vdots & \ddots & \vdots\\ 0 & 0 & \cdots & \boldsymbol{\Sigma}_{kk}\end{pmatrix}$$

对于 $1\leqslant i\leqslant k$，$\boldsymbol{\Sigma}_{ii}$ 未指定。给定一个大小为 n 的样本，$\mathbf{x}_1,\cdots,\mathbf{x}_n$ 是对随机向量 $\mathbf{x}$ 的 n 个观测量，似然比是

$$\Lambda_n=\frac{\max\limits_{\boldsymbol{\mu},\boldsymbol{\Sigma}_0}L(\boldsymbol{\mu},\boldsymbol{\Sigma}_0)}{\max\limits_{\boldsymbol{\mu},\boldsymbol{\Sigma}}L(\boldsymbol{\mu},\boldsymbol{\Sigma})} \tag{8.123}$$

其中似然函数是

$$L(\boldsymbol{\mu},\boldsymbol{\Sigma})=\prod_{i=1}^{k}\frac{1}{(2\pi)^{p/2}\det^{1/2}(\boldsymbol{\Sigma})}\exp\left\{-\frac{1}{2}(\mathbf{x}_i-\boldsymbol{\mu})'\boldsymbol{\Sigma}(\mathbf{x}_i-\boldsymbol{\mu})\right\} \tag{8.124}$$

$L(\boldsymbol{\mu},\boldsymbol{\Sigma}_0)$ 是 $L(\boldsymbol{\mu},\boldsymbol{\Sigma})$ 在 $\{\boldsymbol{\Sigma}_{ij}=0,\ i\neq j$，对所有的 $0\leqslant i,j\leqslant k\}$ 下，对于所有向量 $\boldsymbol{\mu}$ 和正定矩阵 $\boldsymbol{\Sigma}$ 和 $\boldsymbol{\Sigma}_0$ 取最大值的情况。根据文献[37]的定理 11.2.2，有

$$\max_{\boldsymbol{\mu},\boldsymbol{\Sigma}}L(\boldsymbol{\mu},\boldsymbol{\Sigma})=\frac{1}{(2\pi)^{pn/2}\det^{n/2}(\hat{\boldsymbol{\Sigma}}_{\Omega})}\exp\left\{-\frac{1}{2}pn\right\} \tag{8.125}$$

其中，

$$\hat{\boldsymbol{\Sigma}}=\frac{1}{n-1}\mathbf{S}=\frac{1}{n-1}\sum_{i=1}^{n}(\mathbf{x}_i-\bar{\mathbf{x}})'(\mathbf{x}_i-\bar{\mathbf{x}}) \tag{8.126}$$

在零假设情况下，

$$\begin{aligned}\max_{\boldsymbol{\mu},\boldsymbol{\Sigma}_0}L(\boldsymbol{\mu},\boldsymbol{\Sigma})&=\prod_{i=1}^{k}\max L_i(\boldsymbol{\mu}^{(i)},\boldsymbol{\Sigma}_{ii})\\&=\prod_{i=1}^{k}\frac{1}{(2\pi)^{p_in/2}\det^{n/2}(\hat{\boldsymbol{\Sigma}}_{ii})}\exp\left\{-\frac{1}{2}p_in\right\}\\&=\frac{1}{(2\pi)^{pn/2}\prod\limits_{i=1}^{k}\det^{n/2}(\hat{\boldsymbol{\Sigma}}_{ii})}\exp\left\{-\frac{1}{2}pn\right\}\end{aligned}$$

其中，

$$\hat{\mathbf{\Sigma}}_{ii} = \frac{1}{n-1}\sum_{j=1}^{n}(\mathbf{x}_j^{(i)} - \bar{\mathbf{x}}^{(i)})(\mathbf{x}_j^{(i)} - \bar{\mathbf{x}}^{(i)})' \tag{8.127}$$

如果像对 $\mathbf{\Sigma}$ 一样划分 $\mathbf{S}$ 和$\hat{\mathbf{\Sigma}}$，会发现有

$$\hat{\mathbf{\Sigma}}_{ii} = \frac{1}{n-1}\mathbf{S}_{ii}$$

那么似然比变成

$$\Lambda_n = \frac{\max_{\boldsymbol{\mu},\mathbf{\Sigma}_0} L(\boldsymbol{\mu},\hat{\mathbf{\Sigma}}_0)}{\max_{\boldsymbol{\mu},\mathbf{\Sigma}} L(\boldsymbol{\mu},\hat{\mathbf{\Sigma}})} = \frac{\det^{n/2}(\hat{\mathbf{\Sigma}}_\Omega)}{\prod_{i=1}^{k}\det^{n/2}(\hat{\mathbf{\Sigma}}_{ii})} = \frac{\det^{n/2}(\mathbf{S})}{\prod_{i=1}^{k}\det^{n/2}(\mathbf{S}_{ii})} \tag{8.128}$$

似然比检验的临界区域是

$$\Lambda_n \leqslant \Lambda_n(\alpha) \tag{8.129}$$

其中 $\Lambda_n(\alpha)$是一个数，所以式(8.129)的概率在 $\mathbf{\Sigma}=\mathbf{\Sigma}_0$时是 α。

威尔克斯(Wilks)统计量

我们要检验这个假设

$$\mathcal{H}_0:\mathbf{\Sigma}=\mathbf{\Sigma}_0 \quad \text{vs.} \quad \mathcal{H}_1:\mathbf{\Sigma}\neq\mathbf{\Sigma}_0 \tag{8.130}$$

现在我们用 Wilks 统计量来做检验，令

$$W_n = \frac{\det(\mathbf{S})}{\prod_{i=1}^{k}\det(\mathbf{S}_{ii})} \tag{8.131}$$

W_n 完全可以用样本相关系数来表示，$\Lambda_n = W_n^{n/2}$ 是 W_n 的单调增长函数。临界区域可以等效为 $W_n \leqslant W_n(\alpha)$。当 $p>n$ 时，$W_n=0$，在这种情况下矩阵 $\mathbf{S}$ 不是满秩的。令

$$f = \frac{1}{2}\left(p^2 - \sum_{i=1}^{k}p_i^2\right),\quad \rho = 1 - \frac{2\left(p^3 - \sum_{i=1}^{k}p_i^3\right) + 9\left(p^2 - \sum_{i=1}^{k}p_i^2\right)}{6(n+1)\left(p^2 - \sum_{i=1}^{k}p_i^2\right)} \tag{8.132}$$

当 $n\to\infty$，同时所以 p_i' 全部保持不变时，在文献[37]中的定理 11.2.5 中发现了分布 Λ_n 的传统χ^2 近似：

$$-2\rho\log(\Lambda_n)\xrightarrow{d}\chi_f^2$$

当 p 足够大或与 n 成正比时，这种卡方近似可能会失败[474]。事实上，它们的结果表明中心极限定理是成立的，即对于固定数目的分区 k，$(\log W_n-\mu_n)/\sigma_n$ 实际上收敛于标准法线，其中 μ_n 与 σ_n 可显式表示为样本数量和分区的函数。

考虑到当 p 较大时 LRT 的不足，文献[160]针对高斯总体协方差矩阵在维数较高时的样本量问题，提出了一种修正似然比检验方法。他们还用 LRT 来拟合 $\mathcal{H}_0:\mathbf{\Sigma}=\mathbf{I}_p$ 的高维正态分布 $\mathcal{N}_p(\boldsymbol{\mu},\mathbf{\Sigma})$。在他们的推导中，维数 p 不再是固定的常数，而是一个变量，随着样本数量 n 变为无穷大，且和 $p=p_n$ 之间的比值收敛于一个常数 y：

$$\lim_{n\to\infty}\frac{p}{n}=y\in(0,1)$$

文献[473]进一步将文献[160]的结果推广到 $y=1$ 的情形，达到了用于检验高维数据集中 k 组组件相关性的 LRT 的 CLT，其中 k 是固定数字。文献[474]研究了高维正态分布均值和协方差矩阵的其他几种经典似然比检验。这些检验中的大多数都具有几十年前在大 n 但固定 p 的假设下导出的检验统计量的渐近结果。他们的结果补充了这些传统的结果，为高维分析提供了替代方法，包括临界情况 $p/n \to 1$。

文献[506]已经证明了 LRT 的 CLT，允许 k 随 n 和分区的变化是不平衡的，因为子集中的分量数目不一定是成比例的，下文将对主要结果进行总结。

令 $k \geqslant 2$，$p_1, \cdots, p_k$ 是维数 p 的任意分区，标记 $p = \sum_{k=1}^{k} p_i$，并令

$$\mathbf{\Sigma} = (\mathbf{\Sigma}_{ij})_{p \times p} \tag{8.133}$$

是协方差矩阵(正定)，其中 $\mathbf{\Sigma}_{ij}$ 是 $1 \leqslant i, j \leqslant k$ 的 $p_i \times p_j$ 子矩阵。考虑以下假设

$$\mathcal{H}_0: \mathbf{\Sigma} = \mathbf{\Sigma}_0 \quad \text{vs.} \quad \mathcal{H}_1: \mathbf{\Sigma} \neq \mathbf{\Sigma}_0 \tag{8.134}$$

相当于假设(8.122)。设 $\mathbf{S}$ 为样本协方差矩阵。然后用以下方式划分 $\mathbf{A} = (n-1)\mathbf{S}$：

$$\begin{pmatrix} \mathbf{A}_{11} & \mathbf{A}_{12} & \cdots & \mathbf{A}_{1k} \\ \mathbf{A}_{21} & \mathbf{A}_{22} & \cdots & \mathbf{A}_{2k} \\ \vdots & \vdots & \ddots & \vdots \\ \mathbf{A}_{k1} & \mathbf{A}_{k2} & \cdots & \mathbf{A}_{kk} \end{pmatrix}$$

其中 $\mathbf{A}_{ij}$ 是 $p_i \times p_j$ 矩阵。文献[501]提出了用于检验式(8.122)的似然比统计量。

$$\Lambda_n = \frac{\det^{n/2}(\mathbf{A})}{\prod_{i=1}^{k} \det^{n/2}(\mathbf{A}_{ii})} = (W_n)^{n/2} \tag{8.135}$$

其中 $p>n+1$，矩阵 $\mathbf{A}$ 非满秩，因此 Λ_n 是退化的。根据文献[506]，有以下定理。

定理 8.9.13 设 p 满足 $p<n-1$，当 $n \to \infty$ 成立时，$p \to \infty$，$p_1, \cdots, p_k$ 是 k 个整数，使得 $p = \sum_{i=1}^{k} p_i$ 以及 $\frac{\max_i p_i}{p} \leqslant 1-\delta$，对于固定的 $\delta \in (0, 1/2)$ 和所有的大 n 成立。W_n 是 Wilks 似然比统计量，描述为式(8.135)，然后可以得到

$$\frac{\log W_n - \mu_n}{\sigma_n} \xrightarrow{d} \mathcal{N}(0,1) \tag{8.136}$$

当 $n \to \infty$，有

$$\mu_n = -c \log\left(1 - \frac{p}{n-1}\right) + \sum_{i=1}^{k} c_i \log\left(1 - \frac{p_i}{n-1}\right)$$

$$\sigma_n^2 = -\log\left(1 - \frac{p}{n-1}\right) + \sum_{i=1}^{k} c_i \log\left(1 - \frac{p_i}{n-1}\right)$$

其中 $c = p-n+\frac{3}{2}$，$c_i = p_i - n + \frac{3}{2}$。

在上面的定理中，整数 k，$p_1, \cdots, p_k$ 和 p 都取决于样本数量 n。假设 $\frac{\max_i p_i}{p} \leqslant 1-\delta$ 排除了 $\frac{\max_i p_i}{p} \to 1$ 沿整个序列或任意子序列的情况。

8.9.8 相互依赖检验

目前数据收集的一个突出特点是变量的数量与样本的大小相当。这与经典的情况相反，在许多情况下，人们对低维数据进行了许多观察。在时间序列分析和横截面数据分析中，测量相互依赖是很重要的。虽然串行依赖可以用一般的谱密度函数来描述，但相互依赖很难用单一的准则来描述。本文提出了一种基于文献[507]的新统计量，来检验大量高维随机向量的相互依赖性，包括多个时间序列和横截面面板数据。

设$\{X_{ji}\}$，$j=1,\cdots,n,i=1,\cdots,p$是复数随机变量。对于$1\leqslant i\leqslant p$，设$\mathbf{x}_i=(X_{1i},\cdots,X_{ni})^{\mathrm{T}}$表示第$i$时间序列，$\mathbf{x}_1,\cdots,\mathbf{x}_p$是$p$时间序列的面板，其中$n$通常表示每个时间序列数据中的样本数量。在理论和实践中，假设每个时间序列$(X_{1i},\cdots,X_{ni})$在统计上都是独立的，但假设$\mathbf{x}_1,\cdots,\mathbf{x}_p$是独立的，甚至是不相关的，这可能是不现实的。这是因为横截面指数没有自然排序。

在使用统计模型对此类数据进行建模之前，可能需要检验$\mathbf{x}_1,\cdots,\mathbf{x}_p$是否独立。包括这一部分的主要动机是如何使用基于经验谱分布函数的检验统计量对$\mathbf{x}_1,\cdots,\mathbf{x}_p$的截面独立性进行研究的。目的是为了检验：

$$\begin{aligned}&\mathcal{H}_0:\mathbf{x}_1,\cdots,\mathbf{x}_p\ \text{是独立的}\\&\mathcal{H}_1:\mathbf{x}_1,\cdots,\mathbf{x}_p\ \text{不是独立的}\end{aligned}\tag{8.137}$$

其中对于$\mathbf{x}_i=(X_{1i},\cdots,X_{ni})^{\mathrm{T}}$，$i=1,\cdots,p$。

该方法从本质上利用了大型随机矩阵理论中样本协方差矩阵的经验谱分布的特征函数。当$\mathbf{x}_1,\cdots,\mathbf{x}_p$是相互独立的，相应样本协方差矩阵的极限谱分布(LSD)是Marcenko-Pastur(M-P)定律(见3.5节)。从这一点出发，LSD对M-P定律的任何偏离都是独立性的证明。事实上，文献[175]和文献[508]报告了样本协方差矩阵的LSD，它们在列中具有相关性，与M-P定律不同。由于高维性，我们不需要从$\mathbf{x}_1,\cdots,\mathbf{x}_p$的向量集合中重新绘制观测值。

假设 8.9.14 对于每个$i=1,\cdots,p$，$Y_{1i},\cdots,Y_{ni}$是独立且同分布的随机变量，均值为零，方差为1，且为有限四矩。当Y_{ji}是复随机变量时，我们需要$\mathbb{E}X_{ji}^2=0$，令

$$\mathbf{x}_i=\mathbf{\Sigma}_n^{1/2}\mathbf{y}_i$$

其中，$\mathbf{y}_i=(Y_{1i},\cdots,Y_{ni})^{\mathrm{T}}$和$\mathbf{\Sigma}_n^{1/2}$是非负定厄特矩阵$\mathbf{\Sigma}_n$的厄特平方根。

假设 8.9.15 $p=p(n)$与$p/n\to c\in(0,\infty)$。

将p时间序列$\mathbf{x}_i$逐个叠加成一个数据矩阵$\mathbf{X}=(\mathbf{x}_1,\cdots,\mathbf{x}_p)\in\mathbb{C}^{n\times p}$。此外，还将样本协方差矩阵表示为下式：

$$\mathbf{S}_n=\frac{1}{n}\mathbf{X}^{\mathrm{H}}\mathbf{X}\in\mathbb{C}^{p\times p}$$

其中，H代表矩阵$\mathbf{X}$的厄特转置。样本协方差矩阵$\mathbf{S}_n$的经验谱分布(ESD)定义为

$$F_{\mathbf{S}_n}(x)=\frac{1}{p}\sum_{i=1}^{p}\mathbb{I}(\lambda_i\leqslant x)\tag{8.138}$$

其中$\lambda_1\leqslant\lambda_2\leqslant\cdots\leqslant\lambda_p$是$\mathbf{S}_n$的特征值。

众所周知，如果$\mathbf{x}_1,\cdots\mathbf{x}_p$是独立的，$c_n=p/n\to c\in(0,\infty)$，则$F_{\mathbf{S}_n}(x)$以概率为1收敛于密度有一个显式表达式的Marchenko-Pastur定律$F_c(x)$：

$$f_c(x)=\begin{cases}\dfrac{1}{2\pi c}\dfrac{1}{x}\sqrt{(b-x)(a-x)}, & a\leqslant x\leqslant b\\0, & \text{其他}\end{cases}\tag{8.139}$$

当 $c>1$ 时，点质量为 $1-1/c$，其中 $a=(1-\sqrt{c})^2$，$b=(1+\sqrt{c})^2$。

当 $\mathbf{x}_1,\cdots,\mathbf{x}_p$ 之间存在一定的相关性时，用 $\boldsymbol{\Sigma}_n$ 表示矩阵 $\mathbf{X}$ 的第一行 $\mathbf{y}_1^{\mathrm{T}}$，则在假设 8.9.14 中，当 $F_{\boldsymbol{\Sigma}_n}(x)\xrightarrow{D}H(x)$，$F_{\mathbf{S}_n}(x)$ 收敛于非随机分布函数 $F_{c,H}(x)$，其 Stieltjes 变换满足：

$$m(z)=\int\frac{1}{x[1-c-czm(z)]-z}\mathrm{d}H(x) \tag{8.140}$$

检验统计量的构造依赖于以下观察：当 $\mathbf{x},\cdots,\mathbf{x}_p$ 是独立的并且满足假设 8.9.14（假设 $\mathcal{H}_0$）的时候，样本协方差矩阵 $\mathbf{S}_n$ 的 ESD 极限是式(8.139)的 M-P 定律，当 $\mathbf{x}_1,\cdots,\mathbf{x}_p$ 之间存在某种相关时，ESD 的极限由式(8.140)确定，其中协方差矩阵 $\boldsymbol{\Sigma}_p$ 不同于恒等矩阵 $\mathbf{I}_p$，即 $\boldsymbol{\Sigma}_p\neq\mathbf{I}_p$（假设 $\mathcal{H}_1$）。

此外，初步调查表明，当 $\mathbf{x}_1,\cdots,\mathbf{x}_n$ 只是不相关时（没有任何进一步的假设），$\mathbf{S}_n$ 的 ESD 的极限不是 M-P 定律（见文献[281]）。因此，这就促使我们使用 $\mathbf{S}_n$，$F_{\mathbf{S}_n}(x)$ 的 ESD 作为检验统计量。然而，正如文献[188]所指出的，$F_{\mathbf{S}_n}(x)-F_{c,H}(x)$ 没有中心极限定理。考虑 $F_{\mathbf{S}_n}$ 的特征函数。

$F_{\mathbf{S}_n}(x)$ 的特征函数是

$$s_n(t)\triangleq\int\mathrm{e}^{\mathrm{j}tx}\mathrm{d}F_{\mathbf{S}_n}(x)=\frac{1}{p}\sum_{i=1}^{p}\mathrm{e}^{\mathrm{j}t\lambda_i} \tag{8.141}$$

其中 λ_i，$i=1,\cdots,p$ 是 $\mathbf{S}_n$ 样本协方差矩阵的特征值。然后检验统计量如下：

$$M_n=\int_{T_1}^{T_2}|s_n(t)-s(t)|\mathrm{d}U(t) \tag{8.142}$$

其中 $s(t):=s(t,c_n)$ 是 $F_{c_n}(x)$ 的特征函数，由 M-P 定律 $F_c(x)$ 中的 c 用 $c_n=p/n$ 代替得到，$U(t)$ 是在紧区间上支持的分布函数，例如 $[T_1,T_2]$。

假设 8.9.16　设 $\boldsymbol{\Sigma}_p$ 是具有有界谱范数的 $p\times p$ 随机厄特非负定矩阵。设 $\mathbf{y}_j^{\mathrm{T}}=\mathbf{z}_j^{\mathrm{T}}\boldsymbol{\Sigma}_p^{1/2}$，其中 $\boldsymbol{\Sigma}_p$ 满足 $(\boldsymbol{\Sigma}_p^{1/2})^2=\boldsymbol{\Sigma}_p$ 和 $\mathbf{z}_j=(Z_{j1},\cdots,Z_{jp})^{\mathrm{T}}$，$j=1,\cdots,n$ 是独立同分布随机向量，其中 Z_{ji}，$j\leqslant n$，$i\leqslant p$ 是均值为零，方差为 1 和有限四矩的独立同分布变量。

$\boldsymbol{\Sigma}_p$ 的经验谱分布 $F_{\boldsymbol{\Sigma}_n}(x)$ 在 $[0,\infty)$ 上弱收敛于分布 H，当 $n\to\infty$ 时，矩阵 $\boldsymbol{\Sigma}_p$ 的所有对角线元素都等于 1。

在假设 8.9.16 下，$\mathbf{S}_n$ 变成

$$\mathbf{S}_n=\boldsymbol{\Sigma}_p^{1/2}\mathbf{Z}^{\mathrm{H}}\mathbf{Z}\boldsymbol{\Sigma}_p^{1/2} \tag{8.143}$$

其中 $\mathbf{Z}=(\mathbf{z}_1,\cdots,\mathbf{z}_n)^{\mathrm{T}}$。在假设 3 下，当 $\boldsymbol{\Sigma}_p=\mathbf{I}_p$ 时，随机向量 $\mathbf{x}_1,\cdots,\mathbf{x}_p$ 是独立的，当 $\boldsymbol{\Sigma}_p\neq\mathbf{I}_p$ 时，它们不是独立的。

为了发展检验统计量的渐近分布，引入了

$$G_n(x)=p[F_{\boldsymbol{\Sigma}_n}(x)-F_{c_n}(x)] \tag{8.144}$$

然后，$p(s_n(t)-s(t))$ 可以分解为随机部分和非随机部分的和，如下所示：

$$\begin{aligned}p(s_n(t)-s(t))&=\int\mathrm{e}^{\mathrm{j}tx}\mathrm{d}G_n(x)\\&=\int\mathrm{e}^{\mathrm{j}tx}\mathrm{d}(p[F_{\boldsymbol{\Sigma}_n}(x)-F_{c_n,H_n}(x)]+\int\mathrm{e}^{\mathrm{j}tx}\mathrm{d}(p[F_{c_n,H_n}(x)-F_{c_n}(x)])\end{aligned} \tag{8.145}$$

其中，$F_{c_n,H_n}(x)$ 是从 $F_{c,H}$ 中得到的，用 $c_n=p/n$ 和 $H_n=F_{\boldsymbol{\Sigma}_p}$ 分别代替 c 和 H。

例 8.9.17(通用面板数据模型)

考虑面板数据模型

$$v_{ij}=w_{ij}+\frac{1}{\sqrt{p}}u_i,\quad i=1,\cdots,p;\ j=1,\cdots,n \tag{8.146}$$

其中$\{w_{ij}\}$是一类独立同分布的实随机变量序列，且$\mathbb{E}w_{11}=0$，$\mathbb{E}w_{11}^2=1$是实数随机变量，同时，$u_i,i=1,\cdots,p$是实随机变量且独立于$\{w_{ij}\}$，$i=1,\cdots,p;j=1,\cdots,n$。

对于任意$i=1,\cdots,p$，令

$$\mathbf{v}_i=(v_{i1},\cdots,v_{in})^{\mathrm{T}} \tag{8.147}$$

式(8.146)可以写为

$$\mathbf{V}=\mathbf{W}+\mathbf{u}\mathbf{1}^{\mathrm{T}} \tag{8.148}$$

其中，

$$\mathbf{V}=(\mathbf{v}_1,\cdots,\mathbf{v}_p)^{\mathrm{T}},\mathbf{u}=\left(\frac{1}{\sqrt{p}}u_1,\cdots,\frac{1}{\sqrt{p}}u_p\right)^{\mathrm{T}},\mathbf{1}=(1,\cdots,1)^{\mathrm{T}}\in\mathbb{R}^p$$

考虑样本协方差矩阵

$$\mathbf{S}_n=\frac{1}{n}\mathbf{V}\mathbf{V}^{\mathrm{T}}=\frac{1}{n}(\mathbf{W}+\mathbf{u}\mathbf{1}^{\mathrm{T}})(\mathbf{W}+\mathbf{u}\mathbf{1}^{\mathrm{T}})^{\mathrm{T}} \tag{8.149}$$

由文献[507]的引理 5 和 $\mathrm{rank}(\mathbf{u}\mathbf{1}^{\mathrm{T}})\leqslant 1$ 这一事实，可以得出矩阵 $\mathbf{S}_n$ 的 ESD 极限和矩阵$(1/n)\mathbf{W}\mathbf{W}^{\mathrm{T}}$一样，即满足 M-P 定律。即使如此，我们还是希望使用所提出的统计量 M_n 来检验相互独立性的零假设。

对于模型(8.146)，除了假设 8.9.14 和假设 8.9.15，我们假设

$$\mathbb{E}\|\mathbf{u}\|^4<\infty,\quad \frac{1}{p^2}\mathbb{E}\left[\sum_{i\neq j}^{p}(u_i^2-\bar{u})(u_j^2-\bar{u})\right]\to 0,\quad n\to\infty \tag{8.150}$$

其中$\bar{u}$是一个正常数。本文提出的检验统计量 p^2M_n 在分布上收敛于由下式给定的随机变量 R_2：

$$R_2=\int_{t_1}^{t_2}(|W(t)|^2+|Q(t)|^2)\mathrm{d}U(t) \tag{8.151}$$

其中$(W(t),Q(t))$是一个高斯向量，其均值和协方差在文献[507]中指定。

$u_1,\cdots,u_p$ 是独立的，因此 $\mathbf{v}_1,\cdots,\mathbf{v}_p$ 是独立的，条件(8.150)是真的。 □

8.9.9 尖峰特征值的存在性检验

我们遵循 8.9.8 节的表示法，除非另有定义。

设 $\mathbf{\Sigma}_p$ 是 $p\times p$ 非随机非负定厄特矩阵序列。考虑文献[177]中引入的尖峰总体模型，其中 $\mathbf{\Sigma}_p$ 的特征值是

$$\underbrace{a_1,\cdots,a_1}_{n_1},\cdots,\underbrace{a_k,\cdots,a_k}_{n_2},\underbrace{1,\cdots,1}_{p-M} \tag{8.152}$$

这里 M 和多重数(n_k)是固定的，满足 $n_1+\cdots+n_k=M$，换句话说，除一些固定数(尖峰)外，所有的总体特征值都是单位的。模型被视为空情况的有限秩扰动。

我们分析了尖峰特征值对形式如下的线性谱统计量波动的影响：

$$T_n(f)=\sum_{i=1}^{p}f(\lambda_{n,i})=F_{\mathbf{S}_n}(f) \tag{8.153}$$

其中 f 是一个给定的函数。$\mathbf{S}_n$ 是在式(8.143)中所定义的样本协方差矩阵。与谱分布的收敛类似，尖峰的存在并不影响 $T_n(f)$ 的中心极限定理；然而，中心极限定理中的中心项将根据尖峰的值进行相应的调整。

$\boldsymbol{\Sigma}_n$ 的谱密度 H_n 为

$$H_n = \frac{p-M}{p}\delta_1 + \frac{1}{p}\sum_{i=1}^{k} n_i \delta_{a_i} \tag{8.154}$$

当 p 趋于无穷大时，项

$$\frac{1}{p}\sum_{i=1}^{k} n_i \delta_{a_i}$$

会消失，因此在考虑极限谱分布时不会产生影响。然而，对于中心极限定理(CLT)来说，项 $pF_{c_n,H_n}(f)$ 的前面有一个 p，并且 $\frac{1}{p}\sum_{i=1}^{k} n_i \delta_{a_i}$ 的阶为 $O(1)$，因此是不能被忽略的。

文献[160]提出了修正似然比统计量 L 以进行检验假设

$$\mathcal{H}_0: \boldsymbol{\Sigma}_p = \mathbf{I}_p$$
$$\mathcal{H}_1: \boldsymbol{\Sigma}_p \neq \mathbf{I}_p$$

他们证明，在假设 $\mathcal{H}_0$ 下，有

$$L = \mathrm{Tr}(\mathbf{S}_n) - \log\det(\mathbf{S}_n) - p$$

$$G_{c_n,H_n}(g) = 1 - \frac{c_n - 1}{c_n}\log(1 - c_n)$$

$$m(g) = -\frac{\log(1-c)}{2}$$

$$v(g) = -2\log(1-c) - 2c$$

在重要的 α 级(通常 $\alpha=0.05$)，检验将会拒绝假设 $\mathcal{H}_0$，当

$$L - pG_{c_nH_n}(g) > m(g) + \Phi^{-1}(1-\alpha)\sqrt{v(g)}$$

其中 Φ 是标准正态累积分布函数。

然而，这个检验的幂函数仍然是未知的，因为 L 在一般替代假设 $\mathcal{H}_1$ 下的分布是不明确的。因而考虑一般情况：

$$\mathcal{H}_0: \boldsymbol{\Sigma}_p = \mathbf{I}_p \tag{8.155}$$
$$\mathcal{H}_1: \boldsymbol{\Sigma}_p \text{ 有尖峰结构式(8.152)}$$

换句话说，我们想检验总体协方差矩阵中是否存在可能的尖峰特征值。

$F_{c_n,H_n}(x)$ 在式(8.145)的基础上定义，将 $F_{c,H}$ 中的 c 和 H 分别替换成 $c_n = p/n$ 和 $H_n = F_{\boldsymbol{\Sigma}_p}$ 的形式。

考虑 $\mathcal{H}_1$ 和统计量 L 中使用的 $f(x) = x - \log x - 1$，中心项 $F_{c_n,H_n}(f)$ 将变换为

$$1 + \frac{1}{p}\sum_{i=1}^{k} n_i a_i - \frac{M}{p} - \frac{1}{p}\sum_{i=1}^{k} n_i \log a_i - \left(1 - \frac{1}{c_n}\right)\log(1 - c_i) + O\left(\frac{1}{n^2}\right)$$

根据

$$F_{c_n,H_n}(x) = 1 + \frac{1}{p}\sum_{i=1}^{k} n_i \log a_i - \frac{M}{p} + O\left(\frac{1}{n^2}\right) \tag{8.156}$$

和

$$F_{c_n,H_n}(\log x)=\frac{1}{p}\sum_{i=1}^{k}n_i\log a_i-1+\left(1-\frac{1}{c_n}\right)\log(1-c_i)+O\left(\frac{1}{n^2}\right) \tag{8.157}$$

因此在 $\mathcal{H}_1$ 下，可以得到

$$L-pF_{c_n,H_n}(f)\Rightarrow\mathcal{N}(m(g),v(g))$$

因此，检验的渐近幂函数是

$$\beta(\alpha)=1-\Phi\left(\Phi^{-1}(1-\alpha)-\frac{\sum_{i=1}^{k}n_i(a_i-1-\log a_i)}{\sqrt{-2\log(1-c)-2c}}\right) \tag{8.158}$$

例 8.9.18(认知无线网络中的频谱感知)

关于认知无线网络中频谱感知的应用，可参见文献[39]。考虑以下问题：

$$\mathcal{H}_0:\mathbf{y}=\mathbf{w}$$

$$\mathcal{H}_1:\mathbf{y}=\mathbf{s}+\mathbf{w}$$

其中 $\mathbf{w}$ 是白高斯随机向量,$\mathbf{s}$ 是存在的信号向量且与 $\mathbf{w}$ 无关。那么真正的协方差矩阵就是下面这种形式：

$$\mathcal{H}_0:\sigma^2\mathbf{I}$$

$$\mathcal{H}_1:\mathbf{\Sigma}_s+\sigma^2\mathbf{I}$$

其中 σ^2 是噪声方差，$\mathbf{\Sigma}_s$ 是信号向量的协方差矩阵。使用特征值分解下式：

$$\mathbf{\Sigma}_x=\mathbf{U}\,\mathrm{diag}\,(\lambda_1,\lambda_2,\cdots,\lambda_p)\mathbf{U}^{\mathrm{H}},\quad \mathbf{I}=\mathbf{U}\mathbf{U}^{\mathrm{H}}$$

可以得到

$$\mathcal{H}_0:\sigma^2\mathbf{I}$$

$$\mathcal{H}_1:\mathbf{U}\,\mathrm{diag}\,(\lambda_1+\sigma^2,\lambda_2+\sigma^2,\cdots,\lambda_p+\sigma^2)\mathbf{U}^{\mathrm{H}}$$

其与式(8.155)等价。 □

8.9.10 大维度和小样本量

由于现代信息技术的快速发展，过去几十年中，数据分析爆炸性增长。我们现在面对的许多非常重要的数据分析问题都是高维的。在许多科学领域中，数据维数 p 甚至可能比样本数量 n 大得多。本节的主要目的是在维数 p 远大于样本数量 n，即 $p/n\to\infty$ 时，建立样本协方差矩阵特征值的线性泛函的中心极限定理(CLT)。

考虑样本协方差矩阵 $\mathbf{S}_n=(1/n)\mathbf{X}_n\mathbf{X}_n^{\mathrm{T}}$，其中 $\mathbf{X}_n=(X_{ij})_{p\times n}$ 和 X_{ij}，$i=1,\cdots,p$，$j=1,\cdots,n$ 都是独立同分布的具有零均值和方差 1 的实随机变量。正如我们所知，特征值 $\mathbf{S}_n$ 的线性泛函与其经验谱分布(ESD)函数 $F_{\mathbf{S}_n}(x)$ 是密切相关的。这里对于任何拥有实特征值 $\lambda_1,\cdots,\lambda_n$ 的 $n\times n$ 厄特矩阵 $\mathbf{M}$，其经验谱分布由下式定义：

$$F_{\mathbf{M}}(x)=\frac{1}{n}\sum_{j=1}^{n}\mathbb{I}(\lambda_j\leqslant x)$$

其中 $\mathbb{I}$ 是事件($\lambda_j\leqslant x$)的指示函数。但是，当 $p/n\to\infty$ 时，使用 $F_{\mathbf{S}_n}(x)$ 是不合适的，因为 $\mathbf{S}_n$ 具有($p-n$)个零特征值，因此 $F_{\mathbf{S}_n}(x)$ 以概率 1 收敛于退化分布。请注意，$\mathbf{S}_n$ 的特征值与 $(1/n)\mathbf{X}_n^{\mathrm{T}}\mathbf{X}_n$ 的特征值相同，但其($p-n$)个零特征值除外。因此，我们转而研究 $(1/p)\mathbf{X}_n^{\mathrm{T}}\mathbf{X}_n$ 的谱并将其重新归一化为

$$\mathbf{A}=\frac{1}{\sqrt{np}}(\mathbf{X}^{\mathrm{T}}\mathbf{X}-p\mathbf{I}_n) \tag{8.159}$$

其中 $\mathbf{I}_n$ 是 $n\times n$ 的单位矩阵。当 $p/n\to\infty$ 时，在第四矩条件下，$\mathbf{A}$ 的线性谱统计量(LSS)的中心极限定理(CLT)将在特征值定义下建立。

文献[509]中给出了式(8.159)中的 $\mathbf{A}$ 的一个突破，他们证明了下式：

$$F_{\mathbf{A}}(x)\to F(x)$$

即所谓的半圆定律，且其密度为下式：

$$F'(x)=\begin{cases}\dfrac{1}{2\pi}\sqrt{4-x^2}, & |x|\leqslant 2\\ 0, & |x|>2\end{cases} \tag{8.160}$$

在随机矩阵理论中，$F(x)$ 被命名为经验谱分布(ESD) $F_{\mathbf{A}}(x)$ 的极限谱分布(LSD)。

为了研究 $\mathbf{A}$ 的特征值线性函数的中心极限定理(CLT)，我们用 $\mathcal{P}$ 表示实平面上的一个包含[2,2]的开域，其是 $F(x)$ 的支集，并且 $\mathcal{F}$ 是 $\mathcal{P}$ 上的函数解析集。对于任意 $f\in\mathcal{F}$，定义

$$Q_n(f)\triangleq n\int_{-\infty}^{+\infty}f(x)\,\mathrm{d}(F_{\mathbf{A}}(x)-F(x))-\frac{1}{\pi}\sqrt{\frac{n^3}{p}}\int_{-1}^{1}f(2x)\frac{4x^3-3x}{\sqrt{1-x^2}}\mathrm{d}x \tag{8.161}$$

其随机部分：

$$Q_n^{(1)}(f)\triangleq n\int_{-\infty}^{+\infty}f(x)\,\mathrm{d}(F_{\mathbf{A}}(x)-\mathbb{E}\,F_{\mathbf{A}}(x)) \tag{8.162}$$

令 $\{T_k\}$ 表示切比雪夫多项式族，定义为

$$T_0(x)=1,\quad T_1(x)=x,\quad T_{k+1}(x)=2xT_k(x)-T_{k-1}(x)$$

为了给出计算下述定理8.9.19中 $X(f)$ 的渐近协方差的另一种方法，对于任一 $f\in\mathcal{F}$ 和任何整数 $k>0$，我们定义

$$\begin{aligned}\boldsymbol{\Psi}_k(f)&\triangleq\frac{1}{2\pi}\int_{-\pi}^{+\pi}f(2\cos\theta)\,\mathrm{e}^{ik\theta}\mathrm{d}\theta\\&=\frac{1}{2\pi}\int_{-\pi}^{+\pi}f(2\cos\theta)\cos k\theta\,\mathrm{d}\theta=\frac{1}{\pi}\int_{-1}^{+1}f(2x)\,T_k(x)\,\mathrm{d}x\end{aligned}$$

主要结果在以下定理中阐述。

定理 8.9.19 假设：

(a) $\mathbf{X}=(X_{ij})_{p\times n}$，其中 $\{X_{ij}:i=1,2,\cdots,p;\ j=1,2,\cdots,n\}$ 是独立同分布的实随机变量，并且有 $\mathbb{E}X_{11}=0,\mathbb{E}X_{11}^2=1$ 和 $v_4=\mathbb{E}X_{11}^4<\infty$。

(b1) 随着 $n\to\infty$，$n^3/p=O(1)$。

对于任何 $f_1,\cdots,f_k\in\mathcal{F}$，有限维随机向量 $(Q_n(f_1),\cdots,Q_n(f_k))$ 弱收敛于高斯向量 $(X(f_1),\cdots,X(f_k))$ 且其平均函数为

$$\mathbb{E}\,X(f)=\frac{1}{\pi}\int_{-1}^{+1}f(2x)\left[2(v_4-3)x^3-\left(v_4-\frac{5}{2}\right)\right]\frac{1}{\sqrt{1-x^2}}\mathrm{d}x+\frac{1}{4}(f(2)+f(-2)) \tag{8.163}$$

方差函数

$$\begin{aligned}\mathrm{cov}(X(f_1),X(f_2))&=(v_4-3)\boldsymbol{\Psi}_1(f_1)\boldsymbol{\Psi}_1(f_2)+2\sum_{k=1}^{\infty}k\boldsymbol{\Psi}_k(f_1)\boldsymbol{\Psi}_k(f_2)\\&=\frac{1}{4\pi^2}\int_{-2}^{2}\int_{-2}^{2}f_1'(x)f_2'(y)H(x,y)\,\mathrm{d}x\mathrm{d}y\end{aligned} \tag{8.164}$$

其中，

$$H(x,y)=(v_4-3)\sqrt{4-x^2}\sqrt{4-y^2}+2\log\left(\frac{4-xy+\sqrt{(4-x^2)(4-y^2)}}{4-xy-\sqrt{(4-x^2)(4-y^2)}}\right)$$

如果我们交换 p 和 n，文献[490]中已经建立了当 $f(x)=x^2$ 和 $X_{ij}\sim\mathcal{N}(0,1)$ 时 $Q_n(f)$ 的中心极限定理(CLT)。

注意定理 8.9.19 是在限制条件 $n^3/p=O(1)$ 下建立的，下一个定理把它扩展到一般框架，即 $n/p\to 0$ 时的情况。为达到此目的，不再使用之前的 $Q_n(f)$，而将 $G_n(f)$ 定义为

$$G_n(f)\triangleq n\int_{-\infty}^{\infty}f(x)\mathrm{d}(F_{\mathbf{A}}(x)-F(x))-\frac{n}{2\pi i}\oint_{|m|=\rho}f(-m-m^{-1})\mathcal{X}_n(m)\frac{1-m^2}{m^2}\mathrm{d}m \tag{8.165}$$

其中，

$$\mathcal{X}_n(m)\triangleq\frac{-\mathcal{B}+\sqrt{\mathcal{B}^2-4\mathcal{A}\mathcal{C}}}{2\mathcal{A}},\quad \mathcal{A}=m-\sqrt{\frac{n}{p}}(1+m^2)$$

$$\mathcal{B}=m^2-1-\sqrt{\frac{n}{p}}m(1+2m^2),\quad \mathcal{C}=\frac{m^3}{n}\left(\frac{m^2}{1-m^2}+v_4-2\right)-\sqrt{\frac{n}{p}}m^4 \tag{8.166}$$

并且 $\sqrt{\mathcal{B}^2-4\mathcal{A}\mathcal{C}}$ 是一个复数，它的虚部与 $\mathcal{B}$ 的虚部符号相同。积分等值线取 $|m|=\rho$ 且 $\rho<1$。

定理 8.9.20 假设：

(a) $\mathbf{X}=(X_{ij})_{p\times n}$，其中 $\{X_{ij}:i=1,2,\cdots,p;\ j=1,2,\cdots,n\}$ 是独立同分布的实随机变量，并且有 $\mathbb{E}X_{11}=0$，$\mathbb{E}X_{11}^2=1$ 和 $v_4=\mathbb{E}X_{11}^4<\infty$。

(b2) 随着 $n\to\infty$，$n/p\to 0$。

然后，对于任何 $f_1,\cdots,f_k\in\mathcal{F}$，有限维随机向量 $(G_n(f_1),\cdots,G_n(f_k))$ 弱收敛于高斯向量 $(Y(f_1),\cdots,Y(f_k))$，其有平均函数 $\mathbb{E}Y(f)=0$ 和协方差函数 $\mathrm{cov}(Y(f),Y(g))$，与式(8.164)中给出的相同。

因此，定理 8.9.19 是定理 8.9.20 在 $n^3/p=O(1)$ 时的一个特例。定理 8.9.19 中的平均修正项具有简单明确的表达式，并且在 $f(x)$ 为偶数或者 $n^3/p\to 0$ 时消失。上述两个定理的证明几乎是一样的。

如果 $n^3/p=O(1)$，定理 8.9.20 与定理 8.9.19 就完全一致了。但事实上，由于 $n^3/p=O(1)$，我们有 $4\mathcal{A}\mathcal{C}=o(1)$ 和 $\mathcal{B}=m^2-1$。由式(8.166)得到

$$n\mathcal{X}_n(m)=n\cdot\frac{-\mathcal{B}+\sqrt{\mathcal{B}^2-4\mathcal{A}\mathcal{C}}}{2\mathcal{A}}=\frac{-2n\mathcal{C}}{\mathcal{B}+\sqrt{\mathcal{B}^2-4\mathcal{A}\mathcal{C}}}$$

$$=\frac{m^2}{1-m^2}\left(\frac{m^2}{1-m^2}-v_4-2\right)+\sqrt{\frac{n^3}{p}}\frac{m^4}{1-m^2}+o(1)$$

因此，经过与文献[510]的 5.1 节相同的计算，得到

$$-\frac{n}{2\pi i}\oint_{|m|=\rho}f(-m-m^{-1})\mathcal{X}_n(m)\frac{1-m^2}{m^2}\mathrm{d}m$$

$$=-\frac{1}{2\pi i}\oint_{|m|=\rho}f(-m-m^{-1})m\left[\frac{m^2}{1-m^2}-v_4-2+\sqrt{\frac{n^3}{p}}\right]\mathrm{d}m+o(1)$$

$$=-\left[\frac{1}{4}[f(2)+f(-2)]-\frac{1}{2}\Psi_0(f)+(v_4-3)\Psi_2(f)\right]$$

$$-\sqrt{\frac{n^3}{p}}\Psi_3(f)+o(1) \tag{8.167}$$

例 8.9.21(假设检验)

假设 $\mathbf{y}=\mathbf{Hs}$ 是具有协方差矩阵 $\mathbf{\Sigma}=\mathbf{HH}^{\mathrm{T}}$ 的 p 维向量，其中 $\mathbf{H}$ 是 $p\times p$ 的矩阵，其特征值为正，并且 $\mathbf{s}$ 中的元素是独立同分布的具有均值零和方差为 1 的随机变量。我们想检验

$$\begin{aligned}\mathcal{H}_0:\mathbf{\Sigma}_p=\mathbf{I}_p\\ \mathcal{H}_1:\mathbf{\Sigma}_p\neq\mathbf{I}_p\end{aligned} \tag{8.168}$$

关于式(8.168)，对于大 p 和小 n，假设 $p/n\to\infty$。然后研究样本协方差矩阵 $\mathbf{S}_n$ 的函数，特别是其特征值的函数。这里取式(8.161)或式(8.165)中的 $f(x)=x^2$。根据定理 8.9.19 或定理 8.9.20，提出检验统计如下：

$$L_n=\frac{1}{2}\left[n\left(\int x^2\mathrm{d}F_{\mathbf{B}}(x)-\int x^2\mathrm{d}F(x)\right)-(v_4-2)\right]=\frac{1}{2}(\mathrm{Tr}\ \mathbf{BB}^{\mathrm{T}}-n-(v_4-2)) \tag{8.169}$$

其中 $\mathbf{B}=\sqrt{\frac{p}{n}}\left(\frac{1}{p}\mathbf{X}^{\mathrm{T}}\mathbf{X}-\mathbf{I}_n\right)$，$\mathbf{Y}=(\mathbf{y}_1,\cdots,\mathbf{y}_n)$。因为 $\mathbf{H}^{\mathrm{T}}\mathbf{H}=\mathbf{I}_p$ 和 $\mathbf{HH}^{\mathrm{T}}=\mathbf{I}_p$ 是等价的，因此在假设 $\mathcal{H}_0$ 下有

$$L_n\xrightarrow{d}\mathcal{N}(0,1) \tag{8.170}$$

□

为了进行比较，首先介绍当样本数量 n 与维数 p 相当时，文献[511]关于单位检验似然比检验(LRT)的渐近幂的工作。自然的检验方法式(8.168)是对 $\mathbf{\Sigma}_p$ 和 $\mathbf{I}_p$ 之间的一些距离测度进行估计，并且有两种类型的测度在文献中被广泛使用。第一种基于似然函数，也称为 Stein 损失函数：

$$L_{\mathrm{Stein}}(\mathbf{\Sigma}_p)=\mathrm{Tr}(\mathbf{\Sigma}_p)-\log\det(\mathbf{\Sigma}_p)-p \tag{8.171}$$

第二种是基于二次损失函数：

$$L_{\mathrm{Quad}}(\mathbf{\Sigma}_p)=\mathrm{Tr}(\mathbf{\Sigma}_p-\mathbf{I}_p)^2 \tag{8.172}$$

为了放宽高斯假设，假定观测值 $\mathbf{x}_1,\cdots,\mathbf{x}_n\in\mathbb{R}^p$ 满足多变量模型

$$\mathbf{x}_i=\mathbf{\Sigma}_p^{1/2}\mathbf{z}_i+\boldsymbol{\mu},\quad i=1,\cdots,n \tag{8.173}$$

其中 $\boldsymbol{\mu}$ 是 p 维常数向量，并且 $\mathbf{Z}_n=(Z_{ij})_{p\times n}=(\mathbf{z}_1,\cdots,\mathbf{z}_n)$ 的元素是独立同分布的，且有

$$\mathbb{E}\,Z_{ij}=0,\quad \mathbb{E}\,Z_{ij}^2=1,\quad \mathbb{E}\,Z_{ij}^4=4+\Delta$$

样本协方差矩阵 $\mathbf{S}_n$ 定义如下：

$$\mathbf{S}_n=\frac{1}{n-1}\sum_{k=1}^{n}(\mathbf{x}_k-\bar{\mathbf{x}})(\mathbf{x}_k-\bar{\mathbf{x}})^{\mathrm{T}}$$

其中 $\bar{\mathbf{x}}=\frac{1}{n}\sum_{k=1}^{n}\mathbf{x}_k$。

令 $c_n=p/n<1$，似然比检验(LRT)统计量定义为

$$L_n=\frac{1}{p}\mathrm{Tr}(\mathbf{S}_n)-\log\det(\mathbf{S}_n)-1-d(c_n) \tag{8.174}$$

其中 $d(x)=1+(1/x-1)\log(1-x)$，$0<x<1$。在零假设下，文献[511]利用随机矩阵理论导出了 L_n 的渐近正态性。

定理 8.9.22 当 $\mathbf{\Sigma}_p = \mathbf{I}_p$，$c_n = p/n \to c \in (0,1)$

$$\frac{pL_n - \mu_n}{\sigma_n} \xrightarrow{\mathrm{D}} \mathcal{N}(0,1)$$

其中，

$$\mu_n = c_n(\Delta/2-1) - 3/2\log(1-c_n), \quad \sigma_n^2 = -2c_n - 2\log(1-c_n)$$

$\xrightarrow{\mathrm{D}}$代表依分布收敛。

当 $\mathbf{x}_1, \mathbf{x}_2, \cdots, \mathbf{x}_n \in \mathbb{R}^p$ 是独立同分布的多元正态分布 $\mathcal{N}(\boldsymbol{\mu}, \mathbf{\Sigma}_p)$，其中 $\Delta = 0$，文献[473]通过使用 Selberg 积分得出了与定理 8.9.22 相似的结果，他们也考虑了 $p/n \to 1$ 的特殊情况。根据相应的零假设下的渐近正态性，基于 L_n 的渐近水平检验由下式给出：

$$\phi = \mathbb{I}\left(\frac{pL_n - \mu_n}{\sigma_n} > z_{1-\alpha}\right) \tag{8.175}$$

$z_{1-\alpha}$表示标准正态分布的 $100\times(1-\alpha)$ 百分位数。在下面的定理中，建立了备选 $\mathcal{H}_1 : \mathbf{\Sigma}_p \neq \mathbf{I}_p$ 下 L_n 的收敛性。

定理 8.9.23 当 $\mathrm{Tr}(\mathbf{\Sigma}_p - \mathbf{I}_p)^2/p \to 0$，$c_n = p/n \to c \in (0,1)$时，有

$$\frac{pL_n - L_{\mathrm{Stein}}(\mathbf{\Sigma}_p) - \mu_n}{\sigma_n} \xrightarrow{\mathrm{D}} \mathcal{N}(0,1)$$

其中 $\mu_n = c_n(\Delta/2-1) - 3/2\log(1-c_n)$，$\sigma_n^2 = -2c_n - 2\log(1-c_n)$。

特别地，当 $L_{\mathrm{Stein}}(\mathbf{\Sigma}_p)$趋于一个常数，有如下结果。

定理 8.9.24 当 $K_2(\mathbf{\Sigma}_p) \to b \in (0, \infty)$，$c_n = p/n \to c \in (0,1)$有

$$\lim_{n\to\infty} \mathbb{P}_{\mathbf{\Sigma}_p}(\phi \text{ rejects } \mathcal{H}_0) = 1 - \Phi\left(z_{1-\alpha} - \frac{b}{\sqrt{-2c - 2\log(1-c)}}\right)$$

其中 $\Phi(\cdot)$是标准正态分布的累积分布函数。

从定理 8.9.23 和定理 8.9.24 可以看出表达式

$$1 - \Phi\left(z_{1-\alpha} - \frac{L_{\mathrm{Stein}}(\mathbf{\Sigma}_p)}{\sigma_n}\right) \tag{8.176}$$

给出了式(8.175)中的检验功率良好近似，直到功率非常接近 1。特别地，当 $L_{\mathrm{Stein}}(\mathbf{\Sigma}_p)$很大时，检验的功率 ϕ 将接近 1，并且如果 $L_{\mathrm{Stein}}(\mathbf{\Sigma}_p)$趋于零，对 ϕ 来讲很难在这两个假设中做区分。

为了推导出渐近幂，文献[484]和文献[512]使用了一个特殊的协方差矩阵：

$$\mathbf{\Sigma}_p^\star = \mathbf{I}_p + h\sqrt{\frac{p}{n}}\mathbf{v}\mathbf{v}^{\mathrm{T}} \tag{8.177}$$

其中，h 是常数，$\mathbf{v}$ 是任意固定的单位向量。这里，根据定理 8.9.24，知道 LRT 检验式(8.174)的渐近功率是

$$1 - \Phi\left(z_{1-\alpha} - \frac{h\sqrt{c} - \log(1 + h\sqrt{c})}{\sqrt{-2c_n - 2\log(1-c_n)}}\right)$$

因此，与基于 $L_{\mathrm{Quad}}(\mathbf{\Sigma}_p)$[469,476,484] 的检验相比较，其对 $\mathbf{\Sigma}_p^\star$ 的功率为 $1 - \Phi(z_{1-\alpha} - h^2/2)$，LRT 对小特征值更敏感($h<0$)，不大于另一种情况($h>0$)。特别地，当 $1+h\sqrt{c}$趋于零，$\mathbf{\Sigma}_p^\star$ 有一个非常小的特征值，功率将趋于 1。

8.10 Roy 最大根检验

在本节中，在秩 1 集中非中心矩阵的极端设置中，导出了 Roy 最大根检验分布的相对精确的表达式。即使在这种限制性情况下，推导出这样的表达式也是多变量分析中的一个公开问题，并且可能限制了 Roy 检验的实际应用。文献[513]推导出的新分布简单易行。此外，如模拟所示，对于小样本量和强信号，与经典高斯近似相比，它们为最大根的分布提供了更准确的表达式。本节内容也是 15.3 节中大规模 MIMO 的动机。

首先我们考虑一个实例。

例 8.10.1(多响应线性回归)

考虑一个线性模型，其中有 n 个观测值对应 m 变量的响应

$$\mathbf{Y}=\mathbf{XB}+\mathbf{Z} \tag{8.178}$$

其中，$\mathbf{Y}$ 是 $n\times m$ 矩阵，已知的设计矩阵 $\mathbf{X}$ 是 $n\times p$ 的，因此，未知的系数矩阵 $\mathbf{B}$ 是 $p\times m$ 的。假设 $\mathbf{X}$ 有满秩 p。假定高斯噪声 $\mathbf{Z}$ 具有独立的行，每一行具有零均值和协方差 $\mathbf{\Sigma}$，因此 $\mathbf{Z}\sim\mathcal{N}(0,\mathbf{I}_n\otimes\mathbf{\Sigma})$，$\otimes$代表 Kronecker 积。

一个常见的零假设是 $\mathbf{CB}=0$。例如，它被用于检验(系数)子集之间的差异。假设“对比度”矩阵 $\mathbf{C}$ 具有满秩 $r\leqslant p$。总结单变量 F 检验，自然地形成了平方和叉积矩阵的“假设”和“误差”总和，这在我们的高斯假设下具有独立的 Wishart 分布：

$$\mathbf{H}=\mathbf{Y}^{\mathrm{T}}\mathbf{P}_{\mathrm{H}}\mathbf{Y}\sim W_n(n_{\mathrm{H}},\mathbf{\Sigma},\mathbf{\Omega})$$

$$\mathbf{E}=\mathbf{Y}^{\mathrm{T}}\mathbf{P}_{\mathrm{E}}\mathbf{Y}\sim W_m(n_{\mathrm{H}},\mathbf{\Sigma})$$

$\mathbf{P}_{\mathrm{E}}$ 是在误差子空间上的正交投影，秩为 $n_{\mathrm{E}}=n-p$；$\mathbf{P}_{\mathrm{H}}$ 是在 $\mathbf{CB}$ 假设子空间上的正交投影，秩为 $n_{\mathrm{E}}=r$；$\mathbf{\Omega}$ 是与回归均值$\mathbb{E}\mathbf{Y}=\mathbf{XB}$ 相对应的非中心矩阵。

经典检验使用类 F 矩阵的特征值 $\mathbf{E}^{-1}\mathbf{H}$；我们的兴趣在于 Roy 最大根检验，它基于最大的特征值 $\ell_1(\mathbf{E}^{-1}\mathbf{H})$。我们的近似(对于一个非中心矩阵的情况有效)采用两个独立 F 分布的线性组合，其中之一是非中央的。

命题 8.10.2 假设 $\mathbf{H}\sim W_m(n_{\mathrm{H}},\mathbf{\Sigma},\mathbf{\Omega})$，$\mathbf{E}\sim W_m(n_{\mathrm{H}},\mathbf{\Sigma})$是独立的 Wishart 矩阵，$m>1$，$v=n_{\mathrm{E}}-m>1$。假设非中心矩阵的秩为 1，$\mathbf{\Omega}=\omega\mathbf{\Sigma}^{-1}\mathbf{v}\mathbf{v}^{\mathrm{T}}$，对 $\omega>0$，$\mathbf{v}$ 的长度为 1。如果 m，n_{H}，n_{E} 保持固定，$\omega\to\infty$，则

$$\ell_1(\mathbf{E}^{-1}\mathbf{H})\approx c_1F_{a_1,b_1}(\omega)+c_2F_{a_2,b_2}(\omega)+c_3 \tag{8.179}$$

其中，F 变量是独立的，分子和分母的自由度由下式给出：

$$a_1=n_{\mathrm{H}},\quad b_1=v+1,\quad a_2=m-1,\quad b_2=v+2 \tag{8.180}$$

$$c_1=a_1/b_1,\quad c_2=a_2/b_2,\quad c_3=a_2/(v(v-1)) \tag{8.181}$$

考虑一个由 m 个传感器(天线、智能电表、PMU 等)组成的测量系统。在单个信号存在的情况下，观测样本的标准模型为

$$\mathbf{x}=\sqrt{\rho_s}\,\xi\mathbf{h}+\sigma\mathbf{n} \tag{8.182}$$

其中 $\mathbf{h}$ 是一个未知的 m 维向量，在测量时间窗口假定是固定的，ξ 是一个随机变量服从分布 $\mathcal{N}(0,1)$，ρ_s 是信号强度，σ 是噪声水平，并且 $\mathbf{n}$ 是遵循多元高斯分布 $\mathcal{N}(\mathbf{0},\mathbf{\Sigma})$ 的随机噪声向量。

在本节中，为了简单起见，我们假设实数信号和噪声。复数的情况可以用类似的方式处

理。令 $\mathbf{x}_i\in\mathbb{R}^m$, $i=1,\cdots,n_{\mathrm{H}}$ 是式(8.182)的观测值，服从独立同分布，并且令$(1/n_{\mathrm{H}})\mathbf{H}$表示它们的样本协方差矩阵，

$$\mathbf{H}=\sum_{i=1}^{n_{\mathrm{H}}}\mathbf{x}_i\mathbf{x}_i^{\mathrm{T}}\sim W_m(n_{\mathrm{H}},\boldsymbol{\Sigma}+\boldsymbol{\Omega})\tag{8.183}$$

其中，$\boldsymbol{\Omega}=\rho_s\mathbf{hh}^{\mathrm{T}}$ 秩为 1。统计信号处理的一个基本问题是在没有信号出现的情况下，检验 $\mathcal{H}_0:\rho_s=0$和 $\mathcal{H}_1:\rho_s>0$。如果噪声协方差矩阵 $\boldsymbol{\Sigma}$ 是已知的，观测到的数据可以通过 $\boldsymbol{\Sigma}^{-1/2}\mathbf{x}_i$ 变换进行白化。标准检验方案取决于 $\boldsymbol{\Sigma}^{-1}\mathbf{H}$ 的特征值。

第二个重要实例假设噪声协方差矩阵 $\boldsymbol{\Sigma}$ 是任意的且未知，但我们有额外的“纯噪声”观测值 $\mathbf{z}_j\sim\mathcal{N}(\mathbf{0},\boldsymbol{\Sigma})$, $j=1,\cdots,n_{\mathrm{E}}$。传统的估计噪声协方差为$(1/n_{\mathrm{E}})\boldsymbol{\Sigma}$，其中，

$$\mathbf{E}=\sum_{i=1}^{n_{\mathrm{E}}}\mathbf{z}_i\mathbf{z}_i^{\mathrm{T}}\sim W_m(n_{\mathrm{E}},\boldsymbol{\Sigma})\tag{8.184}$$

并使用 $\mathbf{E}^{-1}\mathbf{H}$ 的特征值设计检验方案。

令 ℓ_1 是 $\boldsymbol{\Sigma}^{-1}\mathbf{H}$ 或 $\mathbf{E}^{-1}\mathbf{H}$ 的最大特征值，具体的取值取决于具体的设置。如果 $\ell_1>t(\alpha)$，则 Roy 检验可替代，其中 $t(\alpha)$是对应于虚警或 I 类错误率为 α 的阈值。Roy 检验的概率或 Roy 检验的功率被定义为

$$P_{\mathrm{D}}=\mathbb{P}[\ell_1>t(\alpha)\mid\mathcal{H}_1]$$

如果矩阵 $\boldsymbol{\Sigma}$ 假定是已知的，那么不失一般性，我们假设 $\boldsymbol{\Sigma}=\mathbf{I}$ 并研究 $\mathbf{H}$ 的最大特征值，而不是 $\mathbf{E}^{-1}\mathbf{H}$。

命题 8.10.3 令 $\mathbf{H}\sim W_m(n_{\mathrm{H}},\sigma^2\mathbf{I}+\lambda_{\mathrm{H}}\mathbf{vv}^{\mathrm{T}})$，$\|\mathbf{v}\|=1$，令 $\lambda_{\max}$是最大的特征值，则$(m,\lambda_{\mathrm{H}},n_{\mathrm{H}})$固定，当 $\sigma\to0$

$$\lambda_{\max}=(\lambda_{\mathrm{H}}+\sigma^2)\chi_{n_{\mathrm{H}}}^2+\chi_{m-1}^2\sigma^2+\frac{\chi_{m-1}^2\chi_{n_{\mathrm{H}}-1}^2}{(\lambda_{\mathrm{H}}+\sigma^2)\chi_{n_{\mathrm{H}}}^2}\sigma^4+o_p(\sigma^4)\tag{8.185}$$

其中 3 个卡方变量$\chi_{n_{\mathrm{H}}}^2,\chi_{m-1}^2,\chi_{n_{\mathrm{H}}-1}^2$互相独立。

$\lambda_{\max}$的近似紧随其后。从式(8.185)中，由卡方变量和$\mathbb{E}(1/\chi_n^2)=1/(n-2)$ 的独立性可以得到

$$\mathbb{E}\,\lambda_{\max}\approx n_{\mathrm{H}}\lambda_{\mathrm{H}}+(m-1+n_{\mathrm{H}})\sigma^2+\frac{(m-1)(n_{\mathrm{H}}-1)}{(\lambda_{\mathrm{H}}+\sigma^2)(n_{\mathrm{H}}-2)}\sigma^4\tag{8.186}$$

设 $\omega=\lambda_{\mathrm{H}}n_{\mathrm{H}}$，$\sigma=1$，同时假设 $\lambda_{\mathrm{H}}=\omega/n_{\mathrm{H}}$ 足够大。则变量 $\lambda_{\max}$：

$$\mathrm{Var}(\lambda_{\max})=2n_{\mathrm{H}}\lambda_{\mathrm{H}}^2+4n_{\mathrm{H}}\lambda_{\mathrm{H}}+2(m-1+n_{\mathrm{H}})+o(1)\tag{8.187}$$

$m\to\infty$，$n_{\mathrm{H}}\to\infty$ 则 $m/n_{\mathrm{H}}\to c>0$。最近在随机矩阵理论中有大量关于“尖峰模型”的文献，如文献[335]。基本的现象是一个相变：$\lambda=\sqrt{c}$，$\sigma=1$；$\lambda<\sqrt{c}$，$\ell_1(\mathbf{H})$渐近地具有零功率的 Tracy-Widom 分布。而 $\lambda>\sqrt{c}$，$\ell_1(\mathbf{H})$遵循具有不同尺度和渐近幂的近似高斯分布。在固定(m,n_{H})的情况下，对于 $\lambda>\sqrt{c}$的高斯近似通常不如这里提到的高斯近似。

接下来，考虑两个矩阵的情况，其中 $\boldsymbol{\Sigma}$ 是未知的，并且需要根据具体数据来估计。以下命题考虑了存在单个高斯信号的备选假设下的信号检验设置。

命题 8.10.4 假设 $\mathbf{H}\sim W_m(n_{\mathrm{H}},\sigma^2\mathbf{I}+\lambda_{\mathrm{H}}\mathbf{vv}^{\mathrm{T}})$，$\mathbf{E}\sim W_m(n_{\mathrm{E}},\mathbf{I})$是独立的 Wishart 矩阵，$m>1$。假设 $m,n_{\mathrm{H}},n_{\mathrm{E}}$ 均为固定值，且 $\lambda_{\mathrm{H}}\to\infty$，则有

$$\ell_1(\mathbf{E}^{-1}\mathbf{H})\approx c_1(1+\lambda_{\mathrm{H}})F_{a_1,b_1}+c_2F_{a_2,b_2}+c_3\tag{8.188}$$

其中 F 变量是独立的，$v=n_{\mathrm{E}}-m>1$，分子和分母的自由度由式(8.180)和式(8.181)给出。

当协方差未知时，有

$$\mathbb{E}\,\ell_1(\mathbf{E}^{-1}\mathbf{H})\approx\frac{1}{n_{\mathrm{E}}-m-1}[(\lambda_{\mathrm{H}}+1)n_{\mathrm{H}}+m-1] \tag{8.189}$$

令$\hat{\boldsymbol{\Sigma}}=(1/n_{\mathrm{E}})\mathbf{E}$ 的无偏估计为 $\boldsymbol{\Sigma}$。跟命题 8.10.3 相比：$\mathbb{E}\ell_1(\hat{\boldsymbol{\Sigma}}^{-1}\mathbf{H})$ 比$\mathbb{E}\ell_1(\boldsymbol{\Sigma}^{-1}\mathbf{H})$多了累积因子 $n_{\mathrm{E}}/(n_{\mathrm{E}}-m-1)$，所以 $n_{\mathrm{E}}\mathbf{E}^{-1}\mathbf{H}$ 的特征值通常比 $\boldsymbol{\Sigma}^{-1}\mathbf{H}$ 大。

文献[514]研究了$(n_{\mathrm{E}}/n_{\mathrm{H}})\ell_1(\mathbf{E}^{-1}\mathbf{H})$在 $m,n_{\mathrm{E}},n_{\mathrm{H}}\to\infty$,$m/n_{\mathrm{E}}\to c_{\mathrm{E}}$,$m/n_{\mathrm{H}}\to c_{\mathrm{E}}$ 情况下(非高斯情况)最大特征值的极限值(但不是分布)。可以证实，在这个极限中，式(8.189)与 λ_{H} 的限制条件一致。因此，分析表明[文献[514]的式(23)]在 $\ell_1(\mathbf{E}^{-1}\mathbf{H})$处的均值相当准确，即使是在相对较小的 $m,n_{\mathrm{E}},n_{\mathrm{H}}$ 下也十分准确。

8.11 大型随机矩阵假设的最优检验

定理 8.11.1(Neyman-Pearson 定理[515]) 假设 $X_1,X_2,\cdots,X_n$，其中 n 是一个确定的整数，$f(x;\theta)$表示来自具有概率密度函数或 pdf 分布的随机样本。$X_1,X_2,\cdots,X_n$ 的似然函数为

$$L(\theta;\mathbf{x})=\prod_{i=1}^{n}f(x_i;\theta),\quad \mathbf{x}'=(x_1,\cdots,x_n)$$

设 θ'，θ''为 θ 的解，则 $\Omega=\{\theta:\theta=\theta',\theta''\}$，设 k 为正。C 为样本空间的一个子集。

(a) $\dfrac{L(\theta';\mathbf{x})}{L(\theta'';\mathbf{x})}\leqslant k$，对于每个点 $\mathbf{x}\in C$；

(b) $\dfrac{L(\theta';\mathbf{x})}{L(\theta'';\mathbf{x})}\geqslant k$，对于每个点 $\mathbf{x}\in C$；

(c) $\alpha=P_{\mathcal{H}_0}[\mathbf{X}\in C]$。

C 是一个大小为 α 的最佳临界区域，用于对比检验简单假设 $\mathcal{H}_0:\theta=\theta'$与另一种简单假设 $\mathcal{H}_1$: $\theta=\theta''$。

例 8.11.2(用随机向量进行似然比检验[515])

令 $\mathbf{X}'=(X_1,\cdots,X_n)$表示具有概率密度函数分布的随机样本

$$f(x;\theta)\frac{1}{\sqrt{2\pi}}\exp\left(-\frac{(x-\theta)^2}{2}\right),\quad -\infty<x<\infty$$

我们用简单的假设 $\mathcal{H}_0:\theta=\theta'=0$ 来检验另一个简单的假设 $\mathcal{H}_1:\theta=\theta''=1$。似然比检验是

$$\frac{L(\theta';\mathbf{x})}{L(\theta'';\mathbf{x})}=\frac{\prod_{i=1}^{n}f(x_i;\theta')}{\prod_{i=1}^{n}f(x_i;\theta'')}=\frac{(1/\sqrt{2\pi})^n\exp\left(-\sum_{i=1}^{n}x^2/2\right)}{(1/\sqrt{2\pi})^n\exp\left(-\sum_{i=1}^{n}(x-1)^2/2\right)}$$

$$=\exp\left(-\sum_{i=1}^{n}x_i+\frac{n}{2}\right)$$

□

我们假设观测空间中一组几个观测值：$\mathbf{r}_1,\mathbf{r}_2,\cdots,\mathbf{r}_n$。每一组都可以作为 n 维空间中的点并且可以由向量来表示

$$\mathbf{r} \triangleq \begin{bmatrix} \mathbf{r}_1 \\ \mathbf{r}_2 \\ \vdots \\ \mathbf{r}_n \end{bmatrix}$$

在二元假设问题中，我们知道 $\mathcal{H}_0$ 或 $\mathcal{H}_1$ 是真的。似然比由 $\Lambda(\mathbf{R})$ 表示：

$$\Lambda(\mathbf{R}) \triangleq \frac{p_{\mathbf{r} \| \mathcal{H}_1}(\mathbf{R} \mid \mathcal{H}_1)}{p_{\mathbf{r} \| \mathcal{H}_0}(\mathbf{R} \mid \mathcal{H}_0)} \tag{8.190}$$

其中 $\mathbf{R}$ 是随机向量，而 $\mathbf{r}$ 表示随机向量 $\mathbf{R}$ 的一个实现。由贝叶斯准则可以得到一个似然比检验

$$\Lambda(\mathbf{R}) \underset{\mathcal{H}_0}{\overset{\mathcal{H}_1}{\gtrless}} \eta \tag{8.191}$$

由于自然对数是单调函数，并且式(8.191)的两边都是正数，因此一个等价的检验是对数似然比检验

$$\ln \Lambda(\mathbf{R}) \underset{\mathcal{H}_0}{\overset{\mathcal{H}_1}{\gtrless}} \ln \eta \tag{8.192}$$

例 8.11.3(似然比检验使用标量值随机变量[516])

假设在 $\mathcal{H}_1$ 下，源输出是恒压 A。在 $\mathcal{H}_0$ 下，源输出为零。进行观察之前，电压被加性噪声破坏。每秒都对输出波形进行采样并获得 N 个样本，每一个噪声样本 n_i 符合方差为 σ^2 的零均值高斯随机变量 n。各个时刻的噪声样本是独立的随机变量，并且与源输出无关。在上述两个假设下，得到观察结果

$$\begin{aligned} &\mathcal{H}_1: r_i = A + n_i,\ i = 1,2,\cdots,N \\ &\mathcal{H}_0: r_i = n_i,\ i = 1,2,\cdots,N \end{aligned} \tag{8.193}$$

并且因为噪声样本是高斯的，有

$$p_{n_i}(x) = \frac{1}{\sqrt{2\pi}} \exp\left(-\frac{x^2}{2\sigma^2}\right) \tag{8.194}$$

在上述两个假设下，r_i 的概率密度分别为

$$p_{\mathbf{r}|\mathcal{H}_1}(\mathbf{R} \mid \mathcal{H}_1) = p_{n_i}(R_i - A) = \frac{1}{\sqrt{2\pi}\,\sigma} \exp\left(-\frac{(R_i - A)^2}{2\sigma^2}\right) \tag{8.195}$$

和

$$p_{\mathbf{r}|\mathcal{H}_0}(\mathbf{R} \mid \mathcal{H}_0) = p_{n_i}(R_i) = \frac{1}{\sqrt{2\pi}\,\sigma} \exp\left(-\frac{R_i^2}{2\sigma^2}\right) \tag{8.196}$$

因为 n_i 是统计独立的，所以 r_i(或者等价向量 $\mathbf{r}$)的联合概率密度仅是各概率密度的乘积。因此有

$$p_{\mathbf{r}|\mathcal{H}_1}(\mathbf{R} \mid \mathcal{H}_1) = \prod_{i=1}^{N} \frac{1}{\sqrt{2\pi}\,\sigma} \exp\left(-\frac{(R_i - m)^2}{2\sigma^2}\right) \tag{8.197}$$

和

$$p_{\mathbf{r}|\mathcal{H}_0}(\mathbf{R}\mid\mathcal{H}_0)=\prod_{i=1}^{N}\frac{1}{\sqrt{2\pi}\,\sigma}\exp\left(-\frac{R_i^2}{2\sigma^2}\right) \tag{8.198}$$

将上式代入式(8.190)中，可以得到

$$\Lambda(\mathbf{R})=\frac{p_{\mathbf{r}\|\mathcal{H}_1}(\mathbf{R}\mid\mathcal{H}_1)}{p_{\mathbf{r}\|\mathcal{H}_0}(\mathbf{R}\mid\mathcal{H}_0)}=\frac{\prod_{i=1}^{N}\frac{1}{\sqrt{2\pi}\,\sigma}\exp\left(-\frac{(R_i-A)^2}{2\sigma^2}\right)}{\prod_{i=1}^{N}\frac{1}{\sqrt{2\pi}\,\sigma}\exp\left(-\frac{R_i^2}{2\sigma^2}\right)} \tag{8.199}$$

消掉公有项并取对数后有

$$\ln\Lambda(\mathbf{R})=\frac{A}{\sigma^2}\sum_{i=1}^{N}R_i-\frac{NA^2}{2\sigma^2} \tag{8.200}$$

因此，似然比检验为

$$\frac{A}{\sigma^2}\sum_{i=1}^{N}R_i-\frac{NA^2}{2\sigma^2}\underset{\mathcal{H}_0}{\overset{\mathcal{H}_1}{\gtrless}}\ln\eta$$

或与之等价的

$$\sum_{i=1}^{N}R_i\underset{\mathcal{H}_0}{\overset{\mathcal{H}_1}{\gtrless}}\frac{\sigma^2}{A}\ln\eta+\frac{NA}{2}\triangleq\gamma \tag{8.201}$$

可以看到该操作只是对原式加上观察结果，并且将其与阈值进行比较。 □

例 8.11.4(使用向量值随机变量表示似然比检验[516])

对于一组标量值随机变量 $r_1,r_2,\cdots,r_N$，如果它们所有的线性组合都是高斯随机变量，则其被定义为联合高斯变量。

当向量 $\mathbf{r}$ 的分量 $r_1,r_2,\cdots,r_N$ 是联合高斯随机变量时，向量 $\mathbf{r}$ 是一个高斯随机向量。

换言之，如果有

$$z=\sum_{i=1}^{N}g_ir_i\triangleq\mathbf{G}^{\mathrm{T}}\mathbf{r} \tag{8.202}$$

当我们定义

$$\mathbb{E}[\mathbf{r}]=\mathbf{m} \tag{8.203}$$

和

$$\mathrm{Cov}[\mathbf{r}]=\mathbb{E}[(\mathbf{r}-\mathbf{m})((\mathbf{r}-\mathbf{m})^{\mathrm{T}})]\triangleq\boldsymbol{\Sigma} \tag{8.204}$$

那么式(8.202)意味着 $\mathbf{r}$ 的特征函数(傅里叶变换)为

$$M_{\mathbf{r}}(\mathrm{j}\mathbf{v})\triangleq\mathbb{E}[\mathrm{e}^{\mathrm{j}\mathbf{v}^{\mathrm{T}}\mathbf{r}}]=\exp\left(+\mathrm{j}\mathbf{v}^{\mathrm{T}}\mathbf{m}-\frac{1}{2}\mathbf{v}^{\mathrm{T}}\boldsymbol{\Sigma}\mathbf{v}\right) \tag{8.205}$$

并且若假设 $\boldsymbol{\Sigma}$ 是非奇异的，则 $\mathbf{r}$ 的概率密度为

$$p_{\mathbf{r}}(\mathbf{R})=[(2\pi)^{N/2}(\det\boldsymbol{\Sigma})^{1/2}]^{-1}\exp\left[-\frac{1}{2}(\mathbf{R}-\mathbf{m})^{\mathrm{T}}\boldsymbol{\Sigma}(\mathbf{R}-\mathbf{m})\right] \tag{8.206}$$

如果 $p_{\mathbf{r}|\mathcal{H}_0}(\mathbf{R}\mid\mathcal{H}_0)$ 和 $p_{\mathbf{r}|\mathcal{H}_1}(\mathbf{R}\mid\mathcal{H}_1)$ 是高斯密度，则假设检验问题被称为一般高斯问题。如果对于所有的 $\mathbf{B}$ 有 $p_{\mathbf{r}|\mathbf{b}}(\mathbf{R}\mid\mathbf{B})$，则估计问题亦被称为一般高斯问题。

让我们关注一般高斯问题的二元假设检验。假设观测空间是 N 维的，则空间中的点由 N 点向量(或列矩阵)$\mathbf{r}$ 表示：

$$\mathbf{r}=\begin{pmatrix} r_1 \\ r_2 \\ \vdots \\ r_N \end{pmatrix}$$

在第一个假设 $\mathcal{H}_1$ 下，我们假设 $\mathbf{r}$ 是一个高斯随机向量，它完全由其均值向量和协方差矩阵定义。我们将这些值表示为

$$\mathbb{E}[\mathbf{r}\mid\mathcal{H}_1]=\begin{pmatrix} \mathbb{E}[r_1\mid\mathcal{H}_1] \\ \mathbb{E}[r_2\mid\mathcal{H}_1] \\ \vdots \\ \mathbb{E}[r_N\mid\mathcal{H}_1] \end{pmatrix} \triangleq \begin{pmatrix} m_{11} \\ m_{21} \\ \vdots \\ m_{N1} \end{pmatrix} \triangleq \mathbf{m}_1 \tag{8.207}$$

其协方差矩阵为

$$\mathbf{K}_1 \triangleq \mathbb{E}[(\mathbf{r}-\mathbf{m}_1)((\mathbf{r}-\mathbf{m}_1)^{\mathrm{T}})\mid\mathcal{H}_1] \tag{8.208}$$

$\mathbf{r}$ 在 $\mathcal{H}_1$ 上的概率密度为

$$p_{\mathbf{r}\mid\mathcal{H}_1}(\mathbf{R}\mid\mathcal{H}_1)=[(2\pi)^{N/2}(\det\mathbf{K}_1)^{1/2}]^{-1}\exp\left[-\frac{1}{2}(\mathbf{R}-\mathbf{m}_1)^{\mathrm{T}}\mathbf{K}_1^{-1}(\mathbf{R}-\mathbf{m}_1)\right] \tag{8.209}$$

类似地，对于 $\mathcal{H}_0$，有

$$p_{\mathbf{r}\mid\mathcal{H}_0}(\mathbf{R}\mid\mathcal{H}_0)=[(2\pi)^{N/2}(\det\mathbf{K}_0)^{1/2}]^{-1}\exp\left[-\frac{1}{2}(\mathbf{R}-\mathbf{m}_0)^{\mathrm{T}}\mathbf{K}_0^{-1}(\mathbf{R}-\mathbf{m}_0)\right] \tag{8.210}$$

其中，

$$\mathbf{K}_0 \triangleq \mathbb{E}[(\mathbf{r}-\mathbf{m}_0)((\mathbf{r}-\mathbf{m}_0)^{\mathrm{T}})\mid\mathcal{H}_0]$$

使用式(8.190)的定义，易得到似然比检验为

$$\Lambda(\mathbf{R}) \triangleq \frac{p_{\mathbf{r}\mid\mathcal{H}_1}(\mathbf{R}\mid\mathcal{H}_1)}{p_{\mathbf{r}\mid\mathcal{H}_0}(\mathbf{R}\mid\mathcal{H}_0)}=\frac{[(2\pi)^{N/2}(\det\mathbf{K}_1)^{1/2}]^{-1}\exp\left[-\frac{1}{2}(\mathbf{R}-\mathbf{m}_1)^{\mathrm{T}}\mathbf{K}_1^{-1}(\mathbf{R}-\mathbf{m}_1)\right]}{[(2\pi)^{N/2}(\det\mathbf{K}_0)^{1/2}]^{-1}\exp\left[-\frac{1}{2}(\mathbf{R}-\mathbf{m}_0)^{\mathrm{T}}\mathbf{K}_0^{-1}(\mathbf{R}-\mathbf{m}_0)\right]} \underset{\mathcal{H}_0}{\overset{\mathcal{H}_1}{\gtrless}} \eta \tag{8.211}$$

对其取对数，可得到

$$\frac{1}{2}(\mathbf{R}-\mathbf{m}_1)^{\mathrm{T}}\mathbf{K}_1^{-1}(\mathbf{R}-\mathbf{m}_1)-\frac{1}{2}(\mathbf{R}-\mathbf{m}_0)^{\mathrm{T}}\mathbf{K}_0^{-1}(\mathbf{R}-\mathbf{m}_0) \underset{\mathcal{H}_0}{\overset{\mathcal{H}_1}{\gtrless}} \ln\eta+\frac{1}{2}\ln(\det\mathbf{K}_1)-\frac{1}{2}\ln(\det\mathbf{K}_0) \triangleq \gamma^* \tag{8.212}$$

可以看到，该检验包含找到两个二次型之间的差异。

现在，让我们考虑重复的测度。假设检验问题被表示为

$$\begin{aligned} &\mathcal{H}_0: \mathbf{y}_i=\mathbf{z}_i, \quad \mathbf{y}_i\in\mathbb{C}^{p\times 1}, \quad \mathbf{m}_i\in\mathbb{C}^{p\times 1}, \quad \mathbf{z}_i\in\mathbb{C}^{p\times 1} \\ &\mathcal{H}_1: \mathbf{y}_i=\mathbf{m}_i+\mathbf{z}_i, \quad i=1,2,\cdots,N \end{aligned} \tag{8.213}$$

对于复高斯噪声向量 $\mathbf{z}_i\sim\mathcal{CN}(\mathbf{0},\sigma^2\mathbf{I}_p)$，$i=1,2,\cdots,N$，随机向量的概率密度函数为

$$p_{\mathbf{z}_i}(\mathbf{x})=\frac{1}{(\pi\sigma^2)^p}\exp\left[-\frac{1}{\sigma^2}\mathbf{x}^{\mathrm{H}}\mathbf{x}\right]$$

N 个随机向量的联合概率密度函数由下式给出

$$p_{\mathbf{z}_1}(\mathbf{x}_1)p_{\mathbf{z}_2}(\mathbf{x}_2)\cdots p_{\mathbf{z}_N}(\mathbf{x}_N)=\frac{1}{(\pi\sigma^2)^{Np}}\prod_{i=1}^{N}\exp\left[-\frac{1}{\sigma^2}\mathbf{x}_i^{\mathrm{H}}\mathbf{x}_i\right]$$

似然比为

$$\Lambda=\frac{p_{\mathcal{H}_1}(\mathbf{x}_1,\mathbf{x}_2,\cdots,\mathbf{x}_N)}{p_{\mathcal{H}_0}(\mathbf{x}_1,\mathbf{x}_2,\cdots,\mathbf{x}_N)}=\frac{\prod_{i=1}^{N}\exp\left[-\frac{1}{\sigma^2}(\boldsymbol{y}_i-\mathbf{m}_i)^{\mathrm{H}}(\boldsymbol{y}_i-\mathbf{m}_i)\right]}{\prod_{i=1}^{N}\exp\left[-\frac{1}{\sigma^2}\boldsymbol{y}_i^{\mathrm{H}}\boldsymbol{y}_i\right]}$$

似然比检验为

$$\Lambda(\mathbf{x}_1,\mathbf{x}_2,\cdots,\mathbf{x}_N)\underset{\mathcal{H}_0}{\overset{\mathcal{H}_1}{\gtrless}}\eta$$

对数似然比检验为

$$\ln\Lambda(\mathbf{x}_1,\mathbf{x}_2,\cdots,\mathbf{x}_N)=-\frac{1}{\sigma^2}\sum_{i=1}^{N}(\boldsymbol{y}_i-\mathbf{m}_i)^{\mathrm{H}}(\boldsymbol{y}_i-\mathbf{m}_i)+\frac{1}{\sigma^2}\sum_{i=1}^{N}\boldsymbol{y}_i^{\mathrm{H}}\boldsymbol{y}_i\underset{\mathcal{H}_0}{\overset{\mathcal{H}_1}{\gtrless}}\ln\eta$$

通过消除非数据依赖项，可得到

$$2\mathrm{Re}\left(\sum_{i=1}^{N}\mathbf{m}_i^{\mathrm{H}}\boldsymbol{y}_i\right)\underset{\mathcal{H}_0}{\overset{\mathcal{H}_1}{\gtrless}}\sigma^2\ln\eta+\sum_{i=1}^{N}\mathbf{m}_i^{\mathrm{H}}\mathbf{m}_i \tag{8.214}$$

这是复数向量数据的仿形-相关器。 □

在表示大型随机矩阵的似然比检验之前，我们需要回想一下随机矩阵理论中的一些已知结论。整个矩阵 **X** 被视为矩阵概率空间中的一个元素。

现在，我们已尽力准备好了所有已知要素，以便展示在本节中首次出现的核心结果。我们的目标是并行发展 Van Tree 的标量和向量随机变量，在这里，我们将处理矩阵概率空间中的矩阵值随机变量。

例 8.11.5(使用高斯随机矩阵表示似然比检验)

假设观测结果被加性噪声破坏，每秒对数据进行采样并且获得 N 个矩阵值样本。每个矩阵值噪声样本 $\mathbf{Z}_i$ 的项是具有方差 σ^2 的零均值高斯随机变量。各个时刻的噪声样本是独立(矩阵值)随机变量，并且与源输入无关。在每个假设下的观测值为

$$\begin{aligned}&\mathcal{H}_0:\mathbf{Y}_i=\qquad\mathbf{Z}_i,\qquad\qquad\mathbf{Z}_i\in\mathbb{C}^{p\times n},\quad i=1,\cdots,N\\&\mathcal{H}_1:\mathbf{Y}_i=\mathbf{M}_i+\mathbf{Z}_i,\quad\mathbf{M}_i\in\mathbb{C}^{p\times n},\quad\mathbf{Z}_i\in\mathbb{C}^{p\times n},\quad i=1,\cdots,N\end{aligned} \tag{8.215}$$

其中，$\mathbf{M}_i$ 可能是一个随机或确定性矩阵。由于所有噪声样本的项都是高斯的，由式(3.43)可以得出

$$p_{\mathbf{Z}_i}(\mathbf{X})=c\exp\left(-\frac{1}{\sigma^2}\mathrm{Tr}(\mathbf{X}^{\mathrm{H}}\mathbf{X})\right),\quad i=1,\cdots,N \tag{8.216}$$

在每一个假设下，$\mathbf{Y}_i$ 的概率密度为

$$\mathcal{H}_1:p_{\mathbf{Z}_i}(\mathbf{Y}_i-\mathbf{M}_i)=c\exp\left(-\frac{1}{\sigma^2}\mathrm{Tr}((\mathbf{Y}_i-\mathbf{M}_i)^{\mathrm{H}}(\mathbf{Y}_i-\mathbf{M}_i))\right) \tag{8.217}$$

和

$$\mathcal{H}_0 : p_{\mathbf{Z}_i}(\mathbf{Y}_i) = c\exp\left(-\frac{1}{\sigma^2}\mathrm{Tr}(\mathbf{Y}_i^{\mathrm{H}}\mathbf{Y}_i)\right) \tag{8.218}$$

因为 $\mathbf{Z}_i$ 是统计独立的，所有 N 个随机矩阵 $\mathbf{Z}_i, i=1,2,\cdots,N$ 的联合概率密度就是各独立概率密度函数的乘积。可参见式(3.36)的推导和例 3.9.4，特别是式(3.46)和式(3.45)。因此，有

$$\mathcal{H}_1 : p_1(\mathbf{Y}_i - \mathbf{M}_i) = c^N \prod_{i=1}^{N} \exp\left(-\frac{1}{\sigma^2}\mathrm{Tr}((\mathbf{Y}_i - \mathbf{M}_i)^{\mathrm{H}}(\mathbf{Y}_i - \mathbf{M}_i))\right) \tag{8.219}$$

和

$$\mathcal{H}_0 : p_0(\mathbf{Y}_i) = c^N \prod_{i=1}^{N} \exp\left(-\frac{1}{\sigma^2}\mathrm{Tr}(\mathbf{Y}_i^{\mathrm{H}}\mathbf{Y}_i)\right) \tag{8.220}$$

根据似然比检验原理，与式(8.191)类似，我们有

$$\Lambda = \frac{\prod_{i=1}^{N} \exp\left(-\frac{1}{\sigma^2}\mathrm{Tr}((\mathbf{Y}_i - \mathbf{M}_i)^{\mathrm{H}}(\mathbf{Y}_i - \mathbf{M}_i))\right)}{\prod_{i=1}^{N} \exp\left(-\frac{1}{\sigma^2}\mathrm{Tr}(\mathbf{Y}_i^{\mathrm{H}}\mathbf{Y}_i)\right)} \underset{\mathcal{H}_0}{\overset{\mathcal{H}_1}{\gtrless}} \eta \tag{8.221}$$

两边取对数，可得到

$$\ln \Lambda = -\frac{1}{\sigma^2}\sum_{i=1}^{N}\mathrm{Tr}((\mathbf{Y}_i - \mathbf{M}_i)^{\mathrm{H}}(\mathbf{Y}_i - \mathbf{M}_i)) + \frac{1}{\sigma^2}\sum_{i=1}^{N}\mathrm{Tr}(\mathbf{Y}_i^{\mathrm{H}}\mathbf{Y}_i) \underset{\mathcal{H}_0}{\overset{\mathcal{H}_1}{\gtrless}} \ln \eta$$

消去公有项并化简，可得到

$$\frac{1}{N}\sum_{i=1}^{N}[\mathrm{Tr}(\mathbf{Y}_i^{\mathrm{H}}\mathbf{M}_i) + \mathrm{Tr}(\mathbf{M}_i^{\mathrm{H}}\mathbf{Y}_i)] \underset{\mathcal{H}_0}{\overset{\mathcal{H}_1}{\gtrless}} \frac{\sigma^2}{N}\ln \eta + \sum_{i=1}^{N}\mathrm{Tr}(\mathbf{M}_i^{\mathrm{H}}\mathbf{M}_i) \tag{8.222}$$

由于 $\mathrm{Tr}(\mathbf{A}^{\mathrm{H}}) = (\mathrm{Tr}\,\mathbf{A})^*$，其中 z^* 是复数 z 的共轭，则 $\mathbf{A} = \mathbf{Y}_i^{\mathrm{H}}\mathbf{M}_i$ 将给出

$$\frac{1}{N}\sum_{i=1}^{N}[\langle \mathbf{Y}_i, \mathbf{M}_i\rangle + \langle \mathbf{Y}_i, \mathbf{M}_i\rangle^*] \underset{\mathcal{H}_0}{\overset{\mathcal{H}_1}{\gtrless}} \frac{\sigma^2}{N}\ln \eta + \langle \mathbf{M}_i, \mathbf{M}_i\rangle \tag{8.223}$$

其中符号 $\langle \mathbf{A}, \mathbf{B}\rangle = \mathrm{Tr}(\mathbf{A}^{\mathrm{H}}\mathbf{B})$ 表示两个矩阵的内积(标量乘法)。对于大小为 $n\times n$ 的厄米矩阵 $\mathbf{Y}_i^{\mathrm{H}} = \mathbf{Y}$ 和 $\mathbf{M}_i^{\mathrm{H}} = \mathbf{M}_i$，有

$$\frac{1}{N}\sum_{i=1}^{N}\langle \mathbf{Y}_i, \mathbf{M}_i\rangle \underset{\mathcal{H}_0}{\overset{\mathcal{H}_1}{\gtrless}} \frac{\sigma^2}{2N}\ln \eta + \frac{1}{2}\langle \mathbf{M}_i, \mathbf{M}_i\rangle \tag{8.224}$$

当 $n=1$，有 $\mathbf{M}_i = \mathbf{m}_i \in \mathbb{C}^{p\times 1}$，$\mathbf{Y}_i = \boldsymbol{y}_i \in \mathbb{C}^{p\times 1}$，其中随机矩阵简化为随机向量(或秩 1 矩阵)。对于这种情况，由式(8.223)得到

$$2\mathrm{Re}\sum_{i=1}^{N}\mathbf{m}_i\,\boldsymbol{y}_i \underset{\mathcal{H}_0}{\overset{\mathcal{H}_1}{\gtrless}} \sigma^2 \ln \eta + \sum_{i=1}^{N}\mathbf{m}_i^{\mathrm{H}}\mathbf{m}_i \tag{8.225}$$

对于随机向量的情况，即恰为式(8.214)。式(8.225)和式(8.222)之间的区别是根本。为了明确起见，将式(8.222)重写为随机矩阵之和

$$\mathrm{Tr}\left(\frac{1}{N}\sum_{i=1}^{N}\mathbf{Y}_i^{\mathrm{H}}\mathbf{M}_i\right)+\mathrm{Tr}\left(\frac{1}{N}\sum_{i=1}^{N}\mathbf{M}_i^{\mathrm{H}}\mathbf{Y}_i\right)\underset{\mathcal{H}_0}{\overset{\mathcal{H}_1}{\gtrless}}\frac{\sigma^2}{N}\ln\eta+\mathrm{Tr}\left(\sum_{i=1}^{N}\mathbf{M}_i^{\mathrm{H}}\mathbf{M}_i\right)$$

或

$$2\mathrm{Re}\left\{\mathrm{Tr}\left(\frac{1}{N}\sum_{i=1}^{N}\mathbf{Y}_i^{\mathrm{H}}\mathbf{M}_i\right)\right\}\underset{\mathcal{H}_0}{\overset{\mathcal{H}_1}{\gtrless}}\frac{\sigma^2}{N}\ln\eta+\mathrm{Tr}\left(\sum_{i=1}^{N}\mathbf{M}_i^{\mathrm{H}}\mathbf{M}_i\right)$$

当大型随机矩阵相加时，可以利用高维特有的谱测度。参见文献[40]对该主题的讨论。随机矩阵和的迹函数起到基本作用。

对于一个特殊情况，当 $\mathbf{M}_i=A$ 和 $\mathbf{Y}_i=Y_i$ 都是标量随机变量时有

$$\sum_{i=1}^{N}Y_i\underset{\mathcal{H}_0}{\overset{\mathcal{H}_1}{\gtrless}}\frac{\sigma^2}{2A}\ln\eta+\frac{1}{2}NA \tag{8.226}$$

其与式(8.201)相同，即标量随机变量的情况。式(8.201)和式(8.266)之间的微小差异源于式(8.194)和式(8.216)中 σ^2(2 倍)的差异。

利用迹的线性特性，式(8.222)可以表示为

$$\mathrm{Tr}\left[\left(\frac{1}{N}\sum_{i=1}^{N}\mathbf{Y}_i\right)^{\mathrm{H}}\mathbf{M}_i\right]+\mathrm{Tr}\left[\mathbf{M}_i^{\mathrm{H}}\left(\frac{1}{N}\sum_{i=1}^{N}\mathbf{Y}_i\right)\right]\underset{\mathcal{H}_0}{\overset{\mathcal{H}_1}{\gtrless}}\frac{\sigma^2}{N}\ln\eta+\mathrm{Tr}(\mathbf{M}_i^{\mathrm{H}}\mathbf{M})$$

写出

$$\overline{\mathbf{Y}}=\frac{1}{N}\sum_{i=1}^{N}\mathbf{Y}_i$$

可以得到

$$\mathrm{Tr}(\overline{\mathbf{Y}}^{\mathrm{H}}\mathbf{M}_i)+\mathrm{Tr}(\mathbf{M}_i^{\mathrm{H}}\overline{\mathbf{Y}})\underset{\mathcal{H}_0}{\overset{\mathcal{H}_1}{\gtrless}}\frac{\sigma^2}{N}\ln\eta+\mathrm{Tr}(\mathbf{M}_i^{\mathrm{H}}\mathbf{M}_i)$$

或

$$\langle\overline{\mathbf{Y}},\mathbf{M}_i\rangle+\langle\overline{\mathbf{Y}},\mathbf{M}_i\rangle^*\underset{\mathcal{H}_0}{\overset{\mathcal{H}_1}{\gtrless}}\frac{\sigma^2}{N}\ln\eta+\mathrm{Tr}(\mathbf{M}_i^{\mathrm{H}}\mathbf{M}_i)$$

对于 $\mathcal{H}_1$，可以将 $\mathbf{M}_i$ 移到左边，得到 $\mathbf{Z}_i=\mathbf{Y}_i-\mathbf{M}_i$。可以用自由概率理论将上述公式中的 $\mathbf{M}_i$ 扩展为一个大型随机矩阵 $\mathbf{A}_i$。因此有

$$\mathcal{H}_1:\mathbf{Y}_i=\mathbf{A}_i+\mathbf{Z}_i,\quad \mathbf{A}_i\in\mathbb{C}^{p\times n},\quad \mathbf{Z}_i\in\mathbb{C}^{p\times n},\quad i=1,\cdots,N$$

可以使用第 6 章中的非厄米随机矩阵在自由概率中的表示。在这种广义的情况下，使用渐近自由随机变量

$$\mathbf{Z}_i=\mathbf{Y}_i\boxminus\mathbf{A}_i \tag{8.227}$$

其中$\boxminus$表示自由解卷积[517]。

对于更广义的密度，从式(3.44)可得

$$p_{\mathbf{Z}_i}(\mathbf{X})=c\exp(-\mathrm{Tr}\,V(\mathbf{X}^{\mathrm{H}}\mathbf{X})) \tag{8.228}$$

为了阐述清晰，只考虑上述高斯矩阵的特例。

在实际中，我们仔细地估计式(8.215)中的 $\mathbf{M}$。

现在每个假设下的观测值都是

$$\begin{aligned}&\mathcal{H}_0:\mathbf{Y}_i=\mathbf{Z}_i,\quad \mathbf{Z}_i\in\mathbb{C}^{p\times n},\quad i=1,\cdots,N\\&\mathcal{H}_1:\mathbf{Y}_i=\sqrt{\mathrm{SNR}}\,\mathbf{A}_i+\mathbf{Z}_i,\quad \mathbf{A}_i\in\mathbb{C}^{p\times n},\quad \mathbf{Z}_i\in\mathbb{C}^{p\times n},\quad i=1,\cdots,N\end{aligned}\tag{8.229}$$

其中 $\mathbf{A}_i$ 是独立于 $\mathbf{Z}_i$ 的随机矩阵，并且 SNR 表示信噪比。这里 $\mathbf{A}_i$ 和 $\mathbf{Z}_i$ 是由式(8.216)给出的两个独立的高斯随机矩阵。对数似然比可写为

$$\ln\Lambda=-\frac{1}{\sigma^2}\mathrm{Tr}\left(\sum_{i=1}^{N}(\mathbf{Y}_i-\sqrt{\mathrm{SNR}}\,\mathbf{A}_i)^{\mathrm{H}}(\mathbf{Y}_i-\sqrt{\mathrm{SNR}}\,\mathbf{A}_i)\right)+\frac{1}{\sigma^2}\mathrm{Tr}\left(\sum_{i=1}^{N}\mathbf{Y}_i^{\mathrm{H}}\mathbf{Y}_i\right)\underset{\mathcal{H}_0}{\overset{\mathcal{H}_1}{\gtrless}}\ln\eta\tag{8.230}$$

假设 $\mathcal{H}_0$ 可以看成 SNR=0 的情况。接下来我们研究 SNR 的最小值。由此可以发现，在式(8.230)的左边，第一项(假设 $\mathcal{H}_1$)与第二项(假设 $\mathcal{H}_0$)不同。图 8.1 证明了这种推测。在文献[40]的 494 页中，通过经验论证，我们获得了类似式(8.230)的用于假设检验的测度函数。下面给出的 MATLAB 代码用于生成图 8.1。

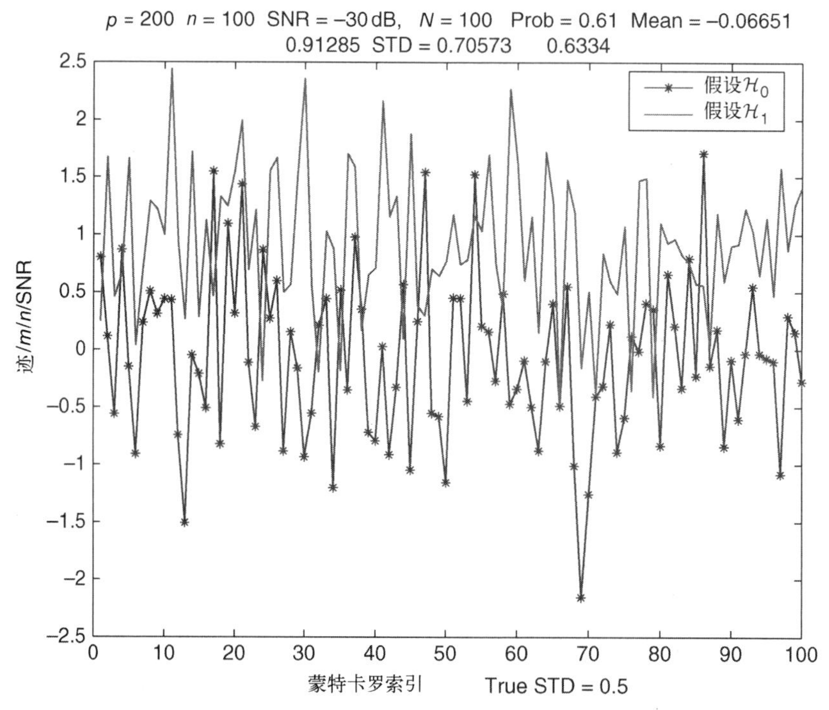

图 8.1　式(8.230)中定义的对数似然函数在假设 $\mathcal{H}_0$ 和假设 $\mathcal{H}_1$ 下实现的不同的蒙特卡罗结果。$p=200$，$n=100$，SNR=−30dB，$N=100$

```
clear all;
m=200;n=100; N=100;N_try=100;
SNR_dB=-30;
SNR=10^(SNR_dB/10)

Concentration=0;
STD= 0.38395;
```

```
t=1;

% ***********************

for H1=0:1
Number=0;
for i_try=1:N_try % Hypothesis Testing

MatrixAB=zeros(n,n);

for i=1:N                          %Monte Carlo for Expectation
X=1/sqrt(2)*randn(m,n)+sqrt(-1)/sqrt(2)*randn(m,n);
X1=1/sqrt(2)*randn(m,n)+sqrt(-1)/sqrt(2)*randn(m,n);
if H1==1
C=(X-sqrt(SNR)*X1)'*(X-sqrt(SNR)*X1)      % H1 SNR
else
C=X'*X;                                   % H0 SNR=0
end

MatrixAB=MatrixAB+C; % H1: Signal plus noise H0: noise only
end

Expectation_MatrixAB=MatrixAB/N; % expectation
Metric_Trace=real(trace((Expectation_MatrixAB)));
    % covariance
Metric_Trace=Metric_Trace-m*n;
Metric_Trace=(Metric_Trace)/m/n/SNR % mn

if abs(Metric_Trace- Concentration)>t*STD
  Number=Number+1 % H1
end
Record_Trace(i_try,H1+1)=Metric_Trace;
end % i_try
MEAN=sum(Record_Trace)/N_try;

Mean_Metric=MEAN
Prob=Number/N_try
STD=std(Record_Trace);
STD_True=1/m/n/SNR*sqrt(N);
end % H

p=m;
figure(1)
plot(1:N_try,Record_Trace(1:N_try,1),'r-*',1:N_try,
    Record_Trace(1:N_try,2),'b')
xlabel(['Monto Carlo Index''
    True STD=' num2str(STD_True)])
ylabel('Trace/m/n/SNR')
legend('Hypothesis H_0','Hypothesis H_1')
title(['p=' num2str(p) ' n=' num2str(n) '
```

```
    SNR = ' num2str(10 * log10(SNR)) 'dB,\ldots
N=' num2str(N) ' Prob=' num2str(Prob) '
    Mean=' num2str(MEAN) ' STD=' num2str(STD) ])
grid
```

□

例 8.11.6(用 Wishart 随机矩阵表示的似然比检验公式)

对于 Wishart 随机矩阵我们参考例 3.9.2。对于 $n\times m$ 复数高斯矩阵，有

$$p(\mathbf{X})=\frac{1}{\pi^{nm}}\exp(-\mathrm{Tr}\,\mathbf{X}^{\mathrm{H}}\mathbf{X})$$

按照式(3.39)，$\mathbf{A}=\mathbf{X}^{\mathrm{H}}\mathbf{X}$ 的概率密度函数为

$$p(\mathbf{A})=\frac{1}{C_{\beta,n}}\exp\left(-\frac{\beta}{2}\mathrm{Tr}\,\mathbf{A}\right)(\det\,\mathbf{A})^{\beta/2(n-m+1-2/\beta)} \tag{8.231}$$

其中 $C_{\beta,n}$是归一化常数。

考虑假设检验问题

$$\begin{aligned}&\mathcal{H}_0:\mathbf{R}=\mathbf{A}\\&\mathcal{H}_1:\mathbf{R}=\mathbf{B}+\mathbf{A},\quad \mathbf{A}\in\mathbb{C}^{m\times m},\quad \mathbf{B}\in\mathbb{C}^{m\times m}\end{aligned} \tag{8.232}$$

其中 $\mathbf{B}$ 是一个确定性矩阵，并且 $\mathbf{R}-\mathbf{B}>0$。显然，由于 $\mathbf{A}=\mathbf{X}^{\mathrm{H}}\mathbf{X}$，所以可以得到 $\mathbf{A}\geqslant 0$。但是一般情况下，$\mathbf{A}$ 是一个大型随机矩阵。

根据式(8.231)，似然比是

$$\Lambda(\mathbf{A})=\frac{p_1(\mathbf{A})}{p_0(\mathbf{A})}=\frac{p_1(\mathbf{R}-\mathbf{B})}{p_0(\mathbf{R})}=\frac{\exp\left(-\frac{\beta}{2}\mathrm{Tr}(\mathbf{R}-\mathbf{B})\right)(\det(\mathbf{R}-\mathbf{B}))^{\beta/2(n-m+1-2/\beta)}}{\exp\left(-\frac{\beta}{2}\mathrm{Tr}\,\mathbf{R}\right)(\det\,\mathbf{R})^{\beta/2(n-m+1-2/\beta)}}$$

则似然比检验由下式给出：

$$\Lambda(\mathbf{A})\underset{\mathcal{H}_0}{\overset{\mathcal{H}_1}{\gtrless}}\eta$$

或者可以写为

$$\ln\,\Lambda(\mathbf{A})\underset{\mathcal{H}_0}{\overset{\mathcal{H}_1}{\gtrless}}\ln\eta$$

可以得到

$$\begin{aligned}\ln\,\Lambda(\mathbf{A})=&\frac{\beta}{2}\left(n-m+1-\frac{2}{\beta}\right)\ln\,\det(\mathbf{R}-\mathbf{B})-\frac{\beta}{2}\mathrm{Tr}(\mathbf{R}-\mathbf{B})\\&-\frac{\beta}{2}\left(n-m+1-\frac{2}{\beta}\right)\ln\,\det(\mathbf{R})+\frac{\beta}{2}\mathrm{Tr}\,\mathbf{R}\\=&\frac{\beta}{2}\left(n-m+1-\frac{2}{\beta}\right)\ln\frac{\det(\mathbf{R}-\mathbf{B})}{\det(\mathbf{R})}+\frac{\beta}{2}\mathrm{Tr}\,\mathbf{B}\end{aligned}$$

对于一个 $m\times m$ 正定矩阵 $\mathbf{C}>0$，根据式(3.18)，可以得到

$$\log\,\det(\mathbf{C})=\mathrm{Tr}\,\log(\mathbf{C})$$

根据这个关系，可以得到

$$\log \frac{\det(\mathbf{R}-\mathbf{B})}{\det(\mathbf{R})} = \mathrm{Tr}\ \log(\mathbf{R}-\mathbf{B}) - \mathrm{Tr}\ \log(\mathbf{R}) = \mathrm{Tr}\ \log(\mathbf{R}^{-1}(\mathbf{R}-\mathbf{B})) = \mathrm{Tr}\ \log(\mathbf{I}-\mathbf{R}^{-1}\mathbf{B})$$

其中 $\mathbf{I}-\mathbf{R}^{-1}\mathbf{B}>0$，由假设 $\mathbf{R}-\mathbf{B}>0$ 得到。最后，可以得到

$$\mathrm{Tr}\ \log(\mathbf{I}-\mathbf{R}^{-1}\mathbf{B}) + \frac{\beta}{2}\mathrm{Tr}(\mathbf{B}) \underset{\mathcal{H}_0}{\overset{\mathcal{H}_1}{\gtrless}} \frac{2}{\beta\left(n-m+1-\frac{2}{\beta}\right)} \ln \eta \tag{8.233}$$

其中 $\mathbf{I}-\mathbf{R}^{-1}\mathbf{B}>0$，此前已说明。

检验式(8.233)中的检验指标。我们可以得到如下形式：

$$\mathrm{Tr}\, f(\mathbf{Y}) = \sum_{i=1}^{m} f(\lambda_i(\mathbf{Y}))$$

其中 $\mathbf{Y}>0$ 是一个大型随机矩阵，$f(x)$ 是一个凸函数。在式(8.233)中，当 $x<1$ 时，$f(x)=\ln(1-x)$ 是一个凸函数。高维问题中特有的光谱测度的集中现象与此相关。参见文献[40]中的系统处理。

参阅例 3.6.3，

$$\mathbb{E}\left[\mathrm{Tr}(f(\mathbf{XYX}^{\mathrm{H}})\right], \quad \mathbf{Y}>0$$

其中 $\mathbf{X}$ 是具有零均值和单位方差的，元素独立同分布的 $n\times n$ 复高斯随机矩阵。

现在考虑多样本问题：

$$\begin{aligned} &\mathcal{H}_0: \mathbf{R}_i = \mathbf{A}_i \\ &\mathcal{H}_1: \mathbf{R}_i = \mathbf{B}_i + \mathbf{A}_i, \quad \mathbf{A} \in \mathbb{C}^{m\times m}, \quad \mathbf{B}_i \in \mathbb{C}^{m\times m}, \quad i=1,\cdots,N \end{aligned} \tag{8.234}$$

其中 $\mathbf{A}_i$ 由式(8.231)给出，$\mathbf{B}_i$ 是随机矩阵，假设 $\mathbf{R}_i-\mathbf{B}_i>0$。所有 N 个随机矩阵 $\mathbf{A}_i$，$i=1,\cdots,N$ 彼此独立。所有 N 个随机矩阵 $\mathbf{B}_i$，$i=1,\cdots,N$ 彼此独立的。$\mathbf{A}_i$，$i=1,\cdots,N$ 独立于 $\mathbf{B}_i$，$i=1,\cdots,N$。所有 N 个独立随机矩阵的联合概率密度函数是它们各自概率密度函数的乘积：

$$\begin{aligned} p(\mathbf{A}_1)p(\mathbf{A}_2)\cdots p(\mathbf{A}_N) &= \prod_{i=1}^{N} p(\mathbf{A}_i) = \frac{1}{(C_{\beta,n})^N}\prod_{i=1}^{N}\exp\left(-\frac{\beta}{2}\mathrm{Tr}\ \mathbf{A}_i\right)(\det \mathbf{A}_i)^{\beta/2(n-m+1-2/\beta)} \\ &= \frac{1}{(C_{\beta,n})^N}\exp\left(-\frac{\beta}{2}\sum_{i=1}^{N}\mathbf{A}_i\right)\left(\prod_{i=1}^{N}\det \mathbf{A}_i\right)^{\beta/2(n-m+1-2/\beta)} \end{aligned}$$

根据式(8.231)，似然比是

$$\begin{aligned} p(\mathbf{A}_1)p(\mathbf{A}_2)\cdots p(\mathbf{A}_N) &= \prod_{i=1}^{N} p(\mathbf{A}_i) = \frac{1}{(C_{\beta,n})^N}\prod_{i=1}^{N}\exp\left(-\frac{\beta}{2}\mathrm{Tr}\ \mathbf{A}_i\right)(\det \mathbf{A}_i)^{\beta/2(n-m+1-2/\beta)} \\ &= \frac{1}{(C_{\beta,n})^N}\exp\left(-\frac{\beta}{2}\mathrm{Tr}\sum_{i=1}^{N}\mathbf{A}_i\right)\left(\prod_{i=1}^{N}\det \mathbf{A}_i\right)^{\beta/2(n-m+1-2/\beta)} \end{aligned}$$

对数似然比为

$$\begin{aligned} \ln \Lambda &= -\frac{\beta}{2}\mathrm{Tr}\left[\sum_{i=1}^{N}(\mathbf{R}_i-\mathbf{B}_i) - \sum_{i=1}^{N}\mathbf{R}_i\right] \\ &\quad + \frac{\beta}{2}\left(n-m+1-\frac{2}{\beta}\right)\left[\sum_{i=1}^{N}\ln\det(\mathbf{R}_i-\mathbf{B}_i) - \sum_{i=1}^{N}\ln\det(\mathbf{R}_i)\right] \\ &= \frac{\beta}{2}\mathrm{Tr}\sum_{i=1}^{N}\mathbf{B}_i + \frac{\beta}{2}\left(n-m+1-\frac{2}{\beta}\right)\sum_{i=1}^{N}\ln\det(\mathbf{R}_i^{-1}(\mathbf{R}_i-\mathbf{B}_i)) \\ &= \frac{\beta}{2}\mathrm{Tr}\sum_{i=1}^{N}\mathbf{B}_i + \frac{\beta}{2}\left(n-m+1-\frac{2}{\beta}\right)\sum_{i=1}^{N}\ln\det(\mathbf{I}-\mathbf{R}_i^{-1}\mathbf{B}_i) \end{aligned}$$

我们在第二行中运用了性质 $\det(\mathbf{AB})=\det(\mathbf{A})\det(\mathbf{B})$。有时，随机矩阵的逆 $\mathbf{R}_i^{-1}$ 不存在。运用性质 $\log\det(\cdot)=\text{Tr}\log(\cdot)$，可以得到

$$\ln \Lambda(\mathbf{A})=\frac{\beta}{2}\text{Tr}\sum_{i=1}^{N}\mathbf{B}_i+\frac{\beta}{2}\left(n-m+1-\frac{2}{\beta}\right)\sum_{i=1}^{N}\text{Tr}\ln(\mathbf{I}-\mathbf{R}_i^{-1}\mathbf{B}_i)$$

它简化为了之前研究过的 $N=1$ 的情况。这里 $\mathbf{I}-\mathbf{R}_i^{-1}\mathbf{B}_i>0$ 由 $\mathbf{R}_i-\mathbf{B}_i>0$ 的假设得到。随机矩阵的总和(上面等式中出现的)已经在文献[40]中进行了系统地研究。

对数似然比可写为

$$\ln \Lambda(\mathbf{A}) \underset{\mathcal{H}_0}{\overset{\mathcal{H}_1}{\gtrless}} \ln \eta$$

□

例 8.11.5 和例 8.11.6 中的结果看起来很新颖，最早由邱才明于 2014 年 2 月 21 日首次获得。他的动机是理解文献[61]中的发现：随机矩阵的迹函数在众多算法中表现最好。这个看似简单的发现对他的研究有着深远的影响。现在，如文献[40]的 13.1 节中所理解的，迹函数比矩阵函数(如最大或最小特征值)可以更好地利用光谱测度中的集中现象。实验结果的意义在于通过使用经典似然比检验原理证明实证结果的合理性，即采用大型高斯随机矩阵来重新构造问题。事实上，这是很自然的。

现在，我们的思路很明确：必须将整个随机矩阵 $\mathbf{X}$ 作为一个元素在一些矩阵概率空间中进行处理。这样我们可以使用高斯随机矩阵(8.216)和 Wishart 随机矩阵(8.231)的概率密度函数。其他广义随机矩阵也可以在这个框架中进行研究。正如我们之前表明的那样，随机矩阵理论的效果是双重的。首先，特征值分布[实证光谱测度(empirical spectral measure)]是通用的：对于矩阵元素的许多不同分布都是一样的。其次，可以将整个矩阵看作矩阵概率空间中的一个元素。

在信噪比为-30 dB 的情况下，即噪声比信号大 1000 倍时，任何使用特征向量和特征值的尝试似乎都是无用的。相反，我们的关注点应该放在如何控制作为假设检验指标的矩阵函数的不确定性(该不确定性通过方差测量)上。因此，高维问题所特有的光谱测度在这个框架中起着核心作用。我们不再满足于可以估计真正的协方差矩阵的假设。相反，我们采用大型随机矩阵来构造问题的直接方法。

8.12 矩阵椭球等高分布

矩阵椭球等高线分布可以对那些既不独立也不高斯的数据进行建模。

样本协方差矩阵的分布服从 Wishart 分布[116]，在几乎所有的多变量推理过程中都起着核心作用。这些技术取决于随机矩阵的函数，如行列式、迹和特征值。因此，随机矩阵是多变量统计分析的支柱。观察到的随机现象通常可以用包含相关随机向量的依赖关系的随机矩阵来描述。

令 $\mathbf{X}$ 是一个维数为 $p\times n$ 的随机矩阵。然后，如果 $\mathbf{X}$ 的特征函数具有如下形式：

$$\phi_{\mathbf{X}}(\mathbf{T})=\text{etr}(\text{j}\mathbf{T}^{\text{T}}\mathbf{M})\psi(\text{Tr}(\mathbf{T}^{\text{T}}\boldsymbol{\Sigma}\mathbf{T}\boldsymbol{\Phi}))$$

则称 $\mathbf{X}$ 服从矩阵椭球等高(m.e.c.)分布。其中 $\mathbf{T}$：$p\times n$，$\mathbf{M}$：$p\times n$，$\boldsymbol{\Sigma}$：$p\times p$，$\boldsymbol{\Phi}$：$n\times n$，$\boldsymbol{\Sigma}\geqslant 0$，$\boldsymbol{\Phi}\geqslant 0$，$\psi$：$[0,\infty]\to\mathbb{R}$。这里 $\text{etr}(\cdot)=\exp(\text{Tr}(\cdot))$。

该分布可以用 $E_{p,n}(\mathbf{M},\boldsymbol{\Sigma}\otimes\boldsymbol{\Phi},\boldsymbol{\Psi})$ 表示。

对于 $n=1$，$\mathbf{X}$ 具有一个向量变化的椭圆形等高线分布。它也被称为多元椭圆分布。然后 $\mathbf{X}$ 的特征函数呈现形式为

$$\phi_{\mathbf{x}}(\mathbf{t})=\exp(\mathrm{j}\mathbf{t}^{\mathrm{T}}\mathbf{m})\psi(\mathbf{t}^{\mathrm{T}}\mathbf{m})$$

其中 $\mathbf{t}$ 和 $\mathbf{m}$ 是 p 维向量。在这种情况下，在符号 $E_{p,n}(\mathbf{M},\boldsymbol{\Sigma}\otimes\boldsymbol{\Phi},\boldsymbol{\Psi})$ 中，可以删除索引 n，即用 $E_p(\mathbf{m},\boldsymbol{\Sigma},\boldsymbol{\Psi})$ 表示分布 $E_{p,1}(\mathbf{m},\boldsymbol{\Sigma},\boldsymbol{\Psi})$。

令 $\mathbf{m}$ 为 $p\times1$ 的常数向量，$\mathbf{A}$ 为 $p\times p$ 常量矩阵。随机向量 $\mathbf{x}$ 为参数为 $\mathbf{m}$ 且 $\boldsymbol{\Sigma}=\mathbf{A}^{\mathrm{T}}\mathbf{A}$ 的多元椭圆分布，它可以以 $\mathbf{x}=\mathbf{m}+\mathbf{Az}$ 的形式表示，其中 $\mathbf{z}$ 是服从球形分布的随机向量。

以下三条陈述是等价的：

1. $E_{p,1}(\mathbf{m},\boldsymbol{\Sigma},\boldsymbol{\Psi})$；
2. $\mathbf{x}$ 的概率密度函数为以下形式：$\dfrac{1}{\sqrt{\det\boldsymbol{\Sigma}}}g((\mathbf{x}-\mathbf{m})^{\mathrm{T}}\boldsymbol{\Sigma}^{-1}(\mathbf{x}-\mathbf{m}))$；
3. $\mathbf{x}$ 的特征函数形式为 $\exp(\mathrm{j}\mathbf{t}^{\mathrm{T}}\mathbf{m})\Psi(\mathbf{t}^{\mathrm{T}}\boldsymbol{\Sigma}\mathbf{t})$。

下一个结论表明矩阵变量与服从椭球等高分布向量变量之间的关系。令 $\mathbf{X}$ 是一个 $p\times n$ 的随机矩阵并且 $\mathbf{x}=\mathrm{vec}(\mathbf{X}^{\mathrm{T}})$。那么，$\mathbf{X}\sim E_{p,n}(\mathbf{M},\boldsymbol{\Sigma}\otimes\boldsymbol{\Phi},\boldsymbol{\Psi})$ 当且仅当 $\mathbf{x}\sim E_{p,n}(\mathrm{vec}(\mathbf{M}^{\mathrm{T}}),\boldsymbol{\Sigma}\otimes\boldsymbol{\Phi},\boldsymbol{\Psi})$。

服从矩阵椭球等高分布的随机矩阵的线性函数分布也具有椭球等高分布。令 $\mathbf{X}\sim E_{p,n}(\mathbf{M},\boldsymbol{\Sigma}\otimes\boldsymbol{\Phi},\boldsymbol{\Psi})$。假设 $\mathbf{C}$：$q\times m$，$\mathbf{A}$：$q\times p$，$\mathbf{B}$：$n\times m$ 是常数矩阵。那么，

$$\mathbf{AXB}+\mathbf{C}\sim E_{q,m}(\mathbf{AMB}+\mathbf{C},(\mathbf{A}^{\mathrm{T}}\boldsymbol{\Sigma}\mathbf{A})\otimes(\mathbf{B}^{\mathrm{T}}\boldsymbol{\Phi}\mathbf{B}),\boldsymbol{\Psi})$$

证明：$\mathbf{Y}=\mathbf{AXB}+\mathbf{C}$ 的特征函数可写为

$$\begin{aligned}
\phi_{\mathbf{Y}}(\mathbf{T})&\triangleq\mathbb{E}(\mathrm{etr}(\mathrm{j}\mathbf{T}^{\mathrm{T}}\mathbf{Y}))\\
&=\mathbb{E}(\mathrm{etr}(\mathrm{j}\mathrm{T}^{\mathrm{T}}(\mathbf{AXB}+\mathbf{C})))\\
&=\mathbb{E}(\mathrm{etr}(\mathrm{j}\mathbf{T}^{\mathrm{T}}\mathbf{AXB}))\mathrm{etr}(\mathrm{j}\mathbf{T}^{\mathrm{T}}\mathbf{C})\\
&=\mathbb{E}(\mathrm{etr}(\mathrm{j}\mathbf{BT}^{\mathrm{T}}\mathbf{AX}))\mathrm{etr}(\mathrm{j}\mathbf{T}^{\mathrm{T}}\mathbf{C})\\
&=\phi_{\mathbf{X}}(\mathbf{A}^{\mathrm{T}}\mathbf{TB}^{\mathrm{T}})\mathrm{etr}(\mathrm{j}\mathbf{T}^{\mathrm{T}}\mathbf{C})\\
&=\mathrm{etr}(\mathrm{j}\mathbf{BT}^{\mathrm{T}}\mathbf{AM})\psi(\mathrm{Tr}(\mathbf{BT}^{\mathrm{T}}\mathbf{A}\boldsymbol{\Sigma}\mathbf{A}^{\mathrm{T}}\mathbf{TB}^{\mathrm{T}}\boldsymbol{\Phi}))\mathrm{etr}(\mathrm{j}\mathbf{T}^{\mathrm{T}}\mathbf{C})\\
&=\mathrm{etr}(\mathrm{j}\mathbf{T}^{\mathrm{T}}(\mathbf{AMB}+\mathbf{C}))\psi(\mathrm{Tr}(\mathbf{T}^{\mathrm{T}}(\mathbf{A}\boldsymbol{\Sigma}\mathbf{A}^{\mathrm{T}})\mathbf{T}(\mathbf{B}^{\mathrm{T}}\boldsymbol{\Phi}\mathbf{B})))
\end{aligned}$$

这是 $E_{q,m}(\mathbf{AMB}+\mathbf{C},(\mathbf{A}^{\mathrm{T}}\boldsymbol{\Sigma}\mathbf{A})\otimes(\mathbf{B}^{\mathrm{T}}\boldsymbol{\Phi}\mathbf{B}),\boldsymbol{\Psi})$ 的特征函数。 □

例 8.12.1［大规模多输入多输出(MIMO)系统］

考虑一个 MIMO 信道

$$\boldsymbol{y}=\mathbf{Hx}+\mathbf{w}$$

其中 $\mathbf{H}$ 表示信道转换函数，$\mathbf{w}$ 表示高斯随机向量。假如我们考虑重复的测度，则能获得随机矩阵模型

$$\mathbf{Y}=\mathbf{HX}+\mathbf{W}$$

上述模型是相关联的。 □

定义 $\mathbf{X}\sim E_{p,n}(\mathbf{M},\boldsymbol{\Sigma}\otimes\boldsymbol{\Phi},\boldsymbol{\Psi})$，$\boldsymbol{\Sigma}=\mathbf{AA}^{\mathrm{T}}$，$\boldsymbol{\Phi}=\mathbf{B}^{\mathrm{T}}\mathbf{B}$ 是关于 $\boldsymbol{\Sigma}$ 和 $\boldsymbol{\Phi}$ 的因子分解，也就是说，$\mathbf{A}$ 是 $p\times p_1$ 矩阵和 $\mathbf{B}$ 是 $n\times n_1$ 矩阵，其中 $p_1=\mathrm{rank}(\boldsymbol{\Sigma})$，$n_1=\mathrm{rank}(\boldsymbol{\Phi})$，那么

$$\mathbf{A}^{\dagger}(\mathbf{X}-\mathbf{M})\mathbf{B}^{\dagger}\sim E_{p,n}(\mathbf{0},\mathbf{I}_{p_1}\otimes\mathbf{I}_{n_1},\boldsymbol{\Psi})$$

其中伪逆 $\mathbf{A}^{\dagger}$ 表示矩阵 $\mathbf{A}$ 的广义逆，即 $\mathbf{A}\mathbf{A}^{\dagger}\mathbf{A}=\mathbf{A}$。相反地，假如 $\mathbf{Y}\sim E_{p,n}(\mathbf{0},\mathbf{I}_{p_1}\otimes\mathbf{I}_{n_1},\boldsymbol{\Psi})$，那么

$$\mathbf{AYB}^{\mathrm{T}}+\mathbf{M}\sim E_{p,n}(\mathbf{M},\boldsymbol{\Sigma}\otimes\boldsymbol{\Phi},\boldsymbol{\Psi})$$

其中 $\boldsymbol{\Sigma}=\mathbf{A}\mathbf{A}^{\mathrm{T}}$，$\boldsymbol{\Phi}=\mathbf{B}^{\mathrm{T}}\mathbf{B}$。

$E_p(\mathbf{0},\mathbf{I}_p,\boldsymbol{\psi})$的分布可以称之为球分布。

假如 $\mathbf{X}$ 有上述定义中的分布序列，那么，其转置 $\mathbf{X}^{\mathrm{T}}$ 也有类似的分布。假定 $\mathbf{X}\sim E_{p,n}(\mathbf{M},\boldsymbol{\Sigma}\otimes\boldsymbol{\Phi},\boldsymbol{\Psi})$，那么，$\mathbf{X}^{\mathrm{T}}\sim E_{p,n}(\mathbf{M}^{\mathrm{T}},\boldsymbol{\Sigma}\otimes\boldsymbol{\Phi},\boldsymbol{\Psi})$。

问题出现在矩阵椭球等高分布定义的参数分布是否是唯一确定的。答案是否定的。

矩阵椭球等高类的一个重要的子类分布是矩阵变量正态（或高斯）分布。假如随机矩阵 $\mathbf{X}\in\mathbb{R}^{p\times n}$的特征函数有如下表示：

$$\phi_{\mathbf{X}}(\mathbf{T})=\mathrm{etr}(\mathrm{j}\mathbf{T}^{\mathrm{T}}\mathbf{M})\,\mathrm{etr}\left(-\frac{1}{2}\mathbf{T}^{\mathrm{T}}\boldsymbol{\Sigma}\mathbf{T}\boldsymbol{\Phi}\right)$$

则其矩阵变量正态分布。其中 $\mathbf{T}:p\times n$，$\mathbf{M}:p\times n$，$\boldsymbol{\Sigma}:p\times p$，$\boldsymbol{\Phi}:n\times n$，$\boldsymbol{\Sigma}\geqslant 0$，$\boldsymbol{\Phi}\geqslant 0$。这个分布被定义为 $\mathcal{N}_{p,n}(\mathbf{M},\boldsymbol{\Sigma}\otimes\boldsymbol{\Phi})$。

下一个定理表明，矩阵变量正态分布可以用来表示从多元正态分布中抽出的样本分布。定义 $\mathbf{X}\sim\mathcal{N}_{p,n}(\mathbf{m}\mathbf{e}_n^{\mathrm{T}},\boldsymbol{\Sigma}\otimes\mathbf{I}_n)$，其中 $\mathbf{m}\in\mathbb{C}^p$，定义 $\mathbf{x}_1,\mathbf{x}_2,\cdots,\mathbf{x}_n$ 是矩阵 $\mathbf{X}$ 的列向量。$\mathbf{x}_1,\mathbf{x}_2,\cdots,\mathbf{x}_n$ 是具有共同分布 $\mathcal{N}_p(\mathbf{m},\boldsymbol{\Sigma})$ 的独立同分布随机向量。$\mathbf{e}_n=(1,1,\cdots,1)^{\mathrm{T}}$ 是 n 维向量，其中元素构成了实矩阵。

8.13 矩阵椭球等高分布的假设检验

8.13.1 一般结果

假如 $\mathbf{X}\sim E_{p,n}(\mathbf{M},\boldsymbol{\Sigma}\otimes\boldsymbol{\Phi}_n,\Psi)$ 定义了绝对连续的椭球等高分布，$\boldsymbol{\Phi}$ 和 $\boldsymbol{\Sigma}$ 是正定的。矩阵椭球等高分布的概率密度函数是一种特殊分布，正如下文定理所示。

$\mathbf{X}\in\mathbb{R}^{p\times n}$是空间连续分布随机矩阵，那么，$\mathbf{X}\sim E_{p,n}(\mathbf{M},\boldsymbol{\Sigma}\otimes\boldsymbol{\Phi},\boldsymbol{\Psi})$，当且仅当

$$f(\mathbf{X})=(\det\boldsymbol{\Sigma})^{-n/2}(\det\boldsymbol{\Phi})^{-p/2}h(\mathrm{Tr}((\mathbf{X}-\mathbf{M})^{\mathrm{T}}\boldsymbol{\Sigma}^{-1}(\mathbf{X}-\mathbf{M})\boldsymbol{\Phi}^{-1}))$$

其中 h 和 $\boldsymbol{\Psi}$ 由特定的 p 和 n 决定。

假如 $\mathbf{X}\sim E_{p,n}(\mathbf{M},\boldsymbol{\Sigma}\otimes\boldsymbol{\Phi},\boldsymbol{\Psi})$，(a) 如果 $\mathbf{X}$ 的一阶矩有限，则$\mathbb{E}(\mathbf{X})=\mathbf{M}$；(b) 如果 $\mathbf{X}$ 的二阶矩有限，则 $\mathrm{Cov}(\mathbf{X})=c\boldsymbol{\Sigma}\otimes\boldsymbol{\Phi}$，其中 $c=-2\psi'(0)$，$\psi'(t)$为一阶导数。

我们可以给出一个 m. e. c. 分布的随机表示。设 $\mathbf{X}$ 是一个 $p\times n$ 的随机矩阵。设 $\mathbf{M}$：$p\times n$，$\boldsymbol{\Sigma}$：$p\times p$，$\boldsymbol{\Phi}$：$n\times n$ 为常数矩阵，$\boldsymbol{\Sigma}\geqslant 0$，$\boldsymbol{\Phi}\geqslant 0$，$\mathrm{rank}(\boldsymbol{\Sigma})=p_1$，$\mathrm{rank}(\boldsymbol{\Phi})=n_1$。那么

$$\mathbf{X}\sim E_{p,n}(\mathbf{M},\boldsymbol{\Sigma}\otimes\boldsymbol{\Phi},\boldsymbol{\Psi})$$

当且仅当

$$\mathbf{X}\approx\mathbf{M}+r\mathbf{AUB}^{\mathrm{T}}$$

其中 $\mathbf{U}\in\mathbb{R}^{p_1\times n_1}$，$\mathrm{vec}(\mathbf{U}^{\mathrm{T}})$关于 S_{p_1,n_1}上的统一部分表示，r 是非负的随机变量，且其是独立非相关的，$\boldsymbol{\Sigma}=\mathbf{A}\mathbf{A}^{\mathrm{T}}$ 和 $\boldsymbol{\Phi}=\mathbf{B}\mathbf{B}^{\mathrm{T}}$ 是其秩因子分解，此外，

$$\psi(u)=\int_0^{\infty}\Omega_{p_1n_1}(r^2u)\,\mathrm{d}F(r),u\geqslant 0$$

其中 $\Omega_{p_1n_1}(\mathbf{t}^{\mathrm{T}}\mathbf{t})$，$\mathbf{t}\in\mathbb{R}^{p_1n_1}$表示 $\mathrm{vec}(\mathbf{U}^{\mathrm{T}})$的特征函数，$F(r)$表示 r 的分布函数。$\mathbf{M}+r\mathbf{AUB}^{\mathrm{T}}$ 被称

为 $\mathbf{X}$ 的统计表示。我们在$\mathbb{R}^k$定义单位球 S_k

$$S_k = \{\mathbf{x} \mid \mathbf{x} \in \mathbb{R}^k; \mathbf{x}^{\mathrm{T}}\mathbf{x} = 1\}$$

定义 $\mathbf{X} \sim E_{p,n}(\mathbf{M}, \boldsymbol{\Sigma} \otimes \boldsymbol{\Phi}, \boldsymbol{\Psi})$ 和 $r\mathbf{AUB}^{\mathrm{T}}$ 是关于 $\mathbf{X}$ 的统计表示，假定 $\mathbf{X}$ 是绝对连续的，其概率密度函数为

$$f(\mathbf{X}) = (\det \boldsymbol{\Sigma})^{-n/2}(\det \boldsymbol{\Phi})^{-p/2} h(\mathrm{Tr}(\mathbf{X}^{\mathrm{T}} \boldsymbol{\Sigma}^{-1} \mathbf{X} \boldsymbol{\Phi}^{-1}))$$

那么，r 同样也是绝对连续的，且有概率密度函数：

$$g(r) = \frac{2\pi^{pn/2}}{\Gamma\left(\frac{pn}{2}\right)} r^{pn-1} h(r^2), \quad r \geqslant 0$$

随机表示是研究 m. e. c. 分布的一个重要工具。

定理 8.13.1 令 $\mathbf{X} \sim E_{p,n}(\mathbf{M}, \boldsymbol{\Sigma} \otimes \boldsymbol{\Phi}, \boldsymbol{\Psi})$，概率密度函数为

$$f(\mathbf{X}) = (\det \boldsymbol{\Sigma})^{-n/2}(\det \boldsymbol{\Phi})^{-p/2} h(\mathrm{Tr}((\mathbf{X}-\mathbf{M})^{\mathrm{T}} \boldsymbol{\Sigma}^{-1} (\mathbf{X}-\mathbf{M}) \boldsymbol{\Phi}^{-1}))$$

其中 $h(z)$ 在$[0, \infty)$是单调递减的，假定 h，$\boldsymbol{\Sigma}$ 和 $\boldsymbol{\Phi}$ 是已知的，我们想要发现基于单独的观测量 $\mathbf{X}$ 的最大似然估计(MLE)，那么，

(a) $\hat{\mathbf{M}} = \mathbf{X}$；

(b) 假如 $\mathbf{M} = \boldsymbol{\mu}\mathbf{v}^{\mathrm{T}}$，其中 $\boldsymbol{\mu}$ 是 p 维的，$\mathbf{v}$ 是 n 维的且 $\mathbf{v} \neq 0$，关于 $\boldsymbol{\mu}$ 的最大似然估计 $\hat{\boldsymbol{\mu}} = \mathbf{X} \dfrac{\boldsymbol{\Phi}^{-1}\mathbf{v}}{\mathbf{v}^{\mathrm{T}}\boldsymbol{\Phi}^{-1}\mathbf{v}}$；

(c) 假如 $\mathbf{M} = \boldsymbol{\mu}\mathbf{e}_n^{\mathrm{T}}$，那么 $\boldsymbol{\mu} = \mathbf{X} \dfrac{\boldsymbol{\Phi}^{-1}\mathbf{e}_n}{\mathbf{e}_n^{\mathrm{T}}\boldsymbol{\Phi}^{-1}\mathbf{e}_n}$。

现在我们表达可能存在的似然比检验统计。假如我们已经得到一个来自 $E_{p,n}(\mathbf{M}, \boldsymbol{\Sigma} \otimes \boldsymbol{\Phi}, \boldsymbol{\Psi})$分布的观测值 $\mathbf{X}$，想要检验

$$\mathcal{H}_0: (\mathbf{M}, \boldsymbol{\Sigma} \otimes \boldsymbol{\Phi}) \in \omega \quad \text{vs.} \quad \mathcal{H}_1: (\mathbf{M}, \boldsymbol{\Sigma} \otimes \boldsymbol{\Phi}) \in \Omega - \omega \tag{8.235}$$

其中 $\omega \subset \Omega$。如果 $\mathbf{Q} \in \mathbb{R}^{p \times n}$，$\mathbf{S} \in \mathbb{R}^{pn \times pn}$假定 Ω 和 ω 具有这样的属性，那么$(\mathrm{Q}, \mathrm{S}) \in \Omega$ 暗示$(\mathbf{Q}, c\mathbf{S}) \in \Omega$，$(\mathbf{Q}, \mathrm{S}) \in \omega$ 暗示$(\mathbf{Q}, c\mathbf{S}) \in \omega$ 适用于任意正标量 c。此外，令 $\mathbf{X}$ 具有如下概率密度函数：

$$f(\mathbf{X}) = (\det \boldsymbol{\Sigma})^{-n/2}(\det \boldsymbol{\Phi})^{-p/2} h(\mathrm{Tr}((\mathbf{X}-\mathbf{M})^{\mathrm{T}} \boldsymbol{\Sigma}^{-1} (\mathbf{X}-\mathbf{M}) \boldsymbol{\Phi}^{-1}))$$

其中 $l(z) = z^{pn/2} h(z)\ (z \geqslant 0)$ 在 $z = z_h > 0$ 处存在一个最大值。

此外，在假设条件 $\mathcal{H}_1$下，有 $\mathbf{X} \sim \mathcal{N}_{p,n}(\mathbf{M}, \boldsymbol{\Sigma} \otimes \boldsymbol{\Phi})$，$(\mathbf{M}, \boldsymbol{\Sigma} \otimes \boldsymbol{\Phi}) \in \Omega$，$\mathbf{M}$ 和 $\boldsymbol{\Sigma} \otimes \boldsymbol{\Phi}$ 的最大似然估计分别是 $\mathbf{M}^*$ 和 $\boldsymbol{\Sigma} \otimes \boldsymbol{\Phi}^*$，该估计是唯一的且满足$\mathbb{P}((\boldsymbol{\Sigma} \otimes \boldsymbol{\Phi})^* > 0) = 1$。假设也在条件 $\mathcal{H}_0$下，有 $\mathbf{X} \sim \mathcal{N}_{p,n}(\mathbf{M}, \boldsymbol{\Sigma} \otimes \boldsymbol{\Phi})$，$(\mathbf{M}, \boldsymbol{\Sigma} \otimes \boldsymbol{\Phi}) \in \omega$，$\mathbf{M}$ 和 $\boldsymbol{\Sigma} \otimes \boldsymbol{\Phi}$ 的最大似然估计分别是 $\mathbf{M}_0^*$ 和 $\boldsymbol{\Sigma} \otimes \boldsymbol{\Phi}_0^*$，该估计是唯一的且满足$\mathbb{P}((\boldsymbol{\Sigma} \otimes \boldsymbol{\Phi})_0^* > 0) = 1$。

那么，同假定条件 $\mathbf{X} \sim \mathcal{N}_{p,n}(\mathbf{M}, \boldsymbol{\Sigma} \otimes \boldsymbol{\Phi}, \boldsymbol{\Psi})$类似，在假定条件 $\mathbf{X} \sim N_{p,n}(\mathbf{M}, \boldsymbol{\Sigma} \otimes \boldsymbol{\Phi})$下，似然比检验统计用于检验式(8.235)，也就是说

$$\frac{\det(\boldsymbol{\Sigma} \otimes \boldsymbol{\Phi})^*}{\det(\boldsymbol{\Sigma} \otimes \boldsymbol{\Phi})_0^*}$$

8.13.2 两类模型

本节描述我们想研究的假设检验问题的参数空间。

模型 I

定义 $\mathbf{x}_1,\mathbf{x}_2,\cdots,\mathbf{x}_n$ 是 p 维随机向量，有 $n>p$ 和 $\mathbf{x}_i\sim E_p(\boldsymbol{\mu},\boldsymbol{\Sigma},\psi)$，$i=1,\cdots,n$，此外，假定 $\mathbf{x}_i$，$i=1,\cdots,n$ 是不相关的，以及它们的联合分布是椭球等高的，而且是绝对连续的，这个模型表示为

$$\mathbf{X}\sim E_{p,n}(\boldsymbol{\mu}\mathbf{e}_n^{\mathrm{T}},\boldsymbol{\Sigma}\otimes\mathbf{I}_n,\psi) \tag{8.236}$$

其中 $\mathbf{X}=(\mathbf{x}_1,\mathbf{x}_2,\cdots,\mathbf{x}_n)$，那么 $\mathbf{x}_1,\mathbf{x}_2,\cdots,\mathbf{x}_n$ 的联合概率密度函数可以写为

$$f(\mathbf{X})=\frac{1}{(\det\boldsymbol{\Sigma})^{n}}h\left(\sum_{i=1}^{n}(\mathbf{x}_i-\boldsymbol{\mu})^{\mathrm{T}}\boldsymbol{\Sigma}^{-1}(\mathbf{x}_i-\boldsymbol{\mu})\right) \tag{8.237}$$

假定 $l(z)=z^{pn/2}h(z)$，$z\geqslant 0$ 在 $z=z_h>0$ 处存在一个最大值。定义

$$\bar{\mathbf{x}}=\frac{1}{n}\sum_{i=1}^{n}\mathbf{x}_i,\quad \mathbf{A}=\sum_{i=1}^{n}(\mathbf{x}_i-\bar{\mathbf{x}})(\mathbf{x}_i-\bar{\mathbf{x}})^{\mathrm{T}}$$

那么有 $\bar{\mathbf{x}}=\frac{1}{n}\mathbf{X}\mathbf{e}_n$，$\mathbf{A}=\mathbf{X}\left(\mathbf{I}_n-\frac{1}{n}\mathbf{e}_n\mathbf{e}_n^{\mathrm{T}}\right)\mathbf{X}^{\mathrm{T}}$，统计量 $T(\mathbf{X})=(\bar{\mathbf{x}},\mathbf{A})$ 满足条件 $(\boldsymbol{\mu},\boldsymbol{\Sigma})$。

假如 $\psi(z)=\exp\left(-\frac{z}{2}\right)$，那么 $\mathbf{X}\sim\mathcal{N}_{p,n}(\boldsymbol{\mu}\mathbf{e}_n^{\mathrm{T}},\boldsymbol{\Sigma}\otimes\mathbf{I}_n,\psi)$。在这种情况下，统一且独立的随机向量 $\mathbf{x}_i$ 服从分布 $\mathcal{N}_p(\boldsymbol{\mu},\boldsymbol{\Sigma})$。文献［371］对这种结构的推断进行了广泛的研究。

模型 II

定义 $\mathbf{x}_1^{(i)},\mathbf{x}_2^{(i)},\cdots,\mathbf{x}_{n_i}^{(i)}$ 是 p 维随机向量，满足 $n_i>p$，$i=1,\cdots,q$，且 $\mathbf{x}_j^{(i)}\sim E_p(\mu_i,\boldsymbol{\Sigma}_i,\psi)$，$j=1,\cdots,n_i$，$i=1,\cdots,q$。此外，假定 $\mathbf{x}_j^{(i)}$，$i=1,\cdots,q$，$j=1,\cdots,n_i$ 是非相关的，它们的联合分布也是椭球等高的，而且是绝对连续的，这个模型可以表示为

$$\mathbf{x}\sim E_{p,n}\left(\begin{pmatrix}\mathbf{e}_{n_1}\otimes\boldsymbol{\mu}_1\\ \mathbf{e}_{n_1}\otimes\boldsymbol{\mu}_2\\ \vdots\\ \mathbf{e}_{n_1}\otimes\boldsymbol{\mu}_q\end{pmatrix},\begin{pmatrix}\mathbf{I}_{n_1}\otimes\boldsymbol{\Sigma}_1\\ \mathbf{I}_{n_2}\otimes\boldsymbol{\Sigma}_2\\ \vdots\\ \mathbf{I}_{n_q}\otimes\boldsymbol{\Sigma}_q\end{pmatrix},\psi\right) \tag{8.238}$$

其中 $n=\sum_{i=1}^{q}n_i$，

$$\mathbf{x}=[\mathbf{x}_1^{(1)},\cdots,\mathbf{x}_{n_1}^{(1)},\mathbf{x}_1^{(2)},\cdots,\mathbf{x}_{n_2}^{(2)},\mathbf{x}_1^{(q)},\cdots,\mathbf{x}_{n_q}^{(q)}]^{\mathrm{T}}$$

之后，$\mathbf{x}_j^{i}$，$i=1,\cdots,q$，$j=1,\cdots,n_i$，的联合概率密度可以表示为

$$f(\mathbf{x})=\frac{1}{\prod_{i=1}^{q}(\det\boldsymbol{\Sigma}_i)^{n_i}}h\left(\sum_{i=1}^{q}\sum_{j=1}^{n_i}(\mathbf{x}_j^{(i)}-\boldsymbol{\mu}_i)^{\mathrm{T}}\boldsymbol{\Sigma}_i^{-1}(\mathbf{x}_j^{(i)}-\boldsymbol{\mu}_i)\right) \tag{8.239}$$

假定 $l(z)=z^{pn/2}h(z)$，$z\geqslant 0$ 在 $z=z_h>0$ 处存在一个最大值。定义

$$\bar{\mathbf{x}}_i=\frac{1}{n_i}\sum_{j=1}^{n_i}\mathbf{x}_j^{(i)},\quad \mathbf{A}_i=\sum_{j=1}^{n_i}(\mathbf{x}_j^{(i)}-\bar{\mathbf{x}}_i)(\mathbf{x}_j^{(i)}-\bar{\mathbf{x}}_i)^{\mathrm{T}}$$

有 $\mathbf{A}=\sum_{i=1}^{q}\mathbf{A}_i$，同样有 $\bar{\mathbf{x}}=\sum_{i=1}^{q}\sum_{j=1}^{n_i}\mathbf{x}_j^{(i)}$ 和 $\mathbf{B}=\sum_{i=1}^{q}\sum_{j=1}^{n_i}(\mathbf{x}_j^{(i)}-\bar{\mathbf{x}})(\mathbf{x}_j^{(i)}-\bar{\mathbf{x}})^{\mathrm{T}}$。因此得到

$$\sum_{j=1}^{n_i}(\mathbf{x}_j^{(i)}-\boldsymbol{\mu}_i)^{\mathrm{T}}\boldsymbol{\Sigma}_i^{-1}(\mathbf{x}_j^{(i)}-\boldsymbol{\mu}_i)$$
$$=\mathrm{Tr}\left(\sum_{j=1}^{n_i}(\mathbf{x}_j^{(i)}-\boldsymbol{\mu}_i)^{\mathrm{T}}\boldsymbol{\Sigma}_i^{-1}(\mathbf{x}_j^{(i)}-\boldsymbol{\mu}_i)\right)$$
$$=\mathrm{Tr}\left(\boldsymbol{\Sigma}_i^{-1}\sum_{j=1}^{n_i}(\mathbf{x}_j^{(i)}-\boldsymbol{\mu}_i)^{\mathrm{T}}(\mathbf{x}_j^{(i)}-\boldsymbol{\mu}_i)\right)$$
$$=\mathrm{Tr}\left(\boldsymbol{\Sigma}_i^{-1}\left(\sum_{j=1}^{n_i}(\mathbf{x}_j^{(i)}-\bar{\mathbf{x}}_i)^{\mathrm{T}}(\mathbf{x}_j^{(i)}-\bar{\mathbf{x}}_i)+n(\bar{\mathbf{x}}_i-\boldsymbol{\mu}_i)(\bar{\mathbf{x}}_i-\boldsymbol{\mu}_i)^{\mathrm{T}}\right)\right)$$
$$=\mathrm{Tr}\left(\boldsymbol{\Sigma}_i^{-1}\left(\mathbf{A}_i+n(\bar{\mathbf{x}}_i-\boldsymbol{\mu}_i)(\bar{\mathbf{x}}_i-\boldsymbol{\mu}_i)^{\mathrm{T}}\right)\right)$$

那么,

$$f(\mathbf{x})=\frac{1}{\prod_{i=1}^{q}(\det\boldsymbol{\Sigma}_i)^{n_i}}h\left(\sum_{i=1}^{q}\mathrm{Tr}(\boldsymbol{\Sigma}_i^{-1}(\mathbf{A}_i+n(\bar{\mathbf{x}}_i-\boldsymbol{\mu}_i)(\bar{\mathbf{x}}_i-\boldsymbol{\mu}_i)^{\mathrm{T}}))\right)$$

因此统计量$(\bar{\mathbf{x}}^{(1)},\cdots,\bar{\mathbf{x}}^{(q)},\mathbf{A}_1,\cdots,\mathbf{A}_q)$满足$(\boldsymbol{\mu}_1,\cdots,\boldsymbol{\mu}_q,\boldsymbol{\Sigma}_1,\cdots,\boldsymbol{\Sigma}_q)$。

假如$\psi(z)=\exp\left(-\dfrac{z}{2}\right)$, 那么

$$\mathbf{x}\sim\mathcal{N}_{p,n}\left(\begin{pmatrix}\mathbf{e}_{n_1}\otimes\boldsymbol{\mu}_1\\ \mathbf{e}_{n_1}\otimes\boldsymbol{\mu}_2\\ \vdots\\ \mathbf{e}_{n_1}\otimes\boldsymbol{\mu}_q\end{pmatrix},\begin{pmatrix}\mathbf{I}_{n_1}\otimes\Sigma_1\\ \mathbf{I}_{n_2}\otimes\Sigma_2\\ \vdots\\ \mathbf{I}_{n_q}\otimes\Sigma_q\end{pmatrix}\right)$$

在这种条件下, $\mathbf{x}_1^{(i)},\mathbf{x}_2^{(i)},\cdots,\mathbf{x}_{n_i}^{(i)}$是独立非相关的, 且随机变量满足分布$\mathcal{N}_p(\boldsymbol{\mu}_i,\boldsymbol{\Sigma}_i)$, $i=1,\cdots,q$, 此外$\mathbf{x}_j^{(i)}$, $i=1,\cdots,q$, $j=1,\cdots,n_i$ 是非相关的。文献[371]对这种结构做了许多推论。

在模型Ⅱ中, 当$\boldsymbol{\Sigma}_1=\cdots=\boldsymbol{\Sigma}_q=\boldsymbol{\Sigma}$时, 模型可以表示为

$$\mathbf{X}\sim E_{p,n}((\boldsymbol{\mu}_1\mathbf{e}_{n_1}^{\mathrm{T}},\boldsymbol{\mu}_2\mathbf{e}_{n_2}^{\mathrm{T}},\cdots,\boldsymbol{\mu}_q\mathbf{e}_{n_q}^{\mathrm{T}}),\boldsymbol{\Sigma}\otimes\mathbf{I}_n,\psi)$$

其中$n=\sum_{i=1}^{q}n_i$, 此外

$$\mathbf{x}=(\mathbf{x}_1^{(1)},\cdots,\mathbf{x}_{n_1}^{(1)},\mathbf{x}_1^{(2)},\cdots,\mathbf{x}_{n_2}^{(2)},\mathbf{x}_1^{(q)},\cdots,\mathbf{x}_{n_q}^{(q)})$$

这导致与式(8.238)一样的$\mathbf{x}_j^{(i)}$, $i=1,\cdots,q$, $j=1,\cdots,n_i$ 的联合概率密度函数:

$$f(\mathbf{x})=\frac{1}{(\det\Sigma)^n}h\left(\sum_{i=1}^{q}\sum_{j=1}^{n_i}(\mathbf{x}_j^{(i)}-\boldsymbol{\mu}_i)^{\mathrm{T}}\Sigma^{-1}(\mathbf{x}_j^{(i)}-\boldsymbol{\mu}_i)\right)$$

8.13.3 检验准则

我们只列举我们所感兴趣的。

检验协方差矩阵等于给定的矩阵

在模型Ⅰ中(8.13.2节), 我们想检验:

$$\mathcal{H}_0:\boldsymbol{\Sigma}=\boldsymbol{\Sigma}_0\quad \text{vs.}\quad \mathcal{H}_1:\boldsymbol{\Sigma}\neq\boldsymbol{\Sigma}_0\tag{8.240}$$

在条件 $\mathbf{\Sigma}_0>\mathbf{0}$ 下，我们假设 $\boldsymbol{\mu}$ 和 $\mathbf{\Sigma}$ 是未知的，可以知道检验准则等价于

$$\mathcal{H}_0:\mathbf{\Sigma}=\mathbf{I}_p \quad \text{vs.} \quad \mathcal{H}_1:\mathbf{\Sigma}\neq\mathbf{I}_p \tag{8.241}$$

定理 8.13.2 问题(8.240)的似然比检验统计为

$$\tau=(\det(\mathbf{\Sigma}_0^{-1}\mathbf{A}))^{n/2}h(\mathrm{Tr}(\mathbf{\Sigma}_0^{-1}\mathbf{A}))$$

在置信度为 α 时，临界区域是

$$\tau\leqslant\tau_\psi(\alpha)$$

其中 $\tau_\psi(\alpha)$ 取决于 ψ 和 $\mathbf{\Sigma}_0$。τ 的零分布取决于 $\mathbf{\Sigma}_0$。

检验协方差矩阵与给定矩阵成比例

在模型 I 中(8.13.2 节)，我们需要检验

$$\mathcal{H}_0:\mathbf{\Sigma}=\sigma^2\mathbf{\Sigma}_0 \quad \text{vs.} \quad \mathcal{H}_1:\mathbf{\Sigma}\neq\sigma^2\mathbf{\Sigma}_0 \tag{8.242}$$

其中 $\boldsymbol{\mu}$, $\mathbf{\Sigma}$, σ^2 是未知的，且 $\sigma^2>0$ 和 $\mathbf{\Sigma}_0>\mathbf{0}$ 是给定的。问题(8.242)在 G 组中保持不变；其中 G 由线性变换生成：

(i) $g(\mathbf{X})=c\mathbf{X}$, $c>0$ 是给定的；

(ii) $g(\mathbf{X})=\mathbf{X}+\mathbf{v}\mathbf{e}_n^{\mathrm{T}}$, $\mathbf{v}$ 是 p 维向量。

易证明问题(8.242)等同于检验

$$\mathcal{H}_0:\mathbf{\Sigma}=\sigma^2\mathbf{I}_p \quad \text{vs.} \quad \mathcal{H}_1:\mathbf{\Sigma}\neq\sigma^2\mathbf{I}_p \tag{8.243}$$

定理 8.13.3 问题(8.242)的 LRT 统计量是

$$\tau^{2/n}=\frac{\det(\mathbf{\Sigma}_0^{-1}\mathbf{A})}{\left(\mathrm{Tr}\left(\frac{1}{p}\mathbf{\Sigma}_0^{-1}\mathbf{A}\right)\right)^p}$$

α 标准下的临界区是

$$\tau\leqslant\tau_\psi(\alpha)$$

其中 $\tau_\psi(\alpha)$ 与正常(高斯)情况下相同，而且不依赖于Σ_0。

τ 的分布和正常(高斯)情况下相同。τ 的零分布不依赖于Σ_0。τ 是 G 组下充分统计量的一个不变量。

协方差矩阵的等式检验

在模型 II 中(8.13.2 节)，我们要检验

$$\begin{aligned}&\mathcal{H}_0:\mathbf{\Sigma}_1=\mathbf{\Sigma}_2=\cdots=\mathbf{\Sigma}_q\\&\mathcal{H}_1:\mathbf{\Sigma}_j\neq\mathbf{\Sigma}_k,1\leqslant j\leqslant k\leqslant q\end{aligned} \tag{8.244}$$

其中 $\boldsymbol{\mu}_i$ 和 $\mathbf{\Sigma}_i$, $i=1,2,\cdots,q$ 是未知的，问题(8.244)在 G 组下保持不变，其中 G 由线性变换生成：

(i) $g(\mathbf{X})=(\mathbf{I}_n\otimes\mathbf{C})\mathbf{X}$, 其中 $\mathbf{C}$ 是 $p\times p$ 非奇异矩阵；

(ii) $g(\mathbf{X})=\mathbf{X}-\begin{pmatrix}\mathbf{e}_{n_1}\otimes\mathbf{v}_1\\\mathbf{e}_{n_2}\otimes\mathbf{v}_2\\\vdots\\\mathbf{e}_{n_q}\otimes\mathbf{v}_q\end{pmatrix}$, $\mathbf{v}_i$ 是 p 维向量，$i=1,2,\cdots,q$。

定理 8.13.4 问题(8.244)的 LRT 统计量为

$$\tau=\frac{\prod_{i=1}^{q}[\det(\mathbf{A}_i)]^{n_i/2}\prod_{i=1}^{q}(n_i)^{pn_i/2}}{(\det\mathbf{A})^{n/2}n^{pn/2}}$$

α 标准下的临界区是

$$\tau\leqslant\tau_{\psi}(\alpha)$$

其中 $\tau_{\psi}(\alpha)$ 和 τ 的分布与正态（高斯）分布的情况相同。τ 是 G 组下充分统计量的一个不变量。

均值和方差矩阵的检验平均

在模型 II 中（8.13.2 节），我们要检验

$$\begin{aligned}&\mathcal{H}_0:\boldsymbol{\mu}_1=\boldsymbol{\mu}_2=\cdots=\boldsymbol{\mu}_q,\boldsymbol{\Sigma}_1=\boldsymbol{\Sigma}_2=\cdots\boldsymbol{\Sigma}_q\\&\mathcal{H}_1:\boldsymbol{\mu}_1\neq\boldsymbol{\mu}_2\text{ 或 }\boldsymbol{\Sigma}_j\neq\boldsymbol{\Sigma}_k,1\leqslant j\leqslant k\leqslant q\end{aligned}\tag{8.245}$$

其中 $\boldsymbol{\mu}_i$ 和 $\boldsymbol{\Sigma}_i$，$i=1,2,\cdots,q$ 是未知的，问题(8.245)在 G 组下保持不变，其中 G 由线性变换生成。

(i) $g(\mathbf{X})=(\mathbf{I}_n\otimes\mathbf{C})\mathbf{X}$，$\mathbf{C}$ 是 $p\times p$ 的非奇异矩阵；

(ii) $g(\mathbf{X})=\mathbf{X}-\mathbf{e}_n\otimes\mathbf{v}$，$\mathbf{v}$ 是 p 维向量。

定理 8.13.5 问题(8.245)的 LRT 统计量是

$$\tau=\frac{\prod_{i=1}^{q}[\det(\mathbf{A}_i)]^{n_i/2}}{(\det\mathbf{B})^{n/2}}$$

α 标准下的临界区是

$$\tau\leqslant\tau_{\psi}(\alpha)$$

其中 $\tau_{\psi}(\alpha)$ 和 τ 的分布与正态（高斯）分布的情况相同。τ 是 G 组下充分统计量的一个不变量。

文献备注

关于特征值方差界定的更多细节，我们参考 Dallaporta 的博士论文[435]的 8.3 节中得到。我们需要随机矩阵理论，它对任意矩阵的大小都是有效的[442,518,519]。特别是，文献[40]对这方面的结果进行了比较全面的调查。

8.4 节取自文献[448,450]，仅有小小的变动。关于这个问题有大量的文献，可参见文献[40]的一些近期结果。

关于 8.3.2 节，Wasserstein 距离在文献[443]中得到了解释，我们从中提取了一些材料。

在 8.8 节中，我们根据文献[367]研究了大型随机矩阵如何受有限秩扰动。

在 6.18 节中，我们从文献[340]中获取资料。图 6.39 中的离群值是在 6.18 节写作期间发现的，可参见图 6.39 和相应的 MATLAB 代码。6.18 节的离群值部分取自文献[368]。在 6.15 节中，我们从文献[328,329]，[340]和[368]中得到资料。

在 6.16 节中，提取了文献[345]中的资料，考虑了有界秩扰动的矩阵谱中的离群值。另一个很好的参考是“围绕圆形定律”[328]。

在 6.17 节，我们从 Benaych-George 和文献[138]中得到资料。

我们从文献[469]和文献[477]的8.9节中收集资料，结果的证明可以在这里找到。

在8.9节中，推荐两篇博士论文：文献[499,520]和一篇硕士论文：文献[506]，我们从中节选部分资料。本节中的许多讨论也遵循了文献[474]。8.9.4节来自文献[489]，有部分符号变化。在8.9.2节中，我们从文献[486]和文献[521]的第587页中得到资料。

3.8节的内容可以在文献[191]中找到。

8.9.8节中的大部分内容可以在文献[507]中找到。

8.9.9节的大部分内容可以在文献[522]中找到。

8.9.10节来自文献[511,523]。

8.10节来自文献[513]

采用结构良好的特征系统进行协方差矩阵估计是可取的。文献[381]提出了估计协方差矩阵通过其基于近似对数似然函数的对数。博士论文[524]研究了高维数据的两个样本推断。文献[525]利用恒等协方差矩阵设计了一种基于线性收缩的最小描述长度准则(LS-MDL)噪声子空间分量的结构，而不是依赖特征值分布。从估计器得到的特征值是线性函数对应的样本特征值，使得LS-MDL准则能够在不引发源数的情况下准确检验到源数显著的额外计算负载。

文献[526]首先证明了线路中断的连续电压观测值可以用尖峰样本协方差矩阵进行数学建模，从而解决了这个问题。

8.12节和8.13节主要来自文献[217,433]。文献[217]是对这个主题的介绍，并给出了统一组织材料的第一个处理方法。

第二部分 智 能 电 网

第 9 章 智能电网的应用和需求

9.1 历史

传输网向智能化发展的转变，被概括为“智能电网”以及其他专业术语，如智能化、网格化、未来网格化等。

由电力研究院(EPRI)发起的 IntelliGrid 计划旨在构建将电力与通信、计算机控制相结合的智能电网，从而在可靠性、容量和客户服务方面获得收益[527,528]。电力研究院在 2000 年左右首次提出了智能电网的概念，详细介绍了未来电网的发展趋势以及 21 世纪面临的问题的解决方案。能源部(DOE)在 2004 年左右推出了 Grid-Wise 项目，目标是配电系统。

欧洲使用了智能电网(Smart Grid)的术语。2005 年，欧洲智能电网技术平台[529,530]成立，并于 2006 年发布了关于路线图和想法的报告[531]。欧洲电力网络的客观特征可以根据客户的要求灵活地确定可接入网络用户和可再生能源，安全可靠地提供优质能源，并以廉价的方式提供最具价值和高效的能源管理模式。

美国能源部(DoE)根据 2007 年《能源独立与安全法》(*Energy Independence and Security Act*)第 13 章成立了一个联邦智能电网工作组。在其“电网 2030 愿景”中，目标是构建 21 世纪的电力系统，随时随地提供丰富、廉价、清洁、高效、可靠的电能[532]。通过智能电网的发展，预期的成果不仅将提高国家电网的可靠性、效率和安全性，而且将有助于实现减少碳排放的战略目标。

2010 年 1 月发布了“1.0 版 NIST 智能电网互操作性框架和路线图”[533]。

预计到 2030 年智能电网将全面运行。未来的电网如图 9.1 所示[534]。

9.2 概念和愿景

智能电网被美国国家工程院列为 20 世纪的最高工程成就[536]。历史上，工业化和经济发展与人类利用天然能源来改善其状况的能力相关(见图 9.2)。影响世界未来电力系统的三个主要因素是：联邦和州级政府政策、客户效率需求以及新型智能计算机软硬件技术。此外，环境问题正在推动整个能源系统中的效率、节约性和可再生性。客户变得更加积极主动，参与影响他们日常生活的能源消费决策。

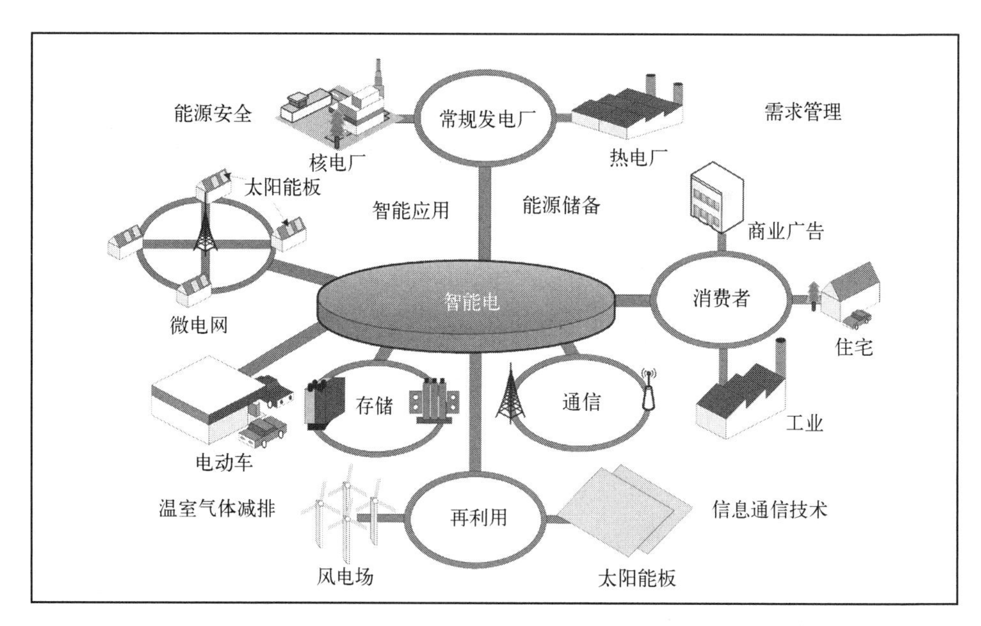

图 9.1　未来智能电网。RE：可再生能源。经 IEEE 授权转自文献[534]

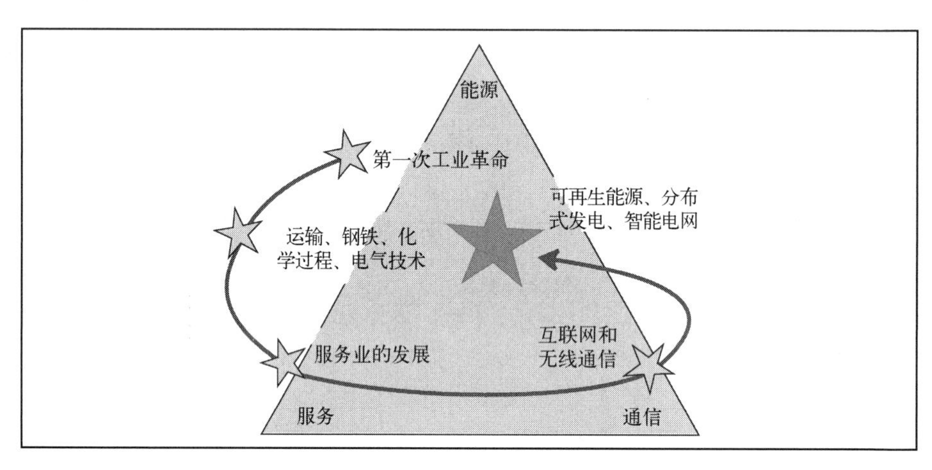

图 9.2　工业革命历史：从能源到服务和通信又重归能源。经 IEEE 授权转自文献[535]

智能电网可以被定义为一个电力系统，该系统使用信息、双向、网络安全通信技术和计算智能以集成的方式贯穿整个能源系统范围，从发电到终端消费的终点[538]。智能电网不是一件事，而是一种愿景。电网现代化是一项长达数十年的重大长期任务。预想未来智能电网的概念模型如图 9.3 所示。表 9.1 定义了智能电网概念模型中的域(图 9.7)。预计未来 20 年电网将从机电控制系统转变为电子控制网络[539]。

表 9.1　智能电网概念模型中的域

领　域	领域内的参与者
顾客	电力的最终使用者。也可能产生、存储和管理能源使用。传统上，会讨论三种客户类型，每种类型都有自己的领域：住宅、商业/建筑和工业
市场	电力市场的经营者和参与者
服务供应商	为电力客户和设施提供服务的组织

续表

领　　域	领域内的参与者
操作	电力移动的管理者
批量发电	大量发电的发电机，也可以储存能量供以后分配
传输	长途运输大量电力的运输工具，也可以储存和发电
分配	与客户之间的电力分销商，也可以储存和发电

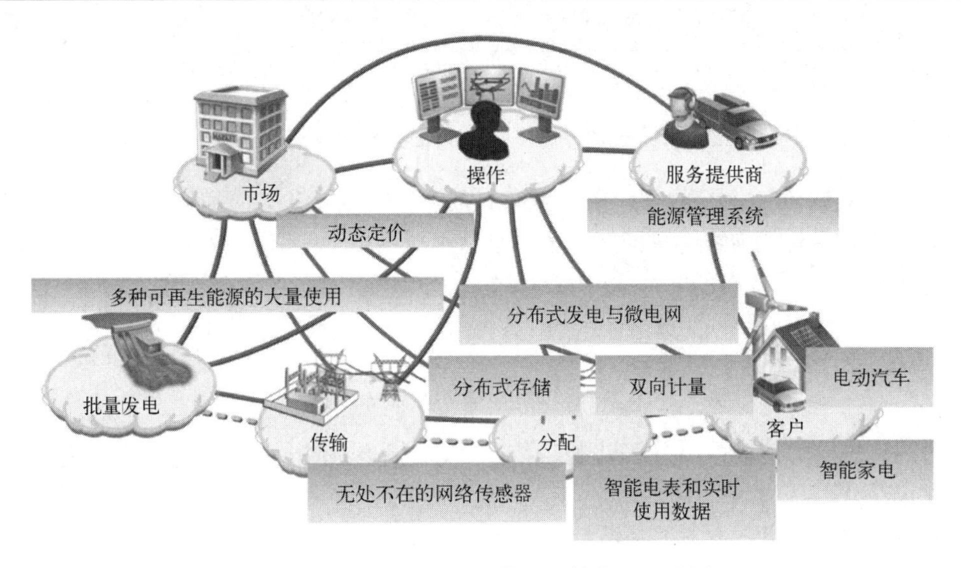

图 9.3　智能电网的概念模型。转自 NIST 报告

随着对可再生能源组合标准、温室气体限制以及需求响应和节能措施的要求不断提高，环境问题已经走到公共事业业务的前沿[540]。图 9.4 显示了预计的 2020 年发电增加量。图 9.5 显示了下一代成本比较。

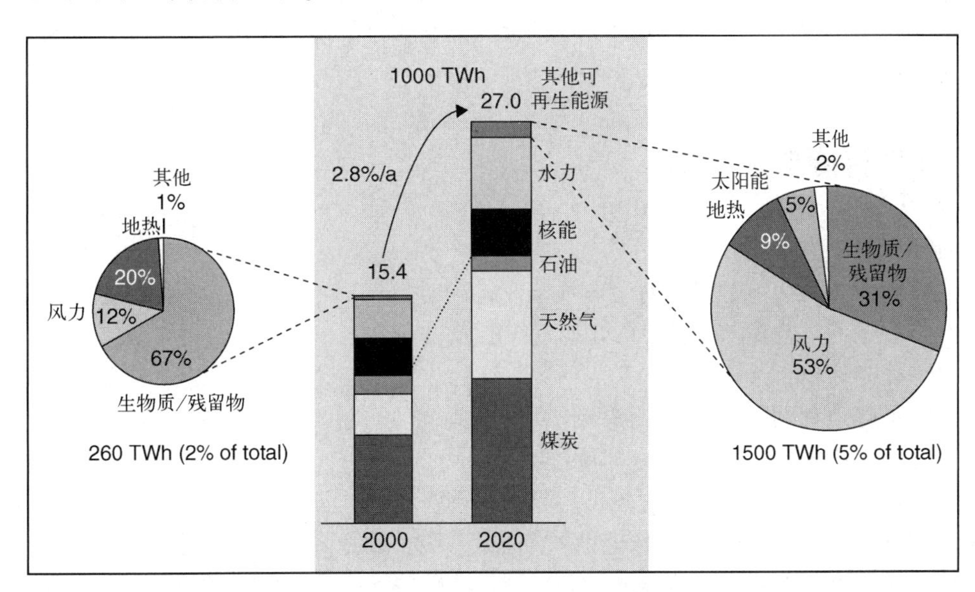

图 9.4　预计 2020 年发电增加量。经 IEEE 授权转自文献[541]

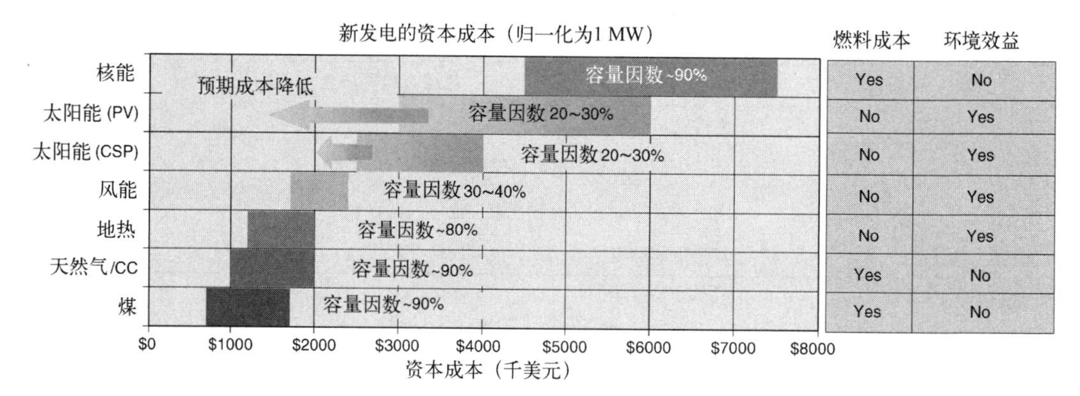

图 9.5　下一代成本比较。经 IEEE 授权转自文献[540]

2009 年，NIST 在 9 个月的时间里，通过一系列公开研讨会，吸引了代表数百家机构的 1500 多名利益相关方，为智能电网创建了一个高级架构模型(见图 9.6 和图 9.7)。这项工作的结果是 2010 年 1 月发布的“1.0 版 NIST 智能电网互操作性框架和路线图”[533]。

9.3　当今的电网

今天的传统电力传输可以分解成绝大部分发电、输电、变电站、配电和客户的隔离组件。这些功能包括[538]：

- 集中的发电来源；
- 从来源到客户的单向能量流动；
- 客户被动参与，客户对电能使用的了解仅限于每月收到的账单，事实上，是在月底之后收到的账单；
- 实时监测和控制主要限于发电和输电，并且仅限于某些公用设施，是否扩展至配电系统；
- 该系统不灵活，因此难以在电网的任何一点向替代电源注入电力，或者难以有效管理电力用户所需的新服务。

9.4　未来智能电力系统

智能电网的一些关键需求包括[538]：

- 允许整合可再生能源以应对全球气候变化；
- 允许积极的客户参与，以便更好地节约能源；
- 允许安全通信；
- 允许更好地利用现有资产来解决长期的可持续性问题；
- 允许优化能量流来减少损耗，降低能源成本；
- 允许整合电动汽车以减少对烃类燃料的依赖；
- 允许管理分布式发电和储能以消除或推迟系统扩展并降低能源的总体成本；
- 允许在整个能源系统中整合通信和控制，以促进互操作性和开放系统，并提高安全性和操作灵活性。

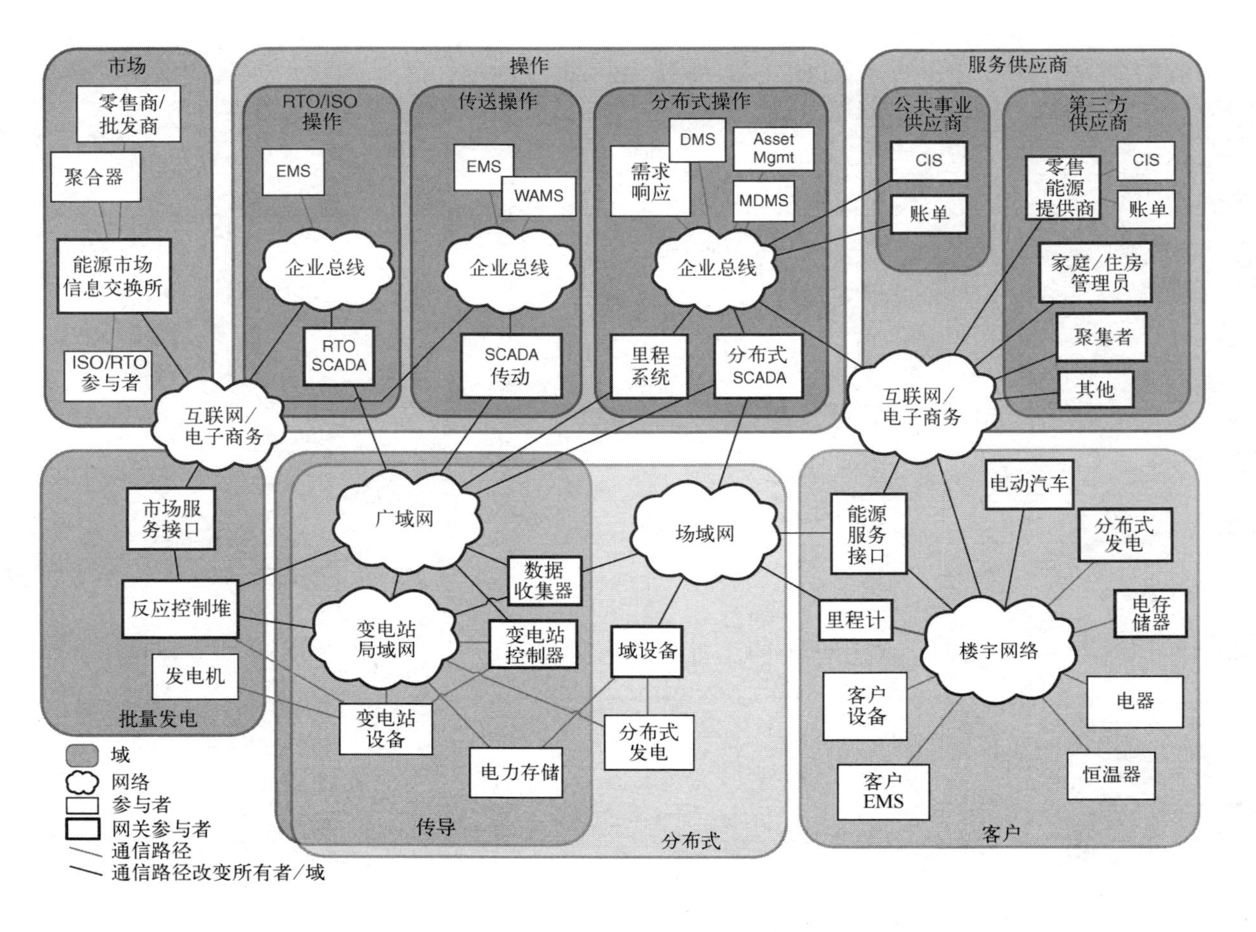

图9.6 NIST智能电网参考模型。转自NIST报告

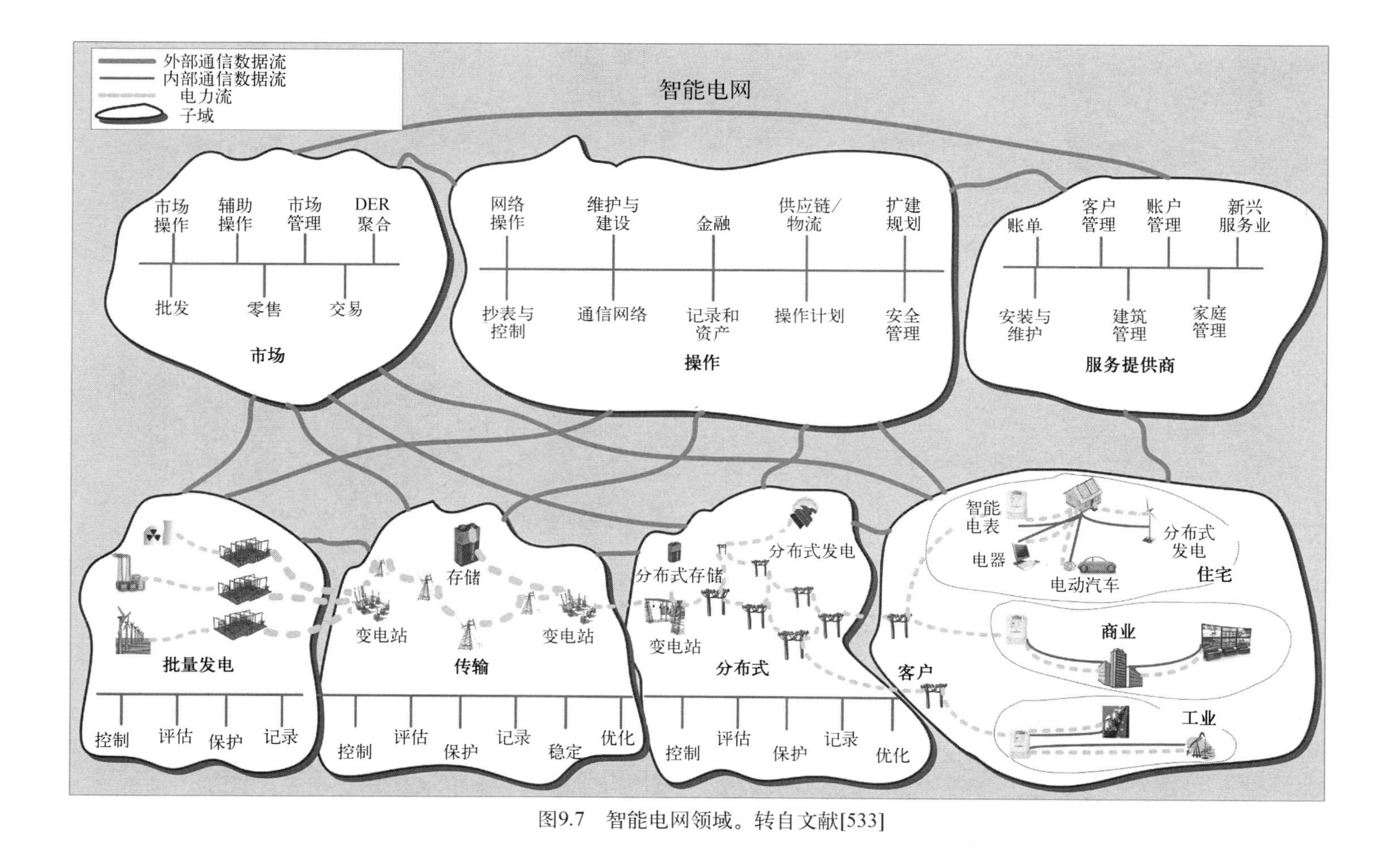

图9.7 智能电网领域。转自文献[533]

最终的智能电网是一个愿景，在实施之前的每一步都需要成本合理化，然后在广泛部署之前进行测试和验证。

假设完全实现，智能电网将具有以下特征[538]：

- 自我修复：在故障发生前自动修复或自动从服务中移除潜在的故障设备，并重新配置系统以重新变更能源供给，以维持所有客户的电力。
- 灵活：随时可以在系统的任何一点进行快速安全的分布式发电和储能互联。
- 可预测性：使用机器学习、天气影响预测和随机分析来预测下一个最可能发生的事件，以便在发生下一个最糟糕的事件之前采取适当的措施重新配置系统。
- 交互性：有关系统状态的适当信息不仅提供给运营商，也提供给客户，以允许能源系统中的所有关键参与者在突发事件的优化管理中发挥积极作用。
- 优化：了解每个主要组件的实时状态或接近实时状态，并通过控制设备提供可选的路由路径，从而为自动优化整个系统的电流提供了能力。
- 安全：考虑到涵盖端到端系统的智能电网的双向通信能力，所有重要资产的物理以及网络安全性的需求至关重要。

表 9.2 和表 9.3 比较了现有电网与智能电网。图 9.8 给出了智能电网金字塔。

表 9.2　智能电网与现有电网的比较[542]

现有电网	智能电网
电动机械的	数字的
单向通信	双向通信
集中式发电	分布式发电
层次	网络
少量传感器	大量传感器
盲栅	自监控
手动复位	自修复
故障和停电	自适应和隔离
手动检查/测试	远程检查/测试
控制受限	全面控制
少量用户选择	大量客户选择

表 9.3　电力系统从静态基础设施向动态基础设施的演变[541]

从	到
中心化发电和控制	智能的中心化和分布式发电
遵循基尔霍夫定律加载电流	通过电力负荷电流控制
根据负载需求发电	可控生成，在需求中均衡变化
手动切换和故障响应	自动响应和预测回避
对功率流的确定性响应	监控瓶颈超载
定期维护	优先基于条件的预测性维护

通信和信息技术（IT）对智能电网至关重要。智能电网最终将涉及在传输、配电设施、智能仪表、SCADA 系统、后台系统以及家中与电网交互的设备中联网大量传感器。大量数据（大数据）将由仪表、传感器和相量测量单元生成[543]。

图 9.9 显示了智能电网战略对多功能信息系统的影响。

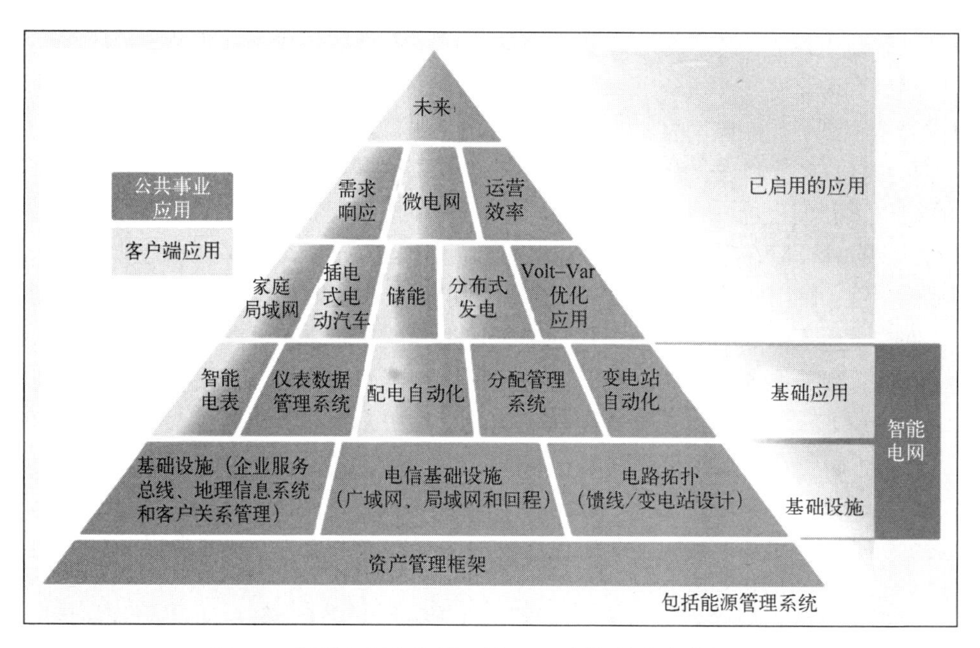

图 9.8　智能电网金字塔。经 IEEE 授权转自文献[542]

在 IT 行业中，一个新兴的，改变游戏规则的进步是使用 Web(云)作为计算和信息管理平台。这将允许通过 Web 提供强大的组合应用程序[540]，对多个不同来源的数据和功能进行集成。图 9.10 提供了这个模型的概念图。

智能电网除了支持需求响应和分布式资源管理的高级计量和多功能通信基础设施，还影响许多运营和企业信息系统，包括监控和数据采集(SCADA)、供应和变电站自动化、客户服务系统、规划、工程和现场运营、电网运营、调度和电力销售。智能电网还会影响公司企业系统的资产管理、账款和会计以及业务管理。如图 9.11 所示，很多信息技术(IT)系统将受到影响，包括分布式管理和自动化、运营计划、调度、市场运营以及账款和结算等。

中国更倾向于采用“供应方政策”，重点是“公共企业、科技发展和法律监管”政策。而美国倾向于采用“环境方政策”，重点放在“科技发展、金融、政治和公共企业”政策上[544]。

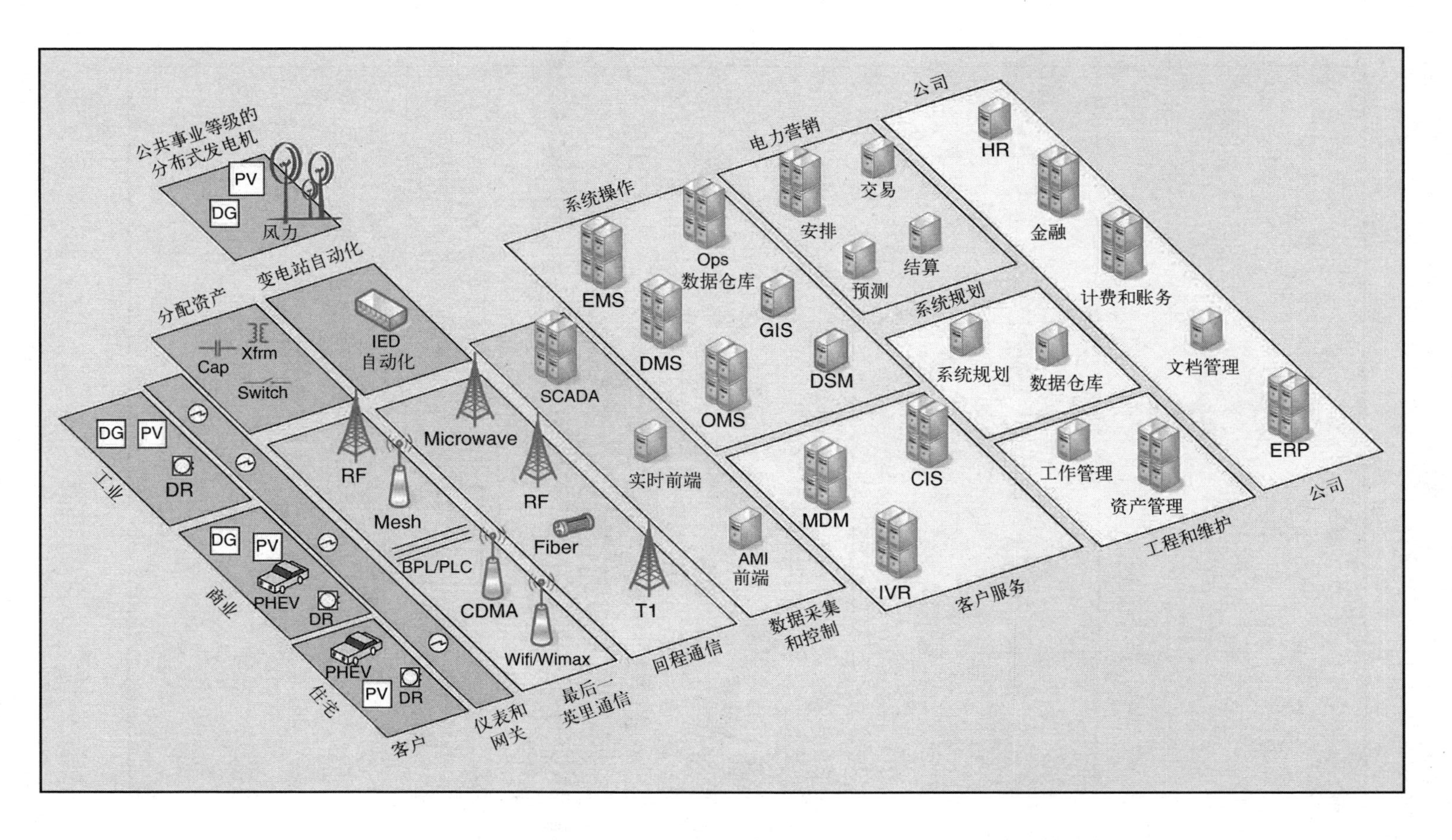

图9.9　受智能电网战略影响的多功能信息系统的视图。经IEEE许可转自文献[540]

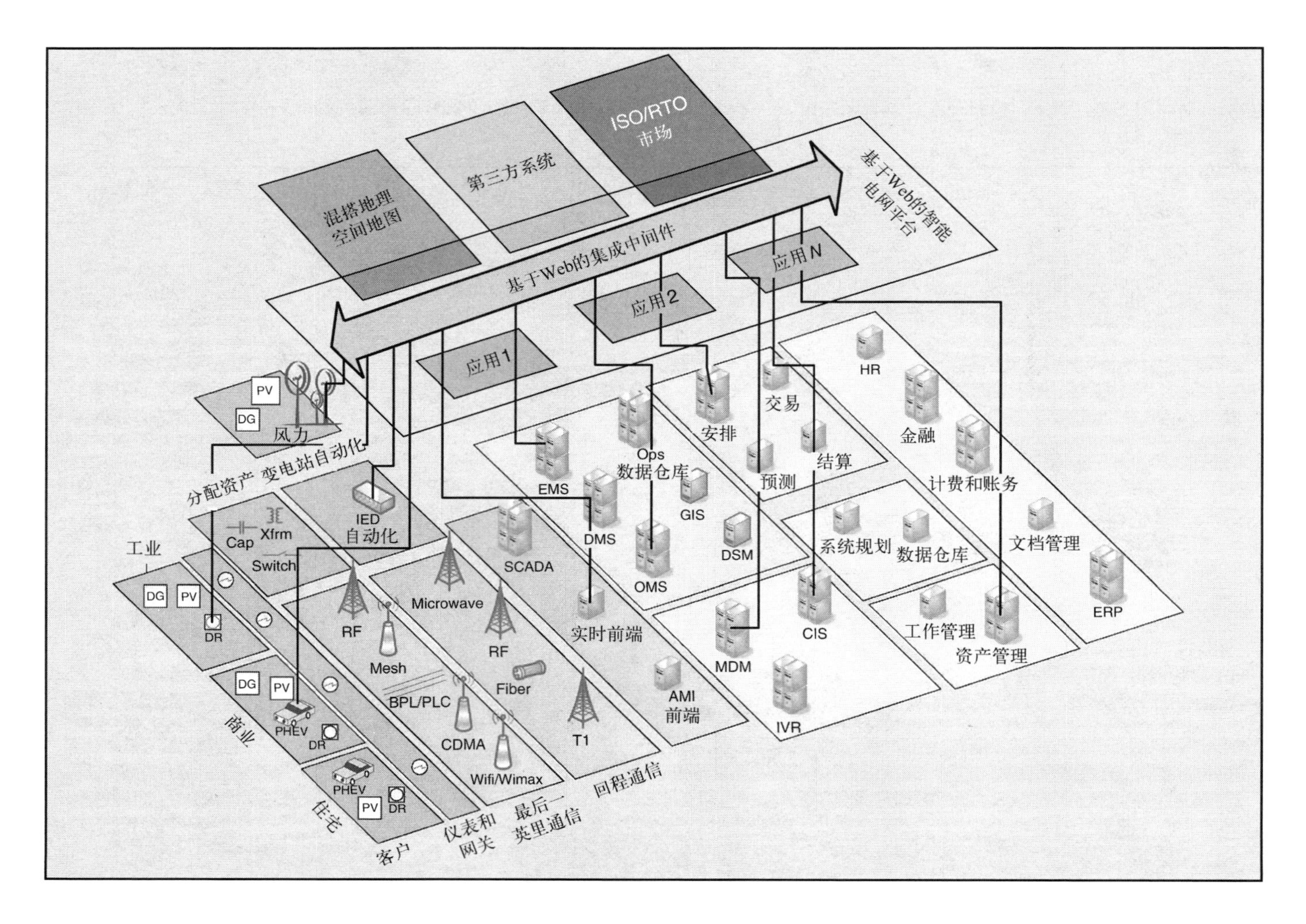

图9.10 将云技术用于智能电网的概念图。经IEEE许可转自文献[540]

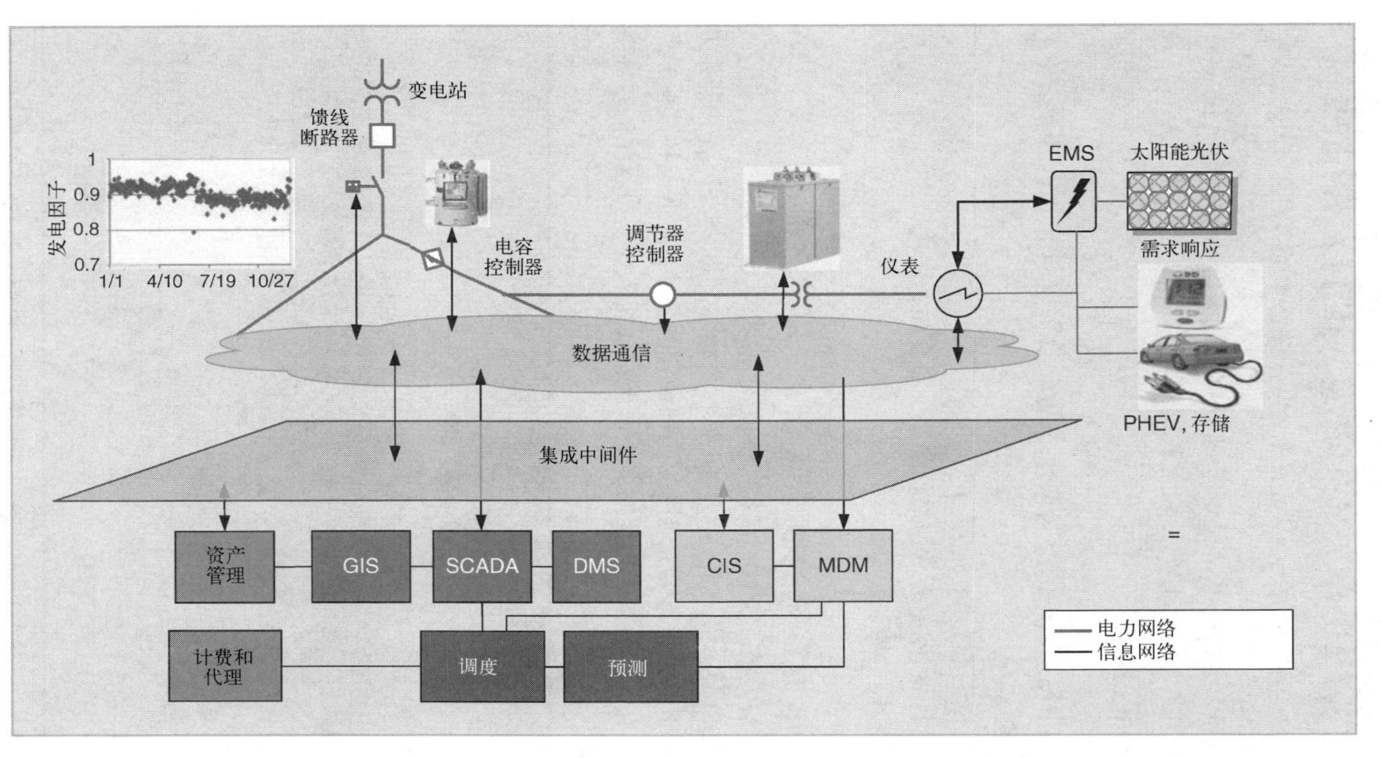

图9.11 支持分布式资源高度渗透所需的系统。经IEEE许可转自文献[540]

第 10 章　智能电网的技术挑战

由于运输、通信、金融和其他关键基础设施依赖安全可靠的电力供应来提供能源和控制，电网故障的潜在影响从未如此巨大。我们的电力系统、经济和控制社区面临的几个具体的重大挑战依然存在，包括[539]：

- 传输能力缺乏；
- 竞争激烈的市场环境中的电网运营（开放接入产生了电网设计未考虑的新的、重的长距离电力传输）；
- 竞争时代电力系统规划和运营的重定义；
- 确定传感、通信和控制硬件的最优类型、混合和布局；
- 集中和分散控制的协调。

10.1　自愈式电力系统的概念基础

电力研究院（EPRI）/国防部复杂互动网络/系统计划（CIN/SI）旨在开发建模、仿真、分析和综合工具，用于电网和连接于电网的基础设施的鲁棒、自适应和重新配置结构控制。智能飞行控制系统旨在为飞行员在正常情况下以及在飞机发生不可预见的损坏或故障的情况下提供一致的处理响应（见图 10.1）。

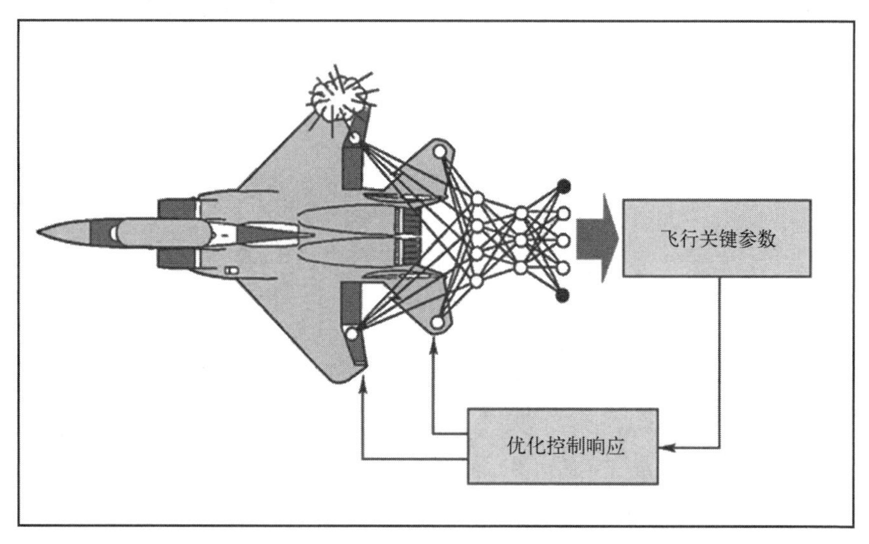

图 10.1　具有损伤自适应性的智能飞行控制系统（IFCS）。经 IEEE 授权转自文献[539]

损伤自适应性智能飞行控制系统奠定了自愈式电力系统的概念基础[539]，类似地，一个飞机中队可以等同地被看成一个更大的互联电力输送基础设施的组件。即使一个（N-1 个意外事件）或更多个（N-k 个意外事件）组件被禁用，必须在所有条件下保持系统的稳定性和可靠性。

CIN/SI 的扩展可参考文献[545]。

10.2 如何使电力传输系统智能化

电力传输系统受到以下事实的困扰：智能只能通过保护系统和集中控制在本地应用于监控和数据采集(SCADA)系统。在某些情况下，中央控制系统太慢，保护系统(设计)仅限于保护特定组件[539]。

为了增加电力传输系统的智能，我们需要在每个组件、变电站和发电厂都有独立的处理器。表 10.1 将保护系统、智能电网和 SCADA /能源管理系统(EMS)中央控制系统进行了比较。

表 10.1 保护系统、智能电网和中央控制系统的比较。转自文献[539]

保护系统	智能电网	SCADA/EMS 中央控制系统
局部	快速	SCADA 系统收集系统状态和模拟测度信息
非常快速	分布式	电力系统的拓扑结构，以确定岛和定位分离总线
很少与其他保护系统连接	精确	警报
	安全	状态估计
	智能	意外事故分析 最优电流(OPF)安全调度

现代计算机和通信技术使我们能够将现有的保护系统和中央控制系统构建成一个完全分布式系统，将智能设备置于每个组件、变电站和发电站。这个分布式系统将使我们能够建立一个真正的智能电网。

智能电网的演变将对能源管理和控制系统的功能带来重大变化。随着相量测量单元的最终部署以监测区域互连负载较重的电网性能，状态估计器将获得改善从而对大型网络进行实时仿真。最终，这些创新将帮助运营商避免未来发生重大停电(见图 10.2)。

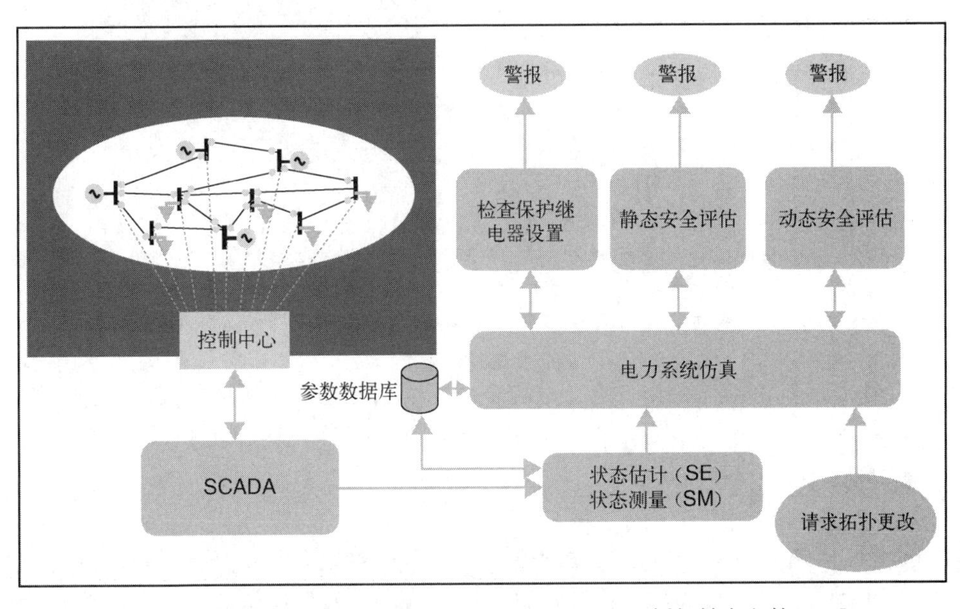

图 10.2 能源管理系统如何帮助避免停电。经 IEEE 授权转自文献[541]

10.3 作为复杂适应系统的电力系统

由许多地理上分散的部件组成的电网本身就是一个复杂的自适应系统，本地事件几乎可以瞬间展现全局变化。电力研究院(EPRI)利用复杂的自适应系统开发了用于电网自适应和重新配置控制的建模、仿真和分析工具[539]。电力系统潜在的自我修复，分布式控制的基本概念涉及将各个组件作为独立的智能代理进行处理，通过竞争和合作在整个系统环境中实现全局优化。

该设计包括建模、计算、传感和控制。在系统层面上，变电站或发电厂中的每个代理都知道自己的状态，并且可以与电力系统其他部分的邻近代理进行通信。

10.4 使电力系统成为使用分布式计算机代理的自我修复网络

在图 10.3 中，我们展示了三个通过一组环形传输线连接到负荷变电站的发电厂。每个发电厂和每个变电站都有自己的处理器(图中用小方块标识)。现在，每个工厂和变电站处理器都以与传输系统本身相同的方式进行互连。

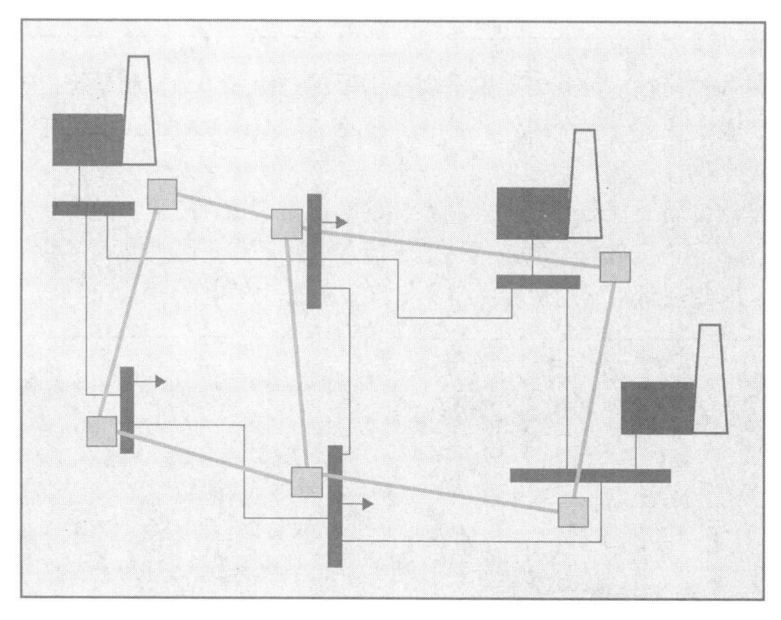

图 10.3 处理器通过通信链路连接的示例系统。经 IEEE 授权转自文献[539]

如何有效地感知和控制一个广泛分散的全球互联系统是一个重要的技术问题[539]。

10.5 配电网

在过去的几十年里，电力供应和基础设施的压力越来越大，电力使用量显著增加并且波动很大，生成和传输了需求峰值，并且它们定义了链路中的最低要求。我们的控制方法的目标是利用好现有技术的优化潜力[546]。

在配电网中信息和通信技术的关键应用领域是促进需求侧管理(DSM)和需求响应计划。配电网运营商必须了解实际的电网负荷,因为它会危害电网稳定性(见图10.4),过去已经开发了各种基于价格和激励的需求响应计划。

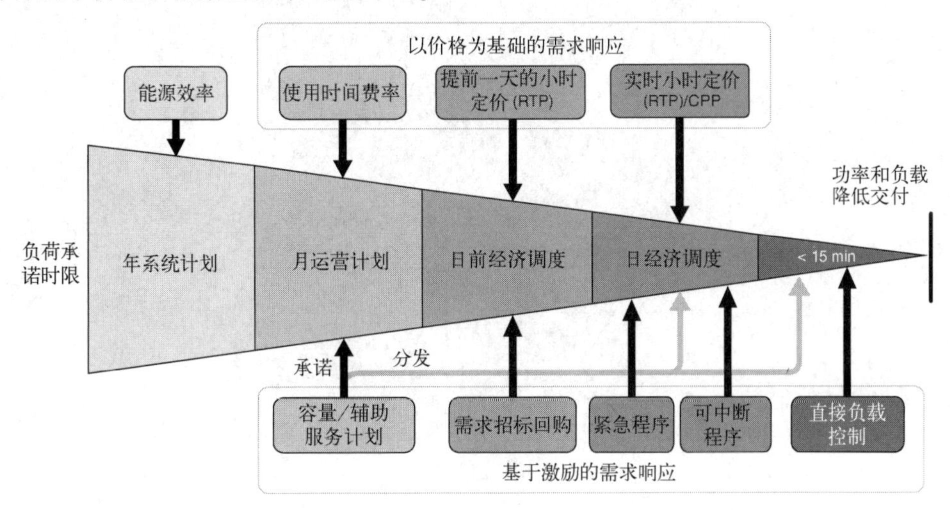

图10.4　需求响应在电力系统规划和运行中的作用。转自文献[547]

图10.5显示了一个家庭能源流模型。每座房屋由(几个)微型发电机组、热电缓冲器、电器和一个本地控制器组成。多个房屋合并成一个(微)电网,在房屋之间交换电力和信息。电力可以从电网输入并输出到电网。热量仅在房屋内生产、储存和使用。

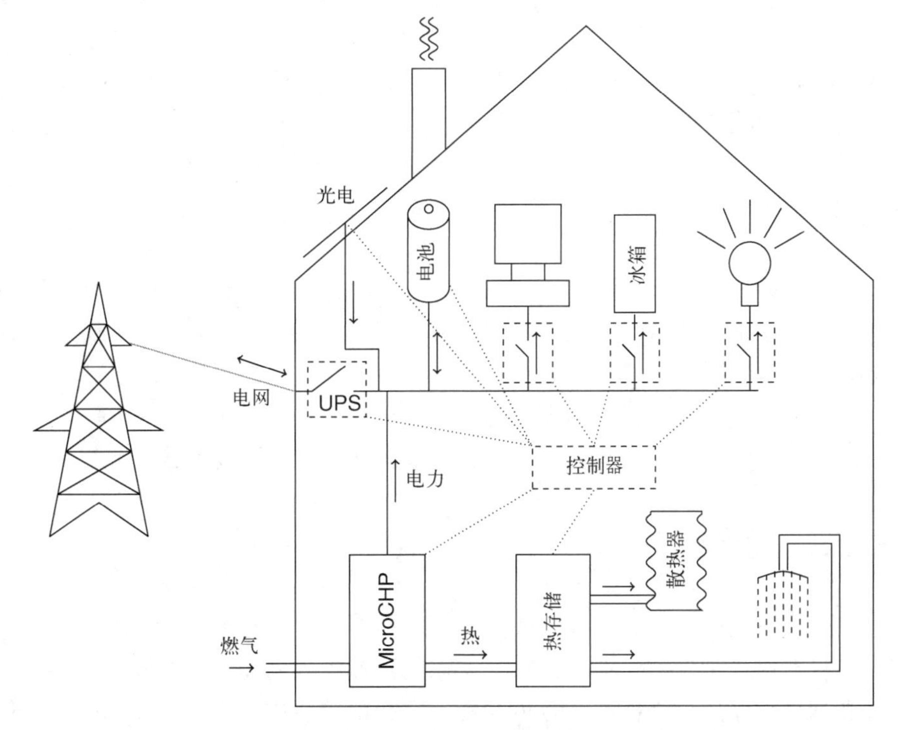

图10.5　家庭能源流模型。经IEEE授权转自文献[546]

图10.6显示了三步控制方法。预测、规划和实时控制的结合利用了可扩展性,减少了通信量并减少了计划的计算时间。

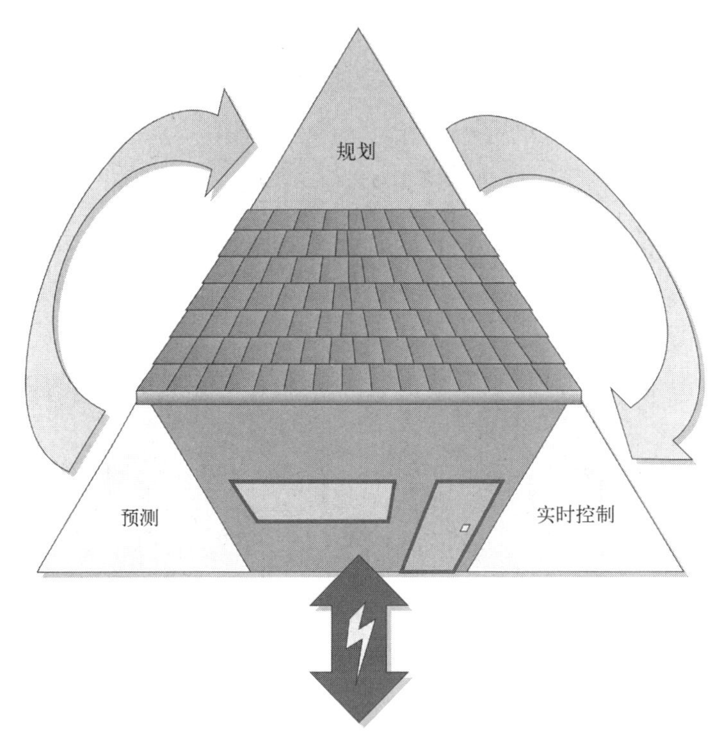

图 10.6　三步控制方法。经 IEEE 授权转自文献[546]

由于电力在经济上是不可储存的，批发价格(即竞争发电商对区域电力零售商设定的价格)每天都会变化，并且通常在低需求的夜间数小时与高需求的下午之间有一个数量级的波动。然而，总的来说，几乎所有的零售消费者目前都被收取了一个平均价格，这并不能反映消费时的实际批发价格[548]。

10.6　网络安全

作为关键的基础设施元素，智能电网需要最高级别的安全性。从一开始就内置安全性的综合架构是必不可少的。智能电网安全解决方案需要采用整体方法，包括基于行业标准的PKI 技术元素和可信计算元素。

图 10.7 的智能电网详细的逻辑模型示出了各种网络子集可能互连的示例，其中一个广域网无线网络作为整个系统的骨干网[549]。注意类似设备之间的无线接口显示为虚双哈希线。

10.7　智能计量网络

智能电表是先进的仪表(通常是电表，但也可以与天燃气、水、热表集成或协同工作)。这比传统的计量器更详细地测量能源消耗。未来的智能电表将通信信息发回当地以供公共事业监测和计费的目的使用。智能电表也可能与未来智能家居中的许多电器和设备通信。

预计智能电表将按要求每隔一段时间自动向公共事业公司、配电网或更广泛的智能电网提供准确的读数。这种读数的预期频率可能高达每几分钟(1～5 分钟)一次。图 10.8 显示了家庭用电需求概况。

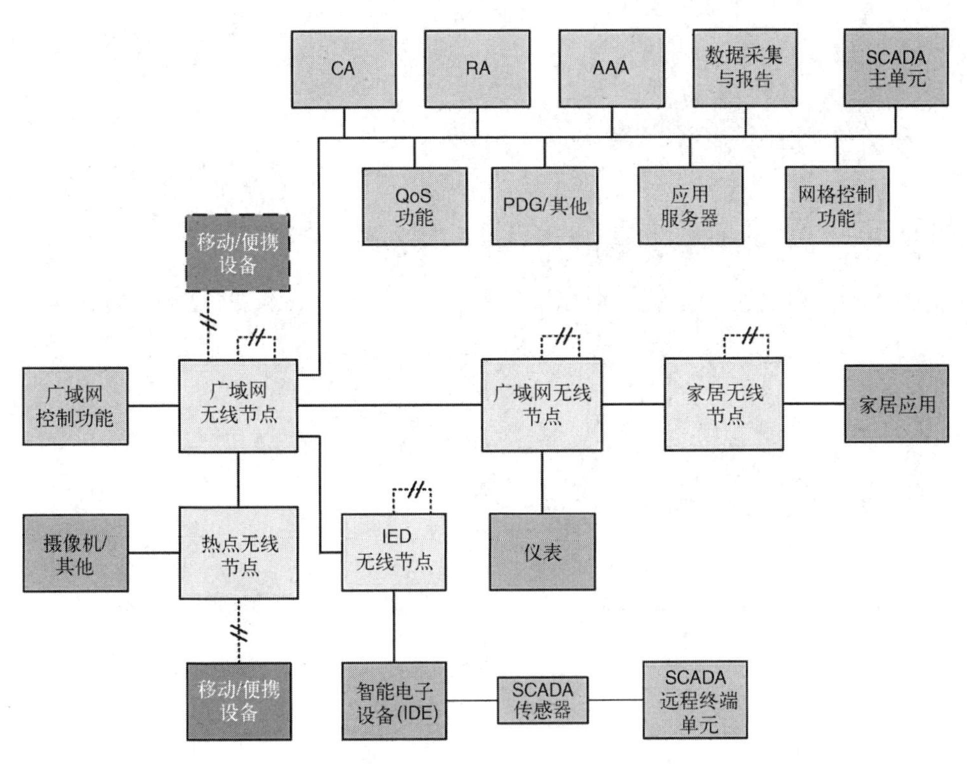

图 10.7　智能电网详细的逻辑模型。经 IEEE 授权转自文献[549]

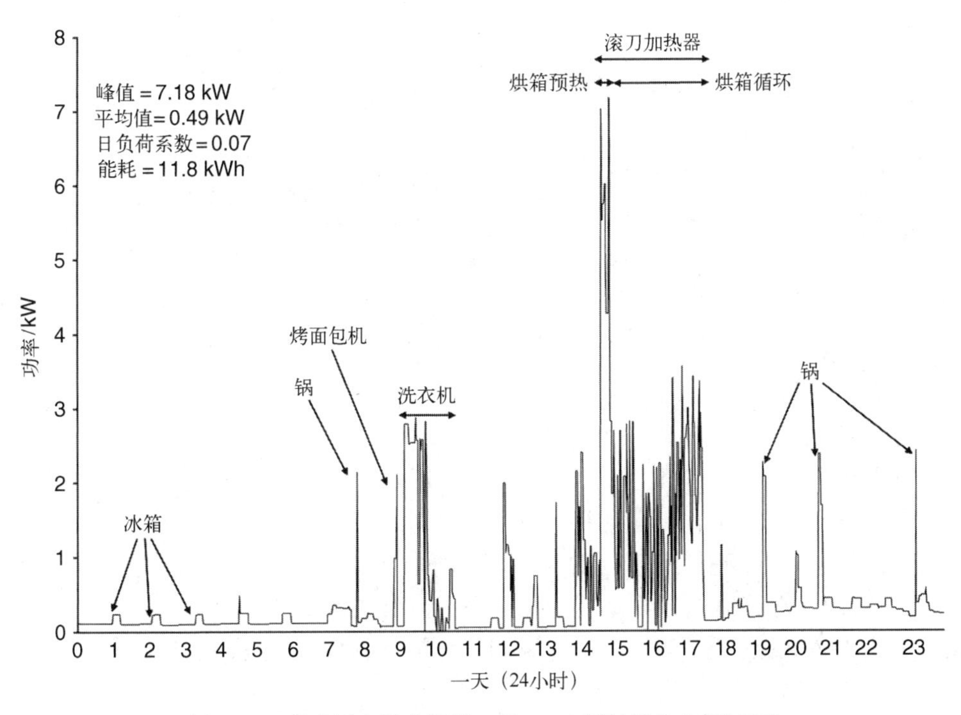

图 10.8　家庭用电需求概况。经 IEEE 授权转自文献[550]

图 10.9 显示了网络智能计量数据分布的示例。

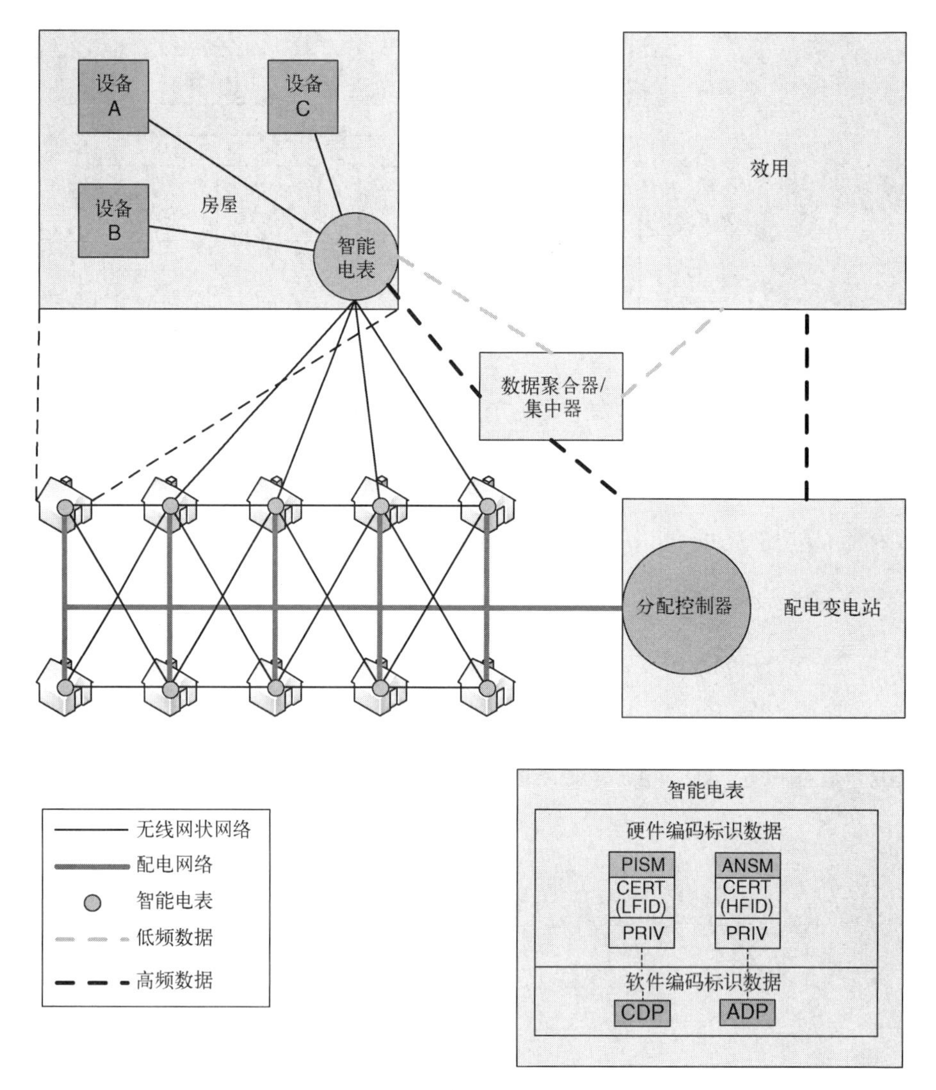

图 10.9　网络智能计量数据的分布。经 IEEE 授权转自文献[550]

10.8　智能电网通信基础设施

本节讨论智能电网的通信主题。为了控制电网，我们需要传感和通信来连接整个电网。高性能计算和分布式计算是两个起作用的部分。

信息在智能电网中起着至关重要的作用，而通信基础设施是连接所有分布式网络元件，实现信息交换，从而使电网真正实现智能化的决定性组成部分[540]。

从通信技术的角度来看，SCADA 应用的上层网格层面的信息交换通常由属于公共事业或电网运营商的现有通信网络覆盖(见图 10.10)。

在日益放松管制和分布式的能源市场中，能源转化、分配和消费者之间的通信成为高效电网控制的基本组成部分[551]。智能电网在很大程度上依赖于通信，各自的基础设施包括异构网络。为了将它们互连起来，纯粹的隧道和网关方法对于真实世界的场景来说太简单了。文献[551]表明，实际上，纯粹的隧道和网关方法加上更多技巧的组合是必要的。

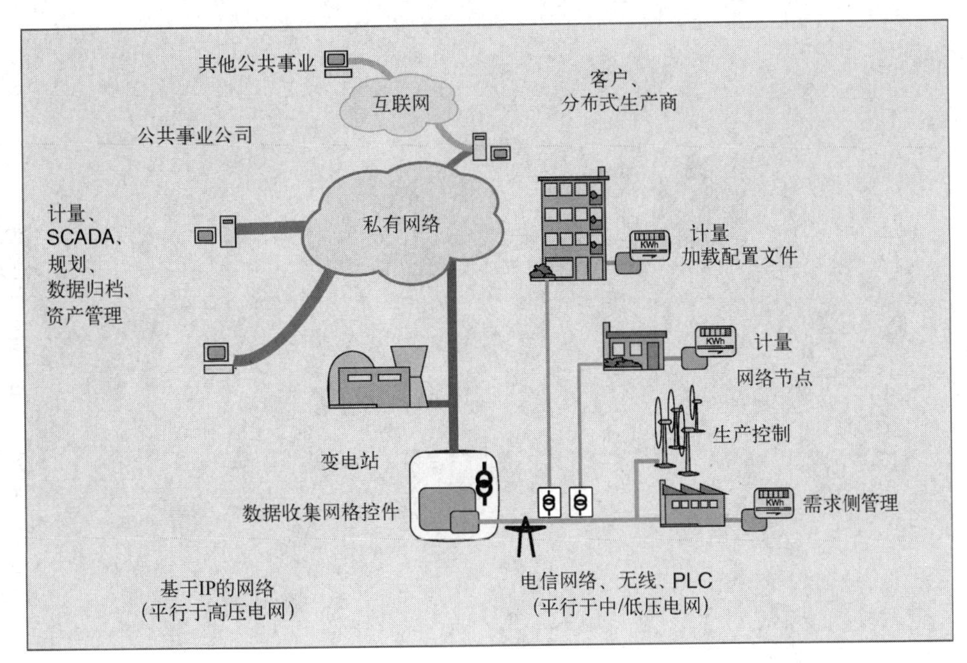

图 10.10　智能电网的通信基础设施。经 IEEE 授权转自文献[535]

- **高可靠性和可用性**。在任何情况下，节点应该都是可达的。对于无线或电力线基础设施来说，这可能具有挑战性，因为通信信道在操作期间可能会改变。
- **自动管理冗余**。由于某些应用程序对时间要求很高，即使在拓扑更改期间也必须保持网络的实时属性。
- **高覆盖和距离**。通信网络分布在很大的范围内。
- **大量的通信节点**。有成千上万的节点，特别是在公寓楼集中的地区。虽然命令和数据包通常很短，但在网络中传输的总数据量很大，并且通信开销会成为一个问题。
- **适当的通信延迟和系统响应能力**。服务质量(QoS)管理需要处理不同的数据类，如计量、控制或报警数据。
- **通信安全**。完整性(无恶意修改)和真实性(来源和访问权限得到保证)是能源分配网络最重要的安全目标。
- **易于部署和维护**。

虽然智能电网基础设施充满了增强的感知和先进的通信和计算能力，现有的电网仍缺乏通信能力，如图 10.11 和表 10.2 所示。系统的不同组件与通信路径和传感器节点连接在一起，以提供它们之间的互操作性，如住宅、商业和工业场所的配电、输电等变电站。在智能电网中，可靠和实时的信息成为可靠地将电力从发电机组传递到最终用户的关键因素。

10.9　无线传感器网络

与传统通信技术相比，无线传感器网络(WSN)的协同工作带来了显著的优势，包括快速部署、低成本、灵活性和通过并行处理聚合智能。无线传感器网络的最新进展使得实现低成本的嵌入式电力监控与诊断系统成为可能。无线传感器网络在智能电网中的现有和潜在应用范围很广，包括无线自动抄表(WAMR)、远程系统监控、设备故障诊断，等等。

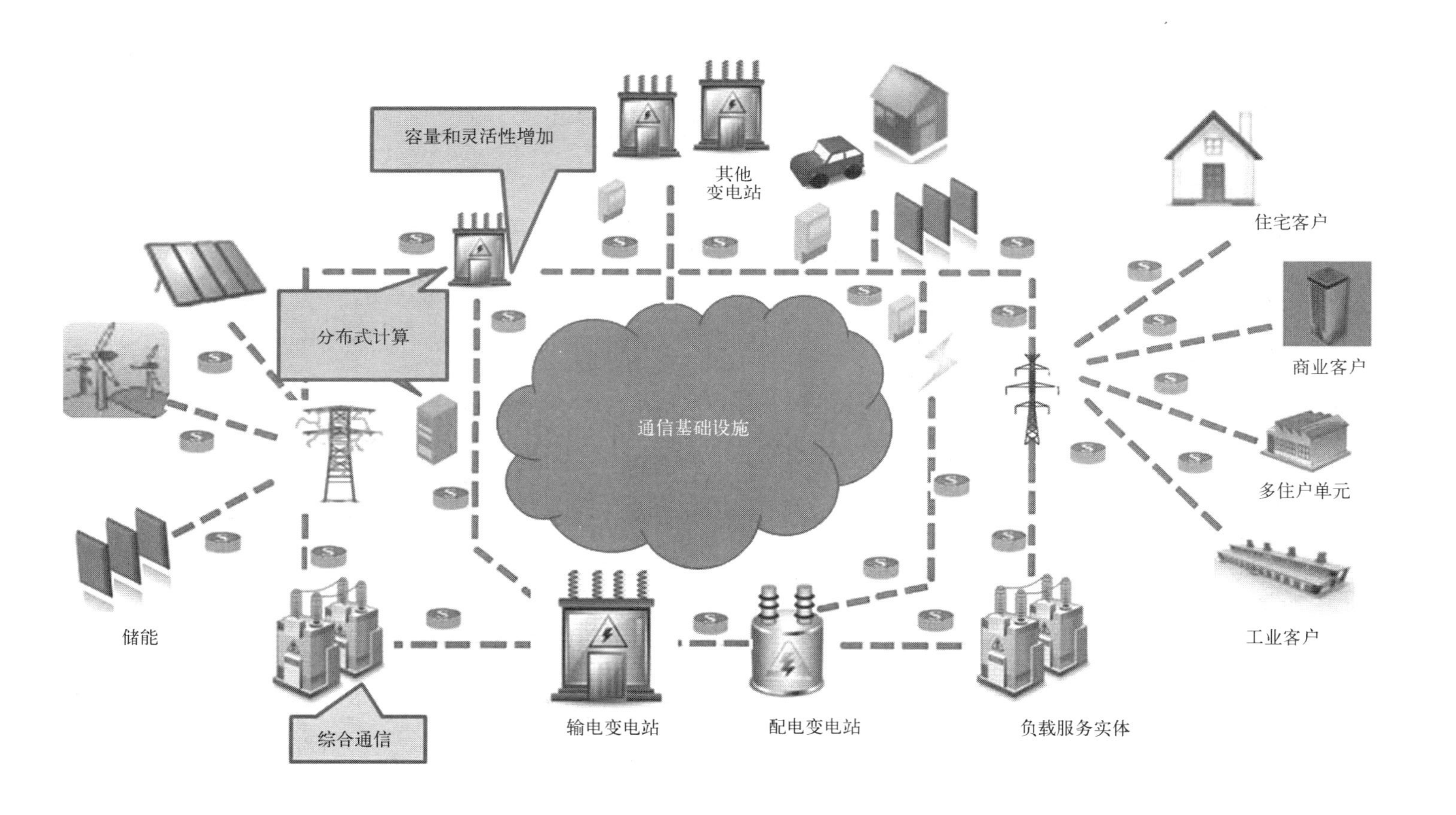

图10.11　智能电网体系结构提高了网络的容量和灵活性，并通过现代通信技术提供了先进的感知和控制。经许可转自文献[552]

表 10.2　智能网格通信技术[552]

技　术	光　谱	数据速率	覆盖范围	应用程序	限　制
GSM	900～1800 MHz	高达 14.4 Kbps	1～10 km	AMI Demand Response, HAN	低日期率
GPRS	900～1800 MHz	高达 170 Kbps	1～10 km	AMI, Demand Response, HAN	低数据率
3G	1.92～1.98 GHz 2.11～2.17 GHz (授权)	384 Kbps～ 2 Mbps	1～10 km	AMI, Demand Response, HAN	昂贵的频谱费
WiMAX	2.5 GHz, 3.5 GHz, 5.8 GHz	高达 75 Mbps	10～50 km (LOS) 1～5 km (NLOS)	AMI, 需求响应	不普遍的
PLC	1～30 MHz	2～3 Mbps	1～3 km	AMI, Fraud Detection	苛刻，噪声信道环境
ZigBee	2.4 GHz～868 ～915 MHz	250 Kbps	30～50 m	AMI, HAN	低日期率，短程

电力系统包含 3 个主要子系统：发电、供电和电力利用。最近，无线传感器网络被广泛认为是一种可以增强这 3 个子系统的有希望的技术，这使无线传感器网络成为下一代电力系统智能电网的重要组成部分。

无线传感器网络在智能电网应用中的主要技术挑战可概述如下：(1)恶劣环境；(2)可靠性和延迟要求；(3)分组错误和可变链路容量；(4)资源限制。

文献备注

智能电网通信是整本专著的主题。详情见文献[552]。该书在大数据系统的架构下统一了许多不同系统的结构。

第 11 章　智能电网的大数据

公共事业公司正处于巨大的创新浪潮的顶端，这将永远改变他们的运作方式[553]。要使用分析法来准备和应对智能电网和大数据时代的来临。曾经的 AMI 和 DA 部署是如何影响如今和今后的 IT 企业架构、命令和控制系统以及下一代客户服务？电表、分布式 PV、电网传感器和电动汽车数据的飞速增长是如何需要、影响或改变智能电网的软件/应用层以及所依赖的系统、平台和数据库的类型的？

11.1　数字的力量：大数据和电网基础结构

正如智能分析帮助发展了从 IT 到医疗到航空到社交媒体和电子商务等行业及相关的产品和服务，同样的情况也将在电力行业实现，数据正成为市场转型的货币。

随着基础智能电网基础结构逐渐通过新的通信网络和智能硬件（如仪表、控制和保护设备）建立，公共事业将面对数据呈指数增长的阶段。包括建模和模拟、资产管理、能源盗窃检测、DMS/OMS、故障检测和修复、天气数据整合、紧急事件管理和流动员工管理在内的挑战将彻底革新电网操作方法[553]。

大多数智能电网案例的特点是来自众多智能通信设备的数据呈指数增长，和从海量数据中的对快速检索的高需求。智能电网数据的增长是所有能源公司所见过的最快的。一个实用程序的初步估计是，智能电网每天将从它的两百万客户那里生成 22 GB 的数据[554]。

仅收集数据是不够的。数据管理必须从数据的初始接收就开始，检查它是否会触发警报进入停机管理系统和其他实时系统（比如虚拟发电厂操作员的组合管理）。信息检索的时间框架和可用数据量应该包括从实时的数据流到存档多年的数据[554]。

11.2　能源互联网：大数据的收敛和云

为了从大数据中提取最大价值，公共事业公司需要为员工和客户提供合适的工具和合适的体系结构，从而提供自助服务（基于即时网络的访问）、速度（内存分析）和广泛的数据访问和协作。越来越多的公共事业公司正将其注意力转到云上，以此来管理和呈现新的和改进的应用，以及分割数据和确定数据的优先级。对于正寻找不会干扰已存在系统的新系统的公共事业公司，云已被证明能有效避免意外的架构复杂性。问题包括如何、为什么、何时、什么公用事业将上传至云；公共事业公司需要依赖私有云和公共云到何种程度，以及他们将如何继续依赖和转移到基于云的软件即服务的产品和应用上。

11.3　边缘分析：消费者、电动汽车和分布式生成

消费者的参与对智能电网的发展和成功至关重要。为了优化消费者的参与，公共事业公司需要通过复杂的分析[553]理解消费者行为。如果没有智能电网，分布式产能（即可再生的能

源)、电动汽车和其他消费促进计划将无法获得有意义的引导，并扩展到大规模的渗透和采用。随着太阳能电池板、电动车和其他新的电网“资产”开始“插入”和通信，我们不仅会看到机器到机器(M2M)通信的诞生，还将看到对能源调度和使用、不规范电压和其他从电网边缘发起的电网操作挑战的更先进的分析方法的迫切需求。挑战在于软件分析、电网操作和可再生能源。目标是理解分析是如何优化和保护电网的，同时使消费者能转而使用清洁能源和基于网络的能源管理。

11.4 横向主题：大数据

智能电网中数据的收集、分析、可视化和入库将有助于带来许多新的想法和发明，可以改善生活[555]。现在需要的是一个几乎无处不在的 IP 传输网络，它在能足够稳健地应对传统能源交付应用情况和来自智能电网的海量新数据的带宽上运行。不依赖于公共通信运营商(AT&T、Sprint、Verizon 等)，公共事业公司自行决定建立和运行自己的专用 WAN，因为这些应用具有高度关键的特性，因此将用于维持一个可靠和安全的电网。

通过智能电网解决方案加强对电力系统的监测、控制和保护主要意味着提供比以前更多、更好的数据和利用这些数据作出更好决策的新应用[556]。为了获得此类好处，数据收集、集成和使用的过程需要得到改进。例如在故障发生后利用新数据来改进决策。

无线通信技术对于智能电网应用的机遇和挑战在文献[557]中得到了阐述。一些潜在的应用如图 11.1 所示。

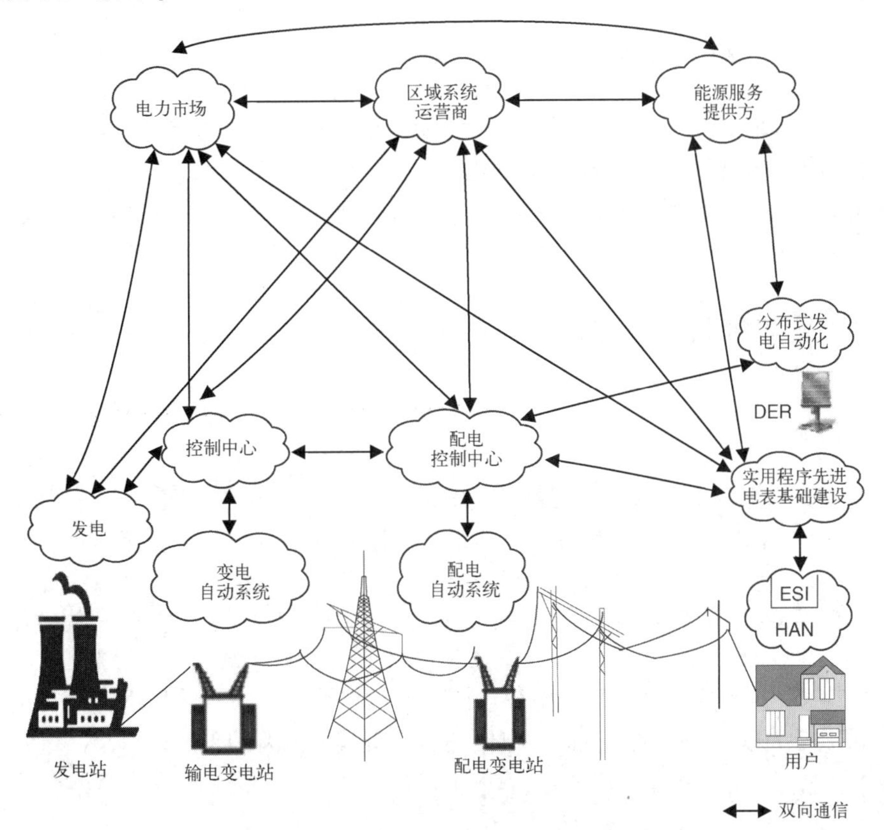

图 11.1　智能电网框架。经 IEEE 授权转自文献[557]

智能电网将从数以千计的系统设备和成百上千的客户中产生数以亿计的数据点。数据必须在知识管理生命周期内被转换为有用的信息，在这个周期内来自仪表和家电、变电和配电系统的数据被分析和集成以引导后续操作[555]。

为知识管理所作出的努力的第一阶段和信息生态学系统的一个关键组件是数据仓库中的数据保护。数据存储需求未来会爆发。

11.5 智能电网的云计算

在云计算环境中，灵活的数据中心提供了可伸缩的计算、存储和网络资源，以满足任何互联网支持设备的需求。传统信息和通信技术在面对新挑战时的局限性阻碍了能源市场参与者作为单一实体去最大化智能电网的利益[554]。

智能电网运行需要全景状态数据，并在智能电网的运行、维护和管理中产生大量异构和多态的数据，即大数据[558]。

11.6 数据存储、数据访问和数据分析

在写入时，如何高效、可靠和廉价地存储大数据，和如何快速访问并分析这些数据集是至关重要的。应分析产生于智能电网的各个流程(如能源生产、传输、转换和使用)中的大数据的源头和大数据的特性。

11.7 大数据的最新处理技术

已在商业、互联网和工业控制等领域采用的大数据处理技术应当得到总结，这些技术在智能电网和大数据处理上的优缺点应详细分析。

在大数据存储、实时数据处理、异构多数据源的融合和大数据的可视化上，阐释由智能电网大数据带来的机遇和挑战[558]。

11.8 大数据结合智能电网

改造公用网络

一个关键的大数据挑战是管理由智能仪表和智能电网产生的数据[559]。了解网络中的哪些组成部分被强调、决定如何进行最好的未来投资、确定哪些状况预示了未来的停机等问题现在可以得到解决。

太平洋天然气 & 电气公司已经安装了九百万个智能仪表来收集超过 3 TB 的数据。这个想法的目的是引导信息的创新性使用和精确定位实时停机的能力来帮助公共事业公司更快地为客户恢复电力[560]。大数据很重要。挑战包括收集和有效分析来自智能电网硬件的海量数据。另一个挑战是关联相关数据，从而对电网的运行有前所未有的了解。

转变客户操作

智能电网的一种理解是这是互联网和遍布于电力系统的大量智能设备和传感器的集

合[561]。例如，底层支持技术之一是将智能电表置于最终使用点的先进计量基础设施。应使用双向通信，这样公共事业公司可以接收来自仪表的信息并与企业或家庭中的个人进行交流。一个热水器影响甚微，但三百万户家庭中的热水器、衣物烘干机、暖气和空调影响巨大。

智能电网的目标是展示交易激励信号和风的变化的高度关联性，以及交易如何与热水器相互作用，并关注和分析规模扩大后（如果终端用户不是 6 万个，而是 300 万个）的前景。

除交易激励和交易反馈的基本操作数据每五分钟流动一次外，还需收集公共事业企业购买安装的技术所产生的数据。一些数据与交易有关，一些与智能电网操作有关。所有的数据都流回到操作员的数据中心。

提高生产性能

发电也产生大数据[24]。第一，数字化发电厂收集并存储了大型数据集。这些数据被用于操作分析、控制和优化、诊断分析、发现知识和数据挖掘。第二，数据驱动的故障诊断技术被用于动力学系统；传统技术基于模型和定性的、经验性的监测知识，不能获得可以根据大数据获得的新结果。第三，为了准确了解分布式发电的功效和运行，需要实时监测和控制大量分布式源[562]。

通过收集和分析关键性能和传感器数据，有机会了解设备故障的模式。大数据分析支持了向可再生能源和微型发电的转变，同时提供了必要的机制来优化发电并引入必要的需求响应能力。

例如，能源部和联邦能源管理委员会（FERC）曾建议公共事业公司和电网运营商安装基于同步相量的传输监控系统，来收集用于预测和管理与停电有关的实时数据，并接近于即时地捕捉最初的错误并在其导致灾难前修复它们。100 个同步相量测量装置（PMU）每天能获得多达 62 亿个数据点，60 GB 数据。如果同步相量测量装置增加到 1000 个，每天能获得 415 亿个数据点，402 GB 数据。大量数据以微秒的速度流向后端 IT 系统。

11.9　大数据的 4 V：容量、类型、值和速度

智能电网大数据的 4 V 为：

1. 容量。容量从 TB 等级跳到 PB 等级。在常规 SCADA 系统中，有 10 000 个采样点。如果每 3～4 秒收集一次收据，每年的数据大小为 1.03 TB（1.03 TB = 12 比特/帧×0.3 帧/秒×10 000样本点×86 400 秒/天×365 天）；在 WAMS 系统，有 10 000 个采样点，但是数据收集的速率增加到每秒 100 次（而不是每 3～4 秒一次），因此，产生的新数据增长到每年 495 TB。

2. 类型。数据类型包括：实时数据、历史数据、存档数据、多媒体数据、时间序列数据等。部分数据是结构化的、半结构化的和非结构化的。不同类型的数据对访问频率和数据处理速度的要求是不同的，对性能的要求也是不同的。

3. 值。在视频数据中，数据是在连续监视中被收集的。有用的信息可能只持续 1～2 秒。这点对于传输功能的监控是正确的，那就是大多数数据是正常的，其中只有很少的数据是不正常的——而不正常的数据是最重要的。

4. 速度。在以秒计的时间内，大量数据必须得到分析来支持决策。在线处理的性能要求远超过离线处理的要求。数据流的在线分析和挖掘从根本上不同于传统的数据挖掘。

11.10 大数据的云计算

云计算是数据存储和大数据处理的一部分。传统的数据管理不适用于天生具有大体量和分布式特性的大数据。云计算的核心是海量数据的存储和并行处理。Google 使用分布式文件系统(DFC)和 MapReduce 技术(于 2004 年首次提出)。

使用低成本硬件设计，DFS 高度容错并提供对数据的高访问。因此，DFS 适用于使用大型数据集的计算机程序。MapReduce 是一个编程模型和一个关联的实现，用于处理和产生服从于各种现实世界任务的大型数据集[25]。用户使用 map 和 reduce 函数指定计算，底层运行时系统自动在大型计算机集群中进行并行计算、处理计算机故障并进行计算机间通信来有效利用网络和磁盘。它们的工作提供了一个简单而强大的界面，能够实现大规模计算的自动并行化和分发，结合这个能在大型商品 PC 集群上实现高性能的接口。

Hadoop[563]包括了 MapReduce 的开源实现。

11.11 智能电网的大数据

大数据的攻击是个新的挑战[564]。对智能电网来说，大数据的使用是在初期进行的[564]。这个进展可能是由应用程序而不是技术驱动的。可视化对于智能电网中的大数据至关重要[565]。

广域测量系统(WAMS)是一种实时动态电网监测系统。海量的 WAMS 日志数据处理是基于 Hadoop[566]平台的。

11.12 智能电网信息平台

文献[567]探讨了基于云计算的智能电网信息平台。

文献备注

有关智能电网中的大数据，可参考文献[24]。

第 12 章　电网监控与状态估计

本章介绍利用相量测量单元(PMU)进行电网监控和状态估计。

智能电网的基石是先进的对其资产和业务的可检测性。越来越普遍安装的相量测量单元(PMU)使得所谓的同步相量测量能以大约百倍于传统的数据采集与监控系统(SCADA)的速度进行测量。同时它可以利用全球定位系统(GPS)信号实时捕捉电网动态。另一方面，低延迟双向通信网络的使用为高精度实时电网状态估计和检测、网络不稳定的补救措施、故障预防的精确风险分析和事后评估铺平道路。

12.1　相量测量单元

同步相量测量单元(PMU)在 20 世纪 80 年代初首次引入，并从那时起逐渐成为一种成熟的技术，拥有许多正在世界各地开发中的应用。相量测量单元(PMU)是一种电力系统设备，可提供电压和电流实时相量的同步测量。这种同步是通过使用来自全球定位系统(GPS)的定时信号对电压和电流波形进行同步采样实现的。世界各地许多主要电力系统发生的大型停电事件，为采用分层结构的 PMU 和相量数据集中器(PDC)的广域测量系统(WAMS)的大规模实施提供了新的动力。文献[568]中，同步相量测量将电力系统监测、控制和保护的标准提升到一个新的水平。

由 PMU 提供的数据非常准确，使系统分析人员能够确定导致停电的事件的确切顺序[569]。在 PMU 新兴技术中需要解决的最重要问题之一是选址[570]。同步相量测量能够以毫秒级的等待时间实时准确地监测网络状况[568]。

12.1.1　相量的传统定义

纯正弦波形可以用被称为相量的唯一复数表示。例如一个正弦信号

$$x(t)=X_{\mathrm{m}}\cos(\omega t+\phi) \tag{12.1}$$

该正弦曲线的相量表示由下式给出：

$$X\equiv\frac{X_{\mathrm{m}}}{\sqrt{2}}\mathrm{e}^{\mathrm{j}\phi}=\frac{X_{\mathrm{m}}}{\sqrt{2}}(\cos\phi+\sin\phi) \tag{12.2}$$

信号频率 ω 在相量表示中未明确定义。

12.1.2　相量测量概念

确定输入信号的相量表示的最常用技术是使用从波形中取出的数据样本，并应用离散傅里叶变换(DFT)来计算相量。

如果 $x_k\{k=0,1,\cdots,N-1\}$ 是输入信号在整个周期内的 N 个采样，则用相量表示：

$$X=\frac{\sqrt{2}}{N}\sum_{k=0}^{N-1}x_k\mathrm{e}^{-\mathrm{j}k\frac{2\pi}{N}} \tag{12.3}$$

12.1.3 同步相量定义和测量

为了同时测量电力系统广泛的相量，必须同步时间标签。这样，属于同一个时间标签的所有相量测量才是准确的同步测量。PMU 必须使用输入信号的采样数据立即提供式(12.2)给出的相量。

同步是通过使用锁相到 GPS 接收机提供的每秒一个脉冲信号的采样时钟来实现的。接收机可能内置在 PMU 中，也可能安装在变电站中，同步脉冲分配给 PMU 以及任何其他需要它的设备。

图 12.1 显示了补偿由抗混叠滤波器引入的信号延迟。

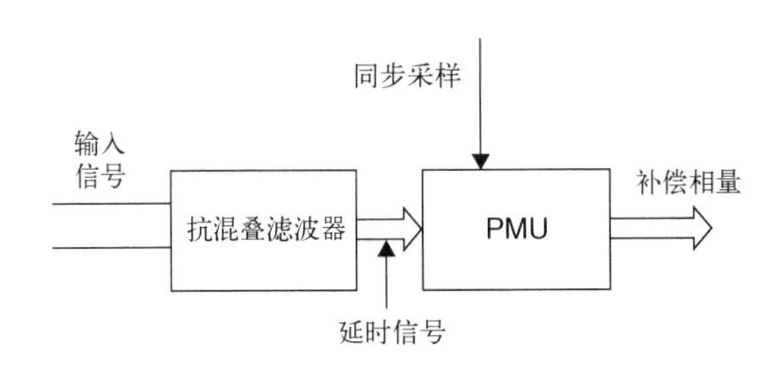

图 12.1 补偿抗混叠滤波器引起的信号延迟。经IEEE授权转自文献[569]

12.2 最佳的 PMU 布局

当 PMU 放置在总线上时，它可以使用测量的电流相量和已知的线路参数来测量该总线上的电压相量，以及所有入射线路另一端的总线上的电压相量[571]。

根据整数二次规划方法，我们提出了确定 PMU 的最小数量和最优位置的问题。电力系统的拓扑结构可以用其连通矩阵 $\mathbf{H}$ 表示，其元素为

$$h_{ij}=\begin{cases}1, & \text{当 } i=j \\ 1, & \text{当总线 } i \text{ 和总线 } j \text{ 是连接的} \\ 0, & \text{其他}\end{cases} \tag{12.4}$$

PMU 配置的二进制向量 $\mathbf{x}\in\mathbb{R}^n$ 被定义为

$$x_i=\begin{cases}1, & \text{当 PMU 位于总线 } i \\ 0, & \text{其他}\end{cases} \tag{12.5}$$

积 $\mathbf{Hx}$ 表示由 $\mathbf{x}$ 定义的 PMU 部署群观察到总线的次数。用于优化的目标函数 $\mathbf{V}(\mathbf{x})$ 表示为整数二次规划问题：

$$J(\mathbf{x})=\gamma(\mathbf{N}-\mathbf{Hx})^{\mathrm{T}}\mathbf{R}(\mathbf{N}-\mathbf{Hx})+\mathbf{x}^{\mathrm{T}}\mathbf{Qx} \tag{12.6}$$

其中 $\gamma\in\mathbb{R}$ 是权重，$\mathbf{N}\in\mathbb{R}^n$ 代表每条总线可观察到的次数上限的向量。对角矩阵 $\mathbf{R}\in\mathbb{R}^{n\times n}$ 的项 r_{ii} 表示总线 i 的“重要性”，而对角矩阵 $\mathbf{Q}\in\mathbb{R}^{n\times n}$ 的项 q_{ii} 表示在总线 i 上放置 PMU 的成本。在通用情况下，所有总线同等重要，每个总线的 PMU 安装成本相同，$\mathbf{Q}$ 和 $\mathbf{R}$ 等于单位矩阵 $\mathbf{I}^{n\times n}$。

12.3 状态估计

状态估计器(SE)构成了现代能源管理系统的基石，因为各类应用都依赖于系统状态的精确信息[538]。

12.4 基础状态估计

智能电网的美好前景要求建立一个信息物理网络，通过在传感、控制、通信、优化和机器学习中利用最先进的信息技术来应对这些挑战[573]。先进的计量系统是必要的，整个电网也需要数据通信网络。因此，需要充分利用预想的先进计量基础设施(AMI)的普及感测和控制能力的算法，在电网监测和能源管理的关键问题上取得必要的突破。

自从 1970 年 F. C. Schweppe 的文献[574]的开创性工作以来，状态估计已成为电网监控和规划的关键功能[575]。它用于监控电网状态，并使能源管理系统(EMS)能够执行各种重要的控制和规划任务，例如为电网建立近实时网络模型，优化电源流量和错误的数据检测/分析(可参阅文献[576]和文献[577]及其参考文献)。状态估计效用的另一个例子是基于状态估计的可靠性/安全性估计，用于分析意外情况并确定必要的纠正措施以防止电力系统中的可能故障。

未来电网至少有三个主要方面将直接影响状态估计研究。首先，相位测量单元(PMU)等更先进的测量技术为电网的近实时监测提供了希望[578]。通常情况下，PMU 每秒需要 30 次测量，从而比传统测量更加及时地查看电力系统动态。更重要的是，所有的 PMU 测量都是同步的，它们由全球定位系统(GPS)的通用时钟加上了时间标签。然而，测量频率较高的 PMU 给电网的通信和数据处理基础设施带来了压力。

其次，新法规和市场定价竞争可能要求公共事业公司共享信息并监控较大地理区域的电网。这需要分布式控制，并因此需要分布式状态估计来促进全互联体系的协调监测[579]。

最后，为了促进需求响应和双向功率流等智能电网功能，公共事业公司需要为其配电系统提供更及时和准确的模型。

12.5 状态估计的演化

图 12.2 给出了未来电网的电力生态系统，具有各种各样的参与者和交互水平[575]。预计未来电网的状态估计可能会在不同的层次上执行，具体来说，就是传输系统运营商(TSO)层面、本地层面或分层传输层面以及分布层面，例如多级状态估计范例[580]。TSO 是一家运营输电网的公司，通过发电公司(GENCO)向公用事业公司供电，然后向消费者供电[581]。变电站是输配电网之间的一个重要环节，负责转换电压和电流水平。垂直一体化公共事业放松管制的趋势，特别是在美国，意味着市场力量将在未来的电网中发挥越来越大的作用。电力系统的状态可以用每个总线上的电压幅值和相角来描述。此信息，以及关于电网拓扑和阻抗参数的知识可用于表征整个系统。EMS/监督控制和数据采集(SCADA)系统是一组计算工具，用于监视、控制和优化电力系统的性能。状态估计是这里的关键组成部分，状态估计和 SCADA 系统之间的关系如图 12.3 所示。数据采集系统从远程

终端单元(RTU)等设备获取测量结果，最近又增加了相量数据集中器(PDC)。状态估计器计算系统状态并向监控系统提供必要的信息，然后监控系统通过向开关设备(断路器)发送控制信号来采取行动。

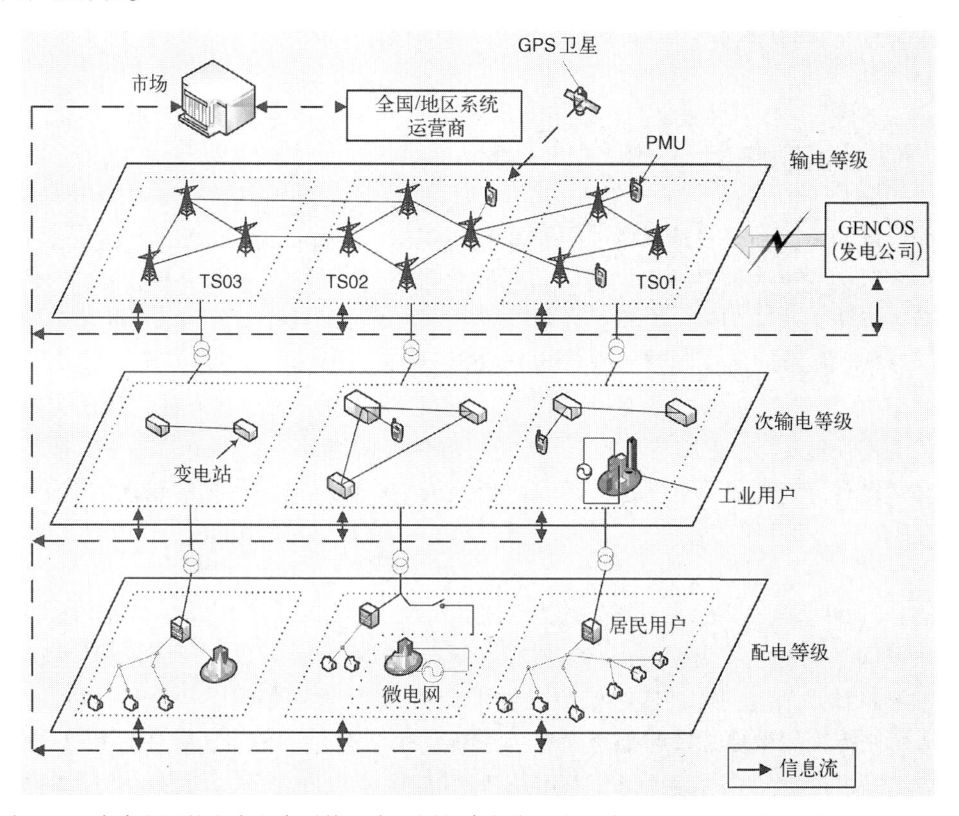

图 12.2　未来电网的电力生态系统具有不同的参与者和交互水平。经 IEEE 授权转自文献[575]

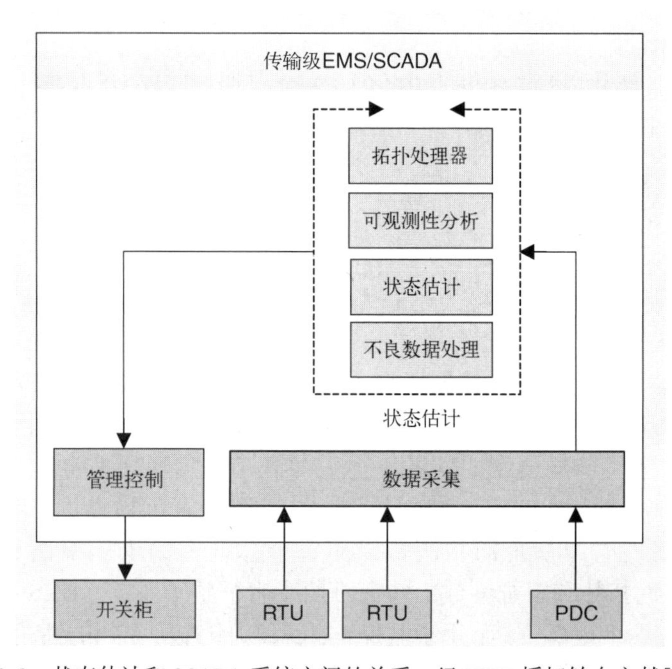

图 12.3　状态估计和 SCADA 系统之间的关系。经 IEEE 授权转自文献[575]

根据估计的时间和演变，状态估计方案可以分为两种基本不同的范例：静态状态估计和预测辅助状态估计。

12.6 静态状态估计

在过去的40年中，状态估计的大部分研究都集中在静态状态估计上，主要是由于传统监测技术（如SCADA系统中实现技术）只能每隔2～4 s进行一次非同步测量。而且，为了降低实现状态估计所需的计算复杂度，估计通常每几分钟更新一次。因此，静态估计作为提供电网实时监测手段的实用性在实践中相当有限。

状态估计[582]全面处理整套测量值，并利用其冗余来检测任何数据错误。本节首先回顾使用正态方程的状态估计的经典表达式，以及线性化解耦版本。非线性方程涉及测量值 $\mathbf{z}$ 和状态向量 $\mathbf{x}$，表示如下：

$$\mathbf{z}=\mathbf{h}(\mathbf{x})+\mathbf{e} \tag{12.7}$$

这里 $\mathbf{e}$ 是假设为符合联合高斯分布的测量误差向量。

在一个 N 总线系统中，$(2N-1)\times 1$ 个状态向量有这样的形式 $\mathbf{x}=[\theta_2,\theta_3,\cdots,\theta_N,|V_1|,\cdots,|V_N|]^{\mathrm{T}}$，这里 θ_i 表示相位角，$|V_i|$ 表示第 i 个总线中的电压量级。相位角 θ_1 在参考总线中假定已知，通常设置为零弧度。为了估计状态 $\mathbf{x}$，需要收集一组测量值 $\mathbf{z}\in\mathbb{R}^{L\times 1}$，$L>2N-1$。这些测量包括网络单元中的非同步有功和无功功率流、总线注入和总线上的电压幅值。测量数据通常在SCADA系统内获取，并且通过超定的非线性方程组与状态向量相关，见式（12.8）。

状态估计问题在数学上被描述为加权最小二乘问题，并用迭代格式求解[582]。每一次迭代过程等价于求解一个线性加权最小二乘（WLS）问题。可以进一步解耦测量值的有功和无功部分和状态向量[583,584]。所得线性化解耦状态估计器解决了以下形式的两个线性加权最小二乘问题：

$$\mathbf{z}=\mathbf{H}\mathbf{x}+\mathbf{e} \tag{12.8}$$

在实际功率情况下，$\mathbf{z}$ 是实功率测量的集合，$\mathbf{x}$ 是一组实部（总线角）的状态向量，$\mathbf{H}$ 是实际测量相对于相角的雅可比矩阵。反应案例同样适用。WLS问题式（12.8）的解决方案是

$$(\mathbf{H}^{\mathrm{T}}\mathbf{W}\mathbf{H})\hat{\mathbf{x}}=\mathbf{H}^{\mathrm{T}}\mathbf{W}\mathbf{z} \tag{12.9}$$

或

$$\hat{\mathbf{x}}=(\mathbf{H}^{\mathrm{T}}\mathbf{W}\mathbf{H})^{-1}\mathbf{H}^{\mathrm{T}}\mathbf{W}\mathbf{z} \tag{12.10}$$

其中 $\hat{\mathbf{x}}$ 是估计状态，$\mathbf{W}$ 是加权因子的对角矩阵（即 $\mathbf{e}$ 的协方差矩阵的逆），$\mathbf{H}^{\mathrm{T}}\mathbf{W}\mathbf{H}$ 被称为增益矩阵。

剩余向量 $\mathbf{r}$ 被定义为估计状态的测量值和计算值之间的差值：

$$\mathbf{r}=\mathbf{z}-\mathbf{H}\hat{\mathbf{x}} \tag{12.11}$$

通过一些简单的处理，很容易得到

$$\mathbf{r}=(\mathbf{I}-\mathbf{M})\mathbf{e} \tag{12.12}$$

$$\mathbf{M}=\mathbf{H}(\mathbf{H}^{\mathrm{T}}\mathbf{W}\mathbf{H})^{-1}\mathbf{H}^{\mathrm{T}}\mathbf{W} \tag{12.13}$$

剩余向量 $\mathbf{r}$ 的期望值和协方差为

$$\begin{aligned}&\mathbb{E}\{\mathbf{r}\}=0\\&\mathbb{E}\{\mathbf{r}\mathbf{r}^{\mathrm{T}}\}=(\mathbf{I}-\mathbf{M})\mathbf{W}^{-1}\end{aligned} \tag{12.14}$$

可以检测拓扑错误。根据(i)支路中断；(ii)总线分裂；(iii)并联电容器/电抗器开关，我们假设断路器和开关状态数据中的错误会导致网络拓扑的错误。

例 12.6.1(拓扑错误)

支路停电包括输电线路或变压器停运。在大多数实际情况下，识别线路或变压器故障的错误可能只涉及一次停电。没有拓扑错误，有$\mathbb{E}(\mathbf{r})=0$；如果存在拓扑错误，$\mathbb{E}(\mathbf{r})$等于其他数值。

拓扑误差的影响出现在矩阵 $\mathbf{H}$ 中：令 $\mathbf{H}$ 为雅可比矩阵的真实测量值，$\widetilde{\mathbf{H}}$是拓扑处理器中含误差的测量值，$\Delta\mathbf{H}$ 是测量雅可比矩阵中产生的误差，即

$$\mathbf{H}=\widetilde{\mathbf{H}}+\Delta\mathbf{H} \tag{12.15}$$

状态估计的实际方程应该是

$$\mathbf{z}=\mathbf{H}\mathbf{x}+\mathbf{e} \tag{12.16}$$

然而，由于拓扑错误，状态估计用下面的公式代替：

$$\mathbf{z}=\widetilde{\mathbf{H}}\mathbf{x}+\mathbf{e} \tag{12.17}$$

估计误差$\hat{\mathbf{x}}$为

$$\hat{\mathbf{x}}=(\widetilde{\mathbf{H}}^{\mathrm{T}}\mathbf{W}\widetilde{\mathbf{H}})^{-1}\widetilde{\mathbf{H}}^{\mathrm{T}}\mathbf{W}\mathbf{z} \tag{12.18}$$

把式(12.21)和式(12.18)代入式(12.19)就获得了残差向量：

$$\mathbf{r}=\mathbf{z}-\widetilde{\mathbf{H}}\hat{\mathbf{x}} \tag{12.19}$$

而我们有

$$\mathbf{r}=(\mathbf{I}-\mathbf{M})(\Delta\mathbf{H}\mathbf{x}+\mathbf{e}) \tag{12.20}$$

因此就得到

$$\begin{aligned}\mathbb{E}(\mathbf{r})&=(\mathbf{I}-\mathbf{M})\Delta\mathbf{H}\mathbf{x}\\ \mathrm{Cov}(\mathbf{r})&=(\mathbf{I}-\mathbf{M})\mathbf{W}^{-1}\end{aligned} \tag{12.21}$$

其中，$\mathrm{Cov}(\mathbf{r})$是向量 $\mathbf{r}$ 的协方差矩阵。 □

状态估计是基于测量中没有高斯误差($\mathbf{e}$ 是高斯的)的假设。这个假设可以用归一化残差检验。这就是所谓的 $\mathbf{r}^N$ 测试，它建立在不存在高斯误差的基础上：$\mathbb{E}(\mathbf{r})=0$。因此，如果满足

$$\max_i |r_i^N| < \gamma$$

这个假设就可以被接受。其中 γ 是检测阈值。$\mathbf{r}^N$ 测试已被证明检测和识别不良数据很有效。

由于 $\mathbf{e}$ 服从标准高斯分布，$\mathbf{r}$ 也服从协方差为 $\mathrm{Cov}(\mathbf{r})$的高斯分布，因此，$\|\mathbf{r}\|_2^2$ 是一个$(L-2N+1)$自由度的χ^2 分布。χ^2 测试声明一个基于最小二乘的电力系统状态估计，当$\|\mathbf{r}\|_2^2$ 超过预定阈值时，状态估计可能受到离群值的影响。

最近，一个半定松弛(SDR)的方法已被用来研究多项式次数 PSSE 算法，并且很有潜力找到一个全局最优解[585,586]。

12.7 预测辅助状态估计

传统的统计状态估计依赖于一组全部在一个快照中的测量值。所以，它忽略了在连续的测量瞬间，状态的演变。预测辅助状态估计的基本思想是提供状态更新的递归更新，该

递归更新也可以跟踪正常系统运行期间发生的变化。预测辅助状态估计的优点之一是，它有意地包含了一个预测功能，可以避免丢失测量值的问题，因为预测的状态可以用来代替那些缺失的测量值。由于电力系统中的瞬变通常比预测辅助状态估计所考虑的瞬变要快得多，所以预测辅助状态估计有点不同于真实的动态状态估计。文献[587]给了一个广泛的调查。

一个典型的预测辅助状态估计是用下面的动态模型[588]来制定的：

$$\mathbf{x}(k+1)=\mathbf{F}(k)\mathbf{x}(k)+\mathbf{g}(k)+\mathbf{w}(k) \tag{12.22}$$

这里对于时间常量 k，$\mathbf{F}(k)\in\mathbb{R}^{(2N-1)\times(2N-1)}$ 是状态转移矩阵，向量 $\mathbf{g}(k)$ 与状态轨迹的趋势行为相关联，$\mathbf{w}(k)$ 被假定为零均值高斯噪声，协方差矩阵 $\mathbf{C}_w$ 定义在式(12.21)中。因此，$\|\mathbf{r}\|_2^2$ 是一个 $(m-n)$ 自由度的 χ^2 分布。

依据式(12.22)测量值在 $k+1$ 瞬时点的值为

$$\mathbf{z}(k+1)=\mathbf{h}(x(k))+\mathbf{n}(k+1)$$

其中，$\mathbf{n}(k+1)$ 是协方差矩阵 $\mathbf{C}_n\in\mathbb{R}^{L\times L}$ 的零均值高斯噪声向量，大部分在文献中出现的辅助状态估计算法是基于扩展卡尔曼滤波器(EFL)的，其递归由

$$\hat{\mathbf{x}}(k+1)=\widetilde{\mathbf{x}}(k+1)+\mathbf{K}(k+1)[\mathbf{z}(k+1)-\mathbf{h}(\widetilde{\mathbf{x}}(k+1))] \tag{12.23}$$

给予，其中

$$\begin{aligned}
&\widetilde{\mathbf{x}}(k+1)=\mathbf{F}(k)\hat{\mathbf{x}}(k)+\mathbf{g}(k)\\
&\mathbf{K}(k+1)=\boldsymbol{\Sigma}(k+1)\mathbf{H}^{\mathrm{T}}(k+1)\mathbf{C}_n^{-1}\\
&\boldsymbol{\Sigma}(k+1)=[\mathbf{H}^{\mathrm{T}}(k+1)\mathbf{C}_n^{-1}\mathbf{H}(k+1)+\mathbf{M}^{-1}(k+1)]^{-1}\\
&\mathbf{M}(k+1)=\mathbf{F}(k)\boldsymbol{\Sigma}(k)\mathbf{F}^{\mathrm{T}}(k)+\mathbf{C}_w
\end{aligned}$$

用 $\mathbf{H}(k+1)$ 作为测量雅可比矩阵在 $\widetilde{\mathbf{x}}(k+1)$ 上的测量值。

由于电力网不可避免地是一个庞大的网络，相关联的状态估计问题集中的解决方案带来了巨大的计算复杂度。一种替代方法是将大功率系统划分成更小的区域，每个区域都配备一个局部处理器，以提供一个局部状态估计解决方案。与集中式状态估计方法相比，多区域状态估计减少了每个状态估计器需要处理的数据量(因此减少了复杂性)，并通过分发状态知识来提高系统的健壮性。然而，它的实现需要额外的通信开销，而且会遇到在不同区域获得异步测量值的时间偏斜度问题。

每个区域按照如下公式测量：

$$\mathbf{z}_m=\mathbf{h}_m(\mathbf{x}_m)+\mathbf{n}_m,\quad m=1,\cdots,M \tag{12.24}$$

其中 $\mathbf{x}_m=[\mathbf{X}_{im}^{\mathrm{T}}\mathbf{x}_{bm}^{\mathrm{T}}]^{\mathrm{T}}$ 是区域 m 的局部状态向量，进一步可以划分为内部状态向量 $\mathbf{x}_{im}^{\mathrm{T}}$ 和边界状态向量 $\mathbf{x}_{bm}^{\mathrm{T}}$。内部向量是特定区域可观察到的状态向量，而边界向量则是那些连接两个区域的母线(所谓的联络线)的状态向量。

12.8 相量测量单元

与 SCADA 系统中传统的传感器相比，相量测量单元(PMU)以一个更高的频率分析样品(约快两个数量级)。PMU 提供更准确、更及时的测量值和更多的样本。工程师们如今面临的主要挑战包括：(i)将 PMU 测量值与常规测量值相结合以获得最优状态估计；(ii)处理 PMU 提供的大量数据。从测量数据的波形中提取相关的状态信息需要开发新的技术。

12.9 分布式系统状态估计

关于分布式系统状态估计的研究可以追溯到 20 世纪 90 年代初，如文献[589]。这一计划尚未真正实现，可能是由于缺乏适当的基础设施。

传统电力系统状态估计最常用的方法是极大似然估计(MLE)。它假定系统的状态是一组确定性变量，并通过包括区间测量的误差确定最可能的状态。在配电系统中，测量往往过于稀疏，无法满足系统的可观测性。在文献[590]中，作者提出了一种基于置信传播(BP)的配电系统状态估计器，而不是引入伪测量值。这种新方法假定系统状态是一组随机变量。利用一组先验分布，通过对传统测量值和高分辨率智能计量数据的实时稀疏测量，计算出状态变量的后验分布。

12.10 事件触发的状态估计方法

未来的电网将配备大量的智能电表，用来采集和传输大量的数据，控制中心需要对这些数据进行处理，将数据转换成信息，并将信息转化为可操作的智能。事实上，在传输级别的 PMU 的部署已经导致与传统的电网控制中心相比可以处理更多的数据。当智能电网全面部署，所谓的大数据现象自然就会发生。

理想状况下，建成通信基础设施贯穿整个能量网格和高效宽带。因此，一个接近传感、通信和信息处理方法的事件触发会十分吸引人。

12.11 不良数据的检验

使用状态估计器的一个基本好处是具有检验、识别和纠正测量错误的能力。此过程称为不良数据处理。这在网络安全方面是有重大意义的。根据所使用的状态估计方法，不良数据处理可以作为状态估计的一部分或作为后估计过程进行。无论采用哪种状态估计方法，不良数据的可检验性取决于测量配置和冗余[591]。

静态估计的目的是通过非线性模型求出最符合与 $\mathbf{x}$ 相关的测量值 $\mathbf{z}$ 的真实状态 $\mathbf{x}$ 的估计值 $\hat{\mathbf{x}}$：

$$\mathbf{z}=\mathbf{h}(\mathbf{x})+\mathbf{w} \tag{12.25}$$

这里我们使用了习惯性的符号：

- $\mathbf{z}$：m 维测量向量。
- $\mathbf{x}$：电压幅值和相角的 n 维状态向量。
- $n=2N-1$，N 是系统的节点数量，在估计中，$n<m$，即冗余 $\eta=m/n>1$。
- $\mathbf{w}$：m 维测量误差向量，它的第 i 个元素由以下组成：(i)如果相应的测量值是有效的，则是高斯白噪声 $\mathcal{N}(0,\sigma_i^2)$；(ii)否则是未知的确定量。

加权最小二乘(WLS)估计 $\hat{\mathbf{x}}$ 基于二次判据 $J(\mathbf{x})$ 满足最优性条件：

$$\mathbf{H}^{\mathrm{T}}(\hat{\mathbf{x}})\mathbf{R}^{-1}(\mathbf{z}-\mathbf{h}(\hat{\mathbf{x}}))=\mathbf{H}^{\mathrm{T}}(\hat{\mathbf{x}})\mathbf{R}^{-1}\mathbf{r}=0 \tag{12.26}$$

其中 $\mathbf{H}\triangleq\partial\mathbf{h}/\partial\mathbf{x}$ 表示雅可比矩阵，$\mathbf{R}=\mathrm{diag}(\sigma_i^2)$ 和测量值剩余向量 $\mathbf{r}$ 定义如下：

$$\mathbf{r}\triangleq\mathbf{z}-\mathbf{h}(\hat{\mathbf{x}})=\mathbf{Q}\mathbf{w} \tag{12.27}$$

在后一种表达式中，剩余灵敏度矩阵 $\mathbf{Q}$ 为

$$\mathbf{Q}=\mathbf{I}-\mathbf{H}\boldsymbol{\Sigma}_x\mathbf{H}^{\mathrm{T}}\mathbf{R}^{-1} \tag{12.28}$$

$\boldsymbol{\Sigma}_x$ 是估计误差 $\Delta\mathbf{x}=\mathbf{x}-\hat{\mathbf{x}}$的协方差矩阵，

$$\boldsymbol{\Sigma}_x=\mathbb{E}\left[\Delta\mathbf{x}(\Delta\mathbf{x})^{\mathrm{T}}\right]=(\mathbf{H}^{\mathrm{T}}\mathbf{R}^{-1}\mathbf{H})^{-1} \tag{12.29}$$

注意矩阵 $\mathbf{Q}$ 的下列重要性质：

$$\mathrm{rank}(\mathbf{Q})=m-n=k,\quad \mathbf{I}>\mathbf{Q}\geqslant 0,\quad \mathbf{Q}^2=\mathbf{Q} \tag{12.30}$$

对于两个厄米矩阵 $\mathbf{A}$ 和 $\mathbf{B}$，如果 $\mathbf{A}-\mathbf{B}$ 是半正定矩阵，则 $\mathbf{A}\geqslant\mathbf{B}$。

在不存在不良数据的情况下，测量残差向量是分布式的：

$$\mathcal{N}(0,\mathbf{QRQ}^{\mathrm{T}})=\mathcal{N}(0,\mathbf{QR}) \tag{12.31}$$

本节中使用的检验标准是：

加权残差向量 $$\mathbf{r}_W=\sqrt{\mathbf{R}^{-1}}\,\mathbf{r} \tag{12.32}$$

归一化残差向量 $$\mathbf{r}_N=\sqrt{\mathbf{D}^{-1}}\,\mathbf{r},\ \mathbf{D}=\mathrm{diag}(\mathbf{QR}) \tag{12.33}$$

二次费用函数 $$J(\hat{\mathbf{x}})=\mathbf{r}^{\mathrm{T}}\mathbf{R}^{-1}\mathbf{r}=\mathbf{r}_W^{\mathrm{T}}\mathbf{r}_W \tag{12.34}$$

不良数据的检验是基于以下两个假设的：

$$\begin{aligned}&\mathcal{H}_0:\text{没有不良数据出现}\\&\mathcal{H}_1:\mathcal{H}_0\ \text{非真，即有不良数据}\end{aligned} \tag{12.35}$$

用 P_e 表示 $\mathcal{H}_0$ 为真而拒绝了 $\mathcal{H}_0$ 的概率，用 P_d 表示 $\mathcal{H}_1$ 为真而拒绝了 $\mathcal{H}_1$ 的概率(检验概率)，假设检验主要在于把 $J(\hat{\mathbf{x}})$，$|r_{W_i}|$ 或 $|r_{N_i}|$ 与一个依赖于 P_e 的“检验阈”γ 进行比较。例如，考虑归一化残差：

- 如果 $|r_{N_i}|<\gamma$，$i=1,2,\cdots,m$ 则接受 $\mathcal{H}_0$；
- 否则拒绝 $\mathcal{H}_0$(因此接受 $\mathcal{H}_1$)。

12.12 改进的不良数据检验

分别在贝叶斯定理和频率统计框架下，异化值的鉴定和 ℓ_0(伪)最小规范之间的有趣联系可参见文献[592]和文献[593]。最近，ℓ_1 规范方法被设计出来[592-594]。

虽然 PMU 装置的主要目的不是状态估计，它的广泛布置却提供了一个改进状态估计的条件。状态估计器检验不良数据的能力与测量配置直接相关。与关键测量值相关联的不良数据无法检验。将关键测量值转化为冗余测量值需要在关键部分增加额外的测量。详情见文献[595]。此外，在文献[596]中作者利用 PMU 把关键测量转换为冗余测量，以致不良的测量值可以由测量残差检验检验出来。

12.13 网络攻击

作为一个跨越较大地理区域的复杂网络物理系统，电网在网络安全方面不可避免地面临着挑战。随着未来电网所需更多的数据采集和双向通信要求，提高网络安全性至关重要。

12.14 线路中断检测

尽管相量测量单元(PMU)在整个电力网络中已经变得越来越普遍，但由 PMU 监测的总

线仍然只是系统总线总数的很小比例。尽管覆盖范围有限，但我们的问题是从 PMU 数据中获得有用的信息。特别是，我们可以利用已知的系统拓扑信息和 PMU 相量角测量来检测系统线路中断情况。

即使覆盖极其有限，也可以使用 PMU 数据来检测系统事件。通过使用北美电网当前可用的数据可以获得本地控制区域以外拓扑变化的情况。文献[597]的算法可以提供一种可靠的方法来提高运营商对整个电气互连线路状态的了解。

文献备注

本章我们在整章中分散地引用了文献[145]中的材料。

在 12.1 节中遵循文献[569]对 PMU 的建模。

在 12.6 节中，关于状态估计的经典方案，我们遵循研讨会工作文献[598,599]。

在 12.11 节中，关于不良数据检验的经典结果，我们遵循文献[598,600]。

12.14 节取自文献[597]。

第 13 章　虚假数据注入攻击状态估计

本章详细介绍状态估计环境下的虚假数据注入攻击。众所周知，网络安全是工程师和研究人员面临的最重要的任务。我们使用虚假数据注入来攻击状态估计。

在文献[601]的研讨会工作的激发下，电力系统安全领域的一个新的研究热点集中在与智能电子设备相关的网络入侵，如远程终端单元、相量测量单元和仪表。

作为现代电力控制系统中的一个重要模块，状态估计程序使用智能电子设备的测量值来估计电力系统中每个总线上的状态变量，如电压角和幅度。统计技术成功地识别并从状态估计程序中删除明显的不良数据。而且，由于状态估计会清理数据，因此该过程还可以防止将不良数据存储在数据库中供将来使用。

13.1　状态估计

监测电力系统中的功率通量（也称能流）和电压对于系统可靠性至关重要。为了确保即使某些组件发生故障，电力系统也能继续运行，一些仪表用于监视系统组件并向控制中心报告读数，控制中心根据这些仪表测量值估计电力系统向量的状态。感兴趣的状态向量包括总线电压角和幅度。

状态估计问题是根据仪表测量值 $\mathbf{z}=(z_1,z_2,\cdots,z_m)^{\mathrm{T}}\in\mathbb{R}^{m\times1}$ 来估计电力系统状态向量 $\mathbf{x}=(x_1,x_2,\cdots,x_n)^{\mathrm{T}}\in\mathbb{R}^{n\times1}$ 的，其中 n 和 m 是整数。测量误差（或不确定性）为 $\mathbf{e}=(e_1,e_2,\cdots,e_m)^{\mathrm{T}}\in\mathbb{R}^{m\times1}$。结果，状态向量通过以下模型与测量值相关：

$$\mathbf{z}=\mathbf{h}(\mathbf{x})+\mathbf{e} \tag{13.1}$$

其中 $\mathbf{h}(\mathbf{x})=(h_1(x_1,x_2,\cdots,x_n),\cdots,h_m(x_1,x_2,\cdots,x_n))\in\mathbb{R}^{m\times1}$ 且 $h_i(x_1,x_2,\cdots,x_n)$ 是 $x_1,x_2,\cdots,x_n$ 的函数。状态估计问题是根据式(13.1)找出 $\mathbf{x}$ 的估计值 $\hat{\mathbf{x}}$，它是测量值 $\mathbf{z}$ 的最佳拟合。

对于使用直流电流模型的状态估计，式(13.1)可以用线性回归模型表示为

$$\mathbf{y}=\mathbf{H}\mathbf{x}+\mathbf{e} \tag{13.2}$$

其中 $\mathbf{H}=(h_{i,j})\in\mathbb{R}^{m\times b}$ 是一个雅可比矩阵，而 $\mathbf{Hx}$ 是将测量值与状态连接起来的 m 个线性函数的向量。

当然，式(13.2)的线性模型比式(13.1)的非线性模型更容易处理。在状态估计中通常使用三种基本统计标准[602]：最大似然标准、加权最小二乘标准和最小方差标准。当仪表误差被假定为零均值的正态分布时，这三个标准导致与以下矩阵解法相同的估计量：

$$\hat{\mathbf{x}}=(\mathbf{H}^{\mathrm{T}}\mathbf{W}\mathbf{H})^{-1}\mathbf{H}^{\mathrm{T}}\mathbf{W}\mathbf{H} \tag{13.3}$$

其中 $\mathbf{W}$ 是一个对角矩阵，其元素是仪表误差方差的导数。换句话说，

$$\mathbf{W}=\begin{pmatrix}\sigma_1^{-2} & & 0\\ & \ddots & \\ 0 & & \sigma_n^{-2}\end{pmatrix} \tag{13.4}$$

其中，σ_i^2是第 i 个仪表的方差($1\leqslant i\leqslant n$)。

由于各种原因(如仪表故障和恶意攻击)，可能会引入不良测量值检验(也称为不良数据检验)。已经开发用于不良测量值检验的技术来保护状态估计[602,603]。

测量残差 $\mathbf{z}-\mathbf{H}\hat{\mathbf{x}}$ 和它的 ℓ_2 范数 $\|\mathbf{z}-\mathbf{H}\hat{\mathbf{x}}\|$ 用于检验不良测量值的存在。具体而言，将 $\|\mathbf{z}-\mathbf{H}\hat{\mathbf{x}}\|$ 与阈值 τ 进行比较，如果出现以下结果，推断出现不良测量值：

$$\|\mathbf{z}-\mathbf{H}\hat{\mathbf{x}}\|>\tau \tag{13.5}$$

τ 的选择是一个关键问题。假设所有的状态向量都是相互独立的，仪表误差遵循正态分布。已知 $\|\mathbf{z}-\mathbf{H}\hat{\mathbf{x}}\|^2$ 遵循自由度为 $m-n$ 的 $\chi^2(m-n)$ 分布。根据文献[602]，τ 可以通过具有显著水平 α 的假设检验来确定。因此，$\|\mathbf{z}-\mathbf{H}\hat{\mathbf{x}}\|^2\geqslant\alpha$ 表示存在不良测量值，其中误报的概率为 α。

最近，不良测量值处理的焦点是使用相量测量单元(PMU)改善鲁棒性[591,595,596,604]。有关不良数据检验的背景，可参见 12.11 节。

看起来这些针对具有任意性和交互性的不良测量值的方法(如文献[598,600,605,606])，也可以打败攻击者注入的恶意测量值，因为这种恶意测量值确实是具有任意性和交互性的不良测量值。这些方法的一个基本缺陷是它们都使用相同的方法，即 $\|\mathbf{z}-\mathbf{H}\hat{\mathbf{x}}\|^2\geqslant\tau$，来检验不良测量值的存在。在下一节中，遵循文献[601]，我们将证明攻击者可以系统地忽略这种检验方法，从而可以忽略现有的全部方法。

13.2 虚假数据注入攻击

假设有 m 个仪表，可以提供 m 个测量值 $z_1,\cdots,z_m$，并且有 n 个状态变量 $x_1,\cdots,x_n$。m 个仪表测量值与 n 个状态变量之间的关系可用 $m\times n$ 的线性矩阵 $\mathbf{H}$ 表示，如式(13.2)所示。当然 $\mathbf{z}$ 和 $\mathbf{x}$ 之间的非线性关系可以稍后解决。通常，电力系统的矩阵 $\mathbf{X}$ 是一个常数矩阵，由系统的拓扑和线路阻抗决定。在文献[603]中，展示了控制中心如何构造 $\mathbf{H}$。

该模型的关键假设是：

- 仪表测量值 $\mathbf{z}$ 和状态向量 $\mathbf{x}$ 由线性矩阵 $\mathbf{H}$ 相关联，即由式(13.2)给出；
- 矩阵 $\mathbf{H}$ 是常量矩阵；
- 攻击者可以访问目标电力系统的矩阵 $\mathbf{H}$；
- 攻击者可以将恶意测量值注入受损仪表中，以破坏状态估计过程。

13.2.1 基本原则

令 $\mathbf{z}+\mathbf{a}$ 表示可能包含恶意数据的观察测量值的向量，其中 $\mathbf{z}=(z_1,\cdots,z_m)^{\mathrm{T}}$ 是原始测量值向量，$\mathbf{a}=(a_1,\cdots,a_m)^{\mathrm{T}}$ 是添加到原始测量值中的恶意数据。我们将 $\mathbf{a}$ 称为攻击向量。令 $\hat{\mathbf{x}}_{\mathrm{bad}}$ 和 $\hat{\mathbf{x}}$ 分别表示使用恶意测量值 $\mathbf{z}+\mathbf{a}$ 和原始测量值 $\mathbf{z}$ 对 $\mathbf{x}$ 的估计。$\hat{\mathbf{x}}_{\mathrm{bad}}$ 可以表示为 $\hat{\mathbf{x}}+\mathbf{b}$，其中 $\mathbf{b}$ 是长度为 n 的非零向量。$\mathbf{b}$ 反映了攻击者注入的估计误差。

定理 13.2.1 假设原始测量值 $\mathbf{z}$ 可以通过式(13.5)定义的不良测量值检验。那么，如果 $\mathbf{a}$ 是 $\mathbf{H}$ 的列向量的线性组合，即 $\mathbf{a}=\mathbf{H}\mathbf{b}$，则恶意测量值 $\mathbf{z}+\mathbf{a}$ 也可以通过式(13.5)定义的不良测量值检验。

证明：由于 $\mathbf{z}$ 可以通过检测式(13.5)，有

$$\|\mathbf{z}-\mathbf{H}\hat{\mathbf{x}}\| \leqslant \tau \tag{13.6}$$

其中 τ 是检测阈值。回想一下 $\hat{\mathbf{x}}_{\text{bad}}$ 可以表示为 $\hat{\mathbf{x}}+\mathbf{b}$，其中 $\mathbf{b}$ 是长度为 n 的非零向量。考虑条件 $\mathbf{a}=\mathbf{Hb}$，即 $\mathbf{a}$ 是 $\mathbf{H}$ 的列向量 $\mathbf{h}_1,\cdots,\mathbf{h}_n$ 的线性组合，那么测量残差的 ℓ_2 范数结果满足

$$\begin{aligned}\|(\mathbf{z}+\mathbf{a})-\mathbf{H}(\hat{\mathbf{x}}+\mathbf{b})\| &= \|\mathbf{z}-\mathbf{H}\hat{\mathbf{x}}+(\mathbf{a}-\mathbf{Hb})\| \\ &= \|\mathbf{z}-\mathbf{H}\hat{\mathbf{x}}\| \leqslant \tau\end{aligned} \tag{13.7}$$

因此，$\mathbf{z}+\mathbf{a}$ 的测量残差的 ℓ_2 范数结果小于阈值 τ。这意味着 $\mathbf{z}+\mathbf{a}$ 也可以通过不良测量值检验。

□

观察式(13.7)中的推导，考虑高概率 $\varepsilon>0$ 的宽松要求就足够了，

$$\begin{aligned}\|(\mathbf{z}+\mathbf{a})-\mathbf{H}(\mathbf{H}\hat{\mathbf{x}}+\mathbf{b})\| &= \|\mathbf{z}-\mathbf{H}\hat{\mathbf{x}}+(\mathbf{a}-\mathbf{Hb})\| \\ &= \|\mathbf{z}-\mathbf{H}\hat{\mathbf{x}}\|+\|\mathbf{a}-\mathbf{Hb}\| \\ &\leqslant \tau+\varepsilon\tau=(1+\varepsilon)\tau\end{aligned} \tag{13.8}$$

假如有高概率

$$\|\mathbf{a}-\mathbf{Hb}\| \leqslant \varepsilon\tau \tag{13.9}$$

在文献[601]中，如果存在一个非零 k 稀疏向量 $\mathbf{a}$，对于某个 $\mathbf{b}$ 来说有 $\mathbf{a}=\mathbf{Hb}$，那么

$$\mathbf{z}=\mathbf{Hx}+\mathbf{a}+\mathbf{e}=\mathbf{H}(\mathbf{x}+\mathbf{b})+\mathbf{e}$$

因此，作为确定性量，$\mathbf{x}$ 在观测上等价于 $\mathbf{x}+\mathbf{b}$。由于没有检测器可以区分 $\mathbf{x}$ 和 $\mathbf{x}+\mathbf{b}$，所以我们此后称具有形式 $\mathbf{a}=\mathbf{Hb}$ 的攻击向量是不可观测的。

随机不良数据 $\mathbf{a}$ 不可能满足 $\mathbf{a}=\mathbf{Hb}$。但是攻击者可以合成其攻击向量以满足未观察到的条件。

13.3 MMSE 状态估计与广义似然比检验

电力系统由总线、输电线路和功率流量计组成。对于这样的系统，我们采用了图论模型。电力系统被建模为一个无向图$(\mathcal{V},\mathcal{E})$，其中 $\mathcal{V}$ 是总线的集合，$\mathcal{E}$ 是传输线的集合。每条线连接两米，所以每个元素 $e\in\mathcal{E}$ 是 $\mathcal{V}$ 中无序的一对母线。

控制中心接收来自整个系统部署的各种仪表的测量，并从中执行状态估计。状态估计的目的是恢复系统的全部状态：网络中每条总线的电压和相位。仪表分为两种类型：输电线路流量计，它测量通过一条输电线路的功率流；母线注入仪表，测量连接到单个总线上的所有传输线路的总流出流量。因此，每个仪表都与 $\mathcal{E}$ 中的 $\mathcal{V}$ 总线或一条线路相关联，允许一条总线出现多个仪表的可能性。

式(13.12)中的 $\mathbf{H}$ 矩阵起源于图论模型，如下所示。对于每条传输线$(i,j)\in\mathcal{E}$，通过这条线路总线 i 到总线 j 的直流功率流为 $B_{ij}(x_i-x_j)$，其中 B_{ij} 为输电线路(i,j)的电纳。也可以将这个能流写成 $\mathbf{h}_{ij}\mathbf{x}$，其中

$$\mathbf{h}_{ij}=\begin{bmatrix}0\cdots0 & \underbrace{B_{ij}}_{\text{第}i\text{个元素}} & 0\cdots0 & \underbrace{-B_{ij}}_{\text{第}j\text{个元素}} & 0\cdots0\end{bmatrix} \tag{13.10}$$

因此，如果仪表测量通过连接总线 i 和 j 的传输线的流量，则通过 $\mathbf{h}_{ij}$ 获得 $\mathbf{H}$ 的相关联的行。总线注入计测量在所有线路上的总功率通量，这些线路发生在一个特定的节点上。因此，i 总线上与仪表相关的 $\mathbf{H}$ 行由下式决定：

$$\sum_{j:(i,j)\in\mathcal{E}} \mathbf{h}_{ij} \tag{13.11}$$

电力系统的图论模型给出了以下直流能流模型，这是交流能流模型的线性化版本：

$$\mathbf{z}=\mathbf{H}\mathbf{x}+\mathbf{a}+\mathbf{e} \tag{13.12}$$

其中

$$\mathbf{e}\sim\mathcal{N}(\mathbf{0},\mathbf{\Sigma}_e),\quad \mathbf{a}\in\mathcal{A}_k=\{\mathbf{a}\in\mathbb{R}^m:\|\mathbf{a}\|_0\leqslant k\}$$

这里，$\mathbf{z}\in\mathbb{R}^m$是向量能流测量值，$\mathbf{x}\in\mathbb{R}^n$是系统状态，$\mathbf{e}\in\mathbb{R}^m$是具有零均值和协方差矩阵$\mathbf{\Sigma}_e$的高斯测量噪声，而向量$\mathbf{a}$是被对抗样本恶意注入的数据。下面我们假设对手最多可以控制k个仪表，即$\mathbf{a}$是一个向量，最多有k个非零项($\|\mathbf{a}\|_0\leqslant k$)。一个向量被认为是稀疏的，如果$\|\mathbf{a}\|_0\leqslant k$，其中$\|\mathbf{a}\|_0$表示$\ell_0$范数，即等于$\mathbf{a}$的非零项的数目。

我们假设对抗样本能够访问网络参数$\mathbf{H}$，并且能够协调来自不同距离的攻击。这些假设，以及对手可以选择任何一套它想要选择的k个仪表，在实践中赋予对手更大的权力，这是分析安全问题时采用的一种很好的做法。

13.3.1 贝叶斯框架与MMSE估计

在贝叶斯框架下，状态变量是具有高斯分布的随机向量$\mathcal{N}(\boldsymbol{\mu}_x,\mathbf{\Sigma}_x)$。我们假设，在实践中，平均向量$\boldsymbol{\mu}_x$和协方差矩阵$\mathbf{\Sigma}_x$可以从历史数据中得到。通过从数据中减去平均向量，我们可以假设不损失一般性，即$\boldsymbol{\mu}_x=\mathbf{0}$。

在没有对抗样本的情况下，即在式(13.12)中$\mathbf{a}=\mathbf{0}$，$(\mathbf{x},\mathbf{z})$是共同高斯的。状态向量的最小均方误差(MMSE)估计是

$$\hat{\mathbf{x}}(\mathrm{z})=\arg\min_{\hat{\mathbf{x}}}\mathbb{E}\left(\|\mathbf{x}-\hat{\mathbf{x}}(\mathbf{z})\|^2\right)=\mathbf{K}\mathbf{z} \tag{13.13}$$

其中

$$\mathbf{K}=\mathbf{\Sigma}_x\mathbf{H}^{\mathrm{T}}(\mathbf{\Sigma}_x\mathbf{H}^{\mathrm{T}}\mathbf{\Sigma}_x+\mathbf{\Sigma}_e)^{-1} \tag{13.14}$$

在没有对抗样本的情况下，给出了最小均方误差：

$$\mathcal{E}_0=\min_{\hat{\mathbf{x}}}\mathbb{E}\left(\|\mathbf{x}-\hat{\mathbf{x}}(\mathbf{z})\|^2\right)=\mathrm{Tr}(\mathbf{\Sigma}_x-\mathbf{K}\mathbf{H}\mathbf{\Sigma}_x)$$

如果对抗样本注入恶意数据$\mathbf{a}\in\mathcal{A}_k$，而控制中心不知道该攻击，则式(13.13)中定义的状态估计器不再是真正的MMSE估计器(在攻击存在的情况下)。估计量$\hat{\mathbf{x}}(\mathbf{z})=\mathbf{K}\mathbf{z}$忽略了攻击的可能性，它将导致较高的均方误差。特别是，可以很容易看出，在存在$\mathbf{a}$的情况下，MSE是由下式决定：

$$\mathcal{E}_0+\|\mathbf{K}\mathbf{a}\|_2^2 \tag{13.15}$$

式(13.15)中的第二项表示特定攻击向量$\mathbf{a}$对估计器的影响。为了增加状态估计器中的MSE，对手必须增加"能量"，这增加了在控制中心被检验到的概率。

13.3.2 统计模型和攻击假设

根据文献[592]，我们给出了控制中心检验问题的公式。假设一个贝叶斯模型，其中状态变量是随机的，具有多变量的高斯分布$\mathbf{x}\sim\mathcal{N}(\mathbf{0},\mathbf{\Sigma}_x)$。另一方面，检验模型不是贝叶斯模型，因为我们不假定攻击的任何先验概率，也不假定攻击向量$\mathbf{a}$的任何统计模型。

在观测模型(13.12)下，我们考虑了以下复合二元假设：

$$\mathcal{H}_0:\mathbf{a}=\mathbf{0}\quad \text{vs.}\quad \mathcal{H}_1:\mathbf{a}\in\mathcal{A}_k\setminus\{\mathbf{0}\} \tag{13.16}$$

给定 $\mathbf{z}\in\mathbb{R}^m$，我们设计了一个检测器 $\Lambda:\mathbb{R}^m\to\{0,1\}$，其中 $\Lambda(\mathbf{z})=1$ 表示对攻击 $\mathcal{H}_1$ 的检测，$\Lambda(\mathbf{z})=0$ 表示空假设 $\mathcal{H}_0$。

另一种公式是基于状态估计器上的额外的 MSE $\|\mathbf{Ka}\|_2^2$。见式(13.15)。特别是，我们可能要区分，对于 $\|\mathbf{a}\|_0\leqslant k$：

$$\mathcal{H}_0:\|\mathbf{Ka}\|_2^2\leqslant\tau \quad \text{vs.} \quad \mathcal{H}_1:\|\mathbf{Ka}\|_2^2>\tau \tag{13.17}$$

其中 τ 是检测阈值。

13.3.3 具有“ℓ_1 范数正则化”的广义似然比检测器

对于式(13.16)的假设检验，不存在一致最有力的检验。我们提出了一种基于广义似然比检验(GLRT)的检测器。我们注意到如果有多个在相同的 $\mathbf{a}$ 条件下，GLRT 是渐近最优的，因为它提供了最严重的失检概率衰减率[607]。

这两种假设下测量 $\mathbf{z}$ 的分布仅在其平均值上有所不同：

$$\begin{aligned}&\mathcal{H}_0:\mathbf{z}\sim\mathcal{N}(\mathbf{0},\boldsymbol{\Sigma}_z)\\&\mathcal{H}_1:\mathbf{z}\sim\mathcal{N}(\mathbf{a},\boldsymbol{\Sigma}_z),\quad \mathbf{a}\in\mathcal{A}_k\setminus\{\mathbf{0}\}\end{aligned}$$

其中 $\boldsymbol{\Sigma}_z=\mathbf{H}\boldsymbol{\Sigma}_x\mathbf{H}^{\mathrm{T}}+\boldsymbol{\Sigma}_e$，GLRT 由下式给出：

$$L(\mathbf{z})\triangleq\frac{\max\limits_{\mathbf{a}\in\mathcal{A}_k}f(\mathbf{z}\mid\mathbf{a})}{f(\mathbf{z}\mid\mathbf{a}=\mathbf{0})}\ \underset{\mathcal{H}_0}{\overset{\mathcal{H}_1}{\gtrless}}\ \tau \tag{13.18}$$

其中 $f(\mathbf{z}\mid\mathbf{a})$ 是均值 $\mathbf{a}$ 和协方差矩阵 $\boldsymbol{\Sigma}_z$ 的高斯密度函数，在一定的虚警率下从零假设中选取阈值。这相当于

$$\min_{\mathbf{a}\in\mathcal{A}_k}\mathbf{a}^{\mathrm{T}}\boldsymbol{\Sigma}_z^{-1}\mathbf{a}-2\mathbf{z}^{\mathrm{T}}\boldsymbol{\Sigma}_z^{-1}\mathbf{a}\ \underset{\mathcal{H}_0}{\overset{\mathcal{H}_1}{\gtrless}}\ \tau \tag{13.19}$$

然后 GLRT 简化为求解

$$\begin{aligned}&\text{minimize}\quad \mathbf{a}^{\mathrm{T}}\boldsymbol{\Sigma}_z^{-1}\mathbf{a}-2\mathbf{z}^{\mathrm{T}}\boldsymbol{\Sigma}_z^{-1}\mathbf{a}\\&\text{subject to}\quad \|\mathbf{a}\|_0\leqslant k\end{aligned} \tag{13.20}$$

这是一个非凸优化，因为 ℓ_0 范数是非凸的。众所周知，式(13.20)可以用凸优化来逼近：

$$\begin{aligned}&\text{minimize}\quad \mathbf{a}^{\mathrm{T}}\boldsymbol{\Sigma}_z^{-1}\mathbf{a}-2\mathbf{z}^{\mathrm{T}}\boldsymbol{\Sigma}_z^{-1}\mathbf{a}\\&\text{subject to}\quad \|\mathbf{a}\|_1\leqslant \nu\end{aligned} \tag{13.21}$$

其中，ℓ_1 范数约束是对 $\mathbf{a}$ 的稀疏性的启发。常数 ν 需要进行调整，直到其解涉及一个具有稀疏性 k 的 $\mathbf{a}$。这需要多次求解式(13.21)。文献[608]也采用了类似的方法。

13.3.4 具有 MMSE 状态估计的经典检测器

两个典型的不良数据检测器[574, 609]基于由 MMSE 状态估计器产生的残差 $\mathbf{r}=\mathbf{z}-\mathbf{H}\hat{\mathbf{x}}$。

第一个是 $J(\hat{\mathbf{x}})$ 检测器，定义为

$$\mathbf{r}^{\mathrm{T}}\boldsymbol{\Sigma}_e^{-1}\mathbf{r}\ \underset{\mathcal{H}_0}{\overset{\mathcal{H}_1}{\gtrless}}\ \tau \tag{13.22}$$

第二种是由下式给出的最大归一化残差(LNR)检验：

$$\max_i \frac{|r_i|}{\sigma_{r_i}} \underset{\mathcal{H}_0}{\overset{\mathcal{H}_1}{\gtrless}} \tau \tag{13.23}$$

其中，σ_{r_i}是第 i 个残差 r_i 的标准差。这个检验可以被看作是对测量残差的 ℓ_∞ 范数的检验，归一化使每个元素都有单位方差。

GLRT 检测器的渐近最优性意味着当样本量较大时，GLRT 比上述两种检测器具有更好的性能。

13.3.5 对 MMSE 和 GLRT 检测的最优攻击

我们假设攻击者具有由控制中心使用 MMSE 和 GLRT 检测器的先验知识。我们还假设攻击者可以任意选择 k 个仪表，其中攻击者可以注入恶意数据。

攻击者有两个相互冲突的目标：通过选择最佳的数据注入来最大化 MSE，而不是避免被控制中心检测到。使用式(13.23)，可以将问题表述为

$$\begin{aligned} &\underset{\mathbf{a} \in \mathcal{A}_k}{\text{maximize}} && \|\mathbf{Ka}\|_2^2 \\ &\text{subject to} && \Pr(\Lambda(\mathbf{z})=1 \mid \mathbf{a}) \leqslant \beta \end{aligned} \tag{13.24}$$

或相当于

$$\begin{aligned} &\text{minimize} && \Pr((\Lambda(\mathbf{z})=1 \mid \mathbf{a}) \\ &\text{subject to} && \|\mathbf{Ka}\|_2^2 \geqslant C \\ & && \|\mathbf{a}\|_0 = k \end{aligned} \tag{13.25}$$

由于缺乏检验误差概率 $\Pr(\Lambda(\mathbf{z})=1 \mid \mathbf{a})$的解析表达式，因此式(13.24)和式(13.25)的解是非常困难的。我们给出了一种用于 $\Pr(\Lambda(\mathbf{z})=1 \mid \mathbf{a})$的启发式算法，允许我们得到近似解。

给出了朴素 MMSE 状态估计量$\hat{\mathbf{x}}=\mathbf{Kz}$ 式(13.13)和式(13.14)，则估计残差可由下式给出：

$$\mathbf{r}=\mathbf{Gz}, \quad \mathbf{G}=\mathbf{I}-\mathbf{HK} \tag{13.26}$$

插入测量模型得到

$$\mathbf{r}=\mathbf{GHx}+\mathbf{Ga}+\mathbf{Ge}$$

其中 $\mathbf{Ga}$ 是攻击中的唯一条件。从式(13.15)起，注入 $\mathbf{a}$ 对 MSE 造成的损害为$\|\mathbf{Ka}\|_2^2$。因此，可以考虑类似的问题：

$$\begin{aligned} &\text{maximize} && \|\mathbf{Ka}\|_2^2 \\ &\text{subject to} && \|\mathbf{Ga}\|_2^2 \leqslant \eta \\ & && \|\mathbf{a}\|_0 = k \end{aligned} \tag{13.27}$$

或相当于

$$\begin{aligned} &\text{minimize} && \|\mathbf{Ga}\|_2^2 \\ &\text{subject to} && \|\mathbf{Ka}\|_2^2 \leqslant C \\ & && \|\mathbf{a}\|_0 = k \end{aligned} \tag{13.28}$$

经过一定的步骤，求解上述两种公式的最优攻击向量 $\mathbf{a}$，就相当于一个标准的广义特征值问题。详情见文献[592]。

状态估计用于确定价格和计算支付。由于恶意攻击可能会显著改变状态估计，因此很自然地考虑攻击对电力市场的影响[592]。

13.4 非线性测量的稀疏恢复

针对不良数据检验问题，考虑了非线性电力网络的状态估计问题。这个问题是用非线性测量的稀疏恢复来表示的。在不良数据向量 $\mathbf{v}$ 的存在下，非线性模型(13.1)被改写为

$$\mathbf{z}=\mathbf{h}(\mathbf{x})+\mathbf{e}+\mathbf{a} \tag{13.29}$$

其中 $\mathbf{h}(\mathbf{x})$ 是 n 个一般函数的集合，其可以是线性的或非线性的，$\mathbf{e}$ 是加性测量噪声的向量。这里我们假设 $\mathbf{e}$ 是一个 n 维向量，具有独立同分布的零均值高斯方差元素 σ^2。我们还假定 $\mathbf{a}$ 是一个最多有 k 个非零项的向量，而非零项可以取任意实数值。k 的稀疏性反映了不良数据的性质，因为通常只有少数错误的感知结果存在，或者对抗样本可能只控制少数恶意仪表。

在没有不良数据的情况下，标准最小二乘(LS)方法可以用来抑制观测噪声对状态估计的影响。在这里，考虑非线性 LS 方法，其中我们试图找到一个向量 $\mathbf{x}$，它可以最小化最小二乘误差，即

$$\text{minimize} \quad \|\mathbf{y}-\mathbf{h}(\mathbf{x})\|_2 \tag{13.30}$$

然而，LS 方法通常只有在没有不良数据 $\mathbf{a}$ 的情况下才能很好地工作。如果不良数据的大小较大，估计结果可能离真实状态很远。

电网中的不良数据检验可以被看作是稀疏错误检验问题，其数据共享类似于压缩感知中的稀疏恢复问题的数学形式。由于 $\mathbf{h}(\mathbf{x})$ 是压缩感测中的非线性映射而不是线性映射，因此这里的问题不同于常规压缩感知的问题。

13.4.1 线性系统的不良数据检验

对于 $\mathbf{h}(\mathbf{x})=\mathbf{H}\mathbf{x}$ 的特例，式(13.29)变为下式：

$$\mathbf{y}=\mathbf{H}\mathbf{x}+\mathbf{a}+\mathbf{e} \tag{13.31}$$

其中 $\mathbf{x}$ 是 $m\times1$ 信号向量($m<n$)，$\mathbf{H}$ 是一个 $n\times m$ 矩阵，$\mathbf{a}$ 是具有至多 k 个非零元素的稀疏误差向量，并且 $\mathbf{e}$ 是一个噪声向量，并且 $\|\mathbf{e}\|_2\leqslant\varepsilon$。

本书解决了以下涉及优化变量 $\mathbf{x}$ 和 $\mathbf{z}$ 的优化问题，状态估计 $\hat{\mathbf{x}}$ 是 $\mathbf{x}$ 的优化值：

$$\begin{aligned}\underset{\mathbf{x},\mathbf{z}}{\text{minimize}} \quad & \|\mathbf{y}-\mathbf{H}\mathbf{x}-\mathbf{z}\|_1 \\ \text{subject to} \quad & \|\mathbf{z}\|_2\leqslant\varepsilon\end{aligned} \tag{13.32}$$

对于常数 $\alpha\leqslant1$，实数空间中的一个子空间满足欧几里得性质[610,611]，即

$$\alpha\sqrt{n}\,\|\mathbf{x}\|_2\leqslant\|\mathbf{x}\|_1$$

注意：对于子空间的每个 $\mathbf{x}$ 都保证为实数。

任意向量 $\mathbf{w}$ 在任意索引集 K 上的部分用 $\mathbf{w}_K$ 表示。

定理 13.4.1[594] 假设 $\mathbf{H}$ 的最小非零奇异值为 $\sigma_{\min}$。使得 $C>1$ 并且是一个实数，同时假设 $\mathbf{H}$ 中的每个向量对任意的子集 $K\subseteq\{1,2,\cdots,n\}$，满足 $C\|\mathbf{w}_K\|_1\leqslant\|\mathbf{w}_{\overline{K}}\|_1$。同时基数 $|K|\leqslant k$，其中 k 为整数，且 $\overline{K}=\{1,2,\cdots,n\}\backslash K$。我们还假设 $\mathbf{H}$ 生成的子空间满足常数 $\alpha\leqslant1$ 的近似欧几里得性质。同样，我们假设 $\alpha\leqslant1$，那么式(13.32)的解 $\hat{\mathbf{x}}$ 满足

$$\|\mathbf{x}-\hat{\mathbf{x}}\|_2 \leqslant \frac{2(C+1)}{\sigma_{\min}\alpha(C-1)}\varepsilon \tag{13.33}$$

证明[594]**：**假设对式(13.32)的一个最优解对是$(\hat{\mathbf{x}},\hat{\mathbf{z}})$。因为$\|\hat{\mathbf{z}}\|_2 \leqslant \varepsilon$即可以得到

$$\|\hat{\mathbf{z}}\|_1 \leqslant \sqrt{n}\,\|\hat{\mathbf{z}}\|_2 \leqslant \sqrt{n}\,\varepsilon$$

由于$\mathbf{x}$和$\mathbf{z}=\mathbf{e}$对于式(13.32)和$\mathbf{y}=\mathbf{H}\mathbf{x}+\mathbf{a}+\mathbf{e}$是可行的，所以可以得到

$$\begin{aligned}\|\mathbf{y}-\mathbf{H}\hat{\mathbf{x}}-\hat{\mathbf{z}}\|_1 &= \|\mathbf{H}(\mathbf{x}-\hat{\mathbf{x}})+\mathbf{a}+\mathbf{e}-\hat{\mathbf{z}}\|_1 \\ &\leqslant \|\mathbf{H}(\mathbf{x}-\mathbf{x})+\mathbf{a}+\mathbf{e}-\mathbf{e}\|_1 = \|\mathbf{a}\|_1\end{aligned}$$

在$\|\mathbf{H}(\mathbf{x}-\hat{\mathbf{x}})+\mathbf{a}+\mathbf{e}-\hat{\mathbf{z}}\|_1$中应用三角不等式，可以得到

$$\|\mathbf{H}(\mathbf{x}-\hat{\mathbf{x}})+\mathbf{a}\|_1-\|\mathbf{e}\|_1-\|\hat{\mathbf{z}}\|_1 \leqslant \|\mathbf{a}\|_1$$

用$\mathbf{w}$表示$\mathbf{H}(\mathbf{x}-\hat{\mathbf{x}})$，因为$\mathbf{a}$在基数为$|K|\leqslant k$的集合$K$上被支持，由$\ell_1$范数的三角不等式可知

$$\|\mathbf{a}\|_1-\|\mathbf{w}_K\|_1+\|\mathbf{w}_{\bar{K}}\|_1-\|\mathbf{e}\|_1-\|\hat{\mathbf{z}}\|_1 \leqslant \|\mathbf{a}\|_1$$

因此有下式：

$$-\|\mathbf{w}_K\|_1+\|\mathbf{w}_{\bar{K}}\|_1 \leqslant \|\hat{\mathbf{z}}\|_1+\|\mathbf{e}\|_1 \leqslant 2\sqrt{n}\,\varepsilon \tag{13.34}$$

通过假设$C\|\mathbf{w}_K\|_1 \leqslant \|\mathbf{w}_{\bar{K}}\|_1$，可知

$$\frac{C+1}{C-1}\|\mathbf{w}\|_1 \leqslant -\|\mathbf{w}_K\|_1+\|\mathbf{w}_{\bar{K}}\|_1$$

结合式(13.34)，可以得到

$$\frac{C+1}{C-1}\|\mathbf{w}\|_1 \leqslant 2\sqrt{n}\,\varepsilon$$

由欧几里得性质$\alpha\sqrt{n}\,\|\mathbf{x}\|_2 \leqslant \|\mathbf{x}\|_1$，则有

$$\|\mathbf{w}\|_2 \leqslant \frac{2(C+1)}{\alpha(C-1)}\varepsilon \tag{13.35}$$

通过奇异值的定义

$$\sigma_{\min}\|\mathbf{x}-\hat{\mathbf{x}}\|_2 \leqslant \|\mathbf{H}(\mathbf{x}-\hat{\mathbf{x}})\|_2 = \|\mathbf{w}\|_2 \tag{13.36}$$

因此，再结合式(13.35)，可以得到理想的结果：

$$\|\mathbf{x}-\hat{\mathbf{x}}\|_2 \leqslant \frac{2(C+1)}{\sigma_{\min}\alpha(C-1)}\varepsilon$$

□

文献[612]指出，在没有稀疏错误的情况下，使用标准 LS 方法绑定的解码错误满足

$$\|\mathbf{x}-\hat{\mathbf{x}}\|_2 \leqslant \frac{1}{\sigma_{\min}}\varepsilon$$

13.4.2 非线性系统的不良数据检验

定理 13.4.2[594] 令$\mathbf{y}=\mathbf{h}(\mathbf{x})+\mathbf{a}$，可以从解决以下优化问题的$\|\mathbf{a}\|_0 \leqslant k$中的任何误差中正确恢复状态$\mathbf{x}$：

$$\underset{\mathbf{x}}{\text{minimize}} \quad \|\mathbf{y}-\mathbf{h}(\mathbf{x})\|_0 \tag{13.37}$$

当且仅当

$$\mathbf{x}^\star \neq \mathbf{x}, \quad \|\mathbf{h}(\mathbf{x})-\mathbf{h}(\mathbf{x}^\star)\|_0 \geqslant 2k+1$$

定理 13.4.3[594] 令$\mathbf{y}=\mathbf{h}(\mathbf{x})+\mathbf{a}$，可以从解决以下优化问题的$\|\mathbf{a}\|_0 \leqslant k$中的任何误差中

正确恢复状态 $\mathbf{x}$：

$$\underset{\mathbf{x}}{\text{minimize}} \quad \|\mathbf{y}-\mathbf{h}(\mathbf{x})\|_1 \tag{13.38}$$

当且仅当

$$\mathbf{x}^{\star} \neq \mathbf{x}, \quad \|(\mathbf{h}(\mathbf{x})-\mathbf{h}(\mathbf{x}^{\star}))_K\|_1 < \|(\mathbf{h}(\mathbf{x})-\mathbf{h}(\mathbf{x}^{\star}))_{\bar{K}}\|_1$$

其中 K 是误差向量 $\mathbf{a}$ 的支持。

直接对 ℓ_0 范数和 ℓ_1 范数最小化可能在计算上是十分复杂的，因为 ℓ_0 范数和非线性 $\mathbf{h}(\cdot)$ 可能导致非凸优化问题。针对文献[594]中加性噪声 $\mathbf{e}$ 的存在，提出了计算有效的迭代稀疏恢复算法。

13.5 实时入侵检测

最近对电力系统安全的研究完全集中在与智能电子设备(IED)相关的网络入侵上，如远程终端单元(RTU)、相量测量单元(PMU)和仪表。这些攻击被称为恶意数据注入攻击。文献[613]中的研究为电力系统定义了一类新的网络攻击——对存储在可访问数据库中的网络数据进行恶意修改——这与对恶意数据注入攻击的研究完全不相同。

存储在数据库中的网络数据也容易受到网络攻击。这些网络攻击与先前研究的数据完整性攻击不同，在这些物理传输线数据不依赖于来自 IED 的测量。

文献备注

13.1 节中的材料取自文献[601]。

13.2 节中的材料取自文献[601]。

在 13.3 节中，我们从文献[592, 614]中获取材料。相关工作是文献[601]和文献[608]。不良数据检验是一个经典问题，它是状态估计的原始公式的一部分[574]。13.4 节中的表述取自文献[594]。

参见文献[615]进行研究。智能电网中的关键任务是以无线方式将智能电表的读数发送到接入点(AP)的，可以使用压缩感测[616]。

第 14 章　需求响应

智能电网主要被设想为利用通信和信息技术的一个巨大飞跃，以提高电网可靠性，并实现各种智能电网资源的整合，如可再生资源、需求响应、电力存储和电力传输。

14.1　为什么吸引需求

智能电网的概念始于先进计量基础设施的概念，以改善需求侧管理、能源效率和电网的自我修复，提高供电可靠性，并对自然灾害或恶意行为做出反应。一个新兴的范式转变是批发市场/传播之间增加的双向互动运营和零售市场/分销业务。需求响应预期丰富，可再生资源和分布式发电在分销/零售层面的生成和存储对传输系统和批发能源市场的运行具有直接影响。使能技术，如通信和信息技术的增强，使这些新资源成为批发市场和传输系统的有用可控产品。

对于智能电网，主要的致力发展方向可以分为以下几个趋势：

（1）可靠性；

（2）可再生资源；

（3）需求响应；

（4）蓄电；

（5）电力传输。

系统可靠性一直是现代电网设计和运行的主要关注领域。需求响应和电存储资源是解决电网经济性所必需的，并且通过减轻高峰需求和负载变化来支持电网可靠性。电力传输资源被认为有助于满足环境目标，并可用于缓解负载变化。平衡这些资源类型特征的多样性以维护电网可靠性的挑战。

在有效整合上述资源的同时满足这些可靠性挑战需要在通信和信息技术的利用方面实现重大飞跃。广域监视和控制很重要。这涉及收集数据通过使用时间同步相量测量单元（PMU）来控制电网的大区域。大数据分析在这个方向很有发展得前景。

需求和资源预测通常在宏观层面进行，例如控制区域和装载区域。由于对更加离散和智能的本地控制的需求增加，因此需求和分布式资源需要在本地层面进行更好的预测。一种方法是在整个网格中使用预测代理来通信和访问所需的数据和信息，以在整个系统中生成更准确的负载和模型。因此我们需要在从毫秒到运行的时间范围内的地理上和时间上协调的分级监视和控制动作的故障保护。

图 14.1 说明了需求响应连接和信息流。图 14.2 说明了需求响应、变量生成和存储的交互。更多图片可参见 9.4 节。

我们举例说明了图 14.3 所示的一般电力批发市场情景，其中每个零售商/公共事业公司为多个终端用户提供服务。反映批发价格的实时定价信息由零售商通过数字通信基础设施[例如局域网（LAN）]通知用户。

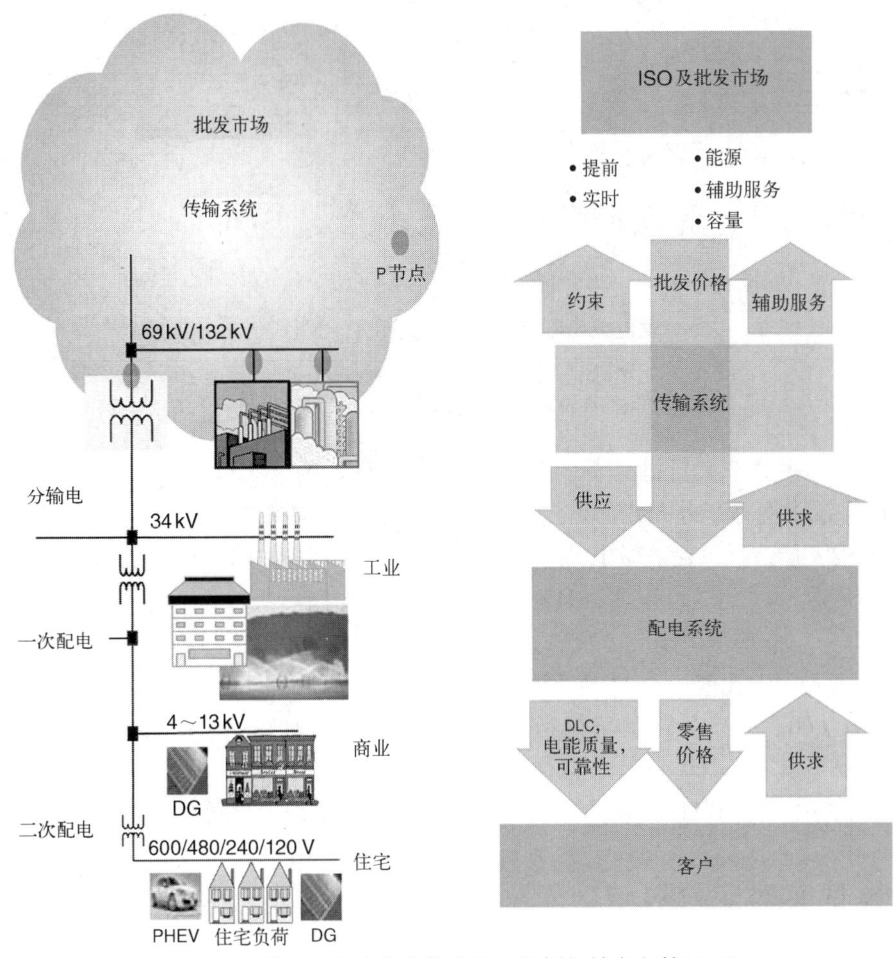

图 14.1 需求响应连接和信息流。经授权转自文献[617]

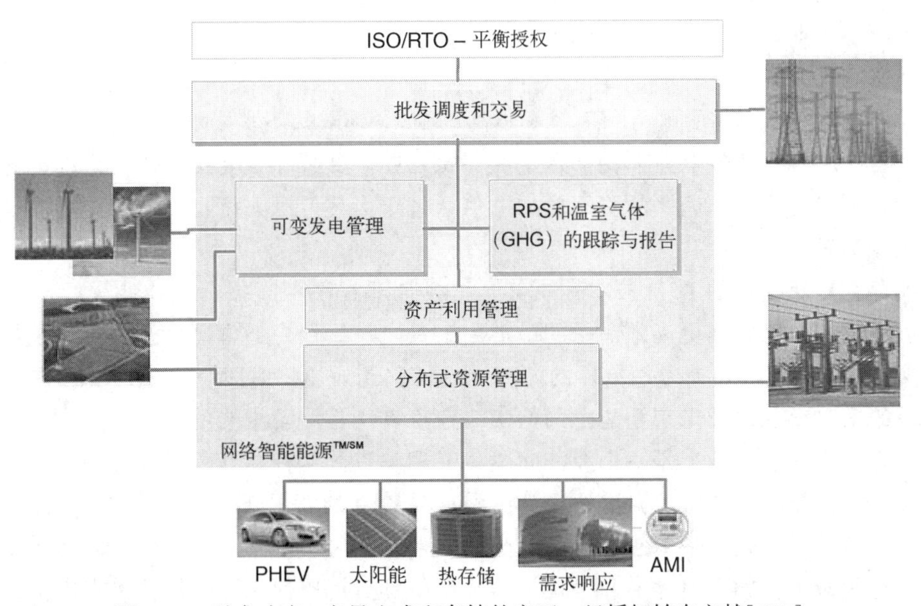

图 14.2 需求响应、变量生成和存储的交互。经授权转自文献[617]

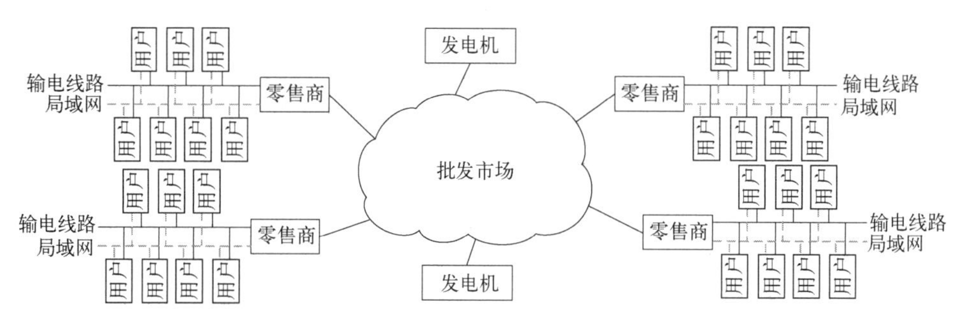

图 14.3　由多个发电机组和多个区域性零售公司组成的电力批发市场简图。每个零售商为许多用户提供电力。零售商通过用于向用户公布实时价格的局域网连接到用户。经IEEE授权转自文献[548]

这是与本书中关于大数据分析的其余部分建立联系的恰当时机。在图 14.1 和图 14.2 中，生动地显示了网格是分布式的。信息流在这个分布式电网的控制之下。大量物理数据在此系统中生成大量数据。在数学上，这些数据被建模为矩阵值时间序列 $\mathbf{X}_1,\mathbf{X}_2,\cdots,\mathbf{X}_n$，其中 $\mathbf{X}_i, i=1,\cdots,n$ 是 $N\times T$ 的随机矩阵。对于 N 个传感器，我们可以放大 $t=1,\cdots,T$ 的时间段(以毫秒为单位)为一个基本构建块。我们处理的总时间窗口为(以毫秒为单位) $t=T,2T,\cdots,nT$。当 N 和 T 都随着固定比值 $c=N/T$ 变大时，我们对其渐近方式很感兴趣。例如，N 和 T 的值大约在 100～10 000。传感器的例子包括：(i) PMU；(ii) 智能电表；(iii) 天线。这些例子非常多。

在图 14.3 中，我们可以应用类似于图 14.1 和图 14.2 的大型随机矩阵。

14.2　最优实时定价算法

电力目前通过由公共事业公司、发电厂和为数百万用户服务的传输线组成的基础设施提供。几乎所有工业部门和我们生活的不同方面都依赖于电能，这使得这个庞大的基础设施成为一个战略实体。

目前，大多数建筑物的电力利用效率不高(例如，受隔热不良影响)。这导致大量的自然资源被浪费，因为大部分电力消耗都发生在建筑物中。此外，插电式混合动力汽车等新型电力需求的出现可能会使家庭平均费用增加一倍。基于上述原因，我们有必要开发需求方管理(DSM)的新方法。

目前存在广泛使用的 DSM 技术，如自愿负载管理程序和直接负载控制。智能定价被认为是可以鼓励用户明智且更高效消费的最常用工具之一。用户通常愿意改善其建筑物的隔热条件，或者试图将其高负荷家用电器的能耗计划转移到非高峰时段。充分理解用户和能源供应商之间的实时交互以及未来智能电网的实时定价算法是非常重要的。

需求方管理问题本质上是一个经济问题——理解资源的稀缺性并找到分配方法。在经济问题中，优化起着核心作用。类比地说，在需求方管理的背景下，优化起着基础性的作用。用于优化的传统工具是线性编程(LP)。近年来，诸如半定规划(SDP)等凸优化已成为通信和信号处理领域工作的研究人员和工程师的标准工具。可以使用凸编程技术来解决公式化的凸问题，如内点法[377]。可以使用标准软件包，如 CVX(用 MATLAB 编写)[378]和 CVXOPT(用 Python 编写)[379]。正如我们所知，一旦问题以凸优化的形式表达，其余的基本上就是技术细节。线性编程是凸优化的一个特例。我们经常利用 LP 的特殊结构，而不是将其视为凸优化问题。像 SDP 这样的工具的主要动机是扩展 LP。

现在我们举几个例子来说明如何根据上面的凸优化框架来制定问题。

例 14.2.1(线性编程[618])

一种简单的 LP 算法，可集成到家庭或小型企业的能源管理系统中。通过与电力供应商的双向通信，此类算法可以最大限度地提高消费者的效用或最大限度地降低能源成本。每小时使用滚动窗口算法进行交互，以考虑整天内的能耗。 □

例 14.2.2(分布式凹优化[619])

公式化问题是一个凹最大化问题，可以使用凸规划技术来解决，例如以中心方式的内点法。由于这种中心公式取决于可能未知的用户的确切效用函数，因此他们以分布式方式制定问题。该算法基于效用最大化，可以采用分布式方式实施，以最大限度地提高所有用户的总体效用，并最大限度地降低能源供应商的成本，同时使总能耗保持在发电能力以下。 □

例 14.2.3(能量消耗调度[620])

这个问题是根据凸优化来表达的。基于激励的最优能耗调度算法可以用来平衡共享能源的住宅用户之间的负载。这种算法被设计在智能电网基础设施中的智能电表内的能量消耗调度(ECS)设备中实施。简单的定价和计费模型为用户提供了激励机制，鼓励用户实际使用 ECS 设备并运行提议的分布式算法来减少收费。 □

14.3 运输电气化和车对电网应用

近年来，插电式电动汽车(PEV)越来越受欢迎，成为传统燃料型汽车的更有效的低排放替代品。

一种新的实时智能负载管理(RT-SLM)方法用于协调 PEV 充电，其通过最小化电压偏差，过载和功率损失来提高智能电网的安全性和可靠性，否则这些损失将会被随机的未调配的 PEV 削弱。家庭内部 PEV 活动的随机性和不可预测性要求快速且适应性强的实时协调策略。

实时智能负载管理(RT-SLM)控制策略适当地考虑 PEV 的随机插入，并利用最大灵敏度选择(MSS)优化方法来最小化系统损失。

图 14.4 显示了日常住宅负荷曲线。图 14.5 显示了 PEV 所有者的收费时区订购选项和可变的短期市场能源定价。

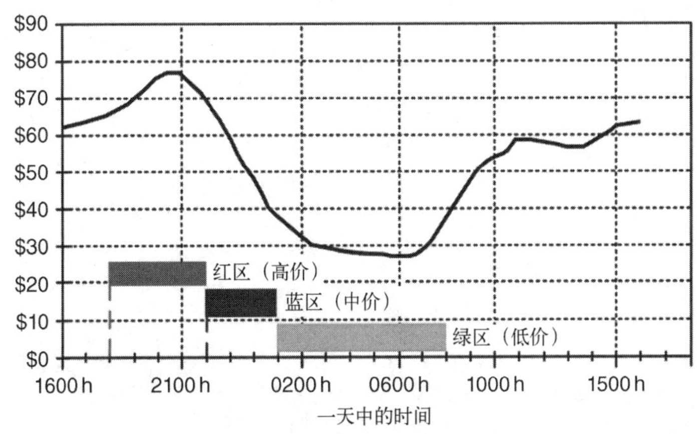

图 14.4 日常住宅负荷曲线。经授权转自文献[621]

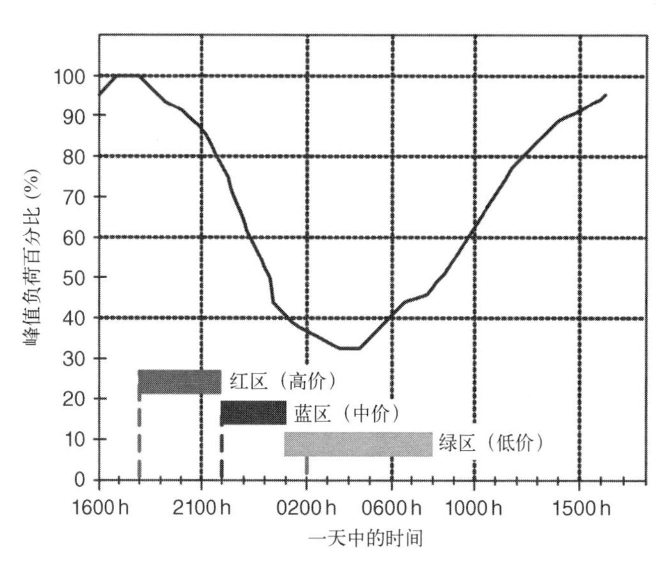

图 14.5　PEV 所有者收费时区的订购选项和可变的短期市场能源定价。经授权转自文献[621]

14.4　网格存储

大型储能系统是智能电网的重要组成部分，在发电、输电、变电站、配电及用户之外，被称为电力系统的第 6 部分。

文献备注

在本章中，我们从文献[589，617-621，623，624]中提取材料。

网格存储可参考文献[625]。

第三部分　通信与传感技术

第 15 章　大数据在通信领域的应用

在文献[39]中，我们将通信系统视为大数据系统，并借助大型随机矩阵来模拟海量数据。本书所遵循的观点可参见图 1.6 的说明。

15.1　5G 与大数据

我们认为第五代无线通信网络(5G)应该应用大数据[39,40]。从数据处理的角度使用(大型)随机矩阵对海量数据进行建模是很自然的事情。现如今 5G 网络的主旋律(5 种颠覆性技术)属于大数据的统一框架。

15.2　5G 无线通信网络

5G 网络的标准化指日可待。与 4G 网络相比，5G 网络应该可以实现 1000 倍的系统运能，10 倍的频谱效率、能效和数据速率(即低移动性下 10 Gb/s 的峰值数据速率和高移动性下 1 Gb/s 的峰值数据速率)，以及 25 倍的平均小区吞吐量。

文献[141]中提出了一种用于 5G 无线通信网络的架构(见图 15.1)，其包含 5 种颠覆性技术：

- **以设备为中心的体系结构**。蜂窝系统的以基站为中心的体系结构可能在 5G 中发生变化。我们提出以设备为中心的体系结构。
- **毫米波**。虽然频谱在微波频率上已变得很少，但在毫米波频率上却很丰富，故现在毫米波技术关注者众多。尽管还没有被完全研究透彻，但毫米波技术已经针对短程服务(IEEE 802.11ad)进行了标准化，并已被部署在诸如小单元回程的小器件中。
- **大规模 MIMO**。大规模多输入多输出(MIMO)系统提出要利用非常多的天线在每个时频资源上为多个设备复用消息，将辐射能量聚焦到预期的目标方向上同时最小化小区内和小区间干扰。大规模 MIMO 可能需要进行重大的架构更改，特别是在大基站的设计中，同时也可能导致新类型的部署。
- **更智能的设备**。2G-3G-4G 蜂窝网络是建立在完全控制基础设施的设计前提下的。我们认为 5G 系统应该放弃这种设计假设，同时要利用协议栈中各层的设备，例如，允许设备到设备(D2D)的连接，或利用移动端的智能高速缓存。虽然这种设计理念主要要求在节点级别进行更改(组件改变)，其在架构层面也会产生影响。

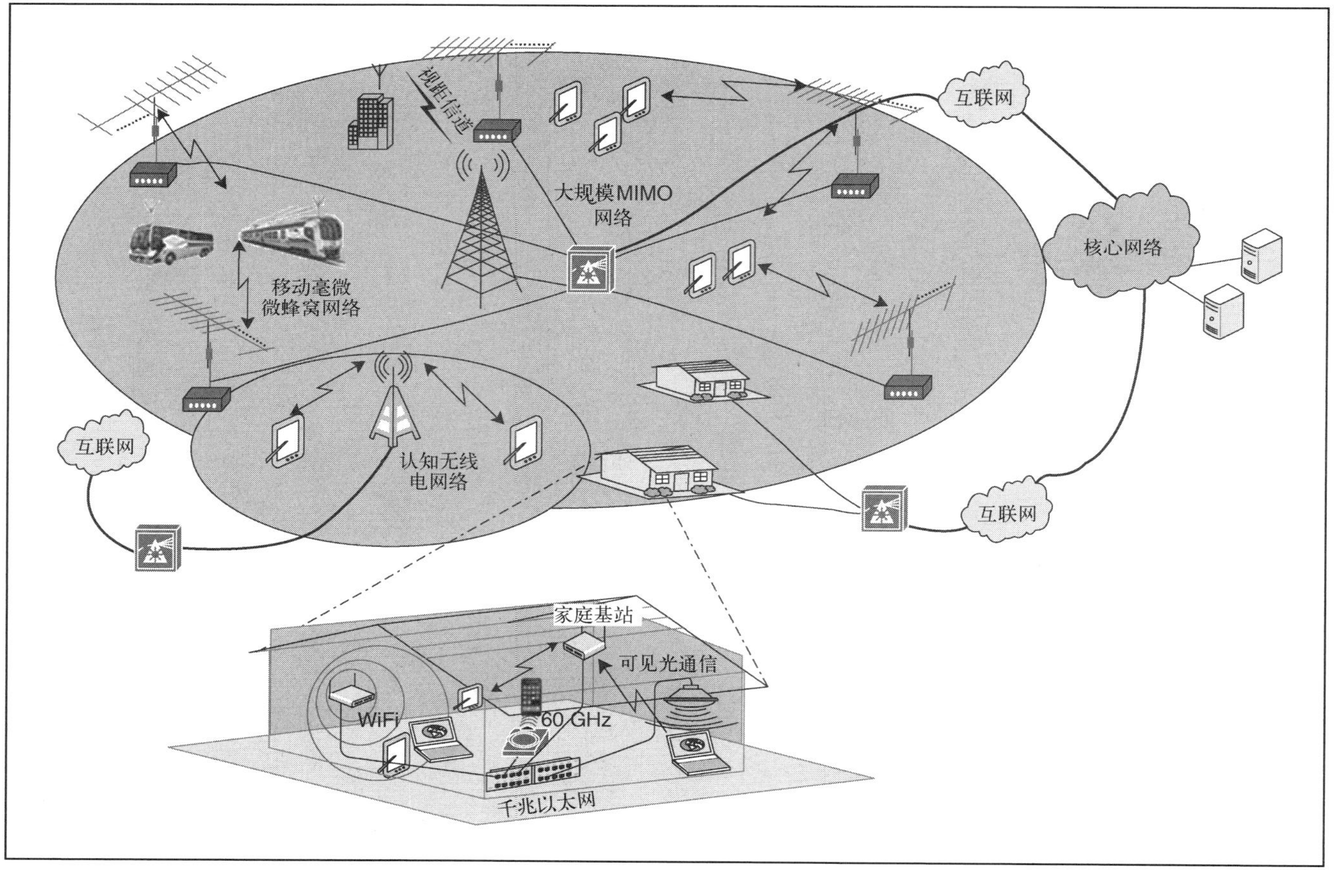

图15.1　一种已提出的5G异构无线蜂窝架构。经授权转自文献[141]

- **机器到机器(M2M)通信的原生支持**。M2M 通信在 5G 中要满足三个本质上不同的要求，这些要求与不同类别的低数据速率服务相关：支持大量低速率设备，在几乎所有情况下都能保持最低的数据率，并且数据传输速度非常低。为了在 5G 中满足这些要求，需要在组件和体系结构两个层次上均提出新的方法和思路，这将是后面部分的重点。

无线通信正在成为一种生活必需品，就像电和水一样。5G 网络支持大量的连接设备。然而，目前的系统通常每个基站最多只有几百个设备，但一些 M2M 服务可能需要超过104 个连接的设备。例如，包括计量器、传感器、智能电网组件以及针对广域覆盖的其他服务引擎。

15.3 大规模 MIMO

大规模 MIMO 是下一代无线系统的一种有前景的技术，它与智能电网的关联显而易见。本节的核心内容是将大规模 MIMO 系统和大型随机矩阵相关联。大规模 MIMO 的核心问题是大数据带来的挑战。

15.3.1 多用户 MIMO 系统模型

考虑多用户 MIMO 系统的上行链路。该系统有一个配备有 M 个天线阵列的基站，其用于接收来自 K 个单天线用户的数据。用户在相同的时频资源上传输数据。基站接收到的数据表示大小为 $M\times1$ 的向量

$$\mathbf{y}=\sqrt{\mathrm{P}_{\mathrm{avg}}}\mathbf{G}\mathbf{x}+\mathbf{n} \tag{15.1}$$

其中 $\mathbf{G}$ 代表基站和 K 个用户之间的 $M\times K$ 的信道矩阵，即 $g_{mk}\triangleq[\mathbf{G}]_{mk}$是基站的第 m 个天线与第 k 个用户之间的信道系数，$\sqrt{P_{\mathrm{avg}}}\mathbf{x}$ 表示 K 个用户同时发送(每个用户的平均发送功率是 P_{avg})的信号的向量，$\mathbf{n}$ 表示加性高斯白噪声向量，其均值为零。为了尽量减少符号又不失一般性，我们将噪声方差设为 1。有了这些设定，P_{avg}的含义是归一化的“传输”信噪比(SNR)，因此其也是无量纲的。模型(15.1)也适用于 OFDM 在有限频率区间内处理的宽带信道。

信道矩阵 $\mathbf{G}$ 模拟独立快衰落、几何衰减和对数正态阴影衰落。系数 g_{mk}可以写成

$$g_{mk}=h_{mk}\sqrt{\beta_k},\quad m=1,2,\cdots,M \tag{15.2}$$

其中 h_{mk}是从第 k 个用户到基站的第 m 个天线的快衰落系数。$\sqrt{\beta_k}$ 模拟几何衰减和阴影衰落，其被假设独立于 m，且在许多相干时间内是常量。那么，可得到

$$\mathbf{G}=\mathbf{H}\mathbf{D}^{1/2} \tag{15.3}$$

其中 $\mathbf{H}$ 是第 K 个用户与基站之间的快衰落系数矩阵，其大小为 $M\times K$，即$[\mathbf{H}]_{mk}=h_{mk}$，并且 $\mathbf{D}$ 是 $K\times K$ 的对角矩阵，其中$[\mathbf{D}]_{kk}=\beta_k$。

15.3.2 超长的随机向量

首先回顾文献[626]有关随机向量的一些结论。令 $\mathbf{x}\triangleq[X_1,\cdots,X_n]^{\mathrm{T}}$ 和 $\mathbf{y}\triangleq[Y_1,\cdots,Y_n]^{\mathrm{T}}$ 是相互独立的 $n\times1$ 随机向量，其元素是独立同分布的零均值随机变量(RV)且$\mathbb{E}|X_i|^2=\sigma_x^2$，$\mathbb{E}|Y_i|^2=\sigma_y^2, i=1,\cdots,n$。那么根据大数法则有

$$\frac{1}{n}\mathbf{x}^{\mathrm{H}}\mathbf{x}\xrightarrow{\text{a.s.}}\sigma_2^2\quad,\quad\frac{1}{n}\mathbf{x}^{\mathrm{H}}\mathbf{y}\xrightarrow{\text{a.s.}}0,\quad n\to\infty \tag{15.4}$$

其中$\xrightarrow{\text{a.s.}}$表示几乎确定的收敛。另外，从 Lindeberg-Lévy 中心极限定理中得到

$$\frac{1}{\sqrt{n}}\mathbf{x}^{\mathrm{H}}\mathbf{y}\xrightarrow{\text{d}}\mathcal{CN}(0,\sigma_x^2\sigma_y^2),\quad n\to\infty \tag{15.5}$$

其中$\xrightarrow{\text{d}}$表示依分布收敛。

15.3.3 良好的传播

在本节中，假设快衰落系数，即 $\mathbf{H}$ 的元素是独立同分布且具有零均值和单位方差的随机变量。那么满足式(15.4)和式(15.5)的 $\mathbf{x}$ 和 $\mathbf{y}$ 是 $\mathbf{G}$ 的任意两个不同的列。在这种情况下得到

$$\frac{1}{M}\mathbf{G}^{\mathrm{H}}\mathbf{G}=\frac{1}{M}\mathbf{D}^{1/2}\mathbf{H}^{\mathrm{H}}\mathbf{H}\mathbf{D}^{1/2}\approx\mathbf{D},\quad M\gg K \tag{15.6}$$

并且可以说我们获得了良好的传播。显然，如果所有的衰落系数都是独立同分布且零均值的，那么便有良好的传播。

值得注意的是，反向链路多用户 MIMO 的总吞吐量(例如，可实现的速率和)由文献[627]给出：

$$R_{\text{sum}}=\log_2\det\left(\mathbf{I}_K+\frac{P_{\text{avg}}}{M}\mathbf{G}\mathbf{G}^{\mathrm{H}}\right) \tag{15.7}$$

此处 $\mathbf{G}$ 是随机矩阵。随机矩阵的对数行列式形式已经在本书的其他部分讨论过了，有关信息可参见 15.3.6 节和 15.4.1 节。

为了理解为什么希望能有良好的传播，考虑 $M\times K$ 上行链路(多址)MIMO 信道 $\mathbf{H}$，此处有 $M\geqslant K$，现在忽略路径损耗和 $\mathbf{D}$ 中的遮蔽因子。该通道可以提供一个速率和：

$$R_{\text{sum}}=\sum_{k=1}^{K}\log_2(1+P_{\text{avg}}\lambda_k^2) \tag{15.8}$$

此处，P_{avg}是每个终端消耗的平均功率，且$\{\lambda_k\}_{k=1}^{K}$是 $\mathbf{H}$ 的奇异值。如果这个信道矩阵被归一化使得$|H_{ij}|\sim 1$(其中 ～意味着数量级相等)，则 $\sum_{k=1}^{K}\lambda_k^2=\|\mathbf{H}\|_{\mathrm{F}}^2\approx MK$，其中$\|\cdot\|_{\mathrm{F}}$表示 Frobenius 范数。在这种约束下，速率和 R_{sum}被限制为

$$\log_2(1+MKP_{\text{avg}})\leqslant R_{\text{sum}}\leqslant K\log_2(1+MP_{\text{avg}}) \tag{15.9}$$

如果 $\lambda_1^2=MK$，$\lambda_2^2=\cdots=\lambda_k^2=0$ 且为秩 1(视线)通道，则上式下界(左不等式)等号成立。如果 $\lambda_1^2=\cdots=\lambda_k^2=M$，则达到其上界(右不等式)。如果 $\mathbf{H}$ 的列向量相互正交并且具有相同的范数，则发生良好的传播。

在式(15.6)定义的良好的传播假设下，基站可以通过匹配滤波器(MF)处理其接收到的信号，

$$\begin{aligned}\mathbf{G}^{\mathrm{H}}\mathbf{y}&=\sqrt{P_{\text{avg}}}\mathbf{G}^{\mathrm{H}}\mathbf{G}\mathbf{x}+\mathbf{G}^{\mathrm{H}}\mathbf{n}\\&\approx M\sqrt{P_{\text{avg}}}\mathbf{D}\mathbf{x}+\mathbf{G}^{\mathrm{H}}\mathbf{n},\quad M\gg K\end{aligned} \tag{15.10}$$

其中 $\mathbf{G}^{\mathrm{H}}\mathbf{G}\approx M\mathbf{D}$，其由式(15.6)推断得到。

大型随机矩阵的有关附注和链接

式(15.9)中的界限太宽松了，从式(15.7)和式(15.8)开始，可以得到更加严格的边界。

其中，$\mathbf{G}$ 是一个高维随机矩阵是关键，因此 $(1/M)\mathbf{GG}^{\mathrm{H}}$ 是样本协方差矩阵。$(1/M)\mathbf{G}^{\mathrm{H}}\mathbf{G}=(1/M)\mathbf{D}^{1/2}\mathbf{H}^{\mathrm{H}}\mathbf{H}\mathbf{D}^{1/2}$ 矩阵类型在随机矩阵文献中已被广泛研究，可参见 15.3.6 节和 15.4.1 节。

粗略地说，为了获得式(15.6)，$M \gg K$ 的假设太严格了(这个条件是经典的大数法则所要求的)，而在现代随机矩阵理论中，该要求可大大放松。这个研究方向是值得继续进行探索的。

样本协方差矩阵 $(1/M)\mathbf{GG}^{\mathrm{H}}$ 对于高维统计具有极其重要的意义，其在获得速率和的边界的式(15.9)以及预编码技术的式(15.10)或式(15.13)方面也起着核心作用。

我们统计分析的出发点通常从样本协方差矩阵 $(1/n)\mathbf{ZZ}^{\mathrm{H}}$ 开始，这里 $\mathbf{Z}$ 是一个 $p\times n$ 的复数随机矩阵，且 p 和 n 同时达到无穷大，即 $p\to\infty$，$n\to\infty$，但它们的比值集中在 c 附近，即 $p/n\to c\in(0,\infty)$。

首先假设 $\mathbf{Z}$ 的元素是方差为 1 的独立同分布变量。有关 $(1/n)\mathbf{ZZ}^{\mathrm{H}}$ 的特征值主要涉及谱分布，即 $\frac{1}{p}\sum_{i=1}^{p}\delta_{\lambda_i}$，其中 δ 表示 Dirac 测度。当 $n\to\infty$，$p\to\infty$ 且 $p/n\to c\in(0,1]$ 时，谱分布收敛于一个确定性测度，具有密度函数

$$\frac{1}{2\pi c}\sqrt{(a-x)(b-x)}\,\mathbb{I}_{a,b}(x),\quad a=(1+\sqrt{c})^2,\quad b=(1-\sqrt{c})^2$$

其中，$\mathbb{I}(x)$ 为指示函数。这就是所谓的 Marchenko-Pastur 定律。

显著的观察结果是随机矩阵的大小足够大时，我们可以得到确定性的谱分布。大型随机矩阵元素的统计特性具有普遍性和灵活性。

15.3.4 预编码技术

假设基站对 $\mathbf{G}$ 有完备的信息。令 $\mathbf{A}$ 为 $M\times K$ 线性探测矩阵。通过使用线性检测器，将接收信号向量 $\mathbf{r}$ 与 $\mathbf{A}^{H}$ 相乘，分解为流，如下式所示

$$\mathbf{r}=\mathbf{A}^{\mathrm{H}}\mathbf{y} \tag{15.11}$$

有三种常规线性检测器：最大比率组合(MRC)、迫零(ZF)和最小均方误差(MMSE)：

$$\mathbf{A}=\begin{cases}\mathbf{G}, & \text{MRC}\\ \mathbf{G}(\mathbf{G}^{\mathrm{H}}\mathbf{G})^{-1}, & \text{ZF}\\ \mathbf{G}\left(\mathbf{G}^{\mathrm{H}}\mathbf{G}+\dfrac{1}{P_{\mathrm{avg}}}\mathbf{I}_K\right)^{-1}, & \text{MMSE}\end{cases} \tag{15.12}$$

根据式(15.1)和式(15.11)，接收信号向量经过线性探测矩阵可以表示为

$$\mathbf{r}=\sqrt{P_{\mathrm{avg}}}\mathbf{A}^{\mathrm{H}}\mathbf{G}\mathbf{x}+\mathbf{A}^{\mathrm{H}}\mathbf{n} \tag{15.13}$$

令 r_k 和 x_k 分别表示 $K\times 1$ 向量 $\mathbf{r}$ 和 $\mathbf{x}$ 的第 k 个元素，则

$$r_k=\sqrt{P_{\mathrm{avg}}}\mathbf{a}_k^{\mathrm{H}}\mathbf{g}_k x_k+\sqrt{P_{\mathrm{avg}}}\sum_{i=1,i\neq k}^{K}\mathbf{a}_i^{\mathrm{H}}\mathbf{g}_i x_i+\mathbf{a}_i^{\mathrm{H}}\mathbf{n} \tag{15.14}$$

其中 $\mathbf{a}_k$ 和 $\mathbf{g}_k$ 分别是矩阵 $\mathbf{A}$ 和 $\mathbf{G}$ 的第 k 列。对于固定的信道 $\mathbf{G}$，噪声加干扰项是具有零均值和方差的随机变量 $P_{\mathrm{avg}}\sum_{i=1,i\neq k}^{K}|\mathbf{a}_k^{\mathrm{H}}\mathbf{g}_i|^2+\|\mathbf{a}_k\|$，其中 $\|\cdot\|$ 表示欧几里得范数。通过将该项建模为与 x_k 无关的加性高斯噪声，我们可以得到可实现速率的下界。进一步假设信道是遍历的，这样每个码字跨越 $\mathbf{G}$ 的快衰落因子的大量(无限)实现，第 k 个用户可实现的遍历上行速率是

$$R_{\text{sum}} = \mathbb{E} \log_2 \det(1+\text{SNR}) \tag{15.15}$$

其中,

$$\text{SNR} = \frac{P_{\text{avg}} \mid \mathbf{a}_k^{\text{H}} \mathbf{g}_k \mid^2}{P_{\text{avg}} \sum_{i=1,i\neq k}^{K} \mid \mathbf{a}_k^{\text{H}} \mathbf{g}_i \mid^2 + \|\mathbf{a}_k\|} \tag{15.16}$$

当 M 变得很大时, $M\to\infty$, 根据式(15.6)$(1/M)\mathbf{G}^{\text{H}}\mathbf{G}\to\mathbf{D}$, 因此 ZF 和 MMSE 滤波器趋向于 MRC。因此, 通过使用大数法则, 我们可以在 ZF 和 MMSE 接收机得到相同的结果。

15.3.5 下行链路系统模型

每一次使用信道, 基站通过 M 个天线发送 $M\times 1$ 向量 $\mathbf{x}$, K 个终端共同接收一个 $K\times 1$ 向量 $\mathbf{y}$,

$$\mathbf{y} = \sqrt{\rho}\,\mathbf{G}^{\text{T}}\mathbf{x}+\mathbf{n} \tag{15.17}$$

其中 $\mathbf{n}$ 是接收机噪声, $K\times 1$ 的向量, 它的每一个分量独立且分布服从于 $\mathcal{CN}(0,1)$。ρ 和功率与噪声方差的比值成正比。总发射功率与天线的数量无关,

$$\mathbb{E}\left(\|\mathbf{x}\|^2\right) = 1 \tag{15.18}$$

其中$\|\cdot\|$表示向量的欧几里得范数。

这个信道的信道容量, 参见文献[628]和文献[629], 假定终端以及基站已知信道 $\mathbf{G}$。设 $\boldsymbol{\Gamma}$ 是一个以 $K\times 1$ 向量 $\boldsymbol{\gamma}=(\gamma_1,\cdots,\gamma_k)^{\text{T}}$ 为对角元素构成的对角矩阵[628, 629]。要获得总容量需要执行约束优化,

$$\begin{aligned} R_{\text{sum}} &= \max_{\gamma_k} \log_2 \det(\mathbf{I}_M + \rho\mathbf{G}\boldsymbol{\Gamma}\mathbf{G}^{\text{H}}) \\ \text{subject to} & \quad \sum_{k=1}^{K} \gamma_k = 1, \quad \gamma_k \geqslant 0, \quad \forall k \end{aligned} \tag{15.19}$$

在良好的传播条件式(15.6)和装配大规模天线下, 总容量具有简单的渐近形式。通过使用基本矩阵恒等式(或 Sylvester 行列式定理), 对于所有 $\mathbf{A}\in\mathbb{C}^{p\times q}$, $\mathbf{B}\in\mathbb{C}^{q\times p}$,

$$\det(\mathbf{I}_p+\mathbf{AB}) = \det(\mathbf{I}_q+\mathbf{BA}) \tag{15.20}$$

那么,

$$\begin{aligned} R_{\text{sum}} &= \max_{\gamma_k} \log_2\det(\mathbf{I}_K + \rho\boldsymbol{\Gamma}^{1/2}\mathbf{G}\mathbf{G}^{\text{H}}\boldsymbol{\Gamma}^{1/2}) \\ &\approx \max_{\gamma_k} \log_2\det(\mathbf{I}_K + M\rho\boldsymbol{\Gamma}\mathbf{D}) \\ &= \max_{\gamma_k} \sum_{k=1}^{K} \log_2(1 + M\rho\gamma_k\beta_k) \end{aligned} \tag{15.21}$$

这里在随机矩阵理论的背景下[67,345]强调式(15.20)的意义。根据文献[67]的第 252 页, Percy Deift 半开玩笑地称其为“数学中最重要的恒等式”。在计算大型矩阵行列式(或无限维算子)时, 这个公式特别有用, 因为人们经常可以用它来将这些行列式转换成小得多的行列式。特别是 $p\times p$ 行列式的渐近行为 $p\to\infty$, 可以通过这个公式转换成一个固定大小的行列式(与 p 无关), 通常情况下这是一个更有利于分析的结果。

我们可以在式(15.13)和式(15.17)中使用 Roy 最大根检验(见 8.10 节)进行检验。

15.3.6 随机矩阵理论

所谓的良好的传播, 或式(15.6), 在上述渐近系统分析中起着重要作用。

我们有两种渐近情况：(i)K是固定的，$M\to\infty$或$M\gg K$；(ii)$K\to\infty$，$M\to\infty$，但比率K/M倾向于一个固定的比率$K/M\to c\in(0,\infty)$。式(15.6)中已经研究过假设情况(i)。

现在我们考虑情况(ii)，它属于随机矩阵理论领域[39]。更多细节可以在前面的章节中找到。对于大规模MIMO模式的处理已经超出了本书的范围，所以将在其他部分阐述：

- 在例4.3.6中，使用大型随机矩阵处理MMSE接收机；
- 参见7.8.1节，了解大规模MIMO系统；
- 在例3.6.3中，互信息表达式对于大规模MIMO分析是有效的；
- 8.6节中的随机矩阵的对数行列式可以用于大规模MIMO。

在某种程度上，大规模MIMO系统可以被视为3.2节中的表3.1提到的某种意义上的大数据系统。这个例子的目标是说明大规模MIMO如何模拟大型CDMA系统。

例15.3.1(多用户CDMA系统)

考虑具有K个用户的符号同步直接序列码分多址(DS-CDMA)系统。接收信号y在符号区间的离散时间模型为

$$\mathbf{y}=\sum_{k=1}^{K}x_k\mathbf{s}_k+\mathbf{w} \tag{15.22}$$

其中x_k是用户k发送的符号，$\mathbf{s}_k\in\mathbb{R}^N$是用户$k$的签名序列，$\mathbf{w}_k\in\mathbb{R}^N$是均值为零和协方差矩阵为$\sigma^2\mathbf{I}$的噪声向量。我们假设符号向量$\mathbf{x}=(x_1,\cdots,x_K)^{\mathrm{T}}$有协方差矩阵$\mathbf{P}$，其中$\mathbf{P}=\mathrm{diag}(P_1,\cdots,P_K)$，其中$P_K$是用户$k$的接收功率，即$\mathbb{E}x_k^2=P_k$，并且符号向量与噪声不相关。令$\mathbf{S}=(\mathbf{s}_1,\cdots,\mathbf{s}_K)\in\mathbb{R}^{N\times K}$，我们重写式(15.22)为

$$\mathbf{y}=\mathbf{S}\mathbf{x}+\mathbf{w} \tag{15.23}$$

根据式(15.1)有

$$\mathbf{y}=\sqrt{P_{\mathrm{avg}}}\mathbf{G}\mathbf{x}+\mathbf{w} \tag{15.24}$$

其中我们用$\mathbf{w}$代替$\mathbf{n}$以表示使用相同的符号。使用$\mathbf{G}$作为预编码器，有

$$\mathbf{r}=\frac{1}{M}\mathbf{G}^{\mathrm{H}}\mathbf{y}=\frac{1}{M}\mathbf{G}^{\mathrm{H}}\mathbf{G}\mathbf{x}+\frac{1}{M}\mathbf{G}^{\mathrm{H}}\mathbf{w} \tag{15.25}$$

或

$$\mathbf{r}=\mathbf{T}\mathbf{x}+\mathbf{w}' \tag{15.26}$$

其中$\mathbf{T}=(1/M)\mathbf{G}^{\mathrm{H}}\mathbf{G}$并且滤波后的噪声$\mathbf{w}'=(1/M)\mathbf{G}^{\mathrm{H}}\mathbf{w}$也是高斯的。显然，矩阵$\mathbf{S}$和$\mathbf{T}$起着类似的作用。我们可以使用这个类比来设计系统模拟CDMA系统。

工程目标是为每个用户解调传输的$x+k$。假设接收机已经获得了签名序列的信息。对于用户k，线性最小均方误差(LMMSE)接收机以$\mathbf{a}_k^{\mathrm{T}}\mathbf{y}$的形式产生输出信号，其中$\mathbf{a}_k$用来最小化均方误差

$$\mathbb{E}\,|\,x_k-\mathbf{a}_k^{\mathrm{T}}\mathbf{y}\,|^2 \tag{15.27}$$

相关的性能指标是信号干扰比(SIR)的估计值，由其定义为

$$\beta_k=P_k\mathbf{s}_k^{\mathrm{T}}(\mathbf{S}_k\mathbf{P}_k\mathbf{S}_k^{\mathrm{T}}+\sigma^2\mathbf{I})^{-1}\mathbf{s}_k,\quad k=1,\cdots,K \tag{15.28}$$

其中$\mathbf{S}_k$和$\mathbf{P}_k$分别通过从$\mathbf{S}$和$\mathbf{P}$删除第k列获得。

如果签名序列被建模为随机的，那么当用户数量K和处理增益N接近无穷大时，可以进一步使用随机矩阵理论进行分析，即假设

$$\mathbf{s}_k=\frac{1}{\sqrt{N}}(v_{1k},\cdots,v_{Nk})^{\mathrm{T}}$$

$k=1,\cdots,K$, 其中$\{v_{ik},i,k=1,\cdots\}$是独立且同分布的随机变量。 ∎

例 15.3.2(MIMO 通信信道的容量)

在例 3.6.3 中, 研究了大规模 MIMO 的容量。为了提高可读性, 我们重点解释一些内容。M 表示发射天线的数量, N 表示接收天线的数量, 则信道模型为

$$\mathbf{y}=\mathbf{Hs}+\mathbf{n} \tag{15.29}$$

其中 $\mathbf{s}\in\mathbb{C}^M$为传输向量, $\mathbf{y}\in\mathbb{C}$ 为接收向量, $\mathbf{H}\in\mathbb{C}^{N\times M}$为复矩阵, $\mathbf{n}\in\mathbb{C}^N$为具有独立的等方差项的零均值复高斯向量。

令 $\mathbf{H}$ 是一个 $n\times n$ 高斯随机矩阵, 其元素是零均值和单位方差的复数, 且独立同分布。给定一个 $n\times n$ 正定矩阵 $\mathbf{A}$ 和一个连续函数f: $\mathbb{R}^+\to\mathbb{R}$, 使得$\int_0^\infty \mathrm{e}^{-\alpha t}|f(t)|^2\mathrm{d}t<\infty$, $\alpha>0$。文献[54]找到了一个新的期望公式:

$$\mathbb{E}[\mathrm{Tr}(f(\mathbf{HAH}^{\mathrm{H}}))]$$

取$f(x)=\log(1+x)$给出 MIMO 通信信道容量的另一个公式, 取$f(x)=(1+x)^{-1}$给出由线性接收机实现的 MMSE。在这个例子中, 对 $n\geqslant 2$, 矩阵的大小 n 是任意的。2×2 的情况在例 3.6.3 中详细给出。

例 15.3.3(分布式 MIMO)

在 6.14 节中, 研究了欧几里得随机矩阵。该模型可应用于大规模 MIMO, 其中每个天线被视为位于随机位置 r_i 处的散射中心, $i=1,\cdots,N$。我们感兴趣的是包含 N 个随机天线的区域 V 的集体辐射。我们对 N 很大的场景非常感兴趣, 例如 $N=10^4$。这与由 N 个原子组成的致密原子系统的集体自发敷设类似[320]。本节工作的一个扩展是考虑多径对特征值分布的影响, 因为只有发射机和接收机之间的视距(LOS)的路径考虑了自由空间 Green 函数。

对于任意 V, 我们有

$$\mathbf{A}=\mathbf{HTH}^{\mathrm{H}} \tag{15.30}$$

这种表示的优点在于分离了两种不同的复杂性来源: 矩阵 $\mathbf{H}$ 是随机的, 但与函数 f 相独立, 而矩阵 $\mathbf{T}$ 依赖于 f 但不是随机的。通常 $\mathbf{T}$ 是厄米正定矩阵。

此外, 如果假设$\mathbb{E}H_{ij}=0$, 很容易发现 H_{ij}是具有零均值和方差等于 $1/N$ 的同分布随机变量。

此外, 假设 H_{ij}是独立的高斯随机变量。这个假设很大程度上简化了计算, 但是可能会限制我们在高密度点 ρ 处的结果的适用性。

现在可以检查我们的模型是否满足例 15.3.2 的条件, 从而用相应的结果来得到容量。 □

例 15.3.4(特征值的分散计算)

大数据处理和分析, 通常在实时或接近实时的情况下, 几乎可以驱动计算工程的各个方面。收集和分析海量信息的能力将成为第五代(5G)无线通信系统的决定性因素: 对大量低速率设备的支持[140,141]。认知无线电网络(CRN)也是 5G 异构无线蜂窝体系结构的一部分[140,141]。为了支持这种架构, 分布式计算成为大规模认知无线电网络中的技术核心。

我们寻找数据收集、建模和计算的最优解决方案。我们做出两个基本假设: (i)海量数据被建模为大型随机矩阵; (ii)算法仅取决于这些随机矩阵的特征值。

我们做假设(ii)来简化分布式计算所需的算法。计算对实时应用(如检验和估计)至关重要。通常情况下, 大型随机矩阵的特征值需要实时计算。据我们所知, 以前的所有工作(除少数论文外)都假设为集中式架构, 其中心节点收集所有传感器接收到的信号样本, 处理数

据，并决定转发到所有节点。这样的体系结构面临可扩展性问题，并且不适用于大规模多跳网络。

出于这个原因，我们寻求基于特征值的应用的分布式实现，使得计算工作分布在周边结点，并且最终融合每个节点本地计算。我们提出了两种基于迭代特征值算法的方案-功率方法和 Lanczos 算法。在 TTU 的大型网络检验平台中，这些算法可以通过应用分布式平均共识算法以分布式方法实现。相关的工作在文献[630-632]中列出。 □

15.4 大规模 MIMO 信道容量的自由概率

有关自由概率的基础知识可参见 5.8 节。变形的四分之一圆定律在许多实际领域中具有非常重要的作用。考虑无线 MIMO 系统的定义

$$\mathbf{y}=\sqrt{\gamma}\mathbf{Hx}+\mathbf{n}$$

交互信息源为

$$\frac{1}{N}I(\gamma)=\int\log(1+\gamma x)\,\mathrm{d}\,\mathbb{P}_{\mathbf{HH}^{\mathrm{H}}}(x) \tag{15.31}$$

作为一个 MIMO 系统中的实例，信道 $\mathbf{H}\in\mathbb{C}^{N\times M}$遵循了四分之一圆定律，此外，交互信息遵从如下表示：

$$\begin{aligned}\lim_{N\to\infty}\frac{1}{N}\log\det(\mathbf{I}+\gamma\mathbf{HH}^{\mathrm{H}})&=\lim_{N\to\infty}\frac{1}{N}\mathrm{Tr}\log(\mathbf{I}+\gamma\mathbf{HH}^{\mathrm{H}})\\&=\phi\left(\mathbf{I}+\frac{1}{\sigma^2}\mathbf{HH}^{\mathrm{H}}\right)\\&=\int_{(1-\sqrt{c})^2}^{(1+\sqrt{c})^2}\log(1+\gamma x)\frac{\sqrt{4c-(x-1-c)^2}}{2\pi x}\mathrm{d}x\end{aligned} \tag{15.32}$$

当 $M,N\to\infty$ 且比值 $c=M/N$ 得到了修正。从式(15.31)可以得到

$$\frac{1}{N}I(\gamma)=\log\left(\frac{g(\gamma,c)-2}{2\gamma g(\gamma,c)^c}\right)+\frac{g(\gamma,c)}{2\gamma}+c^2\log c\gamma \tag{15.33}$$

其中 $g(x,y)\triangleq 1+x-xy-\sqrt{(x+1)^2+xy(xy+2-2x)}$。

15.4.1 非渐近理论：集中不等式

文献中的方案属于我们上面提到的渐近状态。使用测量集中现象的非渐近理论，文献[40]给出了该条件下的应用，我们不能在这里深入，但我们在 MIMO 和大数据背景下突出一些要点。

- 在 3.14 节中，集中式谱测度以 $\mathrm{Tr}\,f(\mathbf{X})$形式用于高维随机矩阵的研究，其中 $\mathbf{X}$ 是随机矩阵，f 是凸函数。
- 一些常用的集中不等式见 8.5 节。
- 在 8.8.1 节中，特征值适用于非渐近有限样本方法。将这个结果与式(15.8)相结合，我们可以获得可实现的总和的新表达式。
- 在 8.3 节中，获得期望和方差的特征值界限。我们可以通过研究特征值的函数来利用这些界限，如式(15.8)所示。

定义 $\log^{\varepsilon}(x)=\log(\max(\varepsilon,x))$，$\det^{\varepsilon}(\mathbf{X})=\prod_{i}\max(\lambda_i(\mathbf{X}),\varepsilon)$，其中 $\mathbf{X}$ 是均方厄米矩阵。

推论 15.4.1[213]　假定 $n/p\in(0,1]$ 是一个修正后得到的常数。考虑一个随机矩阵 $\mathbf{A}=[\xi_{ij}]_{1\leqslant i\leqslant n,1\leqslant j\leqslant p}$，其中 ξ_{ij} 服从一个标准的联合正态分布，且满足以下条件：

- ξ_{ij} 几乎可以确定受制于常数 C；
- ξ_{ij} 满足对数形式下的索伯列夫(Sobolev)不等式且受制于常数 c_{LS}。

之后，对于所有的 $\varepsilon>0$ 且 $t>\dfrac{4C\sqrt{\pi}}{\sqrt{n}(n+p)}$，其中，存在一个常数 $c>0$ 使得

$$\mathbb{P}\left(\left|\frac{1}{n}\log\det\left(\varepsilon+\frac{1}{n}\mathbf{A}\mathbf{A}^{\mathrm{T}}\right)-\mathbb{E}\left(\frac{1}{n}\log\det\left(\varepsilon+\frac{1}{n}\mathbf{A}\mathbf{A}^{\mathrm{T}}\right)\right)\right|>t\right)\leqslant 4\exp(-c\varepsilon^2t^2n^3) \quad (15.34)$$

$$\mathbb{P}\left(\left|\frac{1}{p}\log\det^{\varepsilon}\left(\frac{1}{n}\mathbf{A}\mathbf{A}^{\mathrm{T}}\right)-\mathbb{E}\left(\frac{1}{p}\log\det^{\varepsilon}\left(\frac{1}{p}\mathbf{A}\mathbf{A}^{\mathrm{T}}\right)\right)\right|>t\right)\leqslant 4\exp(-c\varepsilon^2t^2p^3) \quad (15.35)$$

证明：观察利普希茨常数 $\log(\varepsilon+x)$ 的上边界是 $1/\varepsilon$ 且 $x\geqslant 0$。假如 ξ_{ij} 可以确定小于常数项 C，$\dfrac{1}{\sqrt{n}}\mathbf{A}$ 中的每个元素小于 $\dfrac{1}{\sqrt{n}}C$，之后应用推论 3.14.2 中(a)部分

$$\mathbb{P}\left(\left|\frac{1}{n}\log\det\left(\varepsilon\mathbf{I}+\frac{1}{n}\mathbf{A}\mathbf{A}^{\mathrm{T}}\right)-\mathbb{E}\left(\frac{1}{n}\log\det\left(\varepsilon\mathbf{I}+\frac{1}{n}\mathbf{A}\mathbf{A}^{\mathrm{T}}\right)\right)\right|>\frac{n+p}{n}t\right)$$
$$\leqslant 4\exp\left(-\frac{\varepsilon^2}{4C^2}\left(t-\frac{2C\sqrt{\pi}}{\varepsilon\sqrt{n}(n+p)}\right)n(n+p)^2\right)$$

当 n 足够大时，设 t 是一个正实数，

$$\mathbb{P}\left(\left|\frac{1}{n}\log\det\left(\varepsilon\mathbf{I}+\frac{1}{n}\mathbf{A}\mathbf{A}^{\mathrm{T}}\right)-\mathbb{E}\left(\frac{1}{n}\log\det\left(\varepsilon\mathbf{I}+\frac{1}{n}\mathbf{A}\mathbf{A}^{\mathrm{T}}\right)\right)\right|>\frac{n+p}{n}t\right)$$
$$\leqslant 4\exp\left(-\frac{\varepsilon^2t^2}{4C^2}n^3\right)$$

假如 ξ_{ij} 满足对数索伯列夫不等式且小于常数 c_{LS}，之后对数形式的索伯列夫常数小于 $\dfrac{1}{n}c_{LS}$，因此可推论 3.14.2 的(b)部分

$$\mathbb{P}\left(\left|\frac{1}{n}\log\det\left(\varepsilon\mathbf{I}+\frac{1}{n}\mathbf{A}\mathbf{A}^{\mathrm{T}}\right)-\mathbb{E}\left(\frac{1}{n}\log\det\left(\varepsilon\mathbf{I}+\frac{1}{n}\mathbf{A}\mathbf{A}^{\mathrm{T}}\right)\right)\right|>\frac{n+p}{n}t\right)$$
$$\leqslant 2\exp\left(-\frac{\varepsilon^2t^2(n+p)^2}{2c_{LS}}\right)$$

定理的证明通过给定的常数 n/p 得出。

给定函数 $\log^{\varepsilon}(x)$ 的利普希茨常数是 $1/\varepsilon$，$\dfrac{1}{p}\log\det^{\varepsilon}\left(\dfrac{1}{n}\mathbf{A}\mathbf{A}^{\mathrm{T}}\right)$ 的集中式结果遵循同样的方法。

现在已经完成了 $\dfrac{1}{n}\log\det\left(\varepsilon\mathbf{I}+\dfrac{1}{n}\mathbf{A}\mathbf{A}^{\mathrm{T}}\right)$ 的集中结果，仍然需要确定 $\mathbb{E}\left(\dfrac{1}{n}\log\det\left(\varepsilon\mathbf{I}+\dfrac{1}{n}\mathbf{A}\mathbf{A}^{\mathrm{T}}\right)\right)$。有很多种方法解决这个问题。上文的例 3.6.3 中给出了一种。这里我们展示另外一种方法。

定理 15.4.2[213]　定义 $\mathbf{A}=[\xi_{ij}]_{1\leqslant i\leqslant n,1\leqslant j\leqslant p}$ 是一个实函数，且 ξ_{ij} 服从标准的零均值单位方

差联合分布。对于任意小的常数都有 $\varepsilon>0$，因此有

$$\begin{aligned}\mathbb{E}\left(\frac{1}{n}\log\det\left(\varepsilon\mathbf{I}+\frac{1}{n}\mathbf{AA}^{\mathrm{T}}\right)\right)&\leqslant\frac{1}{n}\log\mathbb{E}\left[\det\left(\varepsilon\mathbf{I}+\frac{1}{n}\mathbf{AA}^{\mathrm{T}}\right)\right]\\&\leqslant-1+O\left(\frac{\log n}{n}\right)+2\sqrt{\varepsilon}\end{aligned}\tag{15.36}$$

另外，在定理 15.4.1 中的条件(a)当中，$\mathbf{A}$ 满足

$$\mathbb{E}\left(\frac{1}{n}\log\det\left(\varepsilon\mathbf{I}+\frac{1}{n}\mathbf{AA}^{\mathrm{T}}\right)\right)\geqslant-1-O\left(\frac{\log n}{n}\right)\tag{15.37}$$

15.5 认知无线电的光谱传感

频谱感知是认知无线电中的基本功能[39,61,633]。大型随机矩阵通过矩阵函数与光谱感测相关联[39,61]。

当随机矩阵很大时，集中不等式就不可避免了。为了解决这个现象，文献[40]将理论从数学基础发展到算法。

文献备注

通信是智能电网的关键组成部分。未来将会有更多讨论。

早期的重要参考文献包括文献[546,551,552,634,635]和文献[636]的 IEEE 特刊。

15.3 节从文献[637]和文献[638]中参考资料。我们主要沿用了文献[637]的符号。

例 15.3.1 取自文献[639]，[640]和[410]，并对大规模 MIMO 进行了一些修改，以说明大规模 MIMO 可被视为大型 CDMA 系统的模仿。

在 15.4.1 节中，我们参考了文献[213,286]。

5.8 节中的结果可以在文献[139]中找到。

文献[641]通过提供机遇和挑战的概览，首先展示了未来在许多将无线传感器网络(WSN)应用于智能电网的研究领域的工作。在 10.9 节中，我们从文献[641]中提取材料。

无线传感器网络中的分布式检验和估计在文献[46]中进行了综述。在 16.1 节中，我们从文献[46]中提取内容。16.3 节从文献[642]中提取内容。

第 16 章　大数据感知

在文献[40]中，我们将传感系统视为一个大数据系统，并借助大型随机矩阵对大量数据进行建模，参见图 1.6 的说明。本章采取相同的观点并补充文献[40]。

16.1　分布式检验和估计

一个新兴领域是使用 WSN 作为智能电网的支持。在这种情况下，无线传感器网络有助于：(1)监测和预测风能或太阳能等可再生能源的生产；(2)监测能源消耗；(3)检验网络中的异常。

我们的问题可以表述如下：给定大量的传感器节点(比如从几十到几百个)，如何以分布式的方式获得估计和检验的功能？传感器的定义非常普遍。例子包括无线传感器和认知无线电。认知无线电需要处理的数据更多[44]。

16.1.1　通信时计算

在一般情况下，根据传感器收集的数据做出决定可以解释为计算这些数据的函数。我们通过收集第 i 个节点网络数据的测量值 $x_i, i=1,\cdots,N$，并通过函数 $f(\mathbf{x})=f(x_1,\cdots,x_N)$ 进行计算。

为了发掘函数 $f(\mathbf{x})=f(x_1,\cdots,x_N)$ 的结构，有必要定义一些相关的结构性质。一个重要的属性是可分性。定义 $\{1,2,\cdots,N\}$ 的子集，并定义 $\pi:=\{C_1,\cdots,C_s\}$ 是常数 $\mathcal{C}$ 的划分。我们用 $\mathbf{x}_{C_i}$ 表示由索引属于 C_i 的节点收集的一组测量值组成的向量：函数 $f(\mathbf{x})=f(x_1,\cdots,x_N)$ 被认为是可分的。对于任意 $\mathcal{C}\subset\{1,2,\cdots,N\}$ 和任意划分 π，存在一个函数 $g^{(\pi)}$ 使得

$$f(\mathbf{x}_C)=g^{(\pi)}(f(\mathbf{x}_{C_1}),f(\mathbf{x}_{C_2}),\cdots,f(\mathbf{x}_{C_s}))\tag{16.1}$$

换句话说，式(16.1)代表了一种“分而治之”的特性：如果函数 $f(\mathbf{x})$ 可以将其计算分解为数据子集的部分计算，然后重新组合部分结果以产生期望的结果，则该函数是可分的。

混合计算和通信的想法在文献[643]中提出。在函数 $f(\mathbf{x})$ 的属性之间，文献[644]建立了一个连接，该连接由网络和通信网络的拓扑计算。设 $\mathcal{R}(f,N)$ 为 $f(\mathbf{x})$ 和 $|\mathcal{R}(f,N)|$ 的基数，在此假设下，我们有

A.1　$f(\mathbf{x})$ 是可微分的；

A.2　网络是连接的；

A.3　每个节点的度数选择为 $d(N)\leqslant k_1\log|\mathcal{R}(f,N)|$。

那么，计算 $f(\mathbf{x})$ 的速率与 N 成正比

$$R(N)\geqslant\frac{c_1}{\log|\mathcal{R}(f,N)|}\tag{16.2}$$

数据上传。假设有必要将所有数据传送到汇聚节点。如果每个观察到的向量都属于字母集 $\mathcal{X}$，整个数据集的基数为 $|\mathcal{R}(f,N)|=|\mathcal{X}|^N$，那么 $\log|\mathcal{R}(f,N)|=N\log|\mathcal{X}|$。根据

式(16.2)，网络伸缩容量是 $1/N$。

基于测量值的直方图的决策。现在我们假设，控制节点要做的决策可以根据节点收集到的数据的直方图来进行，并且没有信息损失。在这种情况下，函数 $f(\mathbf{x})$ 是直方图。可以验证直方图是可微分的函数。在这种情况下，式(16.2)中的比率为 $1/\log N$。决策可以基于数据的直方图，而不是每个单独的测量。当采用正确的通信方案时，每个节点的速率表现为 $1/\log N$ 而不是 $1/N$，速率增益为 $N/\log N$。

对称函数。让我们考虑 $f(\mathbf{x})$ 是对称函数的情况。如果函数参数置换不变，即任何置换矩阵 $\mathbf{\Pi}$ 的 $f(\mathbf{x})=f(\mathbf{\Pi x})$，则记函数 $f(\mathbf{x})$ 是对称的。该属性反映了所谓的以数据为中心的视图。对称函数的例子有平均值、中位数、最大值/最小值、直方图等。对称函数的关键属性是可以证明它们能够仅通过 $\mathbf{x}$ 的直方图得到。因此，对称函数的计算是一个特例，因此，比率再次按照 $1/\log N$ 进行缩放。

16.1.2 分布式检验

考虑假设检验问题

$$\mathcal{H}_0: p(\mathbf{x}_1,\cdots,\mathbf{x}_N;\mathcal{H}_0)$$
$$\mathcal{H}_1: p(\mathbf{x}_1,\cdots,\mathbf{x}_N;\mathcal{H}_1)$$

其中 $p(\mathbf{x}_1,\cdots,\mathbf{x}_N;\mathcal{H}_0)$ 和 $p(\mathbf{x}_1,\cdots,\mathbf{x}_N;\mathcal{H}_1)$ 是在假设 $\mathcal{H}_0$ 和 $\mathcal{H}_1$ 下的全部观测数据的联合概率密度函数，如果阈值超过 $\mathcal{H}_0$，似然比检验相当于将似然比(LR)与阈值 γ 进行比较，如果超过阈值，则结果为 $\mathcal{H}_1$，否则为 $\mathcal{H}_0$。

$$\Lambda(\mathbf{x}):=\Lambda(\mathbf{x}_1,\cdots,\mathbf{x}_N)=\frac{p(\mathbf{x}_1,\cdots,\mathbf{x}_N;\mathcal{H}_1)}{p(\mathbf{x}_1,\cdots,\mathbf{x}_N;\mathcal{H}_0)}\underset{\mathcal{H}_0}{\overset{\mathcal{H}_1}{\gtrless}}\gamma \tag{16.3}$$

在 Bayes 或 Neyman-Pearson 准则[423]下，当随机向量 $\mathbf{x}$ 的长度趋于无穷大时，LR 检验是渐近最优的。

现在我们假设不同传感器的观测数据在统计上是独立的，这是一个在许多情况下都有效的假设。在这种假设下，LR 可以被分解如下

$$\Lambda(\mathbf{x}):=\frac{\prod_{n=1}^{N}p(\mathbf{x}_n;\mathcal{H}_1)}{\prod_{n=1}^{N}p(\mathbf{x}_n;\mathcal{H}_0)}=\prod_{n=1}^{N}\Lambda_n(\mathbf{x}_n)\underset{\mathcal{H}_0}{\overset{\mathcal{H}_1}{\gtrless}}\gamma \tag{16.4}$$

其中，

$$\Lambda_n(\mathbf{x}_n)=\frac{p(\mathbf{x}_n;\mathcal{H}_1)}{p(\mathbf{x}_n;\mathcal{H}_0)}$$

表示第 n 个节点处的局部 LR(似然比)。在这种情况下，式(16.4)中的全局函数 $\Lambda(\mathbf{x})$ 具有清晰的结构:它可以分解为局部 LR 函数的乘积。同样，可因式分解的函数是可分的。

似然比对数可以写为

$$\log\Lambda(\mathbf{x}_1,\cdots,\mathbf{x}_N)=\sum_{i=1}^{N}\log\Lambda_i(\mathbf{x}_i)=\sum_{i=1}^{N}\log[\log p_{X_i}(\mathbf{x}_i;\mathcal{H}_1)-\log p_{X_i}(\mathbf{x}_i;\mathcal{H}_0)] \tag{16.5}$$

此公式表明，在条件独立的情况下，运行一致性算法能使用每个节点来计算全局似然比。只要求每个传感器利用局部对数 LR $\log\Lambda_i(\mathbf{x}_i)$ 初始化它自己的状态然后进行一致性迭代。如果网络连接起来，每个节点最终都会得到局部 LR 的平均值。

16.1.3 分布式估计

我们用 $\boldsymbol{\theta}\in\mathbb{R}^N$ 参数向量来表示估计。在某些情况下，没有关于 $\boldsymbol{\theta}$ 的先验信息。在其他情况下，$\boldsymbol{\theta}$ 属于给定集合 $\mathcal{C}$。在某些应用中，$\boldsymbol{\theta}$ 可能是一个已知的随机变量 $P_{\Theta}(\boldsymbol{\theta})$。

让我们用 $\mathbf{x}_i$ 表示收集节点 i 得到的测量向量，$\mathbf{x}:=[\mathbf{x}_1^{\mathrm{T}},\cdots,\mathbf{x}_N^{\mathrm{T}}]$ 表示从所有节点收集的数据。该估计是由如下优化方法获得的：

$$\underset{\boldsymbol{\theta}}{\text{maximize}}\quad p_{X|\Theta}(\mathbf{x}\mid\boldsymbol{\theta})p_{\Theta}(\boldsymbol{\theta}) \tag{16.6}$$

其中 $p_{\Theta}(\boldsymbol{\theta})$ 是参数向量的先验分布，$p_{X|\Theta}(\mathbf{x}\mid\boldsymbol{\theta})$ 表示 $\mathbf{x}$ 在条件 $\boldsymbol{\theta}$ 下的分布。我们考虑分解情况

$$p_{X;\Theta}(\mathbf{x};\boldsymbol{\theta})=g[\mathbf{T}(\mathbf{x}),\boldsymbol{\theta}]h(\mathbf{x}) \tag{16.7}$$

其中 $g(\cdot,\cdot)$ 只通过 $\mathbf{T}(\mathbf{x})$ 依赖于 $\mathbf{x}$，并且 $h(\cdot)$ 不依赖于 $\boldsymbol{\theta}$。函数 $\mathbf{T}(\mathbf{x})$ 称为 $\boldsymbol{\theta}$ 的充分统计量[423]。

简单而常见的例子就是概率密度函数的指数系列

$$p(\mathbf{x};\boldsymbol{\theta})=\exp[A(\boldsymbol{\theta})B(\mathbf{x})+C(\mathbf{x})+D(\boldsymbol{\theta})] \tag{16.8}$$

这类描述的随机变量的例子包括高斯、瑞利和指数分布。假设由不同节点收集的观测向量 $\mathbf{x}_i$ 是统计独立同分布(i. i. d.)的。根据式(16.8)，容易得到，这种情况下充足统计就是标量函数：

$$T(\mathbf{x})=\sum_{i=1}^{N}B(\mathbf{x}_i) \tag{16.9}$$

这种结构表明，一种简单的分布式方法可使网络中的每个节点都能够进行局部估计向量 $\boldsymbol{\theta}$。在收敛时，如果网络是连接的，每个节点都有一个等于一致值的状态，即 $T(\mathbf{x})/N$。这使得每个节点都可以通过与其邻居进行简单交互来实现最佳估计。这种简单方法正常工作的唯一必要条件是网络连接。这确实是一个非常简单的例子，通过纯粹分散的方式进行数据交换，说明了如何推导最佳估计的基本步骤。

16.1.4 共识算法

共识算法是分布式算法的基础，包括检验、估计和计算[645]。

给定一组由网络节点收集的 $x_i(0),i=1,\cdots,N$，共识算法的目标是尽量减少节点间的不一致性。例如，当节点测量一些常见变量时会受到错误的影响，此时节点之间的交互作用能够有效减少最终的估计错误。共识算法是设计分布式决策算法的基本工具之一，该算法能够满足全局最优性原则，许多分布式优化算法已经证明。

描述网络节点间相互作用的正确方法是引入网络的图形模型。

例 16.1.1(N 个传感器的图模型)

考虑由 N 个传感器组成的网络。通过感知节点实现某种信息流的分布式计算可以通过引入一个图表模型来描述，其顶点是传感器，边是两个节点之间的连线，传感器之间彼此交换信息。用 $\mathcal{G}=\{\mathcal{V},\mathcal{E}\}$ 来表示图，其中 $\mathcal{G}$ 表示 N 个顶点(节点)v_i 的集合，并且 $\mathcal{E}\subseteq\mathcal{V}\times\mathcal{V}$ 是边缘 $e_{ij}(v_i,v_j)$ 的集合。

掌握图的属性的最有力工具是图论[646]，它通过适当的矩阵来描述图。$\mathbf{A}\in\mathbb{R}^{N\times N}$ 为图 $\mathcal{G}$ 的邻接矩阵，其元素为 a_{ij}。如果 $e_{ij}\in\mathcal{E}$，且 $a_{ij}>0$，则表示相关的边的权重，否则该边无权重。

根据这个符号并假设没有自环，即一个 $a_{ii}=0, \forall i=1,\cdots,N$，节点 v_i 的出度定义为 $\deg_{\text{out}}(v_i)=\sum_{j=1}^{N} a_{ji}$，同样，节点 v_i 的入度定义为 $\deg_{in}(v_i)=\sum_{j=1}^{N} a_{ji}$。度矩阵 $\mathbf{D}$ 定义为第 i 个对角项 $d_{ii}=\deg(v_i)$ 的对角阵。设 $\mathcal{N}_i$ 表示节点 i 的邻居集合，那么 $|\mathcal{N}_i|=\deg_{in}(v_i)$，其中 $|\cdot|$ 表示集合的范数。$\mathbf{L}\in\mathbb{R}^{N\times N}$ 拉普拉斯矩阵定义如下

$$\mathbf{L}:=\mathbf{D}-\mathbf{A}$$

拉普拉斯算子的一些属性将用于分布式算法中，以后用到时我们再来回顾。

拉普拉斯矩阵 $\mathbf{L}$ 的性质包括：

P. 1 $\mathbf{L}$ 具有与特征向量相关的空特征值，向量 $\mathbf{1}$ 由全 1 构成。这个性质通过构造 $\sum_{j=1}^{N} a_{ij}=d_{ii}$ 可以很容易地检查验证 $\mathbf{L1}=0$。

P. 2 空特征值的多重性等于图的连通分量数。因此，当且仅当图连通时，空特征值是简单的(它具有多重性)。

P. 3 如果我们将状态变量 x_i 与图的每个节点相关联，且图是无向的，那么值之间是不一致的，这可以由变量假定是一个建立在拉普拉斯算子上的二次形式[646]得到

$$J(\mathbf{x})=\frac{1}{4}\sum_{i=1}^{N}\sum_{j\in\mathcal{N}_i} a_{ij}(x_i-x_j)^2=\frac{1}{2}\mathbf{x}^{\mathrm{T}}\mathbf{L}\mathbf{x} \tag{16.10}$$

其中 $\mathbf{x}:=[\mathbf{x}_1^{\mathrm{T}},\cdots,\mathbf{x}_N^{\mathrm{T}}]$ 表示网络状态向量，$\mathcal{N}_i$ 表示节点 i 的邻居节点集合。 □

例 16.1.2(平均值)

节点正在测量温度，其目标是找到平均温度。在这种情况下，平均温度可以被看作状态最小化 $x_i(0)$ 之间的不一致性，那么通过使用简单的梯度下降算法可以获得不一致性的最小化。更具体地说，使用连续时间系统，可以通过以下动态系统来实现式(16.10)的最小值

$$\frac{\mathrm{d}\mathbf{x}(t)}{\mathrm{d}t}=-\mathbf{L}\mathbf{x}(t) \tag{16.11}$$

用 $\mathbf{x}(0)=\mathbf{x}_0$ 初始化，其中 $\mathbf{x}_0$ 是包含网络节点收集的所有初始测量结果的向量。这意味着每个节点的状态按照一阶微分方程实时演化：

$$\frac{\mathrm{d}x_i(t)}{\mathrm{d}t}=\sum_{j=\mathcal{N}_i} a_{ij}(x_i-x_j) \tag{16.12}$$

因此，每个节点只通过与其邻居交互来更新自己的状态。

式(16.11)的解由下式给出：

$$\mathbf{x}(t)=\exp(-\mathbf{L}t)\mathbf{x}(0) \tag{16.13}$$

式(16.13)的收敛性是有保证的，因为 $\mathbf{L}$ 的所有特征值都是非负的。如果图表是连接的，使用性质 P. 2，特征值零具有多重性。此外，与零特征值关联的特征向量是向量 $\mathbf{1}$。因此，系统式(16.11)收敛于共识状态：

$$\lim_{t\to\infty}\mathbf{x}(t)=\frac{1}{N}\mathbf{1}\mathbf{1}^{\mathrm{T}}\mathbf{x}(0)$$

这意味着每个节点收敛于整个网络收集的测量值的平均值，

$$\lim_{t\to\infty}\mathbf{x}(t)=\frac{1}{N}\sum_{i=1}^{N} x_i(0)=x^*$$

或者，式(16.13)的最小化可以通过以下迭代算法在离散时间中实现：

$$\mathbf{x}[k+1]=\mathbf{x}[k]-\varepsilon\mathbf{L}\mathbf{x}[k]:=\mathbf{W}\mathbf{x}[k] \tag{16.14}$$

其中 $\mathbf{W}=\mathbf{I}-\varepsilon\mathbf{L}$ 是转换矩阵。同样在这种情况下，离散时间方程是用传感器节点在时间 0 时的测量值初始化的。例如，$\mathbf{x}[0]:=\mathbf{x}_0$，收敛性是有保证的。 □

16.1.5 具有欧几里得随机矩阵(ERM)的随机几何图

通过在 d 维空间$\mathbb{R}^d$上随机分布 N 个点并连接节点来获得随机图。图拓扑由邻接矩阵 $\mathbf{A}$ 获得，在这种情况下，它是一个随机矩阵，一类重要的随机矩阵是所谓的欧几里得随机矩阵(ERM)类。另见 6.14 节和 16.2 节。给定一组位于位置 $\mathbf{x}_i, i=1,\cdots,N$ 的 N 个点，$N\times N$ 邻接矩阵 $\mathbf{A}$ 是一个 ERM，且其通用条目(i,j)仅仅依赖于 $\mathbf{x}_i-\mathbf{x}_j$，即

$$a_{ij}=F(\mathbf{x}_i-\mathbf{x}_j)$$

其中 F 是从$\mathbb{R}^d$到$\mathbb{R}$ 的可测量映射。ERM 的一个重要子类是由邻接矩阵给出的随机几何图形(RGG)。在这种情况下，邻接矩阵的 a_{ij}是 0 或 1，仅取决于节点 i 和 j 之间的距离，即

$$a_{ij}=F(\mathbf{x}_i-\mathbf{x}_j)=\begin{cases}1, & \|\mathbf{x}_i-\mathbf{x}_j\|\leqslant r\\ 0, & \text{其他}\end{cases} \tag{16.15}$$

其中 r 是覆盖半径。

例 16.1.3(随机几何图的谱测度集中)

假设 RGG $G(N,r)$以高概率连接，文献[647]导出了图的代数连通性的解析表达式，即对称拉普拉斯算子的第二个特征值 $\mathbf{L}=\mathbf{D}-\mathbf{A}$，其中 $\mathbf{D}$ 是度矩阵，$\mathbf{A}$ 是邻接矩阵。

使用谱测度的密度[40]进行分析。在文献[648, 649]中表明，随着节点的数量趋于无穷大，邻接矩阵的特征值倾向于集中。在文献[649]中，证明了 RGG $G(N, r)$的归一化邻接矩阵 $\mathbf{A}_N=\mathbf{A}/N$ 的特征值，由均匀分布在酉二维环面上的点组成，趋向于式(16.15)中定义的函数 F 的傅里叶级数系数

$$\hat{F}(\mathbf{z})=\int_{\Omega_r}\exp(-\mathrm{j}2\pi\mathbf{z}^{\mathrm{T}}\mathbf{x})\,\mathrm{d}\mathbf{x}$$

对于所有的 $\mathbf{z}=[z_1,z_2]\in\mathbb{Z}^2$，其中 $\Omega_r=\{\mathbf{x}=[x_1,x_2]^{\mathrm{T}}\in\mathbb{R}^2:\|\mathbf{x}\|\leqslant r\}$。 □

16.2 欧几里得随机矩阵

欧几里得随机矩阵在文献[363,649,650]中被引入。我们参考文献[321,358,360]和博士论文[360]。文献[364, 651, 652] 借助于服从随机分布 $g(\mathbf{x}_i,\mathbf{x}_j)$的 n 个点 $\mathbf{x}_1,\mathbf{x}_2\cdots,\mathbf{x}_n$ 的函数 g 定义了一个 $n\times n$ 的欧几里得随机矩阵 $\mathbf{A}_n=(A_{ij})_{n\times n}$。元素 A_{ij}等于 $g(\mathbf{x}_i,\mathbf{x}_j)$。

欧几里得随机矩阵在许多物理模型中发挥着重要作用，包括非晶体系统中的电子能级、非常稀薄的杂质以及玻璃振动的频谱。我们在这里想要指出欧几里得随机矩阵和大规模 MIMO(或无线传感器网络)之间的联系。

这里我们指出欧几里得随机矩阵的一个特殊类，例如文献[651]，

$$\mathbf{M}_n=(f_n\|\mathbf{x}_i-\mathbf{x}_j\|^2)_{n\times n} \tag{16.16}$$

其中$f_n(x)$是定义在$[0,\infty)$上的一个实数函数，对于任意向量 $\mathbf{x}=(x_1,x_2,\cdots,x_N)\in\mathbb{R}^N$，$\|\cdot\|$表示欧氏距离，即$\|\mathbf{x}\|=\sqrt{x_1^2+\cdots+x_N^2}$。

对于$f_n(x)$的不同函数，已经存在一些有关欧几里得矩阵模型(1.1)的文献。例如，文献[650]

首次考虑了对应式(16.16)的$f_n(x)=(2\pi)^{-3/2}\exp(-x/2)$的高斯欧几里得随机矩阵。对于所有的$n\geqslant 2$，取$f_n(x)=\sqrt{x}$，式(16.16)变为

$$\mathbf{B}_n=(\|\mathbf{x}_i-\mathbf{x}_j\|)_{n\times n} \tag{16.17}$$

它被称为欧几里得距离矩阵。还有主要的正弦欧几里得随机矩阵和余弦欧几里得随机矩阵分别对应于

$$f_n(x)=\sin(k_0\sqrt{x})/(k_0\sqrt{x})\text{ 和 }f_n(x)=(1-\delta_{ij})\cos(k_0\sqrt{x})/(k_0\sqrt{x})$$

其中k_0是常数，且δ_{ij}是 Kronecker 符号。可以用$f_n(x)=\exp(-\sqrt{x}/\xi)$来研究指数欧几里得随机矩阵，其中$\xi$是位置长度。

最近，文献[364]用几何图形$\mathbf{G}$生成的随机向量研究欧几里得随机矩阵，并得到了一些重要而有趣的结果。准确地说，

1. 当几何图形$\mathbf{G}$的维数N是固定的，并且采样点数量$n\to\infty$。文献[364]表明，$\mathbf{M}_n$特征值的经验分布对于$f_n(x)$的一大类函数弱收敛于δ_0。另外，无论$\mathbf{G}$的形状如何，结论都成立。

2. 当$N=N(n)$随着n的增大而变大时，文献[364]中的一些仿真模拟表明，$\mathbf{M}_n$的经验谱分布的行为取决于$\mathbf{G}$的拓扑结构。此外，当由l_p单位球$B_{N,p}$或球体$S_{N,p}$产生$\mathbf{M}_n$，且$p\geqslant 1$以及N和n都成比例趋于无穷大时，文献[364]推导出了经过缩放的$\mathbf{M}_n$的极限谱分布的显式表达式。它的形式是$a+bV$，其中a，b是常数，V是著名的 Marchenko-Pastur 分布。并且$f_n(x)$的条件是其在显式的值上是局部二次可微的。

这里$B_{N,p}$和$S_{N,p}$被定义为

$$B_{N,p}=\{\mathbf{y}\in\mathbb{R}^N;\|\mathbf{y}\|_p\leqslant 1\}\text{ 和 }S_{N,p}=\{\mathbf{y}\in\mathbb{R}^N;\|\mathbf{y}\|_p=1\}$$

16.3 分布式计算

由于 5G 网络的分布式特性，去中心化计算至关重要。很多时候，算法只依赖于这些随机矩阵的特征值。我们做这个假设来简化分布式计算所需的算法。

计算对实时应用(如检验和估计)至关重要。通常大型随机矩阵的特征值需要实时计算。据我们所知，以前的所有工作(除少数论文外)都假设采用集中式结构，其中融合中心收集所有传感器接收到的信号样本，处理数据，并将决策传回所有节点。这种结构存在可扩展性问题，不适合大规模的多跳网络，其融合中心距离外围节点存在很多“跳”。

出于这个原因，我们寻求基于特征值应用的去中心化实现，使得计算任务分布在与相邻节点(即 gossip 算法)迭代通信的多个传感器节点上，并且算法的统计数据由每个节点在本地计算。我们提出了两种迭代特征值算法：幂方法和 Lanczos 算法。在大规模网络测试平台中，这些算法可以通过应用分布式平均共识算法以分布式方式实现。唯一相关的工作列于文献[630-632，642]。

考虑由K个传感器节点组成的无线网络。在给定的时间窗口(感知周期)，每个节点收集N个复数样本信号。我们的N和K的典型值从几十到几百甚至几千不等。全局接收的样本矩阵可表示为

$$\mathbf{Y}=[\mathbf{y}_1,\cdots,\mathbf{y}_N]=\begin{bmatrix}\mathbf{y}[1]^{\mathrm{T}}\\ \vdots\\ \mathbf{y}[K]^{\mathrm{T}}\end{bmatrix}\in\mathbb{C}^{K\times N} \tag{16.18}$$

其中符号 $\mathbf{y}_i \in \mathbb{C}^{K\times 1}, i=1,\cdots,N$ 且 $\mathbf{y}[k] \in \mathbb{C}^{N\times 1}, k=1,\cdots,K$ 分别表示 $\mathbf{Y}$ 的列和行。实际中，列 $\mathbf{y}_i, i=1,\cdots,N$ 包含在时间 $t=iT_s$ 时从节点上获得的所有样本信号(其中 $1/T_s$ 为采样率)，同时，行$\mathbf{y}[k]^{\mathrm{T}}$ 包含感知周期结束后在节点 k 可用的样本信号。于是，我们定义采样协方差矩阵为

$$\mathbf{R} \triangleq \frac{1}{N}\mathbf{Y}\mathbf{Y}^{\mathrm{H}} \tag{16.19}$$

令 $\lambda_1 \geqslant \cdots \geqslant \lambda_K \geqslant 0$ 为 $\mathbf{R}$ 的特征值，不损失一般性，按递减排序，且 $\mathbf{u}_1,\cdots,\mathbf{u}_k$ 是对应的特征向量。问题陈述如下：

去中心化计算的问题 网络如何在没有收集所有样本(数据矩阵)$\mathbf{Y}$ 的融合中心的情况下，计算(或估计)一个或多个上述特征值，并且没有明确地构造样本协方差矩阵 $\mathbf{R}$?

文献[642]推导和分析了两种通用算法——去中心化幂方法(DPM)和去中心化 Lanczos 算法(DLA)——用于分布式计算无线网络上的样本协方差矩阵(在文献[642]中假设节点数 $K=40$，每个节点的样本数 $N=10$)的一个(最大)或多个特征值。鉴于密集的大型无线传感器网络的日益普及，基于特征值的推理技术在分布式设置中的应用引发了极大的兴趣。他们寻求一种去中心化的方法来计算无线网络上样本协方差矩阵的特征值，因此计算工作量分布在多个节点上，并且多对一的通信协议被更具扩展性的 neighbor-to-neighbor 协议所取代。通过使用所提出的算法(DPM 和 DLA)，在去中心化的环境中实施基于特征值的假设检验。这种去中心化的信号检测技术使得传感器节点能够在本地计算全局的检验统计，从而在不依赖于融合中心的情况下执行假设检验。

流行的协作能量检测器，即基于不同传感器接收信号能量的(可能加权的)总和的检验，通过平均共识算法实现了自然的去中心化[653]。文献[654]对这个问题进行了探究。去中心化的能量检测在计算上比基于特征值的技术更简单，但明显地继承了众所周知的能量检测缺陷(多传感器设置中的次优性和对噪声不确定性的敏感性)。

可能的统计数据包括：

- Roy 最大根检验：噪声协方差归一化的最大特征值(Neyman-Pearson 准则下的最优特征值)：λ_1/σ_v^2；
- 广义似然比检验(GLRT)统计量：$\lambda_1\Big/\left(\sum\limits_{i=2}^{K}\lambda_i\right)$；
- 球形检验统计量：$\left(\prod\limits_{i=1}^{K}\lambda_i\right)\Big/\left(\frac{1}{K}\sum\limits_{i=1}^{K}\lambda_i\right)$，代入对数，得到

$$\sum_{i=1}^{K}\log\lambda_i - \log\left(\frac{1}{K}\sum_{i=1}^{K}\lambda_i\right) = \mathrm{Tr}[\log(\mathbf{R})] - \log\left[\frac{1}{K}\mathrm{Tr}(\mathbf{R})\right]$$

- John 检验：$\sum\limits_{i=1}^{K}\lambda_i^2\Big/\left(\sum\limits_{i=1}^{K}\lambda_i\right)^2$，或者 $\mathrm{Tr}\,\mathbf{R}^2/(\mathrm{Tr}(\mathbf{R}))^2$。

在球形检验统计量中，最终得到迹函数 $\mathrm{Tr}\,f(\mathbf{X}\mathbf{X}^{\mathrm{H}})$，其中$f:\mathbb{R}^+\to\mathbb{R}^+$是连续函数。对于这种类型的迹矩阵函数，会发生谱测度现象的集中。详情参见文献[40]。

当传感器节点数量 K 很大时，每个节点需要很少的采样数 N 就能实现高的检测性能，从而减少了相邻节点之间交换信息量的大小。

对于无线传感器网络中的分布式估计，由于大系统尺寸和有限的通信基础设施的物理限制，多个空间分布的传感器协作来估计感兴趣的系统状态，而无须中央融合中心的支持。具

体而言，每个传感器进行本地局部观测并与其相邻节点进行通信来交换特定信息，以便实现这种协作。由于其对大型系统的可扩展性和对传感器故障的鲁棒性，分布式估计技术在战场监视、环境传感或电网监控等方面具有广阔的应用前景。特别是在大数据和大系统时代，如果以中心化方式实现，通常需要大量计算，分布式方案变得至关重要，因为它们可以将计算负担分解为本地并行程序。分布式传感以及分布式估计中的主要挑战是设计分布式算法，以在所有传感器上实现可靠且相互一致的估计结果，而无需中央融合中心的帮助。有关上述问题参见文献[655-657]。最近的调查见文献[653,658]。

附录 A 自由概率的一些基本研究结果

A.1 非交换概率空间

设 $\mathcal{A}$ 是作用于希尔伯特空间的代数算子。我们假设 $\mathcal{A}$ 包含恒等算子(这样的代数称为酉),伴随矩阵的运算是封闭的。即如果 $\mathbf{X}\in\mathcal{A}$, 则 $\mathbf{X}^*\in\mathcal{A}$。

通常情况下,关于均匀算子范数($\|\mathbf{X}\|=\sup_{\|\mathbf{v}\|=1}\|\mathbf{X}\mathbf{v}\|$)我们可以更方便地进一步假设 $\mathcal{A}$ 是封闭的,或者是关于所有的向量 $\mathbf{u}$ 和 $\mathbf{v}$($\mathbf{X}_i\to\mathbf{X}$ 当且仅当 $<\mathbf{u}, \mathbf{X}_i\mathbf{v}>\to<\mathbf{u},\mathbf{X}\mathbf{v}>$)的弱拓扑。

对于第一种情况,代数被称为 C^* 代数,对于第二种情况,被称为 W^* 代数或者冯·诺依曼代数。

代数 $\mathcal{A}$ 的状态是线性泛函 E: $\mathcal{A}\to\mathbb{C}$,它具有以下较好的性质:对于所有的算子 $\mathbf{X}$,

$$E(\mathbf{X}^*\mathbf{X})\geqslant 0$$

一个典型状态的例子是 $E(\mathbf{X})=<\mathbf{u}, \mathbf{X}\mathbf{u}>$,其中 $\mathbf{u}$ 是单位向量。通常,一个状态用字母 φ 或 τ 表示,但是我们用字母 E 来表示经典概率理论中的期望函数$\mathbb{E}$ 。

“状态”的名称起源于算子代数和量子力学的关系。在本附录中,我们将交替使用“状态”和“期望”两个词。状态可能有一些额外的性质。如果 $E(\mathbf{A}^*\mathbf{A})=0$ 表明 $\mathbf{A}=0$,此时状态被称为可信的。如果 $\mathbf{X}_i\to\mathbf{X}$ 意味 $E(\mathbf{X}_i)\to E(\mathbf{X})$,此时状态被称为正态的。如果 $E(\mathbf{XY})=E(\mathbf{YX})$,则状态被称为可追溯的。

定义 A.1.1 非交换概率空间$(\mathcal{A},E)$是一对酉 C^* 算子代数 $\mathcal{A}$ 和一个具有附加特性 $E(\mathbf{I})=1$ 的状态 E。

如果状态 E 可追溯的,我们称$(\mathcal{A},E)$是一种可追溯的非交换概率空间。同时,如果 $\mathcal{A}$ 是冯·诺依曼代数且 E 是正态的,我们称$(\mathcal{A},E)$是 W^* 概率空间。

下面是几个例子。

1. 古典概率空间。
2. $N\times N$ 矩阵的代数。在这种情况下,可以使用归一化迹[①]作为期望:

$$E\mathbf{X}=\mathrm{tr}(\mathbf{X}):=\frac{1}{N}\sum_{i=1}^{N}X_{ii}$$

3. $N\times N$ 随机矩阵的代数。这些矩阵项的联合概率分布使得这些项的所有联合矩都是有限的。将函数 E 定义为迹的期望:

$$E\mathbf{X}=\langle\mathrm{tr}(\mathbf{X})\rangle$$

这里使用了物理文献中的一个方便的符号:$\langle Z\rangle$表示统计集合上 Z 的平均值,即随机变量 Z 的期望。我们也经常使用$\mathbb{E}(Z)$来表示$\langle Z\rangle$。

① $\mathrm{Tr}(\cdot)$表示非归一化迹。

A.2 分布

设 $\mathbf{X}_1,\mathbf{X}_2,\cdots,\mathbf{X}_n$ 是非交换概率空间$(\mathcal{A},E)$的元素。我们称它们为随机变量。它们的分布是非交换变量 $\mathbf{x}_1,\mathbf{x}_2,\cdots,\mathbf{x}_n$ 到$\mathbb{C}$ 中多项式代数的线性映射：

$$f(\mathbf{x}_1,\mathbf{x}_2,\cdots,\mathbf{x}_n)\to E[f(\mathbf{X}_1,\mathbf{X}_2,\cdots,\mathbf{X}_n)]$$

*分布是非交换变量 $\mathbf{x}_1,\cdots,\mathbf{x}_n,\mathbf{y}_1,\cdots,\mathbf{y}_n$ 中多项式的相似映射，由公式给出：

$$f(\mathbf{x}_1,\cdots,\mathbf{x}_n,\mathbf{y}_1,\cdots,\mathbf{y}_n)\to E[f(\mathbf{X}_1,\cdots,\mathbf{X}_n,\mathbf{X}_1^*,\cdots,\mathbf{X}_n^*)]$$

换句话说，随机变量族的分布是它们的联合矩的集合。

命题 A.2.1 设 $\mathbf{X}$ 是 W^* 概率空间$(\mathcal{A},E)$的有界自伴元。然后在$\mathbb{R}$ 上存在一个概率测度，使得

$$E(\mathbf{X}^k)=\int_{\mathbb{R}}x^k\mu(\mathrm{d}x)$$

对于 $N\times N$ 随机矩阵 $\mathbf{Z}$，有

$$E(\mathbf{X}^k)=\frac{1}{N}\mathbb{E}[\mathrm{Tr}(\mathbf{Z}^k)]=\int_{\mathbb{R}}x^k\mu_N(\mathrm{d}x)$$

示例：

1. 如果 $\mathbf{X}$ 是厄米矩阵，那么

$$\mu=\frac{1}{N}\sum_{i=1}^{N}\delta_{\lambda_i}$$

其中 λ_i 是 $\mathbf{X}$ 的特征值，具有多重性。

2. 如果 $\mathbf{X}$ 是一个厄米随机矩阵，作为非交换概率空间的一个元素，则 $\mathbf{X}$ 的谱概率分布是

$$\mu=\frac{1}{N}\mathbb{E}\left(\sum_{i=1}^{N}\delta_{\lambda_i}\right)$$

A.3 大型随机矩阵的渐近自由性

对于两个随机矩阵，用自由概率理论中的渐近自由代替统计独立。

定理 A.3.1 设 $\mathbf{A}_N$ 和 $\mathbf{B}_N$ 是 $N\times N$ 厄米矩阵，它们在分布上收敛于$\{a,b\}$对。设 $\mathbf{U}_N$ 是酉群$\mathcal{U}(N)$上具有 Haar 分布的 $N\times N$ 独立随机酉矩阵序列。然后，$\mathbf{A}_N$ 和 $\mathbf{U}_N\mathbf{B}_N\mathbf{U}_N^{\mathrm{H}}$ 在分布上收敛于随机变量 a 和$\tilde{b}$，其中，$\tilde{b}$与 b 具有相同的分布，而 a 和$\tilde{b}$是自由的。

A.4 极限定理

下面的定理是独立同分布随机变量和的中心极限定理的一个模拟。

定理 A.4.1（自由随机变量和的极限定理） 设 $\mathbf{X}_1,\cdots,\mathbf{X}_n$ 是一个同分布有界（矩阵值）随机变量序列。假设 $\mathrm{Tr}(\mathbf{X}_i)=0,\mathrm{Tr}(\mathbf{X}_i^2)=1$，并且 $\mathbf{X}_i$ 是自由的。定义 $\mathbf{S}_n=\mathbf{X}_1+\cdots+\mathbf{X}_n$。序列 $\mathbf{S}_n/\sqrt{n}$在分布上收敛于标准半圆随机变量。

现在讨论另一个由经典概率论得到的定理的自由模拟，这个定理有时被称为小数法则。

在经典的情况下，这个法则说明稀有事件的计数是由泊松定律分布的。

让我们定义泊松定律的自由模拟。设μ为密度分布：

$$p(x)=\frac{1}{2\pi x}\sqrt{4x-(1-c+x)^2},\ x\in[(1-\sqrt{c})^2,(1+\sqrt{c})^2]$$

其中c是一个正参数。如果x在这个区间之外，那么密度为零。此外，当$c<1$时，该分布在0处有一个小量，其权重为$(1-c)$。

这种分布被称为具有参数c的自由泊松分布，它也被称为Marchenko-Pastur分布，见文献[219]。

定理 A.4.2 设$\mathbf{X}_1,\cdots,\mathbf{X}_n$是具有伯努利分布的自伴随机变量，

$$\mu=\left(1-\frac{c}{n}\right)\delta_0+\frac{c}{n}\delta_1$$

假设$\mathbf{X}_i$是自由的，定义

$$\mathbf{S}_n=\mathbf{X}_1+\cdots+\mathbf{X}_n$$

然后，$\mathbf{S}_n/\sqrt{n}$在分布上收敛于参数为c的自由泊松分布。

A.5 *R*对角随机变量

基于这一性质的Haar酉的泛化称为R对角随机变量。这种推广似乎是最简单的一类非厄米算子，可以用自由概率的方法来处理。

定理 A.5.1 设$\mathbf{U}$是Haar酉，$\mathbf{H}$是任意算子，$\mathbf{U}$和$\mathbf{H}$是自由的。则变量$\mathbf{X}=UH$是R对角的。

定理 A.5.2 设$\mathbf{X}$是一个非交换概率空间中的R对角元。然后，它可以用一个乘积$\mathbf{UH}$表示，其中$\mathbf{U}$是Haar酉，$\mathbf{H}$是一个正算子，其分布与$\sqrt{\mathbf{X}^{\mathrm{H}}\mathbf{X}}$相同。

上述定理表明，两个自由R对角的和以及积是R对角。更令人惊讶的是，R对角元的幂是R对角的。如果两个随机矩阵$\mathbf{A}$和$\mathbf{B}$是等价的，则写为$\mathbf{A}\cong\mathbf{B}$，这意味着它们具有相同的$*$分布。

定理 A.5.3 设$\mathbf{a}_1,\mathbf{a}_2,\cdots,\mathbf{a}_n$是$C^*$概率空间$\mathcal{A}_1$中的自由$R$对角随机变量，$\mathbf{A}_1,\mathbf{A}_2,\cdots,\mathbf{A}_n$是概率空间$\mathcal{A}_2$中的自伴随机变量。假设$\mathbf{A}_i$的概率分布与$|\mathbf{a}_i|:=\sqrt{\mathbf{a}_i^*\mathbf{a}_i}$对每一个$i$的概率分布相同。设$\mathbf{U}$是$\mathcal{A}_2$中的Haar酉，它不受$\{\mathbf{A}_1,\mathbf{A}_2,\cdots,\mathbf{A}_n\}$的限制。设$\mathbf{\Pi}=\mathbf{a}_n\cdots\mathbf{a}_1$，$\mathbf{X}=\mathbf{UA}_n\cdots\mathbf{UA}_1$，则$\mathbf{\Pi}\cong\mathbf{X}$。

换句话说，如果用Haar分布的旋转$\mathbf{U}$乘以变量$\mathbf{A}_i$，那么我们将失去所有依赖项，并且这些变量的乘积的分布将是相同的，就好像它们都是R对角的和自由的一样。令人惊讶的事实是，$\mathbf{U}$对所有的$\mathbf{A}_i$都是一样的。

一个重要的特殊情况是，所有$\mathbf{a}_i$都是相同分布的。

命题 A.5.4 假设$\mathbf{X}$是R对角的，则$\mathbf{X}^n$对每一个整数$n\geqslant 1$都是R对角的。

证明： 令$\mathbf{X}\cong\mathbf{X}_i$和$\mathbf{X}_i$是自由的，则$\mathbf{X}^n\cong\mathbf{X}_n\cdots\mathbf{X}_1$以及乘积$\mathbf{X}_n\cdots\mathbf{X}_1$作为自由对角元素的积是$R$对角的。 □

A.6 *R*对角随机变量的布朗(Brown)测度

定义无穷维非正规算子特征值分布的一个推广。它仅定义于冯·诺依曼代数中的算子，

在这些代数中，我们可以定义行列式的近似，这就是所谓的 Fuglede-Kadison 行列式。

定义 A.6.1 设 $\mathbf{X}$ 为一个有界随机变量，它是一个有界的 W^* 概率空间$(\mathcal{A},E)$。然后定义 $\mathbf{X}$ 的 Fuglede-Kadison 行列式为

$$\det \mathbf{X} := \exp\left[\frac{1}{2}E \log(\mathbf{X}^*\mathbf{X})\right]$$

考虑 $E(\mathbf{X})=(1/N)\mathrm{Tr}(\mathbf{X})$ 的 $N\times N$ 矩阵的代数。然后可以将 Fuglede-Kadison 行列式写成 $\det \mathbf{X} = \left(\prod_{i=1}^{N} s_i\right)^{1/N}$，其中 s_i 是矩阵 $\mathbf{X}^*\mathbf{X}$ 的奇异值。通过使用线性代数的结果，得到

$$\det \mathbf{X}=(\mathrm{Det}(\mathbf{X}^*\mathbf{X}))^{\frac{1}{2N}}=|\mathrm{Det}(\mathbf{X})|^{1/N}$$

其中 $\mathrm{Det}(\mathbf{X})$是通常的行列式。由此得出

$$\log \det(\mathbf{X}-\lambda \mathbf{I})=\frac{1}{N}\sum_{i=1}^{N}\log|\lambda_i-\lambda|$$

其中，λ_i 是 $\mathbf{X}$ 的特征值，它的多重性等于 λ_i 在 $\mathbf{X}$ 的对角上重复的次数。

我们可以把函数 $\log \det(\mathbf{X}-\lambda\mathbf{I})$看作特征多项式模的对数的一个适当的推广。

定义 A.6.2 随机变量 $\mathbf{X}$ 的 L 函数定义为 $L_{\mathbf{X}}(\lambda):=\log \det(\mathbf{X}-\lambda\mathbf{I})=E \log|\mathbf{X}-\lambda\mathbf{I}|$，其中 $|\mathbf{X}-\lambda\mathbf{I}|=[(\mathbf{X}-\lambda\mathbf{I})^*(\mathbf{X}-\lambda\mathbf{I})]^{1/2}$。

定义 A.6.3 设 $\mathbf{X}$ 为一个有界随机变量，它是一个有界的 W^* 概率空间$(\mathcal{A},E)$。那么，它的 Brown 测度是由下列方程定义的复平面$\mathbb{C}$ 上的测度 $\mu_{\mathbf{X}}$。设 $\lambda=x+\mathrm{i}y$，那么

$$\mu_{\mathbf{X}}=\frac{1}{2\pi}\Delta L_{\mathbf{X}}(\lambda)\,\mathrm{d}x\mathrm{d}y$$

其中 $\Delta=\frac{\partial^2}{\partial x^2}+\frac{\partial^2}{\partial y^2}$是拉普拉斯算子，等式从(Schwarz)分布的意义上成立。

对于 R 对角算子，Brown 测度对于复平面绕原点的旋转是不变的，我们可以把它写成径向和极坐标的乘积。让我们列出 Brown 测度的一些性质(无证明)：

- 它是使得 $L_{\mathbf{X}}(\lambda)=\int_{\mathbb{C}}\log|z-\lambda|\,\mathrm{d}\mu_{\mathbf{X}}(z)$ 的唯一测度；
- 对于每一个整数 $k\geqslant 0$，有 $E(\mathbf{X}^k)=\int_{\mathbb{C}}z^n\,\mathrm{d}\mu_{\mathbf{X}}(z)$；
- 正规算子 $\mathbf{X}$ 的 Brown 测度与其谱概率分布相一致。

定理 A.6.4 设 $\mathbf{X}$ 和 $\mathbf{Y}$ 是迹 W^* 概率空间$(\mathcal{A},E)$中的两个有界随机变量。则(i) $\det(\mathbf{XY})=\det \mathbf{X} \det \mathbf{Y}$；(ii) $\det(\mathrm{e}^{\mathbf{X}})=|\mathrm{e}^{E(\mathbf{X})}|=\exp(\mathrm{Re}\, E(\mathbf{X}))$。

如果 $\mathbf{H}$ 是一个自伴随机变量，而 $\mathbf{A}$ 是一个任意有界变量，那么有

$$\det[\exp(\mathbf{A}^*)\exp(\mathbf{H})\exp(\mathbf{A})]=\exp(E(\mathbf{A}^*+\mathbf{A}))\det[\exp(\mathbf{H})]$$

附录 B　矩阵值随机变量

大数据建模的核心是利用大型随机矩阵作为基本构件的方法。随后我们研究了矩阵值随机变量的分布。

B.1　随机向量和随机矩阵

多元分析负责处理关于相关随机变量观测的问题。我们将随机变量 $X_1,\cdots,X_p$ 的集合 p 用向量

$$\mathbf{X}=(X_1,\cdots,X_p)^{\mathrm{T}}$$

表示，称为随机变量。$\mathbf{X}$ 的平均值或期望定义为向量的期望：

$$\mathbb{E}(\mathbf{X})=\begin{pmatrix}\mathbb{E}(X_1)\\ \vdots\\ \mathbb{E}(X_p)\end{pmatrix}$$

一个典型的多元随机样本集 $\{\mathbf{X}_1,\cdots,\mathbf{X}_n\}$，可从对 n 个物体或人的 $p\times1$ 随机向量 $\mathbf{X}$ 的观察中产生。用矩阵形式表示这些观察很方便：

$$\mathbf{X}=(\mathbf{X}_1,\cdots,\mathbf{X}_n)^{\mathrm{T}}=\begin{pmatrix}\mathbf{X}_1^{\mathrm{T}}\\ \mathbf{X}_2^{\mathrm{T}}\\ \vdots\\ \mathbf{X}_n^{\mathrm{T}}\end{pmatrix}=\begin{pmatrix}X_{11} & X_{12} & \cdots & X_{1p}\\ X_{21} & X_{22} & \cdots & X_{2p}\\ \vdots & \vdots & & \vdots\\ X_{n1} & X_{n2} & \cdots & X_{np}\end{pmatrix}_{n\times p}$$

令 $\mathbf{X}$ 为一个随机变量的矩阵，称为随机矩阵。这里 $\mathbf{X}$ 的各行可能是也可能不是对 $\mathbf{X}$ 的随机观测。更一般地，随机矩阵 $\mathbf{X}=(X_{ij})$ 的期望由第 (i,j) 个元素是 $\mathbb{E}(X_{ij})$ 的矩阵定义，即 $\mathbb{E}(\mathbf{X})=[\mathbb{E}(X_{ij})]$。

为了对大型数据集进行建模，我们通常要求 n 和 p 是大而有限的。实际上，n 和 p 需要是可比的，或说

$$n\to\infty,\quad p\to\infty\ \text{而}\frac{p}{n}\to c\in[0,\infty)$$

我们称此为高维度随机矩阵或简称为大型随机矩阵。

如果 $p\times1$ 随机向量 $\mathbf{X}=(X_1,\cdots,X_p)^{\mathrm{T}}$ 有均值向量 $\boldsymbol{\mu}=(\mu_1,\cdots,\mu_p)^{\mathrm{T}}$，则 $\mathbf{X}$ 的协方差矩阵定义为

$$\boldsymbol{\Sigma}\equiv\mathrm{Var}(\mathbf{X})=\mathbb{E}[(\mathbf{X}-\boldsymbol{\mu})(\mathbf{X}-\boldsymbol{\mu})^{\mathrm{T}}]$$

更进一步地说，如果 $q\times1$ 随机向量 $\mathbf{Y}=(Y_1,\cdots,Y_q)^{\mathrm{T}}$ 有均值向量 $\boldsymbol{\eta}=(\eta_1,\cdots,\eta_q)^{\mathrm{T}}$，则 $\mathbf{X}$ 和 $\mathbf{Y}$ 的协方差矩阵定义为

$$\mathrm{Cov}(\mathbf{X},\mathbf{Y})=\mathbb{E}[(\mathbf{X}-\boldsymbol{\mu})(\mathbf{Y}-\boldsymbol{\eta})^{\mathrm{T}}]$$

特别地，$\mathrm{Cov}(\mathbf{X},\mathbf{X})=\mathrm{Var}(\mathbf{X})$。

特征值分解为

$$\boldsymbol{\Sigma}=\mathbf{U}\boldsymbol{\Lambda}\mathbf{U}^{\mathrm{T}}$$

其中 $\mathbf{U}^{\mathrm{T}}\mathbf{U}=\mathbf{U}\mathbf{U}^{\mathrm{T}}=\mathbf{I}$，$\mathbf{U}$ 是酉矩阵，$\boldsymbol{\Lambda}=\mathrm{diag}(\lambda_1,\cdots,\lambda_p)$ 是正特征值 $\lambda_1,\cdots,\lambda_p$ 的对角矩阵。广义方差定义为

$$\det(\boldsymbol{\Sigma})=\det(\boldsymbol{\Lambda})=\lambda_1\cdots\lambda_p$$

另一项总测度为

$$\mathrm{Tr}(\boldsymbol{\Sigma})=\mathrm{Tr}(\mathbf{U}\boldsymbol{\Lambda}\mathbf{U}^{\mathrm{T}})=\mathrm{Tr}(\boldsymbol{\Lambda}\mathbf{U}^{\mathrm{T}}\mathbf{U})=\mathrm{Tr}(\boldsymbol{\Lambda})=\lambda_1+\cdots+\lambda_p$$

被称为总方差。矩阵对数函数 $\log(\boldsymbol{\Sigma})$ 的特征值为 $\log\lambda_i$。因此有

$$\log[\det(\boldsymbol{\Sigma})]=\sum_{i=1}^{p}\log\lambda_i,\quad \mathrm{Tr}(\log(\boldsymbol{\Sigma}))=\sum_{i=1}^{p}\log\lambda_i$$

所以

$$\mathrm{Tr}(\log(\boldsymbol{\Sigma}))=\log[\det(\boldsymbol{\Sigma})]$$

对任意正定矩阵 $\boldsymbol{\Sigma}>0$ 有效。

令 $\mathbf{X}$ 为一个 p 维随机向量。假设一随机点落在 p 维欧几里得空间 $\mathbb{R}^p$ 中任意（可测量的）集合 E 的概率为

$$\mathbb{P}(\mathbf{X}\in E)=\int_E f(\mathbf{x})\,\mathrm{d}\mathbf{x}$$

其中 $\mathrm{d}\mathbf{x}=\mathrm{d}x_1\cdots\mathrm{d}x_p$。则函数 $f(\mathbf{x})$ 称为概率密度函数，或者简称为 $\mathbf{X}$ 的密度。$\mathbf{X}$ 的特征函数定义为

$$\boldsymbol{\Phi}(\mathbf{t})=\mathbb{E}[\mathrm{e}^{\mathrm{j}\mathbf{t}^{\mathrm{T}}\mathbf{X}}]$$

其中 $\mathrm{j}=\sqrt{-1}$，$\mathbf{t}=[t_1,\cdots,t_p]^{\mathrm{T}}$，$-\infty<t_i<\infty$，$i=1,\cdots,p$。$\mathbf{X}$ 的分布和它的特征函数存在一一对应的关系。

如果 $p\times1$ 随机向量 $\mathbf{X}$ 有密度函数 $f(\mathbf{x})$ 和特征函数 $\Phi(\mathbf{t})$，则

$$f(\mathbf{x})=\frac{1}{(2\pi)^p}\int_{-\infty}^{\infty}\cdots\int_{-\infty}^{\infty}\mathrm{e}^{-\mathrm{j}\mathbf{t}^{\mathrm{T}}\mathbf{x}}\Phi(\mathbf{t})\,\mathrm{d}t_1\cdots\mathrm{d}t_p$$

B.2 多元正态分布

服从标准正态（或高斯）分布 $\mathcal{N}(0,1)$ 的随机变量 Z 的密度函数为

$$f(z)\equiv\frac{1}{\sqrt{2\pi}}\mathrm{e}^{-z^2/2},\quad -\infty<x<\infty$$

一个服从均值为 μ、方差为 σ^2 的一般正态分布的随机变量 X 可通过线性变换

$$X=\sigma Z+\mu$$

得到。因此有

$$f(x)\equiv\frac{1}{\sqrt{2\pi}\sigma}\mathrm{e}^{-(x-\mu)^2/2\sigma^2},\quad -\infty<x<\infty$$

这个方法概括如下。$\mathbf{Z}=(Z_1,\cdots,Z_p)^{\mathrm{T}}$，其中 $Z_1,\cdots,Z_p$ 服从独立同分布 $\mathcal{N}(0,1)$。其概率密度函数为

$$\prod_{i=1}^{n}\frac{1}{\sqrt{2\pi}}\mathrm{e}^{-x_i^2/2}=\left(\frac{1}{\sqrt{2\pi}}\right)^p\mathrm{e}^{-\mathbf{z}^{\mathrm{T}}\mathbf{z}/2}$$

考虑变换

$$\mathbf{X}=\boldsymbol{\Sigma}^{1/2}\mathbf{Z}+\boldsymbol{\mu}$$

密度函数为

$$f(\mathbf{x})=\frac{1}{(2\pi)^{p/2}}\frac{1}{\sqrt{\det\boldsymbol{\Sigma}}}\exp\left\{-\frac{1}{2}(\mathbf{x}-\boldsymbol{\mu})^{\mathrm{T}}\boldsymbol{\Sigma}^{-1}(\mathbf{x}-\boldsymbol{\mu})\right\}\tag{B.1}$$

其中 $\boldsymbol{\mu}=(\mu_1,\cdots,\mu_p)^{\mathrm{T}},\boldsymbol{\Sigma}>0$。

令 $\boldsymbol{\mu}$ 为 p 维常向量，$\boldsymbol{\Sigma}$ 为 $p\times p$ 正定矩阵。则以下陈述等价：

- $\mathbf{X}\sim\mathcal{N}_p(\boldsymbol{\mu},\Sigma)$；
- $\mathbf{Z}\equiv\boldsymbol{\Sigma}^{-1/2}(\mathbf{x}-\mu)\sim\mathcal{N}_p(\mathbf{0},\mathbf{I}_p)$。

令 $\mathbf{X}_1,\cdots,\mathbf{X}_p$ 为独立 p 维法向量，均值为 $\boldsymbol{\mu}_1,\cdots,\boldsymbol{\mu}_p$，且协方差矩阵 $\boldsymbol{\Sigma}$ 相同。令 $\mathbf{X}=(\mathbf{X}_1,\cdots,\mathbf{X}_n)^{\mathrm{T}}$，考虑变换

$$\mathbf{Y}=(\mathbf{Y}_1,\cdots,\mathbf{Y}_n)^{\mathrm{T}}=\mathbf{HX}$$

其中 $\mathbf{H}$ 为 $n\times n$ 正交矩阵。那么 $\mathbf{Y}$ 拥有和 $\mathbf{X}$ 一样的属性，除非 $\mathbf{Y}$ 的均值变为$\mathbb{E}(\mathbf{Y})=\mathbf{H}\mathbb{E}(\mathbf{X})$。

$n\times p$ 随机矩阵 $\mathbf{X}$ 的密度函数为

$$\begin{aligned}&\prod_{i=1}^{n}\frac{1}{(2\pi)^{p/2}}\frac{1}{\sqrt{\det\boldsymbol{\Sigma}}}\mathrm{etr}\left\{-\frac{1}{2}(\mathbf{x}-\boldsymbol{\mu})^{\mathrm{T}}\boldsymbol{\Sigma}^{-1}(\mathbf{x}-\boldsymbol{\mu})\right\}\\&=\frac{1}{(2\pi)^{pn/2}}\frac{1}{(\det\boldsymbol{\Sigma})^{n/2}}\mathrm{etr}\left\{-\frac{1}{2}\boldsymbol{\Sigma}^{-1}(\mathbf{X}-\mathbf{M})^{\mathrm{T}}(\mathbf{X}-\mathbf{M})\right\}\end{aligned}$$

其中 $\mathrm{etr}(\cdot)$表示 $\exp(\mathrm{Tr}(\cdot))$，$\mathbf{X}=(\mathbf{X}_1,\cdots,\mathbf{X}_n)^{\mathrm{T}},\mathbf{M}=\mathbb{E}(\mathbf{X})$。

当随机变量

$$\mathrm{vec}(\mathbf{X})\equiv\begin{pmatrix}\mathbf{X}_{(1)}\\\vdots\\\mathbf{X}_{(p)}\end{pmatrix}$$

服从 np 变量正态分布时，$n\times p$ 矩阵 $\mathbf{X}=(\mathbf{X}_{(1)},\cdots,\mathbf{X}_{(p)})$的分布为正态分布。在这种情况下，可直接用 $\Xi=\mathbb{E}(\mathbf{X})$和 $\boldsymbol{\Psi}=\mathrm{Var}(\mathrm{vec}(\mathbf{X}))$表示。

使用矩阵正交分布，有

$$\mathrm{X}\sim\mathcal{N}_{n\times p}(\Xi,\boldsymbol{\Sigma}\otimes\mathbf{I}_n)\Rightarrow\mathbf{Y}=\mathbf{HX}\sim\mathcal{N}_{n\times p}(\mathbf{H}\Xi,\boldsymbol{\Sigma}\otimes\mathbf{I}_n)$$

其中 $\mathbf{H}$ 是正交矩阵。这里的$\otimes$表示克罗内克(Kronecker)积或直积。即对于矩阵 $\mathbf{A}=(a_{ij})$和 $\mathbf{B}$，$\mathbf{A}\otimes\mathbf{B}=(a_{ij}\mathbf{B})$。

当我们假设 $r\times s$ 的随机矩阵 $\mathbf{Y}\sim$符合正态分布，并称 $\mathbf{Y}\mathcal{N}_{r\times s}(\mathbf{M},\mathbf{C}\otimes\mathbf{D})$，其中 $\mathbf{M}$ 是 $r\times s$ 的矩阵，$\mathbf{C}$ 和 $\mathbf{D}$ 是正定矩阵时，就意味着$\mathbb{E}(\mathbf{Y})=\mathbf{M}$ 且 $\mathbf{C}\otimes\mathbf{D}$ 是向量 $\mathbf{y}=\mathrm{vec}(\mathbf{Y})$的协方差矩阵。

如果 $r\times s$ 的矩阵 $\mathbf{Y}\sim\mathcal{N}_{r\times s}(\mathbf{M},\mathbf{C}\otimes\mathbf{D})$，其中 $\mathbf{C}(r\times r)$和 $\mathbf{D}(s\times s)$是正定的，那么 $\mathbf{Y}$ 的密度函数为

$$(2\pi)^{-rs/2}(\det\mathbf{C})^{-s/2}(\det\mathbf{D})^{-r/2}\mathrm{etr}\left[-\frac{1}{2}\mathbf{C}^{-1}(\mathbf{Y}-\mathrm{M})\mathbf{D}^{-1}(\mathbf{Y}-\mathbf{M})^{\mathrm{T}}\right]$$

B.3 威沙特(Wishart)分布

B.3.1 中心威沙特分布

威沙特分布是卡方分布的多变量推广。如果底层是标准分布，那么样本协方差矩阵和各种平方和乘积的分布是威沙特分布。

设 X 是一个 p 维随机向量，其分布为 $\mathcal{N}_p(\boldsymbol{\mu},\boldsymbol{\Sigma})$，$\mathbf{X}_1,\cdots,\mathbf{X}_n$ 是 $\mathbf{X}$ 的一个 n 维随机样本。然后，样本均值向量和协方差矩阵分别被定义为

$$\overline{\mathbf{X}}=\frac{1}{n}\sum_{i=1}^{n}\mathbf{X}_i,\qquad \mathbf{S}=\frac{1}{n-1}\sum_{i=1}^{n}(\mathbf{X}_i-\overline{\mathbf{X}})(\mathbf{X}_i-\overline{\mathbf{X}})^{\mathrm{T}}$$

可知$\overline{\mathbf{X}}\sim\mathcal{N}_p(\boldsymbol{\mu},(1/n)\boldsymbol{\Sigma})$。

如果一个 $p\times p$ 随机矩阵 $\mathbf{W}$ 表示为

$$\mathbf{W}=\sum_{i=1}^{n}\mathbf{Z}_i\mathbf{Z}_i^{\mathrm{T}}$$

其中 $\mathbf{Z}_i\sim\mathcal{N}_p(\boldsymbol{\mu}_i,\boldsymbol{\Sigma})$，$\mathbf{Z}_1,\cdots,\mathbf{Z}_n$ 是独立的，$\boldsymbol{\Sigma}$ 为协方差矩阵，$\boldsymbol{\Delta}=\boldsymbol{\mu}_1\boldsymbol{\mu}_1^{\mathrm{T}}+\cdots+\boldsymbol{\mu}_n\boldsymbol{\mu}_n^{\mathrm{T}}$为非中心矩阵，则 $\mathbf{W}$ 可以认为是一个自由度为 n 的非中心威沙特分布，记为 $\mathbf{W}\sim\mathcal{W}_p(n,\boldsymbol{\Sigma};\ \boldsymbol{\Delta})$。当 $\boldsymbol{\Delta}=\mathbf{0}$ 时，记为 $\mathbf{W}\sim\mathcal{W}_p(n,\ \boldsymbol{\Sigma})$。

如果 $\mathbf{A}$ 服从 $\mathcal{W}_m(n,\boldsymbol{\Sigma})$ 分布且 $n\geqslant m$，那么 $\mathbf{A}$ 的密度函数是

$$\frac{1}{2^{mn/2}\Gamma\left(\frac{1}{2}n\right)(\det\boldsymbol{\Sigma})^{n/2}}(\det\mathbf{A})^{(n-m-1)/2}\mathrm{etr}\left(-\frac{1}{2}\boldsymbol{\Sigma}^{-1}\mathbf{A}\right)\quad(\mathbf{A}>0)$$

其中 $\Gamma_m(\cdot)$表示多元伽马函数。多元伽马函数定义为

$$\Gamma_m(a)=\int_{\mathbf{A}>0}\mathrm{etr}(-\mathbf{A})(\det\mathbf{A})^{a-(m+1)/2}(\mathrm{d}\mathbf{A})$$

其中 $\mathrm{Re}\ a>\frac{1}{2}(m-1)$，积分在正定(即对称)$m\times m$ 矩阵的空间上。当 $m=1$ 时，$\Gamma_m(a)$中的 m 可省略。

如果$(\mathbf{X}_1,\cdots,\mathbf{X}_n)$是服从 $\mathcal{N}_p(\boldsymbol{\mu}_i,\boldsymbol{\Sigma})$分布的相互独立的随机向量，且 $n>p$。则样本协方差矩阵的密度

$$\mathbf{S}=\frac{1}{n-1}\sum_{i=1}^{n}(\mathbf{X}_i-\overline{\mathbf{X}})(\mathbf{X}_i-\overline{\mathbf{X}})^{\mathrm{T}}$$

为

$$\frac{1}{\Gamma\left(\frac{1}{2}n\right)(\det\boldsymbol{\Sigma})^{n/2}}\left(\frac{1}{2}n\right)^{mn/2}(\det\mathbf{S})^{(n-m-1)/2}\mathrm{etr}\left(-\frac{1}{2}n\boldsymbol{\Sigma}^{-1}\mathbf{S}\right)\quad(\mathbf{S}>0)$$

具有相同协方差矩阵的相互独立的威沙特矩阵的和也是威沙特矩阵。如果 $m\times m$ 随机矩阵 $\mathbf{A}_1,\cdots,\mathbf{A}_N$ 相互独立并且 $\mathbf{A}_i$ 服从分布 $\mathcal{W}_m(n,\boldsymbol{\Sigma})$，$i=1,\cdots,N$，那么 $\sum_{i=1}^{n}\mathbf{A}_i$ 也服从分布 $\mathcal{W}_m(n,\boldsymbol{\Sigma})$，其中 $n=\sum_{i=1}^{N}n_i$。

B.3.2 非中心威沙特分布

就像通常的或是中心的威沙特分布是χ^2 分布的推广一样，非中心威沙特分布是非中心χ^2 分布的推广。它是非中心分布的主要组成模块。

如果 $\mathbf{A}=\mathbf{Z}^{\mathrm{T}}\mathbf{Z}$，$\mathbf{Z}$ 是 $n\times m$ 矩阵且服从分布 $\mathcal{N}_{n\times m}(\mathbf{M},\mathbf{I}_n\otimes\mathbf{\Sigma})$，则称 $\mathbf{A}$ 是具有 n 个自由度的非中心威沙特分布，协方差矩阵为 $\mathbf{\Sigma}$，非中心参数矩阵 $\mathbf{\Omega}=\mathbf{\Sigma}^{-1}\mathbf{M}^{\mathrm{T}}\mathbf{M}$。记为 $\mathbf{A}$ 服从 $\mathcal{W}_m(n,\mathbf{\Sigma};\mathbf{\Omega})$。

如果 $n\times m$ 矩阵 Z 服从分布 $\mathcal{N}_{n\times m}(\mathbf{M},\mathbf{I}_n\otimes\mathbf{\Sigma})$，$n\geqslant m$，那么 $\mathbf{A}=\mathbf{Z}^{\mathrm{T}}\mathbf{Z}$ 的密度函数为

$$\frac{1}{2^{mn/2}\Gamma_m\left(\frac{1}{2}n\right)(\det\mathbf{\Sigma})^{n/2}}(\det\mathbf{A})^{(n-m-1)/2}\mathrm{etr}\left(-\frac{1}{2}\mathbf{\Omega}\right){}_0F_1\left(\frac{1}{2}n;\frac{1}{4}\mathbf{\Omega}\mathbf{\Sigma}^{-1}\mathbf{A}\right)\quad(\mathbf{A}>0)$$

其中 $\mathbf{\Omega}=\mathbf{\Sigma}^{-1}\mathbf{M}^{\mathrm{T}}\mathbf{M}$，这里的矩阵变元${}_0F_1(a;\mathbf{X})$的超几何函数为

$${}_0F_1(a;\mathbf{X})=\det(\mathbf{I}-\mathbf{X})^{a}$$

具有相同协方差矩阵的独立非中心威沙特矩阵的和也是非中心威沙特矩阵。如果 $m\times m$ 的随机矩阵 $\mathbf{A}_1,\cdots,\mathbf{A}_N$相互独立并且 $\mathbf{A}_i$服从分布 $\mathcal{W}_m(n_i,\mathbf{\Sigma};\mathbf{\Omega}_i)$，$i=1,\cdots,N$，那么 $\sum_{i=1}^{N}\mathbf{A}_i$ 也服从分布 $\mathcal{W}_m(n,\mathbf{\Sigma};\mathbf{\Omega})$，其中 $n=\sum_{i=1}^{N}n_i$ 且 $\mathbf{\Omega}=\sum_{i=1}^{N}\mathbf{\Omega}_i$。

如果 $n\times m$ 矩阵 $\mathbf{Z}$ 服从分布 $\mathcal{N}_{n\times m}(\mathbf{M},\mathbf{I}_n\otimes\mathbf{\Sigma})$，且 $\mathbf{Q}$ 是秩为 k 的 $k\times m$ 矩阵，那么 $\mathbf{Q}\mathbf{Z}^{\mathrm{T}}\mathbf{Z}\mathbf{Q}^{\mathrm{T}}$ 服从分布 $\mathcal{W}_k(n,\mathbf{Q}\mathbf{\Sigma}\mathbf{Q}^{\mathrm{T}};(\mathbf{Q}\mathbf{\Sigma}\mathbf{Q}^{\mathrm{T}})^{-1}\mathbf{Q}\mathbf{M}^{\mathrm{T}}\mathbf{M}\mathbf{Q}^{\mathrm{T}})$。

如果 $\mathbf{A}$ 服从分布 $\mathcal{W}_m(n,\mathbf{\Sigma};\mathbf{\Omega})$，$n\geqslant m$，那么

$$\mathbb{E}[(\det\mathbf{A})^r]=(\det\mathbf{\Sigma})2^{mr}\frac{\Gamma_m\left(\frac{1}{2}n+r\right)}{\Gamma_m\left(\frac{1}{2}n\right)}{}_1F_1\left(-r;\frac{1}{2}n;-\frac{1}{2}\mathbf{\Omega}\right)$$

注意如果 r 是正整数那么这是一个 mr 次多项式。这里的“汇合的”超几何函数${}_1F_1$定义为

$${}_1F_1(a;c;\mathbf{X})=\frac{\Gamma_m(c)}{\Gamma_m(a)\Gamma_m(c-a)}\int_{0<\mathbf{Y}<\mathbf{I}_m}\mathrm{etr}(\mathbf{XY})$$
$$(\det\mathbf{Y})^{a-(m+1)/2}\det(\mathbf{I}-\mathbf{Y})^{c-a-(m+1)/2}(d\mathbf{Y})$$

对于所有对称分布的 $\mathbf{X}$，$\mathrm{Re}(a)>\frac{1}{2}(m-1)$，$\mathrm{Re}(c)>\frac{1}{2}(m-1)$和 $\mathrm{Re}(c-a)>\frac{1}{2}(m-1)$有效。

B.4 多元线性模型

多元线性模型无处不在，例如在 MIMO 和状态估计中。我们对高维下的应用感兴趣。对于已知矩阵 $\mathbf{H}$ 的行，多元线性模型能由矩阵 $\mathbf{Y}$ 的行给出观测向量与之相对应。多元线性模型采用这种形式：

$$\mathbf{Y}=\mathbf{HX}+\mathbf{N}\tag{B.2}$$

其中 $\mathbf{Y}$ 和 $\mathbf{N}$ 是 $m\times m$ 随机矩阵，$\mathbf{H}$ 是已知的 $n\times p$ 矩阵，$\mathbf{X}$ 是回归系数的未知 $p\times m$ 矩阵。我们在本节中假设 $\mathbf{H}$ 的秩为 p，$n\geqslant m+p$，噪声矩阵 $\mathbf{N}$ 的每一行是相互独立的，服从 $\mathcal{N}_m(\mathbf{0};\mathbf{\Sigma})$的随机向量。根据上面介绍的标记法，$\mathbf{N}$ 服从分布 $\mathcal{N}_{n\times m}(\mathbf{0},\mathbf{I}_n\otimes\mathbf{\Sigma})$，所以 $\mathbf{Y}$ 服从分布 $\mathcal{N}_{n\times m}(\mathbf{HX},\mathbf{I}_n\otimes\mathbf{\Sigma})$。

我们可以给出 $\mathbf{X}$ 和 $\mathbf{\Sigma}$ 的极大似然估计且可证明它们是充分的。

定理 B.4.1 若 $\mathbf{Y}$ 服从 $\mathcal{N}_{n\times m}(\mathbf{HX},\mathbf{I}_n\otimes\mathbf{\Sigma})$，$n\geqslant m+p$，那么 $\mathbf{X}$ 和 $\mathbf{\Sigma}$ 的极大似然估计为

$$\hat{\mathbf{X}}=(\mathbf{H}^{\mathrm{T}}\mathbf{H})^{-1}\mathbf{H}^{\mathrm{T}}\mathbf{Y} \tag{B.3}$$

和

$$\hat{\mathbf{\Sigma}}=\frac{1}{n}(\mathbf{Y}-\mathbf{H}\hat{\mathbf{X}})^{\mathrm{T}}(\mathbf{Y}-\mathbf{H}\hat{\mathbf{X}}) \tag{B.4}$$

并且$(\hat{\mathbf{X}},\hat{\mathbf{\Sigma}})$对$(\mathbf{X},\mathbf{\Sigma})$是充分的。

若 $\mathbf{Y}$ 服从 $\mathcal{N}_{n\times m}(\mathbf{HX},\mathbf{I}_n\otimes\mathbf{\Sigma})$，$\mathbf{X}$ 和 $\mathbf{\Sigma}$ 的极大似然估计分别由式(B.3)和式(B.4)给出，$\hat{\mathbf{X}}$ 和$\hat{\mathbf{\Sigma}}$相互独立，$\hat{\mathbf{X}}$服从 $\mathcal{N}_{p\times m}(\mathbf{X},(\mathbf{H}^{\mathrm{T}}\mathbf{H})^{-1}\otimes\mathbf{\Sigma})$，$n\hat{\mathbf{\Sigma}}$服从 $\mathcal{W}_m(n-p,\mathbf{\Sigma})$。

B.5 一般线性假设检验

本节我们考虑检验假设检验：

$$\mathcal{H}_0:\mathbf{CX}=0$$

$$\mathcal{H}_1:\mathbf{CX}\neq 0$$

其中 $\mathbf{C}$ 是已知秩为 r 的 $r\times p$ 矩阵，我们将 $\mathbf{X}$ 划分为

$$\mathbf{X}=\begin{bmatrix}\mathbf{X}_1\\ \mathbf{X}_2\end{bmatrix}$$

$\mathbf{X}_1$是 $r\times m$ 阶矩阵，$\mathbf{X}_2$是$(p-r)\times m$ 阶矩阵。零假设 $\mathbf{X}_1=\mathbf{0}$ 相当于 $\mathbf{CX}=\mathbf{0}$，$\mathbf{C}=[\mathbf{I}_r;\mathbf{0}]$。

通过变换模型 $\mathbf{Y}=\mathbf{HX}+\mathbf{N}$ 中的变量和参数，可以假定变换域中的问题为以下形式：

$$\widetilde{\mathbf{Y}}=\begin{bmatrix}\widetilde{\mathbf{Y}}_1\\ \widetilde{\mathbf{Y}}_2\\ \widetilde{\mathbf{Y}}_3\end{bmatrix}$$

其中$\widetilde{\mathbf{Y}}_1$为 $r\times m$ 阶矩阵，$\widetilde{\mathbf{Y}}_2$为$(p-r)\times m$ 阶矩阵，$\widetilde{\mathbf{Y}}_3$为$(n-p)\times m$ 阶矩阵。假设$\widetilde{\mathbf{Y}}$是随机矩阵，每一行都是相互独立，具有共同协方差矩阵 $\mathbf{\Sigma}$ 的正态 m 维变量，期望如下：

$$\mathbb{E}(\widetilde{\mathbf{Y}}_1)=\mathbf{M}_1,\quad \mathbb{E}(\widetilde{\mathbf{Y}}_2)=\mathbf{M}_2,\quad \mathbb{E}(\widetilde{\mathbf{Y}}_1)=\mathbf{0}$$

零假设 $\mathcal{H}_0:\mathbf{CX}=0$ 等价于 $\mathcal{H}_0$: $\mathbf{M}_1=\mathbf{0}$。

定理 B.5.1 一个零假设为 $\mathcal{H}_0:\mathbf{M}_1=\mathbf{0}$，备选假设为 $\mathcal{H}_1:\mathbf{M}_1\neq\mathbf{0}$ 的检验水准为 α 的似然比检验，当$\Lambda\leqslant c_\alpha$时 $\mathcal{H}_0$不成立，其中

$$W=\Lambda^{2/n}=\frac{\det\mathbf{B}}{\det(\mathbf{A}+\mathbf{B})}$$

其中 $\mathbf{A}=\widetilde{\mathbf{Y}}_1^{\mathrm{T}}\widetilde{\mathbf{Y}}_1$ 服从 $\mathcal{W}_m(r,\mathbf{\Sigma};\mathbf{\Omega})$，$\mathbf{B}=\widetilde{\mathbf{Y}}_3^{\mathrm{T}}\widetilde{\mathbf{Y}}_3$ 服从 $\mathcal{W}_m(n-p,\mathbf{\Sigma})$，$\mathbf{\Omega}=\mathbf{\Sigma}^{-1}\mathbf{M}_1^{\mathrm{T}}\mathbf{M}_1$。选择 c_α以保证检验水平为 α。

对于 $W=\Lambda^{2/n}$的较小值，似然比检验等价于拒绝 $\mathcal{H}_0:\mathbf{M}_1=\mathbf{0}$。对于

$$\begin{aligned}W&=\frac{\det\mathbf{B}}{\det(\widetilde{\mathbf{Y}}_1^{\mathrm{T}}\widetilde{\mathbf{Y}}_1+\mathbf{B})}\\ &=\det(\mathbf{I}+\widetilde{\mathbf{Y}}_1^{\mathrm{T}}\mathbf{B}^{-1}\widetilde{\mathbf{Y}})^{-1}\\ &=\prod_{i=1}^{s}(1+\lambda_i)^{-1}\end{aligned}$$

这是一个不变的检验。其中 $s=\min(r,m)=\text{rank}\ (\widetilde{\mathbf{Y}}_1^{\mathrm{T}}\mathbf{B}^{-1}\widetilde{\mathbf{Y}})$ 且 $\lambda_1\geqslant\cdots\geqslant\lambda_s>0$ 是 $\widetilde{\mathbf{Y}}_1^{\mathrm{T}}\mathbf{B}^{-1}\widetilde{\mathbf{Y}}$ 的非零特征值。或者考虑

$$-\log W=\sum_{i=1}^{s}\log(1+\lambda_i)$$

这种线性特征值统计的形式。可以使用样本协方差随机矩阵线性特征值统计的中心极限定理[214,215]。详细信息可参阅 3.7 节，另见文献[474]及其参考文献。

当矩阵的维度较高时，会出现频谱测量现象的集中。相关详细信息可参阅文献[40]。统计量 W^h 高度集中在某个值(通常是其期望值)附近。一般 MANOVA 矩阵[456]是多元方差分析以确定相关系数的扩展(见文献[37]的 3.3 节)。

当 $n-p\geqslant m$, $r\geqslant m$ 时，W 的 h 次矩为

$$\mathbb{E}\,(W^h)=\frac{\Gamma_m\left(\frac{1}{2}(n-p)+h\right)\Gamma_m\left(\frac{1}{2}(n+r-p)\right)}{\Gamma_m\left(\frac{1}{2}(n-p)\right)\Gamma_m\left(\frac{1}{2}(n+r-p)+h\right)}{}_1F_1\left(h;\frac{1}{2}(n+r-p)+h;\frac{1}{2}\mathbf{\Omega}\right)$$

其中 $\mathbf{\Omega}=\mathbf{\Sigma}^{-1}\mathbf{M}_1^{\mathrm{T}}\mathbf{M}_1$, $r\geqslant m$。

$\mathcal{H}_0:\mathbf{M}_1=\mathbf{0}$ 时 W 的矩是通过令 $\mathbf{\Omega}=\mathbf{0}$ 得到的。在这种情况下，W 的矩由

$$\mathbb{E}\,(W^h)=\frac{\Gamma_m\left(\frac{1}{2}(n-p)+h\right)\Gamma_m\left(\frac{1}{2}(n+r-p)\right)}{\Gamma_m\left(\frac{1}{2}(n-p)\right)\Gamma_m\left(\frac{1}{2}(n+r-p)+h\right)}$$

得出。

文献备注

经典的多变量分析为我们熟悉矩阵值随机变量提供了一个很好的起点。我们从经典文献中提取了一些相关的内容。更多细节可以从经典文献中找到：文献[659]，文献[660]，文献[371]，文献[37]和文献[483]。本附录的作用是为读者提供一些必要的资料供他们参考，我们没有试图让这个附录拥有全面的背景材料，只是想让读者感受到经典背景中的关键数学知识。

本书目的是研究大型随机矩阵。我们尽力使本书自成一体。本书可普遍应用于高维假设检验。参见文献[474]及其参考文献可以获得一些别的应用。我们需要回顾一些经典算法。对于数据集的维数 p 和样本数量 n，经典算法假设 p 是一个固定的小的常数，或者至少与样本数量 n 相比可以忽略不计。对于许多现代数据集大数据来说，这个假设不再成立，因为它们的维数与样本数量比较是相当大的。例如，财务数据、消费者数据、传感器数据、通信网络数据、智能电网数据、现代制造数据和多媒体数据都具有这一特征。

本书的大部分内容，连同两本合著书[39,40]，超出了上述经典图书的范围。我们的 3 本书是建立在两个主题上的：(i)随机矩阵理论；(ii)频谱测量的集中。第一个主题涉及统计，当随机矩阵的维数是渐近大的——n 和 p 以相同的速率到达无穷大。第二个主题涉及随机矩阵的非渐近分析，n 和 p 都是大而有限的。

我们的 3 本书，在某种意义上，是经典图书的补充。我们的书是用数学构成的。以我们的角度来看，大数据是一个统计科学，使用大型随机矩阵来建模数据集。

附录 B 主要来源于文献[292,661]

参考文献

1 Z. Burda, J. Kornelsen, M. A. Nowak *et al.* (2013) "Collective correlations of brodmann areas fmri study with rmt-denoising," *arXiv preprint arXiv:1306.3825.*

2 A. Halevy, P. Norvig, and F. Pereira (2009) The unreasonable effectiveness of data. *Intelligent Systems, IEEE,* **24**(2), 8–12.

3 E. P. Wigner (1960) The unreasonable effectiveness of mathematics in the natural sciences. Richard Courant Lecture in Mathematical Sciences delivered at New York University, May 11, 1959. *Communications on Pure and Applied Mathematics* **13**(1), 1–14.

4 Z. Tian (2013) Big Data: From Signal Processing to Systems Engineering in NSF Workshop on Big Data: From Signal Processing to Systems Engineering, Arlington, VA, March.

5 NSF (2012) Core Techniques and Technologies for Advancing Big Data Science and Engineering (Bigdata), *NSF technical report.*

6 World Economic Forum (2012) *Big Data Big Impact: New Possibilities for International Development,* http://www3.weforum.org/docs/WEF_TC_MFS_BigDataBigImpact_Briefing_2012.pdf (accessed September 20, 2016).

7 Big data (2008) *Nature,* http://www.nature.com/news/specials/bigdata/index.html (accessed September 11, 2016).

8 Data, data everywhere (2010) The *Economist,* February 25.

9 Drowning in numbers—digital data will flood the planet–and help us understand it better (2011) *The Economist,* November 18.

10 D. Agrawal, P. Bernstein, E. Bertino, *et al.*, Challenges and opportunities with big data (2012) *Proceedings of the VLDB Endowment,* vol. 5, no. 12, pp. 2032–2033 http://cra.org/ccc/docs/init/bigdatawhitepaper.pdf (accessed September 11, 2016).

11 S. Lohr (2012) The age of big data." *New York Times,* February 12.

12 J. Manyika, M. Chui, B. Brown, *et al.* (2011), Big data: the next frontier for innovation. *McKinsey Global Institute report,* May.

13 Y. Noguchi, (2011) Following digital breadcrumbs to big data gold. National Public Radio, November 29.

14 Big data (2013) *New York Times* (special section on the business and culture of big data), June 25.

15 J. Chen, Y. Chen, X. Du, *et al.* (2013) Big data challenge: a data management perspective *Frontiers of Computer Science* **7**(2), vol. 7, no. 2, pp. 157–164.

16 Big data, (2011), *Science* (special section), http://www.sciencemag.org/site/special/data/ (accessed September 11, 2016).

17 T. Kalil (2012) *Big Data is a Big Deal,* https://www.whitehouse.gov/blog/2012/03/29/big-data-big-deal (accessed September 20, 2016).

18 T. H. Davenport, P. Barth, and R. Bean (2012) How big data is different, *MIT Sloan Management Review* **54**(1), 22–24.

19 DARPA (2013) *Extracting Relevance from Mountains of Data,* https://www.whitehouse.gov/blog/2012/03/29/big-data-big-deal (accessed September 20, 2016).

20 D. Pedreschi (2013) *The Future of Big Data*, www.storify.com/katarzynasz/the-future-of-big-data (accessed September 20, 2016).
21 C. Anderson (2008) Will the data deluge make the scientific method obsolete? *Edge* June.
22 G. Li (2012) The scientific value of big data, *Research Communications of the Chinese Computer Society* **8**(9), 8–15.
23 DARPA (2012) Broad agency announcement xdata, *DARPA tech. rep. DARPA-BAA-12-13.*
24 A. Labrinidis and H. Jagadish (2012) Challenges and opportunities with big data, *Proceedings of the VLDB Endowment*, **5**(12), 2032–2033.
25 J. Dean and S. Ghemawat (2008) Mapreduce: simplified data processing on large clusters. *Communications of the ACM* **51**(1), pp. 107–113.
26 A. Hero (2013) Winnowing signals from massive data: Sp for big data and its relation to systems engineering, in NSF Workshop on Big Data: From Signal Processing to Systems Engineering, Arlington, VA, March.
27 R. G. Baraniuk (2011) More is less: signal processing and the data deluge. *Science (Washington)* **331**(6018), pp. 717–719.
28 S. Ganguli and H. Sompolinsky (2012) Compressed sensing, sparsity, and dimensionality in neuronal information processing and data analysis. *Annual Review of Neuroscience* **35**, 485–508.
29 J. Calder, S. Esedoglu, and A. O. Hero (2013) A Hamilton–Jacobi equation for the continuum limit of non-dominated sorting, *arXiv preprint arXiv:1302.5828.*
30 K.-J. Hsiao, K. S. Xu, J. Calder, and A. O. Hero III (2011) Multi-criteria anomaly detection using Pareto depth analysis, *arXiv preprint arXiv:1110.3741.*
31 R. C. Qiu (2012) *Towards a Large-Scale Cognitive Radio Network: Testbed, Distributed Sensing, and Random Matrices*, technical report. Research Proposal to NSF, Tennessee Technological University, February.
32 R. Qiu (2012) *Collection, Analysis and Exploitation of Big Data in Cognitive Radio Networks*, technical report. Research Proposal to NSF, Tennessee Technological University, November.
33 R. Qiu (2012) *Collaborative Research: Towards a Large-Scale Heterogeneous Cognitve Radio Network System: Tests and Validation, Big Data, and Cognitive Spectrum Management*, technical report. Research Proposal to NSF, Tennessee Technological University, June.
34 R. C. Qiu, (2012) *Towards a Large-Scale Cognitive Radio Network: Testbed, Distributed Sensing, and Random Matrices*, technical report. Proposal to NSF, Tennessee Technological University.
35 G. W. Anderson, A. Guionnet, and O. Zeitouni (2010) *An Introduction to Random Matrices*, Cambridge University Press.
36 K. Mardia, J. Kent, and J. Bibby (1979) *Multivariate Analysis*, Academic Press.
37 R. Muirhead (2005) *Aspects of Mutivariate Statistical Theory*, John Wiley & Sons, Ltd
38 D. Paul and A. Aue (2013) Random matrix theory in statistics: a review. *Journal of Statistical Planning and Inference* **150**, 1–29.
39 R. Qiu, Z. Hu, H. Li, and M. Wicks (2012) *Cognitive Communications and Networking: Theory and Practice*, John Wiley & Sons, Ltd.
40 R. Qiu and M. Wicks (2013) *Cognitive Networked Sensing and Big Data*, Springer Verlag.
41 T. Kolda (2013) *Matlab Tensor Toolbox*, version 2.5.
42 *Big Data across the Federal Government* (2012) Technical report. Executive Office of the President, March.
43 A. Rajaraman and J. D. Ullman (2012) *Mining of Massive Datasets*, Cambridge University Press.

44 C. Zhang and R. C. Qiu (2014) Data modeling with large random matrices in a cognitive radio network testbed: Initial experimental demonstrations with 70 nodes, *arXiv preprint arXiv:1404.3788.*

45 X. Wu, X. Zhu, G.-Q. Wu, and W. Ding (2014) Data mining with big data. *IEEE Transactions on Knowledge and Data Engineering* **26**(1), 97–107.

46 S. Barbarossa, S. Sardellitti, and P. Di Lorenzo (2013) Distributed detection and estimation in wireless sensor networks, *arXiv preprint arXiv:1307.1448.*

47 P. E. Dewdney, P. J. Hall, R. T. Schilizzi, and T. J. L. Lazio (2009) The square kilometre array. *Proceedings of the IEEE* **97**(7), 1482–1496.

48 E. Birney (2012) The making of encode: lessons for big-data projects. *Nature* **489**(7414), 49–51.

49 S. Boucheron, G. Lugosi, and P. Massart (2013) *Concentration Inequalities: A Nonasymptotic Theory of Independence*, Oxford University Press.

50 M. Talagrand (1995) Concentration of measure and isoperimetric inequalities in product spaces. *Publications Mathematiques de l'IHES*, **81**(1), 73–205.

51 E. Telatar (1999) Capacity of multi-antenna gaussian channels. *European Transactions on Telecommunications*, **10**(6), 585–595.

52 A. Tulino and S. Verdu, (2004) *Random Matrix Theory and Wireless Communications*, Now Publishers Inc.

53 Z. Bai, J. Chen, and J. Yao (2010) On estimation of the population spectral distribution from a high-dimensional sample covariance matrix. *Australian and New Zealand Journal of Statistics*, **52**(4), 423–437.

54 Tucci, G. H. and Vega, M. V. (2013) A note on functional averages over Gaussian ensembles. *Journal of Probability and Statistics*, https://www.hindawi.com/journals/jps/2013/941058/ (accessed September 20, 2016).

55 T. Tao, V. Vu, and M. Krishnapur (2010) Random matrices: Universality of ESDS and the circular law. *The Annals of Probability*, **38**(5), 2023–2065.

56 D. Chafaï (2014) From Boltzmann to random matrices and beyond, *arXiv preprint arXiv:1405.1003.*

57 Chafai, D., Gozlan, N. and Zitt, P. A. (2013) First order global asymptotics for confined particles with singular pair repulsion. *Annals of Applied Probability* **24**(6), 2371–2431.

58 D. Petz, (2001) Entropy, von Neumann and the Von Neumann entropy, in *John von Neumann and the Foundations of Quantum Physics* (eds. M. Redei and M. Stöltzner). Kluwer, pp. 83–96.

59 T. Cover and J. Thomas (2006) *Elements of Information Theory*. John Wiley & Sons, Ltd.

60 F. Li, W. Qiao, H. Sun, *et al.* (2010) Smart transmission grid: Vision and framework. *IEEE Transactions on Smart Grid* **1**(2), 168–177.

61 F. Lin, R. C. Qiu, Z. Hu, *et al.* (2012) Generalized fmd detection for spectrum sensing under low signal-to-noise ratio. *Communications Letters, IEEE* **16**(5), 604, 607.

62 P. J. Forrester, (2010) *Log-Gases and Random Matrices (LMS-34)*, Princeton University Press.

63 J. H. Porter, P. C. Hanson, and C.-C. Lin (2012) Staying afloat in the sensor data deluge. *Trends in Ecology and Evolution* **27**(2), 121–129.

64 D. Thompson, S. Burke-Spolaor, A. Deller, *et al.* (2013) Real time adaptive event detection in astronomic data streams: Lessons from the very long baseline array. *IEEE Intelligent Systems* **29**(1), 48–55.

65 D. L. Jones (2013) Technology challenges for the square kilometer array. *IEEE Aerospace and Electronics Systems Magazine* **28**(2) 18–23.

66 A.-J. van der Veen and S. J. Wijnholds (2013) Signal processing tools for radio

astronomy, in *Handbook of Signal Processing Systems* (eds S.S. Bhattacharyya and E.F. Deprettere). Springer, pp. 421–463.

67 T. Tao (2012) *Topics in Random Matrix Thoery*, American Mathematical Society.

68 R. A. Fisher (1922) On the mathematical foundations of theoretical statistics. *Philosophical Transactions of the Royal Society of London. Series A, Containing Papers of a Mathematical or Physical Character*, pp. 309–368.

69 N. L. Johnson (1993) *Breakthroughs in Statistics: Foundations and Basic Theory, Volume I*, vol. 1. Springer.

70 X. Li, F. Lin, and R. C. Qiu, (2014) Modeling massive amount of experimental data with large random matrices in a real-time uwb-mimo system, *arXiv preprint arXiv:1404.4078.*

71 R. Speicher (2014) Free probability and random matrices, *arXiv preprint arXiv:1404.3393.*

72 Z. Burda, R. Janik, and B. Waclaw (2010) Spectrum of the product of independent random gaussian matrices. *Physical Review E* **81**(4), 041132.

73 Z. Burda, A. Jarosz, G. Livan, *et al.* (2010) Eigenvalues and singular values of products of rectangular Gaussian random matrices. *Physical Review E* **82**(6), p. 061114.

74 A. Jarosz (2011) Summing free unitary random matrices. *Physical Review E*, **84**(1), 011146.

75 P. J. Forrester (2014) Eigenvalue statistics for product complex wishart matrices, *arXiv preprint arXiv:1401.2572.*

76 A. B. Kuijlaars and D. Stivigny (2014) Singular values of products of random matrices and polynomial ensembles, *arXiv preprint arXiv:1404.5802.*

77 E. Strahov (2014) Differential equations for singular values of products of ginibre random matrices, *arXiv preprint arXiv:1403.6368.*

78 P. J. Forrester and D.-Z. Liu (2014) Raney distributions and random matrix theory, *arXiv preprint arXiv:1404.5759.*

79 T. T. Cai, T. Liang, and H. H. Zhou (2013) Law of log determinant of sample covariance matrix and optimal estimation of differential entropy for high-dimensional gaussian distributions, *arXiv preprint arXiv:1309.0482.*

80 Y. Ahmadian, F. Fumarola, and K. D. Miller (2013) Properties of networks with partially structured and partially random connectivity, *arXiv preprint arXiv:1311.4672.*

81 N. E. Karoui and H.-T. Wu (2013) Vector diffusion maps and random matrices with random blocks, *arXiv preprint arXiv:1310.0188.*

82 J.-P. Bouchaud, L. Laloux, M. A. Miceli, and M. Potters (2007) Large dimension forecasting models and random singular value spectra. *The European Physical Journal B* **55**(2), 201–207.

83 P. Russom (2011) Big data analytics. *TDWI Best Practices Report, Fourth Quarter.*

84 F. Bach, H. K. Çakmak, H. Maass, and U. Kuehnapfel (2013) *Power Grid Time Series Data Analysis with Pig on a Hadoop Cluster Compared to Multi Core Systems*, Twenty-First Euromicro International Conference on Parallel, Distributed and Network-Based Processing (PDP), IEEE, pp. 208–212.

85 J. Depablos, V. Centeno, A. G. Phadke, and M. Ingram (2004) *Comparative Testing of Synchronized Phasor Measurement Units*, Power Engineering Society General Meeting, IEEE, pp. 948–954.

86 B. Blaszczyszyn, M. Jovanovic, and M. K. Karray (2013) Quality of real-time streaming in wireless cellular networks-stochastic modeling and analysis, *arXiv preprint arXiv:1304.5034.*

87 A. Sengupta and P. Mitra (1999) Distributions of singular values for some random matrices. *Physical Review E* **60**(3), 3389.

88 I. T. Jolliffe, N. T. Trendafilov, and M. Uddin (2003) A modified principal com-

ponent technique based on the lasso. *Journal of Computational and Graphical Statistics* **12**(3), 531–547.
89 A. Amini (2009) High-dimensional analysis of semidefinite relaxations for sparse principal components. *The Annals of Statistics,* **37**(5B), 2877–2921.
90 G. I. Allen, L. Grosenick, and J. Taylor (2011) A generalized least squares matrix decomposition, *arXiv preprint arXiv:1102.3074.*
91 G. McLachlan and D. Peel (2004) *Finite Mixture Models.* John Wiley & Sons, Inc.
92 A. Khalili and J. Chen (2007) Variable selection in finite mixture of regression models. *Journal of the American Statistical Association* **102**(479), 1025–1038.
93 N. Städler, P. Bühlmann, and S. van de Geer (2009) *L1 Penalization for Mixture Regression Models* ftp://ftp.stat.math.ethz.ch/Research-Reports/Other-Manuscripts/buhlmann/stadbuhlgeer-final.pdf (accessed September 12, 2016)
94 N. Städler and P. Bühlmann (2012) Missing values: sparse inverse covariance estimation and an extension to sparse regression. *Statistics and Computing* **22**(1), 219–235.
95 D. L. Donoho (2000) High-dimensional data analysis: The curses and blessings of dimensionality. AMS Math Challenges Lecture, pp. 1–32.
96 T. Hastie, R. Tibshirani, and J. Friedman (2009) *The Elements of Statistical Learning,* Springer.
97 P. L. Bühlmann, S. A. van de Geer, and S. Van de Geer (2011) *Statistics for High-Dimensional Data.* Springer.
98 J. Fan and Y. Fan (2008) High dimensional classification using features annealed independence rules. *Annals of Statistics* **36**(6), 2605.
99 J. Fan and J. Lv (2008) Sure independence screening for ultrahigh dimensional feature space. *Journal of the Royal Statistical Society: Series B (Statistical Methodology)* **70**(5), 849–911.
100 S. Boyd, N. Parikh, E. Chu, *et al.* (2011) Distributed optimization and statistical learning via the alternating direction method of multipliers. *Foundations and Trends® in Machine Learning* **3**(1), 1–122.
101 Fodor, I. K. (2002) A survey of dimension reduction techniques. *Lawrence Livermore National Laboratory tech. rep.*
102 E. P. Wigner (1951) On a class of analytic functions from the quantum theory of collisions. *The Annals of Mathematics* **53**(1), 36–67.
103 M. Mehta (2004) *Random Matrices,* Academic Press.
104 T. A. Brody, J. Flores, J. B. French, *et al.* (1981) Random-matrix physics: Spectrum and strength fluctuations. *Reviews of Modern Physics* **53**(3), 385.
105 T. Guhr, A. Müller-Groeling, and H. Weidenmüller (1998) Random-matrix theories in quantum physics: Common concepts. *Physics Reports,* **299**(4), 189–425.
106 M. Santhanam and P. K. Patra (2001) Statistics of atmospheric correlations. *Physical Review E* **64**(1), 016102.
107 L. Laloux, P. Cizeau, J.-P. Bouchaud, and M. Potters (1999) Noise dressing of financial correlation matrices. *Physical Review Letters* **83**(7), 1467.
108 N. Silver (2012) *The Signsi and the Noise: Why So Many Predictions Fail—but Some Don't.* Penguin Press.
109 E. Wigner (1958) On the distribution of the roots of certain symmetric matrices. *The Annals of Mathematics* **67**(2), 325–327.
110 E. Wigner (1955) Characteristic vectors of bordered matrices with infinite dimensions. *The Annals of Mathematics* **62**(3), 548–564,.
111 J. Ginibre (1965) Statistical ensembles of complex, quaternion, and real matrices. *Journal of Mathematical Physics* **6**, 440.

112 N. Lehmann and H.-J. Sommers (1991) Eigenvalue statistics of random real matrices. *Physical review letters* **67**(8), 941.
113 A. Edelman (1997) The probability that a random real gaussian matrix has k real eigenvalues, related distributions, and the circular law. *Journal of Multivariate Analysis* **60**(2), 203–232.
114 E. Kanzieper and G. Akemann (2005) Statistics of real eigenvalues in ginibres ensemble of random real matrices. *Physical Review Letters* **95**(23), 230201.
115 C. Biely and S. Thurner (2008) Random matrix ensembles of time-lagged correlation matrices: Derivation of eigenvalue spectra and analysis of financial time-series. *Quantitative Finance* **8**(7), 705–722.
116 J. Wishart (1928) The generalised product moment distribution in samples from a normal multivariate population. *Biometrika* **20**(1/2), 32–52.
117 V. Plerou, P. Gopikrishnan, B. Rosenow, *et al.* (1999) Universal and nonuniversal properties of cross correlations in financial time series. *Physical Review Letters* **83**(7), 1471–1474.
118 K. Mayya and R. Amritkar (2006) Analysis of delay correlation matrices, *arXiv preprint cond-mat/0601279.*
119 L. Laloux, P. Cizeau, M. Potters, and J. Bouchaud (2000). Random matrix theory and financial correlations. *International Journal of Theoretical and Applied Finance* **3**(3), 391–398.
120 T. Guhr and B. Kälber (2003) A new method to estimate the noise in financial correlation matrices. *Journal of Physics A: Mathematical and General* **36**(12), 3009.
121 Z. Burda and J. Jurkiewicz (2004) Signal and noise in financial correlation matrices. *Physica A: Statistical Mechanics and its Applications* **344**(1), 67–72.
122 Z. Burda, J. Jurkiewicz, and B. Waclaw (2005) Spectral moments of correlated wishart matrices. *Physical Review E* **71**(2), 26111.
123 J. Feinberg and A. Zee (1997) Non-gaussian non-hermitian random matrix theory: phase transition and addition formalism. *Nuclear Physics B* **501**(3), 643–669.
124 Z. Burda, A. T. Gorlich, and B. Waclaw (2006) Spectral properties of empirical covariance matrices for data with power-law tails. *Physical Review E,* **74**(4), 041129.
125 Z. Burda, A. Jarosz, M. A. Nowak, *et al.* (2011) Applying free random variables to random matrix analysis of financial data. part i: The gaussian case. *Quantitative Finance* **11**(7), 1103–1124.
126 D. Voiculescu, K. Dykema, and A. Nica (1992) *Free Random Variables.* American Mathematical Society.
127 R. Gopakumar and D. J. Gross (1995) Mastering the master field. *Nuclear Physics B* **451**(1), 379–415.
128 A. Zee (1996) Law of addition in random matrix theory. *Nuclear Physics B* **474**(3), 726–744.
129 R. Janik, M. Nowak, G. Papp, and I. Zahed (1999) Localization transitions from free random variables. *Acta Physica Polonica B* **30**, 45.
130 R. Speicher (1998) Combinatorial theory of the free product with amalgamation and operator-valued free probability theory. *Memoirs of the American Mathematical Society* **133**(634), 627–627.
131 R. Janik, M. Nowak, G. Papp, *et al.* (1997) Non-hermitian random matrix models: Free random variable approach. *Physical Review E* **55**(4), 4100.
132 H. Bercovici and D. Voiculescu (1993) Free convolution of measures with unbounded support. *Indiana University Mathematics Journal* **42**(3), 733–774.
133 H. Bercovici and V. Pata (1996) The law of large numbers for free identically distributed random variables. *The Annals of Probability,* 453–465.

134 Z. Burda, J. Jurkiewicz, M. A. Nowak, *et al.* (2001) Levy matrices and financial covariances, *arXiv preprint cond-mat/0103108.*

135 J. Silverstein and Z. Bai (1995) On the empirical distribution of eigenvalues of a class of large dimensional random matrices. *Journal of Multivariate analysis*, **54**(2), 175–192.

136 R. Couillet and M. Debbah (2011) *Random Matrix Methods for Wireless Communications.* Cambridge University Press.

137 A. Guionnet, M. Krishnapur, and O. Zeitouni (2009) The single ring theorem, *arXiv preprint arXiv:0909.2214.*

138 F. Benaych-Georges and J. Rochet (2013) Outliers in the single ring theorem, *arXiv preprint arXiv:1308.3064.*

139 B. Cakmak (2012) Non-hermitian random matrix theory for mimo channels, master's thesis, Norwegian University of Science and Technology.

140 F. Boccardi, R. W. Heath Jr, A. Lozano, *et al.* (2014) Five disruptive technology directions for 5g. *IEEE Communications Magazine* **52**, 74–80.

141 C.-X. Wang, F. Haider, X. Gao, *et al.* (2014) Cellular architecture and key technologies for 5g wireless communication networks. *IEEE Communications Magazine* **52**(2), 122–130.

142 R. Bryant, R. H. Katz, and E. D. Lazowska (2008) Big-data computing: Creating revolutionary breakthroughs in commerce. 2008.

143 S. P. Ahuja and B. Moore (2013) State of big data analysis in the cloud. *Network and Communication Technologies* **2**(1), p62.

144 E. Begoli and J. Horey (2012) Design Principles for Effective Knowledge Discovery from Big Data, in *Software Architecture (WICSA) and European Conference on Software Architecture (ECSA), 2012 Joint Working IEEE/IFIP Conference on*, IEEE, 215–218.

145 G. B. Giannakis, V. Kekatos, N. Gatsis, *et al.* (2013) Monitoring and optimization for power grids: A signal processing perspective, *arXiv preprint arXiv:1302.0885.*

146 R. Davis, O. Pfaffel, and R. Stelzer (2011) Limit theory for the largest eigenvalues of sample covariance matrices with heavy-tails, *Arxiv preprint arXiv:1108.5464.*

147 Z. Burda, J. Jurkiewicz, and M. A. Nowak (2003) Is econophysics a solid science?. *Acta Physica Polonica B* **34**, 87.

148 Z. Burda, R. Janik, J. Jurkiewicz, *et al.* (2002) Free random lévy matrices. *Physical Review E* **65**(2), 021106.

149 V. Plerou, P. Gopikrishnan, B. Rosenow, *et al.* (2002) Random matrix approach to cross correlations in financial data. *Physical Review E* **65**(6), 066126.

150 A. Utsugi, K. Ino, and M. Oshikawa (2004) Random matrix theory analysis of cross correlations in financial markets. *Physical Review E* **70**(2), 026110.

151 M. Potters, J.-P. Bouchaud, and L. Laloux (2005) Financial applications of random matrix theory: Old laces and new pieces. *Acta Physica Polonica B* **36**, 2767.

152 G. Livan and L. Rebecchi (2012) Asymmetric correlation matrices: an analysis of financial data. *The European Physical Journal B* **85**(6), 1–11.

153 G. Akemann, J. Fischmann, and P. Vivo (2010) Universal corrections and power-law tails in financial covariance matrices. *Physica A: Statistical Mechanics and its Applications* **389**, 2566–2579.

154 R. Schäfer, N. F. Nilsson, and T. Guhr (2010) Power mapping with dynamical adjustment for improved portfolio optimization. *Quantitative Finance* **10**(1), 107–119.

155 R. Schäfer and T. H. Seligman (2013) Emerging spectra of singular correlation matrices under small power-map deformations, *arXiv preprint arXiv:1304.4982.*

156 G. Akemann and P. Vivo (2008) Power law deformation of wishart–laguerre ensembles of random matrices. *Journal of Statistical Mechanics: Theory and Experiment* **2008**(09), P09002.

157 J. Fan, F. Han, and H. Liu (2013) Challenges of big data analysis, *arXiv preprint arXiv:1308.1479*.
158 G. I. Allen and P. O. Perry, "Singular Value Decomposition and High Dimensional Data," *Encyclopedia of Environmetrics*. 2013.
159 T. Palpanas (2013) Real-time data analytics in sensor networks," in *Managing and Mining Sensor Data*, 173–210, Springer.
160 Z. Bai, D. Jiang, J.-F. Yao, and S. Zheng (2009) Corrections to lrt on large-dimensional covariance matrix by rmt. *The Annals of Statistics*, 3822–3840.
161 E. Wigner (1967) Random matrices in physics. *Siam Review* **9**(1), 1–23.
162 E. Wigner (1965) Distribution laws for the roots of a random hermitian matrix. *Statistical Theories of Spectra: Fluctuations*, 446–461.
163 Z. Bai and J. Silverstein (2010) *Spectral Analysis of Large Dimensional Random Matrices*. Springer Verlag.
164 A. Edelman, B. D. Sutton, and Y. Wang (2014) Random matrix theory, numerical computation and applications. *Modern Aspects of Random Matrix Theory*, 2014, 72: 53.
165 C. Tracy and H. Widom (1994) Level-spacing distributions and the airy kernel. *Communications in Mathematical Physics* **159**(1), 151–174.
166 S. Kritchman and B. Nadler (2009) Non-parametric detection of the number of signals: hypothesis testing and random matrix theory. *Signal Processing, IEEE Transactions on* **57**(10), 3930–3941.
167 N. I. Akhiezer and N. Kemmer (1965) *The classical moment problem: and some related questions in analysis* **5**. Oliver & Boyd Edinburgh.
168 P. Lax (2002) *Functional Analysis*. John Wiley & Sons, Ltd.
169 F. Hiai and D. Petz (2000) *The Semicircle Law, Free Random Variables, and Entropy*. American Mathematical Society.
170 J. S. Geronimo and T. P. Hill (2003) Necessary and sufficient condition that the limit of stieltjes transforms is a stieltjes transform. *Journal of Approximation Theory* **121**(1), 54–60.
171 W. Rudin (1964) *Principles of mathematical analysis* **3**. McGraw-Hill New York.
172 V. Marchenko and L. Pastur (1967) Distributions of eigenvalues for some sets of random matrices. *Math. USSR-Sbornik* **1**, 457–483.
173 K. Wachter (1978) The strong limits of random matrix spectra for sample matrices of independent elements. *The Annals of Probability*, pp. 1–18.
174 J. W. Silverstein and Z. Bai (1995) On the empirical distribution of eigenvalues of a class of large dimensional random matrices. *Journal of Multivariate analysis* **54**(2), 175–192.
175 J. Silverstein (1995) Strong convergence of the empirical distribution of eigenvalues of large dimensional random matrices. *Journal of Multivariate Analysis* **55**(2), 331–339.
176 Z. Bai (1999) Methodologies in spectral analysis of large-dimensional random matrices, a review. *Statist. Sinica* **9**(3), 611–677.
177 I. Johnstone (2001) On the distribution of the largest eigenvalue in principal components analysis. *The Annals of statistics* **29**(2), 295–327.
178 N. El Karoui (2008) Spectrum estimation for large dimensional covariance matrices using random matrix theory. *The Annals of Statistics* **36**(6), 2757–2790.
179 P. Billingsley (2008) *Probability and measure*. John Wiley & Sons.
180 D. Jonsson (1982) Some limit theorems for the eigenvalues of a sample covariance matrix. *Journal of Multivariate Analysis* **12**(1), 1–38.
181 A. Lytova and L. Pastur (2009) Central limit theorem for linear eigenvalue statistics of random matrices with independent entries. *The Annals of Probability* **37**(5), 1778–1840.

182 T. Tao and V. Vu (2012) Random matrices: Sharp concentration of eigenvalues, *Arxiv preprint arXiv:1201.4789.*

183 A. Edelman and Y. Wang (2013) Random matrix theory and its innovative applications," in *Advances in Applied Mathematics, Modeling, and Computational Science*, 91–116, Springer.

184 B. Spain and M. G. Smith (1970) *Functions of mathematical physics*. Van Nostrand Reinhold London.

185 J. K. Hunter and B. Nachtergaele (2001) *Applied analysis*. World Scientific.

186 L. Erdős, H.-T. Yau, and J. Yin (2012) Rigidity of eigenvalues of generalized wigner matrices. *Advances in Mathematics* **229**(3), 1435–1515.

187 J. Najim (2013) Gaussian fluctuations for linear spectral statistics of large random covariance matrices, *arXiv preprint arXiv:1309.3728.*

188 Z. D. Bai and J. W. Silverstein (2004) Clt for linear spectral statistics of large-dimensional sample covariance matrices. *The Annals of Probability* **32**(1A), 553–605.

189 S. Zheng (2012) Central limit theorems for linear spectral statistics of large dimensional f-matrices, in *Annales de l'Institut Henri Poincaré, Probabilités et Statistiques* **48**, 444–476, Institut Henri Poincaré.

190 Z. Bai and J. Silverstein (2004) Clt for linear spectral statistics of large-dimensional sample covariance matrices. *The Annals of Probability* **32**(1A), 553–605.

191 S. Zheng, Z. Bai, and J. Yao (2013) Clt for linear spectral statistics of random matrix $\mathbf{st}^{-1}$, *arXiv preprint arXiv:1305.1376.*

192 C. R. Rao (1973) *Linear statistical inference and its applications* **22**. John Wiley & Sons.

193 K. Wang (2013) *Optimal upper bound for the infinity norm of eigenvectors of random matrices*. PhD thesis, Rutgers, The State University of New Jersey.

194 L. Erdős, B. Schlein, and H. Yau (2009) Semicircle law on short scales and delocalization of eigenvectors for wigner random matrices. *The Annals of Probability* **37**(3), 815–852.

195 T. Tao and V. Vu (2010) Random matrices: The distribution of the smallest singular values. *Geometric And Functional Analysis* **20**(1), 260–297.

196 L. Gross (1993) Logarithmic sobolev inequalities and contractivity properties of semigroups. *Dirichlet forms*, 54–88.

197 S. Bobkov and F. Götze (1999) Exponential integrability and transportation cost related to logarithmic sobolev inequalities. *Journal of Functional Analysis* **163**(1), 1–28.

198 M. Ledoux (1999) Concentration of measure and logarithmic sobolev inequalities. *Seminaire de probabilites XXXIII*, 120–216.

199 A. Guionnet and O. Zeitouni (2000) Concentration of the spectral measure for large matrices. *Electron. Comm. Probab* **5**, 119–136.

200 E. G. Larsson, F. Tufvesson, O. Edfors, and T. L. Marzetta (2013) Massive mimo for next generation wireless systems, *arXiv preprint arXiv:1304.6690.*

201 D. Passemier (2012) *Inférence statistique dans un modèle à variances isolées de grande dimension*. PhD thesis, Université Rennes 1.

202 L. Erdos (2012) Universality for random matrices and log-gases, *arXiv preprint arXiv:1212.0839.*

203 P. Wong (2013) *Local semicircle laws for the Gaussian β-ensembles*. PhD thesis.

204 L. Erdős and H.-T. Yau (2012) Universality of local spectral statistics of random matrices. *Bulletin of the American Mathematical Society* **49**(3), 377–414.

205 L. Li and A. Soshnikov (2013) Central limit theorem for linear statistics of eigenvalues of band random matrices, *arXiv preprint arXiv:1304.6744.*

206 A. Knowles and J. Yin (2012) The outliers of a deformed wigner matrix, *arXiv* *preprint arXiv:1207.5619.*

207 M. S. Pinsker (1960) Information and information stability of random variables and processes. Holden-Day, 1964.

208 S. Verdu (1986) Capacity region of gaussian cdma channels: The symbolsynchronous case, in *Proc. 24th Allerton Conf,* 1025–1034.

209 G. Foschini (1996) Layered Space-Time Architecture for Wireless Communication in Fading Environment. *Bell Labs Technical Journal* **1**(2), 41–59.

210 E. Telatar (1995) *Capacity of Multiple-Antenna Gaussian Channels.* AT&T Bell Labs Internal Tech. Memo, June.

211 L. Brandenburg and A. Wyner (1974) Capacity of the gaussian channel with memory: The multivariate case. *Bell System Technical Journal* **53**(5), 745–778.

212 B. Tsybakov (1965) Transmission capacity of memoryless gaussian vector channels. *Russion,* Probl. Peredach. Inform, **1**, 26–40.

213 Y. Chen, Y. C. Eldar, and A. Goldsmith (2013) Minimax capacity loss under sub-nyquist universal sampling, *arXiv preprint arXiv:1304.7751.*

214 M. Shcherbina (2011) Central limit theorem for linear eigenvalue statistics of the wigner and sample covariance random matrices, *Arxiv preprint arXiv:1101. 3249.*

215 S. ORourke and A. Soshnikov (2013) Partial linear eigenvalue statistics for wigner and sample covariance random matrices. *Journal of Theoretical Probability,* 1–19.

216 S. ORourke (2012) A note on the marchenko-pastur law for a class of random matrices with dependent entries. *Electronic Communications in Probability* **17**, 1–13.

217 A. K. Gupta and D. K. Nagar (2000) *Matrix variate distributions* **104**. CRC Press.

218 Z. Bai and J. Yao (2011) On sample eigenvalues in a generalized spiked population model. *Journal of Multivariate Analysis,* 2012, **106**(1): 167–177.

219 V. Marčenko and L. Pastur (1967) Distribution of eigenvalues for some sets of random matrices. *Mathematics of the USSR-Sbornik* **1**, 457.

220 W. Li, J. Chen, Y. Qin, J. Yao, and Z. Bai (2013) Estimation of the population spectral distribution from a large dimensional sample covariance matrix, *arXiv preprint arXiv:1302.0355.*

221 Y. Yin (1986) Limiting spectral distribution for a class of random matrices. *Journal of multivariate analysis* **20**(1), 50–68.

222 J. Silverstein and S. Choi (1995) Analysis of the limiting spectral distribution of large dimensional random matrices. *Journal of Multivariate Analysis,* **54**(2), 295–309.

223 M. Rosenblatt (1956) Remarks on some nonparametric estimates of a density function. *The Annals of Mathematical Statistics,* 832–837.

224 E. Parzen (1962) On estimation of a probability density function and mode. *The annals of mathematical statistics* **33**(3), 1065–1076.

225 P. Hall (1984) An optimal property of kernel estimators of a probability density. *Journal of the Royal Statistical Society. Series B (Methodological),* 134–138.

226 B. W. Silverman (1986) *Density estimation for statistics and data analysis* **26**. CRC Press.

227 L. Devroye and G. Lugosi (2001) *Combinatorial methods in density estimation.* Springer.

228 B.-Y. Jing, G. Pan, Q.-M. Shao, and W. Zhou (2010) Nonparametric estimate of spectral density functions of sample covariance matrices: A first step. *The Annals of Statistics* **38**(6), 3724–3750.

229 G. Pan, Q.-M. Shao, and W. Zhou (2010) Central limit theorem of nonparametric estimate of spectral density functions of sample covariance matrices, *arXiv preprint arXiv:1008.3954.*

230 Raginsky, M. (2011) *Concentration inequalities*, http://maxim.ece.illinois.edu/teaching/spring11/notes/concentration.pdf (accessed. September 11, 2016)
231 C. McDiarmid (1989) On the method of bounded differences. *Surveys in combinatorics* **141**(1), 148–188.
232 D. N. C. Tse and S. V. Hanly (1999) Linear multiuser receivers: Effective interference, effective bandwidth and user capacity. *Information Theory, IEEE Transactions on* **45**(2), 641–657.
233 Z. Bai and J. Silverstein (1998) No eigenvalues outside the support of the limiting spectral distribution of large-dimensional sample covariance matrices. *The Annals of Probability* **26**(1), 316–345.
234 G. Pan, Q. Shao, and W. Zhou (2011) Universality of sample covariance matrices: Clt of the smoothed empirical spectral distribution, *Arxiv preprint arXiv:1111.5420.*
235 W. Wu (2005) Nonlinear system theory: Another look at dependence. *Proceedings of the National Academy of Sciences of the United States of America* **102**(40), 14150.
236 W. Wu (2011) Asymptotic theory for stationary processes, *Statistics and Its Interface, 0,* 1–20.
237 M. B. Priestley (1988) Non-Linear and Non-Stationary Time Series Analysis, The Red Republican & The Friend of the people. Barnes & Noble Inc. 1989: 385–386.
238 W. B. Wu (2007) Strong invariance principles for dependent random variables. *The Annals of Probability* **35**(6), 2294–2320.
239 M. Banna, F. Merlevede, *et al.* (2013) Limiting Spectral Distribution of Large Sample Covariance Matrices Associated with a Class of Stationary Processes. *Journal of Theoretical Probability*, 2015, **28**(2): 745–783
240 M. Forni, M. Hallin, M. Lippi, and L. Reichlin (2005) The generalized dynamic factor model. *Journal of the American Statistical Association* **100**(471).
241 R. Vautard, P. Yiou, and M. Ghil (1992) Singular-spectrum analysis: A toolkit for short, noisy chaotic signals. *Physica D: Nonlinear Phenomena* **58**(1), 95–126.
242 A. Zhigljavsky (2012) Singular spectrum analysis: Present, past and future., in *International Conference on Forecasting Economic and Financial Systems*, (Beijing, China).
243 Z. Bai and J. W. Silverstein (2012) No eigenvalues outside the support of the limiting spectral distribution of information-plus-noise type matrices. *Random Matrices: Theory and Applications* 2012, **01**(1): 1150004.
244 B. Jin, C. Wang, Z. Bai, *et al.* A note on the limiting spectral distribution of a symmetrized auto-cross covariance matrix. Annals of Applied Probability, 2014, **24**(3): 333–340.
245 H. Liu, A. Aue, and D. Paul (2013) On the marcenko-pastur law for linear time series, *arXiv preprint arXiv:1310.7270.*
246 A. Auffinger, G. Ben Arous, and S. Péché (2009) Poisson convergence for the largest eigenvalues of heavy tailed random matrices. *Ann. Inst. Henri Poincaré Probab. Stat* **45**(3), 589–610.
247 N. Xia (2013) *LIMITING BEHAVIOR OF EIGENVECTORS OF LARGE DIMENSIONAL RANDOM MATRICES.* Phd dissertation, National University of Singapore.
248 D. Passemier and J.-F. Yao (2013) Variance estimation and goodness-of-fit test in a high-dimensional strict factor model, *arXiv preprint arXiv:1308.3890.*
249 G. Pan (2011) Comparison between two types of large sample covariance matrices. Annales De L Institut Henri Poincaré Probabilités Et Statistiques, 2014, **50**(2): 655–677.
250 C. Wang, B. Jin, and B. Miao (2011) On limiting spectral distribution of large sample covariance matrices by varma (p, q). *Journal of Time Series Analysis* **32**(5), 539–546.

251 J. Yao (2012) A note on a marčenko–pastur type theorem for time series. *Statistics & Probability Letters* **82**(1), 22–28.
252 O. Pfaffel and E. Schlemm (2012) Eigenvalue distribution of large sample covariance matrices of linear processes, *arXiv preprint arXiv:1201.3828.*
253 O. Pfaffel (2012) Eigenvalues of large random matrices with dependent entries and strong solutions of sdes. *Doctor Thesis (Technische Universitat Munchen, Lehrstuhl fur Mathematische Statistik, 2013).*
254 A. Chakrabarty, R. S. Hazra, and P. Roy (2013) Maximum eigenvalue of symmetric random matrices with dependent heavy tailed entries, *arXiv preprint arXiv:1309.1407.*
255 C. W. Granger (2001) Macroeconometrics–past and future. *Journal of Econometrics* **100**(1), 17–19.
256 A. Clauset, C. R. Shalizi, and M. E. Newman (2009) Power-law distributions in empirical data. *SIAM review* **51**(4), 661–703.
257 L. Debnath and P. Mikusiński (2005) *Hilbert spaces with applications.* Academic press.
258 J.-P. Bouchaud and M. Potters (2000) *Theory of financial risks: from statistical physics to risk management* **12**. Cambridge University Press Cambridge.
259 A. Nica and R. Speicher (2006) Lectures on the combinatorics of free probability, London mathematical society. Cambridge UK, 2010.
260 O. E. Barndorff-Nielsen and S. Thorbjornsen (2002) Lévy laws in free probability. *Proceedings of the National Academy of Sciences* **99**(26), 16568–16575.
261 Janik R. A., Nowak M. A., Papp G, et al. Various Shades of Blue's Functions. Acta Physica Polonica, 1997, 28(12).
262 R. Müller (2003) Applications of large random matrices in communications engineering, in *Proc. Int. Conf. on Advances Internet, Process., Syst., Interdisciplinary Research (IPSI), Sveti Stefan, Montenegro.*
263 W. Hachem, P. Loubaton, and J. Najim (2011) Applications of large random matrices to digital communications and statistical signal processing. EUSIPCO, September. Presentation (133 slides).
264 L. Pastur (2005) A simple approach to the global regime of gaussian ensembles of random matrices. *Ukrainian Mathematical Journal* **57**(6), 936–966.
265 W. Hachem, P. Loubaton, and J. Najim (2007) Deterministic equivalents for certain functionals of large random matrices, *The Annals of Applied Probability* **17**(3), 875–930.
266 P. Vallet (2011) Random matrix theory and applications to statistical signal processing." PhD Dissertation, November. Universite Paris-Est.
267 G. Pan (2010) Strong convergence of the empirical distribution of eigenvalues of sample covariance matrices with a perturbation matrix. *Journal of Multivariate Analysis* **101**(6), 1330–1338.
268 A. Gittens and J. Tropp (2011) Tail bounds for all eigenvalues of a sum of random matrices, *Arxiv preprint arXiv:1104.4513.*
269 D. Voiculescu (1987) Multiplication of certain non-commuting random variables. *Journal of Operator Theory* **18**(2), 223–235.
270 D. Voiculescu (1991) Limit laws for random matrices and free products. *Inventiones mathematicae* **104**(1), 201–220.
271 R. Muller, D. Guo, and A. Moustakas (2008) Vector precoding for wireless mimo systems and its replica analysis. *Selected Areas in Communications, IEEE Journal on* **26**(3), 530–540.
272 N. R. Rao and R. Speicher (2007) Multiplication of free random variables and the s-transform: the case of vanishing mean. *Electronic Communications in Probability* **12**, 248–258.

273 J. M. Lindsay and V. Pata (1997) Some weak laws of large numbers in noncommutative probability. *Mathematische Zeitschrift* **226**(4), 533–543.
274 U. Haagerup and S. Möller (2013) The law of large numbers for the free multiplicative convolution. *Operator Algebra and Dynamics*, 157–186.
275 G. Tucci and P. Whiting (2011) Eigenvalue results for large scale random vandermonde matrices with unit complex entries. *Information Theory, IEEE Transactions on* **57**(6), 3938–3954.
276 P. Billingsley (1968) *Weak Convergence of Probability Measures.* John Wiley.
277 M. Desgroseilliers, O. Lévêque, and E. Preissmann (2013) Partially random matrices in line-of-sight wireless networks. *Proc., IEEE Asilomar, Pacific Grove, CA.*
278 M. Desgroseilliers, O. Lévêque, and E. Preissmann (2013) Spatial degrees of freedom of mimo systems in line-of-sight environment, in *Information Theory Proceedings (ISIT), 2013 IEEE International Symposium on*, 834–838,
279 T. Kailath, A. Sayed, and B. Hassibi (2000) *Linear Estimation.* Prentice Hall.
280 M. Politi, E. Scalas, D. Fulger, and G. Germano (2010) Spectral densities of wishart-lévy free stable random matrices. *The European Physical Journal B* **73**(1), 13–22.
281 O. Ryan and M. Debbah (2009) Asymptotic behavior of random vandermonde matrices with entries on the unit circle. *Information Theory, IEEE Transactions on* **55**(7), 3115–3147.
282 R. R. Müller, G. Alfano, B. M. Zaidel, and R. de Miguel (2013) Applications of large random matrices in communications engineering, *arXiv preprint arXiv:1310. 5479.*
283 G. H. Tucci and P. A. Whiting (2012) Asymptotic behavior of the maximum and minimum singular value of random vandermonde matrices. *Journal of Theoretical Probability*, 1–37.
284 H. S. Dhillon and G. Caire (2014) Scalability of line-of-sight massive mimo mesh networks for wireless backhaul, in *submitted to IEEE Intl. Symposium on Information Theory, Honolulu, HI.*
285 H. S. Dhillon and G. Caire, Information theoretic upper bound on the capacity of wireless backhaul networks. 2014: 251–255.
286 Y. Chen, A. J. Goldsmith, and Y. C. Eldar (2013) Non-Asymptotic Analysis of Random Vector Channels. 2013.
287 J. R. Ipsen and M. Kieburg (2013) Weak commutation relations and eigenvalue statistics for products of rectangular random matrices, *arXiv preprint arXiv:1310.4154.*
288 R. Remmert (1991) *Theory of complex functions* **122**. Springer.
289 Z. Burda, R. Janik, and M. Nowak (2011) Multiplication law and s transform for non-hermitian random matrices. *Physical Review E* **84**(6), 061125.
290 K. J. Dykema (2006) On the s-transform over a banach algebra. *Journal of Functional Analysis* **231**(1), 90–110.
291 Biane, P. and Lehner, F. (2001) Computation of some examples of Brown's spectral measure in free probability. Mathematics, **2001**(2): 181–211.
292 U. Haagerup and F. Larsen (2000) Brown's spectral distribution measure for r-diagonal elements in finite von neumann algebras. *Journal of Functional Analysis* **176**(2), 331–367.
293 G. H. Tucci (2010) Limits laws for geometric means of free random variables. *Indiana University mathematics journal* **59**(1), 1–13.
294 D. Voiculescu (2000) Lectures on free probability theory. *Lectures on probability theory and statistics (Saint-Flour, 1998)* **1738**, 279–349.
295 V. Kargin (2008) On asymptotic growth of the support of free multiplicative convolutions. *Electronic Communications in Probability* **13**, 415–412.

296 O. Arizmendi and C. Vargas (2012) Products of free random variables and k-divisible partitions, *arXiv preprint arXiv:1201.5825.*

297 N. J. Higham (2008) *Functions of matrices: theory and computation.* Siam.

298 K. Knopp (1957) *Theory and application of infinite series.* Blackie Son.

299 M. Krishnapur (2009) From random matrices to random analytic functions. *The Annals of Probability* **37**(1), 314–346.

300 T. Rogers (2010) Universal sum and product rules for random matrices. *Journal of Mathematical Physics* **51**, 093304.

301 P. J. Forrester and A. Mays (2012) Pfaffian point process for the gaussian real generalised eigenvalue problem. *Probability Theory and Related Fields* **154**(1–2), 1–47.

302 C. Bordenave (2011) On the spectrum of sum and product of non-hermitian random matrices. *Electronic Communications in Probability* **16**, 104–113.

303 E. E. T. Whittaker and G. Watson (1980) *A course of modern analysis.* Cambridge University Press.

304 T. J. I. Bromwich (1991) *An Introduction to the Theory of Infinite Series.* 1951, **78**(2020): 242–242.

305 N. Alexeev, F. Götze, and A. Tikhomirov (2010) Asymptotic distribution of singular values of powers of random matrices. *Lithuanian mathematical journal* **50**(2), 121–132.

306 T. Banica, S. Belinschi, M. Capitaine, and B. Collins (2011) Free bessel laws. *Canad. J. Math* **63**(1), 3–37.

307 F. Benaych-Georges (2010) On a surprising relation between the marchenko–pastur law, rectangular and square free convolutions, in *Annales de l'Institut Henri Poincaré, Probabilités et Statistiques* **46**, 644–652, Institut Henri Poincaré.

308 H. Bateman and A. Erdélyi (1981) *Higher transcendental functions.* Krieger.

309 K. Życzkowski, K. A. Penson, I. Nechita, and B. Collins (2011) Generating random density matrices. *Journal of Mathematical Physics* **52**, 062201.

310 T. Neuschel (2013) Plancherel-rotach formulae for average characteristic polynomials of products of ginibre random matrices and the fuss-catalan distribution. *Random Matrices Theory & Applications*, 2013, **3**(01):14500031-145000318.

311 Z. Burda, M. Nowak, and A. Swiech (2012) New spectral relations between products and powers of isotropic random matrices, *arXiv preprint arXiv:1205.1625.*

312 Z. Burda, G. Livan, and A. Swiech (2013) Commutative law for products of infinitely large isotropic random matrices, *arXiv preprint arXiv:1303.5360.*

313 V. I. Oseledec (1968) A multiplicative ergodic theorem. lyapunov characteristic numbers for dynamical systems. *Trans. Moscow Math. Soc* **19**(2), 197–231.

314 C. M. Newman (1986) The distribution of lyapunov exponents: Exact results for random matrices. *Communications in mathematical physics* **103**(1), 121–126.

315 P. J. Forrester (2013) Lyapunov exponents for products of complex gaussian random matrices. *Journal of Statistical Physics*, 1–13.

316 D. Mannion (1993) Products of 2 × 2 random matrices. *The Annals of Applied Probability* **3**(4), 1189–1218.

317 J. Marklof, Y. Tourigny, and L. Wolowski (2008) Explicit invariant measures for products of random matrices. *Transactions of the American Mathematical Society* **360**(7), 3391–3427.

318 M. Pollicott (2010) Maximal lyapunov exponents for random matrix products. *Inventiones mathematicae* **181**(1), 209–226.

319 V. Kargin (2013) On the largest lyapunov exponent for products of gaussian matrices, *arXiv preprint arXiv:1306.6576.*

320 S. Skipetrov and A. Goetschy (2011) Eigenvalue distributions of large euclidean random matrices for waves in random media. *Journal of Physics A: Mathematical and Theoretical* **44**, 065102.

321 A. Goetschy and S. Skipetrov (2011) Non-hermitian euclidean random matrix theory. *PHYSICAL REVIEW E Phys Rev E* **81**, 011150. American Physical Society.
322 A. Jarosz and M. A. Nowak (2004) A novel approach to non-hermitian random matrix models, *arXiv preprint math-ph/0402057*.
323 A. Jarosz and M. A. Nowak (2006) Random hermitian versus random non-hermitian operators unexpected links. *Journal of Physics A: Mathematical and General* **39**(32), 10107.
324 M. Mehta (1967) *Random matrices and the statistical theory of energy levels*. Academic Press.
325 G. Pan and W. Zhou (2010) Circular law, extreme singular values and potential theory. *Journal of Multivariate Analysis* **101**(3), 645–656.
326 T. Tao and V. Vu (2011) Random matrices: Universality of local eigenvalue statistics. *Acta mathematica*, 1–78.
327 T. Tao and V. Vu (2007) Random matrices: the circular law, *Arxiv preprint arXiv:0708.2895*.
328 C. Bordenave and D. Chafaï (2012) Around the circular law. *Probability Surveys* **9**.
329 C. Bordenave and D. Chafaı (2013) The circular law.
330 S. Coleri, M. Ergen, A. Puri, and A. Bahai (2002) Channel estimation techniques based on pilot arrangement in ofdm systems. *Broadcasting, IEEE Transactions on* **48**(3), 223–229.
331 J.-J. Van de Beek, O. Edfors, M. Sandell, *et al.* (1995) On channel estimation in ofdm systems, in *Vehicular Technology Conference, 1995 IEEE 45th*, vol. 2, 815–819.
332 O. Edfors, M. Sandell, J.-J. Van de Beek, *et al.* (1998) Ofdm channel estimation by singular value decomposition. *Communications, IEEE Transactions on* **46**(7), 931–939.
333 T. Tao (2011) Outliers in the spectrum of iid matrices with bounded rank perturbations. *Probability Theory and Related Fields*, 1–33.
334 C. Bordenave, P. Caputo, and D. Chafai (2013) Spectrum of markov generators on sparse random graphs, *arXiv:1202.0644v2*, p. 33, March.
335 J. Baik, G. Ben Arous, and S. Péché (2005) Phase transition of the largest eigenvalue for nonnull complex sample covariance matrices. *The Annals of Probability* **33**(5), 1643–1697.
336 A. Guionnet and O. Zeitouni (2012) Support convergence in the single ring theorem. *Probability Theory and Related Fields* **154**(3–4), 661–675.
337 M. Rudelson and R. Vershynin (2013) Invertibility of random matrices: unitary and orthogonal perturbations. *Journal of the American Mathematical Society*.
338 H. Sommers, A. Crisanti, H. Sompolinsky, and Y. Stein (1988) Spectrum of large random asymmetric matrices. *Physical review letters* **60**(19), 1895–1898.
339 A. Naumov (2012) The elliptic law, *arXiv preprint arXiv:1201.1639*.
340 A. Naumov (2012) Universality of some models of random matrices and random processes. ARCHIVE Proceedings of the Institution of Mechanical Engineers Part J *Journal of Engineering Tribology* 1994–1996 (vols 208–210), 2007, **221**(2): 161–164.
341 H. Nguyen and S. O'Rourke (2012) The elliptic law, *arXiv preprint arXiv:1208.5883*.
342 M. Capitaine, C. Donati-Martin, and D. Féral (2009) The largest eigenvalues of finite rank deformation of large wigner matrices: convergence and nonuniversality of the fluctuations. *The Annals of Probability* **37**(1), 1–47.
343 M. Capitaine, C. Donati-Martin, D. Féral, and M. Février (2011) Free convolution with a semi-circular distribution and eigenvalues of spiked deformations of wigner matrices. preprint (2010). *Elec. J. Probab.* **16**(64), 1750–1792.
344 Z. Füredi and J. Komlós (1981) The eigenvalues of random symmetric matrices. *Combinatorica* **1**(3), 233–241.

345 T. Tao (2013) Outliers in the spectrum of iid matrices with bounded rank perturbations. *Probability Theory and Related Fields* **155**(1–2), 231–263.
346 R. R. Müller, M. Vehkaperä, and L. Cottatellucci (2013) Blind Pilot Decontamination. International ITG Workshop on Smart Antennas. VDE, 2013: 1–6.
347 R. R. Müller, M. Vehkaperä, and L. Cottatellucci (2013) Analysis of blind pilot decontamination, in *Proceedings of the 47th Annual Asilomar Conference on Signals, Systems, and Computers.*
348 B. Cakmak, R. R. Müller, and B. H. Fleury (2013) Beyond multiplexing gain in large mimo systems, *arXiv preprint arXiv:1306.2595.*
349 R. R. Muller and B. Cakmak (2012) Channel modelling of mu-mimo systems by quaternionic free probability, in *Information Theory Proceedings (ISIT), 2012 IEEE International Symposium on,* 2656–2660.
350 B. Çakmak, R. R. Müller, and B. H. Fleury (2013) Beyond multiplexing gain in large mimo systems, *arXiv preprint arXiv:1306.2595.*
351 Z. Burda, A. Jarosz, G. Livan, (2011) Eigenvalues and singular values of products of rectangular gaussian random matrices (the extended version), *Arxiv preprint arXiv:1103.3964.*
352 G. Akemann and Z. Burda (2012) Universal microscopic correlation functions for products of independent ginibre matrices. *Journal of Physics A: Mathematical and Theoretical* **45**(46), 465201.
353 G. Akemann, M. Kieburg, and L. Wei (2013) Singular value correlation functions for products of wishart random matrices. *Journal of Physics A: Mathematical and Theoretical* **46**(27), 275205.
354 G. Akemann, J. R. Ipsen, and M. Kieburg (2013) Products of rectangular random matrices: Singular values and progressive scattering. *Physical Review E* **88**(5), 052118.
355 P. J. Forrester (2013) Probability of all eigenvalues real for products of standard gaussian matrices, *arXiv preprint arXiv:1309.7736.*
356 V. Y. Protasov and R. Jungers (2013) Lower and upper bounds for the largest lyapunov exponent of matrices. *Linear Algebra and its Applications.*
357 V. Kargin (2008) Lyapunov exponents of free operators. *Journal of Functional Analysis* **255**(8), 1874–1888.
358 A. Goetschy and S. Skipetrov (2013) Euclidean random matrices and their applications in physics, *arXiv preprint arXiv:1303.2880.*
359 A. Goetschy (2011) *Lumière dans les milieux atomiques désordonnés: théorie des matrices euclidiennes et lasers aléatoires.* PhD thesis, Université de Grenoble.
360 A. Goetschy and S. Skipetrov (2011) Euclidean matrix theory of random lasing in a cloud of cold atoms. *EPL (Europhysics Letters)* **96**(3), 34005.
361 M.-T. Rouabah, M. Samoylova, R. Bachelard, *et al.* (2014) Coherence effects in scattering order expansion of light by atomic clouds, *arXiv preprint arXiv:1401.5704.*
362 C. Bordenave, P. Caputo, and D. Chafaï (2008) Circular law theorem for random markov matrices. *Probability Theory and Related Fields,* 1–29.
363 C. Bordenave (2013) On euclidean random matrices in high dimension. *Electronic Communications in Probability* **18**, 1–8.
364 T. Jiang (2013) Distributions of eigenvalues of large euclidean matrices generated from lp balls and spheres. *Linear Algebra and its Applications.*
365 Y. Do and V. Vu (2013) The spectrum of random kernel matrices: universality results for rough and varying kernels. *Random Matrices Theory & Applications,* **2**(03).
366 X. Cheng (2013) Random Matrices in High-dimensional Data Analysis. Princeton NJ Princeton University, 2013.
367 F. Benaych-Georges and R. Nadakuditi (2012) The singular values and vectors of

low rank perturbations of large rectangular random matrices. *Journal of Multivariate Analysis* **111**, 120–135.

368 S. O'Rourke and D. Renfrew (2013) Low rank perturbations of large elliptic random matrices, *arXiv preprint arXiv:1309.5326.*

369 C. Stein (1975) Estimation of a covariance matrix. reitz lecture, in *Reitz Lecture, IMS-ASA Annual Meeting.* (Also unpublished lecture notes.)

370 A. P. Dempster (1972) Covariance selection. *Biometrics,* 157–175.

371 T. Anderson (2003) An introduction to multivariate statistical analysis. *Wiley series in probability and mathematical statistics.* Wiley, 1984.

372 W. James and C. Stein (1961) Estimation with quadratic loss, in *Proceedings of the fourth Berkeley symposium on mathematical statistics and probability* **1**, 361–379.

373 C. Stein (1956) Inadmissibility of the usual estimator for the mean of a multivariate normal distribution, in *Proceedings of the Third Berkeley symposium on mathematical statistics and probability* **1**, 197–206.

374 D. I. Warton (2008) Penalized normal likelihood and ridge regularization of correlation and covariance matrices. *Journal of the American Statistical Association* **103**(481).

375 O. Ledoit and M. Wolf (2004) A well-conditioned estimator for large-dimensional covariance matrices. *Journal of multivariate analysis* **88**(2), 365–411.

376 Y. Sheena and A. K. Gupta (2003) Estimation of the multivariate normal covariance matrix under some restrictions. *Statistics & Decisions/International mathematical Journal for stochastic methods and models* **21**(4/2003), 327–342.

377 S. Boyd and L. Vandenberghe (2004) *Convex optimization.* Cambridge Univ Pr.

378 M. Grant, S. Boyd, and Y. Ye (2008) Cvx: Matlab software for disciplined convex programming.

379 M. Andersen, J. Dahl, and L. Vandenberghe, CVXOPT: Python software for convex optimization. 2009.

380 R. Bellman, R. E. Bellman, R. E. Bellman, and R. E. Bellman (1970) *Introduction to matrix analysis* **10**. SIAM.

381 X. Deng and K.-W. Tsui (2013) Penalized covariance matrix estimation using a matrix-logarithm transformation. *Journal of Computational and Graphical Statistics* **22**(2), 494–512.

382 C. M. Stein (1981) Estimation of the mean of a multivariate normal distribution. *The annals of Statistics,* 1135–1151.

383 I. Johnstone (2007) *Gaussian estimation: Sequence and wavelet models.* Springer Texts in Statistics, Manuscript, December.

384 E. J. Candes, C. A. Sing-Long, and J. D. Trzasko (2012) Unbiased risk estimates for singular value thresholding and spectral estimators, *arXiv preprint arXiv:1210.4139.*

385 E. Candes, C. Sing-Long, and J. Trzasko, Unbiased Risk Estimates for Singular Value Thresholding and Spectral Estimators. *IEEE Transactions on Signal Processing,* 2013, **61**(19): 4643–4657.

386 C.-A. Deledalle, S. Vaiter, G. Peyré, *et al.* (2012) Risk estimation for matrix recovery with spectral regularization, *arXiv preprint arXiv:1205.1482.*

387 S. Oymak and B. Hassibi (2013) On a relation between the minimax risk and the phase transitions of compressed recovery. Communication, Control, and Computing. 2012: 1018–1025.

388 S. Oymak and B. Hassibi (2013) Asymptotically exact denoising in relation to compressed sensing, *arXiv preprint arXiv:1305.2714.*

389 D. L. Donoho and M. Gavish (2013) Minimax risk of matrix denoising by singular value thresholding, *arXiv preprint arXiv:1304.2085.*

390 M. Verbanck, J. Josse, and F. Husson (2013) Regularised pca to denoise and visu-

alise data, *arXiv preprint arXiv:1301.4649.*

391 A. A. Shabalin and A. B. Nobel (2013) Reconstruction of a low-rank matrix in the presence of gaussian noise. *Journal of Multivariate Analysis.*

392 J. Baik and J. Silverstein (2006) Eigenvalues of large sample covariance matrices of spiked population models. *Journal of Multivariate Analysis* **97**(6), 1382–1408.

393 D. Paul (2007) Asymptotics of sample eigenstructure for a large dimensional spiked covariance model. *Statistica Sinica* **17**(4), 1617.

394 B. Nadler (2008) Finite sample approximation results for principal component analysis: A matrix perturbation approach. *The Annals of Statistics* **36**(6), 2791–2817.

395 S. Lee, F. Zou, and F. Wright (2010) Convergence and prediction of principal component scores in high-dimensional settings. *Annals of statistics* **38**(6), 3605.

396 L. Györfi, I. Vajda, and E. Van Der Meulen (1996) Minimum kolmogorov distance estimates of parameters and parametrized distributions. *Metrika* **43**(1), 237–255.

397 G. Golub and W. Kahan (1965) Calculating the singular values and pseudo-inverse of a matrix. *Journal of the Society for Industrial & Applied Mathematics, Series B: Numerical Analysis* **2**(2), 205–224.

398 D. L. Donoho and M. Gavish (2013) The optimal hard threshold for singular values is 4/sqrt (3), *arXiv preprint arXiv:1305.5870.*

399 C. Eckart and G. Young (1936) The approximation of one matrix by another of lower rank. *Psychometrika* **1**(3), 211–218.

400 L. Mirsky (1960) Symmetric gauge functions and unitarily invariant norms. *The quarterly journal of mathematics* **11**(1), 50–59.

401 L. M. Le Cam (1960) *Locally asymptotically normal families of distributions: certain approximations to families of distributions and their use in the theory of estimation and testing hypotheses* **3**. University of California Press.

402 O. Ledoit and M. Wolf (2004) A well-conditioned estimator for large-dimensional covariance matrices. *Journal of Multivariate Analysis* **88**(2), 365–411.

403 O. Ledoit and M. Wolf (2003) Honey, I shrunk the sample covariance matrix. *UPF Economics and Business Working Paper*, no. 691.

404 B. Efron (1982) Maximum likelihood and decision theory. *The annals of Statistics*, 340–356.

405 O. Ledoit and M. Wolf (2003) Improved estimation of the covariance matrix of stock returns with an application to portfolio selection. *Journal of Empirical Finance* **10**(5), 603–621.

406 J. Schäfer and K. Strimmer (2005) A shrinkage approach to large-scale covariance matrix estimation and implications for functional genomics. *Statistical applications in genetics and molecular biology* **4**(1), 32.

407 U. Grenander and J. Silverstein (1977) Spectral analysis of networks with random topologies. *SIAM Journal on Applied Mathematics*, 499–519.

408 Y. Yin and P. Krishnaiah (1983) A limit theorem for the eigenvalues of product of two random matrices. *Journal of Multivariate Analysis* **13**(4), 489–507.

409 Z. Bai, B. Miao, and G. Pan (2007) On asymptotics of eigenvectors of large sample covariance matrix. *The Annals of Probability* **35**(4), 1532–1572.

410 G. Pan and W. Zhou (2008) Central limit theorem for signal-to-interference ratio of reduced rank linear receiver. *The Annals of Applied Probability* **18**(3), 1232–1270.

411 O. Ledoit and S. Péché (2011) Eigenvectors of some large sample covariance matrix ensembles. *Probability theory and related fields* **151**(1–2), 233–264.

412 M. Perlman (2007) Multivariate statistical analysis. Wiley and Sons, New York, NY, 1984.

413 G. Pan and W. Zhou (2011) Central limit theorem for hotellings t2 statistic under large dimension. *The Annals of Applied Probability* **21**(5), 1860–1910.

414 X. Mestre and M. Lagunas (2006) Finite sample size effect on minimum variance beamformers: Optimum diagonal loading factor for large arrays. *Signal Processing, IEEE Transactions on* **54**(1), 69–82.

415 O. Ledoit and M. Wolf (2012) Nonlinear shrinkage estimation of large-dimensional covariance matrices. *The Annals of Statistics* **40**(2), 1024–1060.

416 C. Wang, G. Pan, and L. Cao (2012) A shrinkage estimation for large dimensional precision matrices using random matrix theory, *arXiv preprint arXiv:1211.2400.*

417 L. S. Chen, D. Paul, R. L. Prentice, and P. Wang (2011) A regularized hotellings t2 test for pathway analysis in proteomic studies. *Journal of the American Statistical Association* **106**(496), 1345–1360.

418 F. Rubio and X. Mestre (2011) Spectral convergence for a general class of random matrices. *Statistics & Probability Letters* **81**(5), 592–602.

419 T. Bodnar, A. K. Gupta, and N. Parolya (2013) Optimal linear shrinkage estimator for large dimensional precision matrix, *arXiv preprint arXiv:1308.0931.*

420 T. Bodnar, A. K. Gupta, and N. Parolya (2013) On the strong convergence of the optimal linear shrinkage estimator for large dimensional covariance matrix, *arXiv preprint arXiv:1308.2608.*

421 J. Vinogradova, R. Couillet, W. Hachem, *et al.* (2013) A new method for source detection, power estimation, and localization in large sensor networks under noise with unknown statistics, in *Proceedings of the 38th International Conference on Acoustics, Speech, and Signal Processing.*

422 J. Vinogradova, R. Couillet, and W. Hachem (2013) Statistical inference in large antenna arrays under unknown noise pattern, *arXiv preprint arXiv:1301.0306.*

423 S. M. Kay (1998) *Fundamentals of Statistical Signal Processing, Vol. II: Detection Theory.* PTR Prentice Hall, 1993.

424 A. Kammoun, R. Couillet, J. Najim, and M. Debbah (2013) Performance of capacity inference methods under colored interference. *IEEE Trans. Information Theory* **59**(2), 1129–1148.

425 R. R. Nadakuditi (2013) Optshrink: An algorithm for improved low-rank signal matrix denoising by optimal, data-driven singular value shrinkage, *arXiv preprint arXiv:1306.6042.*

426 N. Rao, J. Mingo, R. Speicher, and A. Edelman (2008) Statistical eigen-inference from large wishart matrices. *The Annals of Statistics* **36**(6), 2850–2885.

427 J. Chen, B. Delyon, and J.-F. Yao (2011) On a model selection problem from high-dimensional sample covariance matrices. *Journal of Multivariate Analysis* **102**(10), 1388–1398.

428 Z. Bai, J. Hu, and W. Zhou (2012) Convergence rates to the marchenko–pastur type distrbution. *Stochastic Processes and their Applications* **122**, 68–92.

429 O. Ledoit and M. Wolf (2013) Optimal estimation of a large-dimensional covariance matrix under steins loss. *University of Zurich Department of Economics Working Paper*, no. 122.

430 O. Ledoit and M. Wolf (2013) Spectrum estimation: A unified framework for covariance matrix estimation and pca in large dimensions, *Available at SSRN 2198287.*

431 K. Lounici (2012) High-dimensional covariance matrix estimation with missing observations, *Arxiv preprint arXiv:1201.2577.*

432 J. Won, J. Lim, S. Kim, and B. Rajaratnam (2009) Maximum likelihood covariance estimation with a condition number constraint, Technical Report No. 2009-10, Stanford University, Department of Statistics.

433 A. K. Gupta, T. Varga, and T. Bodnar (2013) *Elliptically contoured models in statistics and portfolio theory.* Springer, second edition ed.

434 S. Dallaporta (2012) Eigenvalue variance bounds for wigner and covariance random

matrices. *Random Matrices: Theory and Applications* **01**(3), 1250007.
435 S. Dallaporta (2012) *Quelques aspects de l'étude quantitative de la fonction de comptage et des valeurs propres de matrices aléatoires.* PhD thesis, Université de Toulouse, Université Toulouse III-Paul Sabatier.
436 L. L. A. Pastur and M. V. Ŝerbina (2011) *Eigenvalue distribution of large random matrices* **171**. AMS Bookstore.
437 H. Cremér (1999) *Mathematical Methods of Statistics (PMS-9)* **9**. Princeton university press.
438 B. V. Gnedenko (2005) *The Theory of Probability: And the Elements of Statistics* **132**. AMS Bookstore.
439 W. Feller (2008) *An introduction to probability theory and its applications,* **2**. John Wiley & Sons.
440 V. V. Petrov (1995) Limit theorems of probability theory: sequences of independent random variables. *Journal of Applied Statistics* (4), 575.
441 B. B. V. Gnedenko and A. Y. Khinchin (1962) *An elementary introduction to the theory of probability,* **155**. Courier Dover Publications.
442 M. Rudelson and R. Vershynin (2010) Non-asymptotic theory of random matrices: extreme singular values, *Arxiv preprint arXiv:1003.2990.*
443 C. Villani (2003) *Topics in optimal transportation.* Ams Graduate Studies in Mathematics, 2003:370.
444 S. Chatterjee and A. Bose (2004) A new method for bounding rates of convergence of empirical spectral distributions. *Journal of Theoretical Probability* **17**(4), 1003–1019.
445 K. Davidson and S. Szarek (2001) Local operator theory, random matrices and banach spaces. *Handbook of the geometry of Banach spaces* **1**, 317–366.
446 M. Ledoux (2001) *The concentration of measure phenomenon.* Mathematical Surveys & Monographs. 2001.
447 S. G. Bobkov and C. Houdré (1997) Isoperimetric constants for product probability measures. *The Annals of Probability,* 184–205.
448 S. Bobkov and F. Götze (2010) Concentration of empirical distribution functions with applications to non-iid models. *Bernoulli* **16**(4), 1385–1414.
449 V. M. Zolotarev (1971) Estimates of the difference between distributions in the lévy metric. *Trudy Matematicheskogo Instituta im. VA Steklova* **112**, 224–231.
450 J. H. Kim (2013) *Concentration of Empirical Distribution Functions for Dependent Data under Analytic Hypotheses.* PhD thesis, University of Minnesota.
451 L. Arnold (1971) On wigner's semicircle law for the eigenvalues of random matrices. *Probability Theory and Related Fields* **19**(3), 191–198.
452 D. L. Hanson and F. T. Wright (1971) A bound on tail probabilities for quadratic forms in independent random variables. *The Annals of Mathematical Statistics* **42**(3), 1079–1083.
453 D. Hsu, S. M. Kakade, and T. Zhang (2011) A tail inequality for quadratic forms of subgaussian random vectors. *Electronic Communications in Probability,* 2011, **17**(25): 1–6.
454 V. Vu and K. Wang (2013) Random weighted projections, random quadratic forms and random eigenvectors, *arXiv preprint arXiv:1306.3099.*
455 H. Nguyen and V. Vu (2011) Random matrices: Law of the determinant, *Arxiv preprint arXiv:1112.0752.*
456 L. Erdos and B. Farrell (2012) Local eigenvalue density for general manova matrices, *arXiv preprint arXiv:1207.0031.*
457 K. W. Wachter (1980) The limiting empirical measure of multiple discriminant ratios. *The Annals of Statistics,* 937–957.
458 R. Schmidt (1986) Multiple emitter location and signal parameter estimation.

Antennas and Propagation, IEEE Transactions on **34**(3), 276–280.
459 M. I. Jordan, Z. Ghahramani, T. S. Jaakkola, and L. K. Saul (1998) *An introduction to variational methods for graphical models.* Springer.
460 M. E. Tipping and C. M. Bishop (1999) Probabilistic principal component analysis. *Journal of the Royal Statistical Society: Series B (Statistical Methodology)* **61**(3), 611–622.
461 F. Benaych-Georges (2008) On a surprising relation between rectangular and square free convolutions, *Arxiv preprint arXiv:0807.0505.*
462 F. Benaych-Georges (2005) Rectangular random matrices, related free entropy and free fisher's information, *Arxiv preprint math/0512081.*
463 F. Benaych-Georges (2009) Rectangular random matrices, related convolution. *Probability Theory and Related Fields* **144**(3), 471–515.
464 F. Benaych-Georges and R. R. Nadakuditi (2011) The eigenvalues and eigenvectors of finite, low rank perturbations of large random matrices. *Advances in Mathematics* **227**(1), 494–521.
465 M. Peng (2012) Eigenvalues of deformed random matrices, *arXiv preprint arXiv:1205.0572.*
466 I. M. Johnstone and D. M. Titterington (2009) Statistical challenges of high-dimensional data. *Philosophical Transactions of the Royal Society A: Mathematical, Physical and Engineering Sciences* **367**(1906), 4237–4253.
467 R. R. Nadakuditi (2013) When are the most informative components for inference also the principal components?, *arXiv preprint arXiv:1302.1232.*
468 A. Buja, D. Cook, H. Hofmann, *et al.* (2009) Statistical inference for exploratory data analysis and model diagnostics. *Philosophical Transactions of the Royal Society A: Mathematical, Physical and Engineering Sciences* **367**(1906), 4361–4383.
469 O. Ledoit and M. Wolf (2002) Some hypothesis tests for the covariance matrix when the dimension is large compared to the sample size. *Annals of Statistics,* 1081–1102.
470 A. Onatski (2012) Asymptotics of the principal components estimator of large factor models with weakly influential factors. *Journal of Econometrics* **168**(2), 244–258.
471 A. P. Dempster (1958) A high dimensional two sample significance test. *The Annals of Mathematical Statistics* **29**(4), 995–1010.
472 Z. Bai and H. Saranadasa (1996) Effect of high dimension: by an example of a two sample problem. *Statistica Sinica* **6**, 311–330.
473 D. Jiang, T. Jiang, and F. Yang (2012) Likelihood ratio tests for covariance matrices of high-dimensional normal distributions. *Journal of Statistical Planning and Inference* **142**(8), 2241–2256.
474 T. Jiang and F. Yang (2013) Central limit theorems for classical likelihood ratio tests for high-dimensional normal distributions, *arXiv preprint arXiv:1306.0254.*
475 S. Péché (2009) Universality results for the largest eigenvalues of some sample covariance matrix ensembles. *Probability Theory and Related Fields* **143**(3–4), 481–516.
476 S. Chen, L. Zhang, and P. Zhong (2010) Tests for high-dimensional covariance matrices. *Journal of the American Statistical Association* **105**(490), 810–819.
477 M. S. Srivastava (2005) Some tests concerning the covariance matrix in high dimensional data. *J. Japan Statist. Soc* **35**(2), 251–272.
478 M. S. Srivastava (2007) Multivariate theory for analyzing high dimensional data. *J. Japan Statist. Soc* **37**(1), 53–86.
479 J. R. Schott (2005) Testing for complete independence in high dimensions. *Biometrika* **92**(4), 951–956.

480 J. Schott (2006) A high-dimensional test for the equality of the smallest eigenvalues of a covariance matrix. *Journal of Multivariate Analysis* **97**(4), 827–843.
481 J. R. Schott (2007) A test for the equality of covariance matrices when the dimension is large relative to the sample sizes. *Computational Statistics & Data Analysis* **51**(12), 6535–6542.
482 J. R. Schott (2010) Reduced-rank estimation of the difference between two covariance matrices. *Journal of Statistical Planning and Inference* **140**(4), 1038–1043.
483 Y. Fujikoshi, V. V. Ulyanov, and R. Shimizu (2011) *Multivariate statistics: High-dimensional and large-sample approximations* **760**. John Wiley & Sons, Ltd.
484 T. Cai and Z. Ma (2012) Optimal hypothesis testing for high dimensional covariance matrices, *arXiv preprint arXiv:1205.4219.*
485 C. Wang, L. Cao, and B. Miao (2013) Asymptotic power of likelihood ratio tests for high dimensional data, *arXiv preprint arXiv:1302.3302.*
486 C. Stein (1986) Lectures on the theory of estimation of many parameters. *Journal of Soviet Mathematics* **34**(1), 1373–1403.
487 E. Carter and M. Srivastava (1977) Monotonicity of the power functions of modified likelihood ratio criterion for the homogeneity of variances and of the sphericity test. *Journal of Multivariate Analysis* **7**(1), 229–233.
488 T. J. Fisher, X. Sun, and C. M. Gallagher (2010) A new test for sphericity of the covariance matrix for high dimensional data. *Journal of Multivariate Analysis* **101**(10), 2554–2570.
489 T. Cai, C. Zhang, and H. Zhou (2010) Optimal rates of convergence for covariance matrix estimation. *The Annals of Statistics* **38**(4), 2118–2144.
490 M. Birke and H. Dette (2005) A note on testing the covariance matrix for large dimension. *Statistics & probability letters* **74**(3), 281–289.
491 S. N. Roy and S. Roy (1957) *Some Aspects of Multivariate Analysis*, John Wiley & Sons, Inc.
492 H. Nagao (1973) On some test criteria for covariance matrix. *The Annals of Statistics*, 700–709.
493 J. W. Mauchly (1940) Significance test for sphericity of a normal n-variate distribution. *The Annals of Mathematical Statistics* **11**(2), 204–209.
494 L. J. Gleser (1966) A note on the sphericity test. *The Annals of Mathematical Statistics*, 464–467.
495 T. W. Anderson, T. W. Anderson, T. W. Anderson, and T. W. Anderson, (1958) *An introduction to multivariate statistical analysis.* 2nd ed. 1959, **66**(5).
496 B. Nagarsenker and K. Pillai (1973) The distribution of the sphericity test criterion. *Journal of Multivariate Analysis* **3**(2), 226–235.
497 S. John (1971) Some optimal multivariate tests. *Biometrika* **58**(1), 123–127.
498 S. John (1972) The distribution of a statistic used for testing sphericity of normal distributions. *Biometrika* **59**(1), 169–173.
499 F. Yang (2011) *Likelihood Ratio Tests for High-dimensional Normal Distributions.* Ph.D. dissertation. University of Minnesota.
500 Q. Wang and J. Yao (2013) On the sphericity test with large-dimensional observations, *arXiv preprint arXiv:1303.4035.*
501 S. Wilks (1935) On the independence of k sets of normally distributed statistical variables. *Econometrica, Journal of the Econometric Society*, 309–326.
502 M. S. Bartlett (1937) Properties of sufficiency and statistical tests. *Proceedings of the Royal Society of London. Series A-Mathematical and Physical Sciences* **160**(901), 268–282.
503 N. Sugiura and H. Nagao (1968) Unbiasedness of some test criteria for the equality of one or two covariance matrices. *The Annals of Mathematical Statistics* **39**(5), 1686–1692.

504 M. D. Perlman (1980) Unbiasedness of the likelihood ratio tests for equality of several covariance matrices and equality of several multivariate normal populations. *The Annals of Statistics* **8**(2), 247–263.

505 R. J. Schott (2001) Some tests for the equality of covariance matrices. *Journal of statistical planning and inference* **94**(1), 25–36.

506 L. Zhang (2013) *A Likelihood Ratio Test of Independence of Components for High-dimensional Normal Vectors*. Ph.D. thesis. University of Minnesota.

507 J. Gao, G. Pan, and M. Guo (2012) Independence Test for High Dimensional Random Vectors. Social Science Electronic Publishing, 2012. *Available at SSRN 2027295.*

508 Z. Bai and W. Zhou (2008) Large sample covariance matrices without independence structures in columns. *Statistica Sinica* **18**(2), 425.

509 Z. Bai and Y. Yin (1988) Convergence to the semicircle law. *The Annals of Probability* **16**(2), 863–875.

510 Z. Bai and J. Yao (2005) On the convergence of the spectral empirical process of wigner matrices. *Bernoulli* **11**(6), 1059–1092.

511 C. Wang, J. Yang, B. Miao, and L. Cao (2013) Identity tests for high dimensional data using RMT. *Journal of Multivariate Analysis*, 2013, **118**(5): 128–137.

512 A. Onatski, M. J. Moreira, and M. Hallin (2013) Asymptotic power of sphericity tests for high-dimensional data. *The Annals of Statistics* **41**(3), 1204–1231.

513 I. M. Johnstone and B. Nadler (2013) Roy's largest root test under rank-one alternatives, *arXiv preprint arXiv:1310.6581.*

514 R. R. Nadakuditi and J. W. Silverstein (2010) Fundamental limit of sample generalized eigenvalue based detection of signals in noise using relatively few signal-bearing and noise-only samples. *Selected Topics in Signal Processing, IEEE Journal of* **4**(3), 468–480.

515 R. V. Hogg, J. McKean, and A. T. Craig (2005) *Introduction to mathematical statistics*. Pearson Education.

516 H. L. Van Trees (1968) *Detection, Estimation, and Modulation Theory*, John Wiley & Sons, Inc.

517 O. Ryan and M. Debbah (2007) Free deconvolution for signal processing applications. *IEEE Trans. Information Theory* **1**, 1–15, Jan.

518 R. Vershynin (2011) Introduction to the non-asymptotic analysis of random matrices. *Arxiv preprint arXiv:1011.3027v5*, July.

519 R. Vershynin (2012) How close is the sample covariance matrix to the actual covariance matrix?. *Journal of Theoretical Probability* **25**(3), 655–686.

520 D. Li (2013) *Random Matrix Theory and Its Application in High-dimensional Statistics*. PhD thesis. University of Minnesota.

521 L. Haff (1980) Empirical Bayes estimation of the multivariate normal covariance matrix. *The Annals of Statistics* **8**(3), 586–597.

522 Q. Wang, J. W. Silverstein, and J. Yao (2013) A note on the clt of the lss for sample covariance matrix from a spiked population model, *arXiv preprint arXiv:1304.6164.*

523 B. Chen and G. Pan Clt for linear spectral statistics of normalized sample covariance matrices with larger dimension and small sample size, in *XXIX-th European Meeting of Statisticians, Budapest Contents*, p. 245.

524 J. Li, (2013) *Two sample inference for high dimensional data and nonparametric variable selection for census data*. PhD thesis, Iowa State University.

525 L. Huang and H. So (2013) Source enumeration via mdl criterion based on linear shrinkage estimation of noise subspace covariance matrix, *IEEE TRANSACTIONS ON SIGNAL PROCESSING* **61**, 4806–4821, October.

526 R. Couillet and E. Zio (2012) A subspace approach to fault diagnostics in large power systems, in *Communications Control and Signal Processing (ISCCSP), 2012*

5th International Symposium on, IEEE, 1–4.
527 EPRI, Epri intelligrid. http://smartgrid.epri.com/IntelliGrid.aspx,2016-12-11.
528 M. McGranaghan, D. Von Dollen, P. Myrda, and E. Gunther (2008) Utility experience with developing a smart grid roadmap, in *Power and Energy Society General Meeting-Conversion and Delivery of Electrical Energy in the 21st Century, 2008 IEEE*, IEEE, 1–5.
529 E. Commission (2006) European smartgrids technology platform. European Commission.
530 E. Commission (2005) Towards smart power networks.
531 E. Commission *et al.* (2006) European technology platform smart grids: vision and strategy for europe's electricity networks of the future. *Office for Official Publications of the European Communities.*
532 U. DOE (2003) Grid 2030: A national vision for electricity's second 100 years. *Department of Energy.*
533 NIST (2010) Nist framework and roadmap for smart grid interoperability standards, release 1.0. *National Institute of Standards and Technology*, 33.
534 X. Yu, C. Cecati, T. Dillon, and M. G. Simoes (2011) The new frontier of smart grids. *Industrial Electronics Magazine, IEEE* **5**(3), 49–63.
535 M. Liserre, T. Sauter, and J. Y. Hung (2010) Future energy systems: Integrating renewable energy sources into the smart power grid through industrial electronics. *Industrial Electronics Magazine, IEEE* **4**(1), 18–37.
536 W. A. Wulf (2000) Great achievements and grand challenges poised as we are between the twentieth and twenty-first centuries, it is the perfect moment to reflect on the accomplishments of engineers in the last century and ponder the challenges facing them in the next. *BRIDGE-WASHINGTON-* **30**(3/4), 5–10.
537 D. Von Dollen (2009) Report to nist on the smart grid interoperability standards roadmap. *Electric Power Research Institute (EPRI) and National Institute of Standards and Technology.*
538 H. Gharavi and R. Ghafurian (2011) Smart grid: The electric energy system of the future. *Proc. IEEE 99*(6), 917–921.
539 S. Massoud Amin and B. F. Wollenberg (2005) Toward a smart grid: power delivery for the 21st century. *Power and Energy Magazine, IEEE* **3**(5), 34–41.
540 A. Ipakchi and F. Albuyeh (2009) Grid of the future. *Power and Energy Magazine, IEEE* **7**(2), 52–62.
541 T. Garrity (2008) Getting smart. *Power and Energy Magazine, IEEE* **8**(2), 38–45.
542 H. Farhangi (2010) The path of the smart grid. *Power and Energy Magazine, IEEE* **8**(1), 18–28.
543 G. W. Arnold (2011) Challenges and opportunities in smart grid: A position article. *Proceedings of the IEEE* **99**(6), 922–927.
544 C.-C. Lin, C.-H. Yang, and J. Z. Shyua (2013) A comparison of innovation policy in the smart grid industry across the pacific: China and the USA. *Energy Policy*, 2013, **57**(7): 119–132.
545 S. Amin and A. M. Giacomoni (2012) Smart grid, safe grid. *Power and Energy Magazine, IEEE* **10**(1), 33–40.
546 A. Molderink, V. Bakker, M. G. Bosman, J. L. Hurink, and G. J. Smit (2010) Management and control of domestic smart grid technology. *Smart Grid, IEEE Transactions on* **1**(2), 109–119.
547 DOE (2006) Benefits of demand response in electricity markets and recommendations for achieving them ?a report to the united states congress pursuant to section 1252 of the energy policy act of 2005," tech. rep., Department of Energy.
548 A.-H. Mohsenian-Rad and A. Leon-Garcia (2010) Optimal residential load control

with price prediction in real-time electricity pricing environments. *Smart Grid, IEEE Transactions on* **1**(2), 120–133.

549 A. R. Metke and R. L. Ekl (2010) Security technology for smart grid networks. *Smart Grid, IEEE Transactions on* **1**(1), 99–107.

550 C. Efthymiou and G. Kalogridis (2010) Smart grid privacy via anonymization of smart metering data, in *Smart Grid Communications (SmartGridComm), 2010 First IEEE International Conference*, IEEE, 238–243.

551 T. Sauter and M. Lobashov (2011) End-to-end communication architecture for smart grids. *Industrial Electronics, IEEE Transactions on* **58**(4), 1218–1228.

552 V. C. Gungor, D. Sahin, T. Kocak, S. Ergut, C. Buccella, C. Cecati, and G. P. Hancke (2011) Smart grid technologies: communication technologies and standards. *Industrial informatics, IEEE transactions on* **7**(4), 529–539.

553 Leeds D J. The soft grid 2013–2020: Big data & utility analytics for smart grid. GTM Research, December 13, 2012, 7. "Market Trends–Electricity," US Energy Information Administration 8. Adam James, "How Capacity Markets Work," The Energy Collective, June 14, 2013, 9. Innovaro, TF2013-38, Fall 2013, 2012.

554 S. Rusitschka, K. Eger, and C. Gerdes (2010) Smart grid data cloud: A model for utilizing cloud computing in the smart grid domain, in *Smart Grid Communications (SmartGridComm), 2010 First IEEE International Conference on*, IEEE, 483–488.

555 J. G. Cupp and M. E. Beehler (2008) Implementing smart grid communications. *Burns and McDonnell Tech brief.*

556 M. Kezunovic (2011) Translational knowledge: from collecting data to making decisions in a smart grid. *Proceedings of the IEEE* **99**(6), 977–997.

557 P. P. Parikh, M. G. Kanabar, and T. S. Sidhu (2010) Opportunities and challenges of wireless communication technologies for smart grid applications, in *Power and Energy Society General Meeting, 2010 IEEE*, IEEE, 1–7.

558 Y. Zhu, G. Zhou, and Y. Zhu (2013) Present status and challenges of big data processing in smart grid (in chinese). *Power System Technology* **37**(4), 927–935.

559 IBM (2011) IBM Big Data Industry Energy & Utilities. Ibm Corporation.

560 D. Kligman (2012) Pg&es austin kicks off conference on dealing with smart grid data. http://www.pgecurrents.com/2012/08/14/pg-topic-is-dealing-with-data-that-comes-with-smart-grid/, 2016-12-11.

561 T. Groenfeldt (2012) Big data meets the smart electrical grid. http://www.forbes.com/sites/tomgroenfeldt/2012/05/09/big-data-meets-the-smart-electrical-grid/#631462ad1adc, 2016-12-11.

562 A. Pregelj, M. Begovic, and A. Rohatgi (2004) Quantitative techniques for analysis of large data sets in renewable distributed generation. *Power Systems, IEEE Transactions on* **19**(3), 1277–1285.

563 Vavilapalli V K, Murthy A C, Douglas C, et al. Apache hadoop yarn: Yet another resource negotiator. *Proceedings of the 4th annual Symposium on Cloud Computing.* ACM, 2013: 5.

564 Bigdata (2013) Big data challenges (in Chinese). *Electric Power IT* **11**(2), 5–10.

565 L. Nian, Y. Li, B. Li, and Z. Zhao (2013) Opportunity and challenge of big data for the power industry. *Electric Power Information Technology*, 2013, **11**(4): 1–4.

566 Z. Qu and S. Zhang (2012) The wams power data processing based on hadoop, in *2012 IACIT Hong Kong Conference.*

567 D. Wang, Y. Song, and Y. Zhu (2010) Information platform of smart grid based on cloud computing (in chinese). *Automation of Electric Power Systems* **34**(22), 7–12.

568 G. Heydt, C. Liu, A. Phadke, and V. Vittal (2001) Solution for the crisis in electric power supply. *Computer Applications in Power, IEEE* **14**(3), 22–30.

569 J. De La Ree, V. Centeno, J. S. Thorp, and A. G. Phadke (2010) Synchronized pha-

sor measurement applications in power systems. *Smart Grid, IEEE Transactions on* **1**(1), 20–27.

570 R. F. Nuqui and A. G. Phadke (2005) Phasor measurement unit placement techniques for complete and incomplete observability. *Power Delivery, IEEE Transactions on* **20**(4), 2381–2388.

571 S. Chakrabarti, E. Kyriakides, and M. Albu (2009) Uncertainty in power system state variables obtained through synchronized measurements. *Instrumentation and Measurement, IEEE Transactions on* **58**(8), 2452–2458.

572 A. Bose (2010) Smart transmission grid applications and their supporting infrastructure. *Smart Grid, IEEE Transactions on* **1**(1), 11–19.

573 G. Mateos and G. B. Giannakis (2013) Load curve data cleansing and imputation via sparsity and low rank, *arXiv preprint arXiv:1301.7627.*

574 F. C. Schweppe, J. Wildes, and D. P. Rom (1970) Power system static-state estimation, parts i, ii, iii. *Power Apparatus and Systems, IEEE Transactions on* (1), 120–135.

575 Y. Huang, S. Werner, J. Huang, N. Kashyap, and V. Gupta (2012) State estimation in electric power grids. *IEEE Signal Processing Magazine*, 33–43.

576 F. F. Wu (1990) Power system state estimation: a survey. *International Journal of Electrical Power & Energy Systems* **12**(2), 80–87.

577 A. Monticelli (2000) Electric power system state estimation. *Proceedings of the IEEE* **88**(2), 262–282.

578 M. Zhou, V. A. Centeno, J. S. Thorp, and A. G. Phadke (2006) An alternative for including phasor measurements in state estimators. *Power Systems, IEEE Transactions on* **21**(4), 1930–1937.

579 V. Terzija, G. Valverde, D. Cai, P. Regulski, V. Madani, J. Fitch, S. Skok, M. M. Begovic, and A. Phadke (2011) Wide-area monitoring, protection, and control of future electric power networks. *Proceedings of the IEEE* **99**(1), 80–93.

580 A. Gomez-Exposito, A. Abur, A. de la Villa Jaen, and C. Gomez-Quiles (2011) A multilevel state estimation paradigm for smart grids. *Proceedings of the IEEE* **99**(6), 952–976.

581 M. Shahidehpour, H. Yamin, and Z. Li (2002) Market Operations in Electric Power Systems, New York, NY: IEEE. 2002.

582 F. C. Schweppe and E. J. Handschin (1974) Static state estimation in electric power systems. *Proceedings of the IEEE* **62**(7), 972–982.

583 A. Garcia, A. Monticelli, and P. Abreu (1979) Fast decoupled state estimation and bad data processing. *Power Apparatus and Systems, IEEE Transactions on* (5), 1645–1652.

584 J. Allemong, L. Radu, and A. Sasson (1982) A fast and reliable state estimation algorithm for aep's new control center. *Power Apparatus and Systems, IEEE Transactions on* (4), 933–944.

585 H. Zhu and G. B. Giannakis (2011) Estimating the state of ac power systems using semidefinite programming, in *North American Power Symposium (NAPS)*, 2011 IEEE, 1–7.

586 H. Zhu and G. B. Giannakis (2012) *Multi-area state estimation using distributed sdp for nonlinear power systems*, in *Smart Grid Communications (SmartGridComm), 2012 IEEE Third International Conference on*, IEEE, 623–628.

587 M. Brown Do Coutto Filho and J. S. de Souza (2009) Forecasting-aided state estimationart i: Panorama. *Power Systems, IEEE Transactions on* **24**(4), 1667–1677.

588 A. L. da Silva, M. Do Coutto Filho, and J. de Queiroz (1983) *State Forecasting in Electric Power Systems*, IEE Proceedings C (Generation, Transmission and Distribution), IET, vol. 130, pp. 237–244.

589 K. Moslehi and R. Kumar (2010) A reliability perspective of the smart grid. *Smart Grid, IEEE Transactions on* **1**(1), 57–64.

590 Y. Hu, A. Kuh, T. Yang, and A. Kavcic (2011) A belief propagation based power distribution system state estimator. *Computational Intelligence Magazine, IEEE* **6**(3), 36–46.

591 J. Zhu and A. Abur (2007) Bad data identification when using phasor measurements, in *Power Tech, 2007 IEEE Lausanne*, IEEE, 1676–1681.

592 O. Kosut, L. Jia, R. J. Thomas, and L. Tong (2011) Malicious data attacks on the smart grid. *Smart Grid, IEEE Transactions on* **2**(4), 645–658.

593 V. Kekatos and G. B. Giannakis (2012) Distributed robust power system state estimation. *IEEE Transactions on Power Systems*, 2013, **28**(2): 1617–1626.

594 W. Xu, M. Wang, and A. Tang (2011) Sparse recovery from nonlinear measurements with applications in bad data detection for power networks, *arXiv preprint arXiv:1112.6234*.

595 J. Chen and A. Abur (2005) Improved bad data processing via strategic placement of pmus, in *Power Engineering Society General Meeting, 2005 IEEE*, IEEE, 509–513.

596 J. Chen and A. Abur (2006) Placement of pmus to enable bad data detection in state estimation. *Power Systems, IEEE Transactions on* **21**(4), 1608–1615.

597 J. E. Tate and T. J. Overbye (2008) Line outage detection using phasor angle measurements. *Power Systems, IEEE Transactions on* **23**(4), 1644–1652.

598 T. Van Cutsem, M. Ribbens-Pavella, and L. Mili (1985) Bad data identification methods in power system state estimation-a comparative study. *Power Apparatus and Systems, IEEE Transactions on* (11), 3037–3049.

599 F. F. Wu and W.-H. Liu (1989) Detection of topology errors by state estimation [power systems]. *Power Systems, IEEE Transactions on* **4**(1), 176–183.

600 T. Van Cutsem, M. Ribbens-Pavella, and L. Mili (1984) Hypothesis testing identification: a new method for bad data analysis in power system state estimation. *Power Apparatus and Systems, IEEE Transactions on*, (11), 3239–3252.

601 Y. Liu, P. Ning, and M. K. Reiter (2011) False data injection attacks against state estimation in electric power grids. *ACM Transactions on Information and System Security (TISSEC)* **14**(1), 13.

602 A. J. Wood and B. F. Wollenberg (2012) *Power generation, operation, and control.* Wiley-Interscience.

603 A. Monticelli (1999) *State estimation in electric power systems: a generalized approach*, **507**. Springer.

604 L. Zhao and A. Abur (2005) Multi area state estimation using synchronized phasor measurements. *Power Systems, IEEE Transactions on* **20**(2), 611–617.

605 E. N. Asada, A. V. Garcia, and R. Romero (2005) Identifying multiple interacting bad data in power system state estimation, in *Power Engineering Society General Meeting, 2005 IEEE*, IEEE, 571–577.

606 S. Gastoni, G. Granelli, and M. Montagna (2003) Multiple bad data processing by genetic algorithms, in *Power Tech Conference Proceedings, 2003 IEEE Bologna*, vol. 1, pp. 6–pp, IEEE.

607 S. Kourouklis (1984) A large deviation result for the likelihood ratio statistic in exponential families. *The Annals of Statistics* **12**(4), 1510–1521.

608 D. Gorinevsky, S. Boyd, and S. Poll (2009) Estimation of faults in dc electrical power system, in *American Control Conference*, 2009, ACC'09, pp. 4334–4339, IEEE.

609 E. Handschin, F. Schweppe, J. Kohlas, and A. Fiechter (1975) Bad data analysis for power system state estimation. *Power Apparatus and Systems, IEEE Transactions on* **94**(2), 329–337.

610 B. Kavsin (1977) Widths of certain finite-dimensional sets and classes of smooth functions, Izv. AN SSSR, **41** (1977), 334–351. English transl. in Math. Izv, 1977, 11.

611 A. Y. Garnaev and E. D. Gluskin (1984) *The Widths of a Euclidean Ball,* Dokl. Akad. Nauk SSSR, **277**, pp. 1048–1052.

612 E. Candès and P. Randall (2006) Highly robust error correction by convex programming. Available at arxiv. org/abs. CS Patent 0,612,124.

613 J. Valenzuela, J. Wang, and N. Bissinger (2013) Real-time intrusion detection in power system operations. *IEEE Transactions on Power Systems* **28**, 1052–1062, May.

614 O. Kosut, L. Jia, R. J. Thomas, and L. Tong (2010) *Malicious Data Attacks on Smart Grid State Estimation: Attack Strategies and Countermeasures,* 2010 First IEEE International Conference, Smart Grid Communications (SmartGridComm), IEEE, pp. 220–225.

615 W. Wang and Z. Lu (2013) Cyber security in the Smart Grid: Survey and challenges. *Computer Networks,* 2013, **57**(5): 1344–1371.

616 H. Li, R. Mao, L. Lai, and R. C. Qiu (2010) *Compressed Meter Reading for Delay-Sensitive and Secure Load Report in Smart Grid,* 2010 First IEEE International Conference, Smart Grid Communications (SmartGridComm), IEEE, pp. 114–119.

617 F. Rahimi and A. Ipakchi (2010) Demand response as a market resource under the smart grid paradigm. *Smart Grid, IEEE Transactions on* **1**(1), 82–88.

618 A. J. Conejo, J. M. Morales, and L. Baringo (2010) Real-time demand response model. *Smart Grid, IEEE Transactions on* **1**(3), 236–242,

619 P. Samadi, A. Mohsenian-Rad, R. Schober, *et al.* (2010) *Optimal Real-Time Pricing Algorithm Based on Utility Maximization for Smart Grid,* 2010 First IEEE International Conference, Smart Grid Communications (SmartGridComm), IEEE, pp. 415–420.

620 A.-H. Mohsenian-Rad, V. W. Wong, J. Jatskevich, and R. Schober (2010) *Optimal and Autonomous Incentive-Based Energy Consumption Scheduling Algorithm for Smart Grid,* Innovative Smart Grid Technologies (ISGT), 2010, IEEE, pp. 1–6.

621 S. Deilami, A. S. Masoum, P. S. Moses, and M. A. Masoum (2011) Real-time coordination of plug-in electric vehicle charging in smart grids to minimize power losses and improve voltage profile. *Smart Grid, IEEE Transactions on* **2**(3), 456–467.

622 P. Wolfs (2010) *An Economic Assessment of second Use?lithium-ion Batteries for Grid Support,* 2010 20th Australasian, Universities Power Engineering Conference (AUPEC), IEEE, pp. 1–6.

623 S. Caron and G. Kesidis (2010) *Incentive-Based Energy Consumption Scheduling Algorithms for the Smart Grid,* 2010 First IEEE International Conference, Smart Grid Communications (SmartGridComm), IEEE, pp. 391–396.

624 S. Paudyal, C. A. Canizares, and K. Bhattacharya (2011) Optimal operation of distribution feeders in smart grids. *Industrial Electronics, IEEE Transactions on* **58**(10), 4495–4503.

625 A. Mohd, E. Ortjohann, A. Schmelter, *et al.* (2008) *Challenges in Integrating Distributed Energy Storage Systems into Future Smart Grid,* IEEE International Symposium, Industrial Electronics, 2008. ISIE 2008, IEEE, pp. 1627–1632.

626 H. Cramér (1970) *Random variables and probability distributions.* No. 36, Cambridge University Press.

627 D. Tse and P. Viswanath (2005) *Fundamentals of wireless communication.* Cambridge University Press.

628 S. Vishwanath, N. Jindal, and A. Goldsmith (2003) Duality, achievable rates, and sum-rate capacity of gaussian mimo broadcast channels. *Information Theory, IEEE*

Transactions on **49**(10), 2658–2668.
629 H. Weingarten, Y. Steinberg, and S. Shamai (2006) The capacity region of the gaussian multiple-input multiple-output broadcast channel. *Information Theory, IEEE Transactions on* **52**(9), 3936–3964.
630 F. Penna and S. Stanczak (2012) *Decentralized Largest Eigenvalue Test for Multi-Sensor Signal Detection*, 2012 IEEE, Global Communications Conference (GLOBECOM), IEEE, pp. 3893–3898.
631 S. Stanczak, M. Goldenbaum, R. L. Cavalcante, and F. Penna (2012) *On In-Network Computation Via Wireless Multiple-Access Channels with Applications*, 2012 International Symposium, Wireless Communication Systems (ISWCS), IEEE, pp. 276–280.
632 F. Penna and S. Stanczak (2012) *Eigenvalue-Based Signal Detection in Cognitive Femtocell Networks Using a Decentralized Lanczos Algorithm*, 2012 IEEE International Symposium, Dynamic Spectrum Access Networks (DYSPAN), IEEE, pp. 283–283.
633 P. Zhang, R. Qiu, and N. Guo (2011) Demonstration of spectrum sensing with blindly learned features. *Communications Letters, IEEE* **15**(99), 548–550.
634 H. Khurana, M. Hadley, N. Lu, and D. A. Frincke (2010) Smart-grid security issues. *Security & Privacy, IEEE* **8**(1), 81–85.
635 A. Usman and S. H. Shami (2013) Evolution of communication technologies for smart grid applications. *Renewable and Sustainable Energy Reviews* **19**, 191–199.
636 N. Golmie, A. Scaglione, L. Lampe, and E. Yeh (2012) Guest editorial-smart grid communications. *Selected Areas in Communications, IEEE Journal on* **30**(6), 1025–1026.
637 F. Rusek, D. Persson, B. K. Lau, *et al.* (2013) Scaling up mimo: Opportunities and challenges with very large arrays. *Signal Processing Magazine, IEEE* **30**(1), 40–60.
638 H. Ngo, E. Larsson, and T. Marzetta (2011) Energy and spectral efficiency of very large multiuser mimo systems. *IEEE Transactions on Communications* **61**(4), 1436–1448.
639 G.-M. Pan, M.-H. Guo, and W. Zhou (2007) Asymptotic distributions of the signal-to-interference ratios of lmmse detection in multiuser communications. *The Annals of Applied Probability* **17**(1), 181–206.
640 Z. Bai and J. W. Silverstein (2007) On the signal-to-interference ratio of cdma systems in wireless communications. *The Annals of Applied Probability* **17**(1), 81–101.
641 V. C. Gungor, B. Lu, and G. P. Hancke (2010) Opportunities and challenges of wireless sensor networks in smart grid. *Industrial Electronics, IEEE Transactions on* **57**(10), 3557–3564.
642 F. Penna and S. Stanczak (2013) Decentralized eigenvalue algorithms for distributed signal detection in cognitive networks, *arXiv preprint arXiv:1303.7103.*
643 A. Giridhar and P. Kumar (2006) Toward a theory of in-network computation in wireless sensor networks. *Communications Magazine, IEEE* **44**(4), 98–107.
644 A. Giridhar and P. Kumar (2005) Computing and communicating functions over sensor networks. *Selected Areas in Communications, IEEE Journal on* **23**(4), 755–764.
645 L. Xiao and S. Boyd (2004) Fast linear iterations for distributed averaging. *Systems & Control Letters* **53**(1), 65–78.
646 C. D. Godsil, G. Royle, and C. Godsil (2001) *Algebraic graph theory* **207**. Springer New York.
647 S. Sardellitti, S. Barbarossa, and A. Swami (2012) Optimal topology control and power allocation for minimum energy consumption in consensus networks. *Signal*

Processing, IEEE Transactions on **60**(1), 383–399.
648 S. Rai (2007) The spectrum of a random geometric graph is concentrated. *Journal of Theoretical Probability* **20**(2), 119–132.
649 C. Bordenave (2008) Eigenvalues of euclidean random matrices. *Random Structures & Algorithms* **33**(4), 515–532.
650 M. Mézard, G. Parisi, and A. Zee (1999) Spectra of euclidean random matrices. *Nuclear Physics B* **559**(3), 689–701.
651 X. Zeng, Distribution of eigenvalues of large Euclidean matrices generated from lp ellipsoid. *Statistics & Probability Letters*, 2014, 91: 181–191.
652 Zeng, X. A note on the large random inner-product kernel matrices. *Statistics & Probability Letters*, 2015, 99: 192–201.
653 R. Olfati-Saber, J. A. Fax, and R. M. Murray (2007) Consensus and cooperation in networked multi-agent systems. *Proceedings of the IEEE* **95**(1), 215–233.
654 Z. Li, F. R. Yu, and M. Huang (2010) A distributed consensus-based cooperative spectrum-sensing scheme in cognitive radios. *Vehicular Technology, IEEE Transactions on* **59**(1), 383–393.
655 S. Kar and J. M. Moura (2009) Distributed consensus algorithms in sensor networks with imperfect communication: Link failures and channel noise. *IEEE Transactions on Signal Processing* **57**(1), 355–369.
656 I. D. Schizas, A. Ribeiro, and G. B. Giannakis (2008) Consensus in ad hoc WSNs with noisy links—Part I: Distributed estimation of deterministic signals. *IEEE Transactions on Signal Processing*, 2008, **56**(1): 350–364.
657 D. Li, S. Kar, J. Moura, H. V. Poor, and S. Cui (2014) Distributed kalman filtering over big data sets: Fundamental analysis through large deviations, *arXiv preprint arXiv:1402.0246*.
658 A. G. Dimakis, S. Kar, J. M. Moura, *et al.* (2010) Gossip algorithms for distributed signal processing. *Proceedings of the IEEE* **98**(11), 1847–1864.
659 M. Srivastava and C. Khatri (1979) *An Introduction to Multivariate Statistics.* North-Holland.
660 T. Siotani, Y. Fujikoshi, and T. Hayakawa (1985) *Modern multivariate statistical analysis, a graduate course and handbook.* American Sciences Press.
661 V. Kargin (2013) Lecture notes on free probability, *arXiv preprint arXiv:1305.2611.*